Das Tierreich.

Eine Zusammenstellung und Kennzeichnung der rezenten Tierformen.

Begründet von der Deutschen Zoologischen Gesellschaft.

Im Auftrage der

Preußischen Akademie der Wissenschaften zu Berlin

herausgegeben von

F. E. Schulze (†), W. Kükenthal (†),

fortgesetzt von **K. Heider.**

Schriftleiter: **C. Apstein.**

„Πάντα ῥεῖ.“ *„Sine systemate chaos.“*

---

46. Lieferung.

Amphibia.

Anura I.

Subordo Aglossa und Phaneroglossa, Sectio 1 Arcifera

bearbeitet von **Dr. Fr. Nieden,** Düsseldorf.

Mit 380 Abbildungen.

Berlin und Leipzig 1923

Walter de Gruyter & Co.

vormals G. J. Göschensche Verlagshandlung — J. Guttentag, Verlagsbuchhandlung
Georg Reimer — Karl J. Trübner — Veit & Comp.

Ausgegeben Juni 1923

Das Tierreich.

Im Auftrage der

Preußischen Akademie der Wissenschaften zu Berlin

herausgegeben von

F. E. Schulze (†), W. Kükenthal (†),

fortgesetzt von **K. Heider.**

Schriftleiter: **C. Apstein.**

46. Lieferung.

Amphibia

Anura I.

Subordo Aglossa und Phaneroglossa, Sectio 1 Arcifera

bearbeitet von

Dr. Fr. Nieden
Düsseldorf.

Mit 380 Abbildungen.

Berlin und Leipzig 1923

Walter de Gruyter & Co.

vormals G. J. Göschensche Verlagshandlung — J. Guttentag, Verlagsbuchhandlung
Georg Reimer — Karl J. Trübner — Veit & Comp.

Ausgegeben Juni 1923

Druck: August Hopfer, Burg Bz. Mgdbg.

Inhalt.

Die Literatur wurde bis 1. Januar 1915 berücksichtigt.

Literatur-Kürzungen

Abh. Bayer. Ak. — Abhandlungen der mathematisch-physikalischen Classe der Königlich Bayerischen Akademie der Wissenschaften. München. 4.
Abh. Ges. Halle — Abhandlungen der naturforschenden Gesellschaft zu Halle. Halle. 4.
Abh. Mus. Dresden — Abhandlungen und Berichte des Königlichen zoologischen und anthropologisch-ethnographischen Museums zu Dresden. Berlin. 4.
Abh. Senckenb. Ges. — Abhandlungen herausgegeben von der Senckenbergischen naturforschenden Gesellschaft. Frankfurt a. M. 4.
Act. Soc. Chili — Actes de la Société scientifique du Chili. Santiago. 8.
Act. Soc. Linn. Bordeaux — Actes de la Société Linnéenne de Bordeaux. Bordeaux, Paris, Londres. 8.
L. Agassiz, Lake Sup. — Lake Superior: its physical Character, Vegetation and Animals, compared with those of other and similar Regions. By Louis Agassiz. With a Narrative of the Tour, by J. Elliot Cabot and Contributions by other scientific Gentlemen. Boston. 1850. 8.
L. Agassiz, Nomencl. zool. — Nomenclator zoologicus, continens Nomina systematica Generum Animalium tam viventium quam fossilium. Auctore L. Agassiz. 1 Vol. & Index universalis. Soloduri. 1842—46, 46. 4.
Allatt. Közlem. — Allatani Közlemények a Kir. M. Természettudományi Társulat állattani szakosztályának folyóirata. Budapest. 8. (Zoologische Mitteilungen.)
Amer. J. Anat. — The American Journal of Anatomy. Baltimore. 8.
Amer. J. Sci. — The American Journal of Science and Arts. New Haven (New York). 8.
Amer. Natural. — The American Naturalist. Salem (Philadelphia) (Boston). 8.
Anderson, Anat. zool. Res. Exp. Yunnan — Anatomical and zoological Researches: comprising an Account of the zoological Results of the two Expeditions to Western Yunnan in 1868 and 1875; and a Monograph of the two Cetacean Genera, Platanista and Orcella. By John Anderson. Vol. 1, 2. London. 1878. 4.
Anderson, Zool. Egypt — Zoology of Egypt. *v.* 1. Reptilia and Batrachia by John Anderson. London. 1898. 4.
An. Mus. Buenos Aires — Anales del Museo publico de Buenos Aires. Buenos Aires. 4 (8).
Ann. Jard. bot. Buitenzorg — Annales du Jardin botanique de Buitenzorg publiées par Melchior Treub. Batavia, Leiden. 8.
Ann. Lyc. N. York — Annals of the Lyceum of natural History of New York. New York. 8.
Ann. Mus. Congo — État indépendant du Congo. Annales du Musée du Congo, publiées par Ordre du Secrétaire d'état. Serie II. Zoologie. Bruxelles. 4.
Ann. Mus. Genova — Annali del Museo civico di Storia naturale di Genova. Genova. 8.
Ann. Mus. Hungar. — Annales historico-naturales Musei nationalis Hungarici. A Magyar nemzeti Muzeum Természetrajzi Osztályainak Folyóirata. A Magyar Tudományos Akadémia Támogatásával kiadja a Magyar nemzeti Muzeum. Szerkeszti Horváth Géza. Budapest. 8.
Ann. nat. Hist. — The Annals and Magazine of natural History, including Zoology, Botany, and Geology. London. 8.
Ann. Phil. — The Annals of Philosophy; or Magazine of Chemistry, Mineralogie, Mechanics, natural History; Agriculture and the Arts. By Thomas Thomson. London. 8.
Ann. Queensl. Mus. — Annals of the Queensland Museum. Brisbane. 8.

Ann. S. Afr. Mus. — Annals of the South African Museum. Cape Town. 8.
Ann. Sci. nat. — Annales des Sciences naturelles. — [Sér. 2—4:] Zoologie ([Sér. 5 & sequ.:] Zoologie et Paléontologie). Paris. 8.
Ann. Transvaal Mus. — Annals of the Transvaal Museum. Pretoria. 8.
Annuaire Mus. St.-Pétersb. — Annuaire du Musée zoologique de l'Académie Impériale des Sciences de St.-Pétersbourg. St.-Pétersbourg. 8.
An. Soc. Españ. — Anales de la Sociedad Española de Historia natural. Madrid. 8.
Arch. Anat. Physiol. Med. — Archiv für Anatomie, Physiologie und wissenschaftliche Medicin. Berlin. 8.
Arch. Biol. — Archives de Biologie. Gand & Leipzig, Paris (Liège, Paris). 8.
Arch. Mus. Paris — Archives du Muséum d'Histoire naturelle. Paris. 4.
Arch. Mus. Rio Jan. — Archivos do Museu nacional do Rio de Janeiro. Rio de Janeiro. 4.
Arch. Naturg. — Archiv für Naturgeschichte. Berlin. 8.
Arch. Zool. Anat. Fisiol. — Archivio per la Zoologia, l'Anatomia e la Fisiologia. Pubblicato per Cura di G. Canestrini, G. Doria, P. M. Ferrari e M. Lessona. Genova (Modena) (Bologna). 8.
Ark. Zool. — Arkiv för Zoologi utgifvet af K. Svenska Vetenskaps-Akademien. Stockholm. 8.
Atti Acc. Lincei Mem. — Atti della Reale Accademia dei Lincei. — Memorie della Classe di Scienze fisiche, matematiche e naturali. Roma. 4.
Atti Acc. Torino — Atti della Reale Accademia delle Scienze di Torino. Torino. 8.
Atti Ist. Veneto — Atti del Reale Istituto Veneto di Scienze, Lettere ed Arti. Venezia. 8.
Atti Soc. Ital. — Atti della Società Italiana di Scienze naturali. Milano. 8.
Atti Soc. Veneto-Trent. — Atti della Società Veneto-Trentina di Scienze naturali, residente in Padova. Padova. 8.
Ber. Offenb. Ver. — . . . Bericht über die Thätigkeit des Offenbacher Vereins für Naturkunde in den Vereinsjahren . . . . . . Offenbach. 8.
Ber. Senckenb. Ges. — Bericht über die Senckenbergische naturforschende Gesellschaft [in Frankfurt am Main]. Frankfurt a. M. 4, 8.
Ber. Vers. D. Naturf. — Amtlicher Bericht über die . . . Versammlung Deutscher Naturforscher und Aerzte. Berlin, etc. 4.
Biol. Centr.-Amer. — Biologia Centrali-Americana; or, Contributions to the Knowledge of the Fauna and Flora of Mexico and Central-America. Edited by F. Ducane Godman [and Osbert Salvin]. London. 4.
Bl. Aquar. Terrar. — Blätter für Aquarien- und Terrarien-Freunde [Kunde]. Illustrierte Wochenschrift für die Interessen der Aquarien- und Terrarien-Liebhaber [Kunde.] Magdeburg. 4.
Bocage, Herpét. Angola — Herpétologie d'Angola et du Congo. Ouvrage publié sous les Auspices du Ministère de la Marine et des Colonies par J. V. Barboza du Bocage. Lisbonne. 1895. 8.
Boddaert, Epist. Rana bicol. — Petri Boddaert . . . . Epistola . . de Rana bicolore. Amstelodami. 1772. 2.
Boettger, Kat. Batr. Mus. Senckenb. — Katalog der Batrachier-Sammlung im Museum der Senckenbergischen Naturforschenden Gesellschaft in Frankfurt am Main. Von O. Boettger. Abgeschlossen Mitte August 1892. Frankfurt am Main. 8.
Boettger, Kat. Rept. Mus. Senckenb. — Katalog der Reptilien-Sammlung im Museum der Senckenbergischen Naturforschenden Gesellschaft in Frankfurt am Main. Von O. Boettger. Frankfurt/a. M. 1893, 98. 8.
Boll. Mus. Torino — Bollettino dei Musei di Zoologia ed Anatomia comparata della Reale Università di Torino. Torino. 8.
Bonaparte, Iconogr. Fauna Ital. — Iconografia della Fauna Italica per le quattro Classi degli Animali Vertebrati di Carlo L. Principe Bonaparte. Tomo 1—3. Roma. 1832—41. 2.
Bonaparte, Saggio An. Vert. — Saggio di una Distribuzione metodica degli Animali Vertebrati di Carlo Luciano Bonaparte. Principe di Musignano. Roma. 1831. 8.

Boulenger, Cat. Batr. grad. Brit. Mus. — Catalogue of the Batrachia gradientia s. caudata and Batrachia apoda in the Collection of the British Museum. 2. Edition by George Albert Boulenger. London. 1882. 8.

Boulenger, Cat. Batr. sal. Brit. Mus. — Catalogue of the Batrachia salientia s. ecaudata in the Collection of the British Museum. II. Edition. By George Albert Boulenger. London. 1882. 8.

Boulenger, Tailless Batr. Eur. — The Tailless Batrachians of Europe. G. A. Boulenger (RaySoc.) *v.* 1, 2. London. 1897, 98. 8.

Boulenger, Vert. Fauna Malay, Rept. Batr. — A Vertebrate Fauna of the Malay Peninsula from the Isthmus of Kra to Singapore. Reptilia et Batrachia by G. A. Boulenger. London. 1912. 8.

Brandt & Ratzeburg, Med. Zool. — Medizinische Zoologie oder getreue Darstellung und Beschreibung der Thiere, die in der Arzneimittellehre in Betracht kommen, in systematischer Folge herausgegeben von J. F. Brandt und J. T. C. Ratzeburg. Band 1, 2. Berlin. 1829 (1827—29). 33 (1830—33). 4.

Brauer, Süßw. — Die Süßwasserfauna Deutschlands. Eine Excursionsfauna bearbeitet von .... und herausgegeben von Brauer. Jena. 8.

Bull. Dép. Agric. Ind. Néerl. — Bulletin du Département de l'Agriculture des Indes Néerlandaises. Buitenzorg. 8.

Bull. Essex Inst. — Bulletin of the Essex Institute. Salem. 8.

Bull. Mus. Harvard — Bulletin of the Museum of comparative Zoology at Harvard College, in Cambridge. Cambridge. Mass., U. S. A. 8.

Bull. Mus. Paris — Bulletin du Muséum d'Histoire naturelle. Paris. 8.

Bull. Philad. Mus. —

Bull. Sez. Fiorent. Soc. Afr. Ital. — Bullettino della Sezione Fiorentina della Società Africana d'Italia. Firenze. 8.

Bull. Soc. Angers — Bulletin de la Société d'Études scientifiques d'Angers. Angers. 8.

Bull. Soc. Moscou — Bulletin de la Société Impériale des Naturalistes de Moscou. Moscou. 8.

Bull. Soc. philom. — Bulletin de la Société philomathique de Paris. Paris. 4.

Bull. Soc. zool. France — Bulletin de la Société zoologique de France. Paris. 8.

Bull. univ. Sci. nat. — Bulletin des Sciences naturelles et de Géologie. Deuxième Section du Bulletin universel des Sciences et de l'Industrie, publié sous la Direction de Bar. de Férussac. Paris. 8.

Bull. U. S. Mus. — Bulletin of the United States national Museum. Washington. 8.

Burmeister, Erläut. Fauna Bras. — Erläuterungen zur Fauna Brasiliens, enthaltend Abbildungen und ausführliche Beschreibungen neuer oder ungenügend bekannter Thier-Arten. Von Herm. Burmeister. Berlin. 1856. 2.

Burmeister, Reise La Plata-St. — Reise durch die La Plata-Staaten, mit besonderer Rücksicht auf die physische Beschaffenheit und den Culturzustand der Argentinischen Republik. Ausgeführt in den Jahren 1857—60 von Hermann Burmeister. Band 1, 2. Halle. 1861. 8.

Cambridge nat. Hist. — The Cambridge natural History. Edited by S. F. Harmer and A. E. Shipley. — Vol. 8. Amphibia and Reptiles. By Hans Gadow. London. 1901. 8.

Castelnau, Exp. Amér. Sud — Animaux nouveaux ou rares recueillis pendant l'Expédition dans les Parties centrales de l'Amérique du Sud, de Rio de Janeiro à Lima et de Lima au Para; exécutée par Ordre du Gouvernement Français pendant les Années 1843—47, sous la Direction du Comte Francis de Castelnau. *v.* 1—3. Paris. 1855, 55, 57, 59. 4.

Cetti, Naturg. Sardinien — Des Herrn Abt Francesco Cetti Naturgeschichte von Sardinien [aus dem Italienischen von D. Piesch, herausgegeben von N. G. Leske]. *v.* 1—3. Leipzig. 1783, 84. 8.

CR. Ac. Sci. — Comptes rendus hebdomadaires des Séances de l'Académie des Sciences. Paris. 4.

Cuvier, Règne an. — Le Règne animal distribué d'après son Organisation, pour servir de Base à l'Histoire naturelle des Animaux et d'Introduction à l'Anatomie comparée. Par [Georges] Cuvier. Tom. 1—4. Paris. 1817. 8.

G. Cuvier, Règne an., ed. 2 — Le Règne animal distribué d'après son Organisation, pour servir de Base à l'Histoire naturelle des Animaux et d'Introduction à l'Anatomie comparée. Par [Georges] Cuvier. Nouvelle Édition, revue et augmentée. [Tom. 4 & 5:] Par [Pierre André] Latreille. Tom. 1—5. Paris. 1829, 29, 30, 29, 29. 8.

G. Cuvier, Règne an., ed. 4[1]) — Le Règne animal distribué d'après son Organisation, pour servir de Base à l'Histoire naturelle des Animaux, et d'Introduction à l'Anatomie comparée. Par [Georges] Cuvier. [4.] Édition accompagnée de Planches gravées, ... par une Réunion de Disciples de Cuvier. Paris. 1836—49. 4.

Daudin, Hist. Rainett. — Histoire naturelle des Rainettes, des Grenouilles et des Crapauds par F. M. Daudin. Paris. XI [1803]. 4.

Daudin, Hist. Rept. — Histoire naturelle, générale et particulière des Reptiles; Ouvrage faisant Suite à l'Histoire naturelle générale et particulière, composée par Leclerc de Buffon, et rédigée par C. S. Sonnini. Par F. M. Daudin. Tome 1—8. Paris. X, XI [1802, 1803]. 8.

De Betta, Cat. syst. — Edoardo de Betta, Catalogus systematicus rerum naturalium in Museo extantium. Sectio I. Reptilia Europae. Veronae. 1853. 8.

De Kay, Zool. N.-York — Zoology of New-York, or the New-York Fauna; comprising detailed Descriptions of all the Animals hitherto observed within the State of New-York, with brief Notices of those occasionally found near its Borders, and accompanied by appropriate Illustrations. By James E. De Kay. — Part 1—6. Albany. 1842—44. 4.

Denk. Ak. Wien — Denkschriften der Kaiserlichen Akademie der Wissenschaften. — Mathematisch-naturwissenschaftliche Classe. Wien. 4.

Denk. Ges. Jena — Denkschriften der medicinisch-naturwissenschaftlichen Gesellschaft zu Jena. Jena. 4.

Descr. Égypte — Description de l'Égypte, ou Recueil des Observations et des Recherches qui ont été faites en Égypte pendant l'Expédition de l'Armée Française, publié par les Ordres de sa Majesté l'Empereur Napoléon le Grand. — Histoire naturelle. Tom. 1I—1IV, 2; Planches. Paris. 1809 [1809—27], 13 [1818, 29][2]). 4 & 2.

M. Dickerson, Frog Book — The Frog Book: North American Toads and Frogs; with a Study of the Habits and Life-Histories of those of the Northeastern States; with over 300 Photographs from Life by the Author. Mary C. Dickerson. New York. 1906. 8.

Donndorff, Zool. Beytr. — Zoologische Beyträge zur 13. Ausgabe des Linnéischen Natursystems von Johann August Donndorff. *v.* 3. Leipzig. 1798. 8.

Dürigen, Deutschl. Amph. Rept. — Deutschlands Amphibien und Reptilien. Eine Beschreibung und Schilderung sämmtlicher in Deutschland und den angrenzenden Gebieten vorkommenden Lurch- und Kriechthiere von Bruno Dürigen. Magdeburg. 1890—97. 8.

Dugès, Rech. Ostéol. Batr. — Antoine Dugès, Recherches sur l'Ostéologie et la Myologie des Batraciens à leurs différens Âges, .. Paris. 1834. 4.

Duméril & Bibron, Erpét. — Erpétologie générale ou Histoire naturelle complète des Reptiles, par A. M. C. Duméril et par G. Bibron. Tome 1—9. Atlas. Paris. 1834—54. 8.

C. Duméril, Zool. anal. — Zoologie analytique, ou Méthode naturelle de Classification des Animaux, rendue plus facile à l'Aide de Tableaux synoptiques par A. M. Constant Duméril. Paris. 1806. 8.

East-Persia — Eastern Persia. An Account of the Journeys of the Persian Boundary Commission, 1870—72. — Vol. 2. The Zoology and Geology by W. T. Blanford. London. 1876. 8.

---

[1]) Diese Ausgabe ist bisher als „ed. 3" aufgeführt gewesen. Es gibt aber eine Ausgabe Bruxelles 1836, die mit „3 Edition" auf dem Titel bezeichnet ist, so daß die zuerst genannte Ausgabe von jetzt ab als „ed. 4" zitiert werden wird.

[2]) Cfr.: C. Davies Sherborn in: P. zool. Soc. London, 1897 p. 285.

Eichwald, Zool. spec. — Zoologia specialis quam expositis Animalibus tum vivis, tum fossilibus potissimum Rossiae in Universum, et Poloniae in Specie, . . . edidit Eduardus Eichwald. Pars 1—[3]. Vilnae. 1829, 30, 31. 8.

Enc. sci. — Encyclopédie scientifique. Publiée sous la Direction du Dr. Toulouse. Bibliothèque de Zoologie: Directeur Gustave Loisel. Paris. 8.

Ergeb. Hamburg. Magalh.-Sammelr. — Ergebnisse der Hamburger Magalhaensischen Sammelreise 1892/93. Herausgegeben vom Naturhistorischen Museum zu Hamburg. Hamburg. 1896—1907. 8.

Expl. Algérie — Exploration scientifique de l'Algérie pendant les Années 1840, 41, 42. Publiée par Ordre du Gouvernement et avec le Concours d'une Commission académique. — Sciences physiques. Zoologie. 9 Vol. & Atlas. Paris. 1844—67. 4.

Exp. Morée — Expédition scientifique de Morée. Section des Sciences physiques. — Tom. 3 Partie I. Zoologie. Cum Atlas. Paris. 1836 (1832, 33); 31—35. 4 & 2.

Eyre, J. Exp. — Edward John Eyre, Journals of Expeditions of Discovery into Central Australia and overland from Adelaide to King George's Sound in . . . 1840, 41. *v.* 1, 2. London. 1845. 8.

Fasc. Malay. — Fasciculi Malayenses. Anthropological and zoological Results of an Expedition to Perak and the Siamese Malay States 1901—03 untertaken by Nelson Annandale and Herbert C. Robinson. *v.* 1—3. London. 1903, 03, 06. 4.

Fauna Brit. Ind. — The Fauna of British India, including Ceylon and Burma. Published under the Authority of the Secretary of State for India in Council. Edited by W. T. Blanford. London, Calcutta usw. 8.

Fauna S. W. Austral. — Die Fauna Südwest-Australiens. Ergebnisse der Hamburger Südwestaustralischen Forschungsreise 1905, herausgegeben von W. Michaelsen und R. Hartmeyer. Jena. 8.

Fermin, Développ. Pipa — Développement parfait du Mystère de la Génération du Fameux crapaud de Surinam, nommé Pipa par Philippe Fermin. Maastricht. 1765. 8.

Fermin, Hist. nat. Holl. equin. — Histoire naturelle de la Hollande équinoxiale: ou Description des Animaux, Plantes, Fruits et autres Curiosités naturelles qui se trouvent dans la Colonie de Surinam; avec leurs Noms différents, tant François, que Latins, Hollandois, Indiens & Négre-Anglois. Amsterdam. 1765. 8.

Fitzinger, Classif. Rept. — Neue Classification der Reptilien nach ihren natürlichen Verwandtschaften. Nebst einer Verwandtschafts-Tafel und einem Verzeichnisse der Reptilien-Sammlung des kk. zoologischen Museums zu Wien. Von L. J. Fitzinger. Wien. 1826. 4.

Fitzinger, Syst. Rept. — Systema Reptilium Auctore Leopoldo Fitzinger. *v.* 1. Vindobonae. 1843. 8.

Fleming, Hist. Brit. An. — A History of British Animals, exhibiting the descriptive Characters und systematical Arrangement of the Genera and Species of Quadrupeds, Birds, Reptiles, Fishes, Mollusca, and Radiata of the United Kingdom. By John Fleming. Edinburgh. 1828. 8.

Gay, Hist. Chile — Historia fisica y politica de Chile segun Documentos adquiridos . . . y publicada bajo los Auspicios del supremo Gobierno por Claudio Gay. — Zoologia. Tom. 1—8; Atlas. Paris. 1847—54. 8 & 2.

Gmelin, Reise Rußl. — Samuel Georg (Gottlieb) Gmelins Reise durch Rußland zur Untersuchung der drey Natur-Reiche. Theil 1—4. St. Petersburg. [1770], 74, 74, 84. 4.

Gmelin, Syst. Nat. — Caroli a Linné Systema Naturae per Regna tria Naturae, secundum Classes, Ordines, Genera, Species, cum Characteribus, Differentiis, Synonymis, Locis. Editio XIII, aucta, reformata. Cura Jo. Frid. Gmelin. — Tomus I. Pars 1—7. Lipsiae. 1788 [Pars 6 & 7: 1791]. 8.

Goldfuß, Handb. Zool. — Handbuch der Zoologie. Von Georg August Goldfuß. *v.* 1, 2. Nürnberg. 1820. 8.

Gosse, Natural. Sojourn Jamaica — A Naturalist's Sojourn in Jamaica. Philip Henry Gosse, assisted by Richard Hill. London. 1851. 8.

Gravenhorst, Delic. Mus. Vratislav. — Deliciae Musei zoologici Vratislaviensis continens Chelonias et Batrachia. Auctore J. L. C. Gravenhorst. Fasc. 1. Lipsiae. 1829. 2.

Gray, Cat. Lizards Brit. Mus. — Catalogue of the Specimens of Lizards in the Collection of the British Museum. [Auctor: John Edward Gray.] London. 1845. 12.

Gray, Ill. Ind. Zool. — Illustrations of Indian Zoology; chiefly selected from the Collection of Major-General Hardwicke. By John Edward Gray. *v.* 1, 2. London. 1830/32, 33/34. 2.

Gray, Zool. Misc. — The zoological Miscellany. To be continued occasionally. By John Edward Gray. London. 1831, 42, 44. 8.

Grey, J. Exp. Austral. — Journals of two Expeditions of Discovery in North-West and Western Australia, during the Years 1837, 38 and 39 under the Authority of Her Majesty's Government. Describing many newly discovered, important, and fertile Districts, with Observations on the moral and physical Condition of the aboriginal Inhabitants, . . . By George Grey. *v.* 2. London. 1841. 8.

Griffith, An. Kingdom — The Animal Kingdom arranged in Conformity with its Organization, by the Baron [Georges] Cuvier, with additional Descriptions of all the Species hitherto named, and of many not before noticed (with supplementary Additions to each Order), by Edward Griffith and others. Vol. 1—15, Index. London. 1827—35. 8.

Günther, Cat. Batr. sal. Brit. Mus. — Catalogue of the Batrachia salientia in the Collection of the British Museum. By Albert Günther. London. 1858. 8.

Günther, Rept. Brit. Ind. — The Reptiles of British India. By Albert C. L. G. Günther. London. 1864. 4.

Guérin-Méneville, Iconogr. Règne an. — Iconographie du Règne animal de G. Cuvier, ou Représentation d'après Nature de l'une des Espèces les plus remarquables et souvent non encore figurées, de chaque Genre d'Animaux. Avec un Texte descriptif mis au Courant de la Science. Par F. E. Guérin-Méneville. Tom. 1—3. Paris, Londres. 1829—44. 4 (& 8).

Harlan, Med. Phys. Res. — Medical and Physical Researches or Original Memoirs in Medicine, Surgery, Physiology, Geology, Zoology and comparative Anatomy by Rich. Harlan. Philadelphia. 1835. 8.

Hay, Batr. Rept. Indiana — The Batrachians and Reptiles of the State of Indiana. O. P. Hay. Indianapolis. 1893. 8.

Henshaw & Yarrow, Rep. Rept. Batr. Calif. —

Hermann, Observ. zool. — Johannis Hermann Observationes zoologicae quibus novae complures, aliaeque Animalium Species describuntur et illustrantur. Opus posthumum edidit Fridericus Ludovicus Hammer. Pars I. Argentorati et Parisiis. XII (1804). 4.

Hermann, Tab. Affin. An. — Tabula Affinitatum Animalium olim academico Specimine edita nunc uberiore Commentario illustrata cum Annotationibus ad Historiam naturalem Animalium augendam facientibus. Auctore Johanne Hermann. Argentorati. 1783. 4.

Holbrook, N. Amer. Herpet. — North American Herpetology; or, a Description of the Reptiles inhabiting the United States. By John Edwards Holbrook. *v.* 1—5. 1836—41. Ed. 2 *v.* 1—5. Philadelphia. 1842. 4.

Isis — Isis [Encyklopädische Zeitschrift, vorzüglich für Naturgeschichte, vergleichende Anatomie und Physiologie] von [Lorenz von] Oken. Leipzig. 4.

J. Ac. Lisboa — Jornal de Sciencias mathematicas, physicas e naturaes, publicado sob os Auspicios da Academia Real das Sciencias de Lisboa. Lisboa. 8.

J. Ac. Philad. — Journal of the Academy of natural Sciences of Philadelphia. Philadelphia. 8 (4).

Jahrb. Hamburg. Anst. — Jahrbuch der Hamburgischen wissenschaftlichen Anstalten. Hamburg. 8.

Jahresber. Ver. Magdeburg — Jahresbericht und Abhandlungen des naturwissenschaftlichen Vereins in Magdeburg. Magdeburg. 8.

James, Exp. Rocky Mount. — Account of an Expedition from Pittsburg to the Rocky Mountains, performed in the Years 1819 and 20, under the Command of Major S. H. Long. Compiled by E. James. *v.* 1, 2. Philadelphia. 1823. 8.

J. Asiat. Soc. Bengal — Journal of the Asiatic Society of Bengal — [Vol. 34 & sequ.:] Part II, Natural History etc. Calcutta. 8.

J. Bombay Soc. — The Journal of the Bombay natural History Society. Bombay. 8.

J. Coll. Japan — The Journal of the College of Science, Imperial University, Japan. Tokyo. 8.

J. Essex Soc. —

J. Mus. Godeffroy — Journal des Museum Godeffroy. Hamburg. 4.

J. Straits Asiat. Soc. — Journal of the Straits Branch of the Royal Asiatic Society. Singapore. 8.

J. Trinidad Club — Journal of the Trinidad Field Naturalist's Club. Port of Spain. 8.

Klein, Quadrup. Dispos. — Jacobi Theodori Klein, Quadrupedum Dispositio brevisque Historia Naturalis. Lipsiae. 1751. 4.

Lacépède, Quadrup. ovip. Serp. — Quadrupèdes ovipares et Serpens par de Lacépède. — in: Buffon, Geo Louis Leclerc etc. — Histoire naturelle, générale et particulière, avec la Description du Cabinet du Roi. — *v.* 1, 2. Paris. 1788, 89. 4.

Latreille, Fam. Règne an. — Familles naturelles du Règne animal, exposées succinctement et dans un Ordre analytique, avec l'Indication de leurs Genres. Par [Pierre André] Latreille. Paris. 1825. 8.

Laurenti, Syn. Rept. — Josephi Nicolai Laurenti ...... Specimen medicum, exhibens Synopsin Reptilium emendatam cum Experimentis circa Venena et Antidota Reptilium Austriacorum. Viennae. 1768. 8.

Lefebvre, Voy. Abyss. — Voyage en Abyssinie, exécuté pendant les Années 1839—43, par une Commission scientifique, composée de Théophile Lefebvre, A. Petit, Quartin-Dillon et Vignaud. — Vol. 6. Zoologie, par O. Des Murs, Florent Prévost, Guichenot et Guérin-Menneville. Cum atl. Paris. [1845—50.] 8 & 2.

Leunis, Syn. Naturr. — Synopsis der drei Naturreiche. Ein Handbuch für höhere Lehranstalten und für Alle, welche sich wissenschaftlich mit Naturgeschichte beschäftigen wollen. Mit vorzüglicher Berücksichtigung der nützlichen und schädlichen Naturkörper Deutschlands, so wie der zweckmäßigsten Erleichterungsmittel zum Selbstbestimmen bearbeitet von Johannes Leunis. *v.* 1. Zoologie. Hannover. 1844. 8.

Lichtenstein & Martens, Nomencl. Rept. Mus. Berolin. — H. Lichtenstein & E. Martens, Nomenclator Reptilium et Amphibiorum Musei zoologici Berolinensis. Namenverzeichnis der in der zoolog. Sammlung der königl. Universität zu Berlin aufgestellten Arten von Reptilien und Amphibien nach ihren Ordnungen, Familien und Gattungen. Berlin. 1856. 8.

Lichtenstein, Verz. Doubl. — Verzeichniss der Doubletten des zoologischen Museums der Königl. Universität zu Berlin nebst Beschreibung vieler bisher unbekannter Arten von Säugethieren, Vögeln, Amphibien und Fischen herausgegeben von H. Lichtenstein. Berlin. 1823. 4.

Linné, Fauna Svec. — Carolus Linnaeus, Fauna Svecica sistens Animalia Sveciae Regni. Stockholmiae (Lugduni Batavorum). 1746. 8.

Linné, Fauna Svec., ed. 2 — Caroli Linnaei Fauna Svecica sistens Animalia Sveciae Regni: Mammalia, Aves, Amphibia, Pisces, Insecta, Vermes. Distributa per Classes & Ordines, Genera & Species, cum Differentiis Specierum, Synonymis Auctorum, Nominibus Incolarum, Locis Natalium, Descriptionibus Insectorum. Editio altera, auctior. Stockholmiae. 1761. 8.

Linné, Mus. Adolph. Frider. — Museum S. R. M. Adolphi Friderici Regis Svecorum, ... in quo Animalia rariora imprimis et exotica: Quadrupeda, Aves, Amphibia, Pisces, Insecta, Vermes describuntur et determinantur latine et svetice cum Iconibus jussu Reg. a Car. Linnaeo. Holmiae. 1754. 2.

Linné, Syst. Nat., ed. 10 — Caroli Linnaei Systema Naturae per Regna tria Naturae secundum Classes, Ordines, Genera, Species, cum Characteribus, Differentiis, Synonymis, Locis. Editio X, reformata. — Tomus I. Holmiae. 1758. 8.

Linné, Syst. Nat., ed. 12 — Caroli a Linné Systema Naturae per Regna tria Naturae, secundum Classes, Ordines, Genera, Species, cum Characteribus, Differentiis, Synonymis, Locis. Editio XII, reformata. — Tomus I. Pars 1, 2. Holmiae. 1766, 67. 8.

Lotos — Lotos. Zeitschrift für Naturwissenschaften. Prag (Wien). 8.

Maak, Putesh. Amur — Puteshestnie na Amur, sovershennoye po rasporyazheni yu Sibirskago I. Russk. Geograficheskayo Obstchestva v. 1885. St. Petersburg. 1859. 4 & 2.

Mac Coy, Prodr. Zool. Victoria — F. Mc Coy, Prodromus of the Zoology of Victoria; or, Figures and Descriptions of the living Species of all Classes of the Victorian indigenous Animals. Vol. 1, 2 (20 dec.). Melbourne, London. 1878—90. 8.

Mag. Ges. Fr. Berlin — Der Gesellschaft naturforschender Freunde zu Berlin Magazin für die neuesten Entdeckungen in der gesammten Naturkunde. Berlin. 4.

Mag. Zool. — Magasin de Zoologie |[Sér. 2:], d'Anatomie comparée et de Paléontologie|. Paris. 8.

Math. naturw. Ber. Ungarn — Mathematische und naturwissenschaftliche Berichte aus Ungarn. Budapest, Berlin. 8.

Mayer, Analecten Anat. – Analecten für vergleichende Anatomie. Sammlung [1], 2. Von A. F. J. C. Mayer. Bonn. 1835, 39. 8.

Mem. Acc. Torino — Memorie della Reale Accademia delle Scienze di Torino. — Scienze fisiche, matematiche e naturali. Torino. 4.

Mém. Ac. St.-Pétersb. — Mémoires de l'Académie Impériale des Sciences de St.-Pétersbourg. — [Sér. 6:] Sciences mathematiques, physiques et naturelles. St.-Pétersbourg. 4.

Mém. Ac. Turin — Mémoires de l'Académie Impériale des Sciences, Littérature et Beaux-Arts de Turin, pour les Années .... — Sciences physiques et mathématiques. Turin. 4.

Mem. Boston Soc. — Memoirs read before the Boston Society of natural History, being a new Series of the Boston Journal of natural History. Boston 4.

Mem. Mus. Harvard — Memoirs of the Museum of comparative Zoology at Harvard College. Cambridge, Mass. 4.

Mem. Queensl. Mus. — Memoirs of the Queensland Museum. Brisbane.

Mem. Soc. Modena — Memorie di Mathematica e di Fisica della Società Italiana delle Scienze residente in Modena. Verona, Modena. 4. (Parte contenente le Memorie di Fisica).

Mém. Soc. Neuchâtel — Mémoires de la Société des Sciences naturelles de Neuchâtel. Tome 1—4. Neuchâtel. 1835—74. 4. Mémoires de la Société neuchâteloise des Sciences naturelles. Tome 5. 1912. Neuchâtel. 4.

Mém. Soc. zool. France — Mémoires de la Société zoologique de France. Paris. 8.

Merian, Hist. Ins. Surin. — Histoire générale des Insectes de Surinam et de toute l'Europe .... par Marie Sybille Merian. Editio 3 par Buch'oz. *v.* 1—3. Paris. 1771. 2.

Merrem, Versuch Syst. Amph. — Versuch eines Systems der Amphibien von Blasius Merrem. [2. Titel:] Tentamen Systematis Amphibiorum Auctore Blasio Merrem. Marburg. 1820. 8.

Meyen, Reise — Reise um die Erde ausgeführt auf dem Kgl. Preuss. Seehandlungs-Schiffe Prinzess Louise 1830, 1831 und 1832 von F. J. F. Meyen. 3. Teil. Zoologischer Bericht. Berlin und Bonn. 1834. 4.

Meyer, Syn. Rept. — Frid. Alb. Anton Meyer, Synopsis Reptilium, novam ipsorum sistens Generum Methodum, nec non Gottingensium huius Ordinis Animalium Enumerationem. Gottingae. 1795. 12.

Miss. Mex. — Mission scientifique au Mexique et dans l'Amérique centrale, Ouvrage publié par Ordre du Ministre de l'Instruction publique. — Recherches zoologiques . . . publiées sous la Direction de [Henri] Milne Edwards. 3. Partie. Études sur les Reptiles et les Batraciens, par Auguste Duméril et [Marie-Firmin] Bocourt. Paris. 1870(—1909). 4.

Molina, Saggio Stor. nat. Chili — Saggio sulla Storia naturale del Chili del Giovanni Ignazio Molina. Bologna. 1782. 8.
Molina, Versuch Naturg. Chili — Versuch einer Naturgeschichte von Chili. Von J. Ignatz Molina. Aus dem Italiänischen übersetzt. Mit einer Landcharte. Leipzig. 1786. 8.
Monber. Ak. Berlin — Monatsberichte der Königlich Preussischen Akademie der Wissenschaften zu Berlin. Berlin. 8.
Monthly Not. R. Soc. Tasmania —
Mt. Geogr. Ges. Lübeck — Mitteilungen der Geographischen Gesellschaft und des naturhistorischen Museums in Lübeck. Lübeck. 8.
Mt. Ges. Bern — Mittheilungen der naturforschenden Gesellschaft in Bern. Bern. 8.
Mt. Mus. Berlin — Mitteilungen aus der zoologischen Sammlung des Museums für Naturkunde in Berlin. Berlin. 4.
Mt. Mus. Hamburg — Mitteilungen aus dem naturhistorischen Museum in Hamburg. Aus dem (Beiheft zum) Jahrbuch der Hamburgischen wissenschaftlichen Anstalten. Hamburg. 8.
Müller, Zool. Dan. Prodr. — Zoologiae Danicae Prodromus, seu Animalium Daniae et Norvegiae indigenarum Characteres, Nomina, et Synonyma imprimis popularium. Auctore Othone Friderico Müller. Havniae. 1776. 8.
Mus. Senckenb. — Museum Senckenbergianum. Abhandlungen aus dem Gebiete der beschreibenden Naturgeschichte. Von Mitgliedern der Senckenbergischen naturforschenden Gesellschaft in Frankfurt am Main. Frankfurt a. M. 4.
N. Abh. Böhm. Ges. — Neuere Abhandlungen der Königlichen Böhmischen Gesellschaft der Wissenschaften. Prag. 4.
Nachr. Ges. Götting. — Nachrichten von der Königl. Gesellschaft der Wissenschaften und der Georg-Augusts-Universität zu Göttingen. Göttingen. 8.
N. Acta Ac. Leop. — Nova Acta Academiae Caesareae Leopoldino-Carolinae Germanicae Naturae Curiosorum. Verhandlungen der Kaiserlichen Leopoldinisch-Carolinischen Akademie der Naturforscher. Norimbergae (Erlangen) (Bonn). 4.
N. Amer. Fauna — North American Fauna published by Authority of the Secretary of Agriculture. U. S. Department of Agriculture. Washington. 8.
Napp, Argent. Republik — Richard Napp, Die Argentinische Republik. Buenos Aires. 1876. 8.
N. Arch. Mus. Paris — Nouvelles Archives du Muséum d'Histoire naturelle. Paris. 4.
Nat. Hist. Red River — Natural History of the Red River of Louisiana. Report of R. B. Marcy. Washington. 8.
Nat. Hist. Rev. — The natural History Review. A quarterly Journal. London. 8.
Naturaleza — La Naturaleza. Periódico cientifico de la Sociedad Méxicana de Historia natural. México. 4.
Natuurk. Tijdschr. Nederl. Ind. — Natuurkundig Tijdschrift voor Nederlandsch Indie. Batavia (s'Gravenhage). 8.
N. Denk. Schweiz. Ges. — Neue Denkschriften der allgemeinen Schweizerischen Gesellschaft für die gesammten Naturwissenschaften. Nouveaux Mémoires de la Société Helvétique des Sciences naturelles. Neuchatel (Zürich). 4.
N. Mém. Soc. Moscou — Nouveaux Mémoires de la Société Impériale des Naturalistes de Moscou. Moscou. 4.
Not. Leyden Mus. — Notes from the Leyden Museum. Leyden. 8.
Nova Guinea — Nova Guinea. Résultats (géologiques, botaniques, zoologiques, anthropologiques et ethnographiques) des Expéditions scientifiques Néerlandaises à la Nouvelle-Guinée en 1903, 1907—09 et 1912—13. Zoologie. Leide. 4.
Nov. zool. — Novitates zoologicae. A Journal of Zoology in Connection with the Tring Museum. Tring. 8.
Oken, Lehrb. Naturg. — [Lorenz von] Okens Lehrbuch der Naturgeschichte. — 3. Theil. Zoologie. Abtheilung 1, 2. Mit 1 Atlas. Leipzig und Jena (Leipzig). 1815, 16. 8 & 4.
Oppel, Ordn. Rept. — Die Ordnungen, Familien und Gattungen der Reptilien als Prodrom einer Naturgeschichte derselben. Von Michael Oppel. München. 1811. 4.

Orbigny, Voy. Amér. mérid. — Voyage dans l'Amérique méridionale, exécuté pendant les Années 1826—33 par Alcide d'Orbigny. *v.* 1—7. Paris, Strasbourg. 1834—47. 4.

P. Ac. Philad. — Proceedings of the Academy of natural Sciences of Philadelphia. Philadelphia. 8.

Pallas, Reise Ruß. — P. S. Pallas Reise durch verschiedene Provinzen des Rußischen Reichs. Theil 1—3. St. Petersburg. 1771, 73, 76. 4. (2. Auflage: 1. Theil. St. Petersburg. 1801. 4.)

Pallas, Spicil. zool. — Spicilegia zoologica quibus novae |imprimis| et obscurae Animalium Species Iconibus, Descriptionibus atque Commentariis illustrantur. Cura P. S. Pallas. Fasciculus 1—14. Berolini. 1767—80. 4.

P. Amer. phil. Soc. — Proceedings of the American philosophical Society, held at Philadelphia, for promoting useful Knowledge. Philadelphia. 8.

P. Asiat. Soc. Bengal — Proceedings of the Asiatic Society of Bengal. Calcutta. 8.

P. biol. Soc. Washington — Proceedings of the biological Society of Washington. Washington. 8.

P. Boston Soc. — Proceedings of the Boston Society of natural History. Cambridge (Boston). 8.

P. Calif. Ac. — Proceedings of the California Academy of |natural| Sciences. — [Ser. 3:] Zoology. San Francisco. 8.

Peters, Reise Mossamb. — Naturwissenschaftliche Reise nach Mossambique auf Befehl Sr. Maj. des Königs Friedrich Wilhelm IV. in den Jahren 1842 bis 48 ausgeführt von W. Peters. — Zoologie. *v.* 1, 3, 4, 5. Berlin. 1852, 82, 68, 62. 4.

Philippi, Supl. Batr. Chilen. — R. A. Philippi, Suplements a los Batragnios Chilenos descritos en la Historia fisica i politica de Chile de Don C. Gay. Santiago de Chile. 1902. 8.

Phil. Tr. — Philosophical Transactions of the Royal Society of London. London. 4.

P. Linn. Soc. N. S. Wales — The Proceedings of the Linnean Society of New South Wales. Sydney. 8.

P. N. Engl. zool. Club — Proceedings of the New England zoological Club. Boston, Mass. 8.

Preuss, Exp. O.-Asien — Die Preussische Expedition nach Ost-Asien. Nach amtlichen Quellen. — Zoologischer Theil. *v.* 1, 2. Berlin. 1876, 67. 8.

P. R. Soc. Queensl. — Proceedings of the Royal Society of Queensland. Brisbane. 8.

P. R. Soc. Victoria — Proceedings of the Royal Society of Victoria. New Series. Melbourne. 8.

Przewalski, Mongolija — Mongolija i Strana Tangutow. Trehletnee Puteschestwie w wostotschnoi Nagapnoi Asii. N. Przewalski. S. Petersburg. Tome I, II. 1875, 76. 8. [Die Mongolei und das Land der Tanguten. Dreijährige Reise im östlichen Bergland Asiens von N. Przewalski. *v.* 1, 2. St. Petersburg. 1875, 76. 8]

Publ. Field Columb. Mus. — Publications of the Field Columbian Museum. Chicago. 8.

P. U. S. Mus. — Proceedings of the United States national Museum. Washington. 8.

P. zool. Soc. London — Proceedings of the zoological Society of London. London. 8.

Quart. J. geol. Soc. London — The quarterly Journal of the geological Society of London. London. 8.

Quart. J. micr. Sci. — Quarterly Journal of microscopical Science. London. 8.

Rafinesque, Anal. Nat. — Analyse de la Nature ou Tableau de l'Univers et des Corps organisés. Par C. S. Rafinesque. Palerme. 1815. 8.

Ramon, Hist. Cuba — Historia fisica, politica y natural de la Isla de Cuba por Ramon de la Sagra. — II. Parte. Historia natural. *v.* 1—7. Paris. 1838—56 [1857]. 8 & 2.

Rec. Austral. Mus. — Records of the Australian Museum. Sydney. 8.

Rec. Ind. Mus. — Records of the Indian Museum (A Journal of Indian Zoology.) Calcutta. 8.

Reider & Hahn, Fauna Boica — Fauna Boica oder gemeinnützige Naturgeschichte der Thiere Bayerns, bearbeitet und herausgegeben von Jakob Ernst von Reider und Carl Wilhelm Hahn. *v.* 1, 2 I & II, 3, 4. Nürnberg. 1830—35. 8.

Reise Novara — Reise der Österreichischen Fregatte „Novara“ um die Erde in den Jahren 1857, 1858, 1859 unter den Befehlen des Commodore B. von Wüllerstorf-Urbair. Wissenschaftlicher Theil. — Zoologischer Theil. *v.* 1, 2. Wien. 1864—75. 4.

Rep. Brit. Ass. — Report of the ... Meeting of the British Association for the Advancement of Science. London. 8.

Rep. Expl. Railroad Pacif. Ocean — Reports of Explorations and Surveys, to ascertain the most practicable and economical Route for a Railroad from the Mississippi River to the Pacific Ocean. Made under the Direction of the Secretary of War, in 1853—56. Washington. 4.

Rep. Expl. West 100. Merid. — Report upon geographical and geological Explorations and Surveys West of the one hundredth Meridian, in Charge of Geog. M. Wheeler, under the Direction of A. A. Humphreys, published by Authority of Wm. W. Belknap. — *v.* 5: Zoology. Washington. 1875. 4.

Rep. Fish. Rept. B. Massach. — Reports on the Fishes, Reptiles and Birds of Massachusetts. Published agreeably to an Order of the Legislature by the Commissioners on the zoological and botanical Survey of the State Boston. Boston. 1839. 8.

Rep. geol. Surv. Indiana — Survey, geological of Indiana. Annual Report. Von Rep. 11—16: Indiana Department of Geology and natural History; von Rep. 17—: Geology and natural Resources. Indianapolis. 8.

Rep. Horn Exp. Centr.-Austral. — Report on the Work of the Horn scientific Expedition to Central Australia. London, Melbourne. 4.

Rep. Princeton Univ. Exp. Patag. — Reports of the Princeton University Expedition to Patagonia 1896—99. Edited by W. S. Scott. Princeton. 4.

Rep. U. S. Mus. — Annual Report of the Board of Regents of the Smithsonian Institution, showing the Operations, Expenditures, and Condition of the Institution. Report of the U. S. national Museum. Washington. 8.

Result. Przewalski Reis. — Wissenschaftliche Resultate der von N. M. Przewalski nach Central-Asien unternommenen Reisen. Auf Kosten .... herausgegeben von der Kaiserlichen Akademie der Wissenschaften. — Zoologischer Theil. St. Petersburg. 4. [Russisch und Deutsch.]

Rev. int. Sci. — Revue internationale des Sciences. Paris. 8.

Revista Mus. La Plata — Revista del Museo de La Plata. Dirijida por Francisco P. Moreno. La Plata. 8.

Rev. Mag. Zool. — Revue et Magasin de Zoologie pure et appliquée. Paris. 8.

Richardson, Fauna Bor.-Amer. — Fauna Boreali-Americana; or the Zoology of the northern Parts of British America; containing Descriptions of the Objects of natural History collected on the late Northern Land Expeditions, under Command of Captain John Franklin by John Richardson. Assisted by William Swainson and William Kirby. *v.* 1—4. London. 1829—37. 4.

A. Risso, Hist. Eur. mérid. — Histoire naturelle des principales Productions de l'Europe méridionale et particulièrement de celles des Environs de Nice et des Alpes maritimes; par A. Risso. *v.* 1—5. Paris et Strasbourg. 1826. 8.

Rochebrune, Faune Sénég. — Faune de la Sénégambie par A. T. de Rochebrune. Reptiles. Paris. 1884. 8.

Rösel, Hist. Ran. — Historia naturalis Ranarum nostratium in qua omnes earum proprietates, praesertim quae ad generationem ipsarum pertinent, fusius enarrantur. Cum praefatione illustris viri Alberti Haller edidit accuratisque iconibus ornavit Augustus Johannes Roesel von Rosenhof. (Die natürliche Historie der Frösche hiesigen Landes worinnen alle Eigenschaften derselben, sonderlich aber ihre Fortpflanzung, umständlich beschrieben werden. Mit einer Vorrede Herrn Albrechts von Haller, herausgegeben und mit zuverlässigen Abbildungen geziert von August Johann Rösel von Rosenhof.) Nürnberg. 1758. 2.

Rozet, Voy. Alger — Voyage dans la Régence d'Alger ou Description du Pays occupé par l'Armée française en Afrique par C. A. Rozet. *v.* 1—3. Paris. 1833. 8.

Rüppell, Atlas Reise Afr. — Atlas zu der Reise im nördlichen Afrika von Eduard Rüppell. 1. Abt. Zoologie. Frankfurt a. M. 1826—31. 4.

SB. Ak. Berlin — Sitzungsberichte der Königlich Preussischen Akademie der Wissenschaften zu Berlin. Berlin. 8.

SB. Ak. München — Sitzungsberichte [*v.* 1 & sequ.:] der mathematisch-physikalischen Classe| der Königlichen Bayerischen Akademie der Wissenschaften zu München. München. 8.

SB. Ak. Wien — Sitzungsberichte der Kaiserlichen Akademie der Wissenschaften. — Mathematisch-naturwissenschaftliche Classe. Wien. 8.

SB. Ges. Fr. Berlin — Sitzungsberichte der Gesellschaft naturforschender Freunde zu Berlin. Berlin. 4, 8.

Schinz, Naturg. Rept. — Naturgeschichte und Abbildungen der Reptilien von H. R. Schinz (des Thierreichs 3. Teil). Schaffhausen. 1833. 2.

Schlegel, Abbild. Amph. — Abbildungen neuer oder unvollständig bekannter Amphibien, nach der Natur oder dem Leben entworfen, herausgegeben und mit einem erläuternden Texte begleitet von H. Schlegel. Düsseldorf. 1837—44. 8 & 4.

Schlegel, Dierentuin zool. Genoot. — De Dierentuin van het Koninklijk zoologisch Genootschap „Natura Artis Magistra" te Amsterdam zoologisch geschetst door... H. Schlegel. Amsterdam. [1863—] 1872[—73]. 4.

Schlegel, Handl. Dierk. — Natuurkundige Leercursus ten Gebruike der Koninklijke Militaire Akademie. Handleiding tot de Beoefening der Dierkunde, door H. Schlegel. Deel 1, 2; Atl. Breda. 1857, 58. 8 & 2.

Schneider, Hist. Amph. — Historiae Amphibiorum naturalis et literariae Fasciculus primus (secundus) continens... Auctor Ioan. (Johann.) Gottlob Schneider. Jena. 1799, 1801. 8.

Schomburgk, Guiana — Reisen in Britisch-Guiana in den Jahren 1840—44. Im Auftrage Sr. Majestät des Königs von Preussen ausgeführt von Richard Schomburgk. — 3. Theil. Versuch einer Fauna und Flora von Britisch-Guiana. Nach Vorlagen von Johannes Müller, Ehrenberg, Erichson, Klotzsch, Troschel, Cabanis und andern. Systematisch bearbeitet von Richard Schomburgk. Leipzig. 1848. 4.

Schrank & Moll, Naturh. Briefe — Naturhistorische Briefe über Oesterreich, Salzburg, Passau und Berchtesgaden von Franz von Paula Schrank und Karl Ehrenbert von Moll. *v.* 1, 2. Salzburg. 1785. 8.

Schreiber, Herpet. Eur. — Herpetologia Europaea. Eine systematische Bearbeitung der Amphibien und Reptilien, welche bisher in Europa aufgefunden sind. Von Egid Schreiber. Braunschweig. 1875. Ed. 2. 1912. 8.

Schr. Ges. Fr. Berlin — Schriften der Gesellschaft naturforschender Freunde zu Berlin. Berlin. 8.

Science — Science. A weekly Record of scientific Progress (A weekly Journal devoted to the Advancement of Science, ...). New York. 4.

Sci. Observ. — Science Observer. A Journal for Amateur Scientists. Published monthly by the Boston Amateurs Scientific Society. Boston. 8.

Seba, Thesaurus — Locupletissimi Rerum naturalium Thesauri accurata Descriptio, et Iconibus artificiosissimis Expressio, per universam Physices Historiam. Opus, cui in hoc Rerum Genere, nullum par exstitit. Ex toto Terrarum Orbe collegit, digessit, descripsit, et depingendum curavit Albertus Seba. Tom. 1—4. Amstelaedami. 1734, 35, 61, 65. 2.

Seetzen, Reis. Syr. — Ulrich Jasper Seetzen's Reisen durch Syrien, Palästina, Phoenicien, die Transjordan Länder, Arabia Petraea und Unter-Aegypten. Herausgegeben und commentiert von Fr. Kruse in Verbindung mit Hinricus, G. Fr. Hermann Müller und mehreren anderen Gelehrten. Band 1—4. Berlin. 1854—59. 8.

G. Shaw. Gen. Zool. — General Zoology, or systematic natural History by George Shaw ([Vol. 9—14:] commenced by the late George Shaw. By James Francis Stephens). Vol 1 I & II—14 I & II. London. 1800—26. 8.

Siebold, Fauna Jap. — Fauna Japonica sive Descriptio Animalium, quae in Itinere per Japoniam... Annis 1823—30 collegit, Notis, Observationibus et

Adumbrationibus illustravit Ph. Fr. de Siebold. Conjunctis Studiis C. J. Temminck et H. Schlegel pro Vertebratis atque W. de Haan pro Invertebratis elaborata. Lugduni Batavorum. [1833—50][1]).

Sitgreaves, Exp. Zuni — L. Sitgreaves, Report of an Expedition down the Zuni and Colorado Rivers. Washington. 1853. 8.

Smith, Ill. Zool. S.-Afr. — Illustrations of the Zoology of South Africa; consisting chiefly of Figures and Descriptions of the Objects of natural History collected during an Expedition into the Interior of South Africa, in the Years 1834, 1835, and 1836; ... By Andrew Smith. London. 1849 [1838—49][2]). 4.

Sonnini & Latreille, Hist. Rept. — Histoire naturelle des Reptiles, avec Figures dessinées d'après Nature; par C. S. Sonnini et P. A. Latreille. Tome 1—4. Paris. X [1802]. 12.

Spix, Spec. Testud. Ran. Bras. — Animalia nova sive Species novae Testudinum et Ranarum, quas in Itinere per Brasiliam Annis 1817—1820 Jussu et Auspiciis Maximiliani Josephi I. Bavariae Regis suscepto collegit et descripsit J. B. de Spix. Monachii. 1824. 2.

Steffen, De Ran. Observ. — De Ranis nonnullis Observationes anatomicae. Guil. Aug. Steffen. Berolini. 1815. 4.

J. Sturm, Deutschl. Fauna — Deutschlands Fauna in Abbildungen nach der Natur mit Beschreibungen von Jacob Sturm. — 3. Abtheilung. Die Amphibien. 1.—6. Heft. Nürnberg. 1797—1828. 16.

Svenska Ak. Handl. — Kongliga Svenska Vetenskaps-Akademiens Handlingar. Stockholm. 8 (4).

Tabl. enc. méth. — Tableau encyclopédique et méthodique des trois Règnes de la Nature. Paris. 1788—1828. 4.

Termés. Füzetek — Természetrajzi Füzetek |az Állat-, Növény-, Ásvány-, és Földtan Köréböl|. Kiadja a Magyar nemzeti Múzeum. Budapest. 8.

Thompson, Herpet. Not. — Herpetological Notices. nr. 1—3. San Francisco. 1912. 8.

Tijdschr. Nederl. dierk. Ver. — Tijdschrift der Nederlandsche dierkundige Vereeniging. s'Gravenhage (Rotterdam, Leiden). 8.

Tornier, Kriechth. D.-O.-Afr. — Die Kriechthiere Deutsch-Ost-Afrikas. Beiträge zur Systematik und Descendenzlehre von Gustav Tornier. Berlin. 1896. 8.

Tr. Linn. Soc. London — The Transactions of the Linnean Society of London. — [Ser. 2:] Zoology. London. 4.

Tr. N. Zealand Inst. — Transactions and Proceedings of the New Zealand Institute. Wellington (Wellington, London). 8.

Tr. R. Soc. Edinb. — Transactions of the Royal Society of Edinburgh. Edinburgh. 4.

Tr. R. Soc. S.-Afr. — Transactions of the Royal Society of South Africa. Cape Town. 8.

Tr. zool. Soc. London — Transactions of the zoological Society of London. London. 4.

Tschudi, Classif. Batr. — Classification der Batrachier, mit Berücksichtigung der fossilen Thiere dieser Abtheilung der Reptilien; von J. J. Tschudi [Neuchatel]. [1838.] 4. [& in *Mém. Soc. Neuchatel, v.* 2, 1839.]

Tschudi, Fauna Peru. — J. J. v. Tschudi, Untersuchungen über die Fauna Peruana auf einer Reise in Peru während der Jahre 1838—42. St. Gallen. 1844—46. 4.

U. S. astronom. Exp. — The U. S. Naval astronomical Expedition to the Southern Hemisphere, during the Years 1849—50—51—52. Washington. 4.

U. S. expl. Exp. — United States exploring Expedition. During the Years 1838—42. Under the Command of Charles Wilkes. *v.* 1—17. New York, Philadelphia etc. 1846—1858. 4 & 2.

U. S. Mex. Boundary Surv. — United States and Mexican Boundary Survey under the Order of W. H. Emory. 4.

Verh. Ges. Basel — Verhandlungen der naturforschenden Gesellschaft in Basel. Basel. 8.

Verh. Ges. D. Naturf. — Verhandlungen der Gesellschaft Deutscher Naturforscher und Aerzte. Leipzig. 8.

[1]) Cfr.: C. Davies Sherborn & F. A. Jentink in: P. zool. Soc. London, 1895 p. 149.

[2]) Cfr.: F. H. Waterhouse in: P. zool. Soc. London, 1880 p. 489—491.

Verh. Ges. Wien — Verhandlungen der kaiserlich-königlichen zoologisch-botanischen Gesellschaft in Wien. Wien. 8.

Vert. Viaje Pacif. — Vertebrados del Viaje al Pacifico verificado del 1862 a 1865 por una Comision de Naturalistas enviada por el Gobierno Español. Madrid. 4.

Vid. Meddel. — Videnskabelige Meddelelser fra den naturhistoriske Forening i Kjøbenhavn for Aarene .... Kjøbenhavn. 8.

Vincent, Cat. Descr. An. — Catalogus et Descriptio animalium Volatilium, Reptilium et Aquatilium ... quae in liquoribus ad vivum conservat Levinus Vincent. La Haye. 1726. 4.

Vincent, Descr. Pipae — Descriptio Pipae seu Bufonis aquatici Surinamensis Foetus emittentis in dorso, unde videntur prodire; addita succincta Descriptione Ranarum ...... conservatorum in Gazophyllacio Levini Vincent. Haarlem. 1726. 4.

Voy. Bonite — Voyage autour du Monde, exécuté pendant les Années 1836 et 1837, sur la Corvette La Bonite, commandée par Vaillant. Publié par Ordre du Roi [du Gouvernement], sous les Auspices du Département de la Marine. — Zoologie, par Eydoux et Souleyet. Tom. 1, 2; Atlas. Paris. 1841, 52. 8 & 2.

Voy. Coquille — Voyage autour du Monde, exécuté par Ordre du Roi, sur la Corvette de sa Majesté, La Coquille, pendant les Années 1822—25. Publié ... par L. I. Duperrey. — Zoologie, par [René Primevère] Lesson (Lesson et [Prosper] Garnot). Tom. 1 I & II, 2 I & II; Atlas. Paris. 1826, 28. 30, 30 [30—38]; [30/31]. 4 & 2.

Voy. Ind.-Or. — Voyage aux Indes-Orientales, par le Nord de l'Europe, les Provinces du Caucase, la Géorgie, l'Arménie et la Perse, ... pendant les Années 1825—29, publié par Charles Bélanger. — Zoologie, par Bélanger, Isidore Geoffroy-Saint-Hilaire, Lesson, Valenciennes, Deshayes et Guérin. Cum Atlas. Paris. 1834. 8 & 4.

Voy. Pole Sud — Voyage au Pole Sud et dans l'Océanie sur les Corvettes l'Astrolabe et la Zélée; exécuté .... pendant les Années 1837—40, sous le Commandement de J. Dumont-d'Urville; publié .... sous la Direction supérieure de Jacquinot. — Zoologie. Cum Atlas. Paris. 8 & 2.

Wagler, Descr. Amph. — Descriptiones et Icones Amphibiorum. Auctor Joannes Wagler. 3 Partes cum 36 tabulis. Monachii, Stuttgartiae et Tubingae. 1828, 30, 33. 4.

Wagler, Syst. Amph. — Natürliches System der Amphibien, mit vorangehender Classification der Säugethiere und Vögel. Ein Beitrag zur vergleichenden Zoologie. Von Joh. Wagler. München, Stuttgart und Tübingen. 1830. 8.

Wagner, Reis. Algier — Moritz Wagner, Reisen in der Regentschaft Algier, in den Jahren 1836, 1837 und 1838. Nebst einem naturhistorischen Anhang und einem Kupferatlas. *v.* 1—3. Leipzig. 1841. 8.

Weber, Reise Niederl. O.-Ind. — Zoologische Ergebnisse einer Reise in Niederländisch Ost-Indien. Herausgegeben von Max Weber. Band 1—4. Leiden. 1890—1907. 8.

White, J. Voy. N. S. Wales — John White, Journal of a Voyage to New South Wales. London. 1790. 4.

Wied, Abbild. Naturg. Bras. — Abbildungen zur Naturgeschichte Brasiliens. Maximilian Prinz von Wied. Weimar. 1822, 28, 30, 31. 2.

Wied, Beitr. Naturg. Bras. — Beiträge zur Naturgeschichte von Brasilien, von Maximilian, Prinzen zu Wied. Band 1, 2, 3 I & II, 4 I & II. Weimar. 1825, 26, 30, 31, 32, 33. 8.

Wied, Reise Bras. — Maximilian Prinz zu Wied-Neuwied, Reise nach Brasilien in den Jahren 1815 bis 1817. *v.* 1, 2. Frankfurt a. M. 1820, 21. 4.

Wied, Reise Nordamer. — Reise in das Innere Nordamerikas in den Jahren 1832—1834 von Maximilian Prinzen zu Wied. *v.* 1, 2. Coblenz. 1839, 41. 4.

Work J. S. Budgett — The Work of John Samuel Budgett, being a Collection of his zoological Papers, together with a biographical Sketch by A. E. Shipley and Contributions by R. Assheton, E. J. Bles and others. Edited by J. G. Kerr. Cambridge. 1907. 4.

Würzburg. Z. — Würzburger naturwissenschaftliche Zeitschrift. Herausgegeben von der physikalisch-medicinischen Gesellschaft. Würzburg. 8.

Z. Naturw. — Zeitschrift für Naturwissenschaften ([Band 1—54:] Zeitschrift für die gesammten Naturwissenschaften). Halle (Berlin) (Leipzig). 8.

Zool. Anz. — Zoologischer Anzeiger. Leipzig. 8.

Zool. Gart. — Der zoologische Garten. Zeitschrift für Beobachtung, Pflege und Zucht der Thiere. Frankfurt a. M. 8.

Zool. Jahrb. — Zoologische Jahrbücher. — Zeitschrift für Systematik, Geographie und Biologie der Thiere. Jena. 8.

Zool. Jahrb., Anat. — Zoologische Jahrbücher. — Abtheilung für Anatomie und Ontogenie der Thiere. Jena. 8.

Zool. Jahrb., Syst. — Zoologische Jahrbücher. — Abtheilung für Systematik, Geographie und Biologie der Thiere. Jena. 8.

Zool. Rec. — The zoological Record. London. 8.

Zool. Voy. Beagle — The Zoology of the Voyage of H. M. S. Beagle, under the Command of Captain Fitzroy, during the Years 1832—36. Edited and superintended by Charles Darwin. *v.* 1—5. London. 1840, 39, 41, 42, 43. 4.

Z. Physiol. — Zeitschrift für Physiologie. Untersuchungen über die Natur des Menschen, der Thiere und der Pflanzen. In Verbindung mit mehreren Gelehrten herausgegeben von Friedrich Tiedemann, Gottfried Reinhard Treviranus und Ludolph Christian Treviranus. Heidelberg und Leipzig. 4.

Systematischer Index

[Neue Gattungs- und Artnamen sind durch ein Kreuz (†) bezeichnet.]

Anura

(Batrachia salientia s. Amphibia ecaudata)

1754 *Reptilia* (part.), Linné, Mus. Adolph. Frider., p. 40 | 1758 *Reptiles* (part.), Linné, Syst. Nat., ed. 10 p. 197 | 1768 *Salientia*, Laurenti, Syn. Rept., p. 24 | 1800 „*Les Batraciens*", Brongniart in: Bull. Soc. philom., *v.* 2 p. 8 | 1803 „*Batraciens*" (part.), Daudin, Hist. Rept., *v.* 8 p. 6 | 1806 „*Anouren*" s. *Batracii ecaudati*, C. Duméril, Zool. anal., p. 90 | 1811 *Ecaudata*, Oppel, Ordn. Rept., p. 72, 82 | 1815 *Anuria*, Rafinesque, Anal. Nat. p. 78 | 1817 „*Les Batraciens*", G. Cuvier, Règne *an.*, *v.* 2 p. 88 | 1820 *Batrachia salientia*, Merrem, Versuch Syst. Amph., p. 164 | 1820 *Ranae*, Goldfuss, Handb. Zool., *v.* 2 p. 131 | 1821 *Ecaudata*, R. Leuckart in: Oken in: Isis, fasc. 5 Litt. Anz. p. 259 | 1825 *Anoura*, Latreille, Fam. Règne an., p. 104 | 1825 *Anoura:* Fam. *Ranadae*, J. E. Gray in: Ann. Phil., ser. 2 *v.* 10 p. 213 | 1826 *Dipnoa mutabilia*, Fitzinger, Classif. Rept., p. 37, 63 | 1830 *Ranae* (part.), Wagler, Syst. Amph., p. 199 | 1831 *Anuri*, Eichwald, Zool. spec., *v.* 3 p. 165 | 1831 *Ranidae*, Bonaparte, Saggio An. Vert., p. 10 | 1838 *Batrachia*, Tschudi, Classif. Batr., p. 25, 70 | 1838 *Cadnabranchia*, Hogg in: Ann. nat. Hist., *v.* 1 p. 152 | 1841 *Prolatibranchia* (part.), Hogg in: Ann. nat. Hist., *v.* 7 p. 361 | 1841 „*Les Anoures*", C. Duméril & G. Bibron, Erpét., *v.* 8 p. 291 | 1843 *Batrachia*, Fitzinger, Syst. Rept., p. 30 | 1858 *B. salientia*, Alb. Günther, Cat. Batr. sal. Brit. Mus., p. 1 | 1865 *B. s.*, E. D. Cope in: Nat. Hist. Rev., p. 97 | 1867 *Anura* s. *Amphibia ecaudata*, Steindachner in: Reise Novara, Amph., p. 4 | 1869 *Anura*, Mivart in: P. zool. Soc. London, p. 286 | 1875 *A.*, E. D. Cope in: Bull. U. S. Mus., *v.* 1 p. 7 | 1882 *Batrachia salientia* s. *ecaudata*, Boulenger, Cat. Batr. sal. Brit. Mus., ed. 2 p. 1 | 1889 *Salientia*, E. D. Cope in: Bull. U. S. Mus., *v.* 34 p. 232 | 1896 *Ecaudata*, C. Berg in: An. Mus. Buenos Aires, *v.* 5 p. 156.

Amphibien mit gedrungenem Körper, als fertig ausgebildete Tiere ohne Schwanz, aber mit 2 Paar Gliedmaßen, von denen die hinteren durchweg stärker entwickelt sind als die vorderen und bei der Mehrzahl der Arten zu langen Sprungbeinen ausgebildet sind.

Der Rumpf ist kurz und dick, bei den meisten Arten mehr oder weniger flachgedrückt, bei anderen Arten mehr oder weniger kugelig aufgewölbt. Ein Schwanz fehlt bei ausgebildeten Tieren stets völlig. Der breite, bald abgerundete, bald zugespitzte Kopf geht in der Regel ohne scharfe Abgrenzung in den Rumpf über, nur bei den wenigen Arten, deren Kopfhaut fest mit dem Schädel verwachsen ist, ist infolgedessen der Kopf scharf vom Rumpf abgesetzt.

Die Haut ist stets nackt, ohne Knochen- oder Hornschuppen, vereinzelt kommen Knocheneinlagerungen in der Rückenhaut vor, z. B. bei manchen Arten von *Ceratophrys*, *Brachycephalus;* stärkere Verhornungen treten nur in Gestalt von Hornkrallen am Fuße der Krallenfrösche (*Hymenochirus*- und *Xenopus*-Arten), sowie zur Fortpflanzungszeit auf den Brunstschwielen der ♂ vieler Froscharten auf (s. unten p. 12). — Die dem Körper bis auf wenige Stellen nur lose aufliegende Haut ist entweder glatt oder erscheint infolge von kleineren oder größeren drüsigen Warzen, Höckern, Falten mehr oder weniger rauh und uneben. Durch sehr starke Ausbildung und Zusammendrängung der Drüsen an bestimmten Körperstellen kommen häufig bei größeren oder kleineren systematischen Gruppen mehr oder weniger konstante Bildungen zustande, z. B. die hinter dem Auge und oberhalb des Trommelfells liegenden, für die meisten *Bufoniden* charakteristischen, aber auch in anderen Familien vorkommenden, Parotoïddrüsen (*p* in Fig. 3); ferner die weit verbreitete drüsige Dorsolateralfalte an jeder Seite des Rumpfes (*o* in Fig. 1), sowie die häufig in der Nackengegend (*n* in Fig. 1) auftretenden oder oberhalb des Trommelfells hinziehenden Drüsenfalten (*D* in Fig. 2).

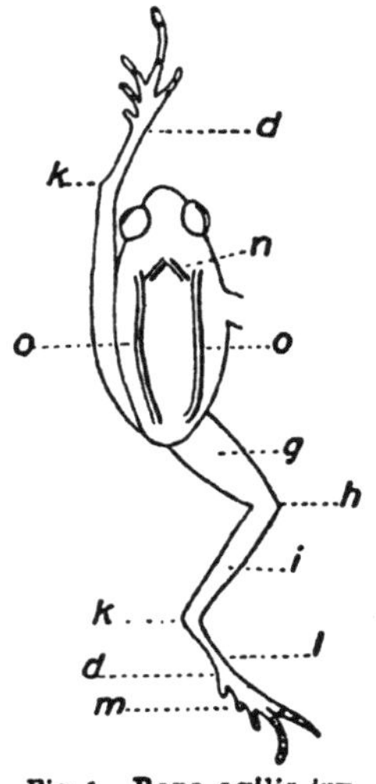

Fig. 1. **Rana agilis** juv. *d* Tarsometatarsalgelenk, *g* Oberschenkel, *h* Knie, *i* Unterschenkel, *k* Tibiotarsalgelenk, *l* Tarsus, *m* Metatarsus, *n* Nackenfalten, *o* Dorsolateralfalten (nach Schreiber)

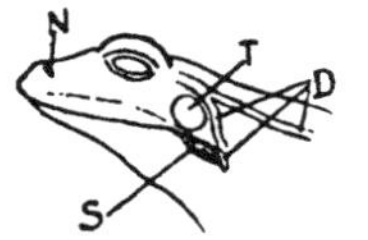

Fig. 2. **Rana esculenta ♂.** Kopf: *D* Drüsenfalten, *N* Nasenloch, *S* Schallblasenschlitz, *T* Trommelfell (nach F. Werner).

Fig. 3. **Bufo vulgaris.** Oberseite des Kopfes. *Al* Oberes Augenlid, *Jo* Interorbitalraum, *P* Parotoiddrüsen (nach F. Werner).

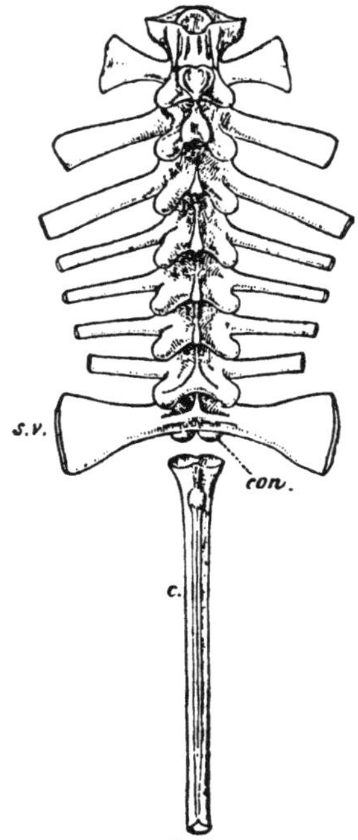

Fig. 4. **Bufo asper.** Wirbelsäule von oben gesehen. *c* Os coccygis, *con* Gelenkhöcker des Sacralwirbels, *sv* Sacralwirbel (nach Boulenger).

Die Wirbelsäule des ausgebildeten Frosches setzt sich in der Regel aus 10 Wirbeln zusammen, nämlich aus 8 praesacralen Wirbeln, aus 1 Sacralwirbel (*sv* in Fig. 4) und aus dem durch Verschmelzung zahlreicher Schwanzwirbel entstandenen Os coccygis oder Urostyl (*c* in Fig. 4), das durch 1 oder 2 Gelenkflächen (*con* in Fig. 4) mit dem Sacralwirbel verbunden ist; (nur *Pipa* und *Hymenochirus* besitzen 7 bzw. 5 praesacrale Wirbel und je 2 Sacralwirbel, von denen der hintere mit dem Os coccygis nicht gelenkig verbunden, sondern fest verschmolzen ist). Querfortsätze sind an allen Wirbeln außer dem 1. vorhanden; die des Sacralwirbels sind wegen ihrer verschiedenen Form systematisch wichtig; entweder sind sie in ihrer ganzen Länge gleich breit, zylindrisch (Fig. 5) oder sie verbreitern sich nach ihrem distalen Ende hin mehr oder weniger stark (Fig. 4 und 6). Rippen sind nur am 2. bis 4. Wirbel der *Pipidae* und *Discoglossidae* vorhanden, bleiben aber nur bei letzteren dauernd von den Querfortsätzen getrennt (Fig. 6), während sie bei alten Exemplaren der Pipidae mit den Querfortsätzen verschmelzen.

Am **Schädel**, der durch 2 Gelenkhöcker mit dem 1. Wirbel verbunden ist, bleibt der Knorpelschädel auch im Alter in der Regel mehr oder weniger

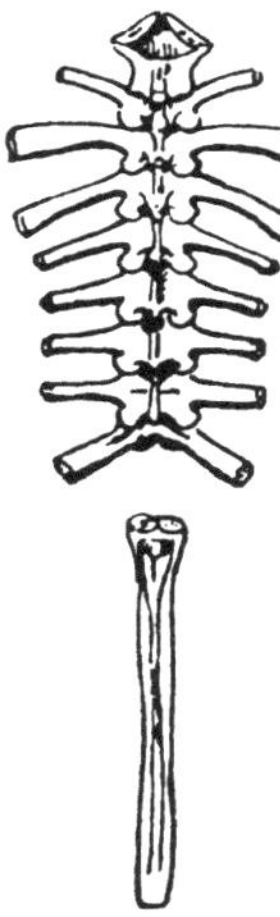

Fig. 5. **Rana esculenta.** Wirbelsäule von oben gesehen (nach Boulenger).

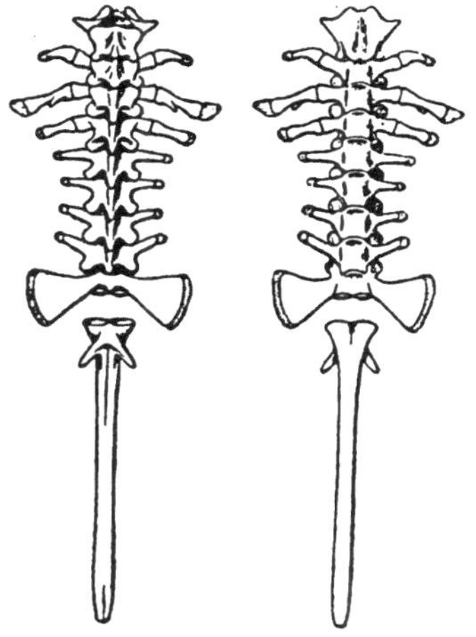

Fig. 6. **Discoglossus pictus.** Wirbelsäule links von oben, rechts von unten gesehen (nach Boulenger).

erhalten; stärker verknöcherte Schädel besitzen z. B. Pelobates cultripes (Fig. 94), *Calyptocephala gayi* und andere Arten. Gestalt, Lage und Benennung der einzelnen Schädelknochen sind aus Fig. 7 und 8 ersichtlich; die feineren Unterschiede im Schädelbau spielen in der Systematik der Anuren keine Rolle, da ihre Untersuchung eine Zerstörung der äußeren Kopfform

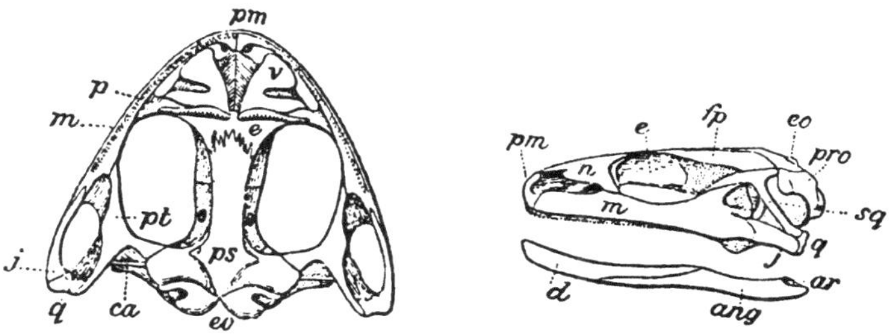

Fig. 7 u. 8. **Discoglossus pictus.** Schädel von unten und von der Seite gesehen. *ang* Angulare, *ar* Articulare, *ca* Columella auris, *d* Dentale, *e* Ethmoid, *eo* Exoccipitale, *fp* Frontoparietale, *j* Jugale, *m* Maxillare, *n* Nasale, *p* Palatinum, *pm* Praemaxillare, *pro* Prooticum, *ps* Parasphenoid, *pt* Pterygoid, *q* Quadratum, *sq* Sqamosum, *v* Vomer (nach Boulenger).

und deren wichtigen Merkmale erfordern würde, die besonders bei Einzelexemplaren einer Art nicht angängig wäre. Systematisch wichtig ist aber die verschiedene Art der Bezahnung.

Die **Zähne** zerfallen nach ihrer Lage in **Kiefer-** und **Gaumenzähne**. Beide Zahnarten können völlig fehlen *(Bufonidae, Dendrophryniscidae, Engystomatidae* und *Dendrobatidae,* auch die Gattung *Pipa);* alle andern Familien besitzen mindestens im Oberkiefer Zähne, deren Anwesenheit man auch bei kleineren Froscharten, bei denen die Zähne oft selbst bei Lupenvergrößerung schwer zu sehen sind, durch Befühlen des Kieferrandes stets sicher nachweisen kann. — Im Unterkiefer treten Zähne konstant nur bei allen Vertretern der kleinen Familien der *Amphignathodontidae*, der *Hemiphractidae* und der *Ceratobatrachidae* auf, doch kommen auch bei den ♂ einiger Arten aus anderen Familien einzelne Zähne im Unterkiefer vor (z. B. bei *Heteroglossa* unter den *Ranidae*. — Gaumenzähne treten nur bei Fröschen auf, die auch Kieferzähne besitzen; bei weitaus den meisten Arten der Frösche, die überhaupt Gaumenzähne besitzen, kommen sie auf den die Choanen von der Medialseite her umfassenden Vomerknochen (*v* in Fig. 8) in Reihen oder Gruppen angeordnet zwischen den Choanen, auf, vor oder hinter der die Choanen verbindenden Linie zur Ausbildung; nur bei den Hylidengattungen *Triprion* und *Diaglena* treten auch noch Gaumenzähne auf dem Parasphenoidknochen (*ps* in Fig. 8), bei der letztgenannten Gattung außerdem auch noch solche auf den Palatinknochen (*p* in Fig. 8) auf (vgl. auch Fig. 262). Nicht selten findet man Frösche mit nur einseitig ausgebildeten, oder mit nur schwach entwickelten, oder sogar völlig fehlenden Gaumenzähnen, wo solche vorhanden sein sollten.

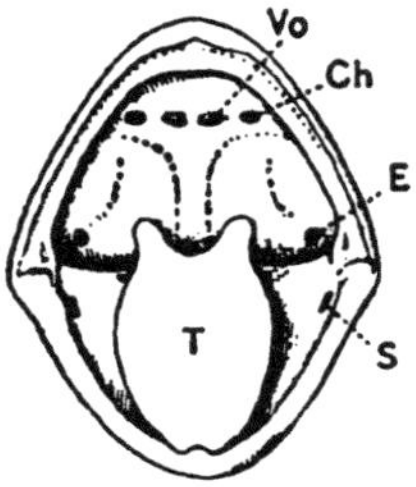

Fig. 9. **Rana esculenta.** Mundhöhle. *Ch* Choanen, *E* Öffnungen der Tubae Eustachii, *S* Schallblasenschlitz, *T* Zunge, *Vo* Vomerzähne (nach Gadow).

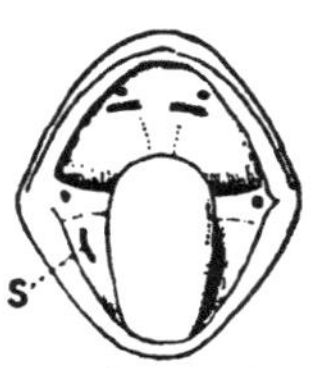

Fig. 10. **Bufo calamita.** Mundhöhle. *S* Schallblasenschlitz (nach Gadow).

Auch die Zunge ist wegen ihrer wechselnden Gestalt als systematisches Merkmal wichtig. Sie fehlt nur den wenigen Arten der Unterordnung der *Aglossa*, sonst ist sie stets vorhanden und bildet in der Regel einen flachen, scheibenförmigen Wulst, der bei den meisten Fröschen an seinem Vorderende und mit der Mitte seiner Unterseite dem Mundhöhlenboden angewachsen, an den Seiten und besonders an seinem Hinterrande aber mehr oder weniger frei abhebbar ist; bei manchen Fröschen ist allerdings die Zunge völlig oder fast völlig angewachsen. Der Umriß der Zunge ist sehr verschieden und wird besonders durch den Verlauf ihres Hinterrandes beeinflußt, der entweder glatt ist (ganzrandige Zunge: Fig. 10); oder der durch eine flache Ausbuchtung ausgerandet oder eingekerbt ist (herzförmige Zunge), oder durch einen mehr oder weniger breiten Einschnitt in 2 längere oder kürzere Zipfel ausgezogen ist (wie in Fig. 9). Daneben gibt es noch einige Frösche mit abweichend gebauter Zunge (*Rhinophrynus* und *Werneria*), bei denen die Zunge am vorderen Ende frei, dafür aber am Hinterende angewachsen ist.

Auf der Oberseite des Kopfes bilden Größe und Lage von Nasenloch, Auge und Trommelfell Merkmale, die vielfach zur Unterscheidung verschiedener Arten benutzt werden. Als solche Merkmale kommen in Betracht: die Entfernung der Nasenlöcher (*N* in Fig. 2) von der Vorderkopfspitze[1]) und

[1]) Als Vorderkopf oder Schnauze wird der vor den Augen gelegene Teil des Kopfes bezeichnet.

vom Auge; die Ausbildung der als Canthus rostralis bezeichneten, vom Nasenloch zum Auge ziehenden Kante, die bei den einen Arten scharfkantig, bei andern abgerundet, bald mehr, bald weniger deutlich ist, aber auch völlig fehlen kann. An den Augen, die bei den *Aglossa* auffallend klein und nach oben gerichtet sind, sonst aber sehr groß und meistens nach der Seite, zuweilen auch schräg nach vorn gerichtet sind, ist die Gestalt der Pupille systematisch wichtig, die bei den meisten Fröschen eine wagerechte oder senkrechte Öffnung besitzt, in einzelnen Fällen aber auch rhombisch, dreieckig oder rund erscheint. Viel benutzt wird als Unterscheidungsmerkmal einzelner Arten auch die Breite des oberen Augenlides (*Al* in Fig. 3) in transversaler Richtung gemessen, verglichen mit der Breite des Interorbitalraumes (*Io* in Fig. 3), d. h. der schmalsten Stelle des Schädeldaches zwischen den Augen. Das Trommelfell (*T* in Fig. 2) ist, wie überhaupt das Gehörorgan, bei den meisten Fröschen gut entwickelt; fehlt aber bei andern Arten völlig (z. B. bei *Bombinator, Pelobates, Liopelma, Batrachophrynus*) bei letzteren beiden fehlen auch die Tubae Eustachii, die sonst bei den *Aglossa* mit einer unpaaren Öffnung, bei den *Phaneroglossa* aber mit 2 getrennten Öffnungen (*E* in Fig. 9) an der Decke der Mundhöhle ausmünden. Das Trommelfell ist übrigens, auch wo es vorhanden ist, nicht immer deutlich sichtbar, sondern ist oft nur mehr oder weniger undeutlich durch die Haut hindurch sichtbar oder völlig unter dieser verborgen. Bei dem als artenunterscheidendes Merkmal eine große Rolle spielenden Vergleich der Größe des Trommelfells mit der des Auges wird gewöhnlich der horizontale Durchmesser des Trommelfells mit der Breite des Augapfels verglichen.

Zahlreiche, für die Systematik der Anuren wichtige Merkmale finden sich an ihren Gliedmaßen. Ein nächst dem Bau der Zunge in erster Linie

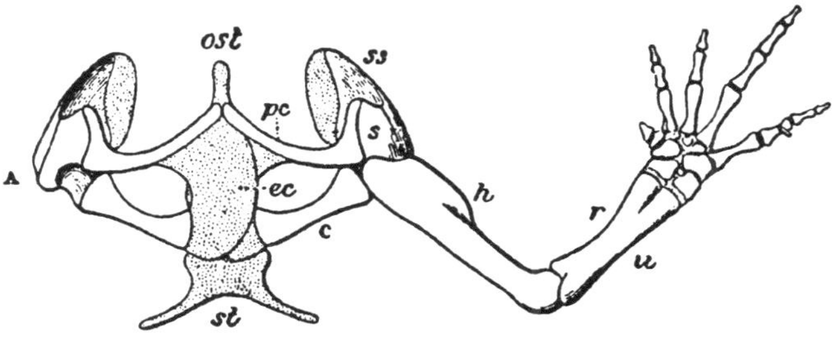

Fig. 11. Discoglossus pictus.
Schultergürtel und Skelett des linken Vorderbeins (Knorpel punktiert).
c Coracoid, *ec* Epicoracoid, *h* Humerus, *ost* Omosternum, *pc* Praecoracoid, *r* Radius, *s* Scapula, *ss* Suprascapula, *st* Sternum, *u* Ulna (nach Boulenger).

für die Einteilung der Anuren in größere Gruppen maßgebendes Merkmal liefert der Bau des Schultergürtels. Es lassen sich 2 Typen desselben unterscheiden, die in Fig. 11 und 12 dargestellt sind, von denen jeder für je eine Unterordnung der Zungenfrösche *(Phaneroglossa)* charakteristisch ist, die nach dem Bau des Schultergürtels als Arcifera und Firmisternia unterschieden werden. Bei dem Schultergürtel der Arcifera (Fig. 11) bilden die beiden Epicoracoidknorpel (*ec*), von denen je einer das mediale Ende des Praecoracoids (*pc*) einer jeden Seite mit dem medialen Ende des Coracoids (*c*) derselben Seite verbindet, breite gebogene Knorpelplatten; der Epicoracoidknorpel der einen Seite legt sich dabei über den der anderen Seite und ist durch Bindegewebe locker mit ihm verbunden, so daß der ganze Schultergürtel in sich etwas beweglich ist. — Bei dem Schultergürtel der Firmisternia (Fig. 12) verschmelzen die beiden schmalen, leistenförmigen Epicoracoidknorpel miteinander zu einer einheitlichen knorpeligen Längsleiste (*ec*), die beide Hälften des Schultergürtels zu einer festen, in sich unbeweglichen Doppelknochenspange verbindet. Die Praecoracoide sind bei einigen Fröschen mehr oder weniger stark rückgebildet oder können völlig fehlen. An den Hinterrand des eigentlichen Schultergürtels schließt sich stets das Sternum

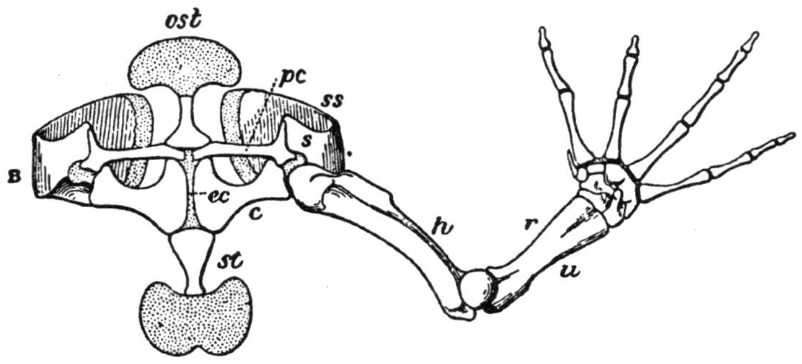

Fig. 12. **Rana esculenta.**
Schultergürtel und Skelett des linken Vorderbeins (Knorpel punktiert).
c Coracoid, *ec* Epicoracoid, *h* Humerus, *ost* Omosternum, *pc* Praecoracoid, *r* Radius, *s* Scapula, *ss* Suprascapula, *st* Sternum, *u* Ulna (nach Boulenger).

(*st* in Fig. 11 und 12) an, und ebenso, wenigstens bei vielen Arten, an den Vorderrand des Schultergürtels das Omosternum (*ost* in Fig. 11 und 12); beide Bildungen stellen entweder eine einheitliche Knorpelplatte (Fig. 11) dar, (die aber, namentlich beim Sternum, bei älteren Tieren in der Mitte mehr oder weniger verknöchern kann) oder sie setzen sich (Fig. 12) aus einem knöchernen Stiel und aus einer knorpeligen Endplatte zusammen.

(Das Omosternum ist manchmal verkümmert und daher sehr leicht zu übersehen, auch reißt es bei der Präparation sehr leicht ab. Im übrigen läßt sich der Bau des Schultergürtels bei den Fröschen ohne große Schwierigkeit feststellen, da die der Brust nur lose aufliegende Haut leicht durchschnitten und zurückgeklappt werden kann, worauf sich die den Schultergürtel bedeckenden Muskeln ebenfalls leicht abpräparieren lassen. Bei sehr stark gehärteten Fröschen ist die Präparation leichter, wenn die Tiere vorher in Wasser gründlich aufgeweicht werden.)

Von den eigentlichen Gliedmaßen gliedert sich die vordere in 3 Abschnitte (Oberarm, Unterarm und Hand), die durchweg längere und meist als kräftiges Sprungbein ausgebildete hintere Extremität zerfällt dagegen in 4 Abschnitte (Ober- und Unterschenkel, Tarsus und Fuß), da der Tarsus sehr langgestreckt ist, und von 2 langen, nur an den Enden miteinander verbundenen Röhrenknochen gestützt wird. Die Hand besitzt 4 Finger, die an der medialen Seite beginnend, der Einfachheit halber als 1.—4. Finger bezeichnet werden, obwohl sie, vergleichend anatomisch betrachtet, dem 2.—5. Finger anderer Vertebraten entsprechen, der rückgebildete 1. richtige Finger erscheint namentlich bei *Hyliden* häufig noch in Gestalt des sog. Pollexrudimentes, eines schwielenartigen, oder auch klauenförmigen Vorsprungs an der medialen Seite des (sog.) 1. Fingers (vgl. Fig. 231 u. Fig. 240). — Von den 4 gut ausgebildeten Fingern ist der 1. bei einigen Fröschen (z. B. bei *Phyllomedusa, Pseudis, Chiromantis*) den übrigen Fingern opponierbar; der 3. Finger ist stets der längste, d. h. der am weitesten vorspringende, die

Länge der übrigen Finger wechselt; die relative Länge des 1. Fingers im Vergleich zu der des 2. Fingers wird vielfach zur Unterscheidung von Arten benutzt, wobei zu beachten ist, daß die Länge der Finger nicht absolut, etwa in mm gemessen wird, sondern die Finger werden aneinander angelegt und es wird festgestellt, ob beide Finger gleich lang sind oder welcher von beiden den andern überragt. —

Am Hinterfuße sind in der Regel 5 gut ausgebildete Zehen vorhanden, die ebenfalls vom medialen Rande des Fußes beginnend gezählt werden (1—5 in Fig. 13 und 14), nur bei wenigen Fröschen ist die 1. Zehe ver-

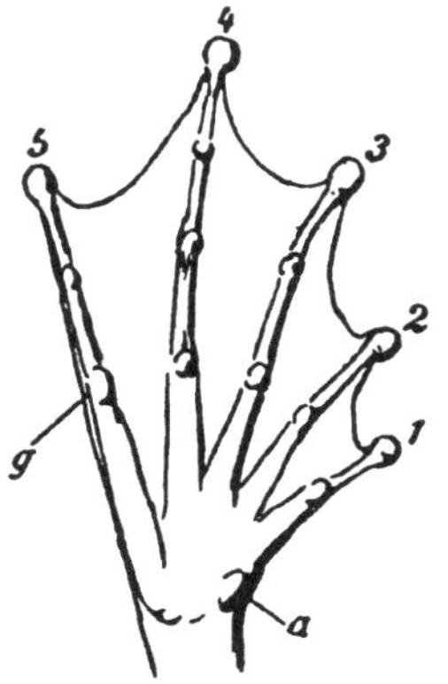

Fig. 13. **Rana zenkeri.** Hinterfuß mit tief zwischen die Metatarsen der 4. u. 5. Zehe eingreifender Schwimmhaut.

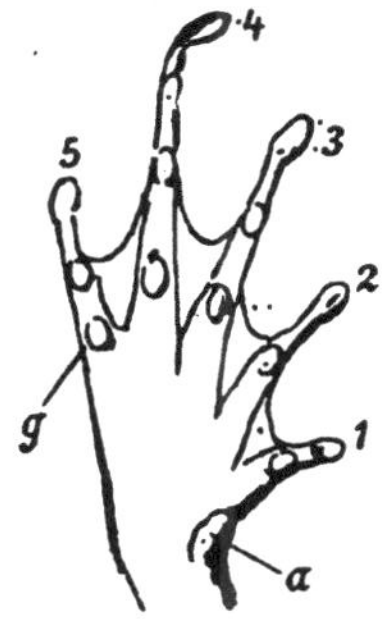

Fig. 14. **Astylosternus robustus.** Hinterfuß mit nicht zwischen die Metatarsen der 4. und 5. Zehe eingreifender Schwimmhaut.

a Medialer Metatarsalköcker, *g* Gelenk- (Subarticular-) Höcker, 1—5 = 1.—5. Zehe.

kümmert oder völlig rückgebildet (*Atelophryne, Didynamipus*). Die Zahl der Glieder beträgt bei der 1.—5. Zehe der Reihe nach 2, 2, 3, 4, 3; bei sehr vielen Fröschen sind die Gelenke zwischen den einzelnen Gliedern, oder wenigstens die meisten von ihnen, auf ihrer Unterseite durch mehr oder weniger deutlich und stark vorspringende Knötchen gekennzeichnet, die Gelenk- oder Subarticularhöcker (*g* in Fig. 13 und 14). Diese Höcker bieten zugleich gute Anhaltspunkte, um die Unterschiede in der Ausdehnung der Schwimmhaut festzustellen und genau beschreiben zu können, die wohl das am meisten benutzte Merkmal zur Unterscheidung verschiedener Arten darstellen.

Bei manchen artenreichen Gattungen (z. B. *Hyla, Rana*) sind diese Unterschiede oft sehr gering und werden außerdem durch die inviduelle Variabilität der einzelnen Tiere und vor allem durch die Konservierungsmittel in ihrer Deutlichkeit beeinflußt, da ein (leider bei Amphibien sehr häufig angewandtes) zu starkes Konservierungsmittel die Schwimmhaut der Frösche einschrumpfen, also zu klein erscheinen läßt, während andrerseits bei einem zu schwachen Konservierungsmittel durch Schlaffwerden der Haut häufig eine zu große Schwimmhaut vorgetäuscht wird. Geringe Abweichungen in der Größe der Schwimmhäute der zu bestimmenden Tiere von den Schwimmhäuten der Vergleichsexemplare oder von den Literaturangaben dürfen daher erst nach gründlicher Prüfung des Erhaltungszustandes der in Betracht kommenden Exemplare zur etwaigen Aufstellung neuer Arten verwertet werden.

Einen Anhaltspunkt dafür, was man durchschnittlich unter einer Schwimmhaut versteht, die etwa die volle Finger- oder Zehenlänge oder einen bestimmten Bruchteil derselben umfaßt, soll die in Fig. 15—23 zusammengestellte Reihe von Vorder- und Hinterfüßen verschiedener *Hyla*-Arten geben. Man achte, unter Betrachtung der Füße von der Unterseite, darauf, an welchem Gliede oder am wievielten Gelenk bzw. Subarticularhöcker der freie Rand der Schwimmhaut ansetzt, und ob er geradlinig oder ausgebuchtet

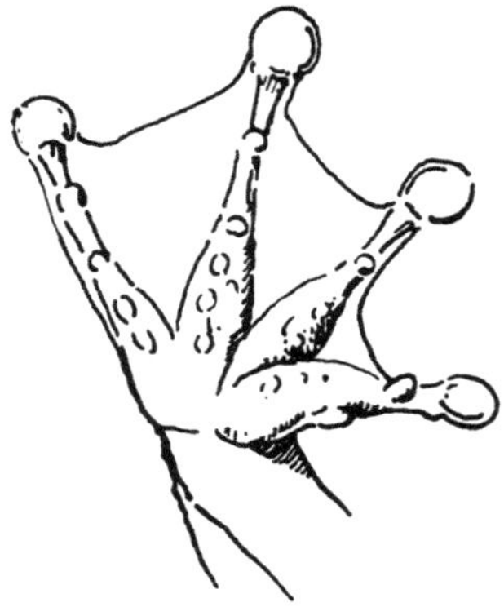

Fig. 15. Vorderfuß von **Hyla maxima.** Finger in ganzer Länge durch Schwimmhaut verbunden.

Fig. 16. Vorderfuß von **Hyla gabbii.** Finger zu $^3/_4$ ihrer Länge durch Schwimmhaut verbunden.

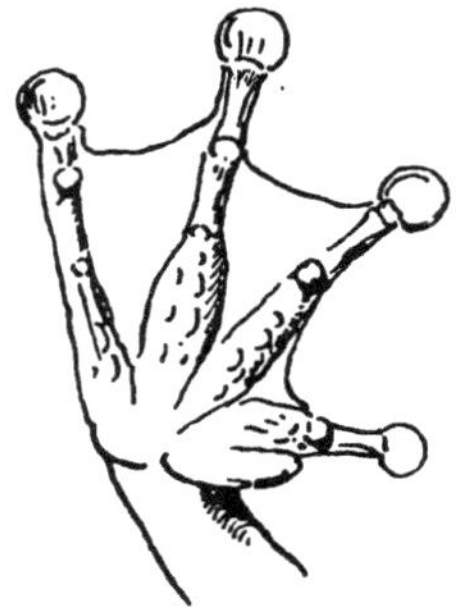

Fig. 17. Vorderfuß von **Hyla appendiculata.** Finger in $^2/_3$ ihrer Länge durch Schwimmhaut verbunden.

ist. An den Vorderfüßen besitzen nur verhältnismäßig wenige Frösche eine gut ausgebildete Schwimmhaut; an den Hinterfüßen ist dagegen in der Regel eine deutliche Schwimmhaut vorhanden; nur selten ist sie auf schmale Hautsäume längs der Zehen beschränkt, oder fehlt völlig.

Wenn am Hinterfuße eine gut ausgebildete Schwimmhaut vorhanden ist, spielt ihre Größe auch bei der Unterscheidung verschiedener Gattungen eine wichtige Rolle, insofern, als die Schwimmhaut bei manchen Gattungen

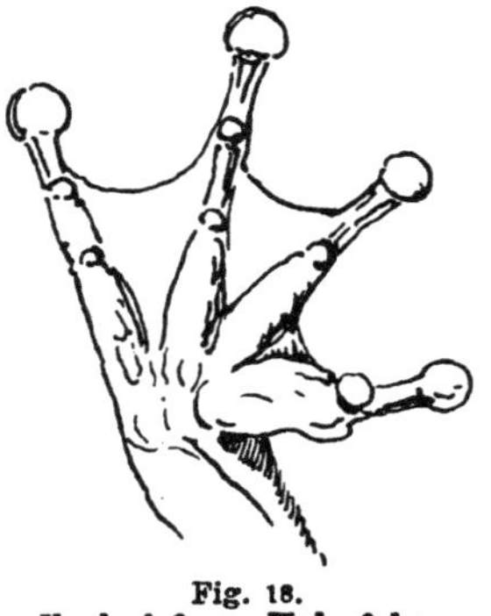

Fig. 18. Vorderfuß von **Hyla faber.** Finger zu $^1/_2$ ihrer Länge durch Schwimmhaut verbunden.

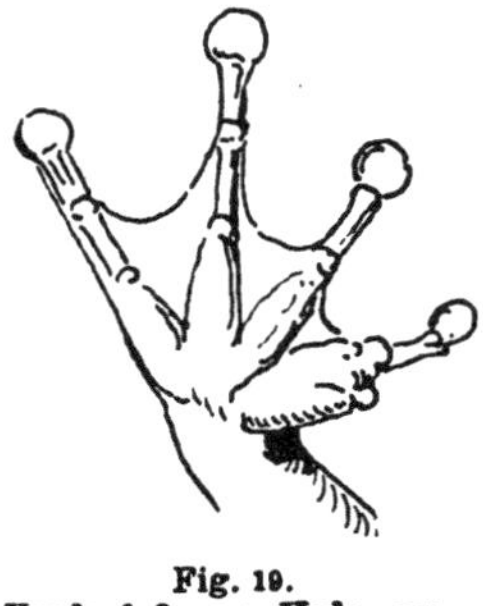

Fig. 19. Vorderfuß von **Hyla crepitans.** Finger zu $^1/_3$ ihrer Länge durch Schwimmhaut verbunden.

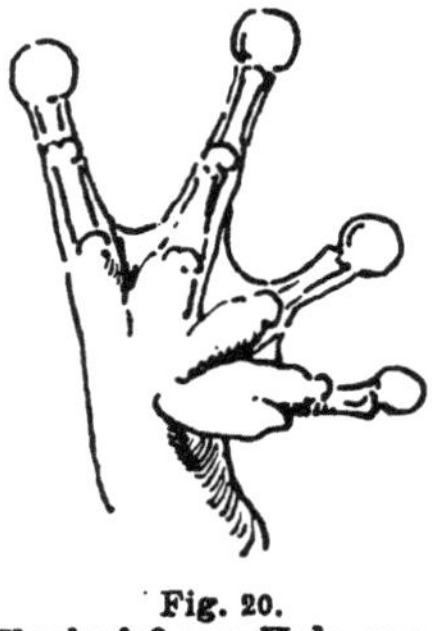

Fig. 20. Vorderfuß von **Hyla septentrionalis.** Finger an ihrer Basis durch Schwimmhaut verbunden.

völlig auf den Bereich der eigentlichen Zehen beschränkt bleibt (wie in Fig. 13), während sie bei andern Gattungen mehr oder weniger tief zwischen die Metatarsen der 4. und 5. Zehe eingreift (wie in Fig. 14).

Die Finger und Zehen enden entweder spitz und besitzen dann eine einfache, spitze, knöcherne Endphalange, oder sie sind an ihrem Ende zu mehr oder weniger deutlichen Haftscheiben verbreitert; in diesem Falle sind meistens, nicht immer die knöchernen Endphalangen T- oder Y-förmig gestaltet, oder (bei den *Hylidae*) klauenförmig gebogen (ph^3 in Fig. 24). Alle *Hylidae*, sowie auch einige *Engystomatidae* und eine den *Hylidae* in Aussehen und Lebens-

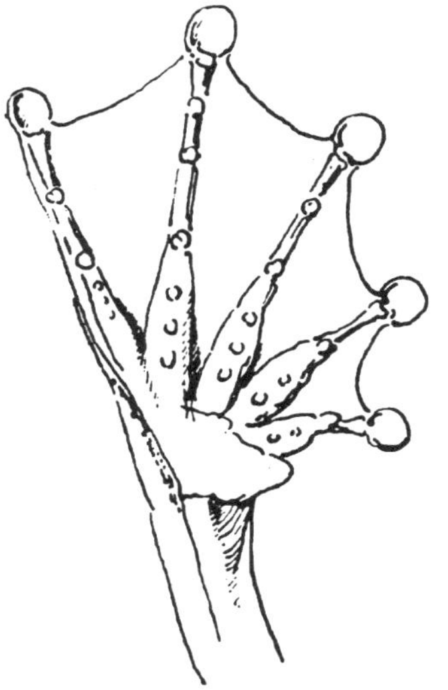

Fig. 21.
Hinterfuß von **Hyla maxima.**
Zehen in ganzer Länge durch Schwimmhaut verbunden.

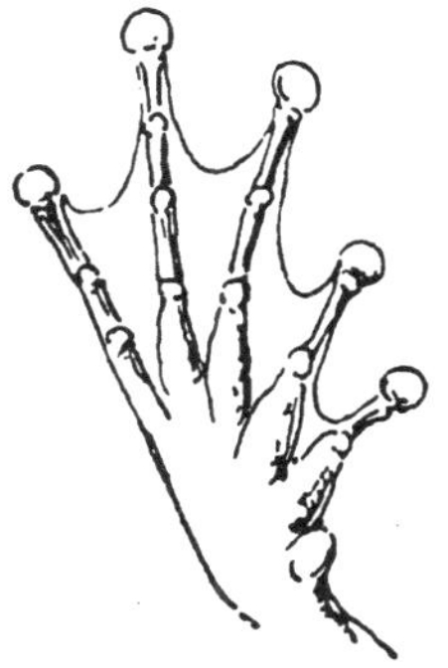

Fig. 22.
Hinterfuß von **Hyla dominicensis.** Zehen zu 3/4 ihrer Länge durch Schwimmhaut verbunden.

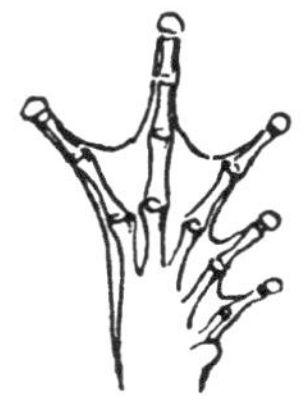

Fig. 23. Hinterfuß von **Hyla regilla.** Zehen zu 1/2 ihrer Länge durch Schwimmhaut verbunden.

weise sehr ähnliche Gruppe der *Ranidae* besitzen ferner in dem sog. Zwischenknorpel oder -knochen (*ia* in Fig. 24) zwischen der vorletzten und der letzten knöchernen Phalange aller Finger und Zehen ein Gebilde, daß diesen gut kletternden Formen das Anheften der Haftscheiben an die Unterlage erleichtert. Schon äußerlich lassen sich Zehen mit einem solchen Zwischenknochen, von der Seite gesehen, an einer stufenartigen Knickung der Zehe kurz vor ihrer Spitze (wie in Fig. 26) von den völlig geraden Zehen ohne Zwischenknochen (Fig. 25) unterscheiden.

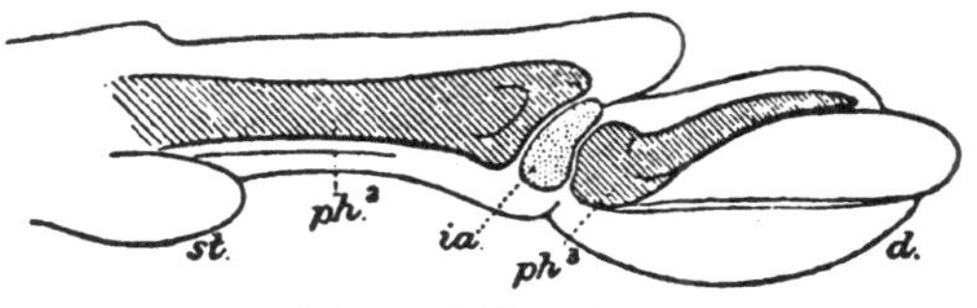

Fig. 24. **Hyla arborea.**
Schnitt durch die letzten Glieder der 3. Zehe. Knochen schräg gestrichelt, Knorpel punktiert. *d* Haftscheibe, *ia* Interarticularknorpel, ph^2 u. ph^3 2. u. 3. knöcherne Phalange, *st* Subarticularhöcker (nach Boulenger).

Von weiteren systematisch wichtigen Bildungen am Hinterfuße der Frösche sind zu erwähnen die beiden Metatarsalhöcker, von denen der nur selten fehlende mediale Metatarsalhöcker (*m* in Fig. 27) eine verkümmerte Zehe (Praehallux) darstellt; er kann sehr verschieden gestaltet sein und bei

Fröschen, die sich gern in den Boden eingraben, zu einer kräftigen Grabschaufel ausgebildet sein (vgl. z. B. Fig. 86); der laterale Metatarsalhöcker ist dagegen eine reine Hautbildung und fehlt bei vielen Fröschen; vom medialen Metatarsalhöcker zieht häufig eine mehr oder weniger deutliche

Fig. 25. Zehe einer **Rana**-Art ohne Zwischenknochen zwischen letztem und vorletztem Glied.

Fig. 26. Zehe einer **Hylambates**-Art mit Zwischenknochen zwischen letztem und vorletztem Glied.

Hautfalte, die Tarsalfalte (*t* in Fig. 27) am medialen Tarsusrande entlang; an diesem findet sich auch der für manche Arten charakteristische, kleine Tarsalhöcker (*c* in Fig. 28).

Zur Unterscheidung verschiedener Arten einer Gattung wird häufig auch die relative Länge der Hinterbeine im Vergleich zur gesamten Kopfrumpflänge und die relative Länge einzelner Abschnitte der Hinterbeine

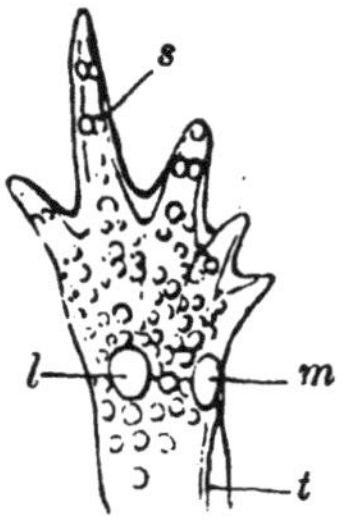

Fig. 27. **Bufo calamita.** Hinterfuß von unten gesehen. *l* Lateraler, *m* medialer Metatarsalhöcker, *s* Subarticularhöcker, *t* Tarsalfalte.

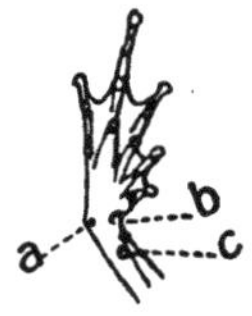

Fig. 28. Hinterfuß von **Phrynobatrachus.** *a* Lateraler, *b* medialer Metatarsalhöcker, *c* Tarsalhöcker.

herangezogen. Erstere wird in der Weise gemessen, daß das völlig gestreckte Hinterbein nach vorn an den Körper angelegt wird (wie in Fig. 1); es wird dann festgestellt, bis zu welchem Punkte des Kopfes oder Rumpfes (Vorderkopfspitze, Nasenloch, Auge, Trommelfell, Mundwinkel, Schulter) oder zwischen welche dieser Punkte das Tibiotarsalgelenk (*k* in Fig. 1) oder das Tarsometatarsalgelenk (*d* in Fig. 1) reicht. (In Fig. 1 erreicht das Tibiotarsalgelenk die Vorderkopfspitze).

Zu beachten ist dabei besonders, daß nicht nur das Hinterbein völlig gestreckt ist, sondern daß auch der Rumpf in der Kreuzgegend weder dorsalwärts noch seitlich durchgebogen wird, da in diesem Falle die Messung natürlich ungenaue Resultate ergeben würde; bei trächtigen ♀, deren Körper durch die zahlreichen Eier stark aufgetrieben wird, erscheinen die Beine bei dieser Art der Messung häufig etwas kürzer als bei Tieren mit normaler Körperform. Sehr stark gehärtete Frösche, bei denen sich die Beine, ohne zu brechen, nicht umbiegen lassen, müssen vorher im Wasser geweicht werden; oder man kann auch die Länge der einzelnen Abschnitte des Hinterbeines mit einem Zirkel hintereinander an den Rumpfseiten abtragen, um die relative Länge des Beines im Verhältnis zu der des Körpers zu erhalten.

Das Längenverhältnis zwischen Ober- und Unterschenkel läßt sich am einfachsten in der in Fig. 29 und 30 dargestellten Weise veranschaulichen, indem die Oberschenkel senkrecht zur Längsaxe des Körpers gestellt und die Unterschenkel dicht an sie angelegt werden; je nach der größeren oder geringeren Länge der Unterschenkel kommen dann die Fersen nicht zur Berührung miteinander (Fig. 29) oder sie stoßen gerade aneinander, oder greifen übereinander (Fig. 30).

♂ und ♀ der Anuren lassen sich nicht immer ohne weiteres unterscheiden. Häufig sind die ♂ merklich oder erheblich kleiner als die ♀ (vgl. z. B. Fig. 42). Bei vielen Arten sind allerdings die ♂ durch die zur Verstärkung ihrer Stimme dienenden Schallblasen gekennzeichnet, die paarig oder unpaar sind und als äußere, oder als innere Schallblasen ausgebildet sein können.

Fig. 29.
Hyla arborea arborea.
Fersen bei der abgebildeten Beinstellung nicht aneinanderstoßend (nach E. Schreiber).

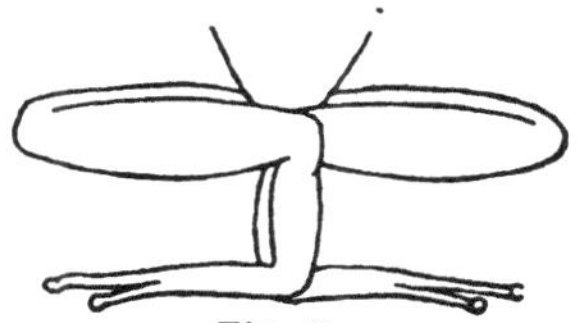

Fig. 30.
Hyla arborea meridionalis Bttgr.
Fersen bei der abgebildeten Beinstellung übereinandergreifend (nach E. Schreiber).

Die äußeren Schallblasen treten entweder durch einen jederseits unter dem Mundwinkel sich öffnenden Schlitz (*S* in Fig. 2) hervor (z. B. bei *Rana esculenta*, Fig. 31), oder sie sind nur von einer sehr dünnen Haut überzogen, die bei nicht aufgetriebener Schallblase gefältelt ist, bei aufgeblasener Schallblase aber ebenfalls kugelig mit aufgetrieben wird (z. B. bei *Hyla arborea*, Fig. 33 und 34); als innere Schallblasen werden diejenigen bezeichnet, die von unveränderter Kehlhaut bedeckt sind (wie bei *Rana temporaria*, Fig. 32).

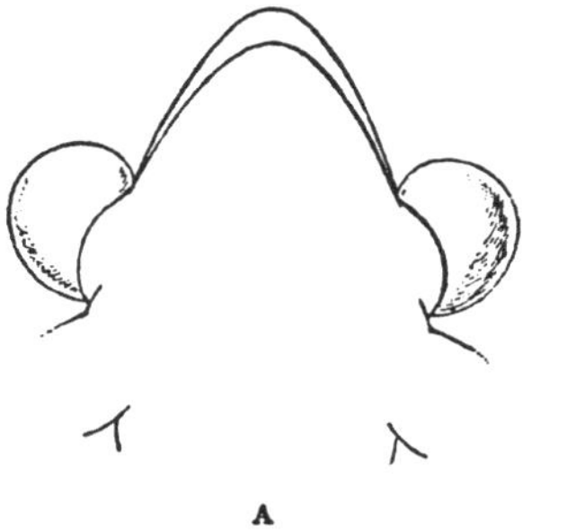

A

Fig. 31.
Rana esculenta ♂.
Unterseite des Kopfes mit ausgestülpten äußeren Schallblasen (nach Boulenger).

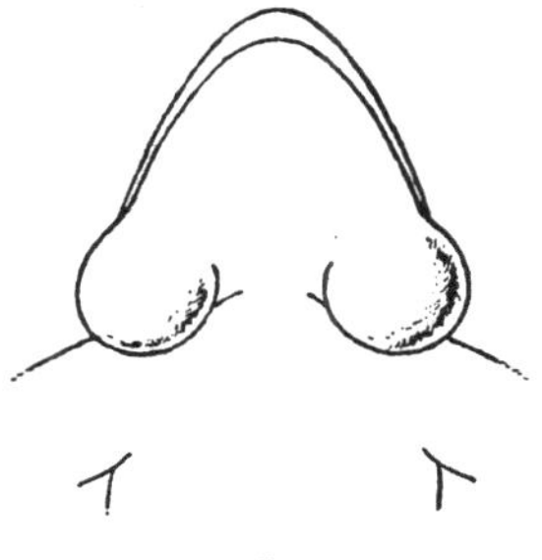

B

Fig. 32.
Rana temporaria ♂.
Unterseite des Kopfes mit aufgeblasenen inneren Schallblasen (nach Boulenger).

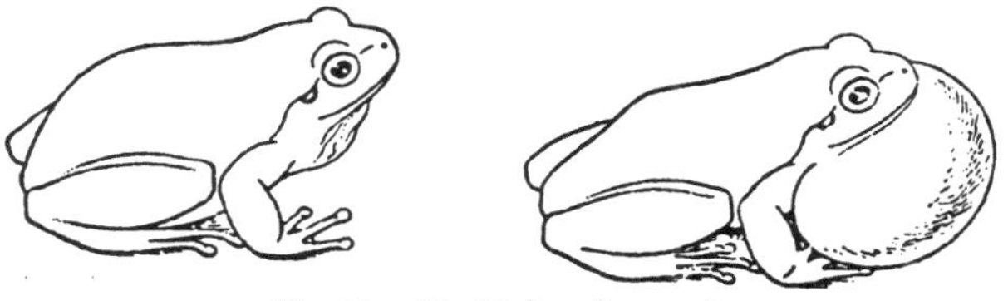

Fig. 33 u. 34. **Hyla arborea ♂.**
Fig. 33 mit eingefallener, Fig. 34 mit aufgetriebener äußerer Schallblase (nach Boulenger).

Die Schallblasen stehen in der Regel durch paarige oder unpaare Öffnungen am Boden der Mundhöhle (*S* in Fig. 9 und 10) mit der Außenluft in Verbindung.

Zur Fortpflanzungszeit werden bei den ♂ sehr vieler Frösche die sog. **Brunstschwielen** ausgebildet, Verhornungen, die in Gestalt von Leisten, Platten, Stachelgruppen oder auch als einzelne Stacheln, am häufigsten auf dem 1. oder auf den beiden ersten Fingern auftreten, zuweilen aber auch auf den Armen, auf der Brust, seltener auch auf dem Bauche und der Unterseite der Hinterbeine vorkommen (vgl. Fig. 35—40). Die Brunstschwielen

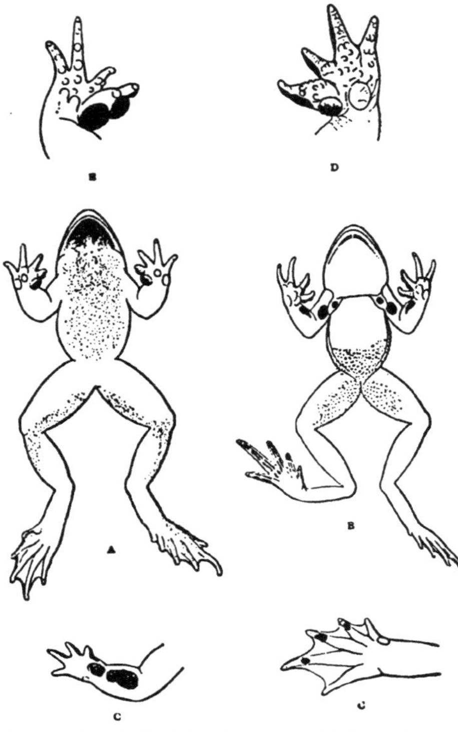

Fig. 35—40. Brunstschwielen der ♂ verschiedener Anurenarten.
Fig. 35 = *E* an der Hand von **Rana temporaria.**
Fig. 36 = *D* an der Hand von **Bufo vulgaris.**
Fig. 37. u. 38 = *C* auf Arm und Fuß von **Bombinator pachypus.**
Fig. 39 = *B* auf der Unterseite von **Pelodytes punctatus.**
Fig. 40 = *A* auf der Unterseite von **Discoglossus pictus** (alles nach Boulenger).

erleichtern dem ♂ das Festhalten des ♀ bei der **Copulation**, die in der Weise stattfindet, daß das ♂ das ♀ vom Rücken her umklammert, und zwar entweder in der Lendengegend, unmittelbar vor den Hinterbeinen (**Amplexus lumbaris** Fig. 41), oder in der Achselgegend (**Amplexus axillaris** Fig. 42), in letzterem Falle preßt das ♂ seine Hände nur in die Achseln des ♀ oder umfaßt mit seinen Armen die ganze Brust des ♀.

Fast alle Anuren sind ovipar, nur die beiden afrikanischen Bufonidenarten *Pseudophryne vivipara* und *Nectophryne tornieri* sind bisher als vivipar bekannt geworden. Die Eier werden in der Regel in eine gallertartige Masse eingehüllt, einzeln (Fig. 58) oder in Klumpen (Fig. 68) oder in Schnüren (vgl. Fig. 89 und 122) im Wasser, lose oder an Steinen, Pflanzen usw. angeheftet, abgelegt und sich selbst überlassen; bei zahlreichen Fröschen ist aber auch Brutpflege seitens des ♂ oder ♀ beobachtet worden, die in der Weise ausgeübt wird, daß entweder das ♂ oder ♀ die Eier frei (*Alytes*- und verschiedene *Hyliden*-Arten) oder in besondere Hauttaschen eingeschlossen

Fig. 41. **Discoglossus pictus** ♂ und ♀ in Amplexus lumbaris (nach Boulenger).

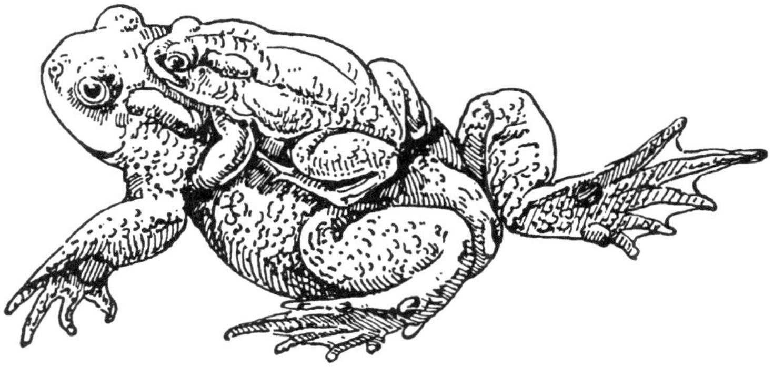

Fig. 42. **Bufo vulgaris** ♂ und ♀ in Amplexus axillaris (nach Boulenger).

(z. B. bei *Pipa* und den *Nototrema*-Arten) mit sich herumträgt, oder die Eier werden an geschützten feuchten Stellen (in Blattachseln, unter Steinen) oder in eigens zu diesem Zwecke geschaffenen Nestern aus Schlamm, Harz oder Baumblättern (verschiedene *Hyla*-Arten, *Chiromantis*) abgelegt. Bei einigen Arten werden erst die ausgeschlüpften Larven in Brutpflege genommen[1]).

Aus dem Ei entwickelt sich bekanntlich in der Regel zunächst eine fußlose, aber mit einem kräftigen Ruderschwanz versehene Larve (Kaulquappe), doch wird gerade bei den Brutpflege ausübenden Fröschen das Larvenstadium manchmal, zuweilen auch in abgekürzter Form, innerhalb der Eihüllen durchlaufen, so daß ein schon fertig ausgebildeter kleiner Frosch die Eihüllen verläßt. Die Larven haben gewöhnlich einen eiförmigen Körper und einen stark seitlich zusammengedrückten Ruderschwanz mit je einem dorsalen und ventralen Flossensaum (Fig. 45, [4] u. [5]), aber zunächst keine Gliedmaßen. Die eben ausgeschlüpften Larven besitzen am Kinn Haftapparate (Spinndrüsen

[1]) Eine Zusammenstellung der Brutpflege — Erscheinungen bei Anuren haben Brandes & Schönichen in den Abh. Ges. Halle, *v.* 22, 1901 p. 395—461, Tafel 1—4, veröffentlicht.

nach Tornier), mittels deren Sekret sie sich anheften (Fig. 45, [2]). Zuerst erhalten die Larven jederseits 2—3 verästelte äußere Kiemen (Fig. 45, [3]), die dann wieder verschwinden und durch innere Kiemen ersetzt werden; diese werden von einer Hautfalte bedeckt, deren freier Rand zuletzt mit der Bauchhaut verwächst und so einen Peribranchialraum bildet, der nur durch eine kleine Öffnung zum Austritt des verbrauchten Atem-

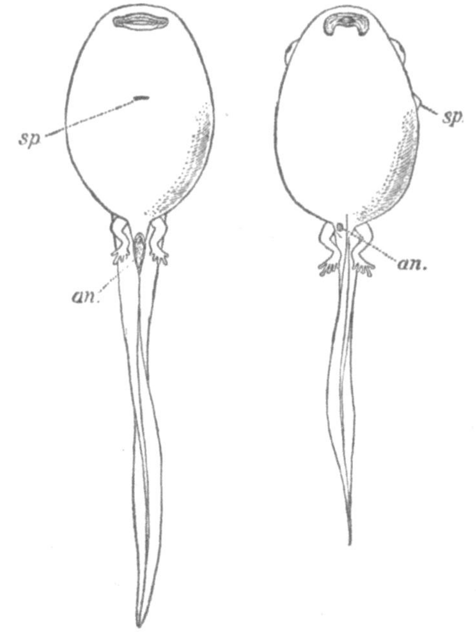

Fig. 43. Fig. 44.
Froschlarven von unten gesehen.
Fig. 43 von **Alytes obstetricans**. Fig. 44 von **Hyla arborea**. *an* After, *sp* Spiraculum (nach Boulenger).

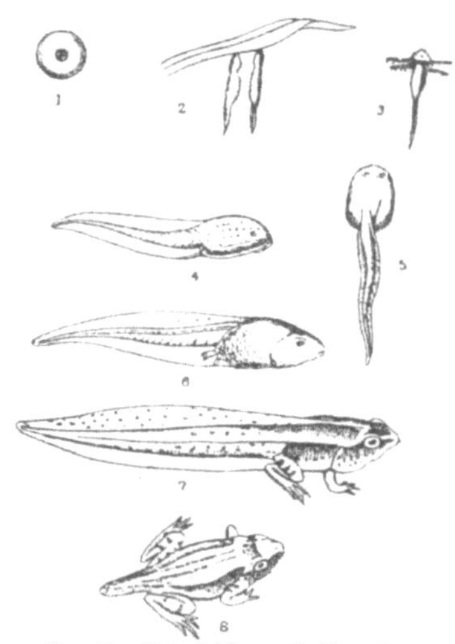

Fig. 45. Entwicklungsstadien eines Frosches (**Rana**). Erklärung im Text (nach Tornier).

wassers, das Spiraculum, mit der Außenwelt in Verbindung bleibt, in der Regel ist nur ein unpaares Spiraculum verbunden, das entweder in der Mittellinie des Bauches (Fig. 43) oder an der linken Körperseite (Fig. 44) liegt; nur die Larven der *Xenopus*-Arten besitzen jederseits ein Spiraculum. Der After (*an* in Fig. 43 u. 44) der Larven liegt an der Basis des Schwanzes, entweder genau in der Mittellinie der Unterseite oder rechts neben derselben. Der Mund der Larven und seine Umgebung weichen erheblich

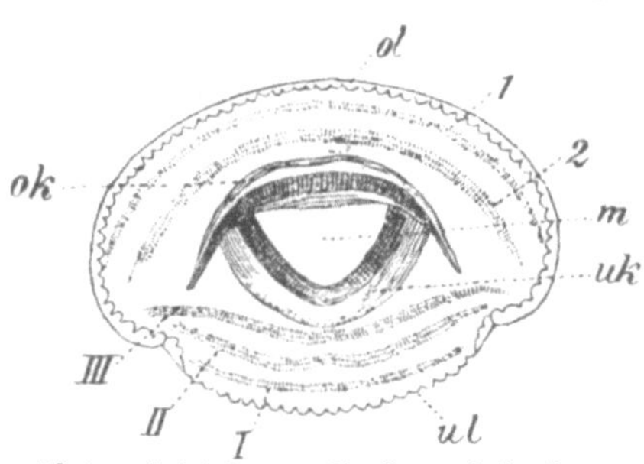

Fig 46. **Alytes obstetricans.** Mundgegend der Larve c. 7,5/1; *m* Mundöffnung, *ok* Oberkiefer, *ol* Oberlippe, *uk* Unterkiefer, *ul* Unterlippe, *1* u. *2* Zähnchenreihen der Oberlippe, *I—III* Zähnchenreihen der Unterlippe (nach Boulenger aus Tornier).

von denen des fertig ausgebildeten Frosches ab (Fig. 46). Die eigentliche Mundöffnung wird von einem gewöhnlich schwarzen Hornschnabel begrenzt, der aus je einem Ober- (*ok*) und Unterkiefer (*uk*) besteht. Der Hornschnabel wird wieder von einer Ober- (*ol*) und Unterlippe (*ul*) umfaßt, deren freier Rand völlig oder teilweise mit 1 oder mehreren Papillenreihen besetzt sein kann. Ober- und Unterlippe tragen jede noch 2, 3 oder mehr quere Zahnwülste, von denen jeder wieder 2—3 Reihen mikroskopisch kleiner Hornzähnchen trägt. Zahl, Lage und Länge der Zahnwülste (weiterhin als Zähnchenreihen bezeichnet) sind bei den einzelnen Arten verschieden und ermöglichen es, schon die Larvenstadien verschiedener Frösche unterscheiden zu können (die häufig bei der Beschreibung des Larvenmundes angewandte Formel z. B. $^2/_3$ bedeutet, daß auf der Oberlippe 2, auf der Unterlippe 3 Zähnchenreihen vorhanden sind.)

Bei der Metamorphose der Larve zum fertig ausgebildeten Frosch erhält sie zuerst die Hinterbeine (Fig. 45, [6]), später erst die Vorderbeine, worauf sich der Schwanz allmählich rückbildet und unter Umgestaltung der Mundregion und unter teilweiser Umwandlung der inneren Organe der Larve der Frosch seine fertig ausgebildete Gestalt erhält.

Von dem gewöhnlichen Typus der Froschlarven weichen die Larven der Gattung *Xenopus* (Fig. 53) und *Megalophrys* (Fig. 107) namentlich in der Kopfform erheblich ab.

Die Anuren zerfallen in 2 Unterordnungen; in dieser Arbeit werden behandelt: 2 Sektionen. 6 Familien, 5 Unterfamilien, 76 sichere und 5 unsichere Gattungen, 821 sichere und 94 unsichere Arten, von denen 5 mit 15 Unterarten.

Bestimmungstabelle der Unterordnungen:

Zunge fehlt; Tubae Eustachii in gemeinsamer Öffnung in den Rachen mündend . . . . A. Subord. **Aglossa**
Zunge stets vorhanden; Tubae Eustachii in 2 getrennten Öffnungen in den Rachen mündend (*E* in Fig. 9) . . . . B. Subord. **Phaneroglossa**

A. Subord. **Aglossa**

1830 *Ranae aglossae* + *R. phaneroglossae* (part.), Wagler, Syst. Amph., p. 199 | 1831 *Pipina*, Bonaparte, Saggio An. Vert., p. 10 | 1841 *Phrynaglosses*, C. Duméril & G. Bibron, Erpét., *v.* 8 p. 761 | 1858 *Aglossa* (part.: *haplosiphonia*), Alb. Günther, Cat Batr. sal. Brit. Mus., p. 1 | 1865 *A.*, E. D. Cope in: Nat. Hist. Rev., p. 98 | 1867 *A.*, Steindachner in: Reise Novara, Amph. p. 4 | 1875 *A.* + *Odontaglossa*, E. D. Cope in: Bull. U. S. Mus., *v.* 1 p. 9 | 1882 *A.*, Boulenger, Cat. Batr. sal. Brit. Mus., ed. 2 p. 456 | 1910 *A.*, Boulenger in: Enc. sci., Batr. p. 149.

Zunge fehlt, Tubae Eustachii in gemeinsamer Öffnung in den Rachen mündend.

1 Familie mit 3 Gattungen und 9 Arten.

1. Fam. **Pipidae**

1825 *Piprina*, J. E. Gray in: Ann. Phil., ser. 2 *v.* 10 p. 214 | 1826 *Pipoidea*, Fitzinger, Classif. Rept., p. 65 | 1838 *Pipae*, Tschudi, Classif. Batr., p. 26, 89 | 1841 *Dactylethridae* (part.) + *Astrodactylidae*, Hogg in: Ann. nat. Hist., *v.* 7 p. 361 | 1841 *Pipaeformes*, C. Duméril & G. Bibron, Erpét., *v.* 8 p. 761 | 1843 *Xenopoda*, Fitzinger, Syst. Rept., p. 33 | 1858 *Dactylethridae* + *Pipidae*, Alb. Günther, Cat. Batr. sal. Brit. Mus., p. 1, 2 | 1862 *Pipoides*, Bruch in: Würzburg Z., *v.* 3 p. 221 | 1865 *Pipidae* + *Dactylethridae*, E. D. Cope in: Nat. Hist. Rev., p. 98, 99 | 1867 *D.* + *P.*, Steindachner in: Reise Novara, Amph., p. 4, 5 | 1868 *Pipaeides*, Gouriet in: Rev. Mag. Zool., ser. 2 *v.* 20 p. 206 | 1869 *Pipidae* + *Dactylethridae*, Mivart in: P. zool. Soc. London, p. 295 | 1882 *D.* + *P.*, Boulenger, Cat. Batr. sal. Brit. Mus., ed. 2 p. 456, 458 | 1887 *P.* + *D.*, E. D. Cope in: Bull. U. S. Mus., *v.* 32 p. 9 | 1889 *P.* + *Xenopidae*, E. D. Cope in: Bull. U. S. Mus., *v.* 34 p. 252, 253 | 1910 *Pipidae*, Boulenger in: Enc. sci., Batr., p. 149.

5—8 praesacrale und 1 oder 2 sacrale, opisthocoele Wirbel vorhanden, der 2. bis 4. Wirbel lange, bei alten Exemplaren mit den Querfortsätzen verschmelzende Rippen tragend. Querfortsätze der Sacralwirbel sehr stark verbreitert; Sacralwirbel mit dem Os coccygis verschmolzen. Rechte und linke Hälfte des Schultergürtels in der Körpermitte aneinanderstoßend (nicht übereinandergreifend), die Epicoracoidknorpel nicht zu einem einheitlichen Knorpel verschmelzend. Kiefer völlig zahnlos oder mit Zähnen im Oberkiefer, Frontoparietalia miteinander verschmolzen. Paukenhöhle vorhanden, aber kein äußerlich sichtbares Trommelfell.

3 Gattungen mit 9 Arten in Südamerika und Afrika.

Bestimmungstabelle der Gattungen:

1	Oberkiefer zahnlos — 2	
	Oberkiefer bezahnt	3. Gen. **Xenopus**
2	Vorder- und Hinterfuß mit Schwimmhaut; 1.—3. Zehe mit schwarzen Hornkrallen	2. Gen. **Hymenochirus**
	Schwimmhaut nur am Hinterfuße vorhanden; Hornkrallen stets fehlend	1. Gen. **Pipa**

1. Gen. **Pipa** Laurenti

1758 *Rana* (part.), Linné, Syst. Nat., ed. 10 p. 210 | 1768 *Pipa*, Laurenti, Syn. Rept., p. 24 | 1771 *Bufo*, M. S. Merian, Hist. Ins. Surin., *v.* 1 t. 59 | 1830 *Asterodactylus*, Wagler, Syst. Amph., p. 199 | 1835 *Leptopus* (part.), C. Mayer, Analecten Anat., *v.* 1 p. 34.

Beide Kiefer zahnlos; Vorderfuß ohne, Hinterfuß mit großer, zwischen die Metatarsen der 4. und 5. Zehe eingreifender Schwimmhaut. Endphalangen der Finger und Zehen spitz. Keine Hornkrallen an den Zehen-

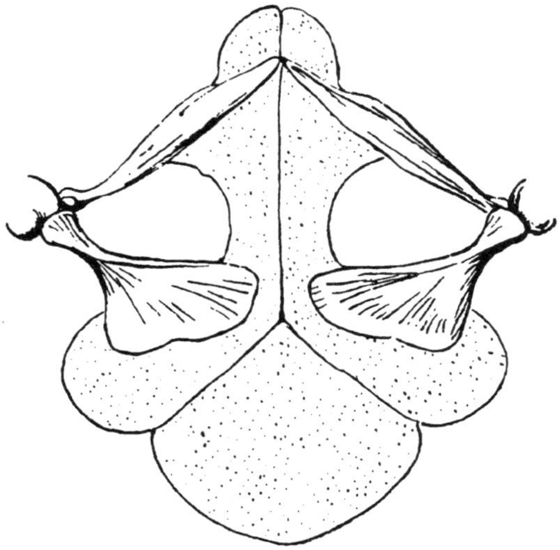

Fig. 47. **Pipa.** Schultergürtel, Knorpel punktiert (nach Boulenger).

spitzen. 7 praesacrale Wirbel vorhanden. Os sacrum vom 8. und 9. Wirbel gebildet. Praecoracoid und das stark verbreiterte Coracoid stark divergierend, durch einen breiten Epicoracoidknorpel verbunden; Omosternum und Sternum als Knorpelplatten ausgebildet. (Fig. 47).

2 Arten in Südamerika.

Bestimmungstabelle der Arten:

1	Länge bis 200 mm. Hautanhänge an Vorderkopfspitze und Mundwinkel gut ausgebildet	1. P. americana
	Länge bis 75 mm; Hautanhänge an Vorderkopfspitze und Mundwinkel verkümmert	2. P. snethlageae

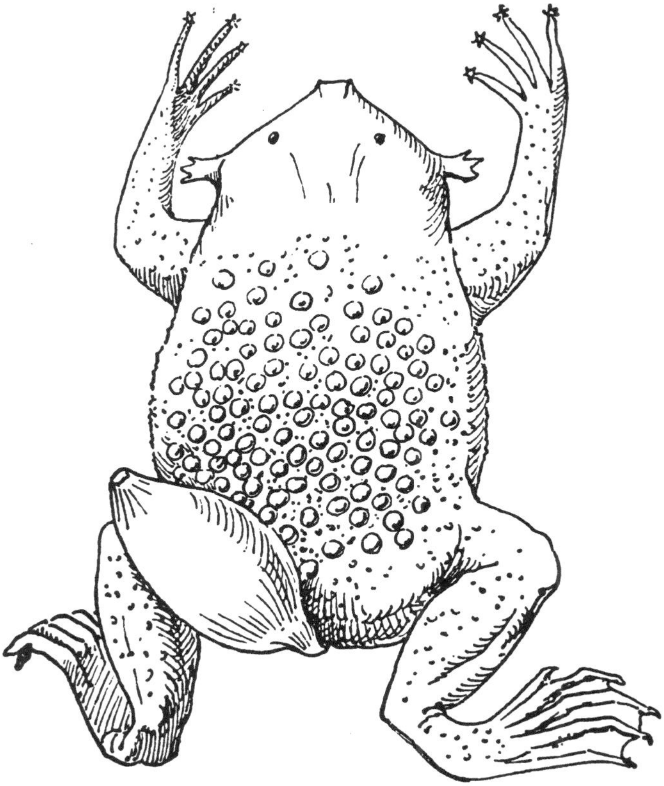

Fig. 48. **Pipa americana** ♀ mit ausgestülptem Ovipositor und mit Eiern auf dem Rücken (nach A. Bartlett).

1. **P. americana** Laur. = **P. pipa** (L.). 1726 *Pipa s. Bufo aquaticus surinamensis*, Vincent, Descr. Pipae, p. 6 t. 2 | 1734, *B.* sive *P. americana*, Seba, Thesaurus, *v.* 1 p. 121 t. 77 f. 1—4 | 1751, *Bufo americanus*, Klein, Quadrup. Dispos., p. 121 | 1754 *Rana Pipa*, Linné, Mus. Adolph. Frider., p. 49 | 1758 *R. P.*, Linné, Syst. Nat., ed. 10 p. 210 | 1765 *Pipa*, Fermin, Développ. Pipa, t. 1—4 | 1768 *Pipa americana*, Laurenti, Syn. Rept., p. 25 | 1788 „*Le Pipa*", Lacépède, Quadrup. ovip. Serp., *v.* 1 p. 600 | 1789 „*Le Crapaud Pipa*", Bonnaterre in: Tabl. enc. méth., Erpét. p. 14 t. 7 f. 2 | 1799 *Rana dorsigera*, J. G. Schneider, Hist. Amph., *v.* 1 p. 121 t. 1 und 2 (Skelett) | 1802 *Bufo dorsiger*, Latreille in: Sonnini & Latreille, Hist. Rept., *v.* 2 p. 120, t. [p. 112] f. 2 | 1802 *Rana Pipa*, G. Shaw, Gen. Zool., *v.* 3 p. 167 t. 50 u. 51 | 1803 *Bufo dorsiger*, Daudin, Hist. Rainett., p. 85, t. 31 (♀) t. 32 f. 2 (♂) | 1803 *B. d.*, Daudin, Hist. Rept., *v.* 8 p. 172 | 1820 *Pipa Tedo*, Merrem, Versuch Syst. Amph., p. 179 | 1824 *P. curucuru*, Spix, Spec. Testud. Ran. Bras., p. 53 t. 22 f. 1 u. 2 | 1826 *P. dorsigera*, Fitzinger, Classif. Rept., p. 65 | 1830 *Asterodactylus pipa*, Wagler, Syst. Amph., p. 199 | 1833 *A. p.*, Schinz, Naturg. Rept., p. 237 t. 96 f. 8 | 1835 *Leptopus*, *Asterodactylus*, C. Mayer, Analecten

Anat., *v.* 1 p. 34 | 1836—46 *P. surinamensis*, Duvernoy in: G. Cuvier, Règne an., ed. [4] [*v.* 5] t. 39 f. 2 | 1841 *P. americana*, C. Duméril & G. Bibron, Erpét. *v.* 8 p. 773 t. 92 f. 2 (Kopf und Füße) | 1854 *P. a.*, Wyman in: Amer. J. Sci., ser. 2 *v.* 17 p. 569 f. 1—5 (Embryonenstadien) | 1858 *P. a.*, Alb. Günther, Cat. Batr. sal. Brit. Mus., p. 3 | 1858 *P. sedo*, Schlegel, Handl. Dierk., *v.* 2 p. 59 t. 4 f. 78 | 1882 *P. americana*, Boulenger, Cat. Batr. sal. Brit. Mus., ed. 2 p. 459 | 1895 *P. surinamensis*, P. Sclater in: P. zool. Soc. London, p. 86 f. | 1896 *P. americana*, A. Bartlett in: P. zool. Soc. London, p. 595 f. 12 | 1914 *P. a.*, Minke in: Bl. Aquar. Terrar., *v.* 25 p. 417 f. 1.

Kopf stark flachgedrückt, dreieckig, Augen klein, mit runder Pupille, vor den Augen 1 oder 2 kurze Tentakel an der Oberlippe. Ein großer Hautlappen am Mundwinkel, zuweilen ein sternförmiger Hautanhang an der Vorderkopfspitze vorhanden. Trommelfell unsichtbar. Finger sehr schlank, ungefähr gleich lang, jeder mit einem sternförmigen, 4lappigen Hautanhang endigend. Zehen mit sehr breiter Schwimmhaut, 3. und 4. Zehe nahezu gleichlang. Keine Subarticularhöcker vorhanden. Medialer Metatarsalhöcker stumpf. Bei nach vorn an den Körper angelegtem Hinterbein reicht das Tarsometatarsalgelenk bis oder fast bis zum Auge. Haut oben mit kleinen Höckern besetzt. Oberseite olivenbraun oder schwärzlich, Unterseite heller, manchmal weiß gefleckt, oder mit einem schwarzen Längsstreifen in der Mitte. Länge 200 mm.

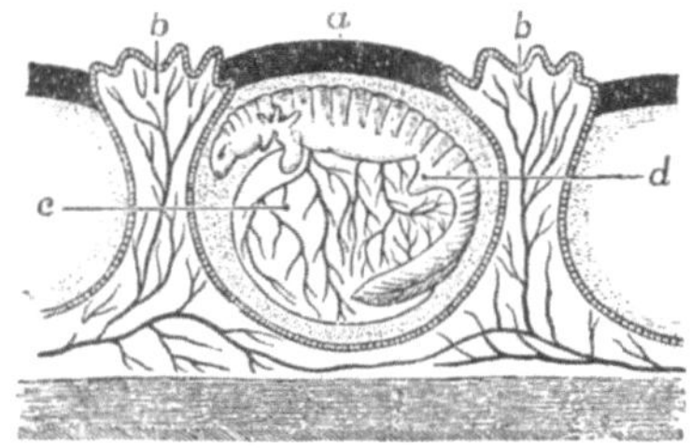

Fig. 49. **Pipa americana.** Senkrechter Schnitt durch eine Bruttasche der Rückenhaut des ♀ (stark vergrößert). *a* Deckel, *b* durch Hautwucherungen entstandene Scheidewände zwischen den einzelnen Bruttaschen, *c* Dottersack, *d* Embryo (nach Wyman aus Boulenger).

Ovipar. Die Paarung findet unter Amplexus lumbaris statt; die Kloakenwandung des ♀ stülpt sich dabei zu einem blasig erweiterten, zwischen dem Rücken des ♀ und dem Bauche des ♂ durchgeschobenen Ovipositor vor (vgl. Fig. 48), durch den die (wahrscheinlich schon im mütterlichen Körper) befruchteten Eier auf den Rücken des ♀ gebracht werden, wo sie unter Mitwirkung des ♂ gleichmäßig verteilt werden. Jedes Ei, von 5—7 mm Durchmesser, wird in eine durch Wucherung der sehr gefäßreichen Haut gebildete, von einem (aus Drüsensekret oder Resten der Eierschale hervorgehenden?) Operculum verschlossene Bruttasche eingeschlossen, in der es seine völlige Entwickelung (ohne freilebendes Larvenstadium) durchläuft, während der vorübergehend kurze, äußere Kiemen und ein großer Ruderschwanz auftreten (Fig. 49).

Guayana, Brasilien.

2. **P. snethlageae** L. Müll. 1914 *P. s.*, L. Müller in: Ann. nat. Hist., ser. 8 *v.* 14 p. 102 | 1914 *P. americana* forma nova?, Minke in: Bl. Aquar. Terrar., *v.* 25 p. 419 tf. 2, 3 | 1914 *P. snethlageae*, L. Müller in: Bl. Aquar. Terrar., *v.* 25 p. 507 f. 1, 2.

Unterscheidet sich von der vorigen Art durch kleineren, weniger deutlich dreieckigen Kopf, kaum über die Unterkieferspitze vorspringenden Vorderkopf, gedrungeneren, weniger abgeplatteten, hinten sehr breiten Rumpf, kürzere und schwächere Gliedmaßen, mit meist von der Körperhaut eingeschlossenem Oberarm und Oberschenkel, verkümmerte Ausbildung der Hautlappen an Vorderkopfspitze und Mundwinkel, Fehlen der 4 Reihen kleiner Drüsen auf dem Rücken und geringere Größe. Länge 75 mm.

Utinga bei Para (Nordbrasilien).

2. Gen. **Hymenochirus** Boulenger

1896 und 1899 *H.*, Boulenger in: Ann. nat. Hist., ser. 6 *v.* 18 p. 420 und ser. 7 *v.* 4 p. 122.

Beide Kiefer zahnlos. Vorder- und Hinterfuß mit Schwimmhaut, die an letzterem tief zwischen die Metatarsen der 4. und 5. Zehe eingreift. Endphalangen der Finger und Zehen spitz; die 3 ersten Zehen mit schwarzen Hornkrallen. Haut ohne sogen. Schleimkanäle (s. unten bei *Xenopus*). Nur 5 praesacrale Wirbel vorhanden, der 2. und 3. mit längeren Querfortsätzen; 2 Sacralwirbel vorhanden. Praecoracoide schwach gekrümmt, fast eine grade Linie bildend; Coracoide nach dem medialen Ende zu stark verbreitert; das knorpelige Sternum lateralwärts über die Epicoracoidknorpel übergreifend. Ossa ilii und Tibiofibulae mit flügelartigen Verbreiterungen.

2 Arten in Westafrika.

Bestimmungstabelle der Arten:

1 { Finger zur Hälfte, Zehen zu $^3/_4$ ihrer Länge durch Schwimmhaut verbunden . . . . 1. **H. boettgeri**
Finger und Zehen in ihrer ganzen Länge durch Schwimmhaut verbunden . . . . 2. **H. feae**

1. **H. boettgeri** (Torn.) 1896 *Xenopus b.*, Tornier, Kriechth. D. O. Afr., p. 163 f. L. | 1896 und 1899 *Hymenochirus b.*, Boulenger in: Ann. nat. Hist., ser. 6 *v.* 18 p. 420 und ser. 7 *v.* 4 p. 122.

Kopf klein, stark flachgedrückt, etwas breiter als lang, Vorderkopf kurz, abgerundet, ohne Canthus rostralis. Nasenlöcher direkt nach vorn gerichtet. Augen nach oben gerichtet, klein, ihr Durchmesser $1^1/_8$ mal enthalten im Abstand des Auges von der Vorderkopfspitze. Interorbitalraum etwa $2^1/_4$ mal so groß wie der Augendurchmesser; oberes Augenlid zu einer Hautfalte verkümmert. Finger schlank, zugespitzt, zu $^1/_2$ bis $^2/_3$ ihrer Länge durch Schwimmhaut verbunden, die beiden lateralen Finger länger als die medialen; Zehen zu $^3/_4$ ihrer Länge durch Schwimmhaut verbunden; die 3 medialen Zehen mit schwarzen Krallen. Keine Metatarsal- und Subarticularhöcker vorhanden. Bei nach vorn an den Körper angelegtem Hinterbein reicht das Tarsometatarsalgelenk bis zum Auge, oder zwischen Schulter und Auge. Haut durch zahlreiche Stacheln verschiedener Größe rauh erscheinend; an den Körperseiten je ein großer Stachel, von einem Kranz kleinerer Stacheln umgeben. Oben und unten braunschwarz, unten an vielen Stellen heller als am Rücken. Länge 37 mm.

Fig. 60. **Hymenochirus boettgeri.**

Westafrika (Kongogebiet, Gabun, Südkamerun).

2. **H. feae** Blgr. 1906 *H. f.*, Boulenger in: Ann. Mus. Genova, ser. 3 *v.* 2 p. 158 t. 1 f. 1.

Von der vorigen Art durch die bis zu ihrer Spitze durch Schwimmhaut verbundenen Finger und Zehen unterschieden. Oben und unten einfarbig schwärzlichbraun. Länge 46 mm.

Fernand-Vaz. (Französ. Kongo).

3. Gen. **Xenopus** Wagler

1803 *Bufo* (part.), Daudin, Hist. Rainett., p. 71 | 1803 *B.* (part.), Daudin, Hist. Rept., *v.* 8 p. 137 | 1820 *Pipa* (part.), Merrem, Versuch Syst. Amph., p. 179 | 1827 *Xenopus*, Wagler in: Isis, *v.* 20 p. 726 nota | 1829 *Dactylethra*, G. Cuvier, Règne an., ed. 2 *v.* 2

p. 107 | 1835 *Leptopus* (part.), C. Mayer, Analecten Anat., *v.* 1 p. 34 | 1864 *Silurana*, J. E. Gray in: Ann. nat. Hist., ser. 3 *v.* 14 p. 315 | 1864 *Dactylethra* + *Silurana*, J. E. Gray in: P. zool. Soc. London, p. 464 f. 1, 2.

Oberkiefer bezahnt; Hand ohne, Hinterfuß mit großer, tief zwischen die Metatarsen der 4. und 5. Zehe eingreifender Schwimmhaut. Endphalangen der Finger und Zehen spitz; die 3 ersten Zehen stets, zuweilen auch der Metatarsalhöcker mit schwarzen Hornkrallen. 8 praesacrale Wirbel vorhanden, Os sacrum nur von 1 (dem 9.) Wirbel gebildet. Praecoracoid und Coracoid ungefähr gleich stark entwickelt, durch einen sehr schmalen Epicoracoidknorpel verbunden. Omosternum fehlt, Sternum als Knorpelplatte ausgebildet (Fig. 51). Haut, besonders auf Rücken und Kopf, mit regelmäßig angeordneten, feinen hellen Stricheln, sogen. „Schleimkanäle", deren jeder eine Gruppe von Hautsinnesorganen enthält. Dicht unter jedem Auge sitzt je ein mehr oder weniger langer, fadenförmiger, weißer Anhang, der Augententakel.

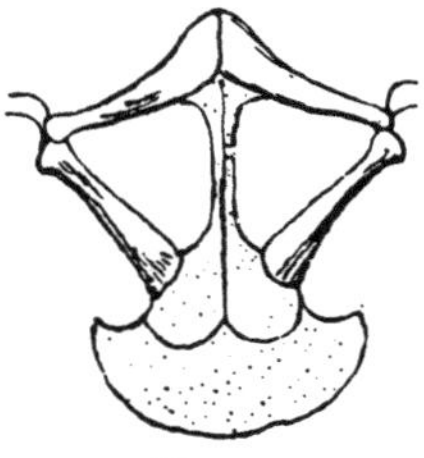

Fig. 51. **Xenopus.** Schultergürtel. Knorpel punktiert (nach Boulenger).

5 Arten in Afrika.

Bestimmungstabelle der Arten:

1	Medialer Metatarsalhöcker mit schwarzer Kralle (*a* in Fig. 56) — 2	
	Medialer Metatarsalhöcker ohne schwarze Kralle — 4	
2	Entfernung der Augen voneinander 4 mal so groß wie ihr Durchmesser (Fig. 55)	3. **X. calcaratus**
	Entfernung der Augen voneinander 2—3 mal so groß wie ihr Durchmesser — 3	
3	Entfernung der Augen voneinander 2, 4—3 mal so groß wie ihr Durchmesser, Augententakel etwa 1/2 so lang wie der Augendurchmesser	4. **X. clivii**
	Entfernung der Augen voneinander 2 mal so groß wie ihr Durchmesser, Augententakel länger als der 1/2 Augendurchmesser	5. **X. fraseri**
4	Augententakel kürzer als 1/3 des Augendurchmessers; Medialer Metatarsalhöcker (*m* in Fig. 52) stumpf, wenig vorspringend	1. **X. laevis**
	Augententakel länger als die Hälfte des Augendurchmessers, medialer Metatarsalhöcker (*m* in Fig. 54) spitz, kegelförmig vorspringend	2. **X. mülleri**

1. **X. laevis** (Daud.) 1803 *Bufo l.*, Daudin, Hist. Rainett., p. 85 t. 30 f. 1 (figura mala) | 1803 *B. l.*, Daudin, Hist. Rept., *v.* 8 p. 171 | 1820 *Pipa l.* + *P. bufonia*, Merrem, Versuch Syst. Amph., p. 180 | 1827 *Xenopus Boiei*, Wagler in: Isis, *v.* 20 p. 726 nota | 1830 *X. B.*, Wagler, Syst. Amph., p. 200 | 1830 *Dactylethra capensis*, G. Cuvier, Règne an., ed. 2 *v.* 3 t. 7 f. 2 | 1835 *Leptopus Boiei* seu *Oxydactylus*, C. Mayer, Analecten Anat., *v.* 1 p. 34 t. 2 f. 5 | 1838 *Dactylethra Boiei*, Tschudi, Classif. Batr., p. 90 | 1841 *D. capensis*, C. Duméril & G. Bibron, Erpét., *v.* 8 p. 765 t. 92 f. 1 | 1836/46 *D. Delalandii*, G. Cuvier, Règne an., ed. [4] *v.* 5 t. 38 f. 2, 2a | 1858 *D. laevis*, Alb. Günther, Cat. Batr. sal. Brit. Mus., p. 2 | 1858 *Xenopus (Dactylethra) Boiei*, Schlegel, Handl. Dierk., *v.* 2 p. 59 t. 4 f. 77 | 1859 *Dactylethra capensis*, A. Duméril in: Arch. Mus. Paris, *v.* 10 p. 231 t. 18 f. 6,6a (Kopf und Hinterfuß | 1867 *Xenopus laevis*, Steindachner in: Reise Novara, Amph. p. 4 | 1880 *Dactylethra Mülleri* (non Peters 1844), Bocage in: J. Ac. Lisboa, *v.* 7 p. 89, 96 | 1882 *Xenopus laevis* + *X. muelleri* (part.), Boulenger, Cat. Batr. sal. Brit. Mus., ed. 2 p. 456, 457 | 1891 *X. capensis*, Schauinsland in: Verh. Ges. D. Naturf., *v.* 63 p. 135 | 1894 *X. laevis*, Beddard in: P. zool. Soc. London, p. 101 t. 13 (Larvenstadien) | 1895 *X. petersii*, Bocage, Herpét. Angola, p. 187 | 1905 *X. laevis*, Boulenger in: P. zool. Soc. London, pars 2 p. 248 | 1906 *X. l.*, Bles in: Tr. R. Soc. Edinb., *v.* 41 tf. 1—3 t. 1—4 (Eier und Entwicklungsstadien), t. 4 f. 24 (Ausgewachsene Kaulquappe).

Kopf klein, Vorderkopf kurz, abgerundet, ohne Canthus rostralis. Augen und Nasenlöcher nach oben gerichtet. Augen klein, so groß wie der Abstand ihres Vorderrandes vom Nasenloch. Oberes Augenlid zu einer Hautfalte rückgebildet. Augententakel kürzer als $^1/_3$ des Augendurchmessers. Finger sehr schlank, scharf zugespitzt, ungefähr gleich lang. Zehen kräftig, flachgedrückt, spitz, durch sehr breite Schwimmhaut verbunden; 1. bis 3. Zehe mit schwarzen Hornkrallen. Medialer Metatarsalhöcker (Fig. 52) ohne Hornkralle, stumpf,

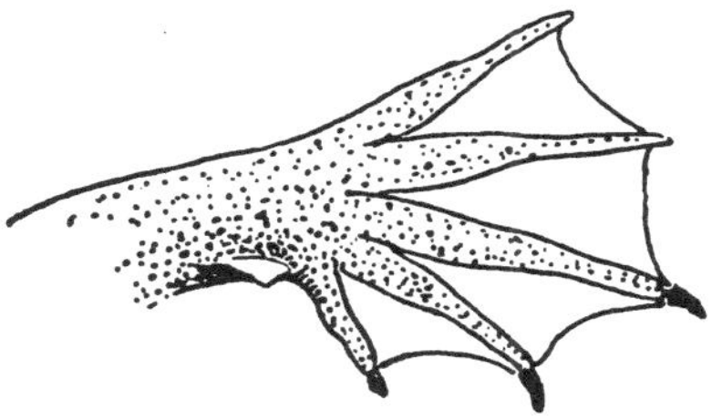

Fig. 52. **Xenopus laevis.** Rechter Hinterfuß von unten (nach Bles).

wenig hervorragend. Keine Subarticularhöcker vorhanden. Bei nach vorn an den Körper angelegtem Hinterbein reicht das Tarsometatarsalgelenk beim ♀ bis zum Auge, beim ♂ bis zur Vorderkopfspitze. Haut glatt, mit einem rings um den ganzen Körper in Gestalt von feinen hellen Linien herumziehenden Gürtel von „Schleimkanälen“ (s. oben). Oben dunkelbraun, unten weißlich, mit oder ohne braune Flecke. Beim ♀ wird die Kloakenöffnung durch 3 Hautlappen geschlossen. Länge 80 mm.

Ovipar; Paarung unter Amplexus inguinalis; die Eier werden in der Regel nachts einzeln an Wasserpflanzen oder Steinen abgelegt. Larve jederseits mit 3 kleinen, ungefiederten äußeren Kiemen und je einem Spiraculum; da innere Kiemen nicht angelegt werden, schon früh durch Lungen atmend. Mund ohne Lippen und Hornzähne; unmittelbar unter ihm ein großes, unpaares Haftorgan. Erwachsene Kaulquappe (Fig. 53)

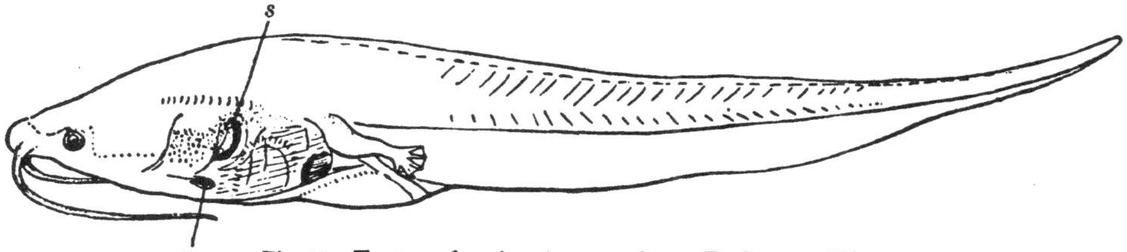

Fig. 53. **Xenopus laevis.** Ausgewachsene Kaulquappe ($^1/_1$).
s Spiraculum, *v* noch in den Brachialsack eingeschlossene Vorderextremität (nach Bles).

von fischartiger Gestalt (= *Silurana* Gray) mit flachem, keilförmigen Kopfe, mit jederseits 1 langen, häufig 1 oder mehrmals gegabelten Tentakel am Mundwinkel (aus dem der kurze Tentakel unter dem Auge des fertig ausgebildeten Frosches hervorgeht); die Vordergliedmasse kommt in einem völlig vom Kiemenraum abgeschlossenen „Brachialsack“ zur Ausbildung.

Afrika (vom Kapland an im Westen bis Angola, im Osten bis Uganda und Britisch-Ostafrika).

2. **X. mülleri** (Peters) 1844 *Dactylethra m.*, Peters in: Monber. Ak. Berlin, p. 37 | 1855 *D. m.*, Peters in: Arch. Naturg, *v.* 21 I p. 58 | 1858 *D. m.*, Alb. Günther, Cat. Batr. sal. Brit. Mus., p. 2 [Beschreibung unrichtig] | 1882 *Xenopus m.* (part.), Boulenger, Cat. Batr. sal. Brit. Mus., ed. 2 p. 457 [Beschreibung unrichtig] | 1882 *X. M.*,

Peters, Reise Mossamb., *v.* 3 p. 180 t. 25 f. 3 t. 26 f. 12 (Ganzes Tier, Larve und Skeletteile) | 1905 *X. m.*, Boulenger in: P. zool. Soc. London, pars 2 p. 249.

Fig. 54. **Xenopus mülleri.** Rechter Hinterfuß von unten.

Im Habitus der vorigen Art sehr ähnlich. Gaumenzähne wenigstens bei manchen Exemplaren deutlich ausgebildet. Kopf breiter als lang. Vorderkopf kurz, nur wenig länger als der Augendurchmesser. Interorbitalraum doppelt so breit wie der Augendurchmesser. Tentakel unter dem Auge länger als der halbe Augendurchmesser. Metatarsalhöcker (Figur 54) deutlich, kegelförmig vorspringend, ohne schwarze Hornkralle. Im Leben auf dem Rücken dunkel braungrau, mit großen, dunklen, in der Mitte helleren Flecken; Unterseite mehr oder weniger lebhaft gelb mit schwarzen Flecken. Länge bis 72 mm.

Ostafrika.

3. **X. calcaratus** Peters 1857 *Dactylethra mülleri*, (non Peters 1844) Hallowell in: P. Ac. Philad., p. 65 | 1859 *D. m.*, (non Peters 1844), A. Duméril in: Arch. Mus. Paris, *v.* 10 p. 231 t. 18 f. 5 | 1864 *Silurana tropicalis*, J. E. Gray in: Ann. nat. Hist., ser. 3 *v.* 14 p. 316 in: P. zool. Soc. London, p. 464 tf. 1, 2 (Larven) | 1867 *Xenopus mülleri*, (non Peters 1844) Steindachner in: Reise Novara, Amph. p. 4 | 1875 *X. calcaratus*, Peters in: Monber. Ak. Berlin, p. 200.

Fig. 55. **Xenopus calcaratus.** Habitusbild.

Fig. 56. **Xenopus calcaratus.** Rechter Hinterfuß von unten; *a* medialer Metatarsalhöcker.

Vorderkopf breiter und kürzer als bei der vorigen Art. Augen sehr klein, ihre Entfernung voneinander 4mal so groß wie ihr Durchmesser. Tentakel unter dem Auge sehr kurz, nur halb so lang wie der Augendurchmesser. Gliedmaßen kürzer als bei der vorigen Art. Medialer Metatarsalhöcker spitz, mit einer schwarzen Kralle versehen (*a* in Fig. 56). Oberseite fast schwarz,

Unterseite dunkelgrau mit zahlreichen, schwarzen und mehr verstreuten, hellen Flecken. Länge 45 mm. (Fig. 55, 56.)

Westafrika (Gabun, Kamerun, Lagos).

4. **X. clivii** Peracca 1891 *X. mülleri*, (non Peters 1844), Del Prato in: Bull. Sez. Fiorent. Soc. Afr. Ital., *v.* 7 p. 45 | 1898 *X. clivii*, Peracca in: Boll. Mus. Torino, *v.* 13 nr. 321 p. 3.

Kopf mittelgroß, viel breiter als lang, beim ♀ viel breiter als beim ♂, 4mal in der Gesamtlänge des Tieres enthalten. Gaumenzähne vorhanden. Vorderkopf kurz, abgerundet, ohne Canthus rostralis. Augen mittelgroß, ihr horizontaler Durchmesser ist gleich dem Abstand des vorderen medialen Augenwinkels von den Nasenlöchern und $2^1/_5$ (♂) bis $2^2/_3$ (♀) mal in der Entfernung der Augen voneinander enthalten. Tentakel unter dem Auge so lang wie oder etwas länger als die Hälfte des größten Augendurchmessers. Finger lang und spitz, Zehen stark flachgedrückt, in ihrer ganzen Länge durch Schwimmhaut verbunden, 1.—3. Zehe mit spitzen, schwarzen Hornkrallen; ebenso eine schwarze Hornkralle auf dem deutlich vorspringenden Metatarsalhöcker vorhanden, von dem aus ein feiner Hautsaum an der 1. Zehe entlang bis zu deren Kralle zieht. Bei nach vorn an den Körper angelegtem Hinterbein reicht das Tibiotarsalgelenk bis zum Auge. Haut glatt, mit ungefähr in der gleichen Weise wie bei den andern Arten angeordneten „Schleimkanälen". Färbung auf der Oberseite dunkelbraungrau bis olivenfarben, Unterseite mehr oder weniger lebhaft gelb, ungefleckt, oder mit kleinen graubraunen unregelmäßig angeordneten Flecken. Länge 76 mm.

Nordostafrika (Erythraea und Abessinien).

5. **X. fraseri** Blgr. 1905 *X. f.*, Boulenger in: P. zool. Soc. London, pars 2 p. 250.

Gaumenzähne vorhanden. Augen halb so groß wie ihre Entfernung voneinander. Augententakel länger als die Hälfte des Augendurchmessers. Medialer Metatarsalhöcker mit einer schwarzen Hornkralle. Färbung? Länge 39 mm.

Westafrika (Nigeria oder Fernando-Po, Kamerun).

B. Subord. **Phaneroglossa**

1830 *Ranae phaneroglossae* (part.: *Divisio ecaudatae*), Wagler, Syst. Amph., p. 199 | 1831 *Ranina*, Bonaparte, Saggio An. Vert., p. 10 | 1841 *„Phaneroglosses"*, C. Duméril & G. Bibron, Erpét., *v.* 8 p. 317 | 1858 *Aglossa* (part.: *diplosiphonia*) + *Opisthoglossa* + *Proteroglossa*, Alb. Günther, Cat. Batr. sal. Brit. Mus., p. 3, 4, 127 | 1867 *Phaneroglossa*, Steindachner in: Reise Novara, Amph. p. 28 | 1882 *P.*, Boulenger, Cat. Batr. sal. Brit. Mus., ed. 2 p. 1 | 1910 *P.*, Boulenger in: Enc. sci., Batr. p. 149.

Zunge stets vorhanden. Tubae Eustachii getrennt in den Rachen mündend.

Die Subordnung zerfällt in 2 Sektionen.

Bestimmungstabelle der Sektionen:

1 { Mediales Ende des Praecoracoids und des Coracoids einer jeden Hälfte des Schultergürtels durch einen bogenförmigen Epicoracoidknorpel verbunden; der Knorpelbogen der einen Seite überlagert den etwas gegen ihn beweglichen Bogen der anderen Seite (Fig. 11) . 1. Sekt. **Arcifera**
Coracoide fest durch einen unpaaren Epicoracoidknorpel verbunden; Praecoracoide, wenn vorhanden, mit ihren medialen Enden den Coracoiden oder dem Epicoracoidknorpel aufliegend (Fig. 12) . . . . . . 2. Sekt. **Firmisternia**[1])

[1]) Die Bearbeitung der *Firmisternia* wird als besondere Lieferung des „Tierreichs" erscheinen.

1. Sectio **Arcifera**

1865 *Bufoniformia* (part.) + *Arcifera*, E. D. Cope in: Nat. Hist. Rev., p. 100, 104 | 1866 *A.*, E. D. Cope in: J. Ac. Philad., ser. 2 *v.* 6 p. 67 | 1875 *Bufoniformia* + *A.*, E. D. Cope in: Bull. U. S. Mus., *v.* 1 p. 9 | 1882 *A.*, Boulenger, Cat. Batr. sal. Brit. Mus., ed. 2 p. 183 | 1910 *A.*, Boulenger in: Enc. sci., Batr. p. 149.

Mediales Ende des Praecoracoids und des Coracoids einer jeden Hälfte des Schultergürtels durch einen bogenförmigen Epicoracoidknorpel verbunden; der Knorpelbogen der einen Seite überlagert den etwas gegen ihn beweglichen Knorpelbogen der anderen Seite. (Fig. 11 p. 5).

Die 1. Sectio umfaßt 5 Familien, von denen 2 in 5 Unterfamilien zerfallen, 72 sichere und 5 unsichere Gattungen und 811 sichere Arten, von denen 5 in 15 Unterarten zerfallen und 94 unsichere Arten.

Bestimmungstabelle der Familien:

1	Querfortsätze des Sacralwirbels mehr oder weniger stark verbreitert (wie in Fig. 4 oder 6 p. 2, 3) — 2	
	Querfortsätze des Sacralwirbels nicht oder nur sehr wenig verbreitert (wie in Fig. 5 p. 3)	6. Fam. **Cystignathidae**
2	Kurze Rippen an den vorderen Wirbeln vorhanden (Fig. 6 p. 3). Querfortsätze des Sacralwirbels mäßig verbreitert; Oberkiefer bezahnt	2. Fam. **Discoglossidae**
	Rippen stets fehlend — 3	
3	Beide Kiefer oder wenigstens der Oberkiefer mit Zähnen versehen — 4	
	Beide Kiefer völlig zahnlos	4. Fam. **Bufonidae**
4	Knöcherne Endphalangen der spitz endigenden Finger und Zehen nicht klauenförmig	3. Fam. **Pelobatidae**
	Knöcherne Endphalangen der zu Haftscheiben verbreiterten Finger- und Zehenspitzen klauenförmig, zwischen letztem und vorletztem Zehenglied ein Zwischenknochen vorhanden (wie in Fig. 24 p. 9) .	5. Fam. **Hylidae**

2. Fam. **Discoglossidae**

1825 *Bombinatorina* (part.), J. E. Gray in: Ann. Phil., ser. 2 *v.* 10 p. 213 | 1826 *Bombinatoroidea* (part.), Fitzinger, Classif. Rept., p. 65 | 1838 *Ranae* (part.) + *Bombinatores* (part.), Tschudi, Classif. Batr., p. 25, 26, 79, 83 | 1841 *Raniformes* (part.), C. Duméril & G. Bibron, Erpét., *v.* 8 p. 317 | 1841 *Dactylethridae* (part.), Hogg in: Ann. nat. Hist., *v.* 7 p. 861 | 1843 *Ranae* (part.) + *Alytae* (part.) + *Bombitatores* (part.), Fitzinger, Syst. Rept., p. 31, 32 | 1858 *Discoglossidae* (part.) + *Alytidae* (part.) + *Bombinatoridae* (part.), Alb. Günther, Cat. Batr. sal. Brit. Mus., p. 34, 37, 40 | 1862 *Pelodytides* (part.), Bruch in: Würzburg. Z., *v.* 3 p. 221 | 1865 *Discoglossidae*, E. D. Cope in: Nat. Hist. Rev., p. 105 | 1866 *D.*, E. D. Cope in: J. Ac. Philad., ser. 2 *v.* 6 p. 69, 74 | 1867 *D.* (part.), Steindachner in: Reise Novara, Amph. p. 28 | 1869 *Bombinatoridae* (part.: Subf. *Bombinatorina*) + *Alytidae* (part.: Subfam. *Alytina*) + *Discoglossidae* (part.: Subfam. *Discoglossina*), Mivart in: P. zool. Soc. London, p. 290, 291, 294 | 1875, 1876 *Raniformes* (part.), Lataste in: Act. Soc. Linn. Bordeaux, ser. 3 *v.* 10 p. 441, 466 | 1875 *Discoglossidae*, E. D. Cope in: Bull. U. S. Mus., *v.* 1 p. 10 | 1882 *D.* (part.), Boulenger, Cat. Batr. sal. Brit. Mus., ed. 2 p. 444 | 1889 *D.*, E. D. Cope in: Bull. U. S. Mus., *v.* 34 p. 256 | 1901 *D.*, H. Gadow in: Cambridge nat. Hist., *v.* 8 p. 152 | 1910 *D.*, Boulenger in: Enc. sci., Batr. p. 149, 207.

Oberkiefer bezahnt. Wirbel opisthocoel, die Querfortsätze des 2. bis 4. Wirbels kurze Rippen tragend; Querfortsätze des Sacralwirbels deutlich verbreitert, Os coccygis an der Dorsalseite seiner Basis mit 2 nach hinten und lateralwärts gerichteten Fortsätzen versehen; (Fig. 6 p. 3) Pupille rundlich oder dreieckig, oder ein senkrechter Spalt. Zunge meistens ganzrandig und in ihrer ganzen Länge angeheftet, seltener hinten etwas ausgerandet und frei abhebbar. Larven mit in der Mittellinie der Bauchseite liegendem Spiraculum (Fig. 43 p. 14).

4 Gattungen mit 8 Arten.

Bestimmungstabelle der Gattungen:

1	Pupille rundlich oder dreieckig — 2	
	Pupille ein senkrechter Spalt — 3	
2	Körperform schlank, Haut glänzend, Trommelfell bald gar nicht, bald mehr oder weniger deutlich sichtbar. Querfortsätze des Sacralwirbels mäßig verbreitert (Fig. 6)	1. Gen. **Discoglossus**
	Körperform gedrungen, Haut der Oberseite stark warzig, Trommelfell stets unsichtbar. Querfortsätze des Sacralwirbels sehr stark verbreitert (Fig. 60)	2. Gen. **Bombinator**
3	Trommelfell sichtbar, Gaumenzähne hinter den Choanen. Querfortsätze des Sacralwirbels stark verbreitert . .	3. Gen. **Alytes**
	Trommelfell unsichtbar, Gaumenzähne zwischen den Choanen. Querfortsätze des Sacralwirbels mäßig stark verbreitert	4. Gen. **Ascaphus**

1. Gen. **Discoglossus** Otth

1837 *Discoglossus*, Otth in: N. Denk. Schweiz. Ges., *v.* 1 [nr. 4] p. 6 | 1839 *Pseudis*, Gené in: Mem. Acc. Torino, ser. 2 *v.* 1 p. 281 | 1841 *Discoglossus*, C. Duméril & G. Bibron, Erpét., *v.* 8 p. 422 | 1845 *Colodactylus*, Tschudi, Fauna Peru., Herpet. p. 67 |1858 *Discoglossus*, Alb. Günther, Cat. Batr. sal. Brit. Mus., p. 35 | 1882 *D.*, Boulenger, Cat. Batr. sal. Brit. Mus., ed. 2 p. 445.

Pupille rundlich oder dreieckig. Zunge fast kreisrund, ganzrandig, an ihrem Hinterrande nur sehr wenig frei abhebbar. Gaumenzähne in langer Querreihe hinter den Choanen (Fig. 57). Trommelfell bald mehr oder weniger deutlich, bald unter der Haut verborgen. Vorderfuß ohne, Hinterfuß mit Schwimmhaut, die tief zwischen die Metatarsen der 4. und 5. Zehe eingreift. Omosternum verkümmert; Sternum mit 2 nach hinten und lateralwärts gerichteten, schlanken Knorpelfortsätzen (Fig. 11 p. 5). Querfortsätze des Sacralwirbels mäßig verbreitert (Fig. 6 p. 3). Os coccygis durch 2 Gelenkflächen mit dem Sacralwirbel verbunden. Endphalangen der Finger und Zehen spitz.

1 Art im westlichen Mittelmeergebiet.

1. **D. pictus** Otth 1784 *„La Rana Acquajuola“*, Cetti, Naturg. Sardinien, *v.* 3 p. 39 | 1833 *R. temporaria* (non Linné 1758), Rozet, Voy. Alger, *v.* 1 p. 230 | 1837 *Pseudis picta*, Fitzinger (M. S.) + *Discoglossus pictus*, Otth in: N. Denk. Schweiz. Ges., *v.* 1 [nr. 4], p. 3, p. 6 f. 1—8 | 1837 *D. sardus*, Tschudi in: Otth in: N. Denk. Schweiz. Ges., *v.* 1 [nr. 4] p. 8 | 1838 *Discoglossus pictus* + *D. sardus*, Bonaparte, Iconogr. Fauna Ital., *v.* 2 fol. 119 p. [5] + fol. 123 p. [1], t. [80] f. 3 + t. [81] f. 1, 2 | 1839 *Pseudis sardoa*, Gené in: Mem. Acc. Torino, ser. 2 *v.* 1 p. 281 t. 5 f. 1—3 (♂, ♀, Teil der Wirbelsäule) | 1841 *D. pictus*, C. Duméril & G. Bibron, Erpét., *v.* 8 p. 425 | 1841 *Rana picta*, Schlegel in: M. Wagner, Reis. Algier, *v.* 3 p. 134 | 1844 *Pseudes pictus* + *P. sardus*, Leunis, Syn. Naturr., p. 146 | ? 1845 *Colodactylus caerulescens*, Tschudi, Fauna Peru., Herpet. p. 68 t. 11 f. 2 | 1851 *Rana temporaria* (non Linné 1758), Eichwald in: N. Mém. Soc. Moscou, *v.* 9 p. 331 | 1858 *Discoglossus pictus*, Alb. Günther, Cat. Batr. sal. Brit. Mus., p. 35 | 1873 *Colodactylus coerulescens*, Peters in: Monber. Ak. Berlin, p. 414, 623 t. 3 f. 1 | 1877 *Discoglossus pictus* + *D. sardous*, E. Boscá in: An. Soc. Españ., *v.* 6 p. 63 | 1878 *D. Scovazzi*, Camerano in: Atti Acc. Torino, *v.* 13 p. 548 | 1879 *D. sardus* + *D. pictus* + *D. Scovazzi*, Camerano in: Atti Acc. Torino, *v.* 14 p. 437, 443, 447 t. 3 f. 1—8 | 1879 *D. pictus*, Lataste in: Act. Soc. Linn. Bordeaux, *v.* 33 p. 275 t. 3—5 (4 Farbenvarietäten, Larven, Anatomie) | 1882 *D. p.*, Boulenger, Cat. Batr. sal. Brit. Mus., ed. 2 p. 445 |

1885 *D. p.*, Héron-Royer in: Bull. Soc. zool. France, *v.* 10 p. 565 t. 14 (Entwicklungsstadien) | 1888 *D. auritus*, Héron-Royer in: Bull. Soc. zool. France, *v.* 13 p. 205, 220 | 1889 *D. pictus*, Héron-Royer & Bambeke in: Arch. Biol., *v.* 9 p. 280 t. 21 f. 1—5 (Mundteile der Larve) | 1890 *D. p.* + *D. auritus*, Héron-Royer in: Bull. Soc Angers, ser. 2 *v.* 19 p. 49, 65 t. 1, 2 (Habitusbilder und Füße von Tieren verschiedenen Alters) | 1891 *D. pictus*, Boulenger in: P. zool. Soc. London, p. 620 t. 47 f. 3 (Larve) | 1897 *D. p.*, Boulenger, Tailless Batr. Eur., *v.* 1 p. 125 t. 1 f. 1 (Larve) t. 4 | 1912 *D. p.*, E. Schreiber, Herpet. Eur., ed. 2 p. 183 tf. 31 (Kopf und Vorderbein des ♂).

Körper ziemlich schlank, *rana*-artig. Kopf sehr flach, etwas breiter als lang; Vorderkopf abgerundet oder stumpf zugespitzt (vgl. Fig. 40 und 41 p. 12, 13), die Mundspalte überragend, ohne Canthus rostralis. Interorbitalraum so breit wie ein oberes Augenlid, oder etwas schmaler. Breite des manchmal mehr oder weniger deutlich sichtbaren, oft aber vollständig unter der Haut verborgenen Trommelfells $^3/_5$ bis $^2/_3$ des Augendurchmessers. Finger ziemlich kurz, stumpf zugespitzt, 1. Finger am kürzesten, 2. und 4. gleich lang. 3 Carpalhöcker auf der Handfläche, von denen der sehr große und vorspringende mediale besonders beim ♂ stark hervortritt. Zehen ziemlich schlank, bei ♀ und jungen Tieren zu $^1/_4$—$^1/_3$, bei erwachsenen ♂ zu $^3/_4$ ihrer Länge oder fast völlig durch Schwimmhaut verbunden. Subarticularhöcker fehlen; ein kleiner, stumpfer, rundlicher medialer Metatarsalhöcker vorhanden. Bei nach vorn an den Körper angelegtem Hinterbein reicht das Tibiotarsalgelenk bis zum Trommelfell, Auge oder Nasenloch. — Haut glänzend, wie gefirnißt glatt, oder mehr oder weniger warzig, eine Drüsenfalte zieht vom Auge zur Schulter und setzt sich häufig längs des Rumpfes bis zu den Weichen fort. Unterseite glatt oder schwach gekörnelt. Schenkelunterseite stets deutlich gekörnelt. Färbung sehr wechselnd; Oberseite braun, grau, gelb oder olivenfarbig, manchmal

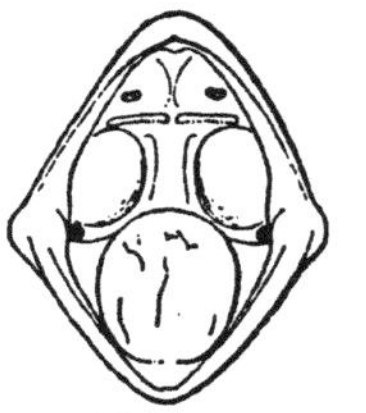

Fig. 57. Discoglossus pictus. Mundhöhle (nach Boulenger).

Fig. 58.

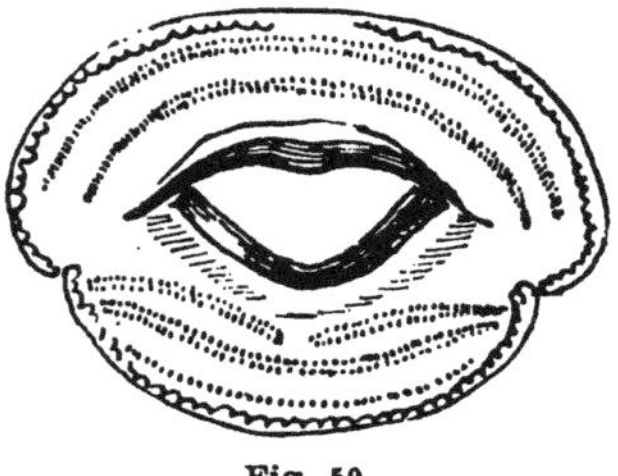

Fig. 59.

Discoglossus pictus.
Fig. 58: Larve; Fig. 59: Mundgegend der Larve ($^{15}/_1$) (beides nach Boulenger).

auch rot, einfarbig, oder mit dunklen, häufig hell gesäumten Flecken, die auf den Gliedmaßen Querbinden bilden. Häufig ein dunkler, dreieckiger oder herzförmiger Fleck zwischen den Augen. Manche Tiere sind schön gestreift, mit einem hellen, jederseits von 1 oder 2 dunklen Binden eingefaßten Längsband auf dem Rücken. Unterseite rein weiß, einfarbig oder braun punktiert, unter den Gliedmaßen ins gelbe oder rötliche spielend. Länge 50—75 mm. ♂ mit verkümmerten Schallblasen; zur Brunstzeit mit stark verdicktem 1. Finger und großer Daumenschwiele; feine schwarze Rauhigkeiten treten dicht gedrängt auf dem 1. und 2. Finger, am Kinn und am freien Rande der Schwimmhaut, spärlicher am ganzen Bauche und an den Hinterbeinen fast während des ganzen Jahres auf (Fig. 40 p. 12).

Paarung unter lumbalem Amplexus (Fig. 41 p. 13). Ovipar. Die sehr kleinen Eier werden einzeln abgelegt oder lösen sich wenigstens sehr bald voneinander. Larvencharaktere: Spiraculum in der Mittellinie des Körpers, von dessen Vorder- und Hinterrande gleichweit entfernt. Mundbildung wie in Fig. 59 dargestellt. Schwanz mindestens $1^1/_2$ mal so lang wie der Rumpf, $3^1/_2$—4 mal so lang wie hoch (Fig. 58). Feine braune Linien bilden auf den Schwanzflossen ein Netzwerk mit vieleckigen Maschen. Länge 35 mm.

Westliches Mittelmeergebiet (Iberische Halbinsel, Korsika, Sardinien, Sizilien, Malta, Tunis bis Marokko).

2. Gen. **Bombinator** Merrem

1746 *Rana* (part.), Linné, Fauna Suec., p. 94 | 1768 *Bufo* (part.), Laurenti, Syn. Rept., p. 25 | 1820 *Bombinator* (part.), Merrem, Versuch Syst. Amph., p. 178 | 1826 *B.* (part.), Fitzinger, Classif. Rept., p. 39 | 1830 *Bombitator*, Wagler, Syst. Amph., p. 206 | 1838 *Bombinator*, Tschudi, Classif. Batr., p. 84 | 1882 *B.*, Boulenger, Cat. Batr. sal. Brit. Mus., ed. 2 p. 446.

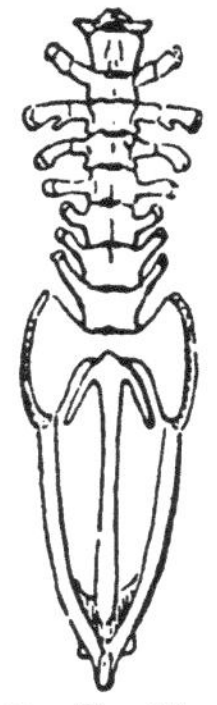

Fig. 60. Bombinator. Wirbelsäule (nach Boulenger).

Pupille rundlich, dreieckig oder herzförmig. Zunge kreisrund, ganzrandig, vollständig angeheftet. Gaumenzähne in 2 quergestellten Gruppen hinter den Choanen (Fig. 62). Trommelfell nicht sichtbar. Hand ohne, Hinterfuß mit Schwimmhaut, die tief zwischen die Metatarsen der 4. und 5. Zehe eingreift (Fig. 61 und 72). Omosternum fehlt. Sternum mit 2 schlanken, nach hinten und lateralwärts gerichteten Knorpelfortsätzen, wie in Fig. 11 p. 5. Querfortsätze des Sacralwirbels sehr stark verbreitert. Os coccygis durch 1 Gelenkfläche mit dem Sacralwirbel verbunden (Fig. 60). Endphalangen der Finger und Zehen spitz. Spiraculum der Larven hinter der Körpermitte gelegen; Schwanz der Larve höchstens $1^1/_2$ mal so lang wie ihr Rumpf, 2—$2^1/_2$ mal so lang wie hoch.

4 Arten in Europa und Ostasien.

Bestimmungstabelle der Arten:

1 { Unterschenkel kürzer als der Fuß (letzterer von der Basis des medialen Metatarsalhöckers an gemessen). Unterseite rot gefleckt, Finger- und Zehenspitzen teils schwärzlich, teils gelblichweiß. ♂ nur am Vorderfuß mit Brunstschwielen, innere Schallblasen vorhanden (Fig. 63) . . . . 1. **B. igneus**
Unterschenkel mindestens ebenso lang wie der Fuß — 2

2 { Alle Fingerspitzen glänzend gelb oder rot — 3
Nur die Spitze der medialen Finger, bezw. Zehen, mit einem hellen Fleck. Unterseite gelb gefleckt . . . . 4. **B. maximus**

3 { Unterseite gelb gefleckt. ♂ ohne Schallblasen (Fig. 67), aber mit Brunstschwielen am Vorder- und Hinterfuß (Fig. 37 & 38 p. 12) . . . . 2. **B. pachypus**
Unterseite rot gefleckt. ♂ ohne Schallblasen, aber nur am Vorderfuße mit Brunstschwielen . . . . 3. **B. orientalis**

1. **B. igneus** (Laur.) = **B. bombinus** (L.) 1746 *„Rana abdomine fulvo"*, Linné, Fauna Suec., p. 94 | 1761 *R. bombina*, Linné, Fauna Suec., ed. 2 p. 110 | 1768 *Bufo igneus*, Laurenti, Syn. Rept., p. 29, 129 | 1788 *„Le Couleur de feu"*, Lacépède, Quadrup. ovip., Serp. v. 1 p. 595 | 1789 *Bufo igneus*, Bonnaterre in: Tabl. enc. méth., Erpét. p. 13 t. 6 f. 5, 6 | 1791 *Rana rubeta*, Lindaker in: N. Abh. Böhm. Ges., v. 1 p. 112 | 1820 *Bombinator igneus*, Merrem, Versuch Syst. Amph., p. 179 | ? 1830 *Bombitator bombina*, Wagler, Syst. Amph., p. 206 | 1833 *Bufo bombinus*, Schinz, Naturg. Rept., p. 234 t. 94 f. 2 | 1838 *Bombinator*

igneus (part.), Bonaparte, Iconogr. Fauna Ital., *v.* 2, fol. 119 p. [11], t. [80] f. 6 | 1851 *B. bombinus*, Glückselig in: Lotos, *v.* 1 p. 224 | 1858 *B. igneus* (part.), Alb. Günther, Cat. Batr. sal. Brit. Mus., p. 41 | 1882 *B. i.* (part.), Boulenger, Cat. Batr. sal. Brit. Mus., ed. 2 p. 447 | 1886 *B. i.*, Boulenger in: P. zool. Soc. London, p. 500 t. 50 f. 2 | 1887 *B. i.*, Héron-Royer in: Bull. Soc. zool. France, *v.* 12 p. 640 t. 11, 12, f. 1, 7—9, 11, 13—14 (Ei, Larven, ganzes Tier) | 1889 *B. bombinus*, Bedriaga in: Bull. Soc. Moscou, ser. 2 *v.* 3 p. 581 | 1889 *B. igneus*, Héron-Royer & Bambeke in: Arch. Biol., *v.* 9 p. 284 | 1891 *B. i.*, Boulenger in: P. zool. Soc. London, p. 621 t. 47 f. 4 (Habitus und Mund der Larve) | 1892 *B. i.*, Méhely in: Math. naturw. Ber. Ungarn, *v.* 10 p. 61 t. 4 (Habitusbilder und morphologische Einzelheiten) | 1897 *B. bombinus*, Dürigen, Deutschl. Amph. Rept., p. 552 t. 2 f. 3, 4 | 1897 *B. igneus*, Boulenger, Tailless Batr. Eur., *v.* 1 p. 142 (vollständige Literatur), f. 54—56 (Mundhöhle, Kopf, Skelett) t. 1 f. 2 (Habitus und Mund der Larve) t. 5, 6 (erwachsene Tiere in Rücken- und Bauchansicht) | 1909 *B. i.*, Tornier in: Brauer, Süßw., *v.* 1 p. 75 f. 76 (Eier) f. 77, 86 (Habitus, Mund, Haftapparat der Larve) | 1911 *B. bombinus*, Poche in: Verh. Ges. Wien, *v.* 61 p. 403 | 1912 *B. igneus*, E. Schreiber, Herpet. Eur., ed. 2 p. 178 f. 29, 30, (Habitusbild, Haut, Mund der Larve).

Körper gedrungen, krötenartig; Kopf sehr flach, so breit wie lang oder ein klein wenig länger als breit; Vorderkopf abgerundet, ohne Canthus rostralis; Augen stark vorspringend, Interorbitalraum sehr schmal. Finger kurz, Handfläche mit 2 oder 3 Palmarhöckern, von denen der medialste der größte ist. Bei nach vorn an den Körper angelegtem Hinterbein reicht das Tibiotarsalgelenk bis zur Achsel oder Schulter; Unterschenkel etwas kürzer als der

Fig. 61. **Bombinator igneus.** Habitusbild.

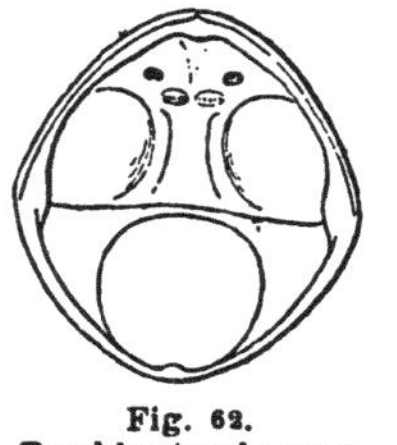

Fig. 62. **Bombinator igneus.** Mundhöhle (nach Boulenger).

Fig. 63. **Bombinator igneus.** Kehle des ♂ (nach Boulenger).

Oberschenkel und als der Fuß; Zehen kurz, stumpf, flach, ohne Subarticularhöcker, bei erwachsenen Tieren mindestens zu $^2/_3$ ihrer Länge durch Schwimmhaut verbunden. Ein kleiner, wenig vorspringender, medialer Metatarsalhöcker vorhanden. Haut der Oberseite stark warzig, die runden oder ovalen Warzen sind häufig mit einem schwärzlichen, rauhen, aber nicht stacheligen Hornhöcker besetzt, in der Schulterregion verschmelzen die Warzen zuweilen zu Drüsenwülsten; sehr häufig ist eine Parotoïddrüse hinter dem Auge ausgebildet.

Unterseite glatt, oder schwach warzig, mit einer feinen, schwarzen Hornbedeckung, ähnlich der des Rückens. Eine mehr oder weniger starke Querfalte auf der Kehle vorhanden. Oberseite grau oder olivenfarben, seltener lebhaft grün, mit schwarzen oder flaschengrünen, symmetrisch angeordneten, mehr oder weniger vollständig mit den Hautwarzen zusammenfallenden Flecken; häufig ein paar grüne Flecke zwischen den Schultern. Lippen senkrecht, Gliedmaßen, besonders auf Fingern und Zehen, quer gebändert. Spitzen der Finger und Zehen schwärzlich oder weißlich gelb. Unterseite des Körpers und der Gliedmaßen auf schwärzlich blauem, und dabei fein weiß punktiertem Grunde orange oder zinnoberrot gefleckt oder marmoriert. L. 50 mm.

♂ mit inneren, auf der Kopfunterseite deutlich hervortretenden Schallblasen, die ohne Verbindung mit der Mundhöhle sind (Fig. 63). Brunstschwielen treten auf der Medialseite des Vorderarmes, auf dem medialen Metacarpalhöcker und dem 1. und 2. Finger auf.

Ovipar; Paarung unter Amplexus inguinalis.

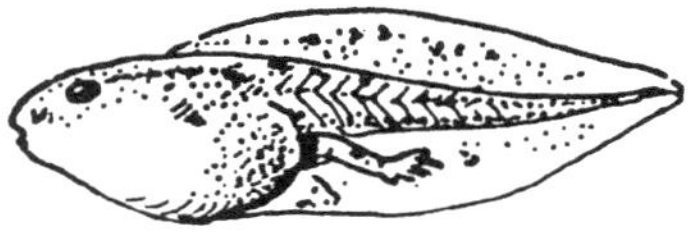

Fig. 64. Fig. 65.
Bombinator igneus.
Fig. 64: Larve; Fig. 65: Mundgegend der Larve (10/1) (beides nach Boulenger).

Die Eier werden in lockeren Klumpen an Wasserpflanzen abgelegt. Larve bis 50 mm lang, mit in seiner oberen Hälfte deutlich dreieckigem Munde (Fig. 65). Schwanzflossen durch schwärzliche, sich unter rechten Winkeln kreuzende Linien gitterartig gemustert (Fig. 64).

Tiefebenen (höchstens bis 250 m Höhe) von Zentral- und Osteuropa (von der Weser bis zur Wolga, von Südschweden bis zur Donau).

2. **B. pachypus** Bp. = **B. variegatus** (L.) 1758 *Rana variegata*, Linné, Syst. Nat., ed. 10 p. 211 | 1758 *Bufo igneus*, Rösel, Hist. Ran., p. 97 t. 22, 23 | 1785 *B. salsus*, Schrank in: Schrank & Moll, Naturh.-Briefe, *v.* 1 p. 308 | 1788 *„La Sonnante"*, Lacépède, Quadrup. ovip. Serp., *v.* 1 p. 535 t. 37 | 1789 *Rana Bombina* (part.) + *R. salsa*, Gmelin, Syst. Nat., *v.* 3 p. 1048, 1049 | 1797 *R. bombina*, J. Sturm, Deutschl. Fauna, Abt. 3 fasc. 1 p. [9] t. [4] | 1802 *R. Ignea*, G. Shaw, Gen. Zool., *v.* 3 p. 116 t. 35 | 1803 *Bufo bombinus*, Daudin, Hist. Rainett., p. 75 t. 26 (auf der Tafel als *B. pluvialis* bezeichnet) | 1803 *B. bombinus*, Daudin, Hist. Rept., *v.* 8 p. 146 | 1816 *Bombina ignea*, Oken, Lehrb. Naturg., *v.* 2 p. 207 | 1838 *Bombinator igneus* (part.) + *B. pachypus*, Fitzinger (M S) in: Bonaparte, Iconogr. Fauna Ital., *v.* 2 fol. 119 p. [11, 14] t. [80] f. 5 (?) (auf der Tafel als *B. pachidactylus* bezeichnet) | 1836/46 *B. igneus*, G. Cuvier, Règne an., ed. [4] *v.* 5, 6 p. 153 t. 39 f. 1 | 1839 *B. brevipes*, Blasius in: Isis, p. 667 | 1841 *B. ignens*, C. Duméril & G. Bibron, Erpét., *v.* 8 p. 487 | 1881 *B. variegatus*, Bedriaga in: Bull. Soc. Moscou, *v.* 56 pars 1 p. 291 | 1882 *B. igneus* (part.), Boulenger, Cat. Batr. sal. Brit. Mus., ed. 2 p. 447 | 1886 *B. bombinus*, Boulenger in: P. zool. Soc. London, p. 499 t. 50 f. 1 | 1887 *B. b.*, Héron-Royer in: Bull. Soc. zool. France, *v.* 12 p. 640 t. 11, 12 f. 2—6, 10, 12, 46—49 (Embryonen und Larven) | 1889 *B. pachypus*, Héron-Royer & Bambeke in: Arch. Biol., *v.* 9 p. 282 t. 21 f. 6—9 (Mundteile der Larve | 1891 *B. p.*, Boulenger in:

P. zool. Soc. London, p. 621 t. 47 f. 5 (Habitus und Mund der Larve) | 1892 *B. p.*, Méhely in: Math. naturw. Ber. Ungarn, *v.* 10 p. 68 t. 5 (Habitusbilder u. morphologische Einzelheiten) | 1897 *B. p.*, Dürigen, Deutschl. Amph. Rept., p. 543 t. 2 f. 1, 2 | 1897 *B. p.*, Boulenger, Tailless Batr. Eur., *v.* 1 p. 151 (vollständige Literaturangaben) f. 57—59 (morpholog. Einzelheiten) t. 1 f. 3 (Habitus und Mund der Larve) t. 5, 6 (erwachsene Tiere) | 1909 *B. p.*, Tornier in: Brauer, Süßw., *v.* 1 p. 75 f. 68 (Vorder- und Hinterfuß) f. 87 (Habitus und Mund der Larve) | 1911 *B. variegatus*, Poche in: Verh. Ges. Wien, *v.* 61 p. 403 | 1912 *B. pachypus*, E. Schreiber, Herpet. Eur., ed. 2 p. 174 f. 27, 28 (morpholog. Einzelheiten, Mund der Larve).

Körper noch gedrungener als bei der vorigen Art, Kopf deutlich breiter als lang. Unterschenkel ebenso lang wie der Oberschenkel und ebenso lang wie, oder ein wenig länger als der oft sehr dicke Fuß. Schwimmhaut etwas größer als bei der vorigen Art. Haut der Oberseite mit noch stärkeren, nicht in Reihen angeordneten Warzen, die besonders beim brünstigen ♂ einen größeren, schwarzen, an der Basis helleren, von kleineren Dornen umgebenen Hornstachel tragen (Fig. 66). Kehlfalte fehlt oder schwach entwickelt. Oberseite gelblich, graubraun oder olivenfarben, einfarbig oder mit schwärzlichen

Fig. 66. **Bombinator pachypus.** Stück der Rückenhaut (⁵/₁) (nach Boulenger.)

Fig. 67. **Bombinator pachypus.** Kehle des ♂ (nach Boulenger).

Flecken. In der Regel je ein Paar hellere Flecke zwischen den Schultern und in der Rückenmitte. Unterseite auf blaßgelbem bis orangegelbem Grunde mit graublauen oder schwarzen Flecken. Bei mitteleuropäischen Exemplaren überwiegt das Gelb, und dieses erscheint auch in Flecken auf der Hintergliedmaße; bei süd- und osteuropäischen Stücken herrscht das Schwarz vor, und die hellen Flecke auf Unterschenkel und Tarsus fehlen oder sind nur sehr schwach entwickelt. L. 50 mm.

♂ ohne Schallblasen (daher mit glatter Kehle Fig. 67), außer den wie bei der vorigen Art ausgebildeten Brunstschwielen auf dem Vorderbein treten solche auch auf der Unterseite der Zehen des Hinterfußes, besonders der 2. und 3. Zehe auf (Fig. 37 und 38 p. 12).

Die Larve (Fig. 69) unterscheidet sich durch den in seinem oberen Teile elliptischen (nicht dreieckigen) Mund von der Larve der vorigen Art (Fig. 70).

Zentral- und Südeuropa (Pyrenäen bis Balkanhalbinsel, Norddeutschland bis Süditalien); wo beide *Bombinator*-Arten nebeneinander vorkommen, bevorzugt *B. pachypus* höher gelegenere Gegenden (bis 1700 m Höhe).

3. **B. orientalis** Blgr. 1890 *B. o.*, Boulenger in: Ann. nat. Hist., ser. 6 *v.* 5 p. 143 t. 9 f. 2 | 1907 *Bombina o.*, Stejneger in: Bull. U. S. Mus., *v.* 58 p. 51 f. 39—43 (Kopf, Mundhöhle, Füße) t. 7.

Unterschenkel ebenso lang wie der Oberschenkel, und ebenso lang wie oder etwas länger als der Fuß. Oberseite ebenso spärlich mit Drüsenwarzen besetzt wie bei der vorigen Art, in der Färbung variierend von schmutzig olivenfarben mit wenigen, unscharfen dunklen Flecken bis zu einem glänzenden Grün mit tiefschwarzen Flecken. Unterseite auf blutrotem Grunde tiefschwarz gefleckt oder marmoriert, ohne daß in der Regel eine der beiden Farben vorherrscht; keine weiße Flecken auf dem Bauche. Spitzen der Finger und Zehen glänzend rot. L. 52 mm (Fig. 71 und 72).

♂ ohne Schallblasen, nur an den Vorderbeinen mit Brunstschwielen.

Amurgebiet (Ostasien).

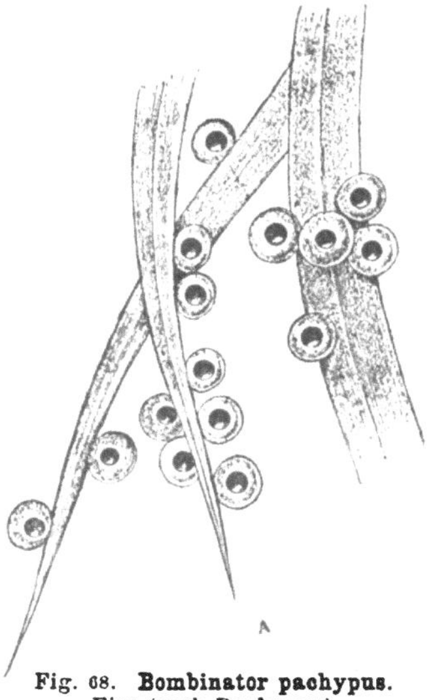

Fig. 68. **Bombinator pachypus.** Eier (nach Boulenger).

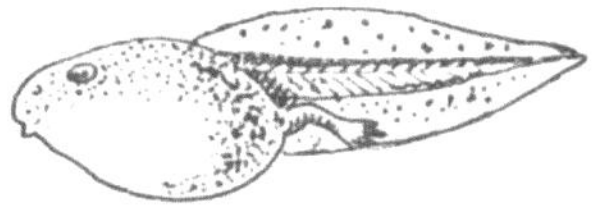

Fig. 69. **Bombinator pachypus.** Larve (nach Boulenger).

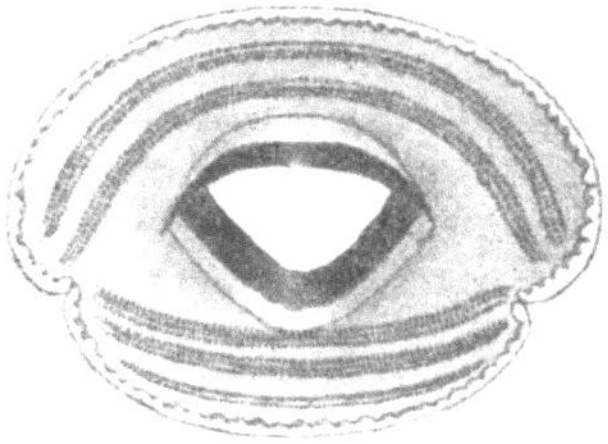

Fig. 70. **Bombinator pachypus.** Mundgegend der Larve ($^{10}/_{1}$). (nach Boulenger).

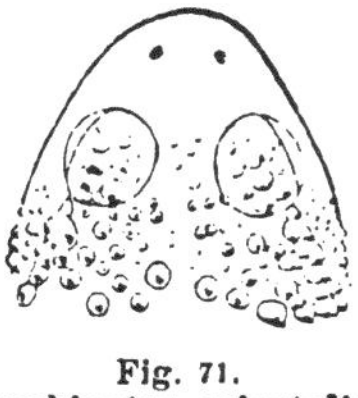

Fig. 71. **Bombinator orientalis.** Oberseite des Kopfes (nach Stejneger, $^{3}/_{2}$).

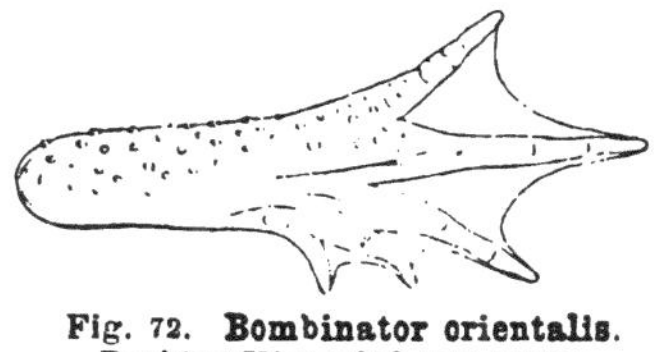

Fig. 72. **Bombinator orientalis.** Rechter Hinterfuß von unten (nach Stejneger, $^{3}/_{2}$).

4. **B. maximus** Blgr. 1905 *B. m.*, Boulenger in: Ann. nat. Hist., ser. 7 *v.* 15 p. 188 t. 13.

Kopf breiter als lang, Vorderkopf abgerundet, nicht ganz so lang wie der Augendurchmesser, ohne Canthus rostralis. Nasenloch gleich weit vom Auge und von der Vorderkopfspitze entfernt, Interorbitalraum schmaler als ein oberes Augenlid, fast gleich dem Abstande der Nasenlöcher voneinander. Finger kurz, mit stumpfer Spitze, ohne Subarticularhöcker; 2 runde Palmarhöcker vorhanden, der mediale der größere und vorspringendere. Bei nach vorn an den Körper angelegtem Hinterbein reicht das Tibiotarsalgelenk bis zur Schulter, das Tarsometatarsalgelenk bis zum Auge. Unterschenkel so lang wie der Oberschenkel und wie der Fuß. Zehen kurz, flach, zur Hälfte ihrer Länge durch Schwimmhaut verbunden, ohne Subarticularhöcker; ein kleiner rundlicher, medialer Metatarsalhöcker vorhanden. Oberseite mit Drüsenwarzen besetzt, die hinter den Augen, auf Unterschenkel und Tarsus und auf dem Rücken, wo sie in der Schultergegend ein paar winkelig medialwärts vorspringende Drüsenwülste bilden, am größten sind. Unterseite fast glatt. Eine mehr oder weniger deutliche Kehlfalte vorhanden. Hornspitzen sind nirgendwo am Körper ausgebildet. Oben schwärzlich olivenfarben, mit ziemlich unscharfen, schwarzen Flecken und einem mehr oder weniger deutlichen hellen, quergestellten Fleck dicht hinter dem Kopfe. Oberlippe senkrecht, Gliedmaßen quer gebändert. Unterseite glänzend orangegelb und schwarz marmoriert, zuweilen die letztere Farbe vorherrschend. Nur die medialen Finger und Zehen an der Spitze glänzend gelb. L. 68 mm.

Schallblasen und Brunstschwielen des ♂? (bisher nur ♀ bekannt).

Yunnan (China), in ca. 1800 m Höhe.

3. Gen. **Alytes** Wagler

1768 *Bufo* (part.), Laurenti, Syn. Rept., p. 25 | 1789 *Rana* (part.), Gmelin, Syst. Nat., *v.* 3 p. 1046 | 1820 *Bombinator* (part.), Merrem, Versuch Syst. Amph., p. 178 | 1830 *Alytes*, Wagler, Syst. Amph., p. 206 | 1834 *Obstetricans*, A. Dugès, Rech. Ostéol. Batr., p. 7 | 1879 *Alytes* + *Ammoryctis*, Lataste in: CR. Ac. Sci., *v.* 88 p. 984 | 1882 *Alytes*, Boulenger, Cat. Batr. sal. Brit. Mus., ed. 2 p. 448.

Pupille ein senkrechter Spalt. Zunge kreisrund, ganzrandig, am Hinterrande nur sehr wenig abhebbar. Gaumenzähne in 2 Gruppen hinter den Choanen (Fig. 75). Trommelfell sichtbar. Hand ohne, Hinterfuß mit Schwimmhaut, die tief zwischen die Metatarsen der 4. und 5. Zehe eingreift. Omosternum fehlt, Sternum mit 2 nach hinten und lateralwärts gerichteten Knorpelfortsätzen (Fig. 73). Querfortsätze des Sacralwirbels stark verbreitert. Os coccygis durch 2 Gelenkflächen mit dem Sacralwirbel verbunden. Endphalangen der Finger und Zehen spitz. — Spiraculum der Larve etwas vor der Körpermitte gelegen. Schwanz der Larve mindestens $1^1/_2$ mal so lang wie ihr Rumpf und $2^2/_3$—$3^1/_2$ mal so lang wie hoch (Fig. 77 und 80).

Fig. 73. Alytes.
Schultergürtel und Skelett des linken Vorderbeines, Knorpel punktiert (nach Boulenger).

2 Arten in Europa.

Bestimmungstabelle der Arten:

1 { Interorbitalraum so breit wie ein oberes Augenlid; 1. Finger ebenso lang wie, oder kürzer als der 4. Finger; 3 Metacarpalhöcker vorhanden (Fig. 76) . . . . 1. **A. obstetricans**
Interorbitalraum breiter als ein oberes Augenlid; 4. Finger kürzer als der 1. Finger, nur 2 Metacarpalhöcker vorhanden (Fig. 79) . . . . 2. **A. cisternasii**

1. **A. obstetricans** (Laur.) 1768 *Bufo o.* + *Rana campanisona*, Laurenti, Syn. Rept., p. 28, 30, 128, 133 | 1788 *„Le Crapaud commun“* (part.), Lacépède, Quadrup. ovip. Serp., *v.* 1 p. 579 | 1789 *R. Bufo* var. δ + *R. Bombina* var. δ, Gmelin, Syst. Nat., *v.* 3 p. 1047, 1048 | 1800 *Bufo obstetricans*, Brongniart in: Bull. Soc. philom., *v.* 2 p. 91 t. 6 f. 4 | 1802 *B. o.*, Latreille in: Sonnini & Latreille, Hist. Rept., *v.* 2 p. 112 t. [p. 112] | 1803 *B. o.*, Daudin, Hist. Rainett., p. 87 t. 32 f. 1 | 1803 *B. o.*, Daudin, Hist. Rept., *v.* 8 p. 176 | 1805 *Rana o.*, J. Wolf in: J. Sturm, Deutschl. Fauna, Abt. 3 fasc. 4 fol. 3 p. [3] t. 11, 12 | 1817 *„Le Crapaud accoucheur“*, G. Cuvier, Règne an., *v.* 2 p. 96 | 1820

Bombinator obstetricans, Merrem, Versuch Syst. Amph., p. 179 | 1830 *Alytes o.*, Wagler, Syst. Amph., p. 206 | 1830 *A. o.*, Wagler, Descr. Amph., pars 2 t. 22 f. 3—5 | 1833 *Bufo o.*, Schinz, Naturg. Rept., p. 233 t. 96 f. 6 | 1834 *Obstetricans vulgaris*, Ant. Dugès, Rech. Ostéol. Batr., p. 7 | 1838 *Alytes Obstetricans*, Bonaparte, Iconogr. Fauna Ital., *v.* 2 fol. 119 p. [7] t. [80] f. 4 | 1841 *A. o.*, C. Duméril & G. Bibron, Erpét., *v.* 8 p. 467 | 1858 *A. o.*, Alb. Günther, Cat. Batr. sal. Brit. Mus., p. 38 | 1876 *A. o.*, A. De l'Isle in: Ann. Sci. nat., ser. 6 *v.* 3 nr. 7 | 1879 *A. o. delislei* + *A. o. boscai*, Lataste in: Rev. int. Sci., *v.* 4 p. 543 | 1880 *A. o. delislei* + *A. o. boscai*, Lataste in: Act. Soc. Linn. Bordeaux, ser. 4 *v.* 4 p. 181 t. 11 | 1882 *A. o.*, Boulenger, Cat. Batr. sal. Brit. Mus., ed. 2 p. 448 | 1883 *A. o.*, Héron-Royer in: Bull. Soc. zool. France, *v.* 8 p. 417 t. 13 (Entwicklungsstadien) | 1889 *A. o.* + *A. boscai*, Héron-Royer & Bambeke in: Arch. Biol., *v.* 9 p. 285, 289 t. 22 f. 1—4 (Mundteile der Larve) | 1891 *A. o.*, Boulenger in: P. zool. Soc. London, p. 622 t. 47 f. 6, 7 (Habitus und Mund der Larve) | 1897 *A. o.*, Dürigen, Deutschl. Amph. Rept., p. 558 t. 1 f. 4 t. 2 f. 6 | 1897 *A. o.*, Boulenger, Tailless Batr. Eur., *v.* 1 p. 163 (ausführliche Literatur) f. 60 bis 63 (morph. Einzelheiten) t. 1 f. 4, 5 (Habitus und Mund der Larve) t. 7 | 1909 *A. o.*, Tornier in: Brauer, Süßw., *v.* 1 p. 76 f. 70 (Vorderfuß) f. 71 (Eier) f. 85 (Habitus und Mund der Larve) | 1912 *A. o.*, E. Schreiber, Herpet. Eur., ed. 2 p. 165 f. 26 (Mundhöhle und Vorderfuß).

Körperform gedrungen, krötenartig (Fig. 74). Gaumenzähne in 2 kurzen, quergestellten Gruppen hinter den Choanen (Fig. 75). Kopf groß, mäßig flach, breiter als lang, Vorderkopf abgerundet mäßig vorspringend, so lang wie der Augendurchmesser, mit abgerundetem Canthus rostralis. Augen groß, stark

Fig. 74. **Alytes obstetricans.** ♂ mit Eierschnüren.

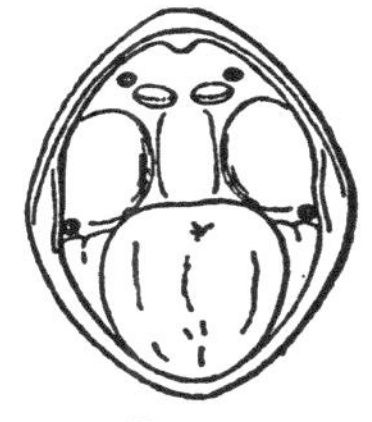

Fig. 75.
Alytes obstetricans.
Mundhöhle
(nach Boulenger).

Fig. 76.
Alytes obstetricans.
Linker Vorderfuß von unten
(nach Boulenger).

vorspringend, nach der Seite gerichtet; Interorbitalraum so breit wie ein oberes Augenlid. Trommelfell rundlich, sein Durchmesser = $^{3}/_{5}$ bis $^{4}/_{5}$ des Augendurchmessers. Finger kurz, stumpf, abgeplattet, ohne Subarticularhöcker, der 1. kürzer als der 2. und ebenso lang wie der 4.; 3 sehr deutliche Metacarpalhöcker vorhanden (Fig. 76). Hinterbeine kurz, bei nach vorn an den Körper angelegtem Hinterbein reicht das Tibiotarsalgelenk beim ♂ bis zum Trommelfell, beim ♀ bis zur Schulter. Zehen kurz, stumpf, abgeplattet, ohne Subarticularhöcker, zu $^1/_3$ oder zur Hälfte ihrer Länge durch Schwimmhaut verbunden, die als feiner Saum bis zu den Zehenspitzen reicht. Ein kleiner, runder, stumpfer, medialer Metatarsalhöcker vorhanden. Oberseite trotz zahlreicher Drüsenwarzen glatt erscheinend, nur eine kleine Parotoïddrüse über dem Trommelfell, und eine jederseits von hier an den Körperseiten entlang ziehende Drüsenwarzenreihe treten häufig stärker hervor. Je ein großer Drüsenwulst liegt noch auf dem Unterarm und Unterschenkel. Unterseite an der Kehle glatt, sonst gekörnelt; eine deutliche Kehlfalte vorhanden. Oben grau oder bräunlich, häufig schwärzlich punktiert, oder olivenfarbig oder grün gefleckt; die seitliche Drüsenfalte häufig mit roten Punkten besetzt. Ein mehr oder weniger deutlicher, großer, heller, dreieckiger, herz- oder hufeisenförmiger Fleck zwischen den Schultern. Unten schmutzig weiß oder grau, auf den Gliedmaßen ins Fleischfarbene spielend; Kehle und Brust oft grau punktiert. L. 50 mm.

♂ nur durch kürzeren Körper und kräftigere Vordergliedmaßen vom ♀ unterschieden, ohne Schallblasen und Brunstschwielen.

Ovipar. Paarung zuerst unter Amplexus lumbaris. Ablage der Eier in 2 sehr bald verschmelzenden Schnüren; darnach schiebt das jetzt auf dem Rücken des ♀ sitzende ♂ seine Hinterbeine vermittels deren abwechselnden Anziehens und Ausstreckens durch den abgelegten Eierhaufen hindurch (Fig. 74) und trägt die, manchmal

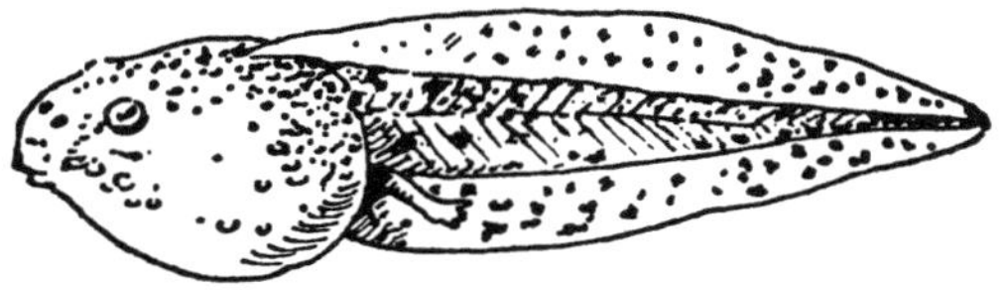

Fig. 77. **Alytes obstetricans.** Larve (nach Boulenger).

von mehreren nacheinander begatteten ♀ stammenden, Eiermassen an feuchten Örtlichkeiten mit sich herum, während in den Eiern sich die Larven, unter Bildung einer großen, äußeren Kieme jederseits, entwickeln; nachdem das ♂ wieder das Wasser aufgesucht hat, verlassen die fertig ausgebildeten Kaulquappen die Eihüllen, die dann vom ♂ abgestreift werden. Die bis 90 mm lang werdenden Larven (Fig. 77) können ein oder mehrmal als solche überwintern. Mundbildung der Larve siehe Fig. 46 p. 14.

Mittel- und Westeuropa (Mitteldeutschland bis Spanien).

Als *A. obstetricans* var. *boscai* Lataste (l. c. 1879) sind Exemplare von der Iberischen Halbinsel unterschieden worden, die durch größeren Kopf, glattere Haut und durch die größeren und schärferen Rückenflecke gekennzeichnet sind; durch Zusammenfließen der Rückenflecke entsteht bei ihnen häufig eine Zeichnung, ähnlich derjenigen von jungen *Pelobates cultripes.*

2. **A. cisternasii** Boscá 1879 *A. c.*, E. Boscá in: An. Soc. Españ., *v.* 8 p. 217 | 1879 *Ammoryctis c.*, Lataste in: CR. Ac. Sci., *v.* 88 p. 983 | 1881 *A. C.*, E. Boscá in: An. Soc. Españ., *v.* 10 p. 108 t. 2 f. 1—6 (ganzes Tier, morpholog. Einzelheiten der Larven) | 1882 *Alytes c.*, Boulenger, Cat. Batr. sal. Brit. Mus., ed. 2 p. 449 | 1889 *A. ammoryctis cisternasi*, Héron-Royer & Bambeke in: Arch. Biol., *v.* 9 p. 289 t. 22 f. 5—8 (Mundteile der Larve) | 1891 *A. c.*, Boulenger in: P. zool. Soc. London, p. 624 t. 47 f. 8 (Larve in Seitenansicht) | 1897 *A. C.*, Boulenger, Tailless Batr. Eur., *v.* 1 p. 175 f. 64—66 (morphol. Einzelheiten) t. 1 f. 6 (Larve in Seitenansicht) t. 8 (obere Figur | 1912 *A. C.*, E. Schreiber, Herpet. Eur., ed. 2 p. 163 f. 25 (Vorderfuß).

Gaumenzähne in 2 kurzen, häufig nach vorn konvergierenden, durch einen kleinen Zwischenraum voneinander getrennten Reihen hinter den Choanen (Fig. 78). Kopf viel breiter als lang; der abgerundete Vorderkopf kürzer als der Augendurchmesser. Interorbitalraum breiter als ein oberes Augenlid. Vorderbeine sehr kurz, Oberarm kaum aus dem Körper heraustretend; 4. Finger kürzer als der 1., sehr dick, stummelartig, am Ende oft braun und hornig; nur ein kleiner, medialer und ein sehr großer lateraler Metacarpalhöcker vorhanden (Fig. 79). Bei nach vorn an den Körper angelegtem Hinterbein reicht das Tibiotarsalgelenk bis zur Achsel oder Schulter. Zehen zu $^1/_3$ ihrer Länge durch Schwimmhaut verbunden. Oberseite mit sehr kleinen, glatten Warzen besetzt; Vorderkopf glatt. Eine sehr kleine Parotoïddrüse und eine Reihe größerer Drüsenwarzen am Rande des oberen Augenlids vorhanden. Unterseite schwach gekörnelt; eine starke Kehlfalte vorhanden. Oberseite grau oder bräunlich, mit kleinen, dunklen, meist regellos verstreuten Flecken, einem hellen Querband zwischen den Augen und 3 hellen Flecken in einer Querreihe zwischen den Schultern. Die Drüsenwarzen auf den Augenlidern und an den Körperseiten weißlich oder orange hervortretend. Unterseite weißlich. L. 50 mm.

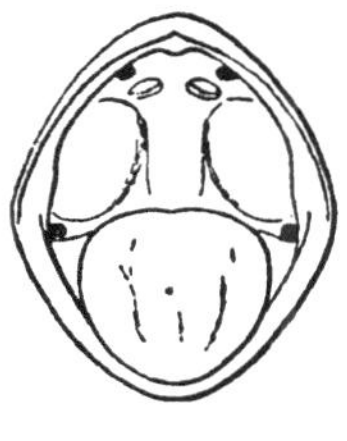

Fig. 78.

Fig. 79.

Alytes cisternasii.
Fig. 78: Mundhöhle; Fig. 79: Rechter Vorderfuß von unten (beides nach Boulenger).

Larven denen der vorigen Art sehr ähnlich (Fig. 80).
Iberische Halbinsel.

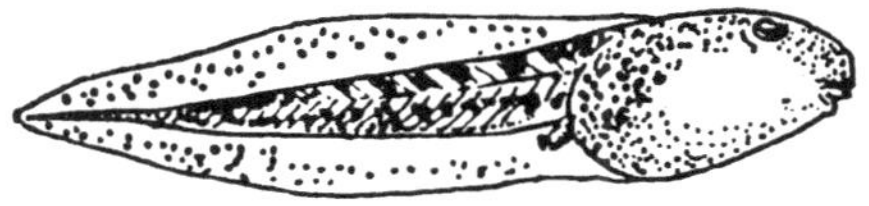

Fig. 80. **Alytes cisternasii.** Larve (nach Boulenger).

4. Gen. **Ascaphus** Stejneger

1899 *Ascaphus*, Stejneger in: P. U. S. Mus., *v.* 21 p. 899.

Pupille ein senkrechter Spalt. Zunge dick, breit birnförmig, hinten etwas ausgerandet und vom Grunde abhebbar. Gaumenzähne in 2 Gruppen zwischen den Choanen (Fig. 83). Hand ohne, Hinterfuß mit tief zwischen die Metatarsen der 4. und 5. Zehe eingreifender Schwimmhaut. Omosternum fehlt; Sternum ein quergestellter, schmaler Knorpel mit einem kurzen Fortsatz in der Mitte seines Hinterrandes (Fig. 81). Querfortsätze des Sacralwirbels mäßig verbreitert. Os coccygis durch 1 Gelenkfläche mit dem Sacralwirbel verbunden. Endphalangen der Finger und Zehen spitz. Larve noch unbekannt.

1 Art in Nordamerika.

1. **A. truei** Stejn. 1899 *A. T.*, Stejneger in: P. U. S. Mus., *v.* 21 p. 900 f. 1—4 (morphol. Einzelh.) t. 89 | 1912 *A. t.*, Denburgh in: P. Calif. Ac., ser. 4 *v.* 3 p. 259.

Kopf flach, etwas breiter als lang; Vorderkopf stumpf zugespitzt, seitlich stark abfallend, länger als der Augendurchmesser mit deutlichem Canthus rostralis. Nasenloch merklich näher beim Auge als bei der Vorderkopfspitze. Augen mäßig groß; Interorbitalraum so breit wie ein oberes Augenlid, viel schmaler als der Abstand der Nasenlöcher voneinander. Trommelfell nicht sichtbar. Finger lang, schlank, stumpf zugespitzt, 1. Finger kürzer als die gleich langen 2. und 4. Finger, 3. am längsten. Keine Subarticularhöcker, 3 Metacarpalhöcker vorhanden, von denen der medialste der größte ist. Bei nach vorn an den Körper angelegtem Hinterbein reicht das Tibiotarsalgelenk bis zur Augenmitte; Unterschenkel länger als der Oberschenkel, Zehen, außer der breiten flachen 5. Zehe ziemlich schlank, mit kurzer, kaum über den Metatarsus hinausreichender, nur als schmaler Saum eine Strecke weit an den Zehen entlang ziehender Schwimmhaut. Subarticularhöcker fehlen, ein mäßig großer, medialer Metatarsalhöcker, von der halben Länge der 1. Zehe, vorhanden. Haut oben körnig, aber glänzend, runzlig, unregelmäßig warzig auf dem Unterrücken. Unterseite glatter, runzlig, Beine auf der Oberseite und auf der Hinterseite des Oberschenkels mit Pusteln besetzt. Eine deutliche Parotoïddrüse, sowie je eine langgestreckte Drüse an jeder Körperseite vorhanden. Färbung oben trübrötlichbraun, mit einigen undeutlichen, schwärzlichen Flecken auf dem Rücken. Ein düsteres, quer über die Augenmitte ziehendes Querband

Fig. 81. **Ascaphus truei.** Schultergürtel (nach Stejneger).

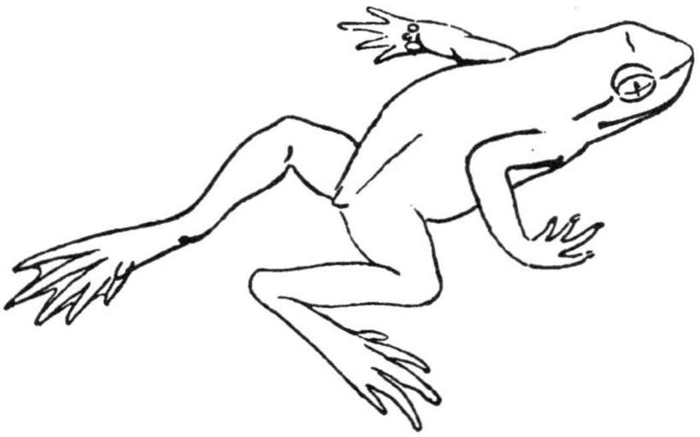

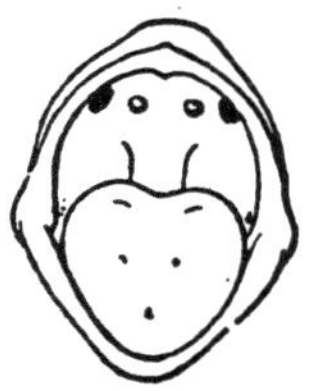

Fig. 82. Fig. 83.
Ascaphus truei. Fig. 82: Habitusbild; Fig. 83: Mundhöhle (beides nach Stejneger).

trennt die Rückenfärbung von der blaß rötlichgrauen Vorderkopfoberseite. Kopfseiten tiefschwarz, ein gleichfarbiges schmales Band zieht nach hinten durch das Auge und am Unterrande der Parotoïddrüse entlang. Vordergliedmaßen mit unregelmäßigen schwarzen und weißen Flecken an ihrer Wurzel und Rückseite, mit einer unterbrochenen, schwarzen Binde auf dem Unterarm; ein unscharfes, dunkles, mehr oder weniger unregelmäßig mit weiß gerandetes Band zieht an der Lateralseite von Ober- und Unterschenkel und an der Unterseite des Fußes entlang. Fingerspitzen weiß; Unterseite weißlich, mehr oder weniger, besonders auf der Brust, braun gewölkt. L. 40 mm.

Humptulips in Washington (westliches Nordamerika).

3. Fam. **Pelobatidae**

1825 *Ranina* (part.), J. E. Gray in: Ann. Phil., ser. 2 *v.* 10 p. 213 | 1826 *Bombinatoroidea* (part.), Fitzinger, Classif. Rept., p. 65 | 1838 *Ranae* (part.) + *Ceratophrydes* (part.) + *Bombinatores* (part.), Tschudi, Classif. Batr., p. 25, 26, 79, 81, 83 | 1841 *Raniformes* (part.), C. Duméril & G. Bibron, Erpét., *v.* 8 p. 317 | 1843 *Ranae* (part.) + *Alytae* (part.) + *Bombitatores* (part.), Fitzinger, Syst. Rept., *v.* 1 p. 31, 32 | 1858 *Discoglossidae* (part.) + *Asterophrydidae* + *Alytidae* (part.) + *Bombinatoridae* (part.), Alb. Günther, Cat. Batr. sal. Brit. Mus., p. 34, 37, 40 | 1862 *Pelobatides* + *Pelodytides* (part.), Bruch in: Würzburg. Z., *v.* 3 p. 221 | 1865 *Asterophrydidae* (part.) + *Scaphiopodidae* (part.), E. D. Cope in: Nat. Hist. Rev., p. 107 | 1866 *Asterophrydidae* (part.) + *Pelodytidae* + *Scaphiopodidae*, E. D. Cope in: J. Ac. Philad., ser. 2 *v.* 6 p. 69, 79, 80 | 1869 *Bombinatoridae* (part.: Subfam. *Pelobatina*) + *Alytidae* (part.: Subfam. *Scaphiopodina*) + *Discoglossidae* (part.: Subfam. *Pelodytina*), Mivart in: P. zool. Soc. London,

p. 290, 291, 294 | 1875 *Raniformes* (part.), Lataste in: Act. Soc. Linn. Bordeaux, ser. 3 *v.* 10 p. 433 | 1875 *Scaphiopidae* + *Pelodytidae* + *Asterophrydidae*, E. D. Cope in: Bull. U. S. Mus., *v.* 1 p. 10 | 1881 *Alytidae*, P. Brocchi in: Miss. Mex., pars 3II p. 23 | 1882 *Pelobatidae*, Boulenger, Cat. Batr. sal. Brit. Mus., ed. 2 p. 432 | 1887 *Scaphiopidae*, E. D. Cope in: Bull. U. S. Mus., *v.* 32 p. 12 | 1889 *Asterophrydidae* (part.) + *Pelodytidae* + *Scaphiopidae*, E. D. Cope in: Bull. U. S. Mus., *v.* 34 p. 295, 296 | 1901 *Scaphiopodidae*, Alb. Günther in: Biol. Centr.-Amer., Rept. & Batr. p. 258 | 1901 *Pelobatidae*, Gadow in: Cambridge nat. Hist., *v.* 8 p. 160 | 1910 *P.*, Boulenger in: Enc. sci., Batr. p. 150, 220.

Oberkiefer bezahnt. Wirbel opisthocoel oder procoel, alle ohne Rippen. Querfortsätze des Sacralwirbels stark verbreitert (Fig. 85). Pupille senkrecht. Zunge hinten eingeschnitten, meist auch hinten frei abhebbar. Spiraculum der Larven an der linken Körperseite liegend (wie in Fig. 44 p. 14); After in der Mittellinie des Bauches (wie in Fig. 43 p. 14).

5 sichere Gattungen mit 30 sicheren Arten.

Bestimmungstabelle der Gattungen:

1 { Sternum mit knöchernem Stiel — 2
Sternum ohne knöchernen Stiel — 4

2 { Schwimmhaut zwischen die Metatarsen der 4. und 5. Zehe eingreifend. Wirbel stets procoel — 3
Schwimmhaut nicht zwischen die Metatarsen der 4. und 5. Zehe eingreifend. Wirbel opistocoel oder procoel. Os coccygis durch 1 Gelenkfläche mit dem Sacralwirbel verbunden oder mit ihm verschmolzen . . . 5. Gen. **Megalophrys**

3 { Metatarsalhöcker schaufelförmig vorspringend (Fig. 86). Trommelfell fehlt. Os coccygis durch 1 Gelenkfläche mit dem Sacralwirbel verbunden oder mit ihm verschmolzen (Fig. 85) . . . . 1. Gen. **Pelobates**
Metatarsalhöcker klein und stumpf. Trommelfell vorhanden, meist mehr oder weniger deutlich sichtbar. Os coccygis durch 2 Gelenkflächen mit dem Sacralwirbel verbunden. Astragalus und Calcaneus zu einem Knochen verschmolzen . . . . 2. Gen. **Pelodytes**

4 { Gaumenzähne in kleinen Gruppen zwischen oder hinter den Choanen (Fig. 101). Schwimmhaut gut entwickelt, zwischen die Metatarsen der 4. und 5. Zehe eingreifend. Os coccygis mit dem Sacralwirbel verschmolzen . . . . 3. Gen. **Scaphiopus**
Gaumenzähne in 2 langen Querreihen hinter den Choanen (Fig. 106). Schwimmhaut sehr schwach entwickelt, nur wenig zwischen die Metatarsen der 4. und 5. Zehe eingreifend. Os coccygis durch 2 Gelenkflächen mit dem Sacralwirbel verbunden . . . . 4. Gen. **Lechriodus**

1. Gen. **Pelobates** Wagler

1768 *Bufo* (part.), Laurenti, Syn. Rept., p. 25 | 1789 *Rana* (part.), Gmelin, Syst. Nat., *v.* 3 p. 1046 | 1826 *Bombinator* (part.), Fitzinger, Classif. Rept., p. 65 | 1830 *Pelobates*, Wagler, Syst. Amph., p. 206 | 1832 *Cultripes*, J. Müller in: Z. Physiol., *v.* 4 p. 220 [im Original irrtümlich p. 212] | 1832 *C.*, J. Müller in: Isis, *v.* 25 p. 538 | 1866 *Pelobates* + *Cultripes* + *Didocus*, E. D. Cope in: J. Ac. Philad., ser. 2 *v.* 6 p. 81 | 1882 *Pelobates*, Boulenger, Cat. Batr. sal. Brit. Mus., ed 2 p. 437.

Zunge kreisrund, hinten frei abhebbar und schwach ausgerandet oder ganzrandig. Gaumenzähne in kurzen Querreihen zwischen den Choanen (Fig. 87), (vereinzelt auch sehr kleine Zähne auf dem Parasphenoid und den Pterygoiden von *P. fuscus* vorkommend). Pupille senkrecht. Trommelfell fehlt. Vorderfuß ohne, Hinterfuß mit Schwimmhaut, die zwischen die Metatarsen der 4. und 5. Zehe eingreift. Omosternum knorpelig, Sternum mit knöchernem Stiel

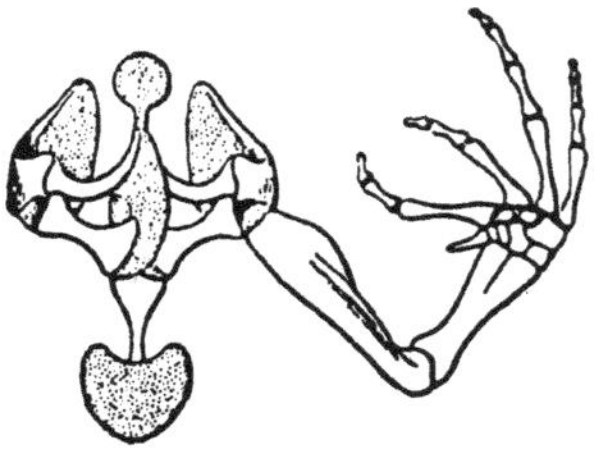

Fig. 84. **Pelobates.**
Schultergürtel und Skelett des linken Vorderbeines; Knorpel punktiert (nach Boulenger).

(Fig. 84). Wirbel procoel. Querfortsätze des Sacralwirbels sehr stark verbreitert. Os coccygis durch 1 Gelenkfläche mit dem Sacralwirbel verbunden, sehr oft auch mit ihm verschmolzen. Endphalangen der Finger und Zehen spitz.

3 Arten in Europa und Westasien.

Bestimmungstabelle der Arten:

1	Hinterkopf stark gewölbt; Os frontoparietale und Ossa squamosa hinter der Orbita nicht aneinanderstoßend (Fig. 85). Metatarsalhöcker gelblich oder hellbraun	1. **P. fuscus**
	Hinterkopf flach oder nur schwach gewölbt, Os frontoparietale und Ossa squamosa hinter der Orbita aneinanderstoßend und verschmolzen (Fig. 92) — 2	
2	Metatarsalhöcker schwarz	2. **P. cultripes**
	Metatarsalhöcker gelblich oder hellbraun	3. **P. syriacus**

1. **P. fuscus** (Laur.) 1758 *„Bufo aquaticus allium redolens"*, Rösel, Hist. Ran., p. 69 t. 17, 19 | 1768 *B. fuscus*, Laurenti, Syn. Rept., p. 28, 122 | 1771 *Rana vespertina*, Pallas, Reise Ruß., *v.* 1 p. 458 | 1788 *„Le Brun"*, Lacépède, Quadrup. ovip. Serp., *v.* 1 p. 590 | 1789 *Rana Bombina* var. γ, Gmelin, Syst. Nat., *v.* 3 p. 1048 | 1789 *„Le Crapaud Brun"*, Bonnaterre in: Tabl. enc. méth., Erpét. p. 15 t. 6 f. 3 | 1795 *Rana fusca*, F. A. Meyer, Syn. Rept., p. 10 | 1797 *R. f.*, J. Sturm, Deutschl. Fauna, Abt. 3 fasc. 1 p. [13] t. [5] | 1799 *Bufo fuscus* + *B. vespertinus*, J. G. Schneider, Hist. Amph., *v.* 1 p. 196, 225 | 1802 *Rana alliacea*, G. Shaw, Gen. Zool., *v.* 3 p. 146 t. 41, 42 | 1803 *Bufo fuscus*, Daudin, Hist. Rainett., p. 81 t. 29 f. 1 | 1803 *B. f.*, Daudin, Hist. Rept., *v.* 8 p. 161 | 1804 *Rana scorodosma*, Joh. Hermann, Observ. zool., *v.* 1 p. 248 | 1826 *Bombinator fuscus*, Fitzinger, Classif. Rept., p. 65 | 1828 *Bombina fusca* + *B. marmorata*, Koch in: Sturm, Deutschl. Fauna, Abt. 3 Heft 5 oder 6 | 1830 *Pelobates fuscus*, Wagler, Syst. Amph., p. 206, 342 | 1832 *Bombina marmorata*, Hahn in: Reider & Hahn, Fauna Boica, Abt. 3 t. 21 f. b | 1832 *Cultripes minor*, J. Müller in: Isis, *v.* 25 p. 538 | 1832 *C. m.*, J. Müller in: Z. Physiol., *v.* 4 p. 220 [im Original irrtümlich p. 212] | 1833 *Bufo fuscus*, Schinz, Naturg. Rept., p. 221, 232 t. 95 | 1838 *Pelobates f.* (part.), Bonaparte, Iconogr. Fauna Ital., *v.* 2 fol. 119 p. [1] t. [80] f. 1 (?) | 1836/46 *B. f.*, G. Cuvier, Règne an., ed. [4] *v.* 5, 6 p. 38 f. 1 | 1841 *Pelobates f.*, C. Duméril & G. Bibron, Erpét., *v.* 8 p. 477 | 1858 *P. f.*, Alb. Günther, Cat. Batr. sal. Brit. Mus, p. 40 | 1873 *P. f.*, Cornalia in: Atti Soc. Ital., *v.* 16 p. 96 t. 2 (ganzes Tier und anatomische Einzelh.) t. 3 (Larvenstadien) | 1873 *P. insubricus*, Cornalia in: Atti Soc. Veneto-Trent., *v.* 2 p. 44 | 1877 *P. fuscus*, Lessona in: Atti Acc.

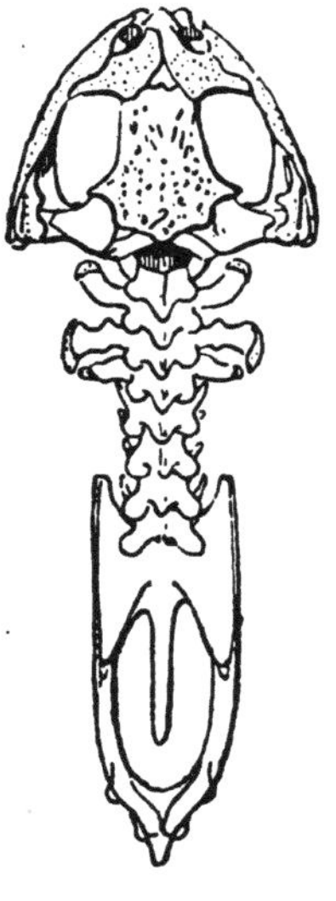

Fig. 85.
Pelobates fuscus.
Schädel und Wirbelsäule von oben (nach Boulenger).

Lincei Mem., ser. 3 *v.* 1 p. 1077 t. 3 f. 6, 21 (ausgebildete Frösche) f. 4, 16, 18, 24 (Larvenstadien) | 1882 *P. f.*, Boulenger, Cat. Batr. sal. Brit. Mus., ed. 2 p. 437 | 1888 *P. f.* + *P. latifrons*, Héron-Royer in: Bull. Soc. zool. France, *v.* 13 p. 85 f. 1—5 (osteologische Teilbilder verschiedener Pelobatesarten) p. 108, 117, f. 1, 2 (Urogenitalapparat) | 1888 *P. fuscus*, Boulenger in: Bull. Soc. zool. France, *v.* 13 p. 115, 163 | 1888 *P. f.*, Peracca in: Boll. Mus. Torino, *v.* 3 nr. 46 | 1888 *P. f. insubricus*, Wolterstorff in: Zool. Anz., *v.* 11 p. 672 | 1889 *P. fuscus* + *P. latifrons*, Héron-Royer & Bambeke in: Arch. Biol., *v.* 9 p. 269, 272 t. 18 f. 7 t. 19 f. 1—8 (Mundteile der Larve) | 1891 *P. fuscus*, Boulenger in: P. zool. Soc. London, p. 614 t. 46 f. 7 (Habitus und Mund der Larve) | 1897 *P. f.*, Dürigen, Deutschl. Amph. Rept., p. 519 t. 2 f. 7 t. 8 f. 1 | 1897 *P. f.*, Boulenger, Tailless Batr. Eur., *v.* 1 p. 193 (mit ausführlicher Literaturangabe) f. 72 bis 76 (Mundhöhle, Füße, Skelett, Eier) t. 2 f. 1 (Habitus und Mund der Larve) t. 9 | 1909 *P. f.*, Tornier in: Brauer, Süßw., *v.* 1 p. 75 f. 69 (Hinterfuß) f. 72 (Eier) f. 77, 88 (Habitus, Mund und Haftapparat der Larve) | 1912 *P. f.*, E. Schreiber, Herpet. Eur., ed. 2 p. 195 f. 34 (Mundhöhle und Hinterfuß).

Körper gedrungen (Fig. 86). Kopt stark gewölbt, breiter als lang, durch die feste Verbindung der Haut mit der rauhen Schädeldecke auch äußerlich

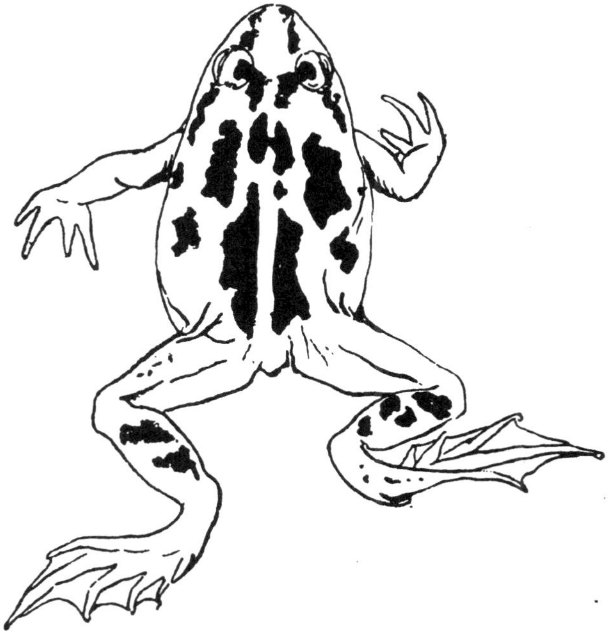

Fig. 86. **Pelobates fuscus.** Habitusbild.

rauh erscheinend. Hinterhaupt buckelig aufgewölbt, Vorderkopf abgerundet, etwas die Mundspalte überragend. Augen groß, stark vorspringend. Interorbitalraum gewölbt, viel breiter als ein oberes Augenlid. Finger spitz, der 1. ein wenig länger als der 2., mit nur sehr undeutlichen Subarticularhöckern. Hinterbeine kurz und kräftig; bei nach vorn an den Körper angelegtem Hinterbein reicht das Tibiotarsalgelenk bis zur Schulter oder bis zum Mundwinkel. Zehen kurz, spitz, mit breiter, oft bis zur Zehenspitze reichender Schwimmhaut, ohne Subarticularhöcker. Metatarsalhöcker ebensolang wie oder etwas länger als die 1. Zehe, schräg zur Längsachse des Fußes verlaufend. Haut glatt, selten mit kleinen, flachen Warzen auf dem Rücken. Färbung sehr variabel. Von der olivenfarbenen, bräunlichgelben oder weißlichen Grundfarbe der Oberseite heben sich scharf kleinere oder größere, häufig an jeder Körperseite eine Längsbinde bildende, braune oder rötliche, dunkler gerandete, häufig mit kleinen, roten Fleckchen oder Punkten besetzte Flecke ab. Unterseite schmutzig weiß, einfarbig oder graubraun gefleckt oder punktiert. Metatarsalhöcker gelblich oder hellbraun gefärbt.

♂ ohne Schallblasen und Brunstschwielen, aber durch eine große, glatte, ovale Drüse auf dem Oberarm deutlich vom ♀ unterschieden (Fig. 88); zur Fortpflanzungszeit sind außerdem kleine, farblose Körnelungen über die Oberseite von Unterarm und Fingern verstreut. L. 80 mm.

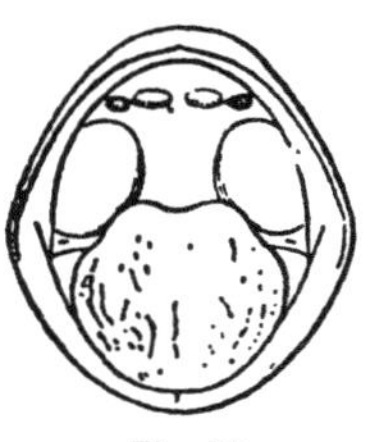

Fig. 87. Fig. 88.
Pelobates fuscus.
Fig. 87: Mundhöhle (nach Stejneger);
Fig. 88: Linkes Vorderbein des ♂ von oben, mit Brunstschwielen (nach Boulenger).

Fig. 89. **Pelobates fuscus.** Laich (nach Boulenger).

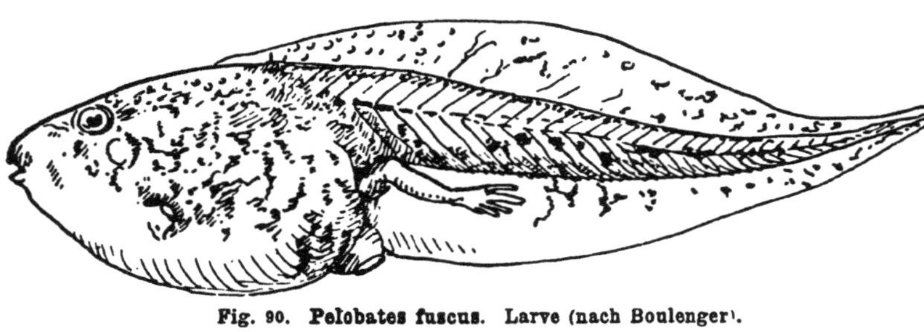

Fig. 90. **Pelobates fuscus.** Larve (nach Boulenger).

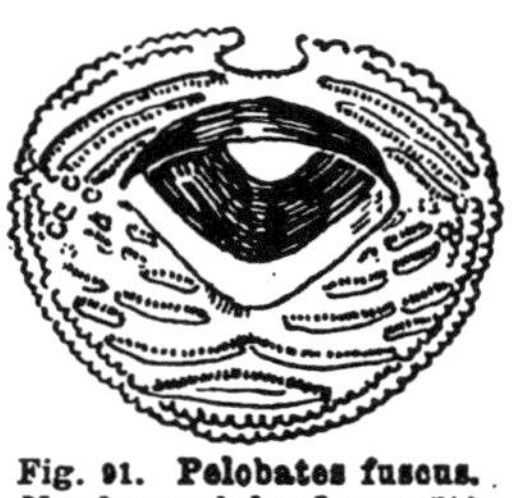

Fig. 91. **Pelobates fuscus.** Mundgegend der Larve ($^{6}/_{1}$) (nach Boulenger).

Ovipar. Paarung unter Amplexus lumbaris. Die Eier werden, in mehreren Reihen in einer breiten Eierschnur angeordnet, an Wasserpflanzen abgelegt (Fig. 89). Larvenmerkmale: After in der Mittellinie des Körpers; Spiraculum nach oben und hinten gerichtet, Schwanz spitzendigend, ohne gekreuzte Pigmentlinien, $1^{1}/_{2}$—2mal so lang wie der Rumpf (Fig. 90). Unterlippe mit Papillensaum. Zähnchen in $^{4}/_{4}$ oder $^{5}/_{5}$ Reihen, eine kurze Zähnchenreihe am vorderen Lippenrand, Kiefer ganz schwarz. (Fig. 91) L. bis 175 mm.

Zentral- und Osteuropa (vorwiegend in der Tiefebene: vom Ostseegebiet bis Oberitalien und Krim, von Frankreich bis zum Kaspischen Meer).

2. **P. cultripes** (Cuv.) 1829 *Rana c.*, G. Cuvier, Règne an., ed. 2 *v.* 2 p. 105 | 1830 *R. calcarata*, Michahelles in: Isis, *v.* 23 p. 807 | 1832 *Cultripes provincialis*, J. Müller

in: Isis, *v.* 25 p.. 538 | 1832 *C. p.*, J. Müller in: Z. Physiol., *v.* 4 p. 220 [err. p. 212] | 1833 *Rana cultripes* + *Bufo calcaratus*, Schinz, Naturg. Rept., p. 221, 233 t. 96 f. 2 | 1834 *Bombinator fuscus*, Ant. Dugès, Rech. Ostéol. Batr., p. 7 t. 2 f. 11—15 (Schädel) | 1838 *Pelobates f.* (part.), Bonaparte, Iconogr. Fauna Ital., *v.* 2 fol. 119 p. [1] t. [80] f. 1 | 1838 *P. cultripes*, Tschudi, Classif. Batr., p. 83 | 1841 *P. c.*, C. Duméril & G. Bibron, Erpét., *v.* 8 p. 483 | 1858 *P. c.*, Alb. Günther, Cat. Batr. sal. Brit. Mus., p. 41 | 1866 *Didocus calcaratus*, E. D. Cope in: J. Ac. Philad., ser. 2 *v.* 6 p. 81 | 1882 *Pelobates cultripes*, Boulenger, Cat. Batr. sal. Brit. Mus., ed. 2 p. 438 | 1889 *P. c.*, Héron-Royer & Bambeke in: Arch. Biol., *v.* 9 p. 275 t. 20 f. 1—4 (Mundteile der Larve) | 1891 *P. c.*, Boulenger in: P. zool. Soc. London, p. 616 t. 46 f. 8 (Habitus und Mund der Larve) | 1897 *P. c.*, Boulenger, Tailless Batr. Eur., *v.* 1 p. 205 (ausführliche Literaturangabe) f. 77 (Schädel) t. 2 f. 2 (Habitus und Mund der Larve) t. 10.

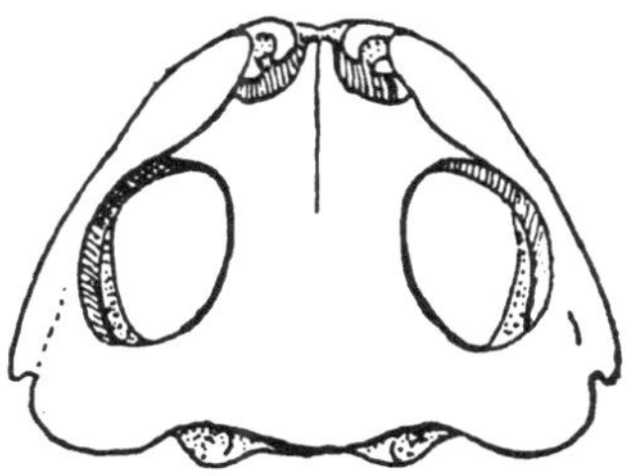
Fig. 92. **Pelobates cultripes.** Schädel von oben (nach Boulenger).

Der vorigen Art im allgemeinen sehr ähnlich, außer durch bedeutendere Größe noch durch folgende Merkmale von ihr unterschieden. Kopf zwischen

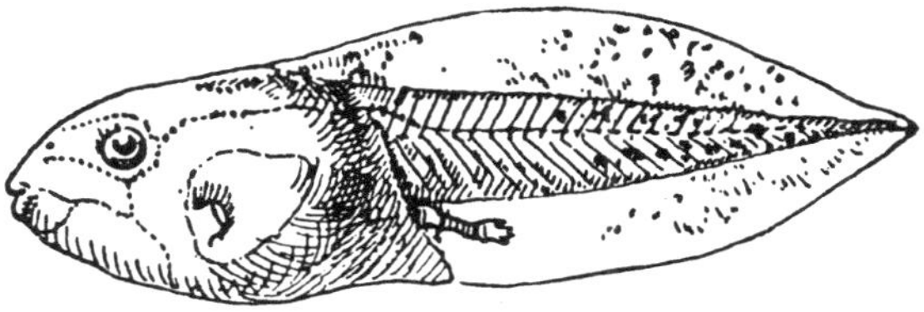
Fig. 93. **Pelobates cultripes.** Larve (nach Boulenger).

den Augen und auf dem Hinterkopf flach, nicht buckelig aufgetrieben; am Schädel bildet das rauhe Frontoparietale ein vollständiges, knöchernes Dach über dem ganzen Hinterkopf (Fig. 92). Metatarsalhöcker noch stärker entwickelt und mit tiefschwarzer Hornscheide. Die Flecke der Oberseite spielen mehr ins Olivenfarbene als ins Braune; rote Punkte fehlen völlig. L. 90 mm.

Larven ebenfalls denen der vorigen Art sehr ähnlich, mit etwas kürzerem Schwanz von höchstens $1^1/_2$facher Körperlänge (Fig. 93). Zähnchen auf den Lippen in kürzeren und weniger regelmäßigen Reihen (Fig. 94).

Süd- und West-Frankreich und Iberische Halbinsel.

Fig. 94. **Pelobates cultripes.** Mundgegend der Larve ($^6/_1$). (nach Boulenger).

3. **P. syriacus** Boettg. 1889 *P. s.*, Boettger in: Zool. Anz., *v.* 12 p. 145 | 1893 *P. s.*, Boulenger in: Ann. nat. Hist., ser. 6 *v.* 12 p. 61 (Larven) | 1893 *P. s.*, Camerano in: Boll. Mus. Torino, *v.* 8 nr. 162 p. 5 (Larven) | 1902 *P. s.*, Werner in: SB. Ak. Wien., *v.* 111 p. 1109 (Larven).

Etwas größer als *P. cultripes*, aber wie dieser mit flachem, nicht bucklig aufgetriebenem Hinterkopf, auch im Schädelbau mit ihm übereinstimmend, die feingerunzelte Kopfhaut überall dem Schädel dicht anliegend. Gaumenzähne in sehr langgestreckter, in der Mitte nur sehr kurz unterbrochener Querreihe. Finger und Zehenspitzen stumpf, Schwimmhaut bis zur Zehenmitte oder bis zum Ende des 2. Drittels reichend, tief eingeschnitten. Metatarsalhöcker groß, halbkreisförmig, gelblich. Oberseite auf weißgrauem oder gelblichem Grunde mit großen, tiefschwarzen Inselflecken, Körperseiten nur mit einzelnen großen, dunklen Flecken. Unterseite einfarbig weißlich. L. bis 78 mm.

Larven ähnlich denen von *P. fuscus*, aber mit größerem Vestibulum oris und breiterem Oberkiefer. L. bis 135 mm.

Syrien, Kleinasien.

2. Gen. Pelodytes Fitzinger

1803 *Rana* (part.), Daudin, Hist. Rainett., p. 45 | 1803 *R.* (part.), Daudin, Hist. Rept., *v.* 8 p. 87 | 1820 *R.* (part.), Merrem, Versuch Syst. Amph., p. 174 | 1826 *R.* (part.) + *Bombinator* (part.), Fitzinger, Classif. Rept., p. 64 & 65 | 1834 *Obstetricans* (part.), Ant. Dugès, Rech. Ostéol. Batr. p. 7 | 1838 *Alytes* (part.), Tschudi, Classif. Batr., p. 84 | 1838 *Pelodytes*, Fitzinger (M S) in: Bonaparte, Iconogr. Fauna Ital., *v.* 2 fol. 119 p. [3] | 1882 *P.*, Boulenger, Cat. Batr. sal. Brit. Mus., ed. 2 p. 438 | 1896 *Pelodytopsis*, Nikolski in: Annuaire Mus. St. Pétersb., *v.* 1 p. 137.

Zunge fast kreisrund, hinten frei abhebbar und schwach ausgeschnitten oder ganzrandig. Gaumenzähne in kleinen Gruppen zwischen den Choanen (Figur 96). Trommelfell vorhanden, mehr oder weniger deutlich sichtbar. Pupille senkrecht. Ossa palatina fehlen. Vorderfuß ohne, Hinterfuß mit Schwimmhaut, die zwischen die Metatarsen der 4. und 5. Zehe eingreift. Omosternum knorpelig, Sternum mit knöchernem Stiel und breiter Knorpelplatte (Fig. 95); Wirbel procoel; Querfortsätze des Sacralwirbels sehr stark verbreitert. Os coccygis durch 2 Gelenkflächen mit dem Sacralwirbel verbunden. Endphalangen der Finger und Zehen an der Spitze schwach verbreitert. Astragalus und Calcaneus zu einem einzigen Knochen verschmolzen.

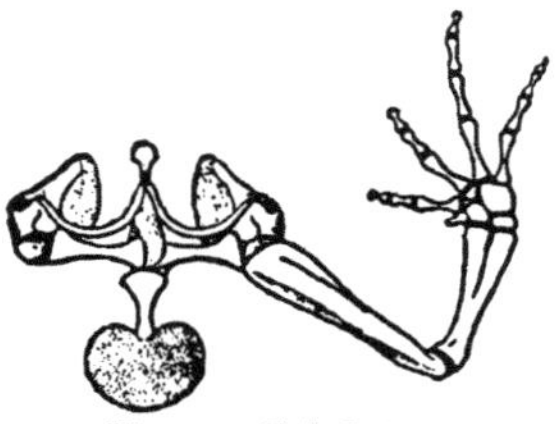

Fig. 95. **Pelodytes.** Schultergürtel und Skelett des linken Vorderbeines, Knorpel punktiert (nach Boulenger).

2 Arten in Europa.

Bestimmungstabelle der Arten:

1 { Bei nach vorn an den Körper angelegtem Hinterbein reicht das Tibiotarsalgelenk bis zum Auge, oder höchstens bis zum Nasenloch. Gaumenzähne in 2 Gruppen auf der Höhe des Vorderrandes der Choanen (Fig. 96) . . . . 1. **P. punctatus**
Bei nach vorn an den Körper angelegtem Hinterbein reicht das Tibiotarsalgelenk bis zur Vorderkopfspitze. Gaumenzähne in 2 Gruppen mitten zwischen den Choanen . . . 2. **P. caucasicus**

1. **P. punctatus** (Daud.) 1803 *Rana punctata* + *R. plicata*, Daudin, Hist. Rainett., p. 51, 53 t. 16 f. 1 | 1803 *R. punctata* + *R. plicata*, Daudin, Hist. Rept., *v.* 8 p. 100, 102 | 1820 *R. Daudini*, Merrem, Versuch Syst. Amph., p. 177 | 1826 *R. punctata* + *Bombinator plicatus*, Fitzinger, Classif. Rept., p. 64, 65 | 1829 *Rana punctata*, G. Cuvier, Règne an., ed. 2 *v.* 2 p. 106 (nota) | 1834 *Obstetricans punctatus*, Ant. Dugès, Rech. Ostéol. Batr., p. 7 | 1838 *Alytes p.*, Tschudi, Classif. Batr., p. 84 | 1838 *Cystignathus p.* + *Pelodytes p.*, Fitzinger (M S) in: Bonaparte, Iconogr. Fauna Ital., *v.* 2 fol. 119 p. [8] t. [80] f. 2 | 1841 *P. p.*, C. Duméril & G. Bibron, Erpét., *v.* 8 p. 463 | 1858 *P. p.*, Alb. Günther, Cat. Batr. sal. Brit. Mus., p. 35 | 1878 *P. p.*, Héron-Royer in: Bull. Soc. zool. France, *v.* 3 p. 128, 299, t. 3 (Larvenstadien) | 1879 *P. p.*, Héron-Royer ibid., *v.* 4 p. 229 t. 10, 11 (Entwickelungsstadien) | 1880 *P. daudini*, E Boscá in: Bull. Soc. zool. France, *v.* 5 p. 255 | 1882 *P. punctatus*, Boulenger, Cat. Batr. sal. Brit. Mus., ed. 2 p. 438 | 1889 *P. p.*, Héron-Royer & Bambeke in: Arch. Biol., *v.* 9 p. 277 t. 20 f. 5—12 (Mundteile der Larve) | 1891 *P. p.*, Boulenger in: P. zool. Soc. London, p. 617 t. 47 f. 1, 2 (Habitus und Mund der Larve) | 1897 *P. p.*, Boulenger, Tailless Batr. Eur., *v.* 1 p. 180 (ausführliche

Literaturangabe) f. 67—71 (morphol. Einzelheiten) t. 1 f. 7, 8 (Habitus und Mund der Larve) t. 8 (untere Fig.) | 1912 *P. p.*, E. Schreiber, Herpet. Eur., ed. 2 p. 189 f. 33 (morphol. Einzelh.).

Gaumenzähne auf der Höhe des Vorderrandes der Choanen (Fig. 96). Körper schlank, ranaartig, an den Weichen stark eingezogen (Fig. 39 p. 12). Kopf sehr flach, so lang wie breit oder kaum breiter als lang, mit abgerundetem, die Mundspalte überragenden Vorderkopf, ohne deutlichen Canthus rostralis. Augen groß und stark vorspringend; Interorbitalraum ebenso breit wie oder etwas schmaler als das obere Augenlid. Trommelfell bald mehr, bald weniger oder gar nicht mehr sichtbar, seine Breite ist gleich $^1/_2$ oder $^3/_5$ des Augendurchmessers. Finger ziemlich schlank, an der Spitze etwas angeschwollen. 1. Finger etwas kürzer als der 2., Subarticularhöcker undeutlich, 3 Palmarhöcker vorhanden. Hinterbeine schlank und sehr lang; nach vorn an den Körper angelegt reichen sie mit dem Tibiotarsalgelenk bis zum Auge oder zwischen Auge und Nasenloch. Zehen schlank, an der Basis durch Schwimmhaut verbunden, die jederseits als schmaler Saum bis zur Zehenspitze zieht. Subarticularhöcker schwach oder undeutlich, ein kleiner, stumpfer, rundlicher medialer Metatarsalhöcker vorhanden. Oberseite mit großen, mehr oder weniger vorspringenden Drüsenwarzen, von denen die größeren manchmal etwas wellige Längsreihen bilden. Eine starke Hautfalte zieht vom Auge an oberhalb des Trommelfelles hin zur Schulter und setzt sich zuweilen als eine Warzenreihe an den Körperseiten fort. Unterseite meist glatt, am hinteren Körperende und unter den Schenkeln gekörnelt. Auf der Oberseite grau oder blaßolivengrau mit dunkel olivenfarbenen oder lebhaft grünen Flecken, die auf den Gliedmaßen zu Querbinden zusammenfließen können. Häufig eine mehr oder weniger deutliche helle X-förmige Zeichnung auf dem Vorderrücken, deren vordere Arme bis auf die Augenlider, deren hintere Arme bis zur

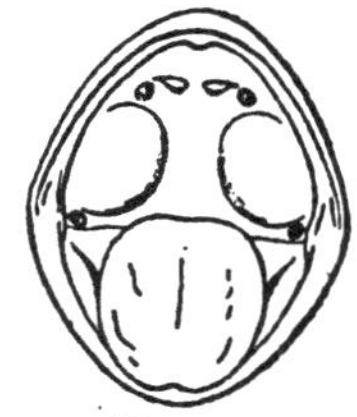

Fig. 96. **Pelodytes punctatus.** Mundhöhle (nach Boulenger).

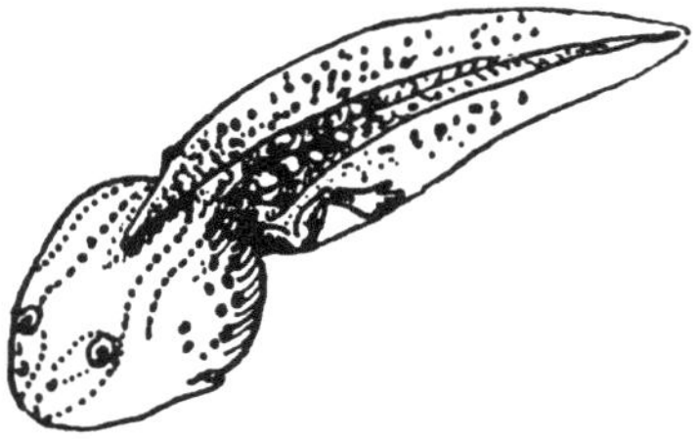

Fig. 97. **Pelodytes punctatus.** Larve (nach Boulenger).

Fig. 98. **Pelodytes punctatus.** Mundgegend der Larve ($^{10}/_1$). (nach Boulenger).

Sacralregion reichen. Die großen Warzen der Flanken manchmal orange oder rostfarben. Unterseite weiß, häufig unter den Gliedmaßen gelblich, in der Inguinalregion rötlich. L. 45 mm.

♂ mit kürzerem Körper, längeren und kräftigeren Vordergliedmaßen, breiterem Schwimmhautsaum an den Zehen als das ♀ und mit inneren Schallblasen. Während der Brunstzeit treten schwärzliche, stark entwickelte Brunstschwielen an folgenden Stellen auf (Fig. 39 p. 12); an jeder Seite der Brust, an der Medialseite von Ober- und Unterarm, am Medialrand der beiden ersten Finger, sehr häufig auch in einem schmalen Bande am Kinn, in 2 an den

Gelenken unterbrochenen Reihen an der Zehenunterseite, ferner als einzelne Spitzchen auf der Körnelung von Bauch und Schenkeln und in schwacher Ausbildung auf den Warzen der Oberseite.

Ovipar. Paarung unter Amplexus lumbaris, wobei die Vorderbeine des ♂ sich gewöhnlich vom Ellbogen an unter dem Körper des ♀ aneinander legen. Die Eier werden in einer mehrreihigen, um Wasserpflanzen gewundenen Schnur abgelegt. Larvenmerkmale: After in der Mittellinie des Körpers, Spiraculum nach oben und hinten gerichtet. Schwanz stumpf endigend, mit feinen, schwarzen, sich kreuzenden Linien, mehr als $1^1/_2$mal so lang wie der Rumpf (Fig. 97). Unterlippe mit Papillensaum, Zähnchen in $^4/_4$ oder $^5/_5$ Reihen, eine lange Zähnchenreihe am vorderen Lippenrande. Kiefer weiß mit schwarzer Schneide (Fig. 98). L. bis 65 mm.

Südwest-Europa, (westliches Oberitalien, Frankreich und Süden der Iberischen Halbinsel).

2. **P. caucasicus** Blgr. 1896 *P. c.*, Boulenger in: Ann. nat. Hist., ser. 6 *v.* 17 p. 406 | 1896 *P. c.*, Boulenger in: P. zool. Soc. London, p. 551 f. (Röntgenbilder des Skelettes) t. 21 f. 2 | 1896 *Pelodytopsis caucasica*, Nikolski in: Annuaire Mus. St. Pétersb., *v.* 1 p. 138.

Gaumenzähne in 2 Gruppen mitten zwischen den Choanen. Kopf etwas breiter als lang; Vorderkopf etwas zugespitzt, mit mäßig deutlichem Canthus rostralis. Trommelfell schwach deutlich, $^2/_3$ so breit wie das Auge. 1. Finger so lang wie der 2.; Zehen an der Basis durch Schwimmhaut verbunden, die sich als Saum an jeder Zehenseite fortsetzt. Subarticularhöcker groß; ein sehr kleiner medialer Metatarsalhöcker vorhanden. Bei nach vorn an den Körper angelegtem Hinterbein reicht das Tibiotarsalgelenk bis zur Vorderkopfspitze. Körper mit großen, teilweise zu Längsfalten zusammenfließenden Hautwarzen. Oberhalb des Trommelfells eine parotoïdenähnliche Hautfalte. Oben olivenfarbig, unten weiß. L. 47 mm.

♂ mit inneren Schallblasen, zur Brunstzeit mit schwarzen Brunstschwielen an denselben Stellen wie bei der vorigen Art, jedoch sind die Hornspitzen auf den Warzen der Oberseite bei *P. caucasicus* stärker entwickelt als bei *P. punctatus*.

Kaukasus, in 2130 m Höhe.

3. Gen. Scaphiopus Holbrook

1836 *S.*, Holbrook, N. Amer. Herpet., *v.* 1 p. 85 | 1866 *S.* + *Spea*, E. D. Cope in: J. Ac. Philad., ser. 2 *v.* 6 p. 81 | 1882 *Scaphiopus*, Boulenger, Cat. Batr. sal. Brit. Mus., ed. 2 p. 433 | 1898 *S.*, Gill in: Science, ser. 2 *v.* 8 p. 985 | 1899 *S.*, Boulenger in: P. zool. Soc. London, p. 790.

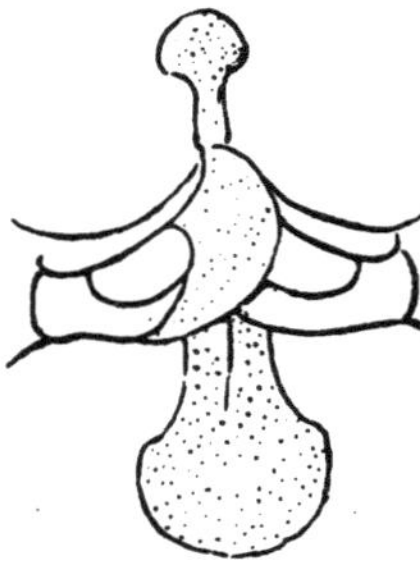

Fig. 99. **Scaphiopus.** Schultergürtel; Knorpel punktiert.

Zunge fast kreisrund oder oval, ganzrandig oder hinten schwach ausgeschnitten, hinten frei abhebbar. Gaumenzähne in kleinen Gruppen zwischen oder hinter den Choanen. Pupille senkrecht. Trommelfell und Paukenhöhle vorhanden, ersteres aber nicht immer sichtbar. Vorderfuß höchstens mit sehr geringer, Hinterfuß mit gut entwickelter, zwischen die Metatarsen der 4. und 5. Zehe eingreifender Schwimmhaut. Omosternum knorpelig[1]). Sternum eine Knorpelplatte,

[1]) Nach Boulenger (l. c., 1899 p. 792) bei *S. solitarius* fehlend, an einem Tier dieser Art des Berliner Museums, wie in Fig. 52 abgebildet, gut entwickelt, auch bei E. D. Cope in Bull. U. S. Mus., *v.* 32 1887 t. 68 f. 3a wenigstens rudimentär eingezeichnet.

bei verschiedenen Arten etwas verschieden geformt (Fig. 99). Wirbel procoel, Querfortsätze des Sacralwirbels mäßig stark verbreitert; Os coccygis mit dem Sacralwirbel verschmolzen. Endphalangen der Finger und Zehen spitz. Haut meist mehr oder weniger warzig, Parotoïddrüsen vorhanden. Metatarsalhöcker stark schaufelförmig vorspringend.

7 Arten in Nordamerika.

Bestimmungstabellen der Arten:

1	Haut auf dem Kopfe rauh und fest mit den Schädelknochen verbunden — 2	
	Haut auf dem Kopfe glatt und nicht mit den Schädelknochen verbunden — 5	
2	Ein rundlicher Drüsenhaufen, jederseits an der Brust, nahe der Achsel, vorhanden — 3	
	Keine Drüsenhaufen an der Brust vorhanden — 4	
3	Kopf in Trommelfellhöhe breiter als lang (Fig. 100), kein Drüsenwulst an der Medialseite des Oberschenkels . .	1. **S. holbrookii**
	Kopf in Trommelfellhöhe ebensobreit wie lang, ein Drüsenwulst an der Medialseite des Oberschenkels vorhanden .	2. **S. hurterii**
4	Canthus rostralis undeutlich, Kopfseiten schräg abfallend .	3. **S. couchii**
	Canthus rostralis stark hervortretend, Kopfseiten fast senkrecht abfallend	4. **S. rectifrenis**
5	Ein großer Drüsenwulst am Unterschenkel vorhanden . .	6. **S. multiplicatus**
	Kein Drüsenwulst am Unterschenkel vorhanden — 6	
6	Interorbitalraumbreite $2^1/_4$mal in der Länge des Unterschenkels enthalten, Gaumenzähne hinter der Verbindungslinie der Choanen	7. **S. laticeps**
	Interorbitalraumbreite 3—4mal in der Länge des Unterschenkels enthalten, Gaumenzähne zwischen den Choanen	5. **S. hammondii**

1. **S. holbrookii** Harl. 1835 *Rana H.*, Harlan, Med. Phys. Res., p. 105 | 1836 *Scaphiopus solitarius*, Holbrook, N. Amer. Herpet., *v.* 1 p. 85 t. 12 | 1841 *S. s.*, C. Duméril & G. Bibron, Erpét., *v.* 8 p. 473 | 1842 *S. s.*, Holbrook, N. Amer. Herpet., ed. 2 *v.* 4 p. 109 t. 27 | 1842 *S. s.*, De Kay, Zool. N.-York, *v.* 3 p. 66 t. 19 f. 47 | 1857 *S. holbrookii*, Sp. Baird in: Rep. Expl. Railroad Pacif. Ocean, *v.* 10 pars 4 p. 12 t. 28 f. 1 | 1881 *S. solitarius*, P. Brocchi in: Miss. Mex., pars 3 II p. 23 t. 9 f. 3 | 1882 *S. s.*, Boulenger, Cat. Batr. sal. Brit. Mus., ed. 2 p. 434 | 1889 *S. holbrookii*, E. D. Cope in: Bull. U. S. Mus., *v.* 34 p. 298 f. 74 (morphol. Einzelheiten) t. 57 f. 2, 68 f. 3, 73 f. 32 (anat. Einzelh.) | 1899 *S. solitarius*, Boulenger in: P. zool. Soc. London, p. 790 t. 52 | 1906 *S. holbrookii*, M. Dickerson, Frog Book, p. 53 f. 17—19 t. 2 f. 4.

Zunge fast kreisförmig oder oval, hinten eingeschnitten. Gaumenzähne in 2 kleinen Gruppen zwischen den hinteren Rändern der Choanen (Fig. 101). Kopf viel breiter als lang; Vorderkopf abgerundet mit undeutlichem Canthus rostralis. Nasenlöcher näher bei der Vorderkopfspitze als beim Auge. Interorbitalraum erheblich breiter als ein oberes Augenlid, $2^1/_2$mal in der Länge des Unterschenkels enthalten. Trommelfell deutlich, $^2/_3$—$^3/_4$ so breit wie der Augendurchmesser. Haut auf dem Oberkopf fest mit dem Knochen verbunden. Finger kurz; 1. Finger etwas länger als der 2., durch sehr schwache Schwimmhaut an ihrer Basis verbunden. 3 Metacarpalhöcker vorhanden. Zehen kurz, bis zur Spitze durch Schwimmhaut verbunden, ohne deutliche Subarticularhöcker; ein großer, schaufelförmiger medialer Metatarsalhöcker vorhanden, länger als die 1. Zehe (Fig. 102); Oberschenkel viel länger als der Unterschenkel, ebenso lang wie der Fuß. Bei nach vorn an den Körper angelegtem Hinterbein reicht das Tibiotarsalgelenk bis zur Schulter oder zum Trommelfell.

Haut oben und an den Flanken, sowie um den After herum fein warzig; kleine, schwarze Körnchen auf Ober- und Hinterkopf und auf den Körperwarzen. Eine kleine aber stark vorspringende Parotoïddrüse hinter dem Auge, sowie eine kleine, rundliche Drüse auf jeder Brustseite nahe der Achsel

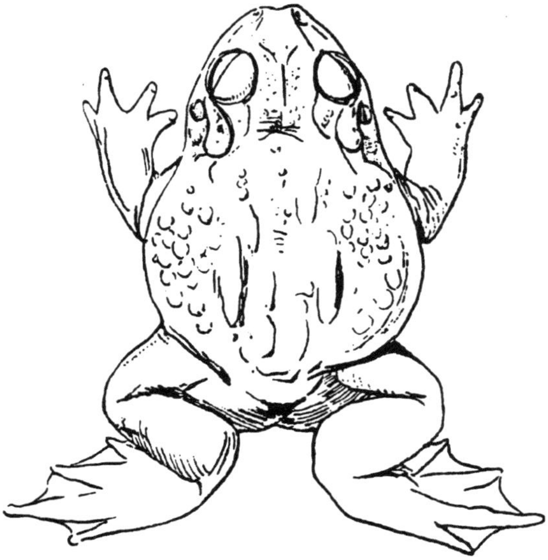

Fig. 100. **Scaphiopus holbrookii.** Habitusbild (nach Cope u. Brocchi).

Fig. 101. **Scaphiopus holbrookii.** Mundhöhle (nach E. D. Cope).

Fig. 102. **Scaphiopus holbrookii.** Linker Hinterfuß von unten (nach E. D. Cope).

vorhanden. Unterseite fast glatt. Oberseite bräunlich oder olivenfarben, oft dunkel marmoriert, meist mit einem Paar heller, vom Auge nach hinten ziehender, über dem After zusammenfließender Streifen. Metatarsalhöcker schwarz gerandet. L. 73 mm.

♂ mit inneren Schallblasen und in der Fortpflanzungszeit mit schwarzen Brunstschwielen auf der Medialseite der ersten 2 oder 3 Finger. —

Ovipar. Paarung unter Amplexus lumbaris. Ablage der Eier in Schnüren ähnlich wie bei *Pelobates*.

Östliches Nordamerika.

2. **S. hurterii** Strecker 1910 *S. h.*, Strecker in: P. biol. Soc. Washington, *v.* 23 p. 116 t. 2 f. 3, 4.

Mittelgroß; Kopf kurz, ungefähr ebenso lang wie breit. Vorderkopf dick und stumpf, nicht über die Mundspalte vorragend. Trommelfell deutlich. Parotoïden fast rund, höher und deutlicher als bei *S. holbrookii;* Palmarhöcker ziemlich klein, Finger schlank. Oberkopf deutlich rauh, aber ohne die bei der vorigen Art vorhandenen schwarzen Körnchen zwischen und vor den Augen. Oberseite mit kleinen, gleich großen und gleichmäßig verteilten, dicht gedrängten Tuberkeln besetzt, ebenso zahlreiche Tuberkel an den Flanken und um den After herum vorhanden. Drüsenwarzen auf der Brust deutlich ausgebildet; eine drüsenartige Anschwellung auf der Medialseite des Oberschenkels vorhanden. Oberseite blaßgrünlich mit 2 hellen, vom Auge nach hinten ziehenden und über dem After zusammenfließenden Linien. Oberseite des

Kopfes und Rücken dunkel bleifarben. Parotoïden olivenfarben. Kopfseite und Unterseite gelblich weiß. Grabschaufel des Fußes schmal schwarz gerandet. L. 67 mm.

Texas.

3. **S. couchii** Sp. Baird 1854 *S. c.*, Sp. Baird in: P. Ac. Philad., *v.* 7 p. 62 | 1859 *S. c.*, Sp. Baird in: U. S. Mex. Boundary Surv., Rept. p. 28 t. 35 f. 1—6 (Habitusbilder und morphol. Einzelh.) | 1863 *S. c.* + *S. varius*, E. D. Cope in: P. Ac. Philad., p. 52 | 1875 *S. c.* + *S. c. varius*, Yarrow in: Rep. Expl. West 100 Merid., *v.* 5 p. 526 | 1881 *S. c.* + *S. varius*, P. Brocchi in: Miss. Mex., pars 3 II p. 26, 27 | 1882 *S. c.*, Boulenger, Cat. Batr. sal. Brit. Mus., ed. 2 p. 434 | 1889 *S. c.* (part.), E. D. Cope in: Bull. U. S. Mus., *v.* 34 p. 301 f. 75 (morphol. Teilbilder) t. 68 f. 2 (Schultergürtel) | 1899 *S. C.*, Mocquard in: N. Arch. Mus. Paris, ser. 4 *v.* 1 p. 342 t. 13 f. 6 (Vorderfuß) | 1901 *S. c.*, Alb. Günther in: Biol. Centr.-Amer., Rept. & Batr. p. 259 | 1906 *S. c.*, M. Dickerson, Frog Book, p. 57 f. 20—25 t. 2 f. 5 | 1908 *S. c.*, Strecker in: P. biol. Soc. Washington, *v.* 21 p. 199.

Zunge hinten schwach eingeschnitten. Gaumenzähne mitten zwischen den Choanen. Körper gedrungen, Kopf gestreckter, spitz oval. Vorderkopf vorspringend, abgerundet, ohne deutlichen Canthus rostralis. Zügelregion schräg abfallend. Interorbitalraum wenig breiter als ein oberes Augenlid, 3 mal in der Länge des Unterschenkels enthalten. Trommelfell mehr oder weniger undeutlich. Haut auf dem Oberkopf rauh, fest mit den Schädelknochen verbunden. 1. Finger etwas länger als der 2.; 4. Finger sehr kurz, teilweise an den 3. angeheftet. Zehen bis zur Spitze durch Schwimmhaut verbunden. Metatarsalhöcker lang gestreckt. Bei nach vorn an den Körper angelegtem Hinterbein reicht das Tibiotarsalgelenk bis zum Trommelfell oder Auge. Haut besonders an den Flanken warzig; Kehle glatt, sonstige Unterseite etwas rauher. Parotoïddrüsen flach. Brustdrüsen fehlen, ein schwacher Drüsenwulst am Unterschenkel vorhanden. Oberseite gelblich oder grünlich, meist mit einem Netzwerk von braunen Linien. Kopfseiten mit dunklen, vom Auge ausstrahlenden Binden. Eine helle Binde am Lateralrande des Hinterfußes, Vorderfuß gelblich. L. 61 mm.

♂ mit inneren Schallblasen. —

Ovipar. Paarung unter Amplexus lumbaris. Ablage der Eier in Schnüren an Wasserpflanzen.

Südwestliche Vereinigte Staaten von Nordamerika und Nordmexiko.

4. **S. rectifrenis** Cope 1863 *S. r.*, E. D. Cope in: P. Ac. Philad., p. 53 | 1881 *S. r.*, P. Brocchi in: Miss. Mex., pars 3 II p. 27 | 1882 *S. r.*, Boulenger, Cat. Batr. sal. Brit. Mus., ed. 2 p. 435 | 1889 *S. couchii* (part.), E. D. Cope in: Bull. U. S. Mus., *v.* 34 p. 301.

Gaumenzähne dicht beieinander hinter der Verbindungslinie der Choanen. Vorderkopf stark vorspringend, abgestutzt, mit stark hervortretendem Canthus rostralis und fast senkrecht abfallender Zügelregion. Trommelfell unsichtbar. Interorbitalraumbreite 3 mal in der Länge des Unterschenkels enthalten. Haut auf dem Oberkopf rauh, fest mit den Schädelknochen verbunden. Haut auf Kopf und Rumpf mit verstreuten Warzen besetzt; eine schwache Querfalte auf der Brust, keine Brustdrüsen vorhanden. Oberseite braun, Warzen mit dunkler Spitze, ein Paar braune, vom Auge nach hinten ziehende Linien fließen über dem After zusammen. Unterseite hellgelb oder bräunlich. L. 68 mm.

Nordmexico.

5. **S. hammondii** Sp. Baird 1857 *S. H.*, Sp. Baird in: Rep. Expl. Railroad Pacif. Ocean, *v.* 10 pars 4 p. 12 t. 28 f. 2 (Habitusbilder, Mundhöhle und Hinterfuß) |

1863 *S. h.* + *S. bombifrons*., E. D. Cope in: P. Ac. Philad., p. 53 | 1866 *Spea b.* + *S. hammondii*, E. D. Cope in: J. Ac. Philad., ser. 2 *v.* 6 p. 81 | 1875 *S. stagnalis*, E. D. Cope in: Yarrow in: Rep. Expl. West 100 Merid., *v.* 5 p. 525 t. 25 f. 6—8 (junge Tiere) | 1879 *Scaphiopus Dugesi*, P. Brocchi in: Bull. Soc. philom., ser. 7 *v.* 3 p. 23 | 1881 *S. D.*, P. Brocchi in: Miss. Mex., pars 3 II p. 24 t. 9 f. 4 (Habitusbild und Füße) | 1882 *S. hammondii* + *S. bombifrons* + *S. dugesii* + *S. stagnalis*, Boulenger, Cat. Batr. sal. Brit. Mus., ed. 2 p. 435, 436 | 1883 *S intermontanus*, E. D. Cope in: P. Ac. Philad., p. 15 | 1889 *Spea hammondii intermontana* + *S. h. hammondii* + *S. h. bombifrons*, E. D. Cope in: Bull. U. S. Mus., *v.* 34 p. 304, 305, 306 f. 76—78 (morpholog. Teilbilder) t. 49 f. 8 t. 51 f. 18 t. 68 f. 1 (osteolog. Einzelh.) | 1901 *Scaphiopus hammondii*, Alb. Günther in: Biol. Centr.-Amer., Rept. & Batr. p. 259 | 1906 *S. h.* + *S. h. bombifrons*, M. Dickerson, Frog Book, p. 59, 61 f. 26—30.

Zunge breit rundlich, ganzrandig oder hinten sehr schwach ausgerandet. Gaumenzähne in 2 kleinen Gruppen zwischen den Choanen. Vorderkopf oval, vorn etwas abgestutzt, steil abfallend, mit geschweiftem Canthus rostralis. Interorbitalraum meist schmaler als ein oberes Augenlid und flach, nur bei Tieren aus nördlichen Gegenden (*S. h. bombifrons*) breiter als ein oberes Augenlid und stark aufgewölbt. Trommelfell meist deutlich, nur bei der eben genannten Unterart schwach oder gar nicht sichtbar. Haut auf dem Oberkopf dick, aber nicht mit den Schädelknochen verbunden. Schwimmhaut des Hinterfußes ausgerandet, am stärksten bei der Subspecies *S. h. bombifrons*. Metatarsalhöcker stark vorspringend. Haut auf der Oberseite mehr oder weniger warzig, bei *S. h. bombifrons* fast glatt; an den Körperseiten stärker warzig, Parotoïddrüsen flach. Brustdrüsen fehlen, ebenso ein Drüsenwulst auf dem Unterschenkel. Unterseite fast glatt. Oft eine deutliche Falte hinter dem Mundwinkel. Oberseite aschfarbig bis braun, mit 2 mehr oder weniger deutlichen, hellen Binden; Warzen mit braungelber Spitze, Gliedmaßen mit gleichfarbigem Saum. Die Exemplare aus nördlichen Gegenden mit bleigrauer Marmorierung auf der Oberseite, einem dunklen Fleck auf dem Canthus rostralis, vermiculierten Gliedmaßen und außen hell gerandetem Hinterfuß. L. bis 62 mm, bei *S. h. bombifrons* bis 43 mm.

Westliche Vereinigte Staaten von Amerika und Nordmexico.

6. **S. multiplicatus** Cope 1863 *S. m.*, E. D. Cope in: P. Ac. Philad., p. 52 | 1866 *Spea multiplicata*, E. D. Cope in: J. Ac. Philad., ser. 2 *v.* 6 p. 81 | 1881 *Scaphiopus multiplicatus*, P. Brocchi in: Miss. Mex., pars 3 II p. 25 | 1882 *S. m.*, Boulenger, Cat. Batr. sal. Brit. Mus., ed. 2 p. 436 | 1889 *Spea multiplicata*, E. D. Cope in: Bull. U. S. Mus., *v.* 34 p. 308 f. 79 (morpholog. Teilbilder) | 1901 *Scaphiopus multiplicatus*, Alb. Günther in: Biol. Centr.-Amer., Rept. & Batr. p. 260.

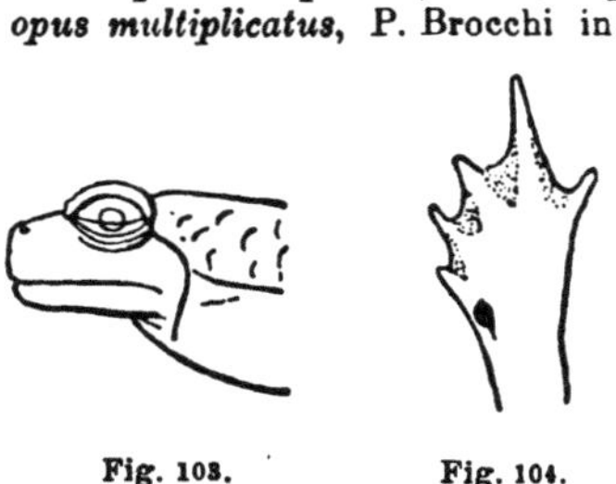

Fig. 103. Fig. 104.
Scaphiopus multiplicatus.
Fig. 103: Kopf;
Fig. 104: Linker Hinterfuß von unten (beides nach E. D. Cope).

Gaumenzähne in 2 Gruppen unmittelbar hinter der Verbindungslinie der Choanen. Körperform breit und gedrungen, Kopf sehr kurz, Vorderkopf dick, rundlich, an der Spitze steil abfallend (Figur 103). Interorbitalraumbreite 3mal in der Länge des Unterschenkels enthalten. Trommelfell von der Parotoïddrüse verdeckt. Haut auf dem Oberkopf nicht mit den Schädelknochen verbunden. Metatarsalhöcker ziemlich kurz, stark vorspringend. Schwimmhaut des Hinterfußes 3 Glieder der längsten Zehe frei lassend (Fig. 104). Bei nach vorn an den Körper angelegtem Hinterbein reicht das Tibiotarsalgelenk bis vor den Oberarm. Haut auf der Oberseite höckerig, auf den Gliedmaßen fast glatt. Parotoïddrüsen sehr groß, bis über die Schulter hinaus und an den Kopfseiten herab reichend, unten von einer starken, bis zu den Weichen ziehenden Hautfalte begrenzt, unterhalb deren noch 2 oder mehr Hautfalten jederseits vorhanden sind. Eine Hautfalte zieht vom Auge zum Mundwinkel und quer über die Kehle. Ein großer Drüsenwulst auf dem Unterschenkel fast so lang wie dieser. Unterseite schwach gekörnelt. Oben aschbraun, unten gelblich. L. 55 mm.

Mexico.

7. **S. laticeps** (Cope) 1893 *Spea l.*, E. D. Cope in: Amer. Natural., *v.* 27 p. 155 tf.

Körper und Kopf kurz und breit, Rumpflänge $2^1/_4$ mal so groß wie die Kopfbreite in Trommelfellhöhe. Gaumenzähne in 2 kleinen Gruppen hinter der Verbindungslinie der Choanenhinterränder. Vorderkopf etwas vorspringend, ohne deutlichen Canthus rostralis; Nasenlöcher fast endständig. Interorbitalraum viel breiter als das obere Augenlid, ganz glatt, $2^1/_4$ mal in der Länge des Unterschenkels enthalten. Trommelfell unsichtbar. Haut auf dem Oberkopf nicht mit den Schädelknochen verbunden. 1. Finger etwas länger als der 2., Zehen zur Hälfte ihrer Länge mit Schwimmhaut, $3^1/_2$ Glieder der längsten Zehe bleiben frei. Oberschenkel halb von der Körperhaut umschlossen. Bei nach vorn an den Körper angelegtem Hinterbein reicht das Tibiotarsalgelenk bis zum Trommelfell. Drüsenwulst am Unterschenkel und Brustdrüsen fehlen. Haut auf der Oberseite undeutlich warzig, unten glatt. Oberseite braun, mit großen, undeutlichen dunkelbraunen Flecken auf Rücken und Kopfseiten. Hinterrücken mit 3 schmalen dunklen, durch helle Linien getrennten Längsbinden, seitlich mit dunklen Flecken und Querbinden. Kehle hellgelb, sonst Unterseite schmutzig weiß. Metatarsalhöcker schwarz gerandet. L. 38,5 mm.

Texas.

4. Gen. **Lechriodus** Boulenger

1882 *Batrachopsis* (non Fitzinger 1843), Boulenger, Cat. Batr. sal. Brit. Mus., ed. 2 p. 439 | 1882 *Lechriodus*, Boulenger, Cat. Batr. grad. Brit. Mus., ed. 2 p. 116 (nota).

Zunge fast kreisrund, hinten schwach eingeschnitten und frei abhebbar. Gaumenzähne in einer langen Querreihe hinter den Choanen (Fig. 106). Pupille senkrecht. Trommelfell sichtbar. Vorderfuß ohne, Hinterfuß mit kurzer, wenig zwischen die Metatarsen der 4. und 5. Zehe eingreifenden Schwimmhaut. Omosternum knorpelig, Sternum eine kleine Knorpelplatte. Wirbel procoel: Querfortsätze des Sacralwirbels mäßig stark verbreitert. Os coccygis durch 2 Gelenkflächen mit dem Sacralwirbel verbunden.

1 Art in Neu-Guinea.

1. **L. melanopyga** (Dor.) 1874 *Asterophrys m.*, Doria in: Ann. Mus. Genova, *v.* 6 p. 355 t. 12 f. *k* (ganzes Tier, Mundhöhle u. Vorderfuß) | 1878 *A. m.*, Peters & Doria in: Ann. Mus. Genova, *v.* 13 p. 417 | 1882 *Batrachopsis m.*, Boulenger, Cat. Batr. sal. Brit. Mus., ed. 2 p. 439 | 1882 *Lechriodus m.*, Boulenger, Cat. Batr. grad. Brit. Mus., ed. 2 p. 116 | 1894 *Batrachopsis m.*, Boettger in: Denk. Ges. Jena, *v.* 8 p. 112 | 1906 *Lechriodus m.*, Kampen in: Nova Guinea, *v.* 5 p. 163, 178.

Kopf groß, dreieckig, mit stumpf abgerundetem Vorderkopf, mit deutlichem Canthus rostralis und sehr schräg abfallender Zügelregion (Fig. 105). Interorbitalraum so breit wie ein oberes Augenlid. Trommelfell mehr oder weniger deutlich, ein senkrechtes Oval, so breit wie $^3/_4$ des Augendurchmessers. Finger schlank, 1. und 2. Finger gleich lang. Zehen schlank, an der Basis durch Schwimmhaut verbunden, mit schwach verbreiterten Spitzen und starken

Subarticularhöckern. Ein kleiner, stumpfer medialer Metatarsalhöcker vorhanden. Bei nach vorn an den Körper angelegtem Hinterbein reicht das Tibiotarsalgelenk über die Vorderkopfspitze hinaus. Oberseite mehr oder

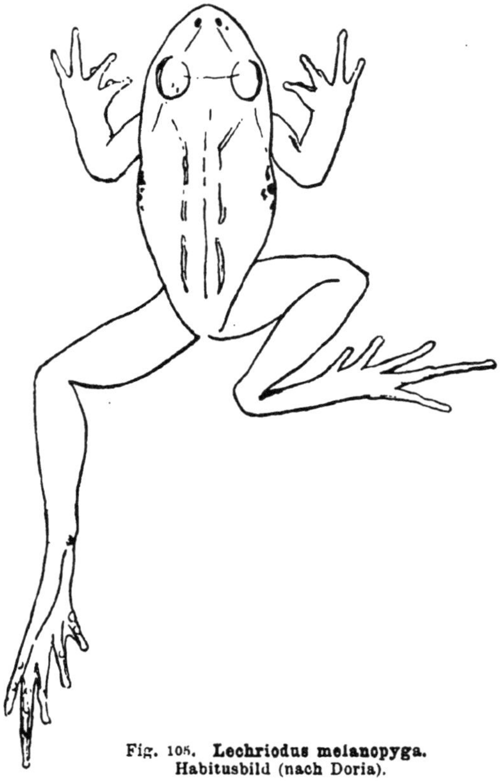

Fig. 105. **Lechriodus melanopyga.** Habitusbild (nach Doria).

weniger deutlich gekörnelt, eine starke Hautfalte zieht vom hinteren Augenwinkel zu den Körperseiten, ein paar schmalere Falten in symmetrischer Anordnung auf dem Rücken; Unterseite glatt. Oben braun mit undeutlichen dunklen Flecken. Auf dem Canthus rostralis und an den hinteren Kopfseiten je ein schwarzer Streifen, ein ebensolcher Querstreifen auf dem Interorbitalraum. Beine mit regelmäßigen, schwärzlichen Querbinden. Unterseite gelblich oder bräunlich. Hinter- und Unterseite der Gliedmaßen und Analregion schwarz. L. 80 mm.

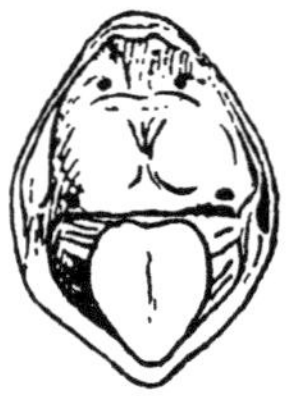

Fig. 106. **Lechriodus melanopyga.** Mundhöhle (nach Doria).

♂ mit inneren Schallblasen; in der Fortpflanzungszeit auf dem großen Metacarpalhöcker und der Medialseite der 2 ersten Finger schwarze Brunstschwielen.

West-Neuguinea.

5. Gen. **Megalophrys** Kuhl

1822 *Megophrys*, Kuhl in: Isis, p. 475 (descr. nulla) | 1824 *M.*, Kuhl in: Bull. univ. Sci. nat., v. 2 p. 83, 371 | 1829 *Ceratophrys*, Gravenhorst, Delic. Mus. Vratislav. fasc. 1, p. 47 | 1830 *Megalophrys*, Kuhl in: Wagler, Syst. Amph., p. 204 | 1858 *M.* + *Ceratophryne*,

Alb. Günther, Cat. Batr. sal. Brit. Mus., p. 36, 37, 136 | 1882 *Leptobrachium* + *Xenophrys* + *Megalophrys*, Boulenger, Cat. Batr. sal. Brit. Mus., ed. 2 p. 440, 441, 442.

Zunge kreisrund oder birnförmig, ganzrandig oder hinten eingeschnitten, hinten frei abhebbar. Gaumenzähne, wenn vorhanden, in 2 kleinen Gruppen angeordnet. Pupille senkrecht. Trommelfell sichtbar oder unter der Haut verborgen. Vorderfuß ohne, Hinterfuß ohne oder mit kurzer Schwimmhaut, die nicht zwischen die Metatarsen der 4. und 5. Zehe eingreift. Omosternum knorpelig, Sternum mit knöchernem Stiel. Wirbel procoel oder opisthocoel (beide Wirbelformen kommen bei derselben Art vor). Querfortsätze des Sacralwirbels durch 1 Gelenkfläche verbunden oder fest mit ihm verschmolzen.

17 Arten in Süd- und Südostasien.

Bestimmungstabelle der Arten:

1	Vorderkopf vorn schräg abgestutzt, stark über die Mundspalte vorspringend (Fig. 108) mit deutlichem Canthus rostralis. — 2	
	Vorderkopf abgerundet oder senkrecht abgestutzt, nicht oder nur sehr schwach über die Mundspalte vorspringend (Fig. 112 und 117) — 8	
2	Freier Rand des oberen Augenlides bei erwachsenen Tieren in einen mehr oder weniger langen Fortsatz ausgezogen (Fig. 108). Gaumenzähne in der Regel vorhanden — 3	
	Freier Rand des oberen Augenlides nicht in einen spitzen Fortsatz ausgezogen (Fig. 111) — 5	
3	Fortsatz des oberen Augenlides höchstens $^2/_3$ so lang wie das Auge breit ist. Hautanhang an der Vorderkopfspitze fehlend oder nur sehr schwach entwickelt — 4	
	Außer einem Fortsatz am Lateralrande eines jeden Augenlides von mindestens $^2/_3$ Augendurchmesser Länge noch ein spitzer Hautanhang an der Vorderkopfspitze vorhanden (Fig. 108). Trommelfell schwach oder gar nicht sichtbar	2. **M. nasuta**
4	Bei nach vorn an den Körper angelegtem Hinterbein reicht das Tibiotarsalgelenk:	
	höchstens bis zur Schläfe; Trommelfell schwach oder gar nicht sichtbar	1. **M. montana**
	über die Vorderkopfspitze hinaus	3. **M. longipes**
5	Bei nach vorn an den Körper angelegtem Hinterbein reicht das Tibiotarsalgelenk mindestens bis über das Auge hinaus, in der Regel aber bis zur Vorderkopfspitze oder darüber hinaus. Länge des Unterschenkels $^1/_2$—$^3/_5$ der Kopfrumpflänge. Zehen zu $^1/_4$—$^1/_3$ ihrer Länge durch Schwimmhaut verbunden (Fig. 110) . .	4. **M. major**
	Das Tibiotarsalgelenk reicht bis zum Auge oder höchstens bis zwischen Auge und Nasenloch. Unterschenkel höchstens $^1/_2$ so lang wie Kopf und Rumpf zusammen. Zehen nur durch sehr kurze Schwimmhaut an ihrer Basis verbunden — 6	
6	Trommelfell $^1/_2$ so breit wie das Auge, letzteres ebenso breit wie sein Abstand vom Trommelfell. Gaumenzähne vorhanden	5. **M. robusta**
	Trommelfell $^3/_5$—$^2/_3$ so breit wie das Auge, letzteres breiter als sein Abstand vom Trommelfell — 7	
7	Gaumenzähne vorhanden	6. **M. parva**
	Gaumenzähne fehlen	7. **M. boettgeri**

8 Bei nach vorn an den Körper angelegtem Hinterbein reicht das Tibiotarsalgelenk bis zum Auge oder darüber hinaus. Trommelfell sehr deutlich, Gaumenzähne fehlen — **9**
Das Tibiotarsalgelenk reicht nicht bis zum Auge. Trommelfell nur schwach oder gar nicht sichtbar — **13**

9 Bei nach vorn an den Körper angelegtem Hinterbein reicht das Tibiotarsalgelenk mindestens bis zur Vorderkopfspitze, letztere abgerundet — **10**
Das Tibiotarsalgelenk reicht bis zum Auge oder höchstens bis zwischen Auge und Nasenloch — **12**

10 Interorbitalraum schmaler als ein oberes Augenlid (Fig. 113); Trommelfell deutlich, $^1/_2$ so breit wie das Auge (Fig. 112); 1. und 2. Finger gleich lang (Fig. 114) 8. **M. gracilis**
Interorbitalraum breiter als ein oberes Augenlid, 1. Finger kürzer als der 2. — **11**

11 Trommelfell undeutlich, nicht $^1/_2$ so breit wie das Auge . 9. **M. natunae**
Trommelfell völlig freiliegend, fast so breit wie das Auge . 10. **M. kempii**

12 Kopf vorn abgestutzt (Fig. 116). Unterschenkel halb so lang wie Kopf und Rumpf zusammen . . . . 11. **M. heteropus**
Kopf vorn abgerundet. Unterschenkel halb so lang wie oder kürzer als Kopf und Rumpf zusammen . . . . 12. **M. pelodytoides**

13 Gaumenzähne fehlen. Keine Höcker oder kegelförmige Fortsätze am freien Rande des oberen Augenlides vorhanden — **14**
Gaumenzähne in der Regel vorhanden; 1 oder mehrere größere kegelförmige Fortsätze am freien Rande des oberen Augenlides vorhanden (Fig. 117 und 118) — **15**

14 Fuß etwa ebenso lang wie der Kopf . . . . 13. **M. hasseltii**
Fuß beträchtlich länger als der Kopf . . . . 14. **M. boulengeri**

15 Zehen zu $^1/_4$—$^1/_2$ ihrer Länge durch Schwimmhaut verbunden; oberes Augenlid mit 2—4 längeren Fortsätzen am freien Rande (Fig. 117) . . . . 15. **M. carinensis**
Zehen nur an ihrer Basis durch sehr kurze Schwimmhaut verbunden; nur 1 längerer oder kürzerer Fortsatz am freien Rande des oberen Augenlides vorhanden (Fig. 118) — **16**

16 Zügelregion sehr schräg abfallend; Fortsatz des oberen Augenlides bei erwachsenen Tieren ziemlich lang werdend (Fig. 118) . . . . 16. **M. feae**
Zügelregion senkrecht abfallend; Fortsatz des Augenlides sehr kurz . . . . 17. **M. baluensis**

1. **M. montana** Kuhl 1822 *Megophrys monticola,* Kuhl in: Isis, p. 475 (descr. nulla) | 1824 *M. montana,* Kuhl in: Bull. univ. Sci. nat., *v.* 2 p. 83, 371 (descr. nulla) | 1829 *Ceratophrys m.*, Gravenhorst, Delic. Mus. Vratislav., fasc. 1 p. 47 | 1830 *Megalophrys m.*, Kuhl in: Wagler, Syst. Amph., p. 204 | 1837 *Ceratophrys m.*, Schlegel, Abbild. Amph., p. 29 t. 10 f. 3 | 1841 *Megalophrys m.*, C. Duméril & G. Bibron, Erpét., *v.* 8 p. 458 | 1858 *Ceratophryne m.*, Schlegel, Handl. Dierk., *v.* 2 p. 57 t. 10 f. 3 | 1858 *Megalophrys m.*, Alb. Günther, Cat. Batr. sal. Brit. Mus., p. 36 | 1864 *Xenophrys m.* (part.), Alb. Günther, Rept. Brit. Ind., p. 413 | 1882 *Megalophrys m.*, Boulenger, Cat. Batr. sal. Brit. Mus., ed. 2 p. 442 | 1898 *M. m.*, M. Weber in: Ann. Jard. bot. Buitenzorg, suppl. 2 p. 5 tf. 1—5 (Habitus und Mund der Larve) | 1901 *M. m.*, Gadow in: Cambridge nat. Hist. *v.* 8 p. 60 f. 11 (Larven) | 1903 *M. m.* var. *aceras,* Boulenger in: Fasc. Malay., *v.* 1 p. 131 t. 5 f. 1 | 1908 *M. m.*, Boulenger in: P. zool. Soc. London, p. 411 (ausführliche Literatur) | 1912 *M. m.*, Boulenger, Vert. Fauna Malay, Rept. Batr. p. 277 | 1912 *M. m.*, Barbour in: Mem. Mus. Harvard, *v.* 44 p. 77 t. 7 f. 30.

Zunge ganzrandig oder hinten schwach eingeschnitten. Gaumenzähne in der Regel vorhanden, in 2 weit voneinander getrennten Gruppen dicht hinter der Verbindungslinie der Choanen. Kopf groß, $1^1/_2$—$1^3/_4$ mal so breit wie lang, hinten gewöhnlich von einer mehr oder weniger deutlichen Querfalte begrenzt. Vorderkopf abgestutzt oder stumpf zugespitzt, über die Mundspalte vorragend, so lang wie oder etwas kürzer als das Auge. Canthus rostralis scharf, Zügelregion senkrecht oder etwas schräg abfallend, vertieft. Interorbitalraum $1^1/_2$—2 mal so breit wie ein oberes Augenlid (bei jungen Tieren schmaler), vertieft. Trommelfell in der Regel schwach sichtbar, selten unsichtbar, $^1/_2$—$^2/_3$ so breit wie das Auge, von dem es ebenso weit entfernt

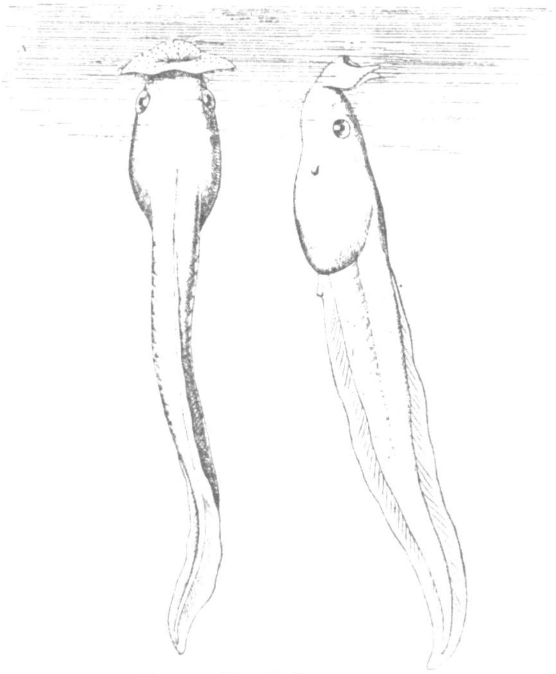

Fig. 107. **Megalophrys montana.**
Larven ($^2/_1$), links vom Rücken, rechts von der Seite gesehen (nach Gadow).

ist wie das Auge breit ist. Finger stumpf oder an der Spitze etwas verdickt, ohne Subarticularhöcker; 1. Finger so lang wie oder etwas länger als der 2.; keine deutlichen Metacarpalhöcker vorhanden. Zehen ziemlich kurz, stumpf oder an der Spitze schwach verdickt, mit sehr schwacher, höchstens $^1/_4$ der Zehenlänge umfassenden Schwimmhaut, ohne Subarticularhöcker; ein flacher sehr undeutlicher, medialer Metatarsalhöcker vorhanden. Bei nach vorn an den Körper angelegtem Hinterbein reicht das Tibiotarsalgelenk bis zur Schulter oder höchstens bis zur Schläfe. Länge des Unterschenkels $^3/_8$—$^1/_2$ der Kopfrumpflänge, ebenso groß wie oder etwas länger als der Fuß. Haut der Oberseite glatt oder mit kegelförmigen Warzen besetzt; alte Exemplare mit knöchernen Ablagerungen in der Haut von Kopf und Vorderrücken. Je eine starke Drüsenfalte zieht vom Auge zur Schulter, eine andere in der Regel an jeder Rückenseite entlang. Oberes Augenlid mit scharfer, emporstehender, zu einer mehr oder weniger deutlichen Spitze von höchstens $^{2}/_{3}$ Augendurchmesser Länge ausgezogener Kante. Ein spitzer Hautlappen an der Vorderkopfspitze, zuweilen schwach entwickelt; hinter dem Mundwinkel, jederseits gewöhnlich ein mehr oder weniger gut ausgebildeter, spitzer Höcker. Beine in der Regel mit schräg verlaufenden Drüsenfalten. Kehle glatt, Bauch schwach warzig. Oben olivenbraun, einfarbig oder mit wechselnder, dunklerer oder hellerer Zeichnung. Ein mehr oder weniger deutlicher, dunkler, dreieckiger, mit der Spitze nach hinten gerichteter Fleck zwischen den Augen; eine dunkle, schräge Binde unter jedem Auge. Gliedmaßen mit mehr oder weniger deutlichen dunklen Querbinden. Unterseite blaßbraun, dunkel gefleckt oder marmoriert. Ein weißer Höcker jederseits auf der Brust. L. ♂ 35, ♀ 88 mm.

♂ ohne Schallblasen.

Larven mit linksseitig gelegenem Spiraculum und stark lappig verbreiterten, mit radial gestellten Reihen von Hornzähnchen besetzten Lippen, die entweder ein trichterartiges Organ bilden, mittelst dessen die Larve sich am Wasserspiegel ihres Aufenthaltsortes anheftet und so senkrecht herabhängt (Fig. 107), oder die beim Ruhen auf dem Grunde ein Paar seitlich nach oben gerichtete hörnerartige Anhänge bilden. Schwanz der Larve mehr als 2mal so lang wie der übrige Körper. Färbung tief dunkelbraun. L. 40 mm.

Malayische Halbinsel und Malayischer Archipel.

2. **M. nasuta** (Schl.) 1837 *Ceratophrys montana var.*, Schlegel, Abbild. Amph., p. 30 | 1847 *Megalophrys montana var.*, Cantor in: J. Asiat. Soc. Bengal, *v.* 16 p. 1061 | 1858 *Ceratophryne nasuta*, Schlegel, Handl. Dierk., *v.* 2 p. 57 t. 4 f. 72 | 1858 *C. n.*, Alb. Günther, Cat. Batr. sal. Brit. Mus., p. 37, 136 | 1864 *Megalophrys montana* (part.), Alb. Günther, Rept. Brit. Ind., p. 413 | 1864 *M. chysii*, Edeling in: Tijdschr. Nederl. dierk. Ver., *v.* 2 p. 205 | 1864 *M. c.*, Edeling in: Natuurk. Tijdschr. Nederl. Ind., *v.* 27 p. 265 t. | 1872 *Ceratophrys nasuta*, Schlegel in: Dierentuin zool. Genoot., p. 58 f. | 1873 *Megalophrys n.*, Alb. Günther in: Ann. nat. Hist., ser. 4 *v.* 11 p. 419 | 1882 *M. n.*, Boulenger, Cat. Batr. sal. Brit. Mus., ed. 2 p. 443 | 1907 *M. n.*, Beddard in: P. zool. Soc. London, p. 324 f. 92 (Vorder- und Hinterfuß) | 1908 *M. n.*, Boulenger in: P. zool. Soc. London, p. 413 t. 22 | 1912 *M. n.*, Boulenger, Vert. Fauna Malay, Rept. Batr. p. 279 f. 77.

Von der vorigen Art in folgenden Punkten unterschieden: Gaumenzähne in 2 weitgetrennten Gruppen auf einer Höhe mit dem Hinterrand der Choanen. Kopf $1^{1}/_{2}$—2mal so breit wie lang; die vorspringende scharfe Kante des oberen Augenlides ist zu einer hornartigen Spitze ausgezogen, deren Länge mindestens $^{2}/_{3}$ des Augendurchmessers beträgt oder diesem gleich ist. Ein ähnlicher spitzer Hautlappen an der Vorderkopfspitze (Fig. 108); je ein kleinerer an jedem Mundwinkel. Die knöchernen Einlagerungen der Haut können vollständig mit dem Schädel verschmelzen und einen knöchernen Schild im praesacralen Teil des Rückens bilden. Außer einer vom Auge zur Schulter ziehenden, häufig an den Körperseiten sich fortsetzenden Hautfalte zieht eine solche jederseits vom Kopfhinterrande zum hinteren Körperende. Häufig je ein etwa kegelförmiger Tuberkel jederseits in der Schulterregion, ein weiterer in der Mitte der Sacralregion, zuweilen auch ähnliche Tuberkel auf dem Kopfe. Gliedmaßen mit oder ohne schräg verlaufende Drüsenfalten. Unterseite glatt, Bauch schwach warzig. Oben olivenbraun, einfarbig, oder mit wechselnder, dunklerer oder hellerer Zeichnung. Eine mehr oder weniger

Fig. 108. **Megalophrys nasuta** (nach Boulenger).

deutliche Y-förmige, dunkle Zeichnung zwischen den Augen und auf dem Hinterkopf. Eine schräge dunkle Binde unter den Augen. Unterseite einfarbig dunkelbraun oder in gleicher Farbe gefleckt oder marmoriert.

♂ mit innerer Schallblase. L. ♂ bis 82, ♀ bis 125 mm.

Paarung unter Amplexus lumbaris. Ganz junge Exemplare noch ohne Hautanhänge an Vorderkopfspitze und Augenlidern.

Malayische Halbinsel und Malayischer Archipel.

3. **M. longipes** Blgr. 1885 *M. l.*, Boulenger in: P. zool. Soc. London, p. 850 t. 55 | 1904 *M. l.*, Butler in: J. Bombay Soc., v. 15 p. 400 | 1908 *M. l.*, Boulenger in: P. zool. Soc. London, p. 415 | 1912 *M. l.*, Boulenger, Vert. Fauna Malay, Rept. Batr. p. 280.

Zunge hinten schwach eingeschnitten. Gaumenzähne in 2 kleinen Gruppen dicht hinter der Verbindungslinie der Choanen. Kopf stark flachgedrückt, $1\,^1/_4$mal so breit wie lang (Fig. 109). Vorderkopf schräg abgestutzt, über die Mundspalte vorspringend, fast so lang wie das Auge, mit scharfem Canthus rostralis

Fig. 109. **Megalophrys longipes** (nach Boulenger).

und senkrechter, vertiefter Zügelregion. Nasenloch gleichweit von Auge und Vorderkopfspitze entfernt. Interorbitalraum vertieft, so breit wie oder etwas breiter als ein oberes Augenlid, Trommelfell sichtbar, sein Durchmesser beträgt $^3/_5$—$^2/_3$ des Augendurchmessers und ist ebenso groß wie oder etwas kleiner als seine Entfernung vom Auge. Finger schlank, an der Spitze etwas verdickt. 1. Finger ebenso lang wie oder etwas länger als der 2., Subarticular- und Metacarpalhöcker fehlen. Zehen lang und schlank, an der Spitze etwas verdickt, durch sehr schmale Schwimmhaut an ihrer Basis verbunden, ohne Subarticularhöcker; Metatarsalhöcker undeutlich. Bei nach vorn an den Körper angelegtem Hinterbein reicht das Tibiotarsalgelenk über die Vorderkopfspitze hinaus; Länge des Unterschenkels gleich $^3/_5$—$^2/_3$ der Kopfrumpflänge, größer als die Fußlänge. Haut oben glatt, mit kleinen Warzen auf den Flanken und 2 Paar feinen Drüsenfalten, die von der Schulter ausgehend, nach hinten sich einander nähern und von denen das laterale die Sacralregion erreicht. Eine starke Falte zieht vom Auge zur Schulter; ein kurzer hornartiger Fortsatz am Lateralrande des oberen Augenlides. Unterseite glatt. Oben olivenbraun, ein dunkler, dreieckiger Fleck zwischen den Augen. Kopfseiten mit schrägen, dunklen Binden. Beine mit dunklen Querbinden. Hinterseite der Schenkel dunkelbraun, mit 1 oder 2 runden, weißlichen Flecken; Kehle und Brust dunkelbraun oder mit großen Flecken oder symmetrischen Zeichnungen von gleicher Farbe, Bauch braun gefleckt. L. ♂ bis 47, ♀ bis 65 mm.

♂ mit inneren Schallblasen.

Perak, in 900—1400 m Höhe.

4. **M. major** Blgr. 1870 *Xenophrys gigas* (non *Megalophrys g.* Blyth 1854), Jerdon in: P. Asiat. Soc. Bengal, p. 85 | 1871 *X. monticola* (part.), John Anderson in: P. zool. Soc. London, p. 200 | ? 1871 *Ixalus lateralis*, John Anderson in: J. Asiat. Soc., Bengal, *v.* 40 p. 29 | 1878 *I. l.*, John Anderson, Anat. zool. Res. Exp. Yunnan, p. 844 t. 78 f. 5 | 1882 *Xenophrys monticola* (part.), Boulenger, Cat. Batr. sal. Brit. Mus., ed. 2 p. 441 | 1889 *Leptobrachium m.* (part.), Boulenger in: Ann. Mus. Genova, ser. 2 *v.* 7 p. 750 | 1890 *L. m.* (part.), Boulenger, Fauna Brit. Ind., Rept. Batr. p. 510 | 1908 *Megalophrys major*, Boulenger in: P. zool. Soc. London, p. 416 t. 23 | ? 1912 *M. m.*, Annandale in: Rec. Ind. Mus., *v.* 8 p. 29 t. 4 f. 9 (Kaulquappe).

Von der vorigen Art in folgenden Punkten abweichend: Gaumenzähne in 2 kleinen Gruppen auf einer Höhe mit dem Hinterrande der Choanen. Kopf noch flacher, $1^1/_2$—$1^2/_3$ so breit wie lang. Trommelfell mehr oder weniger deutlich, etwa $^1/_2$ so breit wie das Auge, seine Entfernung von letzterem beträgt fast $^3/_4$ des Augendurchmessers. 1. Finger so lang wie oder etwas kürzer als der 2. Schwimmhaut $^1/_4$—$^1/_3$ der mäßig langen Zehen umfassend, als Hautsaum bis zu den Zehenspitzen reichend. Metatarsalhöcker flach, undeutlich (Fig. 110). Bei nach vorn an den Körper angelegtem Hinterbein reicht das Tibiotarsalgelenk mindestens bis über das Auge hinaus, in der Regel aber bis zur Vorderkopfspitze oder etwas über diese hinaus. Länge des Unterschenkels gleich mindestens $^1/_2$ bis $^3/_5$ der Kopfrumpflänge, beträchtlich größer als die Fußlänge. Haut glatt, oder auf dem Rücken fein gekörnelt, zuweilen feine Drüsenfalten am Körper und quer über den Gliedmaßen, stets eine Falte an jeder Körperseite und häufig eine V-förmige Falte hinter dem Kopfe vorhanden; eine Drüsenfalte zieht vom Auge zur Schulter. Oben braun, mit dunkler, hell gerandeter, symmetrischer Zeichnung, von der ein dreieckiger Fleck zwischen den Augen am häufigsten ausgebildet ist. Ein dunkles Band zieht von der völlig dunklen Vorderkopfspitze, unten von einem hellen Längsstreifen auf der Oberlippe begrenzt, über Auge und Trommelfell zur Schulter. Beine mit undeutlichen, dunklen Querbinden. Hinterseite der Oberschenkel dunkelbraun, mit einem runden, weißen Fleck. Bauchseite weißlich; Kehle und Brust braun oder braun marmoriert; Unterlippe mit dunklen, hell gerandeten Flecken. L. ♂ bis 77, ♀ bis 94 mm.

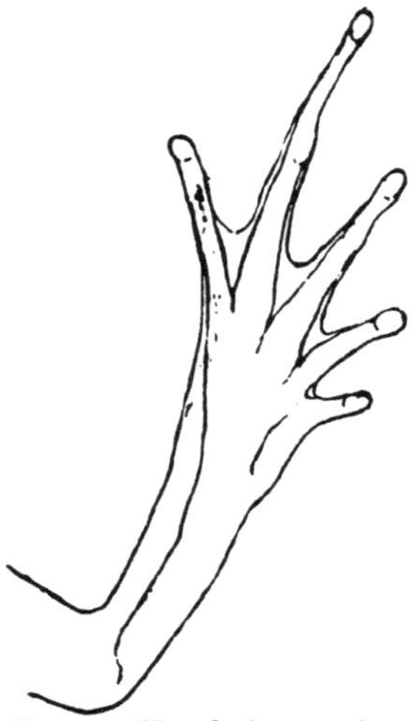

Fig. 110. **Megalophrys major.** Rechter Hinterfuß (nach Boulenger).

♂ mit inneren Schallblasen und feinen braunen Brunstschwielen an der Medialseite der beiden ersten Finger.

Bengalen bis Südwest-China.

5. **M. robusta** Blgr. 1908 *M. r.*, Boulenger in: P. zool. Soc. London, p. 418 t. 24.

Zunge hinten schwach eingeschnitten. Gaumenzähne in 2 kleinen Gruppen auf einer Höhe mit oder dicht hinter dem Hinterrande der Choanen. Kopf $1^2/_5$ mal so breit wie lang; Vorderkopf schräg abgestutzt, über die Mundspalte vorspringend (Fig. 111), so lang wie das Auge, mit scharfem Canthus rostralis und etwas vertiefter Zügelregion. Nasenloch gleichweit von Auge und Vorderkopfspitze entfernt, oder dem ersteren etwas näher. Interorbitalraum vertieft, breiter als ein oberes Augenlid. Trommelfell deutlich, etwa $^1/_2$ so breit wie das Auge; sein Abstand von letzterem gleich dem Augendurchmesser. Finger mit schwach verdickten Spitzen, ohne Subarticularhöcker; 1. Finger so lang wie oder etwas länger als der 2., keine deutlichen Metacarpalhöcker vorhanden. Zehen mäßig lang, mit schwach verdickten Spitzen, ohne Subarticularhöcker, mit sehr kurzer Schwimmhaut an ihrer Basis. Metatarsalhöcker flach, undeutlich. Bei nach vorn an den Körper angelegtem Hinterbein reicht das Tibiotarsalgelenk bis zum Auge oder zwischen Auge und Nasenloch. Länge des Unterschenkels gleich der Hälfte der Kopfrumpflänge oder etwas kürzer, ein wenig länger als der Fuß. Haut oben glatt oder fein gekörnelt. Eine feine Drüsenfalte an jeder Rückenseite, eine V-förmige Falte hinter dem Kopfe; ein starker Drüsenwulst reicht vom Auge bis zur Schulter. Oben braun, ein dreieckiger dunkler Fleck zwischen den Augen. Ein dunkles Längsband an den Kopfseiten und ein senkrechtes Querband unter dem Auge, zuweilen noch weitere dunkle Querbinden auf der Oberlippe. Hinterbeine mit undeutlichen, dunklen Querbinden. Hinterseite des Oberschenkels dunkelbraun mit einem runden, hellen Fleck. Bauchseite weiß, Kehle und Brust braun gefleckt oder marmoriert. L. (♀) bis 114 mm.

Fig. 111. **Megalophrys robusta.** Kopf (nach Boulenger).

Vorderindien (Darjeeling).

6. **M. parva** (Blgr.) 1864 *Xenophrys monticola* (non *Megalophrys m.*, Kuhl 1822), Alb. Günther, Rept. Brit. Ind., p. 414 t. 26 f. H | 1871 *X. m.* (part.), John Anderson in: P. zool. Soc. London, p. 200 | 1882 *X. m.* (part.), Boulenger, Cat. Batr. sal. Brit. Mus., ed. 2 p. 441 | 1889 *Leptobrachium m.* (part.), Boulenger in: Ann. Mus. Genova, ser. 2 *v.* 7 p. 750 | 1890 *L. m.* (part.), Boulenger, Fauna Brit. Ind., Rept. Batr. p. 510 | 1893 *L. parvum*, Boulenger in: Ann. Mus. Genova, ser. 2 *v.* 13 p. 344 t. 11 f. 2 | ? 1906 *Megalophrys montana*. Annandale in: J. Asiat. Soc. Bengal, ser. 2 *v.* 2 p. 290 (Larven) | 1908 *M. parva*, Boulenger in: P. zool. Soc. London, p. 419 | 1912 *M. p.*, Annandale in: Rec. Ind. Mus., *v.* 8 p. 29 t. 4 f. 8, 8a—c (Habitus, Kopf und Mund der Larve.)

Von der vorigen Art in folgenden Punkten abweichend: Kopf $1^1/_4$ bis $1^1/_3$mal so breit wie lang. Vorderkopf fast so lang wie das Auge, mit senkrechter Zügelregion und flachem Interorbitalraum, der ebenso breit ist wie das obere Augenlid. Trommelfell mehr oder weniger deutlich, $^3/_5$—$^2/_3$ so breit wie das Auge, von letzterem weniger weit entfernt, als das Auge breit ist. 1. Finger so lang wie oder etwas kürzer als der 2.; Zehen ziemlich kurz, durch sehr kurze Schwimmhaut verbunden, oft mit einer schwachen Hautleiste an ihrer Unterseite. Bei nach vorn an den Körper angelegtem Hinterbein reicht das Tibiotarsalgelenk bis zum Auge oder nicht ganz so weit. Haut der Oberseite glatt oder gekörnelt, mit kleinen, in sehr wechselnder Weise angeordneten, manchmal symmetrisch verlaufende Wülste bildenden Drüsenwarzen. Eine starke Drüsenfalte zieht vom Auge zur Schulter. Unterseite völlig glatt.

Oben bräunlich, mit mehr oder weniger deutlicher, dunkler, symmetrischer Zeichnung, von der ein dreieckiger oder Y-förmiger Fleck zwischen den Augen am häufigsten ausgebildet ist. Manche Drüsenwarzen schwarz gerandet. Oberlippe mit senkrechten, dunklen Binden. Beine mit mehr oder weniger regelmäßigen, dunklen Querbinden. Hinterseite der Oberschenkel braun marmoriert, in der Regel mit einem runden hellen Fleck. Unterseite weißlich, Kehle und Brust braun gefleckt oder marmoriert oder mit brauner, symmetrischer Zeichnung; häufig auch mit je einem runden, weißen Fleck auf jeder Brustseite. L. ♂ bis 42, ♀ bis 52 mm.

♂ mit innern Schallblasen und zur Fortpflanzungszeit mit feinen braunen Brunstschwielen am 1. und 2. Finger.

Bengalen bis Pegu.

7. **M. boettgeri** Blgr. 1894 *Leptobrachium monticola* (non *Xenophrys m.*, Alb. Günther 1864), Boettger in: Ber. Senckenb. Ges., p. 141 | 1899 *L. boettgeri*, Boulenger in: P. zool. Soc. London, p. 171 t. 19 f. 3 | 1908 *Megalophrys b.*, Boulenger in: P. zool. Soc. London, p. 420 | ? 1910 *M. sp.*, C. Du Bois-Reymond in: SB. Ges. Fr. Berlin, p. 285 f. (Larven).

Der vorigen Art sehr ähnlich, nur durch folgende Merkmale von ihr unterschieden. Gaumenzähne fehlen. Kopf $1^1/_5$—$1^1/_3$ mal so breit wie lang. Trommelfell sehr deutlich, seine Breite ist gleich $^3/_5$—$^2/_3$ des Augendurchmessers und ebenso groß wie oder größer als sein Abstand vom Auge. 1. und 2. Finger gleich lang. Zehen schlank, mit sehr kurzer Schwimmhaut, ebenfalls häufig mit einer schwachen Hautfalte auf ihrer Unterseite. Ein kleiner ovaler, medialer Metatarsalhöcker vorhanden. Relative Länge des Hinterbeines und seiner Glieder wie bei der vorigen Art. Haut glatt, mit kleinen, verstreuten Warzen auf Kopf und Rücken, eine Drüsenfalte zieht vom Auge zur Schulter. 2 kleine, weiße Warzen sitzen dicht beieinander am Kinn und je eine solche jederseits an der Brust nahe der Vorderbeinwurzel. Oben dunkelgrau oder braun, mit symmetrischer, schwärzlicher Zeichnung, Vorderkopfoberseite und Schulterregion hell. Ein weißlicher Fleck an der Oberlippe vorn unter dem Auge. Beine mit dunklen Querbinden; ein kleiner runder, weißer Fleck auf der Hinterseite des Oberschenkels. Kehle und Brust braun oder bräunlich, erstere mit 3 schwärzlichen, hell gerandeten Längsstreifen; Bauchseiten mit großen, schwärzlichen Flecken. Hintere Bauchhälfte und Unterseite der Schenkel schmutzig weiß. L. ♂ bis 35, ♀ bis 46 mm.

♂ mit inneren Schallblasen. Von Du Bois-Reymond (l. c. 1910) beschriebene Larven dürften wohl zu dieser Art gehören.

Südost-China.

8. **M. gracilis** (Gthr.) 1872 *Leptobrachium gracile*, Alb. Günther in: P. zool. Soc. London, p. 598 | 1882 *L. g.*, Boulenger, Cat. Batr. sal. Brit. Mus., ed. 2 p. 440 | 1908 *Megalophrys gracilis*, Boulenger in: P. zool. Soc. London, p. 421 t. 25 f. 1 | 1912 *M. g.*, Boulenger, Vert. Fauna Malay, Rept. Batr. p. 281.

Zunge hinten eingeschnitten. Gaumenzähne fehlen. Kopf so lang wie breit oder etwas breiter als lang. Vorderkopf abgerundet, nicht über die Mundspalte vorspringend, so lang wie oder etwas kürzer als das Auge, mit deutlichem Canthus rostralis und nicht sehr schief abfallender, vertiefter Zügelregion (Fig. 112); Nasenloch etwas näher der Vorderkopfspitze als dem Auge; Interorbitalraum etwas schmaler als ein oberes Augenlid (Fig. 113); Trommelfell deutlich, $^1/_2$ so breit wie das Auge, sein Abstand von diesem ungefähr gleich seiner eigenen Breite (Fig. 112). Finger an der Spitze schwach verdickt, ohne Subarticularhöcker; 1. Finger ebenso lang wie der 2., ein sehr großer, medialer und ein kleiner, lateraler Metacarpalhöcker vorhanden (Fig. 114); Zehen ziemlich lang und schlank, mit schwach verdickten Spitzen, mit sehr kurzer Schwimmhaut an ihrer Basis, ohne Subarticularhöcker, aber mit einer mehr oder weniger deutlichen Längsfalte der Haut auf der Zehenunterseite; ein kleiner, schwach vorspringender, ovaler, medialer Metatarsalhöcker vorhanden (Fig. 115). Bei nach vorn an den Körper angelegtem Hinterbein reicht das Tibiotarsalgelenk bis zur Vorderkopfspitze, Unterschenkel etwas länger

Fig. 112. Fig. 113. Fig. 114. Fig. 115.

Fig. 112—115. **Megalophrys gracilis.**

Fig. 112: Kopf von der Seite; Fig. 113: Kopf von oben; Fig. 114: Linker Vorderfuß von unten ($^{2}/_{1}$); Fig. 115: Rechter Hinterfuß von unten ($^{2}/_{1}$) (alles nach Boulenger).

als die halbe Kopfrumpflänge, Fuß kürzer als der Unterschenkel, aber länger als der Kopf. Haut glatt; eine Drüsenfalte verläuft im Bogen oberhalb des Trommelfells. Oben grau dunkelolivenfarbig, mit mehr oder weniger deutlichen, dunklen Flecken oder symmetrischen Zeichnungen auf Kopf und Rumpf und mit dunklen Querbinden auf den Beinen. Zuweilen ein weißer Fleck unter dem Auge und ein ebensolcher an Arm und Ellenbogen. Unterseite schmutzig weiß, mit oder ohne unregelmäßige, braune Flecke. ♂ noch unbekannt, L. bis 44 mm (♀).

Borneo und Pahang (hier in 1600 m Höhe).

9. **M. natunae** (Gthr.) 1895 *Leptobrachium n.*, Alb. Günther in: Nov. zool., *v.* 2 p. 501[1]).

Zunge oval, lang, viel schmaler als die Mundhöhle. Vorderkopf abgerundet, so lang wie das Auge, mit undeutlichem Canthus rostralis. Nasenlöcher gleich weit von Auge und Vorderkopfspitze entfernt. Interorbitalraum breiter als ein oberes Augenlid. Trommelfell undeutlich, nicht $^{1}/_{2}$ so breit wie das Auge. Finger und Zehen mäßig lang; 2. Finger etwas länger als der 1., Zehen ohne Schwimmhaut. Finger- und Zehenspitzen stumpf. Subarticularhöcker undeutlich; ein flacher, langgestreckter medialer Metatarsalhöcker vorhanden. Bei nach vorn an den Körper angelegtem Hinterbein reicht das Tibiotarsalgelenk bis zur Vorderkopfspitze oder darüber hinaus. Haut oben sehr schwach und undeutlich gekörnelt; Unterseite ganz glatt. Oberseite bräunlich, einfarbig oder braun marmoriert. Oberlippe schwarz mit einigen weißen Flecken. Eine schwarze Binde zieht vom Auge oberhalb des Trommelfells zur Schulter. Kopf- und Rumpfseiten mit größeren und kleineren schwarzen Flecken. Hinterbeine mit bräunlichen Querbinden. L. 19 mm.

Große Natuna-Insel (bei Borneo).

[1]) Da die Gattung *Leptobrachium* Tschudi in der Gattung *Megalophrys* Kuhl völlig aufgegangen ist, muß auch *L. natunae* Günther zu *Megalophrys* gestellt werden. — In Boulenger's Revision der Gattung *Megalophrys* (in P. zool. Soc. London 1908 p. 407 ff.) wird diese Art versehentlich nicht mit aufgeführt.

10. **M. kempii** Annand. 1912 *M. k.*, Annandale in: Rec. Ind. Mus., *v.* 8 p. 20 t. 3 f. 5.

Zunge hinten schwach eingeschnitten. Gaumenzähne fehlen. Kopf mäßig groß, etwas flachgedrückt. Vorderkopf länger als das Auge, an der Spitze abgerundet und senkrecht abgestutzt, nur sehr wenig über die Mundspalte vorragend. Nasenlöcher viel näher bei der Vorderkopfspitze als beim Auge; Canthus rostralis deutlich; Zügelregion vertieft, fast senkrecht abfallend. Interorbitalraum viel breiter als ein oberes Augenlid. Trommelfell völlig freiliegend, fast so breit wie das Auge, dicht hinter diesem. Finger kurz, frei, mit Ausnahme des 1. stumpfen Fingers mit sehr kleinen, aber deutlichen Haftscheiben endigend; 1. Finger kürzer als der 2. — Zehen schlank, mit kleinen Haftscheiben und nur einer Spur von Schwimmhaut; Subarticularhöcker schwach entwickelt, keine Metatarsalhöcker vorhanden. Bei nach vorn an den Körper angelegtem Hinterbein reicht das Tibiotarsalgelenk bis zur Vorderkopfspitze. Haut fast überall glatt, nur am Bauche schwach gekörnelt; einige unregelmäßige Höcker an der Schenkelbasis vorhanden, keine Dorsolateral- oder Supratympanalfalten vorhanden. Oberseite dunkelolivenfarben, mit mehr oder weniger symmetrischen, graugrünen Zeichnungen. Oberseite des Kopfes graugrün schattiert. Hintergliedmaßen mit undeutlichen, dunkelolivenfarbenen Querbinden. Unterseite gelblich bis dunkelolivenfarbig. Kehle mit hellgelben Flecken. L. 15 mm.

Ober-Rotung (Nord-Assam) in 600 m Höhe.

11. **M. heteropus** Blgr. 1900 *Leptobrachium h.*, Boulenger in: Ann. nat. Hist., ser. 7 *v.* 6 p. 186 | 1908 *Megalophrys h.*, Boulenger in: P. zool. Soc. London, p. 422 t. 25 f. 2 | 1912 *M. h.*, Boulenger, Vert. Fauna Malay, Rept. Batr. p. 281.

Von *M. gracilis* in folgenden Punkten abweichend: Kopf so lang wie breit, mit vorn abgestutztem Vorderkopf. Interorbitalraum so breit wie ein oberes Augenlid (Fig. 116). Die nur an der Zehenwurzel deutlich ausgebildete Schwimmhaut setzt sich als schmaler Hautsaum an jeder Zehenseite bis zu deren Spitze fort; eine deutliche Längsfalte der Haut auf der Unterseite der 3. und 4. Zehe. Bei nach vorn an den Körper angelegtem Hinterbein reicht das Tibiotarsalgelenk bis zum Auge; Länge des Unterschenkels gleich der halben Kopfrumpflänge. Haut glatt, mit kleinen Höckern auf dem oberen Augenlid. Oben grau, mit dunklerer, hell gerandeter symmetrischer Zeichnung, deren Hauptteil auf die Rückenmitte entfällt. Ein schwarzer Fleck in der Lendengegend; ein schwarzer Streifen zieht vom Nasenloch an oberhalb von Auge und Trommelfell hin. Rumpfseiten schwarz gefleckt. Beine mit dunklen Querbinden. Unterseite grau, schwarz gesprenkelt. Je ein runder, weißer Fleck an jeder Brustseite, an der Armwurzel und auf der Hinterseite jedes Oberschenkels. L. 33 mm (bisher nur ein Weibchen bekannt).

Fig. 116.
Megalophrys heteropus.
Kopf von oben
(nach Boulenger).

Perak (in 1000 m Höhe).

12. **M. pelodytoides** Blgr. 1893 *Leptobrachium p.*, Boulenger in: Ann. Mus. Genova, ser. 2 *v.* 13 p. 345 t. 11 f. 3 | 1908 *Megalophrys p.*, Boulenger in: P. zool. Soc. London, p. 423 | 1912 *M. p.*, Boulenger, Vert. Fauna Malay, Rept. Batr. p. 282.

Ebenfalls *M. gracilis* sehr nahe stehend, von ihr in folgenden Merkmalen abweichend: Vorderkopf sehr wenig über die Mundspalte vorspringend, mit schräg abfallender Zügelregion; Interorbitalraum so breit wie ein oberes Augenlid (wie bei der vorigen Art). Breite des Trommelfells $^1/_2$—$^3/_5$ des Augendurchmessers. Schwimmhaut $^1/_3$ der Zehen oder etwas weniger umfassend, als schmaler Hautsaum an den Zehen entlang ziehend. Bei nach vorn an den Körper angelegtem Hinterbein reicht das Tibiotarsalgelenk bis zum Auge oder zwischen Auge und Nasenloch. Länge des Unterschenkels gleich der halben Kopfrumpflänge oder etwas kleiner, so groß wie oder etwas größer als die Fußlänge. Oberseite mit kleinen, glatten Warzen, Unterseite glatt. Oben olivenfarben, mit dunkler, manchmal hell gerandeter Marmorierung oder symmetrischer Zeichnung, oder mit dunklen Einzelflecken. Oberlippe und Beine dunkel quer gebändert, manchmal ein runder, weißer, dunkel gerandeter Fleck auf der Hinterseite der Oberschenkel. Unterseite weiß. L. ♂ bis 30, ♀ bis 42 mm.

Kehle des ♂ braun. ♂ mit inneren Schallblasen.

Hinterindien.

13. **M. hasseltii** Müll. MS. 1838 *Leptobrachium H.*, Tschudi (*Rana H.*, Müller MS.) in: Tschudi, Classif. Batr., p. 81 | 1858 *Rana H.*, Schlegel, Handl. Dierk., *v.* 2 p. 56 t. 4 f. 71 | 1858 *Leptobrachium h.*, Alb. Günther, Cat. Batr. sal. Brit. Mus., p. 36 | 1882 *L. h.*, Boulenger, Cat. Batr. sal. Brit. Mus., ed. 2 p. 441 | 1885 *L. montanum*, J. G. Fischer in: Arch. Naturg., *v.* 511 p. 44 | 1890 *L. hasseltii*, Boulenger in: P. zool. Soc. London, p. 37 (Larven) | 1890 *L. h.*, Boulenger in: Fauna Brit. Ind., Rept. Batr. p. 511 | 1908 *Megalophrys H.*, Boulenger in: P. zool. Soc. London, p. 425 t. 25 f. 3 | 1910 *M. H.*, Kampen in: Natuurk. Tijdschr. Nederl. Ind., *v.* 69 p. 27 t. 2 f. 1 (Larve) | 1912 *M. h.*, Boulenger, Vert. Fauna Malay, Rept. Batr. p. 282.

Zunge hinten eingeschnitten. Gaumenzähne fehlen. Kopf $1^1/_4$ mal so breit wie lang; Vorderkopf abgerundet, nicht über die Mundspalte vorspringend, ungefähr so lang wie das Auge, mit deutlichem Canthus rostralis und sehr schräg abfallender, vertiefter Zügelregion. Nasenloch etwas näher der Vorderkopfspitze als dem Auge. Interorbitalraum etwas breiter als ein oberes Augenlid. Trommelfell undeutlich oder schwach sichtbar, $^1/_2$—$^2/_3$ so breit wie das Auge, sein Abstand von letzterem kleiner als sein eigener Durchmesser. Finger stumpf, an der Spitze nicht verdickt, 1. Finger ebenso lang wie der 2. oder etwas länger; Subarticularhöcker, wenn deutlich, unregelmäßig angeordnet. Von den 2 mäßig großen Metacarpalhöckern der mediale etwas größer als der laterale. Zehen kurz und stumpf, beim ♀ nur an ihrer Basis, beim ♂ bis zu $^1/_4$—$^1/_2$ ihrer Länge durch Schwimmhaut verbunden. Subarticularhöcker bald deutlich, bald zu einer stumpfen Leiste mehr oder weniger zusammenfließend. Ein kleiner, ovaler, schwach vorspringender medialer Metatarsalhöcker vorhanden. Bei nach vorn an den Körper angelegtem Hinterbein reicht das Tibiotarsalgelenk bis zur Schulter. Länge des Unterschenkels gleich $^1/_3$ bis $^2/_5$ der Kopfrumpflänge; Fuß so lang wie der Kopf. Haut oben glatt oder mit kleinen Höckern besetzt, auf dem Bauche gekörnelt. Eine Drüsenfalte zieht vom Auge zur Schulter. Oben braun, grau oder blaß olivenfarben, mit kleinen oder großen dunklen, unregelmäßig verteilten oder symmetrisch angeordneten Flecken. Ein mehr oder weniger deutlicher, dunkler Streifen auf dem Canthus rostralis und der Schläfe. Vorderkopfseiten und Gliedmaßen dunkel quer gebändert. Kehle und Bauch schmutzig weiß oder auf braunem Grunde weiß gesprenkelt. L. ♂ bis 47, ♀ bis 74 mm.

♂ mit inneren Schallblasen.

Larven denen von *Pelobates* ähnlich, aber über und über mit runden, dunklen Flecken besetzt. Rumpflänge der Larven 25—40 mm, Schwanz $1^2/_3$—$1^3/_4$ mal so lang.

Hinterindien und Malayischer Archipel.

14. **M. boulengeri** (Bedr.) 1898 *Leptobrachium b.*, Bedriaga in: Result. Przewalski Reis., *v.* 3 Amph. p. 63 t. 1 f. 7 (Habitus u. morphol. Teilbilder) | 1908 *Megalophrys b.*, Boulenger in: P. zool. Soc. London, p. 425.

Zunge hinten nicht eingeschnitten. Gaumenzähne fehlen. Kopf etwas breiter als lang. Vorderkopf abgerundet, kaum über die Mundspalte vorspringend, ungefähr so lang wie das Auge, mit deutlichem Canthus rostralis und wenig geneigter, schwach vertiefter Zügelregion. Nasenloch fast gleich weit vom Auge und von der Vorderkopfspitze entfernt. Interorbitalraum etwas breiter als ein oberes Augenlid. Trommelfell unsichtbar. Finger stumpf, an der Spitze nicht verdickt, ohne deutliche Subarticularhöcker; 1. und 2. Finger gleich lang. 2 mäßig große Metacarpalhöcker vorhanden. Zehen ziemlich kurz, stumpf, mit halber, als Hautsaum bis zu den Zehenspitzen reichender Schwimmhaut, ohne deutliche Subarticularhöcker. Ein kleiner, ovaler, schwach vorspringender, medialer Metatarsalhöcker vorhanden. Bei nach vorn an den Körper angelegtem Hinterbein reicht das Tibiotarsalgelenk bis zur Schläfe. Länge des Unterschenkels ungefähr $^1/_3$ der Kopfrumpflänge; Fuß länger als der Kopf. Oberseite mit ungleich großen Warzen besetzt. Eine starke Drüsenfalte zieht vom Auge zur Schulter. Unterseite größtenteils glatt, am hintersten Teil des Bauches gekörnelt. Oberseite hell grünlichgrau, mit einem unscharfen, zwischen den Augen in 2 Äste gegabelten, olivenbraunen Längsband in der Rückenmitte. Einige der größeren Warzen ebenfalls olivenbraun. Ein dunkler Streifen auf dem Canthus rostralis und der Schläfe. Unterseite gelblich. L. bis 49 mm.

China (Oberes Jantse-Kiang-Gebiet).

15. **M. carinensis** (Blgr.) 1889 *Leptobrachium carinense*, Boulenger in: Ann. Mus. Genova, ser. 2 *v.* 7 p. 748 | 1890 *L. c.*, Boulenger in: Fauna Brit. Ind., Rept. Batr. p. 511 | 1893 *L. c.*, Boulenger in: Ann. Mus. Genova, ser. 2 *v.* 13 p. 345 t. 12 | 1908 *Megalophrys carinensis*, Boulenger in: P. zool. Soc. London, p. 427.

Zunge hinten kaum merklich eingeschnitten. Gaumenzähne fehlen, oder in 2 weit voneinander entfernten kleinen Gruppen zwischen den Choanen stehend. Kopf sehr groß und flach gedrückt, $1^3/_4$—2mal so breit wie lang; Vorderkopf abgerundet, so lang wie das Auge, nicht über die Mundspalte vorspringend, mit deutlichem Canthus rostralis und sehr schräg abfallender, schwach vertiefter Zügelregion. Nasenloch gleich weit von Auge und Vorderkopfspitze entfernt. Interorbitalraum fast 2mal so breit wie ein oberes Augenlid. Trommelfell vollständig unsichtbar. Finger kurz, stumpf oder mit schwach verdickten Spitzen, ohne Subarticularhöcker; 1. und 2. Finger gleich lang. Metacarpalhöcker undeutlich. Zehen kurz, stumpf, oder mit schwach verdickten Spitzen, ohne Subarticularhöcker, zu $^1/_4$—$^1/_2$ ihrer Länge durch an jeder Zehenseite als schmaler Saum bis zur Spitze sich hinziehende Schwimmhaut verbunden. Ein großer, ovaler, flacher, medialer Metatarsalhöcker vorhanden. Bei nach vorn an den Körper angelegtem Hinterbein reicht das Tibiotarsalgelenk beim ♀ bis zur Achsel oder Schulter, beim ♂ bis zum Mundwinkel. Länge des Unterschenkels gleich $^1/_3$—$^2/_5$ der Kopfrumpflänge, Fuß länger als der Kopf. Haut mit knöchernen Einlagerungen auf Kopf und Vorderrücken, eine starke Querfalte am Hinterrande des Kopfes; eine starke Drüsenfalte zieht vom Auge zur Schulter. Oberes Augenlid mit kegelförmigen

Fig. 117.
Megalophrys carinensis
(nach Boulenger).

Höckern, von denen 2 bis 4 zu kurzen „Hörnern" verlängert sind (Fig. 117). Rumpf mit verstreuten, kleinen, an den Flanken größeren und mehr kegelförmigen, glatten Warzen; eine Drüsenfalte verläuft schräg an jeder Rückenseite entlang bis zur Sacralregion. Mehr oder weniger deutliche Drüsenfalten verlaufen schräg über die Gliedmaßen. Kehle fein gekörnelt, Bauch fast glatt. Kopfoberseite und Rumpfseiten gelblich; Rücken zwischen den Hautfalten violettgrau (im Spiritus braun). Augen, Hautfalten und größere Warzen schwarz gerandet, einige der seitlichen Warzen ganz weiß. Beine violettgrau; Kehle braun oder violettschwarz; Bauch braun oder weißlich. L. ♂ bis 123, ♀ bis 150 mm.

♂ mit inneren Schallblasen.

Birma und Tenasserim (in 750 m Höhe).

16. **M. feae** Blgr. 1887 *M. f.*, Boulenger in: Ann. Mus. Genova, ser. 2 *v.* 4 p. 512 | 1887 *M. f.*, Boulenger ibid., ser. 2 *v.* 5 p. 423 t. 5 | 1889 *Leptobrachium f.*, Boulenger ibid., ser. 2 *v.* 7 p. 750 | 1890 *L. f.*, Boulenger in: Fauna Brit. Ind., Rept. Batr. p. 512 | 1903 *L. carinense*, Boulenger in: Ann. nat. Hist., ser. 7 *v.* 12 p. 186 | 1908 *Megalophrys feae*, Boulenger in: P. zool. Soc. London, p. 428.

Zunge hinten schwach eingeschnitten. Gaumenzähne gewöhnlich vorhanden, in 2 weit voneinander getrennten kleinen Gruppen dicht hinter der Verbindungslinie der Choanen, Kopf stark flachgedrückt, $1^3/_4$ mal so breit wie lang. Vorderkopf abgerundet, kaum so lang wie das Auge, nicht über

Fig. 118. **Megalophrys feae.** Kopf von vorn (nach Boulenger).

die Mundspalte vorspringend, mit deutlichem Canthus rostralis und sehr schräg abfallender, schwach vertiefter Zügelregion. Nasenloch gleich weit von Auge und Vorderkopfspitze entfernt. Interorbitalraum etwas vertieft, 2 mal so breit wie ein oberes Augenlid. Trommelfell vollständig unsichtbar. Finger kurz und stumpf, ohne Subarticularhöcker; 1. und 2. Finger gleich lang; Metacarpalhöcker undeutlich. Zehen kurz, stumpf, ohne Subarticularhöcker, fast frei oder nur an ihrer Wurzel durch sehr schwache Schwimmhaut verbunden. Ein sehr großer, ovaler, flacher, medialer Metatarsalhöcker vorhanden. Bei nach vorn an den Körper angelegtem Hinterbein reicht das Tibiotarsalgelenk bis zur Achsel, Schulter oder bis zum Mundwinkel. Länge des Unterschenkels gleich $^1/_3$ bis $^2/_5$ der Kopfrumpflänge; Fuß länger als der Kopf. Haut mit knöchernen Einlagerungen auf Kopf und Vorderrücken. Kopf hinten von einer starken Querfalte begrenzt; eine starke Drüsenfalte zieht vom Auge zur Schulter. Oberes Augenlid mit Höckern besetzt, von denen ein größerer, kegelförmiger bei erwachsenen Tieren zu einem ziemlich langen hornartigen Fortsatz entwickelt sein kann (Fig. 118). Rumpf und Beine auf der Oberseite mit verstreuten, glatten Warzen, aber ohne Längsfalten. Unterseite glatt. Oben olivenbraun, Kopf oft durch eine T- oder Y-förmige dunkle, zwischen den Augen liegende Zeichnung in eine vordere hellere und eine hintere dunklere Partie geteilt. Ein dunkler Streifen auf der Schläfe, Oberlippe gelblich. Lippen, Augen und einige der größeren Körperwarzen schwärzlich gerandet; einige Warzen weißlich. Unterseite schmutzigweiß bis dunkelbraun; Kehle manchmal dunkelbraun gefleckt. L. ♂ bis 82, ♀ bis 110 mm.

♂ mit inneren Schallblasen.

Hinterindien.

17. **M. baluensis** (Blgr.) 1899 *Leptobrachium baluense*, Boulenger in: Ann. nat. Hist., ser. 7 *v.* 4 p. 453 | 1900 *L. b.*, Boulenger in: Hanitsch in: J. Straits Asiat. Soc., *v.* 34 p. 74 t. 2 f. 1 (ganzes Tier und Mundhöhle) | 1908 *Megalophrys baluensis*, Boulenger in: P. zool. Soc. London, p. 429.

Zunge ganzrandig. Gaumenzähne in 2 weit voneinander entfernten Gruppen dicht hinter der Verbindungslinie der Choanen. Kopf stark flachgedrückt, fast 2mal so breit wie lang, seine Haut an dem rauhen Schädel angeheftet. Vorderkopf abgerundet, viel kürzer als das Auge, nicht über die Mundspalte vorspringend, mit deutlichem Canthus rostralis und senkrechter, vertiefter Zügelregion. Nasenloch gleich weit von Auge und Vorderkopfspitze entfernt. Interorbitalraum schwach vertieft, fast 2mal so breit wie ein oberes Augenlid. Trommelfell schwach deutlich, $^3/_5$ so breit wie das Auge, ungefähr halb so breit wie sein Abstand von letzterem. Finger und Zehen mäßig lang, schlank, stumpf, ohne Subarticularhöcker. 1. Finger etwas länger als der 2., keine Metacarpalhöcker vorhanden. Zehen an ihrer Wurzel durch sehr schwache Schwimmhaut verbunden, mit einer schwachen Längsfalte auf ihrer Unterseite. Medialer Metatarsalhöcker sehr undeutlich, oval. Bei nach vorn an den Körper angelegtem Hinterbein reicht das Tibiotarsalgelenk bis zur Schulter. Länge des Unterschenkels gleich $^2/_5$ der Kopfrumpflänge; Fuß viel länger als der Kopf. Haut völlig glatt, ein sehr kleiner kegelförmiger Höcker nahe dem Rande des oberen Augenlides, über der Pupille. Rücken und Oberseite des Vorderkopfes dunkelgrau; Kopfseiten und hintere Hälfte der Kopfoberseite schwärzlich braun. Ein nach hinten konvexer heller Streifen verläuft quer über die Augenlider und den Interorbitalraum; hinter ihm eine y-förmige, schwärzliche Zeichnung; 2 helle Flecke auf der Oberlippe unter dem Auge. Große, schwärzlich braune, teilweise zusammenfließende Flecke auf dem Rücken. Flanken dunkelbraun, mit ziemlich undeutlichen, dunkleren Querbinden. Kehle braun, Bauch bräunlichweiß. L. ♀ 65 mm (♂ noch unbekannt).

Borneo (Kina-Balu-Gebirge in 1300 m Höhe).

4. Fam. **Bufonidae.**

1825 *Bufonina*, J. E. Gray in: Ann. Phil., ser. 2 *v.* 10 p. 214 | 1826 *Bufonoidae*, Fitzinger, Classif. Rept., p. 65 | 1838 *Bufones* (part.), Tschudi, Classif Batr., p. 26, 87 | 1841 *Bufonidae*, Hogg in: Ann. nat. Hist., *v.* 7 p. 361 | 1843 *Bufoniformes* (part.), Fitzinger, Syst. Rept., p. 32 | 1858 *Myobatrachidae* + *Phryniscidae* (part.) + *Brachycephalidae* (part.) + *Engystomatidae* (part.) + *Bufonidae* (part.) + *Rhinophrynidae*, Alb. Günther, Cat. Batr. sal. Brit. Mus., p. 3, 42, 45, 51, 54, 127 | 1862 *Bufonides*, Bruch in: Würzburg Z., *v.* 3 p. 221 | 1865 *Rhinophrynidae* (part.) + *Brachymeridae* (part.) + *Bufonidae*, E. D. Cope in: Nat. Hist. Rev., p. 100, 101, 102 | 1867 *Phryniscidae* (part.) + *Engystomidae* (part.) + *Bufonidae*, Steindachner in: Reise Novara, Amph. p. 34, 35, 39 | 1869 *Rhinophrynidae* + *Phryniscidae* (part.: Subfam. *Phryniscina*) + *Bufonidae* (part.: Subfam. *Bufonina*) + *Engystomidae* (part.: Subfam. *Brevicipitina*) + *Alytidae* (part.: Subfam. *Uperoliina* (part.), Mivart in: P. zool. Soc. London, p. 287, 288, 289, 291 | 1875 *Rhinophrynidae* + *Bufonidae*, E. D. Cope in: Bull. U. S. Mus., *v.* 1 p. 9 | 1876 *Bufoniformes*, Lataste in: Act. Soc. Linn. Bordeaux, ser. 3 *v.* 10 p. 474 | 1882 *Bufoniformes* (part.), P. Brocchi in: Miss. Mex., pars 3 II p. 68 | 1882 *Bufonidae*, Boulenger, Cat.

Batr. sal. Brit. Mus., ed. 2 p. 274 | 1887 *B.* + *Rhinophrynidae*, E. D. Cope in: Bull. U. S. Mus., *v.* 32 p. 10, 11 | 1889 *Bufonidae*, E. D. Cope in: Bull. U. S. Mus., *v.* 34 p. 258 | 1901 *B.* + *Rhinophrynidae*, Alb. Günther in: Biol. Centr.-Amer., Rept. & Batr. p. 242, 258 | 1901 *Bufonidae*, Gadow in: Cambridge nat. Hist., *v.* 8 p. 166 | 1910 *B.*, Boulenger in: Enc. sci., Batr. p. 150, 228.

Oberkiefer unbezahnt. Wirbel procoel, ohne Rippen. Querfortsätze des Sacralwirbels mehr oder weniger stark verbreitert. Os coccygis durch 2 Gelenkflächen mit dem Sacralwirbel verbunden. Pupille meist wagerecht, selten senkrecht. Zunge meist elliptisch oder birnförmig, ganzrandig und hinten frei abhebbar, vereinzelt völlig angeheftet, in einigen Fällen aber am Vorderende frei und spitz endigend, hinten angeheftet. Spiraculum der Larven an der linken Körperseite, After der Larven in der Mittellinie des Bauches liegend.

12 sichere und 2 unsichere Gattungen mit 174 sicheren Arten, von denen 2 in 6 Unterarten zerfallen, und 13 unsicheren Arten in allen Weltteilen.

Bestimmungstabelle der Gattungen:

1	Zunge in ihrer ganzen Länge angeheftet oder am Hinterende frei abhebbar, meist elliptisch oder birnförmig — 2	
	Zunge vorn frei, spitz endigend, hinten angeheftet — 11	
2	Pupille wagerecht — 3	
	Pupille senkrecht — 10	
3	Sternum rein knorpelig oder nur in seiner Mitte etwas verknöchert, meist gut entwickelt — 4	
	Sternum deutlich in knöchernen Stiel und Knorpelplatte gesondert — 9	
4	Schwimmhaut am Hinterfuß stets in größerer oder geringerer Ausdehnung deutlich ausgebildet — 5	
	Schwimmhaut am Hinterfuß völlig fehlend, oder nur als schmaler Saum an der Zehenbasis entwickelt, Finger stets ohne Schwimmhaut, Finger- und Zehenspitzen niemals verbreitert (Fig. 196—198). Querfortsätze des Sacralwirbels mäßig stark verbreitert .	3. Gen. **Pseudophryne**
5	Gaumenzähne fehlen; Omosternum fehlt, Sternum gut entwickelt — 6	
	Gaumenzähne vorhanden. Ein knorpeliges Omosternum vorhanden, aber ebenso wie das Sternum verkümmert	7. Gen. **Notaden**
6	Nasenlöcher gerade nach oben gerichtet (Fig. 211); Finger meist mit Schwimmhaut versehen	5. Gen. **Pseudobufo**
	Nasenlöcher nicht gerade nach oben, sondern mehr seitwärts gerichtet — 7	
7	Vorderfuß stets ohne Schwimmhaut — 8	
	Schwimmhaut am Vorderfuß stets, wenn auch manchmal nur sehr schwach entwickelt. Finger- und Zehenspitzen mehr oder weniger stark verbreitert (vgl. Fig. 199—209)	4. Gen. **Nectophryne**
8	Vorderfuß mit 4, Hinterfuß mit 5 meist wohlentwickelten Zehen	1. Gen. **Bufo**
	5. Zehe am Hinterfuß fehlt; 1. und 4. Finger und Zehe verkümmert (Fig. 192—194)	2. Gen. **Atelophryne**
9	Zunge hinten frei abhebbar	8. Gen. **Eupemphix**
	Zunge in ihrer ganzen Länge angeheftet	6. Gen. **Ophryophryne**
10	Ein knorpeliges Omosternum vorhanden, Sternum mit knöchernem Stiel	9. Gen. **Scutiger**
	Omosternum fehlt, Sternum knorpelig	10. Gen. **Myobatrachus**

11 { Pupille senkrecht; Omosternum fehlt, Sternum verkümmert . . . . 11. Gen. **Rhinophrynus**
Pupille wagerecht; ein knorpeliges Omosternum vorhanden, Sternum gut entwickelt . . . . 12. Gen. **Werneria**

1. Gen. **Bufo** Laurenti

1758 *Rana* (part.), Linné, Syst. nat., ed. 10 p. 210 | 1768 *Bufo* (part.), Laurenti, Syn. Rept., p. 25 | 1820 *Bombinator* (part.), Merrem, Versuch Syst. Amph., p. 178 | 1824 *Bufo* + *Oxyrhynchus*, Spix, Spec. Testud. Ran. Bras., p. 43, 49 | 1827 *Hylaplesia* (part.), Boie in: Isis, *v.* 20 p. 294 | 1828 *Chaunus*, Wagler in: Isis, *v.* 21 p. 744 | 1829 *„Crapaud“* + *„Otilophe“*, G. Cuvier, Règne an., ed. 2 *v.* 2 p. 109, 112 | 1830 *Bufo*, Wagler, Syst. Amph., p. 206 | 1834 *Phryniscus*, Wiegmann in: Meyen, Reise, p. 514 | 1835 *P.*, Wiegmann in: N. Acta. Ac. Leop., *v.* 17 p. 264 | 1838 *Chaunus* + *Bufo* + *Osilophus*, Tschudi, Classif. Batr., p. 87, 89 | 1843 *Bufo* + *Phrynoidis* + *Phrynomorphus* + *Leptophryne* + *Docidophryne* + *Peltophryne* + *Chaunus* + *Otolophus* + *Eurhina* + *Chilophryne* + *Phryne*, Fitzinger, Syst. Rept., *v.* 1 p. 32 | 1845 *Anaxyrus*, Tschudi, Fauna Peru., Herpet. p. 78 | 1849 *Schismaderma*, A. Smith, Ill. Zool. S.-Afr., Rept. App. p. 28 | 1858 *Bufo* + *Otilophus* + *Schismaderma*, Alb. Günther, Cat. Batr. sal. Brit. Mus., p. 55, 69, 138 | 1860 *Adenomus*, E. D. Cope in: P. Ac. Philad., p. 371 | 1862 *Chilophryne* + *Otilophus* + *Phrynoidis* + *Bufo* + *Rhaebo* + *Peltaphryne* + *Schismaderma*, E. D. Cope in: P. Ac. Philad., p. 358 | 1863 *Incilius*, E. D. Cope in: P. Ac. Philad., p. 50 | 1865 *Epidalia* + *Bufo* + *Incilius* + *Peltaphryne* + *Rhaebo* + *Schismaderma* + *Otilophus* + *Phrynoidis*, E. D. Cope in: Nat. Hist. Rev., p 102 | 1868 *Otaspis*, E. D. Cope in: P. Ac. Philad., p. 312 | 1870 *Nannophryne*, Alb. Günther in: P. zool. Soc. London, p. 402 | 1870 *Ansonia*, Stoliczka in: J. Asiat. Soc. Bengal, *v.* 39 p. 152 | 1875 *Rhaebo* + *Oxyrhynchus* + *Chilophryne* + *Bufo*, Espada in: Vert. Viaje Pacif., Batr. p. 166, 170, 188, 195 | 1876 *Cranopsis* + *Crepidius* + *Ollotis*, E. D. Cope in: J. Ac. Philad., ser. 2 *v.* 8 p. 96, 97, 98 | 1879 *Dromoplectrus*, Camerano in: Atti Acc. Torino, *v.* 14 p. 882 | 1882 *Bufo* (part.), Boulenger, Cat. Batr. sal. Brit. Mus., ed. 2 p. 281 | 1901 *B.* + *Nanophryne*, Alb. Günther in: Biol. Centr.-Amer., Rept. & Batr. p. 242, 257.

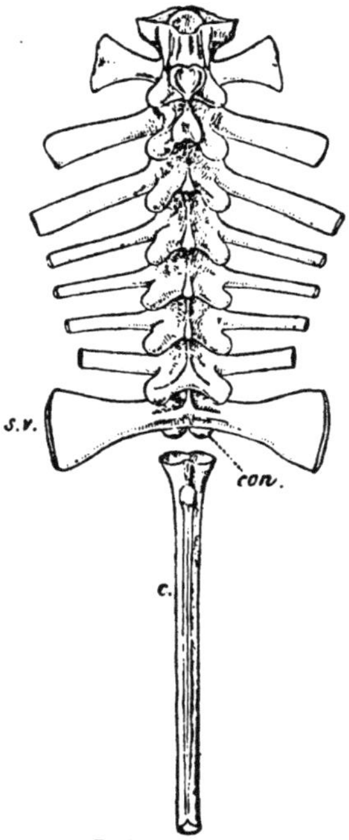

Fig. 119. **Bufo asper.** Wirbelsäule von oben. *c* Os coccygis, *con* Gelenkhöcker des Sacralwirbels, *sv* Sacralwirbel (nach Boulenger).

Pupille horizontal. Zunge elliptisch oder birnförmig, ganzrandig, hinten frei (Figur 10 p. 4). Gaumenzähne fehlen. Trommelfell deutlich sichtbar oder verborgen. Vorderfuß ohne, Hinterfuß mit nicht zwischen die Metatarsen der 4. und 5. Zehe eingreifender Schwimmhaut (Figur 27 p. 10). Omosternum fehlt, Sternum eine Knorpelplatte (zuweilen längs ihrer Mittellinie mehr oder weniger verknöchert). Querfortsätze des Sacralwirbels mehr oder weniger stark verbreitert. (Fig. 119.) Os coccygis durch 2 Gelenkflächen mit dem Sacralwirbel verbunden. Endphalangen der Finger und Zehen spitz endigend. Spiraculum der Larve an der linken Körperseite gelegen, gerade nach hinten gerichtet. After in der Mittellinie des Bauches gelegen. Schwanz hinten abgerundet. Mund der Larve auf der Oberlippe mit 2, auf der Unterlippe mit 3 Zähnchenreihen.

Körper bei den meisten Arten plump und gedrungen, mit breitem, mehr oder weniger gerundetem oder abgestutztem seltener schlank und mit spitzem Vorderkopf endigend. Ebenso ist die Haut nur in wenigen Fällen völlig glatt, vielmehr meistens rauh und höckerig, auf der Oberseite mit mehr oder weniger großen und zahlreichen Drüsenwarzen besetzt, auf der Unterseite gekörnelt; besonders große, hinter dem Auge, oberhalb des Trommelfells gelegene Drüsenhaufen werden als *Parotoiden* bezeichnet (*p* in Fig. 3 p. 2); sie treten bei einigen Arten sehr stark, bei andern sehr wenig hervor, können aber auch völlig fehlen. Die Knochen der Kopfoberseite bilden bei vielen Arten vorspringende Leisten, namentlich in der Umgegend der Augen, deren Lage und Benennung aus Fig. 120 zu ersehen ist; sie sind bei den einzelnen

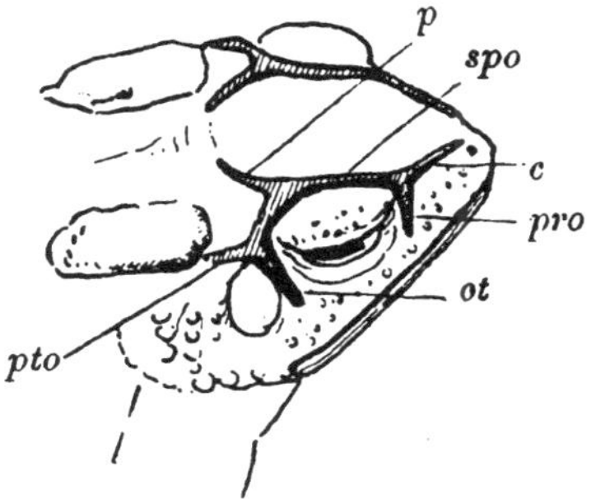

Fig. 120.
Kopf einer **Bufo**-Art mit vorspringenden Knochenleisten (halbschematisch).
c Canthalleiste, *ot* Orbitotympanalleiste, *p* Parietalleiste, *pro* Praeorbitalleiste, *pto* Postorbitalleiste, *spo* Supraorbitalleiste.

Arten sehr verschieden ausgebildet, die Parietalleisten fehlen sehr häufig. In einzelnen Fällen wird die Haut der Kopfoberseite auch völlig in die Schädelverknöcherung einbezogen, so daß ein rauher Knochenschild den Kopf oben bedeckt. Die Gliedmaßen, namentlich die Hinterbeine sind meist verhältnismäßig kurz. An der Grenze von Tarsus und Metatarsus finden sich gewöhnlich 2 Metatarsalhöcker (Fig. 27), von denen der mediale meist erheblich größer als der laterale ist; bei manchen Arten zieht eine feine, scharfe Hautfalte, die Tarsalfalte, vom medialen Metatarsalhöcker aus am medialen Rande des Tarsus entlang.

134 sichere Arten, 2 davon mit 6 Unterarten und 11 unsichere Arten in Europa, Asien, Afrika und Amerika.

Bestimmungstabellen der Arten:

Der besseren Übersicht wegen habe ich für die altweltlichen Arten (aus Europa, Asien und Afrika) und für die amerikanischen Arten je eine besondere Bestimmungstabelle aufgestellt[1]); in der Regel wird ja die Herkunft eines zu bestimmenden Tieres mehr oder weniger genau bekannt sein.

I. Bestimmungstabelle der altweltlichen Arten[2]):

1	Oberkopf ohne Knochenleisten — 2
	Oberkopf mit vorspringenden Knochenleisten (Fig. 120 p. 67) — 57
2	1. Finger deutlich kürzer als der 2. Finger — 3
	1. Finger ebensolang wie oder länger als der 2. Finger — 19

[1]) Arten von unbekannter Herkunft (z. B. *Bufo nasicus* (Werner)) werden in beiden Bestimmungstabellen aufgeführt.

[2]) II s. unten p. 73.

3	Parotoïden (*p* in Fig. 3 p. 2) deutlich hervortretend — **4**	
	Parotoïden undeutlich oder fehlend — **11**	
4	Trommelfell sehr deutlich sichtbar[1]) — **5**	
	Trommelfell auch bei alten Tieren undeutlich oder völlig unsichtbar — **8**	
5	Tarsalfalte (*t* in Fig. 27 p. 10) deutlich	30. **B. brevipes**
	Tarsalfalte fehlt — **6**	
6	Subarticularhöcker stets einfach	52. **B. buchneri**
	Subarticularhöcker mindestens an mehreren Gelenken der 4. Zehe doppelt (wie in Fig. 27 p. 10 bei *s*) — **7**	
7	Entfernung des Auges vom Trommelfell:	
	kleiner als der halbe Augendurchmesser (Fig. 129) .	3. **B. formosus**
	etwa ebensogroß wie der halbe Augendurchmesser .	4. **B. smithi**
8	Subarticularhöcker einfach — **9**	
	Subarticularhöcker mindestens an mehreren Gelenken der 4. Zehe doppelt	39. **B. taitanus**
9	Zehen höchstens zur Hälfte ihrer Länge durch Schwimmhaut verbunden — **10**	
	Zehen in ihrer ganzen Länge durch Schwimmhaut verbunden	17. **B. kelaartii**
10	Bei nach vorn an den Körper angelegtem Hinterbein reicht das:	
	Tibiotarsalgelenk bis zur Vorderkopfspitze	28. **B. cruentatus**
	Tarsometatarsalgelenk bis zur Vorderkopfspitze . .	29. **B. montanus**
11	Trommelfell deutlich sichtbar[1]) — **12**	
	Trommelfell undeutlich oder völlig unsichtbar — **17**	
12	Zehen nur an ihrer Basis durch Schwimmhaut verbunden (Fig. 143) — **13**	
	Zehen mindestens zur Hälfte ihrer Länge durch Schwimmhaut verbunden — **14**	
13	Subarticularhöcker fehlen; Interorbitalraum fast doppelt so breit wie ein oberes Augenlid (Fig. 143) .	22. **B. spinulifer**
	Subarticularhöcker deutlich, einfach, Interorbitalraum schmaler als ein oberes Augenlid	41. **B. steindachneri**
14	Subarticularhöcker fehlend oder sehr undeutlich — **15**	
	Subarticularhöcker (*s* in Fig. 27 p. 10) deutlich ausgebildet, einfach (wie in Fig. 146) — **16**	
15	Bei nach vorn an den Körper angelegtem Hinterbein reicht das Tibiotarsalgelenk:	
	mindestens bis zum Auge oder zwischen Auge und Vorderkopfspitze	20. **B. penangensis**
	nur bis zum Hinterrand des Trommelfells	23. **B. fuligineus**
16	Parotoïden fehlen; Rücken vorn fein höckerig, sonst glatt	13. **B. pulcher**
	Parotoïden klein und undeutlich; Oberseite und Flanken mit zahlreichen ungleich großen Warzen besetzt	24. **B. obscurus**
17	Zehen in ihrer ganzen Länge durch Schwimmhaut verbunden	31. **B. muelleri**
	Zehen nur an ihrer Basis durch Schwimmhaut verbunden — **18**	

[1]) Bei erwachsenen Tieren! Bei jungen Tieren oft undeutlich oder gar nicht sichtbar.

18	Tarsalfalte fehlt; bei nach vorn an den Körper angelegtem Hinterbein reicht das Tibiotarsalgelenk höchstens bis zum Auge	40. **B. lönnbergi**
	Tarsalfalte vorhanden; bei nach vorn an den Körper angelegtem Hinterbein reicht das Tibiotarsalgelenk bis zur Vorderkopfspitze (Fig. 157) . . .	55. **B. preussi**
19	Schwimmhaut kurz, höchstens etwa die halbe Zehenlänge umfassend — **20**	
	Schwimmhaut die Zehen erheblich mehr als halb, bis zur vollen Länge umfassend — **49**	
20	Trommelfell deutlich sichtbar [1]) — **21**	
	Trommelfell nur undeutlich oder gar nicht sichtbar — **44**	
21	Subarticularhöcker, wenn überhaupt deutlich hervortretend, einfach (wie in Fig. 146) — **22**	
	Subarticularhöcker mindestens an einigen Gelenken der 4. Zehe stets doppelt (wie in Fig. 27 p. 10 bei *s*) — **40**	
22	Eine deutliche Tarsalfalte vorhanden (*t* in Fig. 27 p. 10) — **23**	
	Tarsalfalte nur undeutlich ausgebildet oder fehlend — **34**	
23	Parotoïden (*p* in Fig. 3 p. 2) deutlich hervortretend — **24**	
	Parotoïden undeutlich oder fehlend — **32**	
24	Trommelfell $\frac{1}{2}$—$\frac{3}{4}$ so breit wie das Auge — **25**	
	Trommelfell breiter als das Auge; Finger und Zehen auffallend lang und schlank (Fig. 156)	50. **B. lemairii**
25	Interorbitalraum breiter als ein oberes Augenlid — **26**	
	Interorbitalraum ebenso breit wie oder schmaler als ein oberes Augenlid — **27**	
26	Drüsenwarzen flach, rundlich, Parotoïden breit gewölbt, mit lateralwärts vorspringender Kante .	38. **B. brauni**
	Drüsenwarzen spitz kegelförmig, Parotoïden schmal .	54. **B. polycerus**
27	Trommelfell mindestens $^2/_3$ so breit wie das Auge — **28**	
	Trommelfell weniger oder nicht wesentlich mehr als $\frac{1}{2}$ so breit wie das Auge — **29**	
28	Bei nach vorn an den Körper angelegtem Hinterbein reicht das Tarsometatarsalgelenk:	
	bis zum Trommelfell oder höchstens bis zum Auge .	33. **B. regularis**
	bis zum Augenvorderrand	36. **B. dodsoni**
29	Zehen nur an ihrer Basis durch Schwimmhaut verbunden — **30**	
	Zehen mindestens im Bereiche ihres 1. Gliedes durch Schwimmhaut verbunden — **31**	
30	Trommelfell $^1/_3$ so breit wie das Auge	44. **B. angusticeps**
	Trommelfell mehr als $\frac{1}{2}$ so breit wie das Auge (Fig. 153)	45. **B. granti**
31	Zehen im Bereiche ihres ersten Gliedes durch Schwimmhaut verbunden	5. **B. raddei**
	Zehen zur Hälfte ihrer Länge durch Schwimmhaut verbunden	6. **B. nouettii**

[1]) s. Fußnote oben p. 68.

32 Bei nach vorn an den Körper angelegtem Hinterbein reicht das Tibiotarsalgelenk noch weit über die Vorderkopfspitze hinaus . . . . 21. **B. jerboa**
Das Tarsometatarsalgelenk reicht nicht über das Auge hinaus — **33**

33 Trommelfell weniger als $1/2$ so breit wie das Auge . 35. **B. blanfordii**
Trommelfell ebenso breit wie das Auge (Fig. 152) . 42. **B. carens**

34 Parotoïden (*p* in Fig. 3 p. 2) deutlich hervortretend — **35**
Parotoïden fehlend, keine Subarticularhöcker vorhanden . . . . 25. **B. leptopus**

35 Zehen nur an ihrer Basis oder zu $1/3$ ihrer Länge durch Schwimmhaut verbunden — **36**
Zehen etwa zur Hälfte ihrer Länge durch Schwimmhaut verbunden — **39**

36 Trommelfell so breit oder fast so breit wie das Auge — **37**
Trommelfell $1/2$ so breit wie das Auge — **38**

37 Bei nach vorn an den Körper angelegtem Hinterbein reicht das Tarsometatarsalgelenk:
bis zum Auge; Haut glatt . . . . 15. **B. hololius**
bis zum Trommelfell; Haut warzig . . . . 37. **B. vittatus**

38 Parotoïden lang, oval, wenig vorspringend (Fig. 155) . 48. **B. funereus**
Parotoïden kurz, rundlich, knollenartig vorspringend . 53. **B. tuberosus**

39 Trommelfell ebenso breit wie das Auge, Parotoïden fast kreisrund (Fig. 138) . . . . 18. **B. macrotis**
Trommelfell $2/3$—$3/4$ so breit wie das Auge; Parotoïden oval . . . . 27. **B. valhallae**

40 Eine deutliche Tarsalfalte vorhanden (*t* in Fig. 27 p. 10) 32. **B. mauritanicus**
Tarsalfalte undeutlich oder fehlend — **41**

41 Zehen nur an ihrer Basis durch Schwimmhaut verbunden; Trommelfell weniger als $1/2$ so breit wie das Auge — **42**
Zehen zu $1/3$—$1/2$ ihrer Länge durch Schwimmhaut verbunden; Trommelfell mindestens $1/2$ so breit wie das Auge — **43**

42 Trommelfell $1/4$ so breit wie das Auge. Interorbitalraum so breit wie ein oberes Augenlid . . . 26. **B. sumatranus**
Trommelfell etwas weniger als $1/2$ so breit wie das Auge. Interorbitalraum schmaler als ein oberes Augenlid . . . . 49. **B. dombensis**

43 Zehen zu $1/3$ ihrer Länge durch Schwimmhaut verbunden; Parotoïden jederseits einheitlich . . . 47. **B. fenoulheti**
Zehen zu $1/2$ ihrer Länge durch Schwimmhaut verbunden; Parotoïden jederseits 2teilig . . . . . 48. **B. vertebralis**

44 Subarticularhöcker undeutlich oder, wenn deutlich ausgebildet, einfach — **45**
Subarticularhöcker mindestens an einigen Gelenken der 4. Zehe doppelt (wie in Fig. 27 p. 10 bei *s*) — **43**

45 Bei nach vorn an den Körper angelegtem Hinterbein reicht das Tibiotarsalgelenk:
bis zum Auge . . . . 19. **B. mammatus**
höchstens bis zum Mundwinkel — **46**

46 Eine deutliche Tarsalfalte vorhanden (*t* in Fig. 27 p. 10) — **47**
Tarsalfalte fehlt, oberes Augenlid in einen dreieckigen Zipfel ausgezogen . . . . 51. **B. superciliaris**

47	Bei nach vorn an den Körper angelegtem Hinterbein reicht das: Tibiotarsalgelenk bis zum Mundwinkel; Zehen zu $^1/_3$ ihrer Länge durch Schwimmhaut verbunden . .	9. **B. surdus**
	Tarsometatarsalgelenk bis zum Trommelfell; Zehen zu $\frac{1}{2}$ ihrer Länge durch Schwimmhaut verbunden	8. **B. persicus**
48	Tarsalfalte vorhanden (*t* in Fig. 27 p. 10)	2. **B. calamita**
	Tarsalfalte fehlt	46. **B. anotis**
49	Subarticularhöcker alle einfach — **50**	
	Subarticularhöcker mindestens an einigen Gelenken der 4. Zehe doppelt (wie in Fig. 27 p. 10 bei *s*) — **56**	
50	Eine deutliche Tarsalfalte vorhanden (*t* in Fig. 27 p. 10) — **51**	
	Tarsalfalte fehlt — **53**	
51	Außer den beiden Metatarsalhöckern (*am* u. *im* in Fig. 27 p. 10) kein weiterer Höcker am Hinterfuße vorhanden — **51**	
	Außer den beiden Metatarsalhöckern noch ein Tarsalhöcker am Innenrande des Hinterfußes vorhanden (Fig. 149)	34. **B. pentoni**
52	Trommelfell höchstens $\frac{1}{2}$ so breit wie das Auge; Interorbitalraum schmaler als ein oberes Augenlid (Fig. 131 & 132)	7. **B. viridis**
	Trommelfell $^2/_3$ so breit wie das Auge; Interorbitalraum breiter als ein oberes Augenlid	12. **B. andersonii**
53	Trommelfell kleiner als der halbe Augendurchmesser — **54**	
	Trommelfell größer als der halbe Augendurchmesser — **55**	
54	Parotoïden (*p* in Fig. 3 p. 2) und manchmal auch Trommelfell ziemlich undeutlich; Zehen fast in ihrer ganzen Länge durch Schwimmhaut verbunden, Haut höckerig	16. **B. beddomii**
	Parotoïden und Trommelfell deutlich; Zehen zu $\frac{1}{2}$ bis $\frac{3}{4}$ ihrer Länge durch Schwimmhaut verbunden, Haut glatt	56. **B. chevalieri**
55	Haut unregelmäßig warzig; Parotoïden (*p* in Fig. 3 p. 2) fast so lang wie der Abstand ihres Vorderendes von der Vorderkopfspitze	11. **B. stomaticus**
	Haut fast glatt; Parotoïden bis zur Sacralregion reichend	10. **B. olivaceus**
56	Eine deutliche Tarsalfalte vorhanden (*t* in Fig. 27 p. 10)	14. **B. latastii**
	Tarsalfalte fehlt	1. **B. vulgaris**
57	Keine Parietalleisten (*p* in Fig. 120 p. 67) vorhanden — **58**	
	Parietalleisten vorhanden — **65**	
58	Orbitotympanalleisten (*ot* in Fig. 120 p. 67) schwach entwickelt — **59**	
	Orbitotympanalleisten gut entwickelt — **63**	
59	Subarticularhöcker einfach — **60**	
	Subarticularhöcker doppelt (wie in Fig. 27 p. 10 bei *s*)	78. **B. bankorensis**

60 { Tarsalfalte (*t* in Fig. 27 p. 10) vorhanden, Trommelfell unsichtbar . . . . 134. **B. nasicus**[1])
Tarsalfalte fehlt — **61**

61 { Bei nach vorn an den Körper angelegtem Hinterbein reicht das Tarsometatarsalgelenk:
mindestens bis zum Augenvorderrand oder über diesen noch hinaus; Trommelfell weniger als ½ so breit wie das Auge — **62**
nur bis zum Trommelfell oder höchstens bis zum Auge; Trommelfell mindestens ²/₃ so breit wie das Auge . . . . 77. **B. melanostictus**

62 { 1. Finger den 2. nicht überragend . . . . 79. **B. himalayanus**
1. Finger länger als der 2. Finger . . . . 80. **B. microtympanum**

63 { Tarsalfalte (*t* in Fig. 27 p. 10) vorhanden; Zehen in ihrer ganzen Länge durch Schwimmhaut verbunden . . . . 83. **B. asper**
Tarsalfalte fehlt, Zehen nicht ganz zur Hälfte ihrer Länge durch Schwimmhaut verbunden — **64**

64 { Trommelfell nicht ganz ½ so breit wie das Auge. Orbitotympanalleisten (*ot* in Fig. 120 p. 67) deutlich gegen die Parotoïden abgesetzt . . . . . 91. **B. celebensis**
Trommelfell ¾ so breit wie das Auge; Orbitotympanalleisten gegen die Parotoïden nicht äußerlich abgesetzt . . . . 92. **B. galeatus**

65 { Parietalleisten die Supraorbitalleisten in gerader oder fast gerader Richtung nach hinten fortsetzend — **66**
Parietalleisten mit den Supraorbitalleisten einen Winkel bildend (Fig. 171) oder lateralwärts vom hinteren Ende der letzteren liegend (Fig. 173) — **71**

66 { Trommelfell mindestens so breit wie das Auge; Tarsalfalte fehlt — **67**
Trommelfell deutlich schmaler als das Auge — **68**

67 { Parotoïden leistenförmig, langgestreckt, oft sich in einer Reihe großer Warzen fortsetzend (Fig. 169) . 85. **B. quadriporcatus**
Parotoïden klein, oval, oder annähernd dreieckig (Fig. 170) . . . . 86. **B. biporcatus**

68 { Tarsalfalte (*t* in Fig. 27 p. 10) vorhanden, oder wenigstens angedeutet — **69**
Tarsalfalte völlig fehlend — **70**

69 { Parotoïden (*p* in Fig. 3 p. 2) länglich, vorn breiter als hinten, ½ so lang wie die Orbita, in ihrer ganzen Länge von den Parietalleisten begleitet . 90. **B. longecristatus**
Parotoïden klein, fast kreisrund . . . . 89. **B. cavator**

70 { Bei nach vorn an den Körper angelegtem Hinterbein reicht das Tarsometatarsalgelenk:
zwischen Auge und Vorderkopfspitze oder noch über letztere hinaus . . . . 84. **B. parvus**
bis zum Trommelfell oder Auge; Parietalleisten hinten stark verdickt (Fig. 172) . . . . 88. **B. claviger**

71 { Parietalleisten mit den Supraorbitalleisten einen stumpfen Winkel bildend (Fig. 171) — **72**
Parietalleisten kurz, lateral vom hinteren, etwas medialwärts eingebogenen Ende der Supraorbitalleisten liegend (Fig. 173) . . . . 93. **B. philippinicus**

---

[1]) Falls diese Art, deren Verbreitungsgebiet noch unbekannt ist, der alten Welt angehört.

72 Bei nach vorn an den Körper angelegtem Hinterbein reicht das Tarsometatarsalgelenk:
nur bis zum Trommelfell, Subarticularhöcker undeutlich . . . . 82. **B. fergusonii**
mindestens bis zwischen Auge und Vorderkopfspitze — 73

73 Das Tarsometatarsalgelenk reicht:
zwischen Auge und Vorderkopfspitze . . . . 81. **B. parietalis**
mindestens bis zur Vorderkopfspitze . . . . 87. **B. divergens**

II. Bestimmungstabelle der amerikanischen Arten:

1 Oberkopf ohne deutliche Knochenleisten, oder nur mit Spuren von solchen — 2
Oberkopf mit deutlich hervortretenden Knochenleisten (vgl. Fig. 175—188) — 21

2 1. Finger kürzer als der 2. Finger — 3
1. Finger ebenso lang wie oder länger als der 2. Finger — 7

3 Trommelfell nicht oder nur undeutlich sichtbar — 4
Trommelfell deutlich sichtbar[1]) — 6

4 Zehen fast in ihrer ganzen Länge durch Schwimmhaut verbunden (Fig. 165), Subarticularhöcker doppelt . 66. **B. longinasus**
Zehen nur mit kurzer Schwimmhaut versehen; Subarticularhöcker einfach — 5

5 Trommelfell kaum sichtbar, Haut glatt, mit in Längsreihen angeordneten Höckern besetzt . . . . . . 67. **B. ramsdeni**
Trommelfell völlig unsichtbar, Haut sehr rauh, mit mehr oder weniger großen Höckern besetzt . . . . . . 71. **B. chanchanensis**

6 Zehen zu $^2/_3$ ihrer Länge durch Schwimmhaut verbunden, Tarsalfalte fehlt . . . . 61. **B. debilis**
Zehen nur an ihrer Basis durch Schwimmhaut verbunden, Tarsalfalte vorhanden . . . . 70. **B. caeruleocellatus**

7 Trommelfell nicht oder nur undeutlich sichtbar — 8
Trommelfell deutlich sichtbar[1]) — 12

8 Zehen höchstens zu $^1/_3$ ihrer Länge durch Schwimmhaut verbunden — 9
Zehen zur Hälfte ihrer Länge durch Schwimmhaut verbunden . . . . 63. **B. monksiae**

9 Subarticularhöcker stets einfach — 10
Subarticularhöcker mindestens an einigen Gelenken der 4. Zehe doppelt (wie in Fig. 27 p. 10 bei *s*) — 11

10 Tarsalfalte (*t* in Fig. 27 p. 10) fehlt . . . . 72. **B. fissipes**
Tarsalfalte vorhanden . . . . 74. **B. diptychicus**

11 1. Finger länger als der 2. Finger . . . . 73. **B. cophotis**
1. Finger nicht länger als der 2. Finger . . . . . . 76. **B. variegatus**

12 Subarticularhöcker, wenn überhaupt deutlich hervortretend, einfach (wie in Fig. 146) — 13
Subarticularhöcker mindestens an einigen Gelenken der 4. Zehe doppelt (wie in Fig. 27 p. 10 bei *s*) — 20

13 Tarsalfalte (*t* in Fig. 27 p. 10) nicht oder nur undeutlich ausgebildet — 14
Tarsalfalte deutlich ausgebildet — 17

---

[1]) s. Fußnote oben p. 67.

14	Zehen in ihrer ganzen Länge durch Schwimmhaut verbunden	64. **B. politus**
	Zehen höchstens zur Hälfte ihrer Länge durch Schwimmhaut verbunden — **15**	
15	Zehen zur Hälfte, oder fast zur Hälfte durch Schwimmhaut verbunden — **16**	
	Zehen nur an ihrer Basis durch Schwimmhaut verbunden	68. **B. guttatus**
16	Parotoïden (*p* in Fig. 3 p. 2) annähernd dreieckig; Haut mit rundlichen, ungleich großen Höckern besetzt .	62. **B. mexicanus**
	Parotoïden oval, stark vorspringend, Haut völlig glatt	69. **B. glaberrimus**
17	Bei nach vorn an den Körper angelegtem Hinterbein reicht das Tarsometatarsalgelenk:	
	über die Vorderkopfspitze hinaus; Zehen nur an der Basis durch Schwimmhaut verbunden	65. **B. haematiticus**
	höchstens bis zum Auge; Zehen zu $^{1}/_{3}$—$\frac{1}{2}$ ihrer Länge durch Schwimmhaut verbunden — **18**	
18	Rückenwarzen stark dornig; Parotoïden kurz, rundlich, oder annähernd dreieckig	75. **B. spinulosus**
	Rückenwarzen als rundliche, glatte Höcker ausgebildet — **19**	
19	Parotoïden (*p* in Fig. 3 p. 2) schmal, langgestreckt, Zehen zu $\frac{1}{2}$ ihrer Länge durch Schwimmhaut verbunden (Fig. 162)	58. **B. halophilus**
	Parotoïden kurz, rundlich (Fig. 163); Zehen zu $^{1}/_{3}$ ihrer Länge durch Schwimmhaut verbunden	60. **B. punctatus**
20	Zehen in ihrer ganzen Länge durch Schwimmhaut verbunden (Fig. 158)	57. **B. boreas**
	Zehen zur Hälfte ihrer Länge durch Schwimmhaut verbunden	59. **B. compactilis**
21	Trommelfell stets unsichtbar oder nur undeutlich sichtbar — **22**	
	Trommelfell bei alten Tieren deutlich sichtbar — **33**	
22	Haut der Kopfoberseite nicht in die Schädelverknöcherung mit einbezogen — **23**	
	Haut der Kopfoberseite in die Schädelverknöcherung mit einbezogen; Tarsalfalte fehlt	114. **B. fastidiosus**
23	Tarsalfalte (*t* in Fig. 27 p. 10) fehlt — **24**	
	Tarsalfalte vorhanden — **30**	
24	Supraorbital- und Postorbitalleisten miteinander einen rechten Winkel bildend (wie in Fig. 183) — **25**	
	Supraorbital- und Postorbitalleisten miteinander einen stumpfen Winkel bildend — **27**	
25	1. Finger den 2. überragend, Zehen zu $\frac{1}{2}$—$^{2}/_{3}$ ihrer Länge durch Schwimmhaut verbunden	104. **B. simus**
	1. und 2. Finger gleich lang — **26**	
26	Zehen fast in ihrer ganzen Länge durch Schwimmhaut verbunden (Fig. 183); Trommelfell undeutlich sichtbar	100. **B. occipitalis**
	Zehen zur Hälfte ihrer Länge durch Schwimmhaut verbunden; Trommelfell unsichtbar	103. **B. bocourti**
27	Zehen in ihrer ganzen oder fast in ihrer ganzen Länge durch Schwimmhaut verbunden — **28**	
	Zehen nur zur Hälfte ihrer Länge durch Schwimmhaut verbunden — **29**	
28	1. Finger und Zehe verkümmert, alle Finger und Zehen fast ganz in Haut eingeschlossen. Parotoïden sehr klein, fast kreisrund (Fig. 185)	113. **B. epioticus**
	Alle Finger und Zehen wohl entwickelt, Parotoïden länglich	115. **B. veraguensis**

29 Trommelfell nur in der vorderen Hälfte deutlich; bei nach vorn an den Körper angelegtem Hinterbein reicht das Tarsometatarsalgelenk über die Vorderkopfspitze hinaus . . . . 111. **B. auritus**
Trommelfell völlig fehlend; bei nach vorn an den Körper angelegtem Hinterbein reicht die Spitze der 4. Zehe bis zur Vorderkopfspitze . . . . 112. **B. coerulescens**

30 Zehen höchstens zur Hälfte ihrer Länge durch Schwimmhaut verbunden — **31**
Zehen fast in ihrer ganzen Länge durch Schwimmhaut verbunden . . . . 127. **B. ockendeni**

31 Subarticularhöcker einfach — **32**
Subarticularhöcker mindestens an einigen Gelenken der 4. Zehe doppelt (wie in Fig. 27 p. 10 bei *s*) . . . 128. **B. missionum**

32 Zehen zur Hälfte ihrer Länge durch Schwimmhaut verbunden . . . . 134. **B. nasicus** [1])
Zehen nur an der Basis durch Schwimmhaut verbunden 123. **B. caeruleostictus**

33 Oberes Augenlid normal ausgebildet, nicht in einen langen Fortsatz ausgezogen — **34**
Oberes Augenlid in einen langen spitzen Fortsatz ausgezogen (Fig. 190) . . . . 124. **B. ceratophrys**

34 Haut der Kopfoberseite nicht in die Schädelverknöcherung miteinbezogen — **35**
Haut der Kopfoberseite völlig in die Schädelverknöcherung miteinbezogen (wie in Fig. 186) — **59**

35 Postorbitalleisten (*pto* in Fig. 120 p. 67) vorhanden — **36**
Postorbitalleisten fehlend oder nur durch einige Knochenvorsprünge angedeutet (Fig. 179) . . . . 96. **B. hemiophrys**

36 Supraorbital- und Postorbitalleisten miteinander einen rechten Winkel bildend (Fig. 174—178) — **37**
Supraorbital- und Postorbitalleisten miteinander einen stumpfen Winkel bildend, wenn Parietalleisten vorhanden sind, mit diesen zusammen eine Λ-artige Figur bildend (vergl. Fig. 188 und 191) — **42**

37 Tarsalfalte (t in Fig. 27 p. 10) fehlt — **38**
Tarsalfalte vorhanden — **41**

38 1. Finger kürzer als der 2. Finger — **39**
1. Finger den 2. Finger überragend — **40**

39 Trommelfell nur ¼ so breit wie das Auge . . . . . 94. **B. quercicus**
Trommelfell ½—¾ so breit wie das Auge . . . . . 107. **B. coniferus**

40 Trommelfell ⅓—½ so breit wie das Auge; Supra- und Postorbitalleisten nicht sehr gut entwickelt, unter der Haut verborgen liegend (Fig. 184) . . . . . . 108. **B. intermedius**
Trommelfell mindestens ½ bis fast ebenso breit wie das Auge; Supra- und Postorbitalleisten gut entwickelt und stark hervortretend (Fig. 175—178) . 95. **B. lentiginosus**

41 Subarticularhöcker einfach, Kopfleisten im Bogen ineinander übergehend, vorn auf dem Vorderkopf nicht von beiden Seiten her zusammenstoßend (Fig. 182) 99. **B. alvarius**
Subarticularhöcker doppelt, Kopfleisten scharfe Winkel miteinander bildend, vorn auf dem Kopfe zu einer einheitlichen Knochenmasse zusammenfließend (Fig. 180) . . . . 97. **B. cognatus**

---

[1]) Falls diese Art, deren Heimat noch unbekannt ist, der amerikanischen Fauna angehört.

42	Oberkieferrand am Mundwinkel oder auch in größerer Ausdehnung zu einer wagerecht vorspringenden Knochenleiste ausgezogen (Fig. 188 und 191) — **43**	
	Oberkieferrand nicht ausgezogen — **44**	
43	Subarticularhöcker einfach; Oberkieferrand nur am Mundwinkel verbreitert. Orbitotympanalleiste als sehr hohe dünne Knochenplatte ausgebildet (Fig. 188)	122. **B. typhonius**
	Subarticularhöcker doppelt; Oberkieferrand in größerer Ausdehnung zu einer wagerechten Knochenleiste ausgezogen (Fig. 191)	130. **B. d'Orbignyi**
44	Vorderkopf vorspringend — **45**	
	Vorderkopf nicht vorspringend — **48**	
45	Subarticularhöcker einfach — **46**	
	Subarticularhöcker mindestens an einigen Gelenken der 4. Zehe doppelt (wie in Fig. 27 p. 10 bei *s*) .	133. **B. granulosus**
46	Parietalleisten (*p* in Fig. 120 p. 67) vorhanden — **47**	
	Parietalleisten fehlen, Zehen nur im Bereiche des 1. Gliedes durch Schwimmhaut verbunden	101. **B. marmoreus**
47	1. Finger den 2. überragend; Interorbitalraum höchstens so breit wie ein oberes Augenlid	102. **B. canaliferus**
	1. Finger ebenso lang wie der 2.; Interorbitalraum breiter als ein oberes Augenlid	125. **B. inca**
48	Trommelfell höchstens ½ so breit wie das Auge — **49**	
	Trommelfell mehr als ½ so breit wie das Auge — **52**	
49	Tarsalfalte (t in Fig. 27 p. 10) fehlt oder kaum sichtbar — **50**	
	Tarsalfalte deutlich ausgebildet — **51**	
50	Trommelfell $^1/_5$ so breit wie das Auge	105. **B. coccifer**
	Trommelfell ½ so breit wie das Auge	109. **B. melanochlorus**
51	Subarticularhöcker einfach	119. **B. lemur**
	Subarticularhöcker mindestens an einigen Gelenken der 4. Zehe doppelt (wie in Fig. 27 p. 10 boi *s*) . . .	121. **B. poeppigei**
52	Subarticularhöcker einfach — **53**	
	Subarticularhöcker mindestens an einigen Gelenken der 4. Zehe doppelt (wie in Fig. 27 p. 10 bei *S*) — **57**	
53	Tarsalfalte (*t* in Fig. 27 p. 10) fehlt — **54**	
	Tarsalfalte vorhanden — **56**	
54	Bei nach vorn an den Körper angelegtem Hinterbein reicht das Tarsometatarsalgelenk entweder bis über die Vorderkopfspitze hinaus	126. **B. leptoscelis**
	oder höchstens bis zum Auge — **55**	
55	Trommelfell $^2/_3$—$^3/_5$ so breit wie das Auge; Interorbitalraum mindestens so breit wie ein oberes Augenlid	110. **B. luetkenii**
	Trommelfell fast so breit wie das Auge; Interorbitalraum viel breiter als ein oberes Augenlid (Fig. 181)	98. **B. valliceps**
56	Bei nach vorn an den Körper angelegtem Hinterbein reicht das Tarsometatarsalgelenk:	
	bis zur Vorderkopfspitze, jedenfalls stets über das Auge hinaus; Interorbitalraum viel breiter als ein oberes Augenlid	132. **B. crucifer**
	bis vor das Trommelfell; Interorbitalraum ebenso breit wie ein oberes Augenlid	129. **B. arenarum**
57	Interorbitalraum breiter als ein oberes Augenlid — **58**	
	Interorbitalraum nur ½ so breit wie ein oberes Augenlid	131. **B. schneideri**
58	Tarsalfalte (*t* in Fig. 27 p. 10) vorhanden; Parotoïden (*p* in Fig. 3 p. 2) ungewöhnlich groß	120. **B. marinus**
	Tarsalfalte fehlt; Parotoïden mäßig groß, annähernd dreieckig	106. **B. sternosignatus**

59	Trommelfell nur $\frac{1}{4}$—$\frac{1}{3}$ so breit wie das Auge . . .	117. **B. empusus**
	Trommelfell $\frac{1}{2}$—$\frac{2}{3}$ so breit wie das Auge — 60	
60	Parotoïden (*p* in Fig. 3 p. 2) stark vorspringend, elliptisch oder nierenförmig	116. **B. peltocephalus**
	Parotoïden ziemlich undeutlich	118. **B. gutturosus**

1. **B. vulgaris** Laur. = **B. bufo** (L.) 1754 *Rana B.*, Linné, Mus. Adolph. Frider., p. 48 | 1758 *R. B.* + *R. Rubeta*, Linné, Syst. Nat., ed. 10 p. 210, 211 | 1758 *Bufo terrestris, dorso tuberculis exasperato* etc., Rösel, Hist. Ran., p. 85 t. 20, 21 | 1768 *B. vulgaris*, Laurenti, Syn. Rept., p. 28, 125 | 1788 *„Le Crapaud commun"* + *„La Pluviale"*, Lacépède, Quadrup. ovip. Serp., *v.* 1 p. 568, 534 | 1789 *Bufo vulgaris* + *Rana rubeta*, Bonnaterre in: Tabl. enc. méth., Erpét. p. 16 t. 6 f. 1, p. 7 | 1799 *Bufo cinereus* + *B. rubeta*, J. G. Schneider, Hist. Amph., *v.* 1 p. 185, 227 | 1802 *„Le Crapaud commun"* + *„Le Crapaud de Roesel"* + *„Le Crapaud ventru"*, Latreille in: Sonnini & Latreille, Hist. Rept., *v.* 2 p. 106 tf. 1, p. 108 tf. 2, p. 124 | 1803 *Bufo vulgaris* + *B. cinereus* + *B. Roeselei* + *B. ventricosus*, Daudin, Hist. Rainett., p. 72 t. 24, p. 73 t. 25 f. 1, p. 77 t. 27, p. 83 t. 30 f. 2 | 1803 *B. vulgaris* + *B. cinereus* + *B. Roeselii* + *B. ventricosus* + *B. spinosus*, Daudin, Hist. Rept., *v.* 8 p. 139, 141, 150 t. 96 p. 168 p. 199 | 1804 *Rana scorodosma*, Joh. Hermann, Observ. zool., p. 243 | 1820 *Bufo ventricosus* + *B. cinereus*, Merrem, Versuch Syst. Amph., p. 181, 182 | 1826 *B. c.* + *B. Roeselii* + *B. ferruginosus* + *B. tuberculosus*, A. Risso, Hist. Eur. mérid., *v.* 3 p. 95 nr. 34—37 | 1826 *B. praetextatus*, Boie in: Isis, *v.* 19 p. 215 | 1829 *B. Bufo* + *B. palmarum*, G. Cuvier, Règne an., ed. 2 *v.* 2 p. 109, 111 | 1829 *B. cinereus*, F. Brandt & Ratzeburg. Med. Zool., *v.* 1 p. 193 t. 23 f. 1 | 1829/38 *B. vulgaris*, Guérin-Méneville, Iconogr. Règne an., *v.* 3 Rept. t. 27 f. 1 | 1831 *B. v.* + *B. colchicus*, Eichwald, Zool. spec., *v.* 3 p. 167 | 1832 *B. vulgaris* + *B. palmarum*, Bory in: Exp. Morée, *v.* 3 p. 75 t. 15 f. 1 | 1833 *B. v.* + *B. minutus* + *B. alpinus*, Schinz, Naturg. Rept., p. 229 t. 94, p. 235 t. 96 f 4, p. 236 t. 96 f. 5 | 1836/46 *B. vulgaris*, G. Cuvier, Règne an., ed. [4] *v.* 5 t. 38 f. 3 (*Rana bufo* in der Tafelerklärung) | 1838 *B. v. japonicus* (part.), Schlegel in: P. Siebold, Fauna Jap., Rept. p. 106, 139 | 1839 *B. v.*, Bonaparte, Iconogr. Fauna Ital., *v.* 2 fol. 124 p. [1] t. 82a] f. 1 a b, t. [82 b] f. 2, 3 | 1841 *B. v.*, C. Duméril & G. Bibron, Erpét., *v.* 8 p. 670 (mit ausführlicher Angabe der älteren Literatur) | 1841 *B. vinearum*, A. Lesson in: Act. Soc. Linn. Bordeaux, *v.* 12 p. 61 t. 4 f. 1 | 1842 *B. gargarizans*, Cantor in: Ann. nat. Hist., *v.* 9 p. 483 | 1843 *Phryne vulgaris*, Fitzinger, Syst. Rept., p. 32 | 1847 *B. commutatus*, Steenstrup in: Ber. Vers. D. Naturf., *v.* 24 p. 134 | 1858 *B. vulgaris* + *B. gargarizans* + *B. vulgaris japonicus* (part.), Alb. Günther, Cat. Batr. sal. Brit. Mus., p. 55, 56 | 1860 *B. griseus*, Hallowell in: P. Ac. Philad., p. 506 | 1860 *B. maculiventris* + *B. sinicus*, Fitzinger in: SB. Ak. Wien, *v.* 42 p. 415 | 1862 *B. communis*, Bruch in: Würzburg Z., *v.* 3 p. 185 | 1867 *B. vulgaris* + *B. v.* var. *Asiatica*, Steindachner in: Reise Novara, Amph. p. 39 | 1880 *B. rubeta* + *B. r.* var. *robustior*, Lataste in: E. Boscá in: Bull. Soc. zool. France, *v.* 5 p. 255, 256 | 1882 *B. vulgaris*, Boulenger, Cat. Batr. sal. Brit. Mus., ed. 2 p. 303 | 1897/98 *B. v.*, Boulenger, Tailless Batr. Eur., *v.* 2 p. 213 (mit ausführlicher Literaturangabe) tf. 79—83 (morphologische Teilbilder) t. 11 (linke Figur), *v.* 1 t. 2 f. 3, 3a (Habitus und Mund der Larve) | 1898 *B. v.*, Bedriaga in: Result. Przewalski Reis., *v.* 3 Amph. p. 37 | 1899 *B. v.*, Boulenger in: P. zool. Soc. London, p. 170 | 1899 *B. japonicus*, Stone in: P. Ac. Philad., p. 183 | 1905 *B. vulgaris* + *B. v. sachalinensis*, Nikolski in: Mém. Ac. St.-Pétersb., ser. 8 *v.* 17 p. 387, 389 | 1907 *B. s.* + *B. bufo asiaticus* + *B. b. japonicus*, Stejneger in: Bull. U. S. Mus., *v.* 58 p. 65, 66, 69 f. 49—52 (Kopf und Füße von *B. b. asiaticus*) | 1909 *B. vulgaris*, Tornier in: Brauer, Süßw., *v.* 1 p. 71 tf. 62 (Kopf, Hinterfuß) tf. 73 (Eier) tf. 77, 89 (Habitus, Mund und Haftapparat der Larve).

Oberkopf ohne Knochenleisten. Schnauze kurz und stumpf, so lang wie oder etwas kürzer als der Augendurchmesser, mit stumpfem Canthus rostralis und sehr schräg abfallender, vertiefter Zügelregion. Nasenlöcher gleich weit vom Auge und von der Vorderkopfspitze entfernt, oder etwas näher an ersterem. Interorbitalraum flach, bei alten Tieren schwach vertieft, mindestens so breit wie, meist breiter als ein oberes Augenlid (Fig. 121); Trommelfell kaum $^1/_2$ so breit wie das Auge, außer in seinem vordersten Teil in der Regel mehr oder weniger undeutlich (bei Exemplaren aus Ostasien verhältnismäßig groß und deutlich). Finger ziemlich kurz und stumpf, 1. und 2. Finger etwa gleichlang. Subarticularhöcker meist paarig. Zehen beim ♂ mindestens zu $^2/_3$ oder in ihrer ganzen Länge, beim ♀ zu $^1/_2$—$^2/_3$ ihrer Länge durch am Rande häufig gekerbte oder gezähnelte Schwimmhaut verbunden. Ein stark vorspringender, ovaler, medialer und ein flacher, rundlicher, lateraler Metatarsalhöcker vorhanden, aber keine Tarsalfalte. Bei nach vorn an den Körper angelegtem Hinterbein reicht das Tarsometatarsalgelenk beim ♂ bis zum Trommelfell. Oberseite mit unregelmäßigen, mehr oder weniger vorspringenden, oft

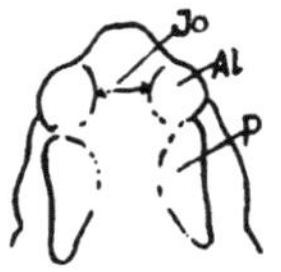

Fig. 121. **Bufo vulgaris.** Oberseite des Kopfes. *Al* Oberes Augenlid, *Jo* Interorbitalraum, *P* Parotoiddrüsen (nach F. Werner).

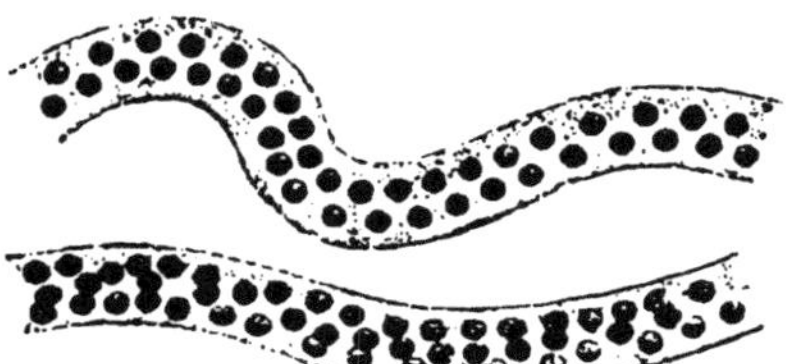

Fig. 122. **Bufo vulgaris.** Teilstücke von Laichschnüren.

dornigen Warzen besetzt; (Exemplare aus Ostasien sind durch besonders umfangreiche und stärker vorspringende, dornige Warzen gekennzeichnet). Parotoïden groß, vorspringend, elliptisch oder oval, nach hinten auseinander weichend. Unterseite gekörnelt; die einzelnen Körner oft mit schwarzen Spitzen. Oberseite braun, olivenfarben, grau oder rötlich, einfarbig oder dunkelbraun oder schwärzlich gefleckt oder marmoriert, zuweilen auch noch mit gelben Flecken innerhalb der Marmorierung. Parotoïden und größere Warzen oft rötlich hervortretend. Parotoïden fast ausnahmslos an ihrem Lateralrande mit einem dunkelbraunen oder schwarzen Streifen, der sich,

Fig. 123. **Bufo vulgaris.** Larve.

Fig. 124. **Bufo vulgaris.** Mundgegend der Larve ($^{15}/_1$).

besonders oft und deutlich bei chinesischen und japanischen Exemplaren, als Band an den Flanken entlang fortsetzt. Ostasiatische Exemplare häufig auch mit einer feinen, hellen Längslinie in der Rückenmitte. Unterseite schmutzig weiß, grau oder bräunlich, einfarbig oder mit mehr oder weniger zahlreichen braunen oder schwarzen Flecken, die bei ostasiatischen Exemplaren besonders groß werden und zu schöner Marmorierung zusammenfließen. L. ♂ bis 95 mm, ♀ bis 180 mm. (Exemplare dieser Art aus südlichen Gegenden werden erheblich größer als solche aus dem Norden ihres Verbreitungsgebietes).

♂ ohne Schallblasen, mit schwarzen Brunstschwielen auf den 3 ersten Fingern und dem medialen Carpalhöcker (Fig. 36 p. 12).

Paarung unter Amplexus axillaris (Fig. 42 p. 13). Ablage der Eier an Wasserpflanzen in Laichschnüren, die in schlaffem Zustande 3—4, straff gezogen 2 Reihen von Eiern enthalten (Fig. 122). Merkmale der Kaulquappe (Fig. 123): Rumpf $^2/_5$—$^2/_3$ so lang wie der Schwanz. Nasenlöcher viel näher beim Auge als bei der Vorderkopfspitze. Entfernung der Augen voneinander doppelt so groß wie die der Nasenlöcher voneinander und ebensogroß oder etwas kleiner als die Mundbreite. Schwanz 3 oder 4mal so lang wie hoch, am Ende breit abgerundet. Mundbildung siehe Fig. 124. 2. Reihe der Oberlippenzähnchen in der Mitte nur sehr schmal unterbrochen, Zahnreihen der Unterlippe sämtlich ununterbrochen. Oben schwärzlichbraun oder schwarz, unten schwärzlichgrau; Schwanzflossen grau, schwarz gesprenkelt. L. bis 32 mm, davon 20 mm auf den Schwanz.

Europa und Nordasien (mit Ausnahme des hohen Nordens), von Großbritannien (außer Irland) bis Japan, vom 65° n. B. bis zum Mittelmeer (fehlt hier auf den meisten Inseln, außer Sizilien), Nordwestafrika.

2. **B. calamita** Laur. 1758 *B. terrestris foetidus,* Rösel, Hist. Ran., p. 107 t. 24 | 1768 *B. Calamita,* Laurenti, Syn. Rept., p. 27, 119 | 1783 *Rana foetidissima,* Joh. Hermann, Tab. Affin. An., p. 260 | 1797 *R. portentosa,* J. Sturm, Deutschl. Fauna, Abt. 3 fasc. 1 p. [7] t. [3] | 1799 *Bufo cruciatus,* J. G. Schneider, Hist. Amph., *v.* 1 p. 193 | 1802 *Rana mephitica,* G. Shaw, Gen. Zool., *v.* 3 p. 149 t. 43 | 1802 *„Le Crapaud calamite“*, Latreille in: Sonnini & Latreille, Hist. Rept., *v.* 2 p. 114 | 1803 *Bufo calamita* Daudin, Hist. Rainett., p. 77 t. 28 f. 1 | 1803 *B. c.*, Daudin, Hist. Rept., *v.* 8 p. 153 1828 *B. rubeta,* Fleming, Hist. Brit. An., p. 159 | 1837 *B. portentosus,* Schinz in: N. Denk. Schweiz. Ges., *v.* 1 [nr. 1] p. 144 | 1841 *B. viridis* (part.), C. Duméril & G. Bibron, Erpét., *v.* 8 p. 681 | 1864 *Epidalea calamita,* E. D. Cope in: P. Ac. Philad., p. 181 | 1865 *E. c.*, E. D. Cope in: Nat. Hist. Rev., p. 102 | 1882 *Bufo c.*, Boulenger, Cat. Batr. sal. Brit. Mus., ed. 2 p. 293 | 1891 *B. c.*, Boulenger in: P. zool. Soc. London, p. 614 t. 46 f. 6 (Habitus und Mund der Larve) | 1897 *B. c.*, Dürigen, Deutschl. Amph. Rept., p. 494 t. 1 f. 3 | 1897/98 *B. c.*, Boulenger, Tailless Batr. Eur., *v.* 2 p. 236 (mit vollständiger Literatur) tf. 78, 87—91 (morphologische Teilbilder), t. 13 (ausgebildete Tiere), *v.* 1 t. 2 f. 5, 5a (Habitus und Mund der Larve) | 1909 *B. c.*, Tornier in: Brauer, Süßw., *v.* 1 p. 72 tf. 63 (Hinterfuß) tf. 91 (Habitusbild und Mund der Larve).

Fig. 125. **Bufo calamita** ♀ (nach Boulenger).

Oberkopf ohne Knochenleisten. Vorderkopf kurz, stumpf mit undeutlichem Canthus rostralis und schwach vertiefter Zügelregion. Nasenlöcher gleich weit von Auge und Vorderkopfspitze entfernt. Interorbitalraum flach, schmaler als ein oberes Augenlid (Fig. 125); Trommelfell klein, ziemlich undeutlich, zuweilen vollkommen unsichtbar. Finger und Zehen kurz und, namentlich erstere, ziemlich spitz; 1. und 2. Finger gleichlang. Zehen nur mit kurzer, zuweilen als schmaler Saum bis zur Zehenspitze reichender Schwimmhaut. Subarticularhöcker doppelt, auch an den Fingern; 2 große Metatarsalhöcker und eine Tarsalfalte vorhanden. Bei nach vorn an den Körper angelegtem Hinterbein reicht das Tarsometatarsalgelenk beim ♂ höchstens bis zum Augenhinterrand, beim ♀ (und bei Jungen) höchstens bis zur Schulter. Oberseite mit unregelmäßigen, flachen, mit deutlichen Drüsenporen versehenen Warzen. Parotoïden gewöhnlich ziemlich klein, schwach vorspringend, oval oder annähernd dreieckig. Je eine parotoïdenähnliche Drüse auf dem Unterarm und Unterschenkel.

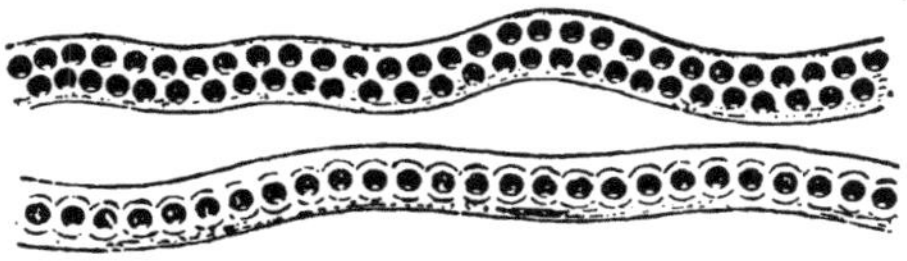

Fig. 126. **Bufo calamita.** Teilstücke von Laichschnüren (nach Boulenger).

Unterseite gekörnelt. Oberseite auf grauem, grünlichem, bräunlichem oder gelblichem Grunde grün, olivenfarbig, oder braun marmoriert, oder sehr unregelmäßig gefleckt. Die großen Rückenwarzen häufig rot oder rötlich mit schwarzem Rande. In der Regel ist eine schmale helle Längslinie in der Rückenmitte vorhanden. Unterseite schmutzigweiß, mehr oder weniger stark schwarz gefleckt. Finger und Zehenspitzen braun oder schwärzlich. L. ♂ 74, ♀ 80 mm.

♂ mit subgularer Schallblase und braunen oder schwärzlichen Brunstschwielen auf der Ober- und Medialseite der 3 ersten Finger.

Paarung unter Amplexus axillaris. Ablage der Laichstränge an Wasserpflanzen, bei deren Fehlen auf dem Grunde des Wassers. Im lockeren Laichstrang sind die Eier in 2 Reihen, im straffgezogenen in 1 Reihe angeordnet (Fig. 126). Mund der Larve (Fig. 127) schmaler als ihr Interorbitalraum, etwas größer als die Entfernung

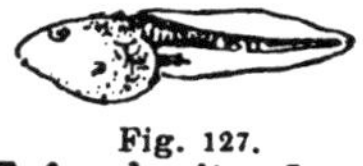

Fig. 127. **Bufo calamita.** Larve (nach Boulenger).

Fig. 128. **Bufo calamita.** Mundgegend der Larve ($^{15}/_1$) (nach Boulenger).

der Nasenlöcher voneinander. 2. Zahnreihe der Oberlippe in der Mitte breit unterbrochen (Fig. 128). Dorsale Schwanzflosse mit stark gewölbtem Rand. Färbung des Larvenrumpfes schwarz. Schwanzflossen grau, fein schwarz gesprenkelt. Kehle und Kinn manchmal weißlich. L. 25, selten 30 mm, davon 15 mm auf den Schwanz.

West-, Mittel- und Nordeuropa.

3. **B. formosus** Blgr. 1838 *B. vulgaris japonicus* (part.), Schlegel in: P. Siebold, Fauna Jap., Rept. p. 106, 139 t. 2 f. 5, 6 | 1875 *B. vulgaris* var *praetextatus*, E. Martens in: Preuß. Exp. O.-Asien, *v.* 1 p. 384 | 1879 *B. japonicus*, Camerano in: Atti Acc. Torino, *v.* 14 p. 884 | 1883 *B. formosus*, Boulenger in: P. zool. Soc. London, p. 140 t. 23 | 1901 *B. praetextatus*, Camerano in: Mém. Ac. Turin, ser. 2 *v.* 50 p. 113 t. 2 f. (Kopf ♀) | 1907 *B. formosus*, Stejneger in: Bull. U. S. Mus., *v.* 58 p. 60 tf. 44—48 (Kopf und Füße) t. 8.

Oberkopf ohne Knochenleisten. Vorderkopf etwas zugespitzt, steil abfallend, mit schwach vertiefter Zügelregion und sehr deutlichem Canthus rostralis.

Nasenlöcher gleichweit von Auge und Vorderkopfspitze entfernt. Interorbitalraum sehr schwach vertieft, beträchtlich breiter als ein oberes Augenlid. Trommelfell sehr deutlich, kreisrund, fast so groß wie das Auge und mehr als doppelt so breit als sein Abstand von letzterem (Fig. 129). 1. Finger in der Regel kürzer als der 2.; Zehen zu $^1/_3$ ihrer Länge durch Schwimmhaut verbunden. Subarticularhöcker wenigstens teilweise doppelt; ein großer, langgestreckter, medialer und ein kleinerer, rundlicher, lateraler Metatarsalhöcker vorhanden, aber keine Tarsalfalte. Bei nach vorn an den Körper angelegtem Hinterbein reicht das Tarsometatarsalgelenk beim ♂ bis zum Augenvorderrand, beim ♀ bis zur Augenmitte. Rücken mit zahlreichen, verschieden großen, ziemlich glatten, nicht symmetrisch angeordneten Höckern, von denen die größeren nach den Seiten zu an Zahl zunehmen. Unterseite quer gefurcht, fein gekörnelt und mit Höckern besetzt, deren kleine, braune Spitzen nach hinten hin immer größer und stacheliger werden. Parotoïden ziemlich lang und schmal, mehr als $2^1/_2$ mal so lang wie breit. Oberseite fast einförmig sepiafarben, durch einen rauchgrauen Streifen getrennt von dem breiten, schwarzen, den Unterrand der Parotoïden begrenzenden Bande an den Körperseiten. Unterkiefer mit einem schwarzen Längsstreifen. Unterseite schmutzig weiß, stark und scharf abgesetzt, schwarz vermiculiert und marmoriert. Palmar- und Metatarsalhöcker sowie Finger- und Zehenspitzen umberfarben. L. 125 mm.

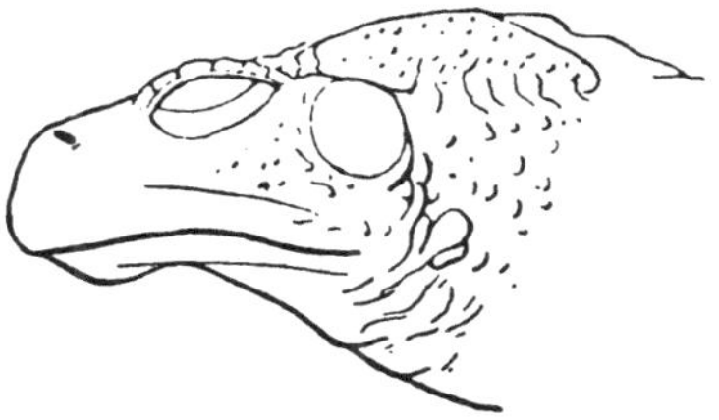

Fig. 129. **Bufo formosus** (nach Stejneger).

♂ mit Brunstschwielen auf dem medialen Palmarhöcker und den 3 ersten Fingern.

Japan.

4. **B. smithi** Stejn. 1907 *B. s.*, Stejneger in: Bull. U. S. Mus., *v.* 58 p. 64.

Von der vorigen Art nur durch das kleinere Trommelfell unterschieden, dessen Durchmesser etwa dem des Auges entspricht. L. 110 mm.

Sikoku-Insel (Japan).

5. **B. raddei** Strauch? 1859 *B. variabilis* var. *Amurensis* + *B. calamita*, Maak, Putesh. Amur, Abh. 2 p. 153 | 1876 *B. raddei*, Strauch in: Przewalski, Mongolija, *v.* 2 pars 3 p. 53 | 1882 *B. raddii*, Boulenger, Cat. Batr. sal. Brit. Mus., ed. 2 p. 294 | 1898 *B. Raddei* + *B. R.* var. *Przewalskii* + *B. R.* var. *Pleskei*, Bedriaga in: Result. Przewalski Reis., *v.* 3 Amph. p. 42, 48 t. 1 f. 1, 1a (forma typica), f. 6 (var. *Przewalskii*) | 1907 *B. R.*, Stejneger in: Bull. U. S. Mus., *v.* 58 p. 70 (mit vollständiger Literaturangabe) tf. 53—57 (Kopf und Füße).

Oberkopf ohne Knochenleisten. Vorderkopf kurz, stumpf abgerundet, mit undeutlichem Canthus rostralis. Zügelregion nur sehr wenig vertieft. Nasenlöcher fast gleich weit vom Auge und von der Vorderkopfspitze entfernt. Interorbitalraum etwas schmaler als ein oberes Augenlid. Trommelfell sehr deutlich, etwa $^1/_2$ so breit wie das Auge (Fig. 130). Finger ziemlich kurz, 1. und 2. Finger nahezu gleichlang. Zehen mit kurzer, niemals über das erste Zehengelenk hinausreichender Schwimmhaut. Subarticularhöcker einfach. Ein stark vorspringender, medialer und ein schwächerer, lateraler Metatarsalhöcker, sowie eine deutliche Tarsalfalte vorhanden. Bei nach vorn an den Körper an-

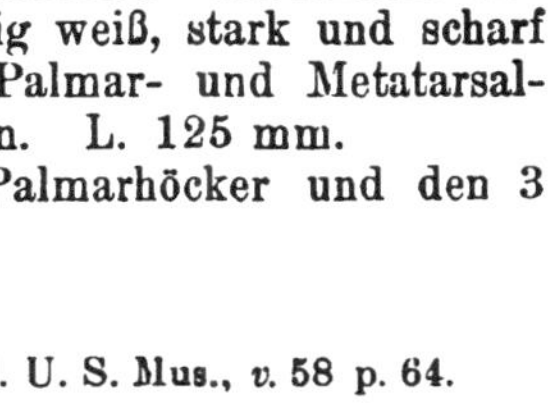

Fig. 130. **Bufo raddei** (nach Stejneger).

gelegtem Hinterbein reicht das Tarsometatarsalgelenk beim ♂ bis zum Auge, beim ♀ bis zum Trommelfell. Oberseite mit zahlreichen, unregelmäßigen, flachen Drüsenwarzen. Parotoïden ziemlich groß, flach, von wechselnder Gestalt. Eine große parotoïdenartige Drüse nimmt fast die ganze Oberseite des Unterschenkels ein. Oberseite meist grau bis braungrau, meist noch mit zahlreichen, großen, ziemlich symmetrisch angeordneten, braunen, vielfach dunkel getupften und dunkel gesäumten Flecken besetzt und mit einer hellen Längslinie in der Rückenmitte (*forma typica*); seltener grau gefärbt, ganz oder fast ganz ohne dunkle Flecke und ohne helle Längsbinde in der Rückenmitte (var. *Przewalskii* Bedg.), oder durch Überwiegen der dunklen Flecke über die hellere Grundfarbe auf der Oberseite dunkel- oder schwarzbraun aussehend, (var. *Pleskei* Bedg.). Unterseite gelblich- oder grauweiß, in der Regel ungefleckt. L. 74 mm.

♂ mit subgularen Schallblasen und mit dunkelbraunen Brunstschwielen auf den 3 ersten Fingern und auf dem medialen Palmarhöcker.

Amurgebiet bis Tibet.

6. **B. nouettei** Mocq. 1910 *B. n.*, F. Mocquard in: Bull. Mus. Paris, *v.* 16 p. 153.

Oberkopf ohne Knochenleisten, Vorderkopf stumpf, oben vertieft, länger als der Augendurchmesser, mit stumpfem, aber deutlich vorspringendem Canthus rostralis. Zügelregion etwas vertieft, schräg abfallend. Interorbitalraum schmaler als ein oberes Augenlid. Trommelfell sehr deutlich $^1/_2$ so breit wie das Auge. 1. und 2. Finger gleich lang. Zehen mindestens zur Hälfte ihrer Länge durch Schwimmhaut verbunden, mit einfachen Subarticularhöckern; ein vorspringender, etwas seitlich zusammengedrückter, medialer und ein kleiner, rundlicher, lateraler Metatarsalhöcker, sowie eine Tarsalfalte vorhanden. Bei nach vorn an den Körper angelegtem Hinterbein reicht das Tarsometatarsalgelenk bis zum Augenhinterrand, oder höchstens bis zur Augenmitte. Oberseite mit mäßig vorspringenden, selten stacheligen, manchmal zu kurzen Längswülsten verschmelzenden Warzen besetzt. Parotoïden langgestreckt, annähernd nierenförmig. Drüsen hinter dem Mundwinkel mäßig entwickelt. Unterseite gekörnelt, am medialen Schenkelende mit vereinzelten, kleinen Höckern. Zuweilen eine nach vorn in convexem Bogen verlaufende Querfalte auf der Brust. Oberseite einfarbig schwärzlichbraun, oder mit einigen schwarzen Flecken. Unterseite an der Kehle rosig, sonst mausgrau, von vorn nach hinten dunkler werdend. L. 60 mm.

Nanschangebirge (Zentral-Asien).

7. **B. viridis** Laur. 1768 *B. viridis* + *B. schreberianus*, Laurenti, Syn. Rept., p. 27, 111 t. 1 f. 1 | 1769 *Rana variabilis*, Pallas, Spicil. zool., fasc. 7 p. 1 t. 6 f. 34 | 1771 *R. sitibunda*, Pallas, Reise Ruß., *v.* 1 p. 458 | 1776 *R. bufina*, O. F. Müller, Zool. Dan. Prodr., p. 35 | 1788 *„Le vert“* + *„Le Rayon-Vert“*, Lacépède, Quadrup. ovip. Serp., *v.* 1 p. 586, 588 | 1789 *Rana Bufo var.* + *R. sitibunda* + *R. variabilis*, J. F. Gmelin, Syst. nat., ed. 13 *v.* 1 III p. 1047, 1050, 1051 | 1789 *Bufo variabilis* + *B. Bufina* + *B. viridis*, Bonnaterre in: Tabl. enc. méth., Erpét. p. 12 t. 6 f. 2 p. 17 | 1791 *Rana viridis*, Lindaker in: N. Abh. Böhm. Ges., *v.* 1 p. 111 | 1799 *Bufo v.* + *B. sitibundus*, J. G. Schneider, Hist. Amph., *v.* 1 p. 200, 225 | 1803 *B. viridis*, Daudin, Hist. Rainett., p. 79 t. 28 f. 2 | 1803 *B. v.* + *B. cursor*, Daudin, Hist. Rept., *v.* 8 p. 156, 164 | 1820 *B. variabilis*, Merrem, Versuch. Syst. Amph., p. 180 | 1827 *B. arabicus*, C. Heyden in: Rüppel, Atlas Reise Afr., Rept. p. 20 t. 5 f. 2 | 1829 *B. variabilis*, F. Brandt & Ratzeburg, Med. Zool., *v.* 1 p. 197 t. 23 f. 2—11 (ausgebildetes Tier, Entwicklungsstadium, Skelett) | 1839 *B. viridis*, Bonaparte, Iconogr. Fauna Ital., *v.* 2 fol. 124 p. [7] t. [82b] f. 1 | 1839 *B. longipes*, Fitzinger in: Bonaparte in: Mem. Acc. Torino, ser. 2 *v.* 2 p. 249 | 1841 *B. viridis* (part.), C. Duméril & G. Bibron, Erpét., *v.* 8 p. 681 (mit ausführlicher Angabe der bisherigen Literatur) | 1858

B. v., Alb. Günther, Cat. Batr. sal. Brit. Mus., p. 58 | 1864 *B. calamita*, Alb. Günther, Rept. Brit. Ind., p. 420 | 1879 *B. boulengeri*, Lataste in: Rev. int. Sci., *v.* 3 p. 438 | 1880 *B. variabilis* var. *balearica*, Boettger in: Zool. Anz., *v.* 3 p. 642 | 1882 *B. viridis*, Boulenger, Cat. Batr. sal. Brit. Mus., ed. 2 p. 297 | 1897/98 *B. v.*, Boulenger, Tailless Batr. Eur., *v.* 2 p. 227 tf. 84—86 (mit ausführlicher Literatur) (Köpfe, Hinterfuß, Schädel) t. 11 (rechte Figur), t. 12, *v.* 1 t. 2 f. 4 (Habitus und Mund der Larve) | 1898 *B. viridis forma typica* + var. *Pewzowi* + var. *Strauchi* + var. *Grum-Grzimailoi*, Bedriaga in: Result. Przewalski Reis., *v.* 3 Amph. p. 50, 56, 57 t. 1 f. 2 | 1909 *B. v.* + *B. v. unicolor*, N. Kastschenko in: Annuaire Mus. St.-Pétersb., *v.* 14 p. 128 | 1909 *B. v.*, Tornier in: Brauer, Süßw., *v.* 1 p. 71 f. 61 (Kopf, Hinterfuß), f. 77, 90 (Habitus, Mund und Haftapparat der Larve).

A

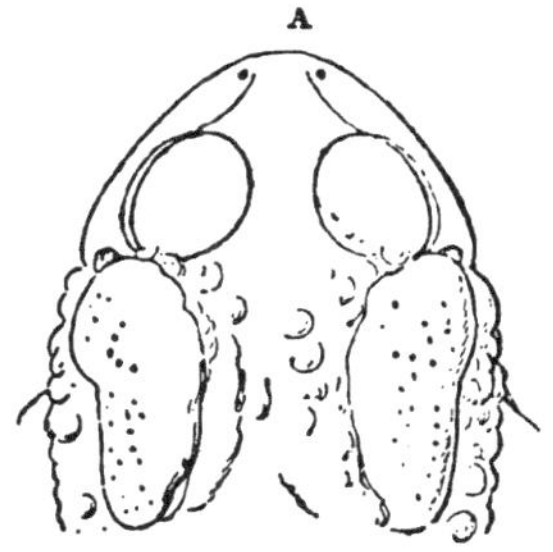

Fig. 131. **Bufo viridis.** Kopf eines Exemplars von Berlin, von oben (nach Boulenger).

Oberkopf ohne Knochenleisten. Vorderkopf kaum vorspringend, mit deutlichem, wenn auch stumpfem Canthus rostralis, so lang wie oder etwas länger als der Augendurchmesser. Nasenlöcher gleichweit vom Auge und von der Vorderkopfspitze entfernt, oder etwas näher bei letzterer. Interorbitalraum flach und schmal, $^2/_3$—$^4/_5$ so breit wie ein oberes Augenlid. Trommelfell, wenigstens in seiner vorderen Hälfte deutlich, $^1/_3$—$^1/_2$ so breit wie das Auge. Finger ziemlich kurz, stumpf. 1. Finger in der Regel etwas länger als der 2., seltener ebenso lang wie letzterer. Subarticularhöcker meist, an den Zehen stets einfach, an den Fingern zuweilen stellenweise doppelt. Zehen mäßig lang, flach, zu $^1/_2$—$^3/_4$ ihrer Länge durch, als Hautsaum bis zu den Zehenspitzen reichende, Schwimmhaut verbunden (Fig. 133). Ein großer, vorspringender, medialer und ein kleiner, lateraler Metatarsalhöcker vorhanden, sowie eine Tarsalfalte. Bei nach vorn an den Körper angelegtem Hinterbein reicht das Tarsometatarsalgelenk beim ♂ bis zum Auge oder zwischen Auge und Nasenloch, beim ♀ bis zur Schulter oder höchstens bis zum Augenhinterrand. Rücken mit mehr oder weniger

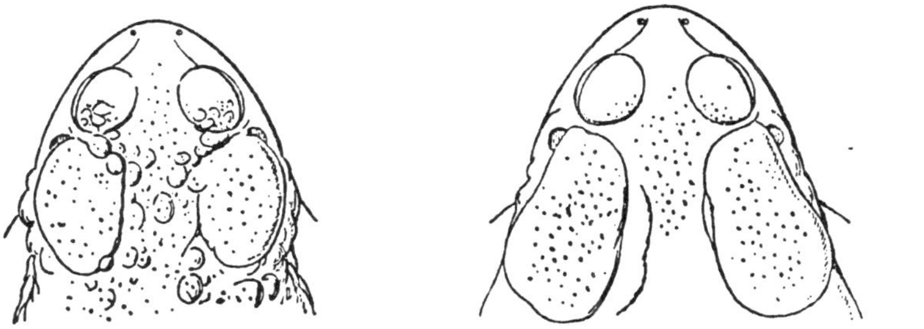

a b

Fig. 132a u. b. **Bufo viridis.**
Köpfe von zwei Exemplaren aus Russisch-Turkestan von oben (nach Boulenger).

vorspringenden, manchmal dornigen, ungleich großen Warzen, die am Mundwinkel besonders stark entwickelt sind, und von denen gewöhnlich eine Reihe stark vorspringender Warzen an jeder Körperseite entlang zieht. Unterseite gekörnelt. Parotoïden flach, dicht hinter dem Auge beginnend, im Umriß sehr wechselnd, in der Regel parallel gerichtet, oder mit den Hinterenden einander genähert; mehr oder weniger birn- oder nierenförmig, vorn am breitesten, 2 mal so lang wie breit und fast so lang wie ihre Entfernung von der Vorderkopfspitze (Fig. 131) (manchmal, besonders bei asiatischen Exemplaren (Fig. 132 *a* u. *b*) kurz oval oder außergewöhnlich breit, viel länger als der Kopf und $1^1/_2$—2 mal so lang wie breit). Oberseite von Unterarm und Unterschenkel mehr oder weniger drüsig, zuweilen auch mit einer parotoïdenartigen Drüsenbildung. Färbung sehr wechselnd. Auf grauem, grünlichem, gelblichem, bräunlichem, rötlichem oder weißlichem Grunde in der Regel mit großen unregelmäßigen, mehr oder weniger zusammenfließenden, hellgrünen bis dunkel olivenfarbenen, oft schwarz gerandeten, Flecken. Zuweilen ist eine feine, helle Längslinie in der Rückenmitte vorhanden; die größeren Warzen manchmal ziegel- oder hochrot gefärbt. Unterseite weißlich, einfarbig oder mit mehr oder weniger reichlichen, schwärzlichen oder olivenfarbenen Flecken besetzt. Finger- und Zehenspitzen, sowie Metatarsalhöcker gewöhnlich braun. Asiatische Exemplare sind zuweilen bei ziemlich heller Grundfarbe fast ganz ohne Flecken auf dem Rücken (var. *Pewzowi* Bedriaga l. c. 1899 und *var. unicolor* N. Kastschenko l. c. 1909) oder mit weniger stark entwickelten, auf dem Rücken auch wohl fehlenden Flecken versehen (var. *Strauchi*, Bedriaga l. c.) oder zeigen auf dunkelbrauner Oberseite schwärzliche Flecke (var. *Grum-Grzimailoi* Bedriaga l. c.). L. ♂ 77, ♀ 93 mm.

Fig. 133. **Bufo viridis.** Rechter Hinterfuß eines ♂ von unten (nach Boulenger).

♂ mit innerer Schallblase und schwarzen Brunstschwielen auf den 3 ersten Fingern und dem medialen Carpalhöcker.

Paarung unter Amplexus axillaris. Ablage der Eier an Wasserpflanzen in Laichschnüren, die 3—4, wenn straffgezogen 2 Reihen Eier enthalten (vgl. Fig. 122 p. 78).

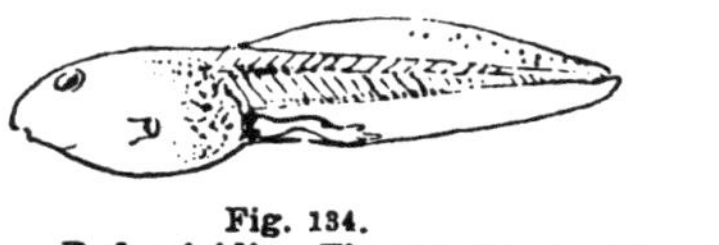

Fig. 134.

Fig. 135.

Bufo viridis. Fig. 134: Larve; Fig. 135: Mundgegend der Larve ($^{10}/_1$) (beides nach Boulenger).

Merkmale der Kaulquappen (Fig. 134): Entfernung der Augen voneinander etwa $1\frac{1}{2}$ mal so groß wie die der Nasenlöcher voneinander und gleich der Mundbreite, Schwanz 3—4 mal so lang wie hoch, am Ende breit gerundet, Mundbildung siehe Fig. 135. 2. Zähnchenreihe der Oberlippe in der Mitte eng oder weit unterbrochen; 1. Zähnchenreihe der Unterlippe nur $\frac{1}{2}$—$\frac{3}{4}$ so lang wie die 2. Oben braun oder olivenfarbig, einfarbig oder mit kleinen dunklen Flecken. Bauch grauweiß. Schwanzflossen grauweiß, mit oder ohne kleine braune Punkte oder Flecke. L. 44 mm, davon 26 mm auf den Schwanz.

Mittel- und Südeuropa, West- und Zentralasien (vom Rhein bis zur Mongolei), Nordafrika.

8. **B. persicus** Nikol. 1900 *B. viridis* var. *persica*, Nikolski in: Annuaire Mus. St.-Pétersb., *v.* 4 p. 406 | 1903 *B. persicus*, Nikolski ibid., *v.* 8 p. 97.

Vorderkopf abgestutzt, mit stumpfem, rundlichem Canthus rostralis und fast senkrecht abfallender Zügelgegend. Nasenlöcher auf einem deutlichen Höcker. Interorbitalraum fast oder ebenso breit wie ein oberes Augenlid.

Trommelfell undeutlich, $^1/_3$—$^1/_4$ so breit wie das Auge. 1. Finger deutlich länger als der 2.; Zehen zur Hälfte ihrer Länge durch Schwimmhaut verbunden, mit einfachen Subarticularhöckern. Je ein großer medialer und lateraler Metatarsalhöcker vorhanden. Tarsalfalte deutlich. Bei nach vorn an den Körper angelegtem Hinterbein reicht das Tarsometatarsalgelenk bis zum Trommelfell. Haut auf dem Rücken und den oberen Augenlidern sehr warzig. Interorbitalraum, Parotoïddrüsen viereckig, kaum länger als der Augendurchmesser. Oben olivengrau, mit nicht sehr deutlichen, kleinen braunen Flecken, eine olivenbraune Binde zwischen Auge und Nasenloch; Unterseite weiß, ungefleckt. L. 61 mm.

Südost-Persien.

9. **B. surdus** Blgr. 1891 *B. s.*, Boulenger in: Ann. nat. Hist., ser. 6 *v.* 7 p 282.

Oberkopf ohne Knochenleisten. Vorderkopf sehr kurz, abgerundet. Interorbitalraum etwas schmaler als ein oberes Augenlid. Trommelfell unsichtbar. 1. Finger erheblich länger als der 2.; Zehen zu $^1/_3$ ihrer Länge durch Schwimmhaut verbunden. Subarticularhöcker einfach, Tarsalfalte vorhanden. Bei nach vorn an den Körper angelegtem Hinterbein reicht das Tibiotarsalgelenk bis zum Mundwinkel. Oberseite mit kleinen, an der Spitze schwarze Rauhigkeiten tragenden, Warzen besetzt. Parotoïden kurz; fast viereckig, so lang wie breit, dicht beim Auge. Oben einfarbig, blaßolivenfarbig, unten weiß. L. 67 mm.

♂ mit einer subgularen Schallblase und schwarzen Brunstschwielen an den beiden medialen Fingern.

Belutschistan.

10. **B. olivaceus** W. Blanf. 1874 *B. o.*, W. Blanford in: Ann. nat. Hist., ser. 4 *v.* 14 p. 35 | 1876 *B. o.*, W. Blanford, East.-Persia, *v.* 2 p. 434 t. 28 f. 3 | 1882 *B. o.*, Boulenger, Cat. Batr. sal. Brit. Mus., ed. 2 p. 300 | 1890 *B. o.*, Boulenger in: Fauna Brit. Ind., Rept. Batr. p. 504.

Oberkopf ohne Knochenleisten. Vorderkopf kurz, schräg abgestutzt. Interorbitalraum schwach vertieft, etwas breiter als ein oberes Augenlid. Trommelfell sehr deutlich, ein senkrechtes Oval, dessen größter Durchmesser $^2/_3$ der Augenbreite beträgt. 1. Finger länger als der 2., Zehen zu $^2/_3$ ihrer Länge durch Schwimmhaut verbunden. Subarticularhöcker einfach, 2 mäßig große Metatarsalhöcker, keine Tarsalfalte vorhanden. Bei nach vorn an den Körper angelegtem Hinterbein reicht das Tarsometatarsalgelenk bis vor das Auge. Haut der Oberseite fast glatt; Parotoïden flach, sehr groß, bis zur Sacralregion reichend. Eine Querfalte auf dem Hinterkopf. Oben einförmig olivenfarben, unten weißlich, ungefleckt. L. 63 mm.

♂ mit subgularer Schallblase.

Belutschistan.

11. **B. stomaticus** Ltk. 1863 *B. s.*, Lütken in: Vid. Meddel., *v.* 14 p. 305 | 1882 *B. s.*, Boulenger, Cat. Batr. sal. Brit. Mus., ed. 2 p. 281 nota | 1891 *B. s.*, Boulenger in: Ann. nat. Hist., ser. 6 *v.* 7 p. 463.

Oberkopf ohne Knochenleisten. Vorderkopf kurz, stumpf mit deutlichem Canthus rostralis und vertiefter Zügelregion. Interorbitalraum flach oder schwach vertieft, etwas breiter als ein oberes Augenlid. Trommelfell sehr deutlich, ein senkrechtes Oval, dessen größter Durchmesser etwa $^2/_3$ der Augenbreite beträgt. 1. Finger länger als der 2., Zehen zu $^3/_4$ ihrer Länge durch Schwimmhaut verbunden, mit einfachen Subarticularhöckern. 2 ziemlich starke Metatarsalhöcker vorhanden, keine Tarsalfalte. Bei nach vorn an den Körper angelegtem Hinterbein reicht das Tarsometatarsalgelenk bis zum Auge. Oberseite rauh, mit unregelmäßigen Warzen. Parotoïden groß und flach, nierenförmig, fast so lang wie ihre Entfernung von der Vorderkopfspitze. Oben braun, dunkel gefleckt oder marmoriert, unten einfarbig schmutzig weiß. L. 63 mm.

♂ mit subgularer Schallblase und schwarzen Brunstschwielen auf den zwei medialen Fingern.

Vorderindien.

12. **B. andersonii** Blgr. 1871 *B. pantherinus* (non *B. p.*, Boie 18), John Anderson in: P. zool. Soc. London, p. 203 | 1883 *B. Andersonii*, Boulenger in: Ann. nat. Hist., ser. 5 *v.* 12 p. 163 | 1895 *B. Andersoni*, John Anderson in: P. zool. Soc. London, p. 662 t. 37 f. 3, 3a (Habitus und Mund der Larve) | 1895 *B. viridis* var. *orientalis*, F. Werner in: Verh. Ges. Wien, *v.* 45 p. 20 | 1896 *B. oblongus*, Nikolski in: Annuaire Mus. St.-Pétersb., *v.* 1 p. 372 | 1897 *B. o.*, Nikolski ibid., *v.* 2 p. 337 t. 19 f. 3 | 1897 *B. Andersonii*, F. Werner in: Zool. Anz., *v.* 20 p. 25 (Beschreib. d. Larve).

Oberkopf ohne Knochenleisten. Vorderkopf kurz, stumpf. Interorbitalraum flach, etwas breiter als ein oberes Augenlid. Trommelfell sehr deutlich, rund, $^2/_3$ so breit wie das Auge. 1. Finger so lang wie oder etwas länger als der 2.; Zehen zu $^1/_2$ bis $^2/_3$ ihrer Länge durch Schwimmhaut verbunden, mit einfachen Subarticularhöckern; 2 mäßig große Metatarsalhöcker und eine Tarsalfalte vorhanden. Bei nach vorn an den Körper angelegtem Hinterbein reicht das Tarsometatarsalgelenk bis zwischen Schulter und Auge. Oberseite mit unregelmäßigen, flachen Warzen besetzt. Parotoïden groß, elliptisch, flach. Oben bräunlich oder olivengrau, dunkel gefleckt oder marmoriert. Unten ungefleckt. L. ?.

♂ mit subgularer Schallblase.

Larve sehr ähnlich derjenigen von *B. viridis*, aber etwas kleiner (Fig. 136) Rumpflänge $^4/_5$ der Schwanzlänge. Rumpfbreite $^3/_5$ der Rumpflänge. Schwanz 4mal so lang wie hoch, am Ende meist zugespitzt. Nasenlöcher gleichweit vom Auge und von der Vorderkopfspitze entfernt und noch um die Hälfte eines Augendurchmessers weiter auseinanderstehend. Entfernung der Augen voneinander gleich ihrem Abstand von der

Fig. 136.
Bufo andersonii. Larve
(nach John Anderson).

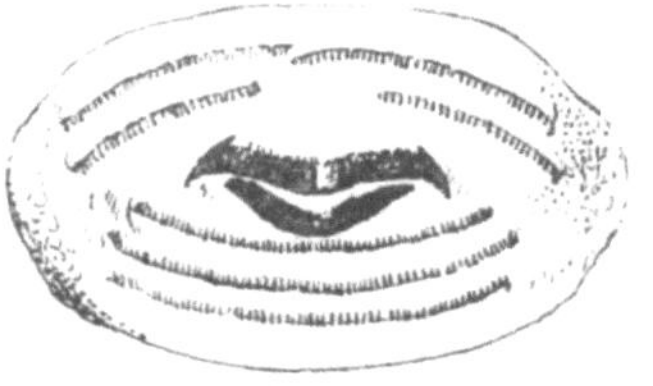

Fig. 137. **Bufo andersonii.**
Mundgegend der Larve (vergr.)
(nach John Anderson).

Vorderkopfspitze. Spiraculum etwas vor der Körpermitte. Untere Zahnreihe der Oberlippe in der Mitte weit unterbrochen, obere Reihe und die 3 Zahnreihen der Unterlippe nicht unterbrochen (Fig. 137). Unterschnabel viel kleiner als der Oberschnabel und fast ganz hinter ihm verborgen. Färbung dunkelgrau, Kehle und Schwanzsaum etwas heller, letzterer dunkel pigmentiert. L. ca. 30 mm.

Vorderindien bis Arabien.

13. **B. pulcher** Blgr. 1875 *Ansonia ornata* (non *Bufo o.*, Spix 1824), Alb. Günther in: P. zool. Soc. London, p. 568 t. 63 f. A. | 1882 *Bufo pulcher*, Boulenger, Cat. Batr. sal. Brit. Mus., ed. 2 p. 288 | 1890 *B. p.*, Boulenger in: Fauna Brit. Ind., Rept. Batr., p. 501.

Körperform schlank. Oberkopf ohne Knochenleisten. Vorderkopf kurz, schräg abgestutzt, mit winkligem Canthus rostralis und senkrecht abfallender Zügelregion. Interorbitalraum etwas breiter als ein oberes Augenlid. Trommelfell deutlich, etwa halb so breit wie das Auge. Finger ziemlich schlank, 1. Finger viel kürzer als der 2.; Zehen kurz, fast völlig durch Schwimmhaut verbunden. Subarticularhöcker einfach, nicht stark vorspringend; Finger- und Zehenspitzen schwach verdickt; 2 nicht sehr vorspringende Metatarsalhöcker vorhanden, keine Tarsalfalte. Bei nach vorn an den Körper angelegtem Hinterbein reicht das Tibiotarsalgelenk zwischen Auge und Vorderkopfspitze. Rücken in seiner vorderen Hälfte feinhöckerig, sonst glatt, Parotoïden fehlen. Schwarz, Oberseite des Kopfes und eine Längslinie in der Rückenmitte gewöhnlich grau, Unterseite mit großen, glänzend gelben Flecken. L. ca. 30 mm.

♂ mit subgularer Schallblase.

Brahmagiri-Hügel (Vorderindien).

14. **B. latastii** Blgr. 1882 *B. l.*, Boulenger, Cat. Batr. sal. Brit. Mus., ed. 2 p. 294 t. 19 f. 2 | 1890 *B. l.*, Boulenger in: Fauna Brit. Ind., Rept. Batr. p. 503.

Oberkopf ohne Knochenleisten. Vorderkopf kurz, stumpf. Interorbitalraum schmaler als ein oberes Augenlid. Trommelfell sehr deutlich, $^1/_2$ so breit wie das Auge. 1. Finger den 2. nicht überragend. Zehen zu $^2/_3$ ihrer Länge durch Schwimmhaut verbunden, mit doppelten Subarticularhöckern; 2 mäßig große Metatarsalhöcker und eine Tarsalfalte vorhanden. Bei nach vorn an den Körper angelegtem Hinterbein reicht das Tarsometatarsalgelenk bis zum Trommelfell, oder bis zum hinteren Augenrand. Oberseite mit unregelmäßigen, flachen, deutlich mit Drüsenporen versehenen Warzen. Parotoïden mäßig groß, nierenförmig. Eine parotoïdenartige Drüse auf dem Unterschenkel. Oben olivenfarbig, schwärzlich gefleckt oder marmoriert. Eine helle Längslinie in der Rückenmitte vorhanden. Unterseite mehr oder weniger dicht schwärzlich gefleckt oder marmoriert. L. ca. 56 mm.

Ladak (Vorderindien).

15. **B. hololius** Gthr. 1875 *B. h.*, Alb. Günther in: P. zool. Soc. London, p. 569 t. 64 f. A. | 1882 *B. h.*, Boulenger, Cat. Batr. sal. Brit. Mus., ed. 2 p. 289 | 1890 *B. h.*, Boulenger in: Fauna Brit. Ind., Rept. Batr. p. 502.

Oberkopf ohne Knochenleisten. Vorderkopf kurz, vorspringend, mit deutlichem Canthus rostralis. Interorbitalraum so breit wie ein oberes Augenlid. Trommelfell sehr deutlich, dicht beim Auge, fast so groß wie dieses. Finger kurz; 1. Finger den 2. etwas überragend. Zehen kurz, nur an der Basis durch Schwimmhaut verbunden. Subarticularhöcker einfach, nicht sehr vorspringend; 2 kleine Metatarsalhöcker, keine Tarsalfalte vorhanden. Bei nach vorn an den Körper angelegtem Hinterbein reicht das Tarsometatarsalgelenk bis zum Auge. Haut glatt, Rücken mit sehr flachen, glatten, mit deutlichen Poren versehenen Drüsenfeldern. Parotoïden flach. Oben olivenfarbig, braun marmoriert, unten ungefleckt. L. 38 mm.

Malabar (Vorderindien).

16. **B. beddomii** Gthr. 1875 *B. b.*, Alb. Günther in: P. zool. Soc. London, p. 569 | 1877 *B. travancoricus*, R. H. Beddome in: P. zool. Soc. London, p. 685 | 1882 *B. beddomii*, Boulenger, Cat. Batr. sal. Brit. Mus., ed. 2 p. 289 t. 19 f. 1 | 1890 *B. b.*, Boulenger in: Fauna Brit. Ind., Rept. Batr. p. 503.

Oberkopf ohne Knochenleisten. Vorderkopf kurz, vorspringend, mit winkligem Canthus rostralis. Interorbitalraum etwas breiter als ein oberes Augenlid.

Trommelfell sehr klein, manchmal undeutlich. 1. Finger den 2. nicht überragend. Zehen fast in ihrer ganzen Länge durch Schwimmhaut verbunden. Subarticularhöcker einfach; 2 kleine Metatarsalhöcker, aber keine Tarsalfalte vorhanden. Bei nach vorn an den Körper angelegtem Hinterbein reicht das Tarsometatarsalgelenk zwischen Auge und Vorderkopfspitze. Oberseite mit rauhen Höckern besetzt; Parotoïden oval, etwa 2 mal so lang wie breit, ziemlich undeutlich. Oben dunkelbraun, mit undeutlichen, schwarzen Flecken; Gliedmaßen schön karminrot marmoriert; Unterseite braun marmoriert. L. 43 mm.

Malabar, Travancore (Vorderindien).

17. **B. kelaartii** Gthr. 1858 *B. k.*, Alb. Günther, Cat. Batr. sal. Brit. Mus., p. 140 t. 10 f. A. | 1860 *Adenomus Badioflavus*, E. D. Cope in: P. Ac. Philad., p. 371 | 1872 *Bufo kandianus*, Alb. Günther in: Ann. nat. Hist., ser. 4 *v.* 9 p. 87 | 1882 *B. kelaartii*, Boulenger, Cat. Batr. sal. Brit. Mus., ed. 2 p. 288 | 1890 *B. k.*, Boulenger in: Fauna Brit. Ind., Rept. Batr. p. 502.

Oberkopf ohne Knochenleisten. Vorderkopf abgerundet oder schwach zugespitzt, mit winkligem Canthus rostralis. Interorbitalraum so breit wie ein oberes Augenlid. Trommelfell klein, ziemlich undeutlich. Finger ziemlich schlank; 1. Finger nicht ganz so lang wie der 2.; Finger- und Zehenspitzen verdickt. Zehen in ihrer ganzen Länge durch Schwimmhaut verbunden, mit einfachen Subarticularhöckern. 2 kleine Metatarsalhöcker vorhanden, aber keine Tarsalfalte. Bei nach vorn an den Körper angelegtem Hinterbein reicht das Tarsometatarsalgelenk bis zwischen Auge und Vorderkopfspitze. Haut mit kleinen Höckern besetzt. Parotoïden sehr schmal und ziemlich langgestreckt. Oben bräunlich, ein helles Querband zwischen den Augen. Unterseite braun gefleckt. L. ? mm.

Ceylon.

18. **B. macrotis** Blgr. 1887 *B. m.*, Boulenger in: Ann. Mus. Genova, ser. 2 *v.* 5 p. 422 t. 4 f. 3.

Oberkopf ohne Knochenleisten. Vorderkopf kurz, abgestutzt. Interorbitalraum flach, so breit wie ein oberes Augenlid. Trommelfell sehr deutlich, ein senkrechtes Oval, dicht bei dem Auge und ebenso breit wie dieses (Fig. 138). 1. Finger etwas länger als der 2.; Zehen kaum zur Hälfte ihrer Länge durch Schwimmhaut verbunden, auf ihrer Unterseite mit unregelmäßigen, dornigen Höckern besetzt, so daß die Subarticularhöcker kaum hervortreten; 2 kleine Metatarsalhöcker vorhanden, keine Tarsalfalte. Bei nach vorn an den Körper angelegtem Hinterbein reicht das Tarsometatarsalgelenk bis zum Trommelfell oder Auge. Oberseite mit rundlichen, verschieden großen Warzen besetzt. Parotoïden vorspringend, fast kreisrund. Oberseite graubraun oder olivenfarben, mit unregelmäßigen, dunkelbraunen Flecken. Oberlippe senkrecht, Gliedmaßen quer gebändert. Unterseite schmutzig weiß, mit dunklen Flecken. L. 37 mm.

Fig. 138. Bufo macrotis (nach Boulenger).

♂ mit brauner Kehle, subgularer Schallblase und schwarzen Brunstschwielen an den beiden ersten Fingern.

Burma.

19. **B. mammatus** Gthr. 1896 *B. m.*, Alb. Günther in: Annuaire Mus. St.-Pétersb., *v.* 1 p. 208.

Oberkopf ohne Knochenleisten. Kopf breit, Vorderkopf stumpf, mit auffallend schwachem Kieferknochen. Interorbitalraum so breit wie ein oberes

Augenlid. Trommelfell klein, völlig unter der Haut verborgen. Finger ziemlich schlank, 1. und 2. fast gleich lang. Zehen nicht ganz zur Hälfte ihrer Länge durch Schwimmhaut verbunden, mit sehr undeutlichen Subarticularhöckern; 1 flacher, elliptischer Metatarsalhöcker vorhanden. Bei nach vorn an den Körper angelegtem Hinterbein reicht das Tibiotarsalgelenk bis zum Auge. Oberseite mit sehr flachen Drüsenwarzen; Parotoïden nicht stärker hervortretend als die übrigen Warzen. Unterseite glatt, aber mit einer weißen oder gelben Drüse an jeder Brustseite, unmittelbar hinter dem Schultergürtel. Beine glatt, Hinterseite des Oberschenkels mit kleinen einfachen Drüsen übersät. Einfarbig schwarz oder dunkelbraun, Drüsenwarzen des Rückens dunkler hervortretend. L. 60 mm.

Kham-Plateau (Prov. Szetschwan, China).

20. **B. penangensis** (Stol.) 1870 *Ansonia p.*, Stoliczka in: J. Asiat. Soc. Bengal, v. 39 p. 152 t. 9 f. 4 (Habitus u. morpholog. Teilbilder) | 1882 *Bufo p.*, Boulenger, Cat. Batr. sal. Brit. Mus., ed. 2 p. 287 | 1899 *B. p.*, S. Flower in: P. zool. Soc. London, p. 908 t. 60 f. 3 (Kaulquappen) | 1912 *B. p.*, Boulenger, Vert. Fauna Malay, Rept. Batr. p. 270.

Fig. 139. **Bufo penangensis.** Habitusbild (nach Stoliczka).

Körperform schlank (Figur 139). Oberkopf ohne Knochenleisten. Vorderkopf schräg abgestutzt, stark vorspringend, mit vertiefter Zügelregion. Interorbitalraum so breit wie ein oberes Augenlid. Trommelfell sehr deutlich, dicht beim Auge, $^1/_2$—$^2/_3$ so breit wie letzteres. Finger ziemlich lang und schlank, mit schwach verdickten Spitzen; 1. Finger kürzer als der 2. Zehen kurz, zu $^1/_2$—$^2/_3$ ihrer Länge durch Schwimmhaut verbunden. Subarticularhöcker fehlend oder nur sehr undeutlich. 2 flache Metatarsalhöcker, keine Tarsalfalte vorhanden. Bei nach vorn an den Körper angelegtem Hinterbein reicht das Tibiotarsalgelenk bis zum Auge oder zwischen Auge und Vorderkopfspitze; Unterschenkel etwa halb so lang wie Kopf und Rumpf zusammen. Oberseite mit kleinen, ungleich großen Warzen besetzt; Unterseite gekörnelt. Parotoïden nicht deutlich hervortretend. Oberseite dunkelbraun, mit gelblichen Flecken oder symmetrischen Zeichnungen und schrägen Querbinden auf den Gliedmaßen. Unten bräunlich, gelb gesprenkelt oder braun marmoriert. L. 40 mm.

♂ mit großer, äußerer Schallblase.

Fig. 140. **Bufo penangensis.** Larve ($^3/_1$) (nach S. Flower).

Larve vom Aussehen der Fig. 140, mit scharf zugespitztem Schwanz, der ventral in seiner ganzen Länge, dorsal nur in seinen hinteren zwei Dritteln einen Flossensaum trägt. Mundbildung wie in Fig. 141; Lippen sehr groß, mit ihnen heften die Larven sich an Gestein an. Oberlippe ohne Papillen, mit 2 Zähnchenreihen, Unterlippe mit Papillen und 3 Zähnchenreihen. Schnabel weiß mit schwarzem Randstreifen am Unterschnabel und je einem schwarzen Flecken an jeder Seite des Oberschnabels. Oben sepiabraun, heller und dunkler gefleckt. L. 34 mm.

Fig. 141. **Bufo penangensis.** Mundgegend der Larve ($^6/_1$) (nach S. Flower).

Hinterindien, Borneo.

21. **B. jerboa** Blgr. 1890 *B. j.*, Boulenger in: P. zool. Soc. London, p. 328 t. 25 f. 3 | 1912 *B. j.*, Boulenger, Vert. Fauna Malay, Rept. Batr. p. 271.

Körperform sehr schlank (Fig. 142). Oberkopf ohne Knochenleisten. Vorderkopf schräg abgestutzt, stark vorspringend, mit senkrechter Zügelregion. Interorbitalraum so breit wie oder etwas schmaler als ein oberes Augenlid. Trommelfell sehr deutlich, dicht beim Auge, $^1/_2$—$^2/_3$ so breit wie letzteres. Finger lang und schlank, an den Spitzen schwach verdickt. 1. Finger so lang wie der 2. oder etwas kürzer. Subarticularhöcker ebenso wie an den Zehen stark vorspringend. Zehen kurz, zu $^1/_3$—$^1/_2$ ihrer Länge durch Schwimmhaut verbunden; 2 kleine, aber vorspringende Metatarsalhöcker und eine Tarsalfalte vorhanden. Bei nach vorn an den Körper angelegtem Hinterbein reicht das Tibiotarsalgelenk weit über die Vorderkopfspitze hinaus; Tibia $^2/_3$ der Kopfrumpflänge erreichend. Oberseite gekörnelt und mit sehr kleinen Warzen besetzt. Parotoïden, wenn überhaupt deutlich hervortretend, sehr schmal. Unterseite gekörnelt. Oben braun, mit dunklen und hellen, oft eine x-förmige Figur vor der Sacralregion bildenden Flecken. Zuweilen ein gelblicher Dorsolateralstreifen vorhanden. Dunkle Binden auf den Gliedmaßen und Lippen. Unten gelblich oder blaßbräunlich, Kehle und Brust mehr oder weniger stark dunkelbraun gefleckt. L. 50 mm.

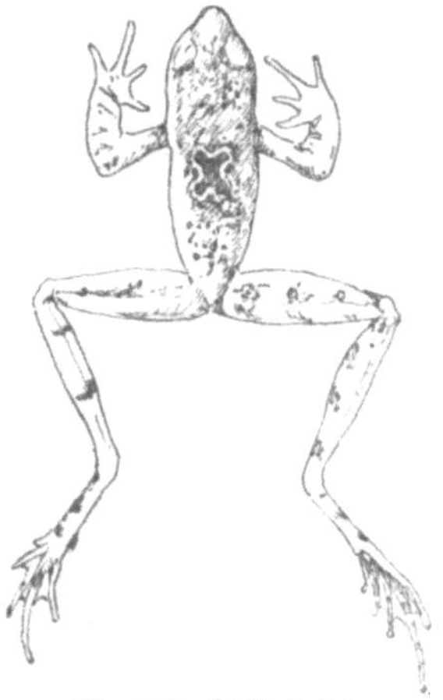

Fig. 142. **Bufo jerboa** (nach Boulenger).

♂ mit innerer Schallblase und braunen Brunstschwielen auf dem ersten Finger.

Malayische Halbinsel und Borneo.

22. **B. spinulifer** Mocq. 1890 *B. s.*, Mocquard in: N. Arch. Mus. Paris, ser. 3 v. 2 p. 160 t. 11 f. 6.

Fig. 143. **Bufo spinulifer** (nach F. Mocquard).

Körperform schlank, mit langen, dünnen Gliedmaßen und kleinem Kopf (Fig. 143). Oberkopf ohne Knochenleisten. Vorderkopf etwas winklig, schräg nach unten und hinten abgestutzt, mit kammartig hervortretendem Canthus rostralis und senkrechter Zügelregion. Interorbitalraum fast doppelt so breit wie ein oberes Augenlid. Trommelfell sehr deutlich, $^1/_2$ so breit wie das Auge. Finger schlank, 1. Finger etwas kürzer als der 2.; Zehen an der Basis durch Schwimmhaut verbunden und wie die Finger an der Spitze schwach verbreitert. Subarticularhöcker fehlen. Ein sehr großer, ovaler, flacher, medialer und ein kleiner, stärker vorspringender, lateraler Metatarsalhöcker vorhanden. Bei nach vorn an den Körper angelegtem Hinterbein reicht das Tibiotarsalgelenk zwischen Auge und Vorderkopfspitze. Oberseite mit großen, ungleichen, manchmal ziemlich regelmäßig in 4 Längsreihen angeordneten Warzen besetzt; die besonders gut entwickelten seitlichen Warzen verschmelzen zu starken Drüsenwülsten, die sich an den Rückenseiten entlang ziehen. Flanken und Oberseite der Gliedmaßen mit rundlichen, ungleichen, deutlich getrennten Höckern besetzt, die ebenso wie die Rückenwarzen in der Mehrzahl eine kleine Hornspitze tragen. Parotoïden fehlen. Unterseite gekörnelt; Kinn und Mundwinkel mit kleinen spitzen Höckern besetzt. Oberseite fast schwarz, mit einem ovalen, graubraunen, mit rosafarbenen Warzen besetzten Längsfleck in der Schultergegend. Bauchseite heller mit weißlich gelber Marmorierung. Gliedmaßen mit blaßkirschfarbenen Flecken oder schmalen, unregelmäßigen Binden. L. 41 mm.

Kina Balu (Borneo).

23. **B. fuligineus** Mocq. 1890 *B. f.*, Mocquard in: N. Arch. Mus. Paris, ser. 3 v. 2 p. 158 t. 11 f. 5.

Körperform mäßig gedrungen, mit ziemlich langen Gliedmaßen. Oberkopf ohne Knochenleisten. Vorderkopf abgerundet mit winkligem Canthus rostralis; Zügelregion schwach vertieft, fast senkrecht abfallend. Interorbitalraum merklich breiter als ein oberes Augenlid. Trommelfell sehr deutlich, halb so breit wie das Auge. 1. Finger merklich kürzer als der 2.; Zehen kurz, die beiden ersten fast völlig, die drei letzten zur Hälfte ihrer Länge durch Schwimmhaut verbunden. Finger und Zehenspitzen etwas verdickt. Subarticularhöcker fehlen; nur ein lateraler, schwacher Metatarsalhöcker ausgebildet. Bei nach vorn an den Körper angelegtem Hinterbein reicht das Tibiotarsalgelenk bis zum Hinterrand des Trommelfells. Oberseite mit ungleich großen Warzen besetzt, ohne Parotoïden, Unterseite gekörnelt. Oberseite einfarbig rußschwarz, Unterseite hellbraun, Gliedmaßen unten schmutzig weiß. L. 38 mm.

♂ mit schwarzen Brunstschwielen auf der Oberseite der beiden ersten Finger.

Nord-Borneo.

24. **B. obscurus** (Barb.) 1904 *Nectes o.*, Barbour in: P. biol. Soc. Washington, v. 17 p. 51 | 1912 *Bufo o.*, Barbour in: Mem. Mus. Harvard, v. 44 p. 75 t. 6 f. 20 | 1914 *Pseudobufo o.*, Nieden in: SB. Ges. Fr. Berlin, p. 370.

Kopf ziemlich klein, mit schrägem, stumpfwinkligem Vorderkopf. Nasenlöcher sehr klein, dorsal- und lateralwärts gerichtet. Oberes Augenlid und Interorbitalraum gleich breit. Trommelfell deutlich, weniger als halb so breit wie das Auge. Finger schlank, 1. Finger nur wenig kürzer als der 2.; Zehen lang und schlank, fast völlig durch Schwimmhaut verbunden. Subarticularhöcker deutlich; 2 große Metatarsalhöcker vorhanden. Bei nach vorn an den Körper angelegtem Hinterbein reicht das Tarsometatarsalgelenk beträchtlich über die Vorderkopfspitze hinaus. Oberseite und Flanken mit runden und kegelförmigen, ungleich großen Warzen besetzt, von denen die größeren deutliche Drüsenporen zeigen und in unregelmäßigen Reihen auf dem Rücken angeordnet sind. Parotoïden sehr klein und undeutlich. Unterseite ungleichmäßig gekörnelt. Oben olivenfarben, unten heller. Hinterbeine dunkel gebändert und gefleckt. L. 90 mm.

Sarawak (Borneo).

25. **B. leptopus** Gthr. 1872 *B. l.* (part.), Alb. Günther in: P. zool. Soc. London, p. 598 | 1882 *B. l.*, Boulenger, Cat. Batr. sal. Brit. Mus., ed. 2 p. 287 t. 18 f. 4.

Körperform schlank, Oberkopf ohne Knochenleisten. Vorderkopf schräg abgestutzt, mit winkligem Canthus rostralis; Zügelregion senkrecht abfallend. Interorbitalraum wenig breiter als ein oberes Augenlid. Trommelfell deutlich, nicht ganz halb so breit wie das Auge. Finger und Zehenspitzen sehr schwach verbreitert; 1. und 2. Finger gleich lang. Zehen durch schwache Schwimmhaut an ihrer Basis verbunden. Subarticularhöcker fehlen; 2 ziemlich undeutliche Metatarsalhöcker, keine Tarsalfalte vorhanden. Bei nach vorn an den Körper angelegtem Hinterbein reicht das Tarsometatarsalgelenk weit über die Vorderkopfspitze hinaus. Haut mit kleinen Warzen und Höckern besetzt, Parotoïden fehlen. Oben braun, rötlich marmoriert, Kehle und Brust schwärzlich. L. 54 mm.

Borneo.

26. **B. sumatranus** Peters 1871 *B. s.*, Peters in: Monber. Ak. Berlin, p. 648 | 1882 *B. s.*, Boulenger, Cat. Batr. sal. Brit. Mus., ed. 2 p. 295.

Oberkopf ohne Knochenleisten. Vorderkopf kurz, mit abgerundeter Spitze, Trommelfell deutlich, $^1/_4$ so breit wie das Auge. Interorbitalraum so breit wie ein oberes Augenlid. 1. und 2. Finger gleich lang. Zehen nur an der Basis durch Schwimmhaut verbunden. Subarticularhöcker doppelt; 2 deutliche Metatarsalhöcker und eine Tarsalfalte vorhanden. Bei nach vorn an den Körper angelegtem Hinterbein reicht das Tarsometatarsalgelenk bis zum Trommelfell. Oberseite dicht gekörnelt und mit größeren, flach konischen Höckern besetzt. Parotoïden oval, doppelt so lang wie breit. Oben graubraun, mit braunen ziemlich symmetrisch angeordneten, dunkelgerandeten Flecken. Unterseite gelb, schwarz gefleckt. Gliedmaßen mit dunklen Querbinden. L. 34 mm.

Sumatra.

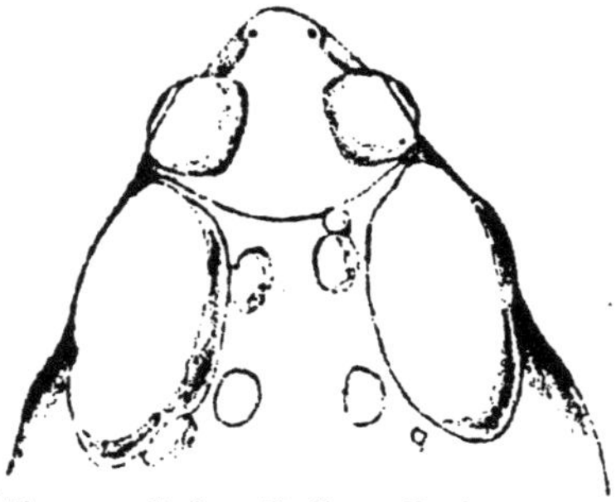

Fig. 144. **Bufo valhallae.** Kopf von oben (nach G. Meade-Waldow).

27. **B. valhallae** G. Meade-Waldo 1909 *B. v.*, G. Meade-Waldo in: P. zool. Soc. London, 1908 p. 786 t. 41 (Habitus, Kopf und Hinterfuß).

Kopf $1^1/_3$—$1^1/_2$ so breit wie lang. Vorderkopf kurz (Fig. 144), stumpf, so lang wie der Augendurchmesser. Nasenlöcher näher beim Auge als bei der Vorderkopfspitze. Interorbitalraum flach, ungefähr so breit wie ein oberes Augenlid; Trommelfell $^2/_3$—$^3/_4$ so breit wie das Auge, sehr deutlich. Finger kurz und stumpf; 1. Finger etwas länger als der 2.; Zehen mäßig lang, etwa zur Hälfte ihrer

Länge durch Schwimmhaut verbunden, mit kleinen, einfachen Subarticularhöckern; 2 kleine Metatarsalhöcker, der mediale größer als der laterale, aber keine Tarsalfalte vorhanden (Fig. 145). Bei nach vorn an den Körper angelegtem Hinterbein reicht das Tarsometatarsalgelenk bis zum Auge. Oberseite mit ineinanderfließenden Runzeln und sehr deutlichen, ungleich großen Poren. Hinter jedem Auge eine stark vorspringende, ovale oder elliptische Parotoïddrüse von $^2/_3$ Kopflänge. Unterseite gleichmäßig gekörnelt. Oberseite olivenbraun, mit schwachen Spuren von dunkler Zeichnung, zuweilen die Medialseite der Parotoïden schwarz gerandet. L. 82 mm.

Fig. 145. **Bufo valhallae.** Linker Hinterfuß von unten (nach G. Meade-Waldo).

Pulo Neh bei Sumatra.

28. **B. cruentatus** Tsch. 1838 *B. c.*, Tschudi, Classif. Batr., p. 52, 88 | 1841 *B. c.*, C. Duméril & G. Bibron, Erpét., *v.* 8 p. 665 | 1858 *B. c.*, Alb. Günther, Cat. Batr. sal. Brit. Mus., p. 62 | 1882 *B. borbonicus* (part.), Boulenger, Cat. Batr. sal. Brit. Mus., ed. 2 p. 286 | 1883 *B. cruentatus*, Horst in: Not. Leyden Mus., *v.* 5 p. 236 | 1912 *B. c.*, Barbour in: Mem. Mus. Harvard, *v.* 44 p. 75 t. 8 f. 34.

Körperform schlank. Oberkopf ohne Knochenleisten. Kopf kurz, dreieckig, mit schräg abgestutztem Vorderkopf, winkligem Canthus rostralis und senkrecht abfallender, schwach vertiefter Zügelregion. Interorbitalraum breiter als ein oberes Augenlid. Trommelfell ziemlich undeutlich, klein. 1. Finger etwas kürzer als der 2.; Zehen zur Hälfte ihrer Länge durch Schwimmhaut verbunden, die an den beiden ersten Zehen bis zu deren Spitze, an den übrigen Zehen bis zum Ende des 1. Gliedes reicht. Subarticularhöcker einfach; Finger und Zehenspitzen schwach verdickt; 2 mäßig große Metatarsalhöcker, keine Tarsalfalte vorhanden. Bei nach vorn an den Körper angelegtem Hinterbein reicht das Tibiotarsalgelenk bis zur Vorderkopfspitze. Haut oben mit kleinen Warzen besetzt, unten glatt oder gekörnelt. Parotoïden vom Auge bis zur Schulter reichend, häufig in zwei Teile zerfallend. Oben schwärzlichbraun, mit weißen Flecken, unten braun marmoriert. L. 33 mm.

Java.

29. **B. montanus** Wern. 1897 *B. m.*, F. Werner in: Zool. Anz., *v.* 20 p. 265.

Körperform schlank. Oberkopf ohne Knochenleisten. Vorderkopf schief nach unten und hinten abgestutzt, mit ziemlich deutlichem, etwas geschweiftem Canthus rostralis. Zügelgegend fast senkrecht abfallend. Interorbitalraum doppelt so breit wie ein oberes Augenlid. Trommelfell unsichtbar. 1. Finger kürzer als der 2.; Zehen meist mit ungefähr halber, 4. Zehe mit $^1/_4$ Schwimmhaut, mit einfachen Subarticularhöckern. 2 deutliche Metatarsalhöcker, keine Tarsalfalte vorhanden. Bei nach vorn an den Körper angelegtem Hinterbein reicht das Tarsometatarsalgelenk bis zur Vorderkopfspitze. Haut glatt, drüsig wie bei *Bufo borbonicus* [gemeint ist wohl *B. cruentatus* Tsch., nr. 28]; jederseits 2 schmale langgestreckte Parotoïddrüsen vorhanden. Oberseite dunkelbraun, mit gelblichen und blutroten, unregelmäßigen Flecken. Unterseite gelbrot, dunkelbraun marmoriert. Kehle vorwiegend braun mit rötlichen Fleckchen. L. 39 mm.

Tjibodas (Java).

30. **B. brevipes** (Peters) 1867 *Hylaplesia b.*, Peters in: Monber. Ak. Berlin, p. 34 | 1882 *Bufo b.*, Boulenger, Cat. Batr. sal. Brit. Mus., ed. 2 p. 287.

Der vorigen Art sehr nahestehend, in folgenden Punkten von ihr abweichend: 1. Finger sehr kurz, die übrigen Finger und die Zehen an den

Spitzen deutlich scheibenförmig verbreitert. Metatarsalhöcker nicht deutlich zu erkennen. Bei nach vorn an den Körper angelegtem Hinterbein reicht das Tibiotarsalgelenk [nicht das Tarsometatarsalgelenk, wie Boulenger l. c. angibt] bis zum Auge. Parotoïden wenig hervortretend. L. 18 mm.

Zamboanga (Philippinen).

31. **B. muelleri** Blgr. 1887 *B. m.*, Boulenger in: Ann. nat. Hist., ser. 5 *v.* 20 p. 52.

Oberkopf ohne Knochenleisten. Vorderkopf kurz, schräg abgestutzt, Zügelregion senkrecht abfallend. Interorbitalraum breiter als ein oberes Augenlid. Trommelfell sehr undeutlich. Finger ziemlich lang, an der Spitze etwas verdickt und abgestutzt; 1. Finger viel kürzer als der 2.; Zehen ziemlich kurz, bis zu den schwach verdickten Spitzen durch Schwimmhaut verbunden. 2 flache und sehr undeutliche Metatarsalhöcker, und eine feine Tarsalfalte vorhanden. Bei nach vorn an den Körper angelegtem Hinterbein reicht das Tibiotarsalgelenk bis zum Vorderrand des Auges. Haut oben fast glatt, unten gekörnelt; keine Parotoïden vorhanden. Oben schwarz, heller marmoriert oder wellig gemustert. Rumpfseiten und Gliedmaßen mit runden, weißen Flecken, Kehle und Bauch braun marmoriert. L. 30 mm.

♂ mit subgularer Schallblase.

Mindanao (Philippinen).

32. **B. mauritanicus** Schl. 1836 *B. arabicus* (non *B. a.*, C. Heyden 1827), P. Gervais in: Ann. Sci. nat., ser. 2 *v.* 6 p. 312 | 1841 *B. pantherinus* (part.), C. Duméril & G. Bibron, Erpét., *v.* 8 p. 687 | 1841 *B. mauritanicus*, Schlegel in: M. Wagner, Reis. Algier, *v.* 3 p. 134 | 1850 *„Le crapaud panthérin"*, Guichenot in: Expl. Algérie, *v.* 5 p. 23 | 1858 *Bufo pantherinus* (part.), Alb. Günther, Cat. Batr. sal. Brit. Mus., p. 59 | 1862 *B. pantherinus*, Strauch in: Mém. Ac. St. Pétersb., ser. 7 *v.* 4 nr. 7 p. 80 | 1880 *B. mauritanicus*, Boulenger in: P. zool. Soc. London, p. 557 t. 51 | 1882 *B. m.*, Boulenger, Cat. Batr. sal. Brit. Mus., ed. 2 p. 298.

Oberkopf ohne Knochenleisten. Vorderkopf kurz, stumpf. Interorbitalraum vertieft, breiter als ein oberes Augenlid. Trommelfell sehr deutlich, ein senkrechtes Oval, dessen größter Durchmesser nicht viel größer ist als der halbe Augendurchmesser. 1. Finger erheblich länger als der 2.; Zehen nur an ihrer Basis durch Schwimmhaut verbunden; Subarticularhöcker doppelt; 2 mäßig große Metatarsalhöcker und eine Tarsalfalte vorhanden. Bei nach vorn an den Körper angelegtem Hinterbein reicht das Tarsometatarsalgelenk beim ♂ bis zur Vorderkopfspitze, beim ♀ bis zum vorderen Augenrand. Oberseite mit flachen, unregelmäßigen, deutlich mit Drüsenporen versehenen Warzen besetzt. Parotoïden groß, flach, elliptisch, fast doppelt so lang wie breit, und so lang wie der Abstand ihres fast an das Auge stoßenden Vorderendes von der Vorderkopfspitze. Oberseite des Unterarmes und Unterschenkels stark warzig, aber ohne parotoïden Drüsenwulst. Oberseite grünlichgelb oder bräunlich, mit großen, dunkelbraunen oder olivenfarbenen, dunkel gerandeten Flecken. Unterseite schmutzig weiß oder gelblich, ungefleckt. Finger und Zehenspitzen rötlichbraun oder schwärzlich. L. 122 mm.

♂ mit subgularer Schallblase, mit schwärzlicher Kehle und mit schwarzen Brunstschwielen auf den 3 ersten Fingern.

Marokko bis Tunis.

33. **B. regularis** Reuss 1823 *B. cinereus* (non *B. c.*, J. G. Schneider 1799), H. Lichtenstein, Verz. Doubl., p. 106 u. 114 | 1827 *„La Grenouille ponctuée"*, E. Geoffroy in: Descr. Egypte, *v.* 11 p. 160 (nota) t. 4 f. 1, 2 | 1833 *Bufo regularis*, Reuss in: Mus. Senckenb., *v.* 1 p. 60 | 1841 *B. pantherinus* (part.), C. Duméril & G. Bibron, Erpét., *v.* 8 p. 687 | 1844 *B. cinereus*, Hallowell in: P. Ac. Philad., *v.* 2 p. 169 | 1845/50 *B. pantherinus*,

Guichenot in: Lefebvre, Voy. Abyss., *v.* 6 Zool. p. 222 t. 4 f. 2 | 1854 *B. maculatus*, Hallowell in: P. Ac. Philad., *v.* 7 p. 101 | 1855 *Rana mosaica*, Seetzen, Reis. Syr., *v.* 3 p. 492 | 1858 *Bufo pantherinus* (part.) + *B. guineensis* (part.), Alb. Günther, Cat. Batr. sal. Brit. Mus., p. 59 | 1867 *B. spinosus*, Bocage in: P. zool. Soc. London, p. 845 | 1878 *B. vulgaris* (part.), Alb. Günther in: P. zool. Soc. London, p. 977 | 1880 *B. regularis*, Boulenger in: P. zool. Soc. London, p. 560 t. 52 | 1882 *B. r.*, Boulenger, Cat. Batr. sal. Brit. Mus., ed. 2 p. 298 | 1884 *B. r.* + *B. mosaicus* + *B. neglectus* (?), Rochebrune, Faune Sénég., Amph. p. 13, 15, 16 t. 2 f. 1,2 t. 3 f. 1 | 1888 *B. regularis* var. *spinosa*, Boettger in: Ber. Senckenb. Ges., p. 100 | 1889 *B. r.*, Héron-Royer & Bambeke in: Arch. Biol., *v.* 9 p. 297 (Beschreibung der Larve) t. 24 f. 7—9 (Mundteile der Larve) | 1892 *B. r.* + *B. r.* var. *spinosa*, Boettger, Kat. Batr. Mus. Senckenb., p. 35 | 1897 *B. garmani*, Meek in: Publ. Field Columb. Mus., Zool. *v.* 1 p. 176 | 1898 *B. regularis*, John Anderson, Zool. Egypt, *v.* 1 Rept. Batr. p. 353 f. 13 t. 50 f. 3 (mit vollständiger Literatur) | 1899 *B. gracilipes*, Boulenger in: Ann. nat. Hist., ser. 7 *v.* 3 p. 276 t. 12 f. 2 | 1905 *B. regularis*, Kormos in: Allatt. Közlem., *v.* 4 p. 100 f. (Beschreibung der Larven) | 1907 *B. r.*, Boulenger in: P. zool. Soc. London, p. 479 t. 21 (Farbenvarietäten).

Oberkopf ohne Knochenleisten. Vorderkopf kurz, ziemlich stumpf. Nasenlöcher in der Mitte zwischen Auge und Vorderkopfspitze. Interorbitalraum flach oder schwach vertieft, so breit wie ein oberes Augenlid. Trommelfell sehr deutlich, ein senkrechtes Oval, so breit wie das Auge oder etwas schmaler. 1. Finger deutlich länger als der 2. Zehen zu $^1/_3$ ihrer Länge durch Schwimmhaut verbunden, mit einfachen Subarticularhöckern; 2 gut entwickelte Metatarsalhöcker und eine Tarsalfalte vorhanden (Fig. 146). Bei nach vorn an den Körper angelegtem Hinterbein reicht das Tarsometatarsalgelenk bis zum Vorderrand des Trommelfells oder bis zum Auge. Oberseite mit unregelmäßigen, flachen, oft Hornspitzen tragenden Warzen besetzt. Parotoïden groß, elliptisch, oft bis zur Schulter- oder Achselhöhe reichend. Die hinter dem Mundwinkel gelegenen Drüsenwarzen verschmelzen in der Regel mehr oder weniger vollständig zu einem großen einheitlichen Drüsenhaufen. Unterseite grob gekörnelt. Färbung gewöhnlich olivenbraun oder olivengrau, mit zahlreichen, mehr oder weniger regelmäßig oder unregelmäßig angeordneten, braunen Flecken. Zuweilen ist eine helle Längslinie in der Rücken-

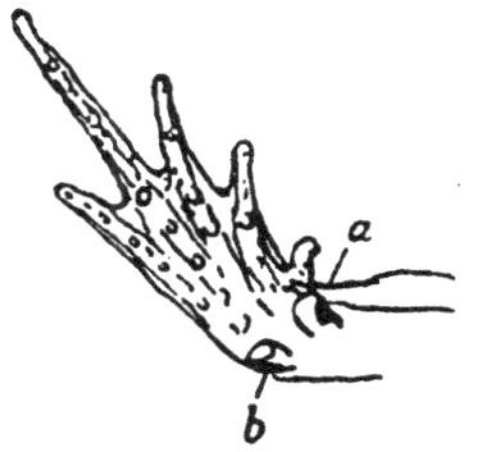

Fig. 146. **Bufo regularis.** Rechter Hinterfuß von unten, *a* medialer, *b* lateraler Metatarsalhöcker.

Fig. 147.

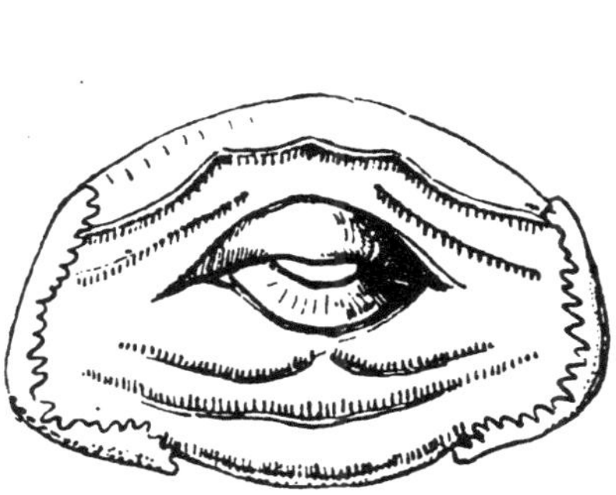

Fig. 148.

Bufo regularis. Fig. 147: Larve von der Bauchseite; Fig. 148: Mundgegend der Larve (vergr.) (beides nach Héron-Royer u. Bambeke).

mitte vorhanden. Oberlippe gewöhnlich braun gebändert. Unterseite weißlich, in der Regel ungefleckt, zuweilen mit großen dunklen Flecken. L. bis 100 mm.

♂ mit subgularen Schallblasen und mit schwärzlichen Brunstschwielen auf den beiden ersten Fingern. — Merkmale der Larve: Nasenlöcher ebenso weit voneinander entfernt wie die Augen. Schwanz mindestens 1½ mal so lang wie der Körper. Bauchseite mit einer vom After aus nach vorn sich bis zum Munde erstreckenden, und hier dessen Breite erreichenden Raphe (s. Fig. 147), Mundbildung wie in Fig. 148. Oberlippe mit je 1 unterbrochenen und 1 durchlaufenden Zähnchenreihe; Unterlippe mit 2 durchlaufenden und 1 unterbrochenen Zähnchenreihe. Oberseite grau, braun gefleckt, Unterseite schmutzig weiß.

Von Ägypten an durch die ganze äthiopische Region verbreitet (fehlt aber auf Madagaskar).

34. **B. pentoni** John Anders. 1893 *B. P.*, John Anderson in: Ann. nat. Hist., ser. 6 *v.* 12 p. 440 | 1898 *B. P.*, John Anderson, Zool. Egypt, *v.* 1 Rept. Batr. p. 355 t. 50 f. 4 | 1906 *B. p.*, F. Werner in: SB. Ak. Wien., *v.* 116 p. 84 | 1908 *B. P.*, Nieden in: Mt. Mus. Berlin, *v.* 3 p. 510.

Oberkopf ohne Knochenleisten. Vorderkopf sehr kurz und breit, Nasenlöcher dicht bei der Vorderkopfspitze. Interorbitalraum flach oder schwach vertieft, so breit wie ein oberes Augenlid. Trommelfell sehr deutlich, etwa $^1/_2$ so breit wie das Auge. 1. Finger gewöhnlich deutlich länger als der 2.; Zehen zu $^2/_3$ ihrer Länge durch Schwimmhaut verbunden, mit kleinen, einfachen Subarticularhöckern, zwei große, hornige Metatarsalhöcker und ein kegelförmiger, gut entwickelter Tarsalhöcker in der Mitte des Tarsus vorhanden (Fig. 149); ferner eine schwache Tarsalfalte. Bei nach vorn an den Körper angelegtem Hinterbein reicht das Tarsometatarsalgelenk bis zum Trommelfell. Haut mit mäßig großen, etwas abgeflachten Warzen besetzt, von denen jede eine in der Größe sehr wechselnde, nicht selten auch völlig fehlende, Hornspitze trägt. Oberseite des Vorderkopfes bei alten Exemplaren mehr oder weniger stark verhornt. Parotoiden groß, oval, nach hinten bis zur Achselgegend oder über diese hinaus reichend. Grundfarbe oliven, mit gelblichem Ton, oben mit unregelmäßigen, mehr oder weniger zusammenfließenden, dunklen Flecken besetzt. Eine dunkle Binde auf jedem Augenlid. Kinn, Unterlippe sowie die Warzen hinter dem Ohr und an den Körperseiten glänzend gelb oder rötlich. Unterseite und mediale Hälfte der Oberseite von Hand und Fuß milchweiß. L. 75 mm.

Fig. 149. **Bufo pentoni.** Rechter Hinterfuß von unten.

♂ mit subgularer Schallblase.

Südarabien bis Nordkamerun.

35. **B. blanfordii** Blgr. 1882 *B. b.*, Boulenger, Cat. Batr. sal. Brit. Mus., ed. 2 p. 301 t. 19 f. 4 | 1897 *B. viridis somalacus*, Meek in: Publ. Field Columb. Mus., Zool. *v.* 1 p. 177.

Oberkopf ohne Knochenleisten. Kopf ziemlich breit. Vorderkopf kurz, abgerundet, mit undeutlichem Canthus rostralis. Interorbitalraum flach, so breit wie ein oberes Augenlid. Trommelfell deutlich, ein senkrechtes Oval, nicht ganz halb so breit wie das Auge. Finger und Zehen mäßig lang; 1. Finger nur wenig den zweiten überragend. Zehen zur Hälfte ihrer Länge durch Schwimmhaut verbunden, mit einfachen Subarticularhöckern; 2 kleine Metatarsalhöcker und eine Tarsalfalte vorhanden. Bei nach vorn an den Körper angelegtem Hinterbein reicht das Tarsometatarsalgelenk beim ♂ bis zum Vorderrand, beim ♀ bis zum Mittelpunkt des Auges. Haut mit kleinen Warzen besetzt. Parotoïden fehlen. Oben olivenfarbig, undeutlich dunkel marmoriert. Eine dunkle Linie zieht von der Vorderkopfspitze durchs Nasenloch zum Auge; Kopfseiten mit einigen großen Flecken. Unterseite ungefleckt. L. 43 mm.

♂ mit subgularer Schallblase.

Abessinien.

36. **B. dodsoni** Blgr. 1895 *B. D.*, Boulenger in: P. zool. Soc. London, p. 540 t. 30 f. 5.

Oberkopf ohne Knochenleisten. Vorderkopf kurz, stumpf. Interorbitalraum so breit wie ein oberes Augenlid. Trommelfell sehr deutlich, $^2/_3$ so breit wie das Auge. 1. Finger beträchtlich länger als der 2.; Zehen zu $^1/_3$ ihrer Länge durch Schwimmhaut verbunden, mit einfachen Subarticularhöckern; 2 mäßig große Metatarsalhöcker sowie eine Tarsalfalte vorhanden. Bei nach vorn an den Körper angelegtem Hinterbein reicht das Tarsometatarsalgelenk bis zum vorderen Augenrand. Oberseite mit zahlreichen, flachen, deutlich mit Drüsenporen ausgestatteten Warzen. Parotoïden oval, flach, so lang wie ihr Abstand vom Vorderrand der Orbita. Oben blaßolivenfarben mit kleinen dunklen Flecken. Ein dunkler Streifen auf dem Canthus rostralis und eine senkrechte dunkle Binde unter dem Auge. Unterseite weiß. L. 53 mm.

♂ mit innerer, subgularer Schallblase.

West-Somaliland.

37. **B. vittatus** Blgr. 1906 *B. v.*, Boulenger in: P. zool. Soc. London, p. 573 f. 98 | 1909 *B. v.*, Andres in: Bl. Aquar. Terrar., *v.* 20 p. 624 f.

Oberkopf ohne Knochenleisten. Vorderkopf kurz, abgerundet, mit deutlichem Canthus rostralis. Interorbitalraum vertieft, schmaler als ein oberes Augenlid. Trommelfell sehr deutlich, dicht beim Auge und fast so breit wie dieses. Finger ziemlich spitz. 1. Finger den 2. nicht überragend; Zehen zu $^1/_3$ ihrer Länge durch Schwimmhaut verbunden, mit einfachen Subarticularhöckern; 2 mäßig große Metatarsalhöcker, aber keine Tarsalfalte vorhanden. Bei nach vorn an den Körper angelegtem Hinterbein reicht das Tarsometatarsalgelenk bis zum Trommelfell. Oberseite mit runden oder ovalen, an den Seiten kegelförmigen, ungleich großen Warzen. Parotoïden schmal, schwach vorspringend, in einzelne Warzen zerfallend. Oben rötlichbraun, mit sechs unterbrochenen, schwarzen Längsstreifen auf dem Rücken und Querbinden auf den Gliedmaßen. Unten blaß ziegelrot, mit großen, grauen Flecken. L. 37 mm.

Entebbe (Uganda), Ägypten.

38. **B. brauni** Nieden 1910 *B. b.*, Nieden in: SB. Ges. Fr. Berlin, p. 450 | 1913 *B. b.*, F. Werner in: Brunnenthaler in: Denk. Ak. Wien, *v.* 88 p. 718 tf. 8.

Oberkopf ohne Knochenleisten. Kopf etwas breiter als lang. Vorderkopf breitgerundet, mit abgestumpfter Spitze, so lang wie der Augendurchmesser, mit nicht sehr scharfem Canthus rostralis. Zügelgegend nur schwach vertieft, schräg abfallend. Nasenloch näher der Vorderkopfspitze als dem Auge. Interorbitalraum breiter als ein oberes Augenlid. Trommelfell deutlich, etwas mehr als $^1/_2$ so breit wie das Auge. 1. Finger beträchtlich länger als der 2.; Subarticularhöcker an Fingern und Zehen deutlich, einfach. Zehen bis zum Ende des 1. Gliedes durch Schwimmhaut verbunden. Ein seitlich schwach zusammengedrückter, stark vorspringender medialer und ein flacher, stumpf kegelförmiger lateraler Metatarsalhöcker sowie eine Tarsalfalte vorhanden. Bei nach vorn an den Körper angelegtem Hinterbein reicht das Tarsometatarsalgelenk bis zum Auge. Drüsenwarzen mäßig stark entwickelt, an den Flanken am stärksten hervortretend. Parotoïden stark hervortretend, ihre helle, allein mit Drüsenporen besetzte Oberseite in einer deutlichen, wenn auch stumpfen Kante von der dunklen, steil abfallenden Parotoïden-Lateralseite abgesetzt. Unterseite grob gekörnelt. Oberseite hellgraubraun bis gelblichbraun, oft mit rötlichem Anflug, Kopfseiten und Flanken dunkler. Vom Auge zieht ein tief dunkelbrauner bis schwarzer Streifen über die Lateralseite der Parotoïden hinweg bis zur Flankenmitte, wo er plötzlich abbricht. Gliedmaßen mit scharfen dunklen Querbinden. Ein heller Streifen vom Unterrand des Auges zur Oberlippe. Unterseite weißlich. Junge Tiere heller als die alten, mit paarigen dunklen Flecken auf dem Rücken. L. 81 mm.

Usambara (Deutsch-Ostafrika).

39. **B. taitanus** Peters 1878 *B. t.*, Peters in: Monber. Ak. Berlin, p. 208 t. 2 f. 9 | 1882 *B. t.*, Boulenger, Cat. Batr. sal. Brit. Mus., ed. 2 p. 305 | 1896 *B. t.*, Boulenger in: Ann. Mus. Genova, ser. 2 *v.* 17 p. 22 | 1911 *B. t.*, L. G. Andersson in: Svenska Ak. Handl., *v.* 47 nr. 6 p. 36 t. 2 f. 5 (Habitus) 7a, b (Hand u. Fuß).

Körperform schlank. Oberkopf ohne Knochenleisten. Vorderkopf ziemlich vorspringend, mit winkligem Canthus rostralis. Interorbitalraum mindestens so breit wie ein oberes Augenlid. Trommelfell unsichtbar. 1. Finger deutlich kürzer als der 2. Finger; Zehen kurz, mit kurzer Schwimmhaut (Fig. 150); 2 kleine, aber deutliche Metatarsalhöcker vorhanden, aber keine Tarsalfalte; Subarticularhöcker doppelt. Bei nach vorn an den Körper angelegtem Hinterbein reicht das Tarsometatarsalgelenk noch nicht ganz bis zum Auge. Oberseite mit meist flachen, rundlichen, an den Kopfseiten und Flanken etwas stärker hervortretenden Warzen besetzt. Parotoïden flach, schmal, langgestreckt. Hand- und Fußsohlen stachelig. Oberseite dunkelgelblichbraun, mit unregelmäßigen, quer- und längsgerichteten, schwarzen Flecken. Gliedmaßen unregelmäßig gebändert, Unterseite gelblichgrau, schwarz marmoriert und gefleckt. L. 32 mm.

Fig. 150. **Bufo taitanus.** Rechter Hinterfuß von unten.

♂ mit innerer Schallblase.

Britisch- und Deutsch-Ostafrika.

40. **B. lönnbergi** L. G. Anderss. 1911 *B. l.*, L. G. Andersson in: Svenska Ak. Handl., *v.* 47 nr. 6 p. 35 t. 2 f. 4, 6 (Habitus, Vorder- und Hinterfuß).

Oberkopf ohne Knochenleisten. Vorderkopf abgerundet, kurz, so lang wie der Augendurchmesser, mit winkligem Canthus rostralis. Interorbitalraum beträchtlich breiter als ein oberes Augenlid. Trommelfell völlig unsichtbar, Finger und Zehen ziemlich lang und schlank, etwas flachgedrückt, namentlich die Zehen, mit schwach entwickelten, einfachen Subarticularhöckern. 1. Finger kürzer als der 2.; Zehen nur an der Basis durch Schwimmhaut verbunden (Fig. 151); 2 kleine Metatarsalhöcker, aber keine Tarsalfalte vorhanden. Bei nach vorn an den Körper angelegtem Hinterbein reicht

Fig. 151. **Bufo lönnbergi.** Rechter Hinterfuß von unten (nach L. G. Andersson).

das Tibiotarsalgelenk bis zwischen Achsel und Auge oder bis zu letzterem. Haut glatt oder mit einigen schwachen Höckern besetzt. Parotoïden schwach vorspringend; schmal, so lang wie oder etwas länger als ihre Entfernung von der Vorderkopfspitze. Unterseite gekörnelt. Fußsohlen nur schwach höckerig. Bei jungen Tieren ist die Haut sehr feinstachelig. ♂ einfarbig olivgrün oder -braun, bis fast schwarz, oder mit undeutlichen, dunklen Flecken auf grünem Grunde. Unterseite einfarbig gelblichweiß. ♀ grau bis schwärzlichbraun, mit einem dunklen, unregelmäßigen Bande vom Nasenloch an oberhalb des Auges hin und am unteren Parotoïdenrande entlang; zuweilen ein dunkles Querband zwischen den Augen und eine schwach angedeutete helle Längslinie in der Rückenmitte. Gliedmaßen schwarz gefleckt; Bauch bläulichschwarz marmoriert. Junge Tiere mit paarig angeordneten schwarzen Flecken auf dem Rücken. L. 35,5 mm.

Britisch-Ostafrika.

41. **B. steindachneri** Pfeff. 1893 *B. S.*, Pfeffer in: Jahrb. Hamburg. Anst., *v.* 10 p. 103 t. 2 f. 8.

Körperform verhältnismäßig sehr schlank. Oberkopf ohne Knochenleisten. Vorderkopf vorspringend, breit abgerundet, mit schwachem Canthus rostralis; Zügelgegend fast senkrecht abfallend. Interorbitalraum flach, etwas schmaler als ein oberes Augenlid. Trommelfell sehr deutlich, nicht ganz $^1/_2$ so breit wie das Auge. Finger und Zehen schlank, mit einfachen, mehr oder weniger stark vorspringenden Subarticularhöckern. 1. Finger etwas kürzer als der 2.; Zehen mit nur sehr schwacher Schwimmhaut; 2 Metatarsalhöcker vorhanden. Bei nach vorn an den Körper angelegtem Hinterbein reicht das Tarsometatarsalgelenk bis zum Vorderrand des Auges. Oberseite mit punktförmigen Gruben; Parotoïden nur mit ihrem Hinterende in der Schultergegend aus dem Körperumriß heraustretend. Unterseite, besonders in der hinteren Hälfte, warzig. Oberseite grau, auf dem Kopfe, auf den Augenlidern beginnend, eine dunkle V förmige, mit der Spitze in den Nacken reichende Figur, an die sich nach hinten eine dunkle rhomboidale Figur anschließt. Raum außerhalb dieser dunklen Figur bis zu einem von den Augen bis zu den Weichen laufenden schwarzen Streifen hellgrau. Beine undeutlich quer gebändert. Bauch mit unregelmäßigen schwarzen Flecken. Kehle dunkel gewölkt. L. etwa 45 mm.

Kihengo (Deutsch-Ostafrika).

42. **B. carens** A. Sm. 1848 *B. c.*, A. Smith, Ill. Zool. S.-Afr., Rept. t. 68 f. 1 | 1849 *Schismaderma lateralis*, A. Smith, ibid. app. p. 28 | 1858 *Schismaderma carens* (part.), Alb. Günther, Cat. Batr. sal. Brit. Mus., p. 138 | 1880 *Bufo c.* (part.), Boulenger in: P. zool. Soc. London, p. 567 | 1882 *B. c.* (part.), Boulenger, Cat. Batr. sal. Brit. Mus., ed. 2 p. 301.

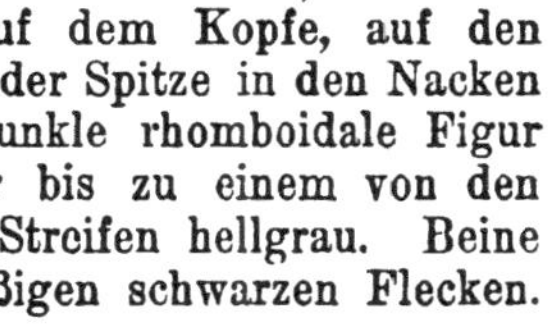

Fig. 152. **Bufo carens** (nach Sternfeld).

Oberkopf ohne Knochenleisten. Vorderkopf kurz abgestutzt. Interorbitalraum breiter als ein oberes Augenlid. Trommelfell sehr deutlich, kreisrund, dicht beim Auge, so groß oder fast so groß wie letzteres (Fig. 152). 1. Finger etwas den 2. überragend; Zehen zur Hälfte ihrer Länge durch Schwimmhaut verbunden. Subarticularhöcker einfach; 2 mäßig große Metatarsalhöcker und eine Tarsalfalte vorhanden. Bei nach vorn an den Körper angelegtem Hinterbein reicht das Tarsometatarsalgelenk beim ♂ bis zum Auge, beim ♀ bis zum

Trommelfell. Oberseite mit unregelmäßigen, flachen, deutlich mit Drüsenporen versehenen Warzen besetzt, die an den Körperseiten eine Längsfalte bilden. Parotoïden undeutlich. Oben olivenfarbig, dunkel gefleckt, eine dunkle Binde zieht vom Augenlid an den Körperseiten entlang bis zu den Weichen; unten weißlich, schwärzlich gefleckt. L. 81 mm.

♂ mit subgularer Schallblase.

Ost- und Südafrika.

43. **B. vertebralis** A. Sm. 1848 *B. v.*, A. Smith, Ill. Zool. S.-Afr., Rept. t. 68 f. 2 | 1858 *Schismaderma carens* (part.), Alb. Günther, Cat. Batr. sal. Brit. Mus., p. 138 | 1880 *Bufo c.* (part.), Boulenger in: P. zool. Soc. London, p. 567 | 1882 *B. c.* (part.), Boulenger, Cat. Batr. sal. Brit. Mus., ed. 2 p. 301 | 1905 *B. vertebralis*, Boulenger in: P. zool. Soc. London, pars 2 p. 250.

Lange Zeit irrtümlich für ein junges Tier der vorigen Art gehalten, unterscheidet sich aber von ihr in folgenden Punkten: Trommelfell nur $^3/_4$ so breit wie der Augendurchmesser, Subarticularhöcker doppelt, Tarsalfalte fehlt; Beine kürzer. Parotoïden undeutlich flach, in Teilstücke zerfallend. In der Mitte des Vorderrückens ein dreieckiger oder rhomboidaler weißer Fleck vorhanden. Bauch stets schwarz gefleckt. L. 35 mm.

♂ mit innerer Schallblase.

Südafrika.

44. **B. angusticeps** A. Sm. 1841 *B. pantherinus* (part.), C. Duméril & G. Bibron, Erpét., *v.* 8 p. 687 | 1848 *B. angusticeps* + *B. gariepensis*, A. Smith, Ill. Zool. S.-Afr., t. 69 f. 1, 2 | 1880 *B. angusticeps*, Boulenger in: P. zool. Soc. London, p. 564 | 1882 *B. a.*, Boulenger, Cat. Batr. sal. Brit. Mus., ed. 2 p. 300.

Oberkopf ohne Knochenleisten. Vorderkopf kurz, stumpf. Interorbitalraum schmaler als ein oberes Augenlid. Trommelfell deutlich, etwa $^1/_3$ so breit wie das Auge. Finger und Zehen kurz, mit in der Regel einfachen, selten doppelten Subarticularhöckern. 1. Finger den 2. nicht überragend; Zehen nur an der Basis durch Schwimmhaut verbunden. 2 mäßig große Metatarsalhöcker und eine mehr oder weniger deutliche, nur ausnahmsweise undeutliche Tarsalfalte vorhanden. Bei nach vorn an den Körper angelegtem Hinterbein reicht das Tarsometatarsalgelenk beim ♂ bis zum hinteren Augenrand, beim ♀ bis zum Trommelfell. Oberseite mit unregelmäßigen, flachen, mit deutlichen Drüsenporen versehenen Warzen besetzt. Parotoïden gewöhnlich klein, flach, elliptisch oder annähernd oval. Bauchseite fast völlig glatt. Oben braun oder olivenfarben, dunkler gefleckt oder marmoriert; in der Regel ist eine gelbliche Längslinie in der Rückenmitte vorhanden. Unterseite gewöhnlich ungefleckt. L. 61 mm.

♂ mit subgularer Schallblase.

Südafrika.

45. **B. granti** Blgr. 1896 *B. tuberculosus* (non *B. t.* Risso 1826), Bocage in: J. Ac. Lisboa, ser. 2 *v.* 4 p. 119 | 1903 *B. granti*, Boulenger in: Ann. nat. Hist., ser. 7 *v.* 12 p. 215 t. 16 | 1914 *B. g.*, Nieden in: SB. Ges. Fr. Berlin, p. 368.

Oberkopf ohne Knochenleisten. Vorderkopf kurz, abgerundet. Nasenlöcher näher beim Auge als bei der Vorderkopfspitze. Interorbitalraum flach, schmaler als ein oberes Augenlid. Trommelfell sehr deutlich, kreisrund, etwas mehr als $^1/_2$ so breit wie das Auge (Fig. 153). Finger kurz und dick; 1. Finger kaum etwas länger als der 2. Zehen mit nur kurzer, aber als schmaler Hautsaum bis zu den Zehenspitzen reichender Schwimmhaut.

Subarticularhöcker an Fingern und Zehen einfach. Ein kegelförmiger, lateraler und ein schmaler gestreckter, medialer Metatarsalhöcker vorhanden, sowie eine deutliche Tarsalfalte. Bei nach vorn an den Körper angelegtem Hinterbein reicht das Tarsometatarsalgelenk bis zum Trommelfell. Oberseite des Kopfes und Rückenmitte gekörnelt und mit rundlichen Warzen besetzt. Flanken, Hinterrücken sowie Lateralseite von Arm und Schenkeln mit stärker entwickelten, mehr gestreckten Warzen. Unterseite mehr oder weniger stark gekörnelt. Parotoïden vorspringend, elliptisch, 2mal so lang wie breit. Färbung blaßascholivenfarben, mit mehr oder weniger deutlichen, bräunlichen Flecken auf Kopf und Rumpf und gleichfarbigen Binden auf den Gliedmaßen. Unterseite gelblichweiß, ohne Flecken. L. 90 mm.

Fig. 153. **Bufo granti** (nach Boulenger).

Südafrika.

46. **B. anotis** Blgr. 1907 *B. a.*, Boulenger in: Ann. nat. Hist., ser. 7 *v.* 20 p. 48 t. 3.

Oberkopf ohne Knochenleisten. Kopf so lang wie breit. Vorderkopf zugespitzt, vorspringend, mit deutlichem Canthus rostralis. Zügelregion fast senkrecht abfallend, vertieft. Interorbitalraum flach, etwas breiter als ein oberes Augenlid (Fig. 154). Trommelfell unsichtbar; Tubae Eustachii fehlen. Finger kurz, stumpf, mit deutlichen, doppelten Subarticularhöckern; 1. und 2. Finger gleich lang. Zehen kurz, zu $^1/_3$ ihrer Länge durch schwach gekörnelte Schwimmhaut verbunden; 4. Zehe mit stark vorspringenden, doppelten Subarticularhöckern. 2 rundliche, annähernd kegelförmige Metatarsalhöcker, aber keine Tarsalfalte vorhanden. Bei nach vorn an den Körper angelegtem Hinterbein reicht das Tibiotarsalgelenk bis zum Hinterrand des Auges. Ober- und Unterseite mit kleinen, glatten Warzen besetzt. Parotoïden sehr groß, mäßig stark vorspringend, aber scharf begrenzt, nur etwas länger als breit, an den Rumpfseiten bis zur Armwurzel herabreichend. Oberseite braun mit schwärzlichen Kopf- und Rumpfseiten, oder oben völlig schwärzlich; Beine, wenn hell gefärbt, mit schwärzlichen Querbinden. Unterseite gelb, Brust schwarz gesprenkelt. L. 40 mm.

♂ ohne Schallblase.

Fig. 154. **Bufo anotis** (nach Boulenger).

Maschonaland.

47. **B. fenoulheti** J. Hewitt & Meth. 1912 *B. F.*, J. Hewitt & P. A. Methuen in: Tr. R. Soc. S.-Afr., *v.* 3 p. 108.

Oberkopf ohne Knochenleisten. Kopf breiter als lang. Vorderkopf dreieckig, schwach vorspringend, mit wenig deutlichem Canthus rostralis. Interorbitalraum flach. Trommelfell deutlich, etwa $^1/_2$ so breit wie das Auge oder etwas breiter. 1. Finger nur sehr wenig länger als der 2. oder fast ebenso lang; Subarticularhöcker an den Fingern meist doppelt, ebenso an der 4., zuweilen auch an der 5. (u. 3?) Zehe. Zehen zu etwa $^1/_3$ ihrer

Länge durch Schwimmhaut verbunden. 2 Metatarsalhöcker vorhanden, aber nicht oder kaum größer als die sonst noch auf der Unterseite des Fußes vorhandenen zahlreichen Höcker; keine Tarsalfalte. Bei nach vorn an den Körper angelegtem Hinterbein reicht das Tarsometatarsalgelenk bis zum Hinterrand des Auges. Oberseite mit zahlreichen, kleinen, runden, dicht gedrängten, etwas blasenartigen Warzen besetzt, von denen jede 1 oder mehrere kleine Dornen trägt. Parotoïden flach und breit, nierenförmig. Unterseite des Rumpfes fast glatt gefurcht, aber nicht gekörnelt. Oberseite mit mehr oder weniger symmetrisch angeordneten, unscharf begrenzten, dunkelbraunen Flecken auf hellbrauner oder grauer Grundfarbe. Eine dunkle Querbinde zwischen den Augen, davor und dahinter je ein helles Feld. L. 38 mm.

Transvaal.

48. **B. funereus** Boc. 1866 *B. f.*, Bocage in: J. Ac. Lisboa, *v.* 1 p. 56, 77 | 1882 *B. f.* + *benguelensis*, Boulenger, Cat. Batr. sal. Brit. Mus., ed. 2 p. 281, 299, 475 t. 19 f. 3 | 1882 *B. funereus*, Bocage in: J. Ac. Lisboa, *v.* 8 p. 303 | 1895 *B. f.*, Bocage, Herpét. Angola, p. 186.

Oberkopf ohne Knochenleisten. Vorderkopf kurz, abgerundet. Nasenlöcher näher bei der Vorderkopfspitze als beim Auge. Interorbitalraum flach oder leicht vertieft. Trommelfell elliptisch, $^1/_2$ so breit wie das obere Augenlid. Finger schlank; 1. Finger etwas länger als der 2.; Zehen kurz, nur an ihrer Basis durch Schwimmhaut verbunden. Subarticularhöcker einfach. An Stelle der Tarsalfalte eine Reihe vorspringender, stacheliger Höcker ausgebildet. Metatarsalhöcker? Bei nach vorn an den Körper angelegtem Hinterbein reicht das Tibiotarsalgelenk bis zum Trommelfell. Oberseite gekörnelt und mit großen, stacheligen Warzen besetzt. Parotoïden lang oval, hinten verschmälert, parallellaufend (Fig. 155); Unterseite gekörnelt. Oberseite schwärzlich oder braun, einfarbig oder mit dunkleren, symmetrischen Flecken. Unterseite blaßbraun, Kehle manchmal schwärzlich. Manche Exemplare besitzen einen gelben Stirnfleck zwischen den Augen und eine helle Längslinie in der Rückenmitte. L. 51 mm.

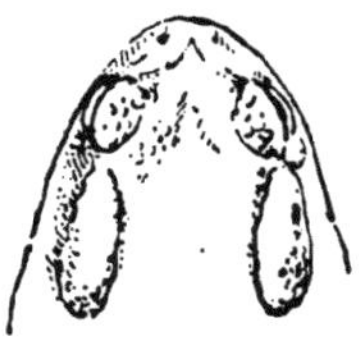

Fig. 155. **Bufo funereus.** Kopf von oben (nach Boulenger).

Angola (Westafrika).

49. **B. dombensis** Boc. 1895 *B. d.*, Bocage in: J. Ac. Lisboa, ser. 2 *v.* 4 p. 50.

Oberkopf ohne Knochenleisten. Kopf verhältnismäßig schmal, dreieckig. Vorderkopf kurz, etwas zugespitzt, mit rundlichem, aber vorspringendem Canthus rostralis. Interorbitalraum flach, etwas schmaler als ein oberes Augenlid. Trommelfell sehr deutlich, kreisrund, dicht beim Auge und etwas weniger als $^1/_2$ so breit wie dieses. Finger und Zehen kurz, mit doppelten oder teils einfachen, teils doppelten Subarticularhöckern. 1. Finger kaum den 2. überragend. Zehen nur an der Basis durch Schwimmhaut verbunden; 2 Metatarsalhöcker, aber keine Tarsalfalte vorhanden. Bei nach vorn an den Körper angelegtem Hinterbein reicht das Tarsometatarsalgelenk beim ♂ bis über den Vorderrand des Auges hinaus, beim ♀ kaum bis zum Vorderrand des Trommelfells. Oberseite des Kopfes spärlich gekörnelt, Rumpf und Gliedmaßen mit ungleich großen Warzen besetzt, die manchmal kleine bräunliche Stacheln tragen. Unterseite in der hinteren Bauchhälfte und auf der Unterseite und Hinterseite der Schenkel und Arme stark gekörnelt, sonst glatt. Parotoïden etwas flach gedrückt, langgestreckt, vorn breit und abgerundet, hinten schmaler, vom Augenlid bis zum Trommelfell reichend. Oberseite blaßgelblich, mit unregelmäßigen aschbraunen oder hellrötlichbraunen, mehr oder weniger zusammenfließenden Flecken, die auf den Gliedmaßen schärfere Binden bilden. Keine helle Längslinie in der Rückenmitte. Unterseite einfarbig blaßgelblich. L. 41 mm.

Dombe (Portugiesisch-Westafrika).

50. **B. lemairii** Blgr. 1901 *B. L.*, Boulenger in: Ann. Mus. Congo, Zool. *v.* 2 p. 1 t. 1 f. 1.

Oberkopf ohne Knochenleisten. Kopf etwas breiter als lang. Vorderkopf spitz, stark über die Unterlippe vorspringend, mit deutlichem Canthus rostralis und sehr schräg abfallender, vertiefter Zügelregion. Nasenloch gleich weit vom Auge und von der Vorderkopfspitze entfernt. Interorbitalraum etwas vertieft und ein wenig schmaler als ein oberes Augenlid. Trommelfell sehr deutlich, kreisrund, dicht beim Auge, etwas größer als dieses. Finger und Zehen lang und dünn, stumpf zugespitzt, mit einfachen, stark vorspringenden Subarticularhöckern. 1. Finger kaum länger als der 2.; Zehen nur an der Basis durch Schwimmhaut verbunden; 2 kleine, stumpfe Metatarsalhöcker und eine Tarsalfalte vorhanden (Fig. 156). Bei nach vorn an den Körper angelegtem Hinterbein reicht das Tarsometatarsalgelenk bis zum Vorderrand des Auges. Haut überall gekörnelt, auf der Unterseite dichter und gleichmäßiger als auf der Oberseite. Eine starke Drüsenfalte verläuft vom Mundwinkel aus nach hinten, parallel mit den stark vorspringenden, schmalen Parotoïden, die so lang sind wie ihr Abstand von der Vorderkopfspitze. Oberseite olivenbraun mit schwarzen, paarig angeordneten Flecken und einer hellen Längslinie in der Rückenmitte. Gliedmaßen mit schwärzlichen Querbinden. Hinterseite der Schenkel dunkelbraun genetzt; Unterseite einfarbig weiß. L. 54 mm.

Fig. 156. **Bufo lemairii.** Rechter Hinterfuß von unten (nach Boulenger).

Meru-See (Kongogebiet).

51. **B. superciliaris** Blgr. 1887 *B. s.*, Boulenger in: P. zool. Soc. London, p. 565 | 1897 *B. laevissimus* + *B. superciliosus* [pro *superciliaris*], F. Werner in: SB. Ak. München, *v.* 27 p. 212, 214 | 1898 *B. laevissimus*, F. Werner in: Verh. Ges. Wien, *v.* 48 p. 202 t. 2 f. 1.

Oberkopf ohne Knochenleisten. Vorderkopf sehr kurz, mit deutlichem Canthus rostralis. Kopfseiten fast senkrecht abfallend. Oberes Augenlid mit vorspringendem, winkeligem, mehr oder weniger deutlich in einen dreieckigen Zipfel ausgezogenem Rand; Interorbitalraum flach, etwas schmaler als ein oberes Augenlid. Trommelfell nicht sehr deutlich, $^1/_2$ bis $^3/_4$ so breit wie der Augendurchmesser. 1. Finger beträchtlich länger als der 2.; Zehen kurz, nur durch kurze Schwimmhaut an ihrer Basis verbunden. Subarticularhöcker einfach; 2 mäßig große, flache Metatarsalhöcker vorhanden, aber keine Tarsalfalte. Bei nach vorn an den Körper angelegtem Hinterbein reicht das Tibiotarsalgelenk bis zum Mundwinkel. Oberseite glatt, oder nur mit wenigen Warzen besetzt. Parotoïden groß, stark vorgewölbt, mindestens so lang wie ihr Abstand von der Vorderkopfspitze, nach hinten zugespitzt und sich in einer bis zur Flankenmitte reichenden, drüsigen Dorsolateralfalte fortsetzend. Unterseite stark gekörnelt, auf dem Bauch und der Unterseite der Oberschenkel auch mit flachen Warzen besetzt. Oberseite hell- oder gelblichbraun, bei jungen Tieren heller, bei alten dunkler, stets von den viel dunkleren, schokoladen- bis schwarzbraunen Kopf- und Rumpfseitenstreifen scharf abgesetzt durch einen feinen, hellen Saum, der über den Canthus rostralis, den freien Rand des oberen Augenlides, die Parotoïden und die Dorsolateralfalte verläuft. Auf dem Rücken, namentlich bei jüngeren Tieren, häufig paarig angeordnete, schwarze Flecke. Gliedmaßen oben grau oder braun, mit scharfen, dunklen Querbinden, die am Hinterfuß, Tarsus und der Medialseite des Unterschenkels mit hellen Querbinden abwechseln. Hinterseite der Schenkel und Flanken glänzend karminrot. Unterseite grau, weiß gesprenkelt. Unterkiefer hell gerandet. L. 150 mm.

Gabun und Kamerun.

52. **B. buchneri** Peters 1882 *B. b.*, Peters in: SB. Ges. Fr. Berlin, p. 147 | 1903 *B. Decorsei*, F. Mocquard in: Bull. Mus. Paris, *v.* 9 p. 214.

Oberkopf ohne Knochenleisten. Vorderkopf stumpf, so lang wie der Augendurchmesser, mit deutlichem Canthus rostralis. Zügelregion schwach vertieft. Interorbitalraum 1—1 $^1/_2$ mal so breit wie ein oberes Augenlid. Trommelfell sehr deutlich, etwas höher als breit, $^1/_2$—$^3/_4$ so breit wie das Auge. Finger ziemlich lang; 1. Finger etwas kürzer als der 2.; Zehen zur Hälfte ihrer Länge durch Schwimmhaut verbunden, die 3 letzten Phalangen der 4. Zehe freibleibend. Subarticularhöcker einfach, 2 mäßig starke Metatarsalhöcker vorhanden, keine Tarsalfalte, an deren Stelle eine mehr oder weniger deutliche Reihe kleiner Höcker ausgebildet ist. Bei nach vorn an den Körper angelegtem Hinterbein reicht das Tarsometatarsalgelenk bis zum hinteren Augenrand. Oberseite mit ungleich großen, dicht gedrängten, kegelförmigen Warzen besetzt, die auf den Flanken am schwächsten, auf den Unterschenkeln am besten ausgebildet sind. Unterseite stark gekörnelt. Parotoïden schmal, wenig vorspringend, so lang wie ihr Abstand von der Vorderkopfspitze. Oben gelblichbraun, mit mehreren Paar schräg stehender, dunkler Flecke, die teils nach vorn, teils nach hinten konvergieren. Oberlippe mit 3 großen dunklen Flecken und einer dunklen, vom Lippenrande zu den Nasenlöchern aufsteigenden und den Canthus rostralis entlang ziehenden Binde. Unterseite einfarbig schmutzig braungelb. Gliedmaßen mit dunklen Querbinden. L. 48 mm.

Kongogebiet.

53. **B. tuberosus** Gthr. 1858 *B. t.*, Alb. Günther, Cat. Batr. sal. Brit. Mus., p. 60 t. 3 f. C | 1880 *B. t.*, Boulenger in: P. zool. Soc. London, p. 572 | 1882 *B. t.*, Boulenger, Cat. Batr. sal. Brit. Mus., ed. 2 p. 304.

Oberkopf ohne Knochenleisten. Vorderkopf kurz, vorspringend, schräg abgestutzt. Interorbitalraum schwach vertieft, etwa so breit wie ein oberes Augenlid. Trommelfell deutlich, ungefähr $^1/_2$ so breit wie das Auge. Finger schlank; 1. Finger viel länger als der 2.; Zehen ziemlich kurz, an der Basis durch Schwimmhaut verbunden. Subarticularhöcker sehr groß und vorspringend, einfach; 2 mäßig große Metatarsalhöcker, keine Tarsalfalte vorhanden. Bei nach vorn an den Körper angelegtem Hinterbein reicht das Tarsometatarsalgelenk beim ♂ bis zur Vorderkopfspitze, beim ♀ bis zwischen Auge und Nasenloch. Oberseite mit stark vorspringenden dornigen, nur mit undeutlichen Drüsenporen versehenen Warzen besetzt. Parotoïden sehr stark knollenförmig vorspringend, oval, schräg gestellt, rauh; Unterseite mehr oder weniger fein gekörnelt. Oben einfarbig braun, unten heller, einfarbig oder mit undeutlichen Flecken. L. 71 mm.

♂ ohne Schallblase.

Westafrika (Gabun, Kamerun, Fernando Po).

54. **B. polycerus** Wern. 1897 *B. p.*, F. Werner in: SB. Ak. München, *v.* 27 p. 211 | 1900 *B. latifrons*, Boulenger in: P. zool. Soc. London, p. 436 t. 27 f. 1 | 1908 *B. l.*, Nieden in: Mt. Mus. Berlin, *v.* 3 p. 508 | 1913 *B. polycerus*, F. Werner in: Brunnenthaler in: Denk. Ak. Wien, *v.* 88 p. 719.

Oberkopf ohne Knochenleisten. Vorderkopf nicht länger als der Augendurchmesser, vorn senkrecht abfallend. Interorbitalraum wenig vertieft, breiter als ein oberes Augenlid. Trommelfell sehr deutlich, $^2/_3$ so breit wie das Auge. Finger und Zehen mit einfachen vorspringenden Subarticularhöckern; 1. Finger den 2. deutlich überragend. Schwimmhaut an der 4. Zehe vier, an der 3. und 5. Zehe 2 Glieder freilassend; 2 mäßig große Metatarsalhöcker sowie eine Tarsalfalte vorhanden. Bei nach vorn an den Körper angelegtem Hinterbein reicht das Tarsometatarsalgelenk bis zur Schulter oder bis zum Auge. Oberseite ganz mit spitzen Warzen besetzt, die auf dem oberen Augenlid und an den Rumpfseiten besonders hervortreten; eine Kette von Einzelwarzen zieht im Bogen vom Mundwinkel bis zum Hinterende der Parotoïden, letztere ziemlich deutlich, langgestreckt, über dem Trommelfell. Unterseite fein gerunzelt, mit zahlreichen flachen Warzen auf dem Bauche. Oben graubraun, mit gelber, scharf ausgeprägter Längslinie in der Rückenmitte und mit je einem Paar symmetrischer, dunkler Flecke zwischen den Augen, den Parotoïden und in der Sacralgegend. Oberlippe mit 3 größeren, dunklen Flecken jederseits. Gliedmaßen deutlich dunkel gebändert. Körperseiten dunkelbraun marmoriert. Unterseite hellbräunlich. Unterkieferrand dunkel gefleckt. L. 75 mm.

Westafrika (Kongogebiet, Gabun, Kamerun).

55. **B. preussi** Mtsch. 1893 *B. p.*, Matschie in: SB. Ges. Fr. Berlin, p. 175 | 1898 *Atelopus africanus*, F. Werner in: Verh. Ges. Wien, *v.* 48 p. 201.

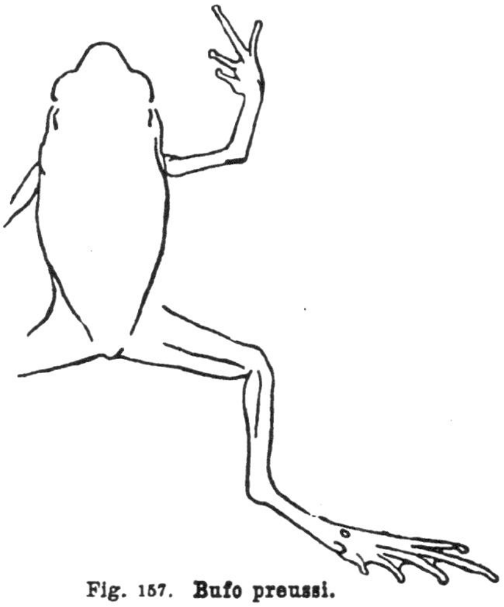

Fig. 157. **Bufo preussi.**

Oberkopf ohne Knochenleisten. Vorderkopf länger als der Augendurchmesser; Zügelregion nahezu senkrecht abfallend. Interorbitalraum etwa so breit wie das obere Augenlid; Trommelfell kaum sichtbar. 1. Finger kürzer als der 2. (Fig. 157). Zehen nur an der Basis durch Schwimmhaut verbunden. Subarticularhöcker einfach, kaum hervortretend; 2 schwach hervortretende

Metatarsalhöcker vorhanden, auch eine Tarsalfalte. Bei nach vorn an den Körper angelegtem Hinterbein reicht das Tibiotarsalgelenk bis zur Spitze des Unterkiefers. Haut glatt, mit sehr kleinen Vertiefungen. Parotoïden undeutlich, lang, setzen sich in einer Seitendrüsenfalte fort. Oberseite dunkelbraun mit roter Binde vom hinteren Rande des Auges bis zu den Weichen. Unterseite dunkelbraun mit zahlreichen hellen Punkten und Flecken. L. 45 mm.

Buea (Kamerun).

56. **B. chevalieri** Mocq. 1908 *B. c.*, F. Mocquard in: Bull. Mus. Paris, *v.* 14 p. 262.

Oberkopf ohne Knochenleisten, flach. Vorderkopf stumpf, leicht abgestutzt, so lang wie der Augendurchmesser, mit ziemlich deutlichem Canthus rostralis. Nasenloch etwas näher bei der Vorderkopfspitze als beim Auge. Zügelregion flach, vorn kaum merklich vertieft. Interorbitalraum mindestens so breit wie ein oberes Augenlid. Trommelfell deutlich, ein senkrechtes Oval, $^1/_3$ so breit wie der Augendurchmesser. Gliedmaßen sehr schlank; Finger lang, an der Spitze verdickt; 1. Finger länger als der 2.; die 2 ersten Zehen zu $^3/_4$, 3. und 5. Zehe kaum zur Hälfte ihrer Länge, 4. Zehe nur an der Basis mit Schwimmhaut versehen. Subarticularhöcker einfach, klein, wenig vorspringend; ein medialer, stark vorspringender und ein lateraler, flacherer, rundlicher Metatarsalhöcker vorhanden, aber keine Tarsalfalte. Bei nach vorn an den Körper angelegtem Hinterbein reicht das Tarsometatarsalgelenk bis zum vorderen Augenrand. Haut ganz glatt. Parotoïden gut entwickelt, ziemlich stark vorspringend, lateralwärts gekrümmt, lang, an den Enden sich zuspitzend, also die Gestalt breiter Spindeln besitzend. Oben braun, auf dem Hinterrücken, den Gliedmaßen, den Vorderkopfseiten und der vorderen Flankenhälfte dunkler; Unterseite viel heller. L. 37 mm.

Westafrika (Elfenbeinküste).

57. **B. boreas** Sp. Baird & Girard 1852 *B. b.*, Sp. Baird & C. Girard in: P. Ac. Philad., *v.* 6 p. 174 | 1854 *B. b.*, C. Girard in: P. Ac. Philad., *v.* 7 p. 87 | 1858 *B. b.*, C. Girard in: U. S. expl. Exp., Herpet. p. 74 t. 6 f. 4—9 (Habitus, Kopf, Füße) | 1882 *B. b.* (part.), Boulenger, Cat. Batr. sal. Brit. Mus., ed. 2 p. 296 f. (Hinterfuß) | 1889 *B. columbiensis* (part.), E. D. Cope in: Bull. U. S. Mus., *v.* 34 p. 267 f. 63 (?) (Kopf, Mundhöhle, Füße) | 1906 *B. boreas*, M. Dickerson, Frog Book, p. 115 f. 131—133.

Oberkopf ohne Knochenleisten. Vorderkopf rundlich, nach allen Seiten schräg abfallend, so lang wie oder länger als der Augendurchmesser. Interorbitalraum so breit wie oberes Augenlid. Trommelfell klein, weniger als

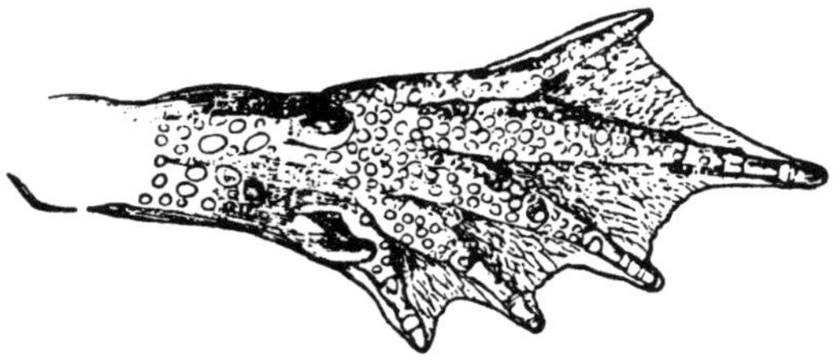

Fig. 158. **Bufo boreas.** Rechter Hinterfuß von unten (nach Boulenger).

$^1/_2$ so breit wie das Auge. Finger und Zehen flach, spitz endigend. 1. Finger länger als der 2.; Zehen bis an ihrer Spitze durch Schwimmhaut verbunden (Fig. 158); Subarticularhöcker doppelt; 2 mäßig große Metatarsalhöcker und eine Tarsalfalte vorhanden. Bei nach vorn an den Körper angelegtem Hinterbein reicht das Tarsometatarsalgelenk beim ♂ bis zum Nasenloch, beim ♀ bis zum Trommelfell oder Auge. Oberseite mit großen, durch höckrige oder glatte Zwischenräume getrennten Warzen besetzt, die eine deutliche Neigung zur Anordnung in Längsreihen erkennen lassen. Kopfseiten, Oberseite des Vorderbeines, des ganzen Fußes, teilweise auch die des Unterschenkels und Tarsus sind glatt. Parotoïden mäßig groß, annähernd nierenförmig, dicht hinter den Augen. Unterseite warzig, Oberseite auf braunem, grauem oder grünlichem Grunde mit lebhaft gefärbten, rötlichen, gelben, weißen oder grünlichen Flecken auf den Parotoïden, den Warzen an Kopf- und Rumpfseiten, am Mundwinkel und auf Unterarm und Unterschenkel. Eine helle Längslinie in der Rückenmitte vorhanden. Unterseite auf hellem Grunde stark schwarz gefleckt. Finger und Zehenspitzen schwarz oder rötlichbraun. L. 65—125 mm.

Die Art zerfällt in 2 Unterarten:

57a. **B. boreas boreas** Sp. Baird & Girard (Literatur bei der Artbeschreibung.)

Vorderkopf so lang wie der Augendurchmesser, nicht vorgezogen, von der Seite gesehen rundlich erscheinend (Fig. 159). Zwischenräume zwischen den Rückenwarzen höckerig, Gliedmaßen relativ lang.

Nordwestliche Vereinigte Staaten von Amerika (Washington, Oregon).

Fig. 159. Kopf von **Bufo boreas boreas** Baird u. Gird. (nach Girard).

Fig. 160. Kopf von **Bufo boreas nelsoni** Stejn. (nach Stejneger).

57b. **B. boreas nelsoni** Stejn. 1893 *B. b.* subsp. *n.*, Stejneger in: N. Amer. Fauna, nr. 7 II p. 220 t. 3 f. 4a, b (Kopf, Vorderfuß).

Kopf mit längerem, vorgezogenem, von der Seite gesehen spitz erscheinendem Vorderkopf (Fig. 160). Zwischenräume zwischen den Rückenwarzen glatt. Gliedmaßen kürzer als bei der vorigen Unterart, bei an den Körper angelegten Gliedmaßen stoßen Ellbogen und Knie nicht aneinander.

Nevada.

58. **B. halophilus** Sp. Baird & Girard 1853 *B. h.* + *B. columbiensis*, Sp. Baird & C. Girard in: P. Ac. Philad., *v.* 6 p. 301, 378 | 1854 *B. halophila* + *B. columbiensis*, C. Girard in: P. Ac. Philad., *v.* 7 p. 87 | 1858 *B. c.*, C. Girard in: U. S. expl. Exp., Herpet. p. 77 t. 5 f. 4—9 (Habitus, Kopf, Füße) | ? 1858 *B. chilensis* (part.), Alb. Günther, Cat. Batr. sal. Brit. Mus., p. 56 | 1859 *B. halophila*, Sp. Baird in: U. S. Mex. Boundary Surv., Rept. p. 26 t. 41 f. 7—12 (Habitus, Kopf, Mundhöhle, Füße) | 1866 *B. microscaphus*, E. D. Cope in: P. Ac. Philad., p. 301 | 1875 *B. m.* + *B. pictus*, E. D. Cope in: Yarrow in: Rep. Expl. West 100 Merid., *v.* 5 p. 522 t. 25 f. 4, 5 | 1882 *B. halophilus* + *B. boreas* (part.), Boulenger, Cat. Batr. sal. Brit. Mus., ed. 2 p. 295, 296 f. (Hinterfuß) | 1889 *B. columbiensis* (part.), E. D. Cope in: Bull. U. S. Mus., *v.* 34 p. 267 f. 64 (Kopf, Mundhöhle, Hinterfuß) | 1893 *B. halophilus*, Stejneger in: N. Amer. Fauna, nr. 7 II p. 220 t. 3 f. 3a, b (Kopf, Vorderfuß) | 1906 *B. h.*, M. Dickerson, Frog Book, p. 113 f. 121—130.

Oberkopf ohne Knochenleisten, mit fest dem Schädel anliegender Haut. Vorderkopf kurz, nach allen Seiten sehr steil abfallend (Fig. 161); Interorbitalraum breiter als ein oberes Augenlid. Trommelfell sehr deutlich, klein, höchstens $^1/_2$ so breit wie das Auge. Finger und Zehen flach gedrückt, stumpf endigend. 1. Finger den 2. überragend. Zehen etwa zur Hälfte ihrer Länge durch Schwimmhaut verbunden (Fig. 162); Subarticularhöcker einfach; 2 mäßig große Metatarsalhöcker und eine Tarsalfalte vorhanden. Bei nach vorn an den Körper angelegtem Hinterbein reicht das Tarsometatarsalgelenk bis zum Auge. Oberseite mit zahlreichen, unregelmäßig verstreuten, Warzen besetzt; die Zwischenräume zwischen den Warzen gekörnelt oder ebenfalls warzig. Gliedmaßen auf der Oberseite überall, unten an

Fig. 161. **Bufo halophilus.** Kopf von der Seite (nach Stejneger).

Fig. 162. **Bufo halophilus.** Rechter Hinterfuß von unten (nach Boulenger).

den Oberschenkeln und dem Tarsus fein gekörnelt, Hand- und Fußsohlen rauh und höckerig. Parotoïden schmal, langgestreckt, mit dem schmaleren Vorderende dicht hinter dem Auge beginnend. Unterseite warzig. Oberseite auf hellgrünlichem, gelbem oder grauem Grunde mit großen unregelmäßigen, stellenweise zusammenfließenden, schwarzbraunen Flecken; eine helle Längsbinde in der Rückenmitte vorhanden. Parotoïden, Warzen und Höcker rötlich hervortretend. Gliedmaßen mit dunklen Querbinden. Unterseite schmutzig gelb oder weißlich, stellenweise schwarz gefleckt. Zehenspitzen braun. L. 100—125 mm.

Kalifornien und Niederkalifornien (nach Norden auch bis zum Kolumbia-Fluß vordringend).

59. **B. compactilis** Wgm. 1833 *B. c.*, Wiegmann in: Isis, p. 661 | 1845 *Anaxyrus melancholicus*, Tschudi, Fauna Peru., Herpet. p. 78 t. 11 f. 5 (fig. mala) | 1858 *Bufo anomalus*, Alb. Günther, Cat. Batr. sal. Brit. Mus., p. 57 | 1863 *B. compactilis*, Peters in: Monber. Ak. Berlin, p. 80 | 1873 *B. c.*, Peters ibid., p. 624 | 1877 *B. levifrons*, P. Brocchi in: Bull. Soc. philom., ser. 7 *v.* 1 p. 187 | 1879 *Dromoplectrus anomalus*, Camerano in: Atti Acc. Torino, *v.* 14 p. 882 | 1882 *Bufo compactilis*, Boulenger, Cat. Batr. sal. Brit. Mus., ed. 2 p. 302 | 1882 *B. levifrons*, P. Brocchi in: Miss. Mex., pars 3 II p. 70 t. 6 f. 12 | 1889 *B. compactilis*, E. D. Cope in: Bull. U. S. Mus., *v.* 34 p. 272 f. 65 (Kopf, Mundhöhle, Füße) | 1901 *B. c.*, Alb. Günther in: Biol. Centr.-Amer., Rept. & Batr. p. 245 | 1906 *B. c.*, M. Dickerson, Frog Book, p. 102 f. 93—98.

Oberkopf ohne Knochenleisten. Vorderkopf kurz, stumpf. Interorbitalraum breiter als ein oberes Augenlid. Trommelfell klein, schmal. 1. Finger deutlich länger als der 2.; Zehen zur Hälfte ihrer Länge mit Schwimmhaut versehen, Subarticularhöcker doppelt; 2 Metatarsalhöcker vorhanden, von denen der mediale groß, schaufelförmig und mit einer scharfen, schwarzen Hornschneide versehen ist. Tarsalfalte undeutlich. Bei nach vorn an den Körper angelegtem Hinterbein reicht das Tarsometatarsalgelenk kaum bis zum Auge. Rücken und Seiten mit zahlreichen, kleinen, dicht stehenden spitzen Warzen besetzt. Parotoïden mäßig groß, annähernd viereckig, flach. Oberseite olivenfarbig, mit unregelmäßigen, schwarzen Flecken. Unterseite weißlich, einfarbig oder mit einigen schwarzen Flecken. L. 80 mm.

♂ mit subgularer Schallblase.

Kansas bis Mexiko (Peru?).

60. **B. punctatus** Sp. Baird & Girard 1852 *B. p.*, Sp. Baird & C. Girard in: P. Ac. Philad., *v.* 6 p. 173 | 1859 *B. p.*, Sp. Baird in: U. S. Mex. Boundary Surv., Rept. p. 25 t. 39 f. 5—7 (fig. mala) | 1882 *B. beldingi*, Yarrow in: P. U. S. Mus., *v.* 5 p. 441 | 1882 *B. punctatus*, P. Brocchi in: Miss. Mex., pars 3 II p. 68 t. 7 f. 2, 2a—d (Habitus, Kopf, Mundhöhle, Füße) | 1883 *B. p.*, Boulenger in: Ann. nat. Hist., ser. 5 *v.* 11 p. 19 | 1889 *B. p.*, E. D Cope in: Bull. U. S. Mus., *v.* 34 p. 262 f. 60 (Kopf, Mundhöhle, Füße) | 1901 *B. p.*, Alb. Günther in: Biol. Centr.-Amer., Rept. & Batr. p. 244 | 1906 *B. p.*, M. Dickerson, Frog Book, p. 110 f. 116—120 t. 5 f. 1.

Oberkopf ohne vorspringende Knochenleisten (oder nur mit Spuren von solchen). Vorderkopf spitz, vorspringend. Interorbitalraum vertieft, breiter als ein oberes Augenlid. Trommelfell rund, sehr deutlich, $^1/_3$—$^1/_2$ so breit wie das Auge (Fig. 163). 1. Finger etwas länger als der 2.; Zehen zu $^1/_3$ ihrer Länge durch Schwimmhaut verbunden, sowie mit einem bis zur Spitze aller Zehen reichenden Hautsaum versehen. Subarticularhöcker einfach; 2 kleine Metatarsalhöcker, aber keine Tarsalfalte vorhanden. Bei nach vorn an den Körper angelegtem Hinterbein reicht das Tarsometatarsalgelenk bis zum Auge. Oberseite mit kleinen rundlichen, an den Seiten dichter stehenden Höckern besetzt. Parotoïden klein, vorspringend, rundlich oder annähernd dreieckig; eine Hautfalte zieht von ihrem Hinterende aus an den Rumpfseiten entlang bis zu den Weichen. Unterseite gekörnelt. Oberseite bräunlich; Warzen rötlich, von einem Ringe schwarzer Punkte umgeben; Seiten und Gliedmaßen schwarz gefleckt und punktiert. Unterseite schmutzig weiß. L. 57 mm.

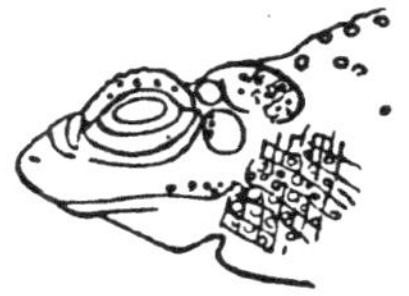

Fig. 163. **Bufo punctatus** (nach E. D. Cope).

Südliche Vereinigte Staaten von Nordamerika, Mexiko.

61. **B. debilis** Girard 1854 *B. d.* + *B. insidior*, C. Girard in: P. Ac. Philad., *v.* 7 p. 87, 88 | 1859 *B. d.* + *B. i.*, Sp. Baird in: U. S. Mex. Boundary Surv., Rept. p. 26, 27 t. 41 f. 13—18 (Habitus u. morpholog. Einzelheiten) | 1882 *B. debilis*, Boulenger, Cat. Batr. sal. Brit. Mus., ed. 2 p. 289 | 1889 *B. d.*, E. D. Cope in: Bull. U. S. Mus., *v.* 34 p. 264 f. 61 (Kopf, Füsse) | 1906 *B. d.*, M. Dickerson, Frog Book, p. 112.

Oberkopf ohne Knochenleisten. Vorderkopf vorspringend. Interorbitalraum etwas breiter als ein oberes Augenlid. Trommelfell sehr deutlich, $^1/_2$ so breit wie das Auge (Fig. 164). 1. Finger kürzer als der 2.; Zehen zu etwa $^2/_3$ ihrer Länge durch Schwimmhaut verbunden; Subarticularhöcker einfach, 2 deutliche Metatarsalhöcker, aber keine Tarsalfalte vorhanden. Bei nach vorn an den Körper angelegtem Hinterbein reicht das Tarsometatarsalgelenk bis zum Hinterrand des Trommelfells. Oberseite mit kleinen Warzen besetzt. Lateralseite des Armes und Hinterfußes und die ganze Fußsohle stachelig. Parotoïden sehr groß, dreieckig, mit ihren divergierenden Hinterenden etwas über die Achsel hinausreichend. Unterseite deutlich gekörnelt. Oberseite hell aschfarben; die Warzen gewöhnlich schwarz. Gliedmaßen mit dunklen Querbinden. Augenlider und Parotoïden von schwarzen Linien gekreuzt. Unterseite ungefleckt. L. 40 mm.

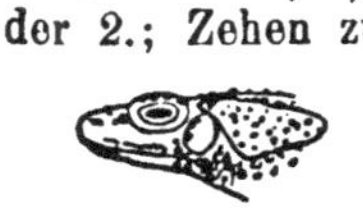

Fig. 164. **Bufo debilis** (nach E. D. Cope).

Texas, Mexiko.

62. **B. mexicanus** Brocchi 1879 *B. m.*, P. Brocchi in: Bull. Soc. philom., ser. 7 *v.* 3 p. 23 | 1882 *B. m.*, P. Brocchi in: Miss. Mex., pars 3 II p. 85 t. 8 f. 3 | 1882 *B. m.*, Boulenger, Cat. Batr. sal. Brit. Mus., ed. 2 p. 293 | 1901 *B. m.*, Alb. Günther in: Biol. Centr.-Amer., Rept. & Batr. p. 244.

Oberkopf ohne vorspringende Knochenleisten. Vorderkopf kurz, abgerundet, mit fast senkrecht abfallender Zügelregion. Trommelfell sehr deutlich, mehr als $^1/_2$ so breit wie das Auge. 1. Finger nur sehr wenig länger als der 2.; Zehen zur Hälfte ihrer Länge durch Schwimmhaut verbunden. Subarticularhöcker einfach, 2 Metatarsalhöcker, der mediale gut entwickelt, aber keine Tarsalfalte vorhanden. Rücken mit kleinen, rundlichen, ungleich großen Höckern besetzt; Parotoïden annähernd viereckig; Unterseite gekörnelt. Oberseite braun, mit einigen weißen Flecken auf Oberlippe und Gliedmaßen. Unterseite schmutzig gelb. L. 68 mm.

Mexiko.

63. **B. monksiae** Cope 1879 *B. m.*, E. D. Cope in: P. Amer. phil. Soc., *v.* 18 p. 263 | 1882 *B. m.*, Boulenger, Cat. Batr. sal. Brit. Mus., ed. 2 p. 292 | 1901 *B. m.*, Alb. Günther in: Biol. Centr.-Amer., Rept. & Batr. p. 245.

Oberkopf ohne Knochenleisten. Vorderkopf mit scharfem Canthus rostralis und senkrecht abfallender Zügelregion. Trommelfell unsichtbar. 1. und 2. Finger gleich lang; Zehen zur Hälfte ihrer Länge durch Schwimmhaut verbunden. Subarticularhöcker doppelt. 2 vorspringende stumpfe Metatarsalhöcker vorhanden. Tarsalfalte vorhanden. Bei nach vorn an den Körper angelegtem Hinterbein reicht das Tibiotarsalgelenk bis zur Mitte des Trommelfells. Haut rauh, mit kleinen, an den Gliedmaßen spitz hervortretenden, auf dem Rücken fehlenden, Höckern. Parotoïden ziemlich groß, breit oval. Oben schwärzlichbraun, mit einigen kleinen, aschfarbigen Flecken und einem ebensolchen Querband auf dem Kopfe zwischen den Augen. Kopfseiten braun gefleckt; Rumpfseiten, Gliedmaßen und Unterseite mit schwärzlichen Flecken. L. 35 mm.

Guanajuato (Mexiko).

64. **B. politus** Cope 1862 *B. p.*, E. D. Cope in: P. Ac. Philad., p. 158 | 1882 *B. p.*, Boulenger, Cat. Batr. sal. Brit. Mus., ed. 2 p. 292 | 1901 *B. p.*, Alb. Günther in: Biol. Centr.-Amer., Rept. & Batr. p. 246 | 1914 *B. p.*, Nieden in: SB. Ges. Fr. Berlin, p. 369.

Oberkopf ohne Knochenleisten. Vorderkopf allmählich abfallend, ohne Canthus rostralis. Trommelfell $^1/_4$ so breit wie das Auge. 1. Finger deutlich länger als der 2.; Zehen in ihrer ganzen Länge durch Schwimmhaut verbunden. Subarticularhöcker einfach. Ein stark vorspringender, medialer Metatarsalhöcker, keine Tarsalfalte vorhanden. Haut am ganzen Körper glatt, glänzend, ohne Rauhigkeiten und Dornen, Parotoïden mäßig groß, oval, eine Reihe flacher Drüsenwarzen an jeder Rückenseite. Oberseite der Vorder- und Hintergliedmaßen ebenfalls mit Drüsenwarzen besetzt, von denen 3 auf dem Unterschenkel besonders groß sind. Oben olivenbraun, die Drüsenwarzen tiefbraun gerandet, Medialseite der Gliedmaßen strohfarben, mit großen, braunen Flecken; Unterseite glänzend gelb, mit schwarzem Netzwerk, Hand- und Fußsohlen schieferfarben. L. 46 mm.

Nicaragua.

65. **B. haematiticus** Cope 1862 *B. h.*, E. D. Cope in: P. Ac. Philad., p. 157 | 1862 *Rhaebo h.*, E. D. Cope in: P. Ac. Philad., p. 358 | 1867 *Bufo h.*, W. Keferstein in: Nachr. Ges. Götting., p. 353 | 1868 *B. h.*, W. Keferstein in: Arch. Naturg., *v.* 34 I p. 295 t. 9 f. 3 | 1882 *B. h.*, Boulenger, Cat. Batr. sal. Brit. Mus., ed. 2 p. 290 | 1901 *B. h.*, Alb. Günther in: Biol. Centr.-Amer., Rept. & Batr. p. 243.

Oberkopf ohne Knochenleisten. Vorderkopf kurz, schräg abgestutzt, mit winkligem Canthus rostralis und senkrecht abfallender Zügelregion. Interorbitalraum breiter als ein oberes Augenlid. Trommelfell sehr deutlich, etwa $^1/_2$ so breit wie das Auge. Finger und Zehen schlank, mit schwach verdickten Spitzen; 1. Finger den 2. überragend; Zehen nur an der Basis durch

Schwimmhaut verbunden, Subarticularhöcker einfach, nicht sehr vorspringend; 2 schwach entwickelte Metatarsalhöcker und eine feine Tarsalfalte vorhanden. Bei nach vorn an den Körper angelegtem Hinterbein reicht das Tarsometatarsalgelenk über die Vorderkopfspitze hinaus. Haut völlig glatt oder sehr fein höckerig auf der Oberseite; Parotoïden groß, elliptisch, mit winkligem Lateralrand. Oberseite braun; eine helle Linie läuft von der Vorderkopfspitze an den Canthus rostralis, den Rand des oberen Augenlids, die Parotoïden und die Rumpfseiten entlang bis zu den Weichen; Kopf und Rumpfseiten unterhalb dieser hellen Linie rötlichbraun. Ein heller Fleck unter und vor dem Auge. Einige große symmetrische, hell gerandete dunkle Flecke auf dem Rücken. Gliedmaßen mit einigen schwarzen, hell gerandeten Querbinden. Unterseite braun, dunkel marmoriert. L. 75 mm.

Nicaragua bis Kolumbien.

66. **B. longinasus** Stejn. 1905 *B. l.*, Stejneger in: P. U. S. Mus., *v.* 28 p. 765 f. 1—6 (Habitus und morphologische Teilbilder).

Kopf und Rumpf flach gedrückt. Oberkopf ohne Knochenleisten. Vorderkopf spitz, vorspringend, in der Mittellinie vertieft (Fig. 165); Nasenlöcher fast an der Vorderkopfspitze, dicht beieinander. Canthus rostralis rundlich.

Fig. 165. **Bufo longinasus.** Habitusbild (nach Stejneger).

Fig. 166. **Bufo longinasus.** Kopf von der Seite (nach Stejneger).

Interorbitalraum viel breiter als ein oberes Augenlid; Trommelfell undeutlich, $^1/_2$ so breit wie das Auge. Finger und Zehenspitzen schwach verdickt. 1. Finger kürzer als der 2.; Zehen fast in ihrer ganzen Länge durch Schwimmhaut verbunden. Subarticularhöcker gut entwickelt, doppelt. Ein nicht sehr vorspringender medialer und ein kegelförmiger lateraler Metatarsalhöcker vorhanden, sowie eine Tarsalfalte. Bei nach vorn an den Körper angelegtem Hinterbein reicht das Tibiotarsalgelenk bis zur Mitte zwischen Vorderarmwurzel und Trommelfell. Haut oben glatt, mit unregelmäßigen, glatten, deutlich hervortretenden, hinten und seitlich durch ein Netzwerk von Furchen getrennten Pusteln. Parotoïden sehr groß, fast so lang wie ihre Entfernung von den Weichen, flach, seitlich bis unter das Trommelfell herabreichend (Fig. 166). Kehle längs gerunzelt. Unterseite der Oberschenkel spärlich gekörnelt. Oberseite dunkelpurpurrotbraun, mit dunkelviolettbraunen Punkten auf den Lippen, der Brust, dem Unterschenkel und mit einem länglichen Fleck von gleicher Farbe vor der Vorderarmwurzel. Unterseite einschließlich der Oberlippe und der medialen Hälfte der Oberseite von Hand und Fuß weiß. L. 25 mm.

♂ mit Brunstschwielen auf dem 1. Finger.

Cuba.

67. **B. ramsdeni** Barbour 1914 *B. r.*, Barbour in: Mem. Mus. Harvard, *v.* 44 p. 240.

Kopf und Rumpf flachgedrückt. Oberkopf ohne Knochenleisten. Vorderkopf vorspringend und ziemlich spitz, in der Mitte der Oberseite vertieft, mit rundlichem Canthus rostralis. Interorbitalraum viel breiter als ein oberes Augenlid. Trommelfell kaum sichtbar. 1. Finger kürzer als der 2., Finger- und Zehenspitzen nicht verbreitert und überhaupt kaum verdickt; Finger schlank, länger als bei der vorigen Art. Zehen nur wenig durch Schwimmhaut verbunden. Subarticularhöcker groß, einfach; beide Metatarsalhöcker gut entwickelt, eine Tarsalfalte vorhanden. Bei nach vorn an den Körper angelegtem Hinterbein reicht das Tibiotarsalgelenk halbwegs zwischen Vorderbeinwurzel und Trommelfell. Haut glatt, mit kleinen Furchen und zahlreichen, in mehr oder weniger regelmäßigen Längsreihen angeordneten Höckern. Parotoïden stark entwickelt. Färbung (im Alkohol) auf der Oberseite schwarz, mit einem deutlichen, hellen, von der Vorderkopfspitze zum After ziehenden Streifen, der sich in Augenhöhe zu einer rhombischen, bis auf die Augenlider reichenden Figur verbreitert. Jederseits wird der helle Längsstreifen von einem schmalen, tief samtschwarzen Band begleitet. Kehle mahagonibraun, Vorderbrust und Mundwinkel tiefbraun, Bauch, ebenso wie die Lippen und die Oberseite der Beine dicht dunkelbraun gefleckt und gestreift. L.?

Cuba.

68. **B. guttatus** Scheid. 1799 *B. g.*, J. G. Schneider, Hist. Amph., *v.* 1 p. 218 | 1838 *B. Leschenaulti*, Tschudi in: Mém. Soc. Neuchâtel, *v.* 2 p. 89 | 1841 *B. Leschenaultii*, C. Duméril & G. Bibron, Erpét., *v.* 8 p. 666 t. 91 f. 1 | 1843 *Phrynomorphus L.*, Fitzinger, Syst. Rept., *v.* 1 p. 32 | 1858 *Bufo l.*, Alb. Günther, Cat. Batr. sal. Brit. Mus., p. 64 | 1862 *Rhaebo l.*, E. D. Cope in: P. Ac. Philad., p. 358 | 1863 *Bufo guttatus*, Peters in: Monber. Ak. Berlin, p. 81 | 1882 *B. g.*, Boulenger, Cat. Batr. sal. Brit. Mus., ed. 2 p. 290.

Oberkopf ohne Knochenleisten. Vorderkopf kurz, abgestutzt; Canthus rostralis winklig, Zügelregion senkrecht abfallend; Interorbitalraum viel breiter als ein oberes Augenlid. Trommelfell sehr deutlich, ein senkrechtes Oval, etwa $^2/_3$ so breit wie das Auge. Finger- und Zehenspitzen verdickt; 1. Finger den 2. weit überragend; Zehen mit kurzer Schwimmhaut an ihrer Basis; Subarticularhöcker einfach, 2 mäßig große Metatarsalhöcker und eine ziemlich undeutliche Tarsalfalte vorhanden. Bei nach vorn an den Körper angelegtem Hinterbein reicht das Tarsometatarsalgelenk bis zum Auge. Oberseite mit flachen kaum vorspringenden Warzen; Parotoïden groß, flach, bis zur Achselhöhle herabreichend. Unterseite fast glatt. Oberseite braun, Unterseite graubraun, mit hellen runden Flecken; Unterlippe mit hellen Flecken gesäumt. L. 177 mm.

Guiana.

69. **B. glaberrimus** Gthr. 1868 *B. g.*, Alb. Günther in: P. zool. Soc. London, p. 483 t. 37 f. 2 | 1882 *B. g.*, Boulenger, Cat. Batr. sal. Brit. Mus., ed. 2 p. 291.

Oberkopf ohne Knochenleisten. Vorderkopf kurz, abgestutzt, mit winkligem Canthus rostralis, Zügelregion senkrecht abfallend. Interorbitalraum so breit wie ein oberes Augenlid. Trommelfell sehr deutlich, etwa $^1/_2$ so breit wie das Auge. 1. Finger den 2. überragend, Zehen fast zur Hälfte ihrer Länge durch Schwimmhaut verbunden; Subarticularhöcker einfach, zwei schwach entwickelte Metatarsalhöcker und eine undeutliche Tarsalfalte vorhanden. Bei nach vorn an den Körper angelegtem Hinterbein reicht das Tarsometatarsalgelenk zwischen Auge und Nasenloch. Haut völlig glatt, mit einigen schwachen Höckern an den Rumpfseiten. Parotoïden groß, oval, stark vorspringend. Oberseite schwärzlichbraun; Seiten schwarz, zuweilen sind ein großer schön rosenroter Fleck in der Weichengegend und einige kleinere Flecke von derselben Farbe auf der Hinterseite der Oberschenkel vorhanden; Unterseite schwärzlich, mit weißen Flecken. L. 45 mm.

♂ mit subgularer Schallblase.

Kolumbien, Ecuador.

70. **B. caeruleocellatus** H. W. Fowler 1913 *B. c.*, H. W. Fowler in: P. Ac. Philad., *v.* 65 p. 154 t. 5 (obere Figuren).

Oberkopf ohne Knochenleisten. Kopf und Rumpf flach. Vorderkopf etwas flachgedrückt, etwas länger als der Augendurchmesser; Vorderkopfkanten fast einen rechten Winkel miteinander bildend. Zügelregion etwas vertieft; Interorbitalraum flach oder sehr schwach vertieft. Trommelfell klein, sein größerer, senkrechter Durchmesser beträgt $^3/_5$ des wagerechten Augendurchmessers. Gliedmaßen ziemlich schlank. Finger- und Zehenspitzen deutlich verdickt. Subarticularhöcker einfach. 1. Finger kürzer als der 2.; Zehen nur an der Basis durch Schwimmhaut verbunden, 2 gleich große Metatarsalhöcker und eine Tarsalfalte vorhanden. Haut im allgemeinen glatt, auf den Augenlidern und den großen, von letzteren deutlich getrennten Parotoïden mehr oder weniger stark gekörnelt. Oberseite der Gliedmaßen und der hinteren Rückenregion mit schwachen Höckern; einzelne noch schwächere Höcker auf der Unterseite der Hinterbeine und in der Costalregion. Oberseite des Kopfes mit von der Vorderkopfspitze ausgehenden, niedrigen Längsfalten. Oberseite dunkelschiefergrau, mit verstreuten, mehr oder weniger rundlichen, schwärzlichen, undeutlich grau gerandeten Augenflecken; 3—4 solcher Flecke auch auf jedem Gliedmaßenteilglied vorhanden. Unterseite blaßgrau, auf Brust und Kehle mehr oder weniger dicht schieferfarbig gesprenkelt. L. 23 mm.

West-Ecuador.

71. **B. chanchanensis** H. W. Fowler 1913 *B. c.*, H. W. Fowler in: P. Ac. Philad., *v.* 65 p. 155 t. 5 (untere Figur).

Oberkopf ohne Knochenleisten. Kopf und Rumpf mäßig, Vorderkopf etwas flachgedrückt, so lang wie der Augendurchmesser. Vorderkopfkanten unter einem stumpfen Winkel von etwas mehr als 90° zusammenstoßend. Interorbitalraum flach, sehr schwach vertieft, nicht ganz 2mal so breit wie ein oberes Augenlid. Trommelfell unsichtbar. Beine mäßig schlank. Finger- und Zehenspitzen schwach verdickt. 1. Finger etwas kürzer als der 2.; Zehen mit ziemlich kurzer Schwimmhaut, Subarticularhöcker einfach; 2 gleich große keilförmige Metatarsalhöcker und eine Tarsalfalte vorhanden. Oberseite sehr rauh, mit mehr oder weniger großen Höckern besetzt. Parotoïden groß, nur wenig vom Auge entfernt, 2mal so lang wie dieses. Obere Augenlider stark höckerig. Unterseite gekörnelt. Färbung im allgemeinen dunkel; Flanken und Unterseite mehr oder weniger schwärzlich. Bauch seitlich und hinten sowie Unterseite der Hinterbeine mit helleren, ziemlich scharf abgehobenen Flecken marmoriert oder netzartig gemustert. Oberkiefer unter dem Auge gesprenkelt, hinter dem Auge schwärzlich. Oberseite der Gliedmaßen mit schwärzlichen, heller gerandeten Flecken. Unterseite der Gliedmaßen mit hellerer Zeichnung. L. 32 mm.

West-Ecuador.

72. **B. fissipes** Blgr. 1903 *B. f.*, Boulenger in: Ann. nat. Hist., ser. 7 *v.* 12 p. 552.

Oberkopf ohne Knochenleisten. Vorderkopf kurz, vorspringend, schräg abgestutzt. Interorbitalraum so breit wie ein oberes Augenlid. Trommelfell völlig unsichtbar; Tubae Eustachii undeutlich. Finger ziemlich schlank, 1. und 2. Finger gleich lang. Zehen ziemlich schlank, mit nur einer Spur von Schwimmhaut, mit einfachen Subarticularhöckern; 2 mäßig große, ovale Metatarsalhöcker, aber keine Tarsalfalte vorhanden. Bei nach vorn an den Körper angelegtem Hinterbein reicht das Tarsometatarsalgelenk über die Vorderkopfspitze hinaus. Oberseite mit verstreuten, stark vorspringenden, glatten Höckern; Parotoïden mäßig vorspringend, ziemlich schmal, etwas kürzer als der Kopf, nach hinten auseinander weichend. Oben dunkelbraun, mit gelblichen Flecken. Vordere Hälfte von Vorderkopf und oberem Augenlid gelblich; Rumpfseiten schwarz. Beine mit schrägen, gelblichen Querbinden. Bauch gelblich, schwärzlich marmoriert. L. 40 mm.

Santo Domingo (S. O. Peru), in ca. 1800 m Höhe.

73. **B. cophotis** Blgr. 1900 *B. c.*, Boulenger in: Ann. nat. Hist., ser. 7 *v.* 6 p. 181.

Oberkopf ohne Knochenleisten. Vorderkopf kurz, stumpf. Interorbitalraum so breit wie ein oberes Augenlid. Trommelfell gänzlich unsichtbar; Tubae Eustachii jedoch völlig entwickelt. Finger und Zehen kurz, stumpf, flachgedrückt, mit doppelten Subarticularhöckern; 1. Finger etwas länger als der 2.; Zehen zu $^1/_3$ ihrer Länge durch Schwimmhaut verbunden. 2 mäßig große, schwach vorspringende Metatarsalhöcker, aber keine Tarsalfalte vorhanden. Bei nach vorn an den Körper angelegtem Hinterbein reicht das Tarsometatarsalgelenk bis zum Auge. Oberseite mit glatten, ungleich großen, mit großen Poren versehenen Drüsenwarzen besetzt. Eine große parotoïdenähnliche Drüse auf der Oberseite des Unterschenkels. Dunkelolivenfarben; Oberseite schwarz gesprenkelt, Unterseite grauweiß marmoriert. L. 55 mm.

♂ ohne Schallblasen, mit schwarzen Brunstschwielen auf der Ober- und Medialseite der 3 ersten Finger.

Peru, in 2100—2700 m Höhe.

74. **B. diptychus** Cope 1858 *B. Poeppigii* (non Tschudi 1845), C. Girard in: U. S. expl. Exp, Herpet. p. 90 | 1862 *B. diptychus*, E. D. Cope in: P. Ac. Philad., p. 353 | 1863 *B. d.*, E. D. Cope in: P. Ac. Philad., p. 50 | 1882 *B. d.*, Boulenger, Cat. Batr. sal. Brit. Mus., ed. 2 p. 292.

Oberkopf ohne Knochenleisten, flach, von oben gesehen pyramidenförmig. Vorderkopf hoch, nicht vorspringend, Canthus rostralis undeutlich; Trommelfell klein, kaum sichtbar. 1. Finger etwas länger als der 2.; Zehen zu $^1/_3$ ihrer Länge durch Schwimmhaut verbunden. Subarticularhöcker vorhanden, einfach; 2 Metatarsalhöcker — lateraler annähernd kegelförmig — und eine Tarsalfalte vorhanden. Bei nach vorn an den Körper angelegtem Hinterbein reicht das Tarsometatarsalgelenk bis zur Vorderkopfspitze. Haut oben glatt, mit einigen verstreuten Höckern. Parotoïden schmal, langgestreckt, nach hinten bis zur Achsel reichend und sich in eine an den Rumpfseiten entlang ziehende Hautfalte fortsetzend. Oberseite rötlichbraun, manchmal mit einer hellen Längslinie in der Rückenmitte und mit mehreren Paaren tiefbrauner Flecken auf dem Rücken. Ein breites, winkliges Querband auf dem Kopfe, jederseits bis auf die Augenlider reichend. Vom Auge aus verlaufen dunkle Binden längs des Canthus rostralis, quer über die Oberlippe und über die Schulter hinweg und lateral von den Parotoïden entlang bis zu den Weichen. Unterseite bräunlichweiß, mit schwarzer Zeichnung entlang ihrer Mittellinie. L. 51 mm.

Peru, Paraguay.

75. **B. spinulosus** Wgm. ? 1782 *Rana Arunco*, Molina, Saggio Stor. nat. Chili, p. 194 | ? 1786 *R. A.*, Molina, Versuch Naturg. Chili, p. 190 | ? 1799 *Bufo A.*, J. G. Schneider,

Hist. Amph., *v.* 1 p. 226 | ? 1803 *Rana A.*, Daudin, Hist. Rainett., p. 69 | ? 1803 *R. A.*, Daudin, Hist. Rept., *v.* 8 p. 134 | 1828? *R. A.*, R. P. Lesson in: Ann. Sci. nat., *v.* 13 p. 374 | ? 1830 *Bufo A.*, R. P. Lesson in: Voy. Coquille, *v.* 2 I p. 63 Rept. t. 7 f. 5[1]) | 1834 *B. spinulosus*, Wiegmann in: Meyen, Reise, p. 515 t. 61 f. 3 | 1835 *B. s.*, Wiegmann in: N. Acta Ac. Leop., *v.* 17 I p. 265 t. 22 f. 3 | 1838 *B. s.* + *B. chilensis*, Tschudi in: Mém. Soc. Neuchâtel, *v.* 2 p. 88 | 1841 *B. chilensis* (part.), C. Duméril & G. Bibron, Erpét., *v.* 8 p. 678 | 1841 *B. c.*, Eydoux & Souleyet in: Voy. Bonite, Zool. *v.* 1 p. 151 t. 9 f. 1, 2 (Habitus) f. A. (Mundhöhle) | 1845 *B. Trifolium*, Tschudi, Fauna Peru., Herpet. p. 72 t. 11 f. 3 | 1848 *B. chilensis* + *B. lineomaculatus* + *B. rubropunctatus*, Guichenot in: Gay, Hist. Chile, *v.* 2 p. 125, 128 t. 5 f. 3—5 | 1853 *B. lugubrosus*, C. Girard in: P. Ac. Philad., *v.* 6 p. 424 | 1858 *B. chilensis* (part.), Alb. Günther, Cat. Batr. sal. Brit. Mus., p. 56 | 1858 *B. lugubrosus*, C. Girard in: U. S. expl. Exp., Herpet. p. 85 t. 6 f. 10—15 | (Habitus, verschiedene Kopfansichten, Füße) | [+ ? *B. thaul*, l. c. p. 88 t. 6 f. 15—19 (Habitus, verschiedene Kopfansichten, Füße)] | 1860 *Phryne chilensis* + *P. rubropunctata*, Fitzinger in: SB. Ak. Wien, *v.* 42 p. 415 | 1867 *Bufo r.* + *B. spinulosus*, Steindachner in: Reise Novara, Amph. p. 42 | 1876 *B. luteus*, Weyenbergh in: Napp, Argent. Republik, p. 160 | 1877 *B. chilensis*, E. D. Cope in: P. Amer. phil. Soc., *v.* 17 p. 40 | 1882 *B. spinulosus*, Boulenger, Cat. Batr. sal. Brit. Mus., ed. 2 p. 302 | 1896 *B. s.*, C. Berg in: An. Mus. Buenos Aires, *v.* 5 p. 198 (mit ausführlicher Literaturangabe) | 1897 *B. s.* var. *ornata* + *B. s.* var. *surda* + *B. s.* var. *aspera*, F. Werner in: Zool. Jahrb., suppl. 4 p. 277 t. 13 f. 10a—c | 1901 *B. limensis*, F. Werner in: Abh. Mus. Dresden, *v.* 9 nr. 2 p. 14.

Oberkopf ohne Knochenleisten. Vorderkopf kurz, stumpf, mit deutlichem, wenn auch stumpfem Canthus rostralis. Interorbitalraum vertieft, so breit wie ein oberes Augenlid. Trommelfell sehr klein, in der Regel deutlich sichtbar, bei jungen Tieren (zu denen auch var. *surda* Wern. gehört) unsichtbar. Bei dieser Varietät sind auch 1. und 2. Finger gleich lang, während gewöhnlich der 1. Finger länger ist als der 2.; Zehen etwa zur Hälfte ihrer Länge oder etwas mehr durch Schwimmhaut verbunden; Subarticularhöcker einfach, 2 mäßig große Metatarsalhöcker und eine Tarsalfalte vorhanden. Bei nach vorn an den Körper angelegtem Hinterbein reicht das Tarsometatarsalgelenk beim ♂ bis zum Auge, beim ♀ bis zum Trommelfell. Oberseite mit unregelmäßigen, deutliche Drüsenporen aufweisenden, gewöhnlich dornigen Warzen besetzt, die bei der var. *aspera* Wern. sehr schwarzspitzig sind und gruppenweise zusammenstehen. (F. Werner l. c. 1897 t. 13 f. 10b.) Parotoïden sehr kurz, rundlich oder annähernd dreieckig. Färbung auf der Oberseite gewöhnlich olivenfarben oder bräunlich, mit schwärzlichen, mehr oder weniger zusammenfließenden Flecken. Unterseite einfarbig oder schwarz gefleckt. Die als var. *surda* von Wern. (l. c. 1897 p. 277 t. 13 f. 10c) beschriebenen und abgebildeten jungen Tiere zeigen auf oben grauem Grunde dunkle Flecke mit weiß daraus hervorstehenden Warzen, teilweise auch jederseits eine gelblichweiße Lateralbinde. Bei der var. *ornata* Wern. (l. c. 1897 p. 277 t. 13 f. 10a) überwiegt die grauschwarze Zeichnung über die nur noch in Gestalt schmaler Binden und Flecke stellenweise hervortretende hellgraue Grundfarbe. L. bis 100 mm.

♂ ohne Schallblase.

Peru, Chile, Argentinien.

76. **B. variegatus** (Gthr.) 1870 *Nannophryne variegata*, Alb. Günther in: P. zool. Soc. London, p. 402 t. 30 f. 1, 2 | 1882 *Bufo variegatus*, Boulenger, Cat. Batr. sal. Brit. Mus., ed. 2 p. 293 | 1896 *B. v.*, C. Berg in: An. Mus. Buenos Aires, *v.* 5 p. 200.

Oberkopf ohne vorspringende Knochenleisten. Vorderkopf kurz, stumpf. Interorbitalraum so breit wie ein oberes Augenlid. Trommelfell fehlt. 1. Finger

[1]) Die Nummern von Fig. 5 und 6 der Tafel 7 l. c. sind vertauscht. (Man vergleiche die Beschreibungen der beiden in Betracht kommenden Arten.)

den 2. nicht überragend. Zehen kurz, flach, zu $^1/_3$ ihrer Länge durch Schwimmhaut verbunden. Subarticularhöcker doppelt, 2 mäßig große Metatarsalhöcker, aber keine Tarsalfalte vorhanden. Bei nach vorn an den Körper angelegtem Hinterbein reicht das Tarsometatarsalgelenk bis zur Schulter oder zum Auge. Parotoïden oval, scharf begrenzt, außerdem noch einige ähnliche Drüsen auf der Oberseite vorhanden. Oberseite dunkelbraun, mit 5 mehr oder weniger scharf begrenzten, lichtgrünen Linien auf dem Rücken, von denen die mittelste in der Regel am deutlichsten ist. Unterseite schwarz marmoriert. Bei alten Tieren wird die helle Rückenzeichnung oft sehr undeutlich. L. 35 mm.

♂ ohne Schallblase.

Chile, Westpatagonien.

77. **B. melanostictus** Schneid. 1799 *B. m.*, J. G. Schneider, Hist. Amph., *v.* 1 p. 216 | 1802 *„Le crapaud rude,"* Latreille in: Sonnini & Latreille, Hist. Rept., *v.* 2 p. 134 t. [p. 130] f. 2 | 1803 *Bufo scaber* + *B. bengalensis*, Daudin, Hist. Rainett., p. 94 t. 34 f. 1; p. 96 t. 35 f. 1 | 1803 *B. scaber* (part.) + *B. bengalensis*, Daudin, Hist. Rept., *v.* 8 p. 194 (exclus synonymia) p. 196 | 1829 *B. melanostictus*, C. Gravenhorst, Delic. Mus. Vratislav., fasc. 1 p. 57 | 1830/32 *B. carinatus* + *B. dubia*, J. E. Gray, Ill. Ind. Zool., *v.* 1 t. [83] f. 1, 2 | 1834 *B. isos* + *B. bengalensis*, Lesson in: Voy. Ind.-Or., p. 333, 335 t. 7 | 1837/44 *B. scaber*, Schlegel, Abbild. Amph., p. 64 t. 20 f. 2 | 1841 *B. s.* + *B. isos*, C. Duméril & G. Bibron, Erpét., *v.* 8 p. 699, 702 | 1858 *B. gymnauchen*, Bleeker in: Natuurk. Tijdschr. Nederl. Ind., *v.* 16 p. 16, 46 | 1858 *B. melanostictus*, C. Girard in: U. S. expl. Exp., Herpet. p. 92 t. 5 f. 10—14 (Habitus, Kopf u. Füße) | 1858 *B. m.* + *B. isos*, Alb. Günther, Cat. Batr. sal. Brit. Mus., p. 61, 62 | 1862 *Docidophryne melanostictus* + *D. isos*, E. D. Cope in: P. Ac. Philad., p. 358 | 1867 *Bufo melanostictus* + *B. spinipes*, Steindachner in: Reise Novara, Amph. p. 42, 43 t. 5 f. 6 | 1882 *B. melanostictus*, Boulenger, Cat. Batr. sal. Brit. Mus., ed. 2 p. 306 | 1890 *B. m.*, Boulenger in: Fauna Brit. Ind., Rept. Batr. p. 505 f. | 1896 *B. m.*, S. Flower in: P. zool. Soc. London, p. 911 t. 44 f. 3 | 1898 *B. meranostictus* (err. pro *melanostictus*), Stejneger in: J. Coll. Japan, *v.* 12 p. 216 | 1907 *B. melanostictus*, Stejneger in: Bull. U. S. Mus., *v.* 58 p. 72 f. 58—61 (Kopf und Füße) | 1912 *B. m.*, Boulenger, Vert. Fauna Malay, Rept. Batr. p. 272 f. 76 | 1912 *B. m.*, Barbour in: Mem. Mus. Harvard, *v.* 44 p. 73.

Oberkopf mit mehr oder weniger stark vorspringenden Canthal-, Praeorbital-, Supraorbital-, Postorbital- und kurzen Orbitotympanalleisten (Fig. 167). Vorderkopf kurz, stumpf. Interorbitalraum viel breiter als ein oberes Augenlid. Trommelfell sehr deutlich, mindestens $^2/_3$ so breit wie das Auge. 1. Finger in der Regel den 2. überragend. Zehen mindestens zur Hälfte ihrer Länge durch Schwimmhaut verbunden. Subarticularhöcker einfach; 2 mäßig große

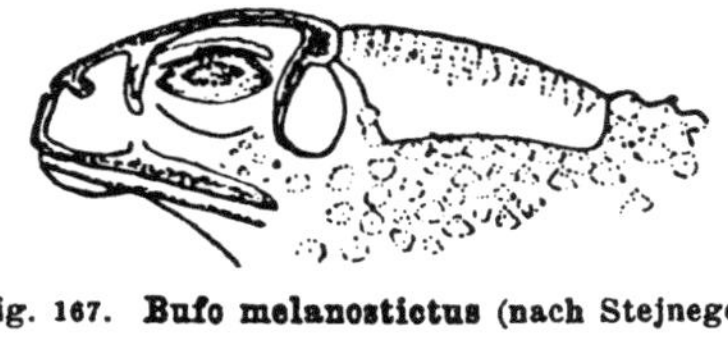

Fig. 167. **Bufo melanostictus** (nach Stejneger).

Metatarsalhöcker, aber keine Tarsalfalte vorhanden. Bei nach vorn an den Körper angelegtem Hinterbein reicht das Tarsometatarsalgelenk bis zum Trommelfell oder Auge. Oberseite mit mehr oder weniger vorspringenden, oft dornigen Warzen. Parotoïden stark vorspringend, nierenförmig oder elliptisch, mehr oder weniger langgestreckt. Oben gelblich oder bräunlich; die Dornen auf den Warzen und die Kopfleisten in der Regel schwarz. Unterseite weißlich, ungefleckt oder mehr oder weniger stark gefleckt. L. 115 mm.

♂ Männchen mit subgularer Schallblase, zur Brunstzeit auf den beiden ersten Fingern mit sehr schwarzen Brunstschwielen und manchmal mit leuchtend gelber Kehle. Kaulquappe klein, Schwanz 1 $^1/_3$ mal so lang wie der Rumpf, 3—4 mal so lang wie hoch, an der Spitze abgerundet, mit fast gleich hoher dorsaler und ventraler Schwanzflosse. Entfernung der Augen voneinander gleich der Mundbreite und doppelt so groß wie der Abstand der Nasenlöcher voneinander. Schnabel weiß, schwarz gerandet. Lippen nur an den Seiten mit Papillen besetzt. Von den beiden Zahnreihen der Oberlippe ist die untere unterbrochen; Unterlippe mit 3 ununterbrochenen Zahnreihen. Dunkelbraun oder schwärzlich, Bauch und Schwanzflossen grau. L. bis 23 mm.

Südchina, Formosa, Vorder- und Hinterindien. Malayischer Archipel.

78. **B. bankorensis** Barb. 1908 *B. b.*, Barbour in: Bull. Mus. Harvard., *v.* 51 p. 323 | 1909 *B. b.*, Barbour in: P. N. Engl. zool. Club, *v.* 4 p. 55 t. 6 f. 1—3 (Habitus, Vorderfuß ♂ u. ♀).

Oberkopf stark vertieft, glatt; Knochenleisten zwischen Auge und Nasenloch sehr schwach; Vorderkopf kurz und stumpf. Interorbitalraum viel breiter als ein oberes Augenlid. Trommelfell klein, ein senkrechtes Oval, teilweise von einer Hautfalte bedeckt. 1. Finger nur sehr wenig länger als der 2.; Subarticularhöcker an den Fingern einfach, ziemlich stark vorspringend; ein kleiner medialer und ein fast 3mal so breiter lateraler Palmarhöcker vorhanden. Zehen weniger als zur Hälfte ihrer Länge durch an ihrem freien Rande gezähnelte Schwimmhaut verbunden. Subarticularhöcker an der 4. Zehe doppelt, sonst einfach. Ein innerer, stärker und ein lateraler, weniger stark vorspringender Metatarsalhöcker vorhanden. Tarsalfalte schwach entwickelt, beim ♂ deutlicher als beim ♀; Fußsohlen ebenso wie die Handflächen stark höckerig. Bei nach vorn an den Körper angelegtem Hinterbein reicht das Tarsometatarsalgelenk bis über die Vorderkopfspitze hinaus. Oberseite mit etwa gleichgroßen, durch deutliche glatte Hautfelder getrennten, beim ♀ etwas dornigen Warzen. Parotoïden groß, oval- bis nierenförmig. Oben dunkelbraun, unten heller. Ein schwärzliches, am hinteren Augenrande beginnendes Band verläuft über die untere Parotoïdenhälfte und zuletzt als Fleckenreihe an den Flanken entlang. L.?

♂ ohne innere Schallblase, mit Brunstschwielen am 1. und 2. Finger; ♀ mit schwarzen Spitzen auf manchen Warzen.

Bankoro (Zentral-Formosa).

79. **B. himalayanus** Gthr. 1864 *B. melanostictus* var. *himalayanus*, Alb. Günther, Rept. Brit. Ind., p. 422 | 1872 *B. sikkimensis*, Stoliczka in: P. Asiat. Soc. Bengal, p. 112 | 1882 *B. s.* (part.) + *B. himalayanus*, Boulenger, Cat. Batr. sal. Brit. Mus., ed. 2 p. 305 t. 20 | 1890 *B. h.*, Boulenger in: Fauna Brit. Ind., Rept. Batr. p. 505 | 1912 *B. h.*, Annandale in: Rec. Ind. Mus., *v.* 8 p. 19 t. 4 f. 7 (Kaulquappe).

Oberkopf stark vertieft mit niedrigen, stumpfen Supraorbitalleisten. Vorderkopf kurz, stumpf. Interorbitalraum breiter als ein oberes Augenlid. Trommelfell sehr klein, ziemlich undeutlich. 1. Finger nicht den 2. überragend; Zehen zu $^1/_2$—$^2/_3$ ihrer Länge durch Schwimmhaut verbunden; mit einfachen Subarticularhöckern; 2 mäßig große Metatarsalhöcker vorhanden, aber keine Tarsalfalte. Bei nach vorn an den Körper angelegtem Hinterbein reicht das Tarsometatarsalgelenk bis zum vorderen Augenrand oder bis zur Vorderkopfspitze. Oberseite mit unregelmäßigen, deutliche Drüsenporen aufweisenden Warzen. Parotoïden stark vorspringend, groß, langgestreckt, mindestens so lang wie der Kopf. Einfarbig braun. L. 127 mm.

♂ ohne Schallblase.

Himalaya-Gebiet.

80. **B. microtympanum** Blgr. 1882 *B. m.*, Boulenger, Cat. Batr. sal. Brit. Mus., ed. 2 p. 307 t. 22 f. 1 | 1890 *B. m.*, Boulenger in: Fauna Brit. Ind., Rept. Batr. p. 505.

Kopf mit vorspringenden knöchernen Canthal-, Praeorbital-, Supraorbital-, Postorbital- und kurzen Orbitotympanalleisten. Vorderkopf kurz, stumpf. Interorbitalraum breiter als ein oberes Augenlid; Trommelfell sehr klein, nicht $^1/_2$ so breit wie das Auge, in der Regel undeutlich. 1. Finger den 2. überragend. Zehen etwa zur Hälfte ihrer Länge durch Schwimmhaut verbunden, mit einfachen Subarticularhöckern; 2 mäßig große Metatarsalhöcker, aber keine Tarsalfalte vorhanden. Bei nach vorn an den Körper angelegtem Hinterbein reicht das Tarsometatarsalgelenk bis zum Auge oder zwischen Auge und Vorderkopfspitze. Oberseite mit unregelmäßigen, deutliche Drüsenporen aufweisenden Warzen. Parotoïden vorspringend, elliptisch, 2 oder $2^1/_2$mal so lang wie breit. Oben braun, unten gelb, braun marmoriert. L. 77 mm.

♂ mit subgularer Schallblase.

Malabar (Vorderindien).

81. **B. parietalis** Blgr. 1882 *B. p.*, Boulenger, Cat. Batr. sal. Brit. Mus., ed. 2 p. 312 t. 21 f. 2 | 1890 *B. p.*, Boulenger in: Fauna Brit. Ind., Rept. Batr. p. 507.

Kopf mit stark vorspringenden Canthal-, Praeorbital-, Supraorbital-, Postorbital-, Orbitotympanal- und Parietalleisten, letztere schräg mediad gerichtet. Vorderkopf kurz, stumpf. Interorbitalraum breiter als ein oberes Augenlid. Trommelfell deutlich, $^2/_3$ so breit wie das Auge. 1. Finger den 2. überragend; Zehen zur Hälfte ihrer Länge durch Schwimmhaut verbunden, mit einfachen Subarticularhöckern; 2 mäßig große Metatarsalhöcker, keine Tarsalfalte vorhanden. Bei nach vorn an den Körper angelegtem Hinterbein reicht das Tarsometatarsalgelenk zwischen Auge und Vorderkopfspitze. Oberseite mit unregelmäßigen Warzen besetzt; Parotoïden mäßig lang, elliptisch, stark vorspringend. Einfarbig braun oben; Unterseite braun marmoriert. L. 82 mm.

♂ mit subgularer Schallblase.

Malabar (Vorderindien).

82. **B. fergusonii** Blgr. 1892 *B. f.*, Boulenger in: J. Bombay Soc., *v.* 7 p. 317 t. [p. 317] | 1897 *B. f.*, Méhely in: Termés. Füzetek, *v.* 20 p. 69.

Oberkopf mit schwachen knöchernen Canthal-, Praeorbital-, Supraorbital-, Postorbital-, Supratympanal- und Parietalleisten, die letztgenannten schräg medialwärts gerichtet. Vorderkopf kurz, stumpf, auf der Oberseite vertieft. Interorbitalraum breiter als ein oberes Augenlid; Trommelfell sehr deutlich, dicht beim Auge und $^3/_5$ so breit wie dieses. 1. Finger den 2. nicht überragend; Zehen kaum zur Hälfte ihrer Länge durch Schwimmhaut verbunden, ohne deutliche Subarticularhöcker, mit schwachen Metatarsalhöckern; keine Tarsalfalte. Bei nach vorn an den Körper angelegtem Hinterbein reicht das Tarsometatarsalgelenk bis zum Trommelfell. Oberseite, außer in der Rückenmitte, mit kleineren und größeren Warzen besetzt, die in der Regel mindestens einen Hornstachel, die größeren um diesen herum noch eine oder mehrere Stachelreihen tragen. Parotoïden schwach hervortretend, so lang wie breit, halb so lang wie die Hand. Oberseite gelblich- oder grünlichbraun, mit dunklen, am Rande zuweilen schwefelgelb eingefaßten, teilweise ziemlich symmetrisch verteilten Flecken. Gliedmaßen mit dunklen Querbinden. Rückenwarzen größtenteils ziegelrot. Unterseite hellgraubraun, dunkelbraun marmoriert oder gewölkt. L. 46 mm.

Travancore, Ceylon.

83. **B. asper** Grav. 1829 *B. a.*, C. Gravenhorst, Delic. Mus. Vratislav., fasc. 1 p. 58 | 1837/44 *B. a.*, Schlegel, Abbild. Amph., p. 63 t. 20 f. 1 | 1843 *Phrynoidis a.*, Fitzinger, Syst. Rept., *v.* 1 p. 32 | 1882 *Bufo a.*, Boulenger, Cat. Batr. sal. Brit. Mus., ed. 2 p. 313 | 1910 *B. a.*, Kampen in: Natuurk. Tijdschr. Nederl. Ind., *v.* 69 p. 30 t. 2 f. 2 (Mund der Larve) | 1912 *B. a.*, Boulenger, Vert. Fauna Malay, Rept. Batr. p. 271, (mit weiteren Literaturangaben).

Eine breite Supraorbital- und eine dicke Orbitotympanalleiste vorhanden. Vorderkopf kurz, schräg abgestutzt. Canthus rostralis winklig. Zügelregion senkrecht abfallend. Interorbitalraum breiter als ein oberes Augenlid. Trommelfell deutlich, $^1/_3$ so breit wie das Auge. 1. Finger den 2. nicht überragend, Zehen in ihrer ganzen Länge durch Schwimmhaut verbunden, Subarticularhöcker einfach, 2 mäßig große Metatarsalhöcker und eine Tarsalfalte vorhanden. Bei nach vorn an den Körper angelegtem Hinterbein reicht das Tarsometatarsalgelenk bis zur Vorderkopfspitze oder darüber hinaus. Oberseite mit stark vorspringenden, kegelförmigen, dornigen Höckern. Parotoïden stark vorspringend, gewöhnlich annähernd dreieckig oder rundlich. Oben einfarbig braun oder schwärzlich, zu manchen Zeiten hochrot gefleckt. Unterseite weißlich, einfarbig oder schwarz gefleckt. L. 215 mm.

Wichtigste Merkmale der Larve: Körper nicht ganz $1\frac{1}{2}$mal so lang wie breit, $\frac{3}{4}$ so lang wie der Schwanz; letzterer 3mal so lang wie hoch, am Ende gerundet. Augen gleich weit von Vorderkopfspitze und Spiraculum entfernt, Abstand der Augen voneinander $1\frac{1}{2}$ mal so groß wie der der Nasenlöcher voneinander und $\frac{1}{2}$ so groß wie die Mundbreite. Mund einen Saugnapf bildend. Zahnformel $\frac{2}{3}$. Ganzer Rand der Unterlippe und Seiten der Oberlippe mit kurzen Papillen (Figur 168). Braunschwarz, Unterseite und Schwanzflossen farblos. L. 20 mm.

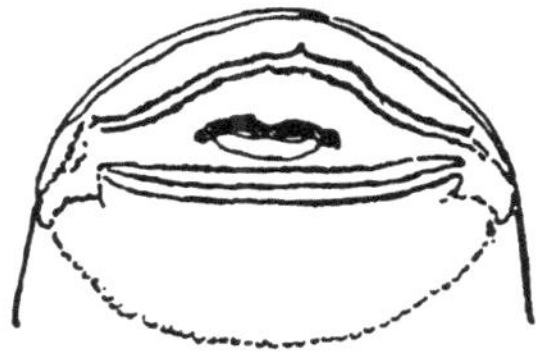

Fig. 168. **Bufo asper.** Mundgegend der Larve (nach Kampen).

Malayische Halbinsel, Sumatra, Java, Borneo.

84. **B. parvus** Blgr. 1887 *B. p.*, Boulenger in: Ann. nat. Hist., ser. 5 *v.* 19 p. 346 t. 10 f. 3 | 1912 *B. p.*, Boulenger, Vert. Fauna Malay, Rept. Batr. p. 274.

Oberkopf mit knöchernen Supraorbital- und Parietalleisten, die zusammen eine gerade Linie bilden, und kurzen Orbitotympanalleisten. Vorderkopf sehr kurz, abgestutzt, erheblich über die Mundspalte vorspringend. Interorbitalraum so breit wie, oder etwas breiter als ein oberes Augenlid. Trommelfell sehr deutlich, dicht beim Auge und $^2/_3$—$^3/_4$ so breit wie dieses. 1. Finger den 2. beträchtlich überragend; Zehen kaum zur Hälfte ihrer Länge durch Schwimmhaut verbunden, mit einfachen Subarticularhöckern; 2 ziemlich große Metatarsalhöcker vorhanden, aber keine Tarsalfalte. Bei nach vorn an den Körper angelegtem Hinterbein reicht das Tarsometatarsalgelenk bis zwischen Auge und Vorderkopfspitze oder noch etwas über letztere hinaus. Oberseite rauh, mit stark vorspringenden, kegelförmigen, oft dornigen Höckern; Parotoïden vorspringend, rund oder annähernd dreieckig, kaum größer als das Trommelfell. Unterseite mit rundlichen Höckern von ungleicher Größe. Oben braun, mit einigen dunklen Flecken, oft auch mit einigen verstreuten, unregelmäßigen, schön rosenroten Flecken. Gliedmaßen mit dunklen Querbinden; Unterseite braun gefleckt. L. 50 mm.

♂ mit subgularer Schallblase, brauner Kehle und schwarzen Brunstschwielen auf den 2 ersten Fingern.

Burma, Malayische Halbinsel, Sumatra.

85. **B. quadriporcatus** Blgr. 1887 *B. q.*, Boulenger in: Ann. nat. Hist., ser. 5 *v.* 19 p. 347 t. 10 f. 4 | 1887 *B. q.*, Alb. Günther in: Ann. nat. Hist., ser. 5 *v.* 20 p. 314 t. 16 f. C. | 1912 *B. q.*, Boulenger, Vert. Fauna Malay, Rept. Batr. p. 274.

Oberkopf mit einer geraden, vorspringenden, sich in eine Parietalleiste fortsetzenden Supraorbitalleiste und mit einer breiten, mit der Parotoïddrüse zusammenhängenden Orbitotympanalleiste (Fig. 169). Vorderkopf abgestutzt, weit über die Mundspalte vorspringend. Zügelregion fast senkrecht abfallend. Interorbitalraum breiter als ein oberes Augenlid. Trommelfell sehr deutlich, dicht beim Auge und fast so breit wie oder sogar breiter als dieses. 1. Finger den 2. überragend; Zehen kurz, kaum zur Hälfte ihrer Länge durch Schwimmhaut verbunden. Subarticularhöcker einfach; 2 mäßig große Metatarsalhöcker, aber keine Tarsalfalte vorhanden. Bei nach vorn an den Körper angelegtem Hinterbein reicht das Tarsometatarsalgelenk bis zum Trommelfell oder Auge. Oberseite mehr oder weniger warzig, manchmal völlig mit Hornstacheln besetzt. Parotoïden vorspringend, leistenförmig, langgestreckt, oft sich in eine Reihe großer Warzen fortsetzend. Oben bräunlich einfarbig, oder olivenfarbig marmoriert, Parotoïden weißlich, schwarz gerandet. Beine mit dunklen Querbinden. Unterseite weißlich, einfarbig oder braun marmoriert. L. 65 mm.

Fig. 169. **Bufo quadriporcatus.** Kopf von oben (nach Boulenger).

Malayische Halbinsel, Sumatra, Borneo.

86. **B. biporcatus** Grav. 1829 *B. b.*, C. Gravenhorst, Delic. Mus. Vratislav., fasc. 1 p. 53 | 1841 *B. b.*, C. Duméril & G. Bibron, Erpét., *v.* 8 p. 714 | 1858 *B. b.*, H. Schlegel, Handb. Dierk., *v.* 2 p. 57 t. 4 f. 73 | 1858 *B. b.*, Alb. Günther, Cat. Batr. sal. Brit. Mus., p. 62 | 1860 *Docidophryne biporcata*, Fitzinger in: SB. Ak. Wien, *v.* 42 p. 415 | 1862 *Chilophryne b.*, E. D. Cope in: P. Ac. Philad., p. 357 | 1882 *Bufo biporcatus*, Boulenger, Cat. Batr. sal. Brit. Mus., ed. 2 p. 311 f. (Kopf) | 1890 *B. b.*, Boulenger in: Fauna Brit. Ind., Rept. Batr. p. 507 | 1910 *B. b.*, Kampen in: Natuurk. Tijdschr. Nederl. Ind., *v.* 69 p. 30 (Larven) | 1912 *B. b.*, Barbour in: Mem. Mus. Harvard, *v.* 44 p. 74 t. 6 f. 21 t. 8 f. 35.

Oberkopf mit vorspringenden, eine gerade oder fast eine gerade Linie bildenden Supraorbital- und Parietalleisten (Fig. 170) und mit kurzen Orbitotympanalleisten. Vorderkopf kurz, etwas zugespitzt, mit vorspringendem Canthus rostralis. Interorbitalraum etwas breiter als ein oberes Augenlid. Trommelfell sehr deutlich, so groß wie das Auge. 1. Finger gewöhnlich den 2. nicht überragend; Zehen zu $^1/_2$—$^2/_3$ ihrer Länge durch Schwimmhaut verbunden; Subarticularhöcker einfach; 2 mäßig große Metatarsalhöcker, aber keine Tarsalfalte vorhanden. Bei nach vorn an den Körper angelegtem Hinterbein reicht das Tarsometatarsalgelenk bis zum Trommelfell oder Auge. Oberseite mit stark vorspringenden kegelförmigen, dornigen Höckern; Parotoïden stark vorspringend, klein, annähernd dreieckig oder oval. Oben bräunlich, dunkel marmoriert. Unterseite mehr oder weniger braun gefleckt. L. ?

Fig. 170. **Bufo biporcatus.** Kopf von oben (nach Boulenger).

♂ mit subgularer Schallblase. Larven sehr ähnlich denen von *B. melanostictus* Schneid. (nr. 77).

Malayische Halbinsel, Sumatra bis Lombok, Celebes.

87. **B. divergens** Peters 1871 *B. d.*, Peters in: Monber. Ak. Berlin, p. 579 | 1882 *B. d.*, Boulenger, Cat. Batr. sal. Brit. Mus., ed. 2 p. 312 f. (Kopf) | 1912 *B. d.*, Boulenger, Vert. Fauna Malay, Rept. Batr. p. 275.

Der vorigen Art sehr nahestehend, aber in folgenden Punkten von ihr abweichend:

Parietalleisten mit den Supraorbitalleisten einen Winkel bildend (Fig. 171). Trommelfell $^2/_3$ so breit wie das Auge. Tibia halb so lang wie Kopf und Rumpf zusammen; bei nach vorn an den Körper angelegtem Hinterbein reicht das Tarsometatarsalgelenk bis zur Vorderkopfspitze oder darüber hinaus. Zuweilen ist eine gelbe Längslinie in der Rückenmitte vorhanden. L. 50 mm.

Borneo, Natunas-Inseln, Selangor.

Fig. 171.
Bufo divergens.
Kopf von oben
(nach Boulenger).

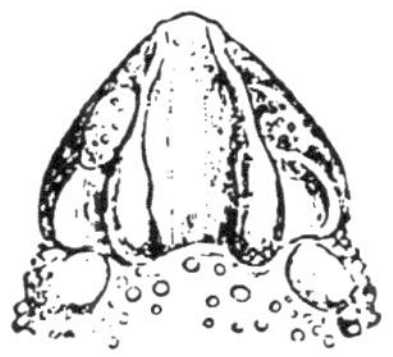

Fig. 172.
Bufo claviger. Kopf von
oben (nach Boulenger).

88. **B. claviger** Peters 1863 *B. c.*, Peters in: Monber. Ak. Berlin, p. 405 | 1882 *B. c.*, Boulenger, Cat. Batr. sal. Brit. Mus., ed. 2 p. 311 f. (Kopf) | 1904 *B. c.*, Isenschmid in: Mt. Ges. Bern, Abh. p. 80.

Ebenfalls *B. biporcatus* sehr nahestehend, unterscheidet sich von dieser Art durch die stärker entwickelten Kopfleisten, von denen die Parietalleisten am hinteren Ende stark keulenförmig verdickt sind (Fig. 172); durch das kleinere Trommelfell, das kaum $^2/_3$ so breit ist wie das Auge, und durch den den 2. Finger beträchtlich überragenden 1. Finger. L. 60 mm.

Sumatra.

89. **B. cavator** Barb. 1911 *B. c.*, Barbour in: P. biol. Soc. Washington, *v.* 24 p. 21 | 1912 *B. c.*, Barbour in: Mem. Mus. Harvard, *v.* 44 p. 74 t. 6 f. 22.

Oberkopf mit ziemlich schwach entwickelten, zusammen eine gerade oder fast gerade Linie bildenden Supraorbital- und Parietalleisten und mit kurzen Orbitotympanalleisten. Vorderkopf kurz, mit vorspringendem Canthus rostralis. Interorbitalraum wenig breiter als ein oberes Augenlid; Trommelfell deutlich, kreisrund, etwa $^3/_5$ so breit wie das Auge. 1. Finger so lang wie der 2., Zehen mit Ausnahme der weit über die Schwimmhaut hinausragenden 4. Zehe in ihrer ganzen Länge durch Schwimmhaut verbunden. Subarticularhöcker einfach, 2 mäßig große Metatarsalhöcker und eine Tarsalfalte vorhanden. Bei nach vorn an den Körper angelegtem Hinterbein reicht das Tarsometatarsalgelenk bis zum Nasenloch. Oberseite mit verstreuten, nicht dornigen Warzen. Parotoïden stark vorspringend, klein, fast kreisrund. Oben bräunlich, hellgelblich marmoriert. Vorder- und Hinterbeine mit gelblichen Querbinden. Unterseite gelblich, Kehle dunkelbraun. L. ?

Insel Lombok.

90. **B. longecristatus** Wern. 1903 *B. l.*, F. Werner in: Zool. Anz., *v.* 26 p. 252.

Oberkopf mit deutlichen Canthal-, Praeorbital-, Postorbital-, Supraorbital-, Supratemporal- und Orbitotympanalleisten; ferner geht von der Ecke der stumpfwinkligen Supraorbitalleiste eine am Medialrande der Parotoïden bis zu deren Hinterrande entlang laufende Parietalleiste aus. Vorderkopf stumpf, kürzer als der Augendurchmesser. Interorbitalraum $1^1/_2$ mal so breit wie ein oberes Augenlid. Trommelfell sehr deutlich, $^1/_2$ so breit wie die Orbita. 1. Finger deutlich kürzer als der 2.; Zehen zu $^2/_3$ ihrer Länge durch Schwimmhaut verbunden; 2 Metatarsalhöcker vorhanden; Tarsalfalte angedeutet. Bei nach vorn an den Körper angelegtem Hinterbein erreicht das Tarsometatarsalgelenk den Vorderrand des Auges. Oberseite ziemlich glatt, nur wenige flache Warzen in der Rückenmitte. Parotoïden $^1/_2$ so lang wie die Orbita, länglich, vorn etwas breiter als hinten. Oberseite einfarbig rotbraun; Kehle und Brust rotbraun, fein graugesprenkelt. Bauch hellgrau mit dunkelgrauen Flecken. Gliedmaßen unten gelblich. L. 64 mm.

Borneo.

91. **B. celebensis** Schl. 1858 *B. c.*, Schlegel MS in: Alb. Günther, Cat. Batr. sal. Brit. Mus., p. 60 | 1862 *Chilophryne c.*, E. D. Cope in: P. Ac. Philad., p. 358 | 1867 *Bufo c.* + *Leptophryne leiogaster*, Fitzinger MS in: Steindachner in: Reise Novara, Amph. p. 44 | 1882 *Bufo celebensis*, Boulenger, Cat. Batr. sal. Brit. Mus., ed. 2 p. 313.

Oberkopf mit einer breiten Supraorbitalleiste und einer dicken, hohen Orbitotympanalleiste. Vorderkopf kurz, schräg abgestutzt; Canthus rostralis winklig, Zügelregion senkrecht abfallend. Interorbitalraum breiter als ein oberes Augenlid, Trommelfell mäßig deutlich, nicht ganz $^1/_2$ so breit wie das Auge. 1. Finger den 2. überragend; Zehen nicht ganz zur Hälfte ihrer Länge durch Schwimmhaut verbunden. Subarticularhöcker einfach; 2 mäßig große Metatarsalhöcker, aber keine Tarsalfalte vorhanden. Bei nach vorn an den Körper angelegtem Hinterbein reicht das Tarsometatarsalgelenk zwischen Auge und Vorderkopfspitze. Oberseite mit kegelförmigen, dornigen Warzen. Parotoïden stark vorspringend, mehr oder weniger gestreckt, oval oder annähernd dreieckig. Oben braun, mit undeutlichen, dunklen Flecken, unten graubraun gewölkt. L. ?

♂ mit subgularer Schallblase.

Celebes.

92. **B. galeatus** Gthr. 1864 *B. g.*, Alb. Günther, Rept. Brit. Ind., p. 421 t. 26 f. L. | 1882 *B. g.*, Boulenger, Cat. Batr. sal. Brit. Mus., ed. 2 p. 314.

Der vorigen Art sehr nahestehend, in folgenden Punkten von ihr abweichend: Vorderkopf schmaler, Orbitotympanalleisten höher, mit den Parotoïden zusammenfließend, äußerlich nicht gegen sie abgegrenzt. Trommelfell sehr deutlich, $^3/_4$ so breit wie das Auge. Oben graubraun, kastanienbraun marmoriert; Kehle und Brust rosarot, Unterseite gelblich, braun marmoriert. L. 63 mm.

Gamboja.

93. **B. philippinicus** Blgr. 1887 *B. p.*, Boulenger in: Ann. nat. Hist., ser. 5 *v.* 19 p. 348 t. 10 f. 5 (Kopf) | 1894 *B. p.*, Boulenger in: Ann. nat. Hist., ser. 6 *v.* 14 p. 88.

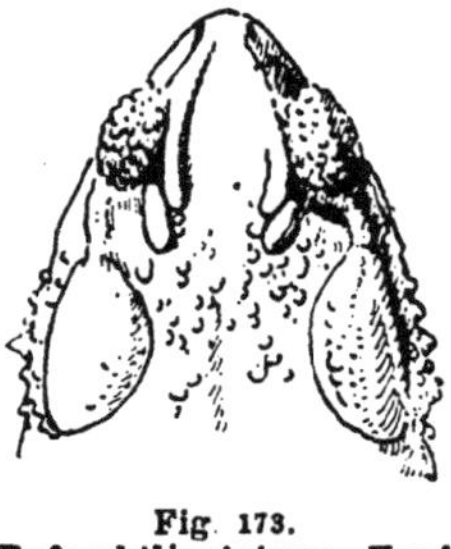

Fig. 173.
Bufo philippinicus. Kopf von oben (nach Boulenger).

Oberkopf mit knöchernen Supraorbital- und Parietalleisten, letztere lateral von dem etwas mediad eingebogenen Hinterende der schmaleren Supraorbitalleisten liegend (Fig. 173); auch jederseits eine Orbitotympanalleiste vorhanden. Vorderkopf kurz, abgestutzt, mit stark hervortretendem Canthus rostralis. Interorbitalraum breiter als ein oberes Augenlid; Trommelfell sehr deutlich, ein senkrechtes Oval, dessen größter Durchmesser etwa $^2/_3$ der Augenbreite beträgt. 1. Finger erheblich länger als der 2.; Zehen zur Hälfte ihrer Länge durch Schwimmhaut verbunden, mit einfachen Subarticularhöckern, keine Tarsalfalte vorhanden. Bei nach vorn an den Körper angelegtem Hinterbein reicht das Tarsometatarsalgelenk bis zum Auge. Oberseite mit kleinen, kegelförmigen, dornigen Warzen besetzt. Parotoïden oval oder elliptisch, $^2/_3$—$^3/_4$ der Kopflänge lang. Oben olivenfarben, mit dunklen Inselflecken; Kopfleisten rötlichbraun. L. 75 mm.

♂ mit innerer Schallblase.

Palawan und Balabac (Philippinen).

94. **B. quercicus** Holbr. 1841 *B. q.*, Holbrook, N. Amer. Herpet., *v.* 5 p. 13 t. 3 | 1854 *B. quercinus*, C. Girard in: P. Ac. Philad., *v.* 7 p. 88 | 1862 *Chilophryne dialopha*, E. D. Cope in: P. Ac. Philad., p. 341, 358 | 1863 *Incilius dialophus*, E. D. Cope in: P. Ac. Philad., p. 50 | 1882 *Bufo lentiginosus* var. *americanus* (part.) + *B. dialophus*, Boulenger, Cat. Batr. sal. Brit. Mus., ed. 2 p. 309, 319 | 1889 *B. quercicus*, E. D. Cope in: Bull. U. S. Mus., *v.* 34 p. 291 f. 72 (Kopf, Mundhöhle, Füße) | 1906 *B. q.*, M. Dickerson, Frog Book, p. 104 f. 101—106.

Oberkopf mit gut entwickelten Knochenleisten; Parietalleisten vor ihrem Hinterende fast rechtwinklig mediad umgebogen, aber nicht mit der der anderen Seite zusammenstoßend (Fig. 174). Vorderkopf spitz, vorspringend. Interorbitalraum breiter als ein oberes Augenlid. Trommelfell sehr klein, nur $^1/_4$ so breit wie das Auge. 1. Finger kürzer als der 2.; Zehen schlank, zu $^1/_3$ ihrer Länge durch Schwimmhaut verbunden. Subarticularhöcker einfach; zwei spitze Metatarsalhöcker vorhanden, aber keine Tarsalfalte. Oberseite mit zahlreichen, kleinen Höckern besetzt, die auf den Gliedmaßen spitzer hervortreten. Parotoïden lang oval, laterad bis zum unteren Rande des Trommelfells herabreichend. Oberseite schmutzig braun, mit einer hellen Längslinie in der Rückenmitte und mit mehreren unregelmäßigen, schwarzen, hell gesäumten Flecken auf jeder Seite des Rückens. Unterseite hellgrau, in den hinteren Teilen gelblich. Gliedmaßen mit dunklen Querbinden. L. bis 27 mm.

Fig. 174. **Bufo quercicus.** Kopf von oben (nach E. D. Cope).

Südöstliche Vereinigte Staaten N.-Amerika (Nord-Carolina bis Florida).

95. **B. lentiginosus** (Shaw) ? 1766 *Rana musica*, Linné, Syst. Nat., ed. 12 *v.* 1 p. 354 | ? 1799 *Bufo clamosus*, J. G. Schneider, Hist. Amph., *v.* 1 p. 214 | 1802 *Rana lentiginosa*, G. Shaw, Gen. Zool., *v.* 3 p. 173 t. 53 (fig. mala) | 1802 „*Le crapaud criard*" Latreille in: Sonnini & Latreille, Hist. Rept., *v.* 2 p. 127 | 1803 *Bufo musicus*, Daudin, Hist. Rainett., p. 92 t. 33 f. 3 | 1803 *B. m.* (part.), Daudin, Hist. Rept., *v.* 8 p. 190 | 1836 *B. americanus* + *B. clamosus*, Holbrook, N. Amer. Herpet., *v.* 1 p. 75 t. 9 + p. 79 t. 10 | 1841 *B. musicus* + *B. americanus*, C. Duméril & G. Bibron, Erpét., *v.* 8 p. 689, 695 | 1842 *B. a.*, De Kay, Zool. N. York, *v.* 3 p. 67 t. 19 f. 46 t. 20 f. 52 (junges und altes Tier) | 1842 *B. lentiginosus* + *B. americanus*, Holbrook, N. Amer. Herpet., ed. 2 *v.* 5 p. 7 t. 1 + p. 17 t. 4 | 1858 *B. lentiginosus*, Alb. Günther, Cat. Batr. sal. Brit. Mus., p. 66 | 1882 *B. l.* (part.), Boulenger, Cat. Batr. sal. Brit. Mus., ed. 2 p. 308 | 1889 *B. l.*, E. D. Cope in: Bull. U. S. Mus., *v.* 34 p. 277 | 1906 *B. americanus* + *B. lentiginosus* + *B. fowleri*, M. Dickerson, Frog Book, p. 63, 89, 91, 93[1]).

Oberkopf mit deutlichen Knochenleisten, von denen die Supraorbital- und Postorbitalleisten stets miteinander einen rechten Winkel bilden, in ihrer

---

[1]) Die Systematik dieser Art ist noch nicht in allen Punkten völlig geklärt. Einige der hier als Unterarten zu *B. l.* gestellten Formen werden von einigen Autoren als besondere Arten betrachtet.

Form und Lage zueinander sich aber bei den verschiedenen Unterarten verschieden verhalten (s. unten). Ebenso schwankt die Kopflänge im Verhältnis zur gesamten Kopfrumpflänge des Tieres bei den Unterarten. Vorderkopf kurz und stumpf; Trommelfell deutlich, in der Breite dem halben bis fast dem ganzen Augendurchmesser gleichkommend. 1. Finger länger als der 2.; Zehen etwa zur Hälfte ihrer Länge durch Schwimmhaut verbunden. Subarticularhöcker meist einfach (bei *B. l. americanus* sollen nach Boulenger l. c. 1882 in der Regel doppelte Subarticularhöcker vorhanden sein). 2 Metatarsalhöcker, der mediale mit Hornschneide am freien Rande, aber keine Tarsalfalte vorhanden. Bei nach vorn an den Körper angelegtem Hinterbein reicht das Tarsometatarsalgelenk bis zum Trommelfell oder Auge. Oberseite mit ungleichmäßigen, rundlichen Warzen besetzt; Parotoïden mäßig groß, elliptisch oder nierenförmig. Oberseite im allgemeinen bräunlich, meist mit großen, dunklen, in Längsreihen angeordneten, manchmal hell gesäumten Flecken. In der Regel ist eine helle Längslinie in der Rückenmitte, manchmal auch eine solche an jeder Rumpfseite vorhanden. Unterseite hell, einfarbig oder auf der Brust oder in ihrer ganzen Ausdehnung dunkel gefleckt. L. 65—140 mm. ♂ mit subgularer Schallblase.

Östliches und mittleres Nordamerika, nach Westen nicht über die Rocky Mountains hinausgehend.

Die Art zerfällt in 4 Unterarten, die sich aber nicht scharf gegeneinander abgrenzen lassen, und von denen einige neuerdings von einigen Autoren als besondere Arten abgetrennt worden sind.

Bestimmungstabelle der Unterarten:

1	Supraorbitalleisten deutlich divergierend, nach hinten hin durch wulstig verdickte, stark vorspringende, etwas konvergierende Parietalleisten fortgesetzt (Fig. 175). Kopflänge $3\frac{1}{2}$—4mal in der gesamten Kopfrumpflänge enthalten	95a. **B. l. lentiginosus**
	Supraorbitalleisten miteinander parallellaufend oder nur wenig divergierend. Parietalleisten fehlen oder, wenn vorhanden, nicht wulstartig verdickt — 2	
2	Supraorbitalleisten in der Regel etwas divergierend, am Hinterende niemals zusammenhängend oder fast aneinanderstoßend; kurze konvergierende, spitz endigende Parietalleisten vorhanden (Fig. 177). Kopflänge 4—$4\frac{1}{2}$mal in der gesamten Kopfrumpflänge enthalten	95c. **B. l. americanus**
	Supraorbitalleisten dicht nebeneinander liegend, miteinander parallellaufend, Parietalleisten fehlen — 3	
3	Supraorbitalleisten scharfkantig, nicht verdickt, hoch über den nicht aufgewölbten Hinterkopf emporragend, hinten zusammenhängend (Fig. 176). Kopflänge 4 bis $4\frac{1}{2}$mal in der gesamten Kopfrumpflänge enthalten	95b. **B. l. fowlerii**
	Supraorbitalleisten verdickt, manchmal den ganzen Interorbitalraum ausfüllend (Fig. 178). Hinterkopf aufgewölbt, höher als der Nacken; Kopflänge $4\frac{1}{2}$ bis 5mal in der gesamten Kopfrumpflänge enthalten .	95d. **B. l. woodhousi**

95a. **B. l. lentiginosus** (Shaw) ? 1766 *Rana musica*, Linné, Syst. Nat., ed. 12 *v.* 1 p. 354 | ? 1799 *Bufo clamosus*, J. G. Schneider, Hist. Amph., *v.* 1 p. 214 | 1802 *Rana lentiginosa*, G. Shaw, Gen. Zool., *v.* 3 p. 173 t. 53 (fig. mala) | 1802 *„Le crapaud criard"*, Latreille in: Sonnini & Latreille, Hist. Rept., *v.* 2 p. 127 | 1803 *Bufo musicus*, Daudin,

Hist. Rainett., p. 92 t. 33 f. 3 | 1803 *B. m.* (part?), Daudin, Hist. Rept., *v.* 8 p. 190 | 1836 *B. clamosus* + *B. lentiginosus*, Holbrook, N. Amer. Herpet., *v.* 1 p. 79 t. 10 [i. Origin. irrtümlich t. 11] | 1841 *B. musicus*, C. Duméril & G. Bibron, Erpét., *v.* 8 p. 689 | 1842 *B. lentiginosus*, Holbrook, N. Amer. Herpet., ed. 2 *v.* 5 p. 7 t. 1 | 1855 *Telmatobius l.*, L. Le Conte in: P. Ac. Philad., *v.* 7 p. 426 | 1858 *Bufo l.* var. *B.*, Alb. Günther, Cat. Batr. sal. Brit. Mus., p. 63 | 1862 *Chilophryne lentiginosa*, E. D. Cope in: P. Ac. Philad., p. 358 | 1863 *Incilius lentiginosus*, E. D. Cope in: P. Ac. Philad., p. 50 | 1882 *Bufo l.* var. *musicus*, Boulenger, Cat. Batr. sal. Brit. Mus., ed. 2 p. 309 f. (Kopf, Hinterfuß) | 1882 *B. terrestris*, P. Brocchi in: Miss. Mex., pars 3 II p. 77 | 1889 *B. lentiginosus lentiginosus*, E. D. Cope in: Bull. U. S. Mus., *v.* 34 p. 289 f. 71 (Kopf, Mundhöhle, Füße) | 1906 *B. l.*, M. Dickerson, Frog Book, p. 89 f. 64—67 t. 4 f. 1.

Die typische Unterart von *B. lentiginosus* ist von allen andern Formen dieser Art leicht und sicher zu unterscheiden durch die deutlich ausgebildeten, wulstig verdickten Parietalleisten, die sich in konvergierender Stellung an die nach hinten divergierenden Supraorbitalleisten anschließen (Fig. 175). Der Kopf ist verhältnismäßig lang, $3^1/_2$—4 mal in der gesamten Kopfrumpflänge enthalten. Färbung wechselnd, oft lebhaft rotbraun, mit oder ohne dunkle Flecke. Eine helle Längsbinde in der Rückenmitte vorhanden; Rumpfseiten mit unregelmäßigen, hellen Flecken, die manchmal zu einer Längsbinde verschmelzen. Unterseite weißlich oder gelblich, ungefleckt. L. ♂ 65—76 mm, ♀ noch erheblich größer.

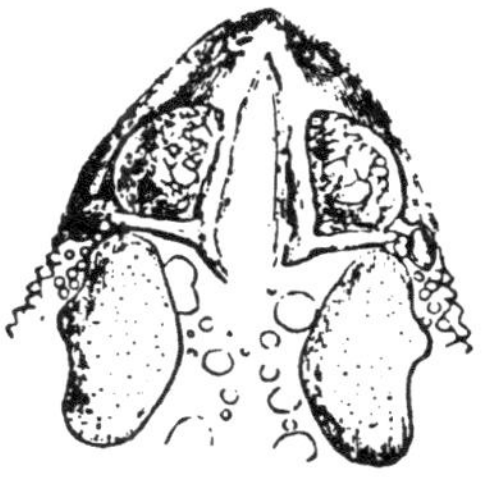

Fig. 175. Kopf von **Bufo lentiginosus lentiginosus** (nach Boulenger).

Südliche Vereinigte Staaten N. Amerika (östlich von Texas).

95b. **B. l. fowlerii** Putn. 1875 *B. lentiginosus* subsp. *fowlerii*, Putnam MS in: E. D. Cope in: Bull. U. S. Mus., *v.* 1 p. 29 | 1882 *B. l.* subsp. *fowleri*, Boulenger, Cat. Batr. sal. Brit. Mus., ed. 2 p. 310 | 1889 *B. l. f.*, E. D. Cope in: Bull. U. S. Mus., *v.* 34 p. 279 f. 68 (Kopf, Mundhöhle, Füße) | 1906 *B. fowleri*, M. Dickerson, Frog Book, p. 93 f. 75—84 t. 4 f. 3.

Supraorbitalleisten miteinander parallellaufend, von vorn nach hinten gleichmäßig ansteigend, am hinteren Ende miteinander zusammenhängend und steil zu dem flachen, nicht aufgewölbten Hinterkopf abfallend; Parietalleisten fehlen (Fig. 176). Kopf ziemlich kurz, Kopflänge 4—$4^1/_2$ mal in der gesamten Kopfrumpflänge enthalten. Parotoïden lang und schmal, oval. Färbung oben gelblich- oder grünlichgrau, mit einer hellen Längslinie in der Rückenmitte und gewöhnlich mit 6 Paar großen, dunklen, hell gesäumten Flecken auf dem Rücken, aus denen die Drüsenwarzen heller hervortreten. Kopfseiten dunkel quer gebändert, Flanken mit einer unregelmäßigen, hellen, unten dunkel gesäumten Längsbinde. Unterseite hell, ungefleckt, nur Kehle des ♂ schwarz. L. des ♂ etwa 65 mm, ♀ nur wenig größer.

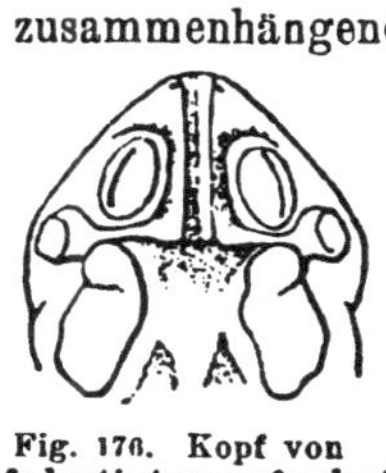

Fig. 176. Kopf von **Bufo lentiginosus fowlerii** (nach E. D. Cope).

Nordöstliche Vereinigte Staaten N. Amerika (Massachusetts bis Georgia).

95c. **B. l. americanus** L. Lec. 1836 *B. americanus*, L. Le Conte MS in: Holbrook, N. Amer. Herpet., *v.* 1 p. 75 t. 9 | 1841 *B. a.*, C. Duméril & G. Bibron, Erpét., *v.* 8 p. 695 | 1842 *B. a.*, Holbrook, N. Amer. Herpet., ed. 2 *v.* 5 p. 17 t. 4 | ? 1852 *B. dorsalis*, Hallowell in: P. Ac. Philad., *v.* 6 p. 181 | ? 1853 *B. d.*, Hallowell in: Sitegreaves, Exp. Zuni, p. 142 Rept. t. 19 | 1858 *B. lentiginosus* var. *americanus*, Alb. Günther, Cat. Batr. sal. Brit. Mus., p. 63 | 1859 *B. americanus*, Sp. Baird in: Rep. Expl. Railroad Pacif.

Ocean, *v.* 10 pars 6 Whipple's Rep. p. 44 t. 25 f. 2a—f (Habitus, Kopf, Mundhöhle, Füße) | 1859 *B. a.*, Sp. Baird in: U. S. Mex. Boundary Surv., Rept. p. 25 t. 39 f. 1—4 (Habitus, Kopf, Mundhöhle) | 1862 *Chilophryne americana*, E. D. Cope in: P. Ac. Philad., p. 358 | 1863 *Incilius americanus*, E. D. Cope in: P. Ac. Philad., p. 50 | 1878 *Bufo copei*, Henshaw & Yarrow, Rep. Rept. Batr. Calif., p. 4 | 1882 *B. lentiginosus* var. *americanus* (part.), Boulenger, Cat. Batr. sal. Brit. Mus., ed. 2 p. 309 ff. (Kopf, Hinterfuß) | 1889 *B. l. americanus* + *B. l. pachycephalus* + *B. aduncus* (?), E. D. Cope in: Bull. U. S. Mus., *v.* 34 p. 284 f. 70 (Kopf, Mundhöhle, Füße) + p. 288 + p. 457 f. 117 (Kopf, Mundhöhle, Füße | 1906 *B. americanus*, M. Dickerson, Frog Book, p. 63 f. 32—48, 58—61 (Eier, Larven, ausgebildete Tiere) t. 3 f. 1—4.

Supraorbitalleisten mehr oder weniger deutlich nach hinten divergierend, Parietalleisten kurz, aber deutlich, schmal, hinten spitz endigend, nach hinten konvergierend (Fig. 177). Kopf ziemlich kurz, Kopflänge 4—4½ mal in der gesamten Kopfrumpflänge enthalten. Parotoïden mittelgroß, mehr oder weniger nierenförmig. Färbung sehr wechselnd, gewöhnlich gelblich oder dunkelbraun auf der Oberseite, mit einer hellen Längslinie in der Rückenmitte und mit 3 oder 4 Paar unregelmäßigen, dunklen, manchmal hellgesäumten Flecken auf dem Rücken. Flanken und Hinterseite der Oberschenkel schwarz und gelblich marmoriert. Unterseite hell, mehr oder weniger stark dunkel gefleckt. Kehle des ♂ schwarz. L. des ♂ 65—76 mm, ♀ beträchtlich größer.

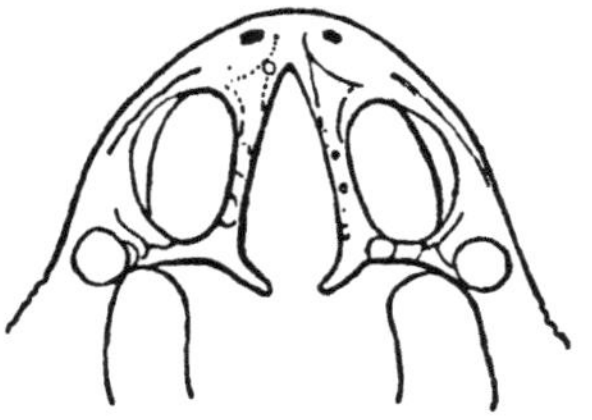

Fig. 177. Kopf von **Bufo lentiginosus americanus** (nach E. D. Cope).

Nordamerika östlich der Rocky-Mountains (von Mexiko bis zum Großen Bärensee).

95d. **B. lentiginosus woodhousi** Girard ? 1852 *B. dorsalis* (non Spix 1824), Hallowell in: P. Ac. Philad., *v.* 6 p. 181 | 1854 *B. woodhousi*, C. Girard in: P. Ac. Philad., *v.* 7 p. 86 | 1859 *B. woodhousii*, Sp. Baird in: Rep. Expl. Railroad Pacif. Ocean, *v.* 10 pars 6 Whipple's Rep., p. 44 t. 25 f. 1a—f (Habitus, Kopf, Mundhöhle, Füße) | 1863 *Incilius woodhousei*, E. D. Cope in: P. Ac. Philad., p. 50 | 1866 *Bufo frontosus*, E. D. Cope in: P. Ac. Philad., p. 301 | 1875 *B. lentiginosus* subsp. *frontosus* + subsp. *woodhousei*, Yarrow in: Rep. Expl. West 100 Merid., *v.* 5 p. 520, 521 | 1882 *B. l.* var. *americanus* (part.) + var. *frontosus*, Boulenger, Cat. Batr. sal. Brit. Mus., ed. 2 p. 309, 310 | 1889 *B. l. woodhousei*, E. D. Cope in: Bull. U. S. Mus., *v.* 34 p. 281 f. 69 (Kopf, Mundhöhle, Füße) | 1906 *B. l. w.*, M. Dickerson, Frog Book, p. 91 f. 68—74 t. 4 f. 2.

Supraorbitalleisten miteinander parallellaufend, entweder eine schmale Grube zwischen sich einschließend, wobei der dieser Grube zugekehrte Rand einer jeden Leiste gekerbt oder gezähnelt ist, oder beide Leisten füllen zusammen den Interorbitalraum völlig mit Knochenmasse aus (Fig. 178); Parietalleisten fehlen. Kopf sehr kurz, seine Länge 4½—5 mal in der gesamten Kopfrumpflänge enthalten. Hinterkopf in der Regel deutlich aufgewölbt. Parotoïden lang, oval. Färbung der Oberseite grau oder bräunlich, mit einer hellen Längslinie in der Rückenmitte, mit oder ohne dunkle Flecke, in letzterem Falle die Drüsenwarzen allein dunkel hervortretend. Unterseite hellgelblich, einfarbig, höchstens an der Brust mit wenigen schwarzen Flecken. Kehle des ♂ schwarz. L. des ♂ 88—100, des ♀ 100—140 mm.

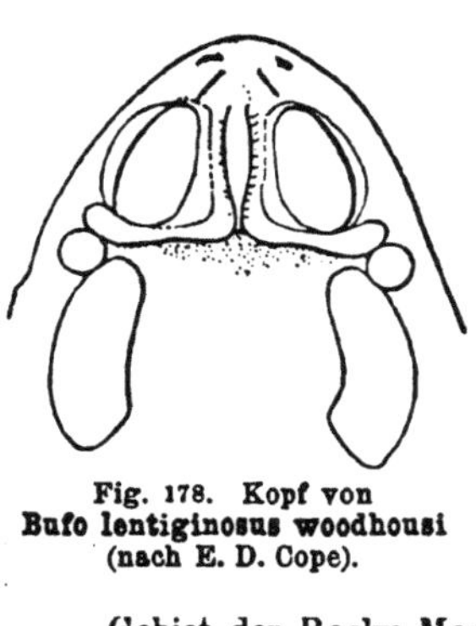

Fig. 178. Kopf von **Bufo lentiginosus woodhousi** (nach E. D. Cope).

Gebiet der Rocky Mountains (Montana bis Texas).

96. **B. hemiophrys** Cope 1886 *B. h.*, E. D. Cope in: P. Amer. phil. Soc., *v.* 23 p. 515 | 1889 *B. h.*, E. D. Cope in: Bull. U. S. Mus., *v.* 34 p. 273 f. 66 (Kopf, Mundhöhle, Füße) | 1906 *B. h.*, M. Dickerson, Frog Book, p. 98.

Oberkopf mit deutlichen Knochenleisten, von denen die Supraorbitalleisten an ihren Hinterenden durch eine Querleiste verbunden sind und die Postorbitalleisten fehlen, oder höchstens durch einige knöcherne Höcker angedeutet sind (Fig. 179). Vorderkopf kurz, an der Spitze abgestutzt. Interorbitalraum mindestens so breit wie ein oberes Augenlid. Trommelfell deutlich, $^2/_3$ so breit wie das Auge. 1. Finger länger als der 2.; Zehen etwa zur Hälfte ihrer Länge durch Schwimmhaut verbunden. Subarticularhöcker einfach; ein sehr großer, medialer und ein kleinerer, lateraler Metatarsalhöcker, beide mit Hornschneide am freien Rande, aber keine Tarsalfalte vorhanden. Bei nach vorn an den Körper angelegtem Hinterbein reicht das Tibiotarsalgelenk bis zum Hinterrand des Auges. Oberseite mit in Längsreihen angeordneten kleinen Höckern besetzt, die durch spitz gekörnelte Zwischenräume getrennt sind. Parotoïden schmal, oval. Oberseite braun, mit einer hellen Längslinie in der Rückenmitte und 2 oder 3 Reihen brauner Flecke auf jeder Rückenhälfte, jeder Fleck ein oder mehrere rötliche Warzen umschließend. Kopf und Rumpfseiten braun gefleckt, bzw. genetzt. Gliedmaßen mit braunen Querbinden. Unterseite mehr oder weniger schwarz gefleckt. Kehle einfarbig. L. bis 59 mm.

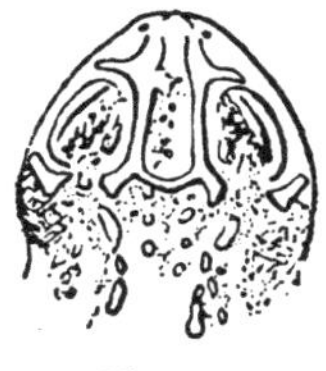

Fig. 179. **Bufo hemiophrys.** Kopf von oben (nach E. D. Cope).

Dakota, Manitoba.

97. **B. cognatus** Say 1823 *B. c.*, Say in: James, Exp. Rocky Mount., *v.* 2 p. 190 (nota) | 1841 *B. c.*, Holbrook, N. Amer. Herpet., *v.* 5 p. 21 t. 5 | 1853 *B. c.*, Sp. Baird & C. Girard in: Nat. Hist. Red River, app. p. 242 t. 11 f. 1—5 (Habitus, Kopf, Füße) | ? 1854 *B. speciosus*, C. Girard in: P. Ac. Philad., *v.* 7 p. 86 | ? 1859 *B. s.*, Sp. Baird in U. S. Mex. Boundary Surv., Rept. p. 26 t. 40 f. 5—10 (Habitus, Kopf, Mundhöhle, Füße) | 1859 *B. cognatus*, Sp. Baird in: Rep. Expl. Railroad Pacif. Ocean, *v.* 10 pars 6 Whipple's Rep. p. 44 t. 26 f. 1a—e (Habitus, Kopf, Füße) | 1862 *Chilophryne cognata*, E. D. Cope in: P. Ac. Philad., p. 358 | 1863 *Incilius cognatus*, E. D. Cope ibid., p. 50 | 1879 *Bufo dipternus*, E. D. Cope in: Amer. Natural., *v.* 13 p. 437 | 1882 *B. d.* + *B. lentiginosus* var. *cognatus*, Boulenger, Cat. Batr. sal. Brit. Mus., ed. 2 p. 308, 310 | 1887 *B. cognatus* + *B. speciosus* (?), S. Garman in: Bull. Essex Inst., *v.* 19 p. 136 | 1889 *B. cognatus*, E. D. Cope in: Bull. U. S. Mus., *v.* 34 p. 275 f. 67 (Kopf, Füße) | 1906 *B. c.*, M. Dickerson, Frog Book, p. 99 f. 85—92, 99 u. 100 t. 5 f. 2.

Oberkopf mit vorspringenden Knochenleisten, von denen die Canthalleisten und die Vorderenden der Supraorbitalleisten zu einer einheitlichen Knochenmasse auf dem Vorderkopfe verschmelzen (Fig. 180); Supraorbitalleisten mit den Postorbitalleisten einen rechten Winkel bildend. Praeorbital- und Orbitotympanalleisten schwach entwickelt. Vorderkopf kurz, steil abfallend. Trommelfell deutlich, $^1/_3$ bis $^1/_2$ so breit wie das Auge. 1. Finger etwas länger als der 2.; Zehen zu $^1/_2$ ihrer Länge durch Schwimmhaut verbunden, Subarticularhöcker doppelt; 2 große Metatarsalhöcker, beide mit scharfer Schneide am freien Rande, sowie eine Tarsalfalte vorhanden. Bei nach vorn an den Körper angelegtem Hinterbein reicht das Tarsometatarsalgelenk bis zum Auge. Oberseite mit zahlreichen kleinen, dicht stehenden

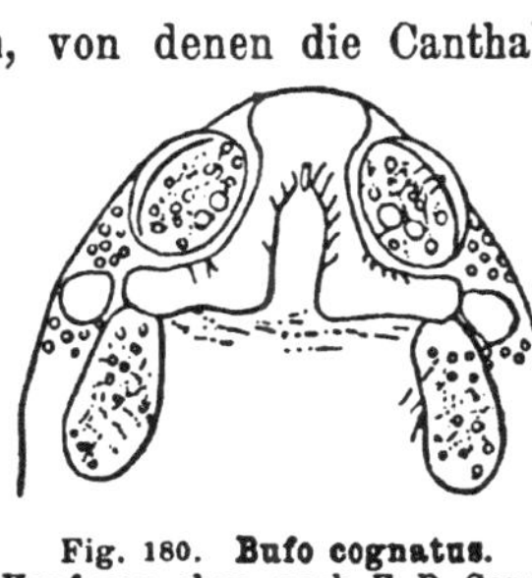

Fig. 180. **Bufo cognatus.** Kopf von oben (nach E. D. Cope).

Warzen besetzt, die sich in geringerer Größe auch auf den Flanken finden. Parotoïden kurz, oval oder annähernd dreieckig. Unterseite gekörnelt. Oberseite schmutzig braun, entweder mit einer hellen Längslinie in der Rückenmitte und 3—4 jederseits von dieser ausgehenden, schräg nach hinten und laterad gerichteten hellen Binden, oder mit zahlreichen großen, dunklen Flecken auf hellem Grunde. Unterseite gelblichweiß, ungefleckt. L. bis 115 mm.

♂ mit subgularer Schallblase.

Südwestliche Vereinigte Staaten N. Amerika (Kansas bis Arizona).

98. **B. valliceps** Wgm. 1833 *B. v.* (= **B. trachypus** MS) + *B. cristatus*, Wiegmann in: Isis, p. 657, 660 | 1852 *B. granulosus* (non Spix 1824), Sp. Baird & C. Girard in: P. Ac. Philad., *v.* 6 p. 173 | 1854 *B. nebulifer*, C. Girard in: P. Ac. Philad., *v.* 7 p. 87 | 1858 *B. n.*, Alb. Günther, Cat. Batr. sal. Brit. Mus., p. 66 | 1859 *B. n.*, Sp. Baird in: U. S. Mex. Boundary Surv., Rept. p. 5, 25 t. 40 f. 1—4 (Habitus, Kopf, Mundhöhle) | 1862 *Chilophryne nebulifera*, E. D. Cope in: P. Ac. Philad., p. 358 | 1863 *Incilius n.*, E. D. Cope in: P. Ac. Philad., p. 50 | 1882 *Bufo valliceps*, Boulenger, Cat. Batr. sal. Brit. Mus., ed. 2 p. 319 f. (Kopf) | 1882 *B. v.*, P. Brocchi in: Miss. Mex., pars 3 II p. 79 | 1889 *B. v.*, E. D. Cope in: Bull. U. S. Mus., *v.* 34 p. 392 f. 73 (Kopf, Mundhöhle) | 1896 *B. v.* var. *microtis*, F. Werner in: Verh. Ges. Wien, *v.* 46 p. 350 | 1901 *B. v.*, Alb. Günther in: Biol. Centr.-Amer., Rept. Batr. p. 252 (mit weiteren Literaturangaben) | 1906 *B. v.*, M. Dickerson, Frog Book, p. 108 f. 112—115 t. 5 f. 3.

Oberkopf sehr vertieft, mit stark vorspringenden Canthal-, Praeorbital-, Supraorbital-, Postorbital-, Orbitotympanal- und mit schräg mediad und nach hinten gerichteten Parietalleisten (Fig. 181). Vorderkopf etwas zugespitzt. Zügelregion sehr schräg abfallend; Oberkiefer mit einer dem Lippenrande parallellaufenden Knochenleiste; Interorbitalraum viel breiter als ein oberes Augenlid. Trommelfell sehr deutlich, in der Regel fast so breit wie das Auge, seltner nur $^2/_5$ so breit wie dieses (var. *microtis* Wern.). 1. Finger den 2. überragend; Zehen zur Hälfte ihrer Länge durch Schwimmhaut verbunden; Subarticularhöcker einfach; 2 kleine Metatarsalhöcker, aber keine Tarsalfalte vorhanden. Bei nach vorn an den Körper angelegtem Hinterbein reicht das Tarsometatarsalgelenk bis zum Augenhinterrand[1]). Oberseite dicht mit kleinen, an den Flanken und auf den Gliedmaßen am meisten hervortretenden, schwach kegelförmigen Höckern. Parotoïden kurz, rundlich, oder annähernd dreieckig; schräg nach hinten und laterad gerichtet; von ihrem Hinterende zieht in der Regel eine (bei der var. *microtis* Wern. fehlende) Reihe größerer, kegelförmiger Warzen an den Rumpfseiten entlang bis zu den Weichen. Unterseite gekörnelt. Oberseite bräunlich oder schwärzlich, mit einer dunklen, schmalen Querbinde zwischen den Augen. In der Regel eine schmale, helle Längslinie in der Rückenmitte, sowie jederseits eine von den Augen an nach hinten und an den Rumpfseiten herablaufende helle Längsbinde vorhanden. Gliedmaßen mit dunklen Querbinden. Unterseite hell, einfarbig oder, namentlich bei Stücken aus Zentral-Amerika, mehr oder weniger dicht schwarz gemustert. L. bis 125 mm.

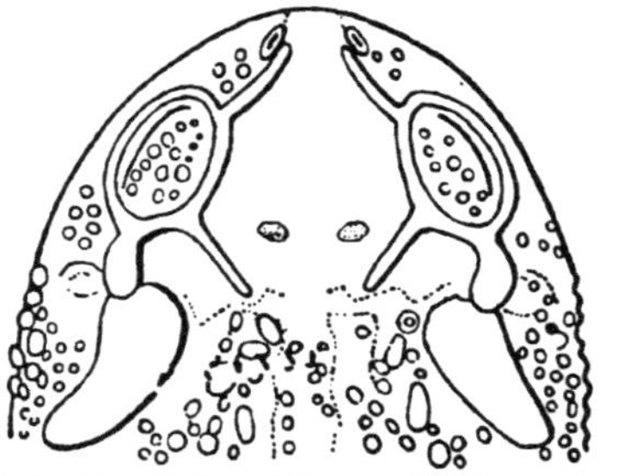

Fig. 181. **Bufo valliceps.** Kopf von oben (nach E. D. Cope).

♂ mit subgularer Schallblase und zuweilen mit schwarzer Kehle und Brust.

Louisiana, Texas, Mexiko.

---

[1]) Festgestellt an den im Berliner Museum befindlichen Typen Wiegmanns!

99. **B. alvarius** Girard 1859 *B. a.*, C. Girard in: Sp. Baird in: U. S. Mex. Boundary Surv., Rept. p. 26 t. 41 f. 1—6 | 1889 *B. a.*, E. D. Cope in: Bull. U. S. Mus., *v.* 34 p. 265 f. 62 (Kopf, Füße) | 1899 *B. a.*, F. Mocquard in: Bull. Soc. philom., ser. 9 *v.* 1 p. 166 | 1906 *B. a.*, M. Dickerson, Frog Book, p. 106 f. 107—111 t. 5 f. 4.

Oberkopf mit Knochenleisten (Canthal-, Praeorbital-, Supraorbital-, Postorbital-, Orbitotympanal- und sehr schwache Parietalleisten); die canthale und praeorbitale Leiste sowie die supra- und postorbitale Leiste hängen jederseits miteinander zusammen und gehen im Bogen ineinander über (Fig. 182). Kopf viel breiter als lang; Vorderkopf abgerundet, kürzer als der Augendurchmesser. Der stark vertiefte Interorbitalraum ist ungefähr 2mal so breit wie ein oberes Augenlid; Trommelfell sehr deutlich, halb so breit wie das Auge. 1. Finger merklich länger als der 2; Zehen zur Hälfte ihrer Länge durch Schwimmhaut verbunden, außerdem sämtliche Zehen beiderseits in ihrer ganzen Länge mit einem Hautsaum eingefaßt. Subarticularhöcker klein und einfach. Ein langgestreckter, ziemlich stark vorspringender, medialer, und ein sehr breiter und flacher, unscharfer, lateraler Metatarsalhöcker vorhanden, sowie eine Tarsalfalte. Bei nach vorn an den Körper angelegtem

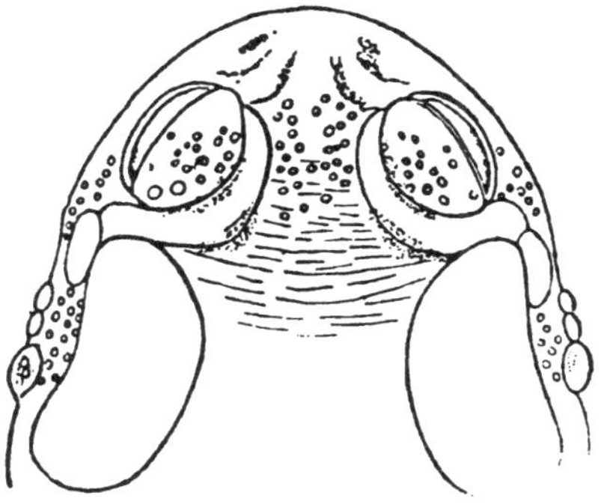

Fig. 182. **Bufo alvarius.** Kopf von oben (nach E. D. Cope).

Hinterbein reicht das Tibiotarsalgelenk bis zum Trommelfell. Haut überall glatt; Oberseite mit verstreuten, kleinen, flachen, rundlichen Drüsenwarzen besetzt. Parotoïden lang, oval, schräg nach hinten und laterad gerichtet, so lang wie die Entfernung des Trommelfells vom vorderen Augenrand. Unmittelbar hinter dem Mundwinkel jederseits ein oder mehrere ovale, helle Warzen. Eine große, warzige Drüse nimmt fast die ganze Länge des Vorderarmes ein, 2 ähnliche Drüsen auf jedem Oberschenkel, 3 auf jedem Unterschenkel, sowie je eine schwächer entwickelte auf der Ober- und Lateralseite des Tarsus. Färbung gelbgrau, mehr oder weniger braun gefleckt, letztere Farbe auf dem Kopf und Vorderrücken vorherrschend. Unterseite hell. L. bis 135 mm.

Arizona, Südkalifornien, Mexiko.

100. **B. occipitalis** Camer. 1879 *B. o.*, Camerano in: Atti Acc. Torino, *v.* 14 p. 889 | 1882 *B. o.*, Boulenger, Cat. Batr. sal. Brit. Mus., ed. 2 p. 310 | 1901 *B. o.*, Alb. Günther in: Biol. Centr.-Amer., Rept. & Batr. p. 250 t. 69 f. 6.

Oberkopf stark vertieft, mit geraden, stark vorspringenden und hinten (parotoïdenartig) verbreiterten Knochenleisten (Fig. 183). Orbitotympanalleisten schwach entwickelt. Vorderkopf spitz vorspringend. Trommelfell klein, nicht sehr deutlich. 1. und 2. Finger gleich lang; Zehen fast in ihrer ganzen Länge durch Schwimmhaut verbunden; 2 mäßig große Metatarsalhöcker, aber keine Tarsalfalte vorhanden. Bei nach vorn an den Körper angelegtem

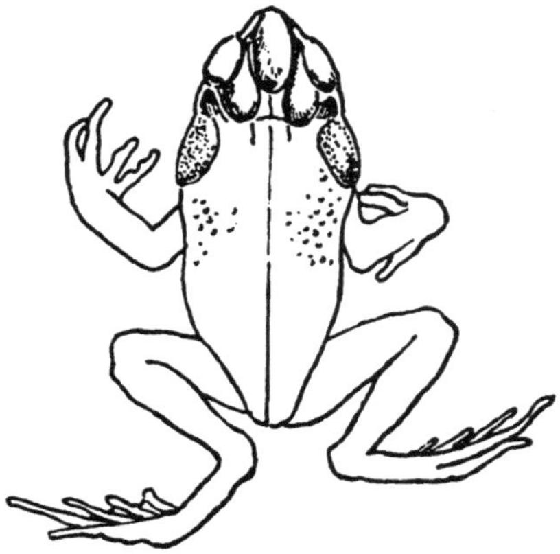

Fig. 183. **Bufo occipitalis** (nach Alb. Günther).

Hinterbein reicht das Tarsometatarsalgelenk bis zur Vorderkopfspitze. Haut mit kleinen, körnigen Höckern besetzt. Parotoïden mäßig groß, mit winklig gebogenem Unterrand. Färbung? L. 45 mm.

Mexiko.

101. **B. marmoreus** Wiegm.[1]) 1833 *B. m.*, Wiegmann in: Isis, p. 661 | 1868 *B. argillaceus*, E. D. Cope in: P. Ac. Philad., p. 138 | 1882 *B. marmoratus* [err. pro *marmoreus*] + *B. argillaceus*, Boulenger, Cat. Batr. sal. Brit. Mus., ed. 2 p. 281, 324 | 1894 *B. lateralis*, F. Werner in: Zool. Anz., *v.* 17 p. 156 | 1901 *B. marmoreus*, Alb. Günther in: Biol. Centr.-Amer., Rept. & Batr. p. 246 t. 70 f. A.

Oberkopf mit schwachen, niedrigen Prae-, Supra- und Postorbitalleisten, sowie mit kurzen Orbitotympanalleisten; keine Parietalleisten vorhanden. Vorderkopf kurz, stumpf, mit winkligem, fast geradem Canthus rostralis. Interorbitalraum schwach vertieft, nicht breiter als ein oberes Augenlid. Trommelfell deutlich, breit oval, etwas mehr als $^1/_2$ so breit wie das Auge. 1. Finger länger als der 2.; Zehen im Bereiche ihres ersten Gliedes durch Schwimmhaut verbunden; Subarticularhöcker einfach; 2 kleine Metatarsalhöcker, aber keine Tarsalfalte vorhanden, deren Stelle eine Höckerreihe einnimmt. Bei nach vorn an den Körper angelegtem Hinterbein reicht das Tarsometatarsalgelenk bis zur Augenmitte. Oberseite mit zahlreichen, kleinen Höckern besetzt; keine deutliche Seitenfalte oder Höckerreihe an den Flanken vorhanden. Unterseite fein gekörnelt. Parotoïden rundlich oder annähernd dreieckig, höchstens so groß wie das obere Augenlid. Oberseite bräunlichgrau mit mehr oder weniger deutlicher, dunkler Zeichnung und einer hellen Längslinie in der Rückenmitte. Flanken mit weißlichen, mehr oder weniger zu einer Längsbinde zusammenfließender Zeichnung. Ein braunes, in nach vorn offenem Bogen verlaufendes Querband zwischen den Augen. Unterseite einfarbig weißlich. L. 70 mm.

Mexiko.

[1]) Im Berliner Zool. Museum befindliche Typen untersucht.

102. **B. canaliferus** Cope 1877 *B. c.*, E. D. Cope in: P. Amer. phil. Soc., *v.* 17 p. 85 | 1882 *B. c.*, Boulenger, Cat. Batr. sal. Brit. Mus., ed. 2 p. 323 | 1882 *B. c.*, P. Brocchi in: Miss. Mex., pars 3 II p. 74 t. 8 f. 2 (Habitus und Füße) | 1901 *B. c.*, Alb. Günther in: Biol. Centr.-Amer., Rept. & Batr. p. 248.

Oberkopf mit deutlichen Canthal-, Praeorbital-, Supraorbital-, Postorbital-, Orbitotympanal- und Parietalleisten, letztere schräg mediad und nach hinten gerichtet. Vorderkopf schmal, vorspringend; Interorbitalraum rinnenartig vertieft, höchstens so breit wie ein oberes Augenlid. Trommelfell deutlich, etwa $^1/_2$ so breit wie das Auge. 1. Finger etwas länger als der 2; Zehen zur Hälfte ihrer Länge durch Schwimmhaut verbunden; Subarticularhöcker einfach; 2 ziemlich kleine Metatarsalhöcker, aber keine Tarsalfalte vorhanden, an deren Stelle eine Reihe von Höckern ausgebildet ist. Bei nach vorn an den Körper angelegtem Hinterbein reicht das Tibiotarsalgelenk bis zum Trommelfell. Oberseite mit ungleich großen Warzen und Höckern besetzt, Unterseite fein gekörnelt. Parotoïden groß, dreieckig, mit konvexem Medialrand, nach hinten sich in einer bis zu den Weichen reichenden Reihe großer Höcker fortsetzend. Oberseite hellbraun, in der Regel mit einer hellen Längslinie in der Rückenmitte; jederseits von ihr eine Reihe großer, dunkelbrauner Flecke auf Kopf und Rücken. Eine dunkle Binde zieht von jedem Auge bis zur Mitte der Rumpfseiten. Unterseite einfarbig hellgelb oder auf weißem Grunde braun marmoriert. L. 54 mm.

Mexiko.

103. **B. bocourti** Brocchi 1877 *B. b.*, P. Brocchi in: Bull. Soc. philom., ser. 7 *v.* 1 p. 186 | 1882 *B. b.*, Boulenger, Cat. Batr. sal. Brit. Mus., ed. 2 p. 314 | 1882 *B. B.*, P. Brocchi in: Miss. Mex., pars 3 II p. 84 t. 7 f. 1, 1a—d | 1885 *B. B.*, Friedr. Müller in: Verh. Ges. Basel, *v.* 7 p. 672 | 1901 *B. b.*, Alb. Günther in: Biol. Centr.-Amer., Rept. & Batr. p. 255.

Oberkopf mit schwachen Canthalleisten und stärkeren, miteinander einen rechten Winkel bildenden Supra- und Postorbitalleisten, sowie mit sehr kurzen, schräg mediad und nach hinten gerichteten Parietalleisten. Vorderkopf kurz, senkrecht abgestutzt. Interorbitalraum stark vertieft; Trommelfell völlig unsichtbar. 1. und 2. Finger gleich lang; Zehen zur Hälfte ihrer Länge durch Schwimmhaut verbunden; Subarticularhöcker einfach, 2 mäßig große Metatarsalhöcker, sowie eine schwache Tarsalfalte vorhanden. Oberseite von Kopf, Rumpf und Gliedmaßen mit kegelförmigen Warzen besetzt. Parotoïden schmal, langgestreckt, annähernd dreieckig. Kopf- und Rumpfseiten schwarz marmoriert; eine feine helle Längslinie in der Rückenmitte. Oberlippe unterhalb des Auges weiß gerandet; Unterseite der Vorder- und Hinterfüße sowie der Schenkel schön indiagelb. L.?

Mexiko, Guatemala.

104. **B. simus** O. Schm. 1858 *B. s.*, O. Schmidt in: Denk. Ak. Wien, *v.* 14 p. 254 t. 3 f. 22 (Hinterfuß) | 1858 *B. s.*, Alb. Günther, Cat. Batr. sal. Brit. Mus., p. 139 | 1882 *B. s.*, Boulenger, Cat. Batr. sal. Brit. Mus., ed. 2 p. 302 | 1885 *B. intermedius*, E. D. Cope in: P. Amer. phil. Soc., *v.* 22 p. 379 | 1887 *B. i.*, E. D. Cope in: Bull. U. S. Mus., *v.* 32 p. 10 | 1896 *B. i.*, Alf. Dugès in: Naturaleza, ser. 2 *v.* 2 p. 482 | 1901 *B. simus*, Alb. Günther in: Biol. Centr.-Amer., Rept. & Batr. p. 254.

Oberkopf mit auch bei erwachsenen Tieren nur schwach ausgebildeten (bei jungen Tieren völlig fehlenden) Knochenleisten, von denen die Supraorbitalleisten nach vorn konvergieren und hinten kurz gegabelt sind. Vorderkopf kurz, mit schwach geneigter Zügelregion. Trommelfell völlig unsichtbar.

1. Finger länger als der 2.; Zehen zu $^1/_2$—$^2/_3$ ihrer Länge durch Schwimmhaut verbunden; 2 Metatarsalhöcker, von denen der mediale etwas seitlich zusammengedrückt ist, vorhanden, aber keine Tarsalfalte. Oberseite mit größeren und kleineren flachen, zuweilen dornigen Warzen besetzt; Unterseite spärlich gekörnelt; Parotoïden mäßig groß, unregelmäßig rundlich, dicht hinter dem Auge. Oberseite grau oder braun, dunkel marmoriert, manchmal auch mit rosigen Flecken. Unterseite einfarbig weißlich, bei jungen Tieren stets schwarz gefleckt. L. 87 mm.

Mexiko, Panama.

105. **B. coccifer** Cope 1866 *B. c.*, E. D. Cope in: P. Ac. Philad., p. 130 | 1876 *B. c.*, E. D. Cope in: J. Ac. Philad., ser. 2 *v.* 8 p. 100 t. 23 f. 5 | 1882 *B. c.*, Boulenger, Cat. Batr. sal. Brit. Mus., ed. 2 p. 322 | 1901 *B. c.*, Alb. Günther in: Biol. Centr.-Amer., Rept. & Batr. p. 250.

Oberkopf mit stark vorspringenden Canthal-, Praeorbital-, Supraorbital-, Postorbital-, schräg medialwärts und nach hinten gerichteten Parietal- und mit Orbitotympanalleisten. Vorderkopf fast so lang wie der Augendurchmesser, abgerundet; Interorbitalraum vertieft, breiter als ein oberes Augenlid. Trommelfell deutlich, $^1/_5$ so breit wie das Auge. 1. Finger etwas länger als der 2.; Zehen mit kurzer Schwimmhaut; Subarticularhöcker?; 2 kleine, stumpf vorspringende Metatarsalhöcker und eine kaum sichtbare Tarsalfalte vorhanden. Bei nach vorn an den Körper angelegtem Hinterbein reicht das Tibiotarsalgelenk bis zur Achsel. Oberseite überall mit kleinen, an den Flanken und am Vorderarm kegelförmigen, Höckern besetzt. Parotoïden rund, halbkugelig vorspringend. Oben graubraun, mit einer hellen Längslinie in der Rückenmitte und mit zahlreichen kastanienbraunen, hell gerandeten Flecken jederseits; Flanken mit 2 braunen Längsbinden, von denen die eine von der Parotoïde, die andere von den Weichen ausgeht. Gliedmaßen oben unregelmäßig hell gemustert. Unterseite ungefleckt. L. 65 mm.

Mexiko bis Costa Rica.

106. **B. sternosignatus** Gthr. 1858 *B. s.*, Alb. Günther, Cat. Batr. sal. Brit. Mus., p. 68 t. 5 f. C. | 1867 *B. s.*, W. Keferstein in: Nachr. Ges. Götting., p. 352 | 1868 *B. s.*, W. Keferstein in: Arch. Naturg., *v.* 34 I p. 294 | 1882 *B. s.*, Boulenger, Cat. Batr. sal. Brit. Mus., ed. 2 p. 323 | 1882 *B. s.*, P. Brocchi in: Miss. Mex., pars 3 II p. 78 | 1901 *B. s.*, Alb. Günther in: Biol. Centr.-Amer., Rept. & Batr. p. 247.

Oberkopf mit niedrigen Knochenleisten rund um das Auge und kräftigen Orbitotympanalleisten. Vorderkopf spitz, senkrecht abgestutzt mit scharfem, schwach gekrümmtem Canthus rostralis; Interorbitalraum flach, breiter als ein oberes Augenlid. Trommelfell deutlich, etwa $^2/_3$ so breit wie das Auge. 1. Finger den 2. nicht überragend; Zehen zur Hälfte ihrer Länge durch Schwimmhaut verbunden; Subarticularhöcker doppelt; 2 mäßig große Metatarsalhöcker, aber keine Tarsalfalte vorhanden. Bei nach vorn an den Körper angelegtem Hinterbein reicht das Tarsometatarsalgelenk bis zum Auge. Oberseite mit kleinen Höckern besetzt; Parotoïden mäßig groß, annähernd dreieckig; von ihrem Hinterende aus zieht eine Reihe größerer Höcker an den Rumpfseiten entlang. Oben bräunlich, mit symmetrischer dunkler Zeichnung, von der ein breites Querband zwischen den Augen am konstantesten ist. Eine mehr oder weniger scharfe, manchmal schwarz gesäumte, helle Längslinie in der Rückenmitte. Kehle und Brust braun gefleckt oder marmoriert, mit einem rechtwinkligen, hellen Kreuz. L. 51 mm.

♂ mit subgularer Schallblase.

Mexiko bis Venezuela.

107. **B. coniferus** Cope 1862 *B. c.*, E. D. Cope in: P. Ac. Philad., p. 158 | 1862 *Chilophryne conifera*, E. D. Cope in: P. Ac. Philad., p. 358 | 1863 *Incilius coniferus*, E. D. Cope in: P. Ac. Philad., p. 50 | 1882 *Bufo c.*, Boulenger, Cat. Batr. sal. Brit. Mus., ed. 2 p. 321 | 1898 *B. c.*, Boulenger in: P. zool. Soc. London, p. 123 | 1899 *B. ehlersi*, F. Werner in: Verh. Ges. Wien, *v.* 49 p. 481 | 1901 *B. coniferus*, Alb. Günther in: Biol. Centr.-Amer., Rept. & Batr. p. 251 t. 69 f. B.

Oberkopf mit vorspringenden Canthal-, Praeorbital-, Supraorbital-, Postorbital-, Parietal- und Orbitotympanalleisten; Postorbital- und Parietalleisten bilden fast einen rechten Winkel miteinander. Vorderkopf kurz, vorspringend; Interorbitalraum flach, breiter als ein oberes Augenlid. Trommelfell deutlich, fast kreisrund, $^1/_2$—$^3/_4$ so breit wie das Auge. 1. Finger deutlich kürzer als der 2.; Zehen zu $^1/_2$—$^2/_3$ ihrer Länge durch Schwimmhaut verbunden; Subarticularhöcker einfach; 2 flache, ovale Metatarsalhöcker, aber keine Tarsalfalte vorhanden. Bei nach vorn an den Körper angelegtem Hinterbein reicht das Tarsometatarsalgelenk bis zwischen Auge und Vorderkopfspitze oder bis zu letzterer. Oberseite mit stumpfen Höckern besetzt, Flanken mit zahlreichen, großen, kegelförmigen Warzen, von denen die größten eine von den Parotoïden bis zu den Weichen reichende Reihe bilden. Parotoïden sehr klein, nicht mehr als $^1/_2$ so groß wie das obere Augenlid, mit kegelförmigen Warzen besetzt. Oben bräunlichgrau, mit einigen großen, dunkelbraunen Flecken; Gliedmaßen dunkel gefleckt; eine helle Binde zwischen den Augen und jederseits eine solche vom Auge bis zum Mundwinkel. L. 95 mm.

♂ an Brust und Kehle dunkelbraun, mit subgularer Schallblase und schwarzen Brunstschwielen an den beiden ersten Fingern.

Mexiko bis Ecuador.

108. **B. intermedius** Gthr. 1858 *B. i.*, Alb. Günther, Cat. Batr. sal. Brit. Mus., p. 140 t. 9 f. A. | 1862 *Phrynoidis i.*, E. D. Cope in: P. Ac. Philad., p. 358 | 1862 *Bufo i.*, Boulenger, Cat. Batr. sal. Brit. Mus., ed. 2 p. 307 f. (Kopf) | 1882 *B. i.*, P. Brocchi in: Miss. Mex., pars 3 II p. 78 | 1893 *B. i.*, Blatschley in: P. U. S. Mus., *v.* 16 p. 39 | 1901 *B. i.*, Alb. Günther in: Biol. Centr.-Amer., Rept. & Batr. p. 255.

Oberkopf mit nicht sehr starken, knöchernen Supra- und Postorbitalleisten, letztere unter der Haut verborgen liegend und mit den ersteren einen rechten Winkel bildend (Fig. 184). Praeorbital- und Parietalleisten nur in Andeutungen vorhanden. Vorderkopf kurz, stumpf; Interorbitalraum vertieft und merklich breiter als ein oberes Augenlid. Trommelfell ziemlich klein, aber deutlich, $^1/_3$—$^1/_2$ so breit wie das Auge. 1. Finger länger als der 2.; Zehen zu $^1/_2$—$^2/_3$ ihrer Länge durch Schwimmhaut verbunden; Subarticularhöcker in der Regel doppelt; zwei mäßig große Metatarsalhöcker, aber keine Tarsalfalte vorhanden. Bei nach vorn an den Körper angelegtem Hinterbein reicht das Tarsometatarsalgelenk bis zum Auge. Oberseite mit kleinen, nicht sehr dicht stehenden Warzen besetzt; an den Rumpfseiten jederseits eine Reihe etwas mehr kegelförmiger Warzen; Unterseite fein gekörnelt. Parotoïden mäßig groß, elliptisch, dicht hinter den Augen, Oberseite olivenfarben, mit unregelmäßigen, manchmal zusammenfließenden, dunklen Flecken; Bauch nicht oder nur wenig gefleckt. L. 88 mm.

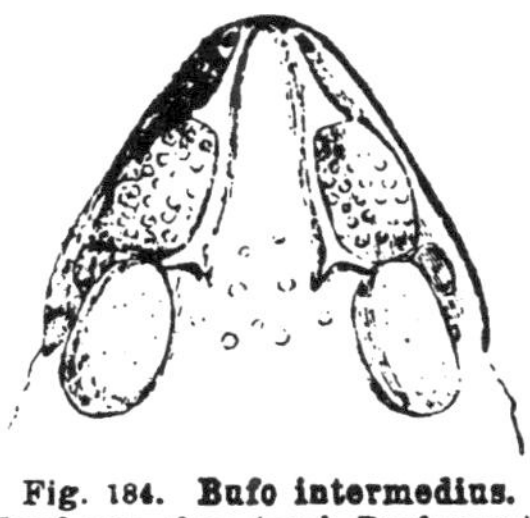
Fig. 184. **Bufo intermedius.** Kopf von oben (nach Boulenger).

♂ mit subgularer Schallblase.

Anden von Ecuador, auch in Mexiko gefunden.

109. **B. melanochlorus** Cope 1876 *B. valliceps var.*, E. D. Cope in: J. Ac. Philad., ser. 2 *v.* 8 p. 100 | 1877 *B. melanochlorus*, E. D. Cope in: P. Amer. phil. Soc., *v.* 17 p. 85 | 1882 *B. m.*, Boulenger, Cat. Batr. sal. Brit. Mus., ed. 2 p. 320 | 1901 *B. m.*, Alb. Günther in: Biol. Centr.-Amer., Rept. & Batr. p. 252.

Oberkopf mit vorspringenden Knochenleisten, nämlich mit sehr schwachen Praeorbitalleisten, aber mit gut entwickelten Supra- und Postorbital- und Orbitotympanal- und mit langen Parietalleisten. Vorderkopf nicht vorspringend. Trommelfell sehr deutlich, halb so breit wie das Auge. Zehen lang, fast völlig frei von Schwimmhaut; 2 Metatarsalhöcker, aber keine Tarsalfalte vorhanden. Bei nach vorn an den Körper angelegtem Hinterbein reicht das Tibiotarsalgelenk bis zum hinteren Augenrand. Haut der Oberseite fast völlig glatt, außer in der Schulter- und Hüftregion; Unterseite fein gekörnelt. Parotoïden sehr klein, annähernd dreieckig, schräg nach hinten und laterad gerichtet; eine Längsfalte an den Rumpfseiten vorhanden. Oberseite grün, mit tiefschwarzen Flecken, Kehle und Brust schwarz. L. 47 mm.

Costa Rica.

110. **B. luetkenii** Blgr. 1891 *B. l.*, Boulenger in: Ann. nat. Hist., ser. 6 *v.* 8 p. 455.

Oberkopf stark vertieft, mit vorspringenden Canthal-, Praeorbital-, Supraorbital-, Postorbital-, Parietal- und Orbitotympanalleisten. Parietalleisten kurz, schräg mediad gerichtet. Vorderkopf abgerundet, nicht vorspringend; Interorbitalraum mindestens so breit wie ein oberes Augenlid. Trommelfell sehr deutlich, $^2/_3$—$^3/_5$ des Augendurchmessers breit. 1. Finger beträchtlich länger als der 2.; Zehen zur Hälfte ihrer Länge durch Schwimmhaut verbunden, mit einfachen Subarticularhöckern; 2 kleine Metatarsalhöcker vorhanden, aber keine Tarsalfalte. Bei nach vorn an den Körper angelegtem Hinterbein reicht das Tarsometatarsalgelenk bis zum Auge oder Trommelfell. Oberseite mit kleinen, unregelmäßigen Warzen; Parotoïden sehr klein, oval, schräg, nicht viel breiter als das Trommelfell. Oben braun, mit oder ohne gelbliche Flecke. Unten schmutzig weiß, ungefleckt. L. 82 mm.

♂ mit subgularer Schallblase und Brunstschwielen an den 3 ersten Fingern.

Costa Rica.

111. **B. auritus** Cope 1876 *B. a.*, E. D. Cope in: J. Ac. Philad., ser. 2 *v.* 8 p. 99 t. 23 f. 4 | 1882 *B. a.*, Boulenger, Cat. Batr. sal. Brit. Mus., ed. 2 p. 321 | 1901 *B. a.*, Alb. Günther in: Biol. Centr.-Amer., Rept. & Batr. p. 256.

Oberkopf flach, mit vorspringenden Canthal-, Supraorbital-, Postorbital-, geraden Parietal- und Orbitotympanalleisten. Trommelfell nur in seiner vorderen Hälfte deutlich. Finger auffallend langgestreckt; Zehen ebenfalls lang, zur Hälfte ihrer Länge durch Schwimmhaut verbunden; keine Tarsalfalte vorhanden. Bei nach vorn an den Körper angelegtem Hinterbein reicht das Tarsometatarsalgelenk über die Vorderkopfspitze hinaus. Haut mit kleinen, dornigen Höckern besetzt, die an den Rumpfseiten am dichtesten stehen, auf der Unterseite fehlen; Parotoïden sehr klein, von einigen Hautstacheln überragt. Grundfarbe braun, ein viereckiger schwarzer Fleck bedeckt den Scheitel vom Auge bis zum Hinterkopf, ein gleichfarbiges Band zieht von letzterem schräg laterad zur Rumpfseite; ein schwarzer Fleck jederseits auf der Sacralregion. Bauchseite schwarz marmoriert. L. 31 mm.

Costa Rica (Ostküste).

112. **B. coerulescens** (Cope) 1876 *Ollotis c.*, E. D. Cope in: J. Ac. Philad., ser. 2 *v.* 8 p. 98 t. 23 f. 3, 3a (Habitus, Mundhöhle) | 1882 *O. c.*, Boulenger, Cat. Batr. sal. Brit. Mus., ed. 2 p. 281 | 1901 *Nannophryne c.*, Alb. Günther in: Biol. Centr.-Amer., Rept. & Batr. p. 257.

Haut des Oberkopfes nicht mit den Schädelknochen verbunden. Stark vorspringende Supratympanal-(Orbitotympanal)leisten und schwach vorspringende Supraciliar(orbital)leisten vorhanden, letztere in gerader Richtung nach hinten durch 2 Leisten des Parietalknochens fortgesetzt. Canthus rostralis gerade und winklig. Trommelfell fehlt. Finger und Zehen sämtlich gut entwickelt, letztere zur Hälfte ihrer Länge durch Schwimmhaut verbunden; Metatarsalhöcker undeutlich; Tarsalfalte fehlt. Bei nach vorn an den Körper angelegtem Hinterbein reicht die Spitze der 2. (4.?) Zehe bis zur Vorderkopfspitze. Rücken und Rumpfseiten sind mit zahlreichen Höckern besetzt; Unterseite fast glatt. Oberseite schwärzlich, Höcker braun; Unterseite auf schwarzem Grunde dicht mit hellblauen Flecken gemustert. L. 25 mm.

Costa Rica (am Pico Blanco in ca. 900—1500 m Höhe).

113. **B. epioticus** (Cope) 1876 *Crepidius e.*, E. D. Cope in: J. Ac. Philad., ser. 2 *v.* 8 p. 97 t. 23 f. 2, 2a (Habitus, Mundhöhle) | 1882 *Bufo e.*, Boulenger, Cat. Batr. sal. Brit. Mus., ed. 2 p. 326 | 1901 *Nannophryne epiotica*, Alb. Günther in: Biol. Centr.-Amer., Rept. & Batr. p. 257.

Haut des Oberkopfes nicht mit den Schädelknochen verbunden. Von Knochenleisten sind vorhanden: kurze stark vorspringende Orbitotympanalleisten, niedrige schmale Postorbitalleisten, Supraorbital- und Canthalleisten, letztere beiden zusammen eine fast gerade Linie bildend, mit einer kleinen Verdickung am Vorderrand des Auges und einem kurzen, mediad vorspringenden Höcker in der Höhe des hinteren Augendrittels (Fig. 185). Kein Trommelfell vorhanden. Finger und Zehen kurz, in ihrer ganzen Länge in Haut eingeschlossen, mit Ausnahme des aus dieser hervorragenden längsten Fingers bzw. Zehe; 1. Finger und 1. Zehe verkümmert. Oberschenkel zur Hälfte seiner Länge in die Körperhaut eingeschlossen. Metatarsalhöcker und Tarsalfalte fehlen. Haut mit sehr kleinen, auf dem Rücken spärlich, auf dem Bauche dichter stehenden Höckern besetzt. Parotoïden sehr klein, annähernd kreisrund. Sohlen glatt. Grundfarbe schwarz, oben etwas heller, mit einigen dunklen Flecken jederseits, manchmal ein braunes Längsband in der Mittellinie des Rückens. Sohlen gelblich. L. 35 mm.

Fig. 185. Bufo epioticus (nach E. D. Cope).

Costa Rica (am Pico Blanco in ca. 1500 m Höhe).

114. **B. fastidiosus** (Cope) 1876 *Cranopsis f.*, E. D. Cope in: J. Ac. Philad., ser. 2 *v.* 8 p. 96 t. 23 f. 1, 1a (Habitus, Mundhöhle) | 1882 *Bufo f.*, Boulenger, Cat. Batr. sal. Brit. Mus., ed. 2 p. 326 | 1901 *Nannophryne fastidiosa*, Alb. Günther in: Biol. Centr.-Amer., Rept. & Batr. p. 257.

Kopfoberseite statt mit loser Haut völlig von einer runzeligen Knochenplatte bedeckt, mit hohen Canthal-, Supraorbital-, Postorbital- und Supratympanalleisten, von denen namentlich die letzteren stumpf verdickt sind, bis zu den Parotoïden reichen und zu einer runzeligen Knochenplatte verbreitert sind, die bis zum unteren Augenrand hinab die in der Regel vom (hier fehlenden) Trommelfell eingenommene Kopfgegend bedeckt. Finger kurz, Zehen zur Hälfte ihrer Länge durch Schwimmhaut verbunden. Metatarsalhöcker undeutlich; keine Tarsalfalte vorhanden. Bei nach vorn an den Körper angelegtem Hinterbein reicht die Spitze der längsten Zehe bis zur Vorderkopfspitze. Oberseite und Gliedmaßen mit rundlichen, auf den Beinen sehr dicht gedrängten Warzen besetzt. Parotoïden kurz, annähernd dreieckig, so lang wie hoch. Eine Reihe großer Höcker zieht von ihnen zu den Weichen. Unterseite schwach höckerig. Oben gelblichbraun; ein schwärzliches Band zieht von den Parotoïden zur Achsel und manchmal bis zum Bauche, die Spitzen der in seinem Bereiche liegenden Warzen frei lassend. Kopfoberseite gelb oder bräunlichgelb; Kehle mit einem schwarzen Fleck; Unterseite schmutzigbraun. L. 58 mm.

Costa Rica (am Pico Blanco in ca. 750 m Höhe).

115. **B. veraguensis** O. Schm. 1858 *B. v.*, O. Schmidt in: Denk. Ak. Wien, *v.* 14 p. 253 t. 2 f. 20, t. 3 f. 21 (Kopf und Hinterfuß) | 1858 *B. v.*, Alb. Günther, Cat. Batr. sal. Brit. Mus., p. 142 | 1862 *Chilophryne v.*, E. D. Cope in: P. Ac. Philad., p. 358 | 1882 *Bufo v.*, Boulenger, Cat. Batr. sal. Brit. Mus., ed. 2 p. 321 | 1901 *B. v.*, Alb. Günther in: Biol. Centr.-Amer., Rept. & Batr. p. 256.

Oberkopf vertieft, mit stumpfen Supraorbital- und Postorbitalleisten, mit schräg mediad und nach hinten gerichteten Parietal- und mit Orbitotympanalleisten. Trommelfell völlig unter der Haut verborgen. Finger sehr schlank; 1. Finger kürzer als der 2.; Zehen in ihrer ganzen Länge durch Schwimmhaut verbunden; keine Tarsalfalte vorhanden. Haut warzig, an jeder Rückenseite eine Reihe größerer Höcker. Parotoïden mäßig groß, vorspringend, länglich. Oberseite auf grauem Grunde schwärzlichbraun marmoriert. Unterseite gelblichgrau, stellenweise dunkel marmoriert. L. 50 mm.

Panama.

116. **B. peltocephalus** Bibr. 1838 *B. p.*, G. Bibron MS in: Tschudi, Classif. Batr., p. 89 | 1841 *B. p.*, C. Duméril & G. Bibron, Erpét., *v.* 8 p. 712 | 1843 *B. p.*, Cocteau & G. Bibron in: Ramon, Hist. Cuba, *v.* 4 Rept. p. 237 t. 30 | 1843 *Peltophryne p.*, Fitzinger, Syst. Rept., *v.* 1 p. 32 | 1858 *Bufo p.*, Alb. Günther, Cat. Batr. sal. Brit. Mus., p. 67 | 1882 *B. p.*, Boulenger, ibid., ed. 2 p. 325 f. (Kopf).

Haut auf der Oberseite des Kopfes fest mit den Schädelknochen verbunden; Oberkopf mit vorspringenden Knochenleisten (Fig. 186); Canthalleiste hinten mit einer Verdickung endigend, nicht mit der Supraorbitalleiste zusammenhängend, letztere mit der Postorbitalleiste einen rechten Winkel bildend; außerdem noch eine Orbitotympanalleiste vorhanden. Vorderkopf kurz, stumpf; Interorbitalraum viel breiter als ein oberes Augenlid. Trommelfell sehr deutlich, $^1/_2$ bis $^2/_3$ so breit wie das Auge. 1. Finger den 2. nicht überragend; Zehen zur Hälfte ihrer Länge durch Schwimmhaut verbunden. Subarticularhöcker am letzten Gelenk der 4. Zehe doppelt; 2 mäßig große Metatarsalhöcker und eine kurze Tarsalfalte vorhanden. Bei nach vorn an den Körper angelegtem Hinterbein reicht das Tarsometatarsalgelenk bis zum Trommelfell. Oberseite

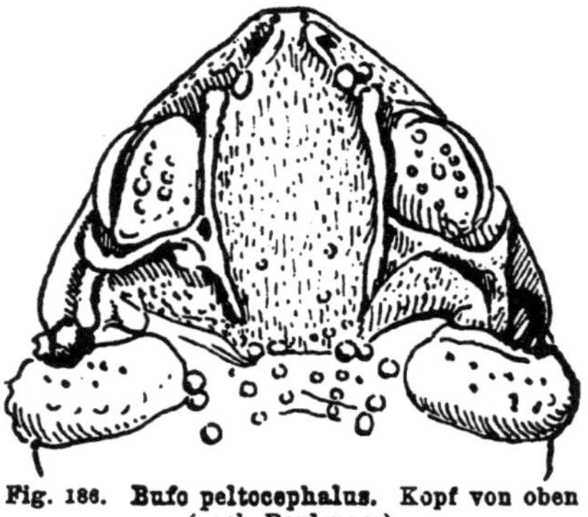

Fig. 186. **Bufo peltocephalus.** Kopf von oben (nach Boulenger).

mit kleinen, kegelförmigen Warzen bedeckt, Unterseite bei jungen Tieren fein gekörnelt, bei alten Tieren gerunzelt. Parotoïden stark vorspringend, elliptisch oder nierenförmig, Oberseite auf olivenfarbenem Grunde stark braun marmoriert; Gliedmaßen mit dunklen Querbinden. Unterseite schmutziggelbweiß. Junge Tiere auf dem Rücken dunkel gefleckt. L. 130 mm.

♂ mit subgularer Schallblase.

Kuba.

117. **B. empusus** (Cope) 1862 *Peltaphryne empusa*, E. D. Cope in: P. Ac. Philad., p. 344 | 1868 *Otaspis e.*, E. D. Cope in: P. Ac. Philad., p. 312 | 1882 *Bufo empusus*, Boulenger, Cat. Batr. sal. Brit. Mus., ed. 2 p. 326.

Unterscheidet sich von der vorigen Art durch einen von der Mastoidregion des Schädels ausgehenden, den Gehörgang von hinten umfassenden Knochenfortsatz, durch den der Meatus auditorius zu einem kleinen Loch in einer Knochenplatte umgewandelt wird. Trommelfell klein, nur $^1/_4$—$^1/_3$ so breit wie das Auge. Parotoïden klein, rundlich, seitlich gelegen. Kopf braun, Oberseite sonst bräunlichgelb, an Nacken und Rumpfseiten tiefbraun marmoriert. Gliedmaßen mit braunen Querbinden. L. 75—80 mm.

Kuba.

118. **B. gutturosus** Daud. 1802 *„Le crapaud goîtreux"*, Latreille in: Sonnini & Latreille, Hist. Rept., *v.* 2 p. 135 | 1803 *Bufo gutturosus* (im Text) + *B. strumosus* (auf der Tafel), Daudin, Hist. Rainett., p. 82 t. 34 f. 2 | 1803 *B. gutturosus*, Daudin, Hist. Rept., *v.* 8 p. 166 | 1820 *Bombinator strumosus*, Merrem, Versuch Syst. Amph., p. 178 | 1829 *Bufo s.*, C. Gravenhorst, Delic. Mus. Vratislav., fasc. 1 p. 59 t. 9 f. 3 | 1841 *B. s.*, (part.), C. Duméril & G. Bibron, Erpét., *v.* 8 p. 716 | 1858 *B. gutturosus*, Alb. Günther, Cat. Batr. sal. Brit. Mus., p. 67 t. 5 f. B. | 1862 *Phrynoidis g.*, E. D. Cope in: P. Ac. Philad., p. 358 | 1882 *Bufo g.* (part.), Boulenger. Cat. Batr. sal. Brit. Mus., ed. 2 p. 324.

Haut der Kopfoberseite fest mit den Schädelknochen verbunden. Oberkopf mit vorspringenden Canthal-, Praeorbital-, Supraorbital-, Postorbital- und Orbitotympanalleisten. Vorderkopf spitz, vorspringend, mit stark vertiefter Zügelregion; Interorbitalraum viel breiter als ein oberes Augenlid; Trommelfell deutlich, etwa $^2/_3$ so breit wie das Auge. 1. Finger den 2. nicht überragend; Zehen $^1/_2$—$^2/_3$ ihrer Länge durch Schwimmhaut verbunden; Subarticularhöcker doppelt; 2 mäßig große Metatarsalhöcker und eine kurze Tarsalfalte vorhanden. Bei nach vorn an den Körper angelegtem Hinterbein reicht das Tarsometatarsalgelenk zwischen Schulter und Trommelfell. Oberseite mit kleinen Höckern besetzt; Parotoïden mäßig groß, quergestellt, undeutlich. Oben bräunlich, dunkel marmoriert, zuweilen ein heller Längsstreifen in der Rückenmitte vorhanden; Unterseite ungefleckt. L?

♂ mit subgularer Schallblase.

Haiti.

119. **B. lemur** (Cope) 1868 *Peltaphryne l.*, E. D. Cope in: P. Ac. Philad., p. 311 | 1876 *Bufo gutturosus*, Peters in: Monber. Ak. Berlin, p. 709 | 1890 *B. panayanus*, Seoane in: Mém. Soc. zool. France, *v.* 3 p. 206 t. 6 f. 1—5 | 1904 *B. lemur*, Stejneger in: Rep. U. S. Mus., p. 570 f. 1—5 (Kopf und Füße) | 1905 *B. l.*, Stejneger in: Science, ser. 2 *v.* 21 p. 472 [1]).

Oberkopf mit vorspringenden Knochenleisten (Fig. 187) und zwar sind vorhanden: Canthalleisten, sehr hohe, sich 7 mm über den stark vertieften

---

[1]) Enthält die Richtigstellung, daß *Bufo panayanus* Seoane, angeblich von den Phillippinen stammend, mit dem bisher nur von Porto Rio bekannten *B. lemur* (Cope) identisch ist.

Interorbitalraum erhebende Supraorbitalleisten, Prae- und Postorbitalleisten, hohe, hinten mit einer Verdickung endende Supratympanalleisten und niedrige, schräg nach hinten und mediad gerichtete, in einzelne Teilstücke aufgelöste Parietalleisten; außerdem läuft noch eine hohe Knochenleiste vom Nasenloch an bis zum unteren Ende der Postorbitalleiste der Oberlippe entlang. Vorderkopf vorspringend, mit vertiefter Zügelregion; Trommelfell eine senkrechte Ellipse, deren horizontaler Durchmesser kaum halb so breit ist wie das Auge. 1. Finger etwas kürzer als der 2.; Zehen weniger als zur Hälfte ihrer Länge durch Schwimmhaut verbunden; Subarticularhöcker kegelförmig, einfach; zwei wohl entwickelte Metatarsalhöcker und eine starke Tarsalfalte vorhanden. Rücken und Seiten mit zahlreichen, kegelförmigen, jede eine oder mehrere schwarze Dornen tragenden Warzen besetzt, die auch dicht gedrängt die großen, hinter dem Trommelfell weit herabreichenden, aber nicht scharf begrenzten Parotoïden bedecken. Eine große Drüse nahe dem Lateralrande des Unterschenkels, Oberseite von Hand und Fuß fast glatt. Unterseite mit flacheren, einspitzigen Warzen besetzt. Oberseite olivenfarbig bis gelblich, mit mehr oder weniger deutlichen, schwärzlichbraunen Flecken und Zeichnungen zwischen den Schultern und in der Sacralregion. Gliedmaßen mit Spuren von schwärzlichen Querbinden. Unterseite schmutziggelblich oder weiß, unter dem Bauche und den Oberschenkeln oft mehr oder weniger fleischfarben. Zehenspitzen dunkelbraun. Spitzen der Rückenwarzen schwarz. L. 83 mm.

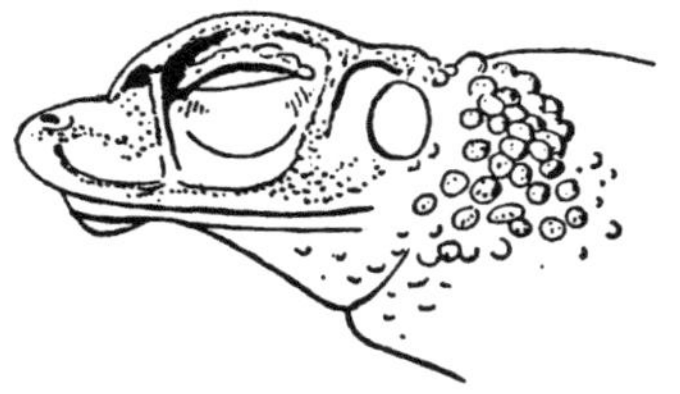

Fig. 187. **Bufo lemur** (nach Stejneger).

Porto Rico.

120. **B. marinus** (L.) 1734 *Bufo Brasiliensis* [?] + *Rana marina*, Seba, Thesaurus, *v.* 1 p. 116 t. 73 f. 1, 2 + p. 120 t. 76 f. 1 | 1758 *R. m.*, Linné, Syst. Nat., ed. 10 p. 211 | 1768 *Bufo brasiliensis* [?] + *Rana marina*, Laurenti, Syn. Rept., p. 26, 31 | 1788 „*L'Épaule — Armée*" + „*L'Agua*", Lacépède, Quadrup. ovip. Serp., *v.* 1 p. 539, 606 | 1799 *Bufo marinus*, J. G. Schneider, Hist. Amph., *v.* 1 p. 219 | 1802 „*Le crapaud agua*" + „*Le crapaud à taches jaunes*", Latreille in: Sonnini & Latreille, Hist. Rept., *v.* 2 p. 130 t. f. 1, p. 131 | 1803 *Bufo horridus* + *B. Agua*, Daudin, Hist. Rainett., p. 97 t. 36 + p. 99 t. 37 | 1803 *B. horridus* + *B. humeralis* + *B. agua*, Daudin, Hist. Rept., *v.* 8 p. 201, 205, 209 | 1820 *Bombinator horridus* + *Bufo marinus* (part.), Merrem, Versuch Syst. Amph., p. 179, 182 | 1824 *B. maculiventris* + *B. Agua* + *B. ictericus* + *B. lazarus* + *B. albicans*, Spix, Spec. Testud. Ran. Bras., p. 43 t. 14 f. 1 + p. 44 t. 15 + p. 44 t. 16 f. 1 + p. 45 t. 17 f. 1 + p. 47 t. 18 f. 2 | 1824 *B. agua*, Wied, Abbild. Naturg. Bras., t. [37] | 1833 *B. horribilis*, Wiegmann in: Isis, p. 654 | 1841 *B. agua* (part.), C. Duméril & G. Bibron, Erpét., *v.* 8 p. 703 | 1843 *Docidophrgne A.*, Fitzinger, Syst. Rept., *v.* 1 p. 32 | 1858 *Bufo a.*, Alb. Günther, Cat. Batr. sal. Brit. Mus., p. 65 | 1858 *B. marinus*, C. Girard in: U. S. expl. Exp., Herpet. p. 80 t. 5 f. 1—3, t. 6 f. 1—3 (Habitus, Füße) | 1860 *Docidophryne icterica* + *D. Lazarus*, Fitzinger in: SB. Ak. Wien, *v.* 42 p. 415 | 1862 *Phrynoidis agua*, E. D. Cope in: P. Ac. Philad., p. 358 | 1867 *Bufo marinus*, Steindachner in: Reise Novara, Amph. p. 45 | 1872 *B. m.*, Peters in: Monber. Ak. Berlin, p. 226 | 1882 *B. m.*, Boulenger, Cat. Batr. sal. Brit. Mus., ed. 2 p. 315 | 1896 *B. m.*, C. Berg in: An. Mus. Buenos Aires, *v.* 5 p. 190 (mit ausführlicher Literaturangabe) | 1899 *B. pithecodactylus*, F. Werner in: Verh. Ges. Wien, *v.* 49 p. 481 | 1912 *B. marinus*, F. Baumann in: Zool. Jahrb., Syst. *v.* 33 p. 96.

Oberkopf mit vorspringenden knöchernen Canthal-, Praeorbital, Supraorbital-, Postorbital- und kurzen Orbitotympanalleisten; Parietalleisten, wenn vorhanden, nicht sehr vorspringend. Vorderkopf kurz, stumpf; Interorbitalraum viel breiter als ein oberes Augenlid; Trommelfell deutlich, etwa $^2/_3$ so breit wie das Auge. 1. Finger den 2. überragend; Zehen zu $^1/_2$—$^2/_3$ ihrer Länge durch Schwimmhaut verbunden; Subarticularhöcker der letzten Gelenke der 4. Zehe in der Regel doppelt; 2 mäßig große Metatarsalhöcker und eine Tarsalfalte vorhanden. Bei nach vorn an den Körper angelegtem Hinterbein reicht das Tarsometatarsalgelenk bis zum Auge oder Nasenloch. Oberseite mit unregelmäßigen, manchmal dornigen Warzen besetzt. Parotoïden ungewöhnlich groß (Fig. 188) in den Umrissen wechselnd. Oberseite bräunlich, ein-

Fig. 188. **Bufo marinus** (nach Boulenger).

farbig oder mit großen, dunklen Flecken; Unterseite heller, einfarbig oder mit bräunlichen Flecken. Junge Tiere gelblichbraun mit dunklen, hellgerandeten oder mit dunkelbraunen, schwarz gerandeten Flecken; zwischen den Augen und vom Auge zum Mundwinkel manchmal mit hellen Binden. Unterseite hell, einfarbig oder mit bräunlichen oder gelblichen Flecken. L. bis 200 mm. ♂ mit subgularer Schallblase.

Westindien, Mexico, Zentral- und Südamerika.

121. **B. poeppigei** Tsch. 1845 *B. p.* + *B. molitor*, Tschudi, Fauna Peru., Herpet. p. 71, 73 t. 12 | 1862 *Phrynoidis intermedius*, E. D. Cope in: P. Ac. Philad., p. 358 | 1868 *Bufo andianus*, E. D. Cope in: P. Ac. Philad., p. 115 | 1873 *B. molitor*, Peters in: Monber. Ak. Berlin, p. 624 | 1882 *B. m.*, Boulenger, Cat. Batr. sal. Brit. Mus., ed. 2 p. 315.

Unterscheidet sich von der vorigen Art durch viel geringere Größe, schmalen, zusammengedrückten, winkligen Vorderkopf, kleineres Trommelfell, das weniger als $^1/_2$ so breit ist wie das Auge, und schmale langgestreckte dreieckige, sich in eine laterale Hautfalte fortsetzende Parotoïden. L. ca. 40 mm.

Kolumbien, Ecuador.

122. **B. typhonius** (L.) 1734 *B. Brasiliensis*, Seba, Thesaurus, *v.* 1 p. 114, 115 t. 71 f. 6—9 | 1758 *Rana typhonia*, Linné, Syst. Nat., ed. 10 p. 211 | 1768 *R. margaritifera*, Laurenti, Syn. Rept., p. 30 | 1788 *„La Perlée"*, Lacépède, Quadrup. ovip. Serp., *v.* 1 p. 545 | 1789 *Rana margaritifera* + *R. typhonia*, J. F. Gmelin, Syst. Nat., ed. 13 *v.* 1III p. 1050, 1052 | 1789 *„La Grenouille Perlée"*, Bonnaterre in: Tabl. enc. méth., Erpét. p. 4 t. 4 f. 1 | 1799 *Bufo typhonius* + *B. nasutus*, J. G. Schneider, Hist. Amph., *v.* 1 p. 207, 217 | 1802 *Rana typhonia*, G. Shaw, Gen. Zool., *v.* 3 p. 159 t. 45 | 1802 *„Le crapaud perlé"*, Latreille in: Sonnini & Latreille, Hist. Rept., *v.* 2 p. 118t. [p. 117] f. 2 | 1803 *Bufo margaritifer*, Daudin, Hist. Rainett., p. 89 t. 33 f. 1 | 1803 *B. m.*, Daudin, Hist. Rept., *v.* 8 p. 179 | 1820 *B. typhonius*, Merrem, Versuch Syst. Amph., p. 181 | 1824 *Oxyrhynchus naricus* + *O. nasutus* + *O. acutirostris* + *O. proboscideus*, Spix, Spec. Testud. Ran. Bras., p. 49 t. 14 f. 2 + p. 50 t. 14 f. 3 + p. 52 t. 21 f. 3 + p. 53 t. 21 f. 4 | 1827 *Oxyrynchus spixii*, Wied, Abbild. Naturg. Bras., t. [61] f. 3 (Kopf) | 1838 *Osilophus typhonius*, Tschudi in: Mém. Soc. Neuchâtel, *v.* 2 p. 89 | 1841 *Bufo margaritifer*, C. Duméril & G. Bibron, Erpét., *v.* 8

p. 718 | 1843 *Otolophus m.* + *Eurhina proboscideus* (?), Fitzinger, Syst. Rept., *v.* 1 p. 32 | 1845 *Trachycara fusca*, Tschudi, Fauna Peru., Herpet. p. 78 t. 11 f. 5 | 1858 *Otilophus margaritifer* + *Bufo pleuropterus*, O. Schmidt in: Denk. Ak. Wien, *v.* 14 p. 251 t. 2 f. 15, 16 + p. 252 t. 2 f. 17—19 | 1858 *B. ocellatus* + *Otilophus margaritifer* + *Bufo pleuropterus*, Alb. Günther, Cat. Batr. sal. Brit. Mus., p. 64, 69, 142 | 1872 *B. typhonius*, Peters in: Monber. Ak. Berlin, p. 226 | 1873 *Trachycara fusca*, Peters in: Monber. Ak. Berlin, p. 624 | 1875 *Oxyrhynchus typhonius* + *O. proboscideus* + *O. iserni*, Espada in: Vert. Viaje Pacif., Batr. p. 171, 178, 185 | 1882 *Bufo typhonius*, Boulenger, Cat. Batr. sal. Brit. Mus., ed. 2 p. 317 f. (Kopf) | 1884 *B. alatus*, Thominot in: Bull. Soc. philom., ser. 7 *v.* 8 p. 151 | 1912 *B. typhonius*, F. Baumann in: Zool. Jahrb., Syst. *v.* 33 p. 97 f. A. (Köpfe verschiedener Altersstadien).

Kopf dreieckig, mit am Mundwinkel mehr oder weniger stark spitz vorspringendem Oberkieferrand. Oberkopf mit vorspringenden Knochenleisten, von denen die Supraorbital- und besonders die Orbitotympanalleisten bei zunehmendem Alter der Tiere immer höher werdende (Fig. 189), bei jungen Tieren aber noch völlig fehlende, scharfe Knochenplatten bilden; Parietalleisten mehr oder weniger deutlich. Vorderkopf spitz, vorspringend; Interorbitalraum viel breiter als ein oberes Augenlid; Trommelfell mehr oder weniger deutlich, etwa $^2/_3$ so breit wie das Auge. 1. Finger den 2. nicht überragend; Zehen zu $^1/_2$ bis $^2/_3$ ihrer Länge durch Schwimmhaut verbunden; Subarticularhöcker einfach, 2 mäßig große Metatarsalhöcker, aber keine Tarsalfalte vorhanden. Bei nach vorn an den Körper angelegtem Hinterbein reicht das Tarsometatarsalgelenk bis zum Auge oder etwas darüber hinaus. Haut mit kleinen Warzen besetzt; alte Tiere mit 5 oder 6 in der Mittellinie des Rückens stehenden, mehr oder weniger hohen, knopfförmigen Warzen. Parotoïden ziemlich klein, annähernd dreieckig, schräg gestellt, sich in eine von großen, kegelförmigen Warzen gebildete Lateralfalte fortsetzend. Oben braun, mit schwarzen, ziemlich symmetrisch angeordneten Flecken; häufig ist eine helle Längslinie in der Rückenmitte vorhanden. Unterseite heller, einfarbig oder braungefleckt. Gliedmaßen bei jungen Tieren deutlich, bei alten Tieren undeutlich quer gebändert; junge Tiere manchmal mit einer hellen, beiderseits schwarz eingefaßten Längsbinde jederseits. L. bis 84 mm. ♂ mit subgularer Schallblase.

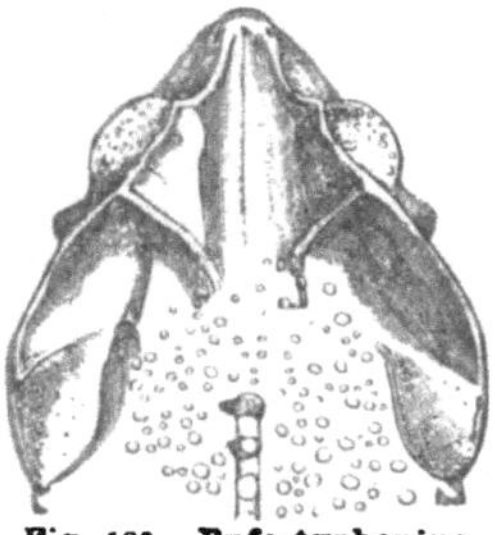
Fig. 189. **Bufo typhonius.** Kopf von oben (nach Boulenger).

Zentral- und tropisches Südamerika.

123. **B. caeruleostictus** Gthr. 1859 *B. c.*, Alb. Günther in: P. zool. Soc. London, *v.* 27 p. 415 | 1882 *B. c.*, Boulenger, Cat. Batr. sal. Brit. Mus., ed. 2 p. 291 t. 21 f. 1.

Oberkopf mit schwach angedeuteten Knochenleisten; Vorderkopf kurz, abgerundet, mit winkligem Canthus rostralis; Interorbitalraum vertieft, breiter als ein oberes Augenlid; Trommelfell unsichtbar. 1. Finger den 2. etwas überragend; Zehen an der Basis durch Schwimmhaut verbunden. Subarticularhöcker einfach; 2 schwach entwickelte Metatarsalhöcker und eine Tarsalfalte vorhanden. Beine ziemlich schlank. Bei nach vorn an den Körper angelegtem Hinterbein reicht das Tarsometatarsalgelenk zwischen Auge und Schnauzenspitze. Haut fast glatt, oder mit wenigen, flachen Höckern. Parotoïden elliptisch, langgestreckt. Oberseite einfarbig dunkelbraun, Unterseite graubraun. L. 88 mm. ♂ mit subgularer Schallblase.

West-Ecuador.

124. **B. ceratophrys** Blgr. 1882 *B. c.*, Boulenger, Cat. Batr. sal. Brit. Mus., ed. 2 p. 319 t. 22 f. 2.

Oberkopf mit knöchernen Supraorbital- und Orbitotympanalleisten, sowie mit einer Andeutung von Parietalleisten. Vorderkopf kurz, abgestutzt, mit winkligem Canthus rostralis; oberes Augenlid in einen spitzen, hornartigen, den Augendurchmesser an Länge übertreffenden Fortsatz ausgezogen (Fig. 190); Trommelfell deutlich, etwas mehr als $^1/_2$ so breit wie das Auge. 1. Finger den 2. überragend; Zehen nur an der Basis durch Schwimmhaut verbunden. Subarticularhöcker einfach; zwei kleine Metatarsalhöcker, aber keine Tarsalfalte vorhanden. Bei nach vorn an den Körper angelegtem Hinterbein reicht das Tarsometatarsalgelenk bis zur Schnauzenspitze. Haut mit sehr kleinen Höckern besetzt; Parotoïden mäßig groß, annähernd oval. An jeder Rumpfseite 4 spitze, in einer Reihe angeordnete Hautanhänge vorhanden. Oben graubraun, mit dunkelbrauner Zeichnung; Seiten dunkelbraun marmoriert; Unterseite schwach bräunlich gefärbt. L. ?.

Fig. 190. **Bufo ceratophrys** (nach Boulenger).

Ecuador.

125. **B. inca** Stejn. 1913 *B. i.*, Stejneger in: P. U. S. Mus., *v.* 45 p. 541.

Oberkopf mit deutlichen, wenn auch nicht hohen Canthal-, Praeorbital-, Supraorbital-, Postorbital-, Parietal- und Supratympanalleisten; Supra- und Postorbitalleisten schwach gekrümmt und mit den nach hinten konvergierenden Parietalleisten jederseits eine λ-förmige Figur bildend. Vorderkopf vorspringend, Nasenloch vor dem Lippenrand; Interorbitalraum fast flach, viel breiter als ein oberes Augenlid. Trommelfell sehr deutlich, viel höher als breit, sein größter Durchmesser etwa $^2/_3$ so breit wie das Auge. 1. Finger den 2. nicht überragend; Zehen zur Hälfte ihrer Länge durch Schwimmhaut verbunden; die 3 letzten Glieder der 4. Zehe frei bleibend. Subarticularhöcker einfach; 2 Metatarsalhöcker vorhanden, der mediale gut entwickelt; Tarsalfalte nur durch eine Reihe dicht gedrängter Stacheln angedeutet. Bei nach vorn an den Körper angelegtem Hinterbein reicht das Tibiotarsalgelenk bis zum vorderen Augenrand. Oberseite einschließlich des Kopfes gleichmäßig mit kleinen, annähernd gleichgroßen, dornigen Warzen besetzt. Parotoïden groß, etwa $^2/_3$ so lang wie der Kopf, an den Seiten herabreichend. Unterseite mit kleinen, dicht gedrängten, hohen Höckern besetzt. Färbung ?. L. 39 mm.

Huadquinia (Peru) in 1500 m Höhe.

126. **B. leptoscelis** Blgr. 1912 *B. l.*, Boulenger in: Ann. nat. Hist., ser. 8 *v.* 10 p. 186.

Oberkopf mit vorspringenden Knochenleisten; Parietalleisten schräg nach hinten und mediad gerichtet. Vorderkopf abgestumpft, schwach vorspringend; Zügelregion vertieft, fast senkrecht abfallend. Interorbitalraum breiter als ein oberes Augenlid; Trommelfell sehr deutlich; $^3/_4$ so breit wie das Auge. Finger ziemlich lang und schlank, stumpf; 1. Finger länger als der 2.; Zehen stumpf, kaum zur Hälfte ihrer Länge durch Schwimmhaut verbunden; Subarticularhöcker einfach; 2 kleine Metatarsalhöcker, aber keine Tarsalfalte vorhanden. Bei nach vorn an den Körper angelegtem Hinterbein reicht das Tarsometatarsalgelenk weit über die Vorderkopfspitze hinaus; Unterschenkel halb so lang wie Kopf und Rumpf zusammen. Oberseite mit kleinen, an den Flanken dichter stehenden und mehr dornigen Höckern; Parotoïden stark vorspringend, annähernd dreieckig, $^2/_3$ so lang wie der Kopf. Oben einfarbig blaßbraun, die Parotoïden dunkler, Unterseite gelblich, Bauch braun punktiert. L. 55 mm.

Santo Domingo (Peru) in 1950 m Höhe.

127. **B. ockendeni** Blgr. 1902 *B. o.*, Boulenger in: Ann. nat. Hist., ser. 7 *v.* 10 p. 396.

Oberkopf mit schwachen Knochenleisten, einschließlich einer schräg mediad verlaufenden Parietalleiste. Vorderkopf abgestumpft, schwach vorspringend; Zügelregion vertieft. Interorbitalraum breiter als ein oberes Augenlid. Trommelfell sehr klein, undeutlich oder unsichtbar. Finger ziemlich lang und schlank. 1. Finger nicht ganz so lang wie der 2.; Zehen in fast ihrer ganzen Länge durch Schwimmhaut verbunden, an den Spitzen etwas verdickt; Subarticularhöcker einfach; 2 kleine Metatarsalhöcker und eine undeutliche Tarsalfalte vorhanden. Bei nach vorn an den Körper angelegtem Hinterbein reicht das Tarsometatarsalgelenk etwas über die Vorderkopfspitze hinaus. Oberseite mit kleinen, unregelmäßigen Warzen. Parotoïden mäßig vorspringend, oval, etwa $^1/_2$ so lang wie der Kopf. Oben olivengrau oder bräunlich, dunkel marmoriert. Beine mit unregelmäßigen, dunklen Querbinden. Unterseite schmutzig weiß, schwärzlich gefleckt oder marmoriert. L. 55 mm. ♂ mit einer inneren Schallblase.

Peru, Bolivien.

128. **B. missionum** Berg 1896 *B. m.*, C. Berg in: An. Mus. Buenos Aires, *v.* 5 p. 195.

Oberkopf mit ziemlich kräftigen Knochenleisten, die als Canthal-, Praeorbital-, zu einem Bogen verschmolzene Supra- und Postorbitalleisten, und kurze Orbitotympanalleisten hervortreten; keine Parietalleisten. Vorderkopf etwas kurz; Interorbitalraum stark vertieft, so breit wie ein oberes Augenlid; Trommelfell wenig sichtbar oder nur teilweise deutlich sichtbar, etwas breiter als $^1/_3$ des Augendurchmessers. Gliedmaßen etwas kurz. 1. Finger viel länger als der 2.; Zehen kaum zur Hälfte ihrer Länge durch Schwimmhaut verbunden. Subarticularhöcker mäßig groß, teilweise doppelt, 2 ziemlich große, gelbliche Metatarsalhöcker, sowie eine deutliche Tarsalfalte vorhanden. Bei nach vorn an den Körper angelegtem Hinterbein reicht das Tarsometatarsalgelenk noch nicht bis zum Trommelfell. Oberseite mit schwarzen, glänzenden, stellenweise, besonders an den Flanken, ziemlich spitzen Höckern und kleinen, etwas zusammengedrückten, stumpfhöckerigen oder runzligen, auf dem Vorderrücken in 2 Reihen angeordneten Warzen besetzt. Keine seitliche Drüsenfalte vorhanden. Parotoïden etwa spindelförmig, so lang wie der Kopf, hoch, etwas gerunzelt, mit kleinen, schwarzen, glänzenden Höckern besetzt. Unterseite gekörnelt, Oberseite dunkelbraun, mit 2 Reihen schwarzer, weißgesäumter Rückenflecke. Unterseite braun, weiß marmoriert, Kehle heller. Füße schwarz gebändert. L. 50 mm.

Argentinien.

129. **B. arenarum** Hensel 1867 *B. a.*, Hensel in: Arch. Naturg., *v.* 33 I p. 143 | 1869 *B. mendocinus*, A. Philippi in: Arch. Naturg., *v.* 35 I p. 44 | 1875 *B. marinus* var. *platensis*, Espada in: Vert. Viaje Pacif., Batr. p. 202 | 1882 *B. arenarum*, Boulenger,

Catr. Batr. sal. Brit. Mus., ed. 2 p. 314 f. (Kopf) | 1882 *B. sp.?*, Friedr. Müller in: Verh. Ges. Basel, *v.* 7 p. 138 | 1896 *B. arenarum*, C. Berg in: An. Mus. Buenos Aires, *v.* 5 p. 192 (mit ausführlicher Literaturangabe).

Oberkopf mit mäßig stark vorspringenden Knochenleisten, von denen die Canthalleisten mit den Praeorbitalleisten, aber nicht mit den Supraorbitalleisten zusammenhängen; Orbitotympanalleisten sehr kurz; Parietalleisten fehlen. Vorderkopf kurz, stumpf. Interorbitalraum so breit wie ein oberes Augenlid. Trommelfell sehr deutlich, ein senkrechtes Oval, fast so groß wie das Auge. 1. Finger den 2. überragend; Zehen zur Hälfte ihrer Länge durch Schwimmhaut verbunden; Subarticularhöcker einfach; 2 mäßig große Metatarsalhöcker und eine Tarsalfalte vorhanden. Bei nach vorn an den Körper angelegtem Hinterbein reicht das Tarsometatarsalgelenk bis vor das Trommelfell. Oberseite mit unregelmäßigen Warzen besetzt. Parotoïden stark vorspringend, lang und schmal, hinten zugespitzt und sich in eine Reihe großer Warzen fortsetzend, Oberseite braun, mit großen, unregelmäßigen, schwarz gerandeten, dunklen Flecken; Unterseite mit einigen dunklen Flecken, zuweilen ein großer Fleck auf der Brust vorhanden. L. 75 mm.

Argentinien, Uruguay, Südbrasilien.

130. **B. d'Orbignyi** Dum. & Bibr. 1841 *B. d.*, C. Duméril & G. Bibron, Erpét., *v.* 8 p. 697 | 1843 *Chilophryne d.*, Fitzinger, Syst. Rept., *v.* 1 p. 32 | 1847 *Bufo Orbignyi*[1], G. Bibron in: Orbigny, Voy. Amér. mérid., *v.* 5 III p. 11 t. 15 f. 5—7 (Habitus, Mundhöhle) | 1858 *B. d'Orbignyi*, Alb. Günther, Cat. Batr. sal. Brit. Mus., p. 67 | 1861 *B. d'Orbignii*, Burmeister, Reise La Plata-St., *v.* 1 p. 481, *v.* 2 p. 533 | 1875 *Chilophryne d'Orbignyi*, Espada, Vert. Viaje Pacif., Batr. p. 188 | 1882 *Bufo d.*, Boulenger, Cat. Batr. sal. Brit. Mus., ed. 2 p. 322 ff. (Kopf) | 1886 *B. d'Orbignyi*, Boulenger in: Ann. nat. Hist., ser. 5 *v.* 18 p. 443 | 1896 *B. D.*, C. Berg in: An. Mus. Buenos Aires, *v.* 5 p. 196 (mit ausführlicher Literaturangabe).

Oberkopf sehr vertieft, mit stark vorspringenden Canthal-, Praeorbital-, Supraorbital-, Postorbital-, schräg mediad und nach hinten gerichteten Parietal- und mit Orbitotympanalleisten. Hinterende des Oberkiefers zu einer horizontal vorspringenden Leiste verbreitert (Fig. 191). Vorderkopf sehr kurz, abgerundet; Interorbitalraum viel breiter als ein oberes Augenlid; Trommelfell mehr oder weniger deutlich, etwa $^2/_3$ so breit wie das Auge. 1. Finger den 2. nicht überragend; Zehen zur Hälfte ihrer Länge durch Schwimmhaut verbunden; Subarticularhöcker doppelt; zwei mäßig große Metatarsalhöcker, aber keine Tarsalfalte vorhanden. Bei nach vorn an den Körper angelegtem Hinterbein reicht das Tarsometatarsalgelenk bis zur Schulter oder zum Trommelfell. Oberseite mit kleinen, oft dornigen Warzen besetzt; Parotoïden sehr klein, annähernd dreieckig oder rundlich, manchmal kaum hervortretend. Oberseite bräunlich, mit undeutlichen dunklen Flecken und einer hellen Längslinie in der Rückenmitte; Unterseite ungefleckt. L. 60 mm.

Fig. 191. **Bufo d'Orbignyi.** Kopf von oben (nach Boulenger).

♂ mit subgularer Schallblase.

Argentinien bis Südbrasilien.

131. **B. schneideri** Wern. 1894 *B. S.*, F. Werner in: Zool. Anz., *v.* 17 p. 411.

Oberkopf mit Knochenleisten (Canthal-, Praeorbital-, gebogene Supraorbital-, Orbitotympanal- und schwache Parietalleisten vorhanden). Vorderkopf

[1]) *B. O.* nur im Text, auf Tafel 15 richtig *B. d'Orbignyi.*

kurz, nicht vorspringend, etwa $^4/_5$ des Augendurchmessers lang. Interorbitalraum halb so breit wie ein oberes Augenlid. Trommelfell deutlich, senkrecht elliptisch, sein größter Durchmesser $^2/_3$ so breit wie das Auge. 1. Finger etwas länger als der 2. Alle Finger und die 4. Zehe mit doppelten Subarticularhöckern. Schwimmhaut? Ein mäßig großer, glänzend schwarzer, medialer und ein kleiner, lateraler Metatarsalhöcker vorhanden, beide scharfkantig; Tarsalfalte? Bei nach vorn an den Körper angelegtem Hinterbein reicht das Tarsometatarsalgelenk bis zur Augenmitte. Oberseite ganz mit kleinen, glänzend schwarzen, ungleich großen Warzen besetzt. Kehle und Brust mit ganz kleinen Warzen; Parotoïden undeutlich, etwa birnförmig, über dem Trommelfell beginnend. Oben graubraun, vorderer Mundrand, Temporalgegend, Unterrand der Parotoïden und Rumpfseiten dunkelbraun; 2 Reihen runder, schwarzbrauner Flecke auf dem Rücken. Unten graubraun. Bauch und Unterseite der Extremitäten mit zahlreichen, dunkelbraunen Flecken. L. 70 mm.

Paraguay.

132. **B. crucifer** Wied 1821 *B. c.*, Wied, Reise Bras., *v.* 2 p. 132 | 1824 *B. ornatus* + *B. dorsalis* + *B. stellatus* + *B. scaber* + *B. semiluneatus*, Spix, Spec. Testud. Ran. Bras., p. 45 t. 16 f. 2 + p. 46 t. 17 f. 2 + p. 46 t. 18 f. 1 + p. 47 t. 20 f. 1 + p. 51 t. 21 f. 1 | 1825 *B. cinctus*, Wied, Beitr. Naturg. Bras., *v.* 1 p. 564 | 1823 u. 1827 *B. c.* + *B. ornatus*, Wied, Abbild. Naturg. Bras., t. [15], t. [61] f. 2 | 1841 *B. melanotis*, C. Duméril & G. Bibron, Erpét., *v.* 8 p. 710 | 1853 *B. gracilis*, C. Girard in: P. Ac. Philad., *v.* 6 p. 424 | 1858 *B. g.*, C. Girard in: U. S. expl. Exp., Herpet. p. 83 t. 6 f. 16—21 (Habitus, verschiedene Kopfansichten, Füße) | 1858 *B. ornatus*, Alb. Günther, Cat. Batr. sal. Brit. Mus., p. 64 | 1860 *Otolophus cinctus*, Fitzinger in: SB. Ak. Wien, *v.* 42 p. 415 | 1862 *Phrynoidis ornatus*, E. D. Cope in: P. Ac. Philad., p. 358 | 1867 *Bufo o.*, Steindachner in: Reise Novara, Amph. p. 46 | 1867 *B. dorsalis* + *B. ornatus* + *B. melanotis*, Hensel in: Arch. Naturg., *v.* 33 I p. 144, 147, 148 | 1872 *B. crucifer*, Peters in: Monber. Ak. Berlin, p. 221 | 1875 *B. ornatus*, Espada in: Vert. Viaje Pacif., Batr. p. 204 | 1882 *B. crucifer*, Boulenger, Cat. Batr. sal. Brit. Mus., ed. 2 p. 316 | 1885 *B. levicristatus* + *B. ornatus*, Boettger in: Z. Naturw., *v.* 58 p. 246, 437 | 1896 *B. crucifer*, C. Berg in: An. Mus. Buenos Aires, *v.* 5 p. 193 (mit ausführlicher Literaturangabe) | 1907 *B. c.*, Wandolleck in: Abh. Mus. Dresden, *v.* 11 nr. 1 p. 13 t. 1 f. 4, 4a, 5, 5a | 1912 *B. c.*, F. Baumann in: Zool. Jahrb., Syst. *v.* 33 p. 96.

Oberkopf vertieft, mit vorspringenden Canthal-, Praeorbital-, Supraorbital-, Postorbital-, kurzen Orbitotympanal- und nicht immer deutlichen Parietalleisten. Vorderkopf kurz, abgerundet; Interorbitalraum viel breiter als ein oberes Augenlid; Trommelfell deutlich, groß, etwa $^3/_4$ so breit wie das Auge. 1. Finger länger als der 2.; Zehen ziemlich lang, etwa zur Hälfte ihrer Länge durch Schwimmhaut verbunden. Subarticularhöcker einfach; 2 mäßig große Metatarsalhöcker, in der Regel auch eine Tarsalfalte vorhanden. Bei nach vorn an den Körper angelegtem Hinterbein reicht das Tarsometatarsalgelenk gewöhnlich bis zur Vorderkopfspitze, jedenfalls so gut wie immer über das Auge hinaus. Oberseite mit unregelmäßigen, manchmal etwas dornigen Warzen besetzt; eine Reihe größerer Warzen zieht von den Parotoïden aus an den Rumpfseiten entlang bis zu den Weichen. Parotoïden mäßig groß, langgestreckt, schmal. Oberseite bräunlich, mit symmetrisch angeordneten schwarzen Flecken; in der Regel ist eine helle, manchmal schwarz gesäumte Längslinie in der Rückenmitte vorhanden. Eine schwärzliche Binde zieht schräg über die Schläfe hinweg, ein breiter, brauner Lateralstreifen zieht gewöhnlich vom Trommelfell an über die Lateralseite der Parotoïden und an den Rumpfseiten entlang bis zu den Weichen. Flanken und Hinterseite der Schenkel häufig schwarz und gelb marmoriert. Unterseite graugefleckt. L. bis 75 mm.

♂ mit subgularer Schallblase.

Paraguay, Brasilien, Guiana, Venezuela.

133. **B. granulosus** Spix 1799 *B. scaber* (part.), J. G. Schneider, Hist. Amph., *v.* 1 p. 223 | 1824 *B. granulosus* + *B. globulosus*, Spix, Spec. Testud. Ran. Bras., p. 51 t. 21 f. 2 + p. 49 t. 19 f. 1 | 1828 *Chaunus marmoratus*, Wagler in: Isis, *v.* 21 p. 744 | 1830 *C. globulosus*, Wagler, Syst. Amph., p. 205 | 1833 *Bufo nasutulus*, Wiegmann in: Isis, p. 656 | 1841 *B. strumosus* (part.), C. Duméril & G. Bibron, Erpét., *v.* 8 p. 716 | 1858 *B. granulosus*, Alb. Günther, Cat. Batr. sal. Brit. Mus., p. 67 t. 5 f. A | 1862 *Phrynoidis g.*, E. D. Cope in: P. Ac. Philad., p. 358 | 1863 *B. g.*, Peters in: Monber. Ak. Berlin, p. 80 | 1867 *Bufo nasutulus*, Steindachner in: Reise Novara, Amph. p. 45 | 1872 *B. globulosus* + *B. granulosus*, Peters in: Monber. Ak. Berlin, p. 223, 225 | 1882 *B. granulosus*, Boulenger, Cat. Batr. sal. Brit. Mus., ed. 2 p. 324 | 1904 *B. g.*, Méhely in: Ann. Mus. Hungar., *v.* 2 p. 225.

Haut der Kopfoberseite in mehr oder weniger großem Umfange mit den Schädelknochen verbunden. Eine schwache Knochenleiste läuft rings um das Auge. Orbitotympanal- und Parietalleisten durch Reihen dorniger Höcker angedeutet. Vorderkopf spitz, vorspringend, Interorbitalraum etwas breiter als ein oberes Augenlid; Trommelfell deutlich, etwa $^2/_3$ so breit wie das Auge. 1. Finger den 2. nicht überragend; Zehen zur Hälfte ihrer Länge durch Schwimmhaut verbunden; Subarticularhöcker doppelt, 2 mäßig große Metatarsalhöcker, aber keine Tarsalfalte vorhanden. Bei nach vorn an den Körper angelegtem Hinterbein reicht das Tarsometatarsalgelenk bis zur Schulter oder bis zum Trommelfell. Oberseite mit kleinen, oft dornigen Warzen besetzt. Parotoïden mäßig groß, annähernd dreieckig, oft ziemlich undeutlich. Oben bräunlich, dunkel marmoriert, Unterseite ungefleckt oder mit wenigen dunklen Flecken. L. 41 mm.

♂ mit subgularer Schallblase.

Paraguay, Brasilien, Guiana.

134. **B. nasicus** Wern. 1903 *B. n.*, F. Werner in: Zool. Anz., *v.* 26 p. 252.

Oberkopf mit schwach entwickelten Längsleisten zwischen den Augen. Vorderkopf zugespitzt, vorspringend, seitlich stark zusammengedrückt, mit sehr deutlichem, scharfem Canthus rostralis. Nasenloch gleichweit von Auge und Vorderkopfspitze entfernt; oberes Augenlid mit einer scharfen Lateralkante. Interorbitalraum kaum breiter als ein oberes Augenlid. Trommelfell unsichtbar. 1. und 2. Finger gleich lang; Fingerspitzen etwas verdickt; Zehenenden zugespitzt; Zehen zur Hälfte ihrer Länge durch Schwimmhaut verbunden, mit deutlichen, einfachen Subarticularhöckern; 2 kleine Metatarsalhöcker und eine deutliche Tarsalfalte vorhanden. Bei nach vorn an den Körper angelegtem Hinterbein reicht das Tarsometatarsalgelenk bis zur Vorderkopfspitze. Oberseite mit kleinen, gleichförmigen Warzen, Unterseite rauh; Parotoïden rundlich, wenig hervorragend, durch eine scharfe, vom Augenhinterrand bis zur Inguinalgegend verlaufende Längsfalte kantig erscheinend. Oben und unten hellrotbraun, Unterseite undeutlich marmoriert. L. 35 mm.

Heimat?

? **B. amoenus** Rochebr. 1884 *B. a.*, Rochebrune, Faune Sénég., Amph. p. 12 t. 1 f. 2.

Senegambien.

? **B. sauvagei** Rochebr. 1884 *B. s.*, Rochebrune, Faune Sénég., Amph. t. 3 f. 2.

Senegambien.

? **B. buccinator** Rochebr. 1884 *B. b.*, Rochebrune, Faune Sénég., Amph. t. 4 f. 1.
Senegambien.

? **B. erythronotus** Holbr. 1838 *B. e.*, Holbrook, N. Amer. Herpet., *v.* 3 p. 99 t. 20 | 1841 *B. e.*, Holbrook, N. Amer. Herpet., *v.* 5 p. 11 t. 2.
Süd-Karolina.

? **B. melanogaster** Hallow. 1860 *B. m.*, Hallowell in: P. Ac. Philad., p. 480.
Nicaragua.

? **B. nigricans** (Wiegm.) 1835 *Phryniscus n.*, Wiegmann in: N. Acta Ac. Leop., *v.* 17 I p. 264 | ? 1861 *P. guttatus*, A. Philippi in: A. Philippi & Landbeck in: Arch. Naturg., *v.* 27 I p. 300 | 1882 *P. nigricans* (part.), Boulenger, Cat. Batr. sal. Brit. Mus., ed. 2 p. 150 | 1894 *Bufo n.*, Boulenger in: Ann. nat. Hist., ser. 6 *v.* 14 p. 374.
Südperu, Chile.

? **B. albigularis** Phil. 1902 *B. a.*, A. Philippi, Supl. Batr. Chilen., p. 32.
Cantin (Anden von Patagonien).

? **B. chiragra** Phil. 1902 *B. c.*, A. Philippi, Supl. Batr. Chilen., p. 34.
Cantin (Anden von Patagonien).

? **B. papillosus** Phil. 1902 *B. p.*, A. Philippi, Supl. Batr. Chilen., p. 30.
Cantin (Anden von Patagonien).

? **B. trivittatus** Phil. 1902 *B. t.*, A. Philippi, Supl. Batr. Chilen., p. 38.
Anden von Chile.

? **B. venustus** Phil. 1902 *B. v.*, A. Philippi, Supl. Batr. Chilen., p. 32.
Anden von Chile.

2. Gen. **Atelophryne** Boulenger

1906 *A.*, Boulenger in: Ann. Mus. Genova, ser. 3 *v.* 2 p. 159.

Unterscheidet sich von *Bufo* nur durch verkümmerte Ausbildung von 1. und 4. Finger und Zehe und durch Fehlen der 5. Zehe am Hinterfuß (Fig. 193, 194).

1 Art in Westafrika.

1. **A. minuta** Blgr. 1906 *A. m.*, Boulenger in: Ann. Mus. Genova, ser. 3 *v.* 2 p. 159 t. 1 f. 3, 3a, b (Habitus und Füße).

Fig. 192.
Atelophryne minuta.
Habitusbild des ♀ (3/1) (nach Boulenger).

Fig. 193. Fig. 194.
Atelophryne minuta.
Fig. 193: Linker Vorderfuß von unten (4/1); Fig. 194: Linker Hinterfuß von unten (4/1) (beides nach Boulenger).

Vorderkopf stumpf zugespitzt, vorspringend (Fig. 192), schräg abgestutzt, so lang wie das Auge; Canthus rostralis winklig, Zügelregion senkrecht abfallend. Interorbitalraum breiter als ein oberes Augenlid. Trommelfell unsichtbar. Finger und Zehen stumpf mit sehr großen, aber wenig vorspringenden Subarticularhöckern. 3. Finger 2 mal so lang wie der 2.; 3. Zehe $2^1/_2$ mal so lang wie die 2. 2 stumpfe Metatarsalhöcker vorhanden. Bei nach vorn an den Körper angelegtem Hinterbein reicht das Tarsometatarsalgelenk zwischen Auge und Vorderkopfspitze oder bis zur letzteren. Haut oben mit kleinen, glatten Warzen besetzt, unten gekörnelt; Parotoïden fehlen. Oben braun, mit heller und dunkler Zeichnung, ein dunkler, unterhalb des Canthus rostralis verlaufender Streifen setzt sich zuweilen, manchmal an seinem oberen Rande von einem helleren Streifen begleitet, über die Schläfenregion und an den Rumpfseiten entlang fort. Unterseite schmutzig weiß. L. 20 mm.

Fernando-Poo, in 4—600 m Höhe.

3. Gen. **Pseudophryne** Fitzinger

1841/54 *Phryniscus* (part.), C. Duméril & G. Bibron, Erpét., *v.* 8 p. 722, *v.* 9 p. 418 | 1843 *Pseudophryne*, Fitzinger, Syst. Rept., *v.* 1 p. 32 | 1858 *P.*, Alb. Günther, Cat. Batr. sal. Brit. Mus., p. 45 | 1882 *P.*, Boulenger, Cat. Batr. sal. Brit. Mus., ed. 2 p. 277.

Pupille horizontal. Zunge elliptisch, ganzrandig, hinten frei abhebbar. Gaumenzähne fehlen. Trommelfell nicht oder nur schwach sichtbar. Finger und Zehen frei von Schwimmhaut, an den Spitzen nicht verbreitert, mit einfachen knöchernen Endphalangen. Schwimmhaut nicht zwischen die Metatarsen der 4. und 5. Zehe eingreifend. Omosternum fehlt, Sternum knorpelig, Querfortsätze des Sacralwirbels mäßig stark verbreitert.

8 Arten, außer 1 ostafrikanischen Art alle in Australien lebend.

Bestimmungstabelle der Arten[1]):

1	1 oder 2 rundliche, nicht seitlich zusammengedrückte Metatarsalhöcker vorhanden — 2	
	Mindestens 1 Metatarsalhöcker oder beide Metatarsalhöcker seitlich zusammengedrückt, schaufelförmig — 7	
2	Bei nach vorn an den Körper angelegtem Hinterbein reicht die Spitze der längsten Zehe:	
	zwischen Auge und Schnauzenspitze — 3	
	über die Schnauzenspitze hinaus — 6	
3	Medialer Metatarsalhöcker kürzer als die 1. Zehe — 4	
	Medialer Metatarsalhöcker ebensolang wie die 1. Zehe; lateraler Metatarsalhöcker halb so groß	4. **P. dendyi**
4	Rückenfärbung nicht scharf gegen die der Seiten abgesetzt — 5	
	Die braune Rückenfärbung ist scharf gegen die schwärzliche Färbung der Kopf- und Rumpfseiten abgesetzt	3. **P. coriacea**
5	Vorderkopf gelb, scharf von der schwärzlichbraunen Rückenfärbung abgesetzt	1. **P. australis**
	Vorderkopf nicht heller als die braune oder olivenfarbene, dunkelgefleckte Oberseite	2. **P. bibronii**
6	Kopf und Rücken mit Längsreihen von Warzen, Färbung grün mit dunklen Flecken	5. **P. semi-marmorata**
	Haut glatt, Färbung braun in verschiedenen Abtönungen	6. **P. vivipara**

1) Die Beschreibung mehrerer Arten bedarf noch sehr einer Vervollständigung, ohne die sich eine genaue Charakteristik der einzelnen Arten nicht durchführen läßt

7 Bei nach vorn an den Körper angelegtem Hinterbein reicht die Spitze der 4. Zehe:
über die Vorderkopfspitze hinaus, ein Tarsalhöcker an der Unterseite des Tarsus nahe seinem proximalen Ende vorhanden (Fig. 197) . . . . 7. **P. mjöbergii**
nicht über den vorderen Augenrand hinaus; Tarsalhöcker fehlt . . . . 8. **P. güntheri**

1. **P. australis** (Gray) 1835 *Bombinator a.*, J. E. Gray in: P. zool. Soc. London, *v.* 2 p. 57 | 1845 *Phryniscus a.*, J. E. Gray in: Eyre, J. Exp., *v.* 1 p. 407 t. 1 f. 1 | 1854 *P. albifrons*, C. Duméril & G. Bibron, Erpét., *v.* 9 p. 418 t. 100 f. 3 | 1858 *Pseudophryne australis*, Alb. Günther, Cat. Batr. sal. Brit. Mus., p. 45 | 1868 *P. a.*, W. Keferstein in: Arch. Naturg., *v.* 34ɪ p. 271 | 1882 *P. a.*, Boulenger, Cat. Batr. sal. Brit. Mus., ed. 2 p. 277.

Vorderkopf abgerundet, etwas länger als der Augendurchmesser, ohne Canthus rostralis; Interorbitalraum so breit wie ein oberes Augenlid. Finger und Zehen kurz und völlig frei von Schwimmhaut; 1. Finger viel kürzer als der 2. Finger; Subarticularhöcker nicht sehr vorspringend; ein kleiner, nicht sehr vorspringender, rundlicher, medialer Metatarsalhöcker vorhanden, lateraler Metatarsalhöcker fehlend oder sehr undeutlich. Bei nach vorn an den Körper angelegtem Hinterbein reicht das Tibiotarsalgelenk beim ♂ bis zur Schulter, beim ♀ nicht ganz so weit; die Spitze der längsten Zehe reicht stets über das Auge hinaus. Haut glatt oder mit sehr kleinen, runden, flachen Warzen auf dem Rücken. Oben schwärzlichbraun; Oberseite des Vorderkopfes, ein Längsstreifen in der Mitte des Hinterrückens, je ein Fleck auf jedem Oberarm und Oberschenkel gelb. Unterseite schwärzlich, mit großen gelblichen Flecken. L. 28 mm.

♂ mit innerer, subgularer Schallblase und einer großen ovalen Drüse auf der Hinterseite jedes Schenkels.

Neu-Süd-Wales.

2. **P. bibronii** Gthr. 1841 *Phryniscus australis* (non J. E. Gray 1835), C. Duméril & G. Bibron, Erpét., *v.* 8 p. 725 t. 100 f. 2, 4 | 1858 *Pseudophryne bibronii*, Alb. Günther, Cat. Batr. sal. Brit. Mus., p. 46 | 1867 *P. b.*, Steindachner in: Reise Novara, Amph., p. 34 t. 5 f. 12 | 1868 *P. b.*, W. Keferstein in: Arch. Naturg., *v.* 34ɪ p. 272 | 1882 *P. b.*, Boulenger, Cat. Batr. sal. Brit. Mus., ed. 2 p. 278 | 1910 *P. b.*, English in: P. zool. Soc. London, p. 631 t. 51 f. 7 | 1913 *P. b.*, L. G. Andersson in: Svenska Ak. Handl., *v.* 52 nr. 4 p. 17 t. 1 f. 3, 4.

Fig. 195. Pseudophryne bibronii (nach Steindachner).

Unterscheidet sich von der vorigen Art in folgenden Punkten:

2 kleine, rundliche Metatarsalhöcker vorhanden. Oberseite mit kleinen bisweilen in regelmäßigen Reihen angeordneten Wärzchen (Fig. 195). Oben braun oder olivenfarben, dunkel gefleckt. In der Regel sind eine mehr oder weniger deutliche, helle Längslinie in der Rückenmitte und ein gelblicher Fleck auf jedem Oberarm vorhanden. Hinterseite der Oberschenkel mit einer hellen Binde oder 2 großen, gelblichen Flecken. Unterseite braun und gelblich marmoriert. L. 26 mm.

♂ mit subgularer innerer Schallblase und gewöhnlich auch mit einer großen, ovalen, gelben Drüse auf der Hinterseite der Oberschenkel.

Australien, Tasmanien.

3. **P. coriacea** Kef. 1865 *P. „n. sp.“*, G. Krefft in: Monthly Not. R. Soc. Tasmania, p. 17 | 1868 *P. coriacea*, W. Keferstein in: Arch. Naturg., *v.* 34I p. 272 t. 6 f. 15 | 1882 *P. c.*, Boulenger, Cat. Batr. sal. Brit. Mus., ed. 2 p. 278.

2 kleine, rundliche Metatarsalhöcker vorhanden, von denen der laterale zuweilen sehr undeutlich ist. Haut oben fast glatt, an den Seiten stark drüsig. Oben gelblichbraun, Kopf und Rumpfseiten schwärzlich, gegen die Rückenfärbung scharf abgesetzt. Auf dem Oberarm und der Vorder- und Hinterseite des Oberschenkels je ein gelber Fleck. Unterseite schwarz und gelb marmoriert. Keine Drüse auf der Hinterseite des Oberschenkels vorhanden. L. 27 mm.

Ostaustralien.

4. **P. dendyi** Luc. 1892 *P. d.*, A. H. S. Lucas in: P. R. Soc. Victoria, ser. 2 *v.* 4 p. 62.

Medialer und lateraler Metacarpalhöcker klein, annähernd gleich groß, weiß. Medialer und lateraler Metatarsalhöcker weiß, ersterer elliptisch, so lang wie die 1. Zehe, letzterer rundlich und nur halb so groß. Bei nach vorn an den Körper angelegtem Hinterbein reicht das Tibiotarsalgelenk noch nicht bis zur Schulter, die Spitze der längsten Zehe reicht über das Auge hinaus. Haut auf dem Rücken schwach gekörnelt, unten glatt; kleine Lateralfalten sind vorhanden aber keine Drüsen auf der Hinterseite der Schenkel. Oberseite auf Kopf und Rumpf tief schwarz, mit zahlreichen, weißen, verstreuten Pünktchen, besonders am Kopfe rings um das Auge und an den Rumpfseiten. Eine gelbe, auf dem Kopfe unterbrochene Längsbinde in der Mittellinie von Kopf und Rumpf vorhanden, über dem After umgekehrt T-förmig verbreitert. Unterseite auf tiefschwarzem Grunde unregelmäßig weiß marmoriert. Vorderbeine schwarz mit weißen Punkten; Ober- und Hinterseite des Oberarmes mit einem kanariengelben Fleck. Oberseite der Hand weiß; Finger mit weißen Querbinden, an den Spitzen schwarz. Hinterbeine auf der Oberseite der Schenkel und der Unterseite schwarz mit kleinen, weißen Punkten, auf der Unterseite der Schenkel und der Oberseite des Fußes schwarz und weiß marmoriert. Zehen wie die Finger gefärbt. L. 15 mm.

North Gippsland (Victoria, Australien).

5. **P. semi-marmorata** A. H. S. Luc. 1892 *P. s.*, A. H. S. Lucas in: P. R. Soc. Victoria, ser. 2 *v.* 4 p. 63.

Zwei kleine Metacarpalhöcker vorhanden, der laterale von ihnen ziemlich breit; 2 kleine, annähernd gleich große Metatarsalhöcker vorhanden. Bei nach vorn an den Körper angelegtem Hinterbein reicht das Tibiotarsalgelenk bis zur Schulter und die Spitze der längsten Zehe über die Vorderkopfspitze hinaus. Haut auf Kopf und Rücken mit mehreren, mehr oder weniger deutlichen Längsreihen ziemlich deutlicher Warzen besetzt. Rumpfseiten und Bauch glatt. Eine ovale, orangenfarbene Drüse auf der Oberseite eines jeden Oberschenkels. Färbung der Oberseite von Kopf, Rumpf und Gliedmaßen olivengrün mit dunkleren Flecken; Spitzen der Warzen oft heller hervortretend. Die helle Längslinie in der Mitte der Oberseite fehlt gewöhnlich oder tritt nur in schwachen Spuren an der Vorderkopfspitze und über dem After auf. Rumpfseiten blauschwarz; Kehle und Unterseite der Beine blaß grünlichgelb. Hand- und Fußsohle, letztere wenigstens an den 3 ersten Zehen und an der Medialseite der 4. Zehe fleischfarben. Bauch hellolivengrün, fein weiß marmoriert. L. 31 mm.

S. O. Victoria (Australien).

6. **P. vivipara** Torn. 1905 *P. v.* (part.), Tornier in: SB. Ak. Berlin, p. 855 | 1915 *P. v.*, Nieden in: Mt. Mus. Berlin, *v.* 7 p. 383.

Vorderkopf zugespitzt, mit deutlichem Canthus rostralis und vertiefter Zügelregion, ein wenig länger als der Augendurchmesser. Interorbitalraum so breit wie ein oberes Augenlid; Trommelfell schwach sichtbar, $^1/_3$ so breit wie das Auge. Finger ziemlich lang; 1. Finger viel kürzer als der 2.; Subarticularhöcker an Fingern und Zehen kaum hervortretend. Medialer und lateraler Metatarsalhöcker beide flach, rundlich (Fig. 196). Bei nach vorn an den Körper angelegtem Hinterbein reicht das Tibiotarsalgelenk bis zum Trommelfell und das Tarsometatarsalgelenk bis zur Vorderkopfspitze. Haut glatt, keine vorspringenden Parotoïden und keine Drüsen auf der Hinterseite der Oberschenkel vorhanden. Färbung in der Jugend gleichmäßig braunschwarz, später auf der Oberseite unregelmäßig schwarzbraun und hellschokoladenbraun gemustert, auf dem Bauche gelblichweiß mit zahlreichen braunschwarzen Pünktchen. L. bis 35 mm.

Fig. 196.
Pseudophryne vivipara.
Rechter Hinterfuß von unten.

Vivipar. — Von Entwicklungsstadien sind bisher aber nur in den Eileitern des Muttertieres gefundene *Embryonen* mit schon fertig ausgebildetem Kopf und Mund, voll entwickelten Augen, mit eben hervorsprossenden Gliedmaßen, mit stark aufgetriebenem, noch sehr viel Dotter enthaltendem Körper, und mit langem, drehrundem Schwanz ohne Schwanzflossen, bekannt geworden.

Südliches Deutschostafrika.

7. **P. mjöbergii** L. G. Anderss. 1913 *P. m.*, L. G. Andersson in: Svenska Ak. Handl., *v.* 52 nr. 4 p. 19 t. 1 f. 5, 6 (Habitus, Hinterfuß).

Vorderkopf abgerundet, kürzer als der Augendurchmesser. Nasenloch viel näher bei der Vorderkopfspitze als beim Auge. Interorbitalraum breiter als ein oberes Augenlid. Finger kurz und schmal, stumpf zugespitzt; 1. Finger kürzer als der 2.; Zehen kurz und spitz, mit einer Spur von Schwimmhaut versehen, mit schmalen Hautleisten an ihren Seiten; 2 sehr große Metatarsalhöcker vorhanden, von denen der laterale stets, der mediale nicht immer seitlich zusammengedrückt ist; ein kleiner, aber deutlicher Tarsalhöcker sitzt unmittelbar distal vom Tibiotarsalgelenk auf der Unterseite des Tarsus (Fig. 197). Bei nach vorn an den Körper angelegtem Hinterbein reicht das Tibiotarsalgelenk gerade bis vor die Achsel, die Spitze der 4. Zehe beträchtlich über die Schnauzenspitze hinaus. Rücken mit verstreuten, kleinen Warzen, Bauch und Unterseite der Schenkel mehr oder weniger deutlich gekörnelt. Jederseits je eine breite vom Auge bis hinter die Schulter reichende Parotoïddrüse, sowie eine große, von der Schulter bis zu den Weichen reichende Lumbardrüse vorhanden, letztere in der Regel durch eine Furche in 2 ungleichgroße Teile geteilt. Keine Drüsen auf der Hinterseite der Schenkel vorhanden. Oberseite hellolivengrau, mit regelmäßiger, dunkler Zeichnung; Seiten mit

Fig. 197.
Pseudophryne mjöbergii.
Linker Hinterfuß des ♀ von unten ($^3/_1$)
(nach L. G. Andersson).

einigen länglichen, dunklen Flecken. Beine quergebändert; Unterseite einfarbig schmutzig grau. L. 20 mm.

♂ mit innerer, subgularer Schallblase.

N. W. Australien.

8. **P. güntheri** Blgr. 1858 *P. bibronii* (part.), Alb. Günther, Cat. Batr. sal. Brit. Mus., p. 137 | 1882 *P. güntheri*, Boulenger, Cat. Batr. sal. Brit. Mus., ed. 2 p. 279 t. 18 f. 2.

Durch folgende Merkmale gekennzeichnet: Zwei große, ovale, seitlich zusammengedrückte Metatarsalhöcker, aber kein Tarsalhöcker vorhanden. Hinterbeine sehr kurz; die Spitze der längsten Zehe reicht bei nach vorn an den Körper angelegtem Hinterbein nicht über den vorderen Augenrand hinaus. Oberseite mit vorspringenden glatten Warzen besetzt, von denen einige zu geraden oder gebogenen Wülsten zusammenfließen (Fig. 198). Oberseite braun oder olivenfarben; Vorderkopf und einige große Flecke auf dem Rücken heller, Unterseite weiß, einfarbig, schwach gefleckt oder fein braun marmoriert. L. 28 mm.

Fig. 198.
Pseudophryne güntheri
(nach Boulenger).

♂ mit je einer sehr großen, flachen, ovalen Lumbardrüse und einer ziemlich undeutlichen großen, annähernd kreisrunden Parotoïddrüse jederseits.

N. W. Australien.

4. Gen. **Nectophryne** Buchholz & Peters

1875 *N.*, Buchholz & Peters in: Peters in: Monber. Ak. Berlin, p. 202 | 1875 *Pedostibes*, Alb. Günther in: P. zool. Soc. London, p. 576 | 1882 *Nectophryne* (part.), Boulenger, Cat. Batr. sal. Brit. Mus., ed. 2 p. 279.

Pupille horizontal. Zunge elliptisch, ganzrandig, hinten frei abhebbar. Gaumenzähne fehlen. Trommelfell sichtbar oder unsichtbar. Finger stets durch, manchmal allerdings sehr schmale, Schwimmhaut verbunden, ebenso Zehen stets durch, nicht zwischen die Metatarsen der 4. und 5. Zehe eingreifende, Schwimmhaut verbunden; Finger- und Zehenspitzen zu mehr oder weniger deutlichen Scheiben verbreitert (Fig. 202, 203, 206, 207, 208), mit T-förmigen, knöchernen Endphalangen. Omosternum fehlt, Sternum knorpelig. Querfortsätze des Sacralwirbels stark verbreitert.

15 Arten in Afrika und Südasien.

Bestimmungstabelle der Arten:

1 { Finger in ihrer ganzen oder fast in ihrer ganzen Länge durch Schwimmhaut verbunden, erster Finger verkümmert (Fig. 202) — 2
Finger durch nur kurze Schwimmhaut verbunden, erster Finger gut entwickelt (Fig. 206, 208) — 4

2 { Subarticularhöcker vorhanden, lamellenartig verbreitert (Fig. 202, 203) — 3
Subarticularhöcker fehlen (Fig. 209) . . . . 10. **N. misera**

3 { Vorderkopf weit über die Mundspalte vorspringend, stark schräg abgestutzt (Fig. 200, 201) . . . . 1. **N. afra**
Vorderkopf nur sehr wenig vorspringend, weniger schräg abgestutzt (Fig. 204, 205) . . . . 2. **N. batesii**

4 { Bei nach vorn an den Körper angelegtem Hinterbein reicht das Tibiotarsalgelenk nicht bis zur Vorderkopfspitze — **5**
Mindestens bis zur Vorderkopfspitze — **13**

5 { Zehen höchstens zur Hälfte ihrer Länge durch Schwimmhaut verbunden — **6**
Zehen mehr als zur Hälfte ihrer Länge durch Schwimmhaut verbunden (Fig. 207, 208) — **8**

6 { Haut auf dem Rücken warzig oder gekörnelt — **7**
Haut völlig glatt . . . . 5. **N. werthi**

7 { Zehen zur Hälfte ihrer Länge durch Schwimmhaut verbunden; Trommelfell deutlich sichtbar, $^1/_3$ so breit wie das Auge . . . . 4. **N. tornieri**
Zehen nur durch eine Spur von Schwimmhaut verbunden; Trommelfell unsichtbar . . . . 6. **N. gardineri**

8 { Eine deutliche Tarsalfalte (*t* in Fig. 27 p. 10) vorhanden 9. **N. hosii**
Keine Tarsalfalte vorhanden — **9**

9 { Trommelfell unsichtbar . . . . 3. **N. parvipalmata**
Trommelfell deutlich sichtbar — **10**

10 { Trommelfell deutlich kleiner als das Auge; 2 Metatarsalhöcker vorhanden — **11**
Trommelfell ebenso breit wie das Auge (Fig. 210); nur der mediale Metatarsalhöcker vorhanden . . . . . 13. **N. macrotis**

11 { Finger nur an der Basis durch Schwimmhaut verbunden, Trommelfell $1/3$ so breit wie das Auge — **12**
Finger zu $1/3$ ihrer Länge durch Schwimmhaut verbunden, die als Hautsaum bis zu den Zehenspitzen reicht, Trommelfell $^2/_3$—$3/4$ so breit wie das Auge . . . . 8. **N. güntheri**

12 { 1. Finger $1/2$ so lang wie der 2. Finger; Interorbitalraum so breit wie ein oberes Augenlid . . . . 7. **N. tuberculosa**
1. Finger $^2/_3$ so lang wie der 2. Finger; Interorbitalraum breiter als ein oberes Augenlid . . . . 12. **N. everetti**

13 { Bei nach vorn an den Körper angelegtem Hinterbein reicht das Tibiotarsalgelenk:
bis zur Vorderkopfspitze; Trommelfell sehr deutlich, $^2/_3$ so breit wie das Auge . . . . 14. **N. signata**
über die Vorderkopfspitze hinaus; Trommelfell nicht oder nur sehr wenig sichtbar — **14**

14 { Trommelfell wenig deutlich, $1/2$ so breit wie das Auge. Deutliche, häufig in 2 oder 3 Teile gesonderte Parotoïden vorhanden . . . . 15. **N. borbonica**
Trommelfell unsichtbar, Parotoïden fehlen . . . . . . 11. **N. maculata**

1. **N. afra** Buchh. & Ptrs. 1875 *N. a.*, Buchholz & Peters in: Peters in: Monber. Ak. Berlin, p. 202 t. 2 f. 5 | 1882 *N. a.*, Boulenger, Cat. Batr. sal. Brit. Mus., ed. 2 p. 279 | 1900 *N. a.*, Boulenger in: P. zool. Soc. London, p. 436 f. 1 (Vorder- und Hinterfuß) | 1906 *N. a.*, Boulenger in: Ann. Mus. Genova, ser. 3 *v.* 2 p. 159 t. 1 f. 2 | 1913 *N. a.*, Boulenger in: Ann. nat. Hist., ser. 8 *v.* 12 p. 71 f. (Kopf).

Fig. 199.
Nectophryne afra.
Habitusbild.

Vorderkopf kurz, vorspringend, vorn abgestutzt (Fig. 199—201), mit rundlichem Canthus rostralis und mit nach unten und mediad abfallender Zügelregion. Trommelfell unsichtbar. 1. Finger viel kürzer als der 2.; Finger und Zehen bis zur Spitze durch Schwimmhaut verbunden (Fig. 202 u. 203); Subarticularhöcker stark entwickelt, lamellenartig verbreitert; 2 flache Metatarsalhöcker vorhanden. Haut auf der Oberseite mit verstreuten kleinen Höckern besetzt, Bauch und Unterseite der Schenkel gekörnelt. Olivengrün mit dunklen Querbinden und Flecken auf dem Rücken und dunklen Flecken auf den Gliedmaßen, oder dunkelviolettbraun mit weißlichen Querbinden auf Kopf und Rücken und hellen Flecken auf den Gliedmaßen. L. 23 mm.

Westafrika (Kamerun, Gabun, Fernando Poo, Süd-Nigeria).

Fig. 200. Fig. 201.
Nectophryne afra.
Fig. 200: Kopf von der Seite; Fig 201: Kopf von unten (beides nach Boulenger).

Fig. 204. Fig. 205.
Nectophryne batesii.
Kopf von der Seite und von unten (nach Boulenger).

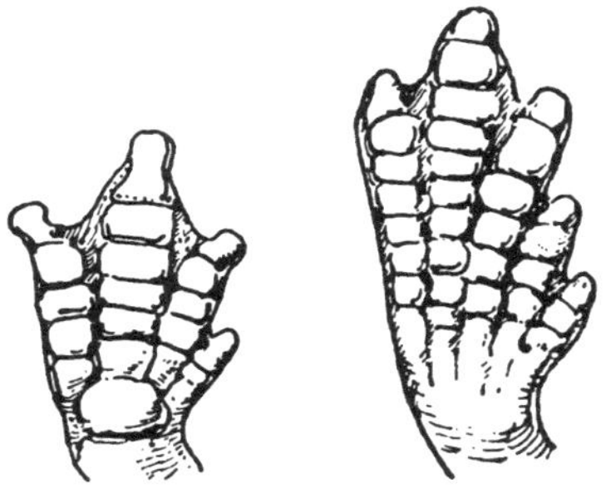

Fig. 202. Fig. 203.
Nectophryne afra.
Fig. 202: Rechter Vorderfuß von unten (stark vergr.); Fig. 203: Rechter Hinterfuß von unten (stark vergr.) (beides nach Boulenger).

Fig. 206. Fig. 207.
Nectophryne parvipalmata.
Fig. 206: Linker Vorderfuß von unten; Fig. 207: Linker Hinterfuß von unten.

2. **N. batesii** Blgr. 1913 *N. b.*, Boulenger in: Ann. nat. Hist., ser. 8 *v.* 12 p. 71 f. (Kopf).

Unterscheidet sich von der vorigen Art durch kürzeren, weniger weit über die Mundspalte vorspringenden und weniger schief abgestutzten Vorderkopf (Fig. 204, 205). Oberseite blaßrötlich bis dunkelbraun, mit 3 oder 4 mehr oder weniger deutlichen, dunklen Flecken auf Kopf und Rücken, von denen einer oft eine Binde in der Sacralregion bildet. Rückenseiten oft heller; eine dunkle Binde in der Zügel- und Schläfenregion. Hinterbeine zuweilen mit unscharfen dunklen Querbinden. L. 25 mm.

Bitye (Süd-Kamerun).

3. **N. parvipalmata** Wern. 1898 *N. p.*, F. Werner in: Verh. Ges. Wien, *v.* 48 p. 201 t. 2 f. 7, 7a (Habitus, Kopf von der Seite).

Vorderkopf schief nach hinten und unten abgestutzt, $1\,^1/_3$ mal so lang wie das Auge, mit deutlich geschweiftem, abgerundetem Canthus rostralis und ziemlich steil laterad abfallender Zügelregion. Nasenlöcher sehr nahe der Vorderkopfspitze. Interorbitalraum doppelt so breit wie ein oberes Augenlid. Trommelfell unsichtbar. 1. Finger erheblich kürzer als der 2.; Schwimmhaut zwischen dem 1. und 2. Finger $^1/_3$, sonst nur $^1/_4$ der Fingerlänge umfassend (Fig. 206). 1.—3. Zehe bis zum letzten, 4. Zehe bis zum drittletzten, 5. Zehe bis zum vorletzten Gliede durch Schwimmhaut verbunden (Fig. 207), 2 sehr undeutliche Metatarsalhöcker vorhanden. Bei nach vorn an den Körper angelegtem Hinterbein reicht das Tibiotarsalgelenk bis zum Augenhinterrand, das Tarsometatarsalgelenk über die Vorderkopfspitze hinaus. Kopf oben mit einigen größeren, Schläfengegend mit zahlreichen, kleineren Warzen, ebenso die Oberseite der Extremitäten, sonst nur rauh. Unterseite der Oberschenkel granuliert. Oben braun, unten gelblich. L. 33 mm.

Kamerun.

4. **N. tornieri** J. Roux 1906 *N. t.*, J. Roux in: P. zool. Soc. London, p. 63 t. 2 f. 4, 4a (Habitus, Kopf von der Seite) | 1911 *N. t.*, P. Krefft in: Zool. Anz., *v.* 37 p. 457 f. 1, 2 (ausgebildete Tiere und Entwicklungsstadien).

Körperform schlank. Kopf mäßig groß, so lang wie breit. Vorderkopf kurz, kaum vorspringend, schräg abgestutzt, so lang wie das Auge, mit deutlichem Canthus rostralis und senkrecht abfallender, in ihrem oberen Teile schwach vertiefter Zügelregion. Interorbitalraum breiter als ein oberes Augenlid; Trommelfell freiliegend, ein senkrechtes Oval, etwa $^1/_3$ so breit wie das Auge. Finger mäßig lang, stark flachgedrückt, an den Spitzen verbreitert und abgestutzt; 1. Finger etwas kürzer als der 2.; Zehen zur Hälfte ihrer Länge durch Schwimmhaut verbunden, doch bleiben die 3 distalen Glieder der 4. Zehe frei; Spitzen der Zehen weniger stark verbreitert als die der Finger; Subarticularhöcker deutlich hervortretend; 2 gut entwickelte Metatarsalhöcker vorhanden, von denen der mediale der größere ist. Bei nach vorn an den Körper angelegtem Hinterbein reicht das Tibiotarsalgelenk bis zum hinteren Augenrand. Haut der Oberseite von Rumpf und Gliedmaßen mit zahlreichen, kleinen, runden, unregelmäßig verteilten Warzen besetzt, von denen die größten hinter dem Trommelfell und auf der Rückenmitte sitzen. Unterseite schwach gekörnelt. Oberseite braun, mit je einem Paar dunkler Flecke in der Schulter- und in der Sacralgegend. Ein dunkler Streifen zieht von der Schnauzenspitze an unter dem Canthus rostralis entlang durch das Auge und oberhalb des Trommelfells zum Mundwinkel; eine breite, dunkle Lateralbinde zieht vom Auge aus an den Flanken nach hinten. Ein heller Fleck auf der Oberlippe unter dem Auge. Zuweilen ist eine gelblichbraune Längslinie in der Rückenmitte vorhanden. Gliedmaßen bräunlich, mit undeutlichen, breiten, dunklen Querbinden. Unterseite einfarbig weiß oder mit einigen wenigen, dunklen Flecken auf Kehle und Bauch. L. 27 mm.

Vivipar. — Die ganze Entwicklung wird in den Oviducten des Muttertieres durchlaufen, und die Jungen (bis zu 34) kommen als fertig ausgebildete Krötchen ohne Schwanz, mit hellen, symmetrisch angeordneten Inselflecken auf dem Rücken und hellen Querbinden auf den Gliedmaßen gezeichnet, in einer Länge von 5,5—6 mm zur Welt.

Deutschostafrika.

5. **N. werthi** Nieden 1910 *N. w.*, Nieden in: SB. Ges. Fr. Berlin, p. 439.

Körper mäßig gedrungen. Kopf etwa so breit wie lang mit gerundetem, kurzem Vorderkopf von gleicher Länge wie der horizontale Augendurchmesser. Canthus rostralis stumpf, in schwach mediad konvexem Bogen verlaufend. Nasenlöcher viel näher bei der Schnauzenspitze als beim Auge. Interorbitalraum beträchtlich breiter als ein oberes Augenlid. Trommelfell sehr klein, rundlich, bei manchen Stücken fast gar nicht zu sehen. Finger und Zehen mäßig schlank, an den Spitzen sehr schwach verbreitert. Finger nur an ihrem Grunde mit einer deutlichen, das ganze erste Glied umfassenden Schwimmhaut; Subarticularhöcker deutlich hervortretend; 2 große, flachrundliche Metatarsalhöcker vorhanden, der mediale größer als der laterale. Bei nach vorn an den Körper angelegtem Hinterbein reicht das Tarsometatarsalgelenk zwischen Auge und Schnauzenspitze. Haut völlig glatt. Färbung meist dunkelbraun, auf dem Kopfe gelblichgrau, zuweilen ein heller Längsstreifen in der Mittellinie des Rückens. Unterseite braun, manchmal hell punktiert. L. bis 28 mm.

Daressalam (Deutschostafrika).

6. **N. gardineri** Blgr. 1911 *N. g.*, Boulenger in: Tr. Linn. Soc. London, ser. 2 *v.* 14 p. 377 f. 2.

Vorderkopf zugespitzt, vorspringend, kaum so lang wie das Auge. Zügelregion senkrecht abfallend. Interorbitalraum breiter als ein oberes Augenlid. Trommelfell unsichtbar. Finger und Zehen kurz, stark flach gedrückt, mit einer Spur von Schwimmhaut, ohne Subarticularhöcker; Fingerspitzen ziemlich plötzlich in eine Spitze auslaufend, Zehenspitzen zu wohl entwickelten, runden Haftscheiben verbreitert; 2 schwach entwickelte Metatarsalhöcker vorhanden. Das Tarsometatarsalgelenk reicht bei nach vorn an den Körper angelegtem Hinterbein bis zur Schnauzenspitze. Kopf und Rücken mehr oder weniger deutlich gekörnelt, ein flacher, runder Höcker auf dem oberen Augenlid, an den sich manchmal noch 4 ähnliche Höcker in einer Längsreihe jederseits auf dem Rücken anschließen. Oben hellbraun, an den Seiten schwärzlich braun, beide Färbungen scharf gegeneinander abgesetzt. Dunkelbraune, manchmal zu einer breiten, die Rückenmitte entlang ziehenden Längsbinde verschmelzende Flecke und Muster können vorhanden sein, ebenso dunkle, schräge Querbinden auf den Gliedmaßen; vereinzelt ein heller Längsstreifen auf dem Rücken. Unterseite gelblich, dunkelbraun gefleckt oder marmoriert. L. 15 mm.

Mahé und Silhouette (Seychellen).

7. **N. tuberculosa** (Gthr.) 1875 *Pedostibes tuberculosus*, Alb. Günther in: P. zool. Soc. London, p. 576 t. 64 f. C | 1882 *Nectophryne tuberculosa*, Boulenger, Cat. Batr. sal. Brit. Mus., ed. 2 p. 280 | 1890 *N. t.*, Boulenger in: Fauna Brit. Ind., Rept. Batr. p. 500 | 1906 *N. t.*, J. Roux in: P. zool. Soc. London, p. 61.

Körperform mäßig schlank. Kopf mäßig groß, Vorderkopf etwas zugespitzt, mit senkrecht abfallender Zügelregion. Interorbitalraum so breit wie ein oberes Augenlid. Trommelfell deutlich, $^1/_3$ so breit wie das Auge. Finger und Zehen mäßig lang, flachgedrückt, an den Spitzen zu breit abgestutzten Scheiben verbreitert, die an den Zehen etwas kleiner sind als an den Fingern; 1. Finger $^1/_2$ so lang wie der 2.; Finger nur an der Basis, Zehen fast in ihrer ganzen Länge durch Schwimmhaut verbunden. Subarticularhöcker klein; 2 kleine, flache Metatarsalhöcker vorhanden, aber keine Tarsalfalte. Bei nach vorn an den Körper angelegtem Hinterbein reicht das Tibiotarsalgelenk bis zum Trommelfell, das Tarsometatarsalgelenk zwischen Auge und Schnauzenspitze. Haut der Oberseite höckerig, die größten Höcker jederseits seitlich auf dem Rücken angeordnet. Oben bräunlichgrau, Seiten dunkler; eine weiße Binde zieht vom Unterrand des Auges zur Achsel; eine andere weiße Längsbinde in der Lumbarregion. Unterseite dunkel gefleckt. L. 33 mm. ♂ mit subgularer Schallblase.

Malabar (Vorderindien).

8. **N. güntheri** Blgr. 1872 *Bufo leptopus* (part.), Alb. Günther in: P. zool. Soc. London, p. 598 | 1882 *Nectophryne güntheri*, Boulenger, Cat. Batr. sal. Brit. Mus., ed. 2 p. 280 t. 18 f. 3 | 1901 *N. exigua*, Boettger in: Abh. Senckenb. Ges., *v.* 25 II p. 394 | 1906 *N. güntheri*, J. Roux in: P. zool. Soc. London, p. 62 | 1912 *N. g.*, Boulenger, Vert. Fauna Malay, Rept. Batr. p. 268.

Körperform schlank. Kopf klein. Vorderkopf schräg abgestutzt, mit senkrecht abfallender Zügelregion. Interorbitalraum breiter als ein oberes Augenlid; Trommelfell deutlich, $^2/_3$—$^3/_4$ so breit wie das Auge. Vorderbeine schlank; Finger mäßig lang, stark flachgedrückt, ihre Spitzen, ebenso wie die der Zehen, breit und abgestutzt. Finger zu $^1/_3$ ihrer Länge durch als Hautsaum bis zu den Fingerspitzen reichende Schwimmhaut verbunden; die ziemlich kurzen Zehen durch bis zu den Zehenspitzen reichende, aber tief ausgerandete Schwimmhaut verbunden; Subarticularhöcker klein; 2 kleine, flache Metatarsalhöcker, aber keine Tarsalfalte vorhanden. Bei nach vorn an den Körper angelegtem Hinterbein reicht das Tibiotarsalgelenk bis zum Auge oder zwischen Auge und Vorderkopfspitze, das Tarsometatarsalgelenk bis zu letzterer oder über diese noch hinaus. Haut mit kleinen Höckern besetzt. Oben olivenbraun, gelb und schwarz gefleckt. Unterseite gelblich, Kehle und Bauch braun oder schwärzlich gefleckt. L. 30 mm.

Malayische Halbinsel, Natuna Inseln, Borneo.

9. **N. hosii** Blgr. 1892 *N. h.*, Boulenger in: P. zool. Soc. London, p. 508 t. 30 f. 2 | 1906 *N. h.*, J. Roux in: P. zool. Soc. London, p. 59 t. 2 f. 1 | 1912 *N. h.*, Boulenger, Vert. Fauna Malay, Rept. Batr. p. 268.

Fig. 208. **Nectophryne hosii** ♂ (nach Boulenger).

Körperform gedrungen (Fig. 208). Kopf oben vertieft; Vorderkopf abgestutzt, mit deutlichem Canthus rostralis und fast senkrecht abfallender, vertiefter Zügelregion. Interorbitalraum zweimal so breit wie ein oberes Augenlid; Trommelfell sehr deutlich, $^1/_2$ so breit wie das Auge. Gliedmaßen ziemlich schlank; Finger mäßig lang, stark flach gedrückt; ihre Spitzen, ebenso wie die etwas schmaleren Spitzen der Zehen breit und abgestutzt; 1. Finger kürzer als der 2.; Finger an der Basis durch Schwimmhaut verbunden, die als Hautsaum bis zu den Fingerspitzen reicht; Zehen ziemlich kurz, fast in ihrer ganzen Länge, außer den 3 letzten Gliedern der 4. Zehe, durch Schwimmhaut verbunden. Subarticularhöcker klein, schwach vorspringend; 2 flache Metatarsalhöcker, von denen der mediale der größere ist, sowie eine Tarsalfalte vorhanden. Bei nach vorn an den Körper angelegtem Hinterbein reicht das Tibiotarsalgelenk bis zum Trommelfell oder Auge, das Tarsometatarsalgelenk bis oder fast bis zur Vorderkopfspitze. Oberseite mit kleinen, verstreuten Warzen; Unterseite fein gekörnelt. Eine kurze aber stark vorspringende Parotoïddrüse hinter dem Auge vorhanden. Färbung des ♂ einfarbig braun mit undeutlichen Flecken oder Querbinden auf den Beinen, oder dunkelbraun mit helleren Flecken, die undeutliche, spärliche Vermikulationen bilden können. Unterseite braun oder weißlich, Kehle dunkelbraun oder schwärzlich. ♀ oben schwarz mit glänzend gelben Flecken oder Vermikulationen, oder grünlich olivenfarben mit glänzendgelben, runden Flecken an den Seiten von Rumpf und Beinen und auf der Unterseite. L. ♂ bis 65, ♀ bis 98 mm.

Malayische Halbinsel, Borneo.

10. **N. misera** Mocq. 1890 *N. m.*, F. Mocquard in: N. Arch. Mus. Paris, ser. 3 *v.* 2 p. 161 t. 11 f. 7, 7a (Habitus, Hinterfuß) | 1906 *N. m.*, J. Roux in: P. zool. Soc. London, p. 59.

Körperform mäßig schlank. Kopf klein, Vorderkopf kurz, so lang wie der Augendurchmesser, schwach winklig, mit deutlichem Canthus rostralis und fast senkrecht abfallender Zügelregion; Interorbitalraum etwas breiter als ein oberes Augenlid; Trommelfell sehr deutlich, fast $^2/_3$ so breit wie das Auge. Finger und Zehen sehr kurz, an den Spitzen kaum merklich verbreitert. Finger stark flachgedrückt, außer dem 3., nur zur Hälfte seiner Länge mit Schwimmhaut versehenen Finger, in ihrer ganzen Länge durch Schwimmhaut verbunden; erster Finger fast verkümmert. An den 3 ersten Zehen reicht die Schwimmhaut bis zur Zehenspitze, an den beiden letzten Zehen nicht ganz so weit (Fig. 209); Subarticularhöcker fehlen; medialer Metatarsalhöcker fehlt, lateraler rundlich, verhältnismäßig groß, wenig vorspringend; keine Tarsalfalte vorhanden. Bei nach vorn an den Körper angelegtem Hinterbein reicht das Tibiotarsalgelenk bis zum Trommelfell oder etwas darüber hinaus. Körper mit Ausnahme der 3 vorderen Viertel der Unterseite, die glatt oder schwach gekörnelt sind, mit warzigen, ungleich großen Höckern besetzt, von denen die größten jederseits auf dem Rücken in einer vom Auge zur Sacralregion ziehenden Reihe angeordnet sind. Oberseite einfarbig mehr oder weniger dunkelolivenbraun; Unterseite etwas heller als die Oberseite, häufig mit einer von den Vorderbeinen bis zu den Hinterbeinen reichenden, schwarzen, weißlichgrau abgesteckten oder geaderten Zone. L. 23 mm.

Fig. 209. **Nectophryne misera.** Linker Hinterfuß (vergr.) (nach F. Mocquard).

Nord-Borneo.

11. **N. maculata** Mocq. 1890 *N. m.*, F. Mocquard in: N. Arch. Mus. Paris, ser. 3 *v.* 2 p. 162 t. 11 f. 8 | 1906 *N. m.*, J. Roux in: P. zool. Soc. London, p. 63.

Körper schlank, mit sehr schlanken und langen Gliedmaßen. Kopf kurz. Vorderkopf schräg nach unten und hinten abgestutzt, so lang wie der Augendurchmesser, mit winkligem Canthus rostralis und senkrecht abfallender Zügelregion. Interorbitalraum so breit wie ein oberes Augenlid. Trommelfell unsichtbar. Finger nur an der Basis, Zehen zu $^2/_3$ ihrer Länge durch Schwimmhaut verbunden; Zehen an der Spitze nicht so stark verbreitert wie die flachgedrückten Finger. Subarticularhöcker kaum sichtbar; Metatarsalhöcker sehr deutlich, der laterale stärker vorspringend als der mediale. Bei nach vorn an den Körper angelegtem Hinterbein reicht das Tibiotarsalgelenk merklich über die Schnauzenspitze hinaus. Ober- und Unterseite stark gekörnelt. Oberseite bräunlichgrau mit kleinen, schwarzen, unregelmäßigen, teils einzeln stehenden, teils zusammenfließenden Flecken, die auf den Gliedmaßen mehr oder weniger deutliche Querbinden bilden. Unterseite etwas heller als die Oberseite. L. 51 mm.

Kina Balu (Nord-Borneo).

12. **N. everetti** Blgr. 1896 *N. E.*, Boulenger in: Ann. nat. Hist., ser. 6 *v.* 17 p. 450 | 1906 *N. e.*, J. Roux in: P. zool. Soc. London, p. 61 t. 2 f. 2, 2a (Habitus, Kopf von der Seite).

Kopf klein, so lang wie breit. Vorderkopf kurz, vorspringend, schräg abgestutzt, mit starkem Canthus rostralis und senkrecht abfallender, vertiefter Zügelregion. Interorbitalraum breiter als ein oberes Augenlid. Trommelfell mehr oder weniger deutlich, $^1/_3$ so breit wie das Auge. Vorderbeine sehr schlank, fast so lang wie die Entfernung vom Auge bis zum After. Finger schlank, an der Spitze schwach verbreitert und abgestutzt, nur an der Basis durch Schwimmhaut verbunden; 1. Finger $^2/_3$ so lang wie der 2.; Zehen fast in ihrer ganzen Länge durch Schwimmhaut verbunden, an der Spitze kaum verbreitert; 2 sehr undeutliche Metatarsalhöcker vorhanden. Bei nach vorn an den Körper angelegtem Hinterbein reicht das Tibiotarsalgelenk höchstens bis zum Auge. Oberseite mit verstreuten kleinen, hornigen Höckern besetzt, Unterseite glatt. Oben olivengrün, mit großen rötlichbraunen, schwarz gerandeten Inselflecken; Beine mit rötlichbraunen Querbinden. Oberlippe senkrecht rötlichbraun gebändert. Unterseite schmutzig weiß, Kehle und Brust grau marmoriert. L. 33 mm.

Borneo.

13. **N. macrotis** Blgr. 1895 *N. m.*, Boulenger in: Ann. nat. Hist., ser. 6 *v.* 16 p. 171 | 1906 *N. m.*, J. Roux in: P. zool. Soc. London, p. 63 t. 2 f. 3, 3a (Habitus, Kopf von der Seite).

Kopf klein, etwas länger als breit. Vorderkopf kurz, vorspringend, schräg abgestutzt, mit starkem Canthus rostralis und senkrecht abfallender, vertiefter Zügelregion; Interorbitalraum breiter als ein oberes Augenlid; Trommelfell sehr deutlich, so groß wie das Auge und dicht bei diesem (Fig. 210). Vorderbeine sehr schlank, so lang wie die Entfernung des Auges vom After. Finger mäßig lang, an der Basis durch Schwimmhaut verbunden, an der Spitze verbreitert und abgestutzt. 1. Finger sehr kurz, $^1/_2$ so lang wie der 2.; Zehen zu $^3/_4$ ihrer Länge durch Schwimmhaut verbunden, an der Spitze weniger stark verbreitert als die Finger; ein flacher, medialer Metatarsalhöcker vorhanden. Bei nach vorn an den Körper angelegtem Hinterbein reicht das Tibiotarsalgelenk bis zum Augenhinterrand. Oberseite mit verstreuten, kleinen, ungleich großen Warzen besetzt; Unterseite gekörnelt. Oben

Fig. 210.
Nectophryne macrotis.
Kopf von der Seite ($^4/_1$)
(nach J. Roux).

olivenfarbig, schwarz gefleckt, einige Warzen rot hervortretend. Beine mit schwarzen Querbinden. Unterseite gelblich, stark schwarz gefleckt. L. 28 mm.

Akar Fluß (Nord-Borneo).

14. **N. signata** Blgr. 1894 *N. s.*, Boulenger in: P. zool. Soc. London, p. 645 t. 40 f. 1 | 1906 *N. s.*, J. Roux in: P. zool. Soc. London, p. 63.

Körperform schlank. Vorderkopf vorspringend, schräg abgestutzt, mit senkrecht abfallender Zügelregion; Interorbitalraum breiter als ein oberes Augenlid; Trommelfell sehr deutlich, $^2/_3$ so breit wie das Auge. Vorderbeine sehr schlank, so lang wie die Entfernung des Auges vom After. Finger mäßig lang, an der Basis durch Schwimmhaut verbunden, an der Spitze verbreitert und abgestutzt; 1. Finger sehr kurz, $^1/_2$ so lang wie der 2.; Zehen zu $^3/_4$ ihrer Länge durch Schwimmhaut verbunden, an der Spitze weniger verbreitert als die Finger; 2 kleine Metatarsalhöcker vorhanden. Bei nach vorn an den Körper angelegtem Hinterbein reicht das Tibiotarsalgelenk bis zur Vorderkopfspitze. Oberseite mit kleinen, verstreuten, ungleich großen Warzen besetzt; Bauch gekörnelt. Oben olivenfarben, auf dem Rücken mit schwarzen, eine helle X-förmige Zeichnung umgebenden Flecken. Gliedmaßen gelblich, schwarz gebändert. Unterseite weißlich, schwarz gefleckt. L. 15 mm.

Robong-Berge (Niederländisch-Borneo).

15. **N. borbonica** (Kuhl & Hasselt) 1827 *Hylaplesia b.*, Kuhl & Hasselt MS in: Schlegel in: Isis, *v.* 20 p. 294 | 1838 *H. b.*, Tschudi, Classif. Batr., p. 28, 70 | 1863 *H. b.*, Peters in: Monber. Ak. Berlin, p. 81 | 1882 *Bufo borbonicus* (part.), Boulenger, Cat. Batr. sal. Brit. Mus., ed. 2 p. 286 | 1883 *B. b.*, Horst in: Not. Leyden Mus., *v.* 5 p. 236 | 1910 *Nectophryne sumatrana*, Kampen in: Natuurk. Tijdschr. Nederl. Ind., *v.* 69 p. 19 t. 1 f. 1 | 1912 *N. borbonica*, Kampen in: Not. Leyden Mus., *v.* 34 p. 76 | 1912 *Bufo borbonicus*, Barbour in: Mem. Mus. Harvard, *v.* 44 p. 74 t. 8 f. 33.

Kopf fast so breit wie lang. Vorderkopf vorspringend, so lang wie das Auge oder etwas kürzer, mit scharfem Canthus rostralis und senkrecht abfallender, vertiefter Zügelregion; Interorbitalraum so breit wie ein oberes Augenlid; Trommelfell nicht sehr deutlich, ein senkrechtes Oval, $^1/_2$ so breit wie das Auge. Vorderbein so lang wie die Entfernung des Afters vom Auge; Finger schlank und nur an der Basis durch eine kurze Schwimmhaut verbunden; Spitzen der Finger wenig, die der Zehen etwas mehr verbreitert; 1. Finger kürzer als der 2.; Zehen schlank, durch kurze Schwimmhaut verbunden, an der 1. und 2. Zehe bleiben das letzte, an der 3. Zehe die 2 letzten, an der 4. Zehe $3^1/_2$ und an der 5. Zehe $2^1/_2$ Glieder frei von Schwimmhaut; Subarticularhöcker groß; 2 etwa gleich große, deutliche Metatarsalhöcker vorhanden, sowie eine schwache Tarsalfalte. Bei nach vorn an den Körper angelegtem Hinterbein reicht das Tibiotarsalgelenk über die Vorderkopfspitze hinaus. Haut der Oberseite mehr oder weniger gekörnelt. Parotoïden vorhanden, wenig vorspringend, häufig in 2 oder 3 Teile gesondert, nach hinten sich in eine schwache, von einigen länglichen, schmalen Warzen gebildete Längsleiste an den Körperseiten fortsetzend, unter der jederseits größere rundliche Warzen liegen. Oben und an den Seiten schwärzlichbraun, mit dunklen, teilweise X-förmigen und hell gerandeten Flecken auf Kopf und Rücken. Beine mit dunklen Querbinden. Rückenleisten zuweilen weißlich hervortretend. Vorderseite der Oberschenkel schwarz getüpfelt, ihre Unterseite im Leben hellrot. Unterseite gelblich, aber Kehle und vordere Hälfte des Bauches dunkel. L. 37 mm.

Java, Sumatra.

5. Gen. **Pseudobufo** Tschudi

1838 *Pseudobufo,* Tschudi, Classif. Batr., p. 87 | 1865 *Nectes,* E. D. Cope in: Nat. Hist. Rev., p. 103 | 1882 *N.*, Boulenger, Cat. Batr. sal. Brit. Mus., ed. 2 p. 327 | 1914 *Pseudobufo,* Nieden in: SB. Ges. Fr. Berlin, p. 369.

Pupille horizontal. Zunge elliptisch, ganzrandig, hinten frei abhebbar. Gaumenzähne fehlen. Nasenlöcher dorsad gerichtet (Fig. 211). Trommelfell deutlich. Finger- und Zehenspitzen nicht verbreitert, mit einfachen, knöchernen Endphalangen. Finger mit oder ohne, Zehen stets mit, nicht zwischen die Metatarsen der 4. und 5. Zehe eingreifender Schwimmhaut versehen. Omosternum fehlt, Sternum eine knorpelige, längs ihrer Mittellinie verknöcherte Platte. Querfortsätze des Sacralwirbels ziemlich stark verbreitert.

2 Arten im Malayischen Archipel.

Bestimmungstabelle der Arten:

1	Finger ohne Schwimmhaut oder nur an ihrer Basis mit solcher versehen	1. **P. subasper**
	Finger fast zur Hälfte ihrer Länge durch Schwimmhaut verbunden	2. **P. werneri**

1. **P. subasper** Tsch. 1838 *P. s.*, Tschudi, Classif. Batr., p. 87 | 1857 *Nectes pleurotaenia,* Bleeker in: Natuurk. Tijdschr. Nederl. Ind., ser. 3 *v.* 3 p. 475 (descr. nulla) | 1865 *N. subasper,* E. D. Cope in: Nat. Hist. Rev., p. 103 | 1882 *N. s.*, Boulenger, Cat. Batr. sal. Brit. Mus., ed. 2 p. 327 ff. (Kopf) | 1885 *N. pleurotaenia,* J. G. Fischer in: Arch. Naturg., *v.* 51 I p. 47 | 1893 *N. p.*, O. Boettger in: Mt. Geogr. Ges. Lübeck, ser. 2 *v.* 5, 6 p. 88 | 1900 *N. sumatranus,* F. Werner in: Zool. Jahrb., Syst. *v.* 13 p. 497 t. 35 f. 9 |

Fig. 211. Pseudobufo subasper.

1904 *N. s.*, Isenschmid in: Mt. Ges. Bern, Abh. p. 82 | 1905 *N. pleurotaenia*, Kampen in: Zool. Jahrb., Syst. *v.* 22 p. 711 | 1912 *N. subasper*, Boulenger, Vert. Fauna Malay, Rept. Batr. p. 275 | 1914 *Pseudobufo s.*, Nieden in: SB. Ges. Fr. Berlin, p. 370.

Kopf ziemlich klein, mit vorspringendem, schräg abgestutztem Vorderkopf; Zügelregion fast senkrecht abfallend. Nasenlöcher klein, klappenartig, dicht nebeneinander auf der Oberseite des Vorderkopfes, fast an deren Spitze (Fig. 211). Oberes Augenlid ziemlich schmal; Interorbitalraum breit; Trommelfell mehr oder weniger deutlich, $^2/_3$—$^3/_4$ so breit wie das Auge und dicht hinter diesem. Finger ziemlich schlank, stumpf oder zugespitzt, frei oder nur an ihrer Basis durch Schwimmhaut verbunden; 1. Finger kürzer als der 2.; Zehen bis zu ihren äußersten, spitzen Enden durch sehr breite, dicke Schwimmhaut verbunden. Subarticularhöcker fehlen; 2 sehr undeutliche, flache Metatarsalhöcker und eine ziemlich undeutliche Tarsalfalte vorhanden. Bei nach vorn an den Körper angelegtem Hinterbein reicht das Tarsometatarsalgelenk bis zwischen Schulter und Auge, seltener bis zur Schnauzenspitze. Oberseite dicht mit glatten, runden, verschieden großen Warzen besetzt, von denen die größeren deutliche Drüsenporen zeigen; Flanken und Unterseite gekörnelt. Oben dunkelbraun oder schwärzlich, mit oder ohne eine mehr oder weniger deutliche, weißliche oder gelbliche Binde längs den Flanken und auf der Oberseite von Schenkel und Metatarsus; zuweilen ist ein hellbrauner Längsstreifen in der Rückenmitte vorhanden. Unterseite bräunlich weiß, mit oder ohne kleine dunkle Punkte. L. bis 150 mm.

♂ mit grauer Kehle und großer, subgularer Schallblase.

Java, Borneo, Sumatra, Selangor.

2. **P. werneri** (Kamp.) 1900 *Nectes subasper* (non Tschudi 1838), F. Werner in: Zool. Jahrb., Syst. *v.* 13 p. 497 t. 35 f. 9 | 1905 *N. werneri*, Kampen in: Zool. Jahrb., Syst. *v.* 22 p. 711 | 1914 *Pseudobufo w.*, Nieden in: SB. Ges. Fr. Berlin, p. 370.

Unterscheidet sich von der vorigen Art durch die kurzen, fast zur Hälfte ihrer Länge durch Schwimmhaut verbundenen Finger, die kräftigeren Gliedmaßen, von denen die hinteren mit dem Oberschenkel nur wenig aus der Rumpfhaut hervorragen, und durch die flacheren, nur auf Kopf und Beinen halbkugelig hervortretenden, Warzen. L. ?

Sumatra.

6. Gen. **Ophryophryne** Boulenger

1903 *O.*, Boulenger in: Ann. nat. Hist., ser. 7 *v.* 12 p. 186.

Pupille horizontal, Zunge birnförmig, völlig angeheftet, ganzrandig, hinten verdickt und becherförmig gestaltet. Gaumenzähne fehlen. Trommelfell deutlich. Finger frei, Zehen fast frei von Schwimmhaut, an den Spitzen nicht verbreitert. Schwimmhaut nicht zwischen die Metatarsen der 4. und 5. Zehe eingreifend. Omosternum knorpelig, Sternum mit einem schmalen, knöchernen Stiel. Querfortsätze des Sacralwirbels sehr stark verbreitert. Os coccygis mit dem Sacralwirbel durch einen Gelenkhöcker verbunden.

1 Art in Hinterindien.

1. **O. microstoma** Blgr. 1903 *O. m.*, Boulenger in: Ann. nat. Hist., ser. 7 *v.* 12 p. 187.

Kopf klein, Vorderkopf sehr kurz, schräg abgestutzt, beträchtlich über die Mundspalte vorspringend; Canthus rostralis deutlich; Zügelregion senkrecht abfallend; Interorbitalraum so breit wie ein oberes Augenlid; am freien

Rande des letzteren ein hornartiger, häutiger Anhang; Auge ziemlich klein, etwas größer als das sehr deutliche Trommelfell. Gliedmaßen schlank; Finger und Zehen mit schwach verdickten Spitzen, ohne Subarticularhöcker; 1. Finger nicht ganz so weit reichend wie der 2.; Hand- und Fußsohlenhöcker undeutlich. Bei nach vorn an den Körper angelegtem Hinterbein reicht das Tibiotarsalgelenk bis zur Schulter oder zum Trommelfell. Haut mit kleinen Warzen besetzt; Oberseite mit feinen, symmetrischen Drüsenlinien, die auf Kopf- und Vorderrücken zwei V und auf dem Hinterrücken ein H bilden. Grau, mit dunkler, symmetrischer Zeichnung und mit schwarzen Flecken an Rumpfseiten und Gliedmaßen; eine weiße Warze jederseits auf der Brust. L. 55 mm.

Man-Son-Gebirge (Tonkin) in 900—1200 m Höhe.

7. Gen. **Notaden** Günther

1873 *N.*, Alb. Günther in: Ann. nat. Hist., ser. 4 *v.* 11 p. 349 | 1882 *N.*, Boulenger, Cat. Batr. sal. Brit. Mus., ed. 2 p. 328.

Pupille horizontal. Zunge kreisrund, ganzrandig, hinten frei. Gaumenzähne vorhanden; je eine Hautleiste zwischen und vor den Choanen vorhanden. Trommelfell unsichtbar. Finger ohne, Zehen mit, nicht zwischen die Metatarsen der 4. und 5. Zehe eingreifenden Schwimmhaut (Fig. 212); Finger- und Zehenspitzen nicht verbreitert, mit einfachen, knöchernen Endphalangen. Omosternum und Sternum knorpelig, verkümmert. Querfortsätze des Sacralwirbels mäßig stark verbreitert.

1 Art in Australien.

1. **N. bennetti** Gthr. 1873 *N. b.*, Alb. Günther in: Ann. nat. Hist., ser. 4 *v.* 11 p. 350 | 1882 *N. b.*, Boulenger, Cat. Batr. sal. Brit. Mus., ed. 2 p. 328 t. 22 f. 3 | 1913 *N. b.*, L. G. Andersson in: Svenska Ak. Handl., *v.* 52 nr. 4 p. 20.

Körperform überaus gedrungen (Fig. 212). Kopf sehr kurz und hoch; Mundspalte nach hinten nicht über die Augenmitte hinausragend; Zwei kleine Knochenvorsprünge liegen dicht beieinander hinter der Verbindungslinie der Choanen. Augen mäßig groß, kaum vorspringend; Interorbitalraum so breit wie ein oberes Augenlid. Beine kurz und plump; Finger und Zehen kurz, abgeplattet, erstere mit wenig deutlichen, letztere mit ganz undeutlichen Subarticularhöckern; 1. und 2. Finger gleich lang; ein großer, schaufelförmiger, medialer, aber kein lateraler Metatarsalhöcker vorhanden. Haut des Rückens sehr dick und reich an Drüsen; Oberseite mit flachen Warzen besetzt. Oben hell olivenfarbig, mit einer breiten, kreuzförmigen, schwärzlichen Zeichnung auf dem Rücken. Flanken und Beine schwärzlich, weiß gefleckt. Unterseite weißlich, Kehle mit verstreuten, schwarzen Flecken. L. 44 mm.

Fig. 212. Notaden bennetti (nach Boulenger).

Australien.

8. Gen. **Eupemphix** Steindachner

1863 *E.*, Steindachner in: SB. Ak. Wien, *v.* 48 p. 188 | 1864 *E.* (part.), Steindachner in: Verh. Ges. Wien, *v.* 14 p. 271 | 1864 *Paludicola* (non Wagler 1830), E. D. Cope in: P. Ac. Philad., p. 180 | 1872 *Engystomops*, Espada in: An. Soc. Españ., *v.* 1 p. 86 | 1873 *Microphryne*, Peters in: Monber. Ak. Berlin, p. 616 | 1875 *Engystomops* + *Peralaimos*, Espada in: Vert. Viaje Pacif., Batr. p. 159, 163 | 1882 *Engystomops*, Boulenger, Cat. Batr. sal. Brit. Mus., ed. 2 p. 275 | 1885 *Eupemphix*, O. Boettger in: Z. Naturw., ser. 4 *v.* 4 p. 436 | 1888 *E.*, Boulenger in: Ann. nat. Hist., ser. 6 *v.* 1 p. 188.

Pupille horizontal. Zunge elliptisch, ganzrandig, hinten frei abhebbar. Gaumenzähne fehlen. Trommelfell deutlich sichtbar oder unsichtbar. Finger völlig, Zehen meist auch völlig oder fast völlig frei von Schwimmhaut, letztere nicht zwischen die Metatarsen der 4. und 5. Zehe eingreifend. Finger und Zehenspitzen mehr oder weniger schwach verdickt, mit einfachen oder ankerförmigen (Fig. 213) knöchernen Endphalangen. Omosternum knorpelig, Sternum mit knöchernem Stiel. Querfortsätze des Sacralwirbels mäßig stark verbreitert.

Fig. 213. **Eupemphix petersi.** Knöcherne Endphalange (nach Espada).

7 Arten in Zentral- und Südamerika.

Bestimmungstabelle der Arten:

1	Kein Höcker in der Mitte des medialen Tarsusrandes vorhanden, Haut glatt — 2	
	Ein kegelförmiger Tarsalhöcker in der Mitte des medialen Tarsusrandes vorhanden (Fig. 215). Oberseite warzig — 4	
2	Eine große, ovale Lumbardrüse jederseits in der Weichenregion vorhanden (Fig. 214); bei nach vorn an den Körper angelegtem Hinterbein reicht das Tibiotarsalgelenk mindestens bis zur Schulter — 3	
	Keine Lumbardrüse vorhanden: bei nach vorn an den Körper angelegtem Hinterbein reicht das Tarsometatarsalgelenk bis zur Schulter	6. **E. gadovii**
3	Metatarsalhöcker groß, schaufelförmig (Fig. 214)	1. **E. nattereri**
	Metatarsalhöcker klein, stumpf	2. **E. nana**
4	Bei nach vorn an den Körper angelegtem Hinterbein reicht das Tarsometatarsalgelenk:	
	nicht bis zur Vorderkopfspitze, Trommelfell unsichtbar	5. **E. pustulosa**
	mindestens bis zur Vorderkopfspitze, oder über diese hinaus, Trommelfell meist mehr oder weniger deutlich sichtbar — 5	
5	1. Finger den 2. überragend, Trommelfell mehr oder weniger deutlich, ¾ so breit wie das Auge	4. **E. stentor**
	1. Finger den 2. nicht überragend oder sogar kürzer als der 2. — 6	
6	Trommelfell sehr deutlich, ½ so breit wie das Auge	3. **E. petersi**
	Trommelfell kaum sichtbar	7. **E. trinitatis**

1. **E. nattereri** Stnd. 1863 *E. N.*, Steindachner in: SB. Ak. Wien, *v.* 48 p. 189 t. 1 f. 6—9 (Habitus, Zunge, Vorderfuß) | 1864 *E. N.* + *E. marmoratus*, Fitzinger (MS) in: Steindachner in: Verh. Ges. Wien, *v.* 14 p. 271 | 1882 *Cystignathidarum sp.* (et gen. nov?), Friedr. Müller in: Verh. Ges. Basel, *v.* 7 p. 132 | 1882 *Eupemphix nattereri*, Boulenger, Cat. Batr. sal. Brit. Mus., ed. 2 p. 233 | 1885 *Paludicola edentula*, O. Boettger in: Z. Naturw., ser. 4 *v.* 4 p. 243, 436 | 1904 *Eupemphix nattereri*, Méhely in: Ann. Mus. Hungar., *v.* 2 p. 216 t. 13 f. 8, 9 (Habitus, Sternum).

Körper sehr gedrungen (Fig. 214). Kopf kurz, Vorderkopf vorspringend, mit vertiefter Zügelregion. Interorbitalraum breiter als ein oberes Augenlid. 1. Finger kürzer als der 2.; nur die 3. und 4. Zehe mit einem schmalen Saume von Schwimmhaut; Subarticularhöcker stark hervortretend. Metatarsalhöcker gut entwickelt, schaufelförmig, der mediale fast doppelt so hoch wie der laterale. Haut glatt; Oberschenkel in seiner proximalen Hälfte auf der Unterseite granuliert. Eine gut entwickelte Lumbardrüse jederseits in der Weichenregion vorhanden. Oberseite auf schwärzlich violettem oder grauem oder rosafarbenem Grunde mit schwarzen, nicht selten hell gesäumten Flecken, Binden, Punkten, die zuweilen eine unregelmäßige, netzförmige Zeichnung oder Marmorierung hervorrufen (wie z. B. in Fig. 214). Vom hinteren Augenrande läuft stets ein schmaler, dunkler Streifen zur Armwurzel herab. Lumbardrüse mit einem sehr großen und mehreren kleinen, tiefschwarzen Flecken auf hellem Grunde. Gliedmaßen auf der Oberseite quer gebändert. Unterseite weißlich, braun marmoriert. Kehle beim ♂ dunkelgrau, beim ♀ hellgelblichbraun. L. 43 mm.

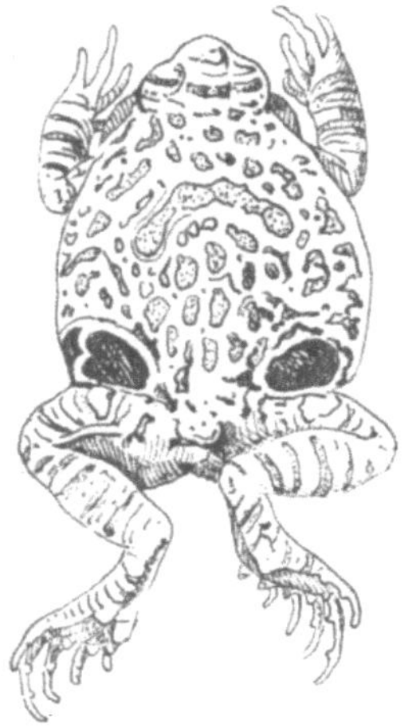

Fig. 214.
Eupemphix nattereri (nach Steindachner).

Brasilien, Paraguay.

2. **E. nana** Blgr. 1888 *E. n*, Boulenger in: Ann. nat. Hist., ser. 6 *v.* 1 p. 187.

Vorderkopf sehr wenig vorspringend. Interorbitalraum breiter als ein oberes Augenlid. Trommelfell kaum sichtbar. Finger und Zehen mäßig lang; 1. Finger den 2. nicht überragend; Zehen ganz ohne Schwimmhaut und ohne Hautsaum, mit stumpfen Spitzen; 2 sehr kleine, ovale, stumpfe Metatarsalhöcker vorhanden, aber keine Tarsalfalte und kein Tarsalhöcker. Bei nach vorn an den Körper angelegtem Hinterbein reicht das Tibiotarsalgelenk bis zum Trommelfell, oder Auge. Haut glatt, ohne Parotoïden (s. oben p. 2), aber mit einer flachen, ovalen Lumbardrüse. Oben grau, mit symmetrischen, dunklen Zeichnungen in Gestalt eines Y zwischen den Augen einer ⩚-förmigen Zeichnung auf dem Rücken. Gliedmaßen mit dunklen Querbinden; ein tief schwarzer, rosagerandeter Augenfleck auf der Lumbardrüse; eine schwarze Binde auf den Schläfen und eine Reihe schwarzer Flecke am Lateralrande der Beine. Unterseite schmutzig weiß, Kehle, beim ♂ auch der Bauch, dicht braun marmoriert. L. 18 mm.

♂ mit subgularer Schallblase und braunen Brunstschwielen auf der Medialseite des 1. Fingers.

Lages (St. Catharina, Brasilien).

3. **E. petersi** (Espada) 1872 *Engystomops P.*, Espada in: An. Soc. Españ., *v.* 1 p. 86 | 1875 *E. P.*, Espada in: Vert. Viaje Pacif., Batr. p. 160 t. 2 f. 3, 3a—d (Habitus, Zunge, Vorderfuß, Skeletteile) | 1882 *E. petersii*, Boulenger, Cat. Batr. sal. Brit. Mus., ed. 2 p. 276.

Kopf sehr klein, Vorderkopf vorspringend; Trommelfell sehr deutlich, $^1/_2$ so breit wie das Auge. Finger schlank; 1. Finger kürzer als der 2; Zehen schlank, durch eine Spur von Schwimmhaut verbunden. Finger und Zehenspitzen verdickt, mit ankerförmigen knöchernen Endphalangen (Fig. 213). Subarticularhöcker stark vorspringend; 2 kleine Metatarsalhöcker und ein kegelförmiger Tarsalhöcker in der Mitte des medialen Tarsusrandes vorhanden. Bei nach vorn an den Körper angelegtem Hinterbein reicht das Tibiotarsalgelenk bis zum vorderen Augenrand. Oberseite mit glatten, flachen Warzen besetzt; eine flache Parotoïddrüse (s. oben p. 2) vorhanden. Die ganze

Oberseite von Kopf und Rumpf ist dunkelrötlichbraun, in der Inguinalregion und auf dem Bauche heller und große, runde, mit den dort befindlichen Drüsenfeldern zusammenfallende, bis zur Brust reichende Flecke bildend. Lenden und Unterseite der Unterschenkel auf hochrotem oder fleischfarbenem Grunde symmetrisch marmoriert; Arme unten braun, Achselhöhlen weiß; Gliedmaßen oben mit dunklen Querbinden. Kehle und Brust heller braun als die allgemeine Grundfarbe. L. 33 mm.

Archidona (Ecuador).

4. **E. stentor** (Espada) 1872 *Bufo s.*, Espada in: An. Soc. Españ., *v.* 1 p. 85 | 1875 *Peralaimos s.*, Espada in: Vert. Viaje Pacif., Batr. p. 163 t. 2 f. 4, 4a, b (Habitus, Zunge, Schultergürtel) | 1882 *Engystomops s.*, Boulenger, Cat. Batr. sal. Brit. Mus., ed. 2 p. 276 | 1888 *Eupemphix s.*, Boulenger in: Ann. nat. Hist., ser. 6 *v.* 1 p. 188.

Kopf klein, Vorderkopf vorspringend. Interorbitalraum so breit wie ein oberes Augenlid. Trommelfell mehr oder weniger deutlich, $^3/_4$ so breit wie das Auge. Finger schlank, der 1. Finger überragt den 2.; Zehen schlank, durch eine Spur von Schwimmhaut verbunden. Finger- und Zehenspitzen verdickt; Subarticularhöcker stark vorspringend; 2 kleine Metatarsalhöcker, sowie ein kegelförmiger Tarsalhöcker in der Mitte des medialen Tarsusrandes vorhanden. Bei nach vorn an den Körper angelegtem Hinterbein reicht das Tibiotarsalgelenk bis zum Auge. Oberseite mit kleinen Warzen besetzt; eine flache, mehr oder weniger deutliche Parotoïddrüse (s. oben p. 2) vorhanden. Unterseite, außer unter den Schenkeln, glatt. Oben schwärzlichbraun, die Warzen heller hervortretend. Gliedmaßen mit einigen braunen Querbinden. Bauch und Unterseite der Gliedmaßen schwärzlichbraun marmoriert. Kehle und Brust braun, mit einer hellen Längslinie in ihrer Mitte. L. 31 mm.
♂ mit großer, subgularer Schallblase.

Taboga-Insel (Panama), Ecuador.

5. **E. pustulosa** (Cope) 1864 *Paludicola p.*, E. D. Cope in: P. Ac. Philad., p. 180 | 1873 *Bufo (Microphryne) p.*, Peters in: Monber. Ak. Berlin, p. 616 | 1882 *B. (M.) pustulosus*, P. Brocchi in: Miss. Mex., pars 3 II p. 86 t. 8 f. 1, 1a—d (Habitus, Kopf, Füße) | 1882 *Engystomops p.*, Boulenger, Cat. Batr. sal. Brit. Mus., ed. 2 p. 275 | 1888 *Eupemphix pustulosa*, Boulenger in: Ann. nat. Hist., ser. 6 *v.* 1 p. 188 | 1901 *Engystomops pustulosus*, Alb. Günther in: Biol. Centr.-Amer., Rept. & Batr. p. 242.

Kopf klein, Vorderkopf vorspringend. Interorbitalraum nicht ganz so breit wie ein oberes Augenlid. Trommelfell unsichtbar. Finger schlank; 1. Finger den 2. nicht überragend; Zehen mäßig lang, völlig frei von Schwimmhaut. Finger- und Zehenspitzen schwach verdickt; Subarticularhöcker stark vorspringend; 2 kleine Metatarsalhöcker sowie ein kegelförmiger Tarsalhöcker in der Mitte des medialen Tarsusrandes vorhanden (Fig. 215). Bei nach vorn an den Körper angelegtem Hinterbein reicht das Tibiotarsalgelenk bis zur Mitte zwischen Schulter und Auge. Oberseite mit länglichen Warzen besetzt, Parotoïden (s. oben p. 2) nicht oder nur sehr undeutlich hervortretend. Unterseite, außer unter den Schenkeln, glatt. Oben grauolivenfarben, mit dunkler Zeichnung; Gliedmaßen quer gebändert. Bauch schwärzlich gefleckt; Kehle und Brust grau, mit einer hellen Längslinie in ihrer Mitte. L. 31 mm.
♂ mit großer, subgularer Schallblase.

Fig. 215.
Eupemphix pustulosa. Linker Hinterfuß von unten (nach P. Brocchi).

Mexiko bis Venezuela.

6. **E. gadovii** Blgr. 1903 *E. G.*, Boulenger in: Ann. nat. Hist., ser. 7 *v.* 12 p. 552.

Vorderkopf schräg abgestutzt, stark über die Mundspalte vorspringend, mit stumpfem Canthus rostralis und fast senkrecht abfallender Zügelregion; Interorbitalraum breiter als ein oberes Augenlid; Trommelfell unsichtbar. Finger und Zehen ziemlich kurz, stumpf; 1. Finger kürzer als der 2.; Zehen frei von Schwimmhaut; Subarticularhöcker mäßig groß; medialer Metatarsalhöcker ziemlich groß, oval, vorspringend, der laterale rund und flach; kein Tarsalhöcker vorhanden. Bei nach vorn an den Körper angelegtem Hinterbein reicht das Tarsometatarsalgelenk bis zur Schulter. Haut glatt. Oben schwärzlichbraun, mit einer silberweißen Längslinie in der Rückenmitte und einer gewellten, weißlichen Binde jederseits vom Auge bis zu den Weichen. Unterseite weiß, weißlich gefleckt oder marmoriert. L. 11 mm.

Tehuantepec (Mexiko).

7. **E. trinitatis** Blgr. 1889 *E. t.*, Boulenger in: Ann. nat. Hist., ser. 6 *v.* 3 p. 307 | 1899 *Bufo atrigularis*, F. Werner in: Verh. Ges. Wien, *v.* 49 p. 482.

Kopf klein, Vorderkopf vorspringend, viel kürzer als der Augendurchmesser, mit senkrecht abfallender Zügelregion; Interorbitalraum etwas breiter als ein oberes Augenlid; Trommelfell kaum sichtbar. Finger schlank, mit schwach verdickten Spitzen; 1. Finger so lang wie der 2. oder etwas kürzer; Zehen mäßig lang, frei von Schwimmhaut; Subarticularhöcker stark vorspringend. 2 ovale Metatarsalhöcker, sowie ein kleiner Höcker in der Mitte des medialen Tarsusrandes vorhanden. Bei nach vorn an den Körper angelegtem Hinterbein reicht das Tarsometatarsalgelenk bis zur Vorderkopfspitze oder etwas darüber hinaus, das Tibiotarsalgelenk bis zum Auge oder Hinterrand des Trommelfells. Oberseite warzig, die Warzen manchmal verschmelzend zu 4—6 Längsfalten, von denen je eine von jedem Nasenloch dicht neben der Medianlinie bis zur Schultergegend zieht, je eine andere von jedem Augenlid bis fast zum Hinterende des Körpers, und je eine kürzere, in kleine Stücke aufgelöste, sich an jeder Körperseite befindet. Eine wohlentwickelte, dreieckige Parotoïddrüse, laterad weit herabreichend, jederseits vorhanden, aber keine Lumbardrüsen. Unterseite gekörnelt. Oben olivengrau, Kopf und Flanken manchmal heller. Die 4 mittleren Falten (nach F. Werner) weißgrau, schwärzlich eingefaßt, hinten dunkel. Oberlippe mit 2 oder 3 senkrechten, dunklen Binden. Unterseite schwarzbraun, im vorderen Teile mit einem weißen Mittelstrich, Bauch weißlich, mit kleinen, braunen Flecken. Gliedmaßen mit dunklen Querbinden. L. 30 mm.

♂ mit großer, äußerer Schallblase jederseits und braunen Brunstschwielen auf den ersten Fingern.

Insel Trinidad.

9. Gen. **Scutiger** Theobald

1868 *S.*, Theobald in: J. Asiat. Soc. Bengal, *v.* 37 p. 83 | 1882 *Bufo* (part.), Boulenger, Cat. Batr. sal. Brit. Mus., ed. 2 p. 281 | 1887 *Cophophryne*, Boulenger in: Ann. nat. Hist., ser. 5 *v.* 20 p. 406 | 1914 *Scutiger*, Nieden in: SB. Ges. Fr. Berlin, p. 370.

Pupille senkrecht. Zunge elliptisch, hinten frei und sehr wenig eingeschnitten. Gaumenzähne fehlen. Trommelfell fehlt. Tubae Eustachii äußerst klein, kaum wahrnehmbar. Finger frei, Zehen fast frei von Schwimmhaut, an den Spitzen nicht verbreitert. Schwimmhaut nicht zwischen die Metatarsen der 4. und 5. Zehe eingreifend. Ein knorpeliges Omosternum vorhanden; Sternum mit schmalem, knöchernem Stiel. Querfortsätze des Sacralwirbels sehr stark verbreitert; Os coccygis durch einen Gelenkhöcker mit dem Sacralhöcker verbunden.

1 Art in Südasien.

1. **S. sikkimensis** (Blyth) 1855 *Bombinator s.*, Blyth in: J. Asiat. Soc. Bengal, *v.* 23 p. 300 | 1868 *Scutiger s.*, Theobald in: J. Asiat. Soc. Bengal, *v.* 37 p. 83 | 1871 *Bufo s.*, John Anderson in: P. zool. Soc. London, p. 204 | 1882 *B. s.* (part.), Boulenger, Cat. Batr. sal. Brit. Mus., ed. 2 p. 305 | 1887 *Cophophryne s.*, Boulenger in: Ann. nat. Hist., ser. 5 *v.* 20 p. 406 | 1890 *C. s.*, Boulenger in: Fauna Brit. Ind., Rept. Batr. p. 508.

Kopf mäßig groß; Vorderkopf kurz, abgerundet, mit undeutlichem Canthus rostralis; Interorbitalraum etwas schmaler als ein oberes Augenlid. Finger und Zehen stumpf, ohne Subarticularhöcker; 1. und 2. Finger gleich lang; Zehen nur durch eine undeutliche Spur von Schwimmhaut verbunden. Ein großer, elliptischer, sehr schwach vorspringender, medialer Metatarsalhöcker, aber keine Tarsalfalte (s. oben p. 10) vorhanden. Bei nach vorn an den Körper angelegtem Hinterbein reicht das Tibiotarsalgelenk bis zur Schulter oder bis zum Mundwinkel. Oberseite mit großen, porösen Warzen besetzt, die unregelmäßige Längsreihen auf dem Rücken bilden können. Eine schmale, oben unscharf begrenzte Parotoïddrüse (s. oben p. 2) zieht vom Auge schräg zum Mundwinkel. Unterseite völlig glatt. Oben olivenbraun, die Warzen dunkler und hell punktiert; ein heller, dreieckiger Fleck auf dem Vorderkopf, dessen Basis zwischen den Augen liegt, und dessen Spitze den Lippenrand berührt; Zügelregion dunkel. Gliedmaßen mit dunkler Zeichnung. L. 50 mm.

♂ ohne Schallblasen, aber während der Fortpflanzungszeit jederseits auf der Brust mit 2 scheibenförmigen, dicht mit winzigen, dunkelbraunen Spitzen besetzten, Schwielen und mit ähnlichen Rauhigkeiten auf den drei ersten Fingern.

Sikkim (Vorderindien) in 3600—3900 m Höhe.

10. Gen. **Myobatrachus** Schlegel

1850 *M.*, Schlegel in: P. zool. Soc. London, *v.* 18 p. 9 | 1858 *M.* + *Chelydobatrachus*, J. E. Gray MS in: Alb. Günther, Cat. Batr. sal. Brit. Mus., p. 3 u. 53 | 1882 *Myobatrachus*, Boulenger, Cat. Batr. sal. Brit. Mus., ed. 2 p. 328.

Pupille senkrecht, Zunge klein, elliptisch, ganzrandig und hinten frei. Gaumenzähne fehlen; Trommelfell deutlich. Finger und Zehen an den Spitzen nicht verbreitert, mit einfachen knöchernen Endphalangen, ohne Schwimmhaut, letztere auch nicht zwischen die Metatarsen der 4. und 5. Zehe eingreifend. Epicoracoidknorpel schmal, kaum übereinandergreifend; Omosternum fehlt; Sternum knorpelig, in der Mittellinie verknöchert. Querfortsätze des Sacralwirbels ziemlich stark verbreitert.

1 Art in Austalien.

1. **M. gouldii** (Gray) 1841 *Breviceps G.*, J. E. Gray in: Grey, J. Exp. Austral., *v.* 2 p. 448 t. 1 f. 1 | 1850 *Myobatrachus paradoxus*, Schlegel in: P. zool. Soc. London, *v.* 18 p. 9 | 1850 *M. gouldii*, J. E. Gray ibid. p. 10 | 1858 *Myiobatrachus paradoxus*, Schlegel, Handl. Dierk., *v.* 2 p. 59 t. 4 f. 76 | 1858 *Myobatrachus p.* + *Chelydobatrachus gouldii*, Alb. Günther, Cat. Batr. sal. Brit. Mus., p. 3, 53, 128, 138 | 1867 *Myobatrachus paradoxus*, Peters in: Monber. Ak. Berlin, p. 37 | 1882 *M. gouldii*, Boulenger, Cat. Batr. sal. Brit. Mus., ed. 2 p. 329 | 1914 *M. Gouldi*, F. Werner in: Fauna S. W. Austral., *v.* 4 p. 421.

Körperform sehr gedrungen (Fig. 216). Kopf sehr klein, mit kurzem, abgerundetem Vorderkopf, ohne Canthus rostralis; Oberkopf aufgetrieben; Augen sehr klein; Trommelfell mehr oder weniger deutlich, etwas größer als das Auge. Gliedmaßen außergewöhnlich kurz; Vorderbeine sehr kräftig, zum Graben eingerichtet, Finger kurz, stark abgeplattet; Zehen der schwächer ausgebildeten Hinterbeine nicht länger als die Finger, ebenfalls stark abgeplattet. Subarticularhöcker undeutlich, von den 2 ziemlich undeutlichen, flachen Metatarsalhöckern ist der laterale der größere. Haut glatt oder mit verstreuten Höckern besetzt. Oben graubraun, unten heller. L. bis 40 mm. ♂ mit subgularer Schallblase.

Westaustralien. — Lebt in Termitenbauten.

Fig. 216. **Myobatrachus gouldii.**

11. Gen. **Rhinophrynus** C. Duméril & G. Bibron

1841 *R.*, C. Duméril & G. Bibron, Erpét., *v.* 8 p. 757 | 1882 *R.*, Boulenger, Cat. Batr. sal. Brit. Mus., ed. 2 p. 329.

Pupille senkrecht. Zunge lang, annähernd dreieckig, vorn frei und spitz endigend, hinten mit breiter Basis angeheftet (Fig. 218). Gaumenzähne, Trommelfell und Tubae Eustachii fehlen. Finger ohne, Zehen durch, nicht zwischen die Metatarsen der 4. und 5. Zehe eingreifende, Schwimmhaut verbunden; Finger- und Zehenspitzen nicht verbreitert, mit einfachen, knöchernen Endphalangen. Epicoracoidknorpel schmal, kaum übereinandergreifend; Omosternum fehlt; Sternum verkümmert. Querfortsätze des Sacralwirbels ziemlich stark verbreitert.

1 Art in Zentralamerika.

1. **R. dorsalis** Dum. & Bibr. **1841 *R. d.*, C. Duméril & G. Bibron, Erpét., *v.* 8 p. 758 t. 91 f. 2 (Habitus und Hinterfuß) | 1858 *R. d.*, Alb. Günther in: P. zool. Soc. London, *v.* 26 p. 339 | 1858 *R. d.*, Alb. Günther, Cat. Batr. sal. Brit. Mus., p. 127 t. 12 (Habitus, Kopf, Zunge) | 1877 *R. rostratus*, P. Brocchi in: Bull. Soc. philom., ser. 7 *v.* 1 p. 196 | 1882 *R. dorsalis*, Boulenger, Cat. Batr. sal. Brit. Mus., ed. 2 p. 329 | 1883 *R. rostratus* + *R. d.*, P. Brocchi in: Miss. Mex., pars 3 II p. 98 t. 9 f. 1, 1a—c (Habitus,**

Mundhöhle, Füße) | 1888 *R. d.*, Alf. Dugès in: Naturaleza, ser. 2 *v.* 1 p. 156 t. 15 f. A—C | 1892 *R. d.*, Alf. Dugès in: Naturaleza, ser. 2 *v.* 2 p. 98 t. 5 | 1901 *R. d.*, Alb. Günther in: Biol. Centr.-Amer., Rept. & Batr. p. 258.

Körper sehr gedrungen (Fig. 217). Kopf klein, mit sehr engem Maul. Vorderkopf lang, abgestutzt, mit einer flachen, runden Scheibe endigend, Nasenlöcher klein, gerade nach oben gerichtet, fast auf einer Linie mit dem Vorder-

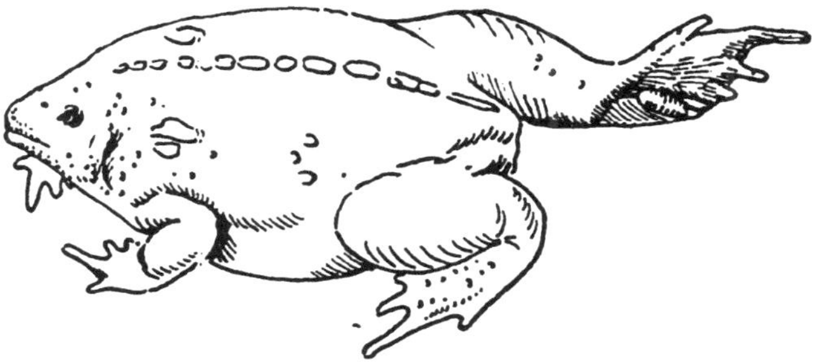

Fig. 217. **Rhinophrynus dorsalis.** Habitusbild (nach Alb. Günther).

rand der sehr kleinen Augen gelegen. Gliedmaßen sehr kurz, fast bis zum Handgelenk bzw. bis zur Ferse in Falten der Rumpfhaut einbezogen. Finger und Zehen abgeplattet, letztere, außer der 4. Zehe, fast in ihrer ganzen Länge durch Schwimmhaut verbunden; Subarticularhöcker undeutlich; 1. Zehe verkümmert, höckerartig; ein sehr großer, ovaler, schaufelförmiger, medialer Metatarsalhöcker vorhanden. Haut oben glatt, auf den Flanken, der Unterseite und an dem Vorderkopf gekörnelt. Oben olivenbraun oder bläulichgrau, ohne oder mit gelblichen Flecken an den Flanken und in der Rückenmitte, an letzterer Stelle in der Regel zu einer Längslinie zusammenfließend. L. bis 85 mm.

♂ mit 2 inneren, hinter dem Mundwinkel gelegenen Schallblasen.

Fig. 218. **Rhinophrynus dorsalis.** Längsschnitt durch die Mundhöhle (nach Alb. Günther).

Mexiko, Guatemala. — Lebt in Termitenbauten.

12. Gen. **Werneria** Poche

1903 *Stenoglossa* (non Chaudoir 1848), L. G. Andersson in: Verh. Ges. Wien, *v.* 53 p. 144 | 1903 *Werneria*, Poche in: Zool. Anz., *v.* 26 p. 701.

Pupille horizontal, Zunge sehr klein, kurz und schmal, vorn frei, hier mit einem asymmetrischen, kleinen Zipfel endigend. Gaumenzähne fehlen; Trommelfell unsichtbar. Finger und Zehen spitz endigend, beide mit Schwimmhaut versehen, letztere nicht (?) zwischen die Metatarsen der 4. und 5. Zehe eingreifend. Ein knorpeliges Omosternum vorhanden, Sternum gut entwickelt. Querfortsätze des Sacralwirbels sehr stark verbreitert.

1 Art in Westafrika.

1. **W. fulva** (L. G. Anderss.) 1903 *Stenoglossa f.*, L. G. Andersson in: Verh. Ges. Wien, *v.* 53 p. 144 | 1903 *Werneria f.*, Poche in: Zool. Anz., *v.* 26 p. 701.

Kopf klein, dreieckig, vorn abgestutzt; Schnauze so lang wie der Augendurchmesser, mit deutlichem Canthus rostralis; Nasenloch ganz nahe der Vorderkopfspitze. Augen seitlich; Augenlid vom Interorbitalraum nicht abgegrenzt.

Finger mit Subarticularhöckern und einem rundlichen Carpalhöcker, an der Basis durch Schwimmhaut verbunden; 1. Finger kürzer als der 2.; Zehen dünn und abgeplattet, zur Hälfte ihrer Länge durch Schwimmhaut verbunden, ohne deutliche Subarticular- und ohne Metatarsalhöcker. Bei nach vorn an den Körper angelegtem Hinterbein reicht das Tarsometatarsalgelenk bis zur Vorderkopfspitze. Haut oben und unten vollkommen glatt. Färbung olivenbraun, Gliedmaßen dunkler; Hinterbeine mit schmalen, schwarzen Querbinden; Unterseite heller. L. 33 mm.

Kamerungebirge.

? Aruncus A. Philippi

1902 *A.*, A. Philippi, Supl. Batr. Chilen., p. 4.
1 Art in Chile.

? **A. valdivianus** Phil. 1902 *A. v.*, A. Philippi, Supl. Batr. Chilen., p. 4.
Valdivia (Chile).

? Stenodactylus A. Philippi

1902 *S.* (non Fitzinger 1826), A. Philippi, Supl. Batr. Chilen., p. 39.
1 Art in Chile.

? **S. ventralis** Phil. 1902 *S. v.*, A. Philippi, Supl. Batr. Chilen., p. 39.
Valdivia (Chile) und Cantin (Anden von Patagonien).

4. Fam. Hylidae

1815 *Hylarinia*, Rafinesque, Anal. Nat., p. 78 | 1825 *Hylina*, J. E. Gray in: Ann. Phil., ser. 2 *v.* 10 p. 213 | 1826 *Ranoidea* (part.), Fitzinger, Classif. Rept., p. 63 | 1838 *Hylae* (part.), Tschudi, Classif. Batr., p. 25, 70 | 1841 *Ranidae* (part.), Hogg in: Ann. nat. Hist., *v.* 7 p. 361 | 1841 *Hylaeformes* (part.), C. Duméril & G. Bibron, Erpét., *v.* 8 p. 491 | 1843 *Hylae* (part.) + *Dryophytae* + *Dendropsophi* + *Pelobii*, Fitzinger, Syst. Rept., *v.* 1 p. 30, 31 | 1858 *Polypedatidae* (part.) + *Hylidae* + *Pelodryadidae* + *Phyllomedusidae*, Alb. Günther, Cat. Batr. sal. Brit. Mus., p. 70, 96, 119, 120 | 1862 *Hyloides*, Bruch in: Würzburg. Z., *v.* 3 p. 221 | 1865 *Hylidae* (part.), E. D. Cope in: Nat. Hist. Rev., p. 108 | 1866 *H.* (part.), E. D. Cope in: J. Ac. Philad., ser. 2 *v.* 6 p. 69, 83 | 1867 *H.* + *Phyllomedusidae*, Steindachner in: Reise Novara, Amph. p. 55, 66 | 1868 *Hylaeides*, Gouriet in: Rev. Mag. Zool., ser. 2 *v.* 20 p. 206 | 1869 *Pelodryadidae* + *Hylidae* + *Polypedatidae* (part.: Subfam. *Acridina*), Mivart in: P. zool. Soc. London, p. 292 | 1875 *Hylaeformes*, Lataste in: Act. Soc. Linn. Bordeaux, ser. 3 *v.* 10 p. 406 | 1875 *Hylidae*, E. D. Cope in: Bull. U. S. Mus., *v.* 1 p. 10 | 1881 *H.* + *Hylodidae* (part.), P. Brocchi in: Miss. Mex., pars 3II p. 28, 49 | 1882 *Hylidae* (part.) + *Amphignathodontidae*, Boulenger, Cat. Batr. sal. Brit. Mus., ed. 2 p. 330 | 1889 *Hylidae*, E. D. Cope in: Bull. U. S. Mus., *v.* 34 p. 255 | 1901 *H.*, Gadow in: Cambridge nat. Hist., *v.* 8 p. 185 | 1910 *Hylidae* + *Amphignathodontidae*, Boulenger in: Enc. sci., Batr. p. 150, 235.

Beide Kiefer oder nur der Oberkiefer bezahnt. Wirbel procoel, ohne Rippen. Querfortsätze des Sacralwirbels meist mehr oder weniger stark, (nur bei *Acris* und *Chorophilus* sehr wenig) verbreitert. Os coccygis durch 2 Gelenkflächen mit dem Sacralwirbel verbunden. Knöcherne Endphalangen der Finger und Zehen klauenförmig, durch einen Zwischenknorpel (*ia* in Fig. 24 p. 9) von der vorletzten Phalange getrennt. Pupille senkrecht oder horizontal, bei *Corythomantis* rhombisch. Form und Anheftungsart der Zunge sehr verschieden. Spiraculum der Larven an der linken Körperseite, After der Larven an der rechten Körperseite liegend.

Fehlt in der Äthiopischen Region, sonst über alle Erdteile verbreitet.

Die Familie umfaßt 2 Unterfamilien, 12 Gattungen mit 296 sicheren Arten, von denen 3 in 9 Unterarten zerfallen, und 18 unsicheren Arten.

Bestimmungstabelle der Unterfamilien:

1 { Nur der Oberkiefer bezahnt . . . . . 5a. Unterfam. **Hylinae**
Ober- und Unterkiefer bezahnt . . . . 5b. Unterfam. **Amphignathodontinae**

5a. Unterfamilie Hylinae

1825 *Hylina*, J. E. Gray in: Ann. Phil., ser. 2 *v.* 10 p. 213 | 1826 *Ranoidea* (part.), Fitzinger, Classif. Rept., p. 63 | 1838 *Hylae* (part.), Tschudi, Classif. Batr., p. 25, 70 | 1841 *Ranidae* (part.), Hogg in: Ann. nat. Hist., *v.* 7 p. 361 | 1841 *Hylaeformes* (part.), C. Duméril & G. Bibron, Erpét., *v.* 8 p. 491 | 1843 *Hylae* (part.) + *Dryophytae* + *Dendropsophi* + *Pelobii*, Fitzinger, Syst. Rept., *v.* 1 p. 30, 31 | 1858 *Polypedatidae* (part.) + *Hylidae* + *Pelodryadidae* + *Phyllomedusidae*, Alb. Günther, Cat. Batr. sal. Brit. Mus., p. 70, 96, 119, 120 | 1862 *Hyloides*, Bruch in: Würzburg. Z., *v.* 3 p. 221 | 1865 *Hylidae* (part.), E. D. Cope in: Nat. Hist. Rev., p. 108 | 1866 *H.* (part.), E. D. Cope in: J. Ac. Philad., ser. 2 *v.* 6 p. 69, 83 | 1867 *H.* + *Phyllomedusidae*, Steindachner in: Reise Novara, Amph. p. 55, 66 | 1868 *Hylaeides*, Gouriet in: Rev. Mag. Zool., ser. 2 *v.* 20 p. 206 | 1869 *Pelodryadidae* + *Hylidae* + *Polypedatidae* (part.: Subfam. *Acridina*), Mivart in: P. zool. Soc. London, p. 292 | 1875 *Hylaeformes*, Lataste in: Act. Soc. Linn. Bordeaux, ser. 3 *v.* 10 p. 406 | 1875 *Hylidae*, E. D. Cope in: Bull. U. S. Mus., *v.* 1 p. 10 | 1881 *H.* + *Hylodidae* (part.), P. Brocchi in: Miss. Mex., pars 3 II p. 28, 49 | 1882 *Hylidae*, Boulenger, Cat. Batr. sal. Brit. Mus., ed. 2 p. 330 | 1889 *H.*, E. D. Cope in: Bull. U. S. Mus., *v.* 34 p. 255 | 1901 *Hylinae*, Gadow in: Cambridge nat. Hist., *v.* 8 p. 189 | 1910 *Hylidae*, Boulenger in: Enc. sci., Batr. p. 150.

Nur der Oberkiefer bezahnt.

11 Gattungen mit 295 sicheren Arten, von denen 3 in 9 Unterarten zerfallen und 17 unsichere Arten.

Außer in der Äthiopischen Region in allen Weltteilen verbreitet.

Bestimmungstabelle der Gattungen:

1 { Gaumenzähne fehlend, oder wenn vorhanden, nur auf den Vomerknochen ausgebildet — **2**
Gaumenzähne außer auf den Vomerknochen mindestens noch auf den Parasphenoidknochen, zuweilen außerdem auch noch auf den Palatinknochen ausgebildet (vgl. Fig. 262) — **10**

2 { Pupille ein horizontaler Spalt oder von rhombischem Umriß — **3**
Pupille ein senkrechter Spalt — **8**

3 { Pupille ein horizontaler Spalt — **4**
Pupille von rhombischem Umriß, Kopf als knöcherner Helm ausgebildet (Fig. 272) . . . . 9. Gen. **Corythomantis**

4 { Querfortsätze des Sacralwirbels mehr oder weniger stark verbreitert; Haftscheiben an Finger- und Zehenspitzen stets deutlich ausgebildet — **5**
Querfortsätze des Sacralwirbels sehr wenig verbreitert; Finger- und Zehenspitzen nicht zu Haftscheiben verbreitert, höchstens knopfartig verdickt (Fig. 274 bis 277) — **7**

5 { Kopf völlig als knöcherner Helm mit vorspringenden Lippenkanten ausgebildet; Haftscheiben an Fingern und Zehen klein (Fig. 261) . . . . 3. Gen. **Pternohyla**
Kopf niemals einen völlig verknöcherten Helm bildend, höchstens die Haut seiner Oberseite mit dem Schädel verwachsend; Haftscheiben stets sehr gut entwickelt — **6**

6	♀ ohne Bruttasche in der Rückenhaut	1. Gen. **Hyla** [1])
	♀ mit Bruttasche in der Rückenhaut (wie in Fig. 257, 259)	2. Gen. **Nototrema**
7	Zehen fast völlig durch Schwimmhaut verbunden (Fig. 275). Trommelfell undeutlich	10. Gen. **Acris**
	Zehen nur an ihrer Basis durch eine Spur von Schwimmhaut verbunden (Fig. 277); Trommelfell deutlich .	11. Gen. **Chorophilus**
8	Zunge hinten nur wenig frei abhebbar	6. Gen. **Nyctimantis**
	Zunge in großer Ausdehnung frei abhebbar — 9	
9	1. Finger und 1. Zehe den übrigen Fingern und Zehen nicht opponierbar	7. Gen. **Agalychnis**
	1. Finger und 1. Zehe den übrigen Fingern und Zehen opponierbar	8. Gen. **Phyllomedusa**
10	Pupille horizontal; Gaumenzähne den Vomer-, Palatin- und dem Parasphenoidknochen aufsitzend (Fig. 262) .	4. Gen. **Diaglena**
	Pupille senkrecht; Gaumenzähne nur den Vomer- und dem Parasphenoidknochen aufsitzend	5. Gen. **Triprion**

1. Genus **Hyla** Laurenti

1758 *Rana* (part.), Linné, Syst. Nat., ed. 10 p. 210 | 1768 *Hyla*, Laurenti, Syn. Rept., p. 33 | 1799 *Calamita*, J. G. Schneider, Hist. Amph., *v.* 1 p. 151 | 1803 *Hyla*, Daudin, Hist. Rainett., p. 13 | 1803 *H.*, Daudin, Hist. Rept., *v.* 8 p. 18 | 1820 *Calamita* (part.), Merrem, Versuch Syst. Amph., p. 169 | 1826 *Hyla* + *Calamita*, Fitzinger, Classif. Rept., p. 63, 64 | 1827 *Rhacophorus*, Kuhl MS in: Schlegel in: Isis, p. 294 | 1830 *Calamites* + *Hypsiboas* (part.) + *Auletris* + *Hyas* + *Scinax*, Wagler, Syst. Amph., p. 200, 201, 202 | 1838 *Sphaenorhynchus* + *Hypsiboas* + *Calamita* + *Lophopus* + *Trachycephalus* + *Dendrohyas* + *Ranoidea* + *Litoria*, Tschudi, Classif. Batr., p. 71, 72, 73, 74, 76, 77 | 1841 *Litoria* + *Trachycephalus* + *Hyla*, C. Duméril & G. Bibron, Erpét., *v.* 8 p. 503, 534, 542 | 1843 *Hypsiboas (Lobipes* + *Osteocephalus* + *Hypsiboas* + *Phyllobius* + *Scinax* + *Hypsipsophus)* + *Phrynohyas* (part.: *Trachycephalus* + *Phrynohyas* + *Acrodytes*) + *Theloderma* (part.: *Osteopilus*) + *Hyla* (part.: *Lophopus* + *Hyla* + *Calamites* + *Auletris* + *Dendrohyas* + *Dryopsophus*) + *Euscelis* + *Dryophytes* + *Dendropsophus (D.* + *Dryomelictes)* + *Pelobius* (part.: *P.* + *Ololygon*), Fitzinger, Syst. Rept., p. 30, 31 | 1856 *Hyla (Lophopus* + *Centrotelma* + *Hylomedusa* + *Hyla)*, Burmeister, Erläut. Fauna Bras., p. 90, 93, 97, 102, 104 | 1858 *Litoria* + *Hyla* + *Trachycephalus* + *Pelodryas*, Alb. Günther, Cat. Batr. sal. Brit. Mus., p. 96, 98, 117, 119 | 1862 *Hyla* + *Hylella*, J. Reinhardt & Lütken in: Vid. Meddel., *v.* 13 p. 183, 199 | 1862 *Scytopis*, E. D. Cope in: P. Ac. Philad., p. 354 | 1862 *Osteocephalus*, Fitzinger in: Steindachner in: Arch. Zool. Anat. Fisiol., *v.* 2 p. 77 | 1865 *Trachycephalus* + *Acrodytes* + *Scytopis* + *Pelodryas* + *Hylella* + *Hyla* + *Osteocephalus* + *Litoria*, E. D. Cope in: Nat. Hist. Rev., p. 109, 110 | 1865 *Trachycephalus* + *Osteocephalus* + *Scytopis* + *Acrodytes* + *Dryomelictes* + *Smilisca* + *Hyla* + *Hylella* + *Litoria*, E. D. Cope in: P. Ac. Philad., p. 194 | 1866 & 1867 *Trachycephalus* + *Osteocephalus* + *Scytopis* + *Dryomelictes* + *Ranoidea* + *Smilisca* + *Hyla* + *Hylella* + *Calamita* + *Hypsiboas* + *Centrotelma* + *Cinclidium*, E. D. Cope in: J. Ac. Philad., ser. 2 *v.* 6 p. 85, 86, 200 | 1867 *Litoria* + *Hyla* + *Trachycephalus*, Steindachner in: Reise Novara, Amph. p. 55, 57, 63 | 1867 *Hyla* + *Chirodryas*, W. Keferstein in: Nachr. Ges. Götting., p. 355, 358 | 1868 *Hyla* + *Pelodryas*, W. Keferstein in: Arch. Naturg., *v.* 34 I p. 275, 287 | 1870 *Cophomantis*, Peters in: Monber. Ak. Berlin, p. 650 | 1870 *Cincloscopus*, E. D. Cope in: P. Amer. phil. Soc., *v.* 11 p. 554 | 1877 *Hyla* + *Plectrohyla* + *Cauphias*, P. Brocchi in: Bull. Soc. philom., ser. 7 *v.* 1 p. 93, 129 | 1879 *Exerodonta*,

[1]) ♂ von *Hyla*-Arten lassen sich nicht ohne weiteres von ♂ der *Nototrema*-Arten unterscheiden. Zur Bestimmung von südamerikanischen Frosch-♂, die sich in der Bestimmungstabelle der *Hyla*-Arten nicht unterbringen lassen, vergleiche man auch die Bestimmungstabelle und Beschreibungen der *Nototrema*-Arten.

P. Brocchi ibid., ser. 7 v. 3 p. 20 | 1880 *Hylomantis,* Peters in: Monber. Ak. Berlin, p. 223 | 1881 *Hyla + Exerodonta,* P. Brocchi in: Miss. Mex., pars 3 II p. 29, 48 | 1882 *Hyla + Hylella,* Boulenger, Cat. Batr. sal. Brit. Mus., ed. 2 p. 337, 419 | 1882 *Drymomantis,* Peters in: SB. Ges. Fr. Berlin, p. 8 (nota) | 1889 *Hyla + Smilisca,* E. D. Cope in: Bull. U. S. Mus., v. 34 p. 349, 379 | 1899 *Hyliola,* F. Mocquard in: N. Arch. Mus. Paris, ser. 4 v. 1 p. 337.

Pupille horizontal, Zunge ganzrandig oder hinten wenig ausgerandet, völlig angeheftet oder hinten mehr oder weniger frei abhebbar. Gaumenzähne in der Regel vorhanden, doch sind von verschiedenen Arten mehr oder weniger häufig oder nur vereinzelt Exemplare ohne Gaumenzähne gefunden worden[1]); Trommelfell deutlich sichtbar oder unsichtbar. Schwimmhaut in verschieden großer Ausdehnung meist an Vorder- und Hinterfuß vorhanden, kann an ersterem auch völlig fehlen; am Hinterfuß greift sie nicht oder nur wenig zwischen die Metatarsen der 4. und 5. Zehe ein. Finger- und Zehenspitzen meist zu mehr oder weniger großen Haftscheiben verbreitert. Omosternum knorpelig, Sternum eine Knorpelplatte. Querfortsätze des Sacralwirbels mehr oder weniger stark verbreitert. Spiraculum der Larve auf der linken Körperseite gelegen, nach oben und hinten gerichtet; After auf der rechten Körperseite, oberhalb des unteren Schwanzrandes ausmündend. Die obere Schwanzflosse reicht nach vorn bis fast zwischen die ganz nach der Seite gerichteten Augen. Oberlippe mit 2, Unterlippe mit 3 Zähnchenreihen.

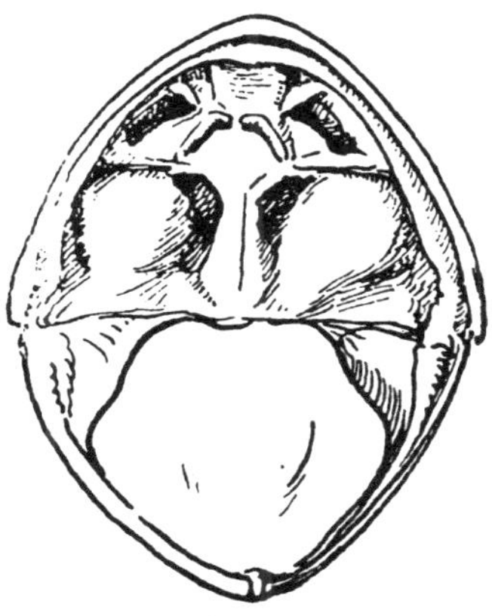

Fig. 219.
Mundhöhle von **Hyla maxima.**

Verbreitungsgebiet: Alle 5 Erdteile, doch fehlt die Gattung in Afrika südlich der Sahara, auf Madagaskar und in Polynesien östlich von den Salomons-Inseln.

244 sichere Arten, von denen 2 in 6 Unterarten zerfallen, und 17 unsichere Arten.

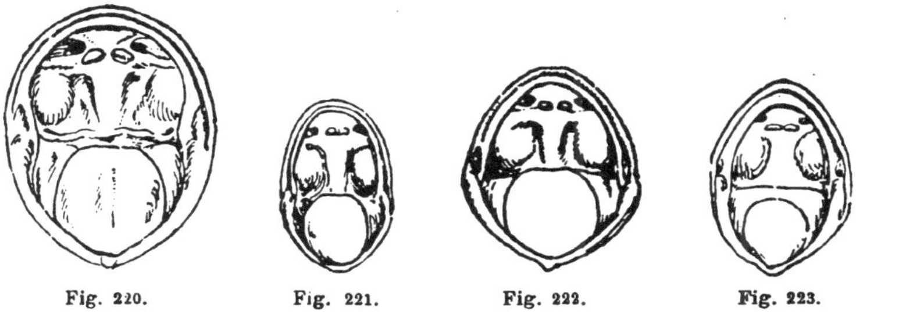

Fig. 220. Fig. 221. Fig. 222. Fig. 223.

Fig. 220: Mundhöhle von **Hyla tuberculosa**; Fig. 221: Mundhöhle von **Hyla depressiceps**; Fig. 222: Mundhöhle von **Hyla quadrangulum**; Fig. 223: Mundhöhle von **Hyla albopunctulata** (alles nach Boulenger).

---

[1]) Neben Tieren mit Gaumenzähnen sind solche ohne Gaumenzähne bekannt geworden von: *H. smithii* Blgr., *H. prosoblepon* Bttgr., *H. Bernsteini* Horst, *H. bicolor* Gray und *H. fallax* Blgr. Es läßt sich daher auch die bisher neben *Hyla* geführte, von ihr nur durch das Fehlen der Gaumenzähne unterschiedene Gattung *Hylella* Rhdt. & Ltk. nicht mehr aufrecht erhalten; ihre Arten sind deshalb in dieser Arbeit mit zur Gattung *Hyla* gestellt worden.

Bestimmungstabellen der Arten:

Eine einzige, sämtliche *Hyla*-Arten umfassende Bestimmungstabelle würde bei der großen Zahl der in Betracht kommenden Arten zu unübersichtlich werden, und auch kaum durchführbar sein, es ist daher für die Arten

I des palaearktischen Faunengebietes (nr. 1—7)

II des orientalisch-australischen Faunengebietes (nr. 8—73)

III des amerikanischen Faunengebietes (nr. 74—244)

jeweils eine besondere Bestimmungstabelle aufgestellt worden.

I. Bestimmungstabelle der *Hyla*-Arten des palaearktischen Faunengebietes (nr. 1—7).

1	Gaumenzähne zwischen den Choanen, vor der Verbindungslinie von deren Hinterrändern — 2	
	Gaumenzähne auf der Höhe der Choanenhinterränder — 4	
2	Bei nach vorn an den Körper angelegtem Hinterbein reicht das Tibiotarsalgelenk:	
	bis zum Trommelfell oder höchstens bis zum Nasenloch; kein vorspringendes Pollexrudiment vorhanden[1]) — 3	
	bis zur Schnauzenspitze; ein vorspringendes Pollexrudiment vorhanden	7. H. wachei
3	Medialer Metatarsalhöcker so groß wie die Haftscheiben der Finger, $^1/_3$—$^2/_5$ so lang wie die 1. Zehe (Fig. 226)	1. H. arborea
	Medialer Metatarsalhöcker viel größer als die Haftscheiben der Finger; etwa $^2/_3$ so lang wie die 1. Zehe .	2. H. stepheni
4	Rücken einfarbig grün, höchstens an den Seiten grau oder schwarz gefleckt; Unterseite einfarbig weiß — 5	
	Rücken grün mit dunkelbraunen Augenflecken mit ziegelroter Mitte; Unterseite mit zahlreichen dunklen Flecken auf gelbem Grunde	5. H. monticola
5	Bei nach vorn an den Körper angelegtem Hinterbein reicht das Tibiotarsalgelenk:	
	bis halbwegs zwischen Auge und Nasenloch, Rückenseiten und Oberschenkel schwach grau gefleckt . .	3. H. hallowellii
	höchstens bis zum Augenvorderrand; Rumpf und Oberschenkelseiten meist tiefschwarz (oder gar nicht) gefleckt — 6	
6	Nur am Kopfe ein brauner, von der Schnauzenspitze bis zur Schulter reichender Seitenstreifen vorhanden .	4. H. chinensis
	Der dunkle, oben hell gesäumte Lateralstreifen reicht bis zu den Weichen, hier mit 2 oder 3 tiefschwarzen Flecken endigend	6. H. annectans

II. Bestimmungstabelle der *Hyla*-Arten des orientalisch-australischen Faunengebietes (nr. 8—73).

1	Gaumenzähne in der Regel vorhanden[2]) — 2
	Gaumenzähne stets fehlend — 61
2	Laterale Finger mindestens zu $^1/_3$ ihrer Länge durch Schwimmhaut verbunden (wie in Fig. 19 p. 8) — 3
	Laterale Finger nur an ihrer Basis durch Schwimmhaut verbunden, wie in Fig. 20 p. 8 oder völlig frei von solcher — 30

---

[1]) S. oben p. 6 und f. 240.

[2]) Als Ausnahme kommen Exemplare ohne Gaumenzähne bei *H. bernsteini* (nr. 14), *H. bicolor* (nr. 18) und bei *H. mehelyi* (nr. 32) vor.

3 Gaumenzähne mitten zwischen den Choanen gelegen (Fig. 221) — **4**
Gaumenzähne auf der Verbindungslinie der Choanenhinterränder (Fig. 222) oder noch hinter dieser gelegen (Fig. 223) — **18**

4 Trommelfell weniger als ½ so breit wie das Auge — **5**
Trommelfell mindestens ½ so breit wie das Auge — **8**

5 Laterale Finger mindestens zu ½ ihrer Länge durch Schwimmhaut verbunden (wie in Fig. 18 p. 8) — **6**
Laterale Finger nur zu 1/3 ihrer Länge durch Schwimmhaut verbunden; bei nach vorn an den Körper angelegtem Hinterbein reicht das Tibiotarsalgelenk über die Schnauzenspitze hinaus . . . . 36. **H. pulchra**

6 Laterale Finger zu ½ ihrer Länge durch Schwimmhaut verbunden; Trommelfell 1/4—1/3 so breit wie das Auge . . . . 31. **H. montana**
Laterale Finger mindestens zu 2/3 ihrer Länge durch Schwimmhaut verbunden (wie in Fig. 17 p. 8) — **7**

7 Bei nach vorn an den Körper angelegtem Hinterbein reicht das Tibiotarsalgelenk:
bis zur Schnauzenspitze; Haut der Oberseite glatt . . 14. **H. bernsteini**
bis zum Nasenloch; Haut der Oberseite granuliert . . 23. **H. mystax**

8 Laterale Finger höchstens zu ½ ihrer Länge durch Schwimmhaut verbunden (wie in Fig. 18 p. 8) — **9**
Laterale Finger mindestens zu 2/3 ihrer Länge durch Schwimmhaut verbunden (wie in Fig. 17 p. 8) — **12**

9 Gaumenzähne in queren Reihen angeordnet; kein lateraler Metatarsalhöcker und kein Hautanhang am Tibiotarsalgelenk vorhanden — **10**
Gaumenzähne in runden Gruppen angeordnet; ein lateraler Metatarsalhöcker und ein Hautanhang am Tibiotarsalgelenk vorhanden; Interorbitalraum doppelt so breit wie ein oberes Augenlid . . . . 46. **H. solomonis**

10 Haftscheiben der Finger größer als das Trommelfell; Ober- und Unterseite einfarbig; Oberschenkel nicht marmoriert . . . . 47. **H. lutea**
Haftscheiben der Finger höchstens so groß wie das Trommelfell. Oberseite häufig dunkel gefleckt und marmoriert, Oberschenkel stets teilweise braun oder schwarz und gelb marmoriert — **11**

11 Haut auf dem Rücken glatt oder schwach warzig . . 8. **H. everetti**
Haut auf dem Rücken mehr oder weniger höckerig . 51. **H. peronii**

12 Ein vorspringendes Pollexrudiment vorhanden[1]) . . . 11. **H. kampeni**
Kein vorspringendes Pollexrudiment vorhanden — **13**

13 Bei nach vorn an den Körper angelegtem Hinterbein reicht das Tibiotarsalgelenk:
höchstens bis zur Schnauzenspitze — **14**
über diese hinaus — **17**

14 Das Tibiotarsalgelenk reicht:
zwischen Auge und Schnauzenspitze; Haftscheiben der Finger kleiner als das Trommelfell . . . . 63. **H. gracilenta**
bis zur Schnauzenspitze; Haftscheiben der Finger so groß oder fast so groß wie das Trommelfell — **15**

---

1) S. oben p. 6 u. f. 240.

15 Schnauze mindestens so lang wie der Augendurchmesser. Interorbitalraum doppelt so breit wie ein oberes Augenlid — **16**
Schnauze kürzer als der Augendurchmesser; Interorbitalraum zwar breiter als ein oberes Augenlid, aber nicht doppelt so breit. Haut der Oberseite fein gekörnelt . . . . 64. **H. chloris**

16 Gaumenzähne in Querreihen angeordnet; Schnauze so lang wie der Augendurchmesser; Haut auf dem Rücken glatt, auf dem Kopfe gekörnelt . . . . . 39. **H. graminea**
Gaumenzähne in runden Gruppen angeordnet. Schnauze $1\frac{1}{2}$ mal so lang wie der Augendurchmesser. Oberseite gekörnelt und mit in Längsreihen angeordneten Warzen besetzt . . . . 35. **H. papuensis**

17 Interorbitalraum etwas breiter als ein oberes Augenlid . 9. **H. amboinensis**
Interorbitalraum $2\frac{1}{2}$ mal so breit wie ein oberes Augenlid . . . . 60. **H. luteiventris**

18 Gaumenzähne auf der Höhe der Choanenhinterränder gelegen (Fig. 222) — **19**
Gaumenzähne hinter der Verbindungslinie der Choanenhinterränder gelegen (Fig. 223) — **27**

19 Bei nach vorn an den Körper angelegtem Hinterbein reicht das Tibiotarsalgelenk:
höchstens bis zum Auge — **20**
mindestens bis zwischen Auge und Schnauzenspitze, meist aber bis zu letzterer oder noch über sie hinaus — **21**

20 Trommelfell ebenso groß wie das Auge. Finger zu $\frac{1}{2}$ ihrer Länge durch Schwimmhaut verbunden (wie in Fig. 18 p. 8) . . . . 42. **H. spengeli**
Trommelfell $\frac{2}{3}$ so groß wie das Auge. Finger gewöhnlich zu $\frac{1}{3}$ (ausnahmsweise auch zu $\frac{1}{4}$ oder $\frac{1}{2}$) ihrer Länge durch Schwimmhaut verbunden. Haut in der Schulter- und Nackengegend parotoidenartig verdickt . . . . 49. **H. caerulea**

21 Trommelfell weniger als $\frac{1}{2}$ so breit wie der Augendurchmesser — **22**
Trommelfell mindestens $\frac{1}{2}$ so breit wie der Augendurchmesser — **23**

22 Trommelfell $\frac{1}{3}$ so breit wie der Augendurchmesser, Haut der Oberseite glatt . . . . 10. **H. rueppelli**
Trommelfell $\frac{2}{5}$ so breit wie der Augendurchmesser; Haut der Oberseite dornig und warzig . . . . . . 40. **H. humeralis**

23 Bei nach vorn an den Körper angelegtem Hinterbein reicht das Tibiotarsalgelenk:
zwischen Auge und Schnauzenspitze . . . . 32. **H. méhelyi**
mindestens bis zur Schnauzenspitze oder über diese hinaus — **24**

24 Interorbitalraum so breit wie ein oberes Augenlid . . 19. **H. rhacophorus**
Interorbitalraum viel breiter als ein oberes Augenlid — **25**

25 Laterale Finger höchstens zu $\frac{1}{2}$ ihrer Länge (wie in Fig. 18) durch Schwimmhaut verbunden; ein mediale̲r und ein lateraler Metatarsalhöcker vorhanden; Haut warzig . . . . 13. **H. genimaculata**
Laterale Finger zu $\frac{1}{2}$—$\frac{2}{3}$ ihrer Länge durch Schwimmhaut verbunden (Fig. 240 und 231); nur ein medialer Metatarsalhöcker vorhanden — **26**

26 Ein vorspringendes Pollexrudiment vorhanden[1] (Fig. 240) . . . . 44. **H. militaria**
Kein vorspringendes Pollexrudiment vorhanden (Fig. 231) . 15. **H. infrafrenata**

27 Trommelfell 1/4 so breit wie der Augendurchmesser . 59. **H. dayi**
Trommelfell 1/2—2/3 so breit wie der Augendurchmesser — **28**

28 Schwimmhaut am 2. und 4. Finger bis zur Haftscheibe reichend; Trommelfell 2/3 so breit wie der Augendurchmesser . . . . 34. **H. eucnemis**
Schwimmhaut nur ⅓ der Fingerlänge umfassend (wie in Fig. 19 p. 8); Trommelfell ½ so breit wie der Augendurchmesser — **29**

29 Haftscheiben der Finger kleiner als das Trommelfell; ein medialer und ein kleiner lateraler Metatarsalhöcker vorhanden . . . . 17. **H. congenita**
Haftscheiben der Finger so groß wie das Trommelfell; nur ein medialer Metatarsalhöcker vorhanden . . . 41. **H. macgregori**

30 Gaumenzähne mitten zwischen den Choanen gelegen (Fig. 221 p. 173) — **31**
Gaumenzähne auf der Verbindungslinie der Choanenhinterränder (Fig. 222) oder noch hinter dieser gelegen (Fig. 223) — **53**

31 Nur ein medialer Metatarsalhöcker vorhanden — **32**
Außer dem medialen noch ein kleiner lateraler Metatarsalhöcker vorhanden — **44**

32 Zehen völlig oder fast völlig (1.—3. und 5. Zehe bis zur Haftscheibe) durch Schwimmhaut verbunden (Fig. 243) — **33**
Zehen höchstens zu ¾ ihrer Länge durch Schwimmhaut verbunden (Fig. 22 p. 9) — **37**

33 Bei nach vorn an den Körper angelegtem Hinterbein reicht das Tibiotarsalgelenk:
über die Schnauzenspitze hinaus — **34**
höchstens bis zur Schnauzenspitze — **35**

34 Haut der Oberseite glatt, Interorbitalraum fast so breit wie ein oberes Augenlid . . . . 28. **H. wollastoni**
Haut der Oberseite fein gekörnelt; Interorbitalraum breiter als ein oberes Augenlid . . . . 38. **H. obsoleta**

35 Laterale Finger völlig frei von Schwimmhaut . . . . 50. **H. aurea**
Laterale Finger an ihrer Basis oder zu ¼ ihrer Länge durch Schwimmhaut verbunden (Fig. 238 p. 214) — **36**

36 Gaumenzähne in queren Reihen angeordnet; Hinterseite der Oberschenkel purpurfarbig . . . . 61. **H. krefftii**
Gaumenzähne in schrägen Reihen angeordnet; Hinterseite der Oberschenkel oft schwärzlich, stets weiß punktiert . . . . 30. **H. impura**

37 Trommelfell weniger als ½ so breit wie der Augendurchmesser — **38**
Trommelfell mindestens ½ so breit wie der Augendurchmesser — **40**

38 Bei nach vorn an den Körper angelegtem Hinterbein reicht das Tibiotarsalgelenk:
bis zum Vorderrand des Auges; Trommelfell ⅓ so breit wie der Augendurchmesser . . . . 72. **H. parvidens**
mindestens bis zur Schnauzenspitze — **39**

---

[1]) S. oben p. 6.

39 Trommelfell $\frac{1}{4}$—$\frac{1}{3}$ so breit wie der Augendurchmesser, kleiner als die Haftscheiben der Finger; Haut glatt . 26. **H. arfakiana**
Trommelfell fast $\frac{1}{2}$ so breit wie der Augendurchmesser, so groß wie die Haftscheiben der Finger; Haut warzig . . . . 27. **H. pratti**

40 Trommelfell $\frac{1}{2}$ so breit wie der Augendurchmesser — **41**
Trommelfell mehr als $\frac{1}{2}$ so breit wie der Augendurchmesser — **43**

41 Laterale Finger völlig frei von Schwimmhaut; Zehen etwas mehr als zu $\frac{1}{2}$ ihrer Länge durch Schwimmhaut verbunden (Fig. 230) . . . . 12. **H. vagabunda**
Laterale Finger an ihrer Basis durch Schwimmhaut verbunden (wie in Fig. 20 p. 8) — **42**

42 Zehen zu $\frac{1}{2}$ ihrer Länge durch Schwimmhaut verbunden (vgl. Fig. 23 p. 9); Interorbitalraum so breit wie ein oberes Augenlid . . . . 45. **H. thesaurensis**
Zehen zu $\frac{2}{3}$—$\frac{3}{4}$ ihrer Länge durch Schwimmhaut verbunden. Interorbitalraum breiter als ein oberes Augenlid . . . . 68. **H. jervisiensis**

43 Bei nach vorn an den Körper angelegtem Hinterbein reicht das Tibiotarsalgelenk:
bis zum Trommelfell oder Auge, Schnauze so lang wie der Augendurchmesser . . . . 62. **H. ewingii**
zwischen Auge und Schnauzenspitze; Schnauze länger als der Augendurchmesser . . . . 54. **H. adelaidensis**

44 Bei nach vorn an den Körper angelegtem Hinterbein reicht das Tibiotarsalgelenk:
höchstens bis zur Schnauzenspitze — **45**
mindestens bis zur Schnauzenspitze, in der Regel über diese noch hinaus — **48**

45 Das Tibiotarsalgelenk reicht:
bis oder fast bis zur Schnauzenspitze — **46**
nur bis zur Mitte des Auges; Interorbitalraum doppelt so breit wie ein oberes Augenlid . . . . 37. **H. jeudii**

46 Trommelfell $\frac{1}{2}$ so breit wie der Augendurchmesser — **47**
Trommelfell $\frac{2}{3}$ so breit wie der Augendurchmesser; Zehen etwas mehr als zu $\frac{1}{2}$ ihrer Länge durch Schwimmhaut verbunden . . . . 56. **H. tornieri**

47 Zehen zu $\frac{3}{4}$ ihrer Länge durch Schwimmhaut verbunden (vgl. Fig. 22 p. 9); Interorbitalraum so breit wie ein oberes Augenlid . . . . 48. **H. macrops**
Zehen fast völlig durch Schwimmhaut verbunden; Interorbitalraum breiter als ein oberes Augenlid . . . 18. **H. bicolor**

48 Zehen zu höchstens $\frac{2}{3}$ ihrer Länge durch Schwimmhaut verbunden (wie in Fig. 247 p. 226) — **49**
Zehen (außer der 4. Zehe) fast völlig, bis zu den Haftscheiben, durch Schwimmhaut verbunden (Fig. 248) — **52**

49 Zehen zu $\frac{1}{2}$ ihrer Länge durch Schwimmhaut verbunden (Fig. 251) — **50**
Zehen zu $\frac{2}{3}$ ihrer Länge durch Schwimmhaut verbunden (etwa wie in Fig. 247) — **51**

50 Interorbitalraum breiter als ein oberes Augenlid; Rücken mit zahlreichen, schmalen Längsfalten . . . . . . 16. **H. nasuta**
Interorbitalraum so breit wie ein oberes Augenlid; Haut auf dem Rücken schwach warzig . . . . 69. **H. freycineti**

51 Interorbitalraum so breit wie ein oberes Augenlid; 1. und 2. Finger gleich lang . . . . 71. **H. lesueurii**
Interorbitalraum breiter als ein oberes Augenlid; 1. Finger etwas länger als der 2. . . . . 57. **H. nigrofrenata**

52 Rücken mit wenigen, undeutlichen Warzen besetzt; Trommelfell $\frac{4}{5}$ so breit wie der Augendurchmesser . 55. **H. latopalmata**
An jeder Seite des glatten Rückens eine Längsfalte vorhanden; Trommelfell $\frac{2}{3}$—$\frac{3}{4}$ so breit wie der Augendurchmesser . . . . 70. **H. dimolops**

53 Gaumenzähne auf der Höhe der Choanenhinterränder gelegen (Fig. 222) — **54**
Gaumenzähne hinter der Verbindungslinie der Choanenhinterränder gelegen (Fig. 223) — **55**

54 Bei nach vorn an den Körper angelegtem Hinterbein reicht das Tibiotarsalgelenk:
über die Schnauzenspitze hinaus . . . . 29. **H. papua**
nur bis zum Auge . . . . 53. **H. gilleni**

55 Trommelfell deutlich sichtbar — **56**
Trommelfell unsichtbar; Interorbitalraum doppelt so breit wie ein oberes Augenlid . . . . 73. **H. maculata**

56 Trommelfell nur $\frac{1}{3}$ so breit wie der Augendurchmesser . 65. **H. phyllochroa**
Trommelfell mindestens $\frac{1}{2}$ so breit wie der Augendurchmesser — **57**

57 Zehen völlig durch Schwimmhaut verbunden; bei nach vorn an den Körper angelegtem Hinterbein reicht das Tibiotarsalgelenk über die Schnauzenspitze hinaus 22. **H. obtusirostris**
Zehen höchstens zu $\frac{3}{4}$ ihrer Länge durch Schwimmhaut verbunden — **58**

58 Gaumenzähne in runden Gruppen oder in nach hinten konvergierenden Reihen angeordnet — **59**
Gaumenzähne in 2 nach vorn offenen, halbkreisförmigen Bogen angeordnet (Fig. 250); bei nach vorn an den Körper angelegtem Hinterbein reicht das Tibiotarsalgelenk höchstens bis zum Trommelfell . . . . . . 67. **H. dentata**

59 Nur ein medialer Metatarsalhöcker vorhanden; bei nach vorn an den Körper angelegtem Hinterbein reicht das Tibiotarsalgelenk bis zur Schulter oder bis zum Trommelfell . . . . 52. **H. rubella**
Außer dem medialen noch ein lateraler Metatarsalhöcker vorhanden — **60**

60 Trommelfell $\frac{1}{2}$ so breit wie der Augendurchmesser; Zehen zu $\frac{1}{2}$ ihrer Länge durch Schwimmhaut verbunden (vgl. Fig. 23 p. 9) . . . . 66. **H. citropa**
Trommelfell $\frac{2}{3}$—$\frac{3}{4}$ so breit wie der Augendurchmesser; Zehen zu $\frac{2}{3}$ ihrer Länge durch Schwimmhaut verbunden (vgl. Fig. 247) . . . . 58. **H. irrorata**

61 Bei nach vorn an den Körper angelegtem Hinterbein reicht das Tibiotarsalgelenk:
höchstens bis zum Hinterrand des Auges — **62**
bis zur Schnauzenspitze oder über diese noch hinaus — **63**

62 Trommelfell $\frac{1}{5}$ so breit wie der Augendurchmesser; Finger völlig frei von Schwimmhaut . . . . 33. **H. wolterstorffi**
Trommelfell $\frac{1}{3}$ so breit wie der Augendurchmesser; Finger zu $\frac{1}{3}$ ihrer Länge durch Schwimmhaut verbunden (vgl. Fig. 19 p. 8) . . . . 43. **H. brachypus**

63 Trommelfell 1/2 oder fast 1/2 so breit wie der Augendurchmesser — 64
Trommelfell höchstens 1/4 so breit wie der Augendurchmesser — 65

64 Finger zu 1/2 ihrer Länge durch Schwimmhaut verbunden (vgl. Fig. 18 p. 8) . . . . 24. **H. longicrus**
Finger zu 1/3 ihrer Länge durch Schwimmhaut verbunden (vgl. Fig. 19 p. 8) . . . . 25. **H. chloronota**

65 Oberseite warzig, auf blauem Grunde schwarz gefleckt . 20. **H. nigropunctata**
Oberseite rauh, aber ohne größere Warzen, auf grauem Grunde blau (im Leben grün) gefleckt . . . . . . 21. **H. ouwensii**

III. Bestimmungstabelle der *Hyla*-Arten des amerikanischen Faunengebietes (nr. 74—244).

1 Haut der Kopfoberseite glatt, nicht fest mit den Schädelknochen verbunden — 2
Haut der Kopfoberseite rauh, fest mit den Schädelknochen verbunden — 165

2 Gaumenzähne in der Regel vorhanden 1) — 3
Gaumenzähne stets fehlend — 156

3 Gaumenzähne in [ ]- oder ( )-förmiger Anordnung (Fig. 219) oder in langen, geraden, nach vorn oder hinten konvergierenden Reihen (Fig. 220) zwischen den sehr großen Choanen — 4
Gaumenzähne in kleinen Gruppen oder in kurzen queren, oder nach vorn oder hinten konvergierenden Reihen zwischen den kleinen oder mäßig großen Choanen (Fig. 221—223) — 44

4 Finger mindestens zur Hälfte ihrer Länge durch Schwimmhaut verbunden (vgl. Fig. 18 p. 8) — 5
Finger höchstens zu 1/3 ihrer Länge durch Schwimmhaut verbunden (Fig. 19 p. 8) — 20

5 Ein deutliches vorspringendes Pollexrudiment vorhanden 2) — 6
Kein vorspringendes Pollexrudiment vorhanden — 12

6 Finger völlig durch Schwimmhaut verbunden (Fig. 15 p. 8) 7
Finger zu 1/2—2/3 ihrer Länge durch Schwimmhaut verbunden (Fig. 18 u. 17 p. 8) — 8

7 Bei nach vorn an den Körper angelegtem Hinterbein reicht das Tibiotarsalgelenk:
höchstens bis zur Schnauzenspitze; Ferse mit einem kurzen Hautanhang . . . . 214. **H. maxima**
über die Schnauzenspitze hinaus; Ferse ohne Hautanhang . . . . 133. **H. rosenbergi**

8 Trommelfell 1/2 oder fast 1/2 so breit wie der Augendurchmesser — 9
Trommelfell 2/3 so breit wie der Augendurchmesser — 11

1) Als Ausnahme kommen Exemplare ohne Gaumenzähne bei *H. smithii* (nr. 92) und bei *H. prosoblepon* (nr. 114) vor.

2) Siehe oben p. 6 und Fig. 240.

9
Haftscheiben der Finger so groß wie das Trommelfell — **10**
Haftscheiben der Finger $1/2$ so groß wie das Trommelfell; Finger zu $1/2$ ihrer Länge (vgl. Fig. 18 p. 8), Zehen fast völlig durch Schwimmhaut verbunden; Haut der Oberseite glatt . . . . 134. **H. pellucens**

10
Finger zu $1/2$ oder fast $1/2$ (Fig. 18 p. 8), Zehen zu $3/4$ ihrer Länge (Fig. 22 p. 9) durch Schwimmhaut verbunden, Haut der Oberseite gekörnelt . . . . 215. **H. granosa**
Finger zu $^2/_3$ ihrer Länge (Fig. 17 p. 8), Zehen fast völlig durch Schwimmhaut verbunden; Haut der Oberseite glatt . . . . 124. **H. albomarginata**

11
Haut der Oberseite warzig; eine gezackte Hautfalte am lateralen Rande von Unterarm und Tarsus vorhanden. Flanken und Oberschenkel senkrecht dunkel gebändert . . . . 177. **H. pardalis**
Haut der Oberseite völlig glatt, eine Tarsalfalte (*t* in Fig. 27 p. 10) am medialen Tarsusrande vorhanden, Flanken nicht senkrecht gebändert . . . 176. **H. faber**

12
Trommelfell mindestens $^2/_3$ so breit wie der Augendurchmesser — **13**
Trommelfell nur $1/4$ so breit wie der Augendurchmesser . . . . 238. **H. vasta**

13
Laterale Finger fast völlig (mindestens am 2. und 4. Finger bis zur Haftscheibe) durch Schwimmhaut verbunden — **14**
Laterale Finger höchstens zu $^2/_3$ ihrer Länge (Fig. 17 p. 8) durch Schwimmhaut verbunden — **16**

14
Gaumenzähne in 2 nach vorn konvergierenden, geraden Reihen angeordnet — **15**
Gaumenzähne in 2 queren Bogen angeordnet (Fig. 254), Haut der Oberseite höckerig, die lateralen Ränder der Frontoparietalknochen bilden vorspringende Leisten . . . . 179. **H. langsdorffii**

15
Schwimmhaut am 2., 3. und 4. Finger bis zur Haftscheibe reichend; Ferse mit dreieckigem Hautanhang. Haftscheiben der Finger etwas kleiner als das Trommelfell . . . . 178. **H. corticalis**
Schwimmhaut nur am 2. und 4. Finger bis zur Haftscheibe reichend, Ferse ohne Hautanhang; Haftscheiben der Finger größer als das Trommelfell . 135. **H. tuberculosa**

16
Ferse mit Hautanhang — **17**
Ferse ohne Hautanhang — **18**

17
Haut der Oberseite fein gekörnelt; Zehen völlig oder fast völlig durch Schwimmhaut verbunden . . . . 216. **H. appendiculata**
Haut der Oberseite glatt; Zehen zu $3/4$ ihrer Länge durch Schwimmhaut verbunden (Fig. 22 p. 9) . . 217. **H. cryptomelas**

18
Bei nach vorn an den Körper angelegtem Hinterbein reicht das Tibiotarsalgelenk:
fast bis zur Schnauzenspitze; Zehen völlig durch Schwimmhaut verbunden — **19**
zwischen Auge und Schnauzenspitze; Zehen zu $^2/_3$ ihrer Länge durch Schwimmhaut verbunden (vgl. Fig. 247 p. 226) . . . . 219. **H. resinifictrix**

19 Laterale Finger fast völlig durch Schwimmhaut verbunden; Trommelfell $^2/_3$ so breit wie der Augendurchmesser . . . . 218. **H. inframaculata**
Laterale Finger nur zu fast $1/2$ ihrer Länge durch Schwimmhaut verbunden. Trommelfell fast so breit wie der Augendurchmesser; die lateralen Ränder der Frontoparietalknochen bilden vorspringende Leisten . . . . 220. **H. taurina**

20 Laterale Finger zu $1/4$—$1/3$ ihrer Länge durch Schwimmhaut verbunden (Fig. 19 p. 8) — **21**
Laterale Finger nur an ihrer Basis durch Schwimmhaut verbunden (Fig. 20 p. 8) oder völlig frei von solcher — **32**

21 Trommelfell deutlich sichtbar — **22**
Trommelfell unsichtbar — **31**

22 Trommelfell $^2/_3$—$3/4$ so breit wie der Augendurchmesser — **23**
Trommelfell höchstens $1/2$ so breit wie der Augendurchmesser — **30**

23 Ein mehr oder weniger stark vorspringendes Pollexrudiment vorhanden[1]) — **24**
Kein vorspringendes Pollexrudiment vorhanden — **29**

24 Bei nach vorn an den Körper angelegtem Hinterbein reicht das Tibiotarsalgelenk:
mindestens bis zur Schnauzenspitze — **25**
nicht bis zur Schnauzenspitze . . . . 222. **H. indris**

25 Zehen zu $3/4$ ihrer Länge durch Schwimmhaut verbunden (Fig. 22 p. 9) — **26**
Zehen fast völlig durch Schwimmhaut verbunden — **27**

26 Finger zu $1/3$ ihrer Länge durch Schwimmhaut verbunden (Fig. 19 p. 8); keine Tarsalfalte vorhanden; Flanken und Hinterseite der Oberschenkel weiß gefleckt, gebändert oder marmoriert . . . . . . 168. **H. callipleura**
Finger zu $1/4$ ihrer Länge durch Schwimmhaut verbunden; eine schwache Tarsalfalte (*t* in Fig. 27 p. 10) am medialen Tarsusrande vorhanden; Flanken senkrecht dunkel gebändert . . . . 170. **H. spegazzinii**

27 Gaumenzähne mitten zwischen den Choanen (vgl. Fig. 221); Schnauze $1\frac{1}{2}$mal so lang wie der Augendurchmesser, Flanken und Oberschenkel senkrecht dunkel gebändert — **28**
Gaumenzähne auf der Höhe der Choanenhinterränder (vgl. Fig. 222); Schnauze nur so lang wie der Augendurchmesser; Flanken und Oberschenkel ohne dunkle Querbinden . . . . 169. **H. balzani**

28 Oberschenkel nur auf der Hinterseite senkrecht dunkel gebändert; 3—4 breite Querbinden auf der Oberseite des Unterschenkels . . . . 221. **H. crepitans**
Oberschenkel fast völlig von schmalen dunklen Binden umfaßt; 7 breitere Querbinden auf der Oberseite des Unterschenkels . . . . 223. **H. circumdata**

29 Zügelregion sehr schief abfallend; Canthus rostralis geschweift . . . . 139. **H. buckleyi**
Zügelregion nicht sehr schief abfallend; Canthus rostralis geradlinig . . . . 224. **H. leprieurii**

---

[1]) Siehe oben p. 6 und Fig. 240.

30 Interorbitalraum so breit wie ein oberes Augenlid; Oberseite glatt . . . . 137. **H. picturata**
Interorbitalraum doppelt so breit wie ein oberes Augenlid; Oberseite stark warzig . . . . 138. **H. verrucigera**

31 Schnauze länger als der Augendurchmesser; Ferse mit kurzem Hautanhang . . . . 180. **H. punctillata**
Schnauze kürzer als der Augendurchmesser; Ferse ohne Hautanhang . . . . 181. **H. punctatissima**

32 Haut der Oberseite glatt — **33**
Haut der Oberseite höckerig oder gekörnelt — **42**

33 Ein, wenn auch nur schwaches, vorspringendes Pollexrudiment vorhanden[1]) — **34**
Kein vorspringendes Pollexrudiment vorhanden — **38**

34 Trommelfell nur ⅓ so breit wie der Augendurchmesser . . . . 143. **H. hypselops**
Trommelfell ½—⅔ so breit wie der Augendurchmesser — **35**

35 Zehen völlig durch Schwimmhaut verbunden (Fig. 21 p. 9), Finger völlig frei von solcher; Gaumenzähne in einheitlicher, sehr schwach gebogener Reihe auf der Höhe der Choanenhinterränder . . . . 183. **H. hayii**
Zehen zu ¾ oder ⅔ ihrer Länge, Finger nur durch eine Spur von Schwimmhaut (Fig. 20 p. 8) verbunden — **36**

36 Ferse mit deutlichem, dreieckigem Hautanhang; hintere Hälfte der Flanken und Vorder- und Hinterseite des Oberschenkels senkrecht dunkel gebändert . . . . 227. **H. calcarata**
Ferse ohne Hautanhang; Flanken und Oberschenkelseiten nicht senkrecht gebändert — **37**

37 Interorbitalraum breiter als ein oberes Augenlid; Oberseite auf hellem Grunde fein weiß oder rosig punktiert, meist auch runde weiße Flecke auf dem Rücken und ein weißer Lateralstreifen jederseits vorhanden . . . . 228. **H. punctata**
Interorbitalraum nur so breit wie ein oberes Augenlid; Oberseite auf bräunlichem Grunde dunkel quer gebändert . . . . 229. **H. boans**

38 Ferse mit Hautanhang — **39**
Ferse ohne Hautanhang — **40**

39 Unterarm und Tarsus mit Hautfalte am lateralen Rande; Zügelregion fast senkrecht abfallend . . . 182. **H. spectrum**
Keine Hautfalte am lateralen Rande von Unterarm und Tarsus; Zügelregion schief abfallend . . . . 167. **H. steinbachi**

40 Zehen völlig durch Schwimmhaut verbunden (Fig. 21 p. 9), Finger fast völlig frei von solcher . . . . . 108. **H. cherrei**
Zehen zu ⅔ ihrer Länge (vgl. Fig. 247), Finger nur an ihrer Basis durch Schwimmhaut verbunden (vgl. Fig. 20 p. 8) — **41**

41 Trommelfell sehr deutlich, ½ so breit wie der Augendurchmesser; Flanken und Oberseite der Oberschenkel in der Regel weiß gefleckt . . . . . . 142. **H. alboguttata**
Trommelfell kaum sichtbar oder unsichtbar; Oberseite dunkel gefleckt; ein schwarzer Dorsolateralstreifen zieht jederseits von der Schnauzenspitze bis zu den Weichen . . . . 166. **H. aluminiata**

---

[1]) Siehe Fußnote p. 182.

42 Ein schwaches vorspringendes Pollexrudiment vorhanden[1]); Gaumenzähne in [ ] förmiger Anordnung (Fig. 219) . . . . 141. **H. lanciformis**
Kein vorspringendes Pollexrudiment vorhanden; Gaumenzähne in geraden nach hinten konvergierenden Reihen oder in gebogenen Querreihen angeordnet — **43**

43 Gaumenzähne in nach hinten konvergierenden, geraden Reihen angeordnet; Schnauze mehr als doppelt so lang wie der Augendurchmesser . . . 226. **H. rostrata**
Gaumenzähne in gebogenen Querreihen zwischen den hinteren Hälften der Choanen; Schnauze nur wenig länger als der Augendurchmesser . . . . 225. **H. planiceps**

44 2.—4. Finger mindestens zu $\frac{1}{4}$—$\frac{1}{3}$ ihrer Länge durch Schwimmhaut verbunden (wie in Fig. 19 p. 8) — **45**
2.—4. Finger höchstens an ihrer Basis durch eine schwache Schwimmhaut verbunden (Fig. 20 p. 8) oder völlig frei von solcher — **101**

45 2.—4. Finger mindestens zu $\frac{1}{2}$ ihrer Länge (Fig. 18 p. 8) durch Schwimmhaut verbunden — **46**
2.—4. Finger nur zu $\frac{1}{4}$—$\frac{1}{3}$ ihrer Länge durch Schwimmhaut verbunden (Fig. 19 p. 8) — **71**

46 Gaumenzähne mitten zwischen den Choanen (Fig. 221 p. 173) — **47**
Gaumenzähne auf der Verbindungslinie der Choanenhinterränder (Fig. 222) oder noch hinter dieser (Fig. 223 p. 173) — **62**

47 2.—4. Finger zu $^2/_3$—$\frac{3}{4}$ ihrer Länge durch Schwimmhaut verbunden (letztere am 4., meist auch am 2. Finger bis zur Haftscheibe reichend (Fig. 16 p. 8) — **48**
2.—4. Finger höchstens zu $\frac{1}{2}$ ihrer Länge (Fig. 18 p. 8) durch Schwimmhaut verbunden — **55**

48 Bei nach vorn an den Körper angelegtem Hinterbein reicht das Tibiotarsalgelenk:
mindestens bis zur Schnauzenspitze — **49**
nur bis zum Vorderrand des Auges — **54**

49 Eine Tarsalfalte (*t* in Fig. 27 p. 10) am medialen Tarsusrande vorhanden — **50**
Keine Tarsalfalte am medialen Tarsusrande — **51**

50 Schnauze so lang wie der Augendurchmesser, keine Hautfalte am lateralen Rande des Unterarms vorhanden 98. **H. godmani**
Schnauze länger als der Augendurchmesser; eine höckerige Hautfalte am lateralen Rande des Unterarmes vorhanden . . . . 106. **H. gabbii**

51 Bei nach vorn an den Körper angelegtem Hinterbein reicht das Tibiotarsalgelenk:
bis zur Schnauzenspitze oder über diese noch hinaus — **52**
zwischen Auge und Schnauzenspitze — **53**

52 Das Tibiotarsalgelenk reicht über die Schnauzenspitze hinaus; Trommelfell sehr klein, kaum sichtbar; Schnauze so lang wie der Augendurchmesser . . 120. **H. pulverata**
Das Tibiotarsalgelenk reicht bis zur Schnauzenspitze; Trommelfell deutlich, kaum $\frac{1}{3}$ so breit wie der Augendurchmesser; Schnauze kürzer als letzterer . 145. **H. ocellifera**

[1]) Siehe Fußnote p. 182.

53 Trommelfell $1/2$ so breit wie der Augendurchmesser, mehr oder weniger deutlich . . . . 123. H. leucophyllata
Trommelfell $1/3$ so breit wie der Augendurchmesser; Oberseite fein punktiert . . . . 121. H. sordida

54 Schnauze etwas länger als der Augendurchmesser; Oberseite fast glatt . . . . 186. H. senicula
Schnauze so lang wie der Augendurchmesser; Oberseite warzig . . . . 187. H. melanargyrea

55 Trommelfell undeutlich — 56
Trommelfell deutlich — 58

56 Zehen völlig oder fast völlig durch Schwimmhaut verbunden (Fig. 21 p. 9) — 57
Zehen zu $2/3$ ihrer Länge durch Schwimmhaut verbunden (vgl. Fig. 247 p. 226) . . . . 146. H. reticulata

57 Bei nach vorn an den Körper angelegtem Hinterbein reicht das Tibiotarsalgelenk:
nur bis zum Auge; Haut der Oberseite mit einer vom Scheitel bis zum Kreuzbein reichenden, durch Knocheneinlagerung rauhen Mittelzone . . . . . 189. H. dasynota
zwischen Auge und Schnauzenspitze; Haut der Oberseite glatt . . . . 185. H. minuta

58 Bei nach vorn an den Körper angelegtem Hinterbein reicht das Tibiotarsalgelenk:
mindestens bis zur Schnauzenspitze; Trommelfell mehr als $1/2$ so breit wie der Augendurchmesser . . . . 184. H. bipunctata
höchstens zwischen Auge und Schnauzenspitze; Trommelfell höchstens $1/2$ so breit wie der Augendurchmesser — 59

59 Bei nach vorn an den Körper angelegtem Hinterbein reicht das Tibiotarsalgelenk:
zwischen Auge und Schnauzenspitze — 60
nur bis zum Vorder- oder Hinterrand des Auges — 61

60 Trommelfell $1/2$ so breit wie der Augendurchmesser; Interorbitalraum doppelt so breit wie ein oberes Augenlid . . . . 131. H. misera
Trommelfell $1/4$—$1/5$ so breit wie der Augendurchmesser; Interorbitalraum etwas breiter als ein oberes Augenlid . . . . 107. H. nigripes

61 Bei nach vorn an den Körper angelegtem Hinterbein reicht das Tibiotarsalgelenk:
bis zum Vorderrand des Auges; Oberseite auf braunem Grunde gelb genetzt . . . . 144. H. favosa
bis zum Hinterrand des Auges, ein schwarzroter Streifen zieht jederseits von der Schnauzenspitze bis zur Rumpfmitte . . . . 190. H. pygmaea

62 Bei nach vorn an den Körper angelegtem Hinterbein reicht das Tibiotarsalgelenk:
höchstens etwas über das Auge hinaus — 63
bis zur Schnauzenspitze — 70

63 Trommelfell mindestens $1/2$ so breit wie der Augendurchmesser — 64
Trommelfell weniger als $1/2$ so breit wie der Augendurchmesser — 69

64 Trommelfell $2/3$ so breit wie der Augendurchmesser — 65
Trommelfell $1/2$ so breit wie der Augendurchmesser — 66

65	Gaumenzähne auf der Höhe der Choanenhinterränder (Fig. 222); Oberseite schwach warzig, ein gewellter Hautsaum am lateralen Rande von Unterarm und Tarsus	148. **H. marmorata**
	Gaumenzähne hinter der Verbindungslinie der Choanenhinterränder (Fig. 223); Oberseite lederartig gerunzelt; keine Hautfalte am Unterarm und Tarsus	231. **H. coriacea**
66	Gaumenzähne in queren oder nach vorn konvergierenden Reihen auf der Höhe der Choanenhinterränder (Fig. 222) — **67**	
	Gaumenzähne in geraden oder gebogenen Querreihen hinter der Verbindungslinie der Choanenhinterränder (Fig. 223) — **68**	
67	Gaumenzähne in nach vorn konvergierenden Reihen angeordnet; Zehen fast völlig durch Schwimmhaut verbunden	150. **H. pulicaria**
	Gaumenzähne in queren Reihen angeordnet. Zehen zu $^3/_4$ ihrer Länge durch Schwimmhaut verbunden (vgl. Fig. 22 p. 9)	149. **H. quadrangulum**
68	Gaumenzähne in geraden Querreihen angeordnet; 2. bis 4. Finger zu $^2/_3$ ihrer Länge durch Schwimmhaut verbunden (vgl. Fig. 17 p. 8)	230. **H. aurantiaca**
	Gaumenzähne in gebogenen Querreihen angeordnet; 2.—4. Finger zu $^1/_2$ ihrer Länge durch Schwimmhaut verbunden (vgl. Fig. 18 p. 8)	132. **H. palmeri**
69	Gaumenzähne auf der Höhe der Choanenhinterränder (Fig. 222); Trommelfell $^1/_3$ so breit wie der Augendurchmesser; Zehen zu $^2/_3$ ihrer Länge durch Schwimmhaut verbunden	192. **H. microps**
	Gaumenzähne hinter der Verbindungslinie der Choanenhinterränder (Fig. 223); Trommelfell undeutlich; Zehen völlig durch Schwimmhaut verbunden	151. **H. albopunctulata**
70	Gaumenzähne in runden Gruppen auf der Höhe der Choanenhinterränder (Fig. 222); Oberseite glatt; kein vorspringendes Pollexrudiment vorhanden . .	191. **H. vittigera**
	Gaumenzähne in queren Reihen hinter der Verbindungslinie der Choanenhinterränder (Fig. 223); Oberseite höckerig, ein vorspringendes Pollexrudiment vorhanden [1])	105. **H. miliaria**
71	Gaumenzähne mitten zwischen den Choanen (vgl. Fig. 221) — **72**	
	Gaumenzähne auf der Verbindungslinie der Choanenhinterränder (Fig. 222) oder noch hinter dieser (Fig. 223) — **87**	
72	Trommelfell höchstens $^1/_3$ so breit wie der Augendurchmesser — **73**	
	Trommelfell mehr als $^1/_3$ so breit wie der Augendurchmesser — **78**	
73	Bei nach vorn an den Körper angelegtem Hinterbein reicht das Tibiotarsalgelenk:	
	höchstens bis zum Auge	89. **H. taeniopus**
	mindestens bis zwischen Auge und Schnauzenspitze — **74**	

[1]) Siehe oben p. 6 u. f. 240.

74 Trommelfell 1/4—1/3 so breit wie der Augendurchmesser — **75**
Trommelfell sehr klein, 1/6—1/5 so breit wie der Augendurchmesser — **77**

75 Zehen völlig oder fast völlig durch Schwimmhaut verbunden (Fig. 21 p. 9) — **76**
Zehen nur zu 1/2 ihrer Länge durch Schwimmhaut verbunden (Fig. 23 p. 9) . . . . 193. **H. strigilata**

76 Bei nach vorn an den Körper angelegtem Hinterbein reicht das Tibiotarsalgelenk:
bis zur Schnauzenspitze; Haut der Oberseite glatt . . 188. **H. velata**
bis zwischen Augen und Schnauzenspitze; Kopf und Vorderrücken mit feinen Warzen besetzt . . . . 237. **H. goughi**

77 Bei nach vorn an den Körper angelegtem Hinterbein reicht das Tibiotarsalgelenk:
bis zwischen Auge und Schnauzenspitze; Zehen fast völlig durch Schwimmhaut verbunden . . . . . . 88. **H. miotympanum**
bis zur Schnauzenspitze oder über diese noch hinaus; Zehen zu 2/3 ihrer Länge durch Schwimmhaut verbunden (vgl. Fig. 247); Augen stark nach vorn gerichtet . . . . 114. **H. prosoblepon**

78 Trommelfell etwa 1/2 so breit wie der Augendurchmesser — **79**
Trommelfell mindestens 2/3 so breit wie der Augendurchmesser — **85**

79 Zehen zu 1/2 ihrer Länge durch Schwimmhaut verbunden (Fig. 23 p. 9) . . . . 99. **H. mocquardi**
Zehen mindestens zu 2/3 ihrer Länge durch Schwimmhaut verbunden (vgl. Fig. 247) — **80**

80 Bei nach vorn an den Körper angelegtem Hinterbein reicht das Tibiotarsalgelenk:
über die Schnauzenspitze hinaus . . . . 152. **H. festae**
höchstens zwischen Auge und Schnauzenspitze — **81**

81 Keine Tarsalfalte vorhanden — **82**
Eine deutliche Tarsalfalte (*t* in Fig. 27 p. 10) am medialen Tarsusrande vorhanden — **84**

82 Bei nach vorn an den Körper angelegtem Hinterbein reicht das Tibiotarsalgelenk:
zwischen Auge und Schnauzenspitze; Zehen fast völlig durch Schwimmhaut verbunden . . . . 112. **H. underwoodi**
höchstens bis zum Vorderrand des Auges; Zehen zu 3/4 ihrer Länge durch Schwimmhaut verbunden (Fig. 22 p. 9) — **83**

83 Das Tibiotarsalgelenk reicht:
bis zum Trommelfell oder höchstens bis zum Hinterrand des Auges; Interorbitalraum fast so breit wie ein oberes Augenlid . . . . 128. **H. variabilis**
bis zum Vorderrand des Auges; Interorbitalraum breiter als ein oberes Augenlid . . . . 111. **H. uranochroa**

84 Zehen zu 2/3 ihrer Länge durch Schwimmhaut verbunden (vgl. Fig. 247); Vorder- und Hinterseite der Oberschenkel senkrecht dunkel gebändert . . 165. **H. albonigra**
Zehen völlig durch Schwimmhaut verbunden: Oberschenkel ohne senkrechte dunkle Binden . . . . 129. **H. vilsoniana**

85 Oberseite einfarbig oder mit mehr oder weniger deutlicher symmetrischer dunkler Zeichnung; ein dunkler Streifen vom Auge zur Schulter; Rumpfseiten nicht schwärzlich; stets ein heller Fleck unter dem Auge . . . . 84. **H. baudinii**
Oberseite dunkel gefleckt oder punktiert; Seiten auf schwärzlichem Grunde weiß punktiert oder jederseits eine von der Schnauzenspitze durch das Auge bis zu den Weichen ziehende dunkle Lateralbinde vorhanden — **86**

86 Oberseite auf bräunlichem Grunde braun gefleckt oder punktiert; Rumpfseiten auf schwärzlichem Grunde weiß punktiert. Interorbitalraum so breit wie ein oberes Augenlid . . . . 161. **H. melanopleura**
Oberseite auf rosenrotem Grunde violett punktiert; eine purpurbraune Binde zieht jederseits von der Schnauzenspitze an durch das Auge zu den Weichen. Interorbitalraum breiter als ein oberes Augenlid . 153. **H. rhodopepla**

87 Gaumenzähne auf der Verbindungslinie der Choanenhinterränder (Fig. 222) — **88**
Gaumenzähne noch hinter der Verbindungslinie der Choanenhinterränder (Fig. 223) — **97**

88 Trommelfell mehr als $\frac{1}{2}$, meist $\frac{2}{3}$ so breit wie der Augendurchmesser — **89**
Trommelfell höchstens $\frac{1}{2}$ so breit wie der Augendurchmesser — **93**

89 Eine mehr oder weniger starke Tarsalfalte (*t* in Fig. 27 p. 10) am medialen Tarsusrande vorhanden — **90**
Keine Tarsalfalte vorhanden . . . . 85. **H. venulosa**

90 Bei nach vorn an den Körper angelegtem Hinterbein reicht das Tibiotarsalgelenk:
bis zum Trommelfell oder höchstens bis zum Hinterrand des Auges; stets ein heller Fleck unter dem Auge vorhanden . . . . 75. **H. versicolor**
mindestens bis zum Auge oder über dieses noch hinaus; kein heller Fleck unter dem Auge — **91**

91 Zehen fast völlig durch Schwimmhaut verbunden; ein heller, oben und unten schwarz gesäumter Streifen trennt den dunkelrotbraunen Rücken vom grauen Kopfe und den rötlichbraunen Flanken . . . . . 194. **H. mesophaea**
Zehen zu $\frac{3}{4}$ ihrer Länge durch Schwimmhaut verbunden (Fig. 22 p. 9), Oberseite olivenbraun oder grün in verschiedenen Schattierungen — **92**

92 Eine helle Binde zieht jederseits von der Schnauzenspitze an unter dem Auge hinweg mindestens bis zur Rumpfseitenmitte . . . . 78. **H. cinerea**
Keine helle Seitenbinde vorhanden . . . . 76. **H. evittata**

93 Zehen zu $\frac{3}{4}$ ihrer Länge (Fig. 22 p. 9) oder fast völlig durch Schwimmhaut verbunden; keine Tarsalfalte vorhanden — **94**
Zehen nur zu $\frac{1}{2}$ ihrer Länge durch Schwimmhaut verbunden (Fig. 23 p. 9), eine schwache Tarsalfalte (*t* in Fig. 27 p. 10) am medialen Tarsusrande sowie ein vorspringendes Pollexrudiment[1]) vorhanden . 197. **H. bischoffi**

---

[1]) Siehe oben p. 6.

94 Bei nach vorn an den Körper angelegtem Hinterbein reicht das Tibiotarsalgelenk:
höchstens bis zum Vorderrand des Auges . . . . . 110. **H. pseudopuma**
mindestens halbwegs zwischen Auge und Schnauzenspitze — **95**

95 Trommelfell $\frac{1}{3}$ so breit wie der Augendurchmesser; Oberseite chagriniert und undeutlich warzig . . . 109. **H. phlebodes**
Trommelfell $\frac{1}{2}$ so breit wie der Augendurchmesser — **96**

96 Schnauze länger als der Augendurchmesser; kein vorspringendes Pollexrudiment vorhanden . . . . . 236. **H. lineomaculata**
Schnauze kürzer als der Augendurchmesser; ein deutliches, vorspringendes Pollexrudiment vorhanden [1]) 195. **H. marginata**

97 Trommelfell $\frac{1}{6}$ so breit wie der Augendurchmesser . . . . 173. **H. palliata**
Trommelfell mindestens $\frac{1}{3}$ so breit wie der Augendurchmesser — **98**

98 Trommelfell $\frac{1}{3}$ so breit wie der Augendurchmesser — **99**
Trommelfell $\frac{1}{2}$ so breit wie der Augendurchmesser . 130. **H. servalina**

99 Zehen zu $\frac{1}{2}$ ihrer Länge durch Schwimmhaut verbunden (Fig. 23 p. 9) — **100**
Zehen fast völlig durch Schwimmhaut verbunden . . 154. **H. parviceps**

100 Schnauze so lang wie der Augendurchmesser; Rücken mit zahlreichen braunen Längsstreifen . . . . . 198. **H. polytaenia**
Schnauze kürzer als der Augendurchmesser, Rücken ohne Längsstreifen . . . . 199. **H. rubicundula**

101 2.—4. Finger an ihrer Basis durch Schwimmhaut verbunden (Fig. 20 p. 8) — **102**
Schwimmhaut zwischen allen Fingern völlig fehlend — **133**

102 Gaumenzähne mitten zwischen den Choanen (Fig. 221) — **103**
Gaumenzähne auf der Verbindungslinie der Choanenhinterränder (Fig. 222) oder noch hinter dieser (Fig. 223) — **120**

103 Trommelfell mindestens $\frac{1}{2}$ so breit wie der Augendurchmesser — **104**
Trommelfell weniger als $\frac{1}{2}$ so breit wie der Augendurchmesser oder unsichtbar — **114**

104 Zehen mindestens zu $\frac{3}{4}$ ihrer Länge durch Schwimmhaut verbunden (Fig. 22 p. 9) — **105**
Zehen höchstens zu $\frac{1}{2}$ ihrer Länge durch Schwimmhaut verbunden (Fig. 23 p. 9) — **111**

105 Bei nach vorn an den Körper angelegtem Hinterbein reicht das Tibiotarsalgelenk:
mindestens zwischen Auge und Schnauzenspitze — **106**
nur bis zur Mitte oder bis zum Vorderrand des Auges . 81. **H. gratiosa**

106 Das Tibiotarsalgelenk reicht:
höchstens bis zur Schnauzenspitze — **107**
über die Schnauzenspitze hinaus . . . . 125. **H. phaeota**

107 Trommelfell $\frac{1}{2}$ (oder wenig mehr) so breit wie der Augendurchmesser; Zehen zu $\frac{2}{3}$ oder $\frac{3}{4}$ ihrer Länge durch Schwimmhaut verbunden (Fig. 22 p. 9) — **108**
Trommelfell $\frac{2}{3}$ so breit wie der Augendurchmesser; Zehen fast völlig durch Schwimmhaut verbunden . 175. **H. riojana**

[1]) Siehe oben p. 6.

108 Haut der Oberseite glatt — **109**
Haut der Oberseite deutlich gekörnelt oder schwach warzig — **110**

109 Kopf stark flach gedrückt; Canthus rostralis sehr undeutlich . . . . 155. **H. depressiceps**
Kopf nicht abgeplattet; Zügelregion fast senkrecht abfallend . . . . 244. **H. fusca**

110 Oberseite deutlich gekörnelt; Schnauze $1\frac{1}{2}$—$1\frac{2}{3}$ mal so lang wie der Augendurchmesser; Interorbitalraum breiter als ein oberes Augenlid . . . . 172. **H. nasica**
Oberseite schwach warzig; Schnauze nur so lang wie der Augendurchmesser; Interorbitalraum so breit wie ein oberes Augenlid . . . . 200. **H. catharinae**

111 Bei nach vorn an den Körper angelegtem Hinterbein reicht das Tibiotarsalgelenk:
fast bis zur Schnauzenspitze . . . . 79. **H. squirella**
höchstens bis zum Vorderrand des Auges — **112**

112 Oberseite gelb, fein braun punktiert; Seiten von Bauch und Oberschenkeln mit queren purpurblauen Binden 203. **H. nebulosa**
Oberseite einfarbig oder mit unregelmäßig gestalteten und verteilten dunklen Flecken oder mit schwärzlichen, zuweilen hell gesäumten, länglichen Flecken; eine dunkle Linie oder breite Binde zieht an Kopf- und Rumpfseiten bis zur Rumpfmitte oder bis zum Oberschenkel — **113**

113 Oberseite mit unregelmäßig gestalteten und verteilten dunklen Flecken; eine dunkle Linie zieht jederseits von der Schnauzenspitze über Auge und Trommelfell hinweg bis zum Oberschenkel . . . . 80. **H. femoralis**
Oberseite einfarbig oder mit schwärzlichen, zuweilen hell gesäumten, länglichen Flecken; eine schwärzliche Linie zieht jederseits von der Schnauzenspitze zum Auge und als breite Binde weiter bis zur Rumpfmitte . . . . 86. **H. eximia**

114 Trommelfell deutlich sichtbar — **115**
Trommelfell unsichtbar — **119**

115 Zehen mindestens zu $\frac{2}{3}$ ihrer Länge durch Schwimmhaut verbunden; Oberseite glatt — **116**
Zehen nur zu $\frac{1}{2}$ ihrer Länge durch Schwimmhaut verbunden (Fig. 23 p. 9); Oberseite mit flachen Höckern besetzt . . . . 119. **H. splendens**

116 Zehen zu $\frac{2}{3}$ oder $\frac{3}{4}$ ihrer Länge durch Schwimmhaut verbunden (Fig. 22 p. 9) — **117**
Zehen völlig oder fast völlig durch Schwimmhaut verbunden — **118**

117 Bei nach vorn an den Körper angelegtem Hinterbein reicht das Tibiotarsalgelenk:
über die Schnauzenspitze hinaus . . . . 102. **H. quinquevittata**
höchstens bis zur Schnauzenspitze . . . . 202. **H. bivittata**

118 Oberseite einfarbig graublau oder dunkel marmoriert . 118. **H. molitor**
Rücken und Rumpfseiten mit zusammen 4 purpurfarbenen Längsbinden oder Fleckenreihen auf rötlichem Grunde . . . . 201. **H. nana**

119 Zehen völlig durch Schwimmhaut verbunden; eine Tarsalfalte (*t* in Fig. 27 p. 10) am medialen Tarsusrande vorhanden . . . . 101. **H. guatemalensis**
Zehen zu $\frac{2}{3}$ ihrer Länge durch Schwimmhaut verbunden (vgl. Fig. 247); keine Tarsalfalte vorhanden . . . 100. **H. glandulosa**

120 Gaumenzähne auf der Verbindungslinie der Choanenhinterränder (Fig. 222) — **121**
Gaumenzähne hinter der Verbindungslinie der Choanenhinterränder (Fig. 223) — **129**

121 Zehen höchstens zu 1/2 ihrer Länge durch Schwimmhaut verbunden (Fig. 23 p. 9) — **122**
Zehen mindestens zu 3/4 ihrer Länge durch Schwimmhaut verbunden (Fig. 22 p. 9) — **125**

122 Trommelfell 1/2 so breit wie der Augendurchmesser; Oberseite mit kleinen glatten Warzen besetzt . . 83. **H. regilla**
Trommelfell mindestens 2/3 so breit wie der Augendurchmesser; Haut völlig glatt — **123**

123 Trommelfell ein senkrechtes Oval, weniger als 1/2 so breit wie der Augendurchmesser; Rücken und Flanken mit dunklen Längsbinden . . . . 157. **H. quitoe**
Trommelfell rundlich, 2/3 so breit wie der Augendurchmesser — **124**

124 Oberseite einfarbig dunkelbraun . . . . 103. **H. puma**
Oberseite schieferfarbig mit 2 dunklen Längsbinden; Rumpfseiten grau, hinten dunkel gefleckt . . . . 156. **H. riobambae**

125 Schnauze so lang wie der Augendurchmesser — **126**
Schnauze länger als der Augendurchmesser — **127**

126 Trommelfell 1/2—2/3 so breit wie der Augendurchmesser . . . . 208. **H. auraria**
Trommelfell 1/3 so breit wie der Augendurchmesser . 126. **H. columbiana**

127 Interorbitalraum nicht oder nur wenig breiter als ein oberes Augenlid; Rumpfseiten gewöhnlich mit hellem, oben und unten dunkel gesäumtem, vom Auge bis zu den Weichen reichenden Längsstreifen . 205. **H. raddiana**
Interorbitalraum erheblich breiter oder mehr als doppelt so breit wie ein oberes Augenlid, Rumpfseiten mit dunklem, oben hellgesäumtem Längsstreifen oder schwarz und weiß marmoriert — **128**

128 Haut oben glatt, oder mit kleinen Pusteln besetzt; Rumpfseiten und Teile der Schenkel schwarz und weiß marmoriert . . . . 206. **H. dolloi**
Haut oben höckerig; obere Augenlider und Rumpfseiten gekörnelt; Rumpfseiten mit breitem, dunklem, oben hell gesäumtem Längsstreifen . 164. **H. palpebrogranulata**

129 Zehen höchstens zu 1/2 ihrer Länge durch Schwimmhaut verbunden (Fig. 23 p. 9) — **130**
Zehen völlig oder fast völlig durch Schwimmhaut verbunden (Fig. 21 p. 9) — **131**

130 Zehen zu 1/2 ihrer Länge durch Schwimmhaut verbunden; ein vorspringendes Pollexrudiment vorhanden[1]) . . . . 204. **H. guentheri**
Zehen weniger als zu 1/2 ihrer Länge, meist nur an ihrer Basis durch Schwimmhaut verbunden; kein vorspringendes Pollexrudiment vorhanden . 158. **H. chimboe**

131 Bei nach vorn an den Körper angelegtem Hinterbein reicht das Tibiotarsalgelenk:
höchstens zwischen Auge und Schnauzenspitze; Trommelfell 1/3 so breit wie der Augendurchmesser — **132**
über die Schnauzenspitze hinaus; Trommelfell unsichtbar . . . . 163. **H. rufopunctata**

[1]) Siehe Fußnote p. 188.

132	Das Tibiotarsalgelenk reicht: zwischen Auge und Schnauzenspitze; Oberseite warzig	162. **H. armata**
	bis zum Auge; Oberseite glatt	127. **H. platydactyla**
133	Gaumenzähne mitten zwischen den Choanen (Fig. 221) — **134**	
	Gaumenzähne auf der Verbindungslinie der Choanenhinterränder (Fig. 222) oder noch hinter dieser (Fig. 223) — **147**	
134	Trommelfell mehr oder weniger deutlich sichtbar — **135**	
	Trommelfell unsichtbar	94. **H. crassa**
135	Trommelfell höchstens $1/3$ so breit wie der Augendurchmesser — **136**	
	Trommelfell mindestens $1/2$ so breit wie der Augendurchmesser — **142**	
136	Trommelfell weniger als $1/3$ so breit wie der Augendurchmesser — **137**	
	Trommelfell $1/3$ so breit wie der Augendurchmesser — **139**	
137	Zehen nur im Bereiche ihres 1. Gliedes durch Schwimmhaut verbunden	210. **H. ohausi**
	Zehen zu $2/3$ oder $3/4$ ihrer Länge durch Schwimmhaut verbunden (vgl. Fig. 22 p. 9 u. Fig. 247) — **138**	
138	Oberseite dunkelbleifarbig, Unterseite gelb, Rumpfseiten in beiden Farben marmoriert	91. **H. bistincta**
	Ober- und Unterseite einfarbig olivenbraun . . .	115. **H. elaeochroa**
139	Zehen nur zu $1/2$ ihrer Länge durch Schwimmhaut verbunden (Fig. 23 p. 9) — **140**	
	Zehen mindestens zu $2/3$ ihrer Länge durch Schwimmhaut verbunden (vgl. Fig. 247) — **141**	
140	Oberseite fein gerunzelt, grün (außer auf Händen und Füßen), ringsherum (außer an den Schenkeln) von einem doppelten, oben weißen, unten schwarzen Saum eingefaßt; eine purpurbraune Binde jederseits vom Nasenloch bis zur Schulter	77. **H. andersonii**
	Oberseite glatt, eine Hautfalte jederseits vom Auge bis zur Flanke; Oberseite grünlich mit dunklen Flecken auf Rumpf und Beinen	93. **H. plicata**
141	Schwimmhaut nicht bis zur Haftscheibe der 3. und 5. Zehe reichend	92. **H. smithii**
	Schwimmhaut fast bis zur Haftscheibe der 3. und 5. Zehe reichend	117. **H. microcephala**
142	Zehen nur an der Basis oder höchstens zu $1/3$ ihrer Länge durch Schwimmhaut verbunden — **143**	
	Zehen mindestens zu $3/4$ ihrer Länge (Fig. 22 p. 9) durch Schwimmhaut verbunden — **145**	
143	Trommelfell nur wenig kleiner als das Auge; Haut der Oberseite gerunzelt; oberhalb eines jeden Trommelfells 2 vorspringende Knochenspitzen vorhanden (Fig. 255)	209. **H. spinosa**
	Trommelfell $1/2$ so breit wie der Augendurchmesser; Oberseite glatt oder warzig — **144**	

144 Haut oben glatt; Rücken mit schwärzlichen Längsflecken, ein dunkler, oben weiß gesäumter Lateralstreifen vorhanden . . . . 97. **H. bocourti**
Haut auf Kopf und Schultern mit kleinen Warzen besetzt. Rücken und Oberseite der Beine undeutlich dunkel quer gebändert . . . . 104. **H. boulengeri**

145 Eine sehr deutliche Tarsalfalte (*t* in Fig. 27 p. 10) längs des medialen Tarsusrandes vorhanden . 82. **H. arenicolor**
Keine Tarsalfalte vorhanden — **146**

146 Trommelfell $^3/_5$ so breit wie der Augendurchmesser; Oberseite fein gekörnelt . . . . . . 233. **H. evansi**
Trommelfell $^2/_3$—$^3/_4$ so breit wie der Augendurchmesser; Oberseite warzig . . . . 171. **H. phrynoderma**

147 Gaumenzähne auf der Höhe der Choanenhinterränder (Fig. 222 p. 173) — **148**
Gaumenzähne hinter der Verbindungslinie der Choanenhinterränder (Fig. 223) — **153**

148 Trommelfell nur ¼ so breit wie der Augendurchmesser — **149**
Trommelfell mindestens ½ so breit wie der Augendurchmesser — **150**

149 Bei nach vorn an den Körper angelegtem Hinterbein reicht das Tibiotarsalgelenk:
bis zum Vorderrand des Auges; Oberseite glatt . 239. **H. pulchrilineata**
bis zur Schnauzenspitze; Oberseite warzig . . . . 212. **H. nigra**

150 Trommelfell ½ so breit wie der Augendurchmesser — **151**
Trommelfell $^4/_5$ so breit wie der Augendurchmesser . 159. **H. quinquefasciata**

151 Bei nach vorn an den Körper angelegtem Hinterbein reicht das Tibiotarsalgelenk:
zwischen Auge und Schnauzenspitze — **152**
beträchtlich über die Schnauzenspitze hinaus; Schnauze so lang wie der Augendurchmesser . 160. **H. funerea**

152 Schnauze doppelt so lang wie der Augendurchmesser; Ferse mit Hautanhang . . . . 234. **H. acuminata**
Schnauze 1½—1$^2/_3$ mal so lang wie der Augendurchmesser; Ferse ohne Hautanhang . . . . 235. **H. rubra**

153 Bei nach vorn an den Körper angelegtem Hinterbein reicht das Tibiotarsalgelenk:
über die Schnauzenspitze hinaus . . . . 116. **H. punctariola**
nur bis zum Auge — **154**

154 Trommelfell deutlich, etwa ½ so breit wie der Augendurchmesser — **155**
Trommelfell undeutlich, klein . . . . 74. **H. pickeringii**

155 Zehen zu ½ ihrer Länge durch Schwimmhaut verbunden (Fig. 23 p. 9); Haut der Oberseite dick und warzig . . . . 90. **H. spilomma**
Zehen zu ⅓ ihrer Länge durch Schwimmhaut verbunden (vgl. Fig. 19 p. 8); Haut der Oberseite glatt . . . . 211. **H. goeldii**

156 Trommelfell deutlich sichtbar — **157**
Trommelfell undeutlich oder unsichtbar — **161**

157 Bei nach vorn an den Körper angelegtem Hinterbein reicht das Tibiotarsalgelenk:
bis zum Auge — **158**
mindestens bis zur Schnauzenspitze — **159**

158 Trommelfell $\frac{1}{2}$ so breit wie der Augendurchmesser . . . . 174. **H. anisitzi**
Trommelfell $\frac{1}{4}$ so breit wie der Augendurchmesser . . . . 96. **H. sumichrasti**

159 Finger zu $^{2}/_{3}$ ihrer Länge durch Schwimmhaut verbunden (Fig. 17 p. 8) . . . . 136. **H. parabambae**
Finger nur zu $\frac{1}{2}$ ihrer Länge (Fig. 18 p. 8) oder nur an ihrer Basis (Fig. 20 p. 8) durch Schwimmhaut verbunden — **160**

160 Trommelfell kaum $\frac{1}{3}$ so breit wie der Augendurchmesser; Oberseite auf braunem oder grauem Grunde weiß gesprenkelt . . . . 207. **H. parvula**
Trommelfell $^{1}/_{5}$ so breit wie der Augendurchmesser; Oberseite purpurfarbig mit dunklen, hell gesäumten Flecken . . . . 95. **H. picta**

161 Laterale Finger zu $\frac{1}{2}$ ihrer Länge durch Schwimmhaut verbunden (Fig. 18 p. 8). . . . . 113. **H. fleischmanni**
Laterale Finger zu $\frac{1}{3}$ ihrer Länge (Fig. 19 p. 8) oder nur an ihrer Basis (Fig. 20 p. 8) durch Schwimmhaut verbunden — **162**

162 Oberseite rosagelb, ein Lateralstreifen jederseits und je eine Querbinde zwischen den Augen und über dem After blutrot . . . . 147. **H. carnea**
Oberseite mit schwärzlichen Querbinden, fein punktiert oder einfarbig — **163**

163 Zehen fast völlig durch Schwimmhaut verbunden; Kopf und Rücken mit 3 $\wedge$-förmigen dunklen Querflecken; Beine oben dunkel quer gebändert 196. **H. tenera**
Zehen zu $^{2}/_{3}$ ihrer Länge durch Schwimmhaut verbunden (vgl. Fig. 247); Oberseite fein schwärzlich punktiert oder einfarbig — **164**

164 Laterale Finger zu $\frac{1}{3}$ ihrer Länge (Fig. 19 p. 8) durch Schwimmhaut verbunden; Oberseite auf weißlichem Grunde sehr fein schwärzlich punktiert . . . . 232. **H. cappellei**
Laterale Finger nur an ihrer Basis durch Schwimmhaut verbunden (Fig. 20 p. 8); Oberseite einfarbig purpurblau, auf den Unterschenkeln weiß punktiert . . . . 140. **H. purpurea**

165 Zehen nur zu $\frac{1}{3}$ ihrer Länge durch Schwimmhaut verbunden (vgl. Fig. 19 p. 8) . . . . 87. **H. rudis**
Zehen mindestens zu $^{2}/_{3}$ ihrer Länge durch Schwimmhaut verbunden (vgl. Fig. 247) — **166**

166 Bei nach vorn an den Körper angelegtem Hinterbein reicht das Tibiotarsalgelenk:
über die Schnauzenspitze hinaus . . . . 122. **H. ceratophrys**
höchstens zwischen Auge und Schnauzenspitze — **167**

167 Hinterrand des Kopfes aufgewölbt; Interorbitalraum so breit wie die Schnauze lang . . . . 241. **H. lichenata**
Hinterrand des Kopfes nicht aufgewölbt — **168**

168 Finger zu $\frac{1}{3}$ ihrer Länge durch Schwimmhaut verbunden (Fig. 19 p. 8) — **169**
Finger nur an der Basis durch Schwimmhaut verbunden (Fig. 20 p. 8) . . . . 243. **H. septentrionalis**

169	Zehen fast völlig durch Schwimmhaut verbunden; Gaumenzähne in gerader Querreihe zwischen den Choanen	213. **H. nigromaculata**
	Zehen zu ¾ ihrer Länge durch Schwimmhaut verbunden (Fig. 22); Gaumenzähne in nach vorn konvexem Bogen zwischen den Choanen — **170**	
170	Schnauze nach vorn in sanftem Bogen abfallend; Nasenloch viel näher dem Auge als der Schnauzenspitze	240. **H. dominicensis**
	Schnauze vorn scharf abgestutzt; Nasenloch dicht hinter der Schnauzenspitze	242. **H. brunnea**

1. **H. arborea** (L.) 1758 *Rana a.*, Linné, Syst. Nat., ed. 10 p. 213 | 1758 *R. a.*, Rösel, Hist. Ran., p. 37 t. 9—12 | 1768 *Hyla viridis*, Laurenti, Syn. Rept., p. 33 | 1788 *„La Raine verte ou commune"*, Lacépède, Quadrup. ovip. Serp., *v.* 1 p. 550 | 1789 *„La Reine verte"*, Bonnaterre in: Tabl. enc. méth., Erpét. p. 9 t. 4 f. 5 | 1799 *Calamita arboreus*, J. G. Schneider, Hist. Amph., *v.* 1 p. 153 | 1802 *„La Reine verte ou commune"*, Latreille in: Sonnini & Latreille, Hist. Rept., *v.* 2 p. 169 t. f. 1 | 1803 *Hyla viridis*, Daudin, Hist. Rainett., p. 14 t. 1 | 1803 *H. v.*, Daudin, Hist. Rept., *v.* 8 p. 23 | 1820 *Calamita arboreus*, Merrem, Versuch Syst. Amph., p. 170 | 1826 *C. arborea*, A. Risso, Hist. Eur. mérid., *v.* 3 p. 92 | 1827 *Hyla Savignyi*, Audouin in: Descr. Égypte, *v.* 1 I p. 183 Rept. t. 2 f. 13 | 1830 *Hyas arborea*, Wagler, Syst. Amph., p. 201 | 1836/46 *Hyla a.*, Duvernoy in: G. Cuvier, Règne an., ed. [4] *v.* 5, 6 Rept. p. 149 t. 37 f. 3 | 1838 *H. a.*, Temminck & Schlegel in: P. Siebold, Fauna Jap., Saur. & Batr. p. 112 t. 3 f. 5, 6 | 1838 *H. viridis*, Bonaparte, Iconogr. Fauna Ital., *v.* 2 fol. 119 t. [79] f. 1 | 1838 *Dendrohyas arborea*, Tschudi, Classif. Batr., p. 74 | 1841 *Hyla viridis*, C. Duméril & G. Bibron, Erpét., *v.* 8 p. 581 (mit ausführlicher Angabe der älteren Literatur) | 1843 *H. (Dendrohyas) v.*, Fitzinger, Syst. Rept., *v.* 1 p. 30 | 1853 *Dendrohyas sarda*, Bonelli in: De Betta, Cat. syst., pars 1 Rept. p. 24 | 1858 *Hyla arborea* + *H. a.* var. *japonica*, Alb. Günther, Cat. Batr. sal. Brit. Mus., p. 107, 109 | 1874 *H. a.* var. *meridionalis*, Boettger in: Abh. Senckenb. Ges., *v.* 9 p. 186 | 1879 *H. japonica*, Camerano in: Atti Acc. Torino, *v.* 14 p. 895 | 1880 *H. perezi*, E. Boscá in: An. Soc. Españ., *v.* 9 p. 181 | 1881 *H. Perezii*, E. Boscá in: ibid., *v.* 10 t. 2 f. 7—10 (ganzes Tier und morphologische Einzelheiten) | 1881 *H. viridis*, var. *sarda*, O. Boettger in: Ber. Senckenb. Ges., p. 143 | 1882 *H. arborea* + *H. a.* var. *savignyi* + var. *meridionalis* + var. *intermedia* + var. *japonica*, Boulenger, Cat. Batr. sal. Brit. Mus., ed. 2 p. 379, 380, 381 | 1884 *H. barytonus*, Héron-Royer in: Bull. Soc. zool. France, *v.* 9 p. 221 t. 9 (Habitus, anatomische Einzelheiten und Larve; daneben die entsprechenden Bilder von *Hyla arborea*) | 1887 *H. arborea* var. *japonica*, Boulenger in: P. zool. Soc. London, t. 51 f. 2 | 1888 *H. chinensis* var. *immaculata*, O. Boettger in: Ber. Senckenb. Ges., p. 189 | 1889 *H. arborea Typus* + var. *orientalis* + var. *Savignyi* + var. *intermedia* + var. *meridionalis* + var. *Molleri*, Bedriaga in: Bull. Soc. Moscou, ser. 2 *v.* 3 p. 466, 473, 474 | 1889 *H. arborea*, Héron-Royer & Bambeke in: Arch. Biol., *v.* 9 p. 245 t. 15 f. 1—4 (Mund und Zähnchenreihen der Larve) | 1891 *H. a.*, Boulenger in: P. zool. Soc. London, p. 610 t. 46 f. 1—3 (Larven der typischen Form und der var. *meridionalis*) | 1892 *H. arborea* + *H. a.* var. *savignyi* + var. *meridionalis* + var. *intermedia* + var. *japonica* + var. *immaculata*, O. Boettger, Kat. Batr. Mus. Senckenb., p. 42, 43 | 1897 & 1898 *H. a.*, Boulenger, Tailless Batr. Eur., *v.* 1 f. 45 B, t. 2 f. 6—8 (ganze Larven der typischen Form und der var. *meridionalis* und Mund der ersteren), *v.* 2 p. 247 (mit ausführlicher Literaturangabe) f. 91—96 t. 14, 15 (Habitusbilder, Zunge, Hinterfuß, Skelett, Eier) | 1897 *H. a.*, Dürigen, Deutschl. Amph. Rept., p. 507 t. 4 f. 3 | 1907 *H. a. japonica* + *H. a. immaculata*, Stejneger in: Bull. U. S. Mus., *v.* 58 p. 76, 82 t. 9 f. 62—70 (Kopf, Mundhöhle, Füße) | 1909 *H. a.*, Tornier in: Brauer, Süßw., *v.* 1 p. 70 f. 57, 58 (Habitus, Hinterfuß) f. 74 (Eier) f. 77, 92 (Larve: Habitus, Mund, Haftapparat) | 1912 *H. a.*, E. Schreiber, Herpet. Eur., ed. 2 p. 203 f. 35—38 (Mundhöhle, Vorderfuß, Hinterbeine der verschiedenen Unterarten).

Zunge kreisrund, hinten mäßig frei und eingeschnitten. Gaumenzähne in 2 kleinen, runden oder querovalen Gruppen zwischen den Choanen

(Fig. 225); Kopf breiter als lang. Vorderkopf kurz, abgerundet, kaum vorspringend, so lang wie der Augendurchmesser, mit deutlichem Canthus rostralis und etwas schräg abfallender, vertiefter Zügelregion; Nasenlöcher in der Mitte zwischen Auge und Vorderkopfspitze oder letzterer etwas näher; Interorbitalraum so breit wie ein oberes Augenlid; Trommelfell vollkommen deutlich, nicht mehr als $^1/_2$ so groß wie das Auge (Fig. 224). Finger mäßig lang, 1. Finger kürzer als der 2. Finger; Finger nur an der Basis durch, zuweilen sehr undeutliche, Schwimmhaut, Zehen zu $^1/_2$—$^2/_3$ ihrer Länge durch Schwimmhaut verbunden (Fig. 226); Haftscheiben der Finger so groß wie das Trommelfell, die der Zehen etwas kleiner; Subarticularhöcker gut entwickelt, vorspringend; Hand ohne deutliche Palmarhöcker, aber mit einer kräftigen Querfalte an der Handwurzel; ein runder oder ovaler, medialer Metatarsalhöcker vorhanden, $^1/_3$—$^2/_5$ so lang wie die letzte Zehe; lateraler Metatarsalhöcker sehr klein oder undeutlich; eine mehr oder weniger deutliche Tarsalfalte vorhanden. Bei nach vorn an den Körper angelegtem Hinterbein reicht das Tibiotarsalgelenk bis zum Trommelfell oder Auge, oder zwischen letzteres und das Nasenloch. Haut oben völlig glatt, am Bauche und unter den Schenkeln, beim ♀ auch an der Kehle, gekörnelt. Eine Hautfalte über dem Trommelfell; eine Querfalte auf der Brust. Färbung der Oberseite gewöhnlich ein einfarbiges, helles Grün, dessen Ton sich nach der jeweiligen Unterlage des Tieres richtet, das aber auch in eine graue, gelbliche oder schwärzliche Färbung übergehen kann. Die Unterseite ist weißlich oder bräunlich und in der Regel von der grünen Oberseite durch einen schwärzlichen, oben gelblich oder weißlich gesäumten Streifen geschieden, der vom Nasenloch an durch Auge und Trommelfell und an den Flanken entlang zieht, sich auch in der Regel an beiden Seiten der Beine bis zu den Füßen fortsetzt, der aber bei Exemplaren aus bestimmten Gegenden auch mehr oder weniger rückgebildet sein, oder völlig fehlen kann. (Näheres darüber siehe weiter unten bei der Beschreibung der einzelnen Unterarten!) Die ersten Finger und Zehen sind blaß gelblich, fleischfarbig oder rosa. L. bis 50 mm.

Fig. 224. **Hyla arborea arborea.** Habitusbild (aus Dürigen nach Tornier).

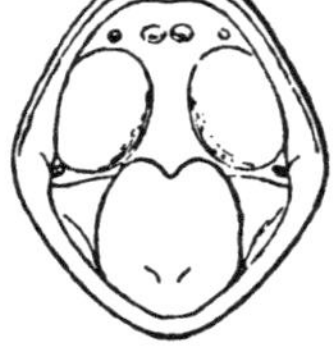

Fig. 225.

Fig. 226.

Hyla arborea arborea.
Fig. 225: Mundhöhle; Fig. 226: Rechter Hinterfuß von unten (alles nach Boulenger).

♂ mit einer großen, dunkel gelblichen oder bräunlichen, äußeren, subgularen Schallblase, die aufgeblasen beträchtlich größer als der Kopf sein kann (vgl. Fig. 33 u. 34 p. 11) Brunstschwielen fehlen. —

Ovipar. Paarung unter Amplexius axillaris. Ablage der Eier in Klumpen von Walnußgröße. — Merkmale der Larve (Fig. 227): Rumpf $1\frac{1}{3}$ bis $1\frac{1}{2}$ mal so lang wie breit, $\frac{1}{2}$ so lang wie der Schwanz. Nasenlöcher etwas näher beim Auge als bei der Schnauzenspitze; Augen völlig nach der Seite gerichtet; ihre Entfernung voneinander ist $1\frac{1}{2}$—2mal so groß wie die der Nasenlöcher voneinander und gleich der Mundbreite. Lippen mit Papillen besetzt, die nur in der Mitte des oberen Lippenrandes fehlen und in der Regel an der Unterlippe 2 Reihen bilden; Oberlippe mit 2, Unterlippe mit 3 Zähnchenreihen, von denen die 1. nur $\frac{1}{3}$—$\frac{1}{2}$ so lang ist wie die 2., die 2. obere und zuweilen auch die 3. untere Reihe weisen in der Mitte eine schmale Lücke auf (Fig. 228). Spiraculum auf der linken Seite, nach oben und hinten gerichtet; After auf der rechten Körperseite, oberhalb des Unterrandes des Schwanzes ausmündend.

Fig. 227.

Fig. 228.

Hyla arborea arborea.

Fig. 227: Larve; Fig. 228: Mundgegend der Larve ($^{10}/_{1}$) (beides nach Boulenger).

Schwanz $1\frac{3}{4}$—$2\frac{2}{3}$mal so lang wie der Rumpf, 2—$2\frac{1}{2}$ mal so lang wie hoch, am Ende scharf zugespitzt, mit stark entwickelten Flossensäumen, von denen der obere fast bis zwischen die Augen, der untere beträchtlich über den After hinausragt. Färbung oben olivenfarbig, goldig glänzend; Seiten goldig punktiert: Bauch weiß mit perlfarbenen oder goldigen Flecken. Muskelpartie des Schwanzes gelblich weiß, mit oder ohne schwärzliche Punkte, und oft mit einer schwarzen Medianlinie an ihrer Basis; Schwanzflossen weißlich, ungefleckt oder mehr oder weniger dicht grau oder schwärzlich punktiert oder gefleckt. Gesamtlänge 49 mm, davon entfallen 33 auf den Schwanz.

Gesamtverbreitungsgebiet der Art: Mittel- und Südeuropa, Nordwestafrika, gemäßigtes Asien bis Japan. — Baumbewohner.

Auf Grund kleiner Abweichungen in der Beinlänge und namentlich in der Zeichnung bei Tieren aus verschiedenen Gegenden hat man bis 6 Unterarten unterschieden, von denen aber einige ineinander übergehen und daher von manchen Autoren miteinander vereinigt werden.

Die Art zerfällt in 4 Unterarten und 3 Formen.

1 a. **H. arborea arborea** (L.)[1]) 1758 *Rana a.*, Linné, Syst. Nat., ed. 10 p. 213 | 1768 *Hyla viridis*, Laurenti, Syn. Rept., p. 33 | 1799 *Calamita arborea*, J. G. Schneider, Hist. Amph., *v.* 1 p. 153 | 1803 *Hyla viridis*, Daudin, Hist. Rainett., p. 14 t. 1 | 1803 *H. v.*, Daudin, Hist. Rept., *v.* 8 p. 23 | 1830 *Hyas arborea*, Wagler, Syst. Amph., p. 201 | 1838 *Dendrohyas a.*, Tschudi, Classif. Batr., p. 74 | 1841 *Hyla viridis*, C. Duméril & G. Bibron, Erpét., *v.* 8 p. 581 | 1858 *H. arborea*, Alb. Günther, Cat. Batr. sal. Brit. Mus., p. 107 | 1882 *H. a.*, Boulenger, Cat. Batr. sal. Brit. Mus., ed. 2 p. 379 | 1891 *H. a.*, Boulenger in: P. zool. Soc. London, p. 610 t. 46 f. 1–2 (Larven) | 1897 & 1898 *H. a.*, Boulenger, Tailless Batr. Eur., *v.* 1 f. 45 B. t. 2 f. 6, 7 (Larve), *v.* 2 p. 247 f. 91—93, 94 A, 95, 96 (Habitus, morphologische Einzelheiten, Skelett, Eier) t. 14 (Figuren oben und unten links: farbige Habitusbilder) | 1912 *H. a.* (part.), E. Schreiber, Herpet. Eur., ed. 2 p. 205 f. 36 (Hinterbeine).

[1]) Vollständige Literatur siehe oben p. 195.

Bei einer Beinstellung, wie in Fig. 29 p. 11 wiedergegeben, stoßen die Fersen in der Regel nicht aneinander. Die Oberseite ist einfarbig; der dunkle, oben weiß oder gelb gesäumte Seitenstreifen zieht vom Nasenloch an durch Auge und Trommelfell bis zu den Weichen und sendet hier einen dorsad und vorwärts gerichteten Fortsatz aus, die sog. Hüftschlinge (s. Fig. 224). Eine dunkle, hell gesäumte Querlinie über dem After, Lateralseite von Unterarm, Handwurzel, 4. Finger, Unterschenkel, Tarsus, Metatarsus und 5. Zehe mit einem mehr oder weniger deutlichen dunklen und hellen Saum. L. bis 45 mm.

Mittel- und Südeuropa, Kleinasien.

Mit der typischen Unterart vereinigt Boulenger die nachstehenden 3, von manchen Autoren unter besonderem Namen abgetrennten Formen:

α) *H. a. a.* forma *orientalis* Bedg. 1889 *H. a.* var. *o.*, Bedriaga in: Bull. Soc. Moscou, ser. 2 *v.* 3 p. 473.

Unterscheidet sich vom Typus dadurch, daß Rumpfseitenstreifen und Hüftschlinge getrennt und bisweilen schwach ausgeprägt sind; der helle Saum ist breit an den Rumpfseiten, mitunter sogar breiter als der dunkle Streifen; der untere Rand des breiten Frenalstreifens (zwischen Nasenloch und Auge) kann hellgesäumt sein. Ober- und Unterschenkel sind ungefähr gleich lang.

Südrußland, Donaumündungen.

β) *H. a. a.* forma *intermedia* Blgr. 1882 *H. a.* var. *i.*, Boulenger, Cat. Batr. sal. Brit. Mus., ed. 2 p. 381.

Stimmt mit der typischen Unterart in der Ausbildung des dunklen Seitenstreifens und der Hüftschlinge überein, doch greift das Grün der Oberseite an den Seiten der Kehle auf diese über. Hinterbeine auffallend schmächtig.

Italien und Sizilien.

γ) *H. a. a.* forma *molleri* Bedg. 1889 *H. a.* var. *Molleri*, Bedriaga in: Bull. Soc. Moscou, ser. 2 *v.* 3 p. 474.

In der Färbung mit der typischen Unterart übereinstimmend, nur durch die etwas längeren Unterschenkel von ihr unterschieden, die bei der Stellung wie in Fig. 29 wiedergegeben, mit den Fersen aneinanderstoßen.

Portugal.

1b. **H. arborea meridionalis** Boettg. 1874 *H. a.* var. *m.*, O. Boettger in: Abh. Senckenb. Ges., *v.* 9 p. 186 | 1880 *H. perezi*, E. Boscá in: An. Soc. Españ., *v.* 9 p. 181 | 1881 *H. perezii*, E. Boscá in: ibid., *v.* 10 t. 2 f. 7—10 (ganzes Tier und morphologische Einzelheiten) | 1884 *H. barytonus*, Héron-Royer in: Bull. Soc. zool. France, *v.* 9 p. 221 t. 9 f. 3 (Habitus) f. 13—16 (Entwicklungsstadien & Larve) | 1897 & 1898 *H. arborea* var. *meridionalis*, Boulenger, Tailless Batr. Eur., *v.* 1 t. 2 f. 8 (Larve), *v.* 2 p. 251 t. 14 (fig. rechts unten) | 1912 *H. meridionalis*, E. Schreiber, Herpet. Eur., ed. 2 p. 206 f. 38 (Hinterbeine).

Fig. 229.
Hyla arborea meridionalis.
Larve (nach Boulenger).

Rumpfseitenstreifen und Hüftschlinge fehlen, Frenalstreifen vorhanden und bis hinter das Trommelfell reichend. Das Grün der Oberseite greift auf die Seiten der Kehle über und überzieht beim ♂ einen Teil des Kehlsacks. Unterschenkel merklich länger als der Oberschenkel, so daß bei einer Beinstellung, wie in Fig. 30 (p. 11) wiedergegeben, die Fersen übereinander greifen. L. bis 48 mm.

Bei der Larve dieser Unterart ist die 2. Reihe der Oberlippenzähnchen in der Mitte breit unterbrochen und der muskulöse Teil des Schwanzes mit 3 feinen schwarzen Längslinien versehen (Fig. 229).

Westliches Mittelmeergebiet, Madeira, Kanarische Inseln.

1 c. **H. arborea savignyi** Aud. 1827 *H. Savignyi*, Audouin in: Descr. Égypte, *v.* 1 I p. 183 Rept. t. 2 f. 13 | 1838 *H. arborea*, Temminck & Schlegel in: P. Siebold, Fauna Jap., Saur. & Batr. p. 112 t. 3 f. 5, 6 | 1853 *Dendrohyas sarda*, Bonelli in: De Betta, Cat. syst., pars 1 Rept. p. 24 | 1858 *H. arborea* var. *japonica*, Alb. Günther, Cat. Batr. sal. Brit. Mus., p. 109 | 1860 *H. viridis?*, Hallowell in: P. Ac. Philad., p. 500 | 1878 *H. arborea* var. *meridionalis*, O. Boettger in: Ber. Offenb. Ver., *v.* 17/18 p. 8 | 1879 *H. japonica*, Camerano in: Atti Acc. Torino, *v.* 14 p. 895 | 1881 *H. viridis* var. *sarda*, Boettger in: Ber. Senckenb. Ges., p. 143 | 1882 *H. arborea* var. *savignyi* + var. *japonica*, Boulenger, Cat. Batr. sal. Brit. Mus., ed. 2 p. 380, 381 | 1887 *H. a.* var. *j.*, Boulenger in: P. zool. Soc. London, t. 51 f. 2 | 1892 *H. a.* var. *savignyi* + var. *japonica*, O. Boettger, Kat. Batr. Mus. Senckenb., p. 43 | 1898 *H. a.* var. *savignyi*, Boulenger, Tailless Batr. Eur., *v.* 2 p. 250 t. 15 f. 1—6 | 1907 *H. a. japonica*, Stejneger in: Bull. U. S. Mus., *v.* 58 p. 76 f. 62—70 t. 9 f. 1—3.

Hüftschlinge fehlt; Rumpfseitenstreifen häufig in unregelmäßige Flecke aufgelöst; Frenal- und Supratemporalstreifen manchmal nur schwach ausgebildet. Vorderkopf kurz, sehr breit und in flachem Bogen abgerundet. Nicht selten sind Exemplare, die auf dem Rücken dunkle, zuweilen hell gesäumte, in 2 Längsreihen angeordnete, ziemlich konstante Flecken aufweisen; solche Stücke sind namentlich von Korsika und Sardinien (*H. a.* var. *sarda* Bonell.) und aus Ostasien bekannt geworden. Die ostasiatischen Exemplare werden übrigens von manchen Autoren, so neuerdings auch von Stejneger, auf Grund kleiner Abweichungen in der Färbung als besondere Unterart betrachtet und neben der Subspecies *savignyi* Aud. als *H. a. japonica* Gthr. aufgeführt. L. bis 50 mm.

Korsika, Sardinien, Elba, Griechischer Archipel, Ostküste des Mittelländischen Meeres bis Japan.

1 d. **H. arborea immaculata** Bttgr. 1888 *H. chinensis* var. *i.*, O. Boettger in: Ber. Senckenb. Ges., p. 189 | 1892 *H. arborea* var. *i.*, O. Boettger, Kat. Batr. Mus. Senckenb., p. 43 | 1894 *H. a.* var. *i.*, O. Boettger in: Ber. Senckenb. Ges., p. 140 | 1907 *H. a. i.*, Stejneger in: Bull. U. S. Mus., *v.* 58 p. 82.

Gekennzeichnet: 1. durch die schwache Ausbildung der Schwimmhaut, die am Vorderfuße völlig fehlt, am Hinterfuße $^1/_3$ der Zehen einnimmt; 2. durch das Fehlen des dunklen Seitenstreifens in der Zügelgegend. L. 40 mm.

Mongolei, Ostchina.

2. **H. stepheni** Blgr. 1887 *H. s.*, Boulenger in: P. zool. Soc. London, p. 578 t. 51 f. 1 | 1890 *H. s.*, Boulenger in: Ann. nat. Hist., ser. 6 *v.* 5 p. 142 | 1907 *H. s.*, Stejneger in: Bull. U. S. Mus., *v.* 58 p. 84.

Zunge annähernd kreisrund, hinten schwach eingeschnitten und frei abhebbar. Gaumenzähne in 2 etwas schräg gestellten Reihen zwischen den Choanen. Kopf breiter als lang. Vorderkopf abgerundet, kürzer als der Augendurchmesser, mit deutlichem Canthus rostralis und schwach vertiefter Zügelregion; Interorbitalraum so breit wie ein oberes Augenlid; Trommelfell deutlich, $^1/_2$ so breit wie das Auge. Finger durch kurze Schwimmhaut an ihrer Basis, Zehen kaum zu $^2/_3$ ihrer Länge durch Schwimmhaut verbunden; Haftscheiben etwas kleiner als das Trommelfell; kein vorspringendes Pollexrudiment vorhanden; Subarticularhöcker mäßig groß; medialer Metatarsalhöcker groß, stark vorspringend, viel größer als die Haftscheiben der Finger, etwa $^2/_3$ so lang wie die erste Zehe; Tarsalfalte vorhanden. Bei nach vorn an den Körper angelegtem Hinterbein reicht das Tibiotarsalgelenk bis zum Trommelfell; Tibia nicht $^1/_2$ so lang wie Kopf und Rumpf zusammen. Haut oben glatt, Unterseite einschließlich der Kehle des ♂ gekörnelt. Die Färbung wechselt von grau oder bräunlich bis grün, mit dunkleren, schwärzlich gerandeten, stets symmetrischen Inselflecken auf dem Rumpf und Querbinden auf den Beinen; ein dunkelbrauner Streifen vom Nasenloch zum Auge. Unterseite weißlich; hinterer Bauch, Unterseite der Beine und Seiten der Oberschenkel fleischfarbig. L. bis 40 mm.

♂ mit äußerer, subgularer Schallblase.

Korea, Ussuri-Fluß (Japan?).

3. **H. hallowellii** J. C. Thomps. 1912 *H. h.*, J. C. Thompson, Herpet. Not., nr. 2 p. 2.

Zunge klein, hinten schwach eingeschnitten und frei abhebbar. Gaumenzähne in 2 wenig voneinander entfernten (bei manchen Exemplaren auch verschmolzenen) Gruppen auf der Höhe der Choanenhinterränder. Kopf breiter als lang. Vorderkopf abgerundet, kürzer als der Augendurchmesser, mit deutlichem Canthus rostralis und schwach vertiefter, fast senkrecht abfallender Zügelregion; Interorbitalraum viel breiter als ein oberes Augenlid; Trommelfell deutlich, etwa $^2/_5$ so breit wie das Auge. Finger nur wenig an ihrer Basis, Zehen zu $^2/_3$ ihrer Länge durch Schwimmhaut verbunden; Haftscheibe des 3. Fingers größer als, die der 4. Zehe ebenso groß wie das Trommelfell; kein vorspringendes Pollexrudiment vorhanden. Bei nach vorn an den Körper angelegtem Hinterbein reicht das Tibiotarsalgelenk bis zur Mitte zwischen Auge und Nasenloch. Haut oben glatt, unten gekörnelt. Oberseite hellgrün, Unterseite einfarbig weiß; Rückenseiten und Schenkel schwach grau gefleckt. L. 31 mm.

♂ mit großer, hellgelber, äußerer Schallblase.

Inseln Amami-o-shima und Kikai-ga-shima der Riu-kiu-Inseln (Japan).

4. **H. chinensis** Gthr. 1858 *H. arborea* var. *chinensis*, Alb. Günther, Cat. Batr. sal. Brit. Mus., p. 108 t. 9 f. C, c (Habitus, Vorderfuß) | 1864 *H. chinensis*, Alb. Günther, Rept. Brit. Ind., p. 436 | 1882 *H. c.*, Boulenger, Cat. Batr. sal. Brit. Mus., ed. 2 p. 381 | 1901 *H. c.* var. *simplex*, O. Boettger in: Ber. Senckenb. Ges., p. 53 | 1907 *H. c.*, Stejneger in: Bull. U. S. Mus., *v.* 58 p. 86 (mit ausführlicher Literaturangabe) t. 9 f. 4.

Gaumenzähne weiter hinten liegend als bei *H. arborea*, auf einer Höhe mit dem Choanenhinterrand, etwas über diesen noch hinausragend. Kopf ziemlich klein, Zügelregion steiler abfallend; Trommelfell $^1/_3$—$^1/_2$ so groß wie das Auge. Schwimmhaut zwischen den Fingern kurz, aber deutlich, am Hinterfuße nicht ganz bis zu den Haftscheiben der 3. und 5. Zehe reichend. Bei nach vorn an den Körper angelegtem Hinterbein reicht das Tibiotarsalgelenk bis zum Trommelfell oder bis zum Augenvorderrand. Oberseite einfarbig blaugrün; ein brauner Streifen zieht von der Vorderkopfspitze durch Auge und Trommelfell zur Schulter. Rumpfseiten und Oberschenkel, letztere abgesehen von einem schmalen grünen Rande auf ihrer Oberseite, im Leben lebhaft gelb, mit oder ohne tiefschwarze, runde Flecke. Tarsus, Hand und Fuß farblos. Unterseite einfarbig weiß. L. 39 mm.

♂ mit großen, äußeren, subgularen Schallblasen und mit brauner Brunstschwiele auf der Medialseite des 1. Fingers.

Südostasien.

Die Art zerfällt in 2 Unterarten:

4a. **H. chinensis chinensis** Gthr. (Literatur siehe die oben genannten Arbeiten von Günther, Boulenger und Stejneger).

Trommelfell $^1/_3$ so groß wie das Auge. Bei nach vorn an den Körper angelegtem Hinterbein reicht das Tibiotarsalgelenk bis zum Trommelfell oder höchstens bis zum Augenhinterrand. Rumpfseiten und Oberschenkel mit tiefschwarzen, runden Flecken.

Süd- und Ostchina, Formosa.

4b. **H. chinensis simplex** Bttgr. 1901 *H. c.* var. *s.*, O. Boettger in: Ber. Senckenb. Ges., p. 53.

Trommelfell $^1/_2$ so groß wie das Auge oder noch etwas größer. Bei nach vorn an den Körper angelegtem Hinterbein reicht das Tibiotarsalgelenk bis zum Augenvorderrand. Keine schwarzen Flecke an den Rumpfseiten und auf den Oberschenkeln.

Annam.

5. **H. monticola** Barb. 1912 *H. m.*, Barbour in: Mem. Mus. Harvard, v. 44 p. 127 t. 1 f. 2.

Zunge breit und lang, hinten tief eingeschnitten. Gaumenzähne in 2 länglichen, deutlich getrennten, nach hinten konvergierenden Reihen, die mitten zwischen den äußerst kleinen Choanen beginnen und nach hinten beträchtlich über letztere hinausragen. Nasenlöcher halbwegs zwischen den Augen und der Vorderkopfspitze, viel weiter voneinander entfernt als vom Lippenrande; Interorbitalraum viel breiter als ein oberes Augenlid; Trommelfell fast kreisrund, weniger als $^1/_2$ so breit wie das Auge. Finger und Zehen lang und schlank, erstere mit sehr kleinen, letztere mit etwas größeren Haftscheiben. Finger an ihrer Basis mit deutlicher Schwimmhaut, Zehen mit ziemlich schwach entwickelter Schwimmhaut; Subarticularhöcker sehr schwach ausgebildet; nur ein schwacher medialer, kein lateraler Metatarsalhöcker vorhanden. Bei nach vorn an den Körper angelegtem Hinterbein erreicht das Tarsometatarsalgelenk die Vorderkopfspitze. Haut oben und auf der Brust glatt, an der Kehle und mehr noch am Bauche gekörnelt. Färbung (im Alkohol) oben blau mit dunkelbraunen Augenflecken mit ziegelroter Mitte. Kehle schmutzig grau. Bauch und Medialseite der Beine weiß mit zahlreichen dunklen Flecken. Im Leben oben grun, unten chromgelb, Medialseite der Schenkel lederfarben. L.?

♂ mit äußerer Schallblase.

Washan (West-Szetschwan, China), in 3150 m Höhe.

6. **H. annectans** (Jerd.) 1870 *Polypedates a.*, Jerdon in: P. Asiat. Soc. Bengal, p. 84 | 1875 *Hyla annectens*, Alb. Günther in: P. zool. Soc. London, p. 576 | 1882 *H. a.*, Boulenger, Cat. Batr. sal. Brit. Mus., ed. 2 p. 382 | 1890 *H. a.*, Boulenger in: Fauna Brit. Ind., Rept. Batr. p. 509.

Zunge kreisrund, hinten schwach eingeschnitten und frei abhebbar. Gaumenzähne in 2 Gruppen auf der Höhe des Choanenhinterrandes. Kopf breiter als lang; Vorderkopf kurz, abgerundet, mit deutlichem Canthus rostralis; Interorbitalraum so breit wie ein oberes Augenlid; Trommelfell deutlich, etwa $^1/_2$ so breit wie das Auge. Finger an der Basis, Zehen zu $^2/_3$ ihrer Länge durch Schwimmhaut verbunden; Haftscheiben gut entwickelt. Bei nach vorn an den Körper angelegtem Hinterbein reicht das Tibiotarsalgelenk bis zum Trommelfell oder Auge. Haut oben glatt, unten gekörnelt; eine starke, höckerige Falte zieht vom Auge zur Schulter. Oberseite grün, ein dunkler, oben hellgesäumter Lateralstreifen vorhanden, der mit 2 oder 3 tiefschwarzen, getrennten oder zusammenhängenden Flecken in der hellgelben Weichenregion endet; Seiten des Oberschenkels auf hellgelbem Grunde tiefschwarz gefleckt. Die 2 letzten Finger und Zehen grün. Unterseite weiß, ungefleckt. L. 49 mm.

♂ mit subgularen, äußeren Schallblasen und schwarzen Brunstschwielen auf dem Finger.

Ober-Birma.

7. **H. wachei** Nieden 1911 *H. w.*, Nieden in: SB. Ges. Fr. Berlin, p. 285.

Zunge groß, breit herzförmig, hinten nicht ausgeschnitten, völlig angewachsen. Gaumenzähne in 2 winklig gebogenen, nach hinten divergierenden Reihen zwischen den großen Choanen. Kopf etwas breiter als lang, flachgedrückt; Vorderkopf abgerundet, etwa $1^1/_2$mal so lang wie der horizontale Augendurchmesser, mit deutlichem Canthus rostralis und sehr schräg laterad abfallender Zügelregion; Interorbitalraum doppelt so breit wie ein oberes Augenlid; Trommelfell deutlich, hochoval, fast $^2/_3$ so breit wie das Auge. Schwimmhaut zwischen 1. u. 2. Finger nur an deren Basis vorhanden, zwischen 2.—4. Finger bis zum Ende des 1. Gliedes reichend; an den Zehen bis zur Haftscheibe reichend, außer an der 4. Zehe, wo sie nur bis zum Ende des 2. Gliedes reicht. Haftscheiben kleiner als das Trommelfell. Ein deutliches Pollexrudiment vorhanden. Subarticularhöcker sehr deutlich; medialer Metatarsalhöcker walzenförmig. Bei nach vorn an den Körper angelegtem Hinterbein reicht das Tibiotarsalgelenk bis zur Vorderkopfspitze. Oberseite ganz glatt; Unterseite stark gekörnelt. Oben hellbraun mit einem schmalen, dunklen Längsstreifen in der Rückenmitte von der Vorderkopfspitze bis zur Kreuzgegend. Gliedmaßen mit undeutlichen, dunklen Querbinden. Unterseite weißlich, ungefleckt. L. 96 mm.

Dire Daua (Abessinien).

8. **H. everetti** Blgr. 1897 *H. E.*, Boulenger in: Ann. nat. Hist., ser. 6 *v.* 19 p. 509.

Zunge scheibenförmig oder kurz oval, hinten schwach eingeschnitten und frei abhebbar. Gaumenzähne in 2 kleinen quergestellten Gruppen mitten zwischen den Choanen. Kopf so lang wie breit; Vorderkopf abgerundet, fast so lang wie der Augendurchmesser, mit undeutlichem Canthus rostralis und sehr schief abfallender Zügelregion; Nasenloch näher der Vorderkopfspitze als dem Auge; Interorbitalraum so breit wie ein oberes Augenlid; Trommelfell sehr deutlich, $^2/_3$ so breit wie das Auge. Finger zu $^1/_3$—$^1/_2$ ihrer Länge, Zehen bis zu den Haftscheiben durch Schwimmhaut verbunden; Haftscheiben etwas kleiner als das Trommelfell; kein vorspringendes Pollexrudiment, aber eine Tarsalfalte vorhanden. Bei nach vorn an den Körper angelegtem Hinterbein reicht das Tibiotarsalgelenk zwischen Auge und Schnauzenspitze. Haut oben glatt oder mit sehr kleinen Warzen besetzt; Kehle, Bauch und Unterseite der Oberschenkel gekörnelt. Oben grau oder braun, einfarbig oder dunkel gefleckt oder marmoriert; Oberseite der Oberschenkel glänzend gelb, groß braun oder schwarz gefleckt oder marmoriert, Unterseite weiß. L. 48 mm.

♂ mit innerer Schallblase.

Malayischer Archipel (Inseln Sumba, Lavu, Ombai, Timor).

9. **H. amboinensis** Horst 1883 *H. a.*, Horst in: Not. Leyden Mus., *v.* 5 p. 239.

Zunge oval, hinten schwach eingeschnitten und frei abhebbar. Gaumenzähne in 2 kleinen Gruppen mitten zwischen den Choanen. Kopf breit; Vorderkopf abgerundet, $1^1/_2$ mal so lang wie der Augendurchmesser, mit undeutlichem Canthus rostralis und schief abfallender, gerundeter Zügelregion, Nasenlöcher nahe der Vorderkopfspitze; Interorbitalraum etwas breiter als ein oberes Augenlid; Trommelfell deutlich, etwa $^1/_2$ so breit wie das Auge. Finger durch breite, an der Lateralseite des 2. und 3. und an der Medialseite des 4. Fingers bis zu den Haftscheiben reichende Schwimmhaut, Zehen völlig durch solche verbunden; Haftscheiben fast so groß wie das Trommelfell; Hinterbeine schlank; bei nach vorn an den Körper angelegtem Hinterbein reicht das Tibiotarsalgelenk über die Vorderkopfspitze hinaus. Haut auf dem Rücken und um den After herum mit kleinen, verstreuten Höckern; Bauch und Unterseite der Oberschenkel gekörnelt. Eine Falte zieht quer über die Brust, je eine kräftige Falte vom Auge an oberhalb des Trommelfells hin zur Schulter. Färbung (im Alkohol) oben graubraun, dunkel gemustert; auf dem Kopf ein rhomboidaler Fleck, eine schwache, helle Querbinde hinter dem Kopf. Unterseite gelblich mit braunen Punkten längs den Mundrändern. L. 55 mm.

Inseln Amboina und Misool (Molukken).

10. **H. rueppelli** Bttgr. 1895 *H. r.*, O. Boettger in: Zool. Anz., *v.* 18 p. 137 | 1901 *H. r.*, O. Boettger in: Abh. Senckenb. Ges., *v.* 25 II p. 373 t. 16 f. 12, 12a—c (Habitus, Kopf von der Seite, Mundhöhle).

Zunge oval, hinten leicht ausgerandet und wenig frei abhebbar. Gaumenzähne in 2 kleinen, rundlichen Gruppen auf der Höhe des Hinterrandes der relativ sehr großen Choanen. Kopf breiter als der Rumpf; Vorderkopf gerundet, vorn senkrecht abgestutzt, so lang wie der Augendurchmesser, mit abgerundetem Canthus rostalis und schief abfallender, leicht vertiefter Zügelregion; Nasenlöcher der Vorderkopfspitze genähert; Interorbitalraum viel breiter als das einzelne Augenlid; Trommelfell sehr deutlich, etwa $^1/_3$ so groß wie das Auge. Finger mäßig lang, die lateralen Finger zu $^1/_2$—$^3/_4$, die verhältnismäßig kurzen Zehen fast in ihrer ganzen Länge durch Schwimmhaut verbunden; Haftscheiben so groß wie, oder etwas größer als das Trommelfell. Bei nach vorn an den Körper angelegtem Hinterbein reicht das Tibiotarsalgelenk bis zur Vorderkopfspitze, oder etwas über diese hinaus. Haut oben ganz glatt; am Bauche und unter den Oberschenkeln kräftig granuliert; häufig ein hell hervortretender, undeutlicher, runder Tuberkel am Tibiotarsalgelenk; eine kräftige Falte zieht vom Auge über das Trommelfell hinweg zur Schulter. Im Leben oberseits einfarbig schwefelgelb oder schwärzlich gepudert; im Alkohol isabellgelb, rauchgrau oder schwarzbraun, einfarbig oder leicht heller rötlichgrau oder grauweiß gefleckt oder marmoriert, zuweilen auch hellgrau mit 2 dunklen, rautenförmigen Flecken auf Kopf und Rücken. Oberlippe meist mit einem undeutlichen hellen Fleck unter Auge und Trommelfell oder die ganze Oberlippe gelblich, schwärzlich gepudert und gefleckt. Unterseite einfarbig weißgrau. L. 48 mm.

♂ mit innerer, subgularer Schallblase und mit spitzovaler Brunstschwiele auf der Oberseite der Basis des 1. Fingers.

Nord-Halmaheira (Molukken).

11. **H. kampeni** Barb. 1908 *H. k.*, Barbour in: Bull. Mus. Harvard, *v.* 51 p. 324 | 1912 *H. k.*, Barbour in: Mem. Mus. Harvard, *v.* 44 p. 76 t. 5 f. 13.

Zunge annähernd kreisrund, hinten schwach eingeschnitten und frei abhebbar. Gaumenzähne in 2 kurzen, deutlich getrennten Gruppen mitten zwischen den Choanen. Vorderkopf abgerundet; Trommelfell rund, sein

Durchmesser beträgt etwa $^2/_3$ der Entfernung zwischen Auge und Nasenloch. 1. Finger zu $^2/_3$ seiner Länge, 2.—4. Finger völlig oder fast völlig, Zehen völlig durch Schwimmhaut verbunden. Ein vorspringendes Pollexrudiment vorhanden. Haftscheiben fast so groß wie das Trommelfell. Haut oben glatt; Bauch und Unterseite der Schenkel fein gekörnelt. Oberseite grünlichbraun (im Leben dunkelgrün), Unterseite einfarbig gelb. L.?

Insel Ceram (Molukken).

12. **H. vagabunda** Ptrs. & Dor. 1878 *H. (Litoria) v.*, Peters & Doria in: Ann. Mus. Genova, *v.* 13 p. 424 t. 6 f. 3, 3a, b (Habitus, Mundhöhle, Vorderfuß) | 1882 *H. v.*, Boulenger, Cat. Batr. sal. Brit. Mus., ed. 2 p. 410.

Zunge breit, herzförmig. Gaumenzähne in 2 quergestellten Gruppen zwischen den Choanen. Vorderkopf abgerundet, kaum länger als der Augendurchmesser; Canthus rostralis rundlich; Trommelfell $^1/_2$ so breit wie das Auge. Finger frei von Schwimmhaut, Zehen etwas mehr als zur Hälfte ihrer Länge durch solche verbunden (Fig. 230); Haftscheiben mäßig groß; kein deutliches Pollexrudiment vorhanden. Haut oben glatt, am Bauche und unter den Oberschenkeln gekörnelt; eine sehr deutliche Querfalte auf der Brust. Oberseite blau, eine schmale weiße Linie zieht von der Vorderkopfspitze an am Canthus rostralis und am freien Rande des oberen Augenlides entlang bis zur Schulter. Unterseite weißlich; Hinterseite der Oberschenkel regelmäßig braun genetzt. L. 37 mm.

Fig. 230. **Hyla vagabunda.** Rechter Hinterfuß von unten (nach Peters u. Doria).

♂ mit 2 sehr großen, äußeren Schallblasen.

Insel Ceram und Südwest-Neuguinea.

13. **H. genimaculata** Horst 1883 *H. g.*, Horst in: Not. Leyden Mus., *v.* 5 p. 240.

Zunge elliptisch, hinten frei abhebbar und sehr schwach eingeschnitten. Gaumenzähne in 2 schräg gestellten, nach hinten konvergierenden Gruppen auf der Höhe des Choanenhinterrandes. Kopf fast so breit wie lang, abgeplattet; Vorderkopf oval, $1^1/_2$ mal so lang wie der Augendurchmesser, mit winkligem Canthus rostralis und schief abfallender, wenig vertiefter Zügelregion; Interorbitalraum viel breiter als ein oberes Augenlid; Trommelfell deutlich, $^2/_3$ so breit wie das Auge. Mediale Finger an der Basis, laterale Finger zu $^1/_2$ ihrer Länge, Zehen durch breite Schwimmhaut verbunden, die an der 5. Zehe und lateral an der 2. und 3. Zehe bis zur Haftscheibe reicht, an der 1. und 4. Zehe aber das vorletzte Glied freiläßt; Haftscheiben der 3 lateralen Finger etwa so groß wie das Trommelfell, die der Zehen etwas kleiner. Bei nach vorn an den Körper angelegtem Hinterbein reicht das Tibiotarsalgelenk über die Vorderkopfspitze hinaus. Haut oben mit kleinen, um den After herum und am Lateralrande von Unterarm und Tarsus mit größeren Warzen besetzt; Bauch und Unterseite der Oberschenkel gekörnelt. Eine undeutliche Falte zieht vom Auge zur Schulter, eine andere Falte quer über die Brust. Färbung (im Alkohol) oben graubraun, mit breiten Querbinden auf den Beinen und dunklen Punkten an den Mundrändern; eine helle Querbinde zwischen den Augen; ein weißer, dreieckiger Fleck reicht vom Unterrand des Auges bis zum Mundwinkel. Unterseite gelblich. L. 43 mm.

Insel Gebe (oder Gagi?) (Molukken).

14. **H. bernsteini** Horst 1883 *H. B.*, Horst in: Not. Leyden Mus., *v.* 5 p. 241.

Zunge herzförmig, hinten schwach eingeschnitten. Gaumenzähne in 2 getrennten, kleinen konkaven Gruppen nahe der vorderen, medialen Ecke der Choanen (zuweilen fehlend). Kopf fast so breit wie lang; Vorderkopf gerundet, etwas länger als der Augendurchmesser, mit deutlichem Canthus rostralis und schief abfallender, wenig vertiefter Zügelregion; Interorbitalraum viel breiter als ein oberes Augenlid; Trommelfell undeutlich, klein, $^1/_3$ so breit wie das Auge, oben von einer undeutlichen Falte umzogen. Schwimmhaut am 2. und 4. Finger bis zur Haftscheibe reichend, an der 5. Zehe und an der Lateralseite der 2. und 3. Zehe ebenfalls bis zur Haftscheibe, an der 1. und 4. Zehe das vorletzte Glied frei lassend; Haftscheiben der Finger und Zehen (außer den 1.) etwa so groß wie das Trommelfell. Bei nach vorn an den Körper angelegtem Hinterbein reicht das Tibiotarsalgelenk bis zur Vorderkopfspitze. Haut oben glatt, an den Rumpfseiten mit einigen verstreuten Warzen; Unterseite außer am Kinn gekörnelt, ein vorspringendes Korn jederseits der Schambeinsymphyse. Färbung (im Alkohol) oben graublau, mit schwarzen und weißen Punkten marmoriert. Hinterseite der Oberschenkel und Medialseite des Tarsus schwärzlich; ein weißer Fleck zieht vom Unterrand des Auges zum Mundwinkel. L. 37 mm.

Salawatti (Papuainsel) und Gebe (Molukken).

15. **H. infrafrenata** Gthr. 1837/44 *H. cyanea* (non Daudin 1803), Schlegel, Abbild. Amph., p. 26 t. 9 f. 2 | 1841 *H. c.* (part.), C. Duméril & G. Bibron, Erpét., *v.* 8 p. 577 | 1858 *Pelodryas caeruleus* (part.), Alb Günther, Cat. Batr. sal. Brit. Mus., p. 119 t. 9 f. b (Vorderfuß) | 1867 *Calamites cyaneus* (part.), Steindachner in: Reise Novara, Amph. p. 66 | 1867 *Hyla infrafrenata*, Alb. Günther in: Ann. nat. Hist., ser. 3 *v.* 20 p. 56 | 1867 *H. dolichopsis*, E. D. Cope in: J. Ac. Philad., ser. 2 *v.* 6 p. 201, 204 | 1878 *Litoria guttata* + *Pelodryas militarius*, W. Mac Leay in: P. Linn. Soc. N. S. Wales, *v.* 2 p. 138 | 1882 *Hyla dolichopsis* + *H. infrafrenata*, Boulenger, Cat. Batr. sal. Brit. Mus., ed. 2 p. 384, 385 t. 26 f. 1 | 1883 *H. aruensis*, Horst in: Not. Leyden Mus., *v.* 5 p. 242 | 1895 *H. dolichopsis* var. *tenuigranulata*, O. Boettger in: Zool. Anz., *v.* 18 p. 136 | 1898 *H. d.* + *H. infrafrenata*, Méhely in: Termés. Füzetek, *v.* 21 p. 176 | 1900 *H. dolichopsis*, Lönnberg in: Ann nat. Hist., ser. 7 *v.* 6 p. 580 | 1900 *H. d.*, F. Werner in: Mt Mus. Berlin, *v.* 1 IV p. 118 | 1906 *H. d.*, Kampen in: Nova Guinea, *v.* 5 p. 171 | 1909 *H. d.* + *H. sanguinolenta* (?), Kampen in: Nova Guinea, *v.* 9 p. 33 t. f. 3 (?) | 1910 *H. dolichopsis*, J. Roux in: Abh. Senckenb. Ges., *v.* 33 p. 229 | 1912 *H. infrafrenata*, Boulenger in: Zool. Jahrb., suppl. 15 *v.* 1 p. 212, 213 | 1912 *H. dolichopsis*, Barbour in: Mem. Mus. Harvard. *v.* 44 p. 76 | 1913 *Litoria guttata* (*Hyla infrafrenata* Gthr.), Fry in: Mem. Queensl. Mus., *v.* 2 p. 49.

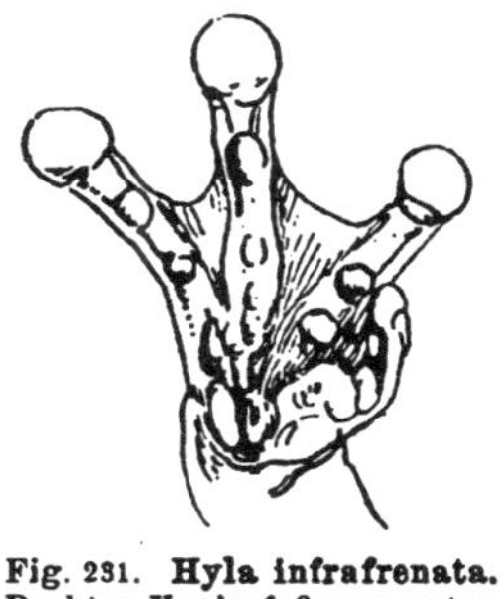

Fig. 231. **Hyla infrafrenata.** Rechter Vorderfuß von unten (vergr.) (nach Alb. Günther).

Zunge kreisförmig, hinten frei abhebbar und deutlich eingeschnitten. Gaumenzähne in 2, etwas nach hinten konvergierenden Reihen auf der Höhe des Hinterrandes der Choanen. Kopf ebenso breit wie, oder breiter als lang; Vorderkopf abgerundet, $1^1/_2$—2 mal so lang wie der Augendurchmesser, mit undeutlichem, rundlichem Canthus rostralis und vertiefter Zügelregion; Interorbitalraum viel breiter als ein oberes Augenlid; Trommelfell deutlich, $^1/_2$—$^2/_3$ so breit wie das Auge. Finger zu $^1/_2$—$^2/_3$ ihrer Länge (Fig. 231), Zehen, außer der 4., in ihrer ganzen Länge durch Schwimmhaut verbunden; Haftscheiben bei alten Tieren größer, bei jungen Tieren dagegen gewöhnlich kleiner als das Trommelfell; ein gut entwickelter medialer Metatarsalhöcker, sowie eine deutliche Falte am medialen Tarsusrande vorhanden, aber kein lateraler Metatarsalhöcker. Bei nach vorn an den Körper angelegtem Hinterbein reicht das Tibiotarsalgelenk bis zur Vorderkopfspitze, oder über diese hinaus. Oberseite gekörnelt; Brust glatt, Unterseite sonst gekörnelt. Oberseite grün (im Alkohol gewöhnlich bläulich oder violett); Unterseite gelblich weiß; Unterlippe mit einer weißen, innen braun gerandeten Linie gesäumt. Je ein weißer Streifen an der Lateralseite von Unterarm und Tarsus. Haftscheiben und Finger oft rosenrot gefleckt. L. bis 135 mm.

♂ mit schwarzbrauner, einheitlicher oder aus 2 Teilen bestehender Brunstschwiele auf der Oberseite des Daumens und mit unpaarer, äußerer Schallblase, die von einem knöchernen, spitzen, aufwärts gebogenem Fortsatz des Omosternum gestützt wird (s. auch Fig. 241 p. 221). Ovipar. — Merkmale der Larve (nach Kampen): Körper halb so breit wie lang; Schwanz mehr als $1^1/_2$ mal so lang wie der Körper. Nasenlöcher der Vorderkopfspitze näher als den Augen. Augen lateral, von Vorderkopfspitze und Spiraculum gleichweit entfernt; Entfernung zwischen den Augen $2^1/_2$ mal so groß wie der Abstand der Nasenlöcher voneinander, der so groß ist wie die Mundbreite. Spiraculum ohne Tube, ein transversaler, linksseitig, aber stark ventral gelegener Spalt, von der Basis der Hinterbeine und der Vorderkopfspitze gleichweit entfernt oder ersterer mehr genähert. After rechtsseitig, vom unteren Rande der Schwanzflosse entfernt, Schwanz etwa $2^1/_2$ mal so lang wie hoch, mit langer, scharfer Spitze. Flossen hoch, mit konvexem Rande, untere Flosse deutlich höher als die obere, ihre größte Höhe etwa gleichhoch wie der muskulöse Schwanzteil an seiner Basis, die obere Flosse reicht nach vorn bis zur Höhe des Spiraculum. Rand des Mundes mit Papillen besetzt, die nur im mittleren Teile der Oberlippe fehlen. Kiefer, namentlich der untere, breit schwarz gerandet. Zähne in $\frac{\begin{matrix}1\\ 1-1\end{matrix}}{\begin{matrix}1-1\\ 2\end{matrix}}$ oder $\frac{\begin{matrix}1\\ 1-1\end{matrix}}{3}$ Reihen, die äußere untere Reihe kurz. Grauweißlich, Rücken und oberer Teil des Schwanzes dunkler, eine schmale, aber deutliche helle Vertebrallinie von der Vorderkopfspitze bis zur Schwanzflosse; zwei breitere, aber undeutlichere, helle Binden über den Augen, die sich nach hinten über den muskulösen Schwanzteil fortsetzen. Gesamtlänge 62 mm, davon 39 mm auf den Schwanz.

Malayischer Archipel (Java, Timor, Talaut-Inseln, Molukken), Neu-Guinea und benachbarte Inseln, Queensland.

16. **H. nasuta** (Gray) 1842 *Pelodytes nasutus*, J. E. Gray, Zool. Misc., pars 2 p. 56 | 1858 *Litoria nasuta*, Alb. Günther, Cat. Batr. sal. Brit. Mus., p. 97 | 1867 *L. n.*, Steindachner in: Reise Novara, Amph. p. 56 | 1868 *Hyla (Litoria) nasula* [pro *nasuta*], W. Keferstein in: Arch. Naturg., *v.* 341 p. 277 t. 6 f. 16 | 1882 *H. nasuta*, Boulenger, Cat. Batr. sal. Brit. Mus., ed. 2 p. 415 | 1885 *H. peninsulae*, De Vis in: P. R. Soc. Queensl., *v.* 1 p. 130 | 1885 *H. nasuta*, Boulenger in: Ann. nat. Hist., ser. 5 *v.* 16 p. 387 | 1894 *H. semoni*, O. Boettger in: Denk. Ges. Jena, *v.* 8 p. 112 t. 5 f. 1a—d (Habitus, Mundhöhle) | 1909 *H. nasuta*, Kampen in: Nova Guinea, *v.* 9 p. 35 | 1913 *H. n.*, L. G. Andersson in: Svenska Ak. Handl., *v.* 52 nr. 4 p. 25.

Zunge breit, eiförmig, hinten schwach ausgerandet und wenig frei abhebbar. Gaumenzähne in 2 schiefen, ovalen Gruppen zwischen den Choanen, oft fast in der Höhe von deren Vorderrand. Kopf dreieckig, viel länger als breit, niedergedrückt; Vorderkopf zugespitzt, vorspringend, fast 2 mal so lang wie der Augendurchmesser; Nasenloch der Vorderkopfspitze näher als dem Auge; Canthus rostralis abgerundet-winklig; Zügelregion wenig vertieft, ziemlich steil abfallend; Interorbitalraum etwas breiter als ein oberes Augenlid;

Trommelfell sehr deutlich, kreisrund, $^2/_3$—$^3/_4$ so groß wie das Auge. Finger ohne Schwimmhaut; Zehen zu $^1/_2$ ihrer Länge durch Schwimmhaut verbunden; Haftscheiben sehr klein, kreisrund; kein deutliches Pollexrudiment vorhanden; Subarticularhöcker vorspringend; ein kleiner vorspringender, ovaler medialer und ein sehr kleiner, runder lateraler Metatarsalhöcker, sowie eine deutliche, scharfe Tarsalfalte vorhanden. Bei nach vorn an den Körper angelegtem Hinterbein überragt das Tibiotarsalgelenk beträchtlich die Vorderkopfspitze. Haut oben mit zahlreichen Warzen und symmetrischen Längsfalten und Runzeln, 4 feine Längsfalten auf dem Rücken besonders deutlich; eine weitere, über dem Trommelfell verlaufende Drüsenfalte bricht in der Rumpfmitte ab. Hinter der Mundspalte eine sehr deutliche, längliche, gelbgefärbte Drüse; Augenlid granuliert. Bauch grob, Hinterseite der Oberschenkel feiner granuliert. Kopf und Rücken mit 2 hellen Längsbinden, die in der Regel durch eine dunkelgraue, nach hinten an Breite zunehmende Mittelbinde getrennt sind, aber auch stellenweise oder völlig zu einer einheitlichen hellen Zone verschmelzen können; laterad von den hellen Binden jederseits eine dunkle, vom Auge bis zu den Weichen ziehende Binde. Von der Schnauzenspitze zieht ein dunkler Streifen längs des Canthus rostralis, durch das Auge und Trommelfell, hinter diesem durch einen hellen Querstrich unterbrochen, bis zur Körpermitte. Hinterseite des Oberschenkels mit 3—4 dunklen, zuweilen anastomosierenden Längsbinden; Gliedmaßen im übrigen kastanienbraun mit schwarzen Flecken. Unterseite gelblich; Unterlippenrand dunkel gefleckt. Kehle manchmal braun oder rotbraun, an den Seiten schwarz gepudert oder marmoriert. L. 48 mm.

♂ mit innerer, subgularer Schallblase und dunkelbrauner, 8-förmiger Brunstschwiele auf der Medialseite des 1. Fingers.

Neu-Guinea, Nord- und Ost-Australien.

17. **H. congenita** Ptrs. & Dor. 1878 *H. (Litoria) c.*, Peters & Doria in: Ann. Mus Genova, *v.* 13 p. 427 t. 6 f. 4, 4a, b, 5 (Habitus, Mundhöhle, Vorderfuß) | 1882 *H. c.*, Boulenger, Cat. Batr sal. Brit. Mus., ed. 2 p. 406 | 1894 *H. c.*, O. Boettger in: Denk. Ges. Jena, *v.* 8 p. 111 | 1910 *H. c.*, J. Roux in: Abh. Senckenb. Ges., *v.* 33 p. 230 t. 14 f. 88a (Habitus & Mund der Larve).

Fig. 232. Fig. 233.
Hyla congenita.
Fig. 232: Mundhöhle; Fig. 233: Rechter Vorderfuß von unten (beides nach Peters u. Doria).

Zunge fast herzförmig, hinten sehr wenig frei abhebbar. Gaumenzähne in zwei kleinen, nahe zusammenstehenden Gruppen hinter der Verbindungslinie der Choanen (Fig. 232). Kopf etwas weniger breit als lang; Vorderkopf abgerundet, quer abgestutzt, so lang wie oder etwas länger als der Augendurchmesser, mit undeutlichem, abgerundetem Canthus rostralis und fast senkrecht abfallender, sehr leicht vertiefter Zügelgegend; Interorbitalraum etwas breiter als ein oberes Augenlid; Trommelfell sehr deutlich, $^1/_2$ so groß wie der Augendurchmesser. Finger zu $^1/_3$ ihrer Länge (Fig. 233), Zehen meist bis zur Basis der Haftscheiben durch Schwimmhaut verbunden; Haftscheiben der Finger etwas größer als die der Zehen, doch kleiner als das Trommelfell; kein Pollexrudiment vorhanden; Subarticularhöcker sehr deutlich, besonders an den Fingern; 2 Metatarsalhöcker vorhanden, der mediale elliptisch, $^2/_3$ so lang wie das Trommelfell, der laterale sehr klein, wenig vorspringend; keine Tarsalfalte vorhanden. Bei nach vorn an den Körper angelegtem Hinterbein reicht das Tibiotarsalgelenk bis zum Auge oder zwischen

Auge und Schnauzenspitze. Haut oben und auf Kehle und Brust bis zu der die Vorderbeine verbindenden Querfalte glatt, am Bauch und auf der Unterseite der Oberschenkel grob granuliert; eine sehr deutliche, schmale, gebogene Leiste über dem Trommelfell. Oberseite meist braun, in der Mittelzone ziemlich dunkel und mit hellerem Braun gefleckt, oder hellgrau mit feiner, brauner Punktierung; jederseits oberhalb des Trommelfells zieht ein breites hellbraunes, hinter dem oberen Augenlid beginnendes, nach hinten breiter werdendes Band nicht ganz bis zur Hüftgegend; Rumpfseiten braun mit undeutlichen, hellen Flecken; ein dunkelgrauer oder schwarzer Frenoorbitalstreif vorhanden. Beine hellbraun, auf der Hinterseite gefleckt. Bei den hellgrauen Individuen sind hintere Körperseiten, Ober- und Hinterseite der Oberschenkel im Leben zitronengelb, im Alkohol weiß. Unterseite grauweiß, Kehle zuweilen, besonders um die Lippe herum, dunkelgrau punktiert. L. 36 mm.

♂ mit äußerer, subgularer Schallblase und mit schwarzbrauner, bohnenförmiger Brunstschwiele auf der Oberseite des 1. Fingers.

Merkmale der Larve (nach J. Roux): Körper etwas länger als breit, Schwanz $1^2/_3$mal so lang wie der Körper (Fig. 234). Nasenlöcher der Vorderkopfspitze näher

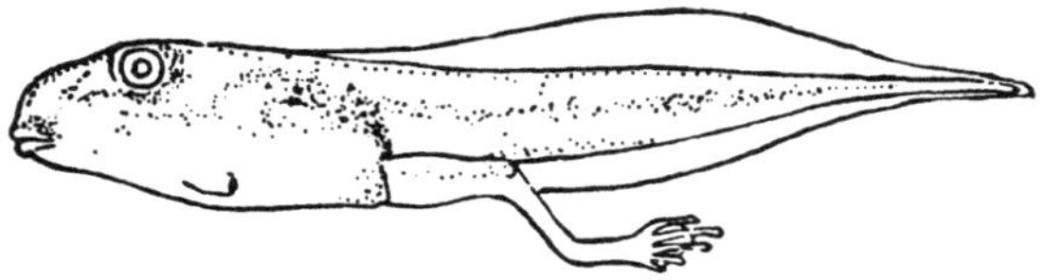

Fig. 234. **Hyla congenita.** Larve ($^2/_1$) (nach J. Roux).

als dem Auge, das von unten sichtbar und sehr klein ist und der Vorderkopfspitze näher liegt als dem Spiraculum; Abstand der Augen voneinander $1\frac{1}{2}$mal so groß wie der zwischen den Nasenlöchern und gleich $^2/_3$ der Mundbreite. Spiraculum linksseitig, als senkrechte Spalte, fast ventral, gleichweit vom Mund und von den Hinterbeinen gelegen. After rechts gelegen, dem freien Flossenrande genähert. Schwanz $3\frac{1}{3}$mal so lang wie hoch, hinten in ein äußerst feines, spitziges Ende mit wenig entwickelter Flosse auslaufend. Flossen nahezu gleich hoch, obere Flosse bis vor den Hinterbeinursprung reichend. Kiefer schwarz umrandet (Fig. 235); Lippenpapillen in mehreren Reihen, fehlen im mittleren Teile der Oberlippe; Zähnchen oben in 2, unten in 3 Reihen, von letzteren die äußerste am kürzesten; die innere Reihe der Ober- und Unterlippe zuweilen auf eine ganz kurze Strecke unterbrochen. Rücken dunkelbraun, schwarz betupft; Körperseiten heller. Oft eine sehr dünne, weiße, von der Schnauze bis zur Schwanzbasis reichende Mediodorsallinie vorhanden; Muskelpartie des Schwanzes jederseits mit einem schwärzlichen Mittelstreifen und oberhalb desselben eine sehr deutliche, helle Binde; Flossen schwarz punktiert; Bauch weiß; Kehle und Seiten braun betupft. L. 41 mm, davon entfallen 27 mm auf den Schwanz.

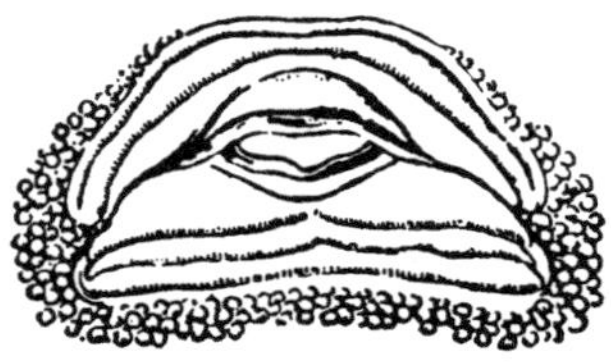

Fig. 235. **Hyla congenita.** Mundgegend der Larve ($^{12}/_1$) (nach J. Roux).

Aru-Inseln, Neu-Guinea.

18. **H. bicolor** (Gray) 1842 *Eucnemis b.*, J. E. Gray, Zool. Misc., pars 2 p. 57 | 1858 *Hyperolius? b.*, Alb. Günther, Cat. Batr. sal. Brit. Mus., p. 89 | 1880 *Hylomantis fallax*, Peters in: Monber. Ak. Berlin, p. 224 t.-f. 4, 4a—c (Habitus, Mundhöhle, Hinterfuß, Sacralwirbel) | 1882 *Hylella bicolor*, Boulenger, Cat. Batr. sal. Brit. Mus., ed. 2 p. 421 | 1906 *Hyla b.*, Kampen in: Nova Guinea, *v.* 5 p. 173 t. 6 f. 7 (Larve) (?) | 1910 *H. b.*, J. Roux in: Abh. Senckenb. Ges., *v.* 33 p. 230.

Zunge annähernd oval, hinten schwach eingeschnitten. Gaumenzähne in 2 kleinen, zuweilen sehr undeutlichen Haufen zwischen den Choanen, sehr häufig völlig fehlend. Kopf so breit wie lang; Vorderkopf annähernd dreieckig; ziemlich vorspringend, so lang wie der Augendurchmesser, mit deutlichem Canthus rostralis und senkrecht abfallender Zügelregion; Interorbitalraum breiter als ein oberes Augenlid; Trommelfell deutlich, etwa $^1/_2$ so breit wie das Auge. 1. Finger kürzer als der 2.; Finger nur an ihrer Basis, Zehen fast völlig durch Schwimmhaut verbunden; Haftscheiben kleiner als das Trommelfell; Subarticularhöcker mäßig groß; ein medialer, ziemlich stark vorspringender, nach Kampen auch ein sehr kleiner, runder, lateraler Metatarsalhöcker vorhanden. Bei nach vorn an den Körper angelegtem Hinterbein reicht das Tibiotarsalgelenk bis oder nicht ganz bis zur Vorderkopfspitze. Haut oben glatt, am Bauche und unter den Oberschenkeln gekörnelt; eine starke Querfalte auf der Brust. Oben bläulich, einfarbig oder schwarz punktiert; ein schwärzlicher Streifen auf dem Canthus rostralis und der Schläfe. Eine weiße, unter dem Auge beginnende Binde zieht zur Schulter, bei manchen Exemplaren auch noch, aber weniger deutlich weiter nach hinten am Körper entlang; Unterseite weißlich, ungefleckt. L. 33 mm.

♂ mit äußerer (nach Kampen mit 2) subgularer Schallblase.

Merkmale der (nach Kampen wahrscheinlich zu dieser Art gehörenden) Larve (Fig. 236): Körper etwa $1\frac{1}{2}$ mal so lang wie breit; Schwanz mehr als $1\frac{1}{2}$ mal so lang wie der Körper. Nasenloch der Schnauzenspitze näher als dem Auge; Augen lateral, von der Vorderkopfspitze ebensoweit oder nicht ganz so weit entfernt wie vom Spiraculum; Abstand der Augen voneinander $2\frac{1}{2}$—3 mal so groß wie der der Nasenlöcher voneinander und 2 mal so breit wie der Mund. Spiraculum ohne Tube, von oben nicht sichtbar, näher beim Auge als bei der Basis der Hinterbeine; After rechtsseitig, vom unteren Rande der Schwanzflosse etwas entfernt. Schwanz 2 mal so lang

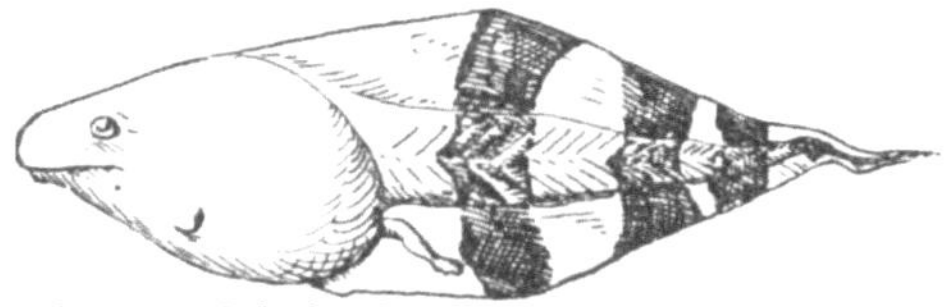

Fig. 236. **Hyla bicolor.** Larve $(^2/_1)$ (nach Kampen).

wie hoch, scharf zugespitzt; Flossen hoch, mit konvexem Rande, etwa in der Mitte zwischen Schnauzen- und Schwanzspitze am höchsten, hier untereinander und mit dem muskulösen Teil des Schwanzes gleich hoch; obere Flosse nach vorn bis zur Höhe des Spiraculums reichend. Rand des Mundes, außer in der Mitte der Oberlippe, mit Papillen; Kiefer schmal, schwarz gerandet; Zähnchen in $\genfrac{}{}{0pt}{}{1}{\frac{1-1}{3}}$ Reihen, die der Unterlippe etwa gleichlang. In Alkohol grauweißlich, an Rücken, Kehle und Schwanzbasis grau marmoriert; Schwanz mit 4—5 breiten, schwarzen, senkrechten Binden, an der Basis gelblich. Vom Auge bis zur Schnauzenspitze ein dunkler, oben und unten weiß eingefaßter Streifen. L. 34 mm, davon 21 mm auf den Schwanz.

Aru-Inseln, Neu-Guinea, Ostaustralien.

19. **H. rhacophorus** Kamp. 1909 *H. r.*, Kampen in: Nova Guinea, *v.* 9 p. 32 t. 2 f. 1.

Zunge breit herzförmig, hinten frei abhebbar. Gaumenzähne in 2 kurzen, schiefen, voneinander getrennten Reihen zwischen den Hinterrändern der großen Choanen. Kopf etwas breiter als lang; Vorderkopf gerundet, so lang wie der Augendurchmesser, mit scharfem Canthus rostralis und schiefer, stark vertiefter Zügelregion; Nasenloch fast $^1/_2$ so nahe bei der Vorderkopfspitze wie beim Auge; Interorbitalraum so breit wie ein oberes Augenlid; Trommelfell deutlich, $^2/_3$ so breit wie das Auge. Schwimmhaut am 1. Finger und an der Medialseite des 2. und 3. Fingers das vorletzte Glied freilassend, sonst an den Fingern bis oder fast bis zu den Haftscheiben, an den Zehen stets bis zu allen Haftscheiben reichend; letztere an den Fingern kleiner als das Trommelfell, an den Zehen noch kleiner als an den Fingern; Subarticularhöcker deutlich; ein kleiner, länglicher, medialer, kein lateraler Metatarsalhöcker vorhanden. Bei nach vorn an den Körper angelegtem Hinterbein reicht das Tibiotarsalgelenk etwas über die Vorderkopfspitze hinaus. Oberseite fein granuliert, mit über Kopf, Rumpf und Gliedmaßen verstreuten, kleinen Warzen; Unterseite von Rumpf, Kehle und Oberschenkeln grobkörnig; größere Warzen in einer Querreihe unter dem After und an den Fersen; an der Lateralseite von Unterarm, 4. Finger, Tarsus und 5. Zehe eine, am Unterarm und Tarsus wellenförmig gekerbte, an Finger und Zehe ganzrandige Hautleiste vorhanden, eine undeutlichere gekerbte Leiste am Rande des Unterkiefers; eine schwache Falte über dem Trommelfell; Ferse mit einem Hautzipfel. Oberseite bläulichviolett; Unterseite gelblich. Gelblichweiß sind ferner Oberarm und Oberschenkel mit Ausnahme eines schmalen Streifens längs ihrer Oberseite, der 1.—3. Finger, Tarsus, Fuß, Trommelfell und Lippenrand. L. 66 mm.

Niederländisch-Neuguinea.

20. **H. nigropunctata** A. B. Meyer 1874 *Hyperolius nigropunctatus*, A. B. Meyer in: Monber. Ak. Berlin, p. 139 | 1882 *Hylella nigropunctata*, Boulenger, Cat. Batr. sal. Brit. Mus., ed. 2 p. 421.

Steht *H. bicolor* (nr. 18 p. 208) nahe. Zunge herzförmig. Gaumenzähne fehlen. Kopf kurz; Vorderkopf sehr stumpf, mit hoher, schwach konvexer Zügelregion; Trommelfell deutlich, $^1/_4$ so breit wie der Augendurchmesser. Bei nach vorn an den Körper angelegtem Hinterbein reicht das Tibiotarsalgelenk über die Vorderkopfspitze hinaus. Haut warzig. Oberseite blau mit kleinen, schwarzen Punkten; Oberarm weiß; Unterarm blau mit schwarzen und weißen Punkten an der Hand; Oberseite der Hinterbeine blau mit schwarzer Zeichnung. Brust weiß, Bauch und Unterseite der Oberschenkel gelblich. L. 27 mm.

Jobi-Insel (Niederländisch-Neuguinea).

21. **H. ouwensii** Barb. 1908 *H. o.*, Barbour in: Bull. Mus. Harvard, *v.* 51 p. 325 | 1912 *H. (Hylella) o.*, Barbour in: Mem. Mus. Harvard, *v.* 44 p. 77 t. 7 f. 25.

Gaumenzähne fehlen. Kopf kurz; Vorderkopf viereckig, mit ziemlich stark vertiefter Zügelregion; Trommelfell ungewöhnlich klein, nur etwa $^1/_5$ so breit wie das Auge. Finger zu $^2/_3$, Zehen zu $^3/_4$ ihrer Länge durch Schwimmhaut verbunden. Bei nach vorn an den Körper angelegtem Hinterbein reicht das Tibiotarsalgelenk beträchtlich über die Vorderkopfspitze hinaus. Haut auf dem Rücken rauh, ohne größere Warzen, auf dem Bauche mit sehr vielen kleinen Warzen, die am häufigsten und größten in der Analregion sind, von wo aus sie sich auf der Medialseite der Oberschenkel bis zu deren Mitte ausbreiten. Oberseite von Kopf, Rumpf und Beinen auf grauem, auf den Beinen mehr ins Aschgraue spielendem Grunde im Leben grün, im Alkohol blau gefleckt und vermikuliert; Kehle weiß, Bauch und Unterseite der Hinterbeine gelblich. L. 35 mm.

Jobi-Insel (Niederländisch-Neuguinea).

22. **H. obtusirostris** (A. B. Meyer) 1874 *Litoria o.*, A. B. Meyer in: Monber. Ak. Berlin, p. 139 | 1882 *Hyla o.*, Boulenger, Cat. Batr. sal. Brit. Mus., ed. 2 p. 412.

Gaumenzähne in 2 runden Gruppen hinter der Verbindungslinie der Choanen. Kopf breit, Vorderkopf stumpf, mit sehr schwachem Canthus rostralis und schwach vertiefter Zügelregion; Trommelfell $^1/_2$ so breit wie der Augendurchmesser. Finger frei von Schwimmhaut, Zehen völlig durch solche verbunden. Bei nach vorn an den Körper angelegtem Hinterbein reicht das Tibiotarsalgelenk über die Vorderkopfspitze hinaus. Haut am ganzen Körper fein warzig. Durch kleine gelbliche Warzen auf blauem Untergrunde erscheint die Gesamtfärbung grau mit einem Stich ins Blaue; Unterseite hell. L. 37 mm.

Jobi-Insel (Niederländisch-Neuguinea).

23. **H. mystax** Kamp. 1906 *H. m.*, Kampen in: Nova Guinea, *v.* 5 p. 173 t. 6 f. 6 (Kopf).

Zunge oval, hinten wenig frei und deutlich eingeschnitten. Gaumenzähne in 2 kleinen, runden Gruppen mitten zwischen den wenig größeren Choanen. Kopf flach, so lang wie breit; Schnauze gerundet, kürzer als der Augendurchmesser, mit deutlichem Canthus rostralis und wenig schiefer, fast flacher Zügelregion; Nasenloch näher der Vorderkopfspitze als dem Auge; Interorbitalraum etwas breiter als ein oberes Augenlid; Trommelfell deutlich, etwas weniger als $^1/_2$ so breit wie das Auge. 1. und 2. Finger nur an der Basis, 2.—4. Finger etwa zu $^2/_3$ ihrer Länge, Zehen fast in ihrer ganzen Länge durch Schwimmhaut verbunden; Haftscheibe des 3. Fingers am größten, so groß wie das Trommelfell, die der Zehen kleiner als die der Finger; kein vorspringendes Pollexrudiment vorhanden; Subarticularhöcker undeutlich; ein flacher, ovaler, medialer, aber kein lateraler Metatarsalhöcker vorhanden, auch keine Tarsalfalte. Bei nach vorn an den Körper angelegtem Hinterbein erreicht das Tibiotarsalgelenk das Nasenloch. Rücken schwach, Oberseite des Kopfes deutlich granuliert; Kehle, Bauch und Unterseite der Oberschenkel stark körnig, eine sehr schwache gebogene Hautfalte über dem Trommelfell; eine sehr deutliche Hautleiste unter dem After und Andeutungen von solchen an der Lateralseite von Unterarm, 4. Finger, Tarsus und 5. Zehe. Oben (in Alkohol) grünlichblau; Oberlippe mit weißer, nach hinten bis zur Schulter fortgesetzter Längsbinde; Hände und ein Teil der Zehen oben bräunlich; Hinterseite der Oberschenkel schwarz; Hautleisten weiß. Unterseite bräunlichgelb, ungefleckt. L. 29 mm.

Niederländisch-Neuguinea.

24. **H. longicrus** (Blgr.) 1911 *Hylella l.*, Boulenger in: Ann. nat. Hist., ser. 8 *v.* 8 p. 56.

Zunge annähernd kreisrund, hinten schwach ausgerandet. Gaumenzähne fehlen. Kopf so breit wie lang; Vorderkopf abgerundet, kaum vorspringend, kürzer als der Augendurchmesser, mit deutlichem Canthus rostralis und schief abfallender, vertiefter Zügelregion; Interorbitalraum breiter als ein oberes Augenlid; Trommelfell deutlich, nicht ganz $^1/_2$ so breit wie der Augendurchmesser. Laterale Finger zu $^1/_2$, Zehen fast völlig durch Schwimmhaut verbunden; Haftscheiben der Finger so groß wie das Trommelfell; Subarticularhöcker sehr schwach ausgebildet. Bei nach vorn an den Körper angelegtem Hinterbein reicht das Tibiotarsalgelenk beträchtlich über die Vorderkopfspitze hinaus; Länge der Tibia $^3/_5$ der Kopfrumpflänge. Haut oben glatt oder fein gefeldert; Bauch und proximaler Teil der Unterseite der

Oberschenkel gekörnelt; Kehle glatt; keine Querfalte auf der Brust. Oberseite grün; Flanken, Oberseite der Oberschenkel, Hände und Füße auf farblosem Grunde grün punktiert oder genetzt. Eine weiße Binde zieht vom Unterrand des Auges zum Mundwinkel; Kehle und Bauch weiß. L. 33 mm.

Niederländisch-Neuguinea.

25. **H. chloronota** (Blgr.) 1911 *Hylella c.*, Boulenger in: Ann. nat. Hist., ser. 8 *v.* 8 p. 55.

Zunge oval, hinten schwach ausgerandet. Gaumenzähne fehlen. Kopf so breit wie lang; Vorderkopf abgerundet, kaum vorspringend, so lang wie der Augendurchmesser, mit deutlichem Canthus rostralis und fast senkrecht abfallender Zügelregion; Interorbitalraum breiter als ein oberes Augenlid; Trommelfell deutlich, etwa $^1/_2$ so breit wie der Augendurchmesser. Laterale Finger zu $^1/_3$ ihrer Länge, Zehen fast völlig durch Schwimmhaut verbunden; Haftscheiben der Finger so groß wie das Trommelfell; Subarticularhöcker mäßig entwickelt. Bei nach vorn an den Körper angelegtem Hinterbein reicht das Tibiotarsalgelenk bis zur Vorderkopfspitze; Tibia nicht ganz $^1/_2$ so lang wie Kopf und Rumpf zusammen. Haut oben glatt; Kehle, Bauch und proximaler Teil der Unterseite der Oberschenkel spärlich gekörnelt; keine Querfalte auf der Brust. Oberseite grün, einschließlich eines schmalen Streifens auf dem Oberschenkel; Unterseite weiß. L. 27 mm.

♂ mit innerer Schallblase, zur Fortpflanzungszeit auch mit braunen Brunstschwielen auf dem 1. Finger.

Arfak-Gebirge (Niederländisch-Neuguinea), in 2400 m Höhe.

26. **H. arfakiana** Ptrs. & Dor. 1878 *H.* (*Litoria*) *a.*, Peters & Doria in: Ann. Mus. Genova, *v.* 13 p. 421 t. 6 f. 2, 2a, b (Habitus, Mundhöhle) | 1882 *H. a.*, Boulenger, Cat. Batr. sal. Brit. Mus., ed. 2 p. 410.

Zunge annähernd oval, hinten undeutlich eingeschnitten und frei abhebbar. Gaumenzähne in 2 schief gestellten Reihen zwischen den Choanen. Kopf so lang wie breit; Vorderkopf spitz, länger als der Augendurchmesser, mit winkligem, geradem Canthus rostralis und nicht sehr schief abfallender, etwas vertiefter Zügelregion; Interorbitalraum breiter als ein oberes Augenlid; Trommelfell sehr klein, $^1/_4$—$^1/_3$ so breit wie der Augendurchmesser. Finger frei von Schwimmhaut; Zehen zu $^2/_3$ ihrer Länge durch Schwimmhaut verbunden; die 2 letzten Glieder der 4. Zehe bleiben frei (Fig. 237); kein deutliches Pollexrudiment vorhanden; Haftscheiben der Finger $^1/_2$ so groß wie das Auge, die der Zehen kleiner; Subarticularhöcker klein. Bei nach vorn an den Körper angelegtem Hinterbein reicht das Tibiotarsalgelenk etwas über die Vorderkopfspitze hinaus. Haut oben glatt, am Bauche und unter den Oberschenkeln gekörnelt; Ferse mit einem kleinen, dreieckigen Hautanhang. Färbung sehr veränderlich; Oberseite blau, schwärzlich oder rotbraun, mit kleinen, weißen oder rötlichen Flecken oder mit einer dunklen, sanduhrförmigen, zwischen den Augen beginnenden Zeichnung auf dem Rücken; Vorderkopf oft heller, Zügelregion dunkel; oft treten auch je eine rötlichweiße Linie am lateralen Rande von Unterarm, 4. Finger, Fuß und 5. Zehe deutlich hervor; Hinterseite der Oberschenkel in der Regel rötlich. Unterseite weiß, dunkel gefleckt. L. 60 mm.

Fig. 237. **Hyla arfakiana** Rechter Hinterfuß von unten (nach Peters u. Doria).

Arfak-Gebirge (Nordwest-Neuguinea).

27. **H. pratti** Blgr. 1911 *H. p.*, Boulenger in: Ann. nat Hist., ser. 8 *v.* 8 p. 55.

Zunge annähernd kreisrund, schwach eingeschnitten. Gaumenzähne in 2 kleinen Gruppen zwischen den Choanen. Kopf so breit wie lang; Vorderkopf abgerundet, schwach vorspringend, kaum so lang wie der Augendurchmesser, mit deutlichem Canthus rostralis und schräger, vertiefter Zügelregion; Nasenloch gleichweit von Auge und Vorderkopfspitze entfernt; Interorbitalraum so breit wie ein oberes Augenlid; Trommelfell deutlich, nicht ganz $^1/_2$ so breit wie das Auge. Laterale Finger an der Basis durch deutliche Schwimmhaut, Zehen zu $^3/_4$ ihrer Länge durch Schwimmhaut verbunden; Haftscheiben so groß wie das Trommelfell; Subarticularhöcker klein, schwach vorspringend; kein lateraler Metatarsalhöcker und keine Tarsalfalte vorhanden. Bei nach vorn an den Körper angelegtem Hinterbein reicht das Tibiotarsalgelenk bis zur Vorderkopfspitze; Tibia etwas mehr als $^1/_2$ so lang wie Kopf und Rumpf zusammen. Oberseite mit mehr oder weniger deutlichen, kleinen, flachen Warzen besetzt; Unterseite gekörnelt. Oberseite (im Alkohol) bläulichgrau, einfarbig oder mit kleinen, unregelmäßigen, schwarzen Flecken. Unterseite weißlich; Kehle manchmal grau gesprenkelt. L. 50 mm.

♂ mit äußerer Schallblase und braunen Brunstschwielen auf dem 1. Finger.

Niederländisch-Neuguinea, in 2400 m Höhe.

28. **H. wollastoni** Blgr. 1914 *H. w.*, Boulenger in: Tr. zool. Soc. London, *v.* 20 p. 248 t. 27 f. 1.

Zunge oval, hinten frei abhebbar und schwach eingeschnitten. Gaumenzähne in 2 schrägen Gruppen zwischen den Choanen. Kopf ein wenig breiter als lang; Vorderkopf abgerundet, so lang wie der Augendurchmesser, mit scharfem Canthus rostralis und nicht sehr schräg abfallender, vertiefter Zügelregion; Nasenloch näher bei der Vorderkopfspitze als beim Auge; Interorbitalraum fast so breit wie ein oberes Augenlid; Trommelfell deutlich, $^2/_5$ so breit wie das Auge. Finger mäßig lang, mit einer Spur von Schwimmhaut versehen; Haftscheiben der Finger so groß wie das Trommelfell, die der Zehen etwas kleiner; Schwimmhaut des Hinterfußes an der 3. und 5. Zehe bis zur Haftscheibe reichend, an der 4. Zehe die beiden letzten Glieder freilassend; keine Tarsalfalte vorhanden. Bei nach vorn an den Körper angelegtem Hinterbein reicht das Tibiotarsalgelenk über die Vorderkopfspitze hinaus; Tibia so lang wie der Abstand zwischen After und Hinterkopf. Haut oben glatt, seitlich und unten gekörnelt; eine starke, gerade Drüsenfalte zieht vom Augenhinterrande an oberhalb der Schulter hin; ein etwa kegelförmiger Höcker auf dem oberen Augenlid, andere um den After herum; ein spornartiger Höcker an der Ferse. Oben grün mit schwarzen, eine von den Augen bis zur Sacralregion reichende, sanduhrartige Zeichnung bildenden Flecken; ein feiner weißer, unten schwarz gesäumter Streifen zieht von der Vorderkopfspitze an über Canthus rostralis und Auge und an der zur Schulter ziehenden Drüsenfalte entlang. Unterseite gelblichweiß, mit verstreuten kleinen, braunen Flecken. L. 46 mm.

♂ mit äußerer Schallblase.

Utakwa-Fluß in 600 m Höhe, (Niederl. Neuguinea).

29. **H. papua** Kamp. 1909 *H. p.*, Kampen in: Nova Guinea, *v.* 9 p. 33 t. 2 f. 2 | 1911 *H. albolabris*, Wandolleck in: Abh. Mus. Dresden, *v.* 13 nr. 6 p. 12. (Type untersucht.)

Zunge oval, hinten deutlich eingeschnitten und frei abhebbar. Gaumenzähne in 2 kleinen Gruppen zwischen den Hinterrändern der etwas größeren

Choanen. Kopf kaum breiter als lang; Vorderkopf gerundet, vorn senkrecht abgestutzt, so lang wie der Augendurchmesser, mit deutlichem, etwas gerundetem Canthus rostralis und schief abfallender, vertiefter Zügelregion; Nasenloch näher bei der Vorderkopfspitze als beim Auge; Interorbitalraum so breit wie ein oberes Augenlid; Trommelfell ziemlich deutlich, etwas weniger als $^1/_2$ so breit wie das Auge. Finger nur an ihrer Basis, Zehen zu $^2/_3$ ihrer Länge durch Schwimmhaut verbunden, 1. Zehe aber ganz frei; Haftscheiben des 2.—4. Fingers so groß wie das Trommelfell, die des 1. Fingers und die der Zehen kleiner; Subarticularhöcker klein; ein länglicher, medialer, kein lateraler Metatarsalhöcker vorhanden. Bei nach vorn an den Körper angelegtem Hinterbein überragt das Tibiotarsalgelenk die Vorderkopfspitze. Haut oben glatt, mit einzelnen, verstreuten, kleinen Warzen und einer Falte über dem Trommelfell; Bauch, Kehle und Unterseite der Oberschenkel körnig; je eine sehr feine gekerbte Hautleiste an der Lateralseite von Unterarm, 4. Finger, Tarsus und 5. Zehe und unter dem After; ein kleiner Höcker auf dem Tibiotarsalgelenk. Oberseite bläulichgrau; Unterseite und ganzer Oberarm gelblichweiß. Hinterseite der Oberschenkel, Lateralseite des Unterarmes und Unterseite von Tarsus und Fuß bräunlich; ein dunkelbrauner dreieckiger Fleck unter dem After, Hautleisten weiß; Unterarm und Hinterbeine mit einzelnen undeutlichen, dunklen Querbinden; Lippen bräunlich gesprenkelt. L. 30 mm.

Niederländisch- und Deutsch-Neuguinea.

30. **H. impura** Ptrs. & Dor. 1878 *H. (Litoria) i.*, Peters & Doria in: Ann. Mus. Genova, *v.* 13 p. 426 t. 7 f. 2, 2a, b (Habitus, Vorderfuß, Mundhöhle) | 1882 *H. i.*, Boulenger, Cat. Batr. sal. Brit. Mus., ed. 2 p. 409 | 1898 *H. i.*, Méhely in: Termés. Füzetek, *v.* 21 p. 176 | 1900 *H. i.*, Lönnberg in: Ann. nat. Hist., ser. 7 *v.* 6 p. 581.

Zunge herzförmig, hinten mehr oder weniger tief eingeschnitten. Gaumenzähne in 2 schräg gestellten Gruppen zwischen den Choanen. Kopf so lang wie oder länger als breit; Vorderkopf ziemlich spitz, länger als der Augendurchmesser, mit winkligem Canthus rostralis und vertiefter Zügelregion; Interorbitalraum breiter als das obere Augenlid; Trommelfell deutlich, $^1/_2$ bis $^3/_5$ so breit wie das Auge. Laterale Finger nur an der Basis (Fig. 238), Zehen in ihrer ganzen Länge durch Schwimmhaut verbunden; Haftscheiben der Finger kleiner als das Trommelfell, aber größer als die der Zehen; kein deutliches Pollexrudiment vorhanden. Subarticularhöcker deutlich; ein großer, ovaler, medialer Metatarsalhöcker vorhanden, sowie ein kleiner Höcker an der Basis der 3. Zehe. Bei nach vorn an den Körper angelegtem Hinterbein reicht das Tibiotarsalgelenk zwischen Auge und Vorderkopfspitze (♂) oder bis zu letzterer (♀). Haut oben glatt, an Kehle und Brust schwach, am Bauche und unter den Oberschenkeln stark gekörnelt; eine Körnchenreihe am lateralen Rande des Unterarmes; eine sehr deutliche Querfalte auf der Brust. Oben grau- oder rötlichbraun (in Alkohol), mehr oder weniger deutlich unregelmäßig dunkel marmoriert. Hinterseite der Oberschenkel oft schwärzlich, stets weiß punktiert; meist ein dunkler, weiß gerandeter Fleck über dem After vorhanden. Unterseite schmutzig gelblich oder weiß. L. 46 mm.

Fig. 238. **Hyla impura.** Linker Vorderfuß von unten (nach Peters u. Doria).

♂ mit brauner Brunstschwiele auf der Medialseite des 1. Fingers.

Niederländisch- und Deutsch-Neuguinea.

31. **H. montana** Ptrs. & Dor. 1878 *H. (Litoria) m.*, Peters & Doria in: Ann. Mus. Genova, *v.* 13 p. 423 t. 7 f. 1, 1a, b (Habitus, Vorderfuß, Mundhöhle) | 1882 *H. m.*, Boulenger, Cat. Batr. sal. Brit. Mus., ed. 2 p. 385.

Zunge annähernd herzförmig. Gaumenzähne in 2 Gruppen zwischen den Choanen. Vorderkopf abgerundet, mit deutlichem Canthus rostralis; Trommelfell $^1/_4$—$^1/_3$ so breit wie das Auge. Finger zur Hälfte ihrer Länge (Fig. 239), Zehen fast völlig durch Schwimmhaut verbunden; Haftscheiben mäßig groß; kein deutliches Pollexrudiment vorhanden. Haut oben glatt, am Bauche und unter den Oberschenkeln gekörnelt. Oberseite olivenbraun, Unterseite, die beiden ersten Finger und die 3 ersten Zehen auf gelbem Grunde fein braun punktiert; die hellen Linien am lateralen Rande von Unterarm, 4. Finger, Fuß und 5. Zehe sowie Wärzchen am After rötlichweiß. L. 62 mm.

Fig. 239. **Hyla montana.** Linker Vorderfuß von unten (nach Peters u. Doria).

♂ mit großen Schallblasen.

Niederländisch- und Deutsch-Neuguinea.

32. **H. méhelyi** nom. nov. Nieden 1897 *Hylella boulengeri* (non *H. b.*, E. D. Cope 1887), Méhely in: Termés. Füzetek, *v.* 20 p. 404, 414 t. 10 f. 8 | 1898 *Hyla fallax* (non *Hylomantis fallax* Peters 1880), Boulenger in: P. zool. Soc. London, p. 482 t. 39 f. 4 | 1906 *H. boulengeri*, Kampen in: Nova Guinea, *v.* 5 p. 175 | 1914 *H. fallax*, Boulenger in: Tr. zool. Soc. London, *v.* 20 p. 248.

Zunge kreisrund, hinten schwach eingeschnitten und frei abhebbar. Gaumenzähne in 2 kleinen, runden Gruppen auf der Höhe des Choanenhinterrandes (zuweilen fehlend). Kopf breiter als lang; Vorderkopf abgerundet, so lang wie der Augendurchmesser, mit undeutlichem Canthus rostralis und sehr schief abfallender Zügelregion; Interorbitalraum breiter als ein oberes Augenlid; Trommelfell deutlich, $^1/_2$ so breit wie das Auge. Laterale Finger fast zur Hälfte ihrer Länge, Zehen fast völlig durch Schwimmhaut verbunden; Haftscheiben fast so groß wie das Trommelfell; kein vorspringendes Pollexrudiment vorhanden; Subarticularhöcker schwach entwickelt. Bei nach vorn an den Körper angelegtem Hinterbein reicht das Tibiotarsalgelenk zwischen Auge und Vorderkopfspitze. Haut oben und an der Kehle glatt, am Bauche gekörnelt. Oben violettbraun mit weißer Zeichnung, bestehend aus einem dreieckigen bis auf die vordere Hälfte der oberen Augenlider reichenden Fleck auf dem Vorderkopf, einer vom Augenlid bis zur Sacralregion reichenden Längsbinde an jeder Seite des Rückens, und aus einem annähernd dreieckigen Fleck in der Coccygealregion, die alle oder teilweise wieder in kleinere Flecke aufgelöst sein können. Inkonstant sind weiße Flecke oder Binden auf der Oberlippe, weiße Pünktchen längs der Unterlippe, weiße Querbinden auf den Beinen und weiße Punkte auf dem Unterschenkel. L. ?

Niederländisch- und Deutsch-Neuguinea.

33. **H. wolterstorffi** (Wern.) 1901 *Hylella w.*, F. Werner in: Verh. Ges. Wien, *v.* 51 p. 613.

Zunge länglich-eiförmig, hinten schwach eingekerbt. Gaumenzähne fehlen. Vorderkopf abgerundet, ein wenig länger als der Augendurchmesser, mit deutlichem, geradem Canthus rostralis und ziemlich steil abfallender, flacher Zügelregion; Nasenlöcher sehr nahe der Vorderkopfspitze; Interorbitalraum doppelt so breit wie ein oberes Augenlid; Trommelfell nicht sehr deutlich, etwa $^4/_5$ so breit wie der Augendurchmesser. 1. Finger kürzer als der 2.; Finger frei, Zehen zu $^3/_4$ ihrer Länge durch Schwimmhaut verbunden; Haftscheiben der Finger größer als das Trommelfell, etwas größer als die der Zehen. Bei nach vorn an den Körper angelegtem Hinterbein reicht das Tibiotarsalgelenk bis zum Hinterrand des Auges. Haut glatt, nur an Kehle, Bauch und Unterseite der Oberschenkel gekörnelt. Oberseite bräunlichweiß, in's Graue spielend; ein dunkelbrauner Längsstreifen zieht vom Hinterrand des Auges oberhalb des Trommelfells horizontal bis zum Hinterrand des Kopfes hin; Vorderkopf und Stirn bis zwischen die Augen hell, scharf gegen den dunkelbraunen Hinterkopf abgesetzt. Beine undeutlich braun gefleckt. Bauch und Unterseite der Oberschenkel weiß und blaßbraun marmoriert. L. 23 mm.

Deutschneuguinea.

34. **H. eucnemis** Lönnb. 1900 *H. e.*, Lönnberg in: Ann. nat. Hist., ser. 7 *v.* 6 p. 579.

Zunge breit herzförmig, hinten eingeschnitten und frei abhebbar. Gaumenzähne in 2 großen, zusammenfließenden Gruppen hinter der Linie der ziemlich großen Choanen. Kopf etwa so breit wie lang; Vorderkopf etwa dreieckig, an der Spitze abgestutzt, länger als der Augendurchmesser, mit sehr deutlichem, gebogenem Canthus rostralis und vertiefter Zügelregion; Interorbitalraum breiter als ein oberes Augenlid; Trommelfell deutlich, etwa $^2/_3$ so breit wie das Auge. Vorderfuß mit ausgedehnter, am 2. und 4. Finger die Haftscheiben erreichender Schwimmhaut, Hinterfuß in der ganzen Länge der Zehen mit Schwimmhaut versehen; Haftscheiben der Finger etwa so groß wie das Trommelfell; Subarticularhöcker gut entwickelt. Bei nach vorn an den Körper angelegtem Hinterbein reicht das Tibiotarsalgelenk gerade über das Auge hinaus. Oberseite von Kopf und Rumpf sehr fein gekörnelt, Bauch und Unterseite der Schenkel spärlich gekörnelt; Kehle mit verstreuten Warzen; eine Warzenreihe am Rande des Unterkiefers. Eine Drüsenfalte zieht vom Auge nach hinten oberhalb des Trommelfells hin; ein gut entwickelter, gezähnelter Saum an der Lateralseite von Vorderarm, 4. Finger, Tarsus und 5. Zehe; Ferse mit einem dreieckigen Hautanhang; einige kleinere Hautlappen in der Nähe des Afters. Färbung (im Alkohol) oben einfarbig dunkel pflaumenfarbig, abgesehen von einigen sehr undeutlichen Querbinden auf den Hinterbeinen; unten hell. L. 67 mm.

Sattelberg (Deutschneuguinea).

35. **H. papuensis** Wern. 1901 *H. p.*, F. Werner in: Zool. Anz., *v.* 24 p. 99.

Zunge elliptisch, hinten deutlich eingekerbt und abhebbar. Gaumenzähne in 2 runden, völlig getrennten Gruppen zwischen den, die Gaumenzahngruppen an Größe übertreffenden, Choanen. Kopf etwas breiter als lang; Vorderkopf vorn abgerundet, $1\,^1/_2$ mal so lang wie der Augendurchmesser, mit gebogenem, gerundetem Canthus rostralis und schief abfallender, vertiefter Zügelregion; Nasenloch $^1/_2$ so weit von der Vorderkopfspitze wie vom Auge entfernt; Interorbitalraum doppelt so breit wie ein oberes Augenlid; Trommelfell sehr deutlich, mehr als $^1/_2$ so breit wie das Auge. Schwimmhaut am 2. Finger bis zu dessen Mitte, an den übrigen Fingern und an den Zehen bis oder fast bis zu den Haftscheiben reichend; Haftscheiben der Finger fast so groß wie das Trommelfell; Subarticularhöcker wohl entwickelt; ein kleiner, medialer Metatarsalhöcker vorhanden. Bei nach vorn an den Körper angelegtem Hinterbein erreicht das Tibiotarsalgelenk die Vorderkopfspitze. Hinterkopf und Rücken undeutlich granuliert, mit kleinen runden, auf dem

Rücken undeutliche Längsreihen bildenden, hinter dem Trommelfell etwas dichter stehenden Warzen; eine starke Falte zieht vom Augenhinterrand oberhalb des Trommelfells hin zur Vorderarmwurzel, ein wohlentwickelter, gezähnelter Hautsaum am Lateralrande des Unterarmes, sich ganzrandig auch auf die Lateralseite des 4. Fingers erstreckend; ein ähnlicher aber schwächerer Saum am Lateralrande von Tarsus und 5. Zehe. Beine oben und unten glatt, nur die Hinterschenkel unten granuliert; Kehle, Bauch und Afterregion granuliert; Fersen mit winzigen Hautläppchen. Oberseite hellgrau, mit dunkler grauer, unregelmäßiger Rückenzeichnung. Extremitäten mit breiten, aber nicht deutlichen Querbinden; Schwimmhäute dunkel; Hinterbacken nicht pigmentiert. Seiten weißlich, dunkel marmoriert. Kehle weißlich, mit kleinen, dunklen Flecken. L. 58 mm.

♂ mit großem, faltigem, unpaarem Kehlsack und mit brauner, ungeteilter Brunstschwiele auf der Oberseite des 1. Fingers.

Deutschneuguinea.

36. **H. pulchra** Wandoll. 1911 *H. p.*, Wandolleck in: Abh. Mus. Dresden, *v.* 13 nr. 6 p. 12 f. 50—59 (Skeletteile).

Zunge elliptisch, hinten schwach ausgerandet, wenig frei abhebbar. Gaumenzähne in 2 queren Reihen mitten zwischen den Choanen (nicht auf der Höhe von deren Hinterrand[1]). Kopf breiter als lang; Vorderkopf abgerundet, länger als der Augendurchmesser, mit abgerundetem Canthus rostralis und vertiefter Zügelregion; Interorbitalraum breiter als ein oberes Augenlid; Trommelfell weniger als $^1/_2$ so breit wie das Auge. Finger etwa zu $^1/_3$ ihrer Länge, Zehen fast bis zur Haftscheibe durch Schwimmhaut verbunden, nur an der 4. Zehe die 2 letzten Glieder freibleibend; Haftscheiben der Finger (außer am 1. Finger) so groß wie das Trommelfell, größer als die der Zehen; Subarticularhöcker deutlich; ein ovaler, flacher, medialer Metatarsalhöcker, kein lateraler Metatarsalhöcker und keine Tarsalfalte vorhanden. Bei nach vorn an den Körper angelegtem Hinterbein überragt das Tibiotarsalgelenk die Vorderkopfspitze. Oberseite grubig, Bauch und Unterseite der Oberschenkel gekörnelt; unter dem After einige helle Wärzchen; ein langer zipfelförmiger Hautlappen am Tibiotarsalgelenk. Oben bläulichgrau, junge Tiere bräunlich marmoriert, ältere Tiere mit mehr einheitlichen, größeren dunklen Flecken, namentlich auf Kopf und Schultern. Beine gelblich, unregelmäßig geringelt. Unterseite graugelb, mit verstreuten, kleinen, dunklen Punkten am Bauche und unter den Schenkeln. Füße sehr fein punktiert. L. 50 mm.

Deutschneuguinea.

37. **H. jeudii** Wern. 1901 *H. j.*, F. Werner in: Zool. Anz., *v.* 24 p. 99.

Zunge ungefähr dreieckig, hinten schwach eingekerbt und frei abhebbar. Gaumenzähne in 2 dicht nebeneinander stehenden runden Gruppen zwischen den Choanen. Kopf etwas breiter als lang; Vorderkopf vorn abgerundet, deutlich über den Unterkiefer vorragend, $1\,^1/_2$ mal so lang wie der Augendurchmesser, mit abgerundetem Canthus rostralis und schief abfallender, etwas vertiefter Zügelregion; Interorbitalraum doppelt so breit wie ein oberes Augenlid; Trommelfell deutlich, $^2/_3$ so breit wie das Auge. Finger nur an der Basis, Zehen bis zur Basis (an der 5. Zehe bis zur Mitte) des vorletzten, an der 4. Zehe bis zur Basis des drittletzten Gliedes durch Schwimmhaut

---

[1]) Festgestellt an einem der Typexemplare des Dresdener Museums, das mir zur Vervollständigung der Beschreibung vorgelegen hat.

verbunden; Haftscheiben der Finger $^1/_2$ so groß wie das Trommelfell; Subarticularhöcker deutlich; ein kleiner elliptischer medialer und ein noch kleinerer, etwas undeutlicher lateraler Metatarsalhöcker vorhanden. Bei nach vorn an den Körper angelegtem Hinterbein reicht das Tibiotarsalgelenk bis zur Augenmitte. Oberseite undeutlich warzig; Unterseite mit Ausnahme des granulierten Bauches glatt. Eine starke Querfalte auf der Brust. Oberseite violettgrau, undeutlich dunkler gefleckt und marmoriert; ein dunkles Querband zwischen den Augen und ein Paar von Längsflecken in der Schultergegend. Oberschenkel weißlich, deutlich marmoriert. Unterseite schmutzig weiß; Unterkieferränder lichtgrau bespritzt. L. 33 mm.

Deutschneuguinea.

38. **H. obsoleta** Lönnb. 1900 *H. o.*, Lönnberg in: Ann. nat. Hist., ser. 7 *v.* 6 p. 580.

Zunge vorn breit gerundet, hinten eingeschnitten und frei abhebbar. Gaumenzähne in 2 kleinen deutlich getrennten Gruppen zwischen den Choanen. Vorderkopf etwa dreieckig, an der Spitze abgestutzt, länger als der Augendurchmesser, mit deutlichem Canthus rostralis und vertiefter Zügelregion; Interorbitalraum breiter als ein oberes Augenlid. Finger nur an der Basis mit kurzer Schwimmhaut, Zehen fast in ihrer ganzen Länge mit Schwimmhaut versehen; Haftscheiben etwa $^1/_2$ so groß wie das Auge; eine schwache Hautfalte mit einer Reihe von Höckern längs der Lateralseite des Vorderarmes, eine weniger hervortretende Höckerreihe längs der Lateralseite des Tarsus; ein kurzer Hautanhang an der Ferse. Bei nach vorn an den Körper angelegtem Hinterbein reicht das Tibiotarsalgelenk über die Vorderkopfspitze hinaus. Oberseite sehr fein gekörnelt; eine Hautfalte zieht vom Auge zur Achsel, eine andere Falte quer über die Brust; Bauch und Unterseite der Schenkel gekörnelt. Färbung (im Alkohol) oben dunkelbraun, unten hell, ohne Zeichnung. L. 34 mm.

Simbang (Deutschneuguinea).

39. **H. graminea** Blgr. 1905 *H. g.*, Boulenger in: Ann. nat. Hist., ser. 7 *v.* 16 p. 183.

Zunge herzförmig, hinten frei abhebbar. Gaumenzähne in 2 weit getrennten, kurzen, quer gestellten Gruppen zwischen den sehr großen Choanen. Kopf stark abgeplattet, etwas breiter als lang; Vorderkopf abgerundet, so lang wie der Augendurchmesser, mit undeutlichem Canthus rostralis und sehr schief abfallender, schwach vertiefter Zügelregion; Nasenlöcher nahe der Vorderkopfspitze; Interorbitalraum 2 mal so breit wie ein oberes Augenlid; Trommelfell sehr deutlich, $^3/_4$ so breit wie das Auge. Finger und Zehen stark abgeflacht, erstere fast völlig, letztere völlig durch Schwimmhaut verbunden; Haftscheiben fast so groß wie das Trommelfell; Subarticularhöcker schwach entwickelt; eine laterale Tarsalfalte vorhanden. Bei nach vorn an den Körper angelegtem Hinterbein reicht das Tibiotarsalgelenk bis zur Vorderkopfspitze. Haut glatt, auf dem Kopfe fein gekörnelt, am Bauche und unter den Oberschenkeln spärlich gekörnelt; tiefe Furchen bilden jederseits am Vorderkörper ein Netzwerk. Oben glänzend grün, unten gelblichweiß; Hand, Arm, Tarsus, Fuß und oberes Augenlid weiß gerandet; Arm und Oberschenkel farblos, letzterer mit einem schmalen, grünen Bande in der Mitte seiner Oberseite. L. 52 mm.

Nördliches Britisch-Neuguinea, in 275 m Höhe.

40. **H. humeralis** Blgr. 1912 *H. h.*, Boulenger in: Zool. Jahrb., suppl. 15 *v.* 1 p. 216.

Kopf flacher als bei *Hyla caerulea* (nr. 49) und *H. infrafrenata* (nr. 15). Entfernung der Vorderkopfspitze vom Auge nur etwas größer als letzteres; Trommelfell sehr klein, $^2/_5$ so groß wie das Auge. Laterale Finger fast zur Hälfte ihrer Länge durch Schwimmhaut verbunden; Haftscheibe des 3. Fingers fast so groß wie das Trommelfell; kein vorspringendes Pollexrudiment vorhanden. Bei nach vorn an den Körper angelegtem Hinterbein reicht das Tibiotarsalgelenk etwas über die Vorderkopfspitze hinaus; Tibia länger als die halbe Kopfrumpflänge. Oberseite mit verstreuten, kleinen, körnigen, teilweise mit hinfälligen schwarzen, kegelförmigen Hornspitzen bedeckten, Warzen besetzt; Seiten, Bauch und Unterseite der Oberschenkel gekörnelt. Oben (im Alkohol) purpurfarbig, mehr rötlich um die Augen herum, an den Armen, Seiten der Oberschenkel, Händen und Füßen. Unterseite weiß; Unterkiefer nicht hell gerandet. L. 100 mm.

♂ mit mäßig großen, subgularen, äußeren Schallblasen, mit einem gekrümmten, scharf zugespitzten, laterad gerichteten, dornartigen Fortsatz auf der Vorderseite der proximalen Humerushälfte (durch die Haut hindurch fühlbar), sowie mit 2 hinfälligen, schwarzen, dornbesetzten Hornplatten auf der Medialseite von Metacarpale und 1. Glied des 1. Fingers.

Madew, St.-Joseph-Fluß (Britisch-Neuguinea).

41. **H. macgregori** J. D. Ogilb. 1890 *H. m.*, J. D. Ogilby in: Rec. Austral. Mus., *v.* 1 p. 100.

Zunge annähernd herzförmig, hinten wenig frei abhebbar. Gaumenzähne in 2 kleinen, ovalen, schräg gestellten Gruppen hinter der Verbindungslinie der Choanen. Kopf so breit wie lang; Vorderkopf abgerundet, wenig länger als der Augendurchmesser, mit deutlichem Canthus rostralis und fast senkrecht abfallender, nicht vertiefter Zügelregion; Interorbitalraum so breit wie ein oberes Augenlid; Trommelfell ziemlich undeutlich, $^1/_2$ so breit wie das Auge. Laterale Finger zu $^1/_3$ ihrer Länge, Zehen fast völlig durch Schwimmhaut verbunden; Haftscheiben der Finger so groß wie das Trommelfell, die der Zehen viel kleiner; kein vorspringendes Pollexrudiment vorhanden; Subarticularhöcker klein. Bei nach vorn an den Körper angelegtem Hinterbein reicht das Tibiotarsalgelenk bis zur Vorderkopfspitze. Haut glatt, am Bauche und auf der Unterseite der Oberschenkel fein gekörnelt. Oberseite von Kopf und Rumpf dunkelbraun, ersterer mit kleinen gelben Flecken, letzterer mit 3 breiten gelben Längsbinden, von denen die mittlere von der Vorderkopfspitze oder vom Interorbitalraum bis zum After, die seitlichen Binden von Augenhinterrand bis zur Flankenmitte reichen; gelbe Flecke zwischen den Binden und eine deutliche Querbinde über dem After; Seiten dunkelbraun mit gelben Flecken. Oberseite der Beine heller braun mit gelben, meist kleinen, getüpfelten, selten größeren, verstreuten Flecken. Unterseite creme weiß. Die helle Zeichnung erscheint häufig weiß statt gelb; manche Stücke zeigen auf viel heller braunem Grunde blaßbraune oder schmutzigweiße Zeichnung. Junge Tiere zuweilen stark weiß gefleckt. L. 30 mm.

St.-Joseph-Fluß (Britisch-Neuguinea).

42. **H. spengeli** Blgr. 1912 *H. s.*, Boulenger in: Zool. Jahrb., suppl. 15 *v.* 1 p. 215.

Kopf wie bei *Hyla infrafrenata* (nr. 15); Entfernung der Vorderkopfspitze vom Auge doppelt so groß wie letzteres; Auge, Trommelfell und

Haftscheibe des 3. Fingers nahezu gleich groß. Laterale Finger zur Hälfte ihrer Länge durch Schwimmhaut verbunden; kein vorspringendes Pollexrudiment vorhanden. Bei nach vorn an den Körper angelegtem Hinterbein reicht das Tibiotarsalgelenk bis zum Auge; Tibia kürzer als die halbe Kopfrumpflänge. Haut oben glatt, an den Seiten stark gerunzelt, am Bauche und unter den Schenkeln gekörnelt. Oberseite im Alkohol bläulichlila; ein weißer, dunkel purpurfarbig gerandeter Streifen säumt den Unterkiefer und zieht bis zur Schulter. Ein weißlicher Streifen an der Lateralseite von Unterarm und 4. Finger, von Tarsus und 5. Zehe, ein kurzes Stück auch auf den Unterschenkel übergreifend. L. 115 mm.

Dinawa, Owen Stanley-Gebirge, (Britisch-Neuguinea).

43. **H. brachypus** (Wern.) 1898 *Hylella b.*, F. Werner in: Zool. Anz., *v.* 21 p. 554.

Zunge länglich eiförmig, ganzrandig. Gaumenzähne fehlen. Vorderkopf wenig vorspringend, so lang wie der Augendurchmesser, mit abgerundeter, aber deutlicher Vorderkopfkante und ziemlich steil abfallender Zügelregion; Interorbitalraum $1^1/_2$ bis fast 2 mal so breit wie ein oberes Augenlid; Trommelfell nicht sehr deutlich, $^1/_3$ so breit wie der Augendurchmesser. Finger zu $^1/_3$, Zehen zu $^2/_3$ ihrer Länge durch Schwimmhaut verbunden; Haftscheiben größer als das Trommelfell. Bei nach vorn an den Körper angelegtem Hinterbein reicht das Tibiotarsalgelenk bis zum Hinterrand des Trommelfells. Haut glatt, nur am Bauche gekörnelt. Oberseite braun (im Leben schwarzbraun oder olivengrün); Unterseite grau, ganz oder nur an der Kehle fein punktiert, oder weiß (im Leben grüngelb). L. 22 mm.

Ralum (Bismarck-Archipel).

44. **H. militaria** (P. Rams.) 1877 *Pelodryas militarius*, P. Ramsay in: P. Linn. Soc. N. S. Wales, *v.* 2 p. 28 | 1898 *Hyla dolichopsis* var. *pollicaris*, F. Werner in: Zool. Anz., *v.* 21 p. 554 | 1900 *H. d.* var. *p.*, F. Werner in: Mt. Mus. Berlin, *v.* LIV p. 119 f. 44—46 (Vorderfuß ♂, Schultergürtel, Larve) | 1912 *H. militaria*, Boulenger in: Zool. Jahrb., suppl. 15 *v.* 1 p. 215.

Stimmt in Bau und Färbung völlig mit *Hyla infrafrenata* Gthr. (nr. 15) überein, unterscheidet sich von ihr durch ein gut ausgebildetes Pollexrudiment an der Medialseite des 1. Fingers (Fig. 240). L. bis 124 mm.

♂ mit schwarzer Brunstschwiele auf der Oberseite des Daumens und großer, äußerer, unpaarer Schallblase, die (wie bei *Hyla infrafrenata*) von einem spitzen, nach aufwärts gebogenen, knöchernen Fortsatz des Omosternums gestützt wird (Fig. 241).

Habitus der Larve wie in Fig. 242 dargestellt. Ihre Grundfarbe ziemlich dunkel rauchgrau. Kehle dunkler als der Bauch; ein dunkles Längsband zieht in der Rückenmitte von der Schnauze gegen den Schwanz zu beiden Seiten des oberen Flossensaums, je ein anderes dunkles Längsband vom Auge an jederseits an der Schwanzseite entlang. L. bis 50 mm.

Bismarck-Archipel.

45. **H. thesaurensis** Ptrs. 1877 *H. t.*, Peters in: Monber. Ak. Berlin, p. 421 | 1882 *H. t.*, Boulenger, Cat. Batr. sal. Brit. Mus., ed. 2 p. 409 | 1886 *H. t.*, Boulenger in: Tr. zool. Soc. London, *v.* 12 p. 60 t. 11 f. 4 | 1897 *H. t.*, Méhely in: Termés. Füzetek, *v.* 20 p. 403, 414 t. 10 f. 7.

Zunge klein, herzförmig. Gaumenzähne in 2 kleinen, queren Gruppen mitten zwischen den Choanen. Vorderkopf abgerundet, so lang wie das Auge, mit abgerundetem Canthus rostralis und vertiefter Zügelgegend; Interorbitalraum ebenso breit wie ein oberes Augenlid; Trommelfell $^1/_2$ so breit wie der Augendurchmesser. Finger nur an ihrer Basis, Zehen zur Hälfte ihrer Länge durch Schwimmhaut verbunden. Bei nach vorn an den Körper angelegtem Hinterbein reicht das Tibiotarsalgelenk bis zur Vorderkopfspitze. Bauch und Unterseite der Oberschenkel grob gekörnelt. Oberseite oliven- oder rötlichbraun, mit weißer Zeichnung, bestehend aus einer mittleren von der Stirne bis zum After, und je einer seitlichen, vom Augenlide bis zu den Weichen ziehenden Längsbinde, einer gebogenen Querbinde zwischen den Augen und einem jederseits von der Zügelgegend nach dem Auge und unter dem Trommelfell hingehenden Streifen. Bauch und Unterseite der Oberschenkel weiß oder gelblich; Lateralseite der Vorderextremitäten, der Unterschenkel und der Fußwurzel bräunlichgelb. L. 28 mm.

Niederländisch-Neuguinea, Salomoninseln.

46. **H. solomonis** T. Vogt 1912 *H. s.*, T. Vogt in: SB. Ges. Fr. Berlin, p. 10.

Zunge breitoval, hinten sehr wenig ausgeschnitten. Gaumenzähne in 2 runden Gruppen zwischen den Choanen. Kopf etwas breiter als der Rumpf;

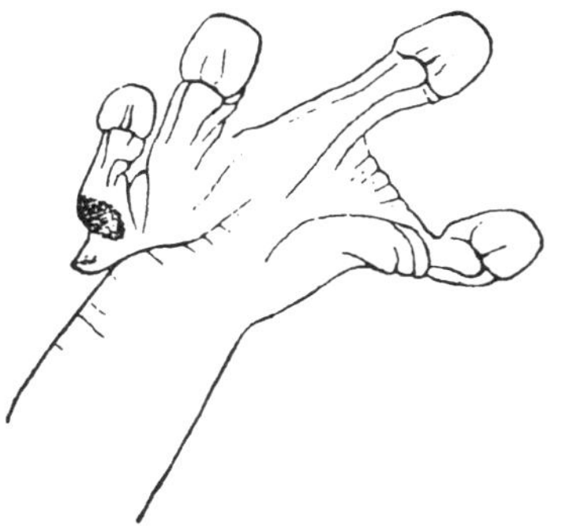

Fig. 240. **Hyla militaria.** Rechter Vorderfuß des ♂ von oben mit Pollexrudiment und mit Brunstschwielen auf dem 1. Finger (vergr.) (nach F. Werner).

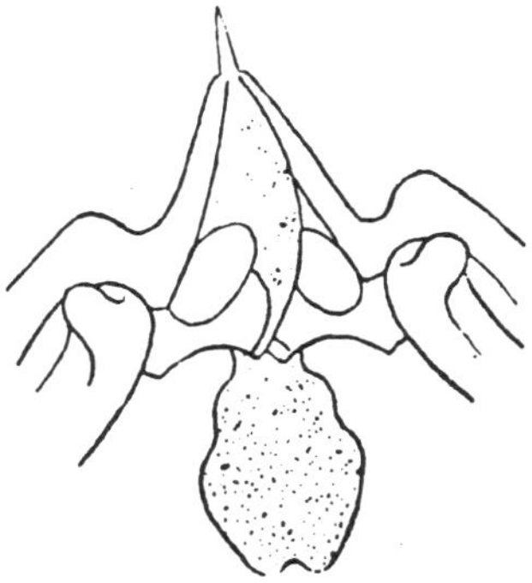

Fig. 241. **Hyla militaria.** Schultergürtel, Knorpel punktiert (vergr.) (nach F. Werner).

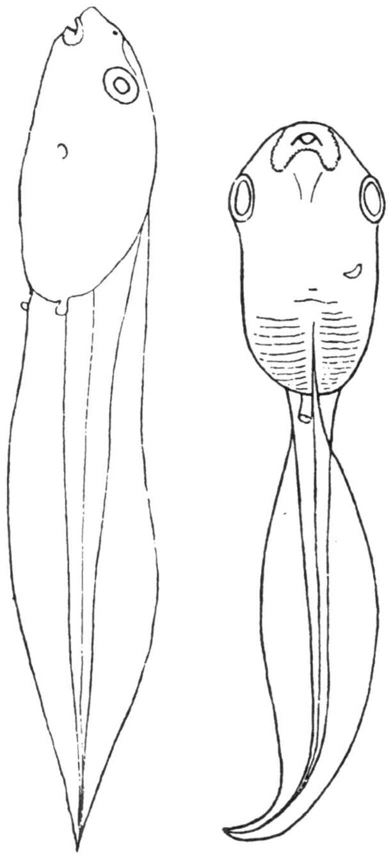

Fig. 242. **Hyla militaria.** Larven (vergr.) (nach F. Werner).

Vorderkopf rund, mit abgerundetem, aber deutlichem und geradem Canthus rostralis und schräg abfallender Zügelregion; Nasenlöcher sehr nahe an der Vorderkopfspitze; Interorbitalraum doppelt so breit wie ein oberes Augenlid; Trommelfell deutlich, $^1/_2$ so breit wie das Auge. Finger zu $^1/_3$, Zehen in ihrer ganzen Länge durch Schwimmhaut verbunden; 1. Finger wenig kürzer als der 2.; Haftscheiben der Finger so groß wie das Trommelfell, die der Zehen kleiner; medialer Metatarsalhöcker länglich und vorstehend, lateraler klein und rund. Bei nach vorn an den Körper angelegtem Hinterbein reicht das Tibiotarsalgelenk über die Vorderkopfspitze hinaus. Haut oben glatt, am Bauche und an der Hinterseite der Oberschenkel granuliert. Vom hinteren Augenwinkel zieht eine Falte oberhalb des Trommelfells zur Schulter hin. Ferse mit einem Hautlappen. Oberseite olivgraubraun, Unterseite weiß. Ein unter dem Auge beginnender weißer Streifen zieht jederseits bis zum After, oberhalb dessen er mit dem der anderen Seite durch einen weißen Querstrich verbunden ist, oder der weiße Seitenstreifen endet schon an der Schulter und über dem After stehen 2 getrennte weiße Punkte. Lateralseite des Unterarmes mit einer Reihe weißer Höcker. L. 48 mm.

Bougainville (Salomons-Inseln).

47. **H. lutea** Blgr. 1887 *H. l.*, Boulenger in: P. zool. Soc. London, p. 337 t. 28 f. 4.

Zunge oval, hinten sehr schwach eingeschnitten und wenig abhebbar. Gaumenzähne in 2 großen, quer gestellten Gruppen dicht nebeneinander zwischen den Choanen. Kopf stark flachgedrückt, so lang wie breit oder etwas breiter als lang; Vorderkopf abgerundet, mit sehr undeutlichem Canthus rostralis und vertiefter Zügelregion; Nasenloch näher bei der Vorderkopfspitze als beim Auge, seine Entfernung von letzterem ist gleich dem Augendurchmesser; Interorbitalraum breiter als ein oberes Augenlid; Trommelfell sehr deutlich, etwa $^2/_3$ so breit wie das Auge. Finger zur Hälfte ihrer Länge mit Schwimmhaut versehen, die fast die Haftscheiben des 2. und 3. Fingers erreicht; kein vorspringendes Pollexrudiment vorhanden; Zehen zu $^3/_4$ ihrer Länge durch Schwimmhaut verbunden; Haftscheiben der Finger größer als, die der Zehen ebenso groß wie das Trommelfell; Subarticularhöcker klein und flach; ein kleiner, flacher medialer Metatarsalhöcker vorhanden, aber keine Tarsalfalte. Bei nach vorn an den Körper angelegtem Hinterbein reicht das Tibiotarsalgelenk bis zur Vorderkopfspitze oder etwas über diese hinaus. Haut glatt, Bauch und Unterseite der Schenkel mit großen, flachen Körnern. Oberseite einfarbig zitronengelb, Unterseite weiß, eine weiße Linie am Lateralrande von Vorderarm, 4. Finger, Tarsus und 5. Zehe. L. 67 mm.

♂ mit subgularer, innerer Schallblase und schwarzen Brunstschwielen auf dem 1. Finger.

Bougainville und Faro-Insel (Salomons-Inseln).

48. **H. macrops** Blgr. 1883 *H. m.*, Boulenger in: Ann. nat. Hist., ser. 5 *v.* 12 p. 164 | 1886 *H. m.*, Boulenger in: Tr. zool. Soc. London, *v.* 12 p. 59 t. 11 f. 3.

Zunge oval, hinten schwach eingeschnitten und wenig frei abhebbar. Gaumenzähne in 2 Gruppen zwischen den großen Choanen. Kopf flachgedrückt, so lang wie breit; Vorderkopf abgerundet, so lang wie der Augendurchmesser, mit deutlichem Canthus rostralis und sehr schräg abfallender, vertiefter Zügelregion; Augen sehr groß; Interorbitalraum so breit wie ein oberes Augenlid; Trommelfell deutlich, $^1/_2$ so breit wie das Auge. Finger zu $^1/_4$, Zehen zu $^3/_4$ ihrer Länge durch Schwimmhaut verbunden; kein deutliches Pollexrudiment vorhanden; Haftscheiben der Finger und Zehen viel kleiner als das Trommelfell; Subarticularhöcker klein; 2 Metatarsalhöcker, von denen der äußere sehr klein, aber keine Tarsalfalte vorhanden. Bei nach vorn an den Körper angelegtem Hinterbein reicht das Tibiotarsalgelenk fast bis zur Vorderkopfspitze. Haut oben glatt, unten gekörnelt. Oberseite violettbraun, Unterseite weiß, ungefleckt ? grün. L. 38 mm.

♂ mit subgularer innerer Schallblase und braunen Brunstschwielen auf der Medialseite des 1. Fingers.

Treasury-Insel (Salomons-Inseln).

49. **H. caerulea** (J. White) 1790 *Rana c.*, J. White, J. Voy. N. S. Wales, app. p. 248 t. [33] (fig. mala) | 1799 *R. Austrasiae*, J. G. Schneider, Hist. Amph., *v.* 1 p. 150 | 1803 *R. coerulea*, Daudin, Hist. Rainett., p. 70 | 1803 *Hyla cyanea*, Daudin, Hist. Rept., *v.* 8 p. 43 | 1820 *Rana caerulea*, Merrem, Versuch Syst. Amph., p. 174 | 1826 *Calamita cyanea*, Fitzinger, Classif. Rept., p. 64 | 1830 *Calamites caerulea*, Wagler, Syst. Amph., p. 200 | 1841 *Hyla cyanea* (part.), C. Duméril & G. Bibron, Erpét., *v.* 8 p. 577 | 1843 *H. (Calamites) cyaneus*, Fitzinger, Syst. Rept., *v.* 1 p. 30 | 1858 *Pelodryas caeruleus* (part.), Alb. Günther, Cat. Batr. sal. Brit. Mus., p. 119 t. 9 f. B | 1860 *Calamites cyaneus* (part.), Fitzinger in: SB. Ak. Wien, *v.* 42 p. 413 | 1863 *Pelodryas coeruleus*, Alb. Günther in: P. zool. Soc. London, p. 250 | 1867 *Calamita cyanea*, E. D. Cope in: J. Ac. Philad., ser. 2 *v.* 6 p. 201, 204 | 1867 *Calamites cyaneus* (part.), Steindachner in: Reise Novara, Amph. p. 66 | 1868 *Pelodryas coeruleus*, W. Keferstein in: Arch. Naturg., *v.* 341 p. 288 t. 8 f. 32 (Schädel) | 1882 *Hyla caerulea*, Boulenger, Cat. Batr. sal. Brit. Mus., ed. 2 p. 383 | 1901 *H. coerulea* s. *cyanea*, Gadow in: Cambridge nat. Hist., *v.* 8 p. 198 f. 39 | 1912 *H. caerulea*, Boulenger in: Zool. Jahrb., suppl. 15 *v.* 1 p. 212.

Zunge kreisrund, hinten frei abhebbar, aber nur sehr schwach eingeschnitten. Gaumenzähne in 2 etwas schräg gestellten Reihen auf der Höhe des Choanenhinterrandes. Kopf breiter als lang; Vorderkopf rundlich, abgestutzt, mit deutlichem Canthus rostralis und wenig vertiefter Zügelregion; Abstand des Nasenloches vom Auge so groß wie der Augendurchmesser; Interorbitalraum breiter als ein oberes Augenlid; Trommelfell sehr deutlich, $^2/_3$ so breit wie das Auge. Finger zu $^1/_4$—$^1/_2$, meist zu $^1/_3$ ihrer Länge, Zehen fast völlig durch Schwimmhaut verbunden; kein vorspringendes Pollexrudiment vorhanden; Haftscheiben der Finger so groß wie, oder größer als das Trommelfell (bei jungen Tieren relativ kleiner), etwas größer als die der Zehen; Subarticularhöcker gut entwickelt; eine schwache Hautfalte am medialen Tarsusrande, sowie ein ovaler, kräftiger, medialer Metatarsalhöcker vorhanden. Bei nach vorn an den Körper angelegtem Hinterbein reicht das Tibiotarsalgelenk kaum bis zum Auge. Haut glatt, in der hinteren Nackenhälfte und in der Schultergegend stark verdickt und mit großen Drüsenporen ausgestattet; laterad wird diese Drüsenregion von einer kräftigen, gekrümmten, am hinteren Augenwinkel beginnenden Hautfalte begrenzt. Bauch und Unterseite der Oberschenkel gekörnelt. Oben grün (im Alkohol blau oder violett) an den Rumpfseiten, Beinen und an der Oberlippe zuweilen mit weißen, dunkelgerandeten Flecken oder Streifen. Sehr häufig treten auch Guanineinlagerungen in der Haut in Gestalt weißer Flecke auf. Unterseite weiß. L. bis 106 mm.

♂ mit äußerer, subgularer Schallblase und mit braunen Brunstschwielen auf der Medialseite des 1. Fingers.

Südost-Neuguinea, Ost-, Nord- und Westaustralien.

50. **H. aurea** Less. 1830 *H. a.*, R. P. Lesson in: Voy. Coquille, *v.* 21 p. 60 Rept. t. 7 f. 2 | 1838 *Ranoides Jacksonensis* (= *Hyla Jacksoniensis*, Bibron MS.), Tschudi, Classif. Batr., p. 76 | 1841 *H. J.*, C. Duméril & G. Bibron, Erpét, *v.* 8 p. 602 |

1841 *H. J.*, J. E. Gray in: Grey, J. Exp. Austral., *v.* 2 p. 436 t. 8 f. 3 | 1843 *H. (Auletris) j.*, Fitzinger, Syst. Rept., *v.* 1 p. 30 | 1853 *Ranoidea resplendens*, C. Girard in: P. Ac. Philad., *v.* 6 p. 422 | 1858 *R. r.* + *R. aurea*, C. Girard in: U. S. expl. Exp., Herpet. p. 48 t. 3 f. 7—12 (Habitus, Kopf, Füße) | 1858 *Hyla aurea*, Alb. Günther, Cat. Batr. sal. Brit. Mus., p. 114 | 1860 *Auletris jacksoniensis*, Fitzinger in: SB. Ak. Wien, *v.* 42 p. 413 | 1864 *Litoria aurea*, Alb. Günther in: P. zool. Soc. London, p. 49 | 1867 *Chirodryas raniformis*, W. Keferstein in: Nachr. Ges. Götting., p. 358 | 1867 *Hyla aurea*, Steindachner in: Reise Novara, Amph. p. 61 | 1868 *H. a.*, W. Keferstein in: Arch. Naturg., *v.* 341 p. 284 t. 7 f. 18, 19 (Habitus, Schädel) | 1870 *Litoria a.* var., Alb. Günther in: P. zool. Soc. London, p. 402 t. 30 f. 3 | 1881 *Hyla a.*, Mac Coy, Prodr. Zool. Victoria, *v.* 1 fasc. 6 p. 13 t. 53 | 1882 *H. a.* + *H. a.* var. *cyclorhynchus*, Boulenger, Cat. Batr. sal. Brit. Mus., ed. 2 p. 410, 411 | 1897 *Fanchonia elegans*, F. Werner in: Zool. Anz., *v.* 20 p. 266 | 1914 *Hyla aurea*, F. Werner in: Fauna S. W. Austral., *v.* 4 p. 422.

Zunge annähernd oval, hinten eingeschnitten und frei abhebbar. Gaumenzähne in 2 etwas nach hinten konvergierenden Reihen zwischen den Choanen. Kopf so lang wie breit oder etwas länger als breit, in seinen Umrissen, ebenso wie die Körperform des ganzen Tieres, an *Rana* erinnernd; Vorderkopf gewöhnlich länger als der Augendurchmesser, bei der var. *cyclorhynchus* kürzer und mehr abgerundet, mit mäßig deutlichem Canthus rostralis und schwach vertiefter Zügelregion; Interorbitalraum schmaler als oder höchstens so breit wie ein oberes Augenlid; Trommelfell deutlich, $^1/_2$—$^4/_5$ so breit wie der Augendurchmesser. Finger frei von Schwimmhaut, Zehen völlig oder fast völlig durch solche verbunden (Fig. 243); kein deutliches Pollexrudiment vorhanden; Haftscheiben klein, etwa $^1/_2$ so breit wie der Durchmesser des Trommelfells; Subarticularhöcker mäßig entwickelt; eine deutliche Hautfalte am medialen Tarsusrande vorhanden. Bei nach vorn an den Körper angelegtem Hinterbein reicht das Tibiotarsalgelenk bis zum Auge, manchmal auch nicht ganz so weit, oder auch etwas weiter. Haut oben glatt oder warzig, unten gekörnelt; eine mehr oder weniger undeutliche, drüsige Lateralfalte vorhanden. Oben bläulich oder olivenfarben, blau oder braun gefleckt oder marmoriert; ein dunkler Streifen auf dem Canthus rostralis, der sich verbreitert nach hinten bis zur Körpermitte oder bis zur Sacralgegend fortsetzt; in der Regel eine weiße Längsbinde jederseits am Rücken, zuweilen auch eine solche in der Mittellinie des Rückens vorhanden. Unterseite weißlich, grau oder bräunlich, einfarbig oder dunkel gefleckt, bei der var. *cyclorhynchus* nach Boulenger dicht schwarz genetzt, hier auch Weichen und Oberschenkelseiten auf schwarzem Grunde weiß gefleckt. L. bis 79 mm.

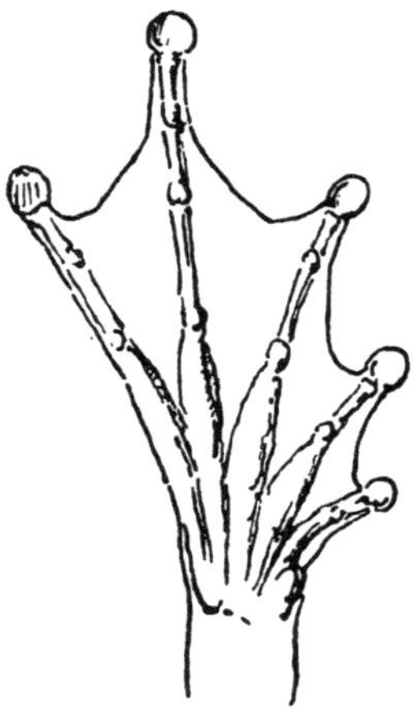

Fig. 243. **Hyla aurea.** Rechter Hinterfuß von unten.

♂ mit 2 inneren Schallblasen und mit braunen Brunstschwielen auf der Medialseite des 1. Fingers.

Ganz Australien, Tasmanien (eingeführt auf Neu-Seeland und in Neu-Caledonien).

51. **H. peronii** (Bibr.) 1838 *Dendrohyas P.*, Bibron MS. in: Tschudi, Classif. Batr., p. 75 | 1841 *Hyla P.*, C. Duméril & G. Bibron, Erpét., *v.* 8 p. 569 | 1858 *H. P.*, Alb. Günther, Cat. Batr. sal. Brit. Mus., p. 112 | 1860 *Dendrohyas P.*, Fitzinger in: SB. Ak. Wien, *v.* 42 p. 413 | 1863 *Hyla P.*, Alb. Günther in: P. zool. Soc. London, p. 250 t. 30 f. A, B (Habitusbilder in natürlichen Farben), f. a (Vorderfuß) | 1867 *H. P.*, Steindachner

in: Reise Novara, Amph. p. 60 | 1868 *H. P.*, W. Keferstein in: Arch. Naturg., *v.* 34 I p. 282 t. 8 f. 30, 31 (Habitus, Gaumenzähne) | 1882 *H. p.*, Boulenger, Cat. Batr. sal. Brit. Mus., ed. 2 p. 390 | 1884 *H. Rothii*, De Vis in: P. Linn. Soc. N. S. Wales, *v.* 9 p. 66 | 1885 *H. Peronii*, Boulenger in: Ann. nat. Hist., ser. 5 *v.* 16 p. 387 | 1913 *H. p.*, L. G. Andersson in: Svenska Ak. Handl., *v.* 52 nr. 4 p. 21.

Zunge annähernd kreisrund oder oval, hinten schwach eingeschnitten und frei abhebbar. Gaumenzähne in 2 queren Gruppen zwischen den Choanen. Kopf etwas breiter als lang; Vorderkopf abgerundet, so lang wie oder etwas länger als der Augendurchmesser, mit rundlichem Canthus rostralis und schief abfallender, wenig vertiefter Zügelregion; Interorbitalraum so breit wie oder breiter als ein oberes Augenlid; Trommelfell sehr deutlich, $^2/_3$ so breit wie das Auge. Finger zu $^1/_2$ oder fast so weit (Fig. 244), Zehen fast völlig durch Schwimmhaut verbunden; kein deutliches Pollexrudiment vorhanden; Haftscheiben der Finger etwas mehr als $^1/_2$ so breit wie das Auge, also fast so breit wie das Trommelfell; Subarticularhöcker mäßig entwickelt; ein kräftiger, länglicher, medialer Metatarsalhöcker und eine deutliche Hautfalte am medialen Tarsusrande vorhanden. Bei nach vorn an den Körper angelegtem Hinterbein reicht das Tibiotarsalgelenk zwischen Auge und Vorderkopfspitze oder bis zu letzterer. Oberseite mehr oder weniger höckerig, zuweilen ganz glatt; Unterseite gekörnelt; eine starke Querfalte auf der Brust; eine Hautfalte zieht jederseits vom Auge zur Schulter. Oben braun oder olivenfarbig, mehr oder weniger deutlich dunkel punktiert oder marmoriert; Weichen und Oberschenkelseiten, zuweilen auch die Achselgegend, schwarz und gelb marmoriert; zuweilen eine ziemlich undeutliche helle Längslinie in der Rückenmitte vorhanden. Unterseite weißlich; Kehle häufig braun gemustert. L. 57 mm.

Fig. 244. **Hyla peronii.** Linker Vorderfuß von unten (nach Alb. Günther).

♂ mit inneren, subgularen Schallblasen und mit braunen Brunstschwielen auf der Medialseite des 1. Fingers.

West-, Nord- und Ostaustralien, Tasmanien.

52. **H. rubella** Gray 1842 *H. r.*, J. E. Gray, Zool. Misc., pars 2 p. 56 | 1858 *H. r.*, Alb. Günther, Cat. Batr. sal. Brit. Mus., p. 111 | 1868 *H. r.*, W. Keferstein in: Arch. Naturg., *v.* 34 I p. 283 t. 8 f. 29 | 1882 *H. r.*, Boulenger, Cat. Batr. sal. Brit. Mus., ed. 2 p. 405 | 1896 *H. r.*, W. B. Spencer in: Rep. Horn Exp. Centr.-Austral., *v.* 2 p. 170 t. 15 f. 26—28 (Habitus und Mund der Larve).

Zunge breitoval, ganzrandig, hinten frei abhebbar. Gaumenzähne in 2 kleinen, dicht zusammenstehenden Gruppen hinter den Choanen. Kopf klein, so lang wie breit; Vorderkopf abgerundet, so lang wie der Augendurchmesser, mit stumpfem Canthus rostralis und fast senkrecht abfallender Zügelregion; Interorbitalraum so breit wie oder etwas breiter als ein oberes Augenlid; Trommelfell deutlich, etwa $^1/_2$—$^2/_3$ so breit wie der Augendurchmesser. Finger höchstens durch eine Spur von Schwimmhaut, Zehen zu $^1/_2$—$^3/_4$ ihrer Länge durch Schwimmhaut verbunden; kein deutliches Pollexrudiment vorhanden; Haftscheiben der Finger und Zehen in ihrer Größe sehr wechselnd, an den Fingern meist größer als an den Zehen, bei großen Tieren so groß wie das Trommelfell, in der Regel aber kleiner; Subarticularhöcker gut entwickelt; ein medialer Metatarsalhöcker und eine deutliche Hautfalte am medialen Tarsusrande vorhanden. Bei nach vorn an den Körper angelegtem Hinterbein reicht das Tibiotarsalgelenk bis zur Schulter oder zum Trommelfell. Haut oben glatt, unten gekörnelt; eine starke Querfalte auf der Brust. Färbung sehr wechselnd; oben grau- oder rötlichbraun, einfarbig oder dunkel gesprenkelt. Eine dunkle Binde läuft von der Schnauze an Kopf- und Rumpfseiten entlang bis zur Körpermitte; Weichen, Vorder- und Hinterseite der Oberschenkel oft gelb. Unterseite einfarbig weißlich. L. 39 mm.

♂ mit braunen, äußeren, subgularen Schallblasen und braunen Brunstschwielen auf der Medialseite des 1. Fingers.

Fig. 245. Fig. 246.
Hyla rubella. Fig. 245: Larve; Fig. 246: Mundgegend der Larve ($^{10}/_{1}$) (beides nach W. B. Spencer).

Merkmale der Larven (nach W. B. Spencer l. c.): Rumpf 1½ mal so lang wie breit und merklich mehr als ½ so lang wie der Schwanz (Fig. 245). Nasenlöcher beträchtlich näher bei der Vorderkopfspitze als bei den Augen; letztere von unten nicht sichtbar. Spiraculum nicht sehr vorspringend, von oben nicht sichtbar. After an der Schwanzbasis. Schwanz etwas mehr als 2 mal so lang wie der Rumpf, am Ende zugespitzt; sein oberer Flossensaum beginnt an der Schwanzbasis. Schnabel nicht sehr breit schwarz gerandet; Lippen mit Papillen besetzt, die nur in der Mitte des Vorderrandes der Oberlippe fehlen (Fig. 246); Zähnchen in der Oberlippe in 2, in der Unterlippe in 3 Reihen angeordnet, die 2 oberen und die 1. untere Reihe in der Mitte schmal unterbrochen. Rumpf oben und seitlich dunkelgrau, hübsch umberfarbig marmoriert. Unterseite vorn perlfarbig gefleckt. Muskelpartie des Schwanzes ähnlich gefärbt wie der Rumpf, aber heller, Flossen weißlich, mit schwachen Flecken. L. 45 mm, davon entfallen 29 mm auf den Schwanz.

Nord- und Zentralaustralien.

53. **H. gilleni** W. B. Sp. 1896 *H. g.*, W. B. Spencer in: Rep. Horn Exp. Centr.-Austral., *v.* 2 p. 173 t. 15 f. 14—17 (Habitus, Kopf und Füße).

Zunge groß, hinten deutlich eingeschnitten und frei abhebbar. Gaumenzähne in 2 deutlichen Gruppen auf der Höhe des Choanenhinterrandes. Kopf so lang wie breit; Vorderkopf breit abgestutzt, etwas vorspringend, mit deutlichem Canthus rostralis und etwas vertiefter, fast senkrecht abfallender Zügelregion; Interorbitalraum beträchtlich breiter als ein oberes Augenlid; Trommelfell deutlich, $^{3}/_{5}$—$^{4}/_{5}$ so breit wie das Auge. Finger wenig, Zehen zu $^{2}/_{3}$ ihrer Länge durch Schwimmhaut verbunden (Fig. 247); Haftscheiben der Finger $^{1}/_{2}$—$^{2}/_{3}$ so groß wie das Trommelfell, größer als die der Zehen; Subarticularhöcker gut entwickelt; ein gut ausgebildeter medialer und ein kleiner lateraler Metatarsalhöcker vorhanden. Bei nach vorn an den Körper angelegtem Hinterbein reicht das Tibiotarsalgelenk gerade bis zum Auge.

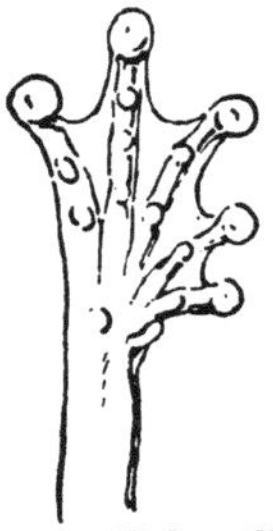

Fig. 247. **Hyla gilleni.** Rechter Hinterfuß von unten (nach W. B. Spencer).

Haut oben glatt, unten gekörnelt; eine deutliche Falte zieht quer über die Brust; eine andere jederseits vom Augenhinterrand oberhalb des Trommelfelles hin zur Schulter. Färbung oben grün. Je ein weißer Fleck hinten unten am Trommelfell und an der Vorderseite des Armes dicht am Körper. Weiße Flecke können unregelmäßig über die Rumpfseiten und die Vorderseite der Hinterbeine verstreut sein. L. 63 mm.

Alice Springs (Zentral-Australien).

54. **H. adelaidensis** Gray 1841 *H. A.* + *H. binoculata*, J. E. Gray in: Grey, J. Exp. Austral., *v.* 2 p. 447 t. 8 f. 1, 2 | 1858 *H. adelaidensis*, Alb. Günther, Cat. Batr. sal. Brit. Mus., p. 113 | 1868 *H. a.* + *H. Schuetteii*, W. Keferstein in: Arch. Naturg., *v.* 341 p. 278, 279 t. 8 f. 27, 28 (Habitus, Gaumenzähne) | 1882 *H. adelaidensis*, Boulenger, Cat. Batr. sal. Brit. Mus., ed. 2 p. 408 | 1913 *H. a.*, L. G. Andersson in: Svenska Ak. Handl., *v.* 52 nr. 4 p. 23 t. 1 f. 9, 10 | 1914 *H. a.*, F. Werner in: Fauna S. W. Austral., *v.* 4 p. 422.

Zunge annähernd oval, hinten schwach eingeschnitten und frei abhebbar. Gaumenzähne in 2 queren oder etwas nach hinten konvergierenden Gruppen zwischen den Choanen. Kopf etwas länger als breit; Vorderkopf mehr oder weniger spitz, ziemlich vorspringend, länger als der Augendurchmesser, mit winkligem, geradem Canthus rostralis und fast senkrecht abfallender Zügelregion; Interorbitalraum etwas breiter als ein oberes Augenlid; Trommelfell sehr deutlich, etwa $^2/_3$ so breit wie das Auge. Körper gestreckt. Finger durch eine undeutliche Spur von Schwimmhaut, Zehen zu $^3/_4$ ihrer Länge durch Schwimmhaut verbunden; kein deutliches Pollexrudiment vorhanden; Haftscheiben viel kleiner als das Trommelfell; Subarticularhöcker mäßig entwickelt; eine sehr deutliche Hautfalte am medialen Tarsusrande vorhanden. Bei nach vorn an den Körper angelegtem Hinterbein reicht das Tibiotarsalgelenk zwischen Auge und Vorderkopfspitze; Oberseite glatt oder mit einigen kleinen, verstreuten Höckern; Bauch und Unterseite der Oberschenkel gekörnelt; eine starke Querfalte auf der Brust. Färbung sehr wechselnd, meist braun oder grau in verschiedenen Abtönungen, einfarbig oder dunkel gefleckt oder marmoriert. Ein dunkler Streifen zieht vom Nasenloch durch das Auge und an den Rumpfseiten entlang; unter ihm verläuft ein weißer oder rötlicher Streifen vom Auge bis zur Mitte der Rumpfseiten. Hinterseite der Oberschenkel dunkelbraun, weiß gefleckt, manchmal farblos oder mit undeutlichen helleren Flecken. L. 72 mm.

♂ mit äußerer, subgularer Schallblase.

Australien (außer Viktoria und Tasmanien).

55. **H. latopalmata** (Gthr.) 1867 *Litoria l.*, Alb. Günther in: Ann. nat. Hist., ser. 3 *v.* 20 p. 55 | 1882 *Hyla l.*, Boulenger, Cat. Batr. sal. Brit. Mus., ed. 2 p. 414 t. 26 f. 4 | 1913 *H. l.*, Fry in: Rec. Austral. Mus., *v.* 10 p. 20 f. 12 (Hinterfuß) t. 1.

Fig. 248. Hyla latopalmata. Linker Hinterfuß von unten (nach Fry).

Körperform sehr schlank. Zunge annähernd kreisrund, hinten schwach eingeschnitten und frei abhebbar. Gaumenzähne in 2 etwas nach hinten konvergierenden Gruppen zwischen den senkrecht elliptischen Choanen. Kopf so breit wie oder etwas breiter als lang. Vorderkopf spitz, stark vorspringend, $1^1/_2$ bis 2mal so lang wie der Augendurchmesser, mit deutlichem, rundlichem Canthus rostralis und vertiefter Zügelregion; Interorbitalraum so breit wie oder etwas breiter als ein oberes Augenlid; Trommelfell sehr deutlich, $^4/_5$ so breit wie das Auge. Finger frei von Schwimmhaut, Zehen, außer der 4., fast bis zu den Haftscheiben durch Schwimmhaut verbunden (Fig. 248); 1. Finger etwas länger als der 2., kein deutliches Pollexrudiment vorhanden; Haftscheiben sehr klein; Subarticularhöcker klein; aber stark vorspringend; ein kleiner medialer und ein noch kleinerer lateraler Metatarsalhöcker, sowie eine deutliche Hautfalte am medialen Tarsusrande vorhanden. Bei nach vorn an den Körper angelegtem. Hinterbein reicht das Tibiotarsalgelenk deutlich über die Vorderkopfspitze hinaus. Oberseite glatt, oder mit einigen wenigen, undeutlichen Warzen auf dem Rücken; Bauch und Unterseite der Oberschenkel gekörnelt; eine Querfalte auf der Brust; Hautfalte über dem Trommelfell fehlt oder nur schwach entwickelt. Oben bläulich oder grünlichgrau, einfarbig oder mehr oder weniger deutlich unregelmäßig dunkelgrau marmoriert. Zuweilen ein dreieckiger, dunkler Fleck zwischen den Augen; Canthus rostralis und Schläfenregion mit einem dunklen Längsstreifen; Lippen weiß gefleckt; ein gelblicher Streifen vom Auge zum Mundwinkel. Vorder- und Hinterseite der Oberschenkel scharf schwarz und gelb marmoriert. Arme und Lateralseite von Unterschenkel und Tarsus schwarz und weiß gefleckt. Unterseite weißlich oder gelblich, ungefleckt, nur die Unterseite des Hinterfußes zuweilen braun marmoriert. L. 37 mm.

♂ mit inneren, subgularen Schallblasen und mit braunen Brunstschwielen auf der Medialseite des 1. Fingers.

Nordaustralien, Queensland, Neu-Süd-Wales.

56. **H. tornieri** nom. nov. Nieden 1842 *Pelodytes affinis* (non *Hyla a.*, Spix 1824), J. E. Gray, Zool. Misc., pars. 2 p. 56 | 1858 *Litoria freycineti* (excl. synon.), Alb. Günther, Cat. Batr. sal. Brit. Mus., p. 97 | 1882 *Hyla affinis*, Boulenger, Cat. Batr. sal. Brit. Mus., ed. 2 p. 413 t. 26 f. 3 | 1913 *H. a.*, L. G. Andersson in: Svenska Ak. Handl., *v.* 52 nr. 4 p. 24.

Körperform schlank. Zunge annähernd kreisrund, hinten schwach eingeschnitten und frei abhebbar. Gaumenzähne in 2 schiefen Gruppen zwischen den senkrecht elliptischen Choanen. Kopf länger als breit, ähnlich dem von *Rana agilis*; Vorderkopf spitz, ziemlich vorspringend, $1^1/_2$ mal so lang wie der Augendurchmesser, mit deutlichem Canthus rostralis und schwach vertiefter Zügelregion; Interorbitalraum so breit wie ein oberes Augenlid; Trommelfell sehr deutlich, $^2/_3$ so breit wie das Auge. Finger und Zehen schlank, erstere frei von Schwimmhaut, letztere etwas mehr als zu $^1/_2$ ihrer Länge durch solche verbunden; 1. Finger etwas länger als der 2.; kein deutliches Pollexrudiment vorhanden; Haftscheiben sehr klein; Subarticularhöcker klein, aber stark vorspringend; 2 Metatarsalhöcker vorhanden, der laterale sehr klein, sowie eine deutliche Hautfalte am medialen Tarsusrande. Bei nach vorn an den Körper angelegtem Hinterbein reicht das Tibiotarsalgelenk bis zum Nasenloch oder bis zur Vorderkopfspitze. Haut oben glatt; am Bauche und unter den Oberschenkeln gekörnelt. Oben braun, Zügel und Schläfenregion schwärzlich; Hinterseite der Oberschenkel schwarz und weiß marmoriert; Unterseite weißlich, ungefleckt. L. 35 mm.

♂ mit brauner Kehle und subgularen, inneren Schallblasen.

Nordaustralien, Queensland.

57. **H. nigrofrenata** Gthr. 1867 *H. n.*, Alb. Günther in: Ann. nat. Hist., ser. 3 *v.* 20 p. 56 | 1882 *H. n.*, Boulenger, Cat. Batr. sal. Brit. Mus., ed. 2 p. 413 t. 26 f. 2, 2a (Habitus, Mundhöhle).

Zunge annähernd oval, hinten schwach eingeschnitten und frei abhebbar. Gaumenzähne in 2 queren Gruppen zwischen den vorderen Hälften der Choanen. Körperform schlank; Kopf länger als breit; Vorderkopf spitz, länger als der

Augendurchmesser, mit deutlichem Canthus rostralis und schief abfallender, schwach vertiefter Zügelregion; Interorbitalraum etwas breiter als ein oberes Augenlid; Trommelfell sehr deutlich, $^2/_3$ so breit wie das Auge. Finger frei von Schwimmhaut, die schlanken Zehen zu $^2/_3$ ihrer Länge durch Schwimmhaut verbunden; 1. Finger den 2. etwas überragend; kein deutliches Pollexrudiment vorhanden; Haftscheiben sehr klein; Subarticularhöcker stark vorspringend; 2 Metatarsalhöcker, der laterale sehr klein, sowie eine deutliche Hautfalte am medialen Tarsusrande vorhanden. Bei nach vorn an den Körper angelegtem Hinterbein reicht das Tibiotarsalgelenk weit über die Vorderkopfspitze hinaus. Haut oben glatt, am Bauche und unter den Oberschenkeln gekörnelt. Oben hell olivenfarben; eine breite schwarze Binde zieht an jeder Kopfseite von der Vorderkopfspitze an durch das Auge und über das Trommelfell hinweg, hinter letzterem folgt noch ein einzelner schwarzer Fleck. Eine schwärzliche Binde quer über die Handwurzel; Hinterseite der Oberschenkel schwärzlich marmoriert; Lateralseite der Hinterbeine mit schwärzlichen Längsstreifen. Unterseite weiß, ungefleckt. L. 41 mm.

Kap York (Nord-Queensland).

58. **H. irrorata** De Vis 1885 *H. i.*, De Vis in: P. R. Soc. Queensl., *v.* 1 p. 128.

Zunge breit oval, an ihrem freien Hinterrande eingeschnitten. Gaumenzähne in 2 kleinen, ziemlich entfernt voneinander stehenden Gruppen hinter den Choanen. Kopf viel breiter als lang; Vorderkopf abgestutzt; Nasenlöcher viel näher bei der Vorderkopfspitze als beim Auge; Trommelfell $^2/_3$—$^3/_4$ so groß wie das Auge. Finger breit, nur an der Basis, Zehen zu $^2/_3$ ihrer Länge durch Schwimmhaut verbunden, die bis zur Haftscheibe der 3. und 5. Zehe reicht; Haftscheiben der Finger $^2/_5$ so groß wie das Trommelfell; 2 Metatarsalhöcker vorhanden, von denen der laterale sehr klein ist. Haut oben glatt, auf der Unterseite am Bauche nur spärlich gekörnelt. Oben blau bis olivenbraun; Unterseite rötlich oder lederfarbig — junge Tiere an der Kehle heller, auf Unter- und Hinterseite der Schenkel purpurfarbig —. Am Mundwinkel eine kurze weiße Linie oder Fleckenreihe. Ein (fast konstanter) Fleck am Arm und eine Linie am Hinterrande des Unterarms weiß; eine Gruppe kleiner, weißer Flecke in den Weichen; zuweilen einige verstreute weiße Punkte auf dem Rücken, und ein großer weißer Fleck jederseits auf der Brust. L. 67 mm.

Gympie (Queensland).

59. **H. dayi** Gthr. 1897 *H. d.*, Alb. Günther in: Nov. zool., *v.* 4 p. 406.

Zunge annähernd oval, hinten schwach eingeschnitten. Gaumenzähne in 2 Querreihen hinter der Verbindungslinie der Choanen. Kopf stark abgeplattet; Vorderkopf etwas länger als der Augendurchmesser, mit deutlichem Canthus rostralis und laterad abfallender Zügelregion; Interorbitalraum breiter als ein oberes Augenlid; Trommelfell deutlich, $^1/_4$ so breit wie das Auge. Finger durch breite, bis zum vorletzten Gliede des 3. Fingers reichende Schwimmhaut, Zehen völlig durch Schwimmhaut verbunden; Haftscheiben der Finger nicht ganz so groß wie das Trommelfell; eine Falte am Medialrande des Tarsus vorhanden. Bei nach vorn an den Körper angelegtem Hinterbein reicht das Tibiotarsalgelenk bis zur Vorderkopfspitze. Haut oben glatt, unten gekörnelt; eine Hautfalte über dem Trommelfell, aber keine auf der Brust. Oberseite einfarbig bräunlich, Unterseite weißlich. L. 52 mm.

Nordost-Queensland.

60. **H. luteiventris** J. D. Ogilb. 1907 *H. l.*, J. D. Ogilby in: P. R. Soc. Queensl., *v.* 20 p. 31.

Zunge annähernd kreisrund, hinten mäßig eingeschnitten und frei abhebbar. Gaumenzähne in 2 sehr kleinen Gruppen mitten zwischen den Choanen. Kopf etwas breiter als lang; Vorderkopf annähernd dreieckig, vorn abgerundet, viel länger als der Augendurchmesser, mit stumpfwinkligem Canthus rostralis und dicht hinter dem Nasenloch deutlich vertiefter Zügelregion; Interorbitalraum flach, $2^1/_2$mal so breit wie der Augendurchmesser; Trommelfell deutlich, $^3/_5$ so breit wie das Auge. Schwimmhaut zwischen den 3 lateralen Fingern ausgedehnt, die Haftscheiben des 2. und 3. Fingers erreichend; Zehen fast völlig durch Schwimmhaut verbunden; kein deutliches Pollexrudiment vorhanden; Haftscheiben etwas mehr als $^1/_2$ so groß wie das Auge; Subarticularhöcker mäßig groß. Bei nach vorn an den Körper angelegtem Hinterbein überragt das Tibiotarsalgelenk die Vorderkopfspitze. Oberseite von Kopf und Rumpf fein gekörnelt, Bauch und Hinterseite der Oberschenkel spärlich gekörnelt. Oberseite von Kopf, Rumpf, Unterarm, Schenkel und Tarsus grün, der Kopf am dunkelsten. Ein grünlich gelbes Band zieht vom Nasenloch an unter dem Auge her zum Trommelfell, ein undeutlicher gleichfarbiger Streifen längs des Canthus rostralis und über dem Trommelfell hin; ein ähnlicher Fleck auf dem Hinterkopf. Oberseite der Oberschenkel weinrot, der übrige Teil des Beines und die ganze Unterseite orangenfarbig. L. 44 mm.

♂ mit brauner Brunstschwiele auf der Lateralseite des 1. Fingers.

Brisbane (Queensland).

61. **H. krefftii** Gthr. 1863 *H. k.*, Alb. Günther in: Ann. nat. Hist., ser. 3 *v.* 11 p. 28 t. 4 f. C | 1863 *H. k.*, Alb. Günther in: P. zool. Soc. London, p. 250 t. 30 f. D | 1868 *H. k.*, W. Keferstein in: Arch. Naturg., *v.* 341 p. 280 | 1882 *H. k.*, Boulenger, Cat. Batr. sal. Brit. Mus., ed. 2 p. 407.

Zunge hinten sehr schwach eingeschnitten. Gaumenzähne in 2 kurzen Querreihen zwischen den Choanen. Vorderkopf kurz, rundlich, etwas länger als der Augendurchmesser, mit stumpfem Canthus rostralis und schwach vertiefter Zügelregion; Interorbitalraum so breit wie oder etwas breiter als ein oberes Augenlid; Trommelfell etwa $^1/_2$ so breit wie das Auge. Finger zu $^1/_4$ ihrer Länge, Zehen fast völlig durch (außer an der 4. Zehe) bis oder fast bis zu den Haftscheiben reichende Schwimmhaut verbunden; Haftscheiben mäßig groß; ein länglicher, lateraler Metatarsalhöcker, ein sehr kleiner, runder Höcker an der Wurzel der 3. Zehe sowie eine deutliche Hautfalte am medialen Tarsusrande vorhanden. Bei nach vorn an den Körper angelegtem Hinterbein reicht das Tibiotarsalgelenk bis zum Auge oder etwas über dieses hinaus. Rücken glatt, Unterseite gekörnelt; eine sehr deutliche Querfalte auf der Brust. Rücken mit einer breiten, zwischen den Augen beginnenden und bis zum After reichenden, braunen Binde; eine dunkelbraune Binde zieht jederseits vom Auge zur Achsel; Seiten rötlich olivenfarben, ebenso wie der Rücken fein braun punktiert. Hinterseite der Oberschenkel purpurfarbig. Unterseite hell. L. 47 mm.

Ostaustralien.

62. **H. ewingii** Dum. & Bibr. 1841 *H. e.*, C. Duméril & G. Bibron, Erpét., *v.* 8 p. 597 | 1853 *H. e.*, Jacquinot & Guichenot in: Voy. Pole Sud, *v.* 3 pars 2 p. 26 Batr. t. 1 f. 3, 3A (Habitus, Mundhöhle) | 1858 *H. e.*, Alb. Günther, Cat. Batr. sal. Brit. Mus., p. 111 | 1867 *H. E.*, Steindachner in: Reise Novara, Amph. p. 62 | 1874 *H. calliscelis*, Peters in: Monber. Ak. Berlin, p. 620 | 1882 *H. ewingii* + *H. e.* var. *calliscelis*, Boulenger,

Cat. Batr. sal. Brit. Mus., ed. 2 p. 406, 407 | 1907 *H. e.* var. *c.*, Marriner in: Tr. N. Zealand Inst., *v.* 39 p. 145 | 1910 *H. e.*, English in: P. zool. Soc. London, p. 632 t. 51 f. 89 | 1913 *H. e.*, L. G. Andersson in: Svenska Ak. Handl., *v.* 52 nr. 4 p. 23.

Zunge herzförmig, hinten frei abhebbar. Gaumenzähne in 2 kurzen, queren oder etwas nach hinten konvergierenden Reihen zwischen den Choanen in der Höhe von deren Hinterrand. Kopf etwas breiter als lang; Vorderkopf abgerundet, so lang wie der Augendurchmesser, mit deutlichem Canthus rostralis und nicht oder nur sehr wenig vertiefter Zügelregion; Interorbitalraum so breit wie oder etwas breiter als ein oberes Augenlid; Trommelfell deutlich, $^1/_2$ oder $^3/_5$ so breit wie das Auge. Finger nur durch eine Spur von Schwimmhaut, Zehen zu $^2/_3$ ihrer Länge durch solche verbunden; kein deutliches Pollexrudiment vorhanden; Haftscheiben kleiner als das Trommelfell; Subarticularhöcker mäßig entwickelt; ein walzenförmiger, medialer Metatarsalhöcker, sowie eine deutliche Hautfalte am medialen Tarsusrande vorhanden. Bei nach vorn an den Körper angelegtem Hinterbein reicht das Tibiotarsalgelenk bis zum Trommelfell oder Auge. Oberseite glatt oder mit kleinen, verstreuten Höckern besetzt; Bauch und Unterseite der Oberschenkel gekörnelt; eine Hautfalte oberhalb des Trommelfells. Oberseite gräulich oder bräunlich, fein dunkel punktiert oder gestrichelt; in der Rückenmitte, zwischen den Augen beginnend, ein großer, scharf begrenzter, dunkler Fleck; ein dunkler Streifen auf dem Canthus rostralis und der Schläfenregion, darunter ein weißlicher, vom Auge bis zur Schulter ziehender Streifen. Unterseite weißlich, ungefleckt. Manche Exemplare, namentlich solche aus dem ostaustralischen Küstengebiet, mit orangegelber Vorder- und Hinterseite des Oberschenkels und einigen großen, schwarzblauen Flecken auf letzterer (var. *calliscelis* Ptrs.). L. 51 mm.

♂ mit äußeren, subgularen Schallblasen und mit schwärzlichen Brunstschwielen auf der Medialseite des 1. Fingers.

Ost- und Südaustralien, Tasmanien (die var. *calliscelis* eingeführt auf Neu-Seeland).

63. **H. gracilenta** Ptrs. 1869 *H. g.*, Peters in: Monber. Ak. Berlin, p. 789 | ? 1873 *Pelodryas granulata*, Peters in: Monber. Ak. Berlin, p. 417 t. 1 f. 4, 4a (Habitus, Mundhöhle | 1876 *Hyla fordii*, Alb. Günther in: J. Mus. Godeffroy, *v.* 12 p. 47 | 1882 *H. gracilenta*, Boulenger, Cat. Batr. sal. Brit. Mus., ed. 2 p. 383.

Zunge annähernd kreisrund, hinten schwach eingeschnitten und frei abhebbar. Gaumenzähne in 2 sehr kleinen Gruppen mitten zwischen den Choanen. Kopf breiter als lang; Vorderkopf annähernd dreieckig, so lang wie der Augendurchmesser, mit winkligem Canthus rostralis und schwach vertiefter Zügelregion; Interorbitalraum breiter als ein oberes Augenlid; Trommelfell ziemlich undeutlich, etwa $^2/_3$ so breit wie das Auge. Die 3 lateralen Finger etwa zu $^2/_3$ ihrer Länge durch, am 2. und 4. Finger bis zur Haftscheibe reichende, Schwimmhaut verbunden, Zehen fast völlig durch Schwimmhaut verbunden; kein deutliches Pollexrudiment vorhanden; Haftscheiben etwa $^1/_2$ so groß wie das Auge, also etwas kleiner als das Trommelfell; Subarticularhöcker mäßig entwickelt. Bei nach vorn an den Körper angelegtem Hinterbein reicht das Tibiotarsalgelenk zwischen Auge und Vorderkopfspitze. Freiliegende, beim sitzenden Tiere nicht verdeckte Teile der Oberseite, sowie Bauch und Unterseite der Oberschenkel gekörnelt; eine starke Querfalte auf der Brust. Freiliegende Teile der Oberseite blaugrün (im Alkohol dunkelblau), nur die Oberseite der Oberschenkel purpurrot; je eine weiße Linie am Canthus rostralis, am freien Rande des oberen Augenlids und oberhalb des

Trommelfells; eine andere am Lateralrande von Unterarm, Unterschenkel und Tarsus. Unterseite weiß, ungefleckt. L. 40 mm.

♂ mit großen, äußeren, subgularen Schallblasen.

Queensland, Neu-Süd-Wales.

64. **H. chloris** Blgr. 1893 *H. c.*, Boulenger in: P. Linn. Soc. N. S. Wales, ser. 2 v. 7 p. 403.

Zunge annähernd kreisrund, hinten schwach eingeschnitten und frei abhebbar. Gaumenzähne in 2 kleinen Gruppen zwischen den Choanen. Kopf breiter als lang; Vorderkopf abgerundet, kürzer als der Augendurchmesser, mit stumpfem Canthus rostralis und sehr schräg abfallender, wenig vertiefter Zügelregion; Nasenloch näher bei der Vorderkopfspitze als beim Auge; Interorbitalraum breiter als ein oberes Augenlid; Trommelfell sehr deutlich, $^3/_5$ so breit wie das Auge. Die lateralen Finger mit ausgedehnter, die Haftscheiben des 2. und 4. Fingers erreichender Schwimmhaut; kein deutliches Pollexrudiment vorhanden; Haftscheiben der Finger fast so groß wie das Trommelfell; Zehen fast in ihrer ganzen Länge durch Schwimmhaut verbunden; Subarticularhöcker mäßig groß. Bei nach vorn an den Körper angelegtem Hinterbein reicht das Tibiotarsalgelenk bis zur Vorderkopfspitze. Oberseite fein gekörnelt; Bauch und Unterseite der Schenkel spärlich gekörnelt; eine starke Querfalte auf der Brust. Oben grün, Oberarm und Kehle gelb; Schenkelseiten purpurfarben; Unterseite einfarbig weiß. L. 63 mm.

♂ mit äußerer Schallblase.

Neu-Süd-Wales.

65. **H. phyllochroa** Gthr. 1860 *Calamites cyaneus* (part.), Fitzinger in: SB. Ak. Wien, v. 42 p. 413 | 1863 *Hyla phyllochroa*, Alb. Günther in: P. zool. Soc. London, p. 251 t. 30 f. C. c (Habitusbild in natürlichen Farben, Vorderfuß) | 1867 *H. p.*, Steindachner in: Reise Novara, Amph. p. 61 | 1882 *H. p.*, Boulenger, Cat. Batr. sal. Brit. Mus., ed. 2 p. 382.

Zunge annähernd kreisrund, hinten schwach eingeschnitten und frei abhebbar. Gaumenzähne in 2 sehr kleinen Gruppen hinter der Verbindungslinie der Choanen. Kopf breiter als lang; Vorderkopf annähernd dreieckig, so lang wie der Augendurchmesser, mit winkligem Canthus rostralis und fast senkrecht abfallender Zügelregion; Interorbitalraum breiter als ein oberes Augenlid; Trommelfell deutlich, $^1/_3$ so breit wie das Auge. Finger nur an der Basis (Fig. 249), Zehen zu $^3/_4$ ihrer Länge durch Schwimmhaut verbunden; kein deutliches Pollexrudiment vorhanden; Haftscheiben der Finger etwas größer als das Trommelfell; Subarticularhöcker mäßig entwickelt; eine deutliche Hautfalte am medialen Tarsusrande vorhanden. Bei nach vorn an den Körper angelegtem Hinterbein reicht das Tibiotarsalgelenk zwischen Auge und Vorderkopfspitze. Haut oben glatt, auf der Unterseite gekörnelt; eine Hautfalte oberhalb des Trommelfells sowie eine kräftige Querfalte auf der Brust vorhanden. Oberseite blaugrün, Flanken und Seiten der Oberschenkel violettbraun; eine schmale, schwarze, oben gelb gerandete Linie zieht vom Auge an oberhalb des Trommelfells hin bis kurz hinter die Schulter. L. 36 mm.

Fig. 249. **Hyla phyllochroa.** Linker Vorderfuß von unten (nach Alb. Günther).

Neu-Süd-Wales.

66. **H. citropa** (Pér.) 1838 *Dendrohyas c.*, Péron MS. in: Tschudi, Classif. Batr., p. 75 | 1841 *Hyla c.*, C. Duméril & G. Bibron, Erpét., *v.* 8 p. 600 | 1843 *H. (Dryopsophus) c.*, Fitzinger, Syst. Rept., *v.* 1 p. 30 | 1858 *H. citropus*, Alb. Günther, Cat. Batr. sal. Brit. Mus., p. 115 | 1868 *H. c.*, W. Keferstein in: Arch. Naturg., *v.* 34I p. 281 t. 7 f. 22, 23 (Habitus, Gaumenzähne) | 1882 *H. c.*, Boulenger, Cat. Batr. sal. Brit. Mus., ed. 2 p. 408.

Zunge annähernd kreisrund, hinten eingeschnitten und frei abhebbar. Gaumenzähne in 2 schiefen Gruppen dicht hinter der Verbindungslinie der Choanen. Kopf breiter als lang; Vorderkopf abgerundet, wenig länger als der Augendurchmesser, mit deutlichem Canthus rostralis und fast senkrecht abfallender, schwach vertiefter Zügelregion; Interorbitalraum etwas breiter als ein oberes Augenlid; Trommelfell deutlich, etwa $^1/_2$ so breit wie der Augendurchmesser. Finger frei von Schwimmhaut, Zehen zu $^1/_2$ ihrer Länge durch solche verbunden; kein deutliches Pollexrudiment vorhanden; Haftscheiben kleiner als das Trommelfell; Subarticularhöcker gut entwickelt; 2 Metatarsalhöcker vorhanden, der laterale sehr klein, sowie eine deutliche Hautfalte am medialen Tarsusrande. Bei nach vorn an den Körper angelegtem Hinterbein reicht das Tibiotarsalgelenk zwischen Auge und Vorderkopfspitze. Haut oben glatt oder fein höckerig, auf der Unterseite gekörnelt; eine Hautfalte zieht im Bogen vom Auge zur Schulter. Oben einförmig purpurfarbig; ein dunkler Streifen auf dem Canthus rostralis, der sich durch das Auge und oberhalb des Trommelfells hin, vom Auge an oben hell gesäumt, an den Rumpfseiten entlang fortsetzt. Unterseite weißlich, ungefleckt. L. 58 mm.

Neu-Süd-Wales.

67. **H. dentata** Kef. 1868 *H. d.*, W. Keferstein in: Nachr. Ges. Götting., p. 329 | 1868 *H. d.*, W. Keferstein in: Arch. Naturg., *v.* 34I p. 284 t. 7 f. 20, 21 (Habitus, Gaumenzähne) | 1882 *H. d.*, Boulenger, Cat. Batr. sal. Brit. Mus., ed. 2 p. 406.

Zunge annähernd kreisrund, ganzrandig, hinten frei abhebbar. Gaumenzähne in 2 nach vorn offenen, halbkreisförmigen Bogen hinter der Verbindungslinie der Choanen (Fig. 250). Kopf etwas breiter als lang; Vorderkopf abgerundet, so lang wie der Augendurchmesser, mit deutlichem Canthus rostralis und etwas schief abfallender Zügelregion; Interorbitalraum breiter als ein oberes Augenlid; Trommelfell sehr deutlich, $^2/_3$ so breit wie der Augendurchmesser. Finger an der Basis, Zehen zu $^3/_4$ ihrer Länge durch Schwimmhaut verbunden; kein deutliches Pollexrudiment vorhanden; Haftscheiben der Finger so groß wie das Trommelfell, die der Zehen kleiner; Subarticularhöcker mäßig entwickelt; eine deutliche Hautfalte am medialen Tarsusrande vorhanden. Bei nach vorn an den Körper angelegtem Hinterbein reicht das Tibiotarsalgelenk bis zum Trommelfell oder nicht ganz so weit. Haut oben glatt oder schwach höckerig, Bauch und Unterseite der Oberschenkel gekörnelt; eine starke Querfalte auf der Brust. Oben braun oder olivengrün, fein dunkel gesprenkelt; jederseits am Rücken eine hellere Zone; ein dunkler Streifen zieht längs des Canthus rostralis, über das Auge und oberhalb des Trommelfells hin bis hinter die Schulter. Unterseite weißlich, ungefleckt. L. 48 mm.

Fig. 250. **Hyla dendata.** Gaumenzähne (nach W. Keferstein).

♂ mit großen, braunen, äußeren, subgularen Schallblasen.

Neu-Süd-Wales.

68. **H. jervisiensis** Dum. & Bibr. 1841 *H. J.*, C. Duméril & G. Bibron, Erpét., *v.* 8 p. 383 | 1873 *Litoria j.*, Peters in: Monber. Ak. Berlin, p. 612 | 1882 *Hyla j.*, Boulenger, Cat. Batr. sal. Brit. Mus., ed. 2 p. 383 | 1897 *H. jerviensis*, F. Werner in: SB. Ak. München, *v.* 27 p. 216.

Zunge herzförmig, hinten mehr oder weniger deutlich eingeschnitten und etwas frei abhebbar. Gaumenzähne in 2 kleinen Gruppen zwischen den Choanen auf der Höhe von deren Vorderrändern. Kopf etwa so breit wie lang; Vorderkopf rundlich, länger als der Augendurchmesser, mit rundlichem Canthus rostralis und schwach vertiefter Zügelregion; Interorbitalraum breiter als ein oberes Augenlid; Trommelfell sehr deutlich, $^1/_2$ so breit wie der Augendurchmesser. Finger nur an ihrer Basis, Zehen zu $^2/_3$—$^3/_4$ ihrer Länge durch Schwimmhaut verbunden; Haftscheiben der Finger $^1/_2$ so groß wie das Trommelfell, die der Zehen kleiner; kein deutliches Pollexrudiment vorhanden; Subarticularhöcker mäßig entwickelt; ein länglicher medialer Metatarsalhöcker, sowie eine deutliche Hautfalte am medialen Tarsusrande vorhanden. Bei nach vorn an den Körper angelegtem Hinterbein reicht das Tibiotarsalgelenk zwischen Auge und Vorderkopfspitze oder bis zu letzterer. Haut oben glatt, am Bauche und auf der Unterseite der Oberschenkel gekörnelt; eine kurze Drüsenfalte hinter dem Mundwinkel. Oben weißlichgrau; ein brauner Längsstreifen auf dem Canthus rostralis und in der Schläfengegend; Unterseite weiß. L. 47 mm.

Neu-Süd-Wales.

69. **H. freycineti** (Dum. & Bibr.) 1838 *Litoria F.*, Bibron MS. in: Tschudi, Classif. Batr., p. 77 | 1841 *L. F.* (*Lepthyla F.* MS.), C. Duméril & G. Bibron, Erpét., *v.* 8 p. 504 t. 88 f. 2, 2a (Habitus, Hinterfuß) | 1843 *Pelobius (P.) F.*, Fitzinger, Syst. Rept., *v.* 1 p. 31 | 1867 *Litoria F.*, Steindachner in: Reise Novara, Amph. p. 55 | 1867 *Hyla (Litoria) F.* + var. *unicolor* + var. *verruculata* + *H. (L.) mystacina*, W. Keferstein in: Nachr. Ges. Götting., p. 355, 356 | 1868 *H. (L.) Freycinetii*, W. Keferstein in: Arch. Naturg., *v.* 34I p. 276 t. 6 f. 17 (Schädel) | 1882 *Hyla freycineti*, Boulenger, Cat. Batr. sal. Brit. Mus., ed. 2 p. 414 | 1913 *H. f.*, Fry in: Rec. Austral. Mus., *v.* 10 p. 21 f. 11 (Hinterfuß).

Körperform sehr schlank. Zunge annähernd kreisrund oder oval, hinten eingeschnitten und frei abhebbar. Gaumenzähne in 2 queren oder etwas schräg gestellten Reihen zwischen den Choanen auf der Höhe von deren Vorderrändern. Kopf viel länger als breit; Vorderkopf spitz, vorspringend, doppelt so lang wie der Augendurchmesser, mit deutlichem Canthus rostralis und schwach vertiefter Zügelregion; Interorbitalraum so breit wie ein oberes Augenlid; Trommelfell sehr deutlich, $^2/_3$—$^3/_4$ so breit wie das Auge. Finger und Zehen schlank, erstere frei von Schwimmhaut, letztere zur Hälfte ihrer Länge durch solche verbunden (Fig. 251); 1. und 2. Finger gleich lang; kein deutliches Pollexrudiment vorhanden; Haftscheiben sehr klein; Subarticularhöcker gut entwickelt; 2 Metatarsalhöcker, von denen der laterale sehr klein ist, sowie eine deutliche Hautfalte am medialen Tarsusrande vorhanden. Bei nach vorn an den Körper angelegtem Hinterbein reicht das Tibiotarsalgelenk über die Vorderkopfspitze hinaus. Oberseite mit glatten Warzen besetzt; Bauch und Unterseite der Oberschenkel gekörnelt; eine deutliche Hautfalte oberhalb des Trommelfells. Oben bräunlich oder olivenfarben, mit großen, mehr oder

Fig. 251. **Hyla freycineti.** Linker Hinterfuß von unten (nach Fry).

weniger zusammenfließenden, dunklen Flecken; ein schwärzlicher Längsstreifen auf dem Canthus rostralis und der Schläfenregion; Lippen und Oberschenkelseiten in der Regel weißlich gefleckt. Unterseite weißlich, ungefleckt. L. 47 mm.

♂ mit bräunlicher Kehle, mit subgularen, inneren Schallblasen und mit braunen Brunstschwielen auf der Medialseite des 1. Fingers.

Neu-Süd-Wales.

70. **H. dimolops** Cope 1853 *Litoria punctata* (non J. G. Schneider 1799), A. Duméril in: Ann. Sci. nat., ser. 3 *v.* 19 p. 149 | 1858 *L. p.*, Alb. Günther, Cat. Batr. sal. Brit. Mus., p. 145 | 1869 *Hyla dimolops*, E. D. Cope in: P. Amer. phil. Soc., *v.* 11 p. 163 | 1882 *H. d.*, Boulenger, Cat. Batr. sal. Brit. Mus., ed. 2 p. 415.

Der vorigen Art sehr nahestehend, unterscheidet sich von ihr in folgenden Punkten: Gaumenzähne in deutlich schräg gestellten Reihen; Kopf kürzer. Zehen fast völlig durch Schwimmhaut verbunden. Oberseite glatt, eine schmale Drüsenfalte jederseits am Rücken. Oben bläulichgrau, Rücken mit verstreuten, schwarzen Punkten; Weichen und Medialseite der Hinterbeine schwarz und gelb marmoriert. Unterseite gelblichweiß. L. ?

Neu-Süd-Wales.

71. **H. lesueurii** Dum. & Bibr. 1841 *H. L.*, C. Duméril & G. Bibron, Erpét., *v.* 8 p. 595 | 1841 *H. oculata*, Péron MS. in: J. E. Gray in: Grey, J. Exp. Austral., *v.* 2 p. 436 | 1843 *Euscelis Lesueurii*, Fitzinger, Syst. Rept., *v.* 1 p. 31 | 1860 *E. Lessonii*, Fitzinger in: SB. Ak. Wien, *v.* 42 p. 413 | 1864 *Litoria wilcoxii*, Alb. Günther in: P. zool. Soc. London, p. 48 | 1867 *L. Copei* + *Hyla Lesueurii*, Steindachner in: Reise Novara, Amph. p. 56 t. 3 f. 14—17 (Habitus, Mundhöhle, Füße), p. 60 | 1868 *Hyla (Litoria) Wilcoxii* + *H. (L.?) Copei* + *H. Lesueurii*, W. Keferstein in: Arch. Naturg., *v.* 34 I p. 278 t. 7 f. 24, 25 (Habitus, Gaumenzähne), t. 8 f. 26 | 1873 *Litoria L.*, Peters in: Monber. Ak. Berlin, p. 611 | 1882 *Hyla L.*, Boulenger, Cat. Batr. sal. Brit. Mus., ed. 2 p. 412 | 1911 *H. vinosa*, J. Lamb in: Ann. Queensl. Mus., nr. 10 p. 27.

Zunge annähernd kreisrund, hinten etwas eingeschnitten und frei abhebbar. Gaumenzähne in 2 geraden oder etwas nach hinten konvergierenden Reihen zwischen den vorderen Hälften der Choanen. Kopf so lang wie breit. sehr ähnlich dem von *Rana agilis*; Vorderkopf spitz, etwas vorspringend, $1\frac{1}{2}$—$1\frac{2}{3}$ mal so lang wie der Augendurchmesser, mit winkligem Canthus rostralis und schwach vertiefter Zügelregion; Interorbitalraum so breit wie ein oberes Augenlid; Trommelfell sehr deutlich, $\frac{1}{2}$—$\frac{2}{3}$ so breit wie das Auge. Finger frei von Schwimmhaut, Zehen zu $\frac{2}{3}$ ihrer Länge durch solche verbunden; 1. und 2. Finger gleich lang; kein deutliches Pollexrudiment vorhanden; Subarticularhöcker gut entwickelt; 2 Metatarsalhöcker vorhanden, der laterale aber sehr klein; eine deutliche Hautfalte am medialen Tarsusrande. Bei nach vorn an den Körper angelegtem Hinterbein reicht das Tibiotarsalgelenk bis zur Vorderkopfspitze oder über diese hinaus. Haut oben glatt, am Bauche und auf der Unterseite der Oberschenkel gekörnelt; eine deutliche Querfalte auf der Brust; eine feine Hautfalte zieht vom Auge an oberhalb des Trommelfells hin zur Schulter. Oberseite oliven- oder purpurfarbig, einfarbig oder mehr oder weniger deutlich dunkel gezeichnet; ein schwarzer Streifen zieht von der Vorderkopfspitze längs des Canthus rostralis durch das Auge und oberhalb des Trommelfells hin zur Schulter. Weichen schwarz marmoriert; Hinterseite der Oberschenkel schwarz mit hellen Flecken. Unterseite weiß, ungefleckt oder an der Brust braun marmoriert. L. 65 mm.

♂ mit inneren, subgularen Schallblasen und mit braunen Brunstschwielen auf der Medialseite des 1. Fingers.

Neu-Süd-Wales, Victoria.

72. **H. parvidens** Ptrs. 1874 *H. p.*, Peters in: Monber. Ak. Berlin, p. 620 | 1882 *H. p.*, Boulenger, Cat. Batr. sal. Brit. Mus., ed. 2 p. 407.

Zunge herzförmig, hinten frei abhebbar. Gaumenzähne sehr klein, kaum wahrnehmbar, an der vorderen, medialen Ecke der Choanen. Kopf kaum breiter als lang; Vorderkopf abgerundet, viel länger als der Augendurchmesser, mit deutlichem Canthus rostralis und nur sehr schwach vertiefter Zügelregion; Interorbitalraum viel breiter als ein oberes Augenlid; Trommelfell klein, nur $^1/_3$ so breit wie der Augendurchmesser. Finger durch eine Spur von Schwimmhaut, Zehen zu $^2/_3$ ihrer Länge durch solche verbunden; kein deutliches Pollexrudiment vorhanden; Haftscheiben der Finger so groß wie das Trommelfell, die der Zehen kleiner; Subarticularhöcker deutlich; ein länglicher medialer Metatarsalhöcker, sowie eine deutliche Hautfalte am medialen Tarsusrande vorhanden. Bei nach vorn an den Körper angelegtem Hinterbein reicht das Tibiotarsalgelenk bis zum Vorderrand des Auges. Haut oben glatt, am Bauche und auf der Unterseite der Oberschenkel grob gekörnelt; eine deutliche Hautfalte zieht vom Auge oberhalb des Trommelfells hin zur Schulter. Oben lehmgelb, auf den Hinterbeinen fein dunkel punktiert; ein schwarzer Streifen zieht vom Nasenloch an durch das Auge und längs der eben erwähnten Hautfalte zur Schulter. L. 33 mm.

Victoria (Australien).

73. **H. maculata** W. B. Sp. 1901 *H. m.*, W. B. Spencer in: P. R. Soc. Victoria, ser. 2 *v.* 13 p. 177.

Zunge annähernd kreisrund, hinten frei und schwach eingeschnitten. Gaumenzähne in 2 kleinen Gruppen dicht neben der Mittellinie, hinter der Verbindungslinie der Choanen. Kopf entschieden breiter als lang; Vorderkopf so lang wie breit, abgestutzt, mit senkrecht über dem Lippenrand liegenden Nasenlöchern, mit deutlichem Canthus rostralis und schräg abfallender, schwach vertiefter Zügelregion; Interorbitalraum fast doppelt so breit wie ein oberes Augenlid; Trommelfell unsichtbar. Finger sehr wenig, Zehen vollständig durch Schwimmhaut verbunden; Haftscheiben der Finger etwas größer als die der Zehen; Subarticularhöcker vorhanden, aber kein lateraler Metatarsalhöcker. Bei nach vorn an den Körper angelegtem Hinterbein reicht das Tibiotarsalgelenk bis zum vorderen Augenrand. Oberseite des Rumpfes mit winzigen Grübchen besetzt, deren dicht gedrängte Ränder ihn fein genetzt erscheinen lassen; Unterseite gekörnelt; je eine deutliche Falte zieht oberhalb des Trommelfells hin zur Schulter und am medialen Tarsusrande entlang. Rumpf und Beine oben olivengrau mit dunklen Flecken. L. 50 mm.

Powong in Victoria (Australien).

74. **H. pickeringii** (Storer) 1839 *Hylodes P.*, Storer in: Storer & Peabody, Rep. Fish. Rept. B. Massach., p. 240 | 1839 *Hyla femoralis* = *Hylodes pickeringii*, Nichols in: J. Essex Soc., *v.* 1 p. 96, 113 | 1839 *Hyla crucifer*, Wied, Reise Nordamer., *v.* 1 p. 275 (nota) | 1840 *H. Pickeringii*, Holbrook, N. Amer. Herpet., *v.* 4 p. 135 t. 34 | 1842 *H. P.*, De Kay, Zool. N.-York, *v.* 3 p. 69 t. 20 f. 51 | 1853 *„Acris de Pickering“*, A. Duméril in: Ann. Sci. nat., ser. 3 *v.* 19 p. 153 | 1855 *Hyla pickeringii*, L. Le Conte in: P. Ac. Philad., *v.* 7 p. 429 | 1858 *Acris p.*, Alb. Günther, Cat. Batr. sal. Brit. Mus., p. 71 | 1882 *Hyla p.*, Boulenger, Cat. Batr. sal. Brit. Mus., ed. 2 p. 399 | 1884 *H. P.*, Hinckley in: Mem. Boston Soc., *v.* 3 p. 311 t. 28 f. 1—7 (Habitusbilder des fertigen Frosches und der Larve, Mund der letzteren) | 1889 *H. p.*, E. D. Cope in: Bull. U. S. Mus., *v.* 34 p. 352 f. 88 (Kopf, Mundhöhle, Füße), t. 78 f. 1—19 (Eier und Entwicklungsstadien der Larven) | 1895 *H. p.*, Rhoads in: P. Ac. Philad., p. 399 | 1906 *H. p.*, M. Dickerson, Frog Book, p. 138 f. 170—172 t. 10 f. 1.

Zunge herzförmig, hinten frei abhebbar. Gaumenzähne in 2 kleinen Gruppen dicht hinter der Verbindungslinie der Choanen. Kopf mäßig groß, so lang wie breit; Vorderkopf etwas zugespitzt, über die Mundspalte vorspringend, $1^1/_2$ mal so lang wie der Augendurchmesser, mit deutlichem Canthus rostralis und etwas vertiefter Zügelregion; Interorbitalraum breiter als ein oberes Augenlid; Trommelfell klein, nicht sehr deutlich. Finger frei von Schwimmhaut, Zehen nicht ganz zur Hälfte ihrer Länge durch solche verbunden; kein vorspringendes Pollexrudiment vorhanden; Haftscheiben und Subarticularhöcker mäßig groß (nach Hinckley soll neben dem medialen Metatarsalhöcker noch ein kleiner, undeutlicher lateraler Metatarsalhöcker vorhanden sein); eine schwache, aber deutliche Tarsalfalte ist (bei den Exemplaren des Berliner Museums) vorhanden. Bei nach vorn an den Körper angelegtem Hinterbein reicht das Tibiotarsalgelenk bis zum Auge. Haut oben glatt oder fein gekörnelt, unten gekörnelt. Färbung braun in verschiedenen Schattierungen, auf dem Rücken dunkel punktiert und mit unregelmäßigen, nicht immer ganz symmetrischen, häufig ein X bildenden, dunklen Streifen; ein dunkler Streifen zieht von der Vorderkopfspitze durch das Auge etwa bis zur Mitte der Flanken; in der Regel eine dunkle, zuweilen nach hinten konvexe Querbinde zwischen den Augen. Beine quergebändert. Unterseite weißlich oder gelblich, zuweilen dunkel gefleckt. L. 31 mm. ♂ mit innerer subgularer Schallblase und brauner Kehle.

Merkmale der Larve (nach Hinckley): Kopf und Rumpf zusammen doppelt so lang wie breit. Nasenlöcher näher beim Auge als bei der Vorderkopfspitze, voneinander ebenso weit entfernt wie vom Auge. Mund breit; Oberlippe in der Mitte vorgewölbt; Lippenränder mit Papillen besetzt; Ober- und Unterlippe mit je 2 Zähnchenreihen, die untere Reihe der Oberlippe in der Mitte unterbrochen. Spiraculum linksseitig, näher der Schwanzbasis als der Vorderkopfspitze. Schwanz doppelt so lang wie die Kopfrumpflänge, am Ende fein zugespitzt. Die Larven sind beim Verlassen der Eihüllen auf blaß gelblichem Grunde auf Kopf, Rücken und Schwanz tiefbraun punktiert, in späteren Stadien sind sie stark tiefbraun, fast schwarz gefleckt, zeitweise mit einer goldgelben, lebhaft grün schimmernden Längsbinde an jeder Seite der Schwanzbasis; letztere auf der Oberseite mit lebhaft grünem Ton; Rücken mit bläulichem Schimmer; Unterseite rötlich. Schwanz mehr oder weniger braun und schwarz gefleckt. L. 33 mm.

Östliches Nordamerika (Kanada bis Illinois und Süd-Karolina).

75. **H. versicolor** Le Conte? 1802 „*La raine à verrues*", Latreille in: Sonnini & Latreille, Hist. Rept., *v.* 2 p. 186 | ? 1803 *Hyla verrucosa*, Daudin, Hist. Rainett., p. 33 t. 4 f. 1 | ? 1803 *H. v.*, Daudin, Hist. Rept., *v.* 8 p. 70 | 1825 *H. versicolor*, L. Le Conte in: Ann. Lyc. N.-York, *v.* 1 p. 281 | 1836 *H. v.*, Holbrook, N. Amer. Herpet., *v.* 1 p. 10 t. 17 | 1838 *Dendrohyas v.*, Tschudi, Classif. Batr., p. 75 | 1840 *Hyla v.*, Holbrook, N. Amer. Herpet., *v.* 4 p. 115 t. 28 | 1841 *H. v.*, C. Duméril & G. Bibron, Erpét., *v.* 8 p. 566 | 1842 *H. v.*, De Kay, Zool. N.-York, *v.* 3 p. 71 t. 21 f. 53a | 1843 *Dryophytes v.*, Fitzinger, Syst. Rept., *v.* 1 p. 31 | 1854 *Hyla richardii*, Sp. Baird in: P. Ac. Philad., *v.* 7 p. 60 | 1858 *H. versicolor*, Alb. Günther, Cat. Batr. sal. Brit. Mus., p. 103 | 1880 *H. femoralis* subsp. *chrysoscelis*, E. D. Cope in: Bull. U. S. Mus., *v.* 17 p. 29 | 1881 *H. versicolor*, Hinckley in: P. Boston Soc., *v.* 21 p. 104 t. 3 (Beschreibung der Eier und der Entwicklungsstadien) | 1881 *H. v.*, P. Brocchi in: Miss. Mex., pars 3 II p. 34 t. 15 f. 1, 1a—c (Habitus, Mundhöhle, Füße) | 1882 *H. v.*, Boulenger, Cat. Batr. sal. Brit. Mus., ed. 2 p. 372 | 1889 *H. v.* + *H. v. chrysoscelis* + *H. v. phaeocrypta*, E. D. Cope in: Bull. U. S. Mus., *v.* 34 p. 373, 375 f. 95 (Kopf, Mundhöhle, Füße), t. 64 (Skelett), t. 78 f. 23—26 (Entwicklungsstadien) | 1906 *H. v.*, M. Dickerson, Frog Book, p. 117 f. 134—142 t. 6 f. 1—9 | 1910 *H. v. chrysoscelis*, Strecker in: P. biol. Soc. Washington, *v.* 23 p. 117.

Zunge kreisrund, hinten schwach eingeschnitten und frei abhebbar. Gaumenzähne in 2 queren oder schwach nach hinten konvergierenden Reihen auf der Höhe der Choanenhinterränder. Kopf kurz, breiter als lang; Vorderkopf abgerundet, so lang wie, oder wenig länger als der Augendurchmesser, mit deutlichem Canthus rostralis und schwach vertiefter Zügelregion; Interorbitalraum so breit wie oder etwas breiter als ein oberes Augenlid; Trommelfell sehr deutlich, etwa $^2/_3$ so breit wie der Augendurchmesser. Finger zu $^1/_3$, Zehen zu $^3/_4$ ihrer Länge durch Schwimmhaut verbunden; Haftscheiben kleiner als das Trommelfell, Subarticularhöcker mäßig entwickelt; eine sehr deutliche Tarsalfalte am medialen Tarsusrande vorhanden. Bei nach vorn an den Körper angelegtem Hinterbein reicht das Tibiotarsalgelenk bis zum Trommelfell oder bis zum Augenhinterrand. Oberseite meistens mit kleinen, glatten Warzen besetzt, bei *H. v.* var. *chrysoscelis* aber fast glatt, mit nur wenigen Höckern am Vorderkopfrande und auf den Augenlidern. Unterseite gekörnelt; eine starke Querfalte auf der Brust. Färbung und Zeichnung sehr wechselnd; meist lebhaft grau mit dunkler, aus einer unregelmäßig sternförmigen Figur auf dem Rücken und dunklen Querbinden auf den Gliedmaßen bestehenden Zeichnung, aber auch in Steingrau oder Braun, oder in ein gelbliches Weiß ohne dunkle Zeichnung, oder in Grün übergehend; stets ist ein weißer oder gelblicher Fleck unter dem Auge vorhanden; beim sitzenden Tier verborgene Teile der Flanken und Gliedmaßen gelb und schwarz marmoriert. Unterseite einfarbig hell. L. 53 mm.

♂ mit großer, dunkler, äußerer, subgularer Schallblase.

Östliches Nordamerika (Kanada bis Texas; nach P. Brocchi auch in Mexiko vorkommend).

76. **H. evittata** G. S. Mill. 1899 *H. e.*, G. S. Miller in: P. biol. Soc. Washington, *v.* 13 p. 76 | 1906 *H. e.*, M. Dickerson, Frog Book, p. 128 f. 161—164.

Steht *Hyla cinerea* Schn. (nr. 78) nahe, unterscheidet sich von dieser aber durch das Fehlen der hellen Längsbinden an den Seiten und durch einen mehr gerundeteren, weniger spitzen, nur wenig über die Mundspalte vorspringenden Vorderkopf; Interorbitalraum breiter als ein oberes Augenlid; Nasenlöcher näher der Vorderkopfspitze als dem Auge; Trommelfell mittelgroß. Oberseite völlig glatt; Unterseite, außer an der Kehle, gekörnelt; eine deutliche Hautfalte zieht vom Auge an oberhalb des Trommelfells hin zur Schulter; eine Querfalte auf der Brust. Oberseite olivenbraun, oder bläulich- oder gelblichgrün, scharf gegen die weiße, an Brust, Kehle und Flanken zuweilen gelbliche, Unterseite abgesetzt. Rücken zuweilen mit einigen undeutlichen, orangegelben Flecken. L. 48 mm.

Virginien, Maryland.

77. **H. andersonii** Sp. Baird 1854 *H. a.*, Sp. Baird in: P. Ac. Philad., *v.* 7 p. 60 | 1862 *H. a.*, E. D. Cope in: P. Ac. Philad., p. 154 | 1882 *H. a.*, Boulenger, Cat. Batr. sal. Brit. Mus., ed. 2 p. 378 | 1889 *H. a.*, E. D. Cope in: Bull. U. S. Mus., *v.* 34 p. 365 f. 91 (Kopf, Mundhöhle, Füße) | 1906 *H. a.*, M. Dickerson, Frog Book, p. 131 t. 7 f. 1—4.

Im allgemeinen Aussehen und in den Körpermaßen ähnlich der *H. arborea* (nr. 1). Zunge breit, wenig ausgerandet. Gaumenzähne in 2 nach hinten konvergierenden Reihen zwischen den Choanen. Kopf kurz, breiter als lang; Vorderkopf abgerundet, nicht vorspringend; Interorbitalraum etwas breiter als ein oberes Augenlid; Trommelfell etwa $^1/_3$ so breit wie der Augendurchmesser. Finger frei von Schwimmhaut, die des Hinterfußes an der 4. Zehe die 3 letzten, sonst die 2 letzten Glieder frei lassend; Haftscheiben der Finger nicht $^1/_2$ so groß wie das Trommelfell; Subarticularhöcker deutlich. Bei nach vorn an den Körper angelegtem Hinterbein reicht das Tibiotarsalgelenk bis zur Augenmitte. Haut der Oberseite fast glatt, nur sehr fein gerunzelt; Unterseite gekörnelt; eine Querfalte auf der Brust. Färbung fast der ganzen Oberseite, außer Händen und Füßen, tief erbsengrün, ringsum, außer an der Hinterseite von Ober- und Unterschenkel und an der Vorderseite des ersteren, von einem doppelten, oben weißen, unten schwarzen Saum begrenzt. Eine purpurbraune Binde zieht jederseits vom Nasenloch über das Auge und über das Trommelfell hinweg zur Schulter. Oberseite von Hand und Fuß purpurgrau. Unterseite violettgrau in der hinteren Hälfte, ebenso wie die beim sitzenden Tier verborgenen Teile der Gliedmaßen orange oder gelb gefleckt. L. 44 mm.

Östliches Nordamerika (New-Jersey und Süd-Karolina).

78. **H. cinerea** Schneid.[1]) 1758 *H. arborea* (part.), Linné, Syst. Nat., ed. 10 p. 213 | 1768 *H. viridis* var. β, Laurenti, Syn. Rept., p. 33 | 1799 *Calamita cinereus*, J. G. Schneider, Hist. Amph., *v.* 1 p. 174 | 1802 „*La raine flanc-rayée*", Latreille in: Sonnini & Latreille, Hist. Rept., *v.* 2 p. 180 | 1802 *Rana bilineata*, G. Shaw, Gen. Zool., *v.* 3 p. 136 | 1803 *Hyla lateralis*, Daudin, Hist. Rainett., p. 16 t. 2 f. 1 | 1803 *H. l.*, Daudin, Hist. Rept., *v.* 8 p. 27 | 1820 *Calamita l.*, Merrem, Versuch Syst. Amph., p. 171 | 1838 *Hyla viridis*, Holbrook, N. Amer. Herpet, *v.* 3 p. 95 t. 21 | 1840 *H. v.*, Holbrook, N. Amer. Herpet., *v.* 4 p. 119 t. 29 | 1841 *H. lateralis* (part.), C. Duméril & G. Bibron, Erpét., *v.* 8 p. 587 | 1856 *H. semifasciata*, Hallowell in: P. Ac. Philad., *v.* 8 p. 307 | 1858 *H. carolinensis*, Alb. Günther, Cat. Batr. sal. Brit. Mus., p. 105 | 1882 *H. c.*, Boulenger, Cat. Batr. sal. Brit. Mus., ed. 2 p. 377 | 1889 *H. c.*, E. D. Cope in: Bull. U. S. Mus., *v.* 34 p. 366 f. 92 (Kopf, Mundhöhle, Füße) | 1895 *H. cinerea semifasciata*, Rhoads in: P. Ac. Philad., p. 397 | 1906 *H. c.*, M. Dickerson, Frog Book, p. 126 f. 154—160 t. 10 f. 2, 3.

Zunge annähernd kreisrund, ganzrandig oder hinten schwach ausgerandet, hinten frei abhebbar. Gaumenzähne in 2 kleinen Gruppen auf der Verbindungslinie der Choanenhinterränder. Kopf ziemlich klein, etwa so lang wie breit; Vorderkopf abgerundet, etwa $1\frac{1}{2}$mal so lang wie der Augendurchmesser, mit deutlichem Canthus rostralis und nicht sehr schief abfallender Zügelregion; Interorbitalraum etwas breiter als ein oberes Augenlid; Trommelfell sehr deutlich, etwa $\frac{2}{3}$ so breit wie der Augendurchmesser. Finger zu $\frac{1}{3}$, Zehen zu $\frac{3}{4}$ ihrer Länge durch Schwimmhaut verbunden; Haftscheiben kleiner als das Trommelfell; kein vorspringendes Pollexrudiment vorhanden; Subarticularhöcker mäßig deutlich; eine deutliche Hautfalte am medialen Tarsusrande vorhanden. Bei nach vorn an den Körper angelegtem Hinterbein reicht das Tibiotarsalgelenk bis zum Auge oder etwas über dieses hinaus. Haut oben glatt, bei größeren Tieren auch sehr fein gekörnelt; unten grob gekörnelt. Färbung einfarbig grünlich in verschiedenen Schattierungen; eine weiße oder glänzend gelbe Binde zieht von der Vorderkopfspitze an jederseits am Lippenrande entlang, unter dem Auge und Trommelfell hin und an den Flanken entlang bis zum Oberschenkel, manchmal aber auch nur bis zur Rumpfmitte; vom Hinterrande des Auges an begleitet eine dunkle Binde diesen hellen Streifen an seinem oberen Rande. Eine helle, unten dunkel gesäumte Binde am Hinterrande des Unterschenkels, schmalere helle

[1]) Dieser Frosch wurde in neuerer Zeit meistens als *H. carolinensis* bezeichnet, mit einem von Günther in die Literatur eingeführten Namen, der von Pennant in seiner Arctic Zoology aufgestellt worden sein soll. Pennant bezeichnet aber in ed. 2, 1792 *v.* 2 p. 331 des genannten Werkes den in Frage kommenden Frosch nur als „*Cinereous Frog*", ohne eine binäre Benennung beizufügen. Der Name *H. carolinensis* ist also als irrtümlich Pennant zugeschrieben anzusehen und durch den nächst älteren Namen *Hyla cinerea* Schneider zu ersetzen.

Binden an seinem Vorderrande und am Hinterrande von Arm und Tarsus. Unterseite einfarbig hell. L. 63 mm.

♂ mit äußerer, subgularer Schallblase.

Südöstliches Nordamerika (Nord-Karolina bis Texas).

79. **H. squirella** Bosc 1802 *„La raine squirelle"*, Bosc in: Latreille in: Sonnini & Latreille, Hist. Rept.,' *v.* 2 p. 181 | 1803 *Hyla squirella*, Daudin, Hist. Rainett., p. 18 t. 3 f. 2 | 1803 *H. s.*, Daudin, Hist. Rept., *v.* 8 p. 34 t. 93 f. 2 | 1820 *Calamita S.*, Merrem, Versuch Syst. Amph., p. 171 | 1830 *Auletris S.*, Wagler, Syst. Amph., p. 201 | 1836 *Hyla s.*, Holbrook, N. Amer. Herpet., *v.* 1 p. 105 t. 18 | 1838 *Dendrohyas s.*, Tschudi, Classif. Batr., p. 75 | 1840 *Hyla s.*, Holbrook, N. Amer. Herpet., *v.* 4 p. 123 t. 30 | 1841 *H. s.* (part.), C. Duméril & G. Bibron, Erpét., *v.* 8 p. 589 | 1842 *H. s.*, De Kay, Zool. N.-York, *v.* 3 p. 72 t. 21 f. 53 | 1858 *H. s.* (part.), Alb. Günther, Cat. Batr. sal. Brit. Mus., p. 111 | 1882 *H. s.*, Boulenger, Cat. Batr. sal. Brit. Mus., ed. 2 p. 398 | 1889 *H. s.*, E. D. Cope in: Bull. U. S. Mus., *v.* 34 p. 363 f. 90 (Kopf, Mundhöhle, Füße) | 1906 *H. s.*, M. Dickerson, Frog Book, p. 148 f. 173—177 t. 10 f. 4—6.

Zunge kreisrund, hinten schwach eingeschnitten und frei abhebbar. Gaumenzähne in 2 kleinen Gruppen zwischen den Choanen. Kopf mäßig groß, ein wenig breiter als lang; Vorderkopf abgerundet, ein wenig länger als der Augendurchmesser, mit deutlichem Canthus rostralis und schwach vertiefter Zügelregion; Interorbitalraum etwas breiter als ein oberes Augenlid; Trommelfell deutlich, $^1/_2$ so breit wie der Augendurchmesser. Finger an ihrer Basis durch sehr schwache Schwimmhaut, Zehen zu $^1/_2$ ihrer Länge durch Schwimmhaut verbunden; Haftscheiben kleiner als das Trommelfell; kein vorspringendes Pollexrudiment vorhanden; Subarticularhöcker mäßig entwickelt. Bei nach vorn an den Körper angelegtem Hinterbein reicht das Tibiotarsalgelenk fast bis zur Vorderkopfspitze. Haut oben glatt, unten gekörnelt; eine starke Querfalte auf der Brust. Färbung grün oder braun in verschiedenen Schattierungen, zuweilen mit einer V-förmigen Querbinde zwischen den Augen und rundlichen oder länglichen Flecken auf dem Rücken; eine dunkle Linie zieht vom Nasenloch zum Auge; ein dunkler Fleck reicht vom Auge zur Schulter; stets zieht eine helle, unter dem Auge beginnende Linie am Kieferrande entlang zur Schulter und setzt sich zuweilen an den Rumpfseiten bis zur Mitte oder sogar bis zum Hinterende des Körpers fort. Gliedmaßen zuweilen unregelmäßig und undeutlich quer gebändert. Unterseite weiß; Kehle, Achsel, die 2 medialen Finger oft orangegelb, ebenso die beim sitzenden Tier verborgenen Teile des Rumpfes und der Hinterbeine, die niemals gefleckt oder vermikuliert sind. L. 41 mm.

Südöstliches Nordamerika (Nord-Karolina bis Texas).

80. **H. femoralis** Daud. 1802 *„La raine fémorale"*, Latreille in: Sonnini & Latreille, Hist. Rept., *v.* 2 p. 181 | 1803 *Hyla femoralis*, Daudin, Hist. Rainett., p. 19 t. 3 f. 1 | 1803 *H. f.*, Daudin, Hist. Rept., *v.* 8 p. 32 t. 93 f. 1 | 1820 *Calamita f.*, Merrem, Versuch Syst. Amph., p. 171 | 1825 *Hyla f.*, L. Le Conte in: Ann. Lyc. N.-York, *v.* 1 p. 280 | 1830 *Auletris f.*, Wagler, Syst. Amph., p. 201 | 1836 *Hyla f.*, Holbrook, N. Amer. Herpet., *v.* 1 p. 105 t. 18 | 1840 *H. femoralis*, Holbrook, N. Amer. Herpet., *v.* 4 p. 127 t. 31 | 1841 *H. squirella* (part.), C. Duméril & G. Bibron, Erpét., *v.* 8 p. 589 | 1858 *H. squirella* (part.), Alb. Günther, Cat. Batr. sal. Brit. Mus., p. 111 | 1882 *H. femoralis*, Boulenger, Cat. Batr. sal. Brit. Mus., ed. 2 p. 398 | 1889 *H. f.*, E. D. Cope in: Bull. U. S. Mus., *v.* 34 p. 371 f. 94 (Kopf, Mundhöhle, Füße) | 1906 *H. f.*, M. Dickerson, Frog Book, p. 150.

Der vorigen Art sehr ähnlich, unterscheidet sich von ihr durch etwas stärkere Ausbildung der Schwimmhaut zwischen den Fingern, durch geringere Länge der Hinterbeine, die nach vorn an den Körper angelegt mit dem Tibiotarsalgelenk bis zum Trommelfell oder Auge reichen und durch abweichende

Färbung. Oberseite braun oder grau, mit einem großen, verästelten Fleck auf dem Vorderrücken, dessen vordere Äste mit einem dunklen, dreieckigen, zwischen den Augen befindlichen Fleck verschmelzen können. Hinterrücken mit verschiedenen, unregelmäßig gestalteten und verteilten Flecken; eine dunkle Linie zieht von der Vorderkopfspitze an längs des Canthus rostralis, über Auge und Trommelfell hin und setzt sich an den Rumpfseiten bis zu den Oberschenkeln fort. Oberkiefer am Rande dunkel, oberhalb des Randes heller, aber niemals mit einer deutlichen, hellen Linie oder Binde. Gliedmaßen quer dunkel gebändert; Hinterseite des Oberschenkels auf braunem Grunde gelb und weiß gefleckt; Hinterseite von Unterschenkel und Tarsus mit einem oben hellen, unten dunklen Saum. L. 44 mm.

Südöstliches Nordamerika (Nord-Karolina bis Texas).

81. **H. gratiosa** L. Lec. 1856 *H. g.*, L. Le Conte in: P. Ac. Philad., *v.* 8 p. 146 t. 6 | 1882 *H. g.*, Boulenger, Cat. Batr. sal. Brit. Mus., ed. 2 p. 337 (nota) | 1885 *Epedaphus gratiosus*, E. D. Cope in: P. Amer. phil. Soc., *v.* 22 p. 383 | 1889 *Hyla gratiosa*, E. D. Cope in: Bull. U. S. Mus., *v.* 34 p. 377 t. 72 f. 10, 10a (Schädel, Schultergürtel) f. 96 (Kopf, Mundhöhle, Füße) | 1906 *H. g.*, M. Dickerson, Frog Book, p. 124 f. 127—153 t. 10 f. 7.

Gaumenzähne in 2 Querreihen zwischen den Choanen. Kopf kurz, hochgewölbt; Vorderkopf stumpf, wenig über die Mundspalte vorspringend, mit stumpfem Canthus rostralis und schief abfallender Zügelregion; Interorbitalraum breiter als ein oberes Augenlid; Trommelfell sehr deutlich, $^2/_3$ so breit wie der Augendurchmesser. Laterale Finger bis zum Ende des 1. Gliedes, Zehen bis zur Basis des vorletzten Gliedes, 4. Zehe aber nur zur Hälfte ihrer Länge durch Schwimmhaut verbunden; Haftscheiben der Finger $^2/_3$ so groß wie das Trommelfell, die der Zehen noch etwas kleiner; ein vorspringender, medialer Metatarsalhöcker, sowie eine deutliche Tarsalfalte vorhanden. Bei nach vorn an den Körper angelegtem Hinterbein reicht das Tibiotarsalgelenk bis zur Mitte oder zum Vorderrand des Auges. Haut dick, lederartig, auf der Ober- und Unterseite gekörnelt; eine Hautfalte zieht vom Auge an oberhalb des Trommelfells hin zur Schulter; eine Querfalte auf der Brust. Färbung braun oder grün in verschiedenen Schattierungen; Oberseite in der Regel mit größeren oder kleineren, mehr oder weniger rundlichen, braunen oder grünen, zuweilen dunkel gerandeten Flecken besetzt, zwischen oder auf denen noch nadelfeine, glänzend gelbe Punkte unregelmäßig verstreut sein können; Oberkiefer weiß oder gelb gerandet. Seiten oft gelb marmoriert, Gliedmaßen unregelmäßig dunkel gebändert, am Hinterrande von Unterarm, Hand und Tarsus weiß oder gelb gefleckt. Unterseite gelblich; Kehle glänzend gelb oder grün (♂) oder violettbraun (♀). L. 63 mm.

♂ mit gut entwickelter Schallblase.

Südöstliches Nordamerika (Georgia bis Mississippi).

82. **H. arenicolor** Cope 1854 *H. affinis* (non Spix 1824), Sp. Baird in: P. Ac. Philad., *v.* 7 p. 61 | 1859 *H. a.*, Sp. Baird in: U. S. Mex. Boundary Surv., Rept. p. 29 t. 38 f. 4—7 (Habitus, Füße) | 1866 *H. arenicolor*, E. D. Cope in: J. Ac. Philad., ser. 2 *v.* 6 p. 84 | 1866 *H. a.*, E. D. Cope in: P. Ac. Philad., p. 301 | 1882 *H. a.*, Boulenger, Cat. Batr. sal. Brit. Mus., ed. 2 p. 373 | 1887 *H. Copii*, Boulenger in: Ann. nat. Hist., ser. 5 *v.* 20 p. 53 | 1888 *H. arenicolor*, E. D. Cope in: Amer. Natural., *v.* 22 p. 80 | 1889 *H. a.*, E. D. Cope in: Bull. U. S. Mus., *v.* 34 p. 369 f. 93 (Kopf, Mundhöhle, Füße) | ? 1899 *Hyliola Digueti*, F. Mocquard in: Bull. Soc. philom., ser. 9 *v.* 1 p. 165 t. 1 f. 4 | 1901 *Hyla copii*, Alb. Günther in: Biol. Centr.-Amer., Rept. & Batr. p. 266 t. 70 f. C | 1906 *H. arenicolor*, M. Dickerson, Frog Book, p. 122 f. 143—146 t. 10 f. 8 | 1912 *H. a.*, C. H. Richardson in: Amer. Natural., *v.* 46 p. 605.

Zunge fast kreisrund, hinten weit ausgerandet und frei abhebbar. Gaumenzähne in 2 kurzen Querreihen mitten zwischen den Choanen. Kopf kurz, breiter als lang; Vorderkopf breit abgerundet, so lang wie der Augendurchmesser, mit sehr schwach angedeutetem Canthus rostralis und vertiefter Zügelregion; Interorbitalraum so breit wie ein oberes Augenlid; Trommelfell sehr deutlich, $^1/_2$—$^2/_3$ so breit wie der Augendurchmesser. Finger frei von Schwimmhaut, Zehen zu $^3/_4$ ihrer Länge durch solche verbunden; Haftscheiben kleiner als das Trommelfell; Subarticularhöcker mäßig deutlich; eine sehr deutliche Tarsalfalte am medialen Tarsusrande vorhanden. Bei nach vorn an den Körper angelegtem Hinterbein reicht das Tibiotarsalgelenk bis zum Vorderrand des Auges, bei jüngeren Tieren auch noch über diesen hinaus. Oberseite mit zahlreichen kleinen Höckern besetzt; Unterseite gekörnelt; eine starke Querfalte auf der Brust. Oberseite sandfarbig, hell- oder dunkelgrau oder olivenfarbig, mit einigen wenigen oder mit zahlreicheren, in 3 oder 4 unregelmäßigen Reihen angeordneten, rundlichen dunklen Flecken, zwischen und auf denen noch kleine gelbe Punkte auftreten können; eine dunkle bogige Querbinde zwischen den Augen; ein heller Fleck unter dem Auge; Gliedmaßen dunkel quer gebändert; beim sitzenden Tier verborgene Teile des Rumpfes und der Gliedmaßen orangegelb, ohne dunkle Flecken oder Marmorierung. L. 51 mm.

♂ mit großer, äußerer, subgularer Schallblase.

Südwestliches Nordamerika (Arizona bis Kalifornien, Mexiko).

83. **H. regilla** Sp. Baird & Girard 1852 *H. r.*, Sp. Baird & C. Girard in: P. Ac. Philad., *v.* 6 p. 174 | 1852 *H. scapularis*, Hallowell in: P. Ac. Philad., *v.* 6 p. 183 | 1854 *H. nebulosa* (non Spix 1824) + *H. scapularis* var. *hypochondriaca*, Hallowell in: P. Ac. Philad., *v.* 7 p. 96, 97 | 1857 *H. regilla*, Sp. Baird in: Rep. Expl. Railroad Pacif. Ocean, *v.* 10 pars 4 Abbot Rep. p. 12 t. 28 f. 3a—c (Habitus, Hinterfuß) | 1858 *H. r.*, C. Girard in: U. S. expl. Exp., Herpet. p. 60 t. 3 f. 13—18 (Habitus, Kopf, Füße) | 1859 *H. nebulosa* + *H. scapularis* var. *hypochondriaca*, Hallowell in: Rep. Expl. Railroad Pacif. Ocean, *v.* 10 pars 4 Williamson Rep. p. 21 t. 10 f. 2a—c (Habitus, Mundhöhle) | 1866 *H. regilla* + *H. cadaverina*, E. D. Cope in: J. Ac. Philad., ser. 2 *v.* 6 p. 84 | 1866 *H. curta*, E. D. Cope in: P. Ac. Philad., p. 313 | 1881 *H. cadaverina* + *H. curta*, P. Brocchi in: Miss. Mex., pars 3 II p. 33, 39 | 1882 *H. cadaverina* + *H. regilla* + *H. curta*, Boulenger, Cat. Batr. sal. Brit. Mus., ed. 2 p. 373, 374, 399 | 1889 *H. regilla* var. *scapularis* + *H. r.* var. *regilla* + *H. r.* var. *laticeps*, E. D. Cope in: Bull. U. S. Mus., *v.* 34 p. 356, 359 f. 89 (Kopf, Mundhöhle, Füße) | 1898 *H. r.*, Test in: P. U. S. Mus., *v.* 21 p. 477 t. 39 f. 1—10 (Zeichnungsvarietäten, Füße) | 1899 *Hyliola r.*, F. Mocquard in: N. Arch. Mus. Paris, ser. 4 *v.* 1 p. 339 t. 13 f. 5, 5a—c (Habitus, Kehle ♂, 4. Zehe) | 1906 *Hyla regilla*, M. Dickerson, Frog Book, p. 134 f. 165—169 t. 8 f. 1—10, 9 f. 1—6 (Farbenvarietäten).

Zunge annähernd kreisrund, hinten schwach ausgerandet und frei abhebbar. Gaumenzähne in 2 Gruppen auf der Verbindungslinie der Choanenhinterränder. Kopf mäßig groß, breiter als lang; Vorderkopf abgerundet, so lang wie der Augendurchmesser, mit deutlichem Canthus rostralis und nicht vertiefter Zügelregion; Interorbitalraum so breit wie ein oberes Augenlid; Trommelfell deutlich, $^1/_2$ so breit wie der Augendurchmesser. Finger durch eine schwache Spur von Schwimmhaut, Zehen in der Regel zur Hälfte ihrer Länge (Fig. 23 p. 9), zuweilen fast bis zu den Haftscheiben durch Schwimmhaut verbunden; Haftscheiben kleiner als das Trommelfell; Subarticularhöcker mäßig stark entwickelt; eine deutliche Hautfalte am medialen Tarsusrande entwickelt. Bei nach vorn an den Körper angelegtem Hinterbein reicht das Tibiotarsalgelenk bis zum Auge. Haut oben mit kleinen, glatten Höckern besetzt; Unterseite gekörnelt; eine starke Querfalte auf der Brust. Färbung sehr wechselnd, in allen Schattierungen von Grau, Braun, Grün oder auch deutlichem Rost auftretend; eine schmale, dunkelbraune oder schwarze Binde zieht von der Vorderkopfspitze jederseits zum Auge, und von hier erheblich verbreitert über das Trommelfell hinweg zur Schulter; bei manchen Exemplaren setzt sie sich in einer Reihe schwarzer Flecken an den Rumpfseiten fort. Rücken in der Regel mit einer V-förmigen, dunklen Querbinde zwischen den Augen und mehr oder weniger zahlreichen und langgestreckten, dunklen Flecken, die aber auch völlig fehlen können; Oberkieferrand dunkel. Gliedmaßen dunkel quer gebändert. Unterseite einfarbig hell oder dunkel. L. 47 mm.

♂ mit dunkler Kehle und äußeren, subgularen Schallblasen.

Westliches Nordamerika (Insel Vancouver bis Mexiko).

84. **H. baudinii** Dum. & Bibr. 1841 *H. b.*, C. Duméril & G. Bibron, Erpét.. *v.* 8 p. 564 | 1854 *H. vanvlietii*, Sp. Baird in: P. Ac. Philad., *v.* 7 p. 61 | 1858 *H. baudinii*, Alb. Günther, Cat. Batr. sal. Brit. Mus., p. 105 | 1859 *H. vanvlietii* + *H. vociferans*, Sp. Baird in: U. S. Mex. Boundary Surv., Rept. p. 29 t. 38 f. 1—3, 11—13 (Habitus und Mundhöhle beider Arten) | 1862 *H. muricolor*, E. D. Cope in: P. Ac. Philad., p. 359 (nota) | 1863 *H. baudinii*, E. D. Cope in: P. Ac. Philad., p. 48 | 1865 *Smilisca daulinia*, E. D. Cope in: P. Ac. Philad., p. 194 | 1866 *S. baudinii*, E. D. Cope in: P. Ac. Philad., p. 127 und in: J. Ac. Philad., ser. 2 *v.* 6 p. 85 | 1877 *Hyla Baudini* + *H. pansosana*, P. Brocchi in: Bull. Soc. philom., ser. 7 *v.* 1 p. 124, 125 | 1881 *H. Baudini* + *H. pansosana*, P. Brocchi in: Miss. Mex., pars 3 II p. 29 t. 14 f. 4, 4a, b (Habitus, Mundhöhle, Vorderfuß) + p. 34 t. 12 f. 2, 2a | 1882 *H. baudinii*, Boulenger, Cat. Batr. sal. Brit. Mus., ed. 2 p. 371 | 1889 *Smilisca b.*, E. D. Cope in: Bull. U. S. Mus., *v.* 34 p. 379 | 1901 *Hyla baudini*, Alb. Günther in: Biol. Centr.-Amer., Rept. & Batr. p. 270 t. 71 f. A—D (Farbenvarietäten, Kopf von der Seite, Vorderfuß) | 1906 *Smilisca baudinii*, M. Dickerson, Frog Book, p. 151 f. 178—183.

Zunge kreisrund, ganzrandig oder hinten schwach ausgerandet und hinten frei abhebbar. Gaumenzähne in gerader, in der Mitte kaum unterbrochener Querreihe zwischen den Choanen. Kopf breiter als lang; Vorderkopf abgerundet, etwas länger als der Augendurchmesser, mit winkligem Canthus rostralis und vertiefter Zügelregion; Interorbitalraum so breit wie oder breiter als ein oberes Augenlid; Trommelfell deutlich, $^2/_3$ oder $^3/_4$ so breit wie der Augendurchmesser. Die 3 lateralen Finger zu $^1/_3$, Zehen zu $^3/_4$ ihrer Länge durch Schwimmhaut verbunden; Haftscheiben kleiner als das Trommelfell; Subarticularhöcker stark vorspringend; eine sehr deutliche Hautfalte am medialen Tarsusrande vorhanden. Bei nach vorn an den Körper angelegtem Hinterbein reicht das Tibiotarsalgelenk zwischen Auge und Vorderkopfspitze. Haut oben glatt, unten gekörnelt; eine deutliche Falte zieht oberhalb des Trommelfells vom Auge zur Schulter; eine vorspringende Querfalte auf der Brust. Färbung sehr wechselnd, von fast Schwarz zu braunen, grauen oder grünen Tönen; eine dunkle, annähernd symmetrische Zeichnung auf dem Rücken, sie fehlt aber häufig bei den besonders hellen oder dunklen Tieren oder wird bei ihnen undeutlich; stets sind je ein heller Fleck unter dem Auge und an der Armwurzel, eine helle Linie oberhalb des Oberkieferrandes, eine mehr oder weniger breite, vom Auge über das Trommelfell hinweg zur Schulter ziehende dunkle Binde und dunkle Querbinden auf den Gliedmaßen vorhanden. Unterseite weißlich, an Brust und Kehle oft mehr oder weniger deutlich dunkel gefleckt. Hinterseite der Oberschenkel etwas gefleckt; Flanken hell, dunkel gefleckt. L. 77 mm.

♂ mit 2 äußeren, subgularen Schallblasen.

Texas, Mexiko, Zentralamerika, Kolumbien, Nordecuador.

85. **H. venulosa** (Laur.) 1734 „*Rana Americana*" + *R. Suriramensis* + „*R. Virginiana altera*", Seba, Thesaurus, *v.* 1 p. 113 t. 71 f. 1—3 + p. 115 t. 72 f. 4 | 1768 *Rana venulosa* + *Hyla tibiatrix*, Laurenti, Syn. Rept., p. 31, 34 | 1788 „*La Reticulaire*" + „*La Flûteuse*" + „*L'Orangée*, Lacépède, Quadrup. ovip. Serp., *v.* 1 p. 537, 562 | 1789 „*La Grenouille réticulaire*", Bonnaterre in: Tabl. enc. méth., Erpét. p. 8 t. 2 f. 4 | 1799 *Calamita Boans*, J. G. Schneider, Hist. Amph., *v.* 1 p. 164 | 1802 *Rana zebra* var. *venulosa* + *R. Meriana*, G. Shaw, Gen. Zool., *v.* 3 p. 124, 133 t. 39 | 1802 „*La raine réticulaire*", Latreille in: Sonnini & Latreille, Hist. Rept., *v.* 2 p. 175 | 1803 *Rana venulosa* + *Hyla tibiatrix*, Daudin, Hist. Rainett., p. 35, 36 t. 13 | 1803 *Rana venulosa* + *Hyla tibiatrix*, Daudin, Hist. Rept., *v.* 8 p. 74, 76 | 1820 *Calamita boans*, Merrem, Versuch Syst. Amph., p. 173 | 1824 *Hyla zonata* + *H. bufonia*, Spix, Spec. Testud. Ran. Bras., p. 41, 42 t. 12 f. 1, 2[1]) | 1829 *H. venulosa*, C. Gravenhorst, Delic. Mus. Vratislav., fasc. 1 p. 24 | 1830 *Hypsiboas v.* + *Auletris tibiatrix*, Wagler, Syst. Amph., p. 201 | 1838 *Hypsiboas venulosus* (part.) + *Dendrohyas tibiatrix*, Tschudi, Classif. Batr., p. 72, 74 | 1841 *Hyla venulosa* + *H. vermiculata*, C. Duméril & G. Bibron, Erpét., *v.* 8 p. 560, 563 | 1843 *Phrynohyas (P.) zonata* + *P. (Acrodytes) venulosa*, Fitzinger, Syst. Rept., *v.* 1 p. 30 | 1858 *Hyla lichenosa* + *H. venulosa*, Alb. Günther, Cat. Batr. sal. Brit. Mus., p. 102, 104 t. 8 f. C. c (Habitus, Mundhöhle) | 1862 *Scytopis hebes*, E. D. Cope in: P. Ac. Philad., p. 354 | 1865 *Acrodytes venulosa*, E. D. Cope in: Nat. Hist. Rev., p. 109 | 1866 *Scytopis venulosus*, E. D. Cope in: J. Ac. Philad., ser. 2 *v.* 6 p. 85 | 1867 *Hyla venulosa*, Steindachner in: Reise Novara, Amph. p. 58 t. 3 f. 18 | 1872 (*H. zonata* + *H. bufonia*) = *H. venulosa*, Peters in: Monber. Ak. Berlin, p. 219 | 1879 *H. paenulata*, P. Brocchi in: Bull. Soc. philom., ser. 7 *v.* 3 p. 21 | 1881 *H. lichenosa* + *H. paenulata*, P. Brocchi in: Miss. Mex., pars 3 II p. 33 t. 14 f. 2 + p. 45 t. 14 f. 1, 1a, b (Habitus, Vorder- und Hinterfuß) | 1882 *H. venulosa*, Boulenger in: Ann. nat. Hist., ser. 5 *v.* 10 p. 327 | 1882 *H. venulosa* + *H. nigropunctata*, Boulenger, Cat. Batr. sal. Brit. Mus., ed. 2 p. 364, 366 | 1901 *H. v.*, Alb. Günther in: Biol. Centr.-Amer., Rept. & Batr. p. 272 | 1912 *H. v.*, F. Baumann in: Zool. Jahrb., Syst. *v.* 33 p. 103 f. B. t. 4 f. 3, 3a.

Zunge kreisrund, ganzrandig oder hinten undeutlich ausgerandet, hinten wenig frei abhebbar. Gaumenzähne auf der Verbindungslinie der Choanenhinterränder, in gerader, in der Mitte unterbrochener Reihe oder in sehr stumpfem, nach hinten offenem Winkel angeordnet. Kopf mäßig groß, breiter als lang; Vorderkopf kurz, abgerundet, etwas länger als der Augendurchmesser, mit rundlichem Canthus rostralis und vertiefter Zügelregion; Interorbitalraum so breit wie oder breiter als ein oberes Augenlid; Trommelfell sehr deutlich, $^1/_2$—$^2/_3$ so breit wie der Augendurchmesser. Laterale Finger zu $^1/_4$—$^1/_3$, Zehen zu $^3/_4$ ihrer Länge durch Schwimmhaut verbunden; Haftscheiben der Finger so groß oder fast so groß wie das Trommelfell; kein vorspringendes Pollexrudiment vorhanden; Subarticularhöcker stark vorspringend; keine Hautfalte am medialen Tarsusrande vorhanden. Bei nach vorn an den Körper angelegtem Hinterbein reicht das Tibiotarsalgelenk bis zum Trommelfell oder Auge. Oberseite in der Regel warzig und drüsig, zuweilen aber auch fast glatt; eine über dem Trommelfell vorspringende Hautfalte kann parotoïdenartig verdickt sein und das Trommelfell teilweise verdecken. Unterseite gekörnelt; eine kräftige Querfalte auf der Brust. Rücken braun, einfarbig, oder in der Regel mit dunklen, annähernd symmetrischen, mehr oder weniger zu 2 Längsbinden zusammenfließenden Flecken; die dunkle Rückenzone wird jederseits von einer hellen Lateralbinde begrenzt, die im hinteren Teile des Körpers in helle und dunkle Marmorierung übergeht. Gliedmaßen mit mehr oder weniger breiten, dunklen Querbinden auf hellbraunem Grunde; Hinterseite der Oberschenkel zuweilen mehr oder weniger deutlich marmoriert; Haftscheiben (nach Baumann) grün. Unterseite weißlich, einfarbig, oder an der Kehle braun vermiculiert. L. 93 mm.

[1]) Auf der Tafel als *Hyla zonalis* bezeichnet.

♂ mit 2 großen, äußeren, schwarzen, nicht rückziehbaren Schallblasen und mit braunen Brunstschwielen auf der Medialseite des 1. Fingers.

Mexiko, Zentralamerika, tropisches Südamerika.

86. **H. eximia** Sp. Baird 1854 *H. e.*, Sp. Baird in: P. Ac. Philad., *v.* 7 p. 61 | 1858 *H. euphorbiacea*, Alb. Günther, Cat. Batr. sal. Brit. Mus., p. 109 t. 10 f. C., c (Habitus, Vorderfuß) | 1859 *H. eximia*, Sp. Baird in: U. S. Mex. Boundary Surv., Rept. p. 29 t. 38 f. 8—10 (Habitus, Mundhöhle) | 1865 *H. gracilipes* + *H. staufferi*, E. D. Cope in: P. Ac. Philad., p. 194, 195 | 1867 *H. euphorbiacea*, Steindachner, Reise Novara, Amph. p. 59 | 1869 *H. eximia*, Peters in: Monber. Ak. Berlin, p. 880 | 1881 *H. e.* + *H. staufferi* + *H. gracilipes*, P. Brocchi in: Miss. Mex., pars 3 II p. 32 t. 13 f. 3, 4, 4a + p. 36 t. 14 f. 3, 3a (Habitus, Hinterfuß) | 1882 *H. e.* + *H. g.* + *H. s.*, Boulenger, Cat. Batr. sal. Brit. Mus., ed. 2 p. 378, 400 | 1887 *H. e.* subsp. *s.*, E. D. Cope in: Bull. U. S. Mus., *v.* 32 p. 14 | 1889 *H. e.*, E. D. Cope in: Bull. U. S. Mus., *v.* 34 p. 361 | 1901 *H. e.*, Alb. Günther in: Biol. Centr.-Amer., Rept. & Batr. p. 261.

Zunge breiter als lang, hinten schwach ausgerandet und frei abhebbar. Gaumenzähne in 2 queren oder nach hinten konvergierenden Reihen zwischen den Choanen. Vorderkopf mäßig lang, ziemlich flach, mit stumpfem Canthus rostralis und schief abfallender Zügelregion; Interorbitalraum breiter als ein oberes Augenlid; Trommelfell deutlich, $^1/_3$—$^1/_2$ so breit wie der Augendurchmesser. Finger nur durch eine sehr undeutliche Spur von Schwimmhaut an ihrer Basis, Zehen zu $^1/_3$—$^1/_2$ ihrer Länge durch Schwimmhaut verbunden; Haftscheiben der Finger so groß wie oder größer als das Trommelfell; Subarticularhöcker deutlich; eine deutliche Hautfalte am medialen Tarsusrande vorhanden. Bei nach vorn an den Körper angelegtem Hinterbein reicht das Tibiotarsalgelenk bis zum Trommelfell oder bis zum Hinterrand des Auges. Oberseite glatt; Unterseite gekörnelt; eine Querfalte auf der Brust. Oberseite grünlich, bläulich oder bräunlich, einfarbig oder mit schwärzlichen, zuweilen hell gesäumten länglichen Flecken; eine schwärzliche Linie zieht vom Nasenloch längs des Canthus rostralis zum Auge und setzt sich hinter diesem als breites Band quer über das Trommelfell hinweg die Flanken entlang bis etwa zur Rumpfmitte fort; an ihrem oberen Rande, zwischen Auge und Schulter auch an ihrem unteren Rande, ist diese dunkle Binde weiß gesäumt, hinter dem Auge geht sie nach unten allmählich in die helle Färbung der Unterseite über. Gliedmaßen mit oder ohne dunkle Querbinden; beim sitzenden Tier vorborgene Teile der Oberschenkel farblos. L. 40 mm.

♂ mit äußerer, unpaarer subgularer Schallblase.

Mexiko.

87. **H. rudis** Mocq. 1899 *H. r.*, F. Mocquard in: Bull. Soc. philom., ser. 9 *v.* 1 p. 163 t. 1 f. 3 | 1901 *H. r.*, Alb. Günther in: Biol. Centr.-Amer., Rept. & Batr. p. 285.

Gaumenzähne in 2 kleinen Gruppen zwischen den Choanen. Kopf abgeplattet, breiter als lang; Haut auf der Oberseite des Kopfes rauh und fest mit dem Schädelknochen verwachsen. Vorderkopf deutlich länger als der Augendurchmesser, mit runzligem Canthus rostralis und schräg abfallender, vertiefter Zügelregion; Entfernung des Nasenloches vom Auge so groß wie dessen Durchmesser; letzterer doppelt so breit wie das Trommelfell; Interorbitalraum viel breiter als ein oberes Augenlid. Finger frei, Zehen zu $^1/_3$ ihrer Länge durch Schwimmhaut verbunden; Haftscheiben kleiner als das Trommelfell; 1. Finger kürzer als der 2., diesem gegenüber stehend; Subarticularhöcker mäßig entwickelt; ein vorspringender, medialer Metatarsalhöcker, aber kein lateraler und keine Tarsalfalte vorhanden. Bei nach vorn an den Körper angelegtem Hinterbein reicht das Tibiotarsalgelenk bis zum

Auge[1]). Oberseite fein gekörnelt; eine Hautfalte über dem Trommelfell; eine Querfalte auf der Brust. Bräunlich olivenfarben, mit einigen dunklen Flecken; Unterseite weißlich. L. 35 mm.

Guadalajara (Südwestmexiko).

88. **H. miotympanum** Cope 1863 *H. m.*, E. D. Cope in: P. Ac. Philad., p. 47 | 1869 *H. microtis*, Peters in: Monber. Ak. Berlin, p. 880 | 1871 *H. miotympanum*, Peters in: Monber. Ak. Berlin, p. 651 | 1881 *H. m.*, P. Brocchi in: Miss. Mex., pars 3II p. 87 | 1882 *H. m.*, Boulenger, Cat. Batr. sal. Brit. Mus., ed. 2 p. 400 | 1901 *H. m.*, Alb. Günther in: Biol. Centr.-Amer., Rept. & Batr. p. 279.

Zunge hinten schwach ausgerandet. Gaumenzähne in 2 schwach nach hinten konvergierenden Reihen zwischen den Choanen. Vorderkopf breit abgerundet, ohne deutlichen Canthus rostralis, mit schief abfallender Zügelregion; Trommelfell äußerst klein, kaum sichtbar, $^1/_6$ so breit wie der Augendurchmesser. Laterale Finger zu $^1/_4$—$^1/_3$ ihrer Länge, Zehen fast völlig durch Schwimmhaut verbunden; Haftscheiben größer als das Trommelfell; eine deutliche, wenn auch schwache Tarsalfalte vorhanden. Bei nach vorn an den Körper angelegtem Hinterbein reicht das Tibiotarsalgelenk zwischen Auge und Vorderkopfspitze. Oberseite glatt; Unterseite gekörnelt. Oberseite aschpurpurfarbig, mit oder ohne einige hellere Flecke und undeutliche, dunkle Marmorierung. Gliedmaßen heller, nicht quer gebändert; ein heller Saum zieht von der Ferse zu den Zehen; beim sitzenden Tier verborgene Teile der Gliedmaßen farblos. Ein heller Querstreifen über dem After; eine helle Längsbinde auf der Oberlippe setzt sich als glänzend gelber, von der Unterseite nicht immer scharf abgesetzter, Lateralstreifen an den Rumpfseiten fort. Unterseite gelblich. L. 37 mm.

Südmexiko.

89. **H. taeniopus** Gthr. 1901 *H. t.*, Alb. Günther in: Biol. Centr.-Amer., Rept. & Batr. p. 269 t. 72 f. F.

Gaumenzähne in 2 Querreihen zwischen den Choanen. Kopf flachgedrückt, breiter als der Rumpf, mit schräg nach vorn gerichteten Augen; Vorderkopf kurz, nicht länger als das Auge, mit gerundetem Canthus rostralis und schwach abfallender Zügelregion; Durchmesser der Augen gleich ihrer Entfernung von den Nasenlöchern und viel größer als der Abstand der letzteren voneinander; Interorbitalraum viel breiter als ein oberes Augenlid; Trommelfell $^1/_3$ so breit wie das Auge. Die 3 lateralen Finger zu $^1/_4$ ihrer Länge, Zehen fast völlig durch Schwimmhaut verbunden, das letzte Glied der 4. Zehe bleibt frei; Haftscheiben der Finger fast so groß wie das Trommelfell, merklich größer als die der Zehen; eine Tarsalfalte vorhanden. Bei nach vorn an den Körper angelegtem Hinterbein reicht das Tibiotarsalgelenk bis zum Auge. Oberseite glatt, Unterseite gekörnelt; keine Querfalte auf der Brust. Hellpurpurfarbig, mit oder ohne dunkle Zeichnung. Unterseite weiß, mit verstreuten schwarzen Sprenkeln auf Kehle und Vorderbauch. Seiten schwarz und gelb marmoriert. Hinterbeine mit dunklen Querbinden, je 3 auf Ober- und Unterschenkel, je 2 auf Tarsus und Metatarsus, die am dunkelsten am Rande, in der Mitte heller sind. Beim sitzenden Tiere verborgene Teile farblos. L. 30 mm.

Jalapa (Südmexiko).

---

[1]) Die Angabe in der Originalbeschreibung, das Tarsometatarsalgelenk reiche bis zum Auge, muß ein Irrtum sein, der auch schon von Günther l. c. berichtigt worden ist.

90. **H. spilomma** Cope 1877 *H. s.*, E. D. Cope in: P. Amer. phil. Soc., *v.* 17 p. 86 | 1881 *H. s.*, P. Brocchi in: Miss. Mex., pars 3 II p. 39 | 1882 *H. s.*, Boulenger, Cat. Batr. sal. Brit. Mus., ed. 2 p. 402 | 1901 *H. s.*, Alb. Günther in: Biol. Centr.-Amer., Rept. & Batr. p. 282.

Zunge breit, ganzrandig. Gaumenzähne in 2 queren Reihen hinter der Verbindungslinie der Choanen. Kopf breit; Vorderkopf sehr kurz, mit undeutlichem Canthus rostralis; Trommelfell $^2/_5$ so breit wie der Augendurchmesser. Finger frei von Schwimmhaut, die kurzen Zehen zur Hälfte ihrer Länge durch solche verbunden; Haftscheiben fast so groß wie das Trommelfell. Bei nach vorn an den Körper angelegtem Hinterbein reicht das Tibiotarsalgelenk bis zum hinteren Teil des Auges. Haut des Rückens verdickt und mit ziemlich großen, stumpfen Warzen besetzt. Oberseite hell purpurbraun, zuweilen an jeder Seite durch eine breite, schwärzliche, über dem Auge beginnende, bis zu den Weichen reichende Binde begrenzt. L. 38 mm.

Südmexiko.

91. **H. bistincta** Cope 1877 *H. b.*, E. D. Cope in: P. Amer. phil. Soc., *v.* 17 p. 87 | 1881 *H. b.*, P. Brocchi in: Miss. Mex., pars 3 II p. 43 | 1882 *H. b.*, Boulenger, Cat. Batr. sal. Brit. Mus., ed. 2 p. 401 | 1901 *H. b.*, Alb. Günther in: Biol. Centr.-Amer., Rept. & Batr. p. 265.

Gaumenzähne in 2 kleinen Gruppen zwischen den Choanen. Kopf, besonders die Interorbitalregion breit und flach; Canthus rostralis deutlich; Trommelfell äußerst klein, $^1/_5$ so breit wie der Augendurchmesser, von einer dicken Hautfalte überragt. Finger frei von Schwimmhaut, Zehen zu $^3/_4$ ihrer Länge durch Schwimmhaut verbunden. Bei nach vorn an den Körper angelegtem Hinterbein reicht das Tibiotarsalgelenk fast bis zur Vorderkopfspitze. Haut der Oberseite glatt. Oberseite dunkel bläulich, bleifarben, Unterseite gelb, Rumpfseiten in beiden Farben marmoriert. Hinterseite des Oberschenkels blaßbraun, mit einigen gelben Flecken längs ihres Oberrandes. Lippe nicht weißgerandet. L. 45 mm.

♂ mit 2 Brunstschwielen auf der Medialseite des 1. Fingers.

Südmexiko.

92. **H. smithii** Blgr. 1901 *H. nana* (non *H. n.*, Boulenger 1889), Alb. Günther in: Biol. Centr.-Amer., Rept. & Batr. p. 263 t. 73 f. A | 1902 *H. smithii*, Boulenger in: Zool. Rec., *v.* 38 Rept. & Batr. p. 33.

Gaumenzähne in 2 Gruppen zwischen den Choanen (zuweilen undeutlich oder sogar völlig fehlend). Vorderkopf mäßig lang, ziemlich spitz, nicht flachgedrückt, mit winkligem Canthus rostralis und fast senkrecht abfallender Zügelregion; Durchmesser der Augen gleich ihrer Entfernung von den Nasenlöchern und größer als deren Abstand voneinander; Interorbitalraum breiter als ein oberes Augenlid; Trommelfell deutlich, $^1/_3$ so groß wie das Auge. Finger frei von Schwimmhaut, Zehen zu $^2/_3$ ihrer Länge durch Schwimmhaut verbunden, die nicht bis zu den Haftscheiben der 3. und 5. Zehe reicht; Haftscheiben so groß wie das Trommelfell oder merklich kleiner; keine Tarsalfalte vorhanden. Oberseite glatt, Unterseite gekörnelt; eine Querfalte auf der Brust. Rücken einförmig olivenfarbig, eine braune Längsbinde auf dem Canthus rostralis setzt sich auf die Kopf- und Rumpfseiten fort, nach hinten sich verschmälernd und allmählich in die weißliche Färbung der Unterseite übergehend; in ihrem oberhalb des Trommelfells gelegenen Teile ist sie an ihrem oberen Rande schmal weiß gesäumt. Beine ohne Querbinden, an den beim sitzenden Tier versteckten Teilen farblos. L. 25 mm.

♂ mit großer, äußerer Schallblase.

Cuernavaca (Südmexiko).

93. **H. plicata** Brocchi 1877 *H. p.*, P. Brocchi in: Bull. Soc. philom., ser. 7 *v.* 1 p. 126 | 1881 *H. p.*, P. Brocchi in: Miss. Mex., pars 3II p. 35 t. 12 f. 1 | 1882 *H. p.*, Boulenger, Cat. Batr. sal. Brit. Mus., ed. 2 p. 396.

Zunge oval, hinten ausgerandet und frei abhebbar. Gaumenzähne in der Höhe des Choanenvorderrandes. Kopf breiter als lang, stark abgeplattet; Vorderkopf abgerundet, mit winkligem Canthus rostralis; Trommelfell sehr deutlich, $^1/_3$ so groß wie das Auge. Finger frei von Schwimmhaut, Zehen zur Hälfte ihrer Länge durch Schwimmhaut verbunden; Haftscheiben der Finger noch nicht $^1/_2$ so groß wie das Trommelfell; ein ovaler, medialer Metatarsalhöcker vorhanden. Haut oben glatt; Unterseite von Kopf, Rumpf und Oberschenkeln dicht gekörnelt; eine sehr deutliche Querfalte auf der Brust; eine Falte zieht vom Augenhinterrand jederseits nach den Flanken. Färbung im Alkohol grünlich mit dunkleren Flecken auf Rücken und Gliedmaßen. L. 46 mm.

Mexiko.

94. **H. crassa** (Brocchi) 1877 *Cauphias crassus*, P. Brocchi in: Bull. Soc. philom., ser. 7 *v.* 1 p. 130 | 1882 *C. crassum*, P. Brocchi in: Miss. Mex., pars 3II p. 64 t. f. 4 | 1882 *Hyla crassa*, Boulenger, Cat. Batr. sal. Brit. Mus., ed. 2 p. 396 | 1887 *Hypsiboas crassus*, E. D. Cope in: Bull. U. S. Mus., *v.* 32 p. 19 | 1901 *Hyla crassa*, Alb. Günther in: Biol. Centr.-Amer., Rept. & Batr. p. 281.

Zunge annähernd kreisrund, hinten eingeschnitten und frei abhebbar. Gaumenzähne in 2 Gruppen zwischen den Choanen. Kopf kurz und dick; Vorderkopf abgerundet, mit kurzem, rundlichem Canthus rostralis und sehr hoher, wenig vertiefter Zügelregion; Trommelfell unsichtbar. Finger frei von Schwimmhaut. Zehen in ihrer ganzen Länge durch solche verbunden; kein vorspringendes Pollexrudiment vorhanden. Haut der Oberseite chagriniert, die der Unterseite gekörnelt; eine Hautfalte zieht vom Auge zur Schulter; eine Querfalte auf der Brust. Oberseite grau, Flanken und Gliedmaßen marmoriert. L. 66 mm.

♂ mit unpaarer Schallblase.

Mexiko.

95. **H. picta** (Gthr.) 1901 *Hylella p.*, Alb. Günther in: Biol. Centr.-Amer., Rept. & Batr. p. 286 t. 73 f. C (Habitus, Vorderfuß).

Gaumenzähne fehlen. Kopf mäßig breit, nicht abgeplattet. Vorderkopf mäßig lang, ziemlich spitz, mit geradem, winkligem Canthus rostralis und fast senkrecht abfallender Zügelregion; Abstand des Nasenloches vom Auge so groß wie der Augendurchmesser; Interorbitalraum nicht viel breiter als ein oberes Augenlid; Trommelfell deutlich, etwa $^1/_5$ so breit wie der Augendurchmesser. Finger durch eine Spur von Schwimmhaut an ihrer Basis, Zehen zu $^3/_4$ ihrer Länge durch Schwimmhaut verbunden; Haftscheiben so groß wie oder größer als das Trommelfell; keine Tarsalfalte vorhanden. Bei nach vorn an den Körper angelegtem Hinterbein reicht das Tibiotarsalgelenk bis zur Vorderkopfspitze. Oberseite glatt, Unterseite gekörnelt. Oben hell purpurfarbig, mit verstreuten, runden, dunkelpurpurfarbigen, hell gerandeten Flecken von der Größe des Trommelfells. Rumpfseiten unterhalb einer längs des Canthus rostralis und oberhalb des Trommelfells hinziehenden, an den Weichen undeutlicher werdenden, hellen Linie dunkler als der Rücken. Unterseite weißlich, Beine gesprenkelt; beim sitzenden Tier verborgene Teile farblos. L. 21 mm.

Mexiko.

96. **H. sumichrasti** (Brocchi) 1879 *Exerodonta s.*, P. Brocchi in: Bull. Soc. philom., ser. 7 *v.* 3 p. 20 | 1879 *Hylella platycephala*, E. D. Cope in: P. Amer. phil. Soc., *v.* 18 p. 267 | 1881 *Exerodonta sumichrasti*, P. Brocchi in: Miss. Mex., pars 3 II p. 48 t. 15 f. 2, 2a—c (Habitus, Kopf von der Seite, Füße) | 1882 *Hylella s.*, Boulenger, Cat. Batr. sal. Brit. Mus., ed. 2 p. 420 | 1891 *H. s.*, Boulenger in: Ann. nat. Hist., ser. 6 *v.* 8 p. 456 | 1901 *H. s.*, Alb. Günther in: Biol. Centr.-Amer., Rept. & Batr. p. 286.

Zunge annähernd kreisrund, hinten schwach ausgerandet. Gaumenzähne fehlen. Kopf so breit wie lang, flach; Vorderkopf halbkreisförmig, vorn senkrecht abgestutzt, mit deutlichem Canthus rostralis und schief abfallender Zügelregion; Trommelfell sehr klein, etwa $^1/_4$ so breit wie der Augendurchmesser. Finger an der Basis, Zehen zu $^2/_3$ ihrer Länge durch Schwimmhaut verbunden; Haftscheiben mäßig entwickelt, die der Finger etwa so groß wie das Trommelfell, die der Zehen kleiner. Bei nach vorn an den Körper angelegtem Hinterbein reicht das Tibiotarsalgelenk bis zum Auge. Haut oben glatt, am Bauche und unter den Oberschenkeln gekörnelt; eine Hautfalte zieht jederseits von der Achsel zur Weiche. Oben hellviolettgrau, unten hellgelb. L. 33 mm.

Mexiko.

97. **H. bocourti** (Mocq.) 1881 *H. regilla* (non Sp. Baird & C. Girard 1852), P. Brocchi in: Miss. Mex., pars 3 II p. 31 t. 13 f. 2, 2a | 1899 *Hyliola bocourti*, F. Mocquard in: Bull. Soc. philom., ser. 9 *v.* 1 p. 164 | 1899 *H. b.*, F. Mocquard in: N. Arch. Mus. Paris., ser. 4 *v.* 1 p. 341 | 1901 *Hyla b.*, Alb. Günther in: Biol. Centr.-Amer., Rept. & Batr. p. 263.

Gaumenzähne in 2 queren Gruppen zwischen den Choanen. Vorderkopf mäßig lang, ziemlich abgeplattet, mit stumpfem Canthus rostralis und abfallender Zügelregion; Entfernung des Nasenlochs vom Auge fast gleich dem Durchmesser des letzteren; Interorbitalraum breiter als ein oberes Augenlid; Trommelfell deutlich, $^1/_2$ so breit wie das Auge. Finger frei, Zehen kaum zu $^1/_3$ ihrer Länge durch Schwimmhaut verbunden; Haftscheiben der Finger etwas kleiner als das Trommelfell, etwas größer als die der Zehen; zuweilen eine sehr undeutliche Tarsalfalte vorhanden. Oberseite glatt, Unterseite gekörnelt. Oberseite bläulich, mit großen, zwischen den Augen beginnenden, schwärzlichen Längsflecken. Vorderkopfseiten schwärzlich; eine gleichfarbige, quer durch das Trommelfell und an den Rumpfseiten entlang ziehende Binde ist gegen den Rücken scharf begrenzt und fein weiß gesäumt, geht aber ventrad in unregelmäßiger Begrenzung allmählich in die helle Färbung der Unterseite über; nur zwischen Auge und Trommelfell ist sie am unteren Rande stellenweise weiß gesäumt; Oberkiefer mit hornfarbigem Rande. Beine undeutlich quer gebändert; Hinterseite der Oberschenkel auf grauem Grunde fein schwarz und weiß marmoriert. L. 37 mm.

Mexiko, Guatemala.

98. **H. godmani** Gthr. 1901 *H. g.*, Alb. Günther in: Biol. Centr.-Amer., Rept. & Batr. p. 275 t. 72 f. E (Habitus, Vorderfuß).

Zunge so breit wie lang. Gaumenzähne in 2 etwas schräg gestellten, nach hinten konvergierenden Reihen zwischen den Choanen. Kopf breit, flachgedrückt; Vorderkopf so lang wie das Auge, mit stumpfem, ziemlich geschweiftem Canthus rostralis und schief abfallender Zügelregion; Durchmesser der Augen etwas größer als ihr Abstand von den Nasenlöchern und viel größer als die Entfernung der letzteren voneinander; Interorbitalraum breiter als ein oberes Augenlid; Trommelfell etwa $^1/_3$—$^1/_2$ so breit wie das Auge. Laterale Finger durch am 3. Finger das letzte Glied freilassende, am 2. und 4. Finger bis zur Haftscheibe reichende Schwimmhaut, Zehen zu $^4/_5$ ihrer Länge durch solche verbunden; Haftscheiben der Finger fast so groß wie das Trommelfell und größer als die der Zehen; eine deutliche Tarsalfalte vorhanden. Bei nach vorn an den Körper angelegtem Hinterbein reicht das Tibiotarsalgelenk bis zur Vorderkopfspitze oder etwas über diese hinaus. Oberseite glatt; Bauch fein gekörnelt. Oben purpurfarbig oder rötlicholivenfarbig, fein, aber undeutlich marmoriert. Seiten zuweilen deutlicher braun, schwarz und weiß marmoriert; Kopfseiten ungefleckt, ebenso die beim sitzenden Tier verdeckten Teile der Beine. Unterseite weißlich. L. 37 mm.

Südmexiko, Costa Rica.

99. **H. mocquardi** Gthr. 1901 *H. m.*, Alb. Günther in: Biol. Centr.-Amer., Rept. & Batr. p. 268 t. 73 f. B.

Gaumenzähne in 2 Gruppen zwischen den Choanen. Vorderkopf ziemlich spitz, nicht flachgedrückt, so lang wie das Auge, mit winkligem Canthus rostralis und fast senkrecht abfallender Zügelregion; Augen etwas breiter als ihre Entfernung von den Nasenlöchern und viel breiter als der Abstand der letzteren voneinander; Interorbitalraum nicht viel breiter als ein oberes Augenlid; Trommelfell $^2/_5$ so breit wie das Auge. Die 3 lateralen Finger zu $^1/_4$, Zehen zu $^1/_2$ ihrer Länge durch Schwimmhaut verbunden; alle Haftscheiben viel kleiner als das Trommelfell; keine Tarsalfalte vorhanden. Bei nach vorn an den Körper angelegtem Hinterbein reicht das Tibiotarsalgelenk bis zur Augenmitte. Oberseite glatt; Unterseite gekörnelt. Oberseite hell mit unregelmäßigen, bräunlichen Flecken, die zur Bildung von Längsbinden neigen; eine braune Binde zieht von der Zügelregion bis zur Rumpfmitte, wo sie blasser wird, in ihrer vorderen Hälfte ist sie scharf mit 2 weißen Streifen gesäumt, von denen der untere hinter dem Trommelfell, der obere weiter caudad endet. Hinterseite des Oberschenkels zuweilen mit 5 sehr kurzen, schwarzen Querbinden. L. 25 mm.

Zentralamerika (Guatemala oder Panama).

100. **H. glandulosa** Blgr. 1883 *H. g.*, Boulenger in: Ann. nat. Hist., ser. 5 *v.* 12 p. 164.

Zunge kreisrund, hinten schwach eingeschnitten und frei abhebbar. Gaumenzähne in 2 kleinen, schräg gestellten Gruppen zwischen den Choanen. Kopf etwas breiter als lang; Vorderkopf abgerundet, so lang wie der Augendurchmesser, mit deutlichem Canthus rostralis und schwach vertiefter Zügelregion; Interorbitalraum etwas breiter als ein oberes Augenlid; Trommelfell unter der Haut verborgen. Finger an ihrer Basis durch deutliche Schwimmhaut, Zehen zu $^2/_3$ ihrer Länge durch Schwimmhaut verbunden; Haftscheiben gut entwickelt; Subarticularhöcker mäßig groß; Tarsalfalte fehlt. Bei nach vorn an den Körper angelegtem Hinterbein reicht das Tibiotarsalgelenk bis zum Augenvorderrand. Oberseite mit sehr kleinen, glatten Warzen besetzt; Unterseite gekörnelt. Oberseite grün, Unterseite weiß; ein schwärzlicher Streifen zieht vom Nasenloch über das Auge zur Schulter; Flanken schwarz gemustert. Oberschenkel, abgesehen von einem schmalen Streifen auf seiner Oberseite, farblos; Tarsus weiß gerandet. L. 35 mm.

Guatemala.

101. **H. guatemalensis** (Brocchi) 1877 *Plectrohyla g.* + *Cauphias g.*, P. Brocchi in: Bull. Soc. philom., ser. 7 *v.* 1 p. 92, 129 | 1882 *Hyla g.*, Boulenger, Cat. Batr. sal. Brit. Mus., ed. 2 p. 396 | 1882 *Cauphias g.*, P. Brocchi in: Miss. Mex., pars 3 II p. 62 t. 12 f. 3, 3a—c (Habitus, Zunge, Füße) | 1901 *Hyla g.*, Alb. Günther in: Biol. Centr.-Amer., Rept. & Batr. p. 281.

Zunge rund, hinten kaum merklich ausgerandet und frei abhebbar. Gaumenzähne in 2 kleinen Gruppen zwischen den Choanen. Vorderkopf kurz, breit, abgerundet, mit deutlichem Canthus rostralis und sehr hoher, vertiefter Zügelregion; Trommelfell unsichtbar. Die 3 lateralen Finger durch eine Spur von Schwimmhaut, Zehen in ihrer ganzen Länge durch solche verbunden; ein stark entwickeltes Pollexrudiment vorhanden; Haftscheiben gut entwickelt; eine Tarsalfalte am medialen Tarsusrande vorhanden. Rumpfseiten mit drüsigen Hautfalten; Unterseite gekörnelt; eine Querfalte auf der Brust. Oberseite grau, mit rundlichen Zeichnungen auf dem Rücken. Gliedmaßen grünlich marmoriert. Unterseite gelblichweiß. L. 59 mm.

Guatemala.

102. **H. quinquevittata** Cope 1886 *H. q.*, E. D. Cope in: P. Amer. phil. Soc., *v.* 23 p. 278 | 1901 *H. q.*, Alb. Günther in: Biol. Centr.-Amer., Rept. & Batr. p. 268.

Zunge eher länger als breit. Gaumenzähne in 2 runden, dicht zusammenstehenden Gruppen zwischen den Choanen. Vorderkopf ziemlich spitz, über die Mundspalte vorspringend, mit deutlichem, geschweiftem Canthus rostralis; Trommelfell $^2/_5$ so breit wie der Augendurchmesser. Finger an ihrer Basis durch eine schwache Spur von Schwimmhaut, Zehen bis zur Mitte des vorletzten Gliedes der 3. und 5. Zehe durch Schwimmhaut verbunden. Bei nach vorn an den Körper angelegtem Hinterbein reicht das Tibiotarsalgelenk etwas über die Vorderkopfspitze hinaus. Oberseite glatt. Hellgrau, mit 5 dunklen Längsbinden auf der Oberseite, von denen die mittlere sich an ihrem Vorderende zu einem großen, annähernd dreieckigen Fleck zwischen den Augen verbreitert. Oberschenkel mit 1, Unterschenkel mit 3 Querbinden; beim sitzenden Tier verborgene Teile ungefleckt. L. 29 mm.

Nicaragua.

103. **H. puma** Cope 1885 *H. p.*, E. D. Cope in: P. Amer. phil. Soc., *v.* 22 p. 183 | 1901 *H. p.*, Alb. Günther in: Biol. Centr.-Amer., Rept. & Batr. p. 270.

Zunge annähernd kreisrund, völlig ganzrandig. Gaumenzähne in 2 quer gestellten Gruppen auf der Höhe des Choanenhinterrandes. Vorderkopf kurz, mit deutlichem, geschweiftem Canthus rostralis; Entfernung der Nasenlöcher vom Auge gleich dem Längsdurchmesser des Trommelfelles; Trommelfell deutlich, schief oval, sein längster Durchmesser $^2/_3$ so breit wie das Auge. Laterale Finger durch eine Spur von Schwimmhaut, Zehen zur Hälfte ihrer Länge durch Schwimmhaut verbunden; Haftscheiben $^1/_2$ so groß wie das Trommelfell. Bei nach vorn an den Körper angelegtem Hinterbein reicht das Tibiotarsalgelenk bis zur Mitte zwischen Auge und Vorderkopfspitze. Oberseite glatt; Bauch gekörnelt. Oberseite einfarbig dunkel-, Unterseite einfarbig hellbraun. L. 45 mm.

Nicaragua.

104. **H. boulengeri** (Cope) 1887 *Scytopsis b.*, E. D. Cope in: Bull. U. S. Mus., *v.* 32 p. 12 | 1901 *Hyla b.*, Alb. Günther in: Biol. Centr.-Amer., Rept. & Batr. p. 267.

Gaumenzähne in 2 nach hinten konvergierenden Reihen zwischen den Choanen. Vorderkopf etwas zugespitzt, mit deutlichem Canthus rostralis und vertiefter Zügelregion; Entfernung des Nasenloches vom Auge gleich dem Durchmesser des letzteren; Trommelfell $^1/_2$ so breit wie der Augendurchmesser. Finger frei von Schwimmhaut, diese zwischen den Zehen kurz, bis zum vorvorletzten Gliede der 4. Zehe reichend, zwischen 1. und 2. Zehe fehlend. Haut fast glatt, mit zahlreichen kleinen Warzen auf dem Oberkopf und den Schultern; ein Drüsenwulst über dem Trommelfell vorhanden (?). Hellgrau, mit undeutlichen, dunklen Querbinden auf Rücken und Beinen. Beim sitzenden Tier verborgene Teile von Ober- und Unterschenkel hell mit schwärzlich purpurfarbenen Querbinden; verschiedene gleichfarbige Flecke in der Weichengegend. L. 37 mm.

Nicaragua.

105. **H. miliaria** (Cope) 1886 *Hypsiboas miliarius*, E. D. Cope in: P. Amer. phil. Soc., *v.* 23 p. 272 | 1901 *Hyla miliaria*, Alb. Günther in: Biol. Centr.-Amer., Rept. & Batr. p. 283.

Gaumenzähne in 2 queren Reihen hinter der Verbindungslinie der Choanen. Kopf flach und abgeplattet, breiter als lang; Vorderkopf breit abgerundet, so lang wie der Augendurchmesser, fast ohne Canthus rostralis; Trommelfell $^3/_5$ so breit wie der Augendurchmesser. Schwimmhaut am 2. und 3. Finger bis zur Basis des vorletzten Gliedes, am 4. Finger und an den Zehen bis zur Basis des letzten Gliedes reichend; ein vorspringendes Pollexrudiment vorhanden; Haftscheiben der Finger kleiner als das Trommelfell. Bei nach vorn an den Körper angelegtem Hinterbein reicht das Tibiotarsalgelenk bis zur Vorderkopfspitze. Oberseite dicht mit kleinen Höckern besetzt, die auf dem Kopfe am größten sind und am stärksten vorspringen; Lateralseite von Unterarm und Hinterfuß mit einem höckerigen Hautsaum. Oberseite dunkel pflaumenfarbig, Unterseite gelblich mit Flecken von der Farbe des Rückens. Je ein Fleck hinter jedem Auge, unter dem After, an jeder Ferse und die Hautsäume am Unterarm und Hinterfuß sind gelblich. L. 62 mm.

Nicaragua.

106. **H. gabbii** Cope 1876 *H. g.*, E. D. Cope in: J. Ac. Philad., ser. 2 *v.* 8 p. 103 | 1881 *H. g.*, P. Brocchi in: Miss. Mex., pars 3 II p. 37 | 1882 *H. g.* + *H. salvini*, Boulenger, Cat. Batr. sal. Brit. Mus., ed. 2 p. 372 | 1896 *H.? salvinii*, F. Werner in: Verh. Ges. Wien, *v.* 46 p. 350 | 1901 *H. gabbi*, Alb. Günther in: Biol. Centr.-Amer., Rept. & Batr. p. 274 t. 70 f. B (Habitus, Kopf, Vorderfuß).

Zunge annähernd kreisrund, ganzrandig, hinten etwas frei abhebbar. Gaumenzähne in 2 kurzen Querreihen zwischen den Choanen. Kopf kurz und breit; Vorderkopf breit, kurz, stumpf, ziemlich flach, mit ziemlich stumpfem Canthus rostralis und schief abfallender Zügelregion; Entfernung des Nasenloches vom Auge gleich dem Durchmesser des letzteren; Interorbitalraum breiter als ein oberes Augenlid; Trommelfell deutlich, $^1/_2$ so breit wie der Augendurchmesser. Die 3 lateralen Finger zu $^3/_4$ ihrer Länge (Fig. 16 p. 8), Zehen fast völlig durch Schwimmhaut verbunden; Haftscheiben der Finger und Zehen so groß wie das Trommelfell; kein vorspringendes Pollexrudiment, aber eine deutliche Hautfalte am medialen Tarsusrande vorhanden; Subarticularhöcker nicht stark entwickelt. Bei nach vorn an den Körper angelegtem Hinterbein reicht das Tibiotarsalgelenk bis zur Vorderkopfspitze. Haut oben glatt, oder fast glatt; Bauch und Kehle ziemlich spärlich gekörnelt; eine kurze Hautfalte über dem Trommelfell; zuweilen eine Querfalte auf der Brust; an der Lateralseite des Unterarmes eine schmale höckerige Hautleiste. Oberseite grau, Flanken, Vorder- und Hinterseite des Oberschenkels mit braunem Netzmuster. Hinterbeine mit undeutlichen, dunklen Querbinden. Unterseite weißlich, ungefleckt. L. 56 mm.

Costa Rica.

107. **H. nigripes** Cope 1876 *H. n.*, E. D. Cope in: J. Ac. Philad., ser. 2 *v.* 8 p. 104 t. 23 f. 7 | 1881 *H. n.*, P. Brocchi in: Miss. Mex., pars 3II p. 38 | 1882 *H. n.*, Boulenger, Cat. Batr. sal. Brit. Mus., ed. 2 p. 394 | 1901 *H. n.*, Alb. Günther in: Biol. Centr.-Amer., Rept. & Batr. p. 278.

Zunge annähernd kreisrund, hinten flach ausgerandet und etwas frei abhebbar. Gaumenzähne in 2 kurzen Querreihen zwischen den Choanen. Kopf mäßig groß, so lang wie breit; Vorderkopf abgerundet, etwas länger als der Augendurchmesser, mit deutlichem Canthus rostralis und schief abfallender, etwas vertiefter Zügelregion; Interorbitalraum etwas breiter als ein oberes Augenlid; Trommelfell deutlich, $^1/_5$—$^1/_4$ so breit wie der Augendurchmesser. Laterale Finger fast zur Hälfte ihrer Länge, Zehen fast bis zum Ende des vorletzten Gliedes durch Schwimmhaut verbunden; Haftscheiben mäßig groß, kleiner als das Trommelfell; Subarticularhöcker schwach entwickelt; kein vorspringendes Pollexrudiment vorhanden. Bei nach vorn an den Körper angelegtem Hinterbein reicht das Tibiotarsalgelenk bis zwischen Auge und Vorderkopfspitze. Haut der Oberseite glatt, die der Unterseite fein gekörnelt. Färbung dunkelbraun, Beine und Füße schwärzlich; Lippen braun. Kein Lateralstreifen vorhanden; Weichen fein schwarz und weiß marmoriert; Hinterseite des Oberschenkels schwarz. Unterseite grau. L. 39 mm.

Costa Rica.

108. **H. cherrei** Cope 1894 *H. c.*, E. D. Cope in: P. Ac. Philad., p. 195 | 1901 *H. cherrii*, Alb. Günther in: Biol. Centr.-Amer., Rept. & Batr. p. 264.

Zunge länger als breit, hinten deutlich eingeschnitten und etwas frei abhebbar. Gaumenzähne zwischen den sehr großen Choanen, an der Spitze einer vom Vorderrand der letzteren ausgehenden Leiste. Vorderkopf nicht vorspringend, mit geradem, winkligem Canthus rostralis und senkrecht abfallender Zügelregion; Entfernung der Nasenlöcher vom Auge etwas kleiner als der Durchmesser des letzteren; Interorbitalraum $1^1/_2$ mal so breit wie ein oberes Augenlid; Trommelfell deutlich, $^1/_2$ so breit wie das Auge. Finger fast ohne Schwimmhaut, Zehen völlig durch solche verbunden. Bei nach vorn an den Körper angelegtem Hinterbein reicht das Tibiotarsalgelenk bis zur Vorderkopfspitze. Haut oben glatt. Die gelbliche Oberseite ist von der strohfarbenen Flanke und Unterseite durch einen schmalen, weißen, vom Auge bis zum Kreuzbein ziehenden Streifen getrennt; Oberarm und Oberschenkel farblos. L. 26 mm.

Costa Rica.

109. **H. phlebodes** Stejn. 1906 *H. p.*, Stejneger in: P. U. S. Mus., *v.* 30 p. 817.

Zunge fast kreisrund, hinten kaum ausgerandet. Gaumenzähne zu etwa je 4 Zähnen in 2 sehr kleinen Gruppen auf einer Höhe mit dem Hinterrande der mäßig großen Choanen. Kopf mäßig groß, wenig breiter als lang; Vorderkopf kürzer als der Augendurchmesser, schwach gerundet, nicht vorspringend, mit rundlichem Canthus rostralis und etwas vertiefter Zügelregion; Interorbitalraum breiter als ein oberes Augenlid; Trommelfell deutlich, etwa $^1/_3$ so breit wie das Auge. Laterale Finger zu $^1/_4$ ihrer Länge durch Schwimmhaut verbunden, der 1. nur mit einer Spur von solcher an seiner Basis; kein vorspringendes Pollexrudiment vorhanden; Haftscheiben der Finger kleiner als das Trommelfell; Zehen fast völlig durch Schwimmhaut verbunden; Subarticularhöcker mäßig groß; medialer Metatarsalhöcker deutlich, etwa $^1/_3$ so lang wie die 1. Zehe, lateraler Metatarsalhöcker sehr undeutlich; keine Tarsalfalte vorhanden. Bei nach vorn an den Körper angelegtem Hinterbein reicht das Tibiotarsalgelenk bis zur Vorderkopfspitze. Oberseite chagriniert, mit verstreuten, undeutlichen Warzen. Unterseite an der Kehle glatt, sonst spärlich gekörnelt; je eine scharfe Hautfalte zieht vom hinteren Augenrande oberhalb des Trommelfells zur Schulter und von den Halsseiten zu den Weichen; eine sehr starke Querfalte auf der Brust. Oberseite schmutzigweinrot, mit spärlichem purpurfarbenem Netzwerk; Unterschenkel mit schmalen gleichfarbenen Querlinien. Unterseite einfarbig weiß. L. 27 mm.

Costa Rica.

110. **H. pseudopuma** Gthr. 1898 *H. puma* (non Cope 1885), Boulenger in: P. zool. Soc. London, p. 478 | 1901 *H. pseudopuma*, Alb. Günther in: Biol. Centr.-Amer., Rept. & Batr. p. 277 t. 72 f. A. B.

Zunge breiter als lang, hinten schwach eingeschnitten. Gaumenzähne in 2 quer gestellten, wenig voneinander getrennten Gruppen zwischen den hinteren Teilen der Choanen. Vorderkopf kurz, rundlich, flachgedrückt, mit stumpfem, konkavem Canthus rostralis und mit schief abfallender Zügelregion; Durchmesser der Augen gleich ihrer Entfernung von den Nasenlöchern und ziemlich viel größer als deren Abstand voneinander; Interorbitalraum viel breiter als ein oberes Augenlid; Trommelfell kreisrund, $^1/_3$—$^1/_2$ so groß wie das Auge. Die 3 lateralen Finger zu $^1/_3$, Zehen zu $^3/_4$ ihrer Länge durch Schwimmhaut verbunden, das letzte Glied der 4. Zehe bleibt frei; Haftscheiben der Finger so groß wie das Trommelfell, die der Zehen kleiner; Metatarsalhöcker klein; keine Tarsalfalte vorhanden. Bei nach vorn an den Körper angelegtem Hinterbein reicht das Tibiotarsalgelenk bis zum Vorderrand des Auges. Oberseite, Kehle und Brust gewöhnlich glatt; Bauch gekörnelt; außer einer schwachen Falte über dem Trommelfell keine Falten oder Hautanhänge vorhanden. Oberseite bleifarbig, mit einem sehr undeutlichen, dunklen, sanduhrförmigen, zwischen den Augen beginnenden Fleck. Beine quer gebändert; beim sitzenden Tier verdeckte Teile des Oberschenkels einfarbig dunkel. Unterseite weiß; Kehle braun gesprenkelt; Weichen schwach marmoriert und gefleckt. Andere Exemplare mit graulichem oder weißem Rücken und einer tiefbraunen, von Auge und Trommelfell ausgehenden, an ihrem unteren Rande mit mehr oder weniger zahlreichen gelben Flecken gemusterten Längsbinde jederseits. L. 41 mm.

♂ mit innerer Schallblase und mit verdickter, schwarzer Haut auf dem 1. Finger.

La Palma (Costa Rica), in 1600 m Höhe.

111. **H. uranochroa** Cope 1876 *H. u.*, E. D. Cope in: J. Ac. Philad., ser. 2 v. 8 p. 103 t. 27 f. 4 (fig. mala) | 1881 *H. u.*, P. Brocchi in: Miss. Mex., pars 3 II p. 38 | 1882 *H. u.*, Boulenger, Cat. Batr. sal. Brit. Mus., ed. 2 p. 377 | 1901 *H. u.*, Alb. Günther in: Biol. Centr.-Amer., Rept. & Batr. p. 276 t. 70 f. D.

Zunge kreisrund, hinten schwach ausgerandet und kaum frei abhebbar. Gaumenzähne in 2 kleinen Gruppen zwischen den Choanen. Kopf mäßig groß, so lang wie breit; Vorderkopf abgerundet, etwa $1^1/_2$mal so lang wie der Augendurchmesser, mit stumpfem Canthus rostralis und etwas schräg geneigter Zügelregion; Interorbitalraum breiter als ein oberes Augenlid; Trommelfell deutlich, etwa $^1/_2$ so breit wie der Augendurchmesser. Finger zu $^1/_3$, Zehen zu $^3/_4$ ihrer Länge durch Schwimmhaut verbunden; Haftscheiben kleiner als das Trommelfell; kein vorspringendes Pollexrudiment und keine Tarsalfalte vorhanden. Bei nach vorn an den Körper angelegtem Hinterbein reicht das Tibiotarsalgelenk bis zum Vorderrand des Auges. Oberseite glatt; Unterseite gekörnelt. Oberseite purpurblau, einfarbig, durch eine schmale, helle Linie scharf gegen die weißliche, ungefleckte Unterseite abgesetzt; Oberlippe gelb gerandet. Metatarsus und laterale Zehe gelb gerandet; eine Querbinde oberhalb des Afters und um diesen herumstehende Höcker gelb. Beim sitzenden Tier verborgene Teile der Gliedmaßen farblos. L. 40 mm.

Costa Rica.

112. **H. underwoodi** Blgr. 1898 *H. microcephala* (non Cope 1886), Boulenger in: P. zool. Soc. London, p. 481 t. 39 f. 3 | 1899 *H. underwoodi*, Boulenger in: Ann. nat. Hist., ser. 7 *v.* 3 p. 277 | 1901 *H. u.*, Alb. Günther in: Biol. Centr.-Amer., Rept. & Batr. p. 278.

Zunge kreisrund, hinten schwach eingeschnitten und mäßig frei abhebbar. Gaumenzähne in 2 kleinen, runden Gruppen zwischen den Choanen. Kopf etwas breiter als lang; Vorderkopf abgerundet, so lang wie der Augendurchmesser, mit deutlichem Canthus rostralis und wenig schief abfallender Zügelregion. Interorbitalraum breiter als ein oberes Augenlid; Trommelfell deutlich, $^1/_2$ so breit wie das Auge. Finger zu $^1/_3$ ihrer Länge, Zehen fast völlig durch Schwimmhaut verbunden; Haftscheiben so groß wie das Trommelfell; kein vorspringendes Pollexrudiment vorhanden. Subarticularhöcker mäßig groß. Bei nach vorn an den Körper angelegtem Hinterbein reicht das Tibiotarsalgelenk zwischen Auge und Vorderkopfspitze. Haut oben und an der Kehle glatt, am Bauche gekörnelt. Oben blaßbraun, einfarbig oder mit verstreuten dunkelbraunen Punkten; ein dunkelbrauner, oben weiß gesäumter, durch das Auge ziehender Längsstreifen jederseits an Kopf und Rumpf. Oberschenkel farblos. Unterseite weiß. L. 28 mm.

♂ mit großer, äußerer Schallblase.

Costa Rica.

113. **H. fleischmanni** (Bttgr.) 1893 *Hylella f.*, O. Boettger in: Ber. Senckenb. Ges., p. 251 | 1894 *H. chrysops*, E. D. Cope in: P. Ac. Philad., p. 196 | 1901 *H. fleischmanni*, Alb. Günther in: Biol. Centr.-Amer., Rept. & Batr. p. 287 t. 73 f. D (Habitus, Vorderfuß).

Zunge queroval, breiter als lang, ganzrandig, hinten nur wenig frei abhebbar. Gaumenzähne fehlen. Kopf erheblich breiter als lang; Vorderkopf sehr stumpf, so lang wie der Augendurchmesser, mit sehr undeutlichem, rundlichem Canthus rostralis und schief abfallender, nicht vertiefter Zügelregion; Augen groß, sehr vorspringend, stark nach vorn gerichtet. Interorbitalraum mindestens doppelt so breit wie ein oberes Augenlid; Trommelfell völlig unsichtbar. 1. Finger frei, 2. und 3. Finger an der Basis, 3. und 4. Finger zu $^1/_2$ ihrer Länge, Zehen zu $^3/_4$ ihrer Länge durch Schwimmhaut verbunden; Haftscheiben mäßig, Subarticularhöcker und medialer Metatarsalhöcker schwach entwickelt. Bei nach vorn an den Körper angelegtem Hinterbein reicht das Tibiotarsalgelenk bis zur Vorderkopfspitze oder über diese hinaus. Haut oben glatt, am Bauche und unter den Oberschenkeln gekörnelt. Oberseite rahmfarbig oder isabellgelb, aufs feinste schwärzlich gepudert, einfarbig oder sehr verschwommen bräunlich gewölkt; Rand des oberen Augenlides oben und hinten schmal silberweiß gesäumt. Oberschenkel ohne dunkle Querbinden. Oberarm, Unterschenkel und der größere Teil von Hand und Fuß farblos. Unterseite einfarbig hell gelbrötlich oder weißlich. L. 22 mm.

♂ mit äußerer, subgularer Schallblase.

Costa Rica.

114. **H. prosoblepon** Bttgr. 1892 *H. p.*, O. Boettger, Kat. Batr. Mus. Senckenb., p. 45 | 1896 *Hylella puncticrus*, Boulenger in: Ann. nat. Hist., ser. 6 *v.* 18 p. 341 | 1901 *Hyla prosoblepon*, Alb. Günther in: Biol. Centr.-Amer., Rept. & Batr. p. 280.

Zunge kreisrund, ganzrandig, hinten nur am Rande frei abhebbar. Gaumenzähne, wenn vorhanden, in 2 rundlichen Häufchen zwischen den Choanen. Kopf erheblich breiter als lang; Vorderkopf stumpf, halbkreisförmig, etwas kürzer als der Augendurchmesser, mit rundlichem Canthus rostralis und sehr schief abfallender Zügelregion; Nasenlöcher fast endständig; Augen stark nach vorn gerichtet; Interorbitalraum breiter als ein oberes Augenlid; Trommelfell deutlich, sehr klein, $^1/_6$—$^1/_5$ so breit wie das Auge. Laterale Finger zu $^1/_3$, Zehen zu $^2/_3$ ihrer Länge durch Schwimmhaut verbunden; Haftscheiben an Fingern und Zehen wenig breiter als Finger und Zehe selbst, wenig größer als das Trommelfell, vorn geradlinig abgestutzt, viereckig; Subarticularhöcker schwach entwickelt; ein schwacher medialer Metatarsalhöcker vorhanden. Bei nach vorn an den Körper angelegtem Hinterbein reicht das Tibiotarsalgelenk bis zur Vorderkopfspitze oder über diese hinaus. Haut oben mit Ausnahme der feingekörnelten Augenlider glatt, unten drüsig gekörnelt. Oberseite von Körper und Gliedmaßen grau, mit verstreuten, schwarzen Punktflecken, scharf gegen die gelblichen Rumpfseiten abgesetzt. Umkreis des Maules heller, gelbgrau. Oberarm und Oberschenkel nur mit einer schmalen, graugefärbten Längszone, ohne Querbinden und Punktflecke. Unterseite einfarbig gelblich oder weißlich. L. 26 mm.

♂ im proximalen Teile des Oberarmes mit einem nach unten und hinten gerichteten, $1^1/_2$ mm langen gekrümmten, seitlich zusammengedrückten Knochenfortsatz versehen.

Costa Rica, Panama.

115. **H. elaeochroa** Cope 1876 *H. e.*, E. D. Cope in: J. Ac. Philad., ser. 2 *v.* 8 p. 105 t. 26 f. 3 (fig. mala) | 1881 *H. e.*, P. Brocchi in: Miss. Mex., pars 3 II p. 39 | 1882 *H. e.*, Boulenger, Cat. Batr. sal. Brit. Mus., ed. 2 p. 399 | 1901 *H. e.*, Alb. Günther in: Biol. Centr. Amer., Rept. & Batr. p. 265.

Zunge länger als breit. Gaumenzähne in 2 nach hinten konvergierenden Reihen zwischen den Choanen. Vorderkopf lang, oben flach, wenig vorspringend. Trommelfell $^1/_5$—$^1/_4$ so breit wie der Augendurchmesser. Finger völlig frei von Schwimmhaut, Zehen zu $^2/_3$ ihrer Länge durch Schwimmhaut verbunden, die an der 4. Zehe nicht bis zum Ende des vorvorletzten Gliedes reicht; Haftscheiben groß. Bei nach vorn an den Körper angelegtem Hinterbein reicht das Tibiotarsalgelenk bis zur Vorderkopfspitze. Haut oben glatt, am Bauche fein gekörnelt. Ober- und Unterseite einfarbig olivenbraun, ein hellerer Fleck unter dem Auge; Lippe fein marmoriert. L. 26 mm.

Costa Rica, Panama.

116. **H. punctariola** Ptrs. 1863 *H. p.*, Peters in: Monber. Ak. Berlin, p. 462 | ?1876 *H. p.* subsp. *pictipes* + subsp. *moesta* + subsp. *monticola*, E. D. Cope in: J. Ac. Philad., ser. 2 *v.* 8 p. 106 | 1881 *H. punctariola*, P. Brocchi in: Miss. Mex., pars 3 II p. 42 | 1882 *H. p.*, Boulenger, Cat. Batr. sal. Brit. Mus., ed. 2 p. 401 | 1901 *H. p.*, Alb. Günther in: Biol. Centr.-Amer., Rept. & Batr. p. 282.

Zunge herzförmig, hinten flach ausgerandet und frei abhebbar. Gaumenzähne in 2 kleinen Gruppen hinter der Verbindungslinie der Choanenhinterränder. Kopf etwa so breit wie lang; Vorderkopf wenig länger als der Augendurchmesser, mit undeutlichem Canthus rostralis und schief abfallender Zügelregion; Interorbitalraum breiter als ein oberes Augenlid; Trommelfell klein, etwa $^1/_3$ so breit wie der Augendurchmesser. Finger völlig frei von Schwimmhaut. Zehen durch fast völlige, nur die beiden letzten Glieder der 4. Zehe frei lassende Schwimmhaut verbunden; Haftscheiben mäßig groß, kleiner als das Trommelfell. Bei nach vorn an den Körper angelegtem Hinterbein reicht das Tibiotarsalgelenk über die Vorderkopfspitze hinaus. Haut glatt. Oberseite braun, eine dunkle Querbinde zwischen den Augen und ein großer, dunkler Fleck auf dem Vorderkopf; Oberlippe braun und weiß quer gebändert. Gliedmaßen mit dunklen Querbinden; Finger und Zehen abwechselnd braun und weiß quergestreift. Unterseite schmutzig weiß; Kehle braun mit vielen weißen Pünktchen. L. 22 mm.

Panama (und Costa Rica?).

117. **H. microcephala** Cope 1886 *H. m.*, E. D. Cope in: P. Amer. phil. Soc., *v.* 23 p. 281 | 1901 *H. m.*, Alb. Günther in: Biol. Centr.-Amer., Rept. & Batr. p. 265.

Gaumenzähne in 2 Gruppen zwischen den Choanen. Vorderkopf kurz, ziemlich hoch, nicht vorspringend; Augen wenig vorspringend; Trommelfell rund, $^1/_3$ so breit wie der Augendurchmesser. Finger frei, Zehen fast bis zu den Haftscheiben der 3. und 5. Zehe durch Schwimmhaut verbunden; Haftscheiben kleiner als das Trommelfell; Metatarsalhöcker undeutlich. Bei nach vorn an den Körper angelegtem Hinterbein reicht das Tibiotarsalgelenk über die Vorderkopfspitze hinaus. Haut oben glatt, cremefarbig; ein blaßbraunes Band mit schmalem gelbem Oberrand zieht von der Vorderkopfspitze zu den Weichen; ein anderes schmales braunes Band an jeder Rückenseite reicht nach vorn bis zum Auge. L. 27,5 mm.

Chiriqui (Panama).

118. **H. molitor** O. Schm. 1857 *H. m.* + *H. m.* var. *marmorata*, O. Schmidt in: SB. Ak. Wien, *v.* 24 p. 12 | 1858 *H. m.* + *H. m.* var. *marmorata*, O. Schmidt in: Denk. Ak. Wien, *v.* 14 p. 245, 246 t. 1 f. 8, 9 (Hinterfuß, Zunge) | 1881 *H. molitor*, P. Brocchi in: Miss. Mex., pars 3II p. 40 | 1901 *H. m.*, Alb. Günther in: Biol. Centr.-Amer., Rept. & Batr. p. 279.

Zunge hinten mehr oder weniger deutlich eingeschnitten. Gaumenzähne in 2 deutlich getrennten Gruppen zwischen den Choanen. Vorderkopf abgerundet, mit deutlichen, stark konvergierenden Canthi rostrales und schief abfallender Zügelregion; Trommelfell klein, schief elliptisch. Die 3 lateralen Finger durch eine Spur von Schwimmhaut, Zehen in ihrer ganzen Länge bis zu den Haftscheiben durch Schwimmhaut verbunden. Oberseite glatt; Bauch und Kehle grobwarzig, Brust weniger warzig, ohne Querfalte; eine mehr oder weniger deutliche Falte zieht vom oberen Rande des Trommelfells zur Schulter. Oberseite graublau, einfarbig oder schwarz marmoriert; eine Reihe schwarzer Punkte auf dem Canthus rostralis; Achselgegend, Flanken und Oberschenkel in der Regel schwärzlich marmoriert. L. 38 mm.

Chiriqui (Panama).

119. **H. splendens** O. Schm. 1857 *H. s.*, O. Schmidt in: SB. Ak. Wien, *v.* 24 p. 11 | 1858 *H. s.*, O. Schmidt in: Denk. Ak. Wien, *v.* 14 p. 244 t. 1 f. 7 (Hinterfuß) | 1881 *H. s.*, P. Brocchi in: Miss. Mex., pars 3II p. 40 | 1901 *H. s.*, Alb. Günther in: Biol. Centr.-Amer., Rept. & Batr. p. 266.

Zunge hinten frei und eingeschnitten. Gaumenzähne in einer in der Mitte unterbrochenen Querreihe zwischen den Choanen. Vorderkopf abgerundet, mit deutlichem Canthus rostralis und schwach vertiefter Zügelregion; Trommelfell mäßig groß. Nur die beiden lateralen Finger durch eine Spur von

Schwimmhaut, die ziemlich langen Zehen zur Hälfte ihrer Länge durch eine Schwimmhaut verbunden, die höchstens als schmaler Saum bis zur Haftscheibe der 4. und 5. Zehe reicht; Oberseite mit flachen Höckern; Unterseite gekörnelt; eine starke Querfalte auf der Brust; eine Hautfalte über dem Trommelfell. Glänzend gelblichgrün; Hinterseite des Oberarmes, Seiten des Oberschenkels und Oberseite des Fußes schwarz marmoriert. Oberseite des Armes und Unterschenkel quer gebändert. L. 48 mm.

Chiriqui (Panama).

120. **H. pulverata** Ptrs. 1873 *H. p.*, Peters in: Monber. Ak. Berlin, p. 614 | 1881 *H. pulverulata*, P. Brocchi in: Miss. Mex., pars 3 II p. 41 | 1882 *H. pulverata*, Boulenger, Cat. Batr. sal. Brit. Mus., ed. 2 p. 386 | 1901 *H. p.*, Alb. Günther in: Biol. Centr.-Amer., Rept. & Batr. p. 280.

Zunge hinten kaum ausgerandet. Gaumenzähne in 2 Gruppen zwischen den Choanen. Vorderkopf so lang wie der Augendurchmesser, mit rundlichem Canthus rostralis und schief abfallender Zügelregion; Interorbitalraum so breit wie ein oberes Augenlid; Trommelfell sehr klein, kaum sichtbar. Laterale Finger durch breite, am 2. und 4. Finger bis zur Haftscheibe reichende Schwimmhaut, Zehen fast völlig durch nur die 2 letzten Glieder der 4. Zehe frei lassende Schwimmhaut verbunden; Haftscheiben gut entwickelt; Subarticularhöcker wenig vorspringend; keine Tarsalfalte vorhanden. Bei nach vorn an den Körper angelegtem Hinterbein reicht das Tibiotarsalgelenk über die Vorderkopfspitze hinaus. Rücken glatt; Bauch und Unterseite der Oberschenkel gekörnelt. Farblos mit verstreuten, weißen Pünktchen, die an den Seiten des Kopfes zahlreicher sind. L. 24 mm.

Chiriqui (Panama).

121. **H. sordida** Ptrs. 1863 *H. s.*, Peters in: Monber. Ak. Berlin, p. 460 | 1881 *H. s.*, P. Brocchi in: Miss. Mex., pars 3 II p. 42 | 1882 *H. s.*, Boulenger, Cat. Batr. sal. Brit. Mus., ed. 2 p. 393 | 1901 *H. s.*, Alb. Günther in: Biol. Centr.-Amer., Rept. & Batr. p. 273.

Zunge rund, hinten flach ausgerandet. Gaumenzähne in 2 kurzen Querreihen mitten zwischen den Choanen. Vorderkopf abgerundet, so lang wie der Augendurchmesser, mit rundlichem Canthus rostralis und schief abfallender Zügelregion; Interorbitalraum breiter als ein oberes Augenlid; Trommelfell $^1/_3$ so breit wie der Augendurchmesser. Laterale Finger zu $^2/_3$ ihrer Länge durch fast bis zur Haftscheibe des 2. und 4. Fingers reichende Schwimmhaut, Zehen fast völlig durch, außer an der 4. Zehe, bis zu den Haftscheiben reichende Schwimmhaut verbunden; Haftscheiben gut entwickelt, fast so groß wie das Trommelfell; Subarticularhöcker wenig vorspringend; keine Tarsalfalte vorhanden. Bei nach vorn an den Körper angelegtem Hinterbein reicht das Tibiotarsalgelenk bis zwischen Auge und Vorderkopfspitze. Oberseite glatt; die ganze Unterseite und die Hinterseite der Oberschenkel gekörnelt. Oberseite blaugrau, unter der Lupe gesehen fein punktiert; Körperseiten und Hinterseiten der Oberschenkel fein braun und weiß marmoriert; Extremitäten quer gebändert. Unterseite weiß. L. 34 mm.
♂ mit 2 subgularen, inneren Schallblasen.

Veragua (Panama).

122. **H. ceratophrys** Stejn. 1911 *H. c.*, Stejneger in: P. U. S. Mus., *v.* 41 p. 286.

Zunge fast kreisrund, ganzrandig, hinten kaum frei abhebbar. Gaumenzähne in 2 langen, etwas schräg gestellten Reihen zwischen den großen, etwa dreieckigen Choanen. Kopf beträchtlich breiter als lang, mit fast geradem, nicht aufsteigendem Hinterrand; Vorderkopf länger als der Augendurchmesser, mit scharfem, etwas aufsteigendem Canthus rostralis und vertiefter Zügelregion; Interorbitalraum breiter als ein oberes Augenlid, den hornartigen, dreieckigen, lappigen Hautanhang am freien Rande des letzteren dabei nicht mitgerechnet; Trommelfell deutlich, sein größter Durchmesser etwa $^1/_2$ so groß wie der des Auges. Laterale Finger nur an der Basis, Zehen zu $^2/_3$ ihrer Länge durch Schwimmhaut verbunden, kein vorspringendes Pollexrudiment vorhanden; Haftscheiben der Finger fast so groß wie das Trommelfell, die der Zehen kleiner; Subarticularhöcker mäßig, medialer Metatarsalhöcker wenig entwickelt; lateraler Metatarsalhöcker und Tarsalfalte fehlen. Bei nach vorn an den Körper angelegtem Hinterbein überragt das Tibiotarsalgelenk die Vorderkopfspitze um $^1/_3$ der Unterschenkellänge. Haut auf der Kopfoberseite fest mit dem Schädel verbunden und fein gekörnelt; auf dem Rücken fast glatt, mit etwa 9 schmalen Drüsenquerreihen. Unterseite, abgesehen von dem fast glatten Kinn, stark gekörnelt; eine Drüsenfalte zieht am Lateralrande des Augenlidanhanges entlang und setzt sich oberhalb des Trommelfells bis über die Achsel hinaus fort. Färbung (im Alkohol) auf der Oberseite dunkel oliven- bis lederfarben mit zahlreichen schmalen, violettbraunen Querlinien, von denen jede 2. mit den Drüsenreihen zusammenfällt; eine ähnliche Linie auf dem Kopfe verbindet die Spitzen der beiden Augenhörner miteinander. Zwischen Auge und Lippenrand ein auffallend deutlicher, großer, dreieckiger gelblichweißer Fleck und vor diesem, sich scharf gegen ihn abhebend, ein dunkelviolettbrauner Fleck; Rumpfseiten hinter dem Ohr mit Andeutungen breiter, violettbrauner, gegen die Weichen zu verschwindender Binden; über der violettbraunen Afterregion eine scharf begrenzte, gelblichweiße, schmale Querlinie. Beine mit schmal hellgelblich gesäumten, auf Ober- und Unterschenkel sich mediad verbreiternden Querlinien, ähnlich denen auf dem Rücken. Schenkel einfarbig violettbraun, mit wenigen, unregelmäßigen, weißlichen Flecken auf der Hinterseite. Übrige Unterseite blaßbräunlich. L. 74 mm.

Pequini-Fluß (Panama).

123. **H. leucophyllata** (Beir.) 1783 *Rana l.*, Beireis in: Schr. Ges. Fr. Berlin, v. 4 p. 182 t. 41 f. 4 | 1789 *R. leucophylla*, J. F. Gmelin, Syst. Nat., ed. 13 v. I III p. 1055 | 1789 *R. Leucophyllata* + *R. Variegata*, Bonnaterre in: Tabl. enc. méth., Erpét. p. 2 t. 4 f. 4 p. 8 | 1799 *Calamita leucophyllata*, J. G. Schneider, Hist. Amph., v. 1 p. 168 | 1802 „*La raine à bandeau*“, Latreille in: Sonnini & Latreille, Hist. Rept., v. 2 p. 172 f. 2 | 1803 *Hyla frontalis*, Daudin, Hist. Rainett., p. 24 t. 7 f. 1, 2 | 1803 *H. f.*, Daudin, Hist. Rept., v. 8 p. 45 | 1820 *Calamita leucophyllatus*, Merrem, Versuch Syst. Amph., p. 173 | 1824 *Hyla elegans*, Wied, Abbild. Naturg. Bras., t. [41] f. 1 | 1825 *H. e.*, Wied, Beitr. Naturg Bras., v. 1 p. 529 | 1838 *Hypsiboas leucophyllatus*, Tschudi, Classif. Batr., p. 72 | 1841 *Hyla leucophyllata*, C. Duméril & G. Bibron, Erpét., v. 8 p. 607 | 1843 *Dendropsophus (D.) frontalis*, Fitzinger, Syst. Rept., v. 1 p. 31 | 1858 *Hyla leucophyllata*, Alb. Günther, Cat. Batr. sal. Brit. Mus., p. 112 | 1864 *H. l.*, Steindachner in: Verh. Ges. Wien, v. 14 p. 243 | 1868 *H. triangulum*, Alb. Günther in: P. zool. Soc. London, p. 489 t. 38 f. 4 | 1874 *H. ebraccata*, E. D. Cope in: P. Ac. Philad., p. 69 | 1881 *H. e.*, P. Brocchi in: Miss. Mex., pars 3 II p. 44 | 1882 *H. leucophyllata*, Boulenger, Cat. Batr. sal. Brit. Mus., ed. 2 p. 387 | 1901 *H. l.*, Alb. Günther in: Biol. Centr.-Amer., Rept. & Batr. p. 277 t. 72 f. C, D.

Zunge kreisrund, hinten schwach ausgerandet und frei abhebbar. Gaumenzähne in 2 kleinen Gruppen zwischen den Choanen. Kopf ziemlich klein, breiter als lang; Vorderkopf abgerundet, so lang wie der Augendurchmesser, mit deutlichem Canthus rostralis und fast senkrecht abfallender, nicht vertiefter Zügelregion; Interorbitalraum breiter als ein oberes Augenlid; Trommelfell mehr oder weniger deutlich, $^1/_2$ so breit wie der Augendurchmesser. Finger fast zu $^2/_3$ ihrer Länge, Zehen fast völlig durch Schwimmhaut verbunden; Haftscheiben so groß wie das Trommelfell; ein vorspringendes Pollexrudiment kaum hervortretend; Subarticularhöcker mäßig entwickelt; keine Tarsalfalte vorhanden. Bei nach vorn an den Körper angelegtem Hinterbein reicht das Tibiotarsalgelenk zwischen Auge und Vorderkopfspitze. Haut auf dem Rücken glatt, am Bauch und auf der Unterseite der Oberschenkel gekörnelt. Färbung und Zeichnung wechselnd. Rücken gelblich oder weißlich, scharf gegen die braunen Kopf- und Rumpfseiten abgesetzt, in der Regel mit einer braunen, zuweilen fein weiß punktierten, sanduhrförmigen Zeichnung, deren in zwei Fortsätze ausgezogenes Hinterende mit den braunen Seitenstreifen verschmelzen kann, so daß in der Sacralregion ein heller, blattförmiger, rings von Braun umschlossener Fleck entsteht. Die dunkle Rückenzeichnung kann aber auch auf einen dreieckigen dunklen Fleck auf Kopf und Nacken beschränkt sein, oder die helle Grundfarbe kann bis auf einen dreieckigen Fleck auf dem Vorderkopf und je einen hellen Fleck in der Schulterregion und über dem After von der braunen Rückenfärbung unterdrückt werden; der dunkle Rückenfleck ist zuweilen weiß punktiert. Die Arme sind auf braunem Grunde weiß gefleckt; die Oberschenkel stets farblos; die Unterschenkel braun und weiß quer gebändert. Oberlippe zuweilen weiß gerandet. Unterseite einfarbig weißlich. L. 38 mm.

Nicaragua, Costa Rica, Tropisches Südamerika.

124. **H. albomarginata** Spix 1824 *H. a.* + *H. cinerascens* (?), Spix, Spec. Testud. Ran. Bras., p. 33 t. 8 f. 1 + p. 35 t. 8 f. 4 | 1824 *H. punctata*, Wied, Abbild. Naturg. Bras., t. [40] f. 3[1]) | 1825 *H. infulata*, Wied, Beitr. Naturg. Bras., *v.* 1 p. 533 | 1830 *Hypsiboas albomarginata*, Wagler, Syst. Amph., p. 201 | 1838 *Hyla albomarginatus*, Tschudi, Classif. Batr., p. 72 | 1841 *H. albomarginata*, C. Duméril & G. Bibron, Erpét., *v.* 8 p. 555 | 1843 *Hypsiboas (Phyllobius) a.*, Fitzinger, Syst. Rept., *v.* 1 p. 30 | 1856 *Hyla (Centrotelma) infulata*, Burmeister, Erläut. Fauna Bras., p. 97 t. 30 f. 1—6, (Habitus, Zunge, Gaumenzähne, Füße) | 1858 *H. albomarginata*, Alb. Günther, Cat. Batr. sal. Brit. Mus., p. 98 | 1860 *Phyllobius albomarginatus* + *P. exanthematicus*, Fitzinger in: SB. Ak. Wien, *v.* 42 p. 412, 413 | 1862 *Hyla albomarginata*, J. Reinhardt & Lütken in: Vid. Middel., *v.* 13 p. 186 | 1867 *H. a.*, Steindachner in: Reise Novara, Amph. p. 57 | 1872 *H. a.*, Peters in: Monber. Ak. Berlin, p. 207 | 1882 *H. a.*, Boulenger, Cat. Batr. sal. Brit. Mus., ed. 2 p. 356 | 1886 *Hypsiboas a.*, E. D. Cope in: P. Amer. phil. Soc., *v.* 23 p. 273 | 1897 *Hyla a.*, F. Werner in: SB. Ak. München, *v.* 27 p. 220 | 1901 *H. a.*, Alb. Günther in: Biol. Centr.-Amer., Rept. & Batr. p. 284 | 1912 *H. a.*, F. Baumann in: Zool. Jahrb., Syst. *v.* 33 p. 101.

Zunge annähernd kreisrund, ganzrandig oder hinten schwach ausgerandet, in ihrer ganzen Länge angeheftet. Gaumenzähne in /‾‾\- oder /\-förmiger Stellung zwischen den großen Choanen. Kopf mäßig groß, etwas breiter als lang; Vorderkopf abgerundet oder ziemlich spitz, $1^1/_2$ mal so lang wie der Augendurchmesser, mit ziemlich undeutlichem Canthus rostralis und schief abfallender, nicht vertiefter Zügelregion; Interorbitalraum doppelt so breit wie ein oberes Augenlid; Trommelfell deutlich, etwa $^1/_2$ so breit wie der Augendurchmesser. Die 3 lateralen Finger zu $^2/_3$ ihrer Länge, Zehen fast völlig durch Schwimmhaut verbunden; Haftscheiben der Finger so groß wie das Trommelfell, die der Zehen kleiner; ein kleines, vorspringendes Pollexrudiment vorhanden; Subarticularhöcker mäßig entwickelt; keine oder

[1]) Im zugehörigen Text [1823] als *H. infulata* bezeichnet.

nur eine sehr schwache Tarsalfalte vorhanden. Bei nach vorn an den Körper angelegtem Hinterbein reicht das Tibiotarsalgelenk bis oder fast bis zur Vorderkopfspitze. Haut auf dem Rücken glatt, am Bauch und auf der Unterseite der Oberschenkel gekörnelt; in der Regel zieht eine deutliche Hautfalte an den Rumpfseiten entlang vom Auge bis zur Körpermitte; eine Querfalte auf der Brust; eine deutliche quere Hautfalte über dem After; Ferse mit einem kurzen, dreieckigen Hautanhang. Oberseite gelblich oder rötlich, in der Regel dicht fein braun punktiert. Unterseite einfarbig weiß. Beim sitzenden Tier verborgene Teile der Gliedmaßen farblos. L. 60 mm.

♂ mit äußeren subgularen Schallblasen.

Nicaragua, Costa Rica, Tropisches Südamerika.

125. **H. phaeota** Cope 1862 *H. p.*, E. D. Cope in: P. Ac. Philad., p. 358 | 1863 *H. labialis*, Peters in: Monber. Ak. Berlin, p. 463 | 1873 *H. l.* = *H. phaeota*, Peters in: Monber. Ak. Berlin, p. 618 | 1882 *H. labialis* + *H. phaeota*, Boulenger, Cat. Batr. sal. Brit. Mus., ed. 2 p. 397, 402 | 1897 *H. p.*, F. Werner in: SB. Ak. München, *v.* 27 p. 215 | 1901 *H. p.*, Alb. Günther in: Biol. Centr.-Amer., Rept. & Batr. p. 269.

Zunge rund, ganzrandig oder hinten schwach ausgerandet. Gaumenzähne in 2 nahezu queren Reihen zwischen den großen Choanen. Kopf breit, flach; Vorderkopf etwas länger als der Augendurchmesser, mit rundlichem, geschweiftem Canthus rostralis; Interorbitalraum breiter als ein oberes Augenlid; Trommelfell deutlich, mehr als $^1/_2$ so breit wie der Augendurchmesser. Die 3 lateralen Finger an ihrer Basis, Zehen zu $^3/_4$ ihrer Länge durch Schwimmhaut verbunden, doch bleiben an der Medialseite der 4. Zehe die 3 letzten Glieder frei; eine deutliche Tarsalfalte vorhanden. Bei nach vorn an den Körper angelegtem Hinterbein reicht das Tibiotarsalgelenk über die Vorderkopfspitze hinaus. Haut der Oberseite völlig glatt, eine starke Hautfalte zieht vom Auge aus oberhalb des Trommelfells hin. Oberseite bräunlicholiven, mit einer Querbinde zwischen den Augen, einer am Vorderende gegabelten Längsbinde oder Fleckenreihe auf dem Rücken und einem braunen, weiß gerandeten Fleck oberhalb des Afters; ein brauner Streifen längs des Canthus rostralis setzt sich verbreitert oberhalb des Trommelfells bis zur Schulter fort; Augenliderrand, Oberkiefer, Postorbitalregion, der Rand von Unterarm und Tarsus, sowie die Unterseite weiß; Flanken braun vermiculiert. Hinterseite des Oberschenkels einfarbig oder genetzt, seine Oberseite mit schmalen, die des Unterschenkels mit breiten Querbinden. Kehle braun schattiert. L. bis 60 mm.

♂ mit subgularen Schallblasen.

Panama, Kolumbien.

126. **H. columbiana** Bttgr. 1892 *H. c.*, O. Boettger, Kat. Batr. Mus. Senckenb., p. 41.

Zunge breiter als lang, queroval, hinten breit aber seicht ausgerandet. Gaumenzähne in 2 kleinen, rundlichen Häufchen auf der Höhe des Choanenhinterrandes. Kopf breiter als lang; Vorderkopf gerundet, so lang wie der Augendurchmesser, mit winkligem Canthus rostralis und kaum vertiefter, nach unten etwas gewölbter Zügelregion; Interorbitalraum $1^1/_2$—2 mal so breit wie ein oberes Augenlid; Trommelfell sehr undeutlich, etwa $^1/_3$ so breit wie das Auge. Laterale Finger durch deutliche Schwimmhaut, Zehen zu $^3/_4$ ihrer Länge durch solche verbunden; kein scharf abgesetztes Pollexrudiment vorhanden; Haftscheiben etwas größer als das Trommelfell; Subarticularhöcker mäßig entwickelt. Bei nach vorn an den Körper angelegtem Hinterbein reicht das Tibiotarsalgelenk zwischen Auge und Nasenloch. Haut oben glatt, oder nach hinten hin und auf dem Unterschenkel mit feinen Rundhöckerchen besetzt; eine schwach herabgebogene Drüsenfalte über dem Trommelfell. Unten auf Bauch und Oberschenkeln stärker, auf Kehle und Brust schwächer oder gar nicht granuliert; eine kräftige Falte quer über der Brust. Hell gelbgrau, auf dem Rücken wenig dunkler, über und über mit äußerst feinen schwarzen Pünktchen besät, außer auf dem Oberschenkel, dessen gefärbter Teil von 2 bräunlichen Parallelbinden begrenzt wird. Vom Nasenloch durch das Auge und über das Trommelfell hinaus zieht eine aus Punkten gebildete schmale, schwärzliche Längslinie. Unterseite ungefleckt, nur an den Bauchseiten und in den Weichen ein paar größere grauliche Fleckchen und Züge. L. 35 mm.

Popayán (Kolumbien).

127. **H. platydactyla** Blgr. 1905 *H. p.*, Boulenger in: Ann. nat. Hist., ser. 7 *v.* 16 p. 183.

Zunge annähernd kreisrund, ganzrandig, hinten wenig frei abhebbar. Gaumenzähne in 2 etwas nach vorn konvergierenden Reihen dicht hinter der Verbindungslinie der mäßig großen Choanen. Kopf stark abgeplattet, etwas breiter als lang; Vorderkopf abgerundet, kaum so lang wie der Augendurchmesser, mit deutlichem Canthus rostralis und sehr schief abfallender, vertiefter Zügelregion; Nasenlöcher nahe der Vorderkopfspitze; Interorbitalraum etwas breiter als ein oberes Augenlid; Trommelfell ziemlich undeutlich, $^1/_3$ so breit wie das Auge. Finger und Zehen stark flachgedrückt, erstere an ihrer Basis durch eine kurze, als Saum bis zu den Haftscheiben reichende, Zehen durch eine tief ausgeschnittene, bis zu den Haftscheiben reichende Schwimmhaut verbunden; Haftscheiben etwa $^1/_2$ so breit wie das Auge; Subarticularhöcker schwach entwickelt; keine Tarsalfalte vorhanden. Bei nach vorn an den Körper angelegtem Hinterbein reicht das Tibiotarsalgelenk bis zum Auge, Haut oben glatt, am Bauche und unter den Oberschenkeln gekörnelt. Oben purpurfarbig, dicht dunkel punktiert; Oberseite der Arme und Oberschenkel weiß, mit einem Medianstreifen dicht stehender, dunkelpurpurfarbiger Punkte. Unterseite weiß. L. 32 mm.

♂ mit schwach entwickelter subgularer Schallblase.

Anden von Venezuela.

128. **H. variabilis** Blgr. 1896 *H. v.*, Boulenger in: Ann. nat. Hist., ser. 6 *v.* 17 p. 20.

Zunge kreisrund, ganzrandig, hinten frei abhebbar. Gaumenzähne in 2 kleinen Gruppen zwischen den Choanen. Kopf ziemlich klein, etwas breiter als lang; Vorderkopf abgerundet, so lang wie der Augendurchmesser, mit undeutlichem Canthus rostralis und schief abfallender, schwach vertiefter Zügelregion; Nasenloch gleichweit vom Auge und Vorderkopfspitze entfernt; Interorbitalraum fast so breit wie ein oberes Augenlid; Trommelfell mäßig deutlich, $^2/_5$—$^1/_2$ so breit wie das Auge. Finger zu $^1/_4$, Zehen zu $^3/_4$ ihrer Länge durch Schwimmhaut verbunden; Haftscheiben so groß wie das Trommelfell; kein vorspringendes Pollexrudiment und keine Tarsalfalte vorhanden. Bei nach vorn an den Körper angelegtem Hinterbein reicht das Tibiotarsalgelenk bis zum Trommelfell oder bis zum Augenhinterrand. Haut glatt, Bauch und Unterseite der Oberschenkel spärlich gekörnelt. Oberseite blaßgrau bis dunkelviolettbraun, einfarbig oder mit mehr oder weniger zahlreichen schwarzen Punkten. Junge Tiere mit einem weißlichen, schwarz punktierten Streifen an jeder Kopf- und Rumpfseite und mit dunklen Querbinden auf den Beinen, die bei alten Tieren verschwinden. Unterseite blaßgelb, einfarbig bei jungen Tieren, Kehle und Bauch bei alten Tieren braun genetzt oder marmoriert. L. 38 mm.

♂ mit innerer Schallblase.

Cali (Kolumbien), in 960 m Höhe.

129. **H. vilsoniana** Cope 1899 *H. v.*, E. D. Cope in: Bull. Philad. Mus., *v.* 1 p. 3 t. 1 f. 1 | 1899 *H. creolica*, F. Werner in: Verh. Ges. Wien, *v.* 49 p. 483.

Zunge breiter als lang, herzförmig oder querelliptisch, hinten deutlich eingekerbt. Gaumenzähne in 2 schiefen elliptischen Gruppen zwischen den Choanen. Kopf breiter als lang; Vorderkopf etwas länger als der Augendurchmesser, abgerundet, mit winkligem Canthus rostralis und schief abfallender, vertiefter Zügelregion; Interorbitalraum so breit wie ein oberes Augenlid. Trommelfell $^1/_2$—$^2/_3$ so breit wie der Augendurchmesser. Finger zu $^1/_3$ ihrer Länge, Zehen in ihrer ganzen Länge durch Schwimmhaut verbunden; Haftscheiben etwas kleiner als das Trommelfell; Subarticularhöcker nicht vorspringend; eine Tarsalfalte vorhanden. Bei nach vorn an den Körper angelegtem Hinterbein reicht das Tibiotarsalgelenk bis zur Schulter oder Augenmitte oder bis zum Nasenloch. Haut? Eine in der Mitte unterbrochene Querfalte auf der Brust. Rücken in der Regel schwarzbraun, alles übrige bleigrau; vereinzelte Stücke auf graubraunem Grunde schwarz und weiß punktiert, an Leisten und Hinterbacken braun und weiß marmoriert; ein schwarzer, oben weiß geränderter Prae- und Postocularstreifen vorhanden. Mundränder schwarzbraun, Oberlippe zuweilen weiß gefärbt.

Bogota (Kolumbien).

130. **H. servalina** Wern. 1899 *H. s.*, F. Werner in: Verh. Ges. Wien, *v.* 49 p. 483.

Zunge etwa herzförmig. Gaumenzähne in 2 runden Gruppen hinter der Verbindungslinie der Choanen. Kopf ebenso lang wie breit; Vorderkopf abgerundet, etwa doppelt so lang wie der horizontale Augendurchmesser, ohne Canthus rostralis; Nasenloch von Auge und Vorderkopfspitze gleich weit entfernt; Interorbitalraum so breit wie ein oberes Augenlid; Trommelfell $^1/_2$ so breit wie das Auge. Finger zu $^1/_3$, Zehen zu $^2/_3$ ihrer Länge durch Schwimmhaut verbunden; Haftscheiben verhältnismäßig klein; Subarticularhöcker sehr undeutlich; ein kleiner medialer Metatarsalhöcker vorhanden. Bei nach vorn an den Körper angelegtem Hinterbein reicht das Tibiotarsalgelenk bis zum Nasenloch. Oberseite glatt; Bauch und Unterseite der Schenkel grob granuliert. Oberseite dunkelgraubraun mit zahlreichen kleinen, schwarzbraunen Flecken; ein dunkler Prae- und Postocularstreifen vorhanden. Seiten und Extremitäten heller grau, weitmaschig dunkelgenetzt. Kehle dunkelbraun, Bauch und Schenkelgranulae hellgrau, dunkelrandig. L. 36 mm.

♂ mit großer, äußerer Schallblase.

Bogota (Kolumbien).

131. **H. misera** Wern. 1903 *H. m.*, F. Werner in: Zool. Anz., *v.* 26 p 252.

Zunge fast herzförmig, hinten stark eingekerbt, und frei abhebbar. Gaumenzähne in 2 runden Gruppen zwischen den Choanen. Vorderkopf $1^1/_8$ mal so lang wie der Augendurchmesser, mit geradem Canthus rostralis und schiefer, nicht vertiefter Zügelregion; Interorbitalraum doppelt so breit wie ein oberes Augenlid; Trommelfell $^1/_2$ so breit wie das Auge, ziemlich weit von ihm entfernt. Laterale Finger zu $^1/_2$, mediale Finger zu $^1/_3$ ihrer Länge, Zehen durch, außer an der 4. Zehe, bis zu den Haftscheiben reichende Schwimmhaut verbunden; Haftscheiben der Finger so groß wie das Trommelfell. Bei nach vorn an den Körper angelegtem Hinterbein reicht das Tibiotarsalgelenk zwischen Auge und Nasenloch. Oberseite glatt, ebenso die Unterseite mit Ausnahme des Bauches, welcher durch feine Furchen netzartig gefeldert erscheint. Oberseite gelblichweiß, Kopf- und Rumpfseiten dunkelbraun, beide Färbungen auf dem Canthus rostralis und an den Körperseiten scharf geschieden, nur in der Inguinalgegend ineinander übergehend. Oberschenkel pigmentlos. Unterseite schmutzig weiß. L. 27 mm.

Caracas (Venezuela).

132. **H. palmeri** Blgr. 1908 *H. p.*, Boulenger in: Ann. nat. Hist., ser. 8 *v.* 2 p. 515.

Zunge kreisrund, fast in ihrer ganzen Ausdehnung angeheftet. Gaumenzähne in 2 dicht zusammen stehenden, gebogenen Querreihen dicht hinter der Verbindungslinie der ziemlich großen Choanen. Kopf ziemlich groß, etwas breiter als lang; Vorderkopf kurz, abgerundet, nicht über die Mundspalte vorspringend, mit stumpfem Canthus rostralis und sehr schief abfallender, vertiefter Zügelregion; Interorbitalraum viel breiter als ein oberes Augenlid; Trommelfell deutlich, $^1/_2$ so breit wie das Auge. Laterale Finger fast zu $^1/_2$ ihrer Länge, Zehen völlig durch Schwimmhaut verbunden; Haftscheiben so groß wie das Trommelfell; kein Pollexrudiment vorhanden; Subarticularhöcker klein. Bei nach vorn an den Körper angelegtem Hinterbein reicht das Tibiotarsalgelenk bis zum Auge. Haut gekörnelt, spärlicher am Bauche und unter den Oberschenkeln; eine gebogene Falte zieht vom Auge zur Schulter über das obere Drittel des Trommelfells hinweg; eine ausgebuchtete Querfalte über dem After; eine Hautfalte längs der Lateralseite von Arm und Tarsus; ein stumpf zugespitzter Hautlappen an der Ferse. Gelblich, mit kleinen, schwarzen Flecken oder Punkten auf Kopf und Vorderrücken. L. 43 mm.

Jimenez (Südwestkolumbien).

133. **H. rosenbergi** Blgr. 1898 *H. r.*, Boulenger in: P. zool. Soc. London, p. 123 t. 16 (Habitus, Kopf, Mundhöhle).

Zunge annähernd kreisrund, ganzrandig, völlig angeheftet. Gaumenzähne in 2 winkligen, eine /‾\-förmige Figur bildenden Reihen zwischen den sehr großen Choanen. Kopf stark abgeplattet, etwas breiter als lang; Vorderkopf abgerundet, etwas länger als der Augendurchmesser, mit undeutlichem Canthus rostralis und sehr schief abfallender, vertiefter Zügelregion; Interorbitalraum so breit wie ein oberes Augenlid; Trommelfell sehr deutlich, kreisrund, $^3/_4$—$^4/_5$ so breit wie das Auge. Die 3 lateralen Finger und die Zehen in ihrer ganzen Länge durch Schwimmhaut verbunden; Haftscheiben der Finger und Zehen groß, $^3/_5$—$^2/_3$ so groß wie das Auge; ein deutliches, beim ♂ stark entwickeltes Pollexrudiment vorhanden; Subarticularhöcker stark vorspringend; 2 schwache Hautfalten längs des Tarsus. Bei nach vorn an den Körper angelegtem Hinterbein reicht das Tibiotarsalgelenk etwas über die Vorderkopfspitze hinaus. Oberseite gekörnelt und mit kleinen, runden, perlartigen Warzen, Kehle, Bauch und Unterseite der Oberschenkel mit kleinen Körnern besetzt; kein Hautanhang an der Ferse. Oben gelblich, grau oder rötlichbraun, mehr oder weniger deutlich braun oder schwärzlich gefleckt oder marmoriert; eine zwischen den Nasenlöchern beginnende, fortlaufende oder unterbrochene, schwärzliche Längslinie in der Rückenmitte oft vorhanden; Flanken zuweilen mit senkrechten dunklen Binden. Unterseite weiß. L. 97 mm.

♂ mit innerer Schallblase und einer großen flachen Drüse auf den Flanken.

Cachabé (Westecuador).

134. **H. pellucens** Wern. 1901 *H. p.*, F. Werner in: Verh. Ges. Wien, *v.* 51 p. 600.

Zunge hinten wenig ausgerandet, etwas frei. Gaumenzähne zwischen den Hinterhälften der großen Choanen, miteinander eine /‾‾\-förmige Figur bildend. Kopf breiter als lang; Vorderkopf abgerundet, etwas länger als der Augendurchmesser, mit geradem, stumpfem, undeutlichem Canthus rostralis und schiefer, wenig vertiefter Zügelregion; Interorbitalraum doppelt so breit wie ein oberes Augenlid; Trommelfell deutlich, $^1/_2$ so breit wie der Augendurchmesser. Die 3 lateralen Finger zur Hälfte ihrer Länge, Zehen nahezu völlig durch Schwimmhaut verbunden; Haftscheiben der Finger $^1/_2$ so breit wie der Durchmesser des Trommelfells, die der Zehen noch kleiner; ein deutliches, spitzes Pollexrudiment vorhanden. Bei nach vorn an den Körper angelegtem Hinterbein reicht das Tibiotarsalgelenk zwischen Nasenloch und Auge. Oberseite glatt, Unterseite mit Ausnahme des granulierten Bauches ebenfalls glatt. Haut milchweiß durchscheinend, pigmentlos, nur verstreute flohspurenähnliche, schwarzbraune Punkte auf Kopf, Rücken, Unterarm, Unterschenkel und Fuß, auf ersteren beiden größere Anhäufungen bildend. L. 39 mm.

Palmar (Ecuador).

135. **H. tuberculosa** Blgr. 1882 *H. t.*, Boulenger, Cat. Batr. sal. Brit. Mus., ed. 2 p. 355 t. 24 f. 1, 1a (Habitus, Mundhöhle).

Zunge kreisrund, ganzrandig, hinten kaum frei abhebbar. Gaumenzähne in 2 schiefen, nach vorn konvergierenden Reihen hinter der Verbindungslinie der großen Choanen (Fig. 220 p. 173). Kopf stark abgeplattet, breiter als lang; Vorderkopf abgerundet, an der Spitze abgestutzt, etwas länger als der Augendurchmesser, mit sehr deutlichem, stark geschweiftem Canthus rostralis und vertiefter Zügelregion; Interorbitalraum viel breiter als ein oberes Augenlid, schwach vertieft; Trommelfell sehr deutlich, $^2/_3$ so breit wie der Augendurchmesser. Schwimmhaut am 2. und 4. Finger bis zur Haftscheibe, am 3. Finger bis zum vorletzten Gliede reichend, Zehen völlig durch Schwimmhaut verbunden; kein vorspringendes Pollexrudiment vorhanden; Haftscheiben der Finger größer als das Trommelfell, die der Zehen kleiner; Subarticularhöcker mäßig entwickelt. Bei nach vorn an den Körper angelegtem Hinterbein reicht das Tibiotarsalgelenk bis zur Vorderkopfspitze. Die ganze Oberseite ist mit kleinen, mit größeren Warzen untermischten, Warzen besetzt; Unterseite gekörnelt; ein gezähnelter Hautsaum am Lateralrande von Unterarm, 4. Finger, Tarsus und 5. Zehe. Oberseite hellrötlichbraun, undeutlich dunkel gefleckt. Gliedmaßen mit einigen kastanienbraunen Querbinden. Unterseite weißlich, ungefleckt. L. 67 mm.

Canelos (Ecuador).

136. **H. parabambae** (Blgr.) 1898 *Hylella p.*, Boulenger in: P. zool. Soc. London, p. 125 t. 17 f. 2.

Zunge kreisrund, hinten undeutlich ausgerandet und kaum frei abhebbar. Gaumenzähne fehlen. Kopf breiter als lang; Vorderkopf abgerundet, so lang

wie der Augendurchmesser; Interorbitalraum breiter als ein oberes Augenlid; Trommelfell deutlich, $^{1}/_{4}$ so groß wie der Augendurchmesser. 1. und 2. Finger gleich lang; laterale Finger zu $^{2}/_{3}$ ihrer Länge, Zehen fast völlig durch Schwimmhaut verbunden; Haftscheiben gut entwickelt, die der Finger $^{1}/_{2}$ so breit wie der Augendurchmesser; Subarticularhöcker schwach entwickelt. Bei nach vorn an den Körper angelegtem Hinterbein reicht das Tibiotarsalgelenk etwas über die Vorderkopfspitze hinaus. Haut glatt; unterer Bauch und Subanalregion weitmaschig gefeldert. Oben (in Alkohol) purpurblau, mit wenigen, kleinen dunklen Flecken auf der Oberseite des Unterschenkels. Unterseite weiß. L. 26 mm.

Paramba (Nordwestecuador).

137. **H. picturata** Blgr. 1899 *H. p.*, Boulenger in: Ann. nat. Hist., ser. 7 *v.* 3 p. 276 t. 12 f. 3, 3a (Habitus, Mundhöhle).

Zunge kreisrund, ganzrandig, fast völlig angeheftet. Gaumenzähne in 2 stark winkligen, ein /‾‾\ bildenden Reihen zwischen den sehr großen Choanen. Kopf groß, stark abgeplattet, ein wenig breiter als lang; Vorderkopf so lang wie der Augendurchmesser, abgerundet, schwach vorspringend, mit undeutlichem Canthus rostralis und sehr schief abfallender, schwach vertiefter Zügelregion; Nasenloch nahe der Vorderkopfspitze; Interorbitalraum so breit wie ein oberes Augenlid; Trommelfell deutlich, nicht ganz $^{1}/_{2}$ so breit wie das Auge. Laterale Finger zu $^{1}/_{3}$, Zehen zu $^{3}/_{4}$ ihrer Länge durch Schwimmhaut verbunden; Haftscheiben so groß wie das Trommelfell; kein deutliches Pollexrudiment vorhanden. Bei nach vorn an den Körper angelegtem Hinterbein reicht das Tibiotarsalgelenk etwas über die Vorderkopfspitze hinaus; Länge der Tibia gleich $^{3}/_{5}$ der Kopfrumpflänge. Haut glatt; Bauch und Unterseite der Oberschenkel schwach gekörnelt; Hautanhänge fehlen. Oben violett, mit cremefarbigen, purpurrot gerandeten, in sehr symmetrischen Gruppen auf Kopf und Nacken, vor dem Kreuzbein und in der Coccygealregion angeordneten Flecken. Ein weißes, in der Mitte unterbrochenes Querband zwischen den Augen; Zügel- und Schläfengegend weißlich, mit rötlicher Zeichnung. Beine oben cremeweiß mit abwechselnd violetten und schmaleren purpurroten Querbinden. Oberarm und beim sitzenden Tier verborgene Teile der Beine farblos. Unterseite weiß. L. 59 mm.

Paramba (Nordwestecuador).

138. **H. verrucigera** Wern. 1901 *H. v.*, F. Werner in: Verh. Ges. Wien, *v.* 51 p. 601.

Zunge kreisrund, hinten deutlich frei und eingekerbt. Gaumenzähne zwischen den Hinterhälften der Choanen, eine /‾‾\-förmige Figur bildend. Kopf niedergedrückt, ebenso lang wie breit, breiter als der übrige Körper; Vorderkopf abgerundet, 1—1$^{1}/_{2}$mal so lang wie der Augendurchmesser, mit deutlichem, fast geradem Canthus rostralis und schief abfallender, vertiefter Zügelregion; Interorbitalraum doppelt so breit wie ein oberes Augenlid; Trommelfell sehr deutlich, etwa $^{1}/_{2}$ so breit wie der Augendurchmesser. Die lateralen 3 Finger zu $^{1}/_{3}$ ihrer Länge durch Schwimmhaut verbunden, am Hinterfuße reicht diese an der 4. Zehe bis zur Basis des vorletzten, sonst bis zu der des letzten Gliedes. Haftscheiben der Finger etwas kleiner als das Trommelfell, die der Zehen nur $^{1}/_{2}$ so breit; kein vorspringendes Pollexrudiment vorhanden. Bei nach vorn an den Körper angelegtem Hinterbein reicht das Tibiotarsalgelenk zwischen Nasenloch und Auge. Oberseite des Kopfes, des Rumpfes und der Hinterbeine (bis auf die Oberschenkel) sehr stark warzig; Vorderbeine, Oberschenkel, Rumpfseiten und Unterseite glatt, nur Brust und Bauch granuliert; eine starke Falte über dem Trommelfell. Oberseite einfarbig dunkelbraun, Unterseite hellbräunlich; Bauch schmutzigweiß, grob schwarzbraun marmoriert. L. 51 mm.

Ecuador.

139. **H. buckleyi** Blgr. 1882 *H. b.*, Boulenger, Cat. Batr. sal. Brit. Mus., ed. 2 p. 362 t. 25 f. 1, 1a (Habitus, Mundhöhle).

Zunge annähernd kreisrund, ganzrandig, hinten etwas frei abhebbar. Gaumenzähne in 2, zusammen einen nach vorn konvexen Bogen bildenden, Reihen zwischen den großen Choanen (Fig. 252). Kopf mäßig groß, ziemlich stark abgeplattet, so lang wie breit, oder etwas breiter als lang; Vorderkopf abgerundet, $1^1/_2$ mal so lang wie der Augendurchmesser, mit deutlichem, geschweiftem Canthus rostralis und sehr schief abfallender, vertiefter Zügelregion; Interorbitalraum so breit wie oder etwas breiter als ein oberes Augenlid; Trommelfell sehr deutlich, $^2/_3$ oder $^3/_4$ so breit wie der Augendurchmesser. Die 3 lateralen Finger zu $^1/_3$ ihrer Länge, Zehen fast völlig durch Schwimmhaut verbunden; kein Pollexrudiment vorhanden; Haftscheiben kleiner als das Trommelfell; Subarticularhöcker mäßig entwickelt. Bei nach vorn an den Körper angelegtem Hinterbein reicht das Tibiotarsalgelenk bis oder fast bis zur Vorderkopfspitze. Oberseite beim ♀ glatt, beim ♂ höckerig, Unterseite gekörnelt; eine schwache Hautfalte oberhalb des Trommelfells. Oberseite graulich oder bräunlich, dunkelbraun marmoriert, zuweilen mit einem hellen Längsstreifen in der Mittellinie des Rückens. Gliedmaßen mit dunklen Querbinden; Hinterseite der Oberschenkel braun marmoriert. Unterseite weißlich, mehr oder weniger braun punktiert oder genetzt. L. 55 mm.

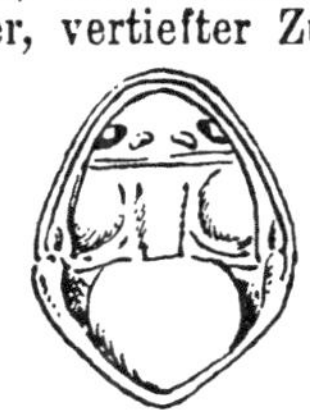

Fig. 252. **Hyla buckleyi.** Mundhöhle (nach Boulenger).

♂ mit äußeren, hinter den Mundwinkeln ausmündenden Schallblasen und mit braunen Brunstschwielen auf der Medialseite des 1. Fingers.

Ecuador.

140. **H. purpurea** nom. nov. Nieden 1882 *Hylella buckleyi* (non *Hyla b.* Boulenger 1882), Boulenger, Cat. Batr. sal. Brit. Mus., ed. 2 p. 420 t. 25 f. 5.

Zunge kreisrund, schwach ausgerandet. Kopf breiter als lang; Vorderkopf abgerundet, so lang wie der Augendurchmesser, mit sehr undeutlichem Canthus rostralis und hoher, schief abfallender Zügelregion; Interorbitalraum breiter als ein oberes Augenlid; Trommelfell ungewöhnlich klein, kaum sichtbar. 1. und 2. Finger gleich lang; Finger an der Basis, Zehen zu $^2/_3$ ihrer Länge durch Schwimmhaut verbunden; Haftscheiben gut entwickelt, die der Finger $^1/_2$ so breit wie das Auge; Subarticularhöcker wenig entwickelt. Bei nach vorn an den Körper angelegtem Hinterbein reicht das Tibiotarsalgelenk bis zur Vorderkopfspitze. Haut oben glatt, am Bauche und unter den Oberschenkeln gekörnelt. Kopf und Rücken einfarbig purpurblau; Oberlippe weiß gerandet. Unterarm, Unterschenkel sowie eine schmale, sehr undeutliche Linie längs des Oberschenkels und des Tarsus blau; vereinzelt kommen Exemplare mit weiß punktierten Ober- und Unterschenkeln und sonst farblosen Gliedmaßen vor. L. 29 mm.

♂ mit äußerer, subgularer Schallblase.

Ostecuador.

141. **H. lanciformis** (Cope) 1870 *Hypsiboas l.*, E. D. Cope in: P. Amer. phil. Soc., *v.* 11 p. 556 | 1882 *Hyla l.*, Boulenger, Cat. Batr. sal. Brit. Mus., ed. 2 p. 361.

Zunge oval, undeutlich ausgerandet, völlig angeheftet. Gaumenzähne in /‾‾\\-förmiger Anordnung zwischen den sehr großen Choanen. Kopf länger als breit; Vorderkopf zugespitzt, $1^1/_2$ mal so lang wie der Augendurchmesser, mit winkligem, geradem Canthus rostralis und nicht sehr schief abfallender, vertiefter Zügelregion; Abstand des Nasenloches vom Auge größer als dessen Durchmesser; Interorbitalraum so breit wie ein oberes Augenlid; Trommelfell sehr deutlich, $^3/_4$ so breit wie der Augendurchmesser. Die 3 lateralen Finger durch eine sehr schwache Spur von Schwimmhaut, Zehen zu $^3/_4$ ihrer Länge durch Schwimmhaut verbunden; ein schwaches Pollexrudiment vorhanden; Haftscheiben der Finger und Zehen viel kleiner als das Trommelfell; Subarticularhöcker gut entwickelt. Bei nach vorn an den Körper angelegtem Hinterbein reicht das Tibiotarsalgelenk weit über die Vorderkopfspitze hinaus. Kopf und Rücken fein gekörnelt, Bauch und Unterseite der Oberschenkel gekörnelt; eine schmale, gerade, vom Auge an oberhalb des Trommelfells hinziehende Drüsenfalte endet hinter der Schulter. Oberseite dunkelbraun, mit dunklen Querbinden auf Kopf, Rumpf und Gliedmaßen; eine schwärzliche Längslinie in der Rückenmitte; Kopfseiten schwärzlich, ein weißer Streifen rings um die Oberlippe. Haftscheiben der medialen Finger oben gelblich; Seiten der Hinterbeine schwärzlich. Unterseite braun, mit einigen großen, weißlichen Flecken auf der Brust. L. 87 mm.

♂ mit äußerer, gularer Schallblase.

Ecuador.

142. **H. alboguttata** Blgr. 1882 *H. a.*, Boulenger, Cat. Batr. sal. Brit. Mus., ed. 2 p. 356 t. 23 f. 4, 4a (Habitus, Mundhöhle).

Zunge annähernd kreisrund, hinten schwach ausgerandet und frei abhebbar. Gaumenzähne in 2 schiefen, ein nach hinten offenes Hufeisen bildenden Reihen zwischen den großen Choanen. Kopf mäßig groß, ziemlich abgeplattet, so lang wie breit; Vorderkopf abgerundet, etwas länger als der Augendurchmesser, mit deutlichem Canthus rostralis und vertiefter Zügelregion; Interorbitalraum so breit wie ein oberes Augenlid; Trommelfell sehr deutlich, $^1/_2$ so breit wie der Augendurchmesser. Finger durch eine sehr schwache Spur von Schwimmhaut, Zehen zu $^2/_3$ ihrer Länge durch Schwimmhaut verbunden; kein vorspringendes Pollexrudiment vorhanden; Haftscheiben der Finger fast so groß wie das Trommelfell, die der Zehen kleiner; Subarticularhöcker mäßig entwickelt. Bei nach vorn an den Körper angelegtem Hinterbein reicht das Tibiotarsalgelenk bis zum Augenvorderrand oder bis zwischen Auge und Vorderkopfspitze. Haut oben glatt, unten gekörnelt. Oben hellbraun, mit kleinen, schwärzlichen Flecken; Oberlippe weiß gerandet. Flanken und Oberseite der Oberschenkel in der Regel mit kleinen, runden, weißen Flecken. Unterseite weißlich, dunkel genetzt. L. 45 mm.

Ecuador.

143. **H. hypselops** (Cope) 1870 *Hypsiboas h.*, E. D. Cope in: P. Amer. phil. Soc., *v.* 11 p. 554 | 1882 *Hyla h.*, Boulenger, Cat. Batr. sal. Brit. Mus., ed. 2 p. 353.

Zunge breit. Gaumenzähne in 2 gebogenen Reihen zwischen den großen Choanen. Kopf breit und flach; Vorderkopf ziemlich langgestreckt, spitz, mit deutlichem, stark geschweiftem Canthus rostralis; Auge sehr groß; Trommelfell $^1/_3$ so breit wie der Augendurchmesser. Finger nur an ihrer Basis, Zehen fast völlig, wie bei *H. crepitans* [?] (nr. 221), durch Schwimmhaut verbunden;

ein vorspringendes Pollexrudiment vorhanden; Haftscheiben der Finger klein. Bei nach vorn an den Körper angelegtem Hinterbein reicht das Tibiotarsalgelenk etwas über die Vorderkopfspitze hinaus. Haut oben glatt, ein schwach vorspringender Hautanhang an der Ferse vorhanden. Oberseite glänzend kastanienbraun, ohne Zeichnung auf Kopf und Rücken. Flanken, Vorder- und Unterseite sowie Rücken des Oberschenkels mit senkrechten, schwarzen Binden; Oberseite der Hinterbeine mit schwachen Querbinden. L. 56 mm.

Pebas (Ecuador).

144. **H. favosa** Cope 1886 *H. f.*, E. D. Cope in: P. Amer. phil. Soc., *v.* 23 p. 95.

Gaumenzähne zwischen den Choanen. Kopf kurz und breit; Vorderkopf abgestutzt, mit rundlichem, im Bogen verlaufendem Canthus rostralis; Trommelfell klein, etwas weniger als $^1/_2$ so breit wie das Auge, etwas größer als die Haftscheiben der Finger. Die 3 lateralen Finger zur Hälfte ihrer Länge durch Schwimmhaut verbunden; Schwimmhaut an der 4. Zehe bis zur Basis des vorletzten Gliedes, an allen andern Zehen bis zur Haftscheibe reichend. Bei nach vorn an den Körper angelegtem Hinterbein reicht das Tibiotarsalgelenk bis zum vorderen Augenrand. Oberarm durch eine starke Hautfalte im größten Teile seiner Länge mit dem Rumpf verbunden. Haut auf der Oberseite überall glatt; Bauch und Unterseite der Schenkel gekörnelt. Die Oberseite zeigt auf braunem Grunde ein glänzend gelbes Netzwerk, dessen Maschen auf dem Rücken so groß wie oder noch größer als die Augen, auf den Kopf- und Rumpfseiten und den Gliedmaßen dagegen kleiner sind. Hinterseite der Oberschenkel und die ganze Unterseite einfarbig braun. L. 63,5 mm.

Pebas (Oberer Amazonenstrom).

145. **H. ocellifera** Blgr. 1899 *H. o.*, Boulenger in: Ann. nat. Hist., ser. 7 *v.* 3 p. 277 t. 12 f. 4.

Zunge kreisrund, ganzrandig, hinten etwas frei abhebbar. Gaumenzähne in 2 runden, dicht zusammenstehenden Gruppen zwischen den Choanen. Kopf stark abgeplattet, breiter als lang. Vorderkopf abgerundet, kürzer als der Augendurchmesser, mit undeutlichem Canthus rostralis und sehr schief abfallender, schwach vertiefter Zügelregion; Nasenloch näher der Vorderkopfspitze als dem sehr großen, vorspringenden Auge; Interorbitalraum breiter als eines der ziemlich schmalen oberen Augenlider; Trommelfell deutlich, kaum $^1/_3$ so breit wie das Auge. Schwimmhaut an den lateralen Fingern bis zum vorletzten Gliede des 3. Fingers und bis zur Haftscheibe des 4. Fingers reichend; Zehen fast völlig durch Schwimmhaut verbunden; Haftscheiben etwas größer als das Trommelfell. Bei nach vorn an den Körper angelegtem Hinterbein reicht das Tibiotarsalgelenk bis zur Vorderkopfspitze; Tibia $^1/_2$ so lang wie Kopf und Rumpf zusammen. Haut glatt, am Bauche und unter den Oberschenkeln gekörnelt. Oben bläulichgrau, schwarz punktiert. Ein oder 2 kleine, weiße, schwarz gerandete Augenflecke jederseits in der Schultergegend. Oberschenkel farblos, abgesehen von einem sehr schmalen, bläulichgrauen Streifen auf ihrer Oberseite; Arme, Hände und Füße farblos. Unterseite weiß. L. 28 mm.

Paramba (Nordwestecuador).

146. **H. reticulata** Espada 1870 *H. r.*, Espada in: J. Ac. Lisboa, *v.* 3 p. 61 | 1875 *H. r.*, Espada in: Vert. Viaje Pacif., Batr. t. 3 bis f. 7, 7a (Habitus, Mundhöhle).

Zunge annähernd herzförmig, hinten etwas frei abhebbar. Gaumenzähne in 2 queren Gruppen zwischen den Choanen. Kopf mäßig groß;

Vorderkopf abgerundet, mit kaum sichtbarem Canthus rostralis und senkrecht abfallender Zügelregion; Trommelfell wenig deutlich. Finger zur Hälfte ihrer Länge, Zehen bis zur Basis des vorletzten Gliedes durch Schwimmhaut verbunden; Haftscheiben gut entwickelt. Haut meist glatt, nur am Bauche und unter den Oberschenkeln gekörnelt. Oberseite grün, mit großen runden, goldenen Flecken, Vorderkopf, Wangen, Flanken, Gliedmaßen gleichfarbig schön genetzt. L. 33 mm.

Napo-Fluß (Ecuador).

147. **H. carnea** (Cope) 1868 *Hylella c.*, E. D. Cope in: P. Ac. Philad., p. 111 | 1882 *H. c.*, Boulenger, Cat. Batr. sal. Brit. Mus., ed. 2 p. 420.

Zunge rund. Kopf breit und abgerundet; Vorderkopf am Ende senkrecht abgestutzt, mit mäßig deutlichem Canthus rostralis; Augen groß und vorspringend; Trommelfell klein und undeutlich. Finger zu $^1/_3$ ihrer Länge durch Schwimmhaut verbunden; Haftscheiben mäßig entwickelt. Haut oben glatt; eine Hautfalte umzieht von oben das Trommelfell. Färbung hellrosagelb, auf dem Oberarm eine schwache Längslinie, auf dem Unterarm 2, auf dem Unterschenkel 3 Querbinden vorhanden; Oberschenkel farblos. Eine breite, blutrote Querbinde zwischen den Augen; von deren Enden jederseits eine blutrote Binde längs der Seiten des Rückens zum After zieht, oberhalb dessen sie durch einen gleichfarbigen Fleck mit der der anderen Seite verbunden ist; eine tiefrote Binde zieht von der Schulterregion zur Vorderkopfspitze. Unterseite einfarbig weißlich. L. 19 mm.

Napo (Oberer Amazonas).

148. **H. marmorata** (Laur.) 1734 & 35 *Rana surinamensis marmorata* (+ ? *R. S. maculis aspersa*), Seba, Thesaurus, *v.* 1 t. 71 f. 4, 5 (+ ? *v.* 2 t. 70 f. 4) | 1768 *Bufo marmoratus*, Laurenti, Syn. Rept., p. 29 | 1788 „*Le Mabré*", Lacépède, Quadrup. ovip. Serp., *v.* 1 p. 607 | 1789 *Rana gibbosa* β, J. F. Gmelin, Syst. Nat., ed. 13 *v.* 1 III p. 1048 | 1789 „*Le Crapaud marbré*", Bonnaterre in: Tabl. enc. méth., Erpét. p. 14 t. 7 *v.* 5 | 1802 „*La raine marbrée*", Latreille in: Sonnini & Latreille, Hist. Rept., *v.* 2 p. 184 t. [p. 176] f. 2 | 1803 *Hyla marmorata*, Daudin, Hist. Rainett., p. 34 t. [12] f. 1, 2 | 1803 *H. m.*, Daudin, Hist. Rept., *v.* 8 p. 71 t. 94 f. 1, 2 | 1820 *Calamita marmoratus*, Merrem, Versuch Syst. Amph., p. 174 | 1838 *Lophopus m.*, Tschudi, Classif. Batr., p. 73 | 1841 *Hyla marmorata*, C. Duméril & G. Bibron, Erpét., *v.* 8 p. 571 | 1843 *H. (Lophopus) m.*, Fitzinger, Syst. Rept., *v.* 1 p. 30 | 1858 *H. m.*, Alb. Günther, Cat. Batr. sal. Brit. Mus., p. 104 | 1868 *H. m.*, E. D. Cope in: P. Ac. Philad., p. 111 | 1871 *H. m.*, Peters in: Monber. Ak. Berlin, p. 403 | 1882 *H. m.*, Boulenger, Cat. Batr. sal. Brit. Mus., ed. 2 p. 391.

Zunge kreisrund, hinten schwach ausgerandet und frei abhebbar. Gaumenzähne in 2 geraden, queren oder schwach nach hinten konvergierenden Reihen auf der Höhe des Hinterrandes der Choanen. Kopf breiter als lang; Vorderkopf sehr kurz, kaum länger als der Augendurchmesser, abgerundet, ohne Canthus rostralis, mit steil abfallender, nicht vertiefter Zügelregion; Interorbitalraum breiter als ein oberes Augenlid; Trommelfell sehr deutlich, $^2/_3$ so breit wie der Augendurchmesser. Die Finger und ziemlich kurzen Zehen sind bis zu den Haftscheiben durch Schwimmhaut verbunden; kein vorspringendes Pollexrudiment vorhanden; Haftscheiben der Finger so groß wie das Trommelfell, die der Zehen etwas kleiner; Subarticularhöcker sehr undeutlich; keine Tarsalfalte vorhanden. Bei nach vorn an den Körper angelegtem Hinterbein reicht das Tibiotarsalgelenk bis zum Auge oder etwas darüber hinaus. Oberseite schwachwarzig; Bauch und Unterseite der Oberschenkel gekörnelt; ein gewellter Hautsaum am lateralen Rande von Unterarm und Tarsus. Oberseite rötlichbraun, dunkelbraun marmoriert. Hinterbeine mit dunklen Querbinden, Unterseite von Rumpf, Oberarm und Oberschenkel glänzend saffrangelb, mit kleinen, runden, schwarzen Flecken besetzt. Unterseite von Unterarm, Fingern, Unterschenkel, Tarsus und Zehen größtenteils schwarz, Schwimmhäute ockerfarbig. L. 52 mm.

♂ mit innerer, subgularer Schallblase.

Ecuador, Peru.

149. **H. quadrangulum** Blgr. 1882 *H. q.*, Boulenger, Cat. Batr. sal. Brit. Mus., ed. 2 p. 367 t. 25 f. 2, 2a (Habitus, Mundhöhle).

Zunge kreisrund, ganzrandig, hinten wenig frei abhebbar. Gaumenzähne in einer fast geraden, in der Mitte unterbrochenen Reihe auf der Höhe des Choanenhinterrandes (Fig. 222 p. 173); Kopf mäßig groß, breiter als lang; Vorderkopf kurz, abgerundet, wenig länger als der Augendurchmesser, mit mäßig deutlichem, schwach geschweiftem Canthus rostralis und vertiefter Zügelregion; Interorbitalraum etwas breiter als ein oberes Augenlid; Trommelfell sehr deutlich, $^1/_2$ so breit wie der Augendurchmesser. Die 3 lateralen Finger zu $^1/_2$, Zehen zu $^3/_4$ ihrer Länge durch Schwimmhaut verbunden; kein vorspringendes Pollexrudiment vorhanden; Haftscheiben so groß wie das Trommelfell; Subarticularhöcker ziemlich klein, nicht sehr vorspringend; keine Tarsalfalte vorhanden. Bei nach vorn an den Körper angelegtem Hinterbein reicht das Tibiotarsalgelenk bis zum Vorderrand des Auges. Haut von Kopf und Rücken dick, mit feinen Grübchen versehen; eine Hautfalte oberhalb des Trommelfells; Unterseite gekörnelt. Oberseite olivengrau, ein großer, viereckiger, dunkelbrauner Rückenfleck reicht von den Augen bis zur Sacralregion; kleinere, dunkelbraune Flecke auf dem Hinterrücken und den Flanken; eine schwärzliche Linie längs des Canthus rostralis; Gliedmaßen regelmäßig quer gebändert. Unterseite schmutzigweiß, ungefleckt. L. 58 mm.

Ecuador.

150. **H. pulicaria** Wern. 1901 *H. p.*, F. Werner in: Verh. Ges. Wien, v. 51 p. 601.

Zunge? Gaumenzähne in 2 /\-förmigen Gruppen auf der Verbindungslinie der Choanenhinterränder. Kopf ebenso breit wie lang, breiter als der Rumpf; Vorderkopf quer abgestutzt, mit geradem, deutlichem Canthus rostralis und schräg nach hinten und unten abfallender, nicht vertiefter Zügelregion; Interorbitalraum doppelt so breit wie ein oberes Augenlid; Trommelfell $^1/_2$ so breit wie der Augendurchmesser. Finger zur Hälfte ihrer Länge, Zehen nahezu völlig durch Schwimmhaut verbunden; Haftscheiben der Finger kleiner als das Trommelfell. Bei nach vorn an den Körper angelegtem Hinterbein erreicht das Tibiotarsalgelenk den vorderen Augenrand. Oberseite glatt, Bauch nur hinten granuliert. Oberseite hellgelbbraun; eine weiße Längslinie zieht, oben von einer dunkelbraunen Linie begleitet, vom Nasenloch zum Auge und von hier fast bis zum Körperende, mit der Linie der andern Körperseite nach hinten konvergierend. Oberseite mit zahlreichen, feinen, rotbraunen Punkten, ebensolche auf Unterarm und Unterschenkel. L. 22 mm.

Ecuador.

151. **H. albopunctulata** Blgr. 1882 *H. a.*, Boulenger, Cat. Batr. sal. Brit. Mus., ed. 2 p. 385 t. 24 f. 4 [4a] (Habitus, Mundhöhle).

Zunge klein, kreisrund, völlig angeheftet. Gaumenzähne in einer kaum unterbrochenen Querreihe hinter der Verbindungslinie der mäßig großen

Choanen (Fig. 223 p. 173). Kopf mäßig groß, breiter als lang; Vorderkopf abgerundet, so lang wie der Augendurchmesser, mit deutlichem Canthus rostralis und schwach vertiefter Zügelregion; Interorbitalraum viel breiter als ein oberes Augenlid; Trommelfell sehr klein, undeutlich. Die 3 lateralen Finger zu $^1/_2$ ihrer Länge, oder fast so weit, Zehen völlig durch Schwimmhaut verbunden; kein vorspringendes Pollexrudiment vorhanden; Haftscheiben gut ausgebildet; Subarticularhöcker sehr undeutlich. Bei nach vorn an den Körper angelegtem Hinterbein reicht das Tibiotarsalgelenk bis zum Auge. Haut oben glatt, am Bauche und unter den Oberschenkeln gekörnelt. Oberseite auf fein rötlichbraun gesprenkeltem Grunde weiß punktiert. Oberlippe weiß gerandet; eine weiße Linie am lateralen Rande von Unterarm und Tarsus. Unterseite farblos. L. 33 mm.

♂ mit äußerer, gularer Schallblase.

Ecuador.

152. **H. festae** Peracca 1904 *H. f.*, Peracca in: Boll. Mus. Torino, *v.* 19 nr. 465 p. 38.

Zunge kreisrund, hinten schwach eingeschnitten. Gaumenzähne in 2 gebogenen, fast zusammenstoßenden Querreihen zwischen den Choanen, mit ihren lateralen Enden etwas über die Verbindungslinie der letzteren nach hinten hinausragend. Kopf breiter als lang; Vorderkopf abgerundet, so lang wie, oder etwas länger als der Augendurchmesser, kaum vorspringend, mit rundlichem, fast geradlinigem Canthus rostralis und vertiefter, sehr schräg abfallender Zügelregion; Nasenlöcher sehr nahe der Vorderkopfspitze; Interorbitalraum etwas breiter als ein oberes Augenlid; Trommelfell deutlich, $^1/_2$ so breit wie das Auge. Schwimmhaut zwischen 1. und 2. Finger fast rudimentär, zwischen 2. bis 4. Finger stärker entwickelt, am 3. Finger bis zum letzten Drittel des vorvorletzten Gliedes reichend; am Hinterfuße reicht die Schwimmhaut an der 4. Zehe, sowie an der Medialseite der 2. und 3. Zehe bis zur Basis des vorletzten, sonst bis zu der des letzten Gliedes; Haftscheiben der Finger sehr groß (die des 2. Fingers um ein $^1/_3$ größer als das Trommelfell), die der Zehen viel kleiner; kein vorspringendes Pollexrudiment vorhanden; Subarticularhöcker gut entwickelt, nur ein ovaler, medialer Metatarsalhöcker vorhanden. Bei nach vorn an den Körper angelegtem Hinterbein reicht das Tibiotarsalgelenk über die Vorderkopfspitze hinaus. Haut der Oberseite drüsig, fast glatt, stark gekörnelt an der Kehle, am Bauche und unter den Oberschenkeln in der Nähe des Afters; eine starke Hautfalte zieht vom Auge an oberhalb des Trommelfells hin zu den Halsseiten. Oberseite hellgraugelblich; auf den Oberschenkeln, weil dicht braun punktiert, dunkler erscheinend. Zwischen und auf den Augen ein großer, unregelmäßig viereckiger, dunkelbrauner Fleck, der sich auf den Rücken fortsetzt und vor der Sacralregion gabelt; in letzterer ein anderer unregelmäßiger, dunkelbrauner Fleck; kleinere, unregelmäßig verstreute und hier und da miteinander verschmelzende Flecke der gleichen Farbe auf den Flanken. Zügelregion braun; eine dunkelbraune Binde zieht vom Auge aus quer über das Trommelfell zum Mundwinkel; unter dem Auge ein porzellanweißer Λ-förmiger Fleck; Oberlippe gelblich mit einigen schwarzen Flecken. Kehle und Bauch weißlichgelb mit kleinen, dunkelbraunen Flecken. Oberseite der Beine hellgelblichgrau mit dunkelbraunen Querbinden; Vorder-, Unter- und Hinterseite der Oberschenkel sowie Unterseite der Unterschenkel hell ziegelrot. L. 78 mm.

Valle Santiago (Ecuador).

153. **H. rhodopepla** Gthr. 1858 *H. r.*, Alb. Günther, Cat. Batr. sal. Brit. Mus., p. 112 t. 7 f. E | 1882 *H. r.*, Boulenger, Cat. Batr. sal. Brit. Mus., ed. 2 p. 389.

Zunge kreisrund, hinten ausgerandet und etwas frei abhebbar. Gaumenzähne in 2 kleinen Gruppen zwischen den Choanen. Kopf mäßig groß, breiter als lang; Vorderkopf abgerundet, so lang wie der Augendurchmesser, mit undeutlichem Canthus rostralis und nicht vertiefter Zügelregion; Interorbitalraum breiter als ein oberes Augenlid; Trommelfell sehr deutlich, etwa $^2/_3$ so breit wie der Augendurchmesser. Finger zu $^1/_3$, Zehen zu $^3/_4$ ihrer Länge durch Schwimmhaut verbunden, kein vorspringendes Pollexrudiment vorhanden; Haftscheiben kleiner als das Trommelfell; Subarticularhöcker ziemlich undeutlich. Bei nach vorn an den Körper angelegtem Hinterbein reicht das Tibiotarsalgelenk fast bis zur Vorderkopfspitze. Haut oben glatt, am Bauche und unter den Oberschenkeln gekörnelt. Oberseite rosenrot, Rücken spärlich violett punktiert; ein purpurbraunes Band umrandet den Vorderkopf und zieht jederseits durch das Auge hindurch an den Flanken entlang bis zu den Weichen. Oberarm und Oberschenkel farblos. Unterseite weißlich, ungefleckt. L. 27 mm.

Ecuador.

154. **H. parviceps** Blgr. 1882 *H. p.*, Boulenger, Cat. Batr. sal. Brit. Mus., ed. 2 p. 393 t. 25 f. 3.

Zunge kreisrund, hinten ausgerandet und frei abhebbar. Gaumenzähne in 2 queren Gruppen dicht hinter der Verbindungslinie der Choanenhinterränder. Kopf sehr klein, ein wenig breiter als lang; Vorderkopf so lang wie der Augendurchmesser, aufgetrieben, senkrecht abgestutzt, mit deutlichem Canthus rostralis und fast senkrecht abfallender Zügelregion; Augen groß; Interorbitalraum breiter als ein oberes Augenlid; Trommelfell deutlich, $^1/_3$ so breit wie der Augendurchmesser. Die 3 lateralen Finger zu $^1/_3$ ihrer Länge, Zehen fast völlig durch Schwimmhaut verbunden; kein vorspringendes Pollexrudiment vorhanden; Haftscheiben so groß wie das Trommelfell; Subarticularhöcker sehr undeutlich. Bei nach vorn an den Körper angelegtem Hinterbein reicht das Tibiotarsalgelenk bis zum Vorderrand des Auges. Haut oben glatt, am Bauche undeutlich gekörnelt. Oberseite olivenbraun, auf dem Rücken ins Rötliche spielend, mit dunkler Zeichnung bestehend aus je einem breiten Streifen längs eines jeden Canthus rostralis, einer urnenförmigen Figur auf Kopf und Nacken, deren Vorderrand zwischen den Augen liegt, und 2 schräg aufsteigenden Streifen in der Sacralgegend. Rumpfseiten und Gliedmaßen schwärzlich, mit großen, weißen Flecken. Unterseite abgesehen von je einer breiten, weißen Zone auf Kehle und Vorderbauch, schwärzlich. L. 26 mm.

Ecuador.

155. **H. depressiceps** Blgr. 1882 *H. d.*, Boulenger, Cat. Batr. sal. Brit. Mus., ed. 2 p. 402 t. 25 f. 4, 4a (Habitus, Mundhöhle).

Zunge kreisrund, ganzrandig, hinten kaum frei abhebbar. Gaumenzähne in 2 kleinen, queren Gruppen zwischen den ziemlich großen Choanen (Fig. 221 p. 173). Kopf stark abgeplattet, so lang wie breit; Vorderkopf abgerundet, $1^1/_2$mal so lang wie der Augendurchmesser, mit sehr undeutlichem Canthus rostralis und nicht vertiefter Zügelregion; Interorbitalraum etwas breiter als ein oberes Augenlid; Trommelfell sehr deutlich, $^1/_2$ so breit wie der Augendurchmesser. Finger an ihrer Basis, Zehen zu $^3/_4$ ihrer Länge durch Schwimmhaut verbunden, kein vorspringendes Pollexrudiment vorhanden, Haftscheiben so groß wie das Trommelfell; Subarticularhöcker mäßig entwickelt. Bei nach vorn an den Körper angelegtem Hinterbein reicht das Tibiotarsalgelenk zwischen Auge und Vorderkopfspitze. Haut oben glatt, am Bauche und unter den Oberschenkeln gekörnelt. Oberseite hellbraun, dunkelbraun und weißlich punktiert; ein Streifen längs des Canthus rostralis, eine Querbinde zwischen den Augen und einige große Flecke auf dem Rücken dunkelbraun. Gliedmaßen schwarz und weißlich marmoriert. Unterseite weißlich, ungefleckt. L. 40 mm.

Ecuador.

156. **H. riobambae** H. W. Fowler 1913 *H. r.*, H. W. Fowler in: P. Ac. Philad., v. 65 p. 157 t. 6 untere Figuren (Habitus, Zunge).

Kopf und Rumpf breit, abgeplattet; ersterer breiter als der Rumpf. Zunge breit, rund, hinten deutlich eingeschnitten, im letzten Drittel ihrer Länge frei abhebbar. Gaumenzähne in einem sehr stumpfen, nach vorn offenen Winkel auf der Höhe des Hinterrandes der Choanen. Vorderkopf breit abgeplattet, etwa $1^1/_2$mal so lang wie der Augendurchmesser, mit deutlichem, wenn auch nicht hervortretendem Canthus rostralis; Interorbitalraum schwach vertieft; Trommelfell ziemlich klein, rundlich, $^2/_3$ so breit wie das Auge. Gliedmaßen schlank; 1. Finger länger als der 2., an seiner Basis verbreitert oder mit angewachsenem Pollexrudiment; Finger nur an der Basis, Zehen an der Basis oder bis zur Hälfte ihrer Länge durch Schwimmhaut verbunden; Haftscheiben an Finger und Zehenspitzen gut entwickelt, rund, flach, kleiner als das Trommelfell; ein keilförmiger, medialer Metatarsalhöcker vorhanden, ebenso eine schwache Tarsalfalte. Haut oben glatt, rings um das Trommelfell, im unteren Teile der Flanken, in den Weichen, in der hinteren Beckenregion und namentlich auf dem Bauche gekörnelt. Unterseite der Vorderbeine und Oberschenkel fein gekörnelt. Oben schieferfarbig, mit 2 breiten, vom Auge bis zum hinteren Körperende ziehenden, in der hinteren Hälfte unterbrochenen, dunklen Längsbinden. Rumpfseiten mehr grau, mit zahlreichen, runden, dunklen Flecken in der Weichengegend. Beine oben schwarz, mit unregelmäßigen, dunklen Flecken; alle dunklen Flecke sind hell gesäumt. Unterseite bräunlich. Hinterseite der Oberschenkel schieferfarbig und weiß gesprenkelt. L. 48 mm.

Rio Bamba (Ecuador).

157. **H. quitoe** H. W. Fowler 1913 *H. q.*, H. W. Fowler in: P. Ac. Philad., v. 65 p. 159 t. 7 obere Figuren (Habitus, Mundhöhle).

Kopf und Rumpf breit, abgeplattet, letzterer etwas schmaler als der Kopf. Zunge ziemlich breit, eiförmig, ganzrandig, im letzten $^1/_4$ ihrer Länge frei abhebbar. Gaumenzähne in 2 kurzen, einen nach vorn offenen Winkel miteinander bildenden Reihen zwischen den hinteren Hälften der Choanen. Vorderkopf abgeplattet, $1^1/_3$mal so lang wie der Augendurchmesser, mit nicht sehr deutlichem Canthus rostralis; Interorbitalraum etwas abgeplattet; Trommelfell ein senkrechtes Ovoid, sein senkrechter Durchmesser ist $^3/_4$ so breit wie das Auge. Gliedmaßen schlank; 1. Finger eine Kleinigkeit länger als der 2., an der Basis verdickt durch ein Pollexrudiment; Finger an der Basis, Zehen zur Hälfte ihrer Länge durch Schwimmhaut verbunden; Haftscheiben der Finger- und Zehenspitzen mäßig entwickelt, viel kleiner als das Trommelfell; Metatarsalhöcker nicht sichtbar, aber eine schwache Tarsalfalte vorhanden. Haut oben glatt; Unterseite, unterer Teil der Flanken, Unter- und Hinterseite der Hinterbeine mehr oder weniger gekörnelt; Umgegend des Trommelfells und Unterseite der Vorderbeine glatt. Färbung oben mehr oder weniger grau, mit schwachem hellgrünem oder schieferfarbenem Ton; Oberlippe, Vorderkopfspitze und Kehle grauweiß; ein blaß blaugrauer Streifen zieht von der Kopfspitze zum Auge und von diesem als breite, schwarze, oben und unten weißlich oder grau gesäumte Binde über das Trommelfell hinweg zu den Weichen; von dem als weiße Linie hervortretenden Canthus rostralis an zieht ein blaß blaugrauer Streifen über das obere Augenlid hinweg bis zum hinteren Körperende; alle diese bläulichen Binden sind schwarz gesäumt. Gliedmaßen oben von der Farbe des Rückens, mit undeutlicher, dunkelschieferfarbener Fleckenzeichnung, unten einfarbig blaß hellbraun. Bauch blaß grünlichgrau getönt, schwach dunkelgrau gemustert. L. 20 mm.

Quito (Ecuador).

158. **H. chimboe** H. W. Fowler 1913 *H. c.*, H. W. Fowler in: P. Ac. Philad., *v.* 65 p. 157 t. 6 obere Figuren (Habitus, Mundhöhle).

Kopf und Rumpf breit, stark abgeplattet; Kopf etwa ebenso breit wie der Rumpf. Zunge breit oval, hinten abgerundet, ganzrandig, in ihrem letzten Viertel frei abhebbar. Gaumenzähne in 2 schmalen, nach hinten konvergierenden, mit ihrem Vorderende bis zwischen die Choanen reichenden, hinter diesen liegenden Reihen. Vorderkopf ziemlich breit abgeplattet, etwa so lang wie der Augendurchmesser, mit nicht sehr deutlichem Canthus rostralis; Interorbitalraum ein wenig vertieft; Trommelfell ziemlich klein, ein senkrechtes Ovoid, dessen Länge $^4/_7$ so breit ist wie das Auge. Gliedmaßen schlank; Finger nur an der Basis, Zehen ebenfalls nur an der Basis, oder jedenfalls weniger als zur Hälfte ihrer Länge durch Schwimmhaut verbunden; 1. Finger länger als der 2., an der Basis verbreitert oder mit angewachsenem Pollexrudiment; Haftscheiben an Fingern und Zehen gut entwickelt, rund, flach, viel kleiner als das Trommelfell; Tarsalfalte fehlt. Haut oben fein gekörnelt oder fast glatt, auf der ganzen Unterseite mehr oder weniger dicht gekörnelt, am stärksten am Bauche. Färbung oben einfarbig schwärzlich, unten blaßbräunlich; Bauch undeutlich dunkel gesprenkelt; ebenso die Ränder der Hinterbeine. L. 37 mm.

Chimbo (Ecuador), in 3000—3250 m Höhe.

159. **H. quinquefasciata** H. W. Fowler 1913 *H. q.*, H. W. Fowler in: P. Ac. Philad., *v.* 65 p. 160 t. 7 untere Figuren (Habitus, Mundhöhle).

Kopf und Rumpf breit, abgeplattet, letzterer etwas breiter als der Kopf. Zunge breit, rundlich, hinten deutlich eingeschnitten und im letzten $^1/_4$ ihrer Länge frei abhebbar. Gaumenzähne in 2 deutlich getrennten Gruppen in einer fast geraden oder kaum nach hinten winklig vorspringenden Linie zwischen den hinteren Hälften der Choanen. Vorderkopf abgeplattet, von oben gesehen etwa dreieckig, $1^1/_2$mal so lang wie das Auge, mit nicht sehr deutlichem Canthus rostralis; Interorbitalraum flach, fast eben; Trommelfell rundlich, $^4/_5$ so breit wie das Auge. Gliedmaßen schlank; 1. Finger etwas kürzer als der 2., an seiner Basis wenig verbreitert; Finger ohne Schwimmhaut, Zehen fast völlig durch Schwimmhaut verbunden; Haftscheiben an Finger- und Zehenspitzen breit und flach, viel kleiner als das Trommelfell; 2 kleine Metatarsalhöcker, sowie eine schwache Tarsalfalte vorhanden. Oberseite glatt, mit einigen verstreuten kleinen Höckern auf dem Rücken. Unterseite meist glatt, nur auf dem Bauche, in der unteren Hälfte der Flanken und unter den Oberschenkeln spärlich gekörnelt; eine Hautfalte zieht quer über die Brust. Färbung trüb- oder blaßbräunlich, unten heller als auf der

Oberseite; Rücken mit 5 dunklen Längsbinden, von denen die mittelste sich vorn in 2 bis auf die Augenlider reichende Äste gabelt; Oberseite der Beine, besonders des Ober- und Unterschenkels, mit scharfen, dunklen Querbinden. Hinterseite der Oberschenkel schwarz gesprenkelt. L. 30 mm.

Chimbo (Ecuador), in 3000—3270 m Höhe.

160. **H. funerea** (Cope) 1874 *Scytopis funereus*, E. D. Cope in: P. Ac. Philad., p. 123 | 1882 *Hyla funerea*, Boulenger, Cat. Batr. sal. Brit. Mus., ed. 2 p. 404.

Gaumenzähne in 2 kurzen Gruppen zwischen den Choanen. Kopf oval; Vorderkopf schmal, so lang wie der Augendurchmesser; Trommelfell $^1/_2$ so breit wie der Augendurchmesser. Finger frei von Schwimmhaut; an der 4. Zehe reicht die Schwimmhaut bis zur Basis des vorletzten Gliedes; kein vorspringendes Pollexrudiment vorhanden. Bei nach vorn an den Körper angelegtem Hinterbein reicht das Tibiotarsalgelenk beträchtlich über die Vorderkopfspitze hinaus. Rücken mit sehr wenigen verstreuten Erhöhungen; Bauch fein gekörnelt. Färbung dunkelbraun oder schwärzlich, mit einer breiten, schwarzen Querbinde zwischen den Augen und verschiedenen Querbinden auf Arm, Ober- und Unterschenkel und Tarsus; Hinterseite der Oberschenkel einfarbig; einige schwarze Flecke in der hinteren Hälfte der Flanken. Kehle und Brust schwarz punktiert. L. 44 mm.

Moyobamba (Peru).

161. **H. melanopleura** Blgr. 1912 *H. m.*, Boulenger in: Ann. nat. Hist., ser. 8 *v.* 10 p. 185.

Zunge kreisrund, ganzrandig, hinten wenig abhebbar. Gaumenzähne in 2 Gruppen oder kurzen Querreihen zwischen den ziemlich großen Choanen. Kopf mäßig groß, breiter als lang; Vorderkopf kurz, abgerundet, so lang wie das Auge, mit stumpfem Canthus rostralis und schräg abfallender, vertiefter Zügelregion; Nasenlöcher gleichweit von Auge und Vorderkopfspitze entfernt; Interorbitalraum so breit wie ein oberes Augenlid; Trommelfell deutlich, $^2/_3$ so breit wie das Auge. Haftscheiben der Finger kleiner als das Trommelfell, ein vorspringendes Pollexrudiment vorhanden; Finger zu $^1/_4$, Zehen zu $^3/_4$ ihrer Länge durch Schwimmhaut verbunden; Subarticularhöcker mäßig vorspringend; eine schwache Tarsalfalte vorhanden. Bei nach vorn an den Körper angelegtem Hinterbein reicht das Tibiotarsalgelenk zwischen Auge und Vorderkopfspitze; Tibia $^1/_2$ so lang wie die Kopfrumpflänge. Haut glatt, auf dem Bauche und der Unterseite der Schenkel gekörnelt. Oben grau- oder rötlichbraun, Seiten schwärzlich; Rücken braun gefleckt oder punktiert, Seiten weiß punktiert; Oberlippe weiß. Gliedmaßen mit unregelmäßigen, dunklen Querbinden. Unterseite schmutzig weiß, manchmal dunkelbraun gesprenkelt. L. 50 mm.

♂ mit subgularer Schallblase.

Huancabamba (Ostperu), in 900 m Höhe.

162. **H. armata** Blgr. 1902 *H. a.*, Boulenger in: Ann. nat. Hist., ser. 7 *v.* 10 p. 394.

Zunge kreisrund, ganzrandig, hinten wenig frei abhebbar. Gaumenzähne in 2 sehr kräftigen, kurzen Querreihen hinter der Verbindungslinie der Choanen. Kopf breiter als lang; Vorderkopf abgerundet, kaum so lang wie der Augendurchmesser, mit deutlichem Canthus rostralis und schief abfallender, vertiefter Zügelregion; Interorbitalraum so breit wie ein oberes Augenlid; Trommelfell mäßig deutlich, etwa $^1/_3$ so breit wie das Auge. Finger an der Basis, Zehen fast völlig durch Schwimmhaut verbunden. Haftscheiben der Finger etwas mehr als $^1/_2$ so breit wie das Auge, die der Zehen etwas kleiner; kein vorspringendes Pollexrudiment vorhanden; Subarticularhöcker mäßig groß; keine Tarsalfalte vorhanden. Bei nach vorn an den Körper angelegtem Hinterbein reicht das Tibiotarsalgelenk zwischen Auge und Vorderkopfspitze. Oberseite mit kleinen glatten Warzen besetzt, Bauch und Unterseite der Oberschenkel gekörnelt. Oben graubraun, dunkler gefleckt oder marmoriert; Seiten weiß, breit dunkelbraun marmoriert. Hinterbeine mit durch schmale helle Zwischenräume getrennten dunklen Querbinden. Unterseite graubraun. L. 64 mm.

♂ mit innerer Schallblase und mit großen, schwarzen, mehrspitzigen Brunstschwielen, eine unter dem Arm, 2 dicht zusammen auf der Medialseite des 1. Fingers.

La Paz (Bolivien), in 4000 m Höhe.

163. **H. rufopunctata** L. G. Anderss. 1906 *H. r.*, L. G. Andersson in: Ark. Zool., *v.* 3 nr. 12 p. 18 t. 1 f. 4, 4a, b (Habitus, Gaumenzähne, Vorderfuß).

Zunge breit, herzförmig. Gaumenzähne in 2, einen offenen Bogen bildenden, gebogenen Gruppen hinter den mäßig großen Choanen. Vorderkopf so lang wie das Auge, an der Spitze etwas abgestutzt, mit ziemlich deutlichem Canthus rostralis und flacher Zügelregion; Interorbitalraum beträchtlich breiter als ein oberes Augenlid; Trommelfell unsichtbar. Schwimmhaut an der Hand nur zwischen den lateralen Fingern in einer Spur vorhanden, am Fuße bis zu den Haftscheiben reichend, außer an der 4. Zehe, an der die beiden letzten Glieder frei bleiben; Haftscheiben der Finger und Zehen klein, Hinterbeine lang und schlank; bei nach vorn an den Körper angelegtem Hinterbein reicht das Tibiotarsalgelenk etwas über die Vorderkopfspitze hinaus. Haut glatt, unter dem Bauche und unter den Schenkeln gekörnelt. Grundfarbe bläulichgrau, auf dem Hinterrücken einförmig hellgrau, Kopf und Vorderrücken dicht mit kleinen, roten Flecken besetzt; eine breite, braune, oben weiß gerandete Binde zieht von der Vorderkopfspitze durch das Auge und endet verschmälert etwas vor den Weichen; Oberlippe weiß gerandet. Unterseite und Beine einfarbig gelblichbraun, abgesehen von einem schmalen, braunen Streifen längs der Lateralseite des Unterschenkels. L. 21,5 mm.

Lagunillas (Bolivien).

164. **H. palpebrogranulata** L. G. Anderss. 1906 *H. p.*, L. G. Andersson in: Ark. Zool., *v.* 3 nr. 12 p. 14 t. 1 f. 2, 2a, b (Habitus, Gaumenzähne, Vorderfuß).

Zunge breit, annähernd kreisrund, ganzrandig, hinten etwas frei abhebbar. Gaumenzähne in 2 kurzen, schwach gebogenen Gruppen in fast gerader Reihe auf der Höhe des Hinterrandes der mittelgroßen Choanen. Vorderkopf etwas abgestutzt, länger als der Augendurchmesser, mit rundlichem Canthus rostralis und vertiefter Zügelregion; Nasenlöcher nahe der Vorderkopfspitze; Interorbitalraum beträchtlich breiter als ein oberes Augenlid; Trommelfell sehr deutlich, kaum $^1/_2$ so breit wie das Auge. Finger nur an der Basis durch Schwimmhaut verbunden, letztere reicht an der 4. Zehe bis zum vorletzten Gliede, an den übrigen Zehen bis zu den Haftscheiben; diese an den Zehen beträchtlich, an den Fingern nur wenig kleiner als das Trommelfell. Bei nach vorn an den Körper angelegtem Hinterbein reicht das Tibiotarsalgelenk bis zur Vorderkopfspitze. Oberseite des Körpers mit deutliche Drüsenporen aufweisenden Höckern; oberes Augenlid, Rumpfseiten und Unterseite von Rumpf und Schenkeln dicht gekörnelt; eine schwache Hautfalte oberhalb des Trommelfells. Oben hellbraun mit dunkler Zeichnung, bestehend aus einem vorderen Y-förmigen, mit seinen Gabelästen auf den Augen beginnenden Flecken, an den sich auf dem Hinterrücken ein großer, einen Inselfleck der hellen Grundfarbe umschließender, dunkler Fleck anschließt. Sowohl von den hellen, wie von den dunklen Partien hebt sich ein mehr oder weniger deutliches Netzwerk feiner, dunkler Linien ab. Ein breites, dunkles, oben hellgesäumtes Band zieht vom Auge über das Trommelfell hinweg zur Achsel und gabelt sich hier in je einen an den Rumpfseiten entlang weiter ziehenden und einen auf den Oberarm übergehenden Ast; Gliedmaßen mit breiten, sehr deutlichen Querbinden. Unterseite weiß mit schwarzem Schatten auf dem Bauche, die weißen Körnchen sind ebenso wie auf den Flanken durch ein Netzwerk voneinander getrennt. L. 33 mm.

Tatarenda (Bolivien).

165. **H. albonigra** nom. nov. Nieden 1841 *H. zebra* (non G. Shaw 1802), C. Duméril & G. Bibron, Erpét., *v.* 8 p. 575—1847 *H. z.*, Orbigny, Voy. Amér. mérid., *v.* 51 p. 11 t. 14 f. 5—7 (Habitus, Mundhöhle) | 1882 *H. z.*, Boulenger, Cat. Batr. sal. Brit. Mus., ed. 2 p. 375 | 1887 *H. z.*, Boulenger in: Ann. nat. Hist., ser. 5 *v.* 20 p. 299 | 1896 *H. z.*, C. Berg in: An. Mus. Buenos Aires, *v.* 5 p. 204.

Zunge kreisrund, undeutlich eingeschnitten, im hintersten $^1/_4$ ihrer Länge frei abhebbar. Gaumenzähne in 2 kleinen Gruppen mitten zwischen den mäßig großen, die Tubae Eustachii etwas an Größe übertreffenden Choanen. Kopf etwas breiter als lang; Vorderkopf abgerundet, fast so lang wie der Augendurchmesser, mit stumpfem Canthus rostralis und fast senkrecht abfallender Zügelregion; Nasenloch näher der Vorderkopfspitze als dem Auge; Interorbitalraum so breit wie ein oberes Augenlid; Trommelfell sehr deutlich, $^1/_2$ so breit wie das Auge. Finger zu $^1/_3$, Zehen zu $^2/_3$ ihrer Länge durch Schwimmhaut verbunden; ein deutliches Pollexrudiment vorhanden; Haftscheiben etwas kleiner als das Trommelfell; Subarticularhöcker mäßig groß; eine starke Tarsalfalte vorhanden. Bei nach vorn an den Körper angelegtem Hinterbein reicht das Tibiotarsalgelenk halbwegs zwischen Auge und Vorderkopfspitze. Oberseite mit auf Kopf und Beinen am deutlichsten hervortretenden, aber auch auf dem Rücken vorhandenen Drüsen; Kehle fein. Bauch und Unterseite der Schenkel grob gekörnelt. Oben braun, mit großen, schwärzlichen Flecken an den Seiten und mit schwärzlichen, mit hellen Binden abwechselnden Querbinden auf der Vorder- und Hinterseite der Schenkel. Bauch weiß; Kehle braun. L. 63 mm.

Bolivien[1]).

166. **H. aluminiata** L. G. Anderss. 1906 *H. a.*, L. G. Andersson in: Ark. Zool., *v.* 3 nr. 12 p. 16 t. 1 f. 3, 3a, b (Habitus, Gaumenzähne, Vorderfuß).

Körperform sehr schlank. Zunge herzförmig. Gaumenzähne in 2 gebogenen Reihen zwischen und hinter den großen Choanen. Nasenlöcher nahe der abgestutzten Vorderkopfspitze; Vorderkopf so lang wie der Augendurchmesser; Trommelfell unsichtbar oder kaum sichtbar, mehr als $^1/_2$ so breit wie das Auge und beträchtlich größer als die Haftscheiben der Finger und Zehen. Die 3 lateralen Finger an ihrer Basis durch kurze Schwimmhaut, Zehen zu $^2/_3$ ihrer Länge durch Schwimmhaut verbunden. Bei nach vorn an den Körper angelegtem Hinterbein reicht das Tibiotarsalgelenk zwischen Auge und Vorderkopfspitze. Haut oben, am Kinn und an der Kehle glatt, am Bauche und unter den Schenkeln gekörnelt. Grundfärbung bläulich-weiß

---

1) Nicht Buenos Aires, wie von C. Duméril & G. Bibron und von Boulenger ll. cc. irrtümlich angegeben wird!

mit kleinen, ovalen, scharf begrenzten, dunklen Flecken. Vorderkopf einfarbig silberweiß oder mit einigen verstreuten Flecken. Ein schwarzer Dorsolateralstreifen zieht von der Vorderkopfspitze durch das Auge fast bis zu den Weichen. Gliedmaßen und Unterseite einfarbig hell. L. 18 mm.

San Fermin (Bolivien) und Chaquimayo (Peru).

167. **H. steinbachi** Blgr. 1905 *H. S.*, Boulenger in: Ann. nat. Hist., ser. 7 *v.* 16 p. 182.

Zunge kreisrund, ganzrandig, oder undeutlich eingeschnitten, hinten wenig frei abhebbar. Gaumenzähne in 2 schwach gekrümmten, schräg gestellten, ein mit der Spitze nach vorn gerichtetes Hufeisen bildenden Reihen auf der Höhe des Hinterrandes der sehr großen Choanen. Kopf so lang wie breit; Vorderkopf abgerundet, so lang wie der Augendurchmesser, mit schwachem, wenig gebogenem Canthus rostralis und schräg abfallender, vertiefter Zügelregion; Nasenlöcher nahe der Vorderkopfspitze; Interorbitalraum so breit wie ein oberes Augenlid; Trommelfell deutlich, $^3/_5$ so breit wie das Auge. Laterale Finger durch eine Spur von Schwimmhaut, Zehen zu $^2/_3$ ihrer Länge durch solche verbunden; Haftscheiben kaum $^1/_2$ so groß wie das Auge; kein deutliches Pollexrudiment vorhanden; Subarticularhöcker gut entwickelt; keine Tarsalfalte vorhanden. Bei nach vorn an den Körper angelegtem Hinterbein reicht das Tibiotarsalgelenk etwas über die Vorderkopfspitze hinaus. Haut oben glatt, am Bauche und unter den Oberschenkeln gekörnelt; Ferse mit einem spitzen Hautanhang. Oben rötlichgrau, mit verstreuten, dunklen Punkten und ziemlich undeutlichen, welligen Längsbinden. Eine violettbraune Längslinie in der Rückenmitte, eine andere gleichförmige Linie auf dem Canthus rostralis und der Schläfe, sich zuweilen an den Rumpfseiten fortsetzend. Beine mit unscharfen, dunklen Querbinden. Unterseite weiß. L. 35 mm.

Provinz Sara (Bolivien).

168. **H. callipleura** Blgr. 1902 *H. c.*, Boulenger in: Ann. nat. Hist., ser. 7 *v.* 10 p. 394.

Zunge annähernd kreisrund, ganzrandig oder undeutlich eingeschnitten, hinten etwas frei abhebbar. Gaumenzähne in 2 schrägen, ein mit der Spitze nach vorn gerichtetes Hufeisen bildenden Reihen zwischen den sehr großen Choanen. Kopf so lang wie breit oder etwas breiter als lang; Vorderkopf abgerundet, so lang wie der Augendurchmesser, mit deutlichem Canthus rostralis und schief abfallender, schwach vertiefter Zügelregion; Interorbitalraum so breit wie ein oberes Augenlid; Trommelfell sehr deutlich, $^3/_5$ oder $^2/_3$ so breit wie das Auge. Die 3 lateralen Finger zu $^1/_3$, Zehen zu $^3/_4$ ihrer Länge durch Schwimmhaut verbunden; Haftscheiben kleiner als das Trommelfell; ein deutliches Pollexrudiment vorhanden; Subarticularhöcker schwach entwickelt; keine Tarsalfalte vorhanden. Bei nach vorn an den Körper angelegtem Hinterbein reicht das Tibiotarsalgelenk bis zur Vorderkopfspitze. Haut oben glatt, unten gekörnelt. Oben grau oder braun, mit oder ohne dunklere Flecke, mit mehr oder weniger deutlichen, dunklen, zuweilen helle Flecke umschließenden Querbinden, von denen die erste zwischen den Augen liegt; ein dunkler Streifen auf dem Canthus rostralis und der Schläfe. Beine mit mehr oder weniger deutlichen, dunklen Querbinden. Flanken und Hinterseite der Oberschenkel schwärzlich braun, mit runden, weißen Flecken, oder weiß gebändert oder marmoriert. Beine grün. L. 45 mm.

Bolivien, in 500—1350 m Höhe.

169. **H. balzani** Blgr. 1898 *H. b.*, Boulenger in: Ann. Mus. Genova, ser. 2 *v.* 19 p. 132.

Zunge kreisrund, ganzrandig, hinten kaum frei abhebbar. Gaumenzähne in 2 schiefen Reihen auf der Höhe des Choanenhinterrandes, ein mit der Spitze nach vorn gerichtetes Hufeisen bildend. Kopf so lang wie breit; Vorderkopf abgerundet, so lang wie der Augendurchmesser, mit schwach angedeutetem Canthus rostralis und vertiefter Zügelregion; Interorbitalraum etwas breiter als ein oberes Augenlid; Trommelfell deutlich, $^2/_3$ so breit wie das Auge. Laterale Finger zu $^1/_3$ ihrer Länge, Zehen fast völlig durch Schwimmhaut verbunden; Haftscheiben kleiner als das Trommelfell; ein sehr starkes Pollexrudiment vorhanden. Bei nach vorn an den Körper angelegtem Hinterbein erreicht das Tibiotarsalgelenk die Vorderkopfspitze. Haut oben glatt, unten, einschließlich der Kehle, spärlich gekörnelt. Oben blaß graubraun, fein schwarz gesprenkelt; Oberlippe weiß; einige weiße Flecke auf den Flanken. L. 33 mm.

♂ mit innerer Schallblase.

Provinz Yungas (Bolivien), in 1600 m Höhe.

170. **H. spegazzinii** Blgr. 1889 *H. s.*, Boulenger in: Ann. Mus. Genova, ser. 2 *v.* 7 p. 247 t. 2 f. 1, 1a (Habitus, Mundhöhle) | 1904 *H. S.*, Méhely in: Ann. Mus. Hungar., *v.* 2 p. 225.

Zunge annähernd oval, ganzrandig, hinten wenig frei abhebbar. Gaumenzähne in 2 winkeligen /‾‾\\-förmig angeordneten Reihen zwischen den mäßig großen Choanen. Kopf so lang wie breit; Vorderkopf abgerundet, so lang wie oder etwas länger als der Augendurchmesser, mit stumpfem, geradem Canthus rostralis und nicht sehr schiefer, kaum vertiefter Zügelregion; Nasenloch viel näher bei der Vorderkopfspitze als beim Auge; Interorbitalraum so breit wie oder breiter als ein oberes Augenlid; Trommelfell sehr deutlich, $^2/_3$—$^3/_4$ so breit wie das Auge. Finger zu $^1/_4$, Zehen zu $^3/_4$ ihrer Länge durch Schwimmhaut verbunden; ein schwach vorspringendes Pollexrudiment vorhanden; Haftscheiben $^1/_2$—$^2/_3$ so groß wie das Trommelfell; Subarticularhöcker gut, Tarsalfalte schwach entwickelt. Bei nach vorn an den Körper angelegtem Hinterbein reicht das Tibiotarsalgelenk bis zur Vorderkopfspitze oder über diese hinaus. Haut oben glatt; eine Drüsenfalte zieht vom Augenhinterrand an über dem Trommelfell hinweg; Bauch und Unterseite der Schenkel gekörnelt. Oben braun, dunkel marmoriert, mit oder ohne dunkelbraune Längslinie in der Rückenmitte; Zügel und Schläfengegend dunkelbraun; Supratemporalfalte schwarz. Flanken mit senkrechten, dunklen Binden. Beine mit dunklen, auf der Hinterseite der Oberschenkel dunkelbraunen oder schwarzen Querbinden; Hinterseite von Unterarm und Hinterfuß zuweilen mit einem weißen Längsstreifen. Unterseite weiß, Kehle braun gesprenkelt. L. 67 mm.

♂ mit großer, äußerer Schallblase.

Bolivien, Paraguay, Argentinien.

171. **H. phrynoderma** Blgr. 1889 *H. p.*, Boulenger in: Ann. Mus. Genova, ser. 2 *v.* 7 p. 248 t. 2 f. 3, 3a (Habitus, Mundhöhle) | 1904 *H. p.*, Méhely in: Ann. Mus. Hungar., *v.* 2 p. 228.

Zunge annähernd kreisrund, hinten undeutlich eingeschnitten und wenig frei abhebbar. Gaumenzähne in 2 kurzen, dicht zusammenstehenden Querreihen zwischen den ziemlich kleinen Choanen. Kopf so lang wie breit; Vorderkopf abgerundet, schwach vorspringend, so lang wie oder länger als der Augendurchmesser, ohne Canthus rostralis, mit sehr schwach vertiefter Zügelregion; Nasenloch viel näher bei der Vorderkopfspitze als beim Auge, sein Abstand von letzterem viel größer als der Augendurchmesser; Interorbitalraum mindestens so breit wie ein oberes Augenlid; Trommelfell sehr deutlich, $^2/_3$—$^3/_4$ so breit wie das Auge. Finger frei von Schwimmhaut, Zehen fast völlig durch Schwimmhaut verbunden; kein vorspringendes Pollexrudiment vorhanden; Haftscheiben $^2/_3$—$^4/_5$ so groß wie das Trommelfell; Subarticularhöcker gut entwickelt; Tarsalfalte fehlt. Bei nach vorn an den Körper angelegtem Hinterbein reicht das Tibiotarsalgelenk bis zum Vorderrand des Auges oder zwischen letzteres und das Nasenloch. Oberseite mit zahlreichen kleinen, runden, ungleich großen Warzen besetzt; eine Hautfalte über dem Trommelfell; Kehle, Bauch und die übrige Unterseite gekörnelt. Oben olivengrau, mit dunkler Zeichnung in Gestalt eines großen, sattelförmigen Fleckes in der Sacralregion, eines dreieckigen, mit der Spitze nach hinten gerichteten Fleckes zwischen den Augen, eines gebogenen Streifens hinter jedem Auge und senkrechter Binde auf der Oberlippe. Gliedmaßen dunkel quergebändert; Hinterseite der Oberschenkel dunkelbraun marmoriert. Unterseite schmutzig weiß, mehr oder weniger reichlich braun gesprenkelt. L. 45 mm.

♂ mit äußerer Schallblase.

Paraguay, Argentinien.

172. **H. nasica** Cope 1862 *H. n.*, E. D. Cope in: P. Ac. Philad., p. 354 | 1867 *H. Vauterii*, Hensel in: Arch. Naturg., v. 33 I p. 157 | 1871 *H. granulata*, Peters in: Monber. Ak. Berlin, p. 651[1]) | 1882 *H. nasica*, Boulenger, Cat. Batr. sal. Brit. Mus., ed. 2 p. 376 | 1885 *H. n.*, O. Boettger in: Z. Naturw., ser. 4 v. 4 p. 247 | 1889 *H. n.*, Boulenger in: Ann. Mus. Genova, ser. 2 v. 7 p. 248 t. 2 f. 4 | 1904 *H. n.*, Méhely in: Ann. Mus. Hungar., v. 2 p. 227.

Zunge annähernd kreisrund, hinten schwach ausgerandet. Gaumenzähne in 2 kurzen, dicht zusammenstehenden, zuweilen aneinander stoßenden Reihen mitten zwischen den Choanen, oder auf der Höhe von deren Vorderrand. Kopf ziemlich klein, etwa so lang wie breit; Vorderkopf etwas zugespitzt, $1^1/_2$—$1^2/_3$ mal so lang wie der Augendurchmesser, mit undeutlichem oder ganz ohne Canthus rostralis und mit schief abfallender Zügelregion; Abstand der Nasenlöcher von den Augen so groß wie der Durchmesser der letzteren; Interorbitalraum breiter als ein oberes Augenlid; Trommelfell sehr deutlich, wenig mehr als $^1/_2$ so breit wie der Augendurchmesser. Finger frei oder nur durch eine schwache Spur von Schwimmhaut an ihrer Basis, Zehen zu $^2/_3$ ihrer Länge durch Schwimmhaut verbunden; 1. Finger viel kürzer als der 2.; Haftscheiben etwa $^2/_3$ so breit wie das Trommelfell; Subarticularhöcker mäßig entwickelt; außer einem großen medialen ein kleiner, lateraler Metatarsalhöcker, aber keine Tarsalfalte vorhanden. Bei nach vorn an den Körper angelegtem Hinterbein reicht das Tibiotarsalgelenk bis zwischen Auge und Nasenloch oder bis zur Vorderkopfspitze. Haut oben mehr oder weniger, aber stets deutlich, am Bauche stark, an der Kehle fein gekörnelt; eine gebogene Hautfalte zieht oberhalb des Trommelfells vom Auge zur Schulter. Färbung sehr wechselnd, von dunkelrotbraun durch grau- oder gelblichbraun bis hellbraun oder aschgrau. Oberseite in der Regel mit dunklen Flecken, namentlich mit einer Querbinde oder einem dreieckigen, mit der Spitze nach hinten gerichteten Fleck zwischen den Augen; ein dunkler Streifen zieht vom Nasenloch zum Auge und auf der Postorbitalfalte zur Schulter. Flanken

1) Typ untersucht!

schwach, Weichen und Vorder- und Hinterseite des Oberschenkels stark gelblichgrau bzw. gelblich und schwarz marmoriert; Gliedmaßen quer gebändert. Unterseite weißlich, einfarbig oder Kehle braun gesprenkelt. L. bis 48 mm.

♂ mit unpaarer Schallblase.

Bolivien, Paraguay, Südbrasilien.

173. **H. palliata** Cope 1863 *H. p.*, E. D. Cope in: P. Ac. Philad., p. 47 | 1882 *H. p.*, Boulenger, Cat. Batr. sal. Brit. Mus., ed. 2 p. 394.

Zunge oval, ausgerandet. Gaumenzähne in einer kurzen, ununterbrochenen Reihe hinter den Choanen. Vorderkopf vorspringend, abgestutzt, länger als der dem Abstand des Nasenloches vom Auge gleichkommende Augendurchmesser, mit nicht vertiefter Zügelregion; Interorbitalraum breiter als der Augendurchmesser; Trommelfell $^1/_6$ so breit wie der Augendurchmesser. Die 3 lateralen Finger zu $^1/_3$ ihrer Länge, Zehen bis zur Basis des vorletzten Gliedes durch Schwimmhaut verbunden; ein deutliches Pollexrudiment vorhanden. Bei nach vorn an den Körper angelegtem Hinterbein reicht das Tibiotarsalgelenk bis zur Augenmitte. Haut oben glatt; Kehle nicht gekörnelt. Oberseite von Kopf und Rumpf blaß ockerfarben, scharf abgesetzt von der graubraunen Färbung der Lippen und Zügelgegend, der Gliedmaßen und der Unterseite. L. 19 mm.

♂ mit unpaarer Schallblase.

Paraguay.

174. **H. anisitzi** (Méh.) 1904 *Hylella A.*, Méhely in: Ann. Mus. Hungar., *v.* 2 p. 229 t. 13 f. 13, 14 (Habitus, Skelett der 4. Zehe).

Zunge annähernd kreisrund, ganzrandig, hinten wenig frei abhebbar. Gaumenzähne fehlen. Kopf breiter als lang. Vorderkopf abgerundet, $1^2/_3$mal so lang wie der Augendurchmesser, ohne Canthus rostralis, mit schief abfallender, vorgewölbter Zügelregion; Abstand des Nasenloches vom Auge gleich dem Durchmesser des letzteren; Interorbitalraum deutlich breiter als ein oberes Augenlid; Trommelfell sehr deutlich, $^1/_2$ so breit wie der Augendurchmesser. 1. Finger viel kürzer als der 2.; Finger durch eine schwache Spur von Schwimmhaut, Zehen zu $^2/_3$ ihrer Länge durch Schwimmhaut verbunden; Haftscheiben fast $^2/_3$ so breit wie der Durchmesser des Trommelfells; Subarticularhöcker gut entwickelt; ein großer medialer und ein kleiner, lateraler Metatarsalhöcker vorhanden. Bei nach vorn an den Körper angelegtem Hinterbein reicht das Tibiotarsalgelenk bis zur Augenmitte. Haut mit sehr kleinen, verstreuten Körnchen besetzt; Kehle, Bauch und Unterseite der Oberschenkel gekörnelt; eine Hautfalte zieht im Bogen um das Trommelfell herum zum Arm. Oben grau, mit dunklen Flecken zwischen den Augen, und mit 2 Paar unregelmäßig gerandeten, nach hinten hin in Flecke aufgelösten Längsbinden, von denen das eine Paar hinter den Augen beginnt, das andere Paar von der Vorderkopfspitze durch das Auge und oberhalb des Trommelfells hin zu den Weichen zieht; Oberlippe undeutlich dunkelgrau gefleckt. Beine quer gebändert; Hinterseite der Oberschenkel undeutlich schwärzlichgrau gefleckt. Unterseite gelblichweiß, Kehle grau gesprenkelt. L. 22 mm.

Paraguay.

175. **H. riojana** Kosl. 1895 *H. r.*, Koslowsky in: Revista Mus. La Plata, *v.* 6 p. 360 t. 2 (Habitus, Mundhöhle).

Zunge hinten stark eingeschnitten, wenig frei abhebbar, in ihrem vorderen Teile mit 2 kleinen Vorsprüngen versehen, die bei manchen Exemplaren an ihrem lateralen Rande ausgebuchtet sind. Gaumenzähne in 2 kleinen Gruppen mitten zwischen den Choanen. Kopf breiter als lang. Vorderkopf abgerundet, doppelt so lang wie der Augendurchmesser; Interorbitalraum 3mal so breit wie der Augendurchmesser, etwas vertieft; Trommelfell deutlich sichtbar, um $^1/_3$ kleiner als das Auge. Finger nur an der Basis, Zehen fast völlig durch Schwimmhaut verbunden. Haftscheiben der Finger etwas kleiner als das Trommelfell, etwas größer als die der Zehen; eine Hautfalte zieht über die Unterseite des Tarsus und setzt sich auf die Lateralseite der 1. Zehe fort. Bei nach vorn an den Körper angelegtem Hinterbein reicht das Tibiotarsalgelenk deutlich über das Auge hinaus, fast bis zur Vorderkopfspitze. Haut oben glatt, unten, auch unter den Hinterbeinen, flach gekörnelt. Färbung der Oberseite blaugrau mit zahlreichen, isabellfarbenen Flecken, die in der Schultergegend am größten und teilweise schwarz gerandet sind. Hinterseite der Oberschenkel braun und hellgrau marmoriert; der Unterschenkel zeigt auf der Oberseite quergestellte Flecke, ähnlich denen der Schultergegend. Unterseite weiß, mit einem feinen, braunen, von den Falten zwischen den Hautkörnchen gebildeten Netzwerk zwischen den Armen. L. ?

Prov. Rioja (Argentinien).

176. **H. faber** Wied 1821 *H. F.*, Wied, Reise Bras., *v.* 2 p. 249 | 1824 *H. geographica* var. sive *semilineata*, Spix, Spec. Testud. Ran. Bras., p. 40 t. 11 f. 2 | 1824 *H. Faber*, Wied, Abbild. Naturg. Bras., t. [40] f. 1, 2 | 1825 *H. F.*, Wied, Beitr. Naturg. Bras., *v.* 1 p. 519 | 1830 *Hypsiboas geographica* + *H. F.*, Wagler, Syst. Amph., p. 200, 201 | 1841 *Hyla palmata* (part.), C. Duméril & G. Bibron, Erpét., *v.* 8 p. 545 | 1856 *H. (Hylomedusa) p.* (non Daudin 1803), Burmeister, Erläut. Fauna Bras., p. 102 | 1858 *H. maxima* (part.), Alb. Günther, Cat. Batr. sal. Brit. Mus., p. 99 | 1862 *H. maxima* (non Laurenti 1768), J. Reinhardt & Lütken in: Vid. Meddel., *v.* 13 p. 183 | 1867 *H. m.* (non Laurenti 1768), Hensel in: Arch. Naturg., *v.* 33 I p. 156 | 1872 *H. Faber*, Peters in: Monber. Ak. Berlin, p. 218 | 1882 *H. f.*, Boulenger, Cat. Batr. sal. Brit. Mus., ed. 2 p. 351 | 1895 *H. f.*, Goeldi in: P. zool. Soc. London, p. 89 f. 1 (Brutstätten) | 1896 *H. f.*, C. Berg in: An. Mus. Buenos Aires, *v.* 5 p. 211 (mit weiteren Literaturangaben).

Zunge annähernd kreisrund, ganzrandig, oder undeutlich ausgerandet, völlig angeheftet. Gaumenzähne in ⁄ ∖- oder ( )-förmiger Anordnung zwischen den sehr großen Choanen. Kopf ziemlich groß, abgeplattet, breiter als lang; Vorderkopf abgerundet, $1^1/_2$mal so lang wie der Augendurchmesser, mit deutlichem Canthus rostralis und sehr schief abfallender, vertiefter Zügelregion; Oberseite des Kopfes vertieft; Interorbitalraum $1^1/_2$mal so breit wie ein oberes Augenlid; Trommelfell sehr deutlich, $^2/_3$ so breit wie der Augendurchmesser. Die 3 lateralen Finger zu $^1/_2$ ihrer Länge, Zehen fast völlig durch Schwimmhaut verbunden; ein deutliches Pollexrudiment vorhanden; Haftscheiben der Finger und Zehen kleiner als das Trommelfell; Subarticularhöcker stark vorspringend; eine schwache Tarsalfalte vorhanden. Bei nach vorn an den Körper angelegtem Hinterbein reicht das Tibiotarsalgelenk bis zur Vorderkopfspitze oder über diese hinaus. Oberseite völlig glatt, Bauch und Unterseite der Oberschenkel grob gekörnelt; eine Hautfalte zieht im Bogen vom Auge oberhalb des Trommelfells hin zur Schulter. Oberseite hellbraun, in der Regel dunkel marmoriert und mit einer dunklen Längslinie in der Rückenmitte von der Vorderkopfspitze bis zum Kreuzbein. Hinterbeine mit dunklen Querbinden. Unterseite gelblichweiß (im Leben orangegelb), einfarbig; Kehle des ♂ braun. L. 90 mm.

♂ mit innerer, subgularer Schallblase.

Das ♀ übt Brutpflege, indem es, aber nur bei Nacht, in seichtem Wasser aus Schlamm in sich geschlossene Ringwälle aufführt, deren Scheitel über den Wasserspiegel emporragt (Fig. 253) und deren Innenseite und Grund das ♀ mittels seiner Vorderfüße und der Unterseite seines Körpers sorgfältig glättet. In die so gebildeten, etwa 30 cm im Durchmesser haltenden kraterartigen Becken werden die Eier abgelegt und hier entwickeln sich die Larven, die bei Überschwemmung des Ringwalles durch Regengüsse ins Freie gelangen.

Nordargentinien, Süd- und Mittelbrasilien.

Fig. 253. **Hyla faber.** Brutbecken (nach Goeldi).

177. **H. pardalis** Spix 1824 *H. p.* (part.), Spix, Spec. Testud. Ran. Bras., p. 34 t. 8 f. 3 | 1856 *H. (Centrotelma) Lundii*, Burmeister, Erläut. Fauna Bras., p. 101 t. 31 f. 5, 5a, b (Habitus, Zunge, Gaumenzähne) | 1862 *H. pustulosa*, J. Reinhardt & Lütken in: Vid. Meddel., *v.* 13 p. 192 | 1867 *Hypsiboas pardalis*, E. D. Cope in: J. Ac. Philad., ser. 2 *v.* 6 p. 200 | 1872 *Hyla p.* (part.), Peters in: Monber. Ak. Berlin, p. 208 | 1882 *H. p.*, Boulenger, Cat. Batr. sal. Brit. Mus., ed. 2 p. 354 | 1897 *H. p.*, F. Werner in: SB. Ak. München, *v.* 27 p. 217 | 1912 *H. p.*, F. Baumann in: Zool. Jahrb., Syst. *v.* 33 p. 100.

Zunge herzförmig, hinten flach ausgerandet, fast völlig angeheftet. Gaumenzähne in 2 nach vorn konvergierenden Reihen zwischen den ziemlich großen Choanen. Kopf abgeplattet, breiter als lang; Vorderkopf abgerundet, etwas länger als der Augendurchmesser, mit rundlichem, aber deutlichem Canthus rostralis und schwach vertiefter Zügelregion; Interorbitalraum 1- bis $1^1/_2$ mal so breit wie ein oberes Augenlid; Trommelfell fast $^2/_3$ so breit wie der Augendurchmesser. Laterale Finger zu $^1/_2$—$^2/_3$ ihrer Länge, Zehen fast völlig (an der 4. Zehe bis zur Basis des vorletzten, sonst bis zum letzten Gliede) durch Schwimmhaut verbunden; ein deutliches Pollexrudiment vorhanden; Haftscheiben kleiner als das Trommelfell; Subarticularhöcker mäßig entwickelt. Bei nach vorn an den Körper angelegtem Hinterbein reicht das Tibiotarsalgelenk bis zur Vorderkopfspitze oder über diese hinaus. Haut auf Kopf und Rücken mit verstreuten Warzen besetzt; Unterseite gekörnelt; Lateralseite der Gliedmaßen, außer am Oberarm und Oberschenkel, mit einem gewellten Hautsaum; Ferse mit einem deutlichen Hautanhang. Oberseite bräunlich, dunkel punktiert und marmoriert. Gliedmaßen mehr oder weniger deutlich quergebändert; Flanken und meist auch Oberschenkelseiten mit senkrechten, dunklen Streifen. Unterseite weiß, ungefleckt. L. 65 mm.

Ostbrasilien.

178. **H. corticalis** Burm. 1856 *H. (Lophopus) c.*, Burmeister, Erläut. Fauna Bras., p. 95 t. 30 f. 7—12 (Habitus, Zunge, Gaumenzähne) | 1858 *H. c.*, Alb. Günther, Cat. Batr. sal. Brit. Mus., p. 105 | 1872 *H. c.*, Peters in: Monber. Ak. Berlin, p. 682 | 1882 *H. c.*, Boulenger, Cat. Batr. sal. Brit. Mus., ed. 2 p. 355.

Zunge kreisrund, hinten schwach ausgerandet und kaum frei abhebbar. Gaumenzähne in 2 wenig gebogenen, nach vorn konvergierenden Reihen auf der Höhe des Hinterrandes der ziemlich großen Choanen. Kopf breiter als lang; Vorderkopf abgerundet, etwa $1^1/_2$mal so lang wie der Augendurchmesser, mit stumpfem Canthus rostralis und schwach vertiefter Zügelregion. Interorbitalraum breiter als ein oberes Augenlid; Trommelfell sehr deutlich, $^3/_4$ so breit wie der Augendurchmesser. Die 3 lateralen Finger bis zu den Haftscheiben, Zehen völlig durch Schwimmhaut verbunden; kein vorspringendes Pollexrudiment vorhanden; Haftscheiben wenig kleiner als das Trommelfell; Subarticularhöcker klein. Bei nach vorn an den Körper angelegtem Hinterbein reicht das Tibiotarsalgelenk bis zur Vorderkopfspitze. Oberseite fein höckerig, Unterseite gekörnelt; ein gezähnelter Hautsaum am lateralen Rande von Unterarm und Tarsus und über dem After; Ferse mit einem dreieckigen Hautanhang. Oben bräunlich, undeutlich dunkel gemustert. Rumpf- und Oberschenkelseiten mit senkrechten, dunklen Streifen. Unterseite weißlich, ungefleckt. L. 69 mm.

Ostbrasilien.

179. **H. langsdorffii** Dum. & Bibr. 1841 *H. l.*, C. Duméril & G. Bibron, Erpét., v. 8 p. 537 | 1843 *Hypsiboas (Hypsiboas) L.*, Fitzinger, Syst. Rept., v. 1 p. 30 | 1855 *Hyla L.*, Guichenot in: F. Castelnau, Exp. Amér. Sud, v. 2 Rept. p. 82 t. 17 f. 1, 1a (Habitus, Mundhöhle) | 1867 *Osteocephalus l.*, E. D. Cope in: J. Ac. Philad., ser. 2 v. 6 p. 200 | 1882 *Hyla l.*, Boulenger, Cat. Batr. sal. Brit. Mus., ed. 2 p. 364.

Zunge oval, ganzrandig, hinten kaum frei abhebbar. Gaumenzähne in 2 nach vorn konvexen Querreihen zwischen den sehr großen Choanen (Fig. 254). Kopf groß, abgeplattet; Vorderkopf abgerundet, mit deutlichem, rundlichem, mit einer Reihe kleiner Vorsprünge besetztem Canthus rostralis und vertiefter Zügelregion; Oberkopf vertieft; die lateralen Ränder der Frontoparietalknochen bilden 2 auf dem Scheitel unter spitzem Winkel aneinanderstoßende, vorspringende Leisten; Interorbitalraum breiter als ein oberes Augenlid; Trommelfell sehr deutlich, $^3/_4$ so breit wie der Augendurchmesser. Die 3 lateralen Finger fast völlig (nur die 2 letzten Glieder des 3. Fingers bleiben frei), Zehen völlig durch Schwimmhaut verbunden; Haftscheiben der Finger so groß wie das Trommelfell, die der Zehen kleiner; kein vorspringendes Pollexrudiment vorhanden; Subarticularhöcker gut entwickelt. Bei nach vorn an den Körper angelegtem Hinterbein reicht das Tibiotarsalgelenk bis zur Vorderkopfspitze. Oberseite mit kleinen, kegelförmigen Höckern besetzt, Unterseite gekörnelt; am lateralen

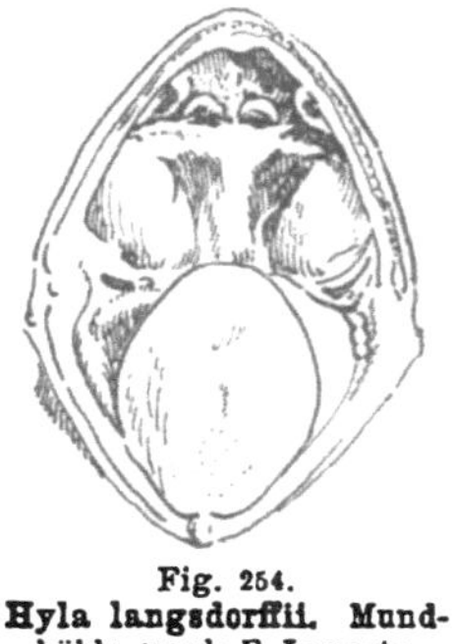

Fig. 254.
Hyla langsdorffii. Mundhöhle (nach F. Laporte-Castelnau).

Rande von Unterarm, Hand, Tarsus und Fuß ein gezähnelter Hautsaum. Oberseite grauweißlich, hell- und dunkelbraun marmoriert; Gliedmaßen mit schwarzen Querbinden. Unterseite weiß; unter dem After ein schwarzer Fleck und jederseits von ihm schwärzliche Marmorierung. L. 98 mm.

Ostbrasilien.

180. **H. punctillata** (Ptrs.) 1870 *Cophomantis p.*, Peters in: Monber. Ak. Berlin, p. 651 | 1872 *Hyla p.*, Peters in: ibid., p. 211 | 1882 *H. p.*, Boulenger, Cat. Batr. sal. Brit. Mus., ed. 2 p. 359.

Zunge herzförmig, hinten wenig ausgerandet. Gaumenzähne in 2 geraden, nach vorn konvergierenden Reihen auf der Höhe des Hinterrandes der großen Choanen. Kopf mäßig groß; Vorderkopf vorn abgestutzt, etwas länger als der Augendurchmesser, mit rundlichem Canthus rostralis und steil abfallender, nicht vertiefter Zügelregion; Interorbitalraum doppelt so breit wie ein oberes Augenlid; Trommelfell unsichtbar; Tubae Eustachii äußerst klein. Laterale Finger zu $^1/_3$, Zehen zu $^2/_3$ ihrer Länge durch Schwimmhaut verbunden; kein vorspringendes Pollexrudiment vorhanden; Haftscheiben ziemlich groß. Bei nach vorn an den Körper angelegtem Hinterbein reicht das Tibiotarsalgelenk bis zum Auge. Haut oben glatt, am Bauche und unter den Oberschenkeln gekörnelt; eine schwache Hautfalte zieht vom Auge im Bogen zur Schulter; Ferse mit einem kurzen dornartigen Hautanhang. Oben blaugrau mit dichtstehenden dunklen Pünktchen, die auf den Gliedmaßen weitläufiger stehen; beim sitzenden Tier verborgene Teile schwärzlichbraun. L. 28 mm.

Ostbrasilien.

181. **H. punctatissima** (Rhdt. & Ltk.) 1862 *Hylella p.*, J. Reinhardt & Lütken in: Vid. Meddel., *v.* 13 p. 200 t. 4 f. 5 | 1872 *Hyla p.*, Peters in: Monber. Ak. Berlin, p. 211 | 1882 *H. p.*, Boulenger, Cat. Batr. sal. Brit. Mus., ed. 2 p. 359.

Der vorigen Art sehr nahestehend, unterscheidet sich durch kürzeren Vorderkopf, deutlichere Tubae Eustachii, das Fehlen eines Hautanhanges an der Ferse, braune Grundfarbe und gröbere Punktierung. L. 21 mm.

Brasilien.

182. **H. spectrum** Rhdt. & Ltk. 1862 *H. s.*, J. Reinhardt & Lütken in: Vid. Meddel., *v.* 13 p. 195 | 1867 *Hypsiboas s.*, E. D. Cope in: J. Ac. Philad., ser. 2 *v.* 6 p. 200 | 1882 *Hyla s.*, Boulenger, Cat. Batr. sal. Brit. Mus., ed. 2 p. 361.

Zunge groß, hinten schwach ausgerandet. Gaumenzähne in 2 nach vorn konvergierenden Reihen zwischen den Choanen. Kopf groß, so breit wie lang; Vorderkopf etwas zugespitzt, mit deutlichem Canthus rostralis und hoher, fast senkrecht abfallender Zügelregion. Laterale Finger an der Basis, Zehen durch eine das letzte Glied, an der 4. Zehe auch das vorletzte Glied, frei lassende Schwimmhaut verbunden; Hinterbeine sehr schlank. Haut oben glatt, am Bauche und unter den Oberschenkeln gekörnelt; eine schmale Hautfalte längs der Lateralseite von Unterarm und Tarsus und über dem After; Ferse mit einem Hautanhang. Färbung bräunlich, mit schwachen Querbinden auf dem Rücken und noch schwächeren auf den Hinterbeinen. Je eine dunkle Längsbinde in der Mittellinie des Rückens von der Vorderkopfspitze an, sowie jederseits längs des Canthus rostralis, durch das Auge hindurch, oberhalb des Trommelfells hin bis zur Rumpfmitte. Unterlippe und Hautfalten weiß, letztere gewöhnlich dunkel gesäumt. L. 23 mm.

Brasilien.

183. **H. hayii** Barb. 1909 *H. h.*, Barbour in: P. N. Engl. zool. Club, *v.* 4 p. 51 t. 5 (untere Figur).

Zunge annähernd kreisrund, hinten schwach eingeschnitten und kaum frei abhebbar. Gaumenzähne in einer einzelnen, sehr schwach gebogenen Reihe in der Höhe des Choanenhinterrandes. Kopf so breit wie lang; Vorderkopf flach, ziemlich vorspringend, 1 $^1/_3$mal so lang wie der Augendurchmesser, mit undeutlichem Canthus rostralis und schwach vertiefter Zügelregion; Trommelfell deutlich, etwa $^1/_2$ so groß wie das Auge. Finger völlig frei von Schwimmhaut, Zehen in ihrer ganzen Länge durch solche verbunden; Haftscheiben der Finger gut entwickelt, breiter als lang, größer als die runden Haftscheiben der Zehen; Subarticularhöcker undeutlich; Tarsalfalte fehlt; ein sehr schwaches Pollexrudiment vorhanden. Bei nach vorn an den Körper angelegtem Hinterbein reicht das Tibiotarsalgelenk zwischen Auge und Nasenloch. Oberseite glatt, Unterseite fein gekörnelt. Im Leben oben grün, mit einem grauen, fast farblosen Fleck zwischen den Schultern; Unterseite gelblich. Hinterer Teil der Flanken und Hinterseite der Oberschenkel lebhaft schwarz und gelb marmoriert. (Im Alkohol oben schmutzig braun, unten weiß). L. ?

Petropolis (Ostbrasilien).

184. **H. bipunctata** Spix 1824 *H. b.*, Spix, Spec. Testud. Ran. Bras., p. 36 t. 9 f. 3 | 1830 *Scinax b.*, Wagler, Syst. Amph., p. 201 | 1833 *Hyla capistrata*, Ad. Reuss in: Mus. Senckenb., *v.* 1 p. 58 t. 3 f. 4 | 1841 *H. pumila*, C. Duméril & G. Bibron, Erpét., *v.* 8 p. 565 | 1858 *H. capistrata*, Alb. Günther, Cat. Batr. sal. Brit. Mus., p. 106 | 1872 *H. bipunctata*, Peters in: Monber. Ak. Berlin, p. 213 | 1882 *H. b.*, Boulenger, Cat. Batr. sal. Brit. Mus., ed. 2 p. 389.

Zunge kreisrund, hinten eingeschnitten und frei abhebbar. Gaumenzähne in 2 kleinen Gruppen zwischen den Choanen. Kopf mäßig groß, so lang wie breit; Vorderkopf abgerundet, so lang wie der Augendurchmesser, mit deutlichem Canthus rostralis und nicht vertiefter Zügelregion; Interorbitalraum breiter als ein oberes Augenlid; Trommelfell deutlich, etwas mehr als $^1/_2$ so breit wie der Augendurchmesser. Finger zu $^1/_2$ ihrer Länge, Zehen fast völlig durch Schwimmhaut verbunden; kein vorspringendes Pollexrudiment vorhanden; Subarticularhöcker ziemlich undeutlich. Bei nach vorn an den Körper angelegtem Hinterbein reicht das Tibiotarsalgelenk bis zur Vorderkopfspitze oder noch über diese hinaus. Haut oben glatt; am Bauche und unter den Oberschenkeln gekörnelt. Oben purpurrot, einfarbig oder mit symmetrischer, dunkler Zeichnung. Kopfseiten dunkelpurpurfarbig, weiß gefleckt. Oberschenkel farblos, Unterschenkel mit dunklen Querbinden. Unterseite einfarbig weißlich. L. 25 mm.

♂ mit äußerer, subgularer Schallblase.

Ostbrasilien.

185. **H. minuta** Ptrs. 1872 *H. m.*, Peters in: Monber. Ak. Berlin, p. 680 | 1882 *H. m.*, Boulenger, Cat. Batr. sal. Brit. Mus., ed. 2 p. 389.

Der vorigen Art sehr nahe stehend, unterscheidet sich von ihr in folgenden Punkten: Vorderkopf flacher und deutlich länger als der Augendurchmesser; Trommelfell kaum sichtbar, weniger als $^1/_2$ so breit wie der Augendurchmesser. Hinterbeine etwas kürzer, nach vorn an den Körper angelegt mit dem Tibiotarsalgelenk zwischen Auge und Vorderkopfspitze reichend. Färbung oben olivenbraun oder grünlich, mit dunkler, meist hellgesäumter Zeichnung, bestehend aus einer sanduhrförmigen, mit ihrer vorderen Erweiterung zwischen den Augenlidern liegenden Figur auf dem Vorderrücken, und einer Querbinde in der Kreuzgegend; zuweilen auf dem Rücken einige verstreute, weiße Punkte. Oberschenkel farblos; Unterarm und Unterschenkel mit dunklen Querbinden. Über dem After, und am lateralen Tarsusrande und von der Ferse an eine helle Linie. Unterseite gelblich. L. 20 mm.

♂ mit unpaarer Schallblase.

Ostbrasilien.

186. **H. senicula** Cope 1856 *H. marmorata* (non Daudin 1803), Burmeister, Erläut. Fauna Bras., p. 93 t. 31 f. 1a—f (Habitus, Zunge, Gaumenzähne, Füße) | 1868 *H. senicula*, E. D. Cope in: P. Ac. Philad., p. 111 | 1872 *H. vermiculata*, Peters in: Monber. Ak. Berlin, p. 211 | 1882 *H. senicula*, Boulenger, Cat. Batr. sal. Brit. Mus., ed. 2 p. 391.

Zunge annähernd kreisrund, hinten schwach ausgerandet und wenig frei abhebbar. Gaumenzähne in 2 Gruppen zwischen den Choanen. Kopf breiter als lang; Vorderkopf abgerundet, etwas länger als der Augendurchmesser, mit undeutlichem Canthus rostralis; Interorbitalraum breiter als ein oberes Augenlid; Trommelfell sehr deutlich, etwa $^1/_2$ so breit wie der Augendurchmesser. Finger zu $^3/_4$ ihrer Länge, 2. und 4. Finger bis zur Haftscheibe, Zehen völlig durch Schwimmhaut verbunden; kein vorspringendes Pollexrudiment vorhanden; Haftscheiben etwa so groß wie das Trommelfell; Subarticularhöcker ziemlich undeutlich. Bei nach vorn an den Körper angelegtem Hinterbein reicht das Tibiotarsalgelenk bis zum Augenvorderrand. Haut oben fast glatt, unten gekörnelt; ein gezähnelter Hautsaum am lateralen Rande von Unterarm und Tarsus. Oben bräunlich, mit dunklen Inselflecken; Unterseite weißlich, ungefleckt. L. 37 mm.

Zentralbrasilien.

187. **H. melanargyrea** Cope 1887 *H. m.*, E. D. Cope in: P. Amer. phil. Soc., *v.* 24 p. 45.

Zunge annähernd rund, hinten flach ausgerandet. Gaumenzähne in 2 kleinen Gruppen mitten zwischen den Choanen. Kopf kurz; Vorderkopf stumpf, flach, so lang wie der Augendurchmesser, mit nicht sehr deutlichem Canthus rostralis und senkrecht abfallender Zügelregion; Trommelfell rund, $^3/_5$ so breit wie der Augendurchmesser. Laterale Finger bis zur Haftscheibe des 2. und 4. Fingers, Zehen bis zur Haftscheibe der 2., 3. und 5. Zehe und bis zur Basis des vorletzten Gliedes der 4. Zehe durch Schwimmhaut verbunden; Tarsalfalte nur in Spuren vorhanden. Bei nach vorn an den Körper angelegtem Hinterbein reicht das Tibiotarsalgelenk bis zum Auge. Haut der Oberseite mit verstreuten, kleinen, an den Seiten besonders zahlreichen und hervortretenden Warzen; eine Querfalte auf der Brust; Unterarm, Hand, Tarsus und Fuß mit einer gezähnelten Hautleiste an ihrer Lateralseite; kein Hautlappen an der Ferse vorhanden. Färbung schwärzlichgrau, auf der Oberseite mit etwas dunklerer, dunkelgesäumter Zeichnung, von der besonders ein dreieckiger, mit der Spitze nach hinten gerichteter Fleck zwischen den Augen und eine breite Querbinde in der Sacralgegend hervortreten; Canthus rostralis dunkel; je ein dunkelgrauer Fleck vor und hinter dem Auge; eine dunkle Linie zieht vom Auge oberhalb des Trommelfells zur Schulter. Eine Reihe von 5—6 kleinen, silbergrauen Punkten um den After herum und auf der Oberseite des Oberschenkels; sonstige Oberseite der Gliedmaßen hellgrau mit dunkelgrauen, schwarz gesäumten Querbinden, übrige Teile der Gliedmaßen, außer der Unterseite des Oberschenkels, und Weichen pechschwarz. Brust jederseits mit einer schwarzen, spitz medialwärts vorspringenden Zone. L. 39 mm.

Matto Grosso (Brasilien).

188. **H. velata** Cope 1887 *H. v.*, E. D. Cope in: P. Amer. phil. Soc., *v.* 24 p. 46.

Zunge annähernd rund, hinten flach ausgerandet. Gaumenzähne in 2 kleinen Gruppen zwischen den Choanen. Kopf kurz, breit; Vorderkopf stumpf, nicht vorspringend, nicht so lang wie der Augendurchmesser, mit undeutlichem Canthus rostralis; Trommelfell nicht sehr deutlich, $^1/_4$—$^1/_3$ so breit wie der Augendurchmesser. Finger weniger als zur Hälfte ihrer Länge, Zehen durch nicht ganz bis zur Haftscheibe der 2., 3. und 5. Zehe reichende, an der 4. Zehe $2^1/_2$ Glieder frei lassende Schwimmhaut verbunden. Bei nach vorn an den Körper angelegtem Hinterbein reicht das Tibiotarsalgelenk bis zur Vorderkopfspitze. Haut der Oberseite glatt; keine Hautleisten an den Gliedmaßen. Oberseite goldbraun; auf dem Vorderrücken eine fein dunkelbraun bestäubte, schmal dunkelbraun gesäumte Zone, die zwischen den Augen beginnt und jederseits einen breiten, unten scharf begrenzten Ast zur Flankenmitte sendet; eine schwarze Linie hinter dem Auge. In der Sacralgegend jederseits eine scharf sichelförmige, mediad konvexe [dunkle?] Zone. Lippen, Flanken, Oberarm und Oberschenkel braun bestäubt, sonst fleckenlos; Unterarm und Unterschenkel mit dunkelbraunen Querbinden; Fuß von der Ferse an mit hellem Lateralsaum. Unterseite cremefarbig, fleckenlos. L. 23 mm.

Matto Grosso (Brasilien).

189. **H. dasynota** Gthr. 1868 *H. dasynotus*, Alb. Günther in: P. zool. Soc. London, p. 488 t. 38 f. 2 | 1882 *H. d.*, Boulenger, Cat. Batr. sal. Brit. Mus., ed. 2 p. 392.

Zunge annähernd kreisrund, hinten ausgerandet und wenig frei abhebbar. Gaumenzähne in zwei kleinen Gruppen zwischen den sehr kleinen Choanen. Kopf klein, so lang wie breit; Vorderkopf kurz, abgerundet, so lang wie der Augendurchmesser, mit undeutlichem Canthus rostralis und sehr schief abfallender, schwach vertiefter Zügelregion; Interorbitalraum so breit wie ein oberes Augenlid; Trommelfell ziemlich undeutlich, $^1/_2$ so breit wie der Augendurchmesser. Finger zu $^1/_2$ ihrer Länge, Zehen fast völlig durch Schwimmhaut verbunden; kein vorspringendes Pollexrudiment vorhanden; Haftscheiben so groß wie das Trommelfell; Subarticularhöcker klein. Bei nach vorn an den Körper angelegtem Hinterbein reicht das Tibiotarsalgelenk bis zum Auge. Haut längs der Wirbelsäule vom Scheitel bis zum Kreuzbein durch Knocheneinlagerungen rauh und unbeweglich, sonst oben glatt; Unterseite gekörnelt; ein undeutlicher Hautsaum am lateralen Rande von Unterarm und Tarsus. Oben bräunlich, die rauhen Teile dunkler; eine dunkle Querbinde zwischen den Augen; je ein schwarzer Streifen oberhalb des Trommelfells und längs des Canthus rostralis; ein schwarzer Fleck vor und unter dem Auge. Bauchseiten schwarz und weiß marmoriert; Oberschenkel tief schwarz mit weißen, ovalen Flecken oder Querbinden; Vorderbeine und Unterschenkel mit braunen Querbinden. Unterseite weißlich; Kehle braun. L. 32 mm.

♂ mit 2 großen, äußeren Schallblasen.

Brasilien.

190. **H. pygmaea** Wern. 1894 *H. p.*, F. Werner in: Zool. Anz., *v.* 17 p. 411.

Zunge kreisrund, ganzrandig, hinten frei abhebbar. Gaumenzähne in 2 runden, sehr genäherten Gruppen zwischen den Choanen. Kopf ebenso lang wie breit; Vorderkopf abgerundet, so lang wie der Augendurchmesser, mit sehr deutlichem, geradem Canthus rostralis und nicht vertiefter, steil abfallender Zügelregion; Nasenloch der Vorderkopfspitze nur wenig näher als dem Auge; Interorbitalraum breiter als ein oberes Augenlid, vertieft;

Trommelfell deutlich, $^1/_2$ so breit wie das Auge. Finger zu $^1/_2$ ihrer Länge, Zehen nahezu völlig durch Schwimmhaut verbunden. Haftscheiben der Finger nahezu so groß wie das Trommelfell. Bei nach vorn an den Körper angelegtem Hinterbein reicht das Tibiotarsalgelenk bis zum Hinterrand der Augen. Haut oben glatt, Bauch und Unterseite der Oberschenkel granuliert. Oben graurötlich, ein schwarzrotes Lateralband zieht von der Vorderkopfspitze durch Auge und Trommelfell bis zum Ende der ersten Rumpfhälfte, hier schon undeutlich; Schnauzenkante gelblich; ein schneeweißer Fleck unter jedem Auge. Extremitäten sehr undeutlich gebändert. Unterseite rosenrot; Bauch gelb. L. 23 mm.

Blumenau (St. Catharina, Brasilien).

191. **H. vittigera** Wern. 1894 *H. v.*, F. Werner in: Zool. Anz., *v.* 17 p. 412.

Zunge etwa eiförmig, ganzrandig, hinten und seitlich etwas frei abhebbar. Gaumenzähne in 2 runden, sehr genäherten Gruppen von Choanengröße zwischen den Choanen, auf der Höhe von deren Hinterrand liegend. Kopf groß, flach, etwas länger als breit; Vorderkopf abgerundet, $1^1/_2$ mal so lang wie der Augendurchmesser, mit sehr scharfem Canthus rostralis und vertiefter, schief abfallender Zügelregion; Interorbitalraum breiter als ein oberes Augenlid; Trommelfell deutlich, $^1/_2$ so breit wie das Auge. Finger zu $^1/_2$, Zehen zu $^2/_3$ ihrer Länge mit Schwimmhaut; Haftscheiben der Finger von mehr als $^2/_3$ Trommelfellgröße. Bei nach vorn an den Körper angelegtem Hinterbein reicht das Tibiotarsalgelenk bis zur Vorderkopfspitze. Haut oben glatt; Brust, Bauch und Unterseite der Oberschenkel granuliert; kein vorspringendes Pollexrudiment vorhanden. Oben hellbraun, ein Längsstreifen von der Vorderkopfspitze über Nasenloch, Auge und Trommelfell bis zum Ansatz der vorderen Extremität dunkelbraun; eine vom Canthus rostralis an über den freien Rand des oberen Augenlides und oberhalb des Trommelfells bis zum Ansatz der Vorderextremität hinziehende Falte gelblich. Extremitäten sehr undeutlich quergebändert, aber die Hinterbacken mit 4 deutlichen, blauschwarzen Querbinden; Knie, Fersen und Ellbogen schwarz; Unterarm und Unterschenkel mit gelber, schmaler Längsfalte am Lateralrande. Oberlippe gelblich. Unterseite schmutzig gelb; Kehle fein braun punktiert. L. 48 mm.

Blumenau (St. Catharina, Brasilien).

192. **H. microps** Ptrs. 1872 *H. m.*, Peters in: Monber. Ak. Berlin, p. 682 | 1882 *H. m.*, Boulenger, Cat. Batr. sal. Brit. Mus., ed. 2 p. 386.

Zunge herzförmig. Gaumenzähne in kaum unterbrochener Querreihe auf der Höhe des Choanenhinterrandes. Vorderkopf so lang wie der Augendurchmesser, vorn abgestutzt, mit deutlichem, abgerundetem Canthus rostralis und steil abfallender Zügelregion; Interorbitalraum so breit wie ein oberes Augenlid; Trommelfell sehr klein, $^1/_3$ so breit wie der Augendurchmesser; Hals etwas schmaler als der Kopf. Laterale Finger fast zu $^1/_2$, Zehen zu $^2/_3$ ihrer Länge durch Schwimmhaut verbunden; kein vorspringendes Pollexrudiment vorhanden; Haftscheiben der Finger größer als das Trommelfell; Subarticularhöcker schwach entwickelt. Bei nach vorn an den Körper angelegtem Hinterbein reicht das Tibiotarsalgelenk bis zum Auge. Haut auf dem Rücken glatt, auf dem Kopfe und den Augenlidern mit einigen kleinen Wärzchen; Unterseite gekörnelt. Oberseite rötlichschokoladenfarbig, mit einem dreieckigen, vorn fast gerade abgestutzten, dunklen Fleck zwischen den Augen, dunklen Flecken und Punkten auf Kopf und Rücken und an jeder Seite des letzteren 2 große, dunkle, unregelmäßige Flecke. Rumpfseiten mit jederseits mehreren großen, unregelmäßigen Flecken auf rötlichweißem Grunde. Gliedmaßen quergebändert; Hinterseite des Oberschenkels gelb oder farblos, durch eine feine schwarze Linie scharf gegen die gefärbte Oberseite abgesetzt. Unterseite gelb, an den Bauchseiten und an der Kehle spärlich dunkel punktiert. L. 30 mm.

Neu-Freiburg (Ostbrasilien).

193. **H. strigilata** Spix 1824 *H. s.*, Spix, Spec. Testud. Ran. Bras., p. 38 t. 10 f. 3 | 1872 *H. s.*, Peters in: Monber. Ak. Berlin, p. 214, 680 | 1882 *H. s.*, Boulenger, Cat. Batr. sal. Brit. Mus., ed. 2 p. 390 | 1897 *H. strigillata*, F. Werner in: SB. Ak. München, *v.* 27 p. 217.

Zunge rundlich, hinten flach ausgerandet und wenig frei abhebbar. Gaumenzähne in 2 queren Gruppen zwischen den Choanen. Kopf so breit wie lang; Vorderkopf vorspringend, schräg nach hinten unten abgestutzt, merklich länger als der Augendurchmesser, mit schief abfallender, schwach vertiefter Zügelregion, ohne deutlichen Canthus rostralis; Trommelfell deutlich, $^1/_3$ so breit wie der Augendurchmesser. Laterale Finger zu $^1/_4$ ihrer Länge, bis zur Basis oder Mitte ihres 1. Gliedes, Zehen zu $^1/_2$ ihrer Länge, höchstens bis zur Mitte oder Basis des 2. Gliedes, durch Schwimmhaut verbunden; kein vorspringendes Pollexrudiment vorhanden; Haftscheiben und Subarticularhöcker mäßig entwickelt. Bei nach vorn an den Körper angelegtem Hinterbein reicht das Tibiotarsalgelenk bis oder fast bis zur Vorderkopfspitze. Oberseite stellenweise flach warzig; Unterseite gekörnelt. Oberseite mit rundlichen, braunen Flecken auf hellerem Grunde; Weichen großadrig braun und weiß marmoriert. Gliedmaßen mit braunen Querbinden. Unterseite auf hellem Grunde braun marmoriert. L. 42 mm.

Ostbrasilien.

194. **H. mesophaea** Hens. 1856 *H. leucophyllata* (non Beiris 1783), Burmeister, Erläut. Fauna Bras., p. 104 t. 31 f. 4 | 1867 *H. mesophaea*, Hensel in: Arch. Naturg., *v.* 331 p. 154 | 1872 *H. m.*, Peters in: Monber. Ak. Berlin, p. 772 | 1882 *H. m.*, Boulenger, Cat. Batr. sal. Brit. Mus., ed. 2 p. 366.

Zunge kreisrund, ganzrandig, hinten frei abhebbar. Gaumenzähne in gerader, in der Mitte unterbrochener Querreihe auf der Höhe des Choanenhinterrandes. Kopf breiter als lang; Vorderkopf abgerundet, erheblich länger als der Augendurchmesser, mit rundlichem Canthus rostralis und schief abfallender, vertiefter Zügelregion; Interorbitalraum so breit wie ein oberes Augenlid; Trommelfell deutlich, $^2/_3$ so breit wie der Augendurchmesser. Finger zu $^1/_3$ ihrer Länge, Zehen fast völlig durch Schwimmhaut verbunden, kein vorspringendes Pollexrudiment vorhanden; Haftscheiben der Finger fast so groß wie das Trommelfell, die der Zehen kleiner; Subarticularhöcker deutlich vorspringend; eine schwache Tarsalfalte vorhanden. Bei nach vorn an den Körper angelegtem Hinterbein reicht das Tibiotarsalgelenk zwischen Auge und Vorderkopfspitze. Haut oben mit kleinen, glatten Warzen besetzt, Unterseite grob gekörnelt; eine starke Hautfalte zieht vom oberen Augenlid zur Schulter. Rücken mit einer breiten, in Augenhöhe beginnenden, dunkelrotbraunen Zone, die vorn und an den Seiten durch einen breiten, hellen, oben und unten schwarz gesäumten Streifen gegen das Grau des Kopfes und die rötlichbraune Seitenfärbung scharf abgesetzt ist, hinten aber in die hellere Färbung der ungefleckten Gliedmaßen allmählich übergeht. Unterseite gelblichgrau, ungefleckt. L. 46 mm.

Süd- und Ostbrasilien.

195. **H. marginata** Blgr. 1887 *H. m.*, Boulenger in: Ann. nat. Hist., ser. 5 *v.* 20 p. 298.

Zunge breiter als lang, ganzrandig, im letzten Viertel ihrer Länge frei abhebbar. Gaumenzähne in 2 dicht nebeneinander liegenden, querovalen Gruppen, auf einer Höhe mit dem Hinterrande der mäßig großen, die Tubae Eustachii an Größe bedeutend übertreffenden Choanen. Kopf breiter als lang; Vorderkopf abgerundet, kürzer als der Augendurchmesser, mit winkligem Canthus rostralis und vertiefter, nicht sehr schräg abfallender Zügelregion; Nasenloch näher bei der Vorderkopfspitze als beim Auge; Interorbitalraum breiter als ein oberes Augenlid; Trommelfell deutlich, $^1/_2$ so breit wie das Auge. Finger zu $^1/_3$, Zehen etwa zu $^3/_5$ ihrer Länge durch Schwimmhaut verbunden. Ein deutliches Pollexrudiment vorhanden; Haftscheiben etwas kleiner als das Trommelfell; Subarticularhöcker mäßig groß; keine Tarsalfalte vorhanden. Bei nach vorn an den Körper angelegtem Hinterbein reicht das Tibiotarsalgelenk halbwegs zwischen Auge und Vorderkopfspitze. Haut glatt; Kehle undeutlich, Bauch grob gekörnelt. Oberseite von Kopf, Rumpf und Unterschenkel auf farblosem Grunde fein braun bestäubt; einige kleine dunkelbraune Flecke auf Kopf und Rücken, je einer davon auf jedem Augenlid; eine dunkelbraune Linie zieht von der Vorderkopfspitze an am Canthus rostralis und am freien Augenlidrand entlang, oberhalb des Trommelfells hin und an den Rumpfseiten entlang bis zur Sacralregion. Unterarm und Schenkel mit einer braunen Linie auf ihrer Lateralseite. Ein dunkelbrauner, oben weiß gerandeter Querstreifen über dem After und an den Fersen. Oberlippe weiß gerandet. Unterseite farblos. L. 50 mm.

Rio Grande do Sul (Brasilien).

196. **H. tenera** (Rhdt. & Ltk.) 1862 *Hylella t.*, J. Reinhardt & Lütken in: Vid. Meddel., *v.* 13 p. 200 | 1882 *H. t.*, Boulenger, Cat. Batr. sal. Brit. Mus., ed. 2 p. 419.

Zunge oval, hinten schwach ausgerandet. Gaumenzähne fehlen. Kopf kurz und breit, mit deutlichem Canthus rostralis und senkrecht abfallender Zügelregion; Trommelfell undeutlich oder unsichtbar. Finger zu $^1/_3$ ihrer Länge, Zehen fast völlig durch Schwimmhaut verbunden; Haftscheiben mäßig entwickelt; Subarticularhöcker kaum deutlich. Haut ziemlich warzig. Oben rötlichgrau, mit 3 $\wedge$-förmigen dunklen Flecken, von denen der vorderste, zwischen den Augen gelegene aber sehr schwach und undeutlich, der mittelste zwischen den Vorderbeinen gelegene dagegen sehr breit und auffallend ist. Beine mit schwärzlichen Querbinden. Kopfseiten unregelmäßig grau und weiß gefleckt. L. ?

Ostbrasilien.

197. **H. bischoffi** Blgr. 1887 *H. B.*, Boulenger in: Ann. nat. Hist., ser. 5 *v.* 20 p. 298.

Zunge kreisrund, ganzrandig, hinten etwas frei abhebbar. Gaumenzähne in einer kräftigen, kaum unterbrochenen Querreihe auf einer Höhe mit dem Hinterrande der mäßig großen, die Tubae Eustachii an Größe übertreffenden Choanen. Kopf ziemlich stark flachgedrückt, wenig breiter als lang; Vorderkopf abgerundet, so lang wie der Augendurchmesser, mit winkligem Canthus rostralis und sehr schräg abfallender, vertiefter Zügelregion. Nasenloch näher bei der Vorderkopfspitze als beim Auge; Interorbitalraum so breit wie ein oberes Augenlid; Trommelfell sehr deutlich, $^1/_2$ so breit wie das Auge. Finger zu $^1/_4$, Zehen zu $^1/_2$ ihrer Länge durch Schwimmhaut verbunden; ein deutliches Pollexrudiment vorhanden; Haftscheiben kleiner als das Trommelfell;

Subarticularhöcker mäßig groß; eine sehr schmale Tarsalfalte am Medialrande des Tarsus vorhanden. Bei nach vorn an den Körper angelegtem Hinterbein reicht das Tibiotarsalgelenk halbwegs zwischen Auge und Vorderkopfspitze. Haut oben glatt; Kehle fein, Bauch und Unterseite der Schenkel grob gekörnelt. Oben grau oder blaßbraun, mit oder ohne große, braune Flecke und eine braune Mittellinie auf Kopf und Vorderrücken; eine dunkelbraune Binde zieht von der Vorderkopfspitze durch Nasenloch und Auge, oberhalb des Trommelfells hin zur Schulter. Ober- und Unterlippe dunkelbraun gerandet. Ein dunkelbrauner Streifen auf der Lateralseite des Unterschenkels; Hinterseite der Schenkel hell mit senkrechten schwarzen Binden. Unterseite weiß. L. 55 mm.

Rio Grande do Sul (Brasilien).

198. **H. polytaenia** Cope 1868 *H. rubicundula* (non J. Reinhardt & Lütken 1862), Alb. Günther in: P. zool. Soc. London, p. 489 t. 40 f. 3 | 1869 *H. polytaenia*, E. D. Cope in: P. Amer. phil. Soc., *v.* 11 p. 164 | 1872 *H. striata*, Peters in: Monber. Ak. Berlin, p. 681 | 1882 *H. polytaenia*, Boulenger, Cat. Batr. sal. Brit. Mus., ed. 2 p. 394 | 1895 *H. p.*, Goeldi in: P. zool. Soc. London, p. 93 | 1912 *H. p.*, F. Baumann in: Zool. Jahrb., Syst. *v.* 33 p. 107 f. Ca, b.

Zunge annähernd kreisrund, ganzrandig, hinten kaum frei abhebbar. Gaumenzähne in 2 kleinen Gruppen hinter der Verbindungslinie der Choanen. Kopf mäßig groß, etwas breiter als lang; Vorderkopf abgerundet, so lang wie der Augendurchmesser, mit winkligem Canthus rostralis und nicht sehr schief abfallender, vertiefter Zügelregion; Interorbitalraum breiter als ein oberes Augenlid; Trommelfell deutlich, $^1/_3$ so breit wie der Augendurchmesser. Die 3 lateralen Finger fast zu $^1/_3$, Zehen zu $^1/_2$ ihrer Länge durch Schwimmhaut verbunden; Haftscheiben so groß wie das Trommelfell; Subarticularhöcker schwach entwickelt. Bei nach vorn an den Körper angelegtem Hinterbein reicht das Tibiotarsalgelenk zwischen Auge und Vorderkopfspitze. Haut oben glatt, am Bauche und unter den Oberschenkeln gekörnelt; eine gezähnelte Querfalte über dem After, ein kurzer Hautanhang an der Ferse. Oben hellolivenfarben, mit zahlreichen, parallelen, braunen Längsbinden auf Kopf, Rumpf und Gliedmaßen, die verschieden breit sind, an der Vorderkopfspitze beginnen und häufig in Fleckenreihen aufgelöst sind; ein breites, dunkles, oben und unten weiß gesäumtes, häufig von einer feinen, hellen Längslinie durchzogenes Band zieht jederseits vom Nasenloch bis zu den Weichen; Querfalte über dem After braun, oben hell gesäumt. L. 31 mm.

♂ mit innerer, subgularer Schallblase.

♀ legt (nach Goeldi) seine Eier in Klumpen an Wasserpflanzen ab; die Jungen brauchen wahrscheinlich ein ganzes Jahr zu ihrer Entwicklung.

Ostbrasilien.

199. **H. rubicundula** Rhdt. & Ltk. 1862 *H. r.*, Reinhardt & Lütken in: Vid. Meddel., *v.* 13 p. 197 | 1872 *H. r.*, Peters in: Monber. Ak. Berlin, p. 681 | 1882 *H. r.*, Boulenger, Cat. Batr. sal. Brit. Mus., ed. 2 p. 395.

Der vorigen Art sehr nahe stehend, unterscheidet sich von ihr hauptsächlich in folgenden Punkten: Vorderkopf kürzer als der Augendurchmesser; Trommelfell viel weniger als $^1/_3$ so breit wie der Augendurchmesser. Färbung oben rosenrot, ohne Rückenstreifen; eine dunkle Binde zieht jederseits von der Vorderkopfspitze bis fast zu den Hinterbeinen. Oberschenkel farblos, Oberseite der Gliedmaßen sonst von der Farbe des Rückens. L. 21 mm.

Lagoa Santa (Ostbrasilien).

200. **H. catharinae** Blgr. 1888 *H. c.*, Boulenger in: Ann. nat. Hist., ser. 6 *v.* 1 p. 417.

Zunge kreisrund, hinten sehr schwach eingeschnitten und frei abhebbar. Gaumenzähne in 2 dicht zusammenstehenden, queren Gruppen zwischen den ziemlich großen Choanen. Kopf stark flach gedrückt, so lang wie breit; Vorderkopf abgerundet, so lang wie der Augendurchmesser, mit ziemlich undeutlichem, gebogenem Canthus rostralis und vertiefter Zügelregion; Interorbitalraum so breit wie ein oberes Augenlid; Trommelfell sehr deutlich, $^1/_2$ so breit wie das Auge. Laterale Finger nur durch eine undeutliche Spur von Schwimmhaut, Zehen zu $^2/_3$ ihrer Länge durch Schwimmhaut verbunden; kein vorspringendes Pollexrudiment vorhanden; Haftscheiben kleiner als das Trommelfell; Subarticularhöcker mäßig groß; Tarsalfalte fehlt. Bei nach vorn an den Körper angelegtem Hinterbein reicht das Tibiotarsalgelenk zwischen Auge und Vorderkopfspitze. Oberseite schwachwarzig; Bauch und Unterseite der Schenkel gekörnelt; keine Querfalte auf der Brust. Oben grau oder braun, mit symmetrischen dunklen Binden und Flecken; ein großer, dreieckiger, dunkler, vorn hell gesäumter Fleck zwischen den Augen; eine /\-förmige Binde in der Sacralregion. Beine mit dunklen Querbinden. Weichen auf (im Alkohol) weißem Grunde schwarz marmoriert; beim sitzenden Tier verdeckte Teile der Hinterbeine schwarz- und weißgebändert. Unterseite weißlich, mit kleinen schwärzlichen Flecken. L. 42 mm.

Südbrasilien.

201. **H. nana** Blgr. ?1885 *H. bracteator* (non Hensel 1867), O. Boettger in: Z. Naturw., ser. 4 *v.* 4 p. 248 | 1889 *H. nana*, Boulenger in: Ann. Mus. Genova, ser. 2 *v.* 7 p. 249 t. 2 f. 2, 2a (Habitus, Mundhöhle) | 1896 *H. n.*, C. Berg in: An. Mus. Buenos Aires, *v.* 5 p. 207.

Zunge annähernd kreisrund, ganzrandig, hinten wenig frei abhebbar. Gaumenzähne in 2 kleinen, dicht zusammenstehenden, queren Gruppen zwischen den Choanen. Kopf so lang wie breit; Vorderkopf abgerundet, kürzer als der Augendurchmesser, mit schwach vertiefter, fast senkrechter Zügelregion; Nasenloch näher bei der Vorderkopfspitze als beim Auge; Interorbitalraum breiter als ein oberes Augenlid; Trommelfell deutlich, etwa $^1/_3$ so breit wie das Auge. Finger durch eine deutliche Spur von Schwimmhaut, Zehen durch fast völlige Schwimmhaut verbunden; kein vorspringendes Pollexrudiment vorhanden; Haftscheiben fast so groß wie das Trommelfell; Subarticularhöcker gut entwickelt; Tarsalfalte fehlt. Bei nach vorn an den Körper angelegtem Hinterbein reicht das Tibiotarsalgelenk bis zum Auge. Haut glatt; am Bauche und unter den Oberschenkeln gekörnelt. Oben rosenrot oder blaß weinfarbigbraun, mit 2 Reihen purpurfarbener Flecke oder 2 ebensolchen Längslinien auf dem Rücken. Eine scharf begrenzte dunkelpurpurfarbige Binde zieht jederseits von der Zügelregion bis zu den Weichen. Oberseite der Oberschenkel fein purpurbraun bestäubt; keine Querbinden auf den Gliedmaßen. Unterseite weiß. L. 23 mm.

♂ mit großer, äußerer Schallblase.

Argentinien, Südbrasilien.

202. **H. bivittata** Blgr. 1888 *H. b.*, Boulenger in: Ann. nat. Hist., ser. 6 *v.* 1 p. 188.

Zunge annähernd kreisrund, hinten eingeschnitten und frei abhebbar. Gaumenzähne in 2 etwas schräg gestellten Querreihen zwischen den mäßig großen Choanen. Kopf so lang wie breit; Vorderkopf abgerundet, so lang wie der Augendurchmesser, mit stumpfem Canthus rostralis und nicht sehr schief abfallender Zügelregion. Nasenloch näher bei der Vorderkopfspitze als beim Auge; Interorbitalraum breiter als ein oberes Augenlid; Trommelfell mäßig deutlich, $^2/_5$ so breit wie das Auge. Finger nur an der Basis, Zehen zu $^2/_3$ ihrer Länge durch Schwimmhaut verbunden; kein vorspringendes Pollexrudiment vorhanden; Haftscheiben etwas kleiner als das Trommelfell; keine Tarsalfalte vorhanden. Bei nach vorn an den Körper angelegtem Hinterbein reicht das Tibiotarsalgelenk bis zum Augenvorderrand oder bis zur Vorderkopfspitze. Haut glatt; Bauch und Unterseite der Schenkel grob gekörnelt. Oben grau, mit 2 parallelen, dunklen, bei jungen Tieren deutlicher als bei älteren hervortretenden, Binden längs des Rückens, die sich am vorderen Ende verbreitern und manchmal in der Interorbitalregion miteinander verschmelzen; Oberseite mehr oder weniger reichlich schwarz gefleckt; eine dunkle Linie zieht jederseits von der Vorderkopfspitze an durch Nasenloch und Auge und oberhalb des Trommelfells hin zur Schulter. Schenkel und Unterseite farblos. L. 23 mm.

♂ mit großer, äußerer Schallblase.

Südbrasilien.

203. **H. nebulosa** Spix 1824 *H. n.*, Spix, Spec. Testud. Ran. Bras., p. 39 t. 10 f. 4 | 1856 *H. luteola* (non Wied 1821), Burmeister, Erläut. Fauna Bras., p. 107 t. 31 f. 3, 3a, b (Habitus, Zunge, Gaumen) | 1858 *H. l.*, Alb. Günther, Cat. Batr. sal. Brit. Mus., p. 107 | 1872 *H. nebulosa*, Peters in: Monber. Ak. Berlin, p. 216, 770 | 1882 *H. n.*, Boulenger, Cat. Batr. sal. Brit. Mus., ed. 2 p. 397 | 1895 *H. n.*, Goeldi in: P. zool. Soc. London, p. 96.

Zunge kreisrund, ganzrandig. Gaumenzähne in 2 Gruppen zwischen den Choanen. Kopf breiter als lang. Vorderkopf abgerundet, mit schwach vertiefter Zügelregion. [Interorbitalraum breiter als das obere Augenlid][1]; Trommelfell viel kleiner als das Auge [etwa $^1/_2$ so breit wie der Augendurchmesser]. Finger an der Basis, Zehen zu $^1/_2$ ihrer Länge durch Schwimmhaut verbunden; kein vorspringendes Pollexrudiment vorhanden; Haftscheiben groß. Bei nach vorn an den Körper angelegtem Hinterbein reicht das Tibiotarsalgelenk bis zum vorderen Augenrand. Haut oben glatt, am Bauche und unter den Oberschenkeln gekörnelt. Oben gelb, fein braun punktiert; Seiten des Bauches und der Oberschenkel mit senkrechten, purpurblauen Binden. Unterseite weißlich, schwach grau gemustert. L. 48 mm.

Legt seine Eier (nach Goeldi) in eine schaumartige Masse eingehüllt, an die Ränder und Innenseite von Bananenblättern. Die Larven entwickeln sich in dem Schaum, gehen dagegen, in Wasser gesetzt, rasch zugrunde.

Ostbrasilien.

204. **H. guentheri** Blgr. 1868 *H. leucotaenia* (non Burmeister 1861), Alb. Günther in: P. zool. Soc. London, p. 489 t. 40 f. 4 | 1882 *H. bracteator* (non Hensel 1867), Boulenger, Cat. Batr. sal. Brit. Mus., ed. 2 p. 395 | 1886 *H. Guentheri*, Boulenger in: Ann. nat. Hist., ser. 5 *v.* 18 p. 444, 445 | 1896 *H. G.*, C. Berg in: An. Mus. Buenos Aires, *v.* 5 p. 203.

Zunge kurzoval, hinten undeutlich ausgerandet und wenig frei abhebbar. Gaumenzähne in 2 kleinen, rundlichen Gruppen etwas hinter den Choanen. Kopf mäßig groß, kaum breiter als lang; Vorderkopf abgerundet, ein wenig länger als der Augendurchmesser, mit winkligem Canthus rostralis und nahezu senkrecht abfallender Zügelregion; Interorbitalraum etwas breiter als ein oberes

[1] Die in [] gesetzten Merkmale wurden am Typexemplar von *H. luteola* Burm. festgestellt.

Augenlid; Trommelfell mäßig deutlich, fast $^1/_2$ so breit wie der Augendurchmesser. Finger an der Basis, Zehen zu $^1/_2$ ihrer Länge durch Schwimmhaut verbunden; ein deutliches, beim ♂ eine spitze Klaue bildendes, Pollexrudiment vorhanden; Haftscheiben etwas kleiner als das Trommelfell; Subarticularhöcker mäßig entwickelt. Bei nach vorn an den Körper angelegtem Hinterbein reicht das Tibiotarsalgelenk bis zum Auge. Haut oben glatt, am Bauche und unter den Oberschenkeln gekörnelt. Oben hellgrau olivenfarben; eine weiße, unten dunkel gesäumte Linie zieht längs des Canthus rostralis durch das Auge und an den Rumpfseiten entlang; eine andere weiße Linie längs des Lateralrandes des Unterschenkels. Unterseite ungefleckt. L. 38 mm.

♂ mit großer, äußerer, gularer Schallblase.

Argentinien, Südbrasilien.

205. **H. raddiana** Fitz. 1823 *H. lateralis* (non Daudin 1803), Raddi in: Mem. Soc. Modena, *v.* 19 p. 67 | 1826 *H. raddiana*, Fitzinger, Classif. Rept., p. 63 | 1841 *H. leucomelas* + *H. pulchella*, C. Duméril & G. Bibron, Erpét., *v.* 8 p. 576, 588 | 1843 *H. Vauterii* + *H. agrestis*, G. Bibron in: Bell in: Zool. Voy. Beagle, pars 5 p. 45, 46 t. 19 f. 2, 2a, 3, 3a | 1856 *H. prasina*, Burmeister, Erläut. Fauna Bras., p. 106 t. 31 f. 2, 2a, b, d, e (Habitus, Zunge, Gaumenzähne, Füße) | 1858 *H. agrestis* + *H. prasina* + *H. vauterii*, Alb. Günther, Cat. Batr. sal. Brit. Mus., p. 105, 106 | 1861 *H. agrestis* + *H. leucotaenia*, Burmeister, Reise La Plata-St., *v.* 2 p. 531 | 1864 *H. pulchella*, Steindachner in: Verh. Ges. Wien, *v.* 14 p. 241 t. 9 f. 2, 2a—c (Habitus, Mundhöhle, Füße) | 1867 *H. rubicundula* (non J. Reinhardt & Lütken 1862) + *H. bracteator*, Hensel in: Arch. Naturg., *v.* 33I p. 158, 159 | 1867 *H. prasina*, Giebel in: Z. Naturw., *v.* 29 p. 28 | 1882 *H. pulchella* + *H. vauteri*, Boulenger, Cat. Batr. sal. Brit. Mus., ed. 2 p. 375, 376 | 1885 *H. pulchella*, Boulenger in: Ann. nat. Hist., ser. 5 *v.* 16 p. 296, 298 | 1896 *H. raddiana*, C. Berg in: An. Mus. Buenos Aires, *v.* 5 p. 201 (mit weiteren Literaturangaben).

Zunge annähernd kreisrund, ganzrandig, hinten frei abhebbar. Gaumenzähne in 2 kleinen Gruppen auf der Höhe des Choanenhinterrandes. Kopf ziemlich klein, etwa so lang wie breit; Vorderkopf abgerundet, länger als der Augendurchmesser, mit deutlichem Canthus rostralis und fast senkrecht abfallender Zügelregion; Interorbitalraum so breit wie oder etwas breiter als ein oberes Augenlid; Trommelfell sehr deutlich, etwa $^1/_2$ so breit wie der Augendurchmesser. Finger an ihrer Basis durch schwache Schwimmhaut, Zehen zu $^2/_3$—$^3/_4$ ihrer Länge durch Schwimmhaut verbunden; kein vorspringendes Pollexrudiment vorhanden; Haftscheiben kleiner als das Trommelfell; Subarticularhöcker mäßig entwickelt; eine deutliche Hautfalte am medialen Tarsusrande vorhanden. Bei nach vorn an den Körper angelegtem Hinterbein reicht das Tibiotarsalgelenk bis, oder fast bis zur Vorderkopfspitze. Haut oben glatt oder sehr fein gekörnelt; auf der Unterseite grob gekörnelt; eine Hautfalte zieht vom Auge oberhalb des Trommelfells hin zur Schulter. Oberseite grünlich, einfarbig oder dunkel gefleckt und marmoriert. In der Regel zieht ein heller, weißer oder gelber, oben und unten dunkel eingefaßter, schmaler Streifen vom Auge an den Rumpfseiten entlang bis zu den Weichen; ein ähnlicher Streifen zieht meist auf der Lateralseite des Unterschenkels, zuweilen auch auf der des Unterarmes entlang. Rumpfseiten unterhalb des hellen Seitenstreifens und besonders die Kopfseiten gewöhnlich dunkler als der Rücken; Oberlippe in ihrer ganzen Ausdehnung oder wenigstens in ihrer hinteren Hälfte, von der Augenmitte an, stets weiß gerandet. Weichen und Vorder- und Hinterseite der Oberschenkel tiefschwarz gefleckt, bzw. senkrecht quergebändert. Unterseite gelblich. L. 50 mm.

♂ mit äußerer subgularer Schallblase.

Argentinien, Uruguay, Südbrasilien.

206. **H. dolloi** Wern. 1903 *H. d.*, F. Werner in: Zool. Anz., *v.* 26 p. 253.

Zunge kreisrund, hinten deutlich eingekerbt und frei abhebbar, oben mit 3 tiefen Längsfurchen. Gaumenzähne in 2 sehr genäherten, quergestellten Gruppen zwischen den Choanen, nahe der Verbindungslinie ihrer Hinterränder. Kopf ebenso lang wie breit; Vorderkopf etwas zugespitzt, $1^1/_2$ mal so lang wie der Augendurchmesser, mit deutlichem, etwas geschweiftem Canthus rostralis und schiefer, nicht vertiefter Zügelregion; Interorbitalraum doppelt so breit wie ein oberes Augenlid; Trommelfell deutlich, Größe? Finger nur am Grunde durch Schwimmhaut verbunden; die Schwimmhaut des Hinterfußes reicht an der Medialseite der 2. und 5. Zehe und an der Lateralseite der 3. Zehe bis zur Haftscheibe, sonst bis zum vorhergehenden Gliede. Haftscheiben der Finger $^3/_4$ so groß wie das Trommelfell, die der Zehen kleiner. Bei nach vorn an den Körper angelegtem Hinterbein reicht das Tibiotarsalgelenk zwischen Auge und Nasenloch. Oberseite glatt oder mit kleinen Pusteln; Unterseite glatt, Bauch und Unterseite der Oberschenkel granuliert. Oberseite heller oder dunkler grau. Rumpfseiten, Vorderrand der Oberschenkel, Hinterbacken und Unterseite der Unterschenkel weiß und schwarz grob marmoriert. Unterseite schmutzig weiß. L. 45 mm.

Brasilien (genauer Fundort unbekannt).

207. **H. parvula** (Blgr.) 1894 *Hylella p.*, Boulenger in: P. zool. Soc. London, p. 646 t. 40 f. 3.

Zunge kreisrund, ganzrandig. Gaumenzähne fehlen. Kopf so lang wie breit. Vorderkopf kurz, abgerundet, ohne Canthus rostralis; Augen groß und stark vorspringend; oberes Augenlid sehr schmal; Interorbitalraum breit und aufgewölbt; Trommelfell deutlich, kaum $^1/_3$ so breit wie der Augendurchmesser. 1. Finger wenig kürzer als der 2.; Finger an ihrer Basis durch deutliche Schwimmhaut, Zehen zu $^2/_3$ ihrer Länge durch Schwimmhaut verbunden; Haftscheiben mäßig entwickelt. Bei nach vorn an den Körper angelegtem Hinterbein reicht das Tibiotarsalgelenk etwas über die Vorderkopfspitze hinaus. Haut oben glatt, am Bauche und unter den Oberschenkeln gekörnelt. Oben grau oder blaßbraun, weiß gesprenkelt; Unterseite weiß. L. 17 mm.

Südbrasilien.

208. **H. auraria** Ptrs. 1873 *H. a.*, Peters in: Monber. Ak. Berlin, p. 615 | 1882 *H. a.*, Boulenger, Cat. Batr. sal. Brit. Mus., ed. 2 p. 397 | 1897 *H. a.*, F. Werner in: SB. Ak. München, *v.* 27 p. 216.

Zunge hinten flach ausgebuchtet. Gaumenzähne in 2 queren Reihen auf der Höhe des Choanenhinterrandes. Vorderkopf so lang wie der Augendurchmesser, mit abgerundetem Canthus rostralis und schief abfallender Zügelregion; Trommelfell länglich oval, $^1/_2$—$^2/_3$ so breit wie der Augendurchmesser. Die 3 lateralen Finger an der Basis, Zehen zu $^3/_4$ ihrer Länge durch Schwimmhaut verbunden; Haftscheiben so groß wie das Trommelfell. Haut oben glatt; am Bauche und unter den Oberschenkeln gekörnelt. Oberseite grünlichgelb; ein zwischen den Augen beginnender, dunkler, vorn gerade abgeschnittener Fleck verliert sich auf dem Rücken. Gliedmaßen unregelmäßig dunkel quer gebändert. Unterseite schmutzig gelb. L. 30 mm.

Südamerika (genauere Fundortsangabe fehlt).

209. **H. spinosa** Stnd. 1864 *H. s.*, Steindachner in: Verh. Ges. Wien, *v.* 14 p. 239 t. 9 f. 1, 1a—c (Habitus, Gaumenzähne, Füße) | 1867 *H. s.*, Steindachner in: Reise Novara, Amph. p. 62 (nota) | 1882 *H. s.*, Boulenger, Cat. Batr. sal. Brit. Mus., ed. 2 p. 396.

Zunge annähernd kreisrund, hinten schwach ausgerandet, nur an den Rändern frei abhebbar. Gaumenzähne in 2 kleinen, schwach nach hinten konvergierenden Gruppen mitten zwischen den Choanen. Kopf kurz und breit; Vorderkopf vorn senkrecht abgestutzt, mit stumpfem Canthus rostralis und schwach vertiefter Zügelregion; Trommelfell sehr deutlich, nicht viel kleiner als das Auge. Eine stark vorspringende, schmale, vom Auge zur Schulter ziehende Drüsenfalte wird oberhalb des Trommelfells von 2 Knochenspitzen durchbohrt (Fig. 255). Finger frei, Zehen nur an der Basis durch Schwimmhaut verbunden; Haftscheiben gut entwickelt, aber viel kleiner als das Trommelfell. Hinterbein $1^1/_2$ mal so lang wie Kopf und Rumpf zusammen. Haut auf dem Rücken dick, ebenso wie an den Rumpfseiten fein gerunzelt; Bauch und Unterseite der Oberschenkel gekörnelt. Oberseite des Körpers und der Gliedmaßen, sowie die Unterseite der letzteren, außer Händen und Füßen, grün. Kopf und Rumpfseiten mit gelbgesäumten, violetten, runden Flecken, bzw. teilweise verschmelzenden Querbinden. Unterseite des Rumpfes, der Hände und der Füße rötlichbraun. Gliedmaßen mit violetten Querbinden. L. 39 mm.

Fig. 255. **Hyla spinosa.** Kopf (nach Steindachner).

Brasilien? (näherer Fundort unbekannt).

210. **H. ohausi** Wandoll. 1907 *H. o.*, Wandolleck in: Abh. Mus. Dresden, *v.* 11 nr. 1 p. 14 t. 1 f. 8, 8a, b (Habitus, Kopf, Mundhöhle).

Zunge elliptisch, ganzrandig, hinten wenig frei abhebbar. Gaumenzähne zwischen den Choanen in 2 schrägen, nach hinten konvergierenden Gruppen. Kopf breit, auffallend flach; Vorderkopf fast halbkreisförmig, durch die erhabene Nasenpartie jedoch dreieckig erscheinend, mit sehr deutlichem, abgerundetem Canthus rostralis und schräg abfallender Zügelregion; Nasenlöcher näher bei der Vorderkopfspitze als beim Auge; Interorbitalraum etwas breiter als ein oberes Augenlid; Trommelfell undeutlich, weniger als $^1/_2$ so breit wie das Auge. 1. Finger länger als der 2., Finger völlig frei von Schwimmhaut, Zehen am Grunde durch das 1. Glied umfassende Schwimmhaut verbunden. Bei nach vorn an den Körper angelegtem Hinterbein reicht das Tibiotarsalgelenk über die Vorderkopfspitze hinaus. Eine schwache Hautfalte zieht vom Augenhinterrand oberhalb des Trommelfells hinweg zur Schulter; Unterseite granuliert. Oberseite auf bräunlich gelbem Grunde dicht schieferblau marmoriert; zwischen und hinter den Augen helle Quer- bzw. Längslinien. Grundfarbe der Seiten weißgelb, die des Bauches grau; unter dem Auge 2 schräg nach hinten ziehende helle Streifen. Hinterbeine dunkel quergebändert. Brust und Bauch schwach marmoriert. L. 30 mm.

Das ♀ trägt seine Eier in einem durch erstarrtes Drüsensecret angehefteten Haufen auf seinem Rücken mit sich herum.

Petropolis (Ostbrasilien).

211. **H. goeldii** Blgr. 1894 *H. g.*, Boulenger in: P. zool. Soc. London, p. 645 t. 40 f. 2 | 1895 *H. g.*, Goeldi in: P. zool. Soc. London, p. 94 f. 2 (♀ mit Eiern auf dem Rücken) | 1895 *H. g.*, Boulenger in: P. zool. Soc. London, p. 209 t. 10 f. 1—3 (♀ mit Eiern, Entwicklungsstadien).

Zunge annähernd kreisrund, hinten schwach eingeschnitten und etwas frei abhebbar. Gaumenzähne in 2 schräg gestellten, stark genäherten Gruppen dicht hinter der Verbindungslinie der Choanen. Kopf so lang wie breit;

Vorderkopf abgerundet, so lang wie der Augendurchmesser, mit winkligem Canthus rostralis und vertiefter Zügelregion; Interorbitalraum breiter als ein oberes Augenlid; Trommelfell deutlich, $^1/_2$ so breit wie das Auge. Finger ohne Schwimmhaut, Zehen zu $^1/_3$ ihrer Länge durch Schwimmhaut verbunden; Haftscheiben fast so groß wie das Trommelfell; kein deutliches Pollexrudiment vorhanden, keine Tarsalfalte. Bei nach vorn an den Körper angelegtem Hinterbein reicht das Tibiotarsalgelenk bis zum Auge. Haut oben glatt, unten, besonders stark am Bauche, gekörnelt. Oben olivenfarben oder braun, mit einigen dunklen, hell gesäumten Flecken, von denen der vorderste bis zwischen die Augen reicht. Ein dunkler Canthalstreifen und eine dunkle, hellgerandete Schläfenbinde vorhanden. Beine mit dunklen Querbinden. Unterseite schmutzig weiß oder blaßbraun. L. bis 40 mm.

♂ mit innerer Schallblase.

Fig. 256. **Hyla goeldii.** ♀ mit Eiern auf dem Rücken (nach Boulenger).

Das ♀ übt Brutpflege aus, indem es bis zu 26, bis 4 mm im Durchmesser haltende, Eier auf seinem Rücken mit sich herumträgt (Fig. 256), aus denen die Jungen als 4beinige, aber noch mit deutlichem Schwanz versehene Fröschchen ausschlüpfen. Spuren von Kiemen ließen sich an den Embryonen nicht nachweisen.

Orgelgebirge (Ostbrasilien).

212. **H. nigra** Cope 1887 *H. n.*, E. D. Cope in: P. Amer. phil. Soc., *v.* 24 p. 47.

Zunge annähernd rund, hinten flach ausgerandet. Gaumenzähne in 2 Gruppen auf der Höhe der Verbindungslinie der Choanenhinterränder. Vorderkopf schwach zugespitzt, über die Mundspalte vorspringend, so lang wie der Augendurchmesser, mit geschweiftem Canthus rostralis; Trommelfell rund, $^1/_4$ so breit wie der Augendurchmesser. Finger völlig frei von Schwimmhaut, Zehen bis zur Haftscheibe der 2., 3., und 5. Zehe und bis zur Basis des vorvorletzten Gliedes der 4. Zehe durch Schwimmhaut verbunden. Bei nach vorn an den Körper angelegtem Hinterbein reicht das Tibiotarsalgelenk bis zur Vorderkopfspitze. Kopf und Rücken mit zahlreichen kurzen, nicht sehr vorspringenden Längswarzen. Oberseite, auch die von Oberarm und Unterschenkel, einfarbig schwarz; hintere Hälfte der Flanken, Vorder- und Hinterseite des Oberschenkels, Unterseite des Unterschenkels und Schwimmhaut braun und weiß marmoriert. Kehle, Unterseite des Oberschenkels und Tarsus dunkelbraun bestäubt. L. 34 mm.

Matto Grosso (Brasilien).

213. **H. nigromaculata** (Tsch.) 1826 *H. occipitalis*, Fitzinger, Classif. Rept., p. 63 (descr. nulla) | 1838 *Trachycephalus nigromaculatus*, Tschudi, Classif. Batr., p. 74 | 1841 *T. geographicus*, C. Duméril & G. Bibron, Erpét., *v.* 8 p. 536 | 1858 *T. g.*, Alb. Günther, Cat. Batr. sal. Brit. Mus., p. 118 | 1864 *T. marmoratus*, Steindachner in: Verh. Ges. Wien, *v.* 14 p. 243 t. 9 f. 3, 3a, b (Habitus, Kopf von oben, Mundhöhle) | 1867 *T. geographicus*, Steindachner in: Reise Novara, Amph. p. 63 | 1882 *Hyla nigromaculata*, Boulenger, Cat. Batr. sal. Brit. Mus., ed. 2 p. 368 | 1893 *H. (Trachycephalus) angustifrons*, F. Werner in: Zool. Anz., *v.* 16 p. 83 | 1894 *H. a.*, F. Werner in: Zool. Anz., *v.* 17 p. 414.

Zunge annähernd kreisrund, ganzrandig, hinten kaum frei abhebbar. Gaumenzähne in einer geraden, in der Mitte kaum unterbrochenen Reihe zwischen den Choanen. Kopf mäßig groß, etwas breiter als lang, mit rauher Oberseite, deren Haut fest mit den Schädelknochen verbunden ist; Vorderkopf abgerundet, $1^1/_2$—$1^2/_3$mal so lang wie der Augendurchmesser, mit winkligem Canthus rostralis und schief abfallender, vertiefter Zügelregion; Oberkopf etwas vertieft; Interorbitalraum in der Regel viel breiter, selten wenig oder gar nicht breiter als ein oberes Augenlid; Trommelfell sehr deutlich, $^1/_2$ bis $^2/_3$ so breit wie der Augendurchmesser. Die 3 lateralen Finger sind zu $^1/_3$ ihrer Länge, Zehen fast völlig durch Schwimmhaut verbunden; kein vorspringendes Pollexrudiment vorhanden; Haftscheiben der Finger etwa so groß wie das Trommelfell, die der Zehen kleiner; Subarticularhöcker gut entwickelt. Bei nach vorn an den Körper angelegtem Hinterbein reicht das Tibiotarsalgelenk bis zum Auge oder über dieses hinaus. Oberseite glatt oder schwach höckerig; Unterseite gekörnelt; eine Hautfalte zieht vom hinteren Augenrand im Bogen oberhalb des Trommelfells zur Schulter. Oben braun oder olivenfarben, dunkel marmoriert; Gliedmaßen mit dunklen Querbinden. Unterseite weißlich, ungefleckt. L. 90 mm.

♂ mit 2 äußeren, hinter dem Mundwinkel hervortretenden Schallblasen und mit schwärzlichen Brunstschwielen auf der Medialseite des 1. Fingers.

Brasilien.

214. **H. maxima** (Laur.) 1734 *„Rana Virginiana exquisitissima“*, Seba, Thesaurus, *v.* 1 t. 72 f. 3 | 1768 *R. maxima*, Laurenti, Syn. Rept., p. 32 | 1788 *„La Patte d'oie“*, Lacépède, Quadrup. ovip. Serp., *v.* 1 p. 538 | 1789 *„La grenouille patte d'oie“*, Bonnaterre in: Tabl. enc. méth., Erpét. p. 1 t. 3 f. 1 | 1799 *Calamita maximus*, J. G. Schneider, Hist. Amph., *v.* 1 p. 163 | 1802 *Rana zebra*, G. Shaw, Gen. Zool., *v.* 3 p. 123 t. 37 | 1802 *„La reine patte d'oie“*, Latreille in: Sonnini & Latreille, Hist. Rept., *v.* 2 p. 173 t. | 1803 *Hyla palmata*, Daudin, Hist. Rainett., p. 38 t. 14 | 1803 *H. p.*, Daudin, Hist. Rept., *v.* 8 p. 79 | 1820 *Calamita palmatus*, Merrem, Versuch Syst. Amph., p. 173 | 1824 *Hyla geographica*, Spix, Spec. Testud. Ran. Bras., p. 39 t. 11 f. 1 | 1830 *Hypsiboas palmata* + *H. geographica* (part.), Wagler, Syst. Amph., p. 200 | 1838 *H. palmatus* (part.), Tschudi, Classif. Batr., p. 72 | 1841 *Hyla palmata* (part.), C. Duméril & G. Bibron, Erpét., *v.* 8 p. 544 | 1843 *Hypsiboas (Lobipes) p.*, Fitzinger, Syst. Rept., *v.* 1 p. 30 | 1856 *Hyla (Centrotelma) langsdorffii*, Burmeister, Erläut. Fauna Bras., p. 100 | 1858 *H. l.*, Alb. Günther, Cat. Batr. sal. Brit. Mus., p. 98 | 1867 *Hypsiboas palmatus* + *Cinclidium granulatum*, E. D. Cope in: J. Ac. Philad., ser. 2 *v.* 6 p. 200, 202 | 1872 *Hyla maxima* (part.), Peters in: Monber. Ak. Berlin, p. 218 | 1882 *H. m.*, Boulenger, Cat. Batr. sal. Brit. Mus., ed. 2 p. 349 | 1897 *H. m.*, F. Werner in: SB. Ak. München, *v.* 27 p. 217 | 1904 *H. m.*, Peracca in: Boll. Mus. Torino, *v.* 19 nr. 465 p. 36.

Zunge annähernd kreisrund, ganzrandig, völlig angeheftet. Gaumenzähne in /‾‾\-förmiger Anordnung zwischen den sehr großen Choanen (Fig. 219 p. 173). Kopf groß, abgeplattet, etwas breiter als lang; Vorderkopf etwas abgestutzt, fast doppelt so lang wie der Augendurchmesser, mit sehr schief abfallender, vertiefter Zügelregion und winkligen Canthi rostrales, die zusammen mit den vorspringenden Rändern der Frontoparietalknochen den vertieften Oberkopf annähernd rhombenförmig umfassen. Interorbitalraum doppelt so breit wie ein oberes Augenlid; Trommelfell sehr deutlich, $^3/_5$—$^2/_3$ so breit wie der Augendurchmesser. Laterale Finger ebenso wie die Zehen völlig durch Schwimmhaut verbunden (Fig. 15 und 21 p. 8, 9); ein deutliches Pollexrudiment vorhanden; Haftscheiben der Finger und Zehen etwa so groß wie das Trommelfell; Subarticularhöcker mäßig entwickelt. Bei nach vorn an den Körper angelegtem Hinterbein reicht das Tibiotarsalgelenk zwischen Auge und Vorderkopfspitze oder bis zu letzterer. Oberseite sehr fein gekörnelt; Bauch und Unterseite der Oberschenkel grob gekörnelt; eine mehr oder weniger starke Hautfalte längs des Lateralrandes von Unterarm und Tarsus; Ferse mit einem kurzen, dreieckigen Hautanhang. Oben braun oder rötlich, heller und dunkler gemustert; Gliedmaßen in der Regel mit dunklen Querbinden; zuweilen zieht eine dunkle Linie in der Mittellinie des Rückens von der Vorderkopfspitze bis zum Sacrum. Unterseite weißlich, ungefleckt. L. 117 mm.

♂ mit innerer, subgularer Schallblase und brauner Kehle.

Ost- und Nordbrasilien, Guiana, Ecuador.

215. **H. granosa** Blgr. 1882 *H. g.*, Boulenger, Cat. Batr. sal. Brit. Mus., ed. 2 p. 358 t. 24 f. 2, 3, 3a (Habitus, Mundhöhle) | 1897 *H. g.*, F. Werner in: SB. Ak. München, *v.* 27 p. 220.

Zunge annähernd kreisrund, ganzrandig, völlig angeheftet. Gaumenzähne in 2 gebogenen Reihen, ein nach hinten offenes Hufeisen bildend, zwischen den großen Choanen. Kopf mäßig groß, breiter als lang; Vorderkopf abgerundet, $1^{1}/_{2}$mal so lang wie der Augendurchmesser, mit undeutlichem Canthus rostralis und schief abfallender, schwach vertiefter Zügelregion; Interorbitalraum viel breiter als ein oberes Augenlid, Trommelfell deutlich, $^{1}/_{2}$ oder fast $^{1}/_{2}$ so breit wie der Augendurchmesser. Die 3 lateralen Finger zu $^{1}/_{2}$ oder fast $^{1}/_{2}$, Zehen zu $^{3}/_{4}$ ihrer Länge durch Schwimmhaut verbunden; ein beim ♂ klauenförmiges, beim ♀ schwach entwickeltes Pollexrudiment vorhanden; Haftscheiben so groß oder fast so groß wie das Trommelfell; Subarticularhöcker wenig entwickelt. Bei nach vorn an den Körper angelegtem Hinterbein reicht das Tibiotarsalgelenk bis zwischen Auge und Vorderkopfspitze. Oberseite, Bauch und Unterseite der Oberschenkel gekörnelt. Auf farblosem Grunde zeigt das ♂ einige verstreute, weiße Punkte auf Kopf und Rücken, das ♀ eine purpurfarbene Querbinde zwischen den Augen, einen gleichfarbigen, vom Nasenloch ausgehenden Streifen und ebensolche Flecke auf Rücken, Unterarm und Unterschenkel. Oberes Augenlid rosig. L. 40 mm.

♂ mit äußerer, gularer Schallblase.

Guiana, Centralbrasilien, Ecuador.

216. **H. appendiculata** Blgr. 1856 *H. (Centrotelma) geographica* (non Spix 1824), Burmeister, Erläut. Fauna Bras., p. 99 | 1858 *H. g.*, Alb. Günther, Cat. Batr. sal. Brit. Mus., p. 99 | 1882 *H. appendiculata*, Boulenger, Cat. Batr. sal. Brit. Mus., ed. 2 p. 349 t. 23 f. 2 | 1894 *H. a.*, F. Werner in: Zool. Anz., *v.* 17 p. 412 | 1897 *H. a.*, F. Werner in: SB. Ak. München, *v.* 27 p. 220 | 1912 *H. a.*, F. Baumann in: Zool. Jahrb., Syst. *v.* 33 p. 99.

Zunge annähernd kreisrund, ganzrandig oder hinten schwach ausgerandet, völlig angeheftet. Gaumenzähne in /‾‾\- oder /\-förmiger Anordnung zwischen den sehr großen Choanen. Kopf groß, abgeplattet, meist etwas breiter als lang; Vorderkopf etwas abgestutzt, $1^{1}/_{3}-1^{1}/_{2}$mal so lang wie der Augendurchmesser, mit deutlichem Canthus rostralis und sehr schief abfallender, meist schwach vertiefter Zügelregion; Interorbitalraum doppelt so breit wie ein oberes Augenlid; Trommelfell sehr deutlich, mindestens etwa $^{2}/_{3}$ so breit wie der Augendurchmesser. Laterale Finger zu $^{1}/_{2}$ bis $^{2}/_{3}$ ihrer Länge, Zehen völlig oder fast völlig durch Schwimmhaut verbunden; kein deutliches Pollexrudiment vorhanden; Haftscheiben der Finger und Zehen $^{1}/_{2}-^{2}/_{3}$ so groß wie das Trommelfell; Subarticularhöcker mäßig entwickelt. Bei nach vorn an den Körper angelegtem Hinterbein reicht das Tibiotarsalgelenk bis oder fast bis zur Vorderkopfspitze. Oberseite sehr fein, Bauch und Unterseite der Oberschenkel grob gekörnelt; Ferse mit einem langen, dreieckigen Hautanhang. Oberseite rötlichbraun oder schwärzlich marmoriert oder fein dunkel punktiert; häufig eine X-förmige dunkle Figur auf dem Vorderrücken; Rumpfseiten (nach Boulenger) fast immer mit senkrechten schwärzlichen Streifen. Rumpfseiten, die beim sitzenden Tier verborgenen Teile der Gliedmaßen und die Oberseite von Händen und Füßen bei jungen Tieren (nach F. Werner) schwarz, bei alten Tieren dunkelgraublau. Oberseite der Gliedmaßen deutlich quergebändert; Ferse gewöhnlich mit einem weißlichen Fleck. Unterseite weißlich, einfarbig oder mit kleinen braunen Flecken auf dem Bauche. L. 68 mm.

♂ mit innerer, subgularer Schallblase und zur Fortflanzungszeit mit braunen Brunstschwielen auf der Medialseite des 1. Fingers.

Brasilien, Ecuador.

217. **H. cryptomelas** (Cope) 1867 *Centrotelma cryptomelan*, E. D. Cope in: J. Ac. Philad., ser. 2 *v.* 6 p. 201, 204 | 1882 *Hyla cryptomelas*, Boulenger, Cat. Batr. sal. Brit. Mus., ed. 2 p. 350.

Zunge annähernd kreisrund oder oval, ganzrandig, völlig angeheftet. Gaumenzähne in /‾‾\- oder /\-förmiger Anordnung zwischen den großen Choanen. Kopf mäßig groß, abgeplattet, etwas breiter als lang; Vorderkopf abgerundet, so lang wie der Augendurchmesser, mit deutlichem Canthus rostralis und sehr schief abfallender, schwach vertiefter Zügelregion; Interorbitalraum breiter als ein oberes Augenlid; Trommelfell sehr deutlich, $^2/_3$ so breit wie der Augendurchmesser. Die 3 lateralen Finger zu $^1/_2$, Zehen zu $^3/_4$ ihrer Länge durch Schwimmhaut verbunden; kein deutliches Pollexrudiment vorhanden; Haftscheiben der Finger und Zehen viel kleiner als das Trommelfell; Subarticularhöcker mäßig entwickelt. Bei nach vorn an den Körper angelegtem Hinterbein reicht das Tibiotarsalgelenk bis oder fast bis zur Vorderkopfspitze. Haut oben glatt, am Bauche und unter den Oberschenkeln gekörnelt; Ferse mit einem kurzen, dreieckigen Hautanhang. Oben rötlichbraun, schwarz punktiert; Rumpfseiten, Oberarm und Oberschenkel (abgesehen von einer schmalen braunen Längsbinde auf der Oberseite des letzteren), Medialseite des Unterarmes, Unterseite von Tibia und Tarsus, Händen und Füßen (außer 4. Finger und 5. Zehe) tiefschwarz; oder die Rumpfseiten nur schwärzlich marmoriert und die Gliedmaßen auf weniger intensiv schwarzem Grunde deutlich dunkel gebändert; auch kommen Übergänge zwischen beiden Färbungen vor. Unterseite weiß, fleckenlos. L. 42 mm.

♂ mit innerer, subgularer Schallblase und zur Fortpflanzungszeit mit braunen Brunstschwielen auf der Medialseite des 1. Fingers.

Bahia, Ostecuador.

218. **H. inframaculata** Blgr. 1882 *H. i.*, Boulenger, Cat. Batr. sal. Brit. Mus., ed. 2 p. 354 t. 23 f. 3, 3a (Habitus, Mundhöhle).

Zunge kreisrund, ganzrandig, völlig angeheftet. Gaumenzähne in 2 schwach gekrümmten, zusammen einen nach vorn konvexen Bogen bildenden, Reihen auf der Höhe des Hinterrandes der ziemlich großen Choanen. Kopf mäßig groß, abgeplattet, ein wenig breiter als lang; Vorderkopf abgerundet, so lang wie der Augendurchmesser, mit sehr undeutlichem Canthus rostralis und schwach vertiefter Zügelregion; Interorbitalraum so breit wie ein oberes Augenlid; Trommelfell sehr deutlich, $^2/_3$ so breit wie der Augendurchmesser. Die 3 lateralen Finger fast völlig, Zehen völlig durch Schwimmhaut verbunden; kein vorspringendes Pollexrudiment vorhanden; Haftscheiben der Finger $^1/_2$ so breit wie der Trommelfelldurchmesser, die der Zehen kleiner; Subarticularhöcker mäßig entwickelt. Bei nach vorn an den Körper angelegtem Hinterbein reicht das Tibiotarsalgelenk fast bis zur Vorderkopfspitze.

Kopf und Rücken mit kleinen, unregelmäßigen Höckern besetzt, Unterseite gekörnelt. Oben grau, undeutlich dunkel marmoriert; Rumpfseiten, Oberschenkel und Unterseite der Hinterbeine schwarz und weiß marmoriert. Unterseite von Kopf und Rumpf weißlich, braun gefleckt. L. 44 mm.

Santarem (Amazonasgebiet).

219. **H. resiniflctrix** Goeldi 1907 *H. r.*, Goeldi in: P. zool. Soc. London, p. 135 f. 56—59 (Habitusbilder und Nest) | 1912 *H. r.*, F. Baumann in: Zool. Jahrb., Syst. *v.* 33 p. 105 t. 4 f. 4 (Habitusbild in natürlichen Farben).

Zunge herzförmig. Gaumenzähne in 2 nach vorn konvergierenden Reihen zwischen den großen Choanen. Kopf von oben gesehen halbkreisförmig, so lang wie breit; Canthus rostralis im Bogen verlaufend, abgerundet; Nasenregion fast senkrecht zur Mundspalte abfallend; Interorbitalraum breiter als ein oberes Augenlid; Trommelfell sehr deutlich, kreisrund, etwas kleiner als das Auge. Laterale Finger etwa zu $^1/_2$, Zehen zu $^2/_3$ ihrer Länge durch Schwimmhaut verbunden; Haftscheiben etwas kleiner als das Trommelfell; kein deutliches Pollexrudiment vorhanden. Bei nach vorn an den Körper angelegtem Hinterbein reicht das Tibiotarsalgelenk zwischen Auge und Vorderkopfspitze; Fersen ohne Hautanhang. Oberseite teilweise, in einer schwärzlichbraunen Region, die einheitlich und ganzrandig oder seitlich eingeschnürt ist, oder in 2 durch ein helles Querband getrennte Felder zerfällt, dicht mit dornartigen, an der Spitze hellen Warzen besetzt, neben denen auch kleinere Erhebungen und winzige Körnelung auftreten; helle Teile der Oberseite grünlichgelb; ein brauner trapezförmiger Fleck zwischen den Nasenlöchern und dem Vorderrand der Augen; letztere in ihrer ganzen Breite durch eine helle Querbinde verbunden. Beine mit dunklen Querbinden, von denen einige kleine, helle, den hellen Spitzen der Rückenwarzen ähnelnde Flecken aufweisen. Oberlippe dunkel marmoriert. Unterseite gekörnelt bis warzig, hellgrünlichgelb. Unterlippe und Haftscheiben grün. L. 80 mm.

♂ mit großen, äußeren Schallblasen.

Lebt auf Bäumen des jungen Urwaldes und legt seine Eier in Baumhöhlen ab, die der Frosch durch Auskleidung mit von verschiedenen Bäumen gesammeltem Harz in einen sich mit Regenwasser füllenden und dann zur Aufnahme der Brut bestimmten Wasserbehälter umwandelt. Näheres über Nestbau und Entwicklung ist noch unbekannt.

Urwaldgebiet des unteren Amazonenstroms.

220. **H. taurina** (Fitz.) 1843 *Hypsiboas (Osteocephalus) taurinus*, Fitzinger, Syst. Rept., *v.* 1 p. 30 (descr. nulla) | 1862 *Osteocephalus t.* +? *O. flavolineatus*, Steindachner in: Arch. Zool. Anat. Fisiol., *v.* 2 p. 77 t. 6 f. 1—3 (Habitus, Füße) +? p. 80 t. 6 f. 4—7 (Habitus, Mundhöhle, Füße) | 1867 *Trachycephalus (Osteocephalus) taurinus* + ? *Trachicephalus (O.) flavolineatus*, Steindachner in: Reise Novara, Amph. p. 64 | 1882 *Hyla taurina*, Boulenger, Cat. Batr. sal. Brit. Mus., ed. 2 p. 363 | 1904 *H. t.*, Peracca in: Boll. Mus. Torino, *v.* 19 nr. 465 p. 37.

Zunge annähernd oval, ganzrandig, hinten kaum frei abhebbar. Gaumenzähne in /‾‾\-förmiger Anordnung zwischen den sehr großen Choanen. Kopf groß, abgeplattet, ein wenig breiter als lang; Vorderkopf abgerundet, etwa $1^2/_3$ mal so lang wie der Augendurchmesser, mit sehr starkem, geradem Canthus rostralis und schief abfallender, stark vertiefter Zügelregion; Schädel bei alten Tieren stark verknöchert, rauh, aber nicht fest mit der Haut der Kopfoberseite verbunden. Die lateralen Ränder der Frontoparietalknochen springen mehr oder weniger leistenartig vor; Interorbitalraum breiter als ein oberes Augenlid; Trommelfell sehr deutlich, fast so breit wie der Augendurchmesser. Die 3 lateralen Finger fast zu $^1/_2$ ihrer Länge, Zehen völlig durch Schwimmhaut verbunden; kein vorspringendes Pollexrudiment vorhanden; Haftscheiben nicht viel kleiner als das Trommelfell; Subarticularhöcker stark vorspringend. Bei nach vorn an den Körper angelegtem Hinterbein reicht das Tibiotarsalgelenk bis oder fast bis zur Vorderkopfspitze. Oberseite glatt oder höckerig, Unterseite gekörnelt; eine Hautfalte zieht vom Auge oberhalb des Trommelfells hin zur Schulter. Oben rötlich, bräunlich oder schwärzlich, dunkel gefleckt oder marmoriert. Beine mit breiten, dunklen Querbinden. Flanken zuweilen weiß gefleckt. Unterseite weiß, Kehle und Brust braun gefleckt. L. 100 mm.

♂ mit 2 großen, äußeren, hinter dem Mundwinkel hervortretenden Schallblasen; zur Fortpflanzungszeit auch mit braunen Brunstschwielen auf der Medialseite des 1. Fingers.

Nordbrasilien, Guiana, Bolivien, Ecuador, Kolumbien.

221. **H. crepitans** Wied 1824 *H. pardalis* (part.), Spix, Spec. Testud. Ran. Bras., p. 34 | 1824 *H. crepitans*, Wied, Abbild. Naturg. Bras., t. [47] f. 1 | 1825 *H. c.*, Wied, Beitr. Naturg. Bras., v. 1 p. 525 | 1830 *Hypsiboas c.*, Wagler, Syst. Amph., p. 200 | 1841 *Hyla palmata* (part.) + *H. xerophylla* + *H. Levaillantii* + *H. Doumercii*, C. Duméril & G. Bibron, Erpét., v. 8 p. 545, 549, 550, 551 | 1843 *Hypsiboas (Hypsipsophus) xerophyllum*, Fitzinger, Syst. Rept., v. 1 p. 30 | 1856 *Hyla (Hylomedusa) crepitans*, Burmeister, Erläut. Fauna Bras., p. 103 | 1857 *Hyla pugnax*, O. Schmidt in: SB. Ak. Wien, v. 24 p. 11 | 1858 *H. p.*, O. Schmidt in: Denk. Ak. Wien, v. 14 p. 243 t. 1 f. 5, 6 (1. Finger mit Pollexrudiment und Hinterfuß) | 1858 *H. pardalis* + *H. xerophylla* + *H. doumercii* + *H. lavaillantii* + *H. pugnax*, Alb. Günther, Cat. Batr. sal. Brit. Mus., p. 99, 100, 101, 102 | 1862 *H. pugnax*, J. Reinhardt & Lütken in: Vid. Meddel., v. 13 p. 193 | 1867 *Hypsiboas levaillantii* + *H. xerophyllum* + *H. pugnax* + *H. doumercii* + *H. crepitans*, E. D. Cope in: J. Ac. Philad., ser. 2 v. 6 p. 200, 201 | 1872 *Hyla pardalis* (part.) = *H. crepitans*, Peters in: Monber. Ak. Berlin, p. 212 | 1873 *H. Doumercii* + *H. Levaillantii*, Peters in: Monber. Ak. Berlin, p. 612 | 1881 *H. pugnax* + *H. xerophylla*, P. Brocchi in: Miss. Mex., pars 3 II p. 41, 44 | 1882 *H. crepitans* + *H. x.*, Boulenger, Cat. Batr. sal. Brit. Mus., ed. 2 p. 352, 358 | 1901 *H. c.*, Alb. Günther in: Biol. Centr.-Amer., Rept. & Batr. p. 283.

Zunge annähernd kreisrund, ganzrandig oder hinten undeutlich ausgerandet, in ihrer ganzen Länge angeheftet. Gaumenzähne in /‾‾\- oder ()-förmiger Stellung zwischen den sehr großen Choanen. Kopf ziemlich groß, flach, breiter als lang; Vorderkopf abgerundet, $1\,^1/_2$ mal so lang wie der Augendurchmesser, mit wenig deutlichem Canthus rostralis und schief abfallender, vertiefter Zügelregion; Interorbitalraum breiter als ein oberes Augenlid; Trommelfell sehr deutlich, $^3/_4$ so breit wie das Auge. Die 3 lateralen Finger zu $^1/_4$—$^1/_3$ ihrer Länge, Zehen fast völlig durch Schwimmhaut verbunden; Haftscheiben kleiner als das Trommelfell; ein deutliches, vorspringendes Pollexrudiment vorhanden; Subarticularhöcker mäßig deutlich; eine schwache Tarsalfalte vorhanden. Bei nach vorn an den Körper angelegtem Hinterbein reicht das Tibiotarsalgelenk bis zur Vorderkopfspitze oder über diese hinaus. Oberseite völlig glatt, Bauch und Unterseite der Oberschenkel gekörnelt; eine quere Hautfalte oder Höckerreihe über dem After. Oberseite weißlich oder rötlich, einfarbig oder braun marmoriert. Flanken und Hinterseite der Oberschenkel mit schmalen, senkrechten, schwärzlichen Streifen. L. 72 mm.

♂ mit subgularer Schallblase.

Brasilien bis Panama.

222. **H. indris** (Cope) 1867 *Hypsiboas i.*, E. D. Cope in: J. Ac. Philad., ser. 2 *v.* 6 p. 201 (nulla descriptio) | 1870 *H. i.*, E. D. Cope in: P. Amer. phil. Soc., *v.* 11 p. 555 | 1882 *Hyla i.*, Boulenger, Cat. Batr. sal. Brit. Mus., ed. 2 p. 353.

Steht der vorigen Art sehr nahe, unterscheidet sich nur durch kürzere, nicht bis zur Vorderkopfspitze reichende Hinterbeine.

Surinam.

223. **H. circumdata** (Cope) 1867 *Hypsiboas circumdatus*, E. D. Cope in: J. Ac. Philad., ser. 2 *v.* 6 p. 200 (nulla descriptio) | 1870 *H. c.*, E. D. Cope in: P. Amer. phil. Soc., *v.* 11 p. 555 | 1882 *Hyla circumdata*, Boulenger, Cat. Batr. sal. Brit. Mus., ed. 2 p. 353.

Steht ebenfalls *H. crepitans* nahe, unterscheidet sich aber von ihr in folgenden Punkten: Körperform und ebenso Hände und Füße viel gedrungener. Gaumenzähne in 2 schiefen, kaum gekrümmten Reihen. Trommelfell $^2/_3$ so breit wie der Augendurchmesser. Schwimmhaut am Vorderfuße bis zur Mitte des vorletzten Gliedes des längsten Fingers, am Hinterfuße bis zur Basis des vorletzten Gliedes der 4. Zehe und bis zum letzten Gliede der übrigen Zehen reichend; Pollexrudiment ungewöhnlich lang, eingekrümmt, verknöchert. 10 sehr schmale, fast das Bein umfassende Binden auf dem Oberschenkel, 7 breitere auf dem Unterschenkel. Ober- und Unterlippe undeutlich gelb gerandet. L. 65 mm.

Brasilien.

224. **H. leprieurii** Dum. & Bibr. 1841 *H. L.*, C. Duméril & G. Bibron, Erpét., *v.* 8 p. 553 | 1858 *H. l.*, Alb. Günther, Cat. Batr. sal. Brit. Mus., p. 101 | 1867 *Hypsiboas l.*, E. D. Cope in: J. Ac. Philad., ser. 2 *v.* 6 p. 200 | 1882 *Hyla l.*, Boulenger, Cat. Batr. sal. Brit. Mus., ed. 2 p. 361.

Zunge annähernd kreisrund oder oval, ganzrandig oder hinten schwach ausgerandet, wenig frei abhebbar. Gaumenzähne in 2, zusammen einen nach vorn konvexen Bogen bildenden Reihen zwischen den großen Choanen. Kopf mäßig abgeplattet, so lang wie breit; Vorderkopf abgerundet, oder etwas zugespitzt, $1^1/_2$mal so lang wie der Augendurchmesser, mit winkligem, fast geradem Canthus rostralis und fast senkrecht abfallender, schwach vertiefter Zügelregion; Interorbitalraum so breit wie, oder etwas breiter als ein oberes Augenlid; Trommelfell sehr deutlich, $^2/_3$ so breit wie der Augendurchmesser. Die 3 lateralen Finger zu $^1/_3$ ihrer Länge, Zehen fast völlig durch Schwimmhaut verbunden; kein vorspringendes Pollexrudiment vorhanden; Haftscheiben viel kleiner als das Trommelfell; Subarticularhöcker mäßig groß. Bei nach vorn an den Körper angelegtem Hinterbein reicht das Tibiotarsalgelenk bis zur Vorderkopfspitze. Oberseite glatt, oder, besonders beim ♂, mit kleinen, runden Höckern besetzt, Unterseite gekörnelt; eine Hautfalte oberhalb des Trommelfells. Oben grau- oder rötlichbraun, mit dunkelbraunen Flecken oder Querbinden, von denen eine zwischen den Augen ziemlich regelmäßig auftritt; Zügel- und Schläfenregion dunkelbraun; ein mehr oder weniger deutlicher heller Fleck unter dem Auge. Gliedmaßen oben dunkel quer gebändert, an den Seiten, wie die Rumpfseiten, bräunlich, ungefleckt. Unterseite weißlich, ungefleckt. L. 54 mm.

♂ mit 2 großen, äußeren, hinter dem Mundwinkel hervortretenden Schallblasen, zur Fortpflanzungszeit auch mit braunen Brunstschwielen auf der Medialseite des 1. Fingers, zuweilen auch mit solchen unter den Zehen und auf den Höckern der Oberseite.

Zentralbrasilien, Guiana, Ecuador.

225. **H. planiceps** (Cope) 1874 *Osteocephalus p.*, E. D. Cope in: P. Ac. Philad., p. 122 | 1882 *Hyla p.*, Boulenger, Cat. Batr. sal. Brit. Mus., ed. 2 p. 364.

Zunge oval, angeheftet. Gaumenzähne in 2 gebogenen Querreihen zwischen den hinteren Hälften der sehr großen Choanen. Kopf breit, mit flacher, rauher, aber nicht fest mit der Haut verbundener Oberseite; die Lateralränder der Frontoparietalknochen bilden feine, winklige Leisten; Canthus rostralis rechtwinklig, gerade; Zügelregion fast senkrecht abfallend; Abstand des Nasenloches vom Auge gleich dem Durchmesser des letzteren; Trommelfell $^3/_4$ so breit wie der Augendurchmesser. Finger frei von Schwimmhaut, Zehen zu $^3/_4$ ihrer Länge durch solche verbunden; kein vorspringendes Pollexrudiment vorhanden. Bei nach vorn an den Körper angelegtem Hinterbein reicht das Tibiotarsalgelenk etwas über die Vorderkopfspitze hinaus. Rücken sehr fein höckerig, Rumpfseiten und Bauch spärlich gekörnelt; eine kurze höckerige Hautfalte zieht vom Auge bis hinter die Schulter. Oben einfarbig dunkelbraun; Oberlippe hell gerandet, eine helle Linie vom Auge zum Mundwinkel; Schulterfalte hell gerandet. Ober- und Unterschenkel auf den freiliegenden Teilen dunkel quergebändert. L. 60 mm.

Nauta (Oberer Amazonas).

226. **H. rostrata** Ptrs. 1863 *H. r.*, Peters in: Monber. Ak. Berlin, p. 466 | 1882 *H. r.*, Boulenger, Cat. Batr. sal. Brit. Mus., ed. 2 p. 353.

Zunge sehr groß, herzförmig, breit, hinten schwach ausgerandet. Gaumenzähne in 2, zusammen einen nach vorn konkaven Bogen bildenden Reihen zwischen den sehr großen Choanen. Kopf länger als breit; Vorderkopf flach, vorspringend, etwas zugespitzt, mehr als doppelt so lang wie der Augendurchmesser, mit deutlichem, geschweiftem Canthus rostralis und flacher Zügelregion; Interorbitalraum etwa $1^1/_2$ mal so breit wie ein oberes Augenlid; Trommelfell deutlich, $^2/_3$ so breit wie der Augendurchmesser. Laterale Finger durch eine schwache Spur von Schwimmhaut, Zehen fast völlig durch Schwimmhaut verbunden; kein vorspringendes Pollexrudiment vorhanden; Haftscheiben gut entwickelt, die der Finger etwas größer als die der Zehen, aber etwas kleiner als das Trommelfell; Subarticularhöcker gut entwickelt; keine Tarsalfalte vorhanden. Bei nach vorn an den Körper angelegtem Hinterbein reicht das Tibiotarsalgelenk über die Vorderkopfspitze hinaus. Oberseite mit kleinen, verstreuten Höckern; einige Längsfalten auf dem Rücken; Unterseite gekörnelt. Oben hellbraun, mit dunkler Zeichnung; ein dreieckiger dunkler Fleck zwischen den Augen; eine schwarze, gebogene Linie oberhalb des Trommelfells. Gliedmaßen quergebändert; Vorder- und Hinterseite der Oberschenkel schwarz und weiß senkrecht gebändert oder marmoriert. Unterseite gelblich; Kehle braun. L. 40 mm.

Guiana bis Kolumbien.

227. **H. calcarata** Trosch. 1848 *H. c.*, Troschel in: Schomburgk, Guiana, *v.* 3 p. 660[1]) | 1858 *H. fasciata*, Alb. Günther, Cat. Batr. sal. Brit. Mus., p. 100 t. 7 f. D, d (Habitus, Mundhöhle) | 1862 *Hypsiboas f.*, E. D. Cope in: P. Ac. Philad., p. 354 | 1867 *H. calcaratus*, E. D. Cope in: J. Ac. Philad., ser. 2 *v.* 6 p. 200 | 1882 *Hyla fasciata*, Boulenger, Cat. Batr. sal. Brit. Mus., ed. 2 p. 359.

Zunge annähernd kreisrund, hinten schwach eingeschnitten, völlig angeheftet. Gaumenzähne in ( )-förmiger Anordnung zwischen den großen Choanen. Kopf mäßig groß, abgeplattet, so lang wie breit; Vorderkopf

---

[1]) Typ untersucht!

etwas zugespitzt, länger als der Augendurchmesser, mit deutlichem Canthus rostralis und schief abfallender, vertiefter Zügelregion; Interorbitalraum etwas breiter als ein oberes Augenlid; Trommelfell deutlich, $^1/_2$ so breit wie der Augendurchmesser. Laterale Finger durch eine schwache Spur von Schwimmhaut, Zehen zu $^2/_3$ ihrer Länge durch Schwimmhaut verbunden; ein schwaches Pollexrudiment vorhanden; Haftscheiben kleiner als das Trommelfell; Subarticularhöcker mäßig entwickelt. Bei nach vorn an den Körper angelegtem Hinterbein reicht das Tibiotarsalgelenk bis zur Vorderkopfspitze. Haut oben glatt, am Bauche und unter den Oberschenkeln gekörnelt; Ferse mit einem deutlichen, dreieckigen Hautanhang. Oberseite rötlichbraun, mit einer dunklen, an der Vorderkopfspitze beginnenden Längslinie in der Rückenmitte. Hinterer Teil der Flanken und Vorder- und Hinterseite des Oberschenkels mit senkrechten, schwärzlichen Binden. Unterseite weißlich, ungefleckt. L. 50 mm.

Britisch Guiana und Ecuador.

228. **H. punctata** (Schneid.) 1799 *Calamita punctatus*, J. G. Schneider, Hist. Amph., *v.* 1 p. 170 | 1803 *Hyla punctata*, Daudin, Hist. Rainett., p. 41 | 1803 *H. p.*, Daudin, Hist. Rept., *v.* 8 p. 81 | 1824 *H. papillaris* + *H. variolosa*, Spix, Spec. Testud. Ran. Bras., p. 34, 37 t. 8 f. 2, t. 9 f. 4 | 1829 *H. punctata*, C. Gravenhorst, Delic. Mus. Vratislav., fasc. 1 p. 30 t. 6 f. 2 | 1830 *Auletris variolosa* + *Scinax v.*, Wagler, Syst. Amph., p. 201 | 1841 *Hyla punctata*, C. Duméril & G. Bibron, Erpét., *v.* 8 p. 552 | 1843 *Hypsiboas (Scinax) p.*, Fitzinger, Syst. Rept., *v.* 1 p. 30 | 1856 *Hyla p.*, Burmeister, Erläut. Fauna Bras., p. 101 | 1858 *H. p.*, Alb. Günther, Cat. Batr. sal. Brit. Mus., p. 101 | 1867 *Hypsiboas punctatus*, E. D. Cope in: J. Ac. Philad., ser. 2 *v.* 6 p. 201 | 1868 *Hyla rhodoporus*, Alb. Günther in: P. zool. Soc. London, p. 488 t. 37 f. 4 | 1872 *H. punctata*, Peters in: Monber. Ak. Berlin, p. 208, 214 | 1872 *H. p.*, Alb. Günther in: P. zool. Soc. London, p. 662 | 1882 *H. p.*, Boulenger, Cat. Batr. sal. Brit. Mus., ed. 2 p. 357 | 1896 *H. p.*, C. Berg in: An. Mus. Buenos Aires, *v.* 5 p. 207.

Zunge annähernd kreisrund, ganzrandig, völlig angeheftet. Gaumenzähne in / \\- oder /\\-förmiger Anordnung zwischen den großen Choanen. Kopf mäßig groß, ein wenig breiter als lang; Vorderkopf abgerundet, $1^1/_2$ mal so lang wie der Augendurchmesser, mit deutlichem Canthus rostralis und schief abfallender, kaum vertiefter Zügelregion; Interorbitalraum breiter als eines der schmalen oberen Augenlider; Trommelfell deutlich, $^1/_2$—$^2/_3$ so breit wie der Augendurchmesser. Die 3 lateralen Finger durch schwache Schwimmhaut, Zehen zu $^3/_4$ ihrer Länge durch Schwimmhaut verbunden; ein schwaches Pollexrudiment vorhanden; Haftscheiben der Finger und Zehen kleiner als das Trommelfell; Subarticularhöcker mäßig groß. Bei nach vorn an den Körper angelegtem Hinterbein reicht das Tibiotarsalgelenk bis, oder fast bis zur Vorderkopfspitze. Haut oben glatt, am Bauche und unter den Oberschenkeln gekörnelt. Oben hellolivenfarben oder gräulich, sehr fein weiß oder rosig punktiert; oberes Augenlid rosenrot oder weiß. In der Regel sind jederseits ein weißer Lateralstreifen sowie einige gleichfarbige, runde Flecke auf dem Rücken vorhanden. Unterseite einfarbig gelblich. L. 38 mm. ♂ mit äußerer, subgularer Schallblase.

Nordargentinien, Brasilien, Guiana, Ecuador.

229. **H. boans** Daud. 1802 *„La raine beuglante"*, Latreille in: Sonnini & Latreille, Hist. Rept., *v.* 2 p. 184 t. [p. 176] f. 3 | 1803 *Hyla boans* (excl. Synonymie), Daudin, Hist. Rainett., p. 31 t. 11 | 1803 *H. b.* (excl. Syn.), Daudin, Hist. Rept., *v.* 8 p. 64 | 1824 *H. albopunctata*, Spix, Spec. Testud. Ran. Bras., p. 33 t. 6 f. 5 | 1830 *Auletris boans*, Wagler, Syst. Amph., p. 201 | 1838 *Hypsiboas b.*, Tschudi, Classif. Batr., p. 72 | 1841 *Hyla b.*, C. Duméril & G. Bibron, Erpét., *v.* 8 p. 605 | 1856 *H. b.*, Burmeister, Erläut. Fauna Bras., p. 108 | 1858 *H. multifasciata* + *H. boans*, Alb. Günther, Cat. Batr. sal.

Brit. Mus., p. 101, 102, 146 t. 8 f. D, d (Habitus, Mundhöhle) | 1862 *H. oxyrhina*, J. Reinhardt & Lütken in: Vid. Meddel, *v.* 13 p. 189 | 1862 *Hypsiboas raniceps*, E. D. Cope in: P. Ac. Philad., p. 353 | 1863 *Hyla (Hypsiboas) oxyrhina*, E. D. Cope ibid., p. 48 | 1867 *Hypsiboas boans* + *H. albipunctatus*, E. D. Cope in: J. Ac. Philad., ser. 2 *v.* 6 p. 201 | 1872 *Hyla albopunctata*, Peters in: Monber. Ak. Berlin, p. 207 | 1882 *H. boans*, Boulenger, Cat. Batr. sal. Brit. Mus., ed. 2 p. 360 | 1912 *H. b.*, F. Baumann in: Zool. Jahrb., Syst. *v.* 33 p. 102.

Zunge annähernd kreisrund oder oval, ganzrandig oder schwach ausgerandet, völlig angeheftet. Gaumenzähne in /‾‾\- oder ()-förmiger Anordnung zwischen den großen Choanen. Kopf ebenso lang wie breit oder etwas länger als breit; Vorderkopf etwas zugespitzt, $1^1/_3$ mal so lang wie der Augendurchmesser, mit winkligem, geradem Canthus rostralis und nicht sehr schief abfallender, schwach vertiefter Zügelregion; Interorbitalraum so breit wie ein oberes Augenlid; Trommelfell sehr deutlich, $^1/_2$—$^2/_3$ so breit wie der Augendurchmesser. Die 3 lateralen Finger durch sehr schwache Schwimmhaut, Zehen zu $^2/_3$ ihrer Länge durch Schwimmhaut verbunden; ein schwaches Pollexrudiment vorhanden: Haftscheiben der Finger und Zehen viel kleiner als das Trommelfell; Subarticularhöcker gut entwickelt. Bei nach vorn an den Körper angelegtem Hinterbein reicht das Tibiotarsalgelenk bis zur Vorderkopfspitze oder über diese hinaus. Haut oben glatt, am Bauche und unter den Oberschenkeln gekörnelt; eine schmale, gerade, vom Auge oberhalb des Trommelfells nach hinten ziehende Drüsenfalte verliert sich etwas hinter der Schulter; eine gezähnelte Querfalte über dem After, aber keine Hautsäume an den Gliedmaßen und kein Fersenanhang vorhanden. Oben grau- oder rötlichbraun, in der Regel mit mehr oder weniger deutlichen, dunklen Querbinden auf Kopf, Rumpf und Beinen; zuweilen eine dunkle Längslinie in der Rückenmitte vorhanden. Seiten von Kopf und Beinen dunkelbraun. Unterlippe weiß, mit braunem Saum; Unterseite einfarbig weißlich. L. 70 mm.

♂ mit äußerer, gularer Schallblase.

Brasilien, Guiana.

230. **H. aurantiaca** Daud. 1802 *„La raine lactée"*, Latreille in: Sonnini & Latreille, Hist. Rept., *v.* 2 p. 178 | 1803 *Hyla aurantiaca* (excl. Synonymie) + *H. lactea*, Daudin, Hist. Rainett., p. 28, 30 t. 9 f. 3, t. 10 f. 2 | 1803 *H. aurantiaca* (excl. Synonymie) + *H. lactea*, Daudin, Hist. Rept., *v.* 8 p. 57, 62 | 1820 *Calamita aurantiacus* + *C. lacteus*, Merrem, Versuch Syst. Amph., p. 172 | 1838 *Sphaenorynchus l.* + *Dendrohyas rubra*, Tschudi, Classif. Batr., p. 71, 74 | 1841 *Hyla aurantiaca*, C. Duméril & G. Bibron, Erpét., *v.* 8 p. 610 | 1843 *Dendropsophus (Dryomelictes) lacteus*, Fitzinger, Syst. Rept., *v.* 1 p. 31 | 1856 *Hyla aurantiaca*, Burmeister, Erläut. Fauna Bras., p. 105 | 1858 *H. a.*, Alb. Günther, Cat. Batr. sal. Brit. Mus., p. 106 | 1865 *Dryomelictes a.*, E. D. Cope in: P. Ac. Philad., p. 194 | 1870 *Scytopis (Dryomelictes) a.*, E. D. Cope in: P. Amer. phil. Soc., *v.* 11 p. 554 | 1872 *Hyla a.*, Peters in: Monber. Ak. Berlin, p. 683 | 1874 *Scytopis amantiacus* [pro *aurantiacus*], E. D. Cope in: P. Ac. Philad., p. 123 | 1882 *Hyla aurantiaca*, Boulenger, Cat. Batr. sal. Brit. Mus., ed. 2 p. 388.

Zunge kreisrund, ganzrandig, hinten frei abhebbar. Gaumenzähne in 2 kurzen, geraden Reihen etwas hinter der Verbindungslinie der Choanen. Kopf klein; Vorderkopf spitz, beträchtlich über die Mundspalte vorspringend, $1^1/_2$ mal so lang wie der Augendurchmesser, mit winkligem Canthus rostralis und senkrecht abfallender Zügelregion; Interorbitalraum viel breiter als ein oberes Augenlid; Trommelfell mäßig deutlich, etwa $^1/_2$ so breit wie der Augendurchmesser. Finger zu $^2/_3$ ihrer Länge, Zehen völlig durch Schwimmhaut verbunden; kein vorspringendes Pollexrudiment vorhanden. Haftscheiben so groß wie das Trommelfell; Subarticularhöcker mäßig entwickelt; eine schwache Hautfalte am medialen Tarsusrande. Bei nach vorn an den Körper angelegtem Hinterbein reicht das Tibiotarsalgelenk bis zum Auge. Haut oben glatt oder sehr fein gekörnelt; Bauch und Unterseite der Oberschenkel gekörnelt; eine starke Querfalte auf der Brust; ein kurzer Hautlappen jederseits vom After; eine deutliche Hautfalte am lateralen Tarsusrande. Oben einfarbig gelblich oder rosenrot; ein dunkler Streifen längs des Canthus rostralis, der sich zuweilen als feine, rötliche Linie über das Auge hinweg, mehr oder weniger weit an den Rumpfseiten entlang fortsetzt. L. 43 mm.

Brasilien, Guiana.

231. **H. coriacea** Ptrs. 1867 *H. c.*, Peters in: Monber. Ak. Berlin, p. 711; 1882 *H. c.*, Boulenger, Cat. Batr. sal. Brit. Mus., ed. 2 p. 367.

Zunge annähernd kreisrund, hinten undeutlich ausgerandet und wenig frei abhebbar. Gaumenzähne in fast gerader, in der Mitte unterbrochener Reihe dicht hinter der Verbindungslinie der Choanenhinterränder. Kopf mäßig groß, breiter als lang; Vorderkopf kurz, abgerundet, wenig länger als der Augendurchmesser, mit mäßig deutlichem, geradem Canthus rostralis und schwach vertiefter Zügelregion; Interorbitalraum ein wenig breiter als ein oberes Augenlid; Trommelfell sehr deutlich, nicht ganz $^2/_3$ so breit wie der Augendurchmesser. Schwimmhaut am 2. und 4. Finger bis zur Haftscheibe, am 3. Finger bis zum vorletzten Glied, an den Zehen meist auch bis zur Haftscheibe, an der 4. Zehe aber nur bis zum vorletzten Glied reichend; kein vorspringendes Pollexrudiment vorhanden; Haftscheiben so groß wie das Trommelfell; Subarticularhöcker klein, nicht sehr vorspringend; keine Tarsalfalte vorhanden. Bei nach vorn an den Körper angelegtem Hinterbein reicht das Tibiotarsalgelenk bis zum Vorderrand des Auges. Haut oben dick, lederartig gerunzelt; Rumpfseiten und Unterseite mehr oder weniger grob gekörnelt; eine Hautfalte oberhalb des Trommelfells. Oben kastanienbraun, eine von einer feinen, hellen Linie gebildete, sanduhrartige Figur reicht von den Augen bis zum Kreuzbein, weiter auf dem Rücken noch einige helle Querlinien. Achseln schwarz. Unterseite bräunlich weiß, ungefleckt. L. 62 mm. ♂ mit 2 großen, äußeren, hinter den Mundwinkeln hervortretenden Schallblasen.

Surinam.

232. **H. cappellei** (Lidth) 1904 *Hylella C.*, Lidth de Jeude in: Not. Leyden Mus., *v.* 25 p. 94.

Zunge rund, hinten sehr schwach ausgerandet. Gaumenzähne fehlen. Kopf breiter als lang; Vorderkopf abgerundet, etwas länger als der Augendurchmesser, mit sehr undeutlichem Canthus rostralis und schief abfallender Zügelregion; Trommelfell undeutlich. Finger zu $^1/_3$, Zehen zu $^2/_3$ ihrer Länge durch Schwimmhaut verbunden; Haftscheiben der Finger nicht stark entwickelt. Bei nach vorn an den Körper angelegtem Hinterbein reicht das Tibiotarsalgelenk bis zur Vorderkopfspitze. Färbung weißlich, mit mikroskopisch kleinen, schwarzen Pünktchen auf der ganzen Oberseite, abgesehen vom oberen Augenlid, welches einfarbig, undurchsichtig weiß ist. Unterseite weißlich. L. ?

Surinam.

233. **H. evansi** Blgr. 1904 *H. e.*, Boulenger in: P. zool. Soc. London, pars 2 p. 106 t. 5 (Habitus, Kopf, Mundhöhle).

Zunge annähernd kreisrund, hinten schwach eingeschnitten, hinten und seitlich etwas frei abhebbar. Gaumenzähne in einer breiten, in der Mitte schmal unterbrochenen Querreihe zwischen den sehr großen Choanen. Kopf so lang wie breit; Vorderkopf stumpf zugespitzt, etwas länger als der Augendurchmesser, mit kräftigem, geradem Canthus rostralis und sehr schiefer, vertiefter Zügelregion. Nasenloch viel näher bei der Vorderkopfspitze als beim Auge; Interorbitalraum fast so breit wie ein oberes Augenlid; Trommelfell sehr deutlich, $^3/_5$ so breit wie das Auge. Finger frei, Zehen zu $^3/_4$ ihrer Länge durch an der 3. und 5. Zehe die Haftscheibe erreichende, an der 4. Zehe die 2 letzten Glieder freilassende Schwimmhaut verbunden; Haftscheiben etwas kleiner als das Trommelfell; keine Tarsalfalte und kein deutliches Pollexrudiment vorhanden. Haut oben fein, am Bauche und unter den Schenkeln spärlicher gekörnelt; Kehle glatt. Oben braun, dunkler gefleckt und gesprenkelt. Beine mit regelmäßigen, dunklen Querbinden. Unterseite weiß; Kehle, Brust und Beine braun gesprenkelt. L. 75 mm.

Das ♀ trägt auf dem Rücken bis 22, 8—9 mm im Durchmesser haltende Eier mit sich herum, in denen Larven mit verkümmerten Beinen und mit allantoisartigen, häutigen Atmungsorganen gefunden wurden.

Essequibo (Britisch-Guiana).

234. **H. acuminata** Cope 1862 *H. a.*, E. D. Cope in: P. Ac. Philad., p. 354 | 1874 *Scytopis acuminatus*, E. D. Cope in: P. Ac. Philad., p. 124 | 1882 *Hyla acuminata*, Boulenger, Cat. Batr. sal. Brit. Mus., ed. 2 p. 403.

Zunge annähernd kreisrund oder oval, hinten schwach ausgerandet und kaum frei abhebbar. Gaumenzähne in geraden Reihen zwischen den großen Choanen. Kopf abgeplattet, länger als breit; Vorderkopf etwas zugespitzt, doppelt so lang wie der Augendurchmesser, mit undeutlichem Canthus rostralis und nicht vertiefter Zügelregion; Interorbitalraum breiter als ein oberes Augenlid; Trommelfell sehr deutlich, etwas mehr als $^1/_2$ so breit wie der Augendurchmesser. Finger frei von Schwimmhaut, Zehen zu $^3/_4$ ihrer Länge durch Schwimmhaut verbunden, nur die 1. Zehe völlig frei; kein vorspringendes Pollexrudiment vorhanden; Haftscheiben fast so groß wie das Trommelfell; Subarticularhöcker mäßig entwickelt. Bei nach vorn an den Körper angelegtem Hinterbein reicht das Tibiotarsalgelenk bis zwischen Auge und Vorderkopfspitze. Oberseite mit Höckern besetzt, die auf Kopf und Rumpfseiten am deutlichsten sind; Ferse mit einem kegelförmigen Hautanhang; Unterseite gekörnelt. Oben braun, dunkel marmoriert. Gliedmaßen quer gebändert. Unterseite weißlich, Kehle und Brust braun punktiert. L. 40 mm.

♂ mit subgularer Schallblase.

Nordbrasilien, Guiana, Ecuador.

235. **H. rubra** Daud. 1802 *„La raine rouge"*, Latreille in: Sonnini & Latreille, Hist. Rept., *v.* 2 p. 176 t. [p. 176] f. 1 | 1803 *Hyla rubra*, Daudin, Hist. Rainett., p. 26 t. 9 f. 1, 2 | 1803 *H. r.*, Daudin, Hist. Rept., *v.* 8 p. 53 | 1820 *Calamita ruber* (part.), Merrem, Versuch Syst. Amph., p. 171 | 1824 *Hyla lateristriga* + *H. affinis* + *H. coerulea* + *H. x-signata*, Spix, Spec. Testud. Ran. Bras., p. 32, 33, 37, 40 t. 6 f. 4, t. 7 f. 3, t. 10 f. 1, t. 11 f. 3 | 1830 *Auletris rubra* + *A. coerulea*, Wagler, Syst. Amph., p. 201 | 1838 *Dendrohyas rubra* (part.), Tschudi, Classif. Batr., p. 74 | 1841 *Hyla cynocephalus* + *H. rubra*, C. Duméril & G. Bibron, Erpét., *v.* 8 p. 558, 592 | 1856 *H. r.*, Burmeister, Erläut. Fauna Bras., p. 109 | 1858 *H. r.*, Alb. Günther, Cat. Batr. sal. Brit. Mus., p. 110 | 1860 *Dendrohyas r.*, Fitzinger in: SB. Ak. Wien, *v.* 42 p. 413 | 1862 *H. r.*, J. Reinhardt & Lütken in: Vid. Meddel., *v.* 13 p. 196 | 1863 *H. conirostris*, Peters in: Monber. Ak. Berlin, p. 464 | 1869 *Scytopis allenii*, E. D. Cope in: P. Amer. phil. Soc., *v.* 11 p. 162 | 1872 *(Hyla lateristriga* + *H. affinis* + *H. coerulea* + *H. x-signata)* = *H. rubra*, Peters in: Monber. Ak. Berlin, p. 207, 214, 218 | 1873 *H. cynocephala*, Peters in: Monber. Ak. Berlin, p. 613 | 1874

Scytopis allenii (?) + *S. cryptanthus* + *S. x-signatus* + *S. ruber*, E. D. Cope in: P. Ac. Philad., p. 123,124 | 1882 *Hyla rubra*, Boulenger, Cat. Batr. sal. Brit. Mus., ed. 2 p. 403 | 1884 *H. r.*, Boulenger in: Ann. nat. Hist., ser. 5 *v.* 14 p. 389 f. (Larve) | 1912 *H. r.*, F. Baumann in: Zool. Jahrb., Syst. *v.* 33 p. 108 f. D a, b.

Zunge annähernd kreisrund, hinten schwach ausgerandet und frei abhebbar. Gaumenzähne in 2 kleinen Gruppen zwischen den Choanen. Kopf ziemlich abgeplattet, so lang wie breit; Vorderkopf abgerundet, $1^1/_2$—$1^2/_3$ mal so lang wie der Augendurchmesser, mit sehr undeutlichem Canthus rostralis und nicht vertiefter Zügelregion; Interorbitalraum in der Regel breiter als ein oberes Augenlid; Trommelfell sehr deutlich, etwa $^1/_2$ so breit wie der Augendurchmesser. Finger frei von Schwimmhaut, Zehen zu $^3/_4$ ihrer Länge durch solche verbunden; kein vorspringendes Pollexrudiment vorhanden; Haftscheiben kleiner als das Trommelfell; Subarticularhöcker mäßig entwickelt. Bei nach vorn an den Körper angelegtem Hinterbein reicht das Tibiotarsalgelenk bis zum Auge oder zwischen dieses und die Vorderkopfspitze. Oberseite glatt oder mit kleinen Höckern besetzt; Unterseite gekörnelt; eine starke Querfalte auf der Brust. Färbung sehr wechselnd; Oberseite von gelblichgrau bis dunkelbraun schwankend, einfarbig oder dunkel punktiert, gemustert oder längsgestreift; sehr häufig ein dunkler, dreieckiger Fleck zwischen den Augen, sowie eine etwa ein X mit getrennten Schenkeln bildende dunkle Figur auf dem Rücken vorhanden; gewöhnlich zieht eine dunkle Linie jederseits von der Vorderkopfspitze an durchs Auge bis hinter die Schulter, kann sich auch als Punktreihe noch weiter nach hinten fortsetzen. Flanken und Vorder- und Hinterseite der Oberschenkel häufig schwarz und weiß marmoriert; Oberseite der Gliedmaßen meist dunkel quer gebändert. Unterseite weißlich, ungefleckt. L. 46 mm.

♂ mit äußerer, subgularer Schallblase.

Larve (nach Boulenger) eine typische *Hyla*-Larve. Schwanz $2^1/_3$—$2^1/_2$ mal so lang wie der Rumpf, so hoch wie der Rumpf lang, am Ende fein zugespitzt; oberer Flossensaum bis zur Höhe des Augenhinterrandes reichend. Untere Zähnchenreihe der Oberlippe und oberste der 3 Zähnchenreihen der Unterlippe in der Mitte unterbrochen. Färbung silbrig, mit hellgrauen Punkten, zuweilen auch mit einem großen, dunklen Fleck jederseits halbwegs zwischen der Schwanzspitze und dem Körper. L. 45 mm.

Brasilien, Guiana, Ecuador.

236. **H. lineomaculata** Wern. 1899 *H. l.*, F. Werner in: Verh. Ges. Wien, *v.* 49 p. 483.

Steht *H. rubra* Daud. (nr. 235) nahe, unterscheidet sich von ihr in folgenden Punkten: Interorbitalraum doppelt so breit wie ein oberes Augenlid; Finger zu $^1/_3$ ihrer Länge durch Schwimmhaut verbunden; Haftscheiben kleiner. Bei nach vorn an den Körper angelegtem Hinterbein reicht das Tibiotarsalgelenk etwa bis zum Nasenloch. Keine Querfalte über der Brust. Oberseite hellrotbraun mit vier aus kleinen, dunkelbraunen Flecken gebildeten Längsbinden, die lateralen hinter dem Trommelfell, die dorsalen hinter den Augen beginnend. Unterseite weiß; Hinterbacken, Vorderseite des Ober- und Unterseite des Unterschenkels braun marmoriert. L. ?

Insel Trinidad.

237. **H. goughi** Blgr. 1911 *H. g.*, Boulenger in: P. zool. Soc. London, p. 1082 t. 64.

Zunge kreisrund, hinten schwach eingeschnitten und etwas frei abhebbar. Gaumenzähne in 2 runden Gruppen zwischen den Choanen. Kopf etwas breiter als lang; Vorderkopf abgerundet, etwas kürzer als das Auge, mit schwach angedeutetem Canthus rostralis und sehr wenig vertiefter Zügelregion; Interorbitalraum etwas breiter als ein oberes Augenlid; Trommelfell schwach deutlich, $^1/_3$ so breit wie das Auge. Laterale Finger zu $^1/_4$, Zehen zu $^4/_5$ ihrer Länge durch Schwimmhaut verbunden; Haftscheiben klein; Subarticularhöcker schwach ausgebildet; kein vorspringendes Pollexrudiment vorhanden. Bei nach vorn an den Körper angelegtem Hinterbein reicht das Tibiotarsalgelenk zwischen Auge und Vorderkopfspitze; Tibia $^1/_2$ so lang wie Kopf und Rumpf zusammen. Oberseite glatt, mit winzigen, körneligen Warzen auf Kopf und Vorderrücken. Färbung nach Beobachtungen Boulengers an lebenden Tieren auf der Oberseite sehr rasch und stark von dunkelbraun, rötlichbraun, gelb in verschiedenen Schattierungen zu einem sehr hellen grauweiß wechselnd. Ein Tier zeigte dunkelbraunen Kopf, Vorderbeine und vordere Rumpfhälfte und grauweiße hintere Rumpfhälfte und Hinterbeine; oder rechte und linke Seite zeigten diesen Färbungsunterschied. Häufig beobachtet man einen sehr rasch erscheinenden und verschwindenden, braunen oder grauen, oft sanduhrförmigen, dunkler oder heller gerandeten, von den Augen bis zum vorderen Rückendrittel reichenden Fleck, hinter dem 1 oder 2 ähnliche Querbinden folgen. Bei einem anderen Exemplar hatte die Zeichnung die Gestalt einer Querbinde, zwischen den Augen und von jederseits 2 parallelen Längsbinden längs des ganzen Rückens. Schwache Querbinden auf den Hinterbeinen zuweilen vorhanden. Unterseite weiß oder gelb. L. 22 mm.

♂ mit schwach entwickelter subgularer Schallblase.

Insel Trinidad.

238. **H. vasta** Cope 1871 *H. v.*, E. D. Cope in: P. Ac. Philad., p. 219 | 1882 *H. v.*, Boulenger, Cat. Batr. sal. Brit. Mus., ed. 2 p. 351.

Zunge breiter als lang. Gaumenzähne in 2 ziemlich langen, quergestellten Bogenreihen auf der Höhe des Hinterrandes der Choanen. Kopf breit; Vorderkopf kurz, abgerundet, mit deutlichem, geschweiftem Canthus rostralis; Oberkopf stark vertieft; Trommelfell $^1/_4$ so breit wie der Augendurchmesser. Finger und Zehen fast völlig durch Schwimmhaut verbunden; kein vorspringendes Pollexrudiment vorhanden; Haftscheiben ungewöhnlich groß, die größten doppelt so groß wie das Trommelfell. Bei nach vorn an den Körper angelegtem Hinterbein reicht das Tibiotarsalgelenk bis zur Vorderkopfspitze. Haut überall mit kleinen Warzen besetzt, die allerdings in der Mitte des Rückens und der Oberseite der Gliedmaßen sehr undeutlich sind; Unterseite gefeldert und warzig; Unterarm und Tarsus mit einer am Rande verdickten und gekerbten Hautfalte an ihrer Lateralseite; einige kleine Hautlappen in der Umgebung des Afters. Oberseite rauchgrau, am Kopfe schwärzlich, mit einer braunen Querbinde zwischen den Augen. Oberschenkel mit 3 oder 4 dunklen Querbinden, hinten ungefleckt; beim sitzenden Tier verborgene Teile der Gliedmaßen schmutzig fleischfarben. Kehle schwarz gefleckt. L. 126 mm.

Haiti.

239. **H. pulchrilineata** Cope 1869 *H. p.*, E. D. Cope in: P. Amer. phil. Soc., v. 11 p. 163 | 1882 *H. p.*, Boulenger, Cat. Batr. sal. Brit. Mus., ed. 2 p. 378.

Körperform wie bei *H. arborea* (nr. 1); Zunge hinten schwach ausgerandet. Gaumenzähne in einer einheitlichen Querreihe auf der Höhe des Choanenhinterrandes. Vorderkopf mit deutlichem Canthus rostralis und vertiefter Zügelregion; Trommelfell $^1/_4$ so breit wie der Augendurchmesser. Finger frei von Schwimmhaut, Zehen bis zur Basis des vorletzten Gliedes durch Schwimmhaut verbunden; Haftscheiben gut entwickelt. Bei nach vorn an den Körper angelegtem Hinterbein reicht das Tibiotarsalgelenk bis zum Vorderrand des Auges. Haut oben glatt, am Bauche ungewöhnlich schwach gekörnelt. Oben hellaschbraun, mit 5 zitronengelben Längsbinden, von denen die am weitesten lateral gelegenen die breitesten sind. Ober- und Hinterseite des Oberschenkels schön gelb; Medial- und Lateralseite des Unterschenkels mit je einer gelben Längslinie. L. 38 mm.

Haiti.

240. **H. dominicensis** (Tsch.) 1838 *Hypsiboas d.*, Tschudi, Classif. Batr., p. 30, 72 | 1841 *Trachycephalus D.*, C. Duméril & G. Bibron, Erpét., *v.* 8 p. 540 | 1858 *T. d.* (part.), Alb. Günther, Cat. Batr. sal. Brit. Mus., p. 118 | 1863 *T. ovatus*, E. D. Cope in: P. Ac. Philad., p. 44 | 1882 *Hyla ovata* + *H. dominicensis* (part.), Boulenger, Cat. Batr. sal. Brit. Mus., ed. 2 p. 369, 370 | 1888 *Hyla (Trachycephalus) ovata*, J. G. Fischer in: Jahrb. Hamburg. Anst., *v.* 5 p. 44 | 1910 *H. dominicensis*, Barbour in: Bull. Mus. Harvard, *v.* 52 p. 288 | 1914 *H. d.*, Barbour in: Mem. Mus. Harvard, *v.* 44 p. 239.

Zunge breiter als lang, hinten flach ausgerandet und wenig frei abhebbar. Gaumenzähne in 2 zusammen einen nach vorn konvexen Bogen bildenden Reihen zwischen den sehr großen Choanen. Kopf groß, so lang wie breit, oder etwas breiter als lang. Oberseite des Kopfes rauh, schwach vertieft, seine Haut fest mit den Schädelknochen verbunden; Hinterrand des Kopfes geradlinig oder flach ausgerandet; Vorderkopf abgerundet, nach vorn in sanftem Bogen abfallend, $1^1/_3-1^1/_2$mal so lang wie der Augendurchmesser, mit winkligem, geradem oder schwach geschweiftem Canthus rostralis und schief abfallender, vertiefter Zügelregion; Nasenloch viel näher dem Auge als der Vorderkopfspitze; Interorbitalraum viel breiter, bis 3mal so breit wie ein oberes Augenlid; Trommelfell sehr deutlich, etwa $^2/_3$ so breit wie der Augendurchmesser. Die 3 lateralen Finger zu $^1/_3$ bis fast $^1/_2$ ihrer Länge, Zehen zu $^3/_4$ ihrer Länge durch Schwimmhaut verbunden (Fig. 22 p. 9); kein vorspringendes Pollexrudiment vorhanden; Haftscheiben der Finger so groß wie das Trommelfell, die der Zehen kleiner; Subarticularhöcker gut entwickelt; eine schwache Hautfalte am medialen Tarsusrande vorhanden. Bei nach vorn an den Körper angelegtem Hinterbein reicht das Tibiotarsalgelenk bis zum Auge oder bis zur Vorderkopfspitze, oder bis zwischen diese beiden Punkte. Haut oben glatt, oder schwach höckerig, unten gekörnelt; eine Hautfalte oberhalb des Trommelfells. Oben braun oder grau, dunkel gemustert; Zügel- und Schläfenregion zuweilen schwärzlichbraun. Hinterbeine, seltener auch die Vorderbeine, mit regelmäßigen, dunklen Querbinden. Unterseite weißlich; Kehle und Brust braun punktiert. L. 75 mm.

Haiti.

241. **H. lichenata** (Gosse) 1851 *Trachycephalus lichenatus* + *T. anochloros*, P. H. Gosse, Natural. Sojourn Jamaica, p. 362 t. 7, p. 366 | 1858 *T. l.*, Alb. Günther, Cat. Batr. sal. Brit. Mus., p. 118 | 1863 *T. l.* + *T. anochlorus*, E. D. Cope in: P. Ac. Philad., p. 46 | 1882 *Hyla lichenata*, Boulenger, Cat. Batr. sal. Brit. Mus., ed. 2 p. 370 | 1910 *H. l.*, Barbour in: Bull. Mus. Harvard, *v.* 52 p. 288.

Zunge annähernd kreisrund, ein wenig breiter als lang, ganzrandig, hinten wenig frei abhebbar. Gaumenzähne in 2 geraden oder schwach gebogenen, nach vorn konvergierenden Reihen zwischen den sehr großen Choanen. Kopf ziemlich groß, breiter als lang; seine Oberseite vertieft, rauh und knöchern und fest mit der Haut verbunden; Hinterrand des Kopfes aufgewölbt und jederseits konvex vorspringend; Vorderkopf abgerundet, an der Spitze senkrecht abgestutzt, mit geschweiftem, zu einer scharfen Leiste aufgewölbtem Canthus rostralis und mit schief abfallender, vertiefter Zügelregion; Interorbitalraum so lang wie der Abstand des Auges von der Vorderkopfspitze; Trommelfell sehr deutlich, $^2/_3$—$^3/_4$ so breit wie der Augendurchmesser, von einer Knochenleiste überragt. Die 3 lateralen Finger zu $^1/_3$, Zehen zu $^3/_4$ ihrer Länge durch Schwimmhaut verbunden; kein vorspringendes Pollexrudiment vorhanden; Haftscheiben der Finger so groß wie oder etwas größer als das Trommelfell, die der Zehen kleiner; Subarticularhöcker gut entwickelt. Bei nach vorn an den Körper angelegtem Hinterbein reicht das Tibiotarsalgelenk bis zum Vorderrand des Auges. Haut der Oberseite mehr oder weniger rauh höckerig; einige vorspringende Erhebungen um den After herum, an Unterarm und Tarsus; 2 an der Ferse. Oben braun, dunkel gemustert. Unterseite weiß, Kehle braun gefleckt. L. 117 mm.

♂ mit innerer, subgularer Schallblase.

Jamaica.

242. **H. brunnea** Gosse 1851 *H. b.*, Gosse, Natural. Sojourn Jamaica, p. 361 | 1863 *Trachycephalus marmoratus* (part.) + ? *T. scutigerus*, E. D. Cope in: P. Ac. Philad., p. 44, 45 | 1882 *Hyla septentrionalis* (part.) + *H. ovata* (part.) + *H. dominicensis* (part.), Boulenger, Cat. Batr. sal. Brit. Mus., ed. 2 p. 368, 369, 370 | 1910 *H. brunnea*, Barbour in: Bull. Mus. Harvard, *v.* 52 p. 288.

Steht *H. dominicensis* Tsch. (nr. 240) nahe, unterscheidet sich nach Barbour (l. c.) von dieser durch vorn scharf abgestutzten Vorderkopf, dessen Ende das Nasenloch dicht anliegt; auch wird *H. brunnea* doppelt so groß wie *H. dominicensis*. Färbung der Oberseite wechselnd von tief Umberbraun mit undeutlichen, schwarzen Binden zu Bräunlichgrau mit feiner, dichter, dunkler Punktierung oder mit einigen unregelmäßigen, schwarzen Flecken auf dem Rücken und je einem solchen jederseits zwischen Mund und Auge. L. 150 mm.

Jamaica.

243. **H. septentrionalis** (Tsch.) 1838 *Dendrohyas s.*, Tschudi, Classif. Batr., p. 33, 74 (descr. nulla) | 1841 *Trachycephalus marmoratus*, C. Duméril & G. Bibron, Erpét., *v.* 8 p. 538 | 1843 *T. m.*, Cocteau & G. Bibron in: Ramon, Hist. Cuba, *v.* 4 Rept. p. 232 t. 29 f. 1—6 (Habitus, Kopf von der Seite, Mundhöhle) | 1858 *T. m.*, Alb. Günther, Cat. Batr. sal. Brit. Mus., p. 117 | 1863 *T. insulsus* + *T. marmoratus* + *T. wrightii*, E. D. Cope in: P. Ac. Philad., p. 43, 44, 45 | 1867 *T. marmoratus*, Steindachner in: Reise Novara, Amph. p. 63 | 1882 *Hyla septentrionalis*, Boulenger, Cat. Batr. sal. Brit. Mus., ed. 2 p. 368 | 1885 *Trachycephalus s.*, E. D. Cope in: P. Amer. phil. Soc., *v.* 22 p. 403 | 1914 *Hyla s.*, Barbour in: Mem. Mus. Harvard, *v.* 44 p. 238.

Zunge annähernd kreisrund, gewöhnlich breiter als lang, ganzrandig oder hinten kaum merklich ausgerandet, hinten wenig frei abhebbar. Gaumenzähne in 2 geraden oder schwach gebogenen Reihen zwischen den mäßig großen Choanen. Kopf mäßig groß, bei jungen und halbwüchsigen Tieren so lang wie breit, bei ausgewachsenen Tieren breiter als lang und auf der Oberseite vertieft; Haut der Kopfoberseite rauh und fest mit den Schädelknochen verbunden; Hinterrand des Kopfes flach ausgerandet; Vorderkopf abgerundet, etwa $1^1/_3$ mal so lang wie der Augendurchmesser, mit scharf hervortretendem, kurz vor dem Auge einen kleinen abwärts gerichteten Vorsprung bildenden Canthus rostralis und schief abfallender, vertiefter Zügelregion; Interorbitalraum viel breiter als ein oberes Augenlid; Trommelfell sehr deutlich; etwa $^2/_3$ so breit wie der Augendurchmesser. Finger nur an ihrer Basis (Fig. 20 p. 8), Zehen zu $^2/_3$ ihrer Länge durch Schwimmhaut verbunden; kein vorspringendes Pollexrudiment vorhanden; Haftscheiben der

Finger fast so groß wie das Trommelfell, die der Zehen kleiner; Subarticularhöcker gut entwickelt; eine schwache Hautfalte am medialen Tarsusrande vorhanden. Bei nach vorn an den Körper angelegtem Hinterbein reicht das Tibiotarsalgelenk zwischen Auge und Vorderkopfspitze. Oberseite glatt oder höckerig, Unterseite gekörnelt; eine Hautfalte oberhalb des Trommelfells. Oberseite grau oder olivenfarben, dunkel gefleckt oder marmoriert. Hinterseite der Oberschenkel schwärzlich genetzt. Unterseite weißlich, ungefleckt. L. 75 mm.

♂ mit äußeren, nahe den Mundwinkeln hervortretenden Schallblasen, zur Fortpflanzungszeit auch mit schwärzlichen Brunstschwielen auf der Medialseite des 1. Fingers.

Cuba, Kaiman- und Bahama-Inseln.

244. **H. fusca** Daud. ? 1768 *H. f.*, Laurenti, Syn. Rept., p. 34 | ? 1799 *Calamita fuscus*, J. G. Schneider, Hist. Amph., *v.* 1 p. 174 | 1803 *Hyla fusca*, Daudin, Hist. Rainett., p. 40 | 1803 *H. f.*, Daudin, Hist. Rept., *v.* 8 p. 51 | 1820 *Calamita fuscus*, Merrem, Versuch Syst. Amph., p. 170 | 1841 *Hyla fusca*, C. Duméril & G. Bibron, Erpét., *v.* 8 p. 573 | 1858 *H. f.*, Alb. Günther, Cat. Batr. sal. Brit. Mus., p. 107 | 1882 *H. f.*, Boulenger, Cat. Batr. sal. Brit. Mus., ed. 2 p. 374.

Zunge kreisrund, hinten ausgerandet und frei abhebbar. Gaumenzähne in 2 kleinen Gruppen zwischen den Choanen. Vorderkopf kurz, ziemlich abgestutzt, mit deutlichem Canthus rostralis und fast senkrecht abfallender Zügelregion; Trommelfell $^1/_2$ so breit wie der Augendurchmesser. Finger ziemlich schlank, nur an der Basis, Zehen zu $^2/_3$ ihrer Länge durch Schwimmhaut verbunden; Haftscheiben kleiner als das Trommelfell; Subarticularhöcker mäßig entwickelt. Bei nach vorn an den Körper angelegtem Hinterbein reicht das Tibiotarsalgelenk bis zur Vorderkopfspitze. Haut oben glatt, unten gekörnelt; eine Hautfalte oberhalb des Trommelfells; eine Querfalte auf der Brust. Oben einfarbig kastanienbraun, unten weißlich. L. 42 mm.

Amerika?

? **H. blochii** Daud. 1799 *Calamita cinereus* (part.), J. G. Schneider, Hist. Amph., *v.* 1 p. 174 | 1803 *Hyla blochii*, Daudin, Hist. Rainett., p. 43 | 1803 *H. Blochiana*, Daudin, Hist. Rept., *v.* 8 p. 83.

Ostindien.

? **H. leprosa** Schl. 1858 *H. l.*, H. Schlegel, Handl. Dierk., *v.* 2 p. 55 t. 4 f. 68.

Java.

? **H. bilineata** Daud. 1802 *„La raine bi-rayée"*, Latreille in: Sonnini & Latreille, Hist. Rept., *v.* 2 p. 179 | 1803 *Hyla bilineata*, Daudin, Hist. Rainett., p. 17 t. 2 f. 2 | 1803 *H. b.*, Daudin, Hist. Rept., *v.* 8 p. 30 | 1838 *Orchestes b.*, Tschudi, Classif. Batr., p. 76.

Java.

? **H. thyposticta** Cope 1853 *Litoria marmorata* (non *Bufo marmoratus*, Laurenti 1768), A. Duméril in: Ann. Sci. nat., ser. 3 *v.* 19 p. 150 | 1869 *Hyla thyposticta*, E. D. Cope in: P. Amer. phil. Soc., *v.* 11 p. 163.

Australien.

? **H. dorsalis** (W. M'Leay) 1878 *Litoria d.*, W. MacLeay in: P. Linn. Soc. N. S. Wales, *v.* 2 p. 137.

Katow (N. S. Wales).

? **H. bufonoides** Fitz. 1826 *H. b.*, Fitzinger, Classif. Rept., p. 62 (descr. nulla).

Australien.

?**H. ocularis** Daud. 1802 *„La raine oculaire"*, Latreille in: Sonnini & Latreille, Hist. Rept., *v.* 2 p. 187 | 1803 *Hyla ocularis*, Daudin, Hist. Rainett., p. 32 | 1803 *H. o.*, Daudin, Hist. Rept., *v.* 8 p. 68.

Carolina.

?**H. delitescens** L. Lec. 1825 *H. d.*, L. Le Conte in: Ann. Lyc. N. York, *v.* 1 p. 281 | 1840 *H. d.*, Holbrook, N. Amer. Herpet., *v.* 4 p. 129 t. 32.

Georgia.

?**H. americana** (Dum. & Bibr.) 1841 *Litoria a.*, C. Duméril & G. Bibron, Erpét., *v.* 8 p. 506.

New Orleans.

?**H. viridi-fusca** Laur. 1768 *H. v.*, Laurenti, Syn. Rept., p. 34 | 1802 *„La raine bigarée"*, Latreille in: Sonnini & Latreille, Hist. Rept., *v.* 2 p. 182 | 1803 *Hyla variegata*, Daudin, Hist. Rainett., p. 20 t. 4 f. 3 | 1803 *H. v.*, Daudin, Hist. Rept., *v.* 8 p. 36.

Surinam.

?**H. surinamensis** Daudin 1735 *„Rana Surinamensis maculis aspersa"*, Seba, Thesaurus, *v.* 2 t. 70 f. 4 | 1803 *Hyla s.*, Daudin, Hist. Rainett., p. 44 | 1803 *H. s.*, Daudin, Hist. Rept., *v.* 8 p. 86.

Surinam.

?**H. melanorabdota** (Schneid.) 1799 *Calamita melanorabdotus*, J. G. Schneider, Hist. Amph., *v.* 1 p. 173 | 1803 *Hyla melanorabdota*, Daudin, Hist. Rainett., p. 43 | 1803 *H. m.*, Daudin, Hist. Rept., *v.* 8 p. 85.

Brasilien.

?**H. intermixta** Daud. 1803 *H. i.*, Daudin, Hist. Rainett., p. 21 t. 4 f. 4 | 1803 *H. i.*, Daudin, Hist. Rept., *v.* 8 p. 38.

Heimat?

?**H. quadrilineata** (Schneid.) 1799 *Calamita quadrilineatus*, J. G. Schneider, Hist. Amph., *v.* 1 p. 169 | 1803 *Hyla quadrilineata*, Daudin, Hist. Rainett., p. 42 | 1803 *H. q.*, Daudin, Hist. Rept., *v.* 8 p. 55.

?**H. fasciata** (Schneid.) 1799 *Calamita fasciatus*, J. G. Schneider, Hist. Amph., *v.* 1 p. 172.

?**H. albolimbata** Rüpp. 1892 *H. a.*, (MS.) Rüppell in: O. Boettger, Kat. Batr. Mus. Senckenb., p. 40 (descr. nulla).

?Südamerika.

?**H. valanciennii** Fitz. 1826 *H. V.*, Fitzinger, Classif. Rept., p. 63 (descr. nulla).

2. Gen. **Nototrema** Alb. Günther

1841 *Hyla* (part.), C. Duméril & G. Bibron, Erpét., *v.* 8 p. 542 | 1843 *H. (Gastrotheca)*, Fitzinger, Syst. Rept., *v.* 1 p. 30 | 1854 *Notodelphys* (non Allmann 1847), H. Lichtenstein & Weinland in: Monber. Ak. Berlin, p. 373 | 1854 *N.*, Weinland in: Arch. Anat. Physiol. Med., p. 473 | 1858 *Nototrema* + *Opisthodelphys*, Alb. Günther, Cat. Batr. sal. Brit. Mus., p. 115, 117 | 1865 *O.* + *Nototrema*, E. D. Cope in: Nat. Hist. Rev., p. 109 | 1866 *O.* + *N.*, E. D. Cope in: J. Ac. Philad., ser. 2 *v.* 6 p. 85 | 1882 *N.*, Boulenger, Cat. Batr. sal. Brit. Mus., ed. 2 p. 416.

Pupille horizontal. Zunge kreisrund oder fast kreisrund, ganzrandig oder hinten schwach ausgerandet, hinten wenig frei abhebbar, oder völlig angeheftet. Gaumenzähne vorhanden. Trommelfell mehr oder weniger deutlich. Finger frei oder an ihrer Basis, Zehen in verschiedenem Grade durch

Schwimmhaut verbunden; Schwimmhaut nicht zwischen die Metatarsen der 4. und 5. Zehe eingreifend; Finger- und Zehenspitzen zu Haftscheiben verbreitert. Omosternum knorpelig; Sternum eine Knorpelplatte, Querfortsätze des Sacralwirbels mäßig stark verbreitert.

Das ♀ besitzt auf dem Rücken eine durch eine dreieckige oder rundliche Öffnung am hinteren Ende des Rückens (Fig. 259 p. 320) oder durch einen Längsspalt nach außen mündende Bruttasche[1]), in die die Eier (mit Hilfe des ♂?) hineingebracht werden, um dort ihre ganze Entwicklung oder nur deren ersten Teil zu durchlaufen. Sind die Eier klein und zahlreich, so verlassen die ausschlüpfenden Jungen die Bruttasche noch als Larven mit typischem Ruderschwanz, aber ohne Gliedmaßen und äußere Kiemen. (*N. marsupiatum* und *N. plumbeum*) (Fig. 258); die aus großen, dotterreichen, in geringer Anzahl abgelegten Eiern sich entwickelnden Jungen durchlaufen ihre ganze Entwicklung bis zum ausgebildeten Frosch innerhalb der Bruttasche (*N. testudineum*, *N. oviferum*, *N. pygmaeum*, *N. cornutum* und *N. fissipes*). Die Larven besitzen an Stelle von büschelförmigen äußeren Kiemen häutige, zuweilen glockenförmige Kiemenanhänge, die durch dünne, die zu- und ableitenden Blutgefäße enthaltende Stränge mit den beiden ersten Kiemenbögen in Verbindung stehen (Fig. 260).

15 Arten in Süd- und Mittelamerika.

Bestimmungstabelle der Arten:

1	Haut der Kopfoberseite nirgends fest mit dem Schädel verbunden — **2**	
	Haut der Kopfoberseite völlig oder größtenteils fest mit dem Schädel verbunden — **10**	
2	Bei nach vorn an den Körper angelegtem Hinterbein reicht das Tibiotarsalgelenk:	
	über die Vorderkopfspitze hinaus — **3**	
	höchstens bis zur Vorderkopfspitze — **4**	
3	Zehen fast völlig durch Schwimmhaut verbunden . . .	7. **N. longipes**
	Zehen nur zu $1/2$ ihrer Länge durch Schwimmhaut verbunden (Fig. 259) . . .	6. **N. cornutum**
4	Das Tibiotarsalgelenk reicht:	
	über das Auge hinaus — **5**	
	höchstens bis zum Auge — **8**	
5	Haut des Rückens mit sternförmigen Knocheneinlagerungen . . .	3. **N. testudineum**
	Rückenhaut ohne Knocheneinlagerungen — **6**	
6	Zehen zu $1/2$ ihrer Länge durch Schwimmhaut verbunden (wie in Fig. 259); Interorbitalraum doppelt so breit wie ein oberes Augenlid . . .	8. **N. fulvorufa**
	Zehen höchstens zu $1/3$ ihrer Länge durch Schwimmhaut verbunden; Interorbitalraum höchstens so breit wie ein oberes Augenlid — **7**	
7	Zehen zu $1/3$ ihrer Länge durch Schwimmhaut verbunden; Haut glatt; Trommelfell kaum $1/3$ so breit wie der Augendurchmesser . . .	9. **N. pygmaeum**
	Zehen durch eine Spur von Schwimmhaut verbunden; Haut warzig; größter Durchmesser des Trommelfells $2/3$ so breit wie der des Auges . . .	5. **N. bolivianum**
8	Zehen zu $1/2$ ihrer Länge durch Schwimmhaut verbunden (wie in Fig. 259) — **9**	
	Zehen nur zu $1/3$ ihrer Länge durch Schwimmhaut verbunden . . .	4. **N. peruanum**

---

[1]) Angaben über die Bildung der Bruttasche siehe bei Brandes & Schoenichen in: Abh. Ges. Halle, *v.* 22, 1901 p. 446f. und bei L. G. Andersson in: Ark. Zool., *v.* 7, 1911 nr. 17 p. 4 f.

9	Interorbitalraum nicht breiter als der Augendurchmesser	1. **N. marsupiatum**
	Interorbitalraum breiter als der Augendurchmesser . .	2. **N. plumbeum**
10	Bei nach vorn an den Körper angelegtem Hinterbein reicht das Tibiotarsalgelenk:	
	über die Vorderkopfspitze hinaus — **11**	
	höchstens bis zur Vorderkopfspitze — **12**	
11	Zehen fast völlig durch Schwimmhaut verbunden, Oberseite glatt	15. **N. angustifrons**
	Zehen kaum zu ½ ihrer Länge durch Schwimmhaut verbunden; Oberseite rauh, mit Knocheneinlagerungen in der Haut	14. **N. weinlandii**
12	Zehen zu ½ ihrer Länge durch Schwimmhaut verbunden (wie in Fig. 259) — **13**	
	Zehen höchstens zu ⅓ ihrer Länge durch Schwimmhaut verbunden — **14**	
13	Haut der Oberseite glatt; Trommelfell fast so breit wie der Augendurchmesser	10. **N. oviferum**
	Haut der Oberseite gekörnelt; Trommelfell nicht oder wenig breiter als der ½ Augendurchmesser	13. **N. microdiscus**
14	Bei nach vorn an den Körper angelegtem Hinterbein reicht das Tibiotarsalgelenk:	
	bis zum vorderen Augenrand; Zehen zu ⅓ ihrer Länge durch Schwimmhaut verbunden	11. **N. coronotum**
	zwischen Trommelfell und Auge; Zehen nur durch eine Spur von Schwimmhaut verbunden	12. **N. fissipes**

1. **N. marsupiatum** (Dum. & Bibr.) 1841 *Hyla marsupiata*, C. Duméril & G. Bibron, Erpét., *v.* 8 p. 598 t. 98 f. 12 (♂, ♀) | 1855 *H. m.*, Guichenot in: F. Laporte-Castelnau, Exp. Amér. Sud, *v.* 2 Rept. p. 86 | 1858 *Nototrema marsupiatum*, Alb. Günther, Cat. Batr. sal. Brit. Mus., p. 116 t. 10 f. B, B', B'', (♀) | 1859 *N. m.*, Alb. Günther in: P. zool. Soc. London, *v.* 27 p. 417 | 1875 *N. m.*, Espada in: Vert. Viaje Pacif., Batr. t. 4 f. 1 (♀) | 1882 *N. m.*, Boulenger, Cat. Batr. sal. Brit. Mus., ed. 2 p. 416 | 1901 *N. m.*, Brandes & Schoenichen in: Abh. Ges. Halle, *v.* 22 p. 441 t. 3 f. 6—9 (Larven), t. 4 f. 1 (♀).

Zunge annähernd kreisrund, hinten schwach ausgerandet und frei abhebbar. Gaumenzähne in 2 kurzen, geraden Reihen auf der Höhe der Choanenhinterränder. Kopf mäßig groß, breiter als lang (Fig. 257). Oberseite des Kopfes bei alten Tieren rauh werdend, sich aber nicht fest mit der Haut verbindend. Vorderkopf abgerundet, viel länger als der Augendurchmesser, mit deutlichem Canthus rostralis und nicht vertiefter Zügelregion; Interorbitalraum breiter als ein oberes Augenlid, bei ausgewachsenen Tieren vertieft; Trommelfell deutlich, $^1/_2$—$^2/_3$ so breit wie der Augendurchmesser. Finger durch eine sehr schwache Spur von Schwimmhaut, Zehen zu $^1/_2$ ihrer Länge durch Schwimmhaut verbunden; Haftscheiben fast so groß wie das Trommelfell; Subarticularhöcker mäßig entwickelt; eine deutliche Hautfalte am medialen Tarsusrande vorhanden. Bei nach vorn an den Körper angelegtem Hinterbein reicht das Tibiotarsalgelenk bis zum Auge, oder nicht ganz so weit. Oberseite glatt oder warzig, Unterseite gekörnelt. Oberseite einfarbig bläulicholivenfarbig (im Alkohol) oder grünlicholivenfarbig mit bläulichen oder dunkelgrünen, schwarz gesäumten

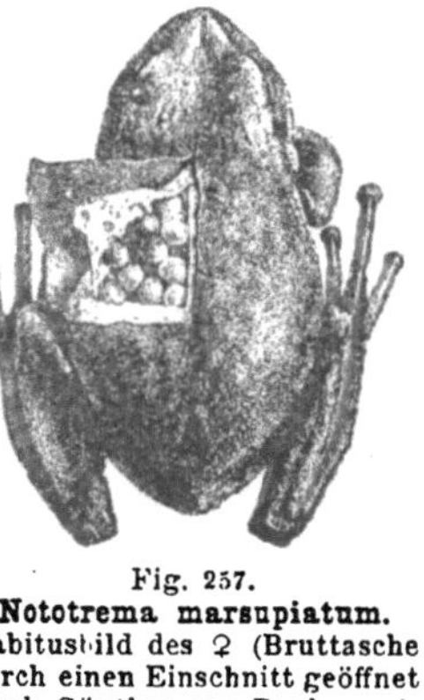

Fig. 257.
Nototrema marsupiatum.
Habitusbild des ♀ (Bruttasche durch einen Einschnitt geöffnet (nach Günther aus Boulenger).

Längsflecken und mit Querbinden auf den Beinen. Unterseite weißlich, einfarbig oder braun gefleckt. L. 72 mm.

♂ mit subgularer Schallblase.

Die Bruttasche des ♀ enthält etwa 200 in 2 Schichten gelagerte Eier von 5 mm Durchmesser (Fig. 257), die ihre Entwicklung nur zum Teil in der Bruttasche durchlaufen und diese als Larve mit deutlichem Ruderschwanz und Kieferbewaffnung verlassen; statt der Büschelkiemen besitzt jede Larve als Atmungsorgan ein membranöses, der Eihülle fest anliegendes Gebilde, das durch 2 von den beiden ersten Kiemenbogen der rechten Seite ausgehende, durch das Spiraculum austretende, die zu- und abführenden Blutgefäße enthaltende, zarte Fäden mit der Larve verbunden ist (Fig. 258).

Fig. 258. **Nototrema marsupiatum.** Embryo von der Bauchseite (nach Brandes u. Schoenichen).

Ecuador, Peru.

2. **N. plumbeum** Blgr. 1882 *N. p.*, Boulenger, Cat. Batr. sal. Brit. Mus., ed. 2 p. 417 t. 28 f. 1, 1a (Habitus, Mundhöhle).

Steht der vorigen Art sehr nahe, unterscheidet sich von ihr in folgenden Punkten: Interorbitalraum sehr breit, beträchtlich breiter als der Augendurchmesser; Haftscheiben der Finger etwas größer als das Trommelfell. Oberseite dunkelbleifarbig, überall sehr fein hell gesprenkelt. Unterseite einfarbig bleifarbig. L. 66 mm.

Entwicklung der Jungen wie bei der vorigen Art.

Ecuador.

3. **N. testudineum** Espada 1870 *N. t.*, Espada in: J. Ac. Lisboa, *v.* 3 p. 62 | 1875 *N. t.*, Espada in: Vert. Viaje Pacif., Batr. t. 4 f. 2, 2a, b (Habitus, Mundhöhle, Vorderfuß) | 1882 *N. t.*, Boulenger, Cat. Batr. sal. Brit. Mus., ed. 2 p. 417.

Stimmt ebenfalls in vielen Merkmalen mit *N. marsupiatum* (nr. 1) überein, weicht aber in folgenden Punkten ab: Gaumenzähne in 2 etwas nach hinten konvergierenden Reihen zwischen den Choanen. Interorbitalraum stark vertieft; Trommelfell nicht sehr deutlich. Bei nach vorn an den Körper angelegtem Hinterbein reicht das Tibiotarsalgelenk fast bis zur Vorderkopfspitze. Haut des Rückens mit sternförmigen Knocheneinlagerungen. Oberseite bleifarbig; unten heller. L. 82 mm.

Die Jungen durchlaufen, wie bei *N. oviferum* (nr. 10), ihre ganze Entwicklung in der Bruttasche.

Ecuador, Peru.

4. **N. peruanum** Blgr. 1900 *N. p.*, Boulenger in: Ann. nat. Hist., ser. 7 *v.* 6 p. 181.

Zunge annähernd kreisrund, hinten schwach ausgerandet und frei abhebbar. Gaumenzähne in 2 kurzen, geraden Querreihen zwischen den Choanen. Kopf mäßig groß, breiter als lang; Vorderkopf abgerundet, so lang wie der Augendurchmesser, mit deutlichem Canthus rostralis und schwach vertiefter Zügelregion; Interorbitalraum schmaler oder jedenfalls nicht breiter als ein oberes Augenlid; Trommelfell deutlich, $^2/_3$ so breit wie der Augendurchmesser. Finger durch eine sehr schwache Spur von Schwimmhaut, Zehen zu $^1/_3$ ihrer Länge durch Schwimmhaut verbunden; Haftscheiben der Finger und Zehen kleiner als das Trommelfell; Subarticularhöcker mäßig entwickelt; eine Hautfalte am medialen Tarsusrande vorhanden. Bei nach vorn an den

Körper angelegtem Hinterbein reicht das Tibiotarsalgelenk bis zum Trommelfell oder Auge. Oberseite mit glatten, ungleich großen Warzen besetzt, von denen die größten, parotoïdenartig entwickelten, zu Längsfalten verschmelzen können; Unterseite gekörnelt. Oben grünlich, mit dunklen, schwarz gesäumten, meist mit den größeren Drüsenwarzen sich deckenden Inselflecken. Beine mit dunklen Querbinden. Unterseite weißlich. L. 43 mm. ♂ mit subgularer Schallblase.

Carao (Peru), in 2100 m Höhe.

5. **N. bolivianum** Steind. 1892 *N. b.*, Steindachner in: SB. Ak. Wien, *v.* 101 p. 840 t. 2 f. 2, 3 (Habitus ♂ und ♀, Mundhöhle) | 1899 *Hylodes caeruleomaculatus*, F. Werner in: Zool. Anz., *v.* 22 p. 482.

Zunge rundlich, hinten eingebuchtet. Gaumenzähne in 2 kleinen, ovalen Gruppen zwischen und etwas hinter den Choanen. Kopf ein wenig breiter als lang; Haut der Kopfoberseite nicht mit den Schädelknochen verbunden; Vorderkopf ein wenig länger als der Augendurchmesser, mit stumpfem Canthus rostralis und mäßig vertiefter Zügelregion; Oberkopf flach; Interorbitalraum merklich schmaler als ein oberes Augenlid; Trommelfell deutlich, oval, sein größter Durchmesser $^2/_3$ so breit wie der des Auges. 1. Finger wenig kürzer als der 2.; Finger frei, Zehen nur durch eine Spur von Schwimmhaut verbunden; Subarticularhöcker ziemlich stark entwickelt; eine ziemlich deutliche Hautfalte längs des medialen Tarsusrandes vorhanden. Bei nach vorn an den Körper angelegtem Hinterbein reicht das Tibiotarsalgelenk bis zum Auge oder höchstens bis zum Nasenloch. Oberseite von Kopf und Rumpf, Kehle, Bauch und Unterseite von Ober- und Unterarm und Oberschenkeln dicht mit ziemlich großen Warzen besetzt, die übrigen Teile glatt; eine wulstige Hautfalte zieht vom Auge an oberhalb des Trommelfells hin zur Achsel. Oberseite blau oder bleifarbig, dunkelgrau gesprenkelt, oder mit mehr oder weniger regelmäßigen, dunklen Ringen, zuweilen auch mit

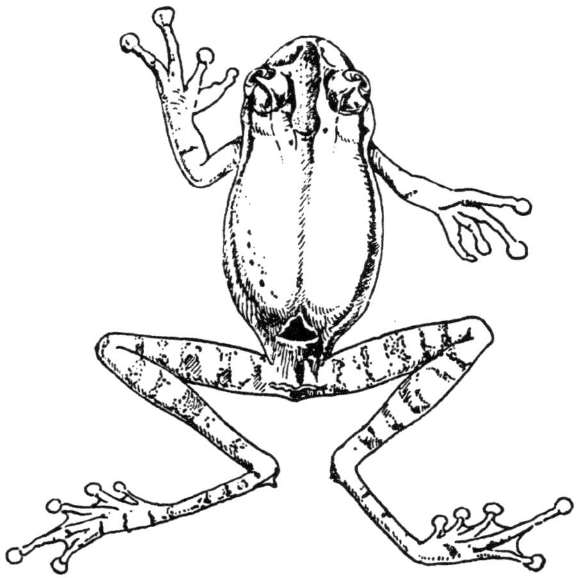

Fig. 259. **Nototrema cornutum.** Habitusbild des ♀ (nach Boulenger).

grauen bis olivengrünen, dunkel gerandeten, unregelmäßigen Flecken, zwischen denen milchweiße, dunkel umrandete Flecke von ungleicher Größe und Form verstreut sind. Oberseite der Beine mit grauen bis olivengrünen, dunkel gesäumten, schrägen Querbinden. Unterseite gelblich. L. 46 mm.

Bolivien.

6. **N. cornutum** Blgr. 1898 *N. c.*, Boulenger in: P. zool. Soc. London, p. 124 t. 18 (Habitus, Kopf, Mundhöhle, Embryo mit Kiemenanhängen).

Zunge ziemlich klein, kreisrund, ganzrandig, völlig angeheftet. Gaumenzähne in 2 geraden Reihen hinter der Verbindungslinie der Choanenhinterränder. Kopf mäßig groß, breiter als lang, die Haut seiner Oberseite nicht mit den Schädelknochen verbunden; Vorderkopf abgerundet, mit deutlichem Canthus rostralis und vertiefter Zügelregion (Fig. 259); Interorbitalraum vertieft, jederseits mit einer vorspringenden Leiste, schmaler als das in einem dreieckigen, hornartigen Fortsatz ausgezogene obere Augenlid; Trommelfell mäßig deutlich, senkrecht oval, $^1/_2$ so breit wie der Augendurchmesser. Finger frei, Zehen zu $^1/_2$ ihrer Länge durch Schwimmhaut verbunden; Haftscheiben größer als das Trommelfell; Subarticularhöcker schwach vorspringend. Bei nach vorn an den Körper angelegtem Hinterbein reicht das Tibiotarsalgelenk über die Vorderkopfspitze hinaus. Haut der Oberseite und der Kehle fein gefeldert, am Bauche und unter den Oberschenkeln gekörnelt; Ferse mit einem sehr kleinen, dreieckigen Hautanhang. Oberseite graulich, mit einem rötlichen Ton auf dem Rücken; je ein breiter dunkelgrauer Streifen zieht in der Mittellinie des Rückens von der Vorderkopfspitze bis zum After und an jeder Seite vom Auge zu den Weichen; 2 dunkle Binden unter dem Auge. Unterseite weißlich, am Bauche und unter den Hinterbeinen braun marmoriert; ein runder, weißer Fleck an der Basis eines jeden Oberschenkels, unter dem After. L. 76 mm. Embryonen von 19 mm Länge mit glockenförmigen Kiemenhängen versehen (Fig. 260).

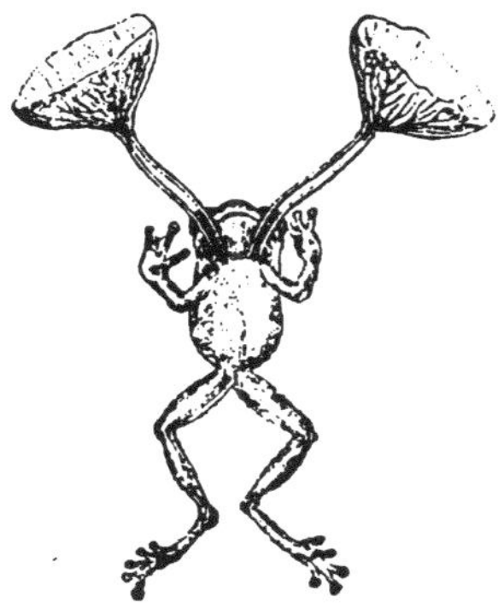

Fig. 260. **Nototrema cornutum.** Embryo mit Kiemenanhängen (nach Boulenger).

Cachabé (Westecuador).

7. **N. longipes** Blgr. 1882 *N. l.*, Boulenger, Cat. Batr. sal. Brit Mus., ed. 2 p. 418 t. 27 (Habitus ♀, Kopf von der Seite, Mundhöhle).

Zunge annähernd kreisrund, hinten ausgerandet und frei abhebbar. Gaumenzähne in 2 geraden Reihen zwischen den Choanen. Kopf mäßig groß, breiter als lang; Frontoparietalknochen stark verknöchert, rauh, grubig oder gerunzelt, aber nicht mit der Haut verbunden; Vorderkopf hoch, vom Nasenloch an schräg nach unten und vorn abgestutzt, viel länger als der Augendurchmesser, mit winkligem Canthus rostralis und schwach vertiefter Zügelregion; Interorbitalraum nicht vertieft, breiter als ein oberes Augenlid; Trommelfell mäßig deutlich, etwa $^1/_2$ so breit wie der Augendurchmesser. Die 3 lateralen Finger zu $^1/_4$ ihrer Länge, Zehen fast völlig durch Schwimmhaut verbunden; Haftscheiben so groß wie das Trommelfell; Subarticularhöcker mäßig entwickelt. Bei nach vorn an den Körper angelegtem Hinterbein reicht das Tibiotarsalgelenk über die Vorderkopfspitze hinaus. Haut oben glatt, unten gekörnelt. Ferse mit einem sehr kurzen Hautanhang; ein kleiner, kegelförmiger Höcker nahe dem freien Rande des oberen Augenlids. Oberseite gelblich, beim ♀ auf dem Rücken sehr fein braun gesprenkelt; beim ♂ bilden dicht zusammengedrängte dunkelbraune Punkte eine breite Querbinde zwischen den Augen, eine jederseits vom Auge bis zu einem Punkt senkrecht über der Achsel ziehende Linie und 5 Flecke auf dem Rücken. Eine braune, weiß gerandete Linie längs des lateralen Randes von Tarsus und 5. Zehe; eine andere quer oberhalb des Afters. L. 92 mm.

Ecuador.

8. **N. fulvorufa** L. G. Anderss. 1911 *N. f.*, L. G. Andersson in: Ark. Zool., *v.* 7 nr. 17 p. 3 t. 2.

Zunge groß, kreisrund, hinten ausgerandet. Gaumenzähne in 2 kurzen, schwach gebogenen Reihen dicht nebeneinander auf der Höhe der Hinterränder der ziemlich großen Choanen. Kopf mäßig groß; Haut der Kopfoberseite nicht fest mit den Schädelknochen verbunden; Vorderkopf abgerundet, länger als der Augendurchmesser, mit deutlichem Canthus rostralis und schwach vertiefter Zügelregion; Interorbitalraum doppelt so breit wie ein oberes Augenlid; Trommelfell $^1/_2$ so breit wie der Augendurchmesser, sein oberer Rand undeutlich. 1. Finger wenig länger als der 2.; Finger durch eine schwache Spur von Schwimmhaut, Zehen zu $^1/_2$ ihrer Länge durch Schwimmhaut verbunden; Haftscheiben des 2. und 4. Fingers und der 3.—5. Zehe so groß wie das Trommelfell, die übrigen Haftscheiben kleiner; ein ovaler medialer, kein lateraler Metatarsalhöcker vorhanden. Das Tibiotarsalgelenk reicht (mit dem Zirkel gemessen[1]) bis zur Vorderkopfspitze. Oberseite von Kopf, Rücken und Gliedmaßen mit zahlreichen, feinen, auf Rücken und Beinen mit größeren runden Körnern untermischten, Körnchen besetzt. Medialseite der Vorderbeine, Hände und beim sitzenden Tier verborgene Teile der Hinterbeine glatt; Kinn, Bauch und Unterseite der Oberschenkel spärlich gekörnelt. Oberseite von Kopf und Rumpf ockerbraun mit dunklen Schatten; Unterseite einfarbig rötlichbraun. Beine blaßgelb mit deutlichen, breiten, braunen, schwarz gesäumten Querbinden. L. 68 mm.

Die Eier sind klein.

Santos (São Paulo, Brasilien).

9. **N. pygmaeum** Bttgr. 1893 *N. p.*, O. Boettger in: Ber. Senckenb. Ges., p. 40 | 1893 *N. p.*, O. Boettger in: Zool. Gart., *v.* 34 p. 129 | 1901 *N. p.*, Brandes & Schoenichen in: Abh. Ges. Halle, *v.* 22 p. 445 t. 2 f. 1—3 (Habitusbilder des ♀, Ei).

Zunge rundlich, hinten gerade abgestutzt und wenig frei abhebbar. Gaumenzähne in 2 kurzen, etwas schief gestellten Reihen zwischen den Choanen. Kopf beträchtlich breiter als lang; Haut der Kopfoberseite nirgends fest mit dem Schädel verbunden; Vorderkopf kurz, kaum so lang wie der Augendurchmesser, leicht zugespitzt, mit mäßig deutlichem Canthus rostralis und schief abfallender, etwas vertiefter Zügelregion; Nasenloch $^1/_2$ so weit von der Vorderkopfspitze entfernt wie vom Auge; Interorbitalraum so breit wie ein oberes Augenlid; Trommelfell kaum $^1/_3$ so breit wie der Augendurchmesser. 1. Finger länger als der 2.; Finger frei, die kurzen Zehen zu $^1/_3$ ihrer Länge durch Schwimmhaut verbunden; Haftscheiben gut entwickelt, die größten so groß wie das Trommelfell; Subarticularhöcker wenig ent-

[1]) S. oben, p. 10.

wickelt; ein ziemlich kräftiger, länglicher, medialer Metatarsalhöcker vorhanden; Tarsalfalte durch eine Reihe warziger Knötchen angedeutet. Bei nach vorn an den Körper angelegtem Hinterbein reicht das Tibiotarsalgelenk bis zum Nasenloch. Haut oben glatt, auf dem Kopfe zuweilen fein lederartig genarbt; Bauch und Unterseite der Oberschenkel gekörnelt, Kehle glatt. Kopf, Vorderrücken und Unterschenkel (des ♀) karminrot; Hinterrücken, Oberschenkel und Füße weißgrau, überall mit schwärzlichen Makeln und Zeichnungen, von denen ein großer, mit der Spitze nach hinten gerichteter, dreieckiger, zwischen den Augen beginnender Fleck besonders konstant zu sein scheint. Kopf- und Rumpfseiten schwärzlich, mit kleinen weißlichen Flecken und Punkten. Gliedmaßen mit schwärzlichen Querbinden. Unterseite gelblich; Kinn und Brust schwächer, Umkreis der Hinterschenkel und Unterseite der übrigen Teile der Hinterbeine stärker graubraun bestäubt. L. 27 mm.

Die durch einen Längsschlitz sich öffnende Bruttasche enthält 4—7, in einer einzigen Schicht liegende Eier, die ihre ganze Entwicklung in der durch sie unförmlich ausgedehnten Bruttasche durchlaufen.

Puerto Cabello (Venezuela).

10. **N. oviferum** (Lcht. & Weinl.) 1854 *Notodelphys ovifera*, Lichtenstein & Weinland in: Monber. Ak. Berlin, p. 373, 416 f. (Embryo) | 1854 *N. o.*, Weinland in: Arch. Anat. Physiol. Med., p. 473 t. 17—19 (Habitus, Kopf, Mundhöhle des fertigen Frosches und Entwicklungsstadien) | 1858 *N. dorsigera*, H. Schlegel, Handl. Dierk., *v.* 2 p. 59 | 1858 *Opistodelphys ovifera*, Alb. Günther, Cat. Batr. sal. Brit. Mus., p. 117 | 1882 *Nototrema oviferum*, Boulenger, Cat. Batr. sal. Brit. Mus., ed. 2 p. 418 | 1901 *N. o.*, Brandes & Schoenichen in: Abh. Ges. Halle, *v.* 22 p. 443 t. 3 f. 10, 11 (Embryo und dessen Kiemenapparat) | 1901 *N. o.* (part.), Alb. Günther in: Biol. Centr.-Amer., Rept. & Batr. p. 288.

Zunge annähernd kreisrund, ganzrandig und hinten frei abhebbar. Gaumenzähne in 2 kurzen, geraden Reihen auf der Höhe der Choanenhinterränder. Kopf mäßig groß, ein wenig breiter als lang, durch feste Verbindung von Haut und Schädel einen rauhen Helm bildend, dessen Hinterrand, supratympanale, supraorbitale und canthale Ränder mit emporstehenden Knochenspitzen besetzt sind. Vorderkopf abgerundet, kaum länger als der Augendurchmesser, mit scharfem Canthus rostralis und vertiefter Zügelregion; Oberkopf vertieft; Interorbitalraum breiter als ein oberes Augenlid; Trommelfell sehr deutlich, fast so groß wie das Auge. Finger nur an der Basis, die kurzen Zehen zu $^1/_2$ ihrer Länge durch Schwimmhaut verbunden; Haftscheiben gut entwickelt, aber kleiner als das Trommelfell; Subarticularhöcker mäßig entwickelt; eine schwache Hautfalte längs des medialen Tarsusrandes. Bei nach vorn an den Körper angelegtem Hinterbein reicht das Tibiotarsalgelenk zwischen Auge und Vorderkopfspitze. Haut oben glatt, unten gekörnelt. Oberseite braun. Flanken mit großen, senkrechten, dunklen Flecken. Gliedmaßen mit breiten dunklen Querbinden, nur der Unterschenkel ist auf der Oberseite nicht quergebändert. Unterseite bräunlich. L. 60 mm.

♂ ohne Schallblase.

Die Bruttasche enthält 15 Eier von 1 cm Durchmesser, die ihre ganze Entwicklung bis zum ausgebildeten Frosch in der Bruttasche durchmachen. Der Embryo besitzt 2 glockenförmige, an Windenblüten erinnernde Kiemenanhänge, von denen jeder durch 2 Stränge mit den beiden ersten Kiemenbogen derselben Seite in Verbindung steht (s. auch Fig. 260).

Venezuela, Costa Rica, Mexico.

11. **N. coronatum** (Stejn.) 1901 *N. oviferum* (part.), Alb. Günther in: Biol. Centr.-Amer., Rept. & Batr. p. 288 t. 74 f. A. | 1911 *Gastrotheca coronata*, Stejneger in: P. U. S. Mus., *v.* 41 p. 287.

Zunge annähernd kreisrund, ganzrandig, hinten kaum frei abhebbar. Gaumenzähne in 2 geraden Reihen auf der Höhe der Choanenhinterränder. Kopf mäßig groß, kaum breiter als lang; Haut der vertieften Kopfoberseite fest mit dem Schädel verbunden, einen knöchernen Helm bildend, dessen kaum eingebuchteter Hinterrand mit hohen, kegelförmigen, geraden Knochenspitzen besetzt ist; eine ähnliche Dornreihe oberhalb des Trommelfells; Supraorbitalleiste höckerig. Vorderkopf abgerundet, wenig länger als der Augendurchmesser, mit hohem, gekörneltem Canthus rostralis und vertiefter Zügelregion; Interorbitalraum viel breiter als ein oberes Augenlid; Trommelfell kreisrund, sehr deutlich, fast so breit wie der Augendurchmesser. Finger frei, Zehen zu $^1/_3$ ihrer Länge durch Schwimmhaut verbunden; Haftscheiben etwa $^3/_4$ so breit wie der Augendurchmesser; Subarticularhöcker mäßig groß, ein vorspringender medialer, aber kein lateraler Metatarsalhöcker, sowie eine deutliche Tarsalfalte vorhanden. Bei nach vorn an den Körper angelegtem Hinterbein reicht das Tibiotarsalgelenk bis zum vorderen Augenrand. Haut der Oberseite spärlich, Bauch und Unterseite der Oberschenkel deutlicher gekörnelt. Kehle und Brust glatt. Oberseite (im Alkohol) dunkelbläulichschieferfarben; Rumpfseiten und Weichen mit großen, senkrechten, dunklen, schmal hell gesäumten Flecken. Hinterseite der Oberschenkel mit dunklen, in ähnlicher Weise hell gesäumten Querbinden. Unterseite heller als der Rücken. L. 60 mm.

Costa Rica.

12. **N. fissipes** Blgr. 1888 *N. f.*, Boulenger in: Ann. nat. Hist., ser. 6 *v.* 2 p. 42 t. 3 (♀).

Zunge annähernd kreisrund, hinten schwach ausgerandet und frei abhebbar. Gaumenzähne in 2 kurzen, wenig schrägen Reihen zwischen den Choanen. Kopf ziemlich groß, beträchtlich breiter als lang; Oberseite des Kopfes rauh, ihre Haut fest mit dem Schädel verbunden, nur an den Schläfen frei; Hinterrand des Helmes eingebuchtet. Vorderkopf sehr kurz, mit winkligem Canthus rostralis und vertiefter Zügelregion; Nasenlöcher nahe der Vorderkopfspitze; Interorbitalraum vertieft, doppelt so breit wie ein oberes Augenlid; Trommelfell ein senkrechtes Oval, fast so breit wie der Augendurchmesser. 1. Finger der längste von allen und den andern opponierbar; Finger frei, Zehen durch eine sehr schwache Spur von Schwimmhaut verbunden; Haftscheiben gut entwickelt, kaum $^1/_2$ so groß wie das Trommelfell; Subarticularhöcker stark vorspringend; Tarsalfalte fehlt. Bei nach vorn an den Körper angelegtem Hinterbein reicht das Tibiotarsalgelenk zwischen Trommelfell und Auge. Oberseite fein, Bauch und Unterseite der Oberschenkel spärlich gekörnelt; Kehle glatt; Unterseite der Tarsen warzig. Oberseite purpurbraun, mit einer dunklen, in nach vorn konkavem Bogen verlaufenden Querbinde zwischen den Augen und einem halbkreisförmigen, dunklen Fleck in der Schultergegend; eine schwärzlichbraune, nach oben scharf abgesetzte Binde zieht jederseits vom Auge über das Trommelfell hinweg zu den Weichen, an ihrer Unterseite begleitet von einer Reihe gelber Flecke; eine breite, senkrechte dunkle Binde vom Unterrand des Auges zur Mundspalte. Weichen mit schwarzem Netzwerk auf gelbem Grunde. Beine mit dunkelbraunen Querbinden; Oberschenkel oben auf gelbem Grunde außerdem mit einer schmalen, braunen Längsbinde. Unterseite purpurbraun, die Körnelung heller. L. 80 mm.

Die Bruttasche enthält 16 Eier von 10 mm Durchmesser.

Pernambuco.

13. **N. microdiscus** L. G. Anderss. 1910 *N. m.*, L. G. Andersson in: Lönnberg & Andersson in: Ark. Zool., *v.* 6 nr. 9 p. 9 f. 6 (♀).

Zunge annähernd kreisrund, hinten deutlich ausgerandet. Gaumenzähne in 2 schrägen Reihen zwischen den kleinen, runden Choanen. Kopf mäßig groß, die Haut seiner Oberseite fest mit dem nicht helmartig aufgewölbten und keine Leisten bildenden Schädel verwachsen. Vorderkopf abgerundet, deutlich länger als der Augendurchmesser, mit winkligem Canthus und hoher, schwach vertiefter Zügelregion; Abstand des Nasenloches vom Auge so groß wie dessen Durchmesser; Interorbitalraum beträchtlich breiter als ein oberes Augenlid; Trommelfell beim ♂ sehr deutlich, mehr als $^1/_2$ so breit wie der Augendurchmesser, beim ♀ am Hinterrande unter der Haut verborgen und $^1/_2$ so breit wie der Augendurchmesser; eine schwache Leiste oberhalb des Trommelfells. 1. Finger so lang wie der 2.; Finger an der Basis, Zehen zu $^1/_2$ ihrer Länge durch Schwimmhaut verbunden; Haftscheiben der Finger $^1/_2$ so groß wie das Trommelfell, die der Zehen kleiner; ein kleiner, ovaler, medialer Metatarsalhöcker vorhanden. Bei nach vorn an den Körper angelegtem Hinterbein reicht das Tibiotarsalgelenk fast bis zur Vorderkopfspitze. Haut oben fein gekörnelt; Rumpfseiten, Kinn, Bauch und Unterseite der Oberschenkel spärlich gekörnelt. Färbung oben rötlichgelb, mit kleinen schwarzen Punkten und großen braunen, schwarz gesäumten, paarig angeordneten Flecken, von denen die beiden vordersten beim ♂ zu einem sanduhrförmigen großen Querfleck verschmelzen: ein schwarzer Streifen zieht jederseits von der Vorderkopfspitze an längs des Canthus rostralis und des Randes des oberen Augenlides, oberhalb des Trommelfells hin und verbreitert sich hinter der Schulter zu einem großen, gebogenen, schwarz und weiß gesäumten Fleck. Vorderkopfspitze und obere Augenlider braun, verknöcherte Oberseite des Kopfes grün, beim ♂ mit einigen schwarzen Punkten; Oberlippe schwarz und weiß gesäumt. Rumpfseiten weiß gesprenkelt. Umgebung der Öffnung der Bruttasche rosig punktiert. Oberseite der Gliedmaßen mit regelmäßigen, braunen, schwarz gesäumten Querbinden. L. 51 mm.

♂ mit großer, äußerer, subgularer Schallblase. Bruttasche des ♀ klein, an der Grenze des 3. und des letzten Viertels der Kopfrumpflänge sich öffnend und bis zur Rückenmitte reichend.

Parana.

14. **N. weinlandii** Steind. 1892 *N. W.*, Steindachner in: SB. Ak. Wien, *v.* 101 p. 837 t. 1 & 2 f. 1, 1a—e (Habitus ♀, Kopf, Mundhöhle, Haut).

Zunge rundlich, hinten flach ausgerandet. Gaumenzähne in 2 geraden, etwas nach hinten konvergierenden Reihen zwischen den Choanen. Kopf breiter als lang; die Haut seiner Oberseite, außer an den Schläfen und am hintersten Hinterkopf, fest mit dem Schädel verbunden, oberhalb des Trommelfells eine stark vorspringende Knochenleiste bildend. Vorderkopf so lang wie der Augendurchmesser, mit scharfem Canthus rostralis und fast senkrecht abfallender, vertiefter Zügelregion; Oberseite des Kopfes in der Längsrichtung konvex, in der Querrichtung vertieft; Interorbitalraum nicht ganz doppelt so breit wie ein oberes Augenlid. 1. Finger kürzer als der 2.; Finger frei, Zehen kaum zu $^1/_2$ ihrer Länge durch Schwimmhaut verbunden;

größte Haftscheiben der Finger so groß wie das Trommelfell; Subarticularhöcker ziemlich groß; Tarsalfalte fehlt. Bei nach vorn an den Körper angelegtem Hinterbein reicht das Tibiotarsalgelenk über die Vorderkopfspitze hinaus. Am Hinterkopf, Rücken, Bauch und der Vorderseite des Oberarmes sind der Haut kleine Knochenplättchen eingelagert, von denen die auf dem Rücken bei stärkerer Vergrößerung auf ihrer Oberseite besonders deutliche Gruppen von zahnartigen Vorsprüngen und geschlängelten Leisten zeigen; Ober- und Hinterseite der Oberschenkel warzig; Kehle völlig glatt. Oberseite von Kopf und Rücken rötlichgrauviolett, Kopfseiten dunkelgrauviolett; eine ziemlich breite, dunkelviolette Binde zieht vom hinteren Ende der Supratympanalleiste bogenförmig nach hinten und unten. Rumpfseiten in der vorderen Hälfte auf gelblichem Grunde mehr oder weniger dicht graubraun marmoriert, in der Lendengegend mit jederseits 2 unregelmäßigen, schräg nach vorn und oben ziehenden Querbinden. Oberseite des Kopfes mit dunklen Flecken und in nach vorn offenem Winkel verlaufenden Querbinden; Mittelrücken dunkel gefleckt. Oberseite der Gliedmaßen mit dunklen Querbinden auf violettem Grunde. Unterseite mehr oder weniger gelb, an der Kehle am hellsten, stellenweise mit verschwommenen, bräunlichen Fleckchen; Unterseite der Oberschenkel bräunlichgelb. L. 90 mm.

Die Bruttasche des ♀ enthält große Eier.

Ecuador.

15. **N. angustifrons** Blgr. 1898 *N. a.*, Boulenger in: P. zool. Soc. London, p. 124 t. 17 f. 1 (Habitus, Kopf, Mundhöhle).

Zunge groß, annähernd kreisrund, hinten schwach ausgerandet und kaum frei abhebbar. Gaumenzähne in 2 geraden Reihen zwischen den Choanen. Kopf mäßig groß, breiter als lang. Nasal- und Frontoparietalknochen rauh und fest mit der überliegenden Haut verbunden. Vorderkopf hoch, am Ende senkrecht abgestutzt, so lang wie der Augendurchmesser, mit starkem Canthus rostralis und vertiefter Zügelregion; Trommelfell mäßig deutlich, $^1/_3$ so breit wie der Augendurchmesser. Finger lang, durch eine schwache Spur von Schwimmhaut, Zehen fast völlig durch Schwimmhaut verbunden; Haftscheiben größer als das Trommelfell; Subarticularhöcker mäßig entwickelt. Bei nach vorn an den Körper angelegtem Hinterbein reicht das Tibiotarsalgelenk über die Vorderkopfspitze hinaus. Haut oben glatt, am Bauche und unter den Oberschenkeln gekörnelt. Oberseite olivengrau oder braun, dunkel gewölkt, oder mit sehr undeutlichen rötlichbraunen Querbinden auf dem Körper. Oberlippe cremefarbig, dunkelbraun gefleckt. Beine mit dunklen Querbinden. Flanken und Unterseite weiß, dunkelbraun gefleckt; ein runder, weißer Fleck an der Basis eines jeden Oberschenkels, nahe dem After. L. 73 mm.

♂ ohne Schallblasen.

Cachabé (West-Ecuador).

3. Gen. **Pternohyla** Boulenger

1882 *P.*, Boulenger in: Ann. nat. Hist., ser. 5 *v.* 10 p. 326 | 1901 *P.*, Alb. Günther in: Biol. Centr.-Amer., Rept. & Batr. p. 292.

Pupille horizontal, Zunge hinten nicht ausgerandet. Gaumenzähne vorhanden. Trommelfell vorhanden. Finger ohne, Zehen mit nicht zwischen die Metatarsen der 4. und 5. Zehe eingreifender Schwimmhaut; Finger und Zehenspitzen zu kleinen Haftscheiben verbreitert. Metatarsalhöcker groß, seitlich zusammengedrückt.

1 Art in Mexico.

1. **P. fodiens** Blgr. 1882 *P. f.*, Boulenger in: Ann. nat. Hist., ser. 5 *v.* 10 p. 326 f. (Kopf von der Seite und von oben) | 1901 *P. f.*, Alb. Günther in: Biol. Centr.-Amer., Rept. & Batr. p. 292 t. 74 f. B (Habitus und Vorderkörper von der Seite).

Fig. 261. **Pternohyla fodiens** (nach Alb. Günther).

Zunge kreisrund, ganzrandig, hinten wenig frei abhebbar. Gaumenzähne in 2 runden Gruppen nahe beieinander zwischen den Choanen. Kopf mäßig groß, breiter als lang, völlig verknöchert, rauh, mit vorspringenden und schwach aufgebogenen Lippenrändern (Fig. 261). Vorderkopf abgerundet, $1^1/_2$mal so lang wie der Augendurchmesser, von den Augen schräg nach vorn abfallend; Abstand des Nasenloches vom Auge gleich dem Durchmesser des letzteren; Canthus rostralis geschweift, vorspringend; Zügelregion sehr breit, vertieft; Interorbitalraum stark vertieft, viel breiter als ein oberes Augenlid; Trommelfell sehr deutlich, $^1/_2$ so breit wie der Augendurchmesser. Finger schlank, an der Basis ein wenig verbreitert, frei von Schwimmhaut; kein vorspringendes Pollexrudiment vorhanden; Zehen schlank, mäßig gestreckt, an ihrer Basis oder bis zu $^1/_3$ ihrer Länge durch Schwimmhaut verbunden; Haftscheiben von Fingern und Zehen sehr klein, viel kleiner als das Trommelfell; Subarticularhöcker klein, vorspringend; medialer Metatarsalhöcker groß, seitlich zusammengedrückt; keine Hautfalte längs des Tarsus vorhanden. Bei nach vorn an den Körper angelegtem Hinterbein reicht das Tibiotarsalgelenk bis zum Hinterrand des Auges. Haut der Oberseite dicht gekörnelt, Bauch und Unterseite der Oberschenkel gekörnelt. Oberseite hellbraun, mit großen; länglichen, schwarzbraunen, schwarz umrandeten Inselflecken, die die Mittellinie des Rückens frei lassen; Flanken dunkelbraun marmoriert. Oberschenkel und Weichen schwefelgelb, dunkelbraun marmoriert; Beine mit großen, dunkelbraunen Querflecken. Unterseite weiß, Kehle dunkel vermikuliert. L. 59 mm.

Presidio (Westmexiko).

4. Gen. **Diaglena** E. D. Cope

1882 *Triprion* (non *T.* E. D. Cope 1866), Alb. Günther in: Ann. nat. Hist., ser. 5 *v.* 10 p. 279 | 1887 *Diaglena*, E. D. Cope in: Bull. U. S. Mus., *v.* 32 p. 12 | 1891 *Tetraprion*, Stejneger & Test in: P. U. S. Mus., *v.* 14 p. 167 | 1891 *Diaglena*, Boulenger in: Ann. nat. Hist., ser. 6 *v.* 8 p. 456 | 1901 *Triprion* (part.), Alb. Günther in: Biol. Centr.-Amer., Rept. & Batr. p. 293.

Pupille horizontal. Zunge annähernd kreisrund, hinten kaum frei abhebbar, ganzrandig. Gaumenzähne sind außer auf den Vomerknochen auch noch auf den Palatin- und auf dem Parasphenoidknochen vorhanden (Fig. 262). Kopfhaut völlig mit den Schädelknochen verschmolzen, so daß der Kopf einen knöchernen Helm bildet, dessen Lippenrand kantig vorspringt (Fig. 263, 264). Trommelfell deutlich. Finger frei oder durch kurze Schwimmhaut, Zehen stets durch deutliche Schwimmhaut verbunden, die nicht zwischen die Metatarsen der 4. und 5. Zehe eingreift; Finger- und Zehenspitzen zu kleinen Haftscheiben verbreitert. Omosternum und Sternum knorpelig. Querfortsätze des Sacralwirbels stark verbreitert.

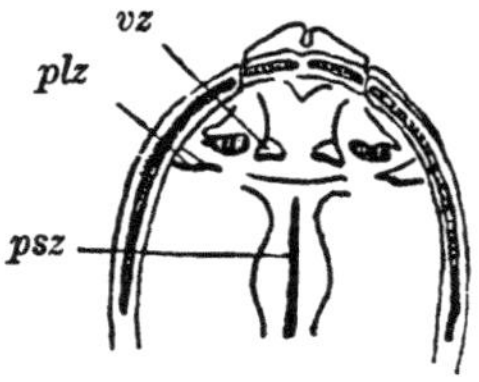

Fig. 262. **Diaglena jordani.** Mundhöhlendecke. *plz* Palatinzähne, *psz* Parasphenoidzähne, *vz* Vomerzähne (nach Stejneger).

2 Arten in Zentral- und Südamerika.

Bestimmungstabelle der Arten:

1 { Finger frei von Schwimmhaut (Fig. 263) . . . . 1. **D. spatulata**
Finger zu $^1/_3$ ihrer Länge durch Schwimmhaut verbunden . . 2. **D. jordani**

1. **D. spatulata** (Gthr.) 1882 *Triprion spatulatus*, Alb. Günther in: Ann. nat. Hist., ser. 5 *v.* 10 p. 279 | 1887 *Diaglena spatulata*, E. D. Cope in: Bull. U. S. Mus., *v.* 32 p. 12 | 1901 *Triprion spatulatus*, Alb. Günther in: Biol. Centr.-Amer., Rept. & Batr. p. 293 t. 74 f. C (Habitus, Kopf von der Seite und von unten).

Außer Vomerzähnen sind noch Spuren von Palatinzähnen und eine Reihe von Parasphenoidzähnen vorhanden. Pupille horizontal, annähernd viereckig (Fig. 264) niemals einen senkrechten Spalt bildend; Canthus rostralis nicht sehr vorspringend, vor dem Auge mit einem stumpfen Höcker endigend; Nasenlöcher durch eine breite, gewölbte Knochenbrücke getrennt; Interorbitalraum ziemlich vertieft; Hinterrand des knöchernen Kopfhelmes kaum aufgebogen; Trommelfell $^1/_2$ so breit wie der Augendurchmesser. Finger frei, Zehen zu $^1/_2$ ihrer Länge durch Schwimmhaut verbunden (Fig. 263). Haftscheiben kleiner als das Trommelfell. Einfarbig hell olivenfarbig. L. 81 mm.

Presidio (Mexiko).

2. **D. jordani** (Stejn.) 1891 *Tetraprion j.*, Stejneger & Test in: P. U. S. Mus., *v.* 14 p. 167 t. 3 f. 1—7 (Kopf von oben, Gaumen, Schulter- und Beckengürtel, Füße. Endphalangen der Finger) | 1891 *Diaglena j.*, Boulenger in: Ann. nat. Hist., ser. 6 *v.* 8 p. 456.

Zunge? [1]). Vomerzähne (*vz* in Fig. 262) in 2 deutlich getrennten, fast quergestellten Reihen auf der Höhe der Choanenhinterränder; ferner je eine schwach S-förmig gekrümmte Reihe von Gaumenzähnen (*plz* in Fig. 262) auf jedem Os palatinum und eine Längsreihe von solchen auf dem Os parasphenoidale (*psz* in Fig. 262). Oberseite des Kopfes verknöchert, sehr rauh;

Fig. 263. **Diaglena spatulata.** Habitusbild (nach Alb. Günther).

Interorbitalraum sehr breit und vertieft; Canthus rostralis eine vorspringende, scharfe Leiste bildend; Zügelregion stark vertieft; Hinterrand des knöchernen Helmes fast gerade, in der Mitte schwach ausgerandet; Trommelfell kreisrund, sein Durchmesser beträgt $^4/_7$ von dem des Auges. 1. Finger fast frei und den übrigen opponierbar; 2.—4. Finger zu $^1/_3$, Zehen fast zu $^1/_2$ ihrer Länge durch Schwimmhaut verbunden; Haftscheiben viel kleiner als das Trommelfell. Bei nach vorn an den Körper angelegtem Hinterbein reicht das Tibiotarsalgelenk bis zum Trommelfell. Oberseite, Kehle und Brust glatt; übrige Unterseite gekörnelt. Färbung oben bräunlich, unten weißlich (war bei dem schlechten Erhaltungszustand des Typexemplares nicht genau zu beschreiben). L. 71 mm.

Fig. 264. **Diaglena spatulata.** Kopf von der Seite (nach Alb. Günther).

Guayaquil (Ecuador).

[1]) Fehlte bei dem einzigen bisher bekannt gewordenen Exemplar.

5. Gen. **Triprion** E. D. Cope

1865 *Pharyngodon* (non Dising 1860), E. D. Cope in: P. Ac. Philad., p. 193 | 1866 *Triprion*, E. D. Cope in: P. Ac. Philad., p. 127 | 1866 *T.*, E. D. Cope in: J. Ac. Philad., ser. 2 *v.* 6 p. 85 | 1882 *T.*, Boulenger, Cat. Batr. sal. Brit. Mus., ed. 2 p. 431 | 1901 *T.* (part.), Alb. Günther in: Biol. Centr.-Amer., Rept. & Batr. p. 293.

Pupille senkrecht. Zunge annähernd kreisrund, hinten frei abhebbar, ganzrandig. Gaumenzähne außer auf den Vomerknochen auch noch in einer Längsreihe auf dem Parasphenoidknochen vorhanden. Kopfhaut völlig mit den Schädelknochen verschmolzen, so daß der Kopf einen knöchernen Helm bildet, dessen Lippenrand kantig vorspringt. Trommelfell deutlich. Finger durch schmale, Zehen durch breite Schwimmhaut verbunden, die nicht zwischen die Metatarsen der 4. und 5. Zehe eingreift; Finger- und Zehenspitzen zu kleinen Haftscheiben verbreitert. Omosternum knorpelig, Sternum eine Knorpelplatte. Querfortsätze des Sacralwirbels stark verbreitert.

1 Art in Zentralamerika.

1. **T. petasatus** (Cope) 1865 *Pharyngodon p.*, E. D Cope in: P. Ac. Philad., p. 193 | 1866 *Triprion p.*, E. D. Cope in: P. Ac. Philad., p. 127 | 1866 *T. p.*, E. D. Cope in: J. Ac. Philad., ser. 2 *v.* 6 t. 25 f. 7, 8 (Kopf von der Seite und von oben) | 1882 *T. p.*, Boulenger, Cat. Batr. sal. Brit. Mus., ed. 2 p. 431 f. (Kopf von oben und von der Seite, Mundhöhle) | 1901 *T. p.*, Alb. Günther in: Biol. Centr.-Amer., Rept. & Batr. p. 293.

Vomerzähne in 2 kleinen Gruppen zwischen den Choanen, Parasphenoidzähne in einer einfachen Längsreihe angeordnet. Kopf völlig verknöchert, rauh. Vorderkopf ganz flach, weit über die völlig auf der Unterseite des Kopfes liegende Mundspalte vorspringend (Fig. 265); Canthus rostralis vor dem Auge mit einem scharfen Vorsprung endigend; Nasenlöcher nur durch eine schmale Knochenbrücke voneinander getrennt; Interorbitalraum stark vertieft; Hinterrand des knöchernen Helmes gerade, aufgebogen; Trommelfell $^1/_2$ so breit wie der Augendurchmesser. Finger durch eine schwache Spur von Schwimmhaut, die kurzen Zehen zu $^2/_3$ ihrer Länge durch Schwimmhaut verbunden; Haftscheiben kleiner als das Trommelfell; Subarticularhöcker mäßig entwickelt. Bei nach vorn an den Körper angelegtem Hinterbein reicht das Tibiotarsalgelenk bis zwischen Schulter und Auge. Haut oben glatt, unten gekörnelt. Oberseite bräunlich, dunkel gefleckt; Kopf weiß punktiert. Unterseite weißlich, ungefleckt. L. 70 mm.

Fig. 265. Triprion petasatus (nach Boulenger).

♂ mit äußerer, subgularer Schallblase, zur Fortpflanzungszeit auch mit schwärzlichen Brunstschwielen auf der Medialseite des 1. Fingers.

Yukatan.

6. Gen. **Nyctimantis** Boulenger

1882 *N.*, Boulenger, Cat. Batr. sal. Brit. Mus., ed. 2 p. 421.

Pupille senkrecht. Zunge hinten nur wenig frei abhebbar, ganzrandig oder hinten schwach ausgerandet. Gaumenzähne vorhanden. Trommelfell deutlich oder undeutlich. Finger frei oder durch kurze Schwimmhaut, Zehen stets durch breite, nicht zwischen die Metatarsen der 4. und 5. Zehe eingreifende Schwimmhaut verbunden; Finger- und Zehenspitzen zu Haftscheiben verbreitert. Omosternum knorpelig, Sternum eine Knorpelplatte. Querfortsätze des Sacralwirbels mäßig stark verbreitert.

3 Arten in Südamerika und Neuguinea.

Bestimmungstabelle der Arten:

1 Haut der Kopfoberseite fest mit dem Schädel verbunden (Fig. 266) . . . . 1. **N. rugiceps**
Haut der Kopfoberseite nicht fest mit dem Schädel verbunden — 2

2 Laterale Finger an der Basis durch Schwimmhaut verbunden; Trommelfell deutlich . . . . 2. **N. papua**
Laterale Finger zu $1/3$ ihrer Länge durch Schwimmhaut verbunden; Trommelfell sehr undeutlich . . . . 3. **N. granti**

1. **N. rugiceps** Blgr. 1882 *N. r.*, Boulenger, Cat. Batr. sal. Brit. Mus., ed. 2 p. 422 t. 28 f. 2, 2a (Habitus, Mundhöhle).

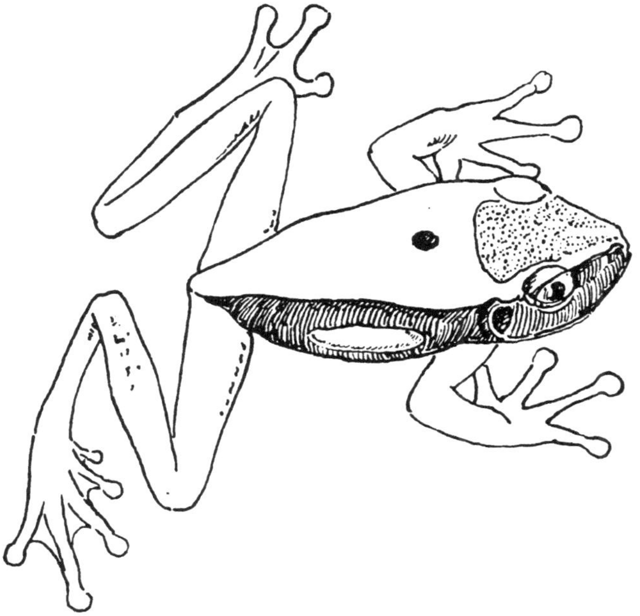

Fig. 266. **Nyctimantis rugiceps** (nach Boulenger).

Zunge annähernd kreisrund, ganzrandig, hinten kaum frei abhebbar. Gaumenzähne in 2 kräftigen, miteinander einen nach hinten offenen Winkel bildenden Reihen auf der Höhe der Hinterränder der großen Choanen. Kopf groß, die Haut seiner rauhen Oberseite fest mit dem Schädel verbunden (Fig. 266). Vorderkopf abgerundet, doppelt so lang wie der Augendurchmesser, mit deutlichem Canthus rostralis und sehr schief abfallender, kaum vertiefter Zügelregion; Interorbitalraum breiter als ein oberes Augenlid; Trommelfell sehr deutlich, $^2/_3$ so breit wie der Augendurchmesser. Finger frei, Zehen zu $^2/_3$ ihrer Länge durch Schwimmhaut verbunden; Haftscheiben kleiner als das Trommelfell; Subarticularhöcker nicht stark entwickelt. Bei nach vorn an den Körper angelegtem Hinterbein reicht das Tibiotarsalgelenk zwischen Auge und Vorderkopfspitze. Oberseite glatt, Unterseite gekörnelt. Oberseite hell olivengrau oder bräunlich, scharf von der dunkelkastanienbraunen Färbung der Flanken und der Unterseite abgesetzt. Rücken und Oberseite der Unterschenkel in der Regel ziemlich undeutlich braun gefleckt, in der Regel auch 1 oder 2 kastanienbraune Flecke auf dem Rücken. Oberlippe weiß gerandet; an jeder Seite des Rumpfes ein breiter, weißer, zuweilen in Flecke aufgelöster Streifen, der etwas hinter der Schulter beginnt und vor den Weichen endet. L. 70 mm.

♂ mit innerer, subgularer Schallblase.

Ecuador.

2. **N. papua** Blgr. 1897 *N. p.*, Boulenger in: Ann. nat. Hist., ser. 6 *v.* 19 p. 12 t. 1 f. 5, 5a (Habitus, Mundhöhle).

Zunge kreisrund, hinten ausgerandet und wenig frei abhebbar. Gaumenzähne in 2 kurzen, quer oder etwas schräg gestellten Reihen zwischen den großen Choanen. Kopf mäßig groß, die Haut seiner Oberseite nicht fest mit dem Schädel verbunden. Vorderkopf abgerundet, kürzer als der Augendurchmesser, mit starkem Canthus rostralis und vertiefter Zügelregion; Interorbitalraum so breit wie ein oberes Augenlid; Trommelfell deutlich, $^1/_3$ bis $^2/_5$ so breit wie der Augendurchmesser. Finger stark abgeplattet und an der Basis, 3. und 5. Zehe bis zur Haftscheibe, 4. Zehe bis zum vorletzten Glied durch Schwimmhaut verbunden; Haftscheiben der Finger größer als das Trommelfell; Subarticularhöcker mäßig entwickelt; ein sehr kleiner medialer Metatarsalhöcker vorhanden. Bei nach vorn an den Körper angelegtem Hinterbein reicht das Tibiotarsalgelenk bis zur Vorderkopfspitze, oder etwas über diese hinaus. Oberseite glatt oder mit kleinen Warzen besetzt, Unterseite gekörnelt; eine stark gebogene Hautfalte oberhalb des Trommelfells; Ferse zuweilen mit einem kleinen, kegelförmigen Höcker. Oben grau, olivenfarben oder braun, einfarbig oder mit dunkler Marmorierung, oder mit großen Inselflecken; zuweilen eine helle Linie längs des Canthus rostralis und des freien Randes des oberen Augenlides. Unterseite schmutzig weiß oder braun. L. 66 mm.

♂ mit äußerer, subgularer Schallblase.

Owen Stanley-Gebirge (Neu-Guinea).

3. **N. granti** Blgr. 1914 *N. g.*, Boulenger in: Tr. zool. Soc. London, *v.* 20 p. 249 t. 27 f. 2—2b (Habitus, Kopf von der Seite, Mundhöhle).

Zunge kreisrund, hinten ausgerandet und wenig frei abhebbar. Gaumenzähne in 2 Querreihen zwischen den großen Choanen. Kopf mäßig groß, viel breiter als lang; die Haut seiner Oberseite nicht fest mit dem Schädel verbunden. Vorderkopf abgerundet, kürzer als der Augendurchmesser, mit stumpfem Canthus rostralis und sehr schief abfallender, schwach vertiefter Zügelregion; Interorbitalraum so breit wie ein oberes Augenlid; Trommelfell sehr undeutlich, etwa $^1/_3$ so breit wie der Augendurchmesser. Finger stark abgeplattet; laterale Finger zu $^1/_3$ ihrer Länge, 3. und 5. Zehe bis zur Haftscheibe, 4. Zehe bis zum vorletzten Gliede durch Schwimmhaut verbunden; Haftscheiben $^2/_3$ so breit wie der Augendurchmesser; Subarticularhöcker mäßig entwickelt; ein sehr kleiner medialer Metatarsalhöcker vorhanden. Bei nach vorn an den Körper angelegtem Hinterbein reicht das Tibiotarsalgelenk bis zur Vorderkopfspitze. Haut oben glatt, am Bauche und unter den Oberschenkeln gekörnelt; eine stark gekrümmte Hautfalte oberhalb des Trommelfells. Oberseite purpurgrau, schwarz vermikuliert; Flanken und Oberschenkelseiten lila; Unterseite weißlich. L. 100 mm.

Utakwa-Fluß (Niederländisch-Neuguinea), in 2100 m Höhe.

7. Gen. **Agalychnis** E. D. Cope

1865 *A.*, E. D. Cope in: P. Ac. Philad., p. 194 | 1865 *A.*, E. D. Cope in: Nat. Hist. Rev., p. 110 | 1866 *A.* (part.), E. D. Cope in: J. Ac. Philad., ser. 2 *v.* 6 p. 86 | 1881 *Hyla* (part.), P. Brocchi in: Miss. Mex., pars 3ii p. 29 | 1882 *Agalychnis*, Boulenger, Cat. Batr. sal. Brit. Mus., ed. 2 p. 422 | 1901 *A.* (part.), Alb. Günther in: Biol. Centr.-Amer., Rept. & Batr. p. 289 | 1903 *A.* (part.), F. Werner in: Abh. Bayer. Ak., *v.* 22 p. 352.

Pupille senkrecht. Zunge in großer Ausdehnung frei abhebbar, hinten etwas ausgerandet. Gaumenzähne (auf den Vomerknochen) in der Regel vorhanden. Trommelfell vorhanden. Finger und Zehen durch Schwimmhaut verbunden, die am Hinterfuße nicht zwischen die Metatarsen der 4. und 5. Zehe eingreift. Spitzen der Finger und Zehen zu Haftscheiben verbreitert. Omosternum knorpelig, Sternum eine Knorpelplatte. Querfortsätze des Sacralwirbels stark verbreitert.

4 Arten in Zentral- und Südamerika.

Bestimmungstabelle der Arten:

1	Rumpfseiten nicht hell und dunkel quergebändert	1. **A. moreletii**
	Rumpfseiten hell und dunkel quergebändert — 2	
2	Beim sitzenden Frosch verborgene Teile von Rumpf und Gliedmaßen purpurfarbig	2. **A. helenae**
	Beim sitzenden Frosch verborgene Teile von Rumpf und Gliedmaßen gelb — 3	
3	Ferse ohne Hautanhang	3. **A. callidryas**
	Ferse mit dreieckigem Hautanhang	4. **A. calcarifer**

1. **A. moreletii** (A. Dum.) 1853 *Hyla M.*, A. Duméril in: Ann. Sci. nat., ser. 3 *v.* 19 p. 169 | 1860 *H. holochlora*, O. Salvin in: P. zool. Soc. London, p. 460 t. 32 f. 2 | 1865 *Agalychnis moreletii* + *A. holochroa*, E. D. Cope in: Nat. Hist. Rev., p. 110 | 1867 *Hyla Moreletti*, W. Keferstein in: Nachr. Ges. Götting., p. 356 | 1868 *H. Morelettii*, W. Keferstein in: Arch. Naturg., *v.* 34i p. 297 | 1876 *Agalychnis Moreletii*, E. D. Cope

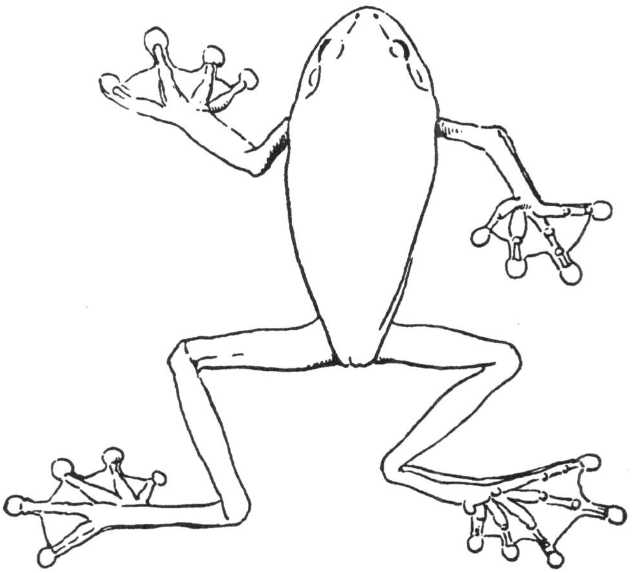

Fig. 267. **Agalychnis moreletii.**

in: J. Ac. Philad., ser. 2 *v.* 8 p. 107 | 1877 *Hyla Moreleti*, P. Brocchi in: Bull. Soc. philom., ser. 7 *v.* 1 p. 122 | 1881 *H. m.*, P. Brocchi in: Miss. Mex., pars 3 II p. 31 t. 13 f. 1 | 1882 *Agalychnis moreletii*, Boulenger, Cat. Batr. sal. Brit. Mus., ed. 2 p. 422 | 1896 *A. m.*, F. Werner in: Verh. Ges. Wien., *v.* 46 p. 351 | 1901 *A. m.*, Alb. Günther in: Biol. Centr.-Amer., Rept. & Batr. p. 289 | 1903 *A. m.*, F. Werner in: Abh. Bayer. Ak., *v.* 22 p. 351.

Zunge oval, hinten ausgeschnitten. Gaumenzähne in 2 kurzen, queren, fast geraden Reihen auf der Höhe der Choanenhinterränder. Kopf abgeplattet; Vorderkopf abgerundet, merklich länger als der Augendurchmesser (Fig. 267), mit stumpfem Canthus rostralis und schief abfallender Zügelregion; Interorbitalraum schwach vertieft, breiter als ein oberes Augenlid; Trommelfell $^1/_2$—$^2/_3$ so breit wie der Augendurchmesser. Gliedmaßen schlank; Finger mindestens zu $^1/_2$ ihrer Länge, zuweilen bis zu den Haftscheiben, Zehen zu $^2/_3$ oder $^3/_4$ ihrer Länge durch Schwimmhaut verbunden; Haftscheiben der Finger und Zehen so groß wie, oder noch größer als das Trommelfell; Subarticularhöcker stark vorspringend; eine mehr oder weniger deutliche Hautfalte längs des medialen Tarsusrandes vorhanden. Bei nach vorn an den Körper angelegtem Hinterbein reicht das Tibiotarsalgelenk zwischen Auge und Vorderkopfspitze oder bis zu letzterer. Oberseite glatt; am Bauche, auf der Unterseite der Oberschenkel und oberhalb des Afters gekörnelt. Oberseite blaugrün oder violett, einfarbig oder mit einigen runden, gelben Flecken. Beim sitzenden Tier verborgene Teile von Rumpf und Gliedmaßen gelblich; eine helle Linie längs der Lateralseite von Unterarm, Hand, Tarsus und Fuß. L. 75 mm.

♂ mit subgularer Schallblase.

Guatemala bis Costa Rica.

2. **A. helenae** Cope 1885 *A. h.*, E. D. Cope in: P. Amer. phil. Soc., *v.* 22 p. 182 | 1886 *A. h.*, E. D. Cope ibid., *v.* 23 p. 274 | 1896 *A. h.*, Peracca in: Boll. Mus. Torino, *v.* 11 nr. 253 p. 12 | 1901 *A. h.*, Alb. Günther in: Biol. Centr.-Amer., Rept. & Batr. p. 290.

Zunge groß und breit, hinten deutlich ausgerandet. Gaumenzähne in 2 kurzen, nach hinten konvergierenden Reihen zwischen den Choanen, zuweilen undeutlich oder fehlend. Kopf groß und breit. Vorderkopf so lang wie der Augendurchmesser, mit deutlichem, geschweiftem Canthus rostralis und fast senkrecht abfallender Zügelregion; Trommelfell undeutlich, $^2/_3$ so breit wie der Augendurchmesser. Laterale Finger fast zu $^2/_3$ ihrer Länge, mediale Finger zu $^1/_4$ ihrer Länge und weniger, Zehen zu $^2/_3$ ihrer Länge durch Schwimmhaut verbunden; Haftscheiben etwa so groß wie das Trommelfell. Bei nach vorn an den Körper angelegtem Hinterbein reicht das Tibiotarsalgelenk bis zur Vorderkopfspitze. Haut der Oberseite glatt. Oberseite grün, Rumpfseiten gelb, mit großen, schwarzen, durch schmale, senkrechte, gelbe Binden oder Linien getrennten Flecken; beim sitzenden Tier verborgene Teile von Rumpf und Gliedmaßen purpurfarbig. Ein schmaler Streifen auf der Oberseite des Oberschenkels, Lateralseite von Unterarm, Unterschenkel, Tarsus, 4. Finger und 5. Zehe grün; übrige Teile von Händen und Füßen gelb. Unterseite gelblichweiß. L. 65 mm.

Mexiko, Nicaragua, Costa Rica, Panama.

3. **A. callidryas** (Cope) 1862 *Hyla c.*, E. D. Cope in: P. Ac. Philad., p. 359 | 1865 *Agalychnis c.*, E. D. Cope in: Nat. Hist. Rev., p. 110 | 1882 *A. c.*, Boulenger, Cat. Batr. sal. Brit. Mus., ed. 2 p. 423 | 1887 *A. c.*, E. D. Cope in: Bull. U. S. Mus., *v.* 32 p. 15 | 1901 *A. c.*, Alb. Günther in: Biol. Centr.-Amer., Rept. & Batr. p. 290.

Zunge elliptisch, hinten flach ausgerandet. Gaumenzähne in 2 nach hinten konvergierenden Reihen auf der Höhe der Choanenvorderränder. Kopf langgestreckt, mit geradem, rundlichem Canthus rostralis und fast senkrecht abfallender Zügelregion; Trommelfell schief elliptisch, fast so breit wie das Auge. Finger zu $^1/_4$, Zehen zu $^1/_2$ ihrer Länge durch Schwimmhaut verbunden; Haftscheiben der Finger sehr groß. Bei nach vorn an den Körper angelegtem Hinterbein reicht das Tibiotarsalgelenk bis zur Vorderkopfspitze. Haut der Oberseite glatt. Oberseite bläulichpurpurfarben, in der Schultergegend grünlich. Unterseite und beim sitzenden Tier verborgene Teile der Gliedmaßen einfarbig safrangelb; Flanken mit zahlreichen heller gelben, schräg verlaufenden Binden. L. 45 mm.

Mexiko, Panama.

4. **A. calcarifer** Blgr. 1902 *A. c.*, Boulenger in: Ann. nat. Hist., ser. 7 *v.* 9 p. 52.

Zunge oval, hinten flach ausgerandet. Gaumenzähne in 2 kurzen, schräggestellten Reihen zwischen den Choanen. Kopf mäßig abgeplattet, so lang wie breit, Vorderkopf abgerundet, nicht über den Unterkiefer vorspringend, mit schwachem Canthus rostralis und schwach vertiefter Zügelregion; Interorbitalraum so breit wie ein oberes Augenlid; Trommelfell dicht beim Auge, $^1/_2$ so breit wie dessen Durchmesser. Die Finger und ziemlich kurzen Zehen fast völlig durch Schwimmhaut verbunden; Haftscheiben der Finger größer als das Trommelfell, die der Zehen etwas kleiner als die der Finger; Subarticularhöcker stark vorspringend. Bei nach vorn an den Körper angelegtem Hinterbein reicht das Tibiotarsalgelenk bis zur Vorderkopfspitze. Haut glatt, nur am Bauche und vor dem After gekörnelt; ein abgestutzter Hautlappen über dem After; eine schmale Hautfalte längs des lateralen Randes von Unterarm und Tarsus; Ferse mit dreieckigem, lappigem Hautanhang. Oberseite, einschließlich eines schmalen Streifens auf der Oberseite der Oberschenkel und von Teilen des 4. Fingers und der 5. Zehe, grün; beim sitzenden Tier verborgene Teile von Rumpf und Gliedmaßen glänzend gelb; Flanken und Beine an der Grenze beider Farben mit kurzen, schwarzen Binden. L. 57 mm.

Rio Durango (Nordwestecuador).

8. Gen. **Phyllomedusa** Wagler

1803 *Hyla* (part.), Daudin, Hist. Rept., *v.* 8 p. 18 | 1830 *Phyllomedusa*, Wagler, Syst. Amph., p. 201 | 1838 *P.*, Tschudi, Classif. Batr., p. 70 | 1841 *P.*, C. Duméril & G. Bibron, Erpét., *v.* 8 p. 627 | 1858 *P.*, Alb. Günther, Cat. Batr. sal. Brit. Mus., p. 120 | 1865 *P.*, E. D. Cope in: Nat. Hist. Rev., p. 110 | 1866 *P.* + *Pithecopus* + *Agalychnis* (part.), E. D. Cope in: J. Ac. Philad., ser. 2 *v.* 6 p. 86 | 1872 *Hylomantis*, Peters in: Monber. Ak. Berlin, p. 772 | 1882 *Phyllomedusa*, Boulenger, Cat. Batr. sal. Brit. Mus., ed. 2 p. 424 | 1901 *Agalychnis* (part.), Alb. Günther in: Biol. Centr.-Amer., Rept. & Batr. p. 289 | 1903 *A.* (part.), F. Werner in: Abh. Bayer. Ak., *v.* 22 p. 352.

Pupille senkrecht. Zunge oval, hinten in großer Ausdehnung frei abhebbar, ganzrandig, oder hinten schwach ausgerandet. Gaumenzähne vorhanden oder fehlend. Trommelfell meist mehr oder weniger deutlich. Finger und Zehen frei oder durch kurze, am Hinterfuße nicht zwischen die Metatarsen der 4. und 5. Zehe eingreifende Schwimmhaut verbunden. 1. Finger und 1. Zehe den übrigen Fingern und Zehen opponierbar. Finger- und Zehenspitzen zu deutlichen Haftscheiben verbreitert. Omosternum knorpelig, Sternum eine Knorpelplatte, Querfortsätze des Sacralwirbels stark verbreitert.

Bei verschiedenen Arten *(P. hypochondrialis, iheringii & sauvagii)* ist Brutpflege beobachtet worden, die in der Weise erfolgt, daß die Eier zwischen Blättern von über stehendem Wasser überhängenden Bäumen abgelegt werden, wobei die Blattränder durch eine die Eier einhüllende gallertartige Masse miteinander verklebt werden (Fig. 268, 269). Die Larven entwickeln sich zuerst innerhalb der sich nach und nach verflüssigenden Gallertmasse, aus der sie dann durch eine Öffnung am unteren Ende der Blätterhülle in das darunter befindliche Wasser fallen, in dem sie ihre Entwicklung vollenden.

18 Arten in Süd- und Zentralamerika.

Bestimmungstabelle der Arten:

1	1. Zehe deutlich länger als die 2. Zehe (wie in Fig. 270) — **2**	
	1. Zehe kürzer als, oder höchstens ebenso lang wie die 2. Zehe — **13**	
2	Gaumenzähne fehlen — **3**	
	Gaumenzähne vorhanden — **4**	
3	Trommelfell deutlich; Parotoiden[1]) kaum deutlich hervortretend	2. **P. hypochondrialis**
	Trommelfell ziemlich undeutlich; Parotoiden[1]) groß, flach, hinter jedem Auge eine Reihe kleiner Höckerchen (Fig. 271)	11. **P. perlata**
4	Parotoïden undeutlich oder völlig fehlend — **5**	
	Parotoïden vorhanden, mehr oder weniger stark vorspringend — **7**	
5	Parotoïden völlig fehlend, Trommelfell $1/2$ so breit wie der Augendurchmesser	10. **P. coelestis**
	Parotoïden undeutlich; Trommelfell $1/3$ oder $1/2$ so breit wie der Augendurchmesser — **6**	
6	Trommelfell $1/3$ so breit wie der Augendurchmesser . .	14. **P. tomopterna**
	Trommelfell $1/2$ so breit wie der Augendurchmesser . .	12. **P. palliata**
7	Trommelfell $1/2$ so breit wie der Augendurchmesser; Interorbitalraum breiter als ein oberes Augenlid — **8**	
	Trommelfell $3/5$—$2/3$ so breit wie der Augendurchmesser; Interorbitalraum so breit wie ein oberes Augenlid	9. **P. boliviana**
8	Haut der Oberseite ohne Knocheneinlagerungen, meist höckerig oder fein gekörnelt — **9**	
	Haut der Oberseite mit Knocheneinlagerungen. Parotoïden nach hinten nicht über den Mundwinkel hinausragend	3. **P. vaillantii**
9	Parotoïden mindestens so lang wie der Kopf — **10**	
	Parotoïden nur so lang wie die Entfernung ihres Vorderendes von der Vorderkopfspitze (Fig. 270) . . .	8. **P. sauvagii**
10	Oberseite höckerig, Parotoïden merklich länger als der Kopf	7. **P. rickettsii**
	Oberseite fein gekörnelt oder glatt — **11**	
11	Haftscheiben der Finger viel kleiner als das Trommelfell — **12**	
	Haftscheiben der Finger größer als das Trommelfell; Parotoïden vom Auge bis zur Sacralregion reichend	13. **P. tarsius**
12	Parotoïden groß und sehr deutlich; Seiten von Rumpf und Beinen mit weißen, purpurumrandeten Flecken	5. **P. burmeisteri**
	Parotoïden kaum vorspringend; Seiten von Rumpf und Beinen purpurfarbig senkrecht gebändert oder genetzt	6. **P. iheringii**
13	1. Zehe so lang wie die 2. — **14**	
	1. Zehe kürzer als die 2. — **15**	

[1]) S. oben p. 2.

14 { Bei nach vorn an den Körper angelegtem Hinterbein reicht das Tibiotarsalgelenk:
bis zur Schulter oder zum Trommelfell; Haut der Oberseite mit Knocheneinlagerungen . . . . . . 1. **P. bicolor**
bis zur Vorderkopfspitze, Haut der Oberseite glatt . 16. **P. loris**

15 { Bei nach vorn an den Körper angelegtem Hinterbein reicht das Tibiotarsalgelenk:
bis zum Trommelfell; Parotoïden undeutlich . . . . 18. **P. dacnicolor**
mindestens zwischen Auge und Vorderkopfspitze; Parotoïden fehlen — **16**

16 { Haut der Oberseite höckerig; Gaumenzähne vorhanden 4. **P. aspera**
Haut der Oberseite glatt; Gaumenzähne fehlen — **17**

17 { Trommelfell fast $^1/_3$ so breit wie der Augendurchmesser; Zehen nur an ihrer Basis durch Schwimmhaut verbunden . . . . 17. **P. lemur**
Trommelfell unsichtbar; Zehen fast zu $^1/_2$ ihrer Länge durch Schwimmhaut verbunden . . . . 15. **P. buckleyi**

1. **P. bicolor** (Bodd.) 1772 *Rana b.*, Boddaert, Epist. Rana bicol., p. 1 t. f. 1—5 | 1799 *Calamita b.*, J. G. Schneider, Hist. Amph., *v.* 1 p. 156 | 1802 *„La rainette bicolore“*, Latreille in: Sonnini & Latreille, Hist. Rept., *v.* 2 p. 174 t. [p. 169] f. 2 | 1802 *Rana bicolor*, G. Shaw, Gen. Zool., *v.* 3 p. 126 | 1803 *Hyla b.*, Daudin, Hist. Rainett., p. 22 t. 5, 6 | 1803 *H. b.*, Daudin, Hist. Rept., *v.* 8 p. 40 | 1820 *Calamita b.*, Merrem, Versuch Syst. Amph., p. 170 | 1824 *Hyla b.*, Spix, Spec. Testud. Ran. Bras., p. 42 t. 13 f. 1 (♀), 2 (♂) | 1829 *H. b.*, C. Gravenhorst, Delic. Mus. Vratislav., fasc. 1 p. 26 | 1829/38 *H. b.*, Guérin-Méneville, Iconogr. Règne an., *v.* 3 Rept. t. 26 f. 3 | 1830 *Phyllomedusa b.*, Wagler, Syst. Amph., p. 201 | 1838 *P. b.* (part.), Tschudi, Classif. Batr., p. 70 | 1841 *P. b.* (part.), C. Duméril & G. Bibron, Erpét., *v.* 8 p. 629 t. 90 f. 2, 2a—c (Kopf von der Seite, Mundhöhle, Füße) | 1858 *P. b.* (part.), Alb. Günther, Cat. Batr. sal. Brit. Mus., p. 120 | 1868 *P. scleroderma*, E. D. Cope in: P. Ac. Philad., p. 112 | 1872 *P. bicolor*, Peters in: Monber. Ak. Berlin, p. 220 | 1882 *P. b.*, Boulenger, Cat. Batr. sal. Brit. Mus., ed. 2 p. 427.

Zunge ganzrandig. Gaumenzähne in 2 schrägen Gruppen zwischen den Choanen. Vorderkopf länger als der Augendurchmesser, abgestutzt, mit deutlichem Canthus rostralis und schwach vertiefter Zügelregion; Interorbitalraum viel breiter als ein oberes Augenlid; Trommelfell $^1/_2$—$^2/_3$ so breit wie der Augendurchmesser. 1. Finger kürzer als der 2.; 4. Finger etwas kürzer als der 3.; 1. und 2. Zehe gleich lang; Finger und Zehen frei von Schwimmhaut; Haftscheiben der Finger so groß wie das Trommelfell, die der Zehen merklich kleiner; medialer Metatarsalhöcker nicht vorspringend. Bei nach vorn an den Körper angelegtem Hinterbein reicht das Tibiotarsalgelenk bis zur Schulter oder zum Trommelfell. Oberseite mit Knocheneinlagerungen in der Haut. Parotoiden groß und deutlich; Bauch und Unterseite der Oberschenkel gekörnelt. Oberseite blaugrün, Unterseite des Kopfes und der Brust meist purpurfarbig, übrige Unterseite weiß. Kleine, weiße, purpurfarbig umrandete Flecke an den Seiten von Rumpf und Gliedmaßen. Eine schmale weiße, purpurfarbig gesäumte Linie längs des lateralen Randes von Unterarm und Tarsus; Finger purpurfarbig, Haftscheiben blau. L. 110 mm.

♂ mit subgularer Schallblase.

Guiana, Brasilien.

2. **P. hypochondrialis** (Daud.) 1802 *„La raine hypocondriale“*, Latreille in: Sonnini & Latreille, Hist. Rept., *v.* 2 p. 177 t. [p. 170] f. 1 (non f. 3) | 1803 *Hyla hypocondrialis*, Daudin, Hist. Rainett., p. 29 t. 10 f. 1[1]) | 1803 *Hyla h.*, Daudin, Hist. Rept.,

[1]) Auf der Tafel als *H. hypochondrialis* bezeichnet.

v. 8 p. 62 | 1820 *Calamita hypochondrialis*, Merrem, Versuch Syst. Amph., p. 170 | 1826 *Hyla h.*, Fitzinger, Classif. Rept., p. 63 | 1829 *H. h.*, C. Gravenhorst, Delic. Mus. Vratislav., fasc. 1 p. 28 | 1841 *Phyllomedusa bicolor* (part.), C. Duméril & G. Bibron, Erpét., v. 8 p. 629 | 1858 *P. b.* (part.), Alb. Günther, Cat. Batr. sal. Brit. Mus., p. 120 | 1862 *P. azurea* + *P. hypochondrialis*, E. D. Cope in: P. Ac. Philad., p. 355 | 1866 *Pithecopus azureus* + *P. h.*, E. D. Cope in: J. Ac. Philad., ser. 2 v. 6 p. 86 | 1868 *P. a.* + *P. h.*, E. D. Cope in: P. Ac. Philad., p. 113 | 1882 *Phyllomedusa h.*, Boulenger, Cat. Batr. sal. Brit. Mus., ed. 2 p. 430 | 1882 *P. h.*, Boulenger in: P. zool. Soc. London, p. 264, 265 t. 1—3 (farbige Bilder lebender Tiere) | 1896 *P. h.*, C. Berg in: An. Mus Buenos Aires, v. 5 p. 213 | 1899 *P. h.*, Budgett in: Quart. J. micr. Sci., ser. 2 v. 42 p. 313 t. 28 f. 27—35 (Habitusbilder einzelner Tiere, Copulation, Larvenstadien, t. 29—32 enthalten Bilder der ganzen Ontogenese) | 1901 *P. h.*, Gadow in: Cambridge nat. Hist., v. 8 p. 204 (Beschreibung der Entwicklung als Auszug aus der vorhergehenden Arbeit Budgett's) | 1904 *P. h.*, Méhely in: Ann. Mus. Hungar., v. 2 p. 230 | 1905 *P. h.*, Bles in: Rep. Brit. Ass., 1904 p. 605 (Bemerkungen zur Entwicklung) | 1906 *P. h.*, Musshoff in: Bl. Aquar. Terrar., v. 17 p. 255, 269 (Beschreibung der Brutpflege) | 1907 *P. h.*, Bles in: Work J. S. Budgett, p. 457 t.

Zunge ganzrandig, Gaumenzähne fehlen. Vorderkopf so lang wie der Augendurchmesser, vorn abgestutzt oder breit abgerundet, ohne deutlichen Canthus rostralis, mit fast senkrecht abfallender Zügelregion; Interorbitalraum ein wenig breiter als ein oberes Augenlid; Trommelfell $^{1}/_{3}$ bis fast $^{1}/_{2}$ so breit wie der Augendurchmesser. 1. Finger kürzer als der 2.; 4. Finger kürzer als der 3.; 1. Zehe länger als die 2.; Finger und Zehen frei von Schwimmhaut; Haftscheiben von Fingern und Zehen klein, kaum breiter als das letzte Glied; medialer Metatarsalhöcker nicht vorspringend. Bei nach

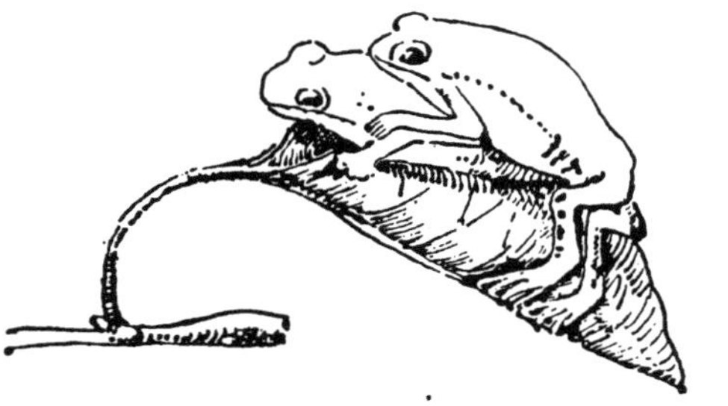

Fig. 268. Phyllomedusa hypochondrialis. ♂ u. ♀ in Copula über dem Nest (nach Budgett aus Brandes u. Schoenichen).

vorn an den Körper angelegtem Hinterbein reicht das Tibiotarsalgelenk bis zum Trommelfell oder höchstens bis zum Hinterrand des Auges. Haut der Oberseite glatt, die der Unterseite gekörnelt; Parotoiden kaum deutlich. Oberseite hellpurpurfarbig oder blau (im Leben blattgrün) einschließlich eines schmalen Streifens auf der Oberseite der Oberschenkel (Fig. 268); Ober- und Unterlippe weiß gerandet. Beim sitzenden Tier verborgene Teile orangefarbig mit senkrechten, violettbraunen Binden. Eine schmale weiße, unten violett gesäumte Linie zieht vom Mundwinkel an jederseits bis zur Flankenmitte und an der Lateralseite von jedem Unterarm, 4. Finger, Unterschenkel und 5. Zehe hin. Unterseite einfarbig weiß. L. 51 mm.

♂ mit subgularer Schallblase.

Die Eier werden in ein einzelnes, tütenförmig zusammengerolltes Blatt abgelegt (Fig. 268).

Guiana, Brasilien, Paraguay, Argentinien.

3. **P. vaillantii** Blgr. 1882 *P. v.*, Boulenger, Cat. Batr. sal. Brit. Mus., ed. 2 p. 427 t. 29 f. 2.

Zunge ganzrandig. Gaumenzähne in 2 kleinen, schrägen Gruppen zwischen den Choanen. Vorderkopf ein wenig länger als der Augendurchmesser, an der Spitze schräg nach vorn unten abfallend, mit schief abfallender, stark vertiefter Zügelregion: Interorbitalraum ein wenig breiter als ein oberes Augenlid; Trommelfell $^1/_2$ so breit wie der Augendurchmesser. 1. Finger kürzer als der 2., 4. Finger ein wenig kürzer als der 3.; 1. Zehe beträchtlich länger als die 2.; Finger und Zehen frei von Schwimmhaut; Haftscheiben von Fingern und Zehen viel kleiner als das Trommelfell. Metatarsalhöcker undeutlich. Bei nach vorn an den Körper angelegtem Hinterbein reicht das Tibiotarsalgelenk bis zum Hinterrand des Auges. Haut der Oberseite mit Knocheneinlagerungen; Parotoiden kurz, deutlich, nach hinten nicht über den Mundwinkel hinausragend; Brust, Bauch und Unterseite der Oberschenkel gekörnelt, Oberseite blaugrün; Seiten von Rumpf und Gliedmaßen purpurfarbig, fein weiß gefleckt; keine schmale weiße, schwarz gesäumte Linie längs des lateralen Randes von Unterarm und Tarsus; Finger hellgrünlich. Unterseite bräunlichweiß, mit einigen weißen Flecken auf Kehle und Brust. L. 60 mm.
♂ mit subgularer Schallblase.

Santarem (Nordbrasilien).

4. **P. aspera** (Ptrs.) 1872 *Hylomantis a.*, Peters in: Monber. Ak. Berlin, p. 772 t. 1 f. 2, 2a (Habitus, Mundhöhle) | 1882 *Phyllomedusa a.*, Boulenger, Cat. Batr. sal. Brit. Mus., ed. 2 p. 425.

Zunge hinten flach ausgerandet. Gaumenzähne in 2 kleinen, nach hinten konvergierenden Gruppen zwischen den Choanen. Kopf abgeplattet; Vorderkopf merklich länger als der Augendurchmesser, mit rundlichem Canthus rostralis und schief abfallender, schwach vertiefter Zügelregion; Interorbitalraum erheblich breiter als ein oberes Augenlid; Trommelfell ziemlich undeutlich, etwa $^1/_3$ so breit wie der Augendurchmesser. 1. Finger kürzer als der 2., 4. Finger kürzer als der 3.; 1. Zehe kürzer als die 2.; 3. und 4. Finger und die 3 lateralen Zehen durch eine Spur von Schwimmhaut verbunden; Haftscheiben an Fingern und Zehen so groß wie das Trommelfell; Subarticularhöcker gut entwickelt; ein flacher, rundlicher medialer Metatarsalhöcker vorhanden. Bei nach vorn an den Körper angelegtem Hinterbein reicht das Tibiotarsalgelenk zwischen Auge und Vorderkopfspitze. Oberseite höckerig; Parotoiden fehlen; Unterseite gekörnelt. Oberseite violett oder grauviolett, mit oder ohne rostfarbene oder weißliche, rostfarbig umrandete Flecke; Seiten gelblich. Oberseite von Unterarm, 4. Finger, Ober- und Unterschenkel, Tarsus, 5. und teilweise auch 4. Zehe violett, die übrigen Teile der Gliedmaßen und die Unterseite gelblich. L. 54 mm.

Bahia.

5. **P. burmeisteri** Blgr. 1856 *P. bicolor* (non Boddaert 1772), Burmeister, Erläut. Fauna Bras., p. 111 t. 32 f. 1—9 (Habitus, Zunge, Gaumenzähne, Füße) | 1858 *P. b.* (part), Alb. Günther, Cat. Batr. sal. Brit. Mus., p. 120 | 1868 *P. b.*, E. D. Cope in: P. Ac. Philad., p. 112 (nota) | 1882 *P. burmeisteri*, Boulenger, Cat Batr. sal. Brit. Mus., ed. 2 p. 428 | 1896 *P. B.* (part.), C. Berg in: An. Mus. Buenos Aires, *v.* 5 p. 212 | 1912 *P. b.*, F. Baumann in: Zool. Jahrb., Syst. *v.* 33 p. 110.

Zunge ganzrandig. Gaumenzähne in 2 schräggestellten Gruppen zwischen den Choanen. Vorderkopf länger als der Augendurchmesser, an der Spitze schief nach unten und vorn abfallend, mit schief abfallender Zügelregion;

Interorbitalraum breiter als ein oberes Augenlid; Trommelfell etwa $^1/_2$ so breit wie der Augendurchmesser. 1. Finger kürzer als der 2.; 4. Finger fast so lang wie der 3.; 1. Zehe länger als die 2.; Finger und Zehen frei von Schwimmhaut; Haftscheiben von Fingern und Zehen viel kleiner als das Trommelfell; medialer Metatarsalhöcker nicht vorspringend. Bei nach vorn an den Körper angelegtem Hinterbein reicht das Tibiotarsalgelenk bis zum Trommelfell oder Auge. Oberseite glatt oder fein gekörnelt; Parotoïden groß und sehr deutlich, mindestens so lang wie der Kopf; Bauch und Unterseite der Oberschenkel gekörnelt. Oberseite blaugrün; Seiten von Rumpf und Beinen in der Regel mit großen, weißen, purpurumrandeten Flecken; eine schmale, weiße, purpurgesäumte Linie längs des lateralen Randes von Unterarm und Tarsus; Finger purpurbraun, an den Spitzen weiß. Unterseite purpurbraun, mit oder ohne weiße Flecke. L. 85 mm.

♂ mit subgularer Schallblase.

Ostbrasilien, Argentinien.

6. **P. iheringii** Blgr. 1885 *P. I.*, Boulenger in: Ann. nat. Hist., ser. 5 *v.* 16 p. 88 | 1886 *P. I.*, Ihering in: Ann. nat. Hist., ser. 5 *v.* 17 p. 461 f. (Nest).

Steht *P. burmeisteri* sehr nahe, unterscheidet sich von ihr in folgenden Punkten: Kopf kleiner, nicht breiter als der Rumpf; Vorderkopf weniger schräg abgestutzt. Parotoiden kaum vorspringend. Oberseite einschließlich der Haftscheiben der Finger grün. Beim sitzenden Tier verborgene Teile des Rumpfes und der Beine glänzend orangefarben, mit dunkelpurpurfarbigen, senkrechten Binden oder einem gleichfarbigen, weitmaschigen Netzwerk. Eine mehr oder weniger deutliche, weißliche Linie längs des Unterkieferrandes und längs der Lateralseite von Unterarm, Hand, Tarsus und Fuß. Unterseite blaß gelblich oder grau mit gelblichen Flecken. L. 67 mm.

♂ mit innerer, subgularer Schallblase und zur Fortpflanzungszeit mit schwärzlichen Brunstschwielen auf dem 1. Finger.

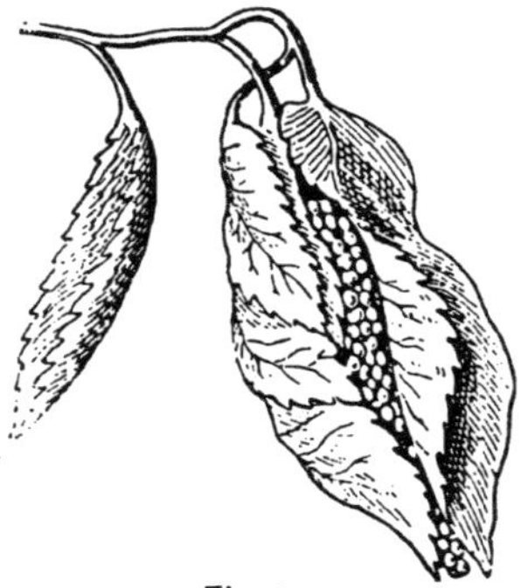

Fig. 269. **Phyllomedusa iheringii.** Nest (nach Ihering aus Gadow).

Die Eier werden in 40—50 mm langen, 15 bis 20 mm breiten Massen zwischen 2 oder 3 Blättern auf über stehendem Wasser überhängenden Bäumen abgelegt (Fig. 269); die Eier werden von den Blättern völlig eingehüllt bis auf eine unten zwischen den Blättern bleibende Öffnung, durch die die ausgeschlüpften, zuerst innerhalb der Laichmasse lebenden Larven in das darunter befindliche Wasser fallen, in dem sie ihre Entwicklung vollenden.

Rio Grande do Sul.

7. **P. rickettsii** Gthr. ? 1896 *P. Burmeisteri* (part.), C. Berg in: An. Mus. Buenos Aires, *v.* 5 p. 212 | 1897 *P. Rickettsii*, Alb. Günther in: Ann. nat. Hist., ser. 6 *v.* 20 p. 365.

Zunge hinten flach ausgerandet. Gaumenzähne in 2 kurzen Querreihen zwischen den Choanen. Vorderkopf wenig länger als der Augendurchmesser, mit deutlichem Canthus rostralis und schief abfallender, hoher Zügelregion; Interorbitalraum viel breiter als ein oberes Augenlid; Trommelfell $^1/_2$ so breit wie der Augendurchmesser. 1. Finger kürzer als der 2.; 1. Zehe länger als die 2.; Finger und Zehen frei von Schwimmhaut; Spitzen der Finger und Zehen nur schwach verdickt; kein Metatarsalhöcker vorhanden. Körperlänge gleich der Entfernung des Metatarsalgelenks vom After. Rücken, Rumpfseiten und die Oberseite der Oberschenkel sind mit ziemlich großen Höckern besetzt, der Rest der Hinterbeine, Vorderbeine und Kopf auf der Oberseite glatt; Parotoïden groß, merklich länger als der Kopf, oberhalb der Augenmitte beginnend, an jeder Seite von Kopf und Nacken einen länglichen, vorspringenden Wulst bildend; Unterseite spärlich gekörnelt. Oberseite grün (im Alkohol bläulich); Kehle und Brust bläulich, mit einem gelben Y-förmigen Mittelfleck und gelben symmetrischen Flecken auf beiden Seiten. Ein gelber Randsaum des Unterkiefers setzt sich als schmales Drüsenband bis zur Mitte der Rumpfseiten fort. Unteres Augenlid, Weichen, Umgegend des Afters und Unterseite der Oberschenkel gelb gefleckt. Keine scharf abgesetzte, weiße Linie längs des Lateralrandes von Unterarm und Tarsus. L. 68 mm.

Santa Fé (Argentinien).

8. **P. sauvagii** Blgr. 1882 *P. s.*, Boulenger, Cat. Batr. sal. Brit. Mus., ed. 2 p. 429 t. 29 f. 3 | 1896 *P. Sauvagei*, C. Berg in: An. Mus. Buenos Aires, *v.* 5 p. 213 | 1909 *P. sauvagii*, Agar in: P. zool. Soc. London, p. 893 t. 84 (♀ und Nest).

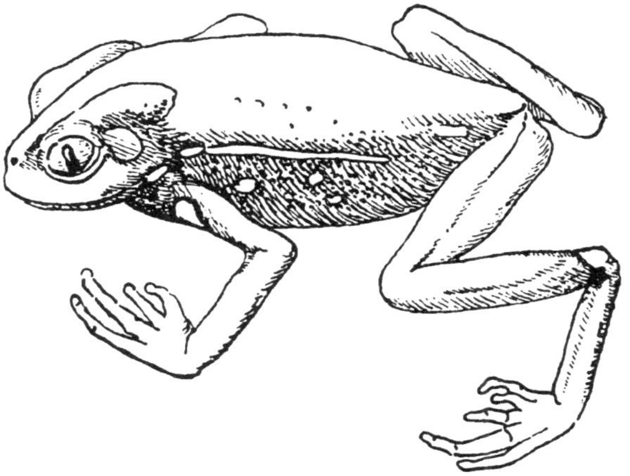

Fig. 270. **Phyllomedusa sauvagii** (nach Boulenger).

Unterscheidet sich von *P. burmeisteri* deutlich durch abweichende Färbung und durch kürzere stark vorspringende Parotoïden, die auf dem oberen Augenlid, dieses zum großen Teil bedeckend, beginnen und in ihrer Länge etwa der Entfernung ihres Vorderendes von der Vorderkopfspitze gleichkommen (Fig. 270). Oberseite und die nicht gekörnelten Stellen der Unterseite blaugrün. Ein weißer Streifen am Rande der Unterlippe setzt sich jederseits an den Rumpfseiten bis über deren Mitte hinaus fort. Brust und Bauchseiten mit einigen großen, weißen Flecken; ein großer, weißer Fleck an der Ferse; eine helle Linie längs des lateralen Randes von Tarsus und 5. Zehe. L. 75 mm.

Salta (Argentinien).

9. **P. boliviana** Blgr. 1902 *P. b.*, Boulenger in: Ann. nat. Hist., ser. 7 *v.* 10 p. 395.

Zunge hinten kaum ausgerandet. Gaumenzähne in 2 kleinen, wenig schiefen Gruppen zwischen den Choanen. Vorderkopf so lang wie der Augendurchmesser, nicht vorspringend, mit schief abfallender, vertiefter Zügelregion; Interorbitalraum so breit wie ein oberes Augenlid; Trommelfell $^3/_5$—$^2/_3$ so breit wie der Augendurchmesser. 1. Finger kürzer als der 2., 1. Zehe länger als die 2.; Finger und Zehen frei von Schwimmhaut; Haftscheiben von Fingern und Zehen viel kleiner als das Trommelfell; Subarticularhöcker kräftig; medialer Metatarsalhöcker nicht vorspringend. Bei nach vorn an den Körper angelegtem Hinterbein reicht das Tibiotarsalgelenk bis zum Trommelfell oder Auge. Oberseite glatt; Parotoïden sehr deutlich, fast so lang wie der Kopf; Kehle, Bauch und Unterseite der Oberschenkel gekörnelt. Oben (im Alkohol) blaugrün; Rand des oberen Augenlides und Unterlippe rosig weiß, ein gleichfarbiges, dunkel purpurfarbig gesprenkeltes Band zieht an den Rumpfseiten entlang, aber nicht bis zu den Weichen. Oberseite der Oberschenkel grün; Bauch und Unterseite der Oberschenkel grauweiß; Kehle und Unterseite von Händen und Füßen purpurfarbig. Ein rosigweißer, oben purpurfarbig gesäumter Streifen längs der Lateralseite von Unterarm, 4. Finger, Tarsus und 5. Zehe und quer über die Ferse. L. 75 mm.

♂ mit innerer Schallblase und zur Fortpflanzungszeit mit schwarzer Brunstschwiele auf der Medialseite des 1. Fingers.

Chulumani (Bolivien), in 2000 m Höhe.

10. **P. coelestis** (Cope) 1874 *Pithecopus c.*, E. D. Cope in: P. Ac. Philad., p. 121 | 1882 *Phyllomedusa c.*, Boulenger, Cat. Batr. sal. Brit. Mus., ed. 2 p. 429.

Unterscheidet sich von *P. burmeisteri* (nr. 5) nur durch das völlige Fehlen von Parotoïden und den schmaleren Interorbitalraum, der nur so breit ist wie ein oberes Augenlid. Oberseite blaugrün; Seiten unregelmäßig weiß gefleckt. Unterseite bräunlich, mit einigen weißen Flecken. L. 57 mm.

Moyobamba (Peru).

11. **P. perlata** Blgr. 1883 *P. p.*, Boulenger in: P. zool. Soc. London, p. 638 t. 58 f. 4, 4a (Habitus, Kopf von der Seite).

Zunge ganzrandig. Gaumenzähne fehlen. Kopf sehr groß; Vorderkopf nicht länger als der Augendurchmesser, senkrecht abgestutzt, mit senkrecht abfallender Zügelregion; Interorbitalraum viel breiter als ein oberes Augenlid; Trommelfell ziemlich undeutlich, etwa $^1/_2$ so breit wie der Augendurchmesser. 1. Finger kürzer als der 2.; 1. Zehe beträchtlich länger als die 2.; Finger und Zehen frei von Schwimmhaut; Haftscheiben von Fingern und Zehen klein; Metatarsalhöcker undeutlich. Bei nach vorn an den Körper angelegtem Hinterbein reicht das Tibiotarsalgelenk kaum bis zum Auge. Haut oben glatt; Parotoïden groß und flach; eine Reihe kleiner perlartiger, weißer Höckerchen zieht jederseits vom Auge an bis zur Rumpfmitte (Fig. 271); Bauch und Unterseite der Oberschenkel gekörnelt. Oberseite purpurfarbig (im Leben grün). Lippen weiß gerandet, eine weiße, dunkel gerandete Linie längs des Lateralrandes von Unterarm und Tarsus. Kehle purpurfarbig, übrige Unterseite weiß. L. 23 mm.

Fig. 271. Phyllomedusa perlata (nach Boulenger).

Nordostperu.

12. **P. palliata** Ptrs. 1871 *P. hypochondrialis* (non *Hyla h.* Daudin 1803), Peters in: Monber. Ak. Berlin, p. 404 | 1872 *P. palliata*, Peters in: Monber. Ak. Berlin, p. 773 | 1882 *P. p.*, Boulenger, Cat. Batr. sal. Brit. Mus., ed. 2 p. 426.

Zunge undeutlich ausgerandet. Gaumenzähne in schrägen, nach hinten konvergierenden Reihen auf der Höhe der Choanenhinterränder. Vorderkopf länger als der Augendurchmesser, abgestutzt, ohne deutlichen Canthus rostralis, mit fast senkrecht abfallender Zügelregion; Interorbitalraum breiter als ein oberes Augenlid; Trommelfell 1/2 so breit wie der Augendurchmesser. 1. Finger kürzer als der 2.; 4. Finger kürzer als der 3.; 1. Zehe viel länger als die 2. (Type untersucht)[1]; Finger frei, Zehen durch eine Spur von Schwimmhaut verbunden. Haftscheiben an Fingern und Zehen sehr klein, viel kleiner als das Trommelfell; medialer Metatarsalhöcker nicht vorspringend. Bei nach vorn an den Körper angelegtem Hinterbein reicht das Tibiotarsalgelenk bis zum Vorderrand des Auges. Haut oben glatt, am Bauche und unter den Oberschenkeln gekörnelt; Parotoïden undeutlich [die von Boulenger l. c. erwähnten Hautanhänge an der Ferse habe ich an dem Typexemplar nicht feststellen können, sie werden auch von Peters in der Originalbeschreibung nicht erwähnt]. Oberseite violett (im Leben blaugrün); beim sitzenden Tier verborgene Teile weiß mit senkrechten, purpurfarbenen Binden. Ein schmaler Streifen von der Farbe des Rückens auf der Oberseite des Oberschenkels. Unterseite weiß, einfarbig oder mit verstreuten, dunklen Punkten. L. 49 mm. ♂ mit subgularer Schallblase.

Peru und oberer Amazonas.

13. P. **tarsius** (Cope) 1868 *Pithecopus t.*, E. D. Cope in: P. Ac. Philad., p. 113 | 1882 *Phyllomedusa t.*, Boulenger, Cat. Batr. sal. Brit. Mus., ed. 2 p. 428.

Zunge hinten flach ausgerandet. Gaumenzähne in 2 queren Gruppen auf der Höhe der Choanenvorderränder. Vorderkopf länger als der Augendurchmesser, etwas über die Mundspalte vorspringend, mit geschweiftem Canthus rostralis und etwas schief abfallender Zügelregion; Interorbitalraum breiter als ein oberes Augenlid; Trommelfell 1/2 so breit wie der Augendurchmesser. 1. Zehe viel länger als die 2.; Finger und Zehen frei von Schwimmhaut; Haftscheiben der Finger etwas größer als das Trommelfell. Bei nach vorn an den Körper angelegtem Hinterbein reicht das Tibiotarsalgelenk bis zum Vorderrand des Auges. Oberseite fein gekörnelt, mit einigen flachen Drüsen auf dem Rücken; Parotoïden deutlich, vom Auge bis zur Sacralregion reichend; Bauch und Unterseite der Oberschenkel gekörnelt; Körner auf der Brust sehr groß und flach. Oberseite von Kopf, Rumpf, Oberschenkeln und den beiden lateralen Fingern grün; Kehle und Brust purpurfarbig. Seiten und Unterseite mit einigen kleinen, weißen Flecken. L. 95 mm.

Oberer Amazonas.

14. P. **tomopterna** (Cope) 1868 *Pithecopus tomopternus*, E. D. Cope in: P. Ac. Philad, p. 112 | 1882 *Phyllomedusa tomopterna*, Boulenger, Cat. Batr. sal. Brit. Mus., ed. 2 p. 430.

Gaumenzähne in 2 kleinen Gruppen zwischen den vorderen Hälften der Choanen. Körperform langgestreckt. Vorderkopf an der Spitze fast senkrecht abgestutzt, mit hoher, nicht vertiefter Zügelregion; Trommelfell 1/3 so breit wie der Augendurchmesser. Finger und Zehen frei von Schwimmhaut; 1. Zehe länger als die 2. Bei nach vorn an den Körper angelegtem Hinterbein reicht das Tibiotarsalgelenk bis zum Vorderrand des Auges. Parotoïden undeutlich; eine besonders am Ellbogen kräftige Hautfalte am Unterarm, eine schwächere am Tarsus, oberhalb der Ferse mit je einem

[1] Die Angabe in Boulengers Katalog, daß beide Zehen gleich lang seien, ist unrichtig.

laterad und mediad gerichteten Hautanhang endigend. Oberseite grün, laterale Finger und Zehen und beim sitzenden Tier verborgene Teile purpurfarbig; Unterseite einschließlich der Hände und Füße gelb. Oberlippe zuweilen sehr schmal gelb gerandet, Unterlippe innen niemals braun gerandet. L. 49 mm.

Oberer Amazonas.

15. **P. buckleyi** Blgr. 1882 *P. b.*, Boulenger, Cat. Batr. sal. Brit. Mus., ed. 2 p. 425 t. 29 f. 1.

Zunge klein, ganzrandig. Gaumenzähne fehlen. Vorderkopf rundlich, wenig länger als der Augendurchmesser, mit wenig schief abfallender Zügelregion. Interorbitalraum viel breiter als ein oberes Augenlid; Trommelfell unsichtbar. 1. Finger kürzer als der 2.; 4. Finger wenig kürzer als der 3.; 1. Zehe wenig kürzer als die 2.; Finger zu $^1/_3$, Zehen fast zu $^1/_2$ ihrer Länge durch Schwimmhaut verbunden; Haftscheiben der Finger und Zehen etwa $^1/_3$ so breit wie der Augendurchmesser; Subarticularhöcker mäßig, medialer Metatarsalhöcker kaum vorspringend. Bei nach vorn an den Körper angelegtem Hinterbein reicht das Tibiotarsalgelenk etwas über die Vorderkopfspitze hinaus. Oberseite glatt, Bauch gekörnelt; Parotoïden fehlen. Oberseite lila, sehr fein hell punktiert; Oberarm, Oberschenkel, Hände und Füße, außer der 5. Zehe, farblos. Unterseite weißlich, ungefleckt. L. 32 mm.

Sarayacu (Ecuador).

16. **P. loris** Blgr. 1912 *P. l.*, Boulenger in: Ann. nat. Hist., ser. 8 v. 10 p. 186.

Zunge herzförmig, hinten schwach ausgerandet. Gaumenzähne in 2 kleinen Gruppen zwischen den Choanen. Vorderkopf so lang wie der Augendurchmesser, am Ende senkrecht abgestutzt, mit stumpfem Canthus rostralis und schief abfallender Zügelregion; Augen schief nach vorwärts gerichtet; Interorbitalraum breiter als ein oberes Augenlid; Trommelfell $^1/_2$ so breit wie der Augendurchmesser. 1. Finger kürzer als der 2.; Finger durch eine schwache Spur von Schwimmhaut, Zehen an ihrer Basis durch solche verbunden; 1. und 2. Zehe gleich lang; Haftscheiben der Finger so groß wie das Trommelfell, die der Zehen etwas kleiner; Subarticularhöcker mäßig vorspringend; medialer Metatarsalhöcker klein, elliptisch. Bei nach vorn an den Körper angelegtem Hinterbein reicht das Tibiotarsalgelenk bis zur Vorderkopfspitze. Haut oben glatt, am Bauche und unter den Oberschenkeln gekörnelt; Parotoïden schwach entwickelt. Ferse mit kurzem, dreieckigem Hautanhang. Oben lila (im Alkohol) mit einigen dunklen Punkten. Oberarm, mediale Finger, Oberschenkel (abgesehen von einem schmalen, lila Streifen), mediale Zehen und Unterseite gelb. L. 46 mm.

El Topo (Ostecuador), in 1800 m Höhe.

17. **P. lemur** Blgr. 1882 *P. l.*, Boulenger, Cat. Batr. sal. Brit. Mus., ed. 2 p. 425 | 1887 *Agalychnis l.*, E. D. Cope in: Bull. U. S. Mus., v. 32 p. 15 | 1901 *A. l.*, Alb. Günther in: Biol. Centr.-Amer., Rept. & Batr. p. 291.

Zunge hinten sehr schwach ausgerandet. Gaumenzähne fehlen. Vorderkopf wenig länger als der Augendurchmesser, verschmälert, am Ende abgestutzt, mit fast senkrecht abfallender Zügelregion; Augen stark vorspringend, schief nach vorn gerichtet; Interorbitalraum breiter als ein oberes Augenlid; Trommelfell nicht ganz $^1/_3$ so breit wie der Augendurchmesser. 1. Finger kürzer als der 2.; 1. Zehe wenig kürzer als die 2.; Finger frei, Zehen an der Basis durch Schwimmhaut verbunden; Haftscheiben von Fingern und

Zehen etwas größer als das Trommelfell; Subarticularhöcker mäßig vorspringend; medialer Metatarsalhöcker sehr undeutlich. Bei nach vorn an den Körper angelegtem Hinterbein reicht das Tibiotarsalgelenk bis zur Vorderkopfspitze. Haut oben glatt, am Bauche gekörnelt; Parotoïden fehlen. Oben helllila, spärlich purpurrot gesprenkelt. Arme, Oberschenkel (abgesehen von einem Bande auf ihrer Oberseite), Finger, Zehen und Unterseite farblos. Kehle weißlichlila. L. 43 mm.

Costa Rica.

18. **P. dacnicolor** Cope 1864 *P. d.*, E. D. Cope in: P. Ac. Philad., p. 181 | 1866 *Agalychnis d.*, E. D. Cope in: J. Ac. Philad., ser. 2 *v.* 6 p. 86 | 1882 *Phyllomedusa d.*, Boulenger, Cat. Batr. sal. Brit. Mus., ed. 2 p. 426 | 1882 *P. d.*, Boulenger in: Ann. nat. Hist., ser. 5 *v.* 10 p. 328 | 1882 *P. d.*, P. Brocchi in: Miss. Mex., pars 3II p. 68 | 1887 *Agalychnis d.*, E. D. Cope in: Bull. U. S. Mus., *v.* 32 p. 15 | 1901 *A. d.*, Alb. Günther in: Biol. Centr.-Amer., Rept. & Batr. p. 291.

Zunge hinten sehr schwach ausgerandet. Gaumenzähne in 2 kurzen, geraden Querreihen auf der Höhe der Choanenvorderränder. Vorderkopf länger als der Augendurchmesser, an der Spitze schief nach vorn und unten abfallend, mit schief abfallender Zügelregion; Interorbitalraum breiter als ein oberes Augenlid; Trommelfell $^1/_2$ so breit wie der Augendurchmesser. 1. Finger kürzer als der 2.; 1. Zehe etwas kürzer als die 2.; Finger an der Basis, Zehen zu $^1/_3$ ihrer Länge durch Schwimmhaut verbunden; Haftscheiben der Finger und Zehen viel kleiner als das Trommelfell; Subarticular- und medialer Metatarsalhöcker stark vorspringend. Bei nach vorn an den Körper angelegtem Hinterbein reicht das Tibiotarsalgelenk bis zum Trommelfell. Haut oben glatt, am Bauche und unter den Oberschenkeln gekörnelt; Parotoïden undeutlich. Oberseite bläulich oder violett (im Leben hellgrün, olivenfarben oder braun), Flanken rötlichbraun marmoriert und mit verstreuten, weißen kleinen Flecken. Unterseite rein. Die Seiten der Beine, Unterseite von Händen und Füßen, die beiden medialen Finger und 3 medialen Zehen rötlichgelb. L. 83 mm.

Mexiko.

9. Gen. **Corythomantis** Boulenger

1896 *C.*, Boulenger in: Ann. nat. Hist., ser. 6 *v.* 17 p. 405.

Pupille rhombisch (Fig. 273). Zunge annähernd kreisrund, ganzrandig, hinten kaum frei abhebbar. Gaumenzähne vorhanden. Kopf als knöcherner Helm mit vorspringenden Lippenrändern, wie bei *Triprion* ausgebildet (Fig. 272). Trommelfell deutlich. Finger frei, Zehen mit Schwimmhaut, die nicht zwischen die Metatarsen der 4. und 5. Zehe eingreift. Finger- und Zehenspitzen zu regelrechten Haftscheiben verbreitert.

1 Art in Brasilien.

1. **C. greeningi** Blgr. 1896 *C. G.*, Boulenger in: Ann. nat. Hist., ser. 6 *v.* 17 p. 405 t. 17 f. 3, 3a, 3b (Habitus, Kopf von der Seite, Mundhöhle).

Gaumenzähne in einer Querreihe auf 2 kräftigen, dreieckigen Knochenvorsprüngen auf der Höhe der Choanenhinterränder. Kopf sehr stark abgeplattet, völlig verknöchert, rauh, am Hinterrand etwas aufgebogen und in der Mitte ausgerandet, auf dem Vorderkopfe vertieft (Fig. 272, 273). Vorderkopf weit über die Mundspalte vorspringend, unten flach, mit vorspringendem, geschweiftem Canthus rostralis; Trommelfell $^1/_2$ so breit wie der Augen-

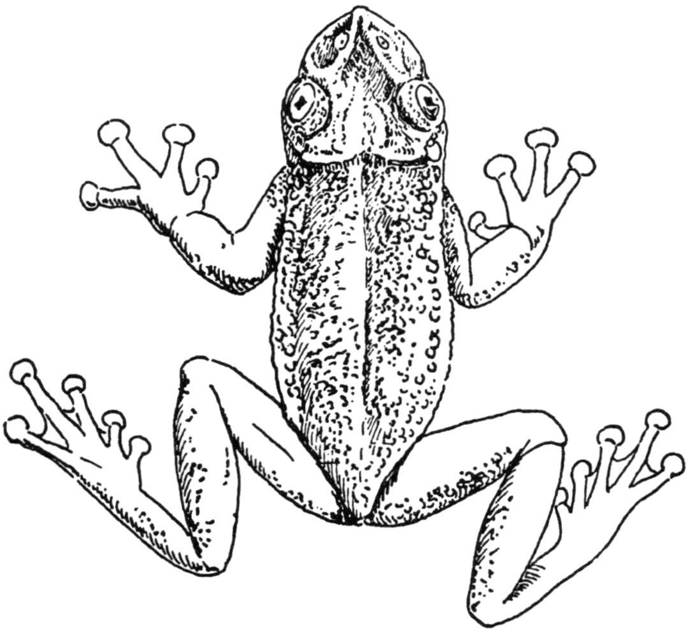

Fig. 272. **Corythomanthis greeningi.** Habitusbild (nach Boulenger).

durchmesser. Finger ziemlich kurz, frei; Zehen zu $^2/_3$ ihrer Länge durch Schwimmhaut verbunden; Haftscheiben der Finger so groß wie das Trommelfell, die der Zehen etwas kleiner. Subarticularhöcker kräftig. Bei nach vorn an den Körper angelegtem Hinterbein reicht das Tibiotarsalgelenk bis zum Hinterrand des Auges. Rumpfseiten mit dicht gedrängten, kleinen, runden Höckern besetzt; Bauch und Unterseite der Oberschenkel gekörnelt. Oberseite olivengrau, dunkel gesprenkelt. Höcker und Unterseite weißlich. L. 78 mm.

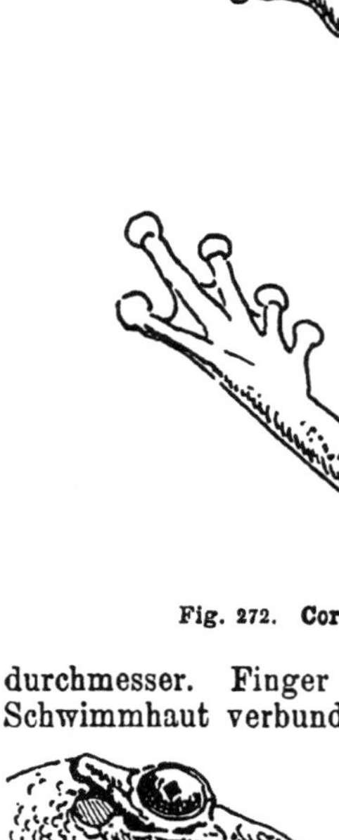

Fig. 273. **Corythomantis greeningi.** Kopf von der Seite (nach Boulenger).

♂ ohne Schallblasen.

Brasilien (genauer Fundort unbekannt).

10. Gen. **Acris** C. Duméril & G. Bibron

1838 *Hylodes* (part.), Holbrook, N. Amer. Herpet., *v.* 3 p. 75 | 1841 *Acris* (part.), C. Duméril & G. Bibron, Erpét., *v.* 8 p. 506 | 1842 *Hylodes* (part.), Holbrook, N. Amer. Herpet., ed. 2 *v.* 4 p. 131 | 1843 *Acris*, Fitzinger, Syst. Rept., *v.* 1 p. 31 | 1858 *A.* (part.), Alb. Günther, Cat. Batr. sal. Brit. Mus., p. 71 | 1865 *A.*, E. D. Cope in: Nat. Hist. Rev., p. 110 | 1866 *A.*, E. D. Cope in: J. Ac. Philad., ser. 2 *v.* 6 p. 86 | 1882 *A.*, Boulenger, Cat. Batr. sal. Brit. Mus., ed. 2 p. 336 | 1889 *A.*, E. D. Cope in: Bull. U. S. Mus., *v.* 34 p. 324.

Pupille horizontal. Zunge herzförmig, hinten frei abhebbar. Gaumenzähne vorhanden. Trommelfell undeutlich. Finger frei, Zehen durch breite Schwimmhaut verbunden, die nicht zwischen die Metatarsen der 4. und 5. Zehe eingreift (Fig. 274). Finger- und Zehenspitzen nur sehr wenig verbreitert. Omosternum knorpelig, Sternum eine Knorpelplatte. Querfortsätze des Sacralwirbels sehr wenig verbreitert.

1 Art in Nordamerika.

1. **A. gryllus** (L. Lec.) 1825 *Rana gryllus*, L. Le Conte in: Ann. Lyc. N. York, *v.* 1 p. 282 | 1827 *R. g.* + *R. dorsalis*, Harlan in: J. Ac. Philad., *v.* 5 p. 340 | 1835 *R. gryllus* + *R. dorsalis*, Harlan, Med. Phys. Res., p. 104, 105 t. [12 p. 72] f. 1 | 1838 *Hylodes gryllus*, Holbrook, N. Amer. Herpet., *v.* 3 p. 75 t. 13 | 1841 *Acris g.*, C. Duméril & G. Bibron, Erpét., *v.* 8 p. 507 | 1842 *Hylodes g.*, Holbrook, N. Amer. Herpet., ed. 2 *v.* 4 p. 131 t. 33 | 1842 *H. g.*, De Kay, Zool. N.-York, *v.* 3 p. 70 t. 22 f. 61 | 1853 *„Acris grillon"* A. Duméril in: Ann. Sci. nat., ser. 3 *v.* 19 p. 153 | 1854 *A. crepitans* + *A. acheta*, Sp. Baird in: P. Ac. Philad., *v.* 7 p. 59 | 1855 *A. crepitans*, L. Le Conte in: P. Ac. Philad., *v.* 7 p. 426 | 1858 *A. gryllus*, Alb. Günther, Cat. Batr. sal. Brit. Mus., p. 71 | 1859 *A. crepitans*, Sp. Baird in: U. S Mex. Boundary Surv., Rept. p. 28 t. 37 f. 14—17 (Habitus, Füße) | 1882 *A. gryllus* + *A. g.* var. *crepitans*, Boulenger, Cat. Batr. sal. Brit. Mus., ed. 2 p. 336 | 1882 *A. crepitans*, Abbott in: Amer. Natural., *v.* 16 p. 707 | 1889 *A. gryllus* + *A. crepitans* + *A. g. gryllus*, E. D. Cope in: Bull. U. S. Mus., *v.* 34 p. 326 f. 82 (Kopf, Mundhöhle, Füße), p. 329 | 1895 *A. g.*, Rhoads in: P. Ac. Philad., p. 396 | 1906 *A. g.*, M. Dickerson, Frog Book, p. 153 f. 184.

Fig. 274.

Fig. 275.

Acris gryllus. Fig. 274: Habitusbild; Fig. 275: Linker Hinterfuß von unten (beides nach Sp. Baird).

Körperform mehr oder weniger schlank (Fig. 274). Gaumenzähne in 2 rundlichen Gruppen oder in 2 kurzen, nach hinten konvergierenden Reihen zwischen den vorderen Hälften der Choanen. Kopf so lang wie breit, oder etwas länger als breit; Vorderkopf mehr oder weniger spitz, erheblich länger als der Augendurchmesser, mit stumpfem Canthus rostralis und schief abfallender Zügelregion; Interorbitalraum so breit wie ein oberes Augenlid; Trommelfell undeutlich, $^1/_3$—$^1/_2$ so breit wie der Augendurchmesser. 1. Finger kürzer als der 2.; Zehen völlig oder fast völlig durch Schwimmhaut verbunden (Fig. 275). Finger- und Zehenspitzen kaum merklich verbreitert; Subarticularhöcker klein, aber deutlich; ein medialer und ein lateraler Metatarsalhöcker vorhanden, aber beide wenig vorspringend; eine deutliche Hautfalte längs des medialen Tarsusrandes vorhanden. Bei nach vorn an den Körper angelegtem Hinterbein reicht das Tibiotarsalgelenk bis zur Vorderkopfspitze oder über diese noch hinaus. Oberseite meist mehr oder weniger höckerig oder warzig, Unterseite größtenteils glatt, nur in der hinteren Hälfte des Bauches und auf der Unterseite der Oberschenkel gekörnelt. Färbung sehr veränderlich und wechselnd. Grundfarbe gewöhnlich braun in verschiedenen Schattierungen; in der Regel sind ein dreieckiger dunkler Fleck zwischen den Augen, eine helle Längsbinde in der Rückenmitte und jederseits 3 längliche, schräg nach unten und hinten verlaufende Flecke von grüner oder rotbrauner Farbe vorhanden, alles häufig hell gesäumt; eine helle Linie zieht vom Auge schräg nach unten und hinten zur Armwurzel. Gliedmaßen dunkel quergebändert, oder unregelmäßig dunkel gefleckt. Hinterseite der Oberschenkel mit einem deutlichen, dunklen Längsstreifen. Unterseite hell. L. 31 mm.

♂ mit gelber Kehle und subgularer Schallblase.

Lebt am Boden, vermag nicht zu klettern.

Vereinigte Staaten von Nordamerika.

11. Gen. **Chorophilus** Sp. Baird

1836 & 1838 *Rana* (part.), Holbrook, N. Amer. Herpet., *v.* 1 p. 97, *v.* 3 p. 93 | 1841 *Acris* (part.), C. Duméril & G. Bibron, Erpét., *v.* 8 p. 506 | 1842 *Cystignathus* + *Hylodes* (part.), Holbrook, N. Amer. Herpet., ed. 2 *v.* 4 p. 103, 131 | 1843 *Pseudacris*, Fitzinger, Syst. Rept., *v.* 1 p. 31 | 1854 *Chorophilus* + *Helocaetes*, Sp. Baird in: P. Ac. Philad., *v.* 7 p. 60 | 1858 *Cystignathus* (part.) + *Pseudacris*, Alb. Günther, Cat. Batr. sal. Brit. Mus., p. 26, 97 | 1865 *P.*, E. D. Cope in: Nat. Hist. Rev., p. 110 | 1866 *Chorophilus*, E. D. Cope in: J. Ac. Philad., ser. 2 *v.* 6 p. 86 | 1875 *C.*, E. D. Cope in: Bull. U. S. Mus., *v.* 1 p. 30 | 1882 *C.*, Boulenger, Cat. Batr. sal. Brit. Mus., ed. 2 p. 332 | 1889 *C.*, E. D. Cope in: Bull. U. S. Mus., *v.* 34 p. 331.

Pupille horizontal. Zunge oval oder annähernd kreisrund, ganzrandig oder hinten schwach ausgerandet, hinten frei abhebbar. Gaumenzähne vorhanden. Trommelfell deutlich. Finger frei, Zehen nur an ihrer Basis durch Schwimmhaut verbunden, die nicht zwischen die Metatarsen der 4. und 5. Zehe eingreift (Fig. 277). Finger und Zehenspitzen nur wenig, knopfartig verdickt. Omosternum knorpelig, Sternum eine Knorpelplatte. Querfortsätze des Sacralwirbels sehr wenig verbreitert.

Die Chorophilusarten leben am Boden, klettern und schwimmen nur sehr schlecht.

5 Arten mit 3 Unterarten in Amerika.

Bestimmungstabelle der Arten:

1	Rücken und Rumpfseiten dunkel gefleckt oder längsgestreift (Fig. 276) — 2	
	Rücken ohne Flecken oder Längsstreifen — 4	
2	Kopfbreite in der gesamten Kopfrumpflänge 2,8—3,66 mal enthalten; Nasenlöcher näher bei der Vorderkopfspitze als beim Auge — 3	
	Größte Kopfbreite in der gesamten Kopfrumpflänge 2,5- bis 2,66 mal enthalten; Nasenlöcher halbwegs zwischen Auge und Vorderkopfspitze	3. **C. ornatus**
3	Subarticularhöcker gut entwickelt; Rücken und Flanken mit 3—5 dunklen Längsstreifen oder Fleckenreihen (Fig. 267)	1. **C. nigritus**
	Subarticularhöcker sehr klein oder fehlend; Rücken einfarbig oder undeutlich gefleckt, an jeder Kopf- und Rumpfseite eine Reihe dunkler Flecke	2. **C. occidentalis**
4	Bei nach vorn an den Körper angelegtem Hinterbein reicht das Tibiotarsalgelenk:	
	bis zur Vorderkopfspitze oder über diese noch hinaus	4. **C. ocularis**
	bis zum Vorderrand des Auges	5. **C. cuzcanus**

1. **C. nigritus** (L. Lec.) 1825 *Rana nigrita*, L. Le Conte in: Ann. Lyc. N. York, *v.* 1 p. 282 | 1827 *R. n.*, Harlan in: J. Ac. Philad., *v.* 5 p. 341 | 1838 *R. n.*, Holbrook, N. Amer. Herpet., *v.* 3 p. 93 t. 19 | 1839 *Hyla triseriata*, Wied, Reise Nordamer., *v.* 1

p. 249 | 1841 *Acris nigrita*, C. Duméril & G. Bibron, Erpét., *v.* 8 p. 509 | 1842 *Cystignathus nigritus*, Holbrook, N. Amer. Herpet., ed. 2 *v.* 4 p. 107 t. 26 | 1850 *Hylodes maculatus*, L. Agassiz, Lake Sup., p. 378 t. 6 f. 1—3 | 1854 *Chorophilus nigritus* + *Helocaetes feriarum* + *H. triseriatus* + *H. clarkii*, Sp. Baird in: P. Ac. Philad., *v.* 7 p. 60 | 1855 *Chorophilus nigrita*, L. Le Conte in: P. Ac. Philad., *v.* 7 p. 427 | 1858 *Pseudacris n.*, Alb. Günther, Cat. Batr. sal. Brit. Mus., p. 97 | 1859 *Heloecetes clarkii*, Sp. Baird in: U. S. Mex. Boundary Surv., Rept. p. 28 t. 37 f. 4—9 (Habitus, Mundhöhle, Füße) | 1875 *Chorophilus triseriatus* subsp. *t.* + *C. t.* subsp. *clarkii* + *C. t.* subsp. *corporalis* (MS.) + *C. nigritus*, E. D. Cope in: Bull. U. S. Mus., *v.* 1 p. 30 | 1877 *C. verrucosus*, E. D. Cope in: P. Amer. phil. Soc., *v.* 17 p. 87 | 1882 *C. nigritus* + *C. triseriatus* + *C. verrucosus* + *C. septentrionalis*, Boulenger, Cat. Batr. sal. Brit. Mus., ed. 2 p. 333, 335 t. 23 f. 1 | 1889 *C. triseriatus*, O. P. Hay in: Amer. Natural., *v.* 23 p. 770 t. 36 f. 1—3 (Frosch, Ei & Larve) | 1889 *C. nigritus* + *C. n.* subsp. *verrucosus* + *C. feriarum* + *C. f. brachyphonus* + *C. triseriatus*, E. D. Cope in: Bull. U. S. Mus., *v.* 34 p. 337, 339, 341, 342 & 459, f. 85—87 & 118 (Kopf, Mundhöhle & Füße von jeder Art) | 1892 *C. nigritus*, O. P. Hay in: Rep. geol. Surv. Indiana, nr. 17 p. 469 | 1906 *C. nigritus*, M. Dickerson, Frog Book, p. 157 f. 185 | 1908 *C. triseriatus*, Wright & Allen in: Amer. Natural., *v.* 42 p. 39 (Beschreibung der Eiablage).

Fig. 276.

Fig. 277.

Chorophilus nigritus. Fig. 276: Habitusbild. Fig. 277: Rechter Hinterfuß von unten (beides nach Sp. Baird).

Zunge oval, hinten schwach ausgerandet. Gaumenzähne in 2 etwas nach hinten konvergierenden Gruppen zwischen den hinteren Hälften der Choanen oder noch etwas hinter deren Verbindungslinie. Kopf so lang wie breit oder etwas länger (Fig. 276); seine Länge ist 3—3,66mal in der gesamten Kopfrumpflänge enthalten[1]); Vorderkopf mehr oder weniger spitz, über den abgerundeten Unterkiefer vorspringend, doppelt oder fast doppelt so lang wie der Augendurchmesser, mit rundlichem oder undeutlichem Canthus rostralis; Interorbitalraum breiter als ein oberes Augenlid; Trommelfell $^1/_4$ bis $^1/_2$ so breit wie der Augendurchmesser, selten noch breiter. 1. Finger kürzer als der 2. Finger; Zehen an ihrer Basis durch eine Spur von Schwimmhaut verbunden (Fig. 277); Haftscheiben der Finger und Zehen sehr klein; Subarticularhöcker deutlich, vorspringend; medialer Metatarsalhöcker stets vorhanden, lateraler undeutlich oder fehlend. Länge der Hinterbeine sehr wechselnd[1]). Bei nach vorn an den Körper angelegtem Hinterbein reicht das Tibiotarsalgelenk bis zum Trommelfell oder bis zum oder über den Vorderrand des Auges hinaus. Haut der Oberseite mehr oder weniger höckerig

[1]) S. die Unterarten.

oder gekörnelt; Unterseite meist völlig gekörnelt, an Kehle und Brust zuweilen glatt. Färbung sehr wechselnd, von fast schwarzem bis zu fleischfarbenem Ton; aufgehellte Tiere zeigen einen bläulichen, aschgrauen, hellbraunen, lachsfarbenen, oder sogar roten Ton. In der Regel zeigt die Oberseite 5 dunkle, zuweilen in Fleckenreihen aufgelöste Streifen, von denen der Mittelstreifen auf dem Kopfe beginnt, in Augenhöhe zuweilen von einer Querbinde gekreuzt wird und sich häufig auf dem Hinterrücken gabelt; ein weiterer Streifen beginnt jederseits hinter dem Auge und endet kurz vor dem Oberschenkel; die 4. und 5. Streifen beginnen an der Vorderkopfspitze, ziehen jederseits durch das Auge und über das Trommelfell hinweg zur Schulter und verschwinden an den Rumpfseiten; eine helle Linie läuft von der Vorderkopfspitze jederseits längs der Oberlippe zur Schulter. Beine mehr oder weniger regelmäßig dunkel gefleckt oder quergebändert. Unterseite gelblichweiß. L. c. 25 mm.

♂ mit unpaarer Schallblase an seiner grünlichgelben Kehle.

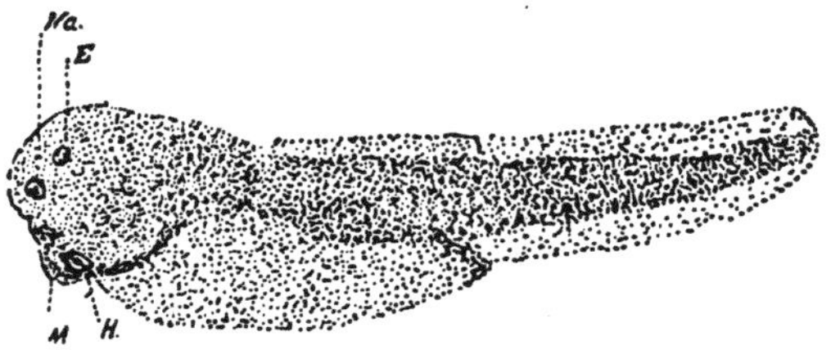

Fig. 278. **Chorophilus nigritus.** Larve (vergr.). *E* Auge, *H* Haftapparat, *M* Mund, *Na* Nasenloch (nach O. P. Hay).

Die Eier werden in Klumpen an Wasserpflanzen usw. abgelegt. Die Larven (Fig. 278) sind zuerst dunkelgrau, später oben schwarz mit zahlreichen goldfarbenen Flecken, am Bauche schimmern sie goldig und kupferfarbig.

Nordamerika östlich von den Rocky Mountains.

Die Art zerfällt (nach O. P. Hay l. c. 1892 p. 470) in 3 Unterarten.

1a. **C. nigritus nigritus** (L. Lec.) 1825 *Rana nigrita*, L. Le Conte in: Ann. Lyc. N. York, *v.* 1 p. 282 | 1841 *Acris n.*, C. Duméril & G. Bibron, Erpét., *v.* 8 p. 509 | 1842 *Cystignathus nigritus*, Holbrook, N. Amer. Herpet, ed. 2 *v.* 4 p. 107 t. 26 | 1854 *Chorophilus n*, Sp. Baird in: P. Ac. Philad., *v.* 7 p. 60 | 1858 *Pseudacris nigrita* (part.), Alb. Günther, Cat. Batr. sal. Brit. Mus., p. 97 | 1875 *Chorophilus nigritus*, E. D. Cope in: Bull. U. S. Mus., *v.* 1 p. 30 | 1877 *C. verrucosus*, E. D. Cope in: P. Amer. phil. Soc., *v.* 17 p. 87 | 1882 *C. nigritus* + *C. verrucosus*, Boulenger, Cat. Batr. sal. Brit. Mus., ed. 2 p. 333, 335 | 1889 *C. nigritus* + *C. n* subsp *verrucosus*, E. D. Cope in: Bull. U. S. Mus., *v.* 34 p. 337, 338 & 459, f. 85 & 118 | 1892 *C nigritus* subsp. *n.*, O. P. Hay in: Rep. geol. Surv. Indiana, nr. 17 p. 470.

Vorderkopf spitz; Kopfbreite in der gesamten Kopfrumpflänge 2,8 bis 3mal enthalten. Bei nach vorn an den Körper angelegtem Hinterbein reicht das Tibiotarsalgelenk bis vor das Auge. Bleifarbig oder hellbraun, mit 3 Reihen dunkler, zuweilen zu einheitlichen Längsbinden verschmelzender Flecke auf der Oberseite.

Süd-Carolina bis zum Mississippi.

1b. **C. nigritus feriarum** (Sp. Baird) 1854 *Helocaetes feriarum*, Sp. Baird in: P. Ac. Philad., *v.* 7 p. 60 | 1889 *Chorophilus f.* + *C. f brachyphonus*. E. D. Cope in: Bull. U. S. Mus., *v.* 34 p. 339, 341 f. 86 | 1889 *C. triseriatus*, O. P. Hay in: Amer. Natural., *v.* 23 p. 770 t. 36 f. 1—3 | 1892 *C. nigritus* subsp. *feriarum*, O. P. Hay in: Rep. geol. Surv. Indiana, nr. 17 p. 469.

Vorderkopf kürzer als bei der vorigen Unterart; Kopfbreite in der gesamten Kopfrumpflänge 3—3,25 mal enthalten. Bei nach vorn an den Körper angelegtem Hinterbein reicht das Tibiotarsalgelenk bis zum Vorderrand des Auges; Rumpflänge in der Gesamtlänge des Hinterbeins 1,4 bis 1,7 mal enthalten. Aschfarbig oder bräunlich; Oberseite mit 3 einheitlichen, selten unterbrochenen, parallelen Längsstreifen, von denen der mittlere sich bis auf die oberen Augenlider fortsetzt.

Östliche Vereinigte Staaten (westwärts bis Illinois).

1c. **C. nigritus triseriatus** (Wied) 1839 *Hyla triseriata*, Wied, Reise Nordamer., *v.* 1 p. 249 | 1850 *Hylodes maculatus*, L. Agassiz, Lake Sup., p. 378 t. 6 f. 1—3 | 1854 *Helocaetes triseriatus* + *H. clarkii*, Sp. Baird in: P. Ac. Philad., *v.* 7 p. 60 | 1858 *Pseudacris nigrita* (part.), Alb. Günther, Cat. Batr. sal. Brit. Mus., p. 97 | 1859 *Heloecetes clarkii*, Sp. Baird in: U. S. Mex. Boundary Surv., Rept. p. 28 t. 37 f. 4—9 | 1875 *Chorophilus triseriatus* subsp. *t.* + subsp. *clarkii* + subsp. *corporalis* (MS.), E. D. Cope in: Bull. U. S. Mus., *v.* 1 p. 80 | 1882 *C. triseriatus* + *C. septentrionalis*, Boulenger, Cat. Batr. sal. Brit. Mus., ed. 2 p. 335 t. 23 f. 1 | 1889 *C. triseriatus*, E. D. Cope in: Bull. U. S. Mus., *v.* 34 p. 342 f. 87 | 1892 *C. nigritus* subsp. *triseriatus*, O. P. Hay in: Rep. geol. Surv. Indiana, nr. 17 p. 470.

Vorderkopf ausgezogen; Kopfbreite in der gesamten Kopfrumpflänge 3,5—3,6 mal enthalten. Bei nach vorn an den Körper angelegtem Hinterbein reicht das Tibiotarsalgelenk bis zum Trommelfell; Rumpflänge in der Gesamtlänge des Hinterbeins 1,24—1,5 mal enthalten. Aschfarbig bis braun, mit drei dunklen Parallelstreifen auf dem Rücken, von denen der mittlere oft hinten gegabelt ist, auf jedem Augenlid ein dunkler Fleck. L. 25 mm.

Mittlere Vereinigte Staaten (New Jersey bis Idaho und Neu-Mexiko), Kanada bis zur Hudsonsbay-Region.

2. **C. occidentalis** (Sp. Baird & Girard) 1853 *Litoria o.*, Sp. Baird & C. Girard in: P. Ac. Philad., *v.* 6 p. 301 | 1858 *Cystignathus ornatus*, Alb. Günther, Cat. Batr. sal. Brit. Mus., p. 29 | 1875 *Chorophilus ocularis*, E. D. Cope in: Bull. U. S. Mus., *v.* 1 p. 30 | 1882 *C. copii*, Boulenger, Cat. Batr. sal. Brit. Mus., ed. 2 p. 334 | 1889 *C. occidentalis*, E. D. Cope in: Bull. U. S. Mus., *v.* 34 p. 335 f. 84 (Kopf, Mundhöhle, Füße) | 1906 *C. o.*, M. Dickerson, Frog Book, p. 161.

Zunge mehr oder weniger breit, hinten schwach ausgerandet oder ganzrandig. Gaumenzähne in 2 nach hinten konvergierenden Gruppen dicht hinter der Verbindungslinie der Choanenhinterränder. Kopf etwa so lang wie breit, seine Breite ist 3—3,5 mal in der gesamten Kopfrumpflänge enthalten; Vorderkopf abgerundet, mit undeutlichem Canthus rostralis; Nasenlöcher näher bei der Vorderkopfspitze als beim Auge; Interorbitalraum etwa so breit wie ein oberes Augenlid; Trommelfell etwa $^1/_2$ so breit wie der Augendurchmesser. Finger und Zehen mäßig schlank; 1. Finger kürzer als der 2.; Finger frei, Zehen durch eine Spur von Schwimmhaut verbunden; Subarticularhöcker sehr klein oder fehlend, kein lateraler Metatarsalhöcker vorhanden. Bei nach vorn an den Körper angelegtem Hinterbein reicht das Tibiotarsalgelenk bis zum Trommelfell oder zur Augenmitte. Oberseite und Kehle glatt, sonstige Unterseite gekörnelt. Oberseite hellkastanienbraun, mit einer Reihe dunkelkastanienbrauner Flecke jederseits von der Vorderkopfspitze bis zum After, Rücken zuweilen undeutlich dunkel gefleckt. Unterseite rötlichweiß. L. 25 mm.

Georgia bis Texas.

3. **C. ornatus** (Holbr.) 1836 *Rana ornata*, Holbrook, N. Amer. Herpet., *v.* 1 p. 97 t. 16 | 1842 *Cystignathus ornatus*, Holbrook, N. Amer. Herpet., ed. 2 *v.* 4 p. 103

t. 25 | 1875 *Chorophilus o.*, E. D. Cope in: Bull. U. S. Mus., *v.* 1 p. 30 | 1880 *C. ocularis* (non Holbrook 1838), E. D. Cope in: Bull. U. S. Mus., *v.* 17 p. 27 | 1882 *C. ornatus*, Boulenger, Cat. Batr. sal. Brit. Mus., ed. 2 p. 333 | 1889 *C. o.*, E. D. Cope in: Bull. U. S. Mus., *v.* 34 p. 333 f. 83 (Kopf, Mundhöhle, Füße) | 1906 *C. o.*, M. Dickerson, Frog Book, p. 161.

Zunge breit, ganzrandig. Gaumenzähne in 2 kurzen Querreihen hinter der Verbindungslinie der Choanenhinterränder. Kopf ziemlich kurz, seine Breite ist in der gesamten Kopfrumpflänge 2,5—2,66 mal enthalten; Vorderkopf abgerundet, vorspringend; Nasenlöcher in der Mitte zwischen Auge und Vorderkopfspitze; Canthus rostralis rundlich, Zügelregion schief abfallend, schwach vertieft; Trommelfell $^1/_2$ so breit wie der Augendurchmesser. Gliedmaßen kurz und gedrungen. Finger frei, Zehen an ihrer Basis durch Schwimmhaut verbunden; Finger- und Zehenspitzen kaum verbreitert, schwach knopfförmig verdickt; Subarticularhöcker mäßig entwickelt; ein kleiner, medialer Metatarsalhöcker vorhanden. Bei nach vorn an den Körper angelegtem Hinterbein reicht das Tibiotarsalgelenk bis zum Trommelfell oder Hinterrand des Auges. Oberseite glatt, Kehle schwach, Brust und Bauch stärker gekörnelt. Oberseite olivenfarbig oder taubengrau oder rötlichbraun. Eine schwarze Binde zieht jederseits von der Vorderkopfspitze durch Auge und Trommelfell zur Schulter und setzt sich, mehr oder weniger in einzelne Flecke aufgelöst, bis zum Oberschenkel fort. Rücken und Flanken einfarbig oder mit länglichen, dunkelbraunen, zuweilen hell gesäumten Flecken. Gliedmaßen mit dunkelbraunen Querbinden; Hinterseite der Oberschenkel gelb gefleckt. Unterseite hell, einfarbig. L. 35 mm.

Texas, Florida.

4. **C. ocularis** (Holbr.) 1838 *Hylodes o.*, Holbrook, N. Amer. Herpet., *v.* 3 p. 79 t. 14 | 1842 *H. o.*, Holbrook, ibid., ed. 2 *v.* 4 p. 137 t. 35 | 1855 *Hyla o.*, L. Le Conte in: P. Ac. Philad., *v.* 7 p. 429 | 1875 *Chorophilus angulatus*, E. D. Cope in: Bull. U. S. Mus., *v.* 1 p. 30 | 1882 *C. ocularis*, Boulenger, Cat. Batr. sal. Brit. Mus., ed. 2 p. 333 | 1889 *C. o.*, E. D. Cope in: Bull. U. S. Mus., *v.* 34 p. 348 | 1906 *C. o.*, M. Dickerson, Frog Book, p. 162.

Zunge schmal, oval, ganzrandig. Gaumenzähne [nach Boulenger] in 2 Gruppen zwischen den Choanen. Kopf lang und schmal; Vorderkopf spitz, nicht über den V-förmigen Unterkiefer vorspringend; Trommelfell weniger als $^1/_2$ so breit wie der Augendurchmesser. Gliedmaßen gut entwickelt; Unterschenkel etwas mehr als $^1/_2$ so lang wie der Rumpf. Bei nach vorn an den Körper angelegtem Hinterbein reicht das Tibiotarsalgelenk bis zur Vorderkopfspitze oder über diese noch hinaus. Haut glatt. Oberseite kastanienbraun mit 3 undeutlichen, dunkleren Längsstreifen auf dem Rücken; ein tiefdunkler Streifen zieht jederseits von der Vorderkopfspitze an durch Auge und Trommelfell und an den Rumpfseiten entlang; längs des Oberlippenrandes eine weiße Linie, die sich bis hinter die Schulter fortsetzt. Gliedmaßen mit schwachen Spuren von dunklen Querbinden; Lateralseite des Unterschenkels mit einer hellen Längslinie. Unterseite gelblich, an Kehle und Brust undeutlich gefleckt. L. 25 mm.

Süd-Carolina.

5. **C. cuzcanus** Cope 1877 *C. c.*, E. D. Cope in: P. Amer. phil. Soc., *v.* 17 p. 37 | 1882 *C. c.*, Boulenger, Cat. Batr. sal. Brit. Mus., ed. 2 p. 334.

Körperform ziemlich gedrungen. Zunge scheibenförmig, hinten flach ausgerandet. Gaumenzähne in 2 Gruppen auf der Höhe der Choanenhinterränder. Kopf breit und flach; Vorderkopf stumpf abgerundet, ein wenig länger als der Augendurchmesser, mit deutlichem, aber kurzem Canthus rostralis; Trommelfell $^{1}/_{2}$ so breit wie der Augendurchmesser. Bei nach vorn an den Körper angelegtem Hinterbein reicht das Tibiotarsalgelenk bis zum Vorderrand des Auges. Haut oben glatt, unten gekörnelt. Oberseite dunkelolivenfarben, Gliedmaßen heller; Kopfseiten bis zum Trommelfell dunkel, oben von einer schwärzlichen Linie längs des Canthus rostralis, unten von einem hellen Streifen längs der Oberlippe gesäumt. Unterseite weißlich. L. 23 mm.

Peru.

5b. Unterfam. **Amphignathodontinae**

1882 *Amphignathodontidae,* Boulenger, Cat. Batr. sal. Brit. Mus., ed. 2 p. 449 | 1901 *Amphignathodontinae,* Gadow in: Cambridge nat. Hist., *v.* 8 p. 188.

Pupille horizontal. Zunge hinten schwach eingeschnitten und abhebbar. Ober- und Unterkiefer bezahnt, Zähne klein, dicht beieinander stehend (Fig. 281). Wirbel procoel, stets ohne Rippen. Querfortsätze des Sacralwirbels stark verbreitert.

1 sichere und 1 unsichere Gattung mit 1 sicheren und 1 unsicheren Art.

Fig. 279. **Amphignathodon guentheri.** Habitusbild des ♀ (nach Boulenger).

1. Gen. **Amphignathodon** Boulenger

1882 *A.*, Boulenger, Cat. Batr. sal. Brit. Mus., ed. 2 p. 450.

Zunge fast kreisrund, hinten schwach eingeschnitten und etwas abhebbar. Gaumenzähne vorhanden. Pupille horizontal. Vorderfuß ohne, Hinterfuß mit Schwimmhaut, die nicht zwischen die Metatarsen der 4. und 5. Zehe eingreift. Omosternum fehlt, Sternum eine Knorpelplatte. Querfortsätze des Sacralwirbels stark verbreitert. Os coccygis durch 2 Gelenkflächen mit dem Sacralwirbel verbunden. Endphalangen der Finger- und Zehen klauenförmig. ♀ mit einer Bruttasche in der Rückenhaut (Fig. 279).

1 Art in Südamerika.

1. **A. guentheri** Blgr. 1882 *A. g.*, Boulenger, Cat. Batr. sal. Brit. Mus., ed. 2 p. 450 t. 30.

Gaumenzähne hinter den Choanen, in 2 von deren hinteren, medialen Ecken ausgehenden, schrägen Reihen. Kopf viel breiter als lang, knöchern, rauh; Kopfhaut fest mit dem Knochen verbunden. Vorderkopf äußerst kurz, senkrecht abgestutzt (Fig. 280), mit winkligem Canthus rostralis; Oberkopf stark vertieft; Interorbitalraum breiter als ein oberes Augenlid; Trommelfell kleiner als das Auge, nach rückwärts gerichtet. Finger schlank, mit zu großen Haftscheiben verbreiterten Spitzen; 1. Finger etwas kürzer als der 2.;

Fig. 280.

Fig. 281.

Amphignathodon guentheri.

Fig. 280: Kopf von der Seite; Fig. 281: Mundhöhle (beides nach Boulenger).

Zehen zur Hälfte ihrer Länge durch Schwimmhaut verbunden, mit mäßig großen Subarticularhöckern; Haftscheiben an den Zehenspitzen kleiner als die der Finger. Bei nach vorn an den Körper angelegtem Hinterbein reicht das Tibiotarsalgelenk über die Vorderkopfspitze hinaus. Haut auf der Oberseite feinhöckerig, auf dem Bauche und unter den Oberschenkeln gekörnelt. Oberes Augenlid mit einem spitzen Hautanhang; Ferse mit einem Hautlappen. Oben olivenfarbig, mit einigen weißlichen Flecken auf Kopf und Rumpfseiten und einem schwarzen, weißgerandeten Längsstreifen an jeder Flanke; Rand der Bruttasche schwarz. Oberseite der Oberschenkel mit zahlreichen schwarzen Querbinden auf weißlichem Grunde, Vorderbeine und der Rest der Hinterbeine mit ziemlich undeutlichen Querbinden. Unterseite lichtgraubraun. L. 75 mm. (Nur 1 ♀ bekannt.)

Ecuador.

? Gen. **Grypiscus** E. D. Cope

1867 *G.*, E. D. Cope in: J. Ac. Philad., ser. 2 *v.* 6 p. 205 | 1882 *G.*, Boulenger, Cat. Batr. sal. Brit. Mus., ed. 2 p. 450.

1 unsichere Art in Südamerika.

? **G. umbrinus** Cope 1867 *G. u.*, E. D. Cope in: J. Ac. Philad., ser. 2 *v.* 6 p. 206 | 1882 *G. u.*, Boulenger, Cat. Batr. sal. Brit. Mus., ed. 2 p. 451.

Rio de Janeiro.

6. Fam. **Cystignathidae** (s. **Leptodactylidae**)

1825 *Ranina* (part.), J. E. Gray in: Ann. Phil., ser. 2 *v.* 10 p. 214 | 1826 *Ranoidea* (part.) + *Bombinatoroidea* (part.), Fitzinger, Classif. Rept., p. 63, 65 | 1838 *Cystignathi* (part.) + *Ranae* (part.) + *Ceratophrydes* (part.) + *Bombinatores* (part.), Tschudi, Classif. Batr., p. 25, 26, 79, 81, 83 | 1841 *Ranidae* (part.), Hogg in: Ann. nat. Hist., *v.* 7 p. 361 | 1841 *Raniformes* (part.) + *Hylaeformes* (part.), C. Duméril & G. Bibron, Erpét., *v.* 8 p. 317, 491 | 1843 *Limnodytae* (part.) + *Ranae* (part.) + *Telmatobii* + *Phyllobatae* (part.) + *Alytae* (part.) + *Pseudae* (part.) + *Gastrophrynae* (part.), Fitzinger, Syst. Rept., p. 31, 32, 33 | 1858 *Ranidae* (part.) + *Cystignathidae* (part.) + *Discoglossidae* (part.) + *Alytidae* (part.) + *Uperoliidae* + *Bombinatoridae* (part.) + *Polypedatidae* (part.) + *Hylodidae* (part.), Alb. Günther, Cat. Batr. sal. Brit. Mus., p. 4, 26, 34, 37, 39, 40, 70, 90 | 1865 *Asterophrydidae* (part.) + *Scaphiopodidae* (part.) + *Hylidae* (part.) + *Cystignatidae*, E. D. Cope in: Nat. Hist. Rev., p. 107, 108, 110 | 1866 *Hemiphractidae* + *Asterophrydidae* (part.) + *Hylidae* (part.) + *Cystignathidae*, E. D. Cope in: J. Ac. Philad., ser. 2 *v.* 6 p. 69, 79, 83, 88 | 1867 *Ranidae* (part.) + *Discoglossidae* (part.) + *Alytidae* + *Bombinatoridae* + *Polypedatidae* (part.), Steindachner in: Reise Novara, Amph. p. 7, 28, 32, 33, 47 | 1869 *Engystomatidae* (part.: Subfam. *Paludicolina*) + *Bombinatoridae* (part.: Subfam. *Alsodina* + *Cacotina* + *Liopelmatina*) + *Plectromantidae* + *Alytidae* (part.: Subfam. *Uperoliina* (part.) + *Polypedatidae* (part.: Subfam. *Hylodina*) + *Ranidae* (part.: Subfam. *Cystignathina* (part.) + *Hemiphractina*) + *Discoglossidae* (part.: Subfam. *Chiroleptina* + *Asterophrydina* (part.)), Mivart in: P. zool. Soc. London, p. 289, 290, 291, 292, 293, 294 | 1875 *Cystignathidae* + *Batrachophrynidae* + *Hemiphractidae*, E. D. Cope in: Bull. U. S. Mus., *v.* 1 p. 9, 10 | 1875 *Ranidae* + *Cystignathidae*, Espada in: Vert. Viaje Pacif., Batr. p. 1, 34 | 1881 *R.* (part.) + *Hylodidae* (part.), P. Brocchi in: Miss. Mex., pars 3 II p. 10, 49 | 1882 *Cystignathidae* + *Dendrophryniscidae* + *Hylidae* (part.) + *Dicoglossidae* + *Hemiphractidae*, Boulenger, Cat. Batr. sal. Brit. Mus., ed. 2 p. 183, 273, 330, 444, 451 | 1887 *Cystignathidae* (part.), E. D. Cope in: Bull. U. S. Mus., *v.* 32 p. 15 | 1889 *Asterophrydidae* (part.) + *Hemiphractidae* + *Cystignathidae*, E. D. Cope in: Bull. U. S. Mus., *v.* 34 p. 255, 295, 382 | 1901 *Cystignathidae*, Gadow in: Cambridge nat. Hist., *v.* 8 p. 209 | 1910 *Hemiphractidae* + *Cystignathidae* + *Dendrophryniscidae*, Boulenger in: Enc. sci., Batr. p. 150, 151.

Querfortsätze des Sacralwirbels nicht oder nur sehr wenig verbreitert.

Die Familie umfaßt 3 Unterfamilien, 39 sichere und 2 unsichere Gattungen mit 303 sicheren und 62 unsicheren Arten in Südamerika, Südafrika und Australien.

Bestimmungstabelle der Unterfamilien:

1	Ober- und Unterkiefer bezahnt	6a. Unterfam. **Hemiphractinae**
	Nur der Oberkiefer bezahnt oder beide Kiefer zahnlos — 2	
2	Oberkiefer bezahnt	6b. Unterfam. **Cystignathinae**
	Ober- und Unterkiefer zahnlos	6c. Unterfam. **Dendrophryniscinae**

6a. Unterfam. **Hemiphractinae**

1866 *Hemiphractidae*, E. D. Cope in: J. Ac. Philad., ser. 2 *v.* 6 p. 69, 88 | 1869 *Ranidae* (part.: Subfam. *Hemiphractinae*), Mivart in: P. zool. Soc. London, p. 293, 294 | 1875 *Hemiphractidae*, E. D. Cope in: Bull. U. S. Mus., *v.* 1 p. 10 | 1882 *H.*, Boulenger, Cat. Batr. sal. Brit. Mus., ed. 2 p. 451 | 1889 *H.*, E. D. Cope in: Bull. U. S. Mus., *v.* 34 p. 255, 382 | 1901 *Hemiphractinae*, Gadow in: Cambridge nat. Hist., *v.* 8 p. 210 | 1910 *Hemiphractidae*, Boulenger in: Enc. sci., Batr. p. 150.

Pupille horizontal, Zunge hinten etwas abhebbar, nicht oder nur wenig eingeschnitten. Ober- und Unterkiefer bezahnt (Fig. 283). Wirbel amphicoel oder procoel (nach Gadow, Cambridge nat. Hist. *v.* 8 p. 210 opistocoel). Querfortsätze des Sacralwirbels nicht verbreitert.

8 Gattungen mit 8 Arten in Südamerika.

Bestimmungstabelle der Gattungen:

1	Gaumenzähne den Vomer- und Palatinknochen aufsitzend — 2	
	Gaumenzähne den Palatin- und dem Parasphenoidknochen aufsitzend. Finger- und Zehenspitzen zu deutlichen Haftscheiben verbreitert	3. Gen. **Amphodus**
2	Finger und Zehen spitz endigend, mit geraden, spitzen Endphalangen (Fig. 282)	1. Gen. **Hemiphractus**
	Finger- und Zehenspitzen scheibenförmig verbreitert (Fig. 284) mit klauenförmigen Endphalangen (vgl. Fig. 24 p. 9)	2. Gen. **Ceratohyla**

1. Gen. **Hemiphractus** Wagler

1828 *H.*, Wagler in: Isis, *v.* 21 p. 743 | 1862 *H.* (part.), Peters in: Monber. Ak. Berlin, p. 145 | 1882 *H.*, Boulenger, Cat. Batr. sal. Brit. Mus., ed. 2 p. 451.

Zunge hinten etwas abhebbar, ganzrandig oder hinten schwach ausgerandet. Gaumenzähne den Vomer- und Palatinknochen aufsitzend (Fig. 283). Pupille horizontal. Vorderfuß ohne oder nur mit sehr geringer Schwimmhaut; Hinterfuß mit schmaler, nicht zwischen die Metatarsen der 4. und 5. Zehe eingreifender Schwimmhaut; Finger und Zehenspitzen nicht scheibenförmig verbreitert, mit geraden, spitzen, knöchernen Endphalangen. Omosternum rudimentär; Sternum eine Knorpelplatte. Oberseite des Kopfes als knöcherner, die Orbita völlig umschließender, hinten bogenförmig ausgerandeter Helm ausgebildet. 2 Arten in Südamerika.

Bestimmungstabelle der Arten:

1	Helm hinten tief ausgerandet, Abstand seiner beiden hinteren äußeren Spitzen voneinander $2^1/_3$ mal so groß wie der Interorbitalraum (Fig. 282). Zunge etwas länger als breit	1. **H. scutatus**
	Helm hinten nur schwach ausgerandet, Abstand seiner beiden hinteren, äußeren Spitzen voneinander 3 mal so groß wie der Interorbitalraum. Zunge breiter als lang .	2. **H. divaricatus**

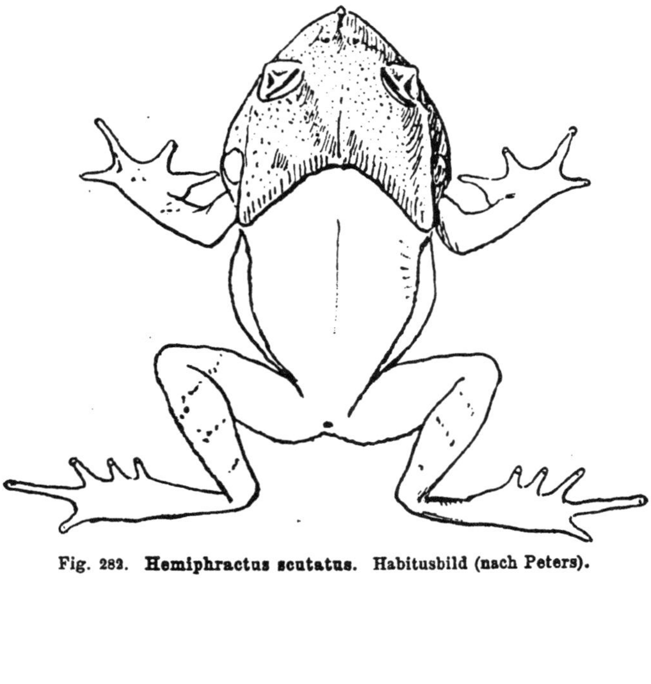

Fig. 282. **Hemiphractus scutatus.** Habitusbild (nach Peters).

1. **H. scutatus** (Spix) 1824 *Rana scutata*, Spix, Spec. Testud. Ran. Bras., p. 28 t. 4 f. 2 | 1828 *Hemiphractus Spixii*, Wagler in: Isis, *v.* 21 p. 743 t. 10 f. 1—5 | 1830 *H. S.*, Wagler, Syst. Amph., p. 204 | 1862 *H. scutatus*, Peters in: Monber. Ak. Berlin, p. 146 t. 1 f. 1—6 (Habitusbilder, Mundhöhle, Zähne) | 1882 *H. s.*, Boulenger, Cat. Batr. sal. Brit. Mus., ed. 2 p. 452, 475 f.

Gaumenzähne in \/-förmiger Anordnung auf dem Vomer zwischen den Choanen und ferner hinter diesen, in einer in der Mitte unterbrochenen Querreihe, auf den Gaumenbeinen stehend (Fig. 283); vordere Vomerzähne nicht länger als die anderen Zähne. Oberkieferzähne konisch, länger als die mehr dreieckigen Unterkieferzähne, nur je ein Zahn an der Spitze einer jeden Unterkieferhälfte übertrifft alle anderen Zähne erheblich an Größe. Zunge fast kreisrund, etwas länger als breit, ganzrandig. Vorderkopf doppelt so lang wie der Augendurchmesser, spitz abgerundet; Nasenlöcher dicht beieinander liegend, gleichweit vom Auge und von der Vorderkopfspitze entfernt; Interorbitalraum fast 4 mal so breit wie der Abstand der Nasenlöcher voneinander; Helm hinten stark ausgerandet, die Entfernung der hinteren lateralen Helmspitzen voneinander ist $2^1/_3$ mal so groß wie der Interorbitalraum (Fig. 282); Oberlippe von vorn nach hinten im Bogen abfallend; Trommelfell größer als das Auge, schräg von hinten oben nach unten vorn geneigt. Finger kurz, 1. viel länger als der 2.; Zehen kurz, an der Basis durch Schwimmhaut verbunden, mit kaum hervortretenden Subarticularhöckern; medialer Metatarsalhöcker klein, ebenfalls kaum hervortretend. Bei nach vorn an den Körper angelegtem Hinterbein reicht das Tibiotarsalgelenk fast bis zum Auge. Oberseite glatt, Rumpfseiten und Bauch mit zahlreichen, Kehle und Brust mit verstreuten Höckern. Oberseite der Vorderbeine mit schrägen Längsreihen, Ober- und Unterschenkel mit Querreihen von kleinen Tuberkeln. Ein kleiner, dreieckiger Hautlappen an der Vorderkopfspitze; oberes Augenlid in einen hornartigen Hautfortsatz ausgezogen; einige kleine Höcker an Knie und Ferse. Oben graubraun; ein schwarzer, dreieckiger, hellgerandeter Fleck zwischen den Augen, mit einem gleichfarbigen, vom Auge zum Helmende ziehenden Streifen zusammenhängend; Rücken, Flanken und Oberseite der Oberschenkel dunkelbraun; Arme, Unterschenkel und Hinterfüße mit schmalen, dunklen Querbinden. Unterseite der Hinterfüße und Hinterseite der Oberschenkel schwärzlichbraun; runde Flecke von gleicher Farbe auf der Medialseite der Unterschenkel. Unterseite braun; Mittellinie der Kehle und Tuberkel des Bauches weiß. L. 60 mm.

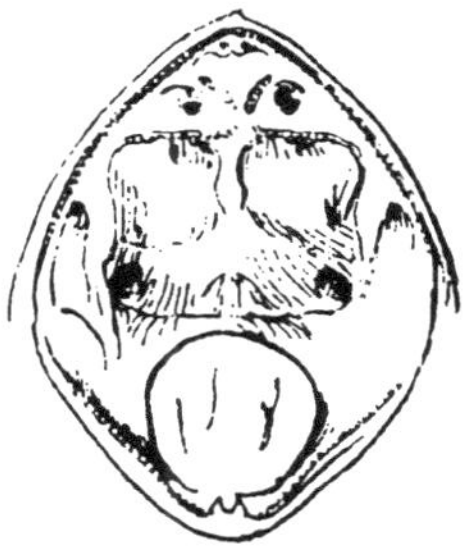

Fig. 283.
Hemiphractus scutatus.
Mundhöhle (nach Peters).

Nordbrasilien. Ecuador.

2. **H. divaricatus** Cope 1868 *H. d.*, E. D. Cope in: P. Ac. Philad., p. 114 | ? 1870 *H. scutatus*, Espada in: J. Ac. Lisboa, *v.* 3 p. 63 | ? 1875 *H. s.*, Espada in: Vert. Viaje Pacif., Batr. t. 5 f. 1 (Habitus, Mundhöhle) | ? 1877 *H. s.*, P. Brocchi in: Ann. Sci. nat., ser. 6 *v.* 5 nr. 7 t. 16 (Skelett) | ? 1899 *H. s.*, Espada in: An. Soc. Españ., ser. 2 *v.* 7 p. 395.

Helm hinten nicht so tief ausgerandet, kürzer und breiter und mit stärker auseinander weichenden Seitenkanten als bei der vorigen Art; Abstand der hinteren lateralen Helmspitzen voneinander 3 mal so groß wie der Interorbitalraum. Oberlippe gerade, nicht im Bogen abfallend; vordere Vomerzähne länger als die übrigen Zähne. Zunge nierenförmig, breiter als lang.

Finger und Zehen durch schwache Schwimmhaut verbunden; ein großer Palmar- und 2 Metatarsalhöcker vorhanden; alle Finger und Zehen mit Hautsäumen; eine deutliche Hautfalte auf der Lateralseite von Hand, 4. Finger, Tarsus und 5. Zehe. Vorderkopfspitze mit einem kurzen Hautanhang, Augenlider am Rande in einen Fortsatz ausgezogen. Kopf oben schwach gekörnelt, Rumpf oben glatt; Vorderarm mit schrägen Tuberkelreihen. Bauch dicht, Kehle spärlich gekörnelt. Oben graubraun, unten dunkelbraun, mit einem gelben Längsband auf der Kehle. Vorderarm und Tarsus mit schwarzen Binden. Je ein schwarzer Fleck unter dem After, oberhalb des Trommelfells und unter dem Auge; kleinere Flecke am Oberlippenrand. L. 55 mm.

Oberes Amazonas-Gebiet.

2. Gen. **Ceratohyla** Espada, Boulenger emend.

1862 *Hemiphractus* (part.), Peters in: Monber. Ak. Berlin, p. 145 | 1870 *Cerathyla*, Espada in: J. Ac. Lisboa, *v.* 3 p. 63 | 1882 *Ceratohyla*, Boulenger, Cat. Batr. sal. Brit. Mus., ed. 2 p. 453 | 1899 *Cerathyla*, Espada in: An. Soc. Españ., ser. 2 *v.* 7 p. 399 [1]).

Unterscheidet sich von *Hemiphractus* nur durch die zu Haftscheiben verbreiterten Finger- und Zehenspitzen (Fig. 284) und deren klauenförmige, knöcherne Endphalangen.

5 Arten in Südamerika.

Bestimmungstabelle der Arten:

1	Oberes Augenlid in einen hornartigen Fortsatz ausgezogen; Vorderkopf mit einem langen Hautanhang (Fig. 286)	5. **C. proboscidea**
	Oberes Augenlid abgerundet, höckerig, Vorderkopf mit einem kurzen Hautanhang (Fig. 284) — **2**	
2	Bei nach vorn an den Körper angelegtem Hinterbein reicht das Tibiotarsalgelenk nicht über die Vorderkopfspitze hinaus — **3**	
	Das Tibiotarsalgelenk reicht über die Vorderkopfspitze hinaus	4. **C. braconnieri**
3	Abstand der hinteren lateralen Helmspitzen voneinander so groß wie ihre Entfernung von der Vorderkopfspitze; Zunge kreisrund	1. **C. bubalus**
	Abstand der hinteren lateralen Helmspitzen voneinander so groß wie ihre Entfernung vom Nasenloch — **4**	
4	Hinterrand des Helmes stark gekrümmt (Fig. 284)	2. **C. fasciata**
	Hinterrand des Helmes schwach gekrümmt	3. **C. palmarum**

1. **C. bubalus** Espada 1870 *Cerathyla b.*, Espada in: J. Ac. Lisboa, *v.* 3 p. 64 | 1875 *C. b.*, Espada in: Vert. Viaje Pacif., Batr. t. 5 f. 3 (Habitus, Mundhöhle) | 1882 *Ceratohyla b.*, Boulenger, Cat. Batr. sal. Brit. Mus., ed. 2 p. 453 f. (Kopf) | 1899 *Cerathyla b.*, Espada in: An. Soc. Españ., ser. 2 *v.* 7 p. 402 | 1903 *Ceratohyla b.*, Boulenger in: P. zool. Soc. London, pars 2 p. 115 f. 8 (brutpflegendes ♀).

Zunge kreisrund. Vordere Vomerzähne länger als die übrigen. Vorderkopf mit einem sehr kurzen, spitzen Hautanhang. Hintere Helmspitzen stark auseinanderweichend, voneinander ebenso weit entfernt wie von der Vorderkopfspitze und 3 mal so weit, wie der Interorbitalraum breit ist; letzterer vertieft, mit vorspringenden Leisten. Trommelfell groß, oval, ganz nach

[1]) Espada gebraucht auch hier den Namen „*Cerathyla*“, erkennt aber in einer Fußnote die von Boulenger schon früher angenommene Schreibweise „*Ceratohyla*“ als die richtigere an.

hinten gerichtet. 1. Finger länger als der 2.; Zehen zu $^1/_3$ ihrer Länge durch Schwimmhaut verbunden, mit nicht sehr stark vorspringenden Subarticularhöckern. Ein medialer Metatarsalhöcker vorhanden. Bei nach vorn an den Körper angelegtem Hinterbein reicht das Tibiotarsalgelenk bis zur Vorderkopfspitze. Haut auf dem Rücken glatt; am Bauche dicht, an der Kehle spärlich gekörnelt. Einige kegelförmige Warzen an Kopf und Beinen; ein kurzer, dreieckiger Hautlappen an der Ferse. Rücken braun, Kopf und Beine grau, letztere mit braunen Querbinden; Hinterseite der Oberschenkel auf grauem Grunde schwarz genetzt; Unterseite des Tarsus und Fußsohlen schwärzlich. Unterseite schmutzig weiß, auf Bauch und Beinen braun genetzt. L. 63 mm.

Das ♀ trägt die Eier auf dem Rücken mit sich herum; die Jungen sind während ihrer Entwicklung durch 2 von ihrer Kehle ausgehende Blutgefäßstränge mit der als Respirationsorgan dienenden, gefäßreichen Eihülle verbunden.

Ecuador, Peru.

2. **C. fasciata** (Ptrs.) 1862 *Hemiphractus fasciatus*, Peters in: Monber. Ak. Berlin, p. 149 t. 2 f. 1—4 (Habitusbilder, Mundhöhle) | 1882 *Ceratohyla fasciata*, Boulenger, Cat. Batr. sal. Brit. Mus., ed. 2 p. 454.

Fig. 284. **Ceratohyla fasciata.** Habitusbild (nach Peters).

Zunge breiter als lang[1]), herzförmig. Vorderkopf mit einem sehr kurzen, spitzen Hautanhang (Fig. 284). Hintere Helmspitzen weniger stark auseinanderweichend, voneinander ebenso weit entfernt wie vom Nasenloch, nicht ganz $2^1/_2$ mal so weit, wie der Interorbitalraum breit ist; letzterer mit einer 5seitigen Vertiefung. Hinterrand des Helmes stark gekrümmt; oberes Augenlid nicht in einen spitzen Fortsatz ausgezogen, mit zahlreichen kleinen Höckern besetzt; Trommelfell groß, oval, schräg nach hinten gerichtet. 1. Finger länger als der 2.; Zehen nur an der Basis durch Schwimmhaut verbunden, mit deutlichen Subarticularhöckern; ein medialer Metatarsalhöcker vorhanden. Bei nach vorn an den Körper angelegtem Hinterbein reicht das Tibiotarsalgelenk bis zur

Fig. 285. **Ceratohyla fasciata.** Mundhöhle (nach Peters).

[1]) Die gegenteilige Angabe bei Boulenger l. c. muß auf einem Irrtum beruhen, denn Peters bildet in Fig. 4 l. c., von der nebenstehende Fig. 285 eine genaue Kopie ist, die Zunge deutlich, wenn auch nur wenig breiter als lang ab.

Vorderkopfspitze. Haut überall, am stärksten am Bauche und an den Flanken gekörnelt. Grundfarbe olivengrün, am Kopfe dunkler, mit einer schwarzen, kreuzförmigen Zeichnung auf dem Rücken und dunklen Flecken und Streifen an den Körperseiten; Kopfseiten mit strahlenförmig vom Auge ausgehenden Binden. Gliedmaßen auf der Oberseite schwarz gebändert. Unterseite schwarzbraun, mit gelben Flecken an Kehle und Unterkieferrand, am Hinterbauche grau oder gelblichgrau marmoriert. L. 46 mm.

Ecuador.

3. **C. palmarum** Espada 1870 *Cerathyla p.*, Espada in: J. Ac. Lisboa, *v.* 3 p. 64 | 1875 *C. p.*, Espada in: Vert. Viaje Pacif., Batr. t. 6 f. 1 (Habitus, Mundhöhle) | 1882 *Ceratohyla p.*, Boulenger, Cat. Batr. sal. Brit. Mus., ed. 2 p. 455 | 1899 *Cerathyla p.*, Espada in: An. Soc. Españ., ser. 2 *v.* 7 p. 404.

Der vorigen Art sehr ähnlich, in erster Linie durch den schwächer gekrümmten Hinterrand des Helmes von ihr unterschieden. Zunge breit oval, erheblich breiter als lang.

Ecuador.

4. **C. braconnieri** Espada 1870 *Cerathyla B.*, Espada in: J. Ac. Lisboa, *v.* 3 p. 64 | 1875 *C. B.*, Espada in: Vert. Viaje Pacif., Batr. t. 6 f. 2 (Habitus, Mundhöhle) | 1882 *Ceratohyla b.*, Boulenger, Cat. Batr. sal. Brit. Mus., ed. 2 p. 455 | 1899 *Cerathyla b.*, Espada in: An. Soc. Españ., ser. 2 *v.* 7 p. 407.

Durch die längeren, wenn nach vorn an den Körper angelegt, mit dem Tibiotarsalgelenk bis über die Vorderkopfspitze hinausreichenden Hinterbeine und die kreisrunde Zunge von den beiden vorigen, ihr sonst sehr ähnlichen Arten unterschieden. Helmform in der Mitte zwischen denen der beiden vorigen Arten stehend. L. ?

Ecuador.

5. **C. proboscidea** Espada 1870 *Cerathyla p.*, Espada in: J. Ac. Lisboa, *v.* 3 p. 64 | 1875 *C. p.*, Espada in: Vert. Viaje Pacif., Batr. t. 5 f. 2 (Habitus, Mundhöhle) | 1882 *Ceratohyla p.*, Boulenger, Cat. Batr. sal. Brit. Mus., ed. 2 p. 453 | 1899 *Cerathyla p.*, Espada in: An. Soc. Españ., ser. 2 *v.* 7 p. 399.

Fig. 286.
Ceratohyla proboscidea
(nach Espada).

Zunge erheblich länger als breit. Vorderkopf mit einem langen, seitlich zusammengedrückten, an der Basis gezähnelten, 2spitzigen Hautanhang (Fig. 286); Hinterrand des Helmes schwach gekrümmt. 1. Finger länger als der 2.; Zehen zu $^1/_3$ ihrer Länge durch Schwimmhaut verbunden. Ferse mit einem dreieckigen Hautanhang. L. ?

Ecuador.

3. Gen. **Amphodus** Peters

? 1830 *Phyllodytes*, Wagler, Syst. Amph., p. 202 | 1872 *Amphodus*, Peters in: Monber. Ak. Berlin, p. 768 | 1882 *A.*, Boulenger, Cat. Batr. sal. Brit. Mus., ed. 2 p. 455.

Zunge herzförmig, bis auf einen schmalen, freien Rand ringsherum angewachsen (Fig. 288). Gaumenzähne den Palatin- und dem Parasphenoidknochen aufsitzend. Pupille horizontal[1]), Vorderfuß ohne, Hinterfuß mit kurzer, nicht zwischen die Metatarsen der 4. und 5. Zehe eingreifender Schwimmhaut. Omosternum vorhanden, Sternum mit knöchernem Stiel. Querfortsätze des Sacralwirbels nicht verbreitert.

1 Art in Brasilien.

[1]) Typexemplar untersucht!

1. **A. wuchereri** Ptrs. ? 1821 *Hyla luteola*, Wied, Reise Bras., *v.* 1 p. 202 (nota) | ? 1824 *H. l.*, Wied, Abbild. Naturg. Bras., t. [41] f. 2 | ? 1825 *H. l.*, Wied, Beitr. Naturg. Bras., *v.* 1 p. 535 | ? 1843 *Hyla (Phyllodytes) luteolus*, Fitzinger, Syst. Rept., p. 30 | 1872 *Amphodus Wuchereri*, Peters in: Monber. Ak. Berlin, p. 769 t. f. 1 | 1882 *A. w.*, Boulenger, Cat. Batr. sal. Brit. Mus., ed. 2 p. 455.

Im Unterkiefer jederseits etwa 11 Zähne vorhanden, von denen die vorderen erheblich größer als die hinteren, allmählich an Größe abnehmenden Zähne sind (Fig. 288). Gaumenzähne als 2 quergestellte Zahngruppen auf den Palatinknochen und in 5 Längsreihen kurzer Zähnchen auf dem Parasphenoid auftretend. Oberseite des Kopfes flach, mit feinen, lederartigen Vertiefungen in der weichen Haut. Vorderkopf kurz, zugespitzt, vorspringend,

Fig. 287.

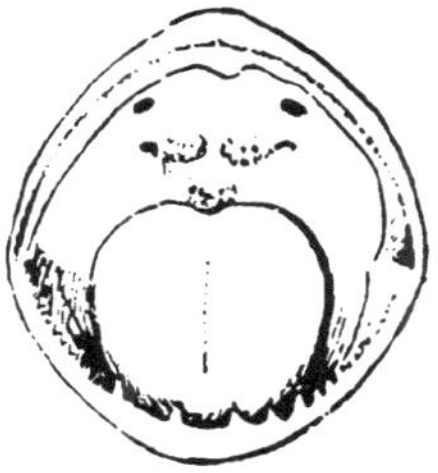

Fig. 288.

Amphodus wuchereri.
Fig. 287: Habitusbild; Fig. 288: Mundhöhle (³⁄₁) (beides nach Peters).

mit rundlichem, aber wegen einer Längsfurche an den Kopfseiten deutlich hervortretendem Canthus rostralis (Fig. 287); Nasenlöcher näher der Vorderkopfspitze als dem Auge; letzteres mehr als doppelt so groß wie das Trommelfell. Finger ziemlich kurz; 1. Finger merklich kürzer als der 2., Haftscheiben etwa halb so groß wie das Trommelfell. Zehen ebenfalls mit deutlichen Haftscheiben, 3.—5. Zehe an ihrer Basis durch eine kurze Schwimmhaut verbunden; ein rundlicher medialer Metatarsalhöcker vorhanden. Bei nach vorn an den Körper angelegtem Hinterbein reicht das Tarsometatarsalgelenk etwas über die Vorderkopfspitze hinaus. Haut oben glatt, auf dem Bauche und der Unterseite der Oberschenkel grob gekörnelt. Grundfarbe der Oberseite schokoladenbraun, mit 2, auf den oberen Augenlidern beginnenden, über dem After zusammenfließenden, scharf begrenzten, gelben Längsbinden. Kopf, Rücken und Oberseite der Gliedmaßen mit mehr oder weniger zusammenfließenden, wurmförmigen gelben Flecken. Unterseite gelblich weiß. L. 27,5 mm.

Bahia.

6b. Unterfam. **Cystignathinae** (s. **Leptodactylinae**)

1825 *Ranina* (part.), J. E. Gray in: Ann. Phil., ser. 2 *v.* 10 p. 214 | 1826 *Ranoidea* (part.) + *Bombinatoroidea* (part.), Fitzinger, Classif. Rept., p. 63, 65 | 1838 *Cystignathi* (part.) + *Ranae* (part.) + *Ceratophrydes* (part.) + *Bombinatores* (part.), Tschudi, Classif. Batr., p. 25, 26, 79, 81, 83 | 1841 *Ranidae* (part.), Hogg in: Ann. nat. Hist., *v.* 7 p. 361 | 1841 *Raniformes* (part.) + *Hylaeformes* (part.), C. Duméril & G. Bibron, Erpét., *v.* 8

p. 317, 491 | 1843 *Limnodytae* (part.) + *Ranae* (part.) + *Telmatobii* + *Phyllobatae* (part.) + *Alytae* (part.) + *Pseudae* (part.) + *Gastrophrynae* (part.), Fitzinger, Syst. Rept., p. 31, 32, 33 | 1858 *Ranidae* (part.) + *Cystignathidae* (part.) + *Discoglossidae* (part.) + *Alytidae* (part.) + *Uperoliidae* + *Bombinatoridae* (part.) + *Polypedatidae* (part.) + *Hylodidae* (part.), Alb. Günther, Cat. Batr. sal. Brit. Mus., p. 4, 26, 34, 37, 39, 40, 70, 90 | 1865 *Asterophrydidae* (part.) + *Scaphiopodidae* (part.) + *Hylidae* (part.) + *Cystignathidae*, E. D. Cope in: Nat. Hist. Rev., p. 107, 108, 110 | 1866 *Asterophrydidae* (part.) + *Hylidae* (part.) + *Cystignathidae*, E. D. Cope in: J. Ac. Philad., ser. 2 *v.* 6 p. 69, 79, 83, 88 | 1867 *Ranidae* (part.) + *Discoglossidae* (part.) + *Alytidae* + *Bombinatoridae* + *Polypedatidae* (part.), Steindachner in: Reise Novara, Amph. p. 7, 28, 32, 33, 47 | 1869 *Engystomidae* (part.: Subfam. *Paludicolina*) + *Bombinatoridae* (part.: Subfam. *Alsodina* + *Cacotina* + *Liopelmatina*) + *Plectromantidae* + *Alytidae* (part.: Subfam. *Uperoliina* (part.) + *Polypedatidae* (part.: Subfam. *Hylodina*) + *Ranidae* (part.: Subfam. *Cystignathina* (part.) + *Discoglossidae* (part.: Subfam. *Chiroleptina* + *Asterophrydina* (part.), Mivart in: P. zool. Soc. London, p. 289, 290, 291, 292, 293, 294 | 1875 *Cystignathidae*, E. D. Cope in: Bull. U. S. Mus., *v.* 1 p. 9 | 1875 *Ranidae* + *Cystignathidae*, Espada in: Vert. Viaje Pacif., Batr. p. 1, 34 | 1882 *C.* + *Hylidae* (part.) + *Discoglossidae* (part.), Boulenger, Cat. Batr. sal. Brit. Mus., ed. 2 p. 183, 330, 444 | 1882 *Ranidae* (part.) + *Hylodidae* (part.), P. Brocchi in: Miss. Mex., pars 3 II p. 10, 49 | 1887 *Cystignathidae* (part.), E. D. Cope in: Bull. U. S. Mus., *v.* 32 p. 15 | 1889 *Asterophrydidae* (part.) + *Cystignathidae*, E. D. Cope in: Bull. U. S. Mus., *v.* 34 p. 295, 255 | 1896 *Leptodactylidae*, C. Berg in: An. Mus. Buenos Aires, *v.* 5 p. 161 | 1901 *Cystignathidae* (part.: Subfam. *Cystignathinae*, Gadow in: Cambridge nat. Hist., *v.* 8 p. 211 | 1910 *Cystignathidae*, Boulenger in: Enc. sci., Batr. p. 150.

Oberkiefer bezahnt. Wirbel procoel, ohne Rippen. Querfortsätze des Sacralwirbels nicht oder nur wenig verbreitert. Os coccygis durch 2 Gelenkflächen mit dem Sacralwirbel verbunden. Knöcherne Endphalangen der Finger und Zehen niemals klauenförmig. Pupille wagerecht oder senkrecht. Gehörorgan sehr verschieden stark ausgebildet; Trommelfell meistens vorhanden, zuweilen fehlend. Spiraculum der Larven auf der linken Körperseite, After der Larven auf der rechten Körperseite oder in der Mittellinie des Bauches liegend.

34 sichere und 2 unsichere Gattungen mit 291 sicheren und 62 unsicheren Arten in Südamerika, Südafrika und Australien.

Bestimmungstabellen der Gattungen:

Der besseren Übersichtlichkeit wegen habe ich für die Gattungen der amerikanischen Region und für diejenigen der australischen Region (einschließlich der einzigen in Südafrika vorkommenden Gattung) je eine besondere Bestimmungstabelle aufgestellt.

I. Bestimmungstabelle der amerikanischen Cystignathinen-Gattungen (nr. 1—22):

1	Sternum knorpelig (höchstens bei alten Tieren zuweilen in der Mitte verknöchert) — 2	
	Sternum stets aus einem deutlichen knöchernen Stiel und einer knorpeligen Endplatte bestehend — 16	
2	Schwimmhaut zwischen die Metatarsen der 4. und 5. Zehe eingreifend (wie in Fig. 290—292) — 3	
	Schwimmhaut nicht zwischen die Metatarsen der 4. und 5. Zehe eingreifend (wie in Fig. 293—296) — 6	
3	1. Finger den übrigen Fingern opponierbar . . .	1. Gen. **Pseudis**
	1. Finger den übrigen Fingern nicht opponierbar — 4	
4	Finger- und Zehenspitzen zu deutlichen Haftscheiben verbreitert (wie in Fig. 292) — 5	
	Finger- und Zehenspitzen nicht zu Haftscheiben verbreitert (Fig. 291)	2. Gen. **Cyclorhamphus**

5	Gaumenzähne fehlen	3. Gen. **Hylopsis**
	Gaumenzähne vorhanden	4. Gen. **Centrolene**
6	Finger- und Zehenspitzen nicht zu Haftscheiben verbreitert, stets mit einfachen, knöchernen Endphalangen — **7**	
	Finger- und Zehenspitzen zu deutlichen Haftscheiben verbreitert (vergl. Fig. 305 ff.); knöcherne Endphalangen meist T-förmig (nur bei *Hyloscirtus* einfach) — **13**	
7	Zehen durch deutliche Schwimmhaut verbunden — **8**	
	Zehen frei oder nur durch eine Spur von Schwimmhaut verbunden (Fig. 299, 301, 303, 304) — **11**	
8	2 zahnartige Vorsprünge im Unterkiefer, nahe der Symphyse, vorhanden	5. Gen. **Lepidobatrachus**
	Keine zahnartigen Vorsprünge im Unterkiefer vorhanden — **9**	
9	Kopfhaut völlig mit dem Schädel verwachsen (Fig. 293); Orbita ringsum von Knochen eingeschlossen	6. Gen. **Calyptocephala**
	Kopfhaut nicht mit dem Schädel verwachsen, Orbita nicht ringsum von Knochen eingeschlossen — **10**	
10	Zunge ganzrandig	7. Gen. **Telmatobius**
	Zunge hinten eingeschnitten, herzförmig	8. Gen. **Ceratophrys**
11	Zunge hinten deutlich frei abhebbar — **12**	
	Zunge völlig oder fast völlig angeheftet	10. Gen. **Zachaenus**
12	Gaumenzähne einen nach hinten offenen, sehr stumpfen Winkel bildend	9. Gen. **Oocormus**
	Gaumenzähne in kleinen Gruppen oder in kurzen, queren oder nach hinten konvergierenden Reihen angeordnet	11. Gen. **Borborocoetes**
13	Vorderfuß mit kurzer Schwimmhaut zwischen dem 3. und 4. Finger, Zehen mit deutlicher Schwimmhaut; knöcherne Endphalangen einfach	12. Gen. **Hyloscirtus**
	Schwimmhaut am Vorderfuß stets fehlend, am Hinterfuß meistens fehlend oder nur in einer Spur vorhanden, (nur bei *Hylodes anomalus* gut ausgebildet (Fig. 314 ff.); knöcherne Endphalangen T-förmig — **14**	
14	Gaumenzähne vorhanden — **15**	
	Gaumenzähne fehlen	13. Gen. **Syrrhophus**
15	Haftscheiben auf ihrer Oberseite mit einer Längsfurche versehen (Fig. 306)	14. Gen. **Elosia**
	Haftscheiben ohne Längsfurche auf ihrer Oberseite .	15. Gen. **Hylodes**
16	Pupille horizontal — **17**	
	Pupille vertikal — **21**	
17	Gaumenzähne vorhanden — **18**	
	Gaumenzähne fehlen — **20**	
18	Omosternum mit knöchernem Stiel	16. Gen. **Lithodytes**
	Omosternum rein knorpelig — **19**	
19	Gaumenzähne stets hinter den Choanen liegend; oberes Augenlid niemals mit häutigen Vorsprüngen versehen	17. Gen. **Leptodactylus**
	Gaumenzähne zwischen oder hinter den Choanen liegend, in letzterem Falle ist das obere Augenlid mit häutigen Vorsprüngen versehen (wie z. B. in Fig. 341)	18. Gen. **Pleurodema**

20	Finger- und Zehenspitzen nicht verbreitert (Fig. 342 bis 344)	19. Gen. **Paludicola**
	Finger- und Zehenspitzen zu kleinen, abgestutzten Haftscheiben verbreitert (Fig. 346)	20. Gen. **Tomodactylus**
21	Zunge hinten schwach ausgerandet; Finger kurz, Zehen mäßig lang (Fig. 347)	21. Gen. **Limnomedusa**
	Zunge ganzrandig; Finger und Zehen sehr lang (Fig, 348)	22. Gen. **Hylorina**

II. Bestimmungstabelle der afrikanischen und australischen Cystignathinen-Gattungen (nr. 23—34):

1	Schwimmhaut zwischen die Metatarsen der 4. und 5. Zehe eingreifend — **2**	
	Schwimmhaut nicht zwischen die Metatarsen der 4. und 5. Zehe eingreifend — **4**	
2	Finger- und Zehenspitzen nicht verbreitert, mit einfachen knöchernen Endphalangen — **3**	
	Finger- und Zehenspitzen zu gut entwickelten Haftscheiben verbreitert (Fig. 349), mit T-förmigen knöchernen Endphalangen	23. Gen. **Heleophryne**
3	Pupille vertical	24. Gen. **Mixophyes**
	Pupille horizontal	25. Gen. **Liopelma**
4	Zehen durch deutliche Schwimmhaut verbunden — **5**	
	Zehen frei oder fast frei von Schwimmhaut — **7**	
5	Pupille horizontal; 1. Finger den übrigen Fingern opponierbar	26. Gen. **Phractops**
	Pupille vertikal — **6**	
6	1. Finger den übrigen Fingern opponierbar (Fig. 356)	27. Gen. **Mitrolysis**
	1. Finger den übrigen Fingern nicht opponierbar (Fig. 357)	28. Gen. **Helioporus**
7	Pupille vertikal — **8**	
	Pupille horizontal — **9**	
8	Gaumenzähne in 2 queren Reihen hinter den Choanen angeordnet (Fig. 363)	29. Gen. **Limnodynastes**
	Gaumenzähne fehlen	30. Gen. **Hyperolia**
9	Gaumenzähne in langen Querreihen hinter den Choanen angeordnet (Fig. 370). Trommelfell deutlich sichtbar; Zunge breit	31. Gen. **Ranastor**
	Gaumenzähne in kleinen Gruppen (Fig. 371) oder in nach hinten konvergierenden, kurzen Reihen hinter den Choanen angeordnet, oder fehlend; Trommelfell nicht oder nur undeutlich sichtbar — **10**	
10	Zunge annähernd kreisrund, Querfortsätze des Sacralwirbels deutlich verbreitert	32. Gen. **Philoria**
	Zunge annähernd oval oder elliptisch; Querfortsätze des Sacralwirbels schwach verbreitert — **11**	
11	Zunge annähernd oval, Omosternum verkümmert	33. Gen. **Adelotus**
	Zunge elliptisch; Omosternum gut ausgebildet	34. Gen. **Crinia**

1. Gen. **Pseudis** Wagler

1758 *Rana* (part.), Linné, Syst. Nat., ed. 10 p. 210 | 1768 *Proteus* (part.), Laurenti, Syn. Rept., p. 35 | 1799 *Rana* (part.), J. G. Schneider, Hist. Amph., *v.* 1 p. 110 | 1802 *R.* (part.), G. Shaw, Gen. Zool., *v.* 3 p. 96 | 1803 *R.* (part.), Daudin, Hist. Rainett., p. 45 | 1803 *R.* (part.), Daudin, Hist. Rept., *v.* 8 p. 87 | 1820 *R.* (part.), Merrem, Versuch

Syst. Amph., p. 174 | 1830 *Pseudis*, Wagler, Syst. Amph., p. 203 | 1838 *P.*, Tschudi, Classif. Batr., p. 80 | 1841 *P.*, C. Duméril & G. Bibron, Erpét., *v.* 8 p. 327 | 1858 *P.*, Alb. Günther, Cat. Batr. sal. Brit. Mus., p. 5 | 1862 *Lysapsus*, E. D. Cope in: P. Ac. Philad., p. 155, 351 | 1865 *Pseudis* + *L.*, E. D. Cope in: Nat. Hist. Rev., p. 111 | 1866 *P.* + *L.*, E. D. Cope in: J. Ac. Philad., ser. 2 *v.* 6 p. 93 | 1867 *Lisapsus*, Steindachner in: Reise Novara, Amph. p. 49 | 1876 *Batrachichthys*, Pizarro in: Arch. Mus. Rio Jan., *v.* 1 p. 31 t. 6 (Kaulquappen) | 1877 *Pseudis*, S. Garman in: Amer. Natural., *v.* 11 p. 587 t. 97 (Kaulquappen & Frösche) | 1882 *P.*, Boulenger, Cat. Batr. sal. Brit. Mus., ed. 2 p. 185 | 1884 *Batrachichthys*, J. Branner in: Science, *v.* 3 p. 376 f. (Kaulquappe.)

Pupille horizontal. Zunge breit, hinten frei abhebbar, ganzrandig oder hinten flach ausgerandet. Gaumenzähne vorhanden. Trommelfell sichtbar. Finger frei; 1. Finger den übrigen opponierbar; Zehen bis zu ihrer Spitze durch Schwimmhaut verbunden, die auch zwischen die Metatarsen der 4. und 5. Zehe eingreift; Finger- und Zehenenden spitz oder schwach verbreitert, mit einfachen, knöchernen Endphalangen. Omosternum und Sternum knorpelig.

5 Arten in Südamerika.

Bestimmungstabelle der Arten:

1	Finger und Zehen spitz endigend — 2	
	Finger und Zehen oder die Zehen allein zu kleinen Haftscheiben verbreitert — 3	
2	Bei nach vorn an den Körper angelegtem Hinterbein reicht das Tibiotarsalgelenk:	
	bis zur Vorderkopfspitze	1. **P. paradoxa**
	ein gut Teil über die Vorderkopfspitze hinaus	2. **P. minuta**
3	Nur die Zehen an der Spitze schwach verbreitert — 4	
	Finger und Zehen an der Spitze schwach verbreitert . .	5. **P. limellum**
4	Trommelfell 1/2 so groß wie das Auge	3. **P. fusca**
	Trommelfell fast ebenso groß wie das Auge	4. **P. mantidactyla**

1. **P. paradoxa** (L.) 1734 „*Rana americana*“, Seba, Thesaurus, *v.* 1 p. 125 t. 78 f. 15—21 (Entwicklungsstadien) | 1754 *R. paradoxa*, Linné, Mus. Adolph. Frider., p. 49 | 1758 *R. p.*, Linné, Syst. Nat., ed. 10 p. 212 | 1761 „*The Frog-fisch*“, G. Edwards in: Phil. Tr., *v.* 51 II p. 653 t. 15 a, b (Entwicklungsstadien) | 1765 *Rana Piscatrix*, Fermin, Hist. nat. Holl. equin., p. 15 | 1768 *Proteus raninus*, Laurenti, Syn. Rept., p. 36 | 1788 „*La Jackie*“, Lacépède, Quadrup. ovip. Serp., *v.* 1 p. 547 | 1789 „*La G. [renouille] Jackie*“, Bonnaterre in: Tabl. enc. méth., Erpét. p. 5 | 1798 *Rana Paradoxa*, Donndorf, Zool. Beytr., *v.* 3 p. 62 | 1799 *R. P.*, J. G. Schneider, Hist. Amph., *v.* 1 p. 134 | 1802 *R. P.*, G. Shaw, Gen. Zool., *v.* 3 p. 120 t. 36 (Frosch & Kaulquappe) | 1802 „*La grenouille jackie*“, Latreille in: Sonnini & Latreille, Hist. Rept., *v.* 2 p. 162 t. [p. 162] f. 1, 2 (Frosch & Kaulquappe) | 1803 *Rana Paradoxa*, Daudin, Hist. Rainett.. p. 67 t. 22, 23 (Frösche & Kaulquappe) | 1803 *R. p.*, Daudin, Hist. Rept., *v.* 8 p. 130 | 1820 *R. p.*, Merrem, Versuch Syst. Amph., p. 176 | 1826 *R. p.*, Fitzinger, Classif. Rept., p. 64 | 1829 *R. p.*, C. Gravenhorst, Delic. Mus. Vratislav., fasc. 1 p. 34 | 1830 *Pseudis p.*, Wagler, Syst. Amph., p. 203 | 1831 *Rana p.*, E. Griffith, An. Kingdom, *v.* 9 p. 393 | 1838 *Pseudis p.*, Tschudi, Classif. Batr., p. 80 | 1841 *P. Merianae*, C. Duméril & G. Bibron, Erpét., *v.* 8 p. 330 t. 86 f. 2 (Mundhöhle) | 1858 *P. paradoxa*, Alb. Günther, Cat. Batr. sal. Brit. Mus., p. 5 | 1882 *P. p.*, Boulenger, Cat. Batr. sal. Brit. Mus., ed. 2 p. 186.

Gaumenzähne in 2 geraden Reihen zwischen den Choanen. Vorderkopf nach vorn spitz zulaufend; Interorbitalraum breiter als ein oberes Augenlid; Trommelfell $^{3}/_{4}$ so breit wie der Augendurchmesser. Finger und Zehen spitz endigend, letztere bis zu den Zehenspitzen durch Schwimmhaut verbunden; 4. Zehe wenig länger als die 3.; Subarticularhöcker klein; ein kegelförmiger medialer, aber kein lateraler Metatarsalhöcker vorhanden. Bei nach vorn an den Körper angelegtem Hinterbein reicht das Tibiotarsalgelenk bis zur Vorderkopfspitze. Haut glatt. Oberseite bräunlich, undeutlich dunkel gefleckt. Hinterseite der Oberschenkel braun und weiß marmoriert; Unterseite der Schenkel in der Regel mit braunen Längsstreifen; sonstige Unterseite hell. L. 69 mm.

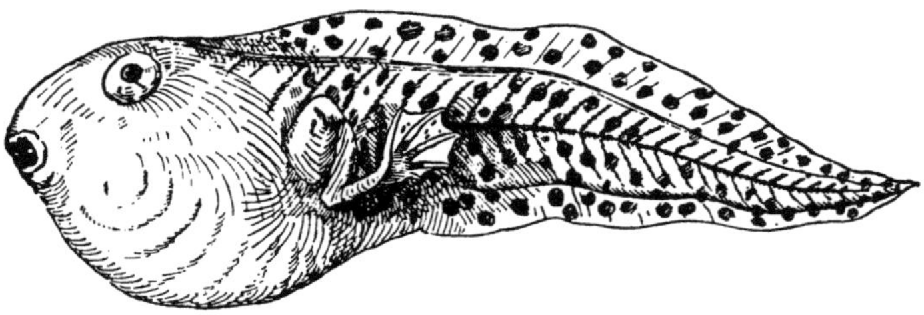

Fig. 289. **Pseudis paradoxa.** Larve (1/2) (nach G. Shaw).

Die Larven dieser Art fallen durch ihre ungewöhnliche Größe auf, sie erreichen eine Länge von 186 mm, wovon 130 mm auf den Schwanz kommen. (Fig. 289). Surinam.

2. **P. minuta** Gthr. 1858 *P. m.*, Alb. Günther, Cat. Batr. sal. Brit. Mus., p. 6 | 1863 *P. m.*, Peters in: Monber. Ak. Berlin, p. 76 | 1877 *P. m.*, S. Garman in: Amer. Natural., *v.* 11 p. 587 f. 97 Teilfigur 3 & 4 | 1882 *P. m.*, Boulenger, Cat. Batr. sal. Brit. Mus., ed. 2 p. 187 t. 14 f. 1, 1a (Habitus, Mundhöhle) | 1892 *P. m.*, O. Boettger, Kat. Batr. Mus. Senckenb., p. 26 | 1896 *P. m.*, C. Berg in: An. Mus. Buenos Aires, *v.* 5 p. 162.

Fig. 290. **Pseudis minuta** (nach Boulenger).

Unterscheidet sich von der vorigen Art durch geringe Größe (Fig. 290) und längere Hinterbeine, die nach vorn an den Körper angelegt mit dem Tibiortarsalgelenk ein gut Teil über die Vorderkopfspitze hinaus reichen. Vorderkopf abgerundet. Oben braun mit dunklen Flecken; ein weißer Streifen zieht vom Hinterrand des Auges schräg abwärts zum Mundwinkel, ein anderer weißer Streifen jederseits von der Schulter an den Rumpfseiten entlang zu den Weichen. Hinter- und Unterseite der Oberschenkel mit welligen, braunen Längsbinden. Unterseite weiß mit kleinen, unregelmäßig verteilten, braunen Flecken. L. 40 mm.

♂ mit subgularer Schallblase.

Brasilien, Uruguay.

3. **P. fusca** Garm. 1883 *P. f.*, S. Garman in: Sci. Observ., *v.* 4 p. 47.

Zunge groß, kreisrund, in ihrer hinteren Hälfte frei abhebbar. Gaumenzähne in 2 Gruppen oder in kurzen, nach hinten konvergierenden Reihen zwischen den Choanen. Rumpf kurz; Kopf kurz, hinten breit, vorn schmal und abgerundet; Interorbitalraum so breit wie das Trommelfell; Auge fast doppelt so groß wie das Trommelfell; Finger frei zugespitzt; Zehen völlig durch Schwimmhaut verbunden, an den Spitzen verbreitert; Subarticularhöcker klein, schwarz; medialer Metatarsalhöcker kegelförmig. Ober- und Unterschenkel zusammen kürzer als der Rumpf. Haut glatt. Oben dunkelbraun gewölkt, ein Paar helle Binden vom Mundwinkel zur Schulter und ein weißer Querstreifen über dem After; unter diesem 2 zuweilen zu einer kurzen Querbinde vereinigte gelbe Flecke; Hinterseite der Oberschenkel mit einigen gelben Flecken. Unterseite weiß oder gelblich, mit je einer dunklen Binde unter dem Arm, an den Flanken, unter den Füßen und Knöcheln und auf den Schwimmhäuten, beim ♂ auch an Kinn und Kehle braun gesprenkelt. L. ?

♂ mit unpaarer Schallblase mit paariger Öffnung.

Rio Arassuahy (Brasilien).

4. **P. mantidactyla** Cope 1862 *P. m.*, E. D. Cope in: P. Ac. Philad., p. 352 | 1882 *P. m.*, Boulenger, Cat. Batr. sal. Brit. Mus., ed. 2 p. 187 | 1883 *P. m.*, Boulenger in: Ann. nat. Hist., ser. 5 *v.* 11 p. 17 | ? 1885 *P. paradoxa* (non Linné 1758), E. D. Cope in: P. Amer. phil. Soc., *v.* 22 p. 187 | 1885 *P. mantidactyla*, Boulenger in: Ann. nat. Hist., ser. 5 *v.* 16 p. 296, 298 | 1896 *P. m.*, C. Berg in: An. Mus. Buenos-Aires, *v.* 5 p. 162 (mit weiteren Literaturangaben).

Trommelfell fast so groß wie das Auge. Spitzen der Finger nicht, die der Zehen schwach verbreitert; medialer Metatarsalhöcker spitz. Bei nach vorn an den Körper angelegtem Hinterbein reicht das Tibiotarsalgelenk bis zur Vorderkopfspitze oder etwas über diese hinaus. Haut auf dem Rücken, besonders in dessen hinterem Teil, mit Pusteln besetzt; auf dem Unterschenkel und Fuß sehr fein rauh, mit einigen Reihen spitzer Erhebungen auf dem Unterschenkel; Unterseite völlig glatt. Oben einfarbig hellbraun, eine gelbliche Binde zieht von der Achsel zum Oberschenkel, eine zweite Binde verläuft oberhalb der ersten in der Lumbarregion. Oberschenkel mit braunen Querbinden auf seiner Oberseite und mit 3 braunen Längsbinden auf seiner Hinterseite. L. 37 mm.

♂ mit 2 schwärzlichen, äußeren Schallblasen.

Argentinien, Südbrasilien.

5. **P. limellum** (Cope) 1862 *Lysapsus l.*, E. D. Cope in: P. Ac. Philad., p. 155 | 1864 *Pseudis minuta* (non Alb. Günther 1858) (= *Podonectes palmatus* Fitzinger MS.), Steindachner in: Verh. Ges. Wien, *v.* 14 p. 262 t. 11 f. 2, 2a—c, 3, 4 (Habitus, Mundhöhle, Füße) | 1867 *Lisapsus limellum*, Steindachner in: Reise Novara, Amph. p. 50 | 1882 *Pseudis l.*, Boulenger, Cat. Batr. sal. Brit. Mus., ed. 2 p. 187 | 1896 *P. l.*, C. Berg in: An. Mus. Buenos Aires, *v.* 5 p. 161 (mit weiteren Literaturangaben).

Zunge sehr breit, annähernd dreieckig, hinten flach ausgerandet und frei abhebbar. Gaumenzähne in 2 Gruppen hinter den Choanen. Vorderkopf etwas zugespitzt, ohne Canthus rostralis; Interorbitalraum so breit wie ein oberes Augenlid; Trommelfell $^1/_2$—$^2/_3$ so groß wie das Auge. Finger- und Zehenspitzen zu sehr kleinen Haftscheiben verbreitert; Zehen völlig durch Schwimmhaut verbunden; ein kleiner, spitzer Metatarsalhöcker vorhanden. Hinterbeine sehr lang, nach vorn an den Körper angelegt reichen sie mit dem Knie fast bis zum Trommelfell und mit dem Tibiotarsalgelenk weit über die Vorderkopfspitze hinaus. Oberseite chagriniert; Unterseite gefeldert und quergefältelt, nur in der Mitte der Brust und unter den Beinen glatt. Oben rötlichbraun, ein dunkler Fleck auf dem Hinterkopf; eine helle Linie zieht vom Auge zum Mundwinkel und je eine schmale, gelbe Linie vom Auge und vom Trommelfell nach hinten. Hinterbeine quergebändert, Hinterseite der Oberschenkel mit breiter, brauner Längsbinde. Unterseite hellrostfarbig; Unterlippe mit kleinen, braunen Flecken. L. 19 mm.

Brasilien, Paraguay, Argentinien.

2. Gen. **Cyclorhamphus** Tschudi, emend. Alb. Günther

1838 *Cycloramphus*, Tschudi, Classif. Batr., p. 81 | 1841 *C.* (part.), C. Duméril & G. Bibron, Erpét., *v.* 8 p. 452 | 1858 *Pithecopsis*, Bibron MS. in: Alb. Günther, Cat. Batr. sal. Brit. Mus., p. 22 | 1865 *P.*, E. D. Cope in: Nat. Hist. Rev., p. 112 | 1866 *P.*, E. D. Cope in: J. Ac. Philad., ser. 2 *v.* 6 p. 93 | 1882 *Cyclorhamphus*, Boulenger, Cat. Batr. sal. Brit. Mus., ed. 2 p. 189.

Pupille horizontal. Zunge oval, ganzrandig, hinten frei abhebbar. Gaumenzähne vorhanden. Trommelfell unsichtbar. Finger frei, Zehen durch Schwimmhaut verbunden, die zwischen die Metatarsen der 4. und 5. Zehe eingreift. Finger- und Zehenspitzen nicht verbreitert, mit einfachen, knöchernen Endphalangen. Omosternum knorpelig, Sternum eine Knorpelplatte.

2 Arten in Brasilien.

Bestimmungstabelle der Arten:

1 { Haut glatt, nur ein medialer Metatarsalhöcker vorhanden . . 1. **C. fuliginosus**
Oberseite dicht mit kleinen, spitzen Warzen besetzt (Fig. 291); ein medialer und ein lateraler Metatarsalhöcker vorhanden . . . . 2. **C. asper**

1. **C. fuliginosus** Tsch. 1838 *C. fulginosus*, Tschudi, Classif. Batr., p. 81 | 1841 *C. fuliginosus* (= *Pithecopsis f.* MS.), C. Duméril & G. Bibron, Erpét., *v.* 8 p. 454 t. 87 f. 3 (Mundhöhle) | 1858 *P. f.*, Alb. Günther, Cat. Batr. sal. Brit. Mus., p. 22 | 1882 *Cyclorhamphus f.*, Boulenger, Cat. Batr. sal. Brit. Mus., ed. 2 p. 189.

Gaumenzähne in 2 nach hinten konvergierenden Reihen hinter den Choanen. Zehen zu $^2/_3$ ihrer Länge durch Schwimmhaut verbunden; ein kleiner medialer Metatarsalhöcker vorhanden. Haut völlig glatt, eine große, flache, kreisrunde Drüse an jeder Seite vorhanden. Einfarbig bräunlich; Unterseite fein weiß gefleckt. L. 55 mm.

Brasilien.

2. **C. asper** Wern. 1899 *C. a.*, F. Werner in: Zool. Anz., *v.* 22 p. 482.

Vorderkopf abgerundet, flach, ohne Canthus rostralis (Fig. 291); Nasenloch von Auge und Vorderkopfspitze gleichweit entfernt; Interorbitalraum

Fig. 291.
Cyclorhamphus asper (Original nach dem Typexemplar).

so breit wie ein oberes Augenlid; Vorderfuß mit ziemlich langen Zehen ohne Haftscheiben und mit 2 Metacarpalhöckern; Hinterfuß mit halber Schwimmhaut und 2 deutlichen Metatarsalhöckern, von denen der mediale länglich, walzlich, der laterale rund und viel kleiner ist; Subarticularhöcker deutlich. Bei nach vorn an den Körper angelegtem Hinterbein reicht das Tibiotarsalgelenk bis zur Augenmitte. Oberseite dicht mit kleinen spitzigen Warzen besetzt; Kehle granuliert, Unterseite sonst glatt. Oberseite schwarzbraun, Unterseite etwas heller, keinerlei Zeichnung. L. 54 mm.

St. Catharina (Brasilien).

3. Gen. **Hylopsis** F. Werner

1894 *H.*, F. Werner in: Zool. Anz., *v.* 17 p. 156.

Pupille horizontal, Zunge eiförmig, ganzrandig, hinten frei abhebbar. Gaumenzähne fehlen; Oberkieferzähne sehr schwach entwickelt. Trommelfell undeutlich sichtbar. Finger und Zehen durch Schwimmhaut verbunden, die zwischen die Metatarsen der 4. und 5. Zehe eingreift; Finger und Zehen mit mäßig großen Haftscheiben. Das sehr kleine Omosternum und das Sternum sind knorpelig.

1 Art in Südamerika.

1. **H. platycephalus** Wern. 1894 *H. p.*, F. Werner in: Zool. Anz., *v.* 17 p. 156.

Kopf sehr flach, Vorderkopf vorspringend, abgerundet, etwas länger als der Augendurchmesser; Nasenloch nahe der Vorderkopfspitze; Interorbitalraum $^1/_2$ so breit wie ein oberes Augenlid; Kopfseiten senkrecht abfallend; Trommelfell sehr undeutlich, klein. Oberlippe mit starkem Saum. Bei nach vorn an den Körper angelegtem Hinterbein reicht das Tibiotarsalgelenk bis zum Hinterrand des Trommelfells. Haut oben fein, unten grob gekörnelt. Färbung und Zeichnung? (ausgebleicht). L. 33 mm.

Südamerika.

4. Gen. **Centrolene** Espada

1872 *C.*, Espada in: An. Soc. Españ., *v.* 1 p. 87 | 1882 *C.*, Boulenger, Cat. Batr. sal. Brit. Mus., ed. 2 p. 187.

Pupille horizontal (?)[1]. Zunge herzförmig, hinten frei abhebbar. Gaumenzähne vorhanden. Ohr völlig entwickelt, Trommelfell sichtbar. Finger und Zehen durch Schwimmhaut verbunden, die zwischen die Metatarsen der 4. und 5. Zehe eingreift (?)[1]; Finger und Zehen zu großen Haftscheiben verbreitert, mit gegabelten, knöchernen Endphalangen (Fig. 292). Omosternum fehlt; Sternum eine schmale Knorpelplatte.

1. Art in Ecuador.

1. **C. geckoideum** Espada 1872 *C. g.*, Espada in: An. Soc. Españ., *v.* 1 p. 88 | 1875 *C. g.*, Espada in: Vert. Viaje Pacif., Batr. t. 2 f. 5, 5a—d (Habitus, Mundhöhle, Vorderfuß, Schultergürtel, Endphalange) | 1882 *C. g.*, Boulenger, Cat. Batr. sal. Brit. Mus., ed. 2 p. 188.

Gaumenzähne in 2 nach hinten konvergierenden Gruppen zwischen den Choanen. Finger zur Hälfte ihrer Länge durch Schwimmhaut verbunden

[1]) Die Form der Pupille und der Bau des Metatarsus lassen sich aus der Originalbeschreibung nicht sicher erkennen.

die als Saum bis zu den Haftscheiben reicht; Zehen völlig durch Schwimmhaut verbunden. Haut der Oberseite gekörnelt und höckerig. Oberarm mit einem starken, spitzen Knochenvorsprung auf seiner Lateralseite. Oberseite grau, Hände und Füße dunkler. L.?

Rio Napo (Ecuador).

Fig. 292. **Centrolene geckoideum** (nach Espada).

5. Gen. **Lepidobatrachus** Budgett

1899 *L.*, Budgett in: Quart. J. micr. Sci., ser. 2 *v.* 42 p. 329.

Pupille horizontal. Zunge kreisrund, hinten frei abhebbar. Gaumenzähne vorhanden; außer großen Zähnen im Oberkiefer sind noch 2 große zahnartige Vorsprünge im Unterkiefer vorhanden. Nasenlöcher der vorspringendste Teil des Kopfes; Trommelfell deutlich sichtbar. Augen nahe beieinander stehend; nicht weiter als um einen Augendurchmesser voneinander entfernt. Lateraler Metatarsalhöcker sehr groß.

2 Arten in Paraguay.

Bestimmungstabelle der Arten:

1 { Bei nach vorn an den Körper angelegtem Hinterbein reichen die Zehen:
kaum bis zum Auge; Haut stark höckerig . . . . 1. **L. asper**
bis zur Vorderkopfspitze; Haut glatt . . . . 2. **L. laevis**

1. **L. asper** Budgett 1899 *L. a.*, Budgett in: Quart. J. micr. Sci., ser. 2 *v.* 42 p. 329.

Zehenspitzen hornig; bei nach vorn an den Körper angelegtem Hinterbein reichen die Zehen kaum bis zum Auge. Haut des Rückens stark höckerig und fest, dunkel bleifarbig. L. 80 mm.

Paraguay.

2. **L. laevis** Budgett 1899 *L. l.*, Budgett in: Quart. J. micr. Sci., ser. 2 v. 42 p. 329.

Unterscheidet sich von der vorigen Art durch größere Kopfbreite, größeres und deutlicheres Trommelfell, nicht verhornte Zehenspitzen, längere Hinterbeine, die nach vorn an den Körper angelegt mit den Zehen bis zur Vorderkopfspitze reichen und durch glatte, dünne, schleimige Haut. Färbung? L. 80 mm.

Paraguay.

6. Gen. **Calyptocephala** nom. nov. Nieden

1768 *Caudiverbera* (part.), Laurenti, Syn. Rept., p. 43 (Larve) | 1802 *Gecko* (part.), Daudin, Hist. Rept., *v.* 4 p. 105 (Larve) | 1836 *Ptyodactylus* (part.), C. Duméril & G. Bibron, Erpét., *v.* 3 p. 375 (Larve) | 1838 *Peltocephalus* (non *P.*, C. Duméril & G. Bibron 1835 [err.]), G. Bibron in: Tschudi, Classif. Batr., p. 81 | 1841 *Calyptocephalus* (non J. E. Gray 1832), C. Duméril & G. Bibron, Erpét., *v.* 8 p. 447 | 1843 *Oiacurus* (non F. S. Leuckart 1821) (part.), Fitzinger, Syst. Rept., *v.* 1 p. 97 (Larve von *Calyptocephala*) | 1845 *Caudiverbera*, J. E. Gray, Cat. Lizards Brit. Mus., p. 143, 152 (Larve von *C.*) | 1858 *Calyptocephalus*, Alb. Günther, Cat. Batr. sal. Brit. Mus., p. 21 | 1865 *C.*, E. D. Cope in: Nat. Hist. Rev., p. 112 | 1866 *C.*, E. D. Cope in: J. Ac. Philad., ser. 2 *v.* 6 p. 93 | 1867 *C.*, Steindachner in: Reise Novara, Amph. p. 14 | 1882 *C.*, Boulenger, Cat. Batr. sal. Brit. Mus., ed. 2 p. 189.

Pupille horizontal. Zunge kreisrund, ganzrandig, hinten frei abhebbar. Gaumenzähne vorhanden. Trommelfell deutlich. Kopfhaut fest mit den rauhen Schädelknochen verbunden; Orbita völlig von Knochen umgeben. Finger frei, Zehen durch Schwimmhaut verbunden, die nur wenig zwischen die Metatarsen der 4. und 5. Zehe eingreift (Fig. 293); Finger- und Zehenspitzen nicht verbreitert, mit einfachen knöchernen Endphalangen. Omosternum knorpelig, Sternum eine Knorpelplatte.

2 sichere und 3 unsichere Arten in Südamerika.

Bestimmungstabelle der Arten:

1	Gaumenzähne in fast geraden Reihen zwischen den Choanen, Trommelfell fast so groß wie das Auge	1. **C. gayi**
	Gaumenzähne in 2 Querreihen vor dem medialen Rande der Choanen; längster Durchmesser des Trommelfells so lang wie das 3. Glied des 3. Fingers	2. **C. testudiniceps**

1. **C. gayi** Dum. & Bibr. 1758 *Lacerta caudiverbera*, Linné, Syst. Nat., ed. 10 p. 200[1]) | 1768 *Caudiverbera peruviana*, Laurenti, Syn. Rept., p. 43 | 1802 *Gecko cristatus*, Daudin, Hist. Rept., *v.* 4 p. 167 | 1820 *G. caudiverbera*, Merrem, Versuch Syst. Amph., p. 40 | 1836 *Ptyodactylus Feuillaei*, C. Duméril & G. Bibron, Erpét., *v.* 3 p. 386 | 1838 *Peltocephalus Quoyii* [irrtümlich für *Calyptocephalus Gayi* Bibr.], G. Bibron in: Tschudi, Classif. Rept., p. 81 | 1841 *C. G.*, C. Duméril & G. Bibron, Erpét., *v.* 8 p. 450 | 1843 *Oiacurus feuillaei*, Fitzinger, Syst. Rept., *v.* 1 p. 97 | 1845 *Caudiverbera peruviana*, J. E. Gray, Cat. Lizards Brit. Mus., p. 152 | 1848 *Calyptocephalus gayi*, Guichenot in: Gay, Hist. Chile, Zool. *v.* 2 p. 109 t. 6 | 1858 *C. g.*, Alb. Günther, Cat. Batr. sal. Brit. Mus., p. 21 | 1867 *C. g.*, Steindachner in: Reise Novara, Amph. p. 15 t. 5 f. 14 (Sacralwirbel) | 1875 *C. g.*, Espada in: Vert. Viaje Pacif., Batr. p. 2 | 1882 *C. g.*, Boulenger, Cat. Batr. sal. Brit. Mus., ed. 2 p. 189 | 1892 *Uroplates caudiverbera* = Larve von *Calyptocephalus gayi*, Lataste in: Act. Soc. Chili, *v.* 1 p. 7 | 1897 *C. g.*, F. Werner in: Zool. Anz., *v.* 20 p. 26 (Beschreibung der Larve) | 1897 *C. g.*, F. Werner in: Zool. Jahrb., suppl. 4 p. 265 t. 14 f. 11 a—c (Habitus, Mund und Aftergegend der Larve).

[1]) Sämtliche nicht die Namen *Peltocephalus* und *Calyptocephalus* enthaltenden Literaturangaben beziehen sich auf das Larvenstadium von *Calyptocephala gayi*.

Fig. 293. **Calyptocephala gayi.** Habitusbild.

Fig. 294. **Calyptocephala gayi.** Larve (1/1) (nach F. Werner).

Fig. 295. **Calyptocephala gayi.**
Mundgegend der Larve (stark vergr.) (nach F. Werner).

Gaumenzähne in 2 fast geraden Reihen zwischen den Choanen. Kopf abgeplattet; Vorderkopf sehr kurz, abgerundet; Augen klein, Interorbitalraum viel breiter als ein oberes Augenlid (Fig. 293); Trommelfell fast so groß wie das Auge. 1. Finger kürzer als der 2.; Zehen fast völlig durch Schwimmhaut verbunden; Subarticularhöcker fehlen; ein ovaler, stumpfer medialer, aber kein lateraler Metatarsalhöcker vorhanden. Bei nach vorn an den Körper angelegtem Hinterbein reicht das Tibiotarsalgelenk bis zur Schulter oder zum Trommelfell. Rücken mit runden und ovalen Warzen besetzt. Oberseite dunkelolivenfarben, undeutlich schwärzlich gefleckt. L. bis 200 mm.

♂ mit 2 äußeren, subgularen Schallblasen. Merkmale der Larve (nach F. Werner): Spiraculum auf der linken Körperseite (Fig. 294), After auf der rechten Seite der Schwanzbasis gelegen. Hornschnabel verhältnismäßig klein und schwach. Papillensaum am Vorderrande der Lippen fehlend, an den Seiten doppelt; Zähnchenreihen $^2/_3$, meist einheitlich oder fast einheitlich (Fig. 295). Oberseite hellgrau, mit zahlreichen dunklen Flecken. Unterseite weiß. L. 155 mm, davon 85 auf den Schwanz.

Chile.

2. **C. testudiniceps** (Cope) 1862 *Phrynocerus t.*, E. D. Cope in: P. Ac. Philad., p. 157 | 1865 *Calyptocephalus t.*, E. D. Cope in: Nat. Hist. Rev., p. 112 | 1882 *C. t.*, Boulenger, Cat. Batr. sal. Brit. Mus., ed. 2 p. 190 | 1901 *C. t.*, Alb. Günther in: Biol. Centr.-Amer., Rept. & Batr. p. 241.

Gaumenzähne in 2 getrennten Querreihen vor dem medialen Rande der Choanen. Interorbitalraum schwach vertieft, breiter als der Augendurchmesser; Trommelfell senkrecht oval, sein längster Durchmesser so lang wie das 3. Glied des 3. Fingers. Zehen völlig durch Schwimmhaut verbunden, nur die beiden letzten Glieder der mittleren Zehe bleiben frei. Haut mit flachen Warzen besetzt. Oberseite glänzend gelblich oder bräunlichgrün, schwarz marmoriert; Subanalregion schwärzlich, gelb gefleckt. L.?

Panama.

? **C. ater** Phil. 1902 *Calyptocephalus a.*, A. Philippi, Supl. Batr. Chilen., p. 151. Chile.

? **C. coxi** Phil. 1902 *Calyptocephalus c.*, A. Philippi, Supl. Batr. Chilen., p. 153. Chile.

? **C. rufa** Phil. 1902 *Calyptocephalus rufus*, A. Philippi, Supl. Batr. Chilen., p. 152. Chile.

7. Gen. **Telmatobius** Wiegmann

1834 *T.*, Wiegmann in: Meyen, Reise, p. 512 | 1835 *T.*, Wiegmann in: N. Acta Ac. Leop., *v.* 17 I p. 262 | 1841 *Cycloramphus* (part.), C. Duméril & G. Bibron, Erpét., *v.* 8 p. 452 | 1858 *Cyclorhamphus* + *Telmatobius*, Alb. Günther, Cat. Batr. sal. Brit. Mus., p. 21, 42 | 1865 *C.*, E. D. Cope in: Nat. Hist. Rev., p. 112 | 1866 *C.* + *Telmatobius*, E. D. Cope in: J. Ac. Philad., ser. 2 *v.* 6 p. 94, 96 | 1873 *T.*, Peters in: Monber. Ak. Berlin, p. 413 t. 3 f. 2 (Schultergürtel) | 1882 *T.*, Boulenger, Cat. Batr. sal. Brit. Mus., ed. 2 p. 190.

Pupille horizontal. Zunge annähernd kreisrund, ganzrandig, hinten frei abhebbar. Gaumenzähne vorhanden oder fehlend. Finger frei, Zehen durch Schwimmhaut verbunden, die nicht zwischen die Metatarsen der 4. und 5. Zehe eingreift (Fig. 296). Finger- und Zehenspitzen nicht verbreitert, mit einfachen knöchernen Endphalangen. Omosternum knorpelig, Sternum eine Knorpelplatte.

10 sichere und 2 unsichere Arten in Südamerika.

Bestimmungstabelle der Arten:

1	Gaumenzähne fehlen	1. **T. peruvianus**
	Gaumenzähne vorhanden — **2**	
2	Bei nach vorn an den Körper angelegtem Hinterbein reicht das Tibiotarsalgelenk:	
	bis vor das Auge oder bis zum Nasenloch — **3**	
	nicht über das Auge hinaus — **5**	
3	Nasenloch näher bei der Vorderkopfspitze als beim Auge, Schwimmhaut sehr hurz, an der 4. Zehe nur bis zur Mitte des 1. Gliedes reichend	2. **T. angustipes**
	Nasenloch gleichweit von Auge und Vorderkopfspitze entfernt; Zehen zu $^1/_3$—$^1/_2$ ihrer Länge durch Schwimmhaut verbunden — **4**	
4	Oberseite größtenteils glatt, nur am Hinterrücken höckerig .	3. **T. pustulosus**
	Oberseite mit zahlreichen, Längsreihen oder Falten bildenden, mit einem runden Hornknopf endigenden Höckern besetzt	4. **T. duseni**
5	Gaumenzähne hinter den Choanen	5. **T. asper**
	Gaumenzähne zwischen den Choanen — **6**	
6	Lippenhaut in großer Ausdehnung frei über den Unterkiefer herabhängend	6. **T. aemaricus**
	Lippenhaut nicht über den Unterkiefer herabhängend — **7**	
7	1. Finger länger als der 2.	7. **T. jelskii**
	1. Finger den 2. nicht überragend — **8**	
8	Oberseite glatt; Zehen zu $^1/_2$ ihrer Länge durch Schwimmhaut verbunden	8. **T. marmoratus**
	Oberseite warzig oder dornig; Zehen zu mehr als $^1/_2$ ihrer Länge durch Schwimmhaut verbunden — **9**	
9	Bei nach vorn an den Körper angelegtem Hinterbein reicht das Tibiotarsalgelenk:	
	bis zur Augenmitte	9. **T. verrucosus**
	bis zum Mundwinkel	10. **T. hauthali**

1. **T. peruvianus** Wiegm. 1835 *T. p.*, Wiegmann in: N. Acta Ac. Leop., *v.* 17 I p. 262 t. 22 f. 2 | 1858 *T. p.*, Alb. Günther, Cat. Batr. sal. Brit. Mus., p. 42 | 1873 *T. p.*, Peters in: Monber. Ak. Berlin, p. 413 t. 2 f. 3 (Mundhöhle), t. 3 f. 2 (Schultergürtel) | 1882 *T. p.*, Boulenger, Cat. Batr. sal. Brit. Mus., ed. 2 p. 191.

Gaumenzähne fehlen. Vorderkopf kurz, abgerundet; Interorbitalraum breiter als ein oberes Augenlid; kein Trommelfell vorhanden. 1. Finger länger als der 2.; Zehen fast völlig durch Schwimmhaut verbunden; Subarticularhöcker klein; ein ovaler medialer und ein flacher, rundlicher lateraler Metatarsalhöcker vorhanden. Bei nach vorn an den Körper angelegtem Hinterbein reicht das Tibiotarsalgelenk bis zum Auge. Oberseite mit sehr zahlreichen, kleinen, hornigen Warzen besetzt. Oben braun, mit einer dunklen Längsbinde, die in ihrer vorderen Hälfte von 2 Querstreifen gekreuzt wird. L. 45 mm.

♂ ohne Schallblase, mit schwärzlichen Brunstschwielen auf der Medialseite des 1. Fingers.

Peru.

2. **T. angustipes** (Cope) 1877 *Cyclorhamphus a.*, E. D. Cope in: P. Amer. phil. Soc., *v.* 17 p. 38 | 1882 *Telmatobius a.*, Boulenger, Cat. Batr. sal. Brit. Mus., ed. 2 p. 192.

Gaumenzähne in 2 kleinen, dicht zusammenstehenden Gruppen zwischen den nahe beieinander stehenden Choanen. Vorderkopf kurz, abgerundet; Nasenloch näher beim Auge als bei der Vorderkopfspitze; Trommelfell ein undeutliches, senkrechtes Oval, $^1/_3$ so breit wie der senkrechte Augendurchmesser. 1. und 2. Finger gleichlang; Fuß schmal, mit kurzer, bis zur Mitte des 1. Gliedes der 4. Zehe reichender Schwimmhaut. Bei nach vorn an den Körper angelegtem Hinterbein reicht das Tibiotarsalgelenk bis zum Nasenloch. Haut völlig glatt. Oben dunkel, unten hellbleifarbig. L. 38 mm.

Juliaca (Peru), in 3810 m Höhe.

3. **T. pustulosus** (Cope) 1877 *Cyclorhamphus p.*, E. D. Cope in: P. Amer. phil. Soc., *v.* 17 p. 39 | 1882 *Telmatobius p.*, Boulenger, Cat. Batr. sal. Brit. Mus., ed. 2 p. 192.

Zunge breiter als lang. Gaumenzähne sehr klein. Kopf groß und flach; Vorderkopf schief abfallend; Nasenloch gleichweit von Auge und Lippenrand entfernt; Trommelfell ein senkrechtes, unter der Haut verborgenes Oval, dessen größter Durchmesser weniger als $^1/_2$ so lang ist wie der Augenspalt. Finger und Zehen langgestreckt, letztere zu $^1/_2$ ihrer Länge durch Schwimmhaut verbunden. Bei nach vorn an den Körper angelegtem Hinterbein reicht das Tibiotarsalgelenk bis vor das Auge. Haut größtenteils glatt, nur an den Seiten zwischen den Ossa ilii, rund um den After, auf der Oberseite des Unterschenkels und auf der Fußsohle höckerig; auf den Beinen mit kleinen, spitzen Warzen besetzt. Dunkelbleifarbig, nur die Kehlregion und die Spitzen der seitlichen Warzen schmutzig weiß; auf der Oberseite unscharf braun und grau schattiert. L. 60 mm.

Tinta (Peru), in 3470 m Höhe.

4. **T. duseni** L. G. Anderss. 1914 *T. d.*, L. G. Andersson in: Ark. Zool., *v.* 9 nr. 3 p. 1.

Zunge groß, rund, ein wenig breiter als lang, ganzrandig. Gaumenzähne in 2 wenig voneinander entfernten, kleinen, aber deutlichen Gruppen hinter den Choanen. Kopf kurz, flachgedrückt; Vorderkopf kurz, abgerundet, länger als der Augendurchmesser, mit undeutlichem Canthus rostralis; Nasenloch gleichweit von Auge und Vorderkopfspitze entfernt; Interorbitalraum so breit wie oder breiter als ein oberes Augenlid; Trommelfell fehlt. Finger schmal, ziemlich lang; der 1. Finger nicht so weit reichend wie der 2.; Zehen zu $^1/_3$ bis kaum $^1/_2$ ihrer Länge durch Schwimmhaut verbunden; ein ovaler medialer und ein runder lateraler Metatarsalhöcker vorhanden. Bei nach vorn an den Körper angelegtem Hinterbein reicht das Tibiotarsalgelenk bis vor das Auge oder bis zum Nasenloch. Die ganze Oberseite ist mit dicht gedrängten, kleinen Höckern besetzt, die in der Regel mit je einem runden Hornknopf endigen und auf dem Rücken und in der oberen Hälfte der Flanken teilweise in Längsreihen angeordnet sind und schmale, zuweilen ziemlich regelmäßige, winklig gebogene, in der Regel aber zahlreiche, kurze, gerade oder schräge Falten bilden; Unterseite glatt, unter den Oberschenkeln undeutlich gekörnelt. Die Färbung der Oberseite schwankt zwischen hellgrau und dunkelbraun, sie ist zuweilen undeutlich hell und dunkel gefleckt; meist ist ein unregelmäßiger, heller Fleck in der Rückenmitte vorhanden; zwischen den Augen eine weiße, hinten dunkel gesäumte Querbinde; breite, dunkle Binden strahlen abwechselnd mit schmalen hellen Binden vom Auge zum Lippenrand und zur Schulter aus. Beine mit schwachen Querbinden; Vorder- und Hinterseite der Oberschenkel weiß gefleckt. Unterseite schmutzig gelblichweiß, braun oder schwarz punktiert, oder hell und dunkelgelblichbraun marmoriert. L. 37 mm.

♂ mit großer, fast kreisrunder, scheibenförmiger, schwarz und weiß gefärbter Inguinaldrüse jederseits.

Parana, Ypiranga (Südbrasilien).

5. **T. asper** Blgr. 1907 *T. a.*, Boulenger in: Ann. nat. Hist, ser. 7 *v.* 19 p. 394.

Gaumenzähne in 2 runden Gruppen hinter den Choanen. Kopf ein wenig breiter als lang; Vorderkopf abgerundet, länger als das Auge, ohne Canthus rostralis; Nasenloch näher bei der Vorderkopfspitze als beim Auge; Interorbitalraum etwas breiter als ein oberes Augenlid; Trommelfell fehlt. Finger mäßig lang; 1. Finger nicht ganz so weit reichend wie der 2. Finger; Finger- und Zehenspitzen schwach verdickt; Zehen fast völlig durch Schwimmhaut verbunden; Subarticularhöcker gut entwickelt, flach; ein ovaler medialer und ein rundlicher lateraler Metatarsalhöcker vorhanden. Bei nach vorn an den Körper angelegtem Hinterbein reicht das Tibiotarsalgelenk bis zum Auge. Haut der Oberseite dicht mit kleinen Warzen besetzt, von denen jede einen perlartigen, hornigen Höcker trägt; Unterseite glatt. Oberseite schwärzlichbraun, mit oder ohne große, gelbliche Flecke auf dem Rücken und einer Querbinde zwischen den Augen; Beine mit gelblichen Querbinden; Unterseite braun. L. 50 mm.

♂ mit innerer Schallblase und mit Inguinaldrüsen versehen.

Theresopolis (Santa Catharina, Südbrasilien).

6. **T. aemaricus** (Cope) 1874 *Cyclorhamphus a.*, E. D. Cope in: P. Ac. Philad., p. 125 | 1877 *C. a.*, E. D. Cope in: P. Amer. phil. Soc., *v.* 17 p. 39 | 1882 *Telmatobius a.*, Boulenger, Cat. Batr. sal. Brit. Mus., ed. 2 p. 191.

Gaumenzähne in sehr kleinen Gruppen zwischen den Choanen. Zunge hinten stark frei abhebbar; Trommelfell fehlt. Zehen zur Hälfte ihrer Länge durch Schwimmhaut verbunden; ein freier Hautsaum an der Medialseite des Tarsus und an der Lateralseite der 5. Zehe vorhanden. Bei nach vorn an den Körper angelegtem Hinterbein reicht das Tibiotarsalgelenk etwa bis zum Mundwinkel. Haut glatt, abgesehen von einigen kleinen Höckern auf dem Hinterkopf; Lippenhaut in großer Ausdehnung frei über den Unterkiefer herabhängend. Oberseite olivenbraun, zuweilen mit einigen verstreuten, gelben Flecken; Unterseite heller braun. L. 48 mm.

♂ mit zahlreichen kleinen Hornspitzen und einer großen, rauhen Brunstschwiele auf der Oberseite des 1. Fingers.

Titicacasee (Peru).

7. **T. jelskii** (Ptrs.) 1873 *Pseudobatrachus J.*, Peters in: Monber. Ak. Berlin, p. 415 t. 4 f. 1, 1a—c (Habitus, Mundhöhle, Vorderfuß, Schultergürtel) | ? 1876 *Cyclorhamphus culeus*, S. Garman in: Bull. Mus. Harvard, *v.* 3 p. 276 t. 1 | 1882 *Telmatobius jelskii*, Boulenger, Cat. Batr. sal. Brit. Mus., ed. 2 p. 191.

Gaumenzähne in 2 kurzen, queren Reihen zwischen den verhältnismäßig kleinen Choanen. Kopf flach; Vorderkopf kurz, abgerundet, mit kurzem, rundlichem Canthus rostralis (Fig. 296); Interorbitalraum breiter als ein oberes Augenlid; Trommelfell klein, unter der Haut verborgen. Finger und Zehen stumpf; 1. Finger den 2. überragend; Zehen völlig durch Schwimmhaut verbunden; Subarticularhöcker klein; ein kleiner, ovaler medialer und ein flacher, runder lateraler Metatarsalhöcker vorhanden. Bei nach vorn an den Körper angelegtem Hinterbein reicht das Tibiotarsalgelenk bis oder fast bis zum Auge. Haut glatt, auf der Oberseite jederseits ein mit deutlichen Drüsenporen versehener Wulst vorhanden. Oberseite dunkelolivenbraun, mit verstreuten schwarzen Flecken. Unterseite gelblichweiß, an der Kehle dunkel bestäubt. L. 56 mm.

♂ ohne Schallblasen, zur Fortpflanzungszeit mit schwärzlichen Brunstschwielen auf der Medialseite des 1. Fingers.

Peru, Ecuador.

Fig. 296. **Telmatobius jelskii** (nach Peters).

8. **T. marmoratus** (Dum. & Bibr.) 1841 *Cycloramphus m.*, C. Duméril & G. Bibron, Erpét., *v.* 8 p. 455 | 1858 *Cyclorhamphus m.*, Alb. Günther, Cat. Batr. sal. Brit. Mus., p. 21 | 1882 *Telmatobius m.*, Boulenger, Cat. Batr. sal. Brit. Mus., ed. 2 p. 192.

Gaumenzähne in 2 kleinen Gruppen zwischen den großen Choanen. Vorderkopf kurz, abgerundet; Interorbitalraum so breit wie ein oberes Augenlid; Trommelfell klein, unter der Haut verborgen. Finger und Zehen spitz, letztere zu $^1/_2$ ihrer Länge durch Schwimmhaut verbunden; 1. Finger den 2. nicht überragend; Subarticularhöcker klein; ein kleiner, ovaler medialer Metatarsalhöcker vorhanden. Bei nach vorn an den Körper angelegtem Hinterbein reicht das Tibiotarsalgelenk nicht bis zum Auge. Haut glatt; eine flache, oft undeutliche Parotoïddrüse vorhanden. Oberseite bräunlich, schwarz marmoriert, oft mit kleinen, weißen Flecken; Unterseite grau, mit oder ohne helle Marmorierung. L. 66 mm.

♂ ohne Schallblase.

Chile, Peru.

9. **T. verrucosus** Wern. 1899 *T. v.*, F. Werner in: Zool. Anz., *v.* 22 p. 482 | 1901 *T. v.*, F. Werner ibid., *v.* 24 p. 97, 297.

Gaumenzähne in 2 runden, deutlichen Gruppen zwischen den Choanen. Vorderkopf so lang wie der Augendurchmesser, fast ohne Canthus rostralis; Nasenloch in der Mitte zwischen Vorderkopfspitze und Auge; Trommelfell unsichtbar. 1. Finger kürzer als der 2.; Schwimmhaut an den Zehen das letzte, nur an der 4. Zehe die beiden letzten Glieder frei lassend; eine schwache Tarsalfalte, aber eine deutliche Hautfalte am lateralen Rande der 5. Zehe vorhanden. Bei nach vorn an den Körper angelegtem Hinterbein reicht das Tibiotarsalgelenk bis zur Augenmitte. Oberseite warzig; Oberlippenhaut nicht über den Unterkiefer überhängend; eine starke Hautfalte zieht vom Auge über den Mundwinkel zur Basis des Vorderbeines. Oberseite graubraun, Warzen schwarzbraun. Kehle, Brust und Bauch hellgrau, dunkelgrau marmoriert. Unterseite der Arme und Schenkel wachsgelb. L. 27 mm.

Chaco (Bolivien).

10. **T. hauthali** Kosl. 1895 *T. H.*, Koslowsky in: Revista Mus. La Plata, *v.* 6 p. 359 t. 1 (Habitus & Mundhöhle des Frosches, Habitus & Mundhöhle der Larve) | 1896 *T. H.*, C. Berg in: An. Mus. Buenos Aires, *v.* 5 p. 163.

Gaumenzähne in 2 kurzen Querreihen zwischen den Choanen. Trommelfell unsichtbar [?][1]). Zehen zu mehr als $^1/_2$ ihrer Länge durch Schwimmhaut verbunden; eine Hautfalte am medialen Tarsusrande und am 1. Finger vorhanden. Bei nach vorn an den Körper angelegtem Hinterbein reicht das Tibiotarsalgelenk bis zum Mundwinkel. Haut auf dem Rücken, den Gliedmaßen, der Brust (besonders zwischen den Armen) und dem Bauch mit mehr oder weniger zahlreichen, schwarzen Hornspitzen besetzt. Oberseite bleifarbig oder bläulichgrau, auf dem Kopfe dunkler; Unterseite weißlich olivenfarben, Unterseite der Beine bei einigen Exemplaren mit dunklen Flecken auf gelbem Grunde. L. 55 mm [nach der Abbildung gemessen].

♂ mit einer von schwarzen Hornspitzen gebildeten Brunstschwiele auf dem 1. Finger.

Ältere Larven sind bleifarbig, mit zahlreichen schwarzen Spitzchen auf Kopf und Rücken.

Cordillere von Catamarca (Argentinien), in 4000 m Höhe.

? **T. laevis** Phil. 1902 *T. l.*, A. Philippi, Supl. Batr. Chilen., p. 43.
Anden von Chile.

? **T. montanus** Phil. 1902 *T. m.*, A. Philippi, Supl. Batr. Chilen., p. 47.
Anden von Chile.

8. Gen. **Ceratophrys** Boie

1758 *Rana* (part.), Linné, Syst. nat., ed. 10 p. 210 | 1768 *Bufo* (part.), Laurenti, Syn. Rept., p. 25 | 1799 *Rana* (part.), J. G. Schneider, Hist. Amph., *v.* 1 p. 111 | 1803 *Bufo* (part.), Daudin, Hist. Rainett., p. 71 | 1803 *B.* (part.), Daudin, Hist. Rept., *v.* 8 p. 137 | 1820 *Rana* (part.), Merrem, Versuch Syst. Amph., p. 174 | 1825 *Ceratophrys*, Boie in: Wied, Beitr. Naturg. Bras., *v.* 1 p. 569 | 1825 *Stombus*, C. Gravenhorst in: Isis, p. 920 | 1826 *Ceratophrys* + *Stombus*, Fitzinger, Classif. Rept., p. 64, 65 | 1829 *S.*, C. Gravenhorst, Delic. Mus. Vratislav., fasc. 1 p. 48 | 1829 *Ceratophris*, G. Cuvier, Règne an., ed. 2 *v.* 2 p. 106 | 1830 *Ceratophrys*, Wagler, Syst. Amph., p. 203 | 1837/44 *C.* (part.),

[1]) Aus der Originalbeschreibung ist nicht zu ersehen, ob das Trommelfell völlig fehlt oder nur unter der Haut verborgen ist.

Schlegel, Abbild. Amph., p. 28 | 1838 *C.* + *Phrynoceros*, Tschudi, Classif. Batr., p. 81, 82 | 1841 *Ceratophrys* + *Pyxicephalus* (part.), C. Duméril & G. Bibron, Erpét., *v.* 8 p. 428, 442 | 1843 *Pyxicephalus* (part.: *Tomopterna*) + *Ceratophrys* (part.: *C.* + *Phrynoceros* + *Stombus*), Fitzinger, Syst. Rept., *v.* 1 p. 32 | 1843 *Pyxicephalus* + *Uperodon* (part.), T. Bell in: Zool. Voy. Beagle, pars 5 p. 40, 50 | 1856 *Trigonophrys*, Hallowell in: P. Ac. Philad., *v.* 8 p. 298 | 1858 *Pyxicephalus* (non Tschudi 1838) + *Ceratophrys*, Alb. Günther, Cat. Batr. sal. Brit. Mus., p. 24 | 1858 *Ceratophryne* (part.), H. Schlegel, Handl. Dierk., *v.* 2 p. 56 | 1862 *Odontophrynus*, J. Reinhardt & Lütken in: Vid. Meddel., *v.* 13 p. 162 | 1865 *Ceratophrys* + *Tomopterna*, E. D. Cope in: Nat. Hist. Rev., p. 112 | 1866 *T.* + *Ceratophrys* + *Stombus*, E. D. Cope in: J. Ac. Philad., ser. 2 *v.* 6 p. 93, 94 | 1867 *Ceratophrys*, Steindachner in: Reise Novara, Amph. p. 28 | 1875 *Pyxicephalus* + *Ceratophrys*, Espada in: Vert. Viaje Pacif., Batr. p. 14, 25 | 1882 *C.*, Boulenger, Cat. Batr. sal. Brit. Mus., ed. 2 p. 221.

Pupille horizontal. Zunge herzförmig, hinten frei abhebbar. Gaumenzähne vorhanden. Trommelfell mehr oder weniger deutlich sichtbar oder unsichtbar. Finger frei, Zehen mehr oder weniger durch Schwimmhaut verbunden, die nicht zwischen die Metatarsen der 4. und 5. Zehe eingreift; Finger- und Zehenspitzen nicht verbreitert, mit einfachen knöchernen Endphalangen. Omosternum knorpelig, Sternum eine, bei völlig erwachsenen Tieren verknöchernde, Knorpelplatte.

16 sichere Arten und 1 unsichere Art in Südamerika.

Bestimmungstabelle der Arten:

1	Oberes Augenlid in einen mehr oder weniger langen hornartigen Fortsatz ausgezogen (wie in Fig. 297) oder mit Papillen oder Warzen besetzt — **2**	
	Oberes Augenlid normal ausgebildet (ohne Fortsatz und ohne Papillen oder Warzen (wie in Fig. 298) — **13**	
2	Oberes Augenlid in einen mehr oder weniger langen hornartigen Fortsatz ausgezogen (wie in Fig. 297) — **3**	
	Oberes Augenlid an seinem freien Rande mit Papillen oder auf seiner Oberseite mit Warzen besetzt — **10**	
3	Ein Knochenschild in der Haut des Rückens vorhanden — **4**	
	Kein Knochenschild in der Haut des Rückens vorhanden — **5**	
4	Bei nach vorn an den Körper angelegtem Hinterbein reicht der Metatarsalhöcker:	
	zwischen Auge und Nasenloch; hornartiger Fortsatz des oberen Augenlides sehr deutlich, nicht ganz so lang wie der Augendurchmesser	1. **C. dorsata**
	noch nicht bis zum Auge; oberes Augenlid dreieckig, mit nur sehr kurzem Spitzenfortsatz	2. **C. ornata**
5	Bei nach vorn an den Körper angelegtem Hinterbein reicht der Metatarsalhöcker:	
	über das Auge hinaus — **6**	
	höchstens bis zum Auge — **7**	
6	Vorderkopfspitze, Kopf- und Rumpfseiten und Oberseite der Beine mit dreieckigen Hautanhängen versehen (Fig. 297); Trommelfell unsichtbar	4. **C. appendiculata**
	Keine Hautanhänge an den vorher angegebenen Stellen; Trommelfell sichtbar	3. **C. cornuta**
7	Der Metatarsalhöcker reicht bis zum Auge, Trommelfell unsichtbar — **8**	
	Der Metatarsalhöcker reicht nur bis zum Trommelfell; Trommelfell völlig deutlich	8. **C. calcarata**

8	Gaumenzähne in deutlich getrennten Gruppen angeordnet	5. **C. boiei**
	Gaumenzähne in einer kaum unterbrochenen Querreihe angeordnet — 9	
9	1. Finger kaum länger als der 2.	6. **C. intermedia**
	1. Finger erheblich länger als der 2.	7. **C. fryi**
10	Schädel mit einer rundlichen, parotoïdenartigen Aufwölbung hinter und über jedem Auge	9. **C. bigibbosa**
	Schädel ohne Aufwölbungen — 11	
11	Gaumenzähne in 2 nach hinten konvergierenden Reihen hinter den Choanen angeordnet	10. **C. ohausi**
	Gaumenzähne in kleinen Gruppen zwischen den Choanen oder an deren vorderer, medialer Ecke angeordnet — 12	
12	Trommelfell völlig unsichtbar; Tarsalfalte fehlt	11. **C. cristiceps**
	Trommelfell ziemlich deutlich; Tarsalfalte vorhanden . .	12. **C. stolzmanni**
13	Bei nach vorn an den Körper angelegtem Hinterbein reicht der Metatarsalhöcker:	
	bis zur Augenmitte	13. **C. occidentalis**
	noch nicht bis zum Auge — 14	
14	Eine große, parotoïdenartige Drüse auf dem Unterschenkel vorhanden; auch ähnliche Drüsenhaufen jederseits von Nacken und Vorderrücken vorhanden (Fig. 298) . .	16. **C. cultripes**
	Kein Drüsenwulst auf dem Unterschenkel vorhanden — 15	
15	Bei nach vorn an den Körper angelegtem Hinterbein reicht die Spitze der 4. Zehe:	
	über die Vorderkopfspitze hinaus	14. **C. americana**
	nur bis zur vorderen Ecke des Auges	15. **C. leyboldi**

1. **C. dorsata** Wied 1809 *Rana cornuta* (non Linné 1758), Tilesius in: Mag. Ges. Fr. Berlin, *v.* 3 p. 92 t. 3 (fig. mala) | 1825 *Ceratophrys dorsata*, Wied, Beitr. Naturg. Bras., *v.* 1 p. 576 | 1827 *C. d.*, Wied, Abbild. Naturg. Bras., t. [59] (♀) t. [61] f. 1 (♂) | 1829 *Stombus dorsatus*, C. Gravenhorst, Delic. Mus. Vratislav., fasc. 1 p. 49 | 1829 *Ceratophris varius* + *C. clipeatus*, G. Cuvier, Règne an., ed. 2 *v.* 2 p. 106 | 1830 *Ceratophrys dorsata*, Wagler, Descr. Amph., t. 22 f. 1, 2 | 1830 *C. d.*, Wagler, Syst. Amph., p. 204 | 1835 *C. varia* + *C. clypeata*, Cocteau in: Mag. Zool., *v.* 5 Classe 3 t. 8 f. 2, 4 (Umrisse des knöchernen Rückenschildes) | 1838 *C. dorsata*, Tschudi, Classif. Batr., p. 81 | 1841 *C. d.* (part.), C. Duméril & G. Bibron, Erpét., *v.* 8 p. 431 | 1843 *C. varia*, Fitzinger, Syst. Rept., *v.* 1 p. 32 | 1858 *C. dorsata* (Synon. part.), Alb. Günther, Cat. Batr. sal. Brit. Mus., p. 24 | 1858 *Ceratophryne d.*, H. Schlegel, Handl. Dierk., *v.* 2 p. 57 | 1872 *Ceratophrys d.*, Peters in: Monber. Ak. Berlin, p. 204 | 1882 *C. d.*, Boulenger, Cat. Batr. sal. Brit. Mus., ed. 2 p. 225 | 1911 *C. d.*, Boldt in: Zool. Jahrb., Anat. *v.* 32 p. 111 t. 8 f. 1 (Habitusbild), f. 6—8, Textfigur A—H (Formen des knöchernen Rückenschildes).

Gaumenzähne in 2 sehr kleinen Gruppen zwischen den Choanen, hinter letzteren 2 mehr oder weniger gezähnelte, quergestellte Palatinleisten. Kopf sehr groß, verknöchert, mit symmetrisch angeordneten Leisten und Höckergruppen; Nasenloch näher beim Auge als bei der Vorderkopfspitze; oberes Augenlid in einen hornartigen Zipfel ausgezogen, der nicht ganz so lang ist wie der Augendurchmesser; Interorbitalraum vertieft, breiter als ein oberes Augenlid; Trommelfell mäßig deutlich. 1. Finger länger als der 2.; Zehen an der Basis durch sehr schwache Schwimmhaut verbunden; Subarticularhöcker wenig vorspringend; ein großer, seitlich zusammengedrückter, ovaler medialer Metatarsalhöcker mit stumpfem Rande und eine ziemlich undeutliche Tarsalfalte vorhanden. Bei nach vorn an den Körper angelegtem Hinterbein reicht der Metatarsalhöcker zwischen Auge und Nasenloch. Rücken mit einem rundlichen oder mehr oder weniger stark dreilappigen Knochenschild unter der Haut; Kopf und Rückenmitte glatt, letztere jederseits von einer Hautleiste begrenzt; Hinterrücken, Rumpfseiten und Gliedmaßen mit rundlichen oder kegelförmigen Warzen besetzt; Unterseite gekörnelt oder warzig. Grundfarbe der Oberseite graubraun; Rückenmitte mit einem breiten, von der Vorderkopfspitze bis zum After reichenden, gelblichen oder grünen Längsstreifen, an den sich häufig jederseits ein schmalerer, vom Auge nach hinten und abwärts ziehender Streifen anschließt. Kopf und Schultern oft mit rotbraunen Flecken und Streifen; Unterschenkel und manchmal auch Unterarme mit grünen Querbinden, zuweilen eine helle Längslinie an der lateralen Seite der Hinterbeine. Rumpfseiten gelblich, rotbraun gefleckt und punktiert; Unterseite gelblichweiß. L. 160 mm.

♂ mit subgularer Schallblase.

Ostbrasilien.

2. **C. ornata** (Bell) 1843 *Uperodon ornatum*, T. Bell in: Zool. Voy. Beagle, pars 5 p. 50 t. 20 f. 6 | 1856 *Trigonophrys rugiceps*, Hallowell in: P. Ac. Philad., *v.* 8 p. 298 | 1858 *T. r.*, Hallowell in: J. Ac. Philad., ser. 2 *v.* 3 p. 367 t. 36 (Habitus, Schädel, Mundhöhle, Füße) | 1858 *Ceratophrys ornata*, Alb. Günther, Cat. Batr. sal. Brit. Mus., p. 25 | 1882 *C. o.*, Boulenger, Cat. Batr. sal. Brit. Mus., ed. 2 p. 225 | 1882 *C. o.*, Alb. Günther in: Tr. zool. Soc. London, *v.* 11 p. 222 t. 46 (Farbiges Habitusbild) | 1896 *C. o.*, C. Berg in: An. Mus. Buenos Aires, *v.* 5 p. 165 | 1901 *C. o.*, Gadow in: Cambridge nat. Hist., *v.* 8 p. 215 f. 43, 44.

Gaumenzähne in 2 kleinen Gruppen zwischen den Choanen, hinter letzteren 2 mehr oder weniger deutlich gezähnelte Palatinleisten. Kopf groß, verknöchert, rauh; Nasenloch näher beim Auge als bei der Vorderkopfspitze; oberes Augenlid dreieckig zugespitzt, aber nicht hornartig ausgezogen; Interorbitalraum schwach vertieft, breiter als ein oberes Augenlid; Trommelfell wenig deutlich. Finger und Zehen sehr kurz, letztere zu $^1/_2$ ihrer Länge durch Schwimmhaut verbunden; 1. Finger länger als der 2., Subarticularhöcker nicht stark entwickelt, ein sehr großer schaufelförmiger, schwarz gerandeter medialer Metatarsalhöcker und eine schwache Tarsalfalte vorhanden. Bei nach vorn an den Körper angelegtem Hinterbein reicht der Metatarsalhöcker nicht bis zum Auge. Ein knöcherner Schild unter der Rückenhaut vorhanden; Oberseite höckerig; Unterseite gekörnelt. Oberseite gelblich oder grünlich, mit großen, hell gerandeten, dunkelgrünen Inselflecken, zuweilen weinrote Linien zwischen den Flecken. L. 115 mm.

♂ mit subgularer Schallblase.

Ostargentinien bis Ostbrasilien.

3. **C. cornuta** (L.) 1734 *„Bufo cornutus* et *spinosus virginianus"*, Seba, Thesaurus, *v.* 1 p. 115 t. 72 f. 1, 2 (♂, ♀) | 1754 *Rana cornuta*, Linné, Mus. Adolph. Frider., p. 48 | 1758 *R. c.*, Linné, Syst. nat., ed. 10 p. 212 | 1768 *Bufo cornutus*, Laurenti, Syn. Rept., p. 25 | 1788 *„Le Cornu"*, Lacépède, Quadrup. ovip. Serp., *v.* 1 p. 604 | 1789 *„Le C. [rapaud] cornu"*, Bonnaterre in: Tabl. enc. méth., Erpét. p. 16 t. 7 f. 3 | 1799 *Rana cornuta*, J. G. Schneider, Hist. Amph., *v.* 1 p. 125 | 1802 *R. c.*, G. Shaw, Gen. Zool., *v.* 3 p. 162 t. 48, 49 | 1802 *„Le Crapaud cornu"*, Latreille in: Sonnini & Latreille, Hist. Rept., *v.* 2 p. 117 f. 1 | 1803 *Bufo cornutus*, Daudin, Hist. Rainett., p. 102 t. 38 | 1803 *B. c.*, Daudin, Hist. Rept., *v.* 8 p. 214 | 1820 *Rana cornuta*, Merrem, Versuch Syst. Amph., p. 176 | 1824 *R. megastoma*, Spix, Spec. Testud. Ran. Bras., p. 27 t. 4 f. 1 | 1826 *Stombus cornutus*, Fitzinger, Classif. Rept., p. 65 | 1829 *Ceratophrys Spixii* + *C. Daudini*, G. Cuvier, Règne an., ed. 2 *v.* 2 p. 106 (nota) | 1830 *C. dorsata* (part.), Wagler, Syst. Amph., p. 204 | 1837/44 *C. cornuta* (Synon. part.), Schlegel, Abbild. Amph., p. 29 t. 10 f. 1, 2 (♂ & ♀ in natürlichen Farben) | 1838 *Phrynoceros Vaillanti*, Tschudi, Classif. Batr., p. 82 | 1841 *Ceratophrys dorsata* (part.) + *C. Daudini*, C. Duméril & G. Bibron, Erpét., *v.* 8 p. 431, 440 | 1843 *Phrynoceros Vaillantii* + *Stombus cornutus*, Fitzinger, Syst. Rept., *v.* 1 p. 32 | 1858 *Ceratophrys megastoma*, Alb. Günther, Cat. Batr. sal. Brit.

Mus., p. 25 | 1872 *C. cornuta*, Peters in: Monber. Ak. Berlin, p. 204 | 1875 *C. megastoma*, Espada in: Vert. Viaje Pacif., Batr. p. 26 | 1882 *C. cornuta*, Boulenger, Cat. Batr. sal. Brit. Mus., ed. 2 p. 224.

Gaumenzähne in 2 kleinen Gruppen zwischen den Choanen (selten fehlend). Kopf sehr groß, hoch aufgewölbt, verknöchert; eine breite Knochenleiste zieht vom Auge aus nach hinten oberhalb des Trommelfells hin; Nasenloch näher bei dem sehr kleinen Auge als bei der Vorderkopfspitze; oberes Augenlid in einen hornartigen Fortsatz ausgezogen, der so lang ist wie der Augendurchmesser; Interorbitalraum vertieft, viel breiter als ein oberes Augenlid; Trommelfell mäßig deutlich. 1. Finger länger als der 2.; Zehen zu $^2/_3$ ihrer Länge durch distad wie abgeschnittene Schwimmhaut verbunden; Subarticularhöcker nicht stark vorspringend; ein stumpfer, ovaler medialer Metatarsalhöcker und eine sehr deutliche Tarsalfalte vorhanden. Bei nach vorn an den Körper angelegtem Hinterbein reicht der Metatarsalhöcker zwischen Auge und Nasenloch. Kein knöcherner Schild unter der Rückenhaut vorhanden; Oberseite mit kleinen, an den Flanken größeren und kegelförmigen Höckern besetzt; Unterseite gekörnelt. Kopf und ein breiter, nach hinten spitz auslaufender Streifen der ganzen Rückenmitte im Alkohol gelblich oder bläulich grau; beim lebenden Tier (nach Schlegel l. c.) dunkelrot (♂) oder orangerot (♀), der Rückenstreifen bei ersterem lebhaft grün (s. Tafel l. c.); übrige Oberseite dunkelbraun, Seiten dunkelbraun marmoriert; Beine mit regelmäßigen, dunklen Querbinden. L. ?.

♂ mit subgularer Schallblase und schwarzer Kehle.

Nordbrasilien, Guiana.

4. **C. appendiculata** Gthr. 1873 *C. a.*, Alb. Günther in: Ann. nat. Hist., ser. 4 *v.* 11 p. 418 | 1879 *C. cafferi*, Camerano in: Atti Acc. Torino, *v.* 14 p. 880 | 1882 *C. appendiculata*, Boulenger, Cat. Batr. sal. Brit. Mus., ed. 2 p. 222 t. 25 f. 1, 1a, b (Habitus, Kopf, Mundhöhle) | 1907 *C. a.*, Wandolleck in: Abh. Mus. Dresden, *v.* 11 nr. 1 p. 9.

Gaumenzähne in 2 kleinen Gruppen zwischen den Choanen. Kopf groß, abgeplattet; Nasenloch näher beim Auge als bei der Vorderkopfspitze. Vorder-

Fig. 297. **Ceratophrys appendiculata** (nach Boulenger).

kopf mit einem kurzen, dreieckigen Hautlappen endigend; oberes Augenlid in einen hornartigen Anhang ausgezogen, der länger ist als der größte Augendurchmesser (Fig. 297); Interorbitalraum vertieft; Trommelfell unsichtbar. 1. und 2. Finger gleich lang; Zehen an der Basis durch Schwimmhaut verbunden; Subarticularhöcker gut entwickelt; ein ovaler, stumpfer medialer Metatarsalhöcker, aber keine Tarsalfalte vorhanden. Bei nach vorn an den Körper angelegtem Hinterbein reicht der Metatarsalhöcker über das Auge hinaus. Haut der Ober- und Unterseite fein gekörnelt; Kopf- und Rumpfseiten und die Oberseite der Beine mit dreieckigen Hautanhängen besetzt; eine stark vorspringende Hautleiste verbindet die Hörner der Augenlider quer über den Interorbitalraum miteinander; 2 andere am oberen Augenlid beginnende Hautleisten ziehen, in der Rückenmitte sich erst einander nähernd, dann wieder divergierend, zum After, oberhalb dessen sie zusammenstoßend endigen. Oberseite grau, mit symmetrischer, dunkler Zeichnung; Beine quer gebändert; Kehle braun. L. 52 mm.

♂ mit subgularer Schallblase.

Ostbrasilien.

5. **C. boiei** Wied 1825 *C. B.*, Wied, Beitr. Naturg. Bras., *v.* 1 p. 592 | 1825 *Stombus cornuta*, C. Gravenhorst in: Isis, p. 922 | 1829 *Ceratophrys Boiei*, Wied, Abbild. Naturg. Bras., t. [73] f. 1, 2 | 1829 *Stombus b.*, C. Gravenhorst, Delic. Mus. Vratislav., fasc. 1 p. 50 t. 9 f. 1, 2 | 1829 *Ceratophris granosa*, G. Cuvier, Règne an., ed. 2 *v.* 2 p. 107 (nota) | 1829/38 *Ceratophrys g.*, Guérin-Méneville, Iconogr. Règne an., *v.* 3 Rept. t. 26 f. 2 | 1841 *C. boiei*, C. Duméril & G. Bibron, Erpét., *v.* 8 p. 437 | 1858 *C. b.*, Alb. Günther, Cat. Batr. sal. Brit. Mus., p. 25 | 1860 *Stombus granosus*, Fitzinger in: SB. Ak. Wien, *v.* 42 p. 415 | 1867 *Ceratophrys boiei*, Steindachner in: Reise Novara, Amph. p. 28 | 1882 *C. b.*, Boulenger, Cat. Batr. sal. Brit. Mus., ed. 2 p. 223 | 1907 *C. b.*, Wandolleck in: Abh. Mus. Dresden, *v.* 11 nr. 1 p. 9 t. 1 f. 1, 1a (Habitus, Kopf) | 1912 *C. b.*, F. Baumann in: Zool. Jahrb., Syst. *v.* 33 p. 92.

Gaumenzähne in 2 kleinen Gruppen zwischen den Choanen. Kopf groß, nicht verknöchert; Nasenloch gleichweit von Auge und Vorderkopfspitze entfernt oder etwas näher bei letzterer; oberes Augenlid in einen hornartigen Zipfel ausgezogen, der mindestens $^3/_4$ so lang ist wie der Augendurchmesser; Interorbitalraum vertieft; Trommelfell unsichtbar. 1. Finger etwas länger als der 2.; Zehen an der Basis durch Schwimmhaut verbunden; Subarticularhöcker stark entwickelt, ein ovaler, stumpfer medialer Metatarsalhöcker, aber keine Tarsalfalte vorhanden. Bei nach vorn an den Körper angelegtem Hinterbein reicht der Metatarsalhöcker bis zum Auge. Haut auf der Ober- und Unterseite gekörnelt, auf den Rumpfseiten und der Oberseite auch mit größeren, kegelförmigen Warzen besetzt; je eine von größeren Körnern gebildete Hautleiste zieht von der Spitze eines jeden Augenlides zu dessen Basis, überschreitet aber nicht, wie bei den vorigen Arten den Interorbitalraum; 2 andere, an den oberen Augenlidern beginnende, ähnliche Hautleisten ziehen, in der Rückenmitte sich einander nähernd, dann wieder divergierend zum After, über dem sie sich vereinigen. Oberseite bräunlich, auf dem Vorderkopf und zwischen den Rückenleisten heller; eine breite, dunkelbraune Binde zieht vom vorderen Augenwinkel zum Oberlippenrand; ein heller, auf dem Interorbitalraum vorn und hinten von einem dunklen Fleck begrenzter Streifen verbindet die Spitzen der oberen Augenlider quer über den Interorbitalraum miteinander. Hautleisten des Rückens am lateralen Rande braun gesäumt; Gliedmaßen dunkelbraun quer gebändert. Rumpfseiten und Unterseite braun gefleckt. L. 60 mm.

Ostbrasilien.

6. **C. intermedia** Barb. 1908 *C. i.*, Barbour in: Bull. Mus. Harvard, *v.* 51 p. 323.

Steht zwischen *C. boiei* (nr. 5) und *C. fryi* (nr. 7), unterscheidet sich von ersterer durch die in einer kaum unterbrochenen, nicht ganz geradlinigen Reihe angeordneten Gaumenzähne, von *C. fryi* durch den kürzeren, den 2. Finger kaum an Länge übertreffenden 1. Finger. Körnelung des Rückens und Färbung wie bei *C. boiei*, nur fehlt der braune Fleck unter dem Auge. L. ?.

Santa Catharina (Brasilien).

7. **C. fryi** Gthr. 1873 *C. f.*, Alb. Günther in: Ann. nat. Hist., ser. 4 *v.* 11 p. 417 | 1882 *C. f.*, Boulenger, Cat. Batr. sal. Brit. Mus., ed. 2 p. 223 t. 15 f. 2, 2a, b (Habitus, Kopf, Mundhöhle).

Gaumenzähne in einer geraden, wenig unterbrochenen Reihe zwischen den Choanen. Kopf groß, Nasenloch etwas näher beim Auge als bei der Vorderkopfspitze; oberes Augenlid in einen hornartigen Anhang ausgezogen, der so lang ist wie der Augendurchmesser; Interorbitalraum stark vertieft; Trommelfell unsichtbar. 1. Finger beträchtlich länger als der 2.; Zehen an der Basis durch Schwimmhaut verbunden; Subarticularhöcker stark entwickelt; medialer Metatarsalhöcker oval, stumpf. Bei nach vorn an den Körper angelegtem Hinterbein reicht der Metatarsalhöcker bis zum Auge. Haut oben und unten ungleichmäßig gekörnelt, von den 2 bei *C. boiei* (nr. 5) so deutlichen Höckerreihen auf dem Rücken ist nur das vom Kreuzbein bis zum After reichende Stück ausgebildet. Oberseite braun, undeutlich dunkel marmoriert, Vorderkopf weiß; Unterseite gelblichweiß, mit braunen Flecken. L. 74 mm.

Serra da Mantiqueira in Minas Geräes (Ostbrasilien).

8. **C. calcarata** Blgr. 1890 *C. c.*, Boulenger in: P. zool. Soc. London, p. 327 t. 26.

Gaumenzähne in 2 sehr kleinen und sehr undeutlichen Gruppen zwischen den Choanen. Kopf groß, knöchern und mit einer knöchernen Supratemporalleiste; Nasenloch näher beim Auge als bei der Vorderkopfspitze; Interorbitalraum vertieft; Trommelfell völlig deutlich, etwas kleiner als das Auge. 1. Finger länger als der 2.; Zehen kaum zu $^1/_2$ ihrer Länge durch Schwimmhaut verbunden; ein sehr großer, schaufelförmiger, scharfrandiger medialer Metatarsalhöcker und eine ziemlich undeutliche Tarsalfalte vorhanden. Bei nach vorn an den Körper angelegtem Hinterbein reicht der Metatarsalhöcker bis zum Trommelfell. Oberseite mit kleinen, stark vorspringenden Höckern besetzt, von denen die größten gerippt sind; oberes Augenlid in ein kleines Horn ausgezogen; kein knöcherner Rückenschild vorhanden. Oben dunkel olivenfarbig, mit hellerer, symmetrischer Zeichnung, und mit einem pfeilspitzenförmigen, zwischen den Augen verbreiterten und gegabelten, grünen Band auf dem Rücken; Unterseite mit einigen wenigen, braunen Flecken. Metatarsalhöcker schwarz. L. 70 mm.

Columbia.

9. **C. bigibbosa** Ptrs. 1867 *C. boiei?* (non Wied 1825), Hensel in: Arch. Naturg., *v.* 33 I p. 121 | 1872 *C. bigibbosa*, Peters in: Monber. Ak. Berlin, p. 204 (nota) | 1882 *C. b.*, Boulenger, Cat. Batr. sal. Brit. Mus., ed. 2 p. 222 | 1886 *C. b.*, Boulenger in: Ann. nat. Hist., ser. 5 *v.* 18 p. 440.

Gaumenzähne in 2 kurzen, nach hinten konvergierenden Reihen unmittelbar hinter den Choanen. Kopf nicht verknöchert; Nasenloch gleichweit von Auge und Vorderkopfspitze entfernt; Interorbitalraum schwach vertieft, wenig breiter als ein oberes Augenlid; letzteres nicht in ein Horn ausgezogen, sondern nur am Rande mit spitzen Papillen besetzt, auf seiner Oberseite höckerig; Trommelfell unsichtbar; hinter und über jedem Auge findet sich eine rundliche, parotoidenartige Aufwölbung des Schädels. 1. Finger ein wenig kürzer als der 2.; Zehen im Bereiche ihres 1. Gliedes durch Schwimmhaut verbunden; Subarticularhöcker gut entwickelt, ein großer, ovaler, stumpfer medialer und ein sehr kleiner lateraler Metatarsalhöcker, aber keine Tarsalfalte vorhanden. Bei nach vorn an den Körper angelegtem Hinterbein reicht der Metatarsalhöcker bis zum Hinterrand des Auges. Oberseite mit rundlichen oder spitzen, stellenweise in unregelmäßigen Längsreihen angeordneten Warzen besetzt; Unterseite gekörnelt. Oberseite braun; vom Auge zur Oberlippe ausstrahlende Binden, je ein großer Fleck vor und hinter der hellen, die Augen verbindenden Querlinie und je ein unregelmäßiger, gebogener, von jedem Auge nach hinten ziehender Längsstreifen auf dem Rücken dunkelbraun; ein gelblicher Fleck auf jeder Schulter; Unterseite schwarzbraun bis schwarz, Kehle einfarbig, Brust schwach, Bauch stärker gelb gefleckt oder marmoriert. L. 36 mm.

Rio Grande do Sul (Südbrasilien).

10. **C. ohausi** Wandoll. 1907 *C. o.*, Wandolleck in: Abh. Mus. Dresden, *v.* 11 nr. 1 p. 10 t. 1 f. 2, 2a (Habitus, Kopf von der Seite).

Gaumenzähne in 2 nach hinten konvergierenden, starken Reihen hinter den Choanen. Kopf breit abgerundet; Vorderkopf gerade, im Profil konvex, ohne Canthus rostralis, seitlich erst konkav, dann konvex zur Oberlippe abfallend; Nasenloch etwas näher beim Auge als bei der Vorderkopfspitze; Interorbitalraum so breit wie ein oberes Augenlid; Trommelfell unsichtbar. 1. Finger etwas kürzer als der 2.; Zehen durch kurze, als Hautsaum nicht ganz bis zu den Zehenspitzen reichende Schwimmhaut verbunden; Subarticularhöcker gut entwickelt; ein länglicher medialer und ein runder, warzenartiger lateraler Metatarsalhöcker, aber keine Tarsalfalte vorhanden. Bei nach vorn an den Körper angelegtem Hinterbein reicht der Metatarsalhöcker bis zur Vorderkopfspitze. Oberseite mit gößeren und kleineren Warzen besetzt; eine Querreihe starker Warzen zwischen den Augen und je eine solche vom Auge schräg nach hinten und mediad ziehende Warzenreihe begrenzen den nur mit kleinen Warzen besetzten Rückenschild; oberes Augenlid mit spitzen Warzen besetzt; Kehle und Brust schwach warzig, übrige Unterseite glatt. Oberseite blaugrau mit braunen Flecken; Warzen hellbläulich; vom Auge ziehen strahlige, braune Streifen zum Lippenrand. Gliedmaßen mit Ausnahme der medialen Finger und Zehen mit braunen Querbinden. Rumpfseiten und Unterseite weißgelblich. L. 18 mm.

Petropolis (Ostbrasilien).

11. **C. cristiceps** Friedr. Müll. 1884 *C. c.*, Friedr. Müller in: Verh. Ges. Basel, *v.* 7 p. 279 t. 5 f. 1, 1a—c (Habitus, Mundhöhle, Hinterfuß).

Gaumenzähne in 2 kleinen Gruppen zwischen den Choanen. Kopf mäßig groß; Nasenloch am vorderen Ende eines flachen, undeutlichen Kammes, gleichweit von Auge und Vorderkopfspitze entfernt; Interorbitalraum vertieft; Vorderkopf seitlich fast senkrecht abfallend. Trommelfell völlig unsichtbar. 1. Finger sehr wenig länger als der 2.; Zehen an ihrer Basis durch Schwimmhaut verbunden; Subarticularhöcker sehr stark; medialer Metatarsalhöcker schaufelförmig, mit dunkelbrauner Kante, lateraler Metatarsalhöcker und Tarsalfalte fehlen. Bei nach vorn an den Körper angelegtem Hinterbein reicht der Metatarsalhöcker bis zur hinteren Augenecke. Haut oben und unten grobkörnig, auf dem Rücken und den Flanken mit zahlreichen, großen Warzen; oberes Augenlid mit 4—5 Reihen von Warzen besetzt; eine warzige Querleiste zwischen den Augen; 2 warzige Längsleisten ziehen vom oberen Augenlid, in der Rückenmitte sich einander nähernd, dann wieder divergierend zum After, über dem sie zusammenfließen. Färbung des (ausgebleichten) Originalexemplars wenig deutlich; dunkle Binden ziehen vom Auge zum Lippenrand; dunkle Zeichnung auf Rücken und Seiten ähnlich der von *C. ornata* (nr. 2); Unterseite hell, Kehle dunkler. L. 55 mm.

Brasilien.

12. **C. stolzmanni** Steind. 1882 *C. S.*, Steindachner in: SB. Ak. Wien, *v.* 85 p. 188 t. 1 f. 1—6 (Habitus, Kopf, Zunge, Füße).

Gaumenzähne in 2 sehr kleinen Gruppen an der vorderen medialen Ecke der Choanen. Vorderkopf stärker gekrümmt und steiler nach unten abfallend als bei *C. ornata* (nr. 2); Trommelfell ziemlich deutlich, bedeutend kleiner als das Auge. Finger an der Spitze mäßig angeschwollen; Zehen an ihrer Basis durch kurze, als Hautsaum bis zu den Zehenspitzen reichende Schwimmhaut verbunden; medialer Metatarsalhöcker sehr stark entwickelt, mit dunkelbraunem Rande, eine schmale Tarsalfalte vorhanden. Rücken und oberes Augenlid mit zahlreichen länglichen oder rundlichen Wärzchen besetzt; Unterseite dicht gekörnelt. Die Oberseite zeigt dunkle grauviolette, längliche Flecke von ähnlicher Form und Anordnung wie bei *C. ornata*; zwischen den Rückenwärzchen und am Kopfe kleine, rosenrote Flecke und Punkte; die dunklen Flecke sind bläulichgrau gesäumt. L. 60 mm.

Tumbez (Nordwestperu).

13. **C. occidentalis** Berg 1896 *C. o.*, C. Berg in: An. Mus. Buenos Aires, *v.* 5 p. 168.

Zunge annähernd kreisrund, in der Mitte mit einer starken Längsfurche. Gaumenzähne in 2 nach hinten konvergierenden, kräftigen Reihen zwischen den Choanen; Trommelfell klein, kaum sichtbar. 1. Finger etwas länger als der 2.; Zehen fast mehr als zur Hälfte ihrer Länge durch Schwimmhaut verbunden; Subarticularhöcker klein; medialer Metatarsalhöcker kräftig; Tarsalfalte fehlt. Bei nach vorn an den Körper angelegtem Hinterbein reicht der Metatarsalhöcker bis zur Augenmitte. Rücken mit glatten Höckern und sehr niedrigen, von einem Hof umgebenen, ziemlich großen und zahlreichen Drüsenwarzen besetzt; oberes Augenlid einfach; Unterseite besonders in ihrer hinteren Hälfte gekörnelt oder höckerig. Oberseite dunkelgrau, auf dem Vorderkopf aschfarbig marmoriert, mit einer weißen Längslinie in der Rückenmitte. Unterseite schmutzig weiß, seitlich und nach hinten hin gelblich, Oberschenkel kaum dunkel quer gebändert. L. 50 mm.

Larve sehr kräftig; oben bleigrau, unten aschfarbig, an den Seiten braun und grau gemustert, oben, besonders auf dem Kopfe, mit einem weißlichen Eindruck. Haut glatt, wenig drüsig. L. 104 mm, davon 67 auf den Schwanz.

Arroyo Agrio (Argentinien).

14. **C. americana** (Dum. & Bibr.) 1841 *Pyxicephalus americanus*, C. Duméril & G. Bibron, Erpét., *v.* 8 p. 446 | 1843 *P. (Tomopterna) a.*, Fitzinger, Syst. Rept., *v.* 1 p. 32 | 1843 *P. americanus*, T. Bell in: Zool. Voy. Beagle, pars 5 p. 40 t. 18 f. 2, 2a—c (Habitus, Füße) | 1847 *P. a.*, Orbigny, Voy. Amér. mérid., *v.* 5 fasc. 1 p. 10 t. 14 f. 1—4 (Habitus, Mundhöhle, Hinterfuß) | 1858 *P. a.* (part.), Alb. Günther, Cat. Batr. sal. Brit. Mus., p. 24 | 1862 *P.* —? n. sp., E. D. Cope in: P. Ac. Philad., p. 352 | 1875 *P. a.*, Espada

in: Vert. Viaje Pacif., Batr. p. 20 | 1881 *P. a.*, P. Brocchi in: Miss. Mex., pars 3 II p. 28 t. 6 f. 3, 4, 4a (Habitus, Kopf von der Seite)[1] | 1882 *Ceratophrys americana*, Boulenger, Cat. Batr. sal. Brit. Mus., ed. 2 p. 226 | 1896 *C. a.*, C. Berg in: An. Mus. Buenos Aires, v. 5 p. 167 (mit weiteren Literaturangaben).

Gaumenzähne in 2 geraden Reihen etwas hinter den Choanen. Kopf mäßig groß, nicht verknöchert; Nasenloch gleichweit von Auge und Vorderkopfspitze entfernt; oberes Augenlid in normaler Weise entwickelt, ohne Hornfortsatz und Papillen; Interorbitalraum flach, schmaler als ein oberes Augenlid; Trommelfell unsichtbar. 1. Finger länger als der 2.; Zehen zu $^1/_3$ ihrer Länge durch Schwimmhaut verbunden; Subarticularhöcker gut entwickelt, ein sehr großer, schaufelförmiger, schwarz gerandeter medialer Metatarsalhöcker und eine kurze Tarsalfalte vorhanden. Bei nach vorn an den Körper angelegtem Hinterbein reicht der Metatarsalhöcker nicht bis zum Auge. Haut auf der Ober- und Unterseite höckerig; einige längliche Drüsenwülste auf dem Rücken. Oben olivenfarbig mit großen, hell gesäumten, dunklen Inselflecken und mit einer hellen Längslinie in der Rückenmitte, Unterseite gelblich. L. 40 mm.

Ostargentinien bis Paraguay und Rio Grande do Sul.

15. **C. leyboldi** (Espada) 1875 *Pyxicephalus l.*, Espada in: Vert. Viaje Pacif., Batr. p. 15 | 1882 *Ceratophrys l.*, Boulenger, Cat. Batr. sal. Brit. Mus., ed. 2 p. 227.

Unterscheidet sich von *C. americana* nur durch die kürzeren Hinterbeine, die nach vorn an den Körper angelegt mit der Spitze der 4. Zehe bis zur vorderen Ecke des Auges reichen. L. 65 mm.

Nord-Chile.

16. **C. cultripes** (Rhdt. & Ltk.) 1858 *Pyxicephalus americanus* (part.), Alb. Günther, Cat. Batr. sal. Brit. Mus., p. 24 | 1862 *Odontophrynus cultripes*, J. Reinhardt & Lütken in: Vid. Meddel., *v.* 13 p. 159 t. 3 f. 1, 1a—c (Habitus, Mundhöhle, Füße) | 1863 *Pyxicephalus c.*, E. D. Cope in: P. Ac. Philad., p. 51 | 1882 *Odontophrynus c.*, Friedr. Müller in: Verh. Ges. Basel, *v.* 7 p. 134 | 1882 *Ceratophrys c.*, Boulenger, Cat. Batr. sal. Brit. Mus., ed. 2 p. 226.

Fig. 298. **Ceratophrys cultripes** (nach J. Reinhardt u. Lütken).

Gaumenzähne in 2 etwas schräg gestellten Reihen zwischen den Choanen. Kopf mäßig groß, nicht verknöchert; Nasenloch etwas näher beim Auge als bei der Vorderkopfspitze; Interorbitalraum kaum vertieft, etwas schmaler als ein oberes Augenlid; letzteres einfach, ohne Hornfortsatz und Papillen; Trommelfell unsichtbar. 1. Finger länger als der 2.; Zehen zu $^1/_3$ ihrer Länge durch Schwimmhaut verbunden; Subarticularhöcker gut entwickelt;

[1]) Das angebliche Vorkommen dieser Art in Mexiko bedarf unbedingt einer Nachprüfung.

medialer Metatarsalhöcker sehr groß, schaufelförmig, mit brauner Schneide; eine sehr deutliche Tarsalfalte vorhanden. Bei nach vorn an den Körper angelegtem Hinterbein erreicht der Metatarsalhöcker noch nicht das Auge. Haut oben und unten höckerig, 2 oder 3 parotoïdenartige Drüsen an jeder Seite des Nackens und Vorderrückens vorhanden (Fig. 298); eine große, parotoïdenartige Drüse auf dem Unterschenkel. Oben braun oder olivenfarbig, dunkel marmoriert; zuweilen eine ziemlich undeutliche, helle Längslinie in der Mitte des Hinterrückens vorhanden. L. 56 mm.

Ostbrasilien.

?**C. araucanus** Phil. 1902 *C. a.*, A. Philippi, Supl. Batr. Chilen., p. 68.
Anden von Chile.

9. Gen. **Oocormus** Boulenger

1905 *O.*, Boulenger in: Ann. nat. Hist., ser. 7 *v.* 16 p. 181.

Pupille horizontal. Zunge kreisrund, ganzrandig, hinten frei abhebbar. Gaumenzähne vorhanden. Trommelfell unsichtbar. Finger und Zehen frei, an den Spitzen nicht verbreitert; Schwimmhaut nicht zwischen die Metatarsen der 4. und 5. Zehe eingreifend. Sternum ohne knöchernen Stiel. Habitus gedrungen, *Engystoma*-artig.

1 Art in Brasilien.

1. **O. microps** Blgr. 1905 *O. m.*, Boulenger in: Ann. nat. Hist., ser. 7 *v.* 16 p. 181.

Zunge groß, den ganzen Boden der Mundhöhle bedeckend. Gaumenzähne einen weit offenen, in der Mitte kaum unterbrochenen Winkel mit schwach gebogenen Schenkeln bildend. Kopf viel breiter als lang; Vorderkopf sehr kurz, breit abgerundet, nicht vorspringend; Auge sehr klein, so groß wie das Trommelfell; Interorbitalraum mehr als doppelt so breit wie ein oberes Augenlid. Finger und Zehen kurz, ohne Hautsaum, an den Spitzen schwach verdickt, mit gut entwickelten Subarticularhöckern; 1. und 2. Finger gleich lang; ein großer, ovaler medialer und ein kleiner, runder lateraler Metatarsalhöcker vorhanden. Bei nach vorn an den Körper angelegtem Hinterbein reicht das Tibiotarsalgelenk bis zum Trommelfell. Haut glatt und glänzend, eine starke Hautfalte zieht, hinter dem Trommelfell einen Winkel bildend, vom Auge zur Schulter; eine schwach angedeutete Drüsenfalte zieht vom oberen Augenlid zur Sacralregion, in der Schultergegend mit der Falte der andern Seite konvergierend und hier einen Winkel bildend. Oben braun, mit symmetrischer, dunkler Zeichnung, bestehend aus einem einen nach vorn offenen Winkel bildenden Querbande zwischen den Augen, einer winkligen Binde an der Lateralseite der dorsalen Drüsenfalte, einer M-förmigen Binde auf dem Hinterrücken, einer schrägen Binde an der Rumpfseite und aus Querbinden auf den Beinen. Unterseite dunkelbraun. L. 34 mm.

Organ-Gebirge (Brasilien).

10. Gen. **Zachaenus** E. D. Cope

1858 *Cystignathus* (part.), C. Girard in: U. S. expl. Exp., Herpet. p. 33 | 1866 *Zachaenus*, E. D. Cope in: J. Ac. Philad., ser. 2 *v.* 6 p. 94 | 1882 *Z.*, Boulenger, Cat. Batr. sal. Brit. Mus., ed. 2 p. 257.

Pupille horizontal. Zunge annähernd kreisrund oder länglich oval, völlig oder fast völlig angeheftet. Gaumenzähne vorhanden. Trommelfell deutlich sichtbar. Finger und Zehen frei, an den Spitzen nicht verbreitert, mit einfachen knöchernen Endphalangen; keine Schwimmhaut zwischen die Metatarsen der 4. und 5. Zehe eingreifend. Omosternum und Sternum knorpelig.

2 Arten in Südamerika.

Bestimmungstabelle der Arten:

1	1. Finger länger als der 2., 2 Metatarsalhöcker vorhanden . .	1. **Z. parvulus**
	1. Finger kürzer als der 2., nur ein medialer Metatarsalhöcker vorhanden	2. **Z. roseus**

1. **Z. parvulus** (Girard) 1853 *Cystignathus p.*, C. Girard in: P. Ac. Philad., *v.* 6 p. 422 | 1858 *C. p.*, C. Girard in: U. S. expl. Exp., Herpet. p. 35 t. 3 f. 34—38 (Habitus, Kopf, Füße) | 1866 *Zachaenus p.*, E. D. Cope in: J. Ac. Philad., ser. 2 *v.* 6 p. 94 | 1882 *Z. p.*, Boulenger, Cat. Batr. sal. Brit. Mus., ed. 2 p. 257.

Gaumenzähne in einer in der Mitte kaum unterbrochenen Querreihe schräg hinter den Choanen angeordnet. Vorderkopf abgerundet, so lang wie der Augendurchmesser; Nasenloch näher bei der Vorderkopfspitze als beim Auge; Interorbitalraum viel breiter als der Augendurchmesser; Trommelfell kleiner als das Auge (Fig. 299); Finger und Zehen schlank, abgeplattet; Zehen mit einem Hautsaum; 1. Finger länger als der 2.; Subarticularhöcker klein; 2 Metatarsalhöcker vorhanden. Hinterbeine etwas länger als Kopf und Rumpf zusammen. Haut überall völlig glatt. Oberseite hellgelblich- oder rötlichbraun; eine kastanienbraune Binde zieht von der Vorderkopfspitze längs des Canthus rostralis bis zum Auge und läuft hinter dem Auge, an ihrem oberen Rande weiß gesäumt, bis zum Hinterkopf mit der Binde der anderen Seite konvergierend, dann wieder divergierend etwa bis zur Mitte der Rumpfseiten; Beine schwärzlichbraun gebändert. Unterseite rötlichbraun, jederseits mit einem länglichen, zugespitzten, vom Bauche schräg nach vorn gegen die Brust gerichteten, schwärzlichbraunen Fleck. L. 21 mm.

Fig. 299. **Zachaenus parvulus** (nach C. Girard).

Rio de Janeiro.

2. **Z. roseus** Cope 1890 *Z. r.*, E. D. Cope in: P. U. S. Mus., *v.* 12 p. 142.

Zunge länglich oval, hinten wenig frei abhebbar und schwach ausgerandet. Gaumenzähne in 2 nahe beieinander und dicht hinter der Verbindungslinie der Choanenhinterränder stehenden Gruppen angeordnet. Kopf und Rumpf ziemlich kurz. Kopf abgeplattet; Vorderkopf nur wenig vorspringend, Nasenloch nur wenig näher bei der Vorderkopfspitze als beim Auge; Interorbitalraum flach, breiter als die Lidspalte lang ist; Trommelfell ein senkrechtes Oval, weniger als $^1/_2$ so breit wie der Augendurchmesser. 1. Finger kürzer als der 2.; Zehen kurz, mit undeutlichen Hautsäumen; Subarticularhöcker der Finger schwach entwickelt; ein medialer, aber kein lateraler Metatarsalhöcker vorhanden. Haut auf Ober- und Unterseite glatt; eine schmale Drüsenfalte zieht vom Hinterrande des oberen Augenlides bis zu einem Punkt gerade über der Achsel; Bauch mit einer Haftscheibe. Oberseite hellrosa; eine schwarze Binde zieht längs des Canthus rostralis und der oben erwähnten Drüsenfalte bis zu deren Ende und entsendet einen quer über das Trommelfell zur Schulter herabsteigenden Ast. Beine mit sehr undeutlichen, dunklen Querbinden; Vorderseite von Unterarm und Unterschenkel mit je 2 großen, braunen Flecken; Unterseite des Tarsus schwärzlich. Unterseite schmutzigweiß. L. 23 mm.

Port Otway (Patagonien).

11. Gen. **Borborocoetes** T. Bell

1841 *Cystignathus* (part.), C. Duméril & G. Bibron, Erpét., *v.* 8 p. 392 | 1843 *Borborocoetes*, T. Bell in: Zool. Voy. Beagle, pars 5 p. 34 | 1858 *Cystignathus* (part.), Alb. Günther, Cat. Batr. sal. Brit. Mus., p. 26 | 1865 *Eusophus* + *Borborocoetes*, E. D. Cope in: Nat. Hist. Rev., p. 113 | 1866 *B.* + *Eusophus*, E. D. Cope in: J. Ac. Philad., ser. 2 *v.* 6 p. 94, 95 | 1868 *Cacotus*, Alb. Günther in: P. zool. Soc. London, p. 482 | 1872 *Oreobates*, Espada in: An. Soc. Españ., *v.* 1 p. 86 | 1873 *Phrynopus*, Peters in: Monber. Ak. Berlin, p. 416 | 1875 *Oreobates*, Espada in: Vert. Viaje Pacif., Batr. p. 99 | 1882 *Borborocoetes*, Boulenger, Cat. Batr. sal. Brit. Mus., ed. 2 p. 252 | 1900 *B.*, Alb. Günther in: Biol. Centr.-Amer., Rept. & Batr. p. 215.

Pupille horizontal. Zunge annähernd kreisrund, oval oder herzförmig, ganzrandig oder hinten eingeschnitten, mindestens am Hinterrande, oder auch ringsherum (Fig. 303) stark frei abhebbar. Gaumenzähne vorhanden. Trommelfell mehr oder weniger deutlich oder fehlend. Finger frei, Zehen frei oder fast frei von Schwimmhaut; Zehenspitzen nicht verbreitert, mit einfachen oder schwach gegabelten knöchernen Endphalangen; keine Schwimmhaut zwischen die Metatarsen der 4. und 5. Zehe eingreifend. Omosternum knorpelig, Sternum eine Knorpelplatte (bei völlig erwachsenen Tieren in der Mitte oft mehr oder weniger verknöchert).

11 sichere und 6 unsichere Arten in Süd- und Mittelamerika.

Bestimmungstabelle der Arten:

1	Trommelfell vorhanden, meist mehr oder weniger deutlich sichtbar — 2	
	Trommelfell völlig fehlend — 9	
2	Gaumenzähne hinter der Verbindungslinie der Choanenhinterränder — 3	
	Gaumenzähne zwischen den Choanen (höchstens auf, aber niemals hinter der Verbindungslinie der Choanenhinterränder — 8	
3	1. Finger kürzer oder höchstens ebenso lang wie der 2. Finger — 4	
	1. Finger länger als der 2. Finger — 7	
4	Bei nach vorn an den Körper angelegtem Hinterbein reicht: das Tibiotarsalgelenk mindestens bis zum Hinterrand des Auges — 5	
	der Metatarsalhöcker nur bis zur Schulter	3. **B. peruanus**
5	Nasenloch etwa gleichweit von Auge und Vorderkopfspitze entfernt — 6	
	Nasenloch viel näher bei der Vorderkopfspitze als beim Auge	5. **B. columbianus**
6	Oberseite glatt oder fein gekörnelt, eine flache, kantige Hautfalte über dem Trommelfell; in der Regel 2 Metatarsalhöcker vorhanden.	1. **B. grayii**
	Oberseite porös, mit winzigen Ringeln und Fältchen; ein lateraler Drüsenwulst an jeder Seite des Rückens vorhanden; nur ein medialer Metatarsalhöcker vorhanden	2. **B. masareyi**
7	Interorbitalraum so breit wie ein oberes Augenlid; Oberseite warzig und höckerig	4. **B. quixensis**
	Interorbitalraum etwas breiter als ein oberes Augenlid; Oberseite glatt	6. **B. mexicanus**

8 Bei nach vorn an den Körper angelegtem Hinterbein reicht das Tibiotarsalgelenk:
höchstens bis zum Vorderrand des Auges; Subarticularhöcker mehr oder weniger stark vorspringend; Zehen mit deutlichen Hautsäumen . . . . 7. **B. roseus**
bis zum Auge oder zwischen Auge und Vorderkopfspitze; Subarticularhöcker klein; Zehen ohne Hautsäume . . 8. **B. taeniatus**

9 Interorbitalraum mehr als doppelt so breit wie ein oberes Augenlid . . . . 9. **B. bolitoglossus**
Interorbitalraum so breit wie ein oberes Augenlid — 10

10 Vorderkopf so lang wie der größte Augendurchmesser; ein kegelförmiger Höcker am Tibiotarsalgelenk vorhanden (Fig. 304) . . . . 10. **B. calcaratus**
Vorderkopf kürzer als der größte Augendurchmesser; kein Höcker am Tibiotarsalgelenk vorhanden . . . . . . 11. **B. coppingeri**

1. **B. grayii** (Bell) 1843 *B. Bibronii* + *B. Grayii*, T. Bell in: Zool. Voy. Beagle, pars 5 p. 35, 36 t. 17 f. 1, 2 | 1848 *B. b.* + *B. g.*, Guichenot in: Gay, Hist. Chile, *v.* 2 p. 105, 106 | ? 1853 *Cystignathus nebulosus*, C. Girard in: P. Ac. Philad., *v.* 6 p. 422 | ? 1858 *C. n.*, C. Girard in: U. S. expl. Exp., Herpet. p. 33 t. 3 f. 19—23 (Habitus, Kopf, Füße) | 1858 *C. grayii* + *C. bibronii*, Alb. Günther, Cat. Batr. sal. Brit. Mus., p. 30, 31 | 1868 *Cacotus maculatus*, Alb. Günther in: P. zool. Soc. London, p. 482 t. 38 f. 5, 5a (Habitus, Hinterfuß) | ?1869 *Eusophus nebulosus*, E. D. Cope in: P. Amer. phil. Soc., *v.* 11 p. 168 | 1869 *Cyclorhamphus fasciatus*, Peters in: Monber. Ak. Berlin, p. 789 | 1869 *Cystignathus f.*, Peters in: Monber. Ak. Berlin, p. 881 | 1882 *Borborocoetes grayi* + *B. bibronii* + *B. maculatus*, Boulenger, Cat. Batr. sal. Brit. Mus., ed. 2 p. 254, 255, 256 | 1896 *B. roseus* (part.) + *B. pliciferus*, F. Werner in: Verh. Ges. Wien, *v.* 46 p. 358, 360 | 1897 *Paludicola marmorata*, F. Werner in: Zool. Jahrb., suppl. 4 p. 270 f. 1 (Mund der Larve) t. 14 f. 13—14a | 1904 *Borborocoetes maculatus*, F. Werner in: Ergeb. Hamburg. Magalh.-Sammelr., *v.* 1 Rept. p. 17.

Zunge ungefähr kreisförmig, hinten mehr oder weniger deutlich eingekerbt oder ganzrandig. Gaumenzähne hinter den Choanen, seltener auf der Verbindungslinie von deren Hinterrändern oder zwischen den Choanen.

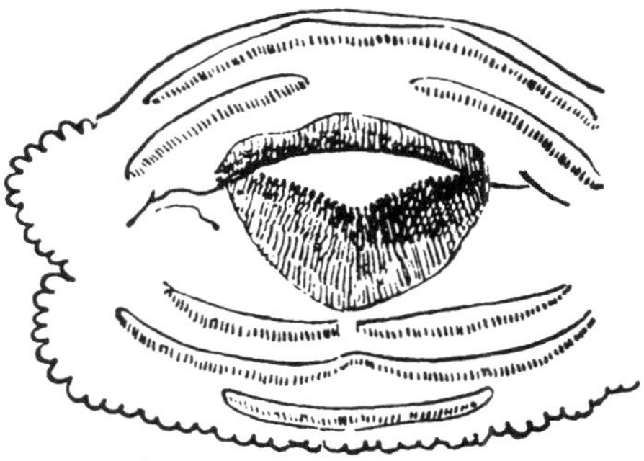

Fig. 300. **Borborocoetes grayii.**
Mundgegend der Larve (vergr.) (nach F. Werner).

Vorderkopf abgerundet, $1—1^1/_2$ mal so lang wie der Augendurchmesser; Nasenloch ungefähr gleichweit von Auge und Vorderkopfspitze entfernt; Interorbitalraum $1—1^1/_2$, seltener 2 mal so breit wie ein oberes Augenlid; Trommelfell unsichtbar oder mehr oder weniger deutlich, $^2/_5—^1/_2$ so breit wie der Augendurchmesser. 1. Finger kürzer oder höchstens ebenso lang wie der 2.; Zehen völlig frei, mit schwachen Hautsäumen; Subarticularhöcker mehr oder weniger stark entwickelt; von den 2 in der Regel vorhandenen Metatarsalhöckern kann der laterale fehlen. Bei nach vorn an den Körper angelegtem Hinterbein reicht das Tibiotarsalgelenk mindestens bis zum Hinterrand des Auges, zuweilen aber auch bis zur Vorderkopfspitze. Haut oben meist glatt, seltener fein gekörnelt oder durch kleine Spitzen rauh erscheinend; über dem Trommelfell eine flache, oben und unten kantige Hautfalte, deren beide Kanten sich schräg nach unten und hinten an den Rumpfseiten fortsetzen; Unterseite glatt. Färbung sehr veränderlich; Grundfarbe gelb, hellgraurötlich, grauviolett, graubraun oder grauschwarz; zwischen den Augen ein dunkler, mit der Spitze nach hinten gerichteter, dreieckiger Fleck und an ihn sich anschließend ist eine symmetrische, dunkle Zeichnung auf dem Rücken meist mehr oder weniger deutlich erkennbar; ein schwarzer Streifen zieht längs des Canthus rostralis und vom Auge zur Armwurzel. Kopfseiten häufig dunkel quergebändert. Beine oben dunkel quergebändert. Unterseite weiß, Kehle auf gelblichem oder rötlichem Grunde braun gefleckt. L. 42 mm.

♂ mit inneren Schallblasen. Mund der Larve (nach Werner) wie in Fig. 300 dargestellt, gebaut.

Chile.

2. **B. masareyi** (J. Roux) 1910 *B. m.*, J. Roux in: Zool. Anz., *v.* 36 p. 111.

Zunge birnförmig, hinten breit und ganzrandig. Gaumenzähne in 2 nach hinten konvergierenden Gruppen hinter der Verbindungslinie der Choanenhinterränder. Kopf etwas breiter als lang; Vorderkopf stumpf, etwas länger als der Augendurchmesser, mit abgerundetem Canthus rostralis; Nasenloch gleichweit von Auge und Vorderkopfspitze entfernt; Interorbitalraum breiter als ein oberes Augenlid; Trommelfell ziemlich deutlich sichtbar, etwa $^1/_2$ so breit wie der Augendurchmesser. Finger und Zehen mäßig lang; letztere an der Basis durch sehr schwache Schwimmhaut verbunden; 1. Finger etwas kürzer als der 2.; Subarticularhöcker sehr gut entwickelt; nur ein ovaler, sehr deutlicher medialer Metatarsalhöcker vorhanden. Bei nach vorn an den Körper angelegtem Hinterbein reicht das Tibiotarsalgelenk zwischen Auge und Nasenloch. Haut der Oberseite porös, mit zahlreichen, winzigen Runzeln und Fältchen; ein Drüsenwulst zieht jederseits vom Auge bis zur Mitte der grob runzeligen, mehr oder weniger höckerigen Rumpfseiten; Unterseite glatt, die der Schenkel teilweise gefeldert. Oberseite rosaviolett oder karminrot, auf dem Rücken mit großen, unregelmäßigen, schwarzen Flecken; Gliedmaßen mit schwarzen Flecken oder Querbinden, außer auf Fingern und Zehen. Kopf- und Rumpfseiten schwarz, mit weißlichen Flecken, besonders am Rande der Oberlippe und hinter dem Trommelfell. Unterseite schmutzig gelb, Kinngegend dunkler; Unterlippe mit weißen Flecken. L. 40 mm.

Coronel (Chile).

3. **B. peruanus** (Ptrs.) 1873 *Phrynopus p.*, Peters in: Monber. Ak. Berlin, p. 416 t. 4 f. 2, 2a—c (Habitus, Mundhöhle, Schultergürtel, Vorderfuß) | 1882 *Borborocoetes p.*, Boulenger, Cat. Batr. sal. Brit. Mus., ed. 2 p. 255.

Zunge oval, ganzrandig, hinten weit frei abhebbar. Gaumenzähne in 2 kleinen Gruppen weit hinter den Choanen. Vorderkopf kurz, abgerundet, länger als der Augendurchmesser, mit deutlichem, aber stumpfem Canthus rostralis; Nasenloch gleichweit von Auge und Vorderkopfspitze entfernt; Interorbitalraum breiter als ein oberes Augenlid; Trommelfell klein und rund,

$^1/_2$ so breit wie der Augendurchmesser. Finger und Zehen kurz, letztere frei von Schwimmhaut; 1. Finger kürzer als der 2.; Subarticularhöcker schwach entwickelt; ein ovaler medialer und ein rundlicher lateraler Metatarsalhöcker vorhanden. Bei nach vorn an den Körper angelegtem Hinterbein reicht der Metatarsalhöcker bis zur Schulter. Haut etwas uneben. Oberseite dunkelolivenbraun, mit verwischten und zusammenfließenden, schwarzen Flecken; zuweilen auch mit einer feinen, hellen Längslinie in der Rückenmitte; Unterseite hellviolett, schwarz marmoriert oder unregelmäßig gefleckt. Medialseite des Oberarmes, Handfläche, Unterseite von Ober- und Unterschenkel und die medialen Zehen weißlich. L. 30 mm.

Maraynioc (Peru).

4. **B. quixensis** (Espada) 1872 *Oreobates q.*, Espada in: An. Soc. Españ., *v.* 1 p. 87 | 1875 *O. q.*, Espada in: Vert. Viaje Pacif., Batr. p. 99 t. 3 f. 5, 5a—d (Habitus, Mundhöhle, Vorderfuß, Schultergürtel, knöcherne Endphalange) | 1882 *Borborocoetes q.*, Boulenger, Cat. Batr. sal. Brit. Mus., ed. 2 p. 256.

Zunge annähernd kreisrund, hinten undeutlich ausgerandet. Gaumenzähne in 2 kurzen, nach hinten konvergierenden Reihen hinter den Choanen. Vorderkopf abgerundet, länger als der größte Augendurchmesser. Nasenloch viel näher bei der Vorderkopfspitze als beim Auge; Interorbitalraum so breit wie ein oberes Augenlid; Trommelfell sehr deutlich, $^2/_3$ so breit wie der Augendurchmesser. Finger und Zehen mäßig lang, letztere ohne Schwimmhaut und ohne Hautsaum; 1. Finger länger als der 2.; Subarticularhöcker sehr kräftig; 2 vorspringende Metatarsalhöcker vorhanden. Bei nach vorn an den Körper angelegtem Hinterbein reicht das Tibiotarsalgelenk zwischen Auge und Vorderkopfspitze. Oberseite mit dicht gedrängten, kleinen Warzen und Höckern besetzt; Unterseite glatt. Oberseite graubraun, undeutlich dunkel marmoriert; Oberlippe mit senkrechten, braunen Binden. Beine mit dunkelbraunen Querbinden. Unterseite braun und weiß marmoriert. L. 58 mm. ♂ ohne Schallblasen.

Ecuador.

5. **B. columbianus** Wern. 1899 *B. c.*, F. Werner in: Verh. Ges. Wien, *v.* 49 p. 480.

Nahe verwandt mit *B. quixensis* Espada, von dem er sich in folgenden Punkten unterscheidet: Trommelfell kleiner, kaum $^2/_3$ so breit wie der Augendurchmesser; 1. und 2. Finger gleich lang; Subarticularhöcker deutlich, aber klein; nur ein sehr kleiner medialer, kein lateraler Metatarsalhöcker vorhanden; das nach vorn an den Körper angelegte Hinterbein reicht mit dem Tibiotarsalgelenk nur bis zum Vorderrand des Auges; Haut glatt. Oberseite schwarzbraun, eine helle Querlinie zwischen den Augen; Hinterbeine fein dunkel punktiert; Unterseite weiß, braun genetzt; Oberschenkel unten rötlichbraun. L. 18 mm.

Monte Redondo in Buenavista (Columbia), in 1000—1300 m Höhe.

6. **B. mexicanus** Blgr. 1898 *B. m.*, Boulenger in: P. zool. Soc. London, p. 481 t. 39 f. 2, 2a (Habitus, Mundhöhle) | 1900 *B. m.*, Alb. Günther in: Biol. Centr.-Amer., Rept. & Batr. p. 215.

Zunge oval, ganzrandig. Gaumenzähne in 2 runden Gruppen hinter der Verbindungslinie der Choanen. Vorderkopf abgerundet, ein wenig länger als der Augendurchmesser, mit rundlichem Canthus rostralis; Nasenloch näher bei der Vorderkopfspitze als beim Auge; Interorbitalraum ein wenig breiter als ein oberes Augenlid; Trommelfell deutlich, $^2/_3$ so breit wie der Augendurchmesser. Finger und Zehen mäßig lang, letztere völlig frei; 1. Finger den 2. überragend; Subarticularhöcker sehr kräftig; ein großer, stark vorspringender, seitlich zusammengedrückter medialer und ein kleiner, runder lateraler Metatarsalhöcker vorhanden. Bei nach vorn an den Körper angelegtem Hinterbein reicht das Tibiotarsalgelenk zwischen Auge und Nasenloch. Haut glatt. Oberseite olivengrau, mit einer dunklen Querbinde zwischen den Augen und mit kleinen dunklen Flecken auf dem Rücken; ein dunkler, aber nicht bis zu den Weichen reichender Streifen an jeder Seite von Kopf und Rumpf, sowie ein dunkler Lumbarfleck jederseits vorhanden; Lippen senkrecht dunkel gebändert; Beine mit dunklen Querbinden; Unterseite weiß; Seiten der Kehle braun gesprenkelt. L. 37 mm.

Zacatecas (Mexico).

7. **B. roseus** (Dum. & Bibr.) 1841 *Cystignathus nodosus* + *C. roseus*, C. Duméril & G. Bibron, Erpét., v. 8 p. 413, 414 | ? 1845 *C. sylvestris*, Tschudi, Fauna Peru., Herpet. p. 66 t. 11 f. 1 | 1848 *C. nodosus* + *C. roseus*, Guichenot in: Gay, Hist. Chile, v. 2 p. 98, 99 t. 7 f. 3 | 1853 *Pleurodema nodosa*, C. Girard in: P. Ac. Philad., v. 6 p. 420 | 1858 *Cystignathus nodosus* + *C. roseus*, Alb. Günther, Cat. Batr. sal. Brit. Mus., p. 29, 134 | 1865 *Eusophus nodosus* + *Borborocoetes roseus*, E. D. Cope in: Nat. Hist. Rev., p. 113 | 1873 *Cystignathus sylvestris*, Peters in: Monber. Ak. Berlin, p. 623 | 1875 *C. roseus* + *C. hidalgoi*, Espada in: Vert. Viaje Pacif., Batr. p. 73, 76 | 1882 *Borborocoetes nodosus* + *B. roseus* + *B. hidalgi*, Boulenger, Cat. Batr. sal. Brit. Mus., ed. 2 p. 253 | 1896 *B. roseus* (part.) + *Paludicola mülleri*, F. Werner in: Verh. Ges. Wien, v. 46 p. 358 | 1897 *P. nodosa*, F. Werner in: Zool. Jahrb., suppl. 4 p. 266 t. 14 f. 12, 12a, b | 1904 *Borborocoetes roseus*, F. Werner in: Ergeb. Hamburg. Magalh.-Sammelr., v. 1 Rept. p. 17.

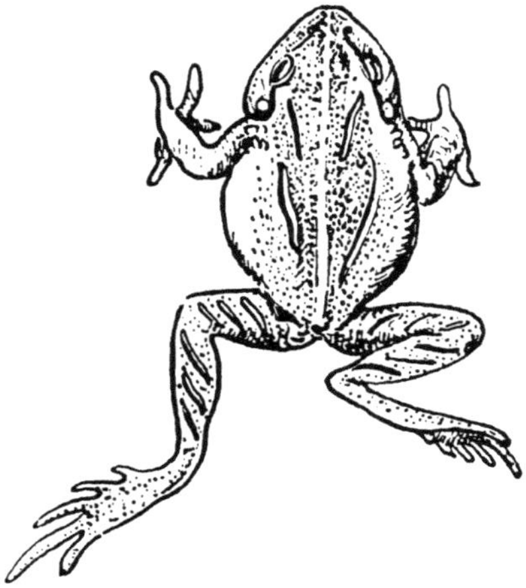

Fig. 301. **Borborocoetes roseus** (nach F. Werner).

Zunge annähernd kreisrund, hinten mehr oder weniger deutlich eingekerbt oder ganzrandig. Gaumenzähne in queren oder schwach nach hinten konvergierenden Reihen zwischen den Choanen oder auf der Verbindungslinie von deren Hinterrändern. Vorderkopf abgerundet, wenig länger als der größte Augendurchmesser (Fig. 301); Nasenloch gleichweit von Auge und Vorderkopfspitze entfernt oder näher bei letzterer; Interorbitalraum so breit wie oder breiter als ein oberes Augenlid; Trommelfell meist mehr oder weniger deutlich, $^1/_3$—$^2/_3$ so breit wie der Augendurchmesser. Finger und Zehen mäßig lang; 1. Finger kürzer, ebenso lang wie oder wenig länger als der 2.; Zehen bei erwachsenen Tieren mit deutlichen Hautsäumen; Subarticularhöcker mehr oder weniger stark hervortretend; ein walzen- oder eiförmiger medialer und ein viel kleinerer, kegelförmiger lateraler Metatarsalhöcker vorhanden. Bei nach vorn an den Körper angelegtem Hinterbein reicht das Tibiotarsalgelenk bis zum Trommelfell oder Hinterrand, oder höchstens bis zum Vorderrand des Auges. Haut deutlich porös, glatt oder mit sehr kleinen Höckerchen besetzt; letztere besonders bei jungen Tieren um den Mundwinkel und das Trommelfell herum, aber auch an den Rumpfseiten und auf den Hinterbeinen auftretend, bei Erwachsenen zuweilen völlig fehlend; eine bei alten Tieren parotoïdenartig verdickte Hautfalte und je ein Paar dorsaler oder wenigstens suprascapularer Hautfalten fast niemals fehlend. Oberseite braun, meistens mit einem hellen Längsstreifen in der Mittellinie des Rückens, undeutlich dunkel gefleckt oder marmoriert; Beine häufig auf der Oberseite dunkel quergebändert; Rumpfseiten und Beine manchmal weiß gesprenkelt; Unterseite hellbraun oder gelblich; Kehle einfarbig hell. L. 63 mm.

♂ mit inneren Schallblasen und einer starken Querfalte über der Brust.

Chile bis Ecuador.

8 **B. taeniatus** (Girard) ? 1843 *Litoria glandulosa*, T. Bell in: Zool. Voy. Beagle, pars 5 p. 42 t. 18 f. 4, 4 a (Habitus, Hinterfuß) | 1854 *Cystignathus taeniatus*, C. Girard in: P. Ac. Philad., *v.* 7 p. 226 | 1855 *C. t.*, C. Girard in: U. S. astronom. Exp., *v.* 2 p. 207 t. 34 f. 8—11 (Habitus, Füße) | 1858 *C. t.*, Alb. Günther, Cat. Batr. sal. Brit. Mus., p. 29 | 1871 *C. t.*, Cunningham in: Tr. Linn. Soc. London, *v.* 27 p. 467 | 1882 *Borborocoetes t.*, Boulenger, Cat. Batr. sal. Brit. Mus., ed. 2 p. 254 | 1896 *B. t.* var. *bilineata* + var. *rufodorsata* + var. *albovittata* + var. *modesta* + var. *intermedia* + var. *ornata*, F. Werner in: Verh. Ges. Wien, *v.* 46 p. 359 | 1897 *B. taeniatus*, F. Werner in: Zool. Anz., *v.* 20 p. 26 (Larve) | 1897 *B. t.*, F. Werner in: Zool. Jahrb., suppl. 4 p. 276 f. 2 (Mund der Larve).

Zunge annähernd kreisrund oder herzförmig, hinten deutlich eingeschnitten. Gaumenzähne in 2 kleinen Gruppen zwischen den Choanen.

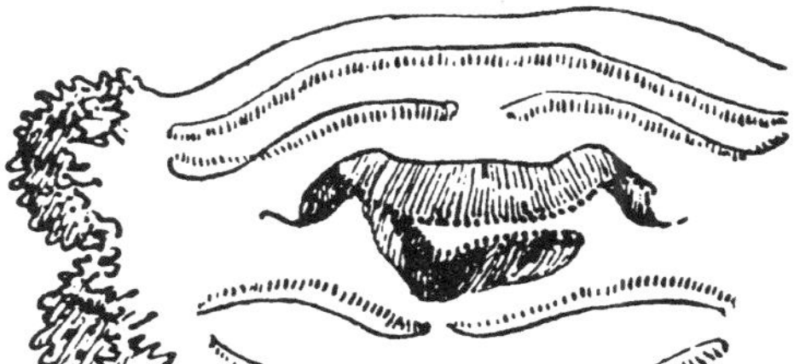

Fig. 302. **Borborocoetes taeniatus.**
Mundgegend der Larve (vergr.) (nach F. Werner).

Vorderkopf abgerundet, etwas länger als der Augendurchmesser; Nasenloch gleichweit von Auge und Vorderkopfspitze entfernt, oder etwas näher bei letzterer; Interorbitalraum so breit wie oder breiter als ein oberes Augenlid. Trommelfell meist undeutlich sichtbar, $^1/_3$—$^1/_2$ so breit wie der Augendurchmesser. 1. Finger kürzer als der 2.; Finger und Zehen lang und schlank, letztere an ihrer Basis durch Schwimmhaut verbunden; Finger- und

Zehenspitzen schwach verdickt; Subarticularhöcker klein; 2 kleine Metatarsalhöcker vorhanden. Bei nach vorn an den Körper angelegtem Hinterbein reicht das Tibiotarsalgelenk bis zum Auge oder zwischen Auge und Vorderkopfspitze. Haut glatt oder schwache, undeutliche Längsfalten bildend. Färbung und Zeichnung sehr wechselnd. Grundfarbe des Rückens grau, rötlichgrau oder rotbraun, Rumpfseiten und Bauch hell- oder dunkelgrau; die dorsolateralen Hautfalten häufig dunkel gesäumt oder als weiße Längsstreifen hervortretend; meistens zieht auch ein schwärzlicher Streifen längs des Canthus rostralis und über die Schläfengegend hin; Inguinalgegend in der Regel mit 1 oder mehreren dunklen Flecken. Rücken häufig dunkel punktiert, zuweilen außerdem noch mit großen, grauen, unregelmäßigen Flecken besetzt. [Vergleiche die Beschreibung der verschiedenen Farbenvarietäten bei Werner l. c. 1896]. Unterseite einfarbig oder mehr oder weniger dunkel punktiert oder gefleckt. L. 38 mm.

♂ mit gut entwickelten, subgularen Schallblasen, zur Fortpflanzungszeit auch mit braunen Brunstschwielen auf der Ober- und Medialseite des 1. und 2. Fingers. — Merkmale der Larve (nach Werner): Spiraculum linksseitig; After rechtsseitig, neben der Schwanzwurzel gelegen. Die Gestalt des Larvenmundes, mit doppelter Papillenreihe an seinen Seiten, ist aus Fig. 302 ersichtlich.

Chile.

9. **B. bolitoglossus** Wern. 1897 *B. b.*, F. Werner in: Zool. Anz., *v.* 20 p. 265 f. 1 (Zunge).

Zunge ringsherum frei, in ausgestrecktem Zustande zylinderförmig, mit gefurchter Oberseite und schmalem, hornigem Rande (Fig. 303). Gaumenzähne in 2 schiefen, hinten völlig aneinanderstoßenden Reihen hinter der Verbindungslinie der Choanenhinterränder. Kopf groß; Vorderkopf abgerundet, wenig länger als der Augendurchmesser, mit sehr undeutlichem Canthus rostralis; Nasenloch näher bei der Vorderkopfspitze als beim Auge; Interorbitalraum mehr als doppelt so breit wie ein oberes Augenlid; kein Trommelfell vorhanden. 1. Finger kürzer als der 2.; Zehen durch eine Spur von Schwimmhaut verbunden; Subarticularhöcker deutlich entwickelt; ein länglicher medialer und ein halb so großer, runder lateraler Metatarsalhöcker vorhanden. Bei nach vorn an den Körper angelegtem Hinterbein reicht das Tarsometatarsalgelenk bis zur Augenmitte. Ober- und Unterseite vollkommen glatt. Oberseite dunkelbraun; Hinterbeine deutlich quergebändert; Unterseite der Beine weißlich, dunkelbraun marmoriert; Bauch und Brust dunkelbraun, fein weißlich bespritzt, Kehle noch dunkler, einfarbig. L. 27 mm.

Fig. 303.
Borborocoetes bolitoglossus.
Zunge (nach F. Werner).

Blumenau in St. Catharina (Südbrasilien).

10. **B. calcaratus** (Gthr.) 1881 *Cacotus c.*, Alb. Günther in: P. zool. Soc. London, p. 19 | 1882 *Borborocoetes c.*, Boulenger, Cat. Batr. sal. Brit. Mus., ed. 2 p. 256 t. 17 f. 1.

Zunge hinten schwach eingeschnitten. Gaumenzähne in 2 nach hinten konvergierenden Reihen hinter den Choanen. Vorderkopf abgerundet, so lang wie der größte Augendurchmesser; Nasenloch gleichweit von Auge und Vorderkopfspitze entfernt; Interorbitalraum so breit wie ein oberes Augenlid; kein Trommelfell vorhanden. 1. Finger nicht so weit reichend wie der 2.; Zehen frei, mit schwachem Hautsaum versehen; Subarticularhöcker gut entwickelt; 2 kleine, aber stark vorspringende Metatarsalhöcker vorhanden, sowie ein kegelförmiger Höcker am Tibiotarsalgelenk (Fig. 304). Bei nach vorn an den Körper angelegtem Hinterbein reicht das Tibiotarsalgelenk bis zum Auge. Oberseite mit sehr kleinen Höckern besetzt, eine V-förmige Drüsenfalte auf dem Rücken. Oberseite rötlichbraun, undeutlich dunkel marmoriert; ein brauner Streifen unter dem Canthus rostralis, ein anderer, breiterer Streifen zieht jederseits vom Auge bis zur Rumpfseitenmitte; Beine quergebändert. L. 23 mm.

Insel Chiloe (Chile).

Fig. 304. **Borborocoetes calcaratus** (nach Boulenger).

11. **B. coppingeri** (Gthr.) 1881 *Cacotus c.*, Alb. Günther in: P. zool. Soc. London, p. 19 | 1882 *Borborocoetes c.*, Boulenger, Cat. Batr. sal. Brit. Mus., ed. 2 p. 257 t. 17 f. 2, 2a (Habitus, Mundhöhle).

Zunge ganzrandig. Gaumenzähne in 2 kräftigen, nach hinten konvergierenden Reihen zwischen den Choanen. Kopf abgeplattet; Vorderkopf abgerundet, kürzer als der Augendurchmesser; Nasenloch gleichweit von Auge und Vorderkopfspitze entfernt; Interorbitalraum so breit wie ein oberes Augenlid; kein Trommelfell vorhanden. 1. Finger den 2. nicht überragend; Zehen durch eine Spur von Schwimmhaut verbunden, mit schwachem Hautsaum versehen; Subarticularhöcker gut entwickelt; 2 Metatarsalhöcker vorhanden. Bei nach vorn an den Körper angelegtem Hinterbein reicht das Tibiotarsalgelenk bis zum Hinterrand des Auges. Oberseite mit sehr kleinen Höckern besetzt. Oberseite olivenfarben, Rücken bis zum Interorbitalraum dunkler; Unterseite weißlich. L. 46 mm.

Westküste von Patagonien.

? **B. andinus** Phil. 1902 *B. a.*, A. Philippi, Supl. Batr. Chilen., p. 82.
Chile (Prov. Cantin).

? **B. insularis** Phil. 1902 *B. i.*, A. Philippi, Supl. Batr. Chilen., p. 89.
Chile (Mocha Insel).

? **B. nigrita** Phil. 1902 *B. n.*, A. Philippi, Supl. Batr. Chilen., p. 88.
Chile (Valdivia).

? **B. tympanicus** Phil. 1902 *B. t.*, A. Philippi, Supl. Batr. Chilen., p. 106.
Chile.

? **B. valdivianus** Phil. 1902 *B. v.*, A. Philippi, Supl. Batr. Chilen., p. 80.
Chile (Valdivia).

? **B. verrucosus** Phil. 1902 *B. v.*, A. Philippi, Supl. Batr. Chilen., p. 83.
Chile (Prov. Cantin).

12. Gen. **Hyloscirtus** Peters

1882 *Hylonomus* (non Dawson 1859), Peters in: SB. Ges. Fr. Berlin, p. 107 | 1882 *Hyloscirtus*, Peters ibid., p. 127.

Pupille horizontal. Zunge groß, rund, angewachsen, hinten wenig frei abhebbar. Gaumenzähne vorhanden. Trommelfell unsichtbar. Finger und Zehen durch Schwimmhaut verbunden, die nicht zwischen die Metatarsen der 4. und 5. Zehe eingreift. Finger- und Zehenspitzen zu kleinen Haftscheiben verbreitert, aber mit einfachen knöchernen Endphalangen. Omosternum und Sternum knorpelig.

1 Art in Columbia.

1. **H. bogotensis** (Ptrs.) 1882 *Hylonomus b.*, Peters in: SB. Ges. Fr. Berlin, p. 108 | 1882 *Hyloscirtus b.*, Peters ibid., p. 127.

Zunge sehr dünn, rund, ganzrandig, ringsum angewachsen oder kaum am hintersten Rande etwas frei. Gaumenzähne in 2 nach vorn konvergierenden Reihen hinter der Verbindungslinie der Choanenhinterränder, laterad bis zum medialen Rande der Choanen reichend. Kopf so lang wie breit; Vorderkopf vorn abgestutzt; Nasenloch gleich hinter und unter dem vorderen Ende des Canthus rostralis; Zügelgegend schräg laterad abfallend; Interorbitalraum breiter als ein oberes Augenlid und breiter als der Augendurchmesser; Trommelfell unsichtbar. 1. Finger sehr kurz, kaum den Metacarpus des 2. überragend; 3. und 4. Finger im Bereiche ihres 1. Gliedes durch Schwimmhaut verbunden; Haftscheiben der Finger wenig breiter als das vorhergehende Glied; Subarticularhöcker wohl entwickelt, aber wenig vorspringend. Zehen mit wohlentwickelter Schwimmhaut, die an der 4. Zehe als Hautsaum bis zur Basis des vorletzten Gliedes reicht; Haftscheiben der Zehen mäßig groß. Bei nach vorn an den Körper angelegtem Hinterbein reicht das Tibiotarsalgelenk bis vor das Auge. Oberseite fein gekörnelt; Submentalgegend spärlich, Brust, Bauch und Unterseite der Schenkel dicht gekörnelt. Graugelb; Oberseite von Körper und Gliedmaßen mit sehr feinen, dicht gedrängten, schwarzen Pünktchen bedeckt. L. 30 mm.

Bogota (Columbia).

13. Gen. **Syrrhophus** Cope

1865 *Phyllobates* (non C. Duméril & G. Bibron 1841), E. D. Cope in: Nat. Hist. Rev., p. 112 | 1866 *P.* (part.), E. D. Cope in: J. Ac. Philad., ser. 2 *v.* 6 p. 96 | 1878 *Syrrhophus*, E. D. Cope in: Amer. Natural., *v.* 12 p. 253 | 1879 *Malachylodes*, E. D. Cope in: P. Amer. phil. Soc., *v.* 18 p. 264 | 1882 *Phyllobates*, P. Brocchi in: Miss. Mex., pars 3 II p. 65 | 1882 *P.* (part.), Boulenger, Cat. Batr. sal. Brit. Mus., ed. 2 p. 194 | 1885 *Hypodictyon*, E. D. Cope in: P. Amer. phil. Soc., *v.* 22 p. 383 | 1888 *Syrrhopus*, Boulenger in: P. zool. Soc. London, p. 206 | 1889 *Syrrhophus*, E. D. Cope in: Bull. U. S. Mus., *v.* 34 p. 318 | 1900 *Syrrhaphus*, Alb. Günther in: Biol. Centr.-Amer., Rept. & Batr. p. 215.

Pupille horizontal. Zunge ganzrandig oder hinten eingeschnitten, hinten frei abhebbar. Gaumenzähne fehlen. Trommelfell deutlich. Finger und Zehen frei von Schwimmhaut, auch keine Schwimmhaut zwischen die Metatarsen der 4. und 5. Zehe eingreifend; Finger- und Zehenspitzen zu deutlichen Haftscheiben verbreitert, mit T-förmigen knöchernen Endphalangen. Omosternum knorpelig, Sternum eine Knorpelplatte.

11 Arten in Mittel- und Südamerika.

Bestimmungstabelle der Arten:

1	Bauch völlig glatt — 2	
	Bauch mehr oder weniger stark gekörnelt — 7	
2	Bei nach vorn an den Körper angelegtem Hinterbein reicht das Tibiotarsalgelenk:	
	bis zur Mitte des Trommelfells	1. **S. marnockii**
	mindestens bis zum Hinterrand des Auges — 3	
3	Haut völlig glatt — 4	
	Rumpfseiten ganz oder teilweise gefeldert — 6	

4 { Trommelfell $^1/_2$ so breit wie der Augendurchmesser . 2. **S. cystignathoides**
Trommelfell höchstens $^1/_3$ so breit wie der Augendurchmesser — 5

5 { Trommelfell $^1/_3$ so breit wie der Augendurchmesser . 3. **S. leprus**
Trommelfell nur $^1/_6$ so breit wie der Augendurchmesser . . . . 6. **S. hylaeformis**

6 { Bei nach vorn an den Körper angelegtem Hinterbein reicht das Tibiotarsalgelenk:
bis zum Hinterrand des Auges; Oberseite auf braunem Grunde hell gefleckt . . . . 4. **S. guttilatus**
bis zum Vorderrand des Auges; Oberseite auf grauem Grunde dunkel gefleckt . . . . 5. **S. verrucipes**

7 { Trommelfell $^2/_3$—$^3/_4$ so breit wie der Augendurchmesser — 8
Trommelfell höchstens $^1/_3$ so breit wie der Augendurchmesser — 9

8 { 1. und 2. Finger etwa gleich lang; Haftscheiben an Fingern und Zehen außergewöhnlich klein; 1 Metatarsalhöcker vorhanden . . . . 7. **S. omiltemanus**
1. Finger kürzer als der 2.; Haftscheiben der Finger mäßig groß, die der Zehen klein; 2 Metatarsalhöcker vorhanden . . . . 8. **S. verruculatus**

9 { Trommelfell $^1/_4$—$^1/_3$ so breit wie der Augendurchmesser — 10
Trommelfell nur $^1/_8$ so breit wie der Augendurchmesser . . . . 9. **S. ridens**

10 { Trommelfell $^1/_4$ so breit wie der Augendurchmesser . 10. **S. chalceus**
Trommelfell $^1/_3$ so breit wie der Augendurchmesser . 11. **S. areolatus**

1. **S. marnockii** Cope 1880 *S. marnochii* [pro *marnokkii*], E. D. Cope in: Bull. U. S. Mus., *v.* 17 p. 26 | 1889 *S. marnockii*, E. D. Cope in: Bull. U. S. Mus., *v.* 34 p. 318 f. 81 (Kopf, Mundhöhle, Füße) | 1906 *S. m.*, M. Dickerson, Frog Book, p. 165.

Zunge länger als breit, ganzrandig. Vorderkopf flach, oben etwas abgeplattet, ein wenig über den Mundrand vorspringend; Abstand des Nasenloches vom Auge gleich dessen Durchmesser; Trommelfell rund, etwa $^1/_2$ so breit wie der Augendurchmesser; Interorbitalraum flach und breit. 1. und 2. Finger gleich lang; Finger kurz, an der Spitze mäßig verbreitert und abgesetzt; Subarticularhöcker vorspringend. Bei nach vorn an den Körper angelegtem Hinterbein reicht das Tibiotarsalgelenk bis zur Mitte des Trommelfells. Haut völlig glatt; am Bauche eine schwache Discoidalfalte. Oberseite hell purpurbraun, dicht mit ziemlich kleinen, scharf begrenzten, auf dem Kopfe weniger deutlichen, dunkelbraunen Flecken besetzt. Unterseite hellgelblich, einfarbig. Beine oben mit breiten, gelblichen Querbinden; Hinterseite der Oberschenkel hellbraun mit einigen hellen Punkten. L. 32 mm.

Helotes (Texas).

2. **S. cystignathoides** (Cope) 1877 *Phyllobates c.*, E. D. Cope in: P. Amer. phil. Soc., *v.* 17 p. 89 | 1879 *Syrrhophus c.*, E. D. Cope in: ibid., *v.* 18 p. 268 | 1882 *Phyllobates c.*, P. Brocchi in: Miss. Mex., pars 3 II p. 67 | 1882 *P. c.*, Boulenger, Cat. Batr. sal. Brit. Mus., ed. 2 p. 196 | 1900 *Syrrhaphus c.*, Alb. Günther in: Biol. Centr.-Amer., Rept. & Batr. p. 218.

Habitus wie bei *Hylodes rhodopis* (Gen. 15 nr. 27). Vorderkopf ziemlich lang, schmal abgerundet, nicht über die Mundspalte vorspringend, ohne Canthus rostralis; Nasenloch näher bei der Vorderkopfspitze als beim Auge; Trommelfell sehr deutlich, $^1/_2$ so breit wie der Augendurchmesser. Haftscheiben der Finger und Zehen mäßig groß; Subarticularhöcker vorspringend; 2 Metatarsalhöcker vorhanden. Bei nach vorn an den Körper angelegtem Hinterbein reicht das Tibiotarsalgelenk bis zur Augenmitte. Haut völlig glatt. Oberseite rötlichbraun, Unterseite lederfarbig; Rücken dicht mit großen, schwärzlichen Flecken besetzt; Rumpfseiten hell und dunkel marmoriert; Oberlippe mit einigen hellen Flecken; Beine mit undeutlichen Querbinden. L. 22,5 mm.

Potrero bei Cordova, Vera Cruz (Mexiko).

3. **S. leprus** Cope 1879 *S. l.*, E. D. Cope in: P. Amer. phil. Soc., *v.* 18 p. 268 | 1900 *Syrrhaphus l.*, Alb. Günther in: Biol. Centr.-Amer., Rept. & Batr. p. 217.

Vorderkopf breit zugespitzt mit winkligem Canthus rostralis und mit senkrecht abfallender Zügelregion; Abstand des Nasenloches vom Auge so groß wie der Durchmesser des letzteren; Trommelfell $^1/_3$ so breit wie der Augendurchmesser. Haftscheiben der Finger klein; Subarticularhöcker gut entwickelt. Bei nach vorn an den Körper angelegtem Hinterbein reicht das Tibiotarsalgelenk bis zum Vorderrand des Auges. Haut völlig glatt. Oberseite braun, mit mäßig großen, grauen, im Leben gelben, Flecken besetzt; Unterseite einfarbig blaßrötlichbraun. L. 24 mm.

Santa Efigenia in Tehuantepec (Mexiko).

4. **S. guttilatus** (Cope) 1879 *Malachylodes g.*, E. D. Cope in: P. Amer. phil. Soc., *v.* 18 p. 264 | 1888 *Syrrhopus guttulatus*, Boulenger in: P. zool. Soc. London, p. 206 | 1900 *Syrrhaphus g.*, Alb. Günther in: Biol. Centr.-Amer., Rept. & Batr. p. 217.

Kopf flach und ziemlich breit; Vorderkopf oval, nicht vorspringend, mit stumpfem Canthus rostralis; Abstand des Nasenlochs vom Auge so groß wie dessen Durchmesser. Haftscheiben klein; Tarsalhöcker unbedeutend. Bei nach vorn an den Körper angelegtem Hinterbein reicht das Tibiotarsalgelenk bis zum Hinterrand des Auges. Haut glatt, abgesehen von einigen kleinen Höckern auf dem oberen Augenlid und einer Spur von Felderung im hinteren Teil der Rumpfseiten und des Bauches. Oberseite braun, mit zahlreichen kleinen, schwachen, auf den helleren Rumpfseiten deutlicheren, hellen Flecken. Beine mit rötlichen Binden; Unterseite einfarbig gelblich. L. 22 mm.

Guanajuato (Mexiko).

5. **S. verrucipes** Cope 1885 *S. v.*, E. D. Cope in: P. Amer. phil. Soc., *v.* 22 p. 383 | 1900 *Syrrhaphus v.*, Alb. Günther in: Biol. Centr.-Amer., Rept. & Batr. p. 216.

Kopf mäßig breit, oben flach; Vorderkopf wenig vorspringend, mit stumpfem Canthus rostralis und senkrecht abfallender Zügelregion; Nasenloch fast an der Vorderkopfspitze; Trommelfell mehr als $^2/_3$ so breit wie der Augendurchmesser. Zehen mäßig lang mit kleinen Haftscheiben, die der Finger etwas größer; Subarticularhöcker groß; 2 kleine Metatarsalhöcker vorhanden. Bei nach vorn an den Körper angelegtem Hinterbein reicht das Tibiotarsalgelenk bis zum vorderen Augenrand. Haut glatt, an den Rumpfseiten in höckerige Felder geteilt; keine Bauch- und Kehlfalte vorhanden. Oberseite bläulichgrau, mit zahlreichen, rundlichen, dunklen Flecken; Beine mit dunklen Querbinden, die sich auf den 4. Finger bzw. die 5. Zehe fortsetzen. Ober- und Hinterseite des Oberschenkels dunkel, erstere mit dicht gedrängten, letztere mit wenigen weißen Flecken. Unterseite weiß, ungefleckt. L. 26 mm.

Zacualtipan in Hidalgo (Mexiko).

6. **S. hylaeformis** (Cope) 1876 *Phyllobates h.*, E. D. Cope in: J. Ac. Philad., ser. 2 *v.* 8 p. 107 t. 23 f. 8, 8a (Habitus [fig. mala], Mundhöhle) | 1882 *P. h.*, P. Brocchi in: Miss. Mex., pars 3II p. 67 | 1882 *P. h.*, Boulenger, Cat. Batr. sal. Brit. Mus., ed. 2 p. 196 | 1888 *Syrrhopus h.*, Boulenger in: P. zool. Soc. London, p. 206 | 1900 *Syrrhaphus h.*, Alb. Günther in: Biol. Centr.-Amer., Rept. & Batr. p. 218.

Im Habitus einer *Hyla* ähnlich. Kopf breit oval; Vorderkopf nicht vorspringend, abgeplattet, mit stumpfem Canthus rostralis und schief abfallender Zügelregion; Interorbitalraum eben, breit; Trommelfell $^1/_6$ so breit wie der Augendurchmesser. Finger und Zehen mit ziemlich großen Haftscheiben. Haut oben und unten glatt. Oben tiefbraun, mit einem schmalen, roten Längsstreifen in der Rückenmitte; Vorder- und Hinterseite der Oberschenkel hellbraun; Bauch und Unterseite der Ober- und Unterschenkel rosig oder orange getönt. L. 27 mm.

Pico Blanco (Costa Rica), in 2100 m Höhe.

7. **S. omiltemanus** (Gthr.) 1900 *Syrrhaphus o.*, Alb. Günther in: Biol. Centr.-Amer., Rept. & Batr. p. 216.

Im allgemeinen Habitus dem *Hylodes rhodopis* (Gen. 15 nr. 27) ähnlich. Vorderkopf mäßig breit, vorn zugespitzt, mit winkligem Canthus rostralis und annähernd senkrecht abfallender Zügelregion; Trommelfell $^3/_4$ so breit wie das Auge. 1. und 2. Finger annähernd gleichlang; Haftscheiben der Finger und Zehen außergewöhnlich klein; Subarticularhöcker, besonders die der Finger, groß; ein Metatarsalhöcker vorhanden. Oberseite mit sehr kleinen Höckern besetzt, Bauch spärlich gekörnelt. Oberseite bräunlich; eine schwärzliche Binde läuft längs des Canthus rostralis oberhalb des Trommelfells hin bis zu den Rückenseiten, wo sie sich verbreitert und verschwindet; ein kleiner, schwarzer Fleck jederseits hinter der Schulter. Oberseite der Hinterbeine mit kurzen, schmalen Querbinden; Unterseite weißlich. L. 21 mm.

Omilteme in Guerrero (Mexiko), in 2400 m Höhe.

8. **S. verruculatus** (Ptrs.) 1870 *Phyllobates v.*, Peters in: Monber. Ak. Berlin, p. 650 | 1882 *P. v.*, P. Brocchi in: Miss. Mex., pars 3II p. 66 | 1882 *P. v.*, Boulenger, Cat. Batr. sal. Brit. Mus., ed. 2 p. 197 | 1888 *Syrrhopus v.*, Boulenger in: P. zool. Soc. London, p. 206 | 1900 *Syrrhaphus v.*, Alb. Günther in: Biol. Centr.-Amer., Rept. & Batr. p. 215.

Vorderkopf ein wenig länger als der Augendurchmesser, mit rundlichem Canthus rostralis und senkrecht abfallender Zügelregion; Trommelfell sehr deutlich, $^2/_3$ so breit wie der Augendurchmesser. 1. Finger kürzer als der 2., Haftscheiben der Finger mäßig groß, die der Zehen klein; Subarticularhöcker gut entwickelt; 2 kleine Metatarsalhöcker vorhanden. Oberseite mit kleinen Warzen besetzt; Kehle und Brust glatt, Hinterbauch und Unterseite der Oberschenkel dicht gekörnelt. Oberseite gelbbraun, schwarz gefleckt und punktiert; Zügel- und Schläfengegend schwarzbraun, Unterseite bräunlichgelb, dunkel gesprenkelt. L. 20 mm.

Huanusco (Mexiko).

9. **S. ridens** (Cope) 1866 *Phyllobates r.*, E. D. Cope in: P. Ac. Philad., p. 131 | 1882 *P. r.*, P. Brocchi in Miss. Mex., pars 3II p. 66 | 1882 *P. r.*, Boulenger, Cat. Batr. sal. Brit. Mus., ed. 2 p. 197 | 1885 *Hypodictyon r.*, E. D. Cope in: P. Amer. phil. Soc., *v.* 22 p. 383 | 1888 *Syrrhopus r.*, Boulenger in: P. zool. Soc. London, p. 206 | 1900 *Syrrhaphus r.*, Alb. Günther in: Biol. Centr.-Amer., Rept. & Batr. p. 216.

Zunge breit, abgestutzt. Vorderkopf über den Unterkiefer vorspringend, mit kräftigem Canthus rostralis und schief abfallender Zügelregion; Trommelfell $^1/_3$ so breit wie der Augendurchmesser. Finger und Zehen lang, mit gut ausgebildeten Haftscheiben. Bei nach vorn an den Körper angelegtem Hinterbein reicht das Tibiotarsalgelenk bis zur Vorderkopfspitze. Unterseite dicht gefeldert. Oberseite graulichziegelrot, mit einer grauen Querbinde zwischen den Augen und ebensolchen auf den Lippen und den Hinterbeinen; eine graue Linie längs des Canthus rostralis; ein schwarzer Fleck auf dem Trommelfell, Unterseite hellbräunlich. L.?

S. Juan River (Nicaragua); Panama.

10. **S. chalceus** (Ptrs.) 1873 *Phyllobates c.*, Peters in: Monber. Ak. Berlin, p. 609 | 1882 *P. c.*, Boulenger, Cat. Batr. sal. Brit. Mus., ed. 2 p. 197 | 1888 *Syrrhopus c.*, Boulenger in: P. zool. Soc. London, p. 206.

Fig. 305. Syrrhophus chalceus.

Vorderkopf breit, kaum so lang wie der Augendurchmesser (Fig. 305), mit abgerundetem Canthus rostralis und schief abfallender Zügelregion; Trommelfell etwas mehr als $^1/_4$ so breit wie der Augendurchmesser. 1. Finger merklich kürzer als der 2.; Haftscheiben der Finger und Zehen groß; 2 sehr flache Metatarsalhöcker vorhanden. Bei nach vorn an den Körper angelegtem Hinterbein reicht das Tibiotarsalgelenk bis zum Auge. Oberseite mit kleinen, runden Höckern besetzt, Unterseite gekörnelt. Oben bräunlichgelb, mit messingfarbenem Schein, Unterseite gelblich. L. 29 mm.

Pastassa-Tal (Kolumbien).

11. **S. areolatus** Blgr. 1898 *S. a.*, Boulenger in: P. zool. Soc. London, p. 122 t. 14 f. 3.

Vorderkopf abgerundet, so lang wie der Durchmesser des großen Auges, mit rundlichem Canthus rostralis und vertiefter, schief abfallender Zügelregion; Interorbitalraum so breit wie ein oberes Augenlid; Trommelfell wenig deutlich, etwa $^1/_3$ so breit wie der Augendurchmesser. Finger und Zehen ziemlich kurz, auch letztere völlig frei von Schwimmhaut; 1. Finger kürzer als der 2.; Haftscheiben gut entwickelt; Subarticularhöcker wenig vorspringend. Bei nach vorn an den Körper angelegtem Hinterbein reicht das Tibiotarsalgelenk bis zum Auge. Haut auf Ober- und Unterseite gefeldert oder spärlich gekörnelt. Oberseite grünlichgelb, rötlichbraun gefleckt oder punktiert; Oberschenkel farblos; Unterseite weiß. L. 24 mm.

♂ mit innerer Schallblase.

Westecuador.

14. Gen. **Elosia** Tschudi

1824 *Hyla* (part.), Spix, Spec. Testud. Ran. Bras., p. 32 | 1826 *Hylodes* (part.), Fitzinger, Classif. Rept., p. 64 | 1830 *Enydrobius* (part.), Wagler, Syst. Amph., p. 202 | 1838 *Elosia* + *Hylodes* (part.), Tschudi, Classif. Batr., p. 77 | 1841 *Elosia*, C. Duméril & G. Bibron, Erpét., *v.* 8 p. 632 | 1858 *E.*, Alb. Günther, Cat. Batr. sal. Brit. Mus., p. 84 | 1858 *E.*, C. Girard in: U. S. expl. Exp., Herpet. p. 64 | 1865 *E.*, E. D. Cope in: Nat. Hist. Rev., p. 111 | 1866 *Enhydrobius*, E. D. Cope in: J. Ac. Philad., ser. 2 *v.* 6 p. 96 | 1882 *Elosia*, Boulenger, Cat. Batr. sal. Brit. Mus., ed. 2 p. 193.

Pupille horizontal. Zunge breit, ganzrandig oder hinten schwach ausgerandet, hinten frei abhebbar. Gaumenzähne vorhanden. Trommelfell sichtbar. Finger frei, Zehen fast frei; Schwimmhaut nicht zwischen die Metatarsen der 4. und 5. Zehe eingreifend. Finger- und Zehenspitzen zu regelmäßigen Haftscheiben verbreitert, die auf ihrer Oberseite durch eine Längsfurche geteilt sind (Fig. 306), mit T-förmigen knöchernen Endphalangen. Omosternum und Sternum knorpelig.

5 Arten in Brasilien.

Bestimmungstabelle der Arten:

1	Gaumenzähne in runden Gruppen oder nach hinten konvergierenden Reihen zwischen oder hinter den Choanen — 2	
	Gaumenzähne in geradlinigen Querreihen unmittelbar vor dem Vorderrande der Choanen	3. **E. vomerina**
2	Bei nach vorn an den Körper angelegtem Hinterbein reicht das Tarsometatarsalgelenk: über die Vorderkopfspitze hinaus — 3	
	nicht über die Vorderkopfspitze hinaus; Haut völlig glatt .	2. **E. bufonia**
3	Bei nach vorn an den Körper angelegtem Hinterbein reicht das Tibiotarsalgelenk: höchstens bis zur Vorderkopfspitze — 4	
	weit über die Vorderkopfspitze hinaus; Gaumenzähne weit hinter den Choanen	5. **E. divisa**
4	Bei nach vorn an den Körper angelegtem Hinterbein reicht das Tibiotarsalgelenk: bis zur Vorderkopfspitze; 1. Finger ein wenig länger als der 2.	4. **E. lateristrigata**
	zwischen Auge und Vorderkopfspitze; 1. Finger kürzer als der 2.	1. **E. nasus**

1. **E. nasus** (Lcht.) 1823 *Hyla n.*, H. Lichtenstein, Verz. Doubl., p. 106 | 1824 *H. ranoides* + *H. stercoracea*, Spix, Spec. Testud. Ran. Bras., p. 32 t. 6 f. 3 + p. 38 t. 10 f. 2 | 1826 *H. Nasus* + *Hylodes ranoides*, Fitzinger, Classif. Rept., p. 63, 64 | 1830 *Enydrobius r.*, Wagler, Syst. Amph., p. 202 | 1838 *Elosia nasuta* + *Hylodes ranoides*, Tschudi, Classif. Batr., p. 77 | 1841 *E. n.*, C. Duméril & G. Bibron, Erpét., *v.* 8 p. 633 | 1858 *E. nasus*, Alb. Günther, Cat. Batr. sal. Brit. Mus., p. 84 | 1858 *E. nasuta*, C. Girard in: U. S. expl. Exp., Herpet. p. 65 t. 4 f. 39—43 (Habitus, Kopf, Füße) | 1864 *Hylodes truncatus*, Steindachner in: Verh. Ges. Wien, *v.* 14 p. 248 t. 17 f. 3, 3a (Habitus, Mundhöhle) | 1866 *Enydrobius nasus*, E. D. Cope in: J. Ac. Philad., ser. 2 *v.* 6 p. 96 | 1872 *Hyla ranoides* + *H. stercoracea*, Peters in: Monber. Ak. Berlin, p. 207, 214 | 1882 *Elosia nasus*, Boulenger, Cat. Batr. sal. Brit. Mus., ed. 2 p. 193 | 1907 *E. n.*, Steindachner in: SB. Ak. Wien, *v.* 116 p. 1540 | 1907 *E. n.*, Wandolleck in: Abh. Mus. Dresden, *v.* 11 nr. 1 p. 3.

Fig. 306. **Elosia nasus.** Rechter Hinterfuß von oben (vergr.).

Zunge annähernd kreisrund, ganzrandig. Gaumenzähne in 2 kurzen, auf der Höhe der Choanenhinterränder beginnenden, nach hinten konvergierenden Reihen. Vorderkopf abgerundet, schräg abgestutzt, mit winkligem Canthus rostralis; Nasenloch gleichweit von Auge und Vorderkopfspitze entfernt; Interorbitalraum so breit wie ein oberes Augenlid; Trommelfell $^1/_2$ so breit wie der Augendurchmesser. Finger und Zehen ziemlich schlank; 1. Finger etwas kürzer als der 2.; Zehen an ihrer Basis durch eine schwache

Spur von Schwimmhaut verbunden, die als Hautsaum bis zu den Zehenspitzen reicht; Haftscheiben ziemlich klein; Subarticularhöcker klein; 2 kleine Metatarsalhöcker und eine deutliche Tarsalfalte vorhanden (Fig. 306). Bei nach vorn an den Körper angelegtem Hinterbein reicht das Tibiotarsalgelenk zwischen Auge und Vorderkopfspitze. Oberseite fein gekörnelt; Seiten schwach höckerig; Unterseite glatt. Oben braun, dunkel marmoriert; Beine quer gebändert; Hinterseite der Oberschenkel marmoriert; Unterseite schmutzig weiß, am Bauche grau marmoriert. L. 40 mm.

♂ mit äußeren Schallblasen.

Brasilien.

2. **E. bufonia** Girard 1853 *E. bufonium*, C. Girard in: P. Ac. Philad., v. 6 p. 423 | 1858 *E. b.*, C. Girard in: U. S. expl. Exp., Herpet. p. 66 t. 4 f. 23—27 (Habitus, Kopf, Füße) | 1882 *E. bufonia*, Boulenger, Cat. Batr. sal. Brit. Mus., ed. 2 p. 194.

Steht der vorigen Art sehr nahe, weicht von ihr in folgenden Punkten ab: Gaumenzähne in 2 kleinen, oblongen Gruppen zwischen den Choanen. Bei nach vorn an den Körper angelegtem Hinterbein reicht das Tarsometatarsalgelenk nicht über die Vorderkopfspitze hinaus, sondern nur bis zu dieser. Haut völlig glatt. Oberseite dunkelbraun, mit tiefbraunen und unregelmäßig verteilten, weißen Punkten. Ein Streifen längs des Canthus rostralis, ein viereckiger Fleck unter dem Auge und ein spitz bis zur Schulter ausgezogener Fleck auf dem Trommelfell dunkelbraun. Beine rötlichbraun, oben tiefbraun gefleckt. Unterseite gelblichweiß, kastanienbraun vermiculiert. L. 30 mm.

♂ zur Fortpflanzungszeit mit 2 Reihen sehr kleiner, kegelförmiger, schwarzer Hornstacheln auf dem 1. Finger.

Rio de Janeiro (Brasilien).

3. **E. vomerina** Girard 1853 *E. v.*, C. Girard in: P. Ac. Philad., v. 6 p. 423 | 1858 *E. v.*, C. Girard in: U. S. expl. Exp., Herpet. p. 69 t. 4 f. 17—22 (Habitus, Kopf, Füße) | 1882 *E. v.*, Boulenger, Cat. Batr. sal. Brit. Mus., ed. 2 p. 194.

Zunge annähernd kreisrund, scheibenförmig, hinten breit ausgerandet. Gaumenzähne in einer, in der Mitte unterbrochenen, geradlinigen Querreihe unmittelbar vor dem Vorderrand der Choanen. Nasenloch etwas näher bei der Vorderkopfspitze als beim Auge; Trommelfell verhältnismäßig größer als bei den beiden vorigen Arten. Medialer Metatarsalhöcker einer verkümmerten Zehe ähnlich. Bei nach vorn an den Körper angelegtem Hinterbein reicht die Mitte des Tarsus bis zur Vorderkopfspitze. Haut völlig glatt. Oberseite bräunlich, undeutlich, nur im hinteren Drittel des Rückens deutlich, schwarzbraun gefleckt. Eine kastanienbraune oder schwarze Binde zieht von der Vorderkopfspitze überm Auge und Trommelfell und an den Rumpfseiten entlang; eine schmale, weiße Binde von jedem Auge zur Schulter. Beine deutlich gefleckt. Bauchseiten graubraun, weißlich vermiculiert; Unterseite gelblichweiß. L. 35 mm.

Rio de Janeiro (Brasilien).

4. **E. lateristrigata** Baum. 1912 *E. l.*, F. Baumann in: Zool. Jahrb., Syst. v. 33 p. 89 t. 4 f. 1, 1a, b (Habitus, Kopf von der Seite, Mundhöhle).

Zunge breit, hinten sehr wenig eingeschnitten. Gaumenzähne in 2 kleinen, rundlichen Gruppen zwischen den Choanen. Vorderkopf verlängert, vorn quer abgestutzt, mit ziemlich scharfem Canthus rostralis; Nasenloch näher bei der Vorderkopfspitze als beim Auge (Fig. 307); Interorbitalraum breiter als ein oberes Augenlid; Trommelfell kreisrund, $^1/_2$ so breit wie der Augendurchmesser. 1. Finger sehr wenig länger als der 2.; Haftscheiben der Finger lange nicht so groß wie das Trommelfell; Zehen mit einer Spur von Schwimmhaut, die sich als ganz schmaler Saum bis zum letzten Zehengliede fortsetzt; Subarticular- und Metatarsalhöcker klein. Bei nach vorn an den Körper angelegtem Hinterbein reicht das Tibiotarsalgelenk bis zur Vorderkopfspitze. Hinterer Teil der Oberseite gekörnelt. Oberseite dunkelbraun; von der Vorderkopfspitze zieht eine helle Linie jederseits der Oberlippe entlang bis zur Schulter und meist auch weiter bis zum Ellbogengelenk; eine andere, entweder schon an der Vorderkopfspitze oder am Hinterrande des Auges beginnende helle Linie zieht oberhalb des Trommelfells hin bis zur Basis des Oberschenkels. Vorderbeine braun, mit einer undeutlichen, dunklen Längsbinde am lateralen Rande des Unterarmes; Oberschenkel zuweilen mit undeutlichen, dunklen Querbinden, meistens aber nur auf der Hinterseite braun und weiß marmoriert; Unterschenkel und Fuß mit dunklen Flecken. Unterseite gelblich, mit unregelmäßigen, dunklen Punkten, die in der vorderen Hälfte der Unterseite eine undeutliche, mittlere Längsbinde bilden. L. 39 mm.

♂ mit 2 äußeren Schallblasen.

Orgelgebirge (Ostbrasilien).

Fig. 307. **Elosia lateristrigata** (nach F. Baumann).

5. **E. divisa** Wandoll. 1907 *E. d.*, Wandolleck in: Abh. Mus. Dresden, *v.* 11 nr. 1 p. 4 t. 1 f. 7, 7a, b (Habitus, Kopf von der Seite, Mundhöhle).

Zunge breit, hinten wenig ausgerandet. Gaumenzähne in 2 nach hinten konvergierenden, gebogenen Reihen hinter den Choanen. Kopf spitz dreieckig. Vorderkopf abgerundet, nicht vorgezogen, mit rundlichem, deutlichem Canthus rostralis und schief abfallender, kaum vertiefter Zügelregion; Nasenlöcher dicht hinter der Vorderkopfspitze; Interorbitalraum $^1/_2$ so breit wie der Vorderkopf lang ist; Trommelfell oval, etwas mehr als $^1/_2$ so groß wie das Auge. 1. Finger etwas länger als der 2.; Fingerspitzen zu Haftscheiben verbreitert; Zehen mit einer Spur von Schwimmhaut, die sich als Hautsaum bis zu den Zehenspitzen fortsetzt; Subarticular- und Metatarsalhöcker klein; ein kleiner, dornartiger Höcker am Tibiotarsalgelenk. Bei nach vorn an den Körper angelegtem Hinterbein reicht dieses weit über die Vorderkopfspitze hinaus. Oberseite stark gekörnelt und stellenweise, besonders auf den oberen Augenlidern, warzig. Gliedmaßen glatt. Oberseite hellgelblichbraun; eine breite, weiße Binde zieht in der Rückenmitte von der Vorderkopfspitze bis zum After. Eine schmale, weiße Querlinie zwischen den Augen; eine breite, weiße, weniger scharf begrenzte Längsbinde zieht vom Trommelfell bis zur Basis des Oberschenkels. Vom Auge ziehen 3 weiße Binden zum Oberlippenrande. Eine breite, dunkle Binde zieht von der Anfangsstelle der weißen Seitenbinde hinter der Schulter her nach dem Bauch hin. Oberseite der Hinterbeine mehr oder weniger deutlich dunkel quergebändert oder marmoriert. Unterseite gelbweiß, an der Unterlippe perlschnurartig braun gefleckt, unter den Schenkeln und Tarsen braun getüpfelt und punktiert. L. 23 mm.

Petropolis (Ostbrasilien).

15. Gen. **Hylodes** Fitzinger

1826 *H.* (part.), Fitzinger, Classif. Rept., p. 38, 64 | 1830 *Enydrobius* (part.), Wagler, Syst. Amph., p. 202 | 1838 *Hylodes* (part.), Tschudi, Classif. Batr., p. 77 | 1841 *H.* — *Eleutherodactylus* MS., C. Duméril & G. Bibron, Erpét., *v.* 8 p. 619, 620 | 1843 *Batrachyla*, T. Bell in: Zool. Voy. Beagle, pars 5 p. 43 | 1843 *Hylodes* (*H.* + *Euhyas*), Fitzinger, Syst. Rept., *v.* 1 p. 31 | 1858 *Hylodes*, Alb. Günther, Cat. Batr. sal. Brit. Mus., p. 91 | 1862 *Hylodes* (part.: *Craugastor* + *Hylodes* + *Lithodytes* (part.) + *Euhyas* + *Batrachyla* (part.), E. D. Cope in: P. Ac. Philad., p. 153, 154 | 1863 *Strabomantis*, Peters in: Monber. Ak. Berlin, p. 405 | 1865 *Thoropa* + *Hylodes*, E. D. Cope in: Nat. Hist. Rev., p. 110, 111 | 1866 *Epirhexis* + *Lithodytes* + *Hylodes* + *Strabomantis* + *Batrachyla*, E. D. Cope in: J. Ac. Philad., ser. 2 *v.* 6 p. 96, 97 | 1867 *Hylodes* + *Ololygon*, Steindachner in: Reise Novara, Amph. p. 53, 64 | 1868 *Leiyla*, Keferstein in: Arch. Naturg., *v.* 34 I p. 296 | 1870 *Limnophys* + *Pristimantis*, Espada in: J. Ac. Lisboa, *v.* 3 p. 59, 61 | 1881 *Hylodes*, P. Brocchi in: Miss. Mex., pars 3 II p. 49 | 1882 *H.* (part.) + *Thoropa*, Boulenger, Cat. Batr. sal. Brit. Mus., ed. 2 p. 198, 331 | 1894 *Lichyla*, E. D. Cope in: P. Amer. phil. Soc., *v.* 31 p. 335 | 1900 *L.* + *Hylodes*, Alb. Günther in: Biol. Centr.-Amer., Rept. & Batr. p. 220, 226 | 1904 *Eleutherodactylus*, Stejneger in: Rep. U. S. Mus., 1902 p. 582 | 1907 *Hylodes*, Wandolleck in: Abh. Mus. Dresden, *v.* 11 nr. 1 p. 5.

Fig. 308.

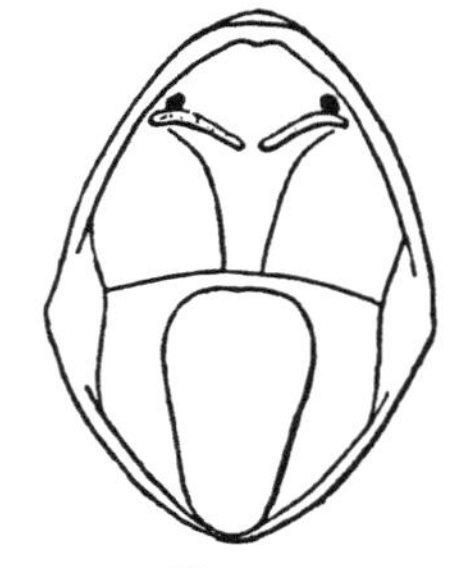
Fig. 309.

Fig. 308: Mundhöhle von **Hylodes auriculatus**; Fig. 309: Mundhöhle von **Hylodes monensis** (beides nach Stejneger).

Fig. 310.

Fig. 311.

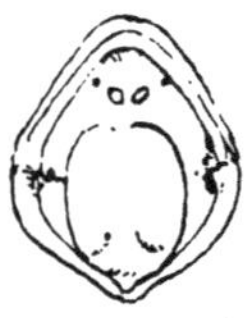
Fig. 312.

Fig. 313.

Fig. 310: Mundhöhle von **Hylodes cornutus** (nach Espada); Fig. 311: Mundhöhle von **Hylodes unicolor** (nach Stejneger); Fig. 312: Mundhöhle von **Hylodes conspicillatus**; Fig. 313: Mundhöhle von **Hylodes surdus** (Fig. 312 u. 313 nach Boulenger).

Pupille horizontal. Zunge annähernd kreisrund oder oval, hinten frei abhebbar, ganzrandig oder hinten schwach ausgerandet. Gaumenzähne vorhanden (Fig. 308—313). Trommelfell in der Regel vorhanden und meist deutlich sichtbar. Finger stets frei, Zehen frei oder durch kurze, nur bei einer Art mehr als $^1/_3$ der Zehenlänge umfassende Schwimmhaut verbunden; Schwimmhaut nicht zwischen die Metatarsen der 4. und 5. Zehe eingreifend; Finger- und Zehenspitzen zu mehr oder weniger großen Haftscheiben verbreitert, mit T-förmigen knöchernen Endphalangen. Omosternum und Sternum knorpelig, beide ohne knöchernen Stiel.

111 sichere und 15 unsichere Arten in Amerika.

Bestimmungstabelle der Arten:

1	Oberkopf ohne Knochenleisten — **2**	
	Oberkopf mit mehr oder weniger stark vorspringenden Knochenleisten (wie in Fig. 319) — **100**	
2	Haut der Unterseite glatt — **3**	
	Haut der Unterseite gekörnelt oder höckerig — **54**	
3	Trommelfell mindestens $\frac{1}{2}$ so breit wie der Augendurchmesser — **4**	
	Trommelfell, wenn deutlich, weniger als $\frac{1}{2}$ so breit wie der Augendurchmesser oder undeutlich — **41**	
4	Zehen zu $^1/_4$—$^1/_3$ ihrer Länge durch Schwimmhaut verbunden (Fig. 317) — **5**	
	Zehen nur durch eine Spur von Schwimmhaut verbunden, oder völlig frei — **9**	
5	Bei nach vorn an den Körper angelegtem Hinterbein reicht das Tibiotarsalgelenk:	
	bis zur Vorderkopfspitze	26. **H. rugulosus**
	über die Vorderkopfspitze hinaus — **6**	
6	1. Finger länger als der 2. — **7**	
	1. und 2. Finger gleich lang	69. **H. longirostris**
7	Haftscheiben der Finger groß, abgestutzt, viel größer als die der Zehen (Fig. 317)	39. **H. palmatus**
	Haftscheiben der Finger kleiner als die mäßig großen Haftscheiben der Zehen — **8**	
8	Hinterseite der Oberschenkel mit kleinen, runden, zitronengelben Flecken	42. **H. pittieri**
	Hinterseite der Oberschenkel braun und weiß marmoriert	52. **H. raniformis**
9	Gaumenzähne in langen, nach hinten konvergierenden Reihen hinter oder zwischen den Choanen (Fig. 311) — **10**	
	Gaumenzähne in geraden (Fig. 308), oder winkelig geknickten (Fig. 309) oder in bogenförmigen Querreihen (Fig. 310) oder in kleinen Gruppen (Fig. 312) oder kurzen Reihen (Fig. 313) zwischen oder hinter den Choanen — **21**	
10	Trommelfell breiter als der halbe Augendurchmesser — **11**	
	Trommelfell $\frac{1}{2}$ so breit wie der Augendurchmesser — **15**	
11	Bei nach vorn an den Körper angelegtem Hinterbein reicht das Tibiotarsalgelenk:	
	bis zum Trommelfell oder Auge	18. **H. latrans**
	bis zur Vorderkopfspitze oder über diese noch hinaus — **12**	
12	Haut auf dem Rücken glatt — **13**	
	Haut auf dem Rücken warzig; Trommelfell so groß wie das Auge	24. **H. beatae**
13	1. Finger länger als der 2. — **14**	
	1. Finger kürzer als der 2.	19. **H. berkenbuschii**
14	Kopf breiter als der Rumpf	23. **H. laticeps**
	Kopf nicht breiter als der Rumpf (wie in Fig. 315) .	27. **H. rhodopis**
15	Gaumenzähne laterad über die Choanen hinaus bis an den Rand des Maxillare reichend	3. **H. dimidiatus**
	Gaumenzähne seitlich höchstens bis zum lateralen Rande der Choanen reichend — **16**	

16	Bei nach vorn an den Körper angelegtem Hinterbein reicht das Tibiotarsalgelenk:	
	bis zum Auge	1. H. ricordii
	bis zur Vorderkopfspitze oder über diese noch hinaus — 17	
17	Haut auf dem Rücken gekörnelt — 18	
	Haut auf dem Rücken glatt oder nur mit wenigen Höckern besetzt — 19	
18	Vorderkopf lang und spitz; eine helle Binde zieht jederseits vom Auge bis zur Coccygealregion .	2. H. cuneatus
	Vorderkopf abgerundet, so lang wie der Augendurchmesser; Rücken mit dunklen, winklig gebogenen Querbinden, Flanken mit schwachen, dunklen Längsbinden	68. H. achatinus
19	Gaumenzähne hinter den Choanen (Fig. 313) — 20	
	Gaumenzähne zwischen den Choanen	100. H. petropolitanus
20	1. Finger länger als der 2.	32. H. laevissimus
	1. Finger den 2. nicht überragend	105. H. gollmeri
21	Haut auf dem Rücken völlig glatt — 22	
	Haut auf dem Rücken gekörnelt, warzig oder Falten bildend — 34	
22	Bei nach vorn an den Körper angelegtem Hinterbein reicht das Tibiotarsalgelenk:	
	höchstens bis zwischen Auge und Vorderkopfspitze — 23	
	mindestens bis zur Vorderkopfspitze — 28	
23	Gaumenzähne in queren Reihen auf der Höhe der Choanenhinterränder	48. H. euryglossus
	Gaumenzähne hinter der Verbindungslinie der Choanenhinterränder — 24	
24	Gaumenzähne in 2 dicht beieinander stehenden Gruppen angeordnet	40. H. florulentus
	Gaumenzähne in deutlichen, geraden oder winklig geknickten oder bogenförmigen Reihen angeordnet — 25	
25	1. Finger länger als der 2.; Gaumenzähne in geraden Querreihen angeordnet	53. H. bufoniformis
	1. Finger so lang wie oder kürzer als der 2.; Gaumenzähne in winklig geknickten oder in bogenförmigen Reihen angeordnet — 26	
26	1. Finger so lang wie der 2.; Gaumenzähne in langen Bogenreihen angeordnet; Haftscheiben sehr klein	17. H. luteolus
	1. Finger kürzer als der 2. — 27	
27	Gaumenzähne in 2 Bogenreihen angeordnet, laterad nicht über die Mitte der Choanen hinausragend	16. H. jamaicensis
	Gaumenzähne in 2 stumpfwinklig geknickten, laterad über die Choanen hinausragenden Reihen angeordnet (Fig. 309)	8. H. monensis
28	Gaumenzähne in Querreihen auf der Höhe der Choanenhinterränder angeordnet	104. H. miliaris
	Gaumenzähne hinter der Verbindungslinie der Choanenhinterränder angeordnet — 29	
29	Trommelfell ½ so breit wie der Augendurchmesser — 30	
	Trommelfell mehr als ½ so breit wie der Augendurchmesser — 31	

30 1. Finger so lang wie der 2.; keine Tarsalfalte vorhanden . . . . 31. **H. brocchi**
1. Finger länger als der 2.; eine Tarsalfalte am medialen Tarsusrande vorhanden . . . . . . 49. **H. nubilis**

31 Bei nach vorn an den Körper angelegtem Hinterbein reicht das Tibiotarsalgelenk:
bis zur Vorderkopfspitze — **32**
über die Vorderkopfspitze hinaus — **33**

32 Gaumenzähne in 2 kurzen Querreihen angeordnet; Haftscheiben fast dreieckig, fast so groß wie das Trommelfell, größer als die der Zehen (Fig. 316) 25. **H. alfredi**
Gaumenzähne in 2 hinten abgestutzten Gruppen angeordnet; Haftscheiben der Finger klein, die der Zehen mittelgroß . . . . 30. **H. lanciformis**

33 Interorbitalraum breiter als ein oberes Augenlid; Kopfseiten dunkler als die Oberseite des Kopfes 33. **H. rostralis**
Interorbitalraum so breit wie ein oberes Augenlid; Kopfseiten heller als die Oberseite des Kopfes 41. **H. fleischmanni**

34 Bei nach vorn an den Körper angelegtem Hinterbein reicht das Tibiotarsalgelenk:
höchstens bis zwischen Auge und Vorderkopfspitze — **35**
mindestens bis zur Vorderkopfspitze — **39**

35 Gaumenzähne in 2 Gruppen auf der Verbindungslinie der Choanenhinterränder . . . . 97. **H. discoidalis**
Gaumenzähne hinter der Verbindungslinie der Choanenhinterränder (Fig. 313) — **36**

36 Trommelfell $\frac{1}{2}$ so breit wie der Augendurchmesser — **37**
Trommelfell $\frac{2}{3}$ so breit wie der Augendurchmesser; Rücken mit feinen, parallelen Längsfalten . . 34. **H. bransfordii**

37 1. Finger länger als der 2.; Gaumenzähne in 2 kleinen Gruppen oder in bogenförmigen Querreihen angeordnet — **38**
1. Finger so lang wie der 2.; Gaumenzähne in winklig geknickten, laterad über die Choanen hinausragenden Reihen angeordnet . . . . 12. **H. lentus**

38 Gaumenzähne in 2 kleinen Gruppen angeordnet; Interorbitalraum schmaler als ein oberes Augenlid; Oberseite gekörnelt und warzig . . . . . 37. **H. rugosus**
Gaumenzähne in queren Bogenreihen angeordnet; Interorbitalraum so breit wie ein oberes Augenlid; Oberseite gekörnelt und mit feinen Drüsenlinien besetzt . . . . 99. **H. binotatus**

39 Gaumenzähne auf der Verbindungslinie der Choanenhinterränder; 1. Finger den 2. nicht überragend . . . . 95. **H. cruralis**
Gaumenzähne hinter der Verbindungslinie der Choanenhinterränder; 1. Finger länger als der 2. — **40**

40 Bei nach vorn an den Körper angelegtem Hinterbein reicht das Tibiotarsalgelenk:
bis zur Vorderkopfspitze; Oberseite gekörnelt und warzig . . . . 93. **H. granulosus**
über die Vorderkopfspitze hinaus; Oberseite glatt; 1 Paar gewellter Längsfalten zieht von den Augen zum Sacralwirbel . . . . 22. **H. venustus**

41 Trommelfell deutlich sichtbar — **42**
Trommelfell nur undeutlich sichtbar — **52**

42 Bei nach vorn an den Körper angelegtem Hinterbein reicht das Tibiotarsalgelenk:
mindestens bis zur Vorderkopfspitze — **43**
höchstens bis zwischen Auge und Vorderkopfspitze — **46**

43 Trommelfell mindestens $1/3$ so breit wie der Augendurchmesser — **44**
Trommelfell $1/4$ so breit wie der Augendurchmesser — **45**

44 Vorderkopf spitz; Zehen fast zu $1/3$ ihrer Länge durch Schwimmhaut verbunden . . . . 35. **H. ranoides**
Vorderkopf abgerundet; Zehen nur durch eine Spur von Schwimmhaut verbunden . . . . 29. **H. bocourti**

45 Bei nach vorn an den Körper angelegtem Hinterbein reicht das Tibiotarsalgelenk:
über die Vorderkopfspitze hinaus; Gaumenzähne in Querreihen angeordnet . . . . 28. **H. melanostictus**
bis zur Vorderkopfspitze; Gaumenzähne in 2 nach hinten konvergierenden Reihen angeordnet . . 98. **H. griseus**

46 Oberseite gekörnelt oder warzig oder mit Hautfalten besetzt — **47**
Oberseite völlig glatt — **50**

47 Zehen frei oder höchstens durch eine Spur von Schwimmhaut verbunden — **48**
Zehen zu $1/2$—$2/3$ ihrer Länge durch Schwimmhaut verbunden (Fig. 323) . . . . 70. **H. anomalus**

48 Gaumenzähne in nach hinten konvergierenden Reihen angeordnet . . . . 103. **H. plicifera**
Gaumenzähne in bogenförmigen oder winklig geknickten Querreihen hinter den Choanen angeordnet — **49**

49 Gaumenzähne in nach hinten offenen Bogenreihen angeordnet . . . . 7. **H. weinlandi**
Gaumenzähne in winklig geknickten Querreihen angeordnet (wie in Fig. 309) . . . . 9. **H. richmondi**

50 Bei nach vorn an den Körper angelegtem Hinterbein reicht das Tibiotarsalgelenk:
bis zum Hinterrand des Auges . . . . 71. **H. gularis**
bis zum Vorderrand des Auges oder zwischen Auge und Vorderkopfspitze — **51**

51 Interorbitalraum breiter als ein oberes Augenlid; je ein kleiner, kegelförmiger Höcker an jeder Ferse und an jedem oberen Augenlid vorhanden 54. **H. calcaratus**
Interorbitalraum kaum so breit wie ein oberes Augenlid; kein Fersen- und Lidhöcker vorhanden . . . . 92. **H. ockendeni**

52 1. Finger kürzer als der 2.; Gaumenzähne deutlich ausgebildet — **53**
1. Finger so lang wie der 2.; Gaumenzähne undeutlich; Augen sehr groß . . . . 106. **H. grandoculis**

53 Bei nach vorn an den Körper angelegtem Hinterbein reicht das Tibiotarsalgelenk:
bis zum Auge . . . . 91. **H. ventrimarmoratus**
über die Vorderkopfspitze hinaus . . . . 38. **H. diastema**

54 Trommelfell mindestens ½ so breit wie der Augendurchmesser — **55**
Trommelfell weniger als ½ so breit wie der Augendurchmesser — **73**

55 Je ein dreieckiger Hautanhang an der Vorderkopfspitze und an jedem oberen Augenlid, sowie je 3 Hautanhänge am lateralen Rande eines jeden Tarsus vorhanden . . . . 72. **H. appendiculatus**
Keine Hautanhänge an den angegebenen Stellen vorhanden — **56**

56 Trommelfell mindestens $^2/_3$ so breit wie der Augendurchmesser — **57**
Trommelfell ½ so breit wie der Augendurchmesser — **64**

57 Rücken völlig glatt — **58**
Rücken gekörnelt, höckerig oder mit Hautfalten besetzt — **60**

58 Gaumenzähne in 2 nach hinten konvergierenden Reihen oder Gruppen hinter den Choanen angeordnet — **59**
Gaumenzähne in einer Zickzackreihe hinter den Choanen angeordnet . . . . 111. **H. oxyrhynchus**

59 1. Finger länger als der 2.; Haftscheiben an Fingern und Zehen deutlich, rund (Fig. 326); eine schwache Tarsalfalte vorhanden . . . . 85. **H. pagmae**
1. und 2. Finger annähernd gleichlang; Finger- und Zehenspitzen kaum verbreitert (Fig. 315); keine Tarsalfalte vorhanden . . . . 20. **H. calcitrans**

60 Gaumenzähne in kleinen Gruppen oder kurzen Querreihen hinter den Choanen angeordnet; 1. Finger länger als der 2. — **61**
Gaumenzähne in nach hinten konvergierenden Reihen hinter den Choanen angeordnet; 1. Finger so lang wie der 2. — **63**

61 Bei nach vorn an den Körper angelegtem Hinterbein reicht das Tibiotarsalgelenk:
über die Vorderkopfspitze hinaus; 2 Paar sehr feine, geschweifte Hautfalten auf dem sonst glatten Rücken vorhanden . . . . 21. **H. plicatus**
höchstens bis zur Vorderkopfspitze; Oberseite gekörnelt oder warzig — **62**

62 Trommelfell $^2/_3$ so breit wie der Augendurchmesser; Interorbitalraum breiter als ein oberes Augenlid 102. **H. ramagii**
Trommelfell fast so breit wie der Augendurchmesser; Interorbitalraum schmaler als ein oberes Augenlid . . . . 86. **H. macrocephalus**

63 Bei nach vorn an den Körper angelegtem Hinterbein reicht das Tibiotarsalgelenk:
über die Vorderkopfspitze hinaus; Oberseite rauh und höckerig . . . . 43. **H. underwoodi**
bis zur Vorderkopfspitze; Rücken mit 8 höckerigen Längsfalten oder Höckerreihen . . . . 36. **H. polyptychus**

64 Bei nach vorn an den Körper angelegtem Hinterbein reicht das Tibiotarsalgelenk:
mindestens bis zur Vorderkopfspitze — **65**
höchstens zwischen Auge und Vorderkopfspitze — **66**

65	Gaumenzähne in 2 kleinen Gruppen hinter den Choanen angeordnet (Fig. 312), Oberseite glatt .	82. **H. conspicillatus**
	Gaumenzähne in 2 langen, nach hinten konvergierenden Reihen hinter den Choanen angeordnet (Fig. 308), Oberseite rauh und gefältelt .	5. **H. barbouri**
66	Gaumenzähne in 2 kleinen Gruppen zwischen den Choanen angeordnet; Oberseite mit glatten Höckern oder länglichen Warzen besetzt . . .	96. **H. leptopus**
	Gaumenzähne hinter den Choanen angeordnet — **67**	
67	Oberseite glatt oder fast glatt — **68**	
	Oberseite gekörnelt — **72**	
68	Bei nach vorn an den Körper angelegtem Hinterbein reicht das Tibiotarsalgelenk:	
	zwischen Auge und Vorderkopfspitze	87. **H. platydactylus**
	nicht über das Auge hinaus — **69**	
69	Gaumenzähne in kurzen Querreihen hinter den Choanen angeordnet	84. **H. subsigillatus**
	Gaumenzähne in nach hinten konvergierenden Reihen hinter den Choanen angeordnet — **70**	
70	Rücken mit dunklen Längsbinden oder Fleckenreihen — **71**	
	Vorderkopf und Rücken dunkelbraun punktiert oder marmoriert	4. **H. varians**
71	Rücken mit violetten, in 5 Längsreihen angeordneten Flecken	83. **H. ornatissima**
	Eine helle Längslinie in der Rückenmitte und jederseits von ihr 3 schwarze Längsstreifen vorhanden	61. **H. lehmanni**
72	Bei nach vorn an den Körper angelegtem Hinterbein reicht das Tibiotarsalgelenk:	
	über das Auge hinaus	60. **H. affinis**
	fast bis zum Auge	13. **H. johnstonei**
73	Bei nach vorn an den Körper angelegtem Hinterbein reicht das Tibiotarsalgelenk:	
	mindestens bis zur Vorderkopfspitze — **74**	
	höchstens bis zwischen Auge und Vorderkopfspitze — **79**	
74	Rücken glatt oder fast glatt — **75**	
	Rücken (und überhaupt die Haut) warzig	94. **H. crucifer**
75	Trommelfell $\frac{1}{3}$—$\frac{2}{5}$ so breit wie der Augendurchmesser — **76**	
	Trommelfell $\frac{1}{8}$ so breit wie der Augendurchmesser	47. **H. cerasinus**
76	Gaumenzähne in langen, geraden, fast zusammenhängenden Querreihen hinter den Choanen angeordnet (Fig. 318)	44. **H. platyrhynchus**
	Gaumenzähne in runden Gruppen oder nach hinten konvergierenden Reihen angeordnet — **77**	
77	Vorderkopf so lang wie der Augendurchmesser .	56. **H. taeniatus**
	Vorderkopf länger als der Augendurchmesser — **78**	
78	Haftscheiben groß, vorn deutlich abgestutzt . . .	76. **H. w-nigrum**
	Haftscheiben viel kleiner als das Trommelfell, vorn nicht abgestutzt	14. **H. urichi**
79	Bei nach vorn an den Körper angelegtem Hinterbein reicht das Tibiotarsalgelenk:	
	zwischen Auge und Vorderkopfspitze — **80**	
	nicht über das Auge hinaus — **88**	

80	Trommelfell deutlich sichtbar — **81**	
	Trommelfell fehlt	73. **H. surdus**
81	Gaumenzähne hinter den Choanen angeordnet — **82**	
	Gaumenzähne in 2 runden Gruppen zwischen den Choanen angeordnet	101. **H. goeldii**
82	Trommelfell $1/4$ so breit wie der Augendurchmesser — **83**	
	Trommelfell $1/3$ so breit wie der Augendurchmesser — **84**	
83	Oberseite glatt, mit schwachen Drüsenwülsten auf dem Hinterkopf; Interorbitalraum fast so breit wie ein oberes Augenlid	107. **H. marmoratus**
	Oberseite mit verstreuten, kegelförmigen Höckern besetzt; Interorbitalraum breiter als ein oberes Augenlid	77. **H. margaritifer**
84	Oberseite völlig glatt — **85**	
	Oberseite wenigstens teilweise höckerig — **86**	
85	Oberseite braun punktiert und mit einer /\\-förmigen dunklen Zeichnung auf dem Vorderrücken . .	55. **H. palmeri**
	Rücken mit 3 dunklen Längsstreifen, Bauch und Oberschenkelseiten karminrot	58. **H. erythropleura**
86	Bei nach vorn an den Körper angelegtem Hinterbein reicht das Tibiotarsalgelenk:	
	bis zum Nasenloch	78. **H. glandulosus**
	eben über den Vorderrand des Auges hinaus — **87**	
87	Haftscheiben klein; Oberseite aschgrau, am Kopf schwarzbraun gefleckt	59. **H. frater**
	Haftscheiben groß, abgestutzt; Oberseite rot mit eingestreuten, schwarzen Punkten	50. **H. cruentus**
88	Trommelfell unsichtbar	74. **H. whymperi**
	Trommelfell mehr oder weniger deutlich sichtbar — **89**	
89	Gaumenzähne in kleinen Gruppen oder in deutlichen Querreihen (Fig. 311) angeordnet — **90**	
	Gaumenzähne in nach hinten konvergierenden Reihen (Fig. 308) angeordnet — **94**	
90	Rücken glatt — **91**	
	Rücken gekörnelt oder warzig — **93**	
91	Bei nach vorn an den Körper angelegtem Hinterbein reicht das Tibiotarsalgelenk:	
	bis zum Auge — **92**	
	nur bis zum Trommelfell	10. **H. unicolor**
92	Haftscheiben sehr groß, breiter als lang; Oberseite rötlichgelb mit jederseits einer schwarzen Dorsolateralbinde	108. **H. bicumulus**
	Haftscheiben mittelgroß, rundlich; Oberseite olivengrau mit 3 dunkelbraunen Längsbinden oder Fleckenreihen	90. **H. binghami**
93	Interorbitalraum $1\frac{1}{2}$ mal so breit wie ein oberes Augenlid, Gaumenzähne auf der Verbindungslinie der Choanenhinterränder	89. **H. footei**
	Interorbitalraum schmaler als ein oberes Augenlid; Gaumenzähne hinter der Verbindungslinie der Choanen	81. **H. latidiscus**
94	Rücken glatt — **95**	
	Rücken gekörnelt, warzig oder höckerig — **97**	

95	Trommelfell nicht ganz $\frac{1}{2}$ so breit wie der Augendurchmesser — **96**	
	Trommelfell $^1/_3$ so breit wie der Augendurchmesser	57. **H. bogotensis**
96	Rumpfseiten glatt	15. **H. martinicensis**
	Rumpfseiten höckerig oder warzig	88. **H. unistrigatus**
97	Bei nach vorn an den Körper angelegtem Hinterbein reicht das Tibiotarsalgelenk:	
	höchstens bis zum Trommelfell — **98**	
	bis zum Auge — **99**	
98	Das Tibiotarsalgelenk reicht:	
	bis zur Schulter; Oberseite höckerig, auf dem Rücken mit mehr oder weniger deutlichen Längsfalten besetzt	79. **H. curtipes**
	bis zum Trommelfell; Oberseite am Kopfe glatt, weiter nach hinten hin mehr gekörnelt und höckerig aussehend	75. **H. riveti**
99	Bei senkrecht zur Längsachse des Körpers gestellten Hinterbeinen (vgl. Fig. 29 & 30 p. 11):	
	stoßen die Fersen gerade aneinander	11. **H. antillensis**
	greifen die Fersen übereinander	6. **H. auriculatus**
100	Unterseite glatt — **101**	
	Unterseite gekörnelt — **102**	
101	Kopf breiter als der Rumpf; Rücken mit Hautfalten besetzt (Fig. 319)	45. **H. megacephalus**
	Kopf schmaler als bei der vorigen Art; Rücken ohne Hautfalten	46. **H. gulosus**
102	Kopfleisten glatt — **103**	
	Kopfleisten gezähnelt (Fig. 320)	64. **H. galdi**
103	Bei nach vorn an den Körper angelegtem Hinterbein reicht das Tibiotarsalgelenk:	
	mindestens bis zur Vorderkopfspitze — **104**	
	höchstens bis zwischen Auge und Vorderkopfspitze — **107**	
104	Trommelfell mindestens $^2/_3$ so breit wie der Augendurchmesser — **105**	
	Trommelfell weniger als $\frac{1}{2}$ so breit wie der Augendurchmesser — **106**	
105	Gaumenzähne in 2 gebogenen Querreihen angeordnet	110. **H. maussi**
	Gaumenzähne in 2 nach hinten konvergierenden Reihen angeordnet (Fig. 308)	51. **H. biporcatus**
106	Gaumenzähne in 2 nach hinten konvergierenden Reihen angeordnet (Fig. 308)	66. **H. devillei**
	Gaumenzähne in 2 dicht beieinander stehenden kleinen Gruppen angeordnet	67. **H. festae**
107	Gaumenzähne in 2 gebogenen Querreihen angeordnet (Fig. 310)	62. **H. cornutus**
	Gaumenzähne in 2 nach hinten konvergierenden Reihen (Fig. 308) oder in kleinen Gruppen angeordnet — **108**	
108	Trommelfell fast so groß wie das Auge	63. **H. sulcatus**
	Trommelfell höchstens $\frac{1}{2}$ so groß wie das Auge — **109**	
109	Interorbitalraum fast doppelt so breit wie ein oberes Augenlid	65. **H. buckleyi**
	Interorbitalraum höchstens $1^1/_3$ mal so breit wie ein oberes Augenlid — **110**	

110 { Haftscheiben so groß wie das Trommelfell; Rumpfseiten warzig . . . . 80. **H. vertebralis**
Haftscheiben kleiner als das Trommelfell; eine ziemlich breite Drüsenfalte an jeder Seite des Vorderrückens vorhanden . . . . 109. **H. briceni**

1. **H. ricordii** Dum. & Bibr. 1841 *H. R.*, C. Duméril & G. Bibron, Erpét., *v.* 8 p. 623 | 1843 *Euhyas R.*, Fitzinger, Syst. Rept., *v.* 1 p. 31 | 1862 *Hylodes planirostris* + *Euhyas ricordii*, E. D. Cope in: P. Ac. Philad., p. 153, 154 | 1863 *Hylodes planirostris*, E. D. Cope in: P. Ac. Philad., p. 48 | 1875 *Lithodytes ricordii*, E. D. Cope in: Bull. U. S. Mus., *v.* 1 p. 31 | 1882 *Hylodes planirostris* + *H. ricordii*, Boulenger, Cat. Batr. sal. Brit. Mus., ed. 2 p. 208, 213 | 1887 *H. r.*, E. D. Cope in: P. U. S. Mus., *v.* 10 p. 436 | 1889 *Lithodytes r.*, E. D. Cope in: Bull. U. S. Mus., *v.* 34 p. 318 | 1906 *L. r.*, M. Dickerson, Frog Book, p. 164 | 1910 *Eleutherodactylus r.*, Barbour in: P. biol. Soc. Washington, *v.* 23 p. 100 | 1914 *E. r.*, Barbour in: Mem. Mus. Harvard, *v.* 44 p. 243.

Zunge lang oval, ganzrandig oder hinten schwach ausgerandet. Gaumenzähne in 2 gebogenen Reihen hinter den Choanen, laterad bis zu derem lateralen Rande reichend. Kopf so breit wie oder breiter als der Rumpf; Vorderkopf vorn scharf abgestutzt, Zügelregion fast senkrecht abfallend; Trommelfell $^1/_2$ so breit wie der Augendurchmesser; Nasenlöcher näher der Vorderkopfspitze als dem Auge. Finger und Zehen schlank, mit kleinen oder mäßig großen Haftscheiben; Subarticularhöcker gut entwickelt; 2 Metatarsalhöcker vorhanden. Bei nach vorn an den Körper angelegtem Hinterbein reicht das Tibiotarsalgelenk bis zum Auge. Haut auf der Oberseite glatt oder fein gekörnelt, an den Seiten runzlig; Bauch glatt. Oberseite rötlichbraun; Zügelgegend, eine Querbinde zwischen den Augen, ein Streifen über jedem Trommelfell und einige Flecke auf dem Rücken dunkler. Unterseite hellbräunlich. **L. 25 mm.**

♂ mit subgularer Schallblase.

Florida, Bahama-Inseln, Cuba.

2. **H. cuneatus** Cope 1862 *H. c.*, E. D. Cope in: P. Ac. Philad., p. 152 | 1882 *H. c.*, Boulenger, Cat. Batr. sal. Brit. Mus., ed. 2 p. 209 | 1914 *Eleutherodactylus c.*, Barbour in: Mem. Mus. Harvard, *v.* 44 p. 244.

Zunge lang oval, hinten schwach ausgerandet. Gaumenzähne in 2 gebogenen, nach hinten konvergierenden, seitlich nicht über den lateralen Rand der Choanen hinaus reichenden Reihen hinter den Choanen. Kopf groß, breiter als der Rumpf; Vorderkopf lang, spitz; Trommelfell rund, $^1/_2$ so breit wie der Augendurchmesser. 2 Metatarsalhöcker vorhanden; Fußsohlen glatt. Bei nach vorn an den Körper angelegtem Hinterbein reicht das Tibiotarsalgelenk fast bis zur Vorderkopfspitze. Haut der Oberseite, außer auf dem Vorderkopf, gekörnelt; Unterseite überall glatt. Eine schwache Hautfalte zieht von der Vorderkopfspitze bis zum After; eine sehr feine jederseits hinter dem Auge beginnende Falte zieht in nach unten konvexem Bogen längs der Rumpfseite bis zur Weichengegend. Oberseite schwärzlichgrau, Vorderkopf heller. Eine helle Linie zieht vom Vorderrand des Auges zum Lippenrand, eine andere vom Hinterrand des Auges zum Trommelfell; eine helle Binde zieht jederseits vom freien Rand des oberen Augenlides bis zur Coccygealregion. Beine undeutlich braungebändert. Unterseite weißlich, außer auf dem Bauche sehr fein braun punktiert. Es gibt auch eine ganz schwarze Varietät. L. 39 mm.

Cuba.

3. **H. dimidiatus** Cope 1862 *H. d.*, E. D. Cope in: P. Ac. Philad., p. 151 | 1914 *Eleutherodactylus d.*, Barbour in: Mem. Mus. Harvard, *v.* 44 p. 244.

Zunge oval, ganzrandig. Gaumenzähne in 2 ziemlich stark gekrümmten, laterad bis zum Rande des Maxillare reichenden, nach hinten konvergierenden Reihen hinter den Choanen. Kopf nicht breiter als der Rumpf; Vorderkopf ziemlich spitz, an der Spitze abgeplattet; Nasenlöcher seitwärts gerichtet; Trommelfell rund, $^1/_2$ so breit wie der Augendurchmesser. Haftscheiben der Finger gut entwickelt; Zehen ohne Schwimmhaut; 2 Metatarsalhöcker, aber keine Tarsalfalte vorhanden. Oberarm $^3/_4$ so lang wie der Tarsus, der seinerseits $^1/_2$ so lang ist wie der Unterschenkel; letzterer länger als der Oberschenkel. Haut auf Ober- und Unterseite glatt, in der hinteren Lateralgegend rauh, auf der Hinterseite der Oberschenkel gekörnelt; eine schmale Hautfalte zieht jederseits vom oberen Augenlid fast bis zu den Weichen. Oben bräunlich- oder rötlichgrau; eine sehr schmale, weiße Linie läuft von der Vorderkopfspitze bis zum After; eine schwarze Binde zieht jederseits von der Vorderkopfspitze an oberhalb des Trommelfells hin und unter der lateralen Hautfalte entlang etwa bis zur Rumpfmitte. Oberlippenrand gelblich. Ein schwarzer, weißgerandeter Fleck in der Schenkelregion, zuweilen je ein solcher neben dem After. Hinterseite der Oberschenkel mit einigen weißen Flecken; Beine oben quergebändert, auf der Medialseite marmoriert. L. 44 mm.

Ost-Cuba.

4. **H. varians** Gundl. & Ptrs. 1864 *H. v.*, Gundlach & Peters in: Peters in: Monber. Ak. Berlin, p. 390 | 1882 *H. v.*, Boulenger, Cat. Batr. sal. Brit. Mus., ed. 2 p. 215 | 1914 *Eleutherodactylus v.*, Barbour in: Mem. Mus. Harvard, *v.* 44 p. 245.

Zunge länglich herzförmig, hinten flach ausgerandet; Gaumenzähne in 2 nach hinten konvergierenden Reihen hinter den Choanen. Kopf so lang wie breit, breiter als der Rumpf. Vorderkopf flach, mit deutlichem, schwach geschweiftem Canthus rostralis; Nasenlöcher dicht hinter der abgestutzten Vorderkopfspitze; Trommelfell deutlich, rund, $^1/_2$ so breit wie der Augendurchmesser. Haftscheiben an Fingern und Zehen gut entwickelt und gleich groß; Subarticularhöcker mäßig groß. Bei nach vorn an den Körper angelegtem Hinterbein reicht das Tibiotarsalgelenk bis zum Auge. Haut der Oberseite, der Kehle und Brust glatt; Bauch und Unterseite der Oberschenkel gekörnelt; eine Querfalte zwischen Brust und Bauch. Oben braun oder grau, Vorderkopf und Rücken dunkelbraun punktiert oder marmoriert; ein dreieckiger, mit der Spitze nach hinten gerichteter, brauner Fleck zwischen den Augen. Beine mehr oder weniger deutlich dunkel quergestreift. Unterseite heller braun oder grau. L. 40 mm.

♂ mit innerer, subgularer Schallblase.

Cuba.

5. **H. barbouri** nom. nov. Nieden 1914 *Eleutherodactylus plicatus* (non Günther 1900), Barbour in: Mem. Mus. Harvard, *v.* 44 p. 244.

Zunge mittelgroß, oval, ganzrandig. Gaumenzähne in 2 langen, nach hinten konvergierenden und fast aneinander stoßenden, laterad nur sehr wenig über die Choanen hinausragenden Reihen hinter den Choanen. Kopf breit und rundlich; Vorderkopf nur wenig abschüssig; Nasenlöcher viel näher der Vorderkopfspitze als dem Auge; Interorbitalraum wenig breiter als ein oberes Augenlid; Trommelfell rund, $^1/_2$ so breit wie der Augendurchmesser. Finger mit ungewöhnlich kleinen Haftscheiben; 1. und 2. Finger gleich lang; 1. Zehe viel kürzer als die 2.; Subarticularhöcker gut entwickelt; keine deutlichen Plantarhöcker vorhanden; ein ziemlich kleiner medialer und lateraler Metatarsalhöcker und eine ziemlich schwach entwickelte (Schrumpfungserscheinung?) Tarsalfalte vorhanden. Bei nach vorn an den Körper angelegtem Hinterbein reicht das Tibiotarsalgelenk über die Vorderkopfspitze hinaus; bei senkrecht zur Längsachse des Körpers gestellten Hinterbeinen (vgl. Fig. 29 & 30 p. 11) greifen die Fersen beträchtlich übereinander. Oberseite sehr rauh und gefältelt; Kehle, Brust und Vorderseite der Oberschenkel völlig glatt, Bauch und Hinterseite der Oberschenkel fein gekörnelt. Oberseite olivenbraun; Unterseite mit rötlichem Anflug, Vorderseite der Oberschenkel glänzend rot; Kehle mit einigen dunklen Punkten. L.?

Ost-Cuba.

6. H. **auriculatus** Cope 1858 *H. ricordii* (non C. Duméril & G. Bibron 1841), Alb. Günther, Cat. Batr. sal. Brit. Mus., p. 92 | 1862 *H. auriculatus*, E. D. Cope in: P. Ac. Philad., p. 152 | 1867 *H. martinicensis*, Steindachner in: Reise Novara, Amph. p. 55 | 1876 *H. m.* (non Tschudi 1838), Peters in: Monber. Ak. Berlin, p. 709 t. 1 f. 1—9 (Entwicklungsstadien, Habitusbilder von ♂ und ♀, Mundhöhle) | 1881 *H. m.* (non Tschudi 1838), Gundlach in: An. Soc. Españ., *v.* 10 p. 315 | 1882 *H. auriculatus* (part.) + *H. martinicensis* (part.), Boulenger, Cat. Batr. sal. Brit. Mus., ed. 2 p. 214 | 1904 *Eleutherodactylus auriculatus*, Stejneger in: Rep. U. S. Mus., 1902 p. 583 f. 15—19 (Kopf, Mundhöhle, Füße) | 1914 *E. a.*, Barbour in: Mem. Mus. Harvard, *v.* 44 p. 247.

Zunge schmal, oval, hinten ausgerandet. Gaumenzähne in 2 kurzen, nach hinten konvergierenden Reihen etwas hinter den Choanen (Fig. 308 p. 406); Nasenlöcher viel näher der Vorderkopfspitze als dem Auge, ihre Entfernung vom Auge ist gleich dem Augendurchmesser; Interorbitalraum etwas breiter als ein oberes Augenlid; Trommelfell klein, etwa $^1/_3$ so breit wie der Augendurchmesser. Finger mit gut entwickelten Haftscheiben; 1. Finger so lang wie der 2.; Haftscheiben der Zehen etwas kleiner als die der Finger; 1. Zehe nur wenig (um die Länge der Haftscheibe) kürzer als die 2. Zehe; 2 mäßig große Metatarsalhöcker, keine Tarsalfalte vorhanden. Bei an den Körper angelegten Beinen greifen Knie und Ellbogen übereinander, das Tibiotarsalgelenk reicht bis zum Auge; bei senkrecht zur Längsachse des Körpers gestellten Hinterbeinen greifen die Fersen beträchtlich übereinander (etwa wie in Fig. 30 p. 11). Rücken und Rumpfseiten mit verstreuten Körnchen, Augenlider dichter gekörnelt; eine sehr feine, kaum bemerkbare Drüsenleiste zieht (nach Stejneger l. c.) über die Oberseite von der Vorderkopfspitze bis zum After. Kehle und vordere Hälfte der Oberschenkel glatt; Bauch und hintere Hälfte der Oberschenkel stark gekörnelt. Unterseite ohne Haftscheibe. Färbung sehr wechselnd und veränderlich. Grundfärbung blaßolivengrau, lehmfarbig oder blaßzimtrot bis dunkelsepiabraun. Oberseite des Kopfes in der Regel mit einem dreieckigen helleren Fleck, der hinten durch eine dunkle Querbinde zwischen den Augen begrenzt wird; eine helle Linie längs eines jeden Canthus rostralis setzt sich

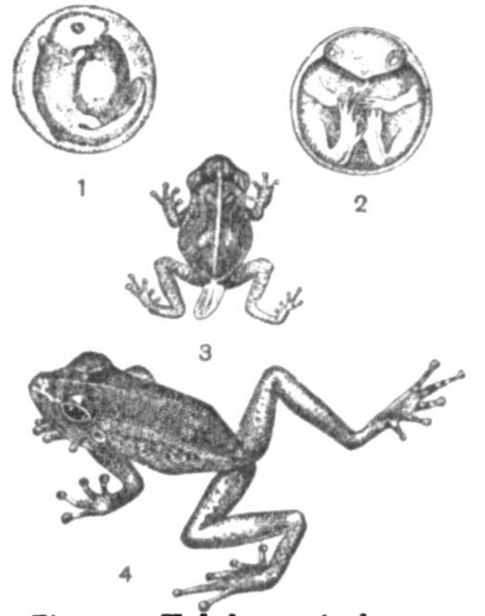

Fig. 314. **Hylodes auriculatus.** Entwicklungsstadien. Teilfig. 1: Ei mit etwa 7 Tage altem Embryo; Teilfig 2: Ei mit 12 Tage altem Embryo; Teilfig. 3: eben ausgeschlüpfter junger Frosch; Teilfig. 4: erwachsenes ♂ (Teilfig. 1—3 etwa $^3/_2$, Teilfig. 4 in nat. Gr.) (alles nach Peters aus Gadow).

gewöhnlich als breite Binde an den Rumpfseiten entlang fort; häufig eine feine, helle Längslinie in der Rückenmitte; Kopf, Rücken und Hinterbeine vielfach mit hellen Flecken; Unterseite hell. L. 43 mm.

♂ (Fig. 314[4]) mit subgularer Schallblase.

Ovipar. Die 4,5—5,5 mm im Durchmesser haltenden Eier (Fig. 314[1], [2]) werden in Haufen von 20—30 Stück in den Blattachseln von Luftpflanzen abgelegt. Die Jungen verlassen die Eier als fast fertig entwickelte, nur noch mit einem Schwanzstummel versehene Fröschchen (Fig. 314[3]). Kiemen und Kiemenspalten fehlen stets, wahrscheinlich dient der mit seiner Breitseite der Eihaut anliegende Schwanz als Atmungsorgan. Die Vorderbeine entwickeln sich nicht, wie sonst bei Fröschen später als die Hinterbeine, sondern gleichzeitig mit diesen.

Cuba, Haiti, Porto Rico.

7. **H. weinlandi** (Barb.) ? 1858 *H. lineatus* (part.), Alb. Günther, Cat. Batr. sal. Brit. Mus., p. 91 | ? 1882 *H. lentus* (part.), Boulenger, Cat. Batr. sal. Brit. Mus., ed. 2 p. 207 | 1887 *H. l.* (part.), S. Garman in: Bull. Essex Inst., *v.* 19 p. 14 | 1914 *Eleutherodactylus weinlandi*, Barbour in: Mem. Mus. Harvard, *v.* 44 p. 246.

Zunge ziemlich schmal, hinten schwach ausgerandet. Gaumenzähne in zusammenhängender ~~-förmiger Reihe hinter den Choanen, laterad fast bis zum Kieferrand reichend; Nasenloch viel näher der Vorderkopfspitze als dem Auge, von diesem so weit entfernt, wie dessen Durchmesser lang ist; Trommelfell wenig schmaler als der $^1/_2$ Augendurchmesser, sein Abstand vom Auge gleich seiner eigenen Breite. Haftscheiben der Finger klein; 1. Zehe kurz, nur bis zum Subarticularhöcker der 2. reichend. Subarticular- und beide Metatarsalhöcker gut entwickelt; keine Plantarhöcker und keine Tarsalfalte vorhanden. Bei an den Körper angelegten Beinen stoßen Knie und Ellbogen aneinander und das Tibiotarsalgelenk reicht bis zur Mitte des Auges; bei senkrecht zur Längsachse des Körpers gestellten Hinterbeinen greifen die Fersen übereinander. Haut der Oberseite und der Flanken sehr fein gekörnelt; Hinterseite der Oberschenkel gefeldert; Unterseite glatt. Oberseite dunkelbraun; eine jederseits am Nasenloch beginnende helle Linie läuft durch das Auge und endet in der Sacralregion. Beine, mit Ausnahme der, ebenso wie die Sacralgegend, im Leben wahrscheinlich roten Hinterseite der Oberschenkel, und die Unterseite hell und ungefleckt. L.?

Insel Haiti.

8. **H. monensis** Meerw. 1901 *H. m.*, Meerwarth in: Mt. Mus. Hamburg, *v.* 18 p. 39 t. 1 f. 11 (Mundhöhle), t. 2 f. 4, 5 | 1904 *Eleutherodactylus m.*. Stejneger in: Rep. U. S. Mus., 1902 p. 595 f. 30—34 (Kopf, Mundhöhle, Füße) | 1914 *E. m.*, Barbour in: Mem. Mus. Harvard, *v.* 44 p. 247.

Zunge keulenförmig. Gaumenzähne in 2 langen, stumpfwinklig geknickten Reihen unmittelbar hinter den Choanen, laterad über diese hinausragend (Fig. 309 p. 406); die mediale Hälfte jeder Zahnreihe ist viel länger als die laterale. Nasenloch sehr dicht hinter der Vorderkopfspitze, seine Entfernung vom Auge fast gleich dessen Durchmesser; Interorbitalraum viel breiter als ein oberes Augenlid; Trommelfell $^1/_2$ so breit wie der Augendurchmesser, sein Abstand vom Auge größer als die Hälfte des Trommelfelldurchmessers. Haftscheiben der Finger und Zehen klein; 1. Finger kürzer als der 2.; die Spitze der 1. Zehe reicht kaum bis zur Mitte des vorletzten Gliedes der 2. Zehe; Subarticularhöcker gut entwickelt; 2 ziemlich große Metatarsalhöcker und eine kräftige Tarsalfalte längs des ganzen Tarsus vorhanden. Bei nach vorn an den Körper angelegtem Hinterbein reicht das

Tibiotarsalgelenk bis zur Augenmitte; bei senkrecht zur Längsachse des Körpers gestellten Hinterbeinen stoßen die Fersen aneinander. Haut auf Ober- und Unterseite glatt. Oberseite hellgraurötlich fleischfarben, mit größeren, braunen Flecken auf dem Kopf und mit einer von großen, braunen Flecken gebildeten, mehr oder weniger ausgesprochenen Sternfigur, deren Mittelpunkt zwischen den Schultern liegt; ferner mit einer braunen Längsbinde vom Nasenloch zum vorderen Augenrand und mit kleinen, braunen, spärlich verteilten Flecken auf Rücken, Rumpfseiten und Beinen. Unterseite einfarbig weißlich. L. 32 mm.

Insel Mona (zwischen Haiti und Porto Rico).

9. **H. richmondi** (Stejn.) 1904 *Eleutherodactylus r.*, Stejneger in: Rep. U. S. Mus., 1902 p. 593 f. 25—29 (Kopf, Mundhöhle, Füße) | 1914 *E. r.*, Barbour in: Mem. Mus. Harvard, *v.* 44 p. 247.

Zunge schmal, hinten schwach ausgerandet. Gaumenzähne in 2 winkligen Reihen hinter den Choanen, laterad über diese hinausragend (s. Fig. 309). Nasenloch viel näher der Vorderkopfspitze als dem Auge, sein Abstand von letzterem wenig kleiner als der Augendurchmesser; Interorbitalraum etwas breiter als ein oberes Augenlid; Breite des Trommelfells wenig kleiner als der halbe Augendurchmesser, sein Abstand vom Auge wenig kleiner als sein eigner Durchmesser. Haftscheiben ziemlich klein; 1. Finger kürzer als der 2.; 1. Zehe bis zum Subarticularhöcker und beide Metatarsalhöcker gut entwickelt; Plantarhöcker und Tarsalfalte fehlen. Bei nach vorn an den Körper angelegtem Hinterbein reicht das Tibiotarsalgelenk bis zur Augenmitte, das Knie reicht über den Ellbogen des nach hinten angelegten Vorderbeines hinaus; bei senkrecht zur Längsachse des Körpers gestellten Hinterbeinen greifen die Fersen übereinander. Oberseite und Flanken gekörnelt; Hinterseite der Oberschenkel gefeldert; Unterseite glatt. Rücken dunkelkastanienbraun, in der Sacralgegend heller; ein schmaler, schmutzig bläulichweißer Streifen zieht vom Nasenloch längs des Canthus rostralis, des freien Randes des oberen Augenlids und etwas verbreitert an den Rumpfseiten entlang; Kopf- und Rumpfseiten unterhalb dieses Streifens schwärzlich. Beine schwärzlich, heller marmoriert. Unterseite stumpf grünlichgrau, auf Kehle und Unterseite der Hinterbeine dunkelbraun marmoriert; ein unscharfer, gelber Fleck jederseits in der Weichengegend. L. 38 mm.

Porto Rico.

10. **H. unicolor** (Stejn.) 1904 *Eleutherodactylus u.*, Stejneger in: Rep. U. S. Mus., 1902 p. 597 f. 35—39 (Kopf, Mundhöhle, Füße) | 1914 *E. u.*, Barbour in: Mem. Mus. Harvard, *v.* 44 p. 247.

Zunge mittelgroß, oval, ganzrandig. Gaumenzähne in 2 kurzen, geraden, in der Mitte weit getrennten Reihen hinter den Choanen, laterad nicht über diese hinausragend (Fig. 311 p. 406). Vorderkopf sehr schräg von den Augen zur Vorderkopfspitze abfallend; Nasenlöcher halbwegs zwischen dieser und den Augen, vom Auge um die Hälfte von dessen Durchmesser entfernt; Interorbitalraum so breit wie ein oberes Augenlid. Trommelfell nur $^1/_3$ so breit wie der Augendurchmesser, sein Abstand vom Auge größer als sein eigner Durchmesser. Finger mit ungewöhnlich kleinen, Zehen mit besser entwickelten Haftscheiben. 1. Finger wenig kürzer als der 2.; 1. Zehe viel kürzer als die 2.; Subarticular- und beide Metatarsalhöcker gut entwickelt, Plantarhöcker und Tarsalfalte fehlen. Bei nach vorn an den Körper angelegtem Hinterbein reicht das Tibiotarsalgelenk bis zum Trommelfell; bei senkrecht zur Längsachse des Körpers gestellten Hinterbeinen stoßen die Fersen nicht aneinander. Oberseite, Kehle, Brust und Vorderseite der Oberschenkel glatt, Bauch und Rumpfseiten gekörnelt. Dunkelkastanienbraun, auf der Unterseite mit verstreuten, kaum sichtbaren, blassen Flecken; eine kurze, dunkle Binde zieht vom Auge hinter dem Trommelfell herum. L. 16,5 mm.

Porto Rico.

11. **H. antillensis** Rhdt & Ltk. 1862 *H. a.*, J. Reinhardt & Lütken in: Vid. Meddel., *v.* 14 p. 209 | 1882 *H. auriculatus* (part.), Boulenger, Cat. Batr. sal. Brit. Mus., ed. 2 p. 214 | 1904 *Eleutherodactylus antillensis*, Stejneger in: Rep. U. S. Mus.. 1902 p. 591 f. 20—24 (Kopf, Mundhöhle, Füße) | 1914 *E. a.*, Barbour in: Mem. Mus. Harvard, *v.* 44 p. 247.

Zunge herzförmig, ziemlich breit, hinten schwach ausgerandet. Gaumenzähne in 2 keulenförmigen, nach hinten konvergierenden, weit getrennten Reihen hinter den Choanen. Nasenloch viel näher der Vorderkopfspitze als dem Auge, sein Abstand vom Auge kleiner als dessen Durchmesser; Interorbitalraum breiter als ein oberes Augenlid; Trommelfell etwas weniger als $^1/_2$ so breit wie der Augendurchmesser, sein Abstand vom Auge kleiner als die Hälfte seines eigenen Durchmessers. Finger und Zehen mit ziemlich kleinen Haftscheiben; 1. und 2. Finger gleich lang; die 1. Zehe erreicht die Haftscheibe der 2.; 2 Metatarsalhöcker, aber keine Tarsalfalte vorhanden. Bei an den Körper angelegten Beinen stoßen Ellbogen und Knie nicht aneinander, das Tibiotarsalgelenk reicht bis zum Auge; bei senkrecht zur Längsachse des Körpers gestellten Hinterbeinen stoßen die Fersen gerade aneinander. Oberseite mit verstreuten Körnchen und einer sehr schmalen Hautleiste von der Vorderkopfspitze bis zum After; Kehle und Brust glatt, Bauch und Hinterseite der Oberschenkel stark gekörnelt; eine starke Querfalte auf der Brust zwischen den Achseln. Oberseite blaß- oder dunkelgrau, mit oder ohne schwärzliche Zeichnung. Ein dunkler Streifen zieht vom Nasenloch durch das Auge und über und hinter dem Trommelfell hinweg; eine schwärzliche Längslinie auf der Medialseite von Unterschenkel und Tarsus. L. 31 mm.

St. Thomas und Insel Vieques bei Porto Rico.

12. **H. lentus** Cope 1862 *H. l.*, E. D. Cope in: P. Ac. Philad., p. 151 | 1862 *H. Riisei*, J. Reinhardt & Lütken in: Vid. Meddel., *v.* 14 p. 208 | 1882 *H. lentus* (part.), Boulenger, Cat. Batr. sal. Brit. Mus., ed. 2 p. 207 | 1887 *H. l.* (part.), S. Garman in: Bull. Essex Inst., *v.* 19 p. 14 | 1901 *H. l.*, Meerwarth in: Mt. Mus. Hamburg, *v.* 18 p. 38 t. 1 f. 12 (Mundhöhle), t. 2 f. 1—3 | 1914 *Eleutherodactylus l.*, Barbour in: Mem. Mus. Harvard, *v.* 44 p. 247.

Zunge elliptisch, ganzrandig oder hinten schwach ausgerandet. Gaumenzähne in 2 gebogenen oder jede einen mäßig stumpfen, gleichschenkligen Winkel bildenden Reihen hinter den Choanen, laterad über diese hinausreichend. Kopf nicht so breit wie der Rumpf; Vorderkopf kegelförmig abgestutzt, etwas länger als der Augendurchmesser, mit mäßig deutlichem Canthus rostralis; Nasenloch viel näher der Vorderkopfspitze als dem Auge; Interorbitalraum breiter als ein oberes Augenlid; Trommelfell deutlich, $^1/_2$ so breit wie der Augendurchmesser. Finger und Zehen mäßig lang, letztere durch eine Spur von Schwimmhaut verbunden; 1. und 2. Finger gleich lang; Haftscheiben sehr klein; Subarticularhöcker gut entwickelt; 2 kleine Metatarsalhöcker vorhanden. Bei nach vorn an den Körper angelegtem Hinterbein reicht das Tibiotarsalgelenk bis zum Auge oder etwas über dieses hinaus. Haut glatt, auf Kopf und Rücken fein gekörnelt. Oberseite hellbraun, mehr oder weniger stark dunkelbraun gefleckt oder marmoriert; ein mehr oder weniger scharf ausgeprägter, heller Streifen zieht jederseits vom Auge bis zum After. Beine braun marmoriert, Oberschenkel zuweilen dunkel quergebändert. Unterseite gelblichweiß, einfarbig oder an Kehle, Bauchseiten und Hinterbeinen fein braun bestäubt. L. 27 mm.

♂ mit subgularer Schallblase.

St. Thomas.

13. **H. johnstonei** (Barb.) 1914 *Eleutherodactylus j.*, Barbour in: Mem. Mus. Harvard, *v.* 44 p. 249 t. f. 1, 2, 5, 7, 9 (Habitus, Kopf, Füße).

Zunge ziemlich schmal, oval, hinten frei abhebbar und ausgerandet. Gaumenzähne in 2 stark nach hinten konvergierenden, unmittelbar hinter den Choanen beginnenden und laterad nicht über diese hinausragenden Reihen. Nasenloch viel näher der Vorderkopfspitze als dem Auge, sein Abstand von letzterem so groß wie oder etwas größer als der Augendurchmesser; Interorbitalraum breiter als ein oberes Augenlid; Trommelfell fast genau $^1/_2$ so breit wie der Augendurchmesser, sein Abstand vom Auge nicht größer als $^2/_3$ seines eigenen Durchmessers. Finger und Zehen mit gut entwickelten Haftscheiben, die der Zehen kleiner als die der Finger; 1. Finger sehr wenig kürzer als der 2.; Spitze der 1. Zehe nicht ganz bis zur Basis der Haftscheibe der 2. reichend; 2 mäßig große Metatarsalhöcker, zahlreiche schwach entwickelte Plantarhöcker, keine Tarsalfalte vorhanden. Bei an den Körper angelegten Beinen stoßen Knie und Ellbogen aneinander; das Tibiotarsalgelenk reicht fast bis zum Auge; bei senkrecht zur Längsachse des Körpers gestellten Hinterbeinen greifen die Fersen eben übereinander oder (bei älteren Tieren) stoßen knapp aneinander. Oberseite dicht gekörnelt; eine sehr scharf begrenzte Drüsenleiste zieht den Rücken entlang von der Vorderkopfspitze bis zum After; Bauch und Hinterseite der Oberschenkel stark gekörnelt; Kehle, Vorderbrust und Vorderseite der Oberschenkel glatt; Bauch ohne Haftscheibe. Färbung sehr wechselnd [nicht genauer beschrieben], nach den Abbildungen ähnlich der von *H. lentus* (nr. 12), auf hellerem Grunde dunkel gefleckt oder marmoriert. L. 32 mm.

Grenada.

14. **H. urichi** Boettg. 1894 *H. u.*, O. Boettger in: Mole & Urich in: J. Trinidad Club, *v.* 2 p. 88 | 1914 *Eleutherodactylus u.*, Barbour in: Mem. Mus. Harvard, *v.* 44 p. 251 t. f. 3, 4, 6, 8, 10 (Habitus, Kopf, Füße).

Zunge breit oval, ganzrandig, hinten in großer Ausdehnung frei abhebbar. Gaumenzähne in 2 kleinen, schräg gestellten Gruppen hinter den Choanen. Kopf etwas breiter als der Rumpf; Vorderkopf kegelförmig, etwas länger als der größte Augendurchmesser, mit deutlichem Canthus rostralis; Nasenloch dicht hinter der Vorderkopfspitze; Trommelfell deutlich, $^2/_5$ so breit wie der Augendurchmesser. Finger und Zehen mäßig lang, letztere völlig frei; 1. Finger kürzer als der 2.; Haftscheiben viel kleiner als das Trommelfell, nicht abgestutzt; Subarticularhöcker gut entwickelt; 2 Metatarsalhöcker vorhanden. Bei nach vorn an den Körper angelegtem Hinterbein reicht das Tibiotarsalgelenk bis zur Vorderkopfspitze oder über diese hinaus. Oberseite glatt, ein kleiner Höcker auf dem oberen Augenlid, eine gebogene Hautfalte oberhalb des Trommelfells; Seiten undeutlich, Bauch deutlich gekörnelt. Oberseite schwärzlich oder grau, einfarbig oder marmoriert und an Kopf und Rumpfseiten dunkel gezeichnet; zuweilen ein dreieckiger, heller Fleck auf dem Interorbitalraum. Unterseite weißlich, schwärzlich gewölkt und vermikuliert; Beine undeutlich quergebändert; Weichen, obere Vorder- und untere Hinterseite der Oberschenkel und Medialseite der Unterschenkel karminrot. L. 20 mm.

Trinidad.

15. **H. martinicensis** Tsch. 1838 *H. m.*, Tschudi, Classif. Batr., p. 77 (descr. nulla) | 1841 *H. m.* = *Eleutherodactylus m.* (MS.), C. Duméril & G. Bibron, Erpét., *v.* 8 p. 620 t. 89 f. 2, 2a (Habitus, Mundhöhle) | 1873 *Hylodes m.*, Bavay in: Ann. Sci. nat., ser. 5 *v.* 17 nr. 16 | 1882 *H. m.* (part.), Boulenger, Cat. Batr. sal. Brit. Mus., ed. 2 p. 214 | 1904 *H. m.*, Sampson in: Amer. J. Anat., *v.* 3 p. 473 (Beschreibung der Entwicklung) t. 1, 2 (Entwicklungsstadien) | 1910 *Eleutherodactylus m.*, Barbour in: Bull. Mus. Harvard, *v.* 52 p. 288 | 1914 *E. m.*, Barbour in: Mem. Mus. Harvard, *v.* 44 p. 248.

Zunge annähernd kreisrund, hinten schwach ausgerandet. Gaumenzähne in 2 kurzen, nach hinten konvergierenden Reihen hinter den Choanen. Vorderkopf stumpf, so lang wie der Augendurchmesser, mit winkligem Canthus rostralis; Nasenloch viel näher der Vorderkopfspitze als dem Auge; Interorbitalraum so breit wie oder etwas breiter als ein oberes Augenlid; Trommelfell kaum $^1/_2$ so breit wie der Augendurchmesser. Finger mäßig lang; 1. Finger so lang wie oder etwas kürzer als der 2.; Zehen mäßig lang, ohne deutliche Schwimmhaut, aber mit gut entwickelten Haftscheiben; 2. Zehe um beträchtlich mehr als den Haftscheibendurchmesser länger als die 1. Zehe; 2 kleine Metatarsalhöcker vorhanden. Bei nach vorn an den Körper angelegtem Hinterbein reicht das Tibiotarsalgelenk bis zum Auge oder etwas über dieses hinaus. Oberseite glatt oder mit kleinen Drüsen besetzt; Bauch gekörnelt, mit einer Haftscheibe. Oberseite graulich oder bräunlich, mit undeutlichen, dunklen Zeichnungen auf Kopf und Rücken und mit Querbinden auf den Hinterbeinen. Ein dunkler Streifen unter dem Canthus rostralis und auf der Schläfe. L. 41 mm.

♂ mit innerer Schallblase.

Entwicklung ähnlich wie bei *H. auriculatus* (Nr. 6) ohne Metamorphose, doch werden die Eier nicht in den Blattachseln von Pflanzen, sondern an feuchten Örtlichkeiten (unter Steinen, Blättern etc.) abgelegt.

Jamaica und verschiedene der kleinen Antillen (s. Barbour l. c. 1914)[1]).

16. **H. jamaicensis** (Barb.) 1910 *Eleutherodactylus j.*, Barbour in: Bull. Mus. Harvard, *v.* 52 p. 287 t. 2 f. 2 | 1914 *E. j.*, Barbour in: Mem. Mus. Harvard, *v.* 44 p. 245.

Zunge schmal, ganzrandig, in hohem Maße frei abhebbar. Gaumenzähne in 2 gebogenen, in der Mitte fast aneinanderstoßenden Reihen hinter den Choanen, seitlich nur bis zur Mitte jeder Choane reichend. Nasenlöcher latero-dorsal, doppelt so weit vom Auge wie von der Vorderkopfspitze entfernt; Interorbitalraum viel breiter als ein oberes Augenlid; Trommelfell etwas breiter als der $^1/_2$ Augendurchmesser; sein Abstand vom Auge kaum $^1/_2$ so groß wie sein eigener Durchmesser. Haftscheiben der Finger groß und deutlich, die der Zehen etwas kleiner. 1. Finger kürzer als der 2.; 1. Zehe bis zum 2. Subarticularhöcker der 2. Zehe reichend; alle Subarticularhöcker gut entwickelt; ein großer, gut ausgebildeter medialer und ein kaum sichtbarer lateraler Metatarsalhöcker, aber keine Tarsalfalte vorhanden. Bei nach vorn an den Körper angelegtem Hinterbein reicht das Tarsometatarsalgelenk zwischen Auge und Nasenloch. Haut glatt [?]. Färbung sehr wechselnd.

---

1) In der Literatur wiederholt verzeichnete Exemplare von *H. martinicensis* von Cuba, Haiti und Porto Rico gehören nach Stejneger zu *H. auriculatus* (s. oben nr. 6).

Rücken braun in verschiedenen Schattierungen, in der Mitte gewöhnlich dunkler, in der Dorsolateralgegend jederseits augenscheinlich stets ein mehr oder weniger deutlicher, hellbrauner Streifen vorhanden. Auf dem Hinterkopf ein dreieckiger, dunkelbrauner, mit der Spitze nach hinten gerichteter Fleck; zuweilen eine helle Längslinie in der Rückenmitte vorhanden, die sich aber nicht auf die Hinterseite der Oberschenkel fortsetzt. L.?

Jamaica.

17. **H. luteolus** (Gosse) 1851 *Litoria luteola*, P. H. Gosse, Natural. Sojourn Jamaica, p. 366 t. 7 (linke Figur) | 1858 *Hylodes luteolus*, Alb. Günther, Cat. Batr. sal. Brit. Mus., p. 93 | 1882 *H. l.*, Boulenger, Cat. Batr. sal. Brit. Mus., ed. 2 p. 208 | 1910 *Eleutherodactylus l.*, Barbour in: Bull. Mus. Harvard, *v.* 52 p. 286 t. 2 f. 1 | 1914 *E. l.*, Barbour in: Mem. Mus. Harvard, *v.* 44 p. 245.

Zunge elliptisch, ganzrandig. Gaumenzähne in 2 langen, gebogenen Reihen quer über den Gaumen hinter den Choanen. Vorderkopf kegelförmig, abgestutzt, wenig länger als der Augendurchmesser, mit mäßig deutlichem Canthus rostralis; Nasenloch viel näher der Vorderkopfspitze als dem Auge; Interorbitalraum breiter als ein oberes Augenlid; Trommelfell deutlich, fast $^2/_3$ so breit wie ein Augendurchmesser. Finger und Zehen mäßig lang, letztere mit einer Spur von Schwimmhaut; 1. und 2. Finger gleich lang; Haftscheiben sehr klein; Subarticularhöcker gut entwickelt; 2 kleine Metatarsalhöcker vorhanden. Bei nach vorn an den Körper angelegtem Hinterbein reicht das Tibiotarsalgelenk kaum bis zum Auge. Haut glatt, unter den Oberschenkeln gekörnelt; Bauch mit einer Haftscheibe. Braun, dunkel gesprenkelt; eine dunkelbraune Binde zieht jederseits von der Vorderkopfspitze durch das Auge zur Schulter. Hinterbeine quergebändert. Zuweilen eine helle Längslinie in der Mitte des Rückens, die sich gegabelt auf die Hinterseite der Oberschenkel fortsetzt. Unterseite bräunlich. L. 25 mm.

Ovipar. Entwicklung ohne Metamorphose. Das Gelege von 30—35 Eiern wird in Höhlungen in feuchtem Boden abgelegt.

Jamaica.

18. **H. latrans** (Cope) 1878 *Lithodytes l.*, E. D. Cope in: Amer. Natural., *v.* 12 p. 186 | ? 1879 *Hylodes Augusti*, Alf. Dugès in: P. Brocchi in: Bull. Soc. philom., ser. 7 *v.* 3 p. 21 | ? 1881 *H. A.*, Alf. Dugès MS. in: P. Brocchi in: Miss. Mex., pars 3 II p. 52 t. 16 f. 1, 1 a—d (Habitus, Mundhöhle, Füße) | ? 1882 *H. a.*, Boulenger, Cat. Batr. sal. Brit. Mus., ed. 2 p. 206 | 1889 *Lithodytes latrans*, E. D. Cope in: Bull. U. S. Mus., *v.* 34 p. 316 f. 80 (Kopf, Mundhöhle, Füße) | ? 1899 *Hylodes Augusti*, F. Mocquard in: Bull. Soc. philom., ser. 9 *v.* 1 p. 159 | 1900 & 1901 *H. a.* (?) + *H. latrans*, Alb. Günther in: Biol. Centr.-Amer., Rept. & Batr. p. 235, 241 t. 68 f. D (Gaumenzähne) | 1906 *Lithodytes l.*, M. Dickerson, Frog Book, p. 163 f. 186—188 t. 2 f. 3.

Zunge annähernd kreisrund, ganzrandig oder hinten mehr oder weniger ausgerandet. Gaumenzähne in 2 kurzen, nach hinten konvergierenden Reihen auf der Höhe der Choanenhinterränder. Kopf flach, breiter als der Rumpf; Vorderkopf kurz, abgestutzt, ein wenig über die Mundspalte vorspringend, mit vorspringendem Canthus rostralis und schief abfallender Zügelregion; Nasenloch dicht hinter der Vorderkopfspitze, sein Abstand vom Auge ist gleich dessen Durchmesser; Trommelfell deutlich, etwas mehr als $^1/_2$ so breit wie der Augendurchmesser. Finger und Zehen lang und schlank, mit kleinen, abgestutzten Haftscheiben; 1. Finger länger als der 2.; Subarticular- und Plantarhöcker deutlich entwickelt; 2 Metatarsalhöcker vorhanden. Bei nach vorn an den Körper angelegtem Hinterbein reicht das Tibiotarsalgelenk bis zum Trommelfell oder Auge. Haut der Oberseite glatt oder fein höckerig;

Unterseite stets glatt. Bauch mit einer Haftscheibe. Oberseite bräunlich olivenfarben oder grau, auf dem Oberkopf und Mittelrücken glänzend lachsrot. Vorderkopf mit zahlreichen kleinen, unregelmäßigen, Hinterkopf, Vorder- und Mittelrücken mit in der Querrichtung verlängerten, Hinterrücken mit rundlichen, dunkelbraunen Flecken besetzt; ein dunkler Fleck unter jedem Auge. Gliedmaßen unregelmäßig dunkel gefleckt oder gebändert. Unterseite grauweiß, an Unterkiefer und Brust zuweilen gefleckt. L. 76 mm.

♂ mit dunkler Kehle und innerer Schallblase.

Texas und Mexico.

19. **H. berkenbuschii** Ptrs. 1869 *H. B.*, Peters in: Monber. Ak. Berlin, p. 879 | 1881 *H. B.*, P. Brocchi in: Miss. Mex., pars 3 II p. 52 | 1882 *H. b.*, Boulenger, Cat. Batr. sal. Brit. Mus., ed. 2 p. 202 | 1887 *Lithodytes B.*, E. D. Cope in: Bull. U. S. Mus., v. 32 p. 16 | 1900 *Liohyla berkenbuschi*, Alb. Günther in: Biol. Centr.-Amer., Rept. & Batr. p. 225.

Zunge herzförmig, hinten schwach ausgerandet. Gaumenzähne in 2 kurzen, dicht beieinander stehenden, nach hinten konvergierenden Gruppen hinter den Choanen. Vorderkopf spitz, etwas länger als der Augendurchmesser, mit deutlichem Canthus rostralis; Nasenloch näher der Vorderkopfspitze als dem Auge; Interorbitalraum so breit wie ein oberes Augenlid; Trommelfell groß, $^2/_3$ so breit wie der Augendurchmesser. 1. Finger etwas kürzer als der 2.; Zehen durch eine Spur von Schwimmhaut verbunden, die als schmaler Saum bis zu den Zehenspitzen reicht. Haftscheiben, Subarticularhöcker und medialer Metatarsalhöcker kaum hervortretend; eine deutliche Tarsalfalte vorhanden. Bei nach vorn an den Körper angelegtem Hinterbein reicht das Tibiotarsalgelenk fast bis zur Vorderkopfspitze. Haut glatt; Seiten mit einigen länglichen Warzen und mit einer starken, von der Schulter zum Oberschenkel ziehenden Drüsenfalte jederseits. Oben bräunlich mit dunkleren Flecken; ein dreieckiger, mit der Spitze nach hinten gerichteter, dunkler Fleck zwischen den Augen scharf gegen den hellen Vorderkopf abgesetzt; Oberlippe und Beine quer gebändert; Rumpfseiten schwarz und gelb marmoriert; Hinterseite der Oberschenkel mit kleinen hellen und dunklen Flecken. Unterseite bräunlich, dunkel marmoriert. L. 43 mm.

Mexiko.

20. **H. calcitrans** Gthr. 1900 *H. c.*, Alb. Günther in: Biol. Centr.-Amer., Rept. & Batr. p. 230 t. 67 f. B.

Körper ziemlich gedrungen (Fig. 315). Gaumenzähne in 2 kurzen, nach hinten konvergierenden Gruppen hinter den Choanen, seitlich nicht über diese hinausragend. Vorderkopf ziemlich breit, aber am Ende zugespitzt, mit deutlichem, geschweiftem Canthus rostralis und schief abfallender Zügelregion. Trommelfell $^2/_3$ so breit wie das Auge. Finger- und Zehenspitzen kaum verbreitert; 1. und 2. Finger annähernd gleichlang. Subarticularhöcker gut entwickelt; Plantarhöcker und Tarsalfalte fehlen; von den beiden Metatarsalhöckern ist der mediale ungewöhnlich groß, vorspringend, fast so groß wie das Trommelfell. Bei nach vorn an den Körper angelegtem Hinterbein reicht das Tibiotarsalgelenk nicht ganz bis zur Vorderkopfspitze. Oberseite glatt, Bauch gekörnelt. Färbung wechselnd. Oberseite des Vorderkopfes hell, durch eine dunkle Querbinde zwischen den Augen von dem in der Regel bräunlichgrauen, dunkler marmorierten Rücken getrennt. Eine schwärzliche Binde längs des Canthus rostralis dehnt sich gewöhnlich über die ganze Kopfseite aus und kann sich auch auf die Rumpfseiten fortsetzen. Beine mit schmalen Querbinden, die zuweilen auch auf die beim sitzenden Tier verborgenen Teile der Hinterbeine übergreifen. Die dunklen Flecke auf dem Rücken fließen zuweilen zu einem Paar Längsbinden zusammen. Unterseite weißlich, Kehle bräunlich. L. 36 mm.

Mexico.

Fig. 316. **Hylodes calcitrans** (nach Alb. Günther).

21. **H. plicatus** Gthr. 1900 *H. p.*, Alb. Günther in: Biol. Centr.-Amer., Rept. & Batr. p. 228 t. 66 f. B.

Körperform ziemlich schlank. Gaumenzähne in 2 kleinen, deutlich getrennten Gruppen hinter den Choanen, seitlich nicht über diese hinausragend. Vorderkopf etwas zugespitzt, mit scharfem Canthus rostralis und annähernd senkrecht abfallender Zügelregion. Trommelfell so breit wie das Auge. Haftscheiben der Finger und Zehen sehr klein; 1. Finger ein wenig länger als der 2.; Subarticular-, Plantar- und 2 Metatarsalhöcker vorhanden; Tarsalfalte fehlt. Bei nach vorn an den Körper angelegtem Hinterbein reicht das Tibiotarsalgelenk über die Vorderkopfspitze hinaus. Haut der Oberseite glatt, abgesehen von 2 Paar äußerst feinen, geschweiften Hautfalten auf dem Rücken und einer Hautfalte über jedem Trommelfell. Eine sehr deutliche Querfalte auf der Brust trennt die glatte Kehle von dem gekörnelten Bauch. Oberseite hellbräunlich olivenfarben, mit einer dunklen Querbinde zwischen den Augen; ein schwarzes Band zieht vom Nasenloch durch das Auge und oberhalb und hinter dem Trommelfell herum. Hinterbeine quergebändert. Aftergegend schwarz, Unterseite weiß. L. 19,5 mm.

Jalapa (Mexico).

22. **H. venustus** Gthr. 1900 *H. v.*, Alb. Günther in: Biol. Centr.-Amer., Rept. & Batr. p. 234 t. 68 f. C (Habitus, Kopf, Gaumenzähne).

Körper mäßig gedrungen. Gaumenzähne in 2 kleinen, rundlichen, deutlich getrennten Gruppen hinter den Choanen. Kopf mäßig breit; Vorderkopf etwas zugespitzt, mit deutlichem Canthus rostralis und annähernd senkrecht abfallender Zügelregion; Trommelfell rund, $^1/_2$ so breit wie das Auge. Haftscheiben der Finger und Zehen klein; 1. Finger länger als der 2.; Subarticular-, Plantar- und 2 Metatarsalhöcker vorhanden. Bei nach vorn an den Körper angelegtem Hinterbein reicht das Tibiotarsalgelenk über die Vorderkopfspitze hinaus. Oberseite glatt, abgesehen von einem Paar wellig gebogener, feiner Längsfalten, die vom Hinterrand des Auges bis zu den Enden der Querfortsätze des Sacralwirbels reichen; Trommelfell oben und hinten von einer Hautfalte umrandet; einige undeutliche Höcker auf dem oberen Augenlid. Beine und Unterseite glatt. Oberseite hell malvenfarbig; Rücken zwischen den Hautfalten dunkel purpurfarbig; Rückenfalten, die Binden längs des Canthus rostralis und über und hinter dem Trommelfell, sowie kleine, unregelmäßige Flecke an den Rumpfseiten und in der Beckengegend schwarz. Keine Querbinde zwischen den Augen. Oberlippe und Hinterseite der Oberschenkel grau gepudert. Unterseite einfarbig weiß. L. 35 mm.

Jalapa (Mexiko).

23. **H. laticeps** A. Dum. 1853 *H. l.*, A. Duméril in: Ann. Sci. nat., ser. 3 *v.* 19 p. 178 | 1854 *H. l.*, C. Duméril & G. Bibron, Erpét., *v.* 9 p. 408 t. 99 f. 1—4 (Habitus, Mundhöhle, Vorderfuß) | 1881 *H. l.*, P. Brocchi in: Miss. Mex., pars 3 II p. 49 | 1882 *H. l.*, Boulenger, Cat. Batr. sal. Brit. Mus., ed. 2 p. 210 | 1887 *Epirhexis l.*, E. D. Cope in: Bull. U. S. Mus., *v.* 32 p. 17 | 1900 *Hylodes l.*, Alb. Günther in: Biol. Centr.-Amer., Rept. & Batr. p. 235.

Zunge annähernd kreisrund, ganzrandig. Gaumenzähne in 2 kurzen, nach hinten konvergierenden Reihen hinter den Choanen. Kopf sehr groß, breiter als der Rumpf; Vorderkopf breit, etwas zugespitzt; Trommelfell groß, höher als breit. Haftscheiben von Fingern und Zehen klein; 1. Finger länger als der 2.; Zehen frei. Haut oben und unten glatt; eine Drüsenfalte zieht vom Auge um das Trommelfell herum zur Schulter; eine andere jederseits am Rücken entlang. Haftscheibe am Bauche sehr deutlich. Oberseite grünlichbraun; Zügelregion und Trommelfell schwarz. Unterseite weißlich, an Kehle und Beinen fein braun marmoriert. L.?

Südmexiko (Tehuantepec, Yucatan).

24. **H. beatae** Blgr. 1903 *H. B.*, Boulenger in: Ann. nat. Hist., ser. 7 *v.* 12 p. 552.

Zunge oval, ganzrandig. Gaumenzähne in 2 nach hinten konvergierenden Reihen hinter den Choanen. Vorderkopf spitz, über die Mundspalte vorspringend, mit deutlichem Canthus rostralis und schwach vertiefter Zügelregion; Nasenloch nahe der Vorderkopfspitze. Interorbitalraum ein wenig breiter als ein oberes Augenlid; Trommelfell sehr deutlich, so groß wie das Auge. Finger und Zehen schlank, mit kleinen Haftscheiben und sehr starken Subarticularhöckern; 1. und 2. Finger gleich lang; eine sehr undeutliche Spur von Schwimmhaut zwischen den Zehen; ein ovaler medialer und ein kleiner, runder lateraler Metatarsalhöcker vorhanden. Bei nach vorn an den Körper angelegtem Hinterbein reicht das Tibiotarsalgelenk bis zur Vorderkopfspitze oder etwas über diese hinaus. Rücken mit kleinen, körneligen Warzen, übriger Körper glatt. Oberseite dunkelbraun, mit einer hellen Querbinde zwischen den Augen; ein weißer, schwarz gerandeter Streifen an der Oberlippe. Beine mit dunklen, hell gerandeten Querbinden; Unterseite weiß, mehr oder weniger braun gesprenkelt. L. 25 mm.

♂ mit 2, durch eine Falte an jeder Seite der Kehle angedeuteten Schallblasen.

Orizaba (Mexico), in 1800 m Höhe.

25. **H. alfredi** Blgr. 1898 *H. a.*, Boulenger in: P. zool. Soc. London, p. 480 t. 39 f. 1, 1a (Habitus, Mundhöhle) | 1901 *H. a.*, Alb. Günther in: Biol. Centr.-Amer., Rept. & Batr. p. 237.

Zunge annähernd kreisrund, ganzrandig oder hinten undeutlich ausgerandet. Gaumenzähne in 2 kurzen, queren Reihen hinter den Choanen.

Kopf stark abgeplattet; Vorderkopf kurz, abgerundet (Fig. 316), mit deutlichem Canthus rostralis und vertiefter Zügelregion; Nasenloch nahe der Vorderkopfspitze; Interorbitalraum so breit wie ein oberes Augenlid; Trommelfell sehr deutlich, $^1/_2$—$^2/_3$ so breit wie der Augendurchmesser. 1. Finger ein wenig kürzer als der 2.; Haftscheiben der Finger groß, etwas größer als die der Zehen, abgestutzt, annähernd dreieckig, im Durchmesser fast

Fig. 316. **Hylodes alfredi** (nach Boulenger).

dem Trommelfell gleichkommend; Zehen frei; Subarticularhöcker mäßig groß, aber stark vorspringend; 2 kleine Metatarsalhöcker vorhanden. Bei nach vorn an den Körper angelegtem Hinterbein reicht das Tibiotarsalgelenk bis zur Vorderkopfspitze. Haut auf Ober- und Unterseite glatt. Oberseite graulich, schwärzlich gesprenkelt; Unterseite weiß. L. 36 mm.

Atoyac (Süd-Mexiko).

26. **H. rugulosus** (Cope) 1869 *Liyla rugulosa*, E. D. Cope in: P. Amer. phil. Soc., v. 11 p. 160 | 1881 *Hylodes rugosus* (non Peters 1873), P. Brocchi in: Miss. Mex., pars 3 II p. 54 | 1882 *H. palmatus* (part.), Boulenger, Cat. Batr. sal. Brit. Mus., ed. 2 p. 201 | 1900 *Liohyla rugulosa*, Alb. Günther in: Biol. Centr.-Amer., Rept. & Batr. p. 221.

Körperform nicht schlank. Vorderkopf ziemlich stumpf, mit nicht sehr scharfem Canthus rostralis und schräg abfallender Zügelregion. Abstand des Nasenloches vom Auge gleich dessen Durchmesser; Trommelfell rund, $^2/_5$—$^3/_5$ so breit wie der Augendurchmesser. 1. und 2. Finger gleich lang; Haftscheiben an Fingern und Zehen klein; Zehen kaum zu $^1/_4$ ihrer Länge durch Schwimmhaut verbunden. 2 Metatarsalhöcker vorhanden, von denen der laterale sehr klein ist und völlig fehlen kann; eine Tarsalfalte vorhanden. Bei nach vorn an den Körper angelegtem Hinterbein reicht das Tibiotarsalgelenk bis zur Vorderkopfspitze. Oberseite und besonders die Rumpfseiten mit kleinen Höckern oder kurzen Hautfalten besetzt; Bauchseiten bei alten Tieren zuweilen sehr stark gekörnelt. Oberseite bräunlich olivenfarben oder dunkelbraun, dunkel marmoriert, zuweilen mit einer schmalen, gelben Linie oder mit einer breiten, weißen Binde längs der Rückenmitte von der Vorderkopfspitze bis zum After; in der Regel eine helle Querbinde zwischen den Augen vorhanden. Hinterseite der Oberschenkel weiß gefleckt. Unterseite weiß, Kehle oft braun marmoriert. L. 45 mm.

Südmexiko bis Nicaragua.

27. **H. rhodopis** (Cope) 1866 *Lithodytes r.*, E. D. Cope in: P. Ac. Philad., p. 323 | ? 1868 *Hylodes sallaei*, Alb. Günther in: P. zool. Soc. London, p. 487 t. 38 f. 3 | 1869 *Lithodytes rhodopis*, E. D. Cope in: P. Amer. phil. Soc., *v.* 11 p. 160 | 1876 *L. podiciferus* + *L. muricinus* + *L. habenatus*, E. D. Cope in: J. Ac. Philad., ser. 2 *v.* 8 p. 107 t. 23 f. 9. 9a (Habitus, Mundhöhle) + p. 108 t. 23 f. 13 + p. 109 | 1881 *Hylodes rhodopis* + *H. podiciferus* + *H. muricinus* + *H. habenatus*, P. Brocchi in: Miss. Mex., pars 3 II p. 50, 56 | 1882 *H. podiciferus* + *H. muricinus* + *H. rhodopis*, Boulenger, Cat. Batr. sal. Brit. Mus., ed. 2 p. 203 | 1894 *Lithodytes rhodopis*, E. D. Cope in: P. Amer. phil. Soc., *v.* 31 p. 337 | ? 1897 *L. podiciferus* + *Hylodes habenatus*, Alf. Dugès in: Naturaleza, ser. 2 *v.* 2 p. 479 | 1900 *H. sallaei* (?) + *H. rhodopis*, Alb. Günther in: Biol. Centr.-Amer., Rept. & Batr. p. 227, 232 t. 67 f. C, C[1].

Zunge herzförmig, hinten schwach ausgerandet. Gaumenzähne in 2 kurzen, nach hinten konvergierenden Reihen hinter den Choanen. Kopf nicht breiter als der Rumpf; Vorderkopf etwas zugespitzt, ein wenig länger als der Augendurchmesser, mit winkligem Canthus rostralis und fast senkrecht abfallender, flacher Zügelregion. Nasenloch viel näher der Vorderkopfspitze als dem Auge. Interorbitalraum breiter als ein oberes Augenlid; Trommelfell deutlich, $^1/_2$—$^2/_3$ so breit wie der Augendurchmesser. Finger mäßig lang; 1. Finger ein wenig länger als der 2.; Zehen völlig frei: Haftscheiben klein; Subarticularhöcker gut entwickelt; 2 Metatarsalhöcker, aber keine Tarsalfalte vorhanden. Bei nach vorn an den Körper angelegtem Hinterbein reicht das Tibiotarsalgelenk bis zur Vorderkopfspitze. Haut glatt, mit einigen feinen Hautfalten auf der Oberseite, von denen je eine von jedem Auge oberhalb des Trommelfells zur Schulter, je eine andere von jedem Auge zur Rückenmitte zieht, während 1 oder 2 weitere jederseits auf dem Hinterrücken entlang laufen; Unterseite völlig oder fast völlig glatt. Oberseite grauolivenfarben; eine schwarze Binde zieht jederseits vom Nasenloch durch das Auge und oberhalb des Trommelfells hin zur Schulter; eine undeutliche, dunkle Querbinde zwischen den Augen; häufig 1 oder 2 schwarze Flecke in der Rückenmitte, oder diese ist einheitlich bräunlich schieferfarben mit jederseits einer breiten, weißen, vom Auge zu den Weichen ziehenden Längsbinde. Hinterbeine undeutlich quergebändert; Aftergegend schwärzlich, Unterseite weiß. L. 36 mm.

Südmexiko, Guatemala, Costa Rica.

28. **H. melanostictus** (Cope) 1876 *Lithodytes m.*, E. D. Cope in: J. Ac. Philad., ser. 2 *v.* 8 p. 109 t. 23 f. 10, 10a (Habitus, Mundhöhle) | 1881 *Hylodes m.*, P. Brocchi in: Miss. Mex., pars 3 II p. 56 | 1882 *H. m.*, Boulenger, Cat. Batr. sal. Brit. Mus., ed. 2 p. 210 | 1897 *Lithodytes m.*, Alf. Dugès in: Naturaleza, ser. 2 *v.* 2 p. 479 | 1900 *Liohyla engytympanum* + *Hylodes melanostictus*, Alb. Günther in: Biol. Centr.-Amer., Rept. & Batr. p. 224 t. 65 f. A + p. 236 t. 68 f. A, B (Habitus, Kopf, Gaumenzähne)[1].

Zunge annähernd kreisrund, hinten wenig ausgerandet. Gaumenzähne in 2 kurzen, deutlich getrennten Querreihen hinter den Choanen. Kopf flach und breiter als der Rumpf. Vorderkopf etwas vorspringend, mit deutlichem, geradem Canthus rostralis und schief abfallender Zügelregion; Nasenloch vom Auge mehr als doppelt so weit entfernt wie von der Vorderkopfspitze. Trommelfell ein ziemlich schmales, senkrechtes Oval, $^1/_4$ so breit wie der Augendurchmesser. 1. Finger kürzer als der 2.; Haftscheiben der Finger groß, die der Zehen mäßig groß; Zehen frei. Bei nach vorn an den Körper angelegtem Hinterbein reicht das Tibiotarsalgelenk über die Vorderkopfspitze hinaus. Haut überall glatt. Oberseite bräunlichgrau, eine weiße, jederseits

[1]) Fig. A und B auf t. 68 werden im Original irrtümlich als zu *H. brocchii* gehörig bezeichnet.

an verschiedenen Stellen schwärzlich begrenzte Binde zieht in der Rückenmitte von der Vorderkopfspitze bis zum After; eine rötliche Binde zieht jederseits, über dem Trommelfell beginnend, zum Ende des Ilium und ist an der Lateralseite schwarz gesäumt; auch erstrecken sich von ihr aus schwarze Flecke in schräger Richtung nach den Rumpfseiten. Ein schwarzer Streifen zieht von der Vorderkopfspitze längs des Canthus rostralis, quer durch das Auge und oberhalb des Trommelfells hin zum Mundwinkel; 2 schwarze Binden laufen vom Auge zur Oberlippe. Beine auf der Oberseite in ziemlich weiten Abständen schwärzlich quer gebändert, am Oberschenkel greifen die Querbinden von der Oberseite aus auch auf Vorder- und Hinterseite des Oberschenkels über. Unterseite schmutzig weiß. L. 50 mm.

Südmexiko und Costa Rica (hier am Pico Blanco in 2100 m Höhe).

29. **H. bocourti** Brocchi 1877 *H. B.*, P. Brocchi in: Bull. Soc. philom., ser. 7 v. 1 p. 130 | 1881 *H. B.*, P. Brocchi in: Miss. Mex., pars 3II p. 50 t. 16 f. 2, 2a—c (Habitus, Mundhöhle, Füße) | 1882 *H. bocourtii*, Boulenger. Cat. Batr. sal. Brit. Mus., ed. 2 p. 206 | ? 1900 *Liohyla bocourti*, Alb. Günther in: Biol. Centr.-Amer., Rept. & Batr. p. 222.

Zunge annähernd kreisrund, hinten schwach ausgerandet. Gaumenzähne in 2 kleinen Gruppen dicht hinter den Choanen. Kopf lang gestreckt; Vorderkopf abgerundet, mit rundlichem Canthus rostralis und hoher, leicht vertiefter Zügelregion; Trommelfell $^1/_3$ so breit wie der Augendurchmesser. 1. und 2. Finger ungefähr gleich lang; Zehen mit einer Spur von Schwimmhaut an ihrer Basis. Haftscheiben ziemlich gut entwickelt; Subarticularhöcker und ein medialer Metatarsalhöcker vorhanden. Bei nach vorn an den Körper angelegtem Hinterbein reicht das Tibiotarsalgelenk (nach Günther) etwa bis zur Vorderkopfspitze. Haut glatt. Oberseite rötlicholivenfarben, mit einer hellen Querbinde zwischen den Augen. Oberlippe mit senkrechten, braunen Binden, ein brauner Streifen längs des Canthus rostralis; Schläfe und Schultergegend mit schwarzen Flecken. Arme schwarz, Hinterbeine bräunlich marmoriert; Hinterseite der Oberschenkel ungefleckt. Unterseite grünlichweiß. L. 49 mm.

Coban (Guatemala) und Costa Rica.

30. **H. lanciformis** (Cope) 1877 *Lithodytes l.*, E. D. Cope in: P. Amer. phil. Soc., v. 17 p. 88 | 1881 *Hylodes l.*, P. Brocchi in: Miss.-Mex., pars 3II p. 55 | 1882 *H. l.*, Boulenger, Cat. Batr. sal. Brit. Mus., ed. 2 p. 202 | 1901 *H. l.*, Alb. Günther in: Biol. Centr.-Amer., Rept. & Batr. p. 239.

Gaumenzähne in 2 hinten abgestutzten Gruppen hinter den Choanen. Kopf fast doppelt so lang wie das Becken. Vorderkopf schmal, am Ende zugespitzt, mit scharf hervortretendem Canthus rostralis; Nasenloch fast an der Vorderkopfspitze; Trommelfell deutlich, $^2/_3$ so breit wie der Augendurchmesser. Haftscheiben der Finger klein, die der Zehen mittelgroß. Bei nach vorn an den Körper angelegtem Hinterbein reicht das Tibiotarsalgelenk bis zur Vorderkopfspitze. Haut völlig glatt. Oberseite dunkelaschfarbig, rötlich überflogen, mit einer hellen Längslinie in der Rückenmitte. Eine breite, schwarze Binde zieht von der Vorderkopfspitze quer über das Trommelfell und verschmälert sich hier zu einer schmalen, schwarzen Linie, die vom oberen Rand des Trommelfells fast bis zur Mitte der Rumpfseiten zieht; eine dunkle Querbinde zwischen den Augen bildet die hintere Grenze der sehr hellen Oberseite des Vorderkopfes. Hinterbeine schwärzlich quergebändert; beim sitzenden Tier verborgene Teile der Gliedmaßen einfarbig schwärzlich. Oberlippe und Unterseite ungefleckt. L. 26 mm.

Westküste von Zentral-Amerika (genauerer Fundort unbekannt).

31. **H. brocchi** Blgr. 1882 *H. b.*, Boulenger in: P. Brocchi in: Miss. Mex., pars 3II p. 60 t. 15 f. 3, 3a (Habitus, Mundhöhle) | 1900 *H. brocchii*, Alb. Günther in: Biol. Centr.-Amer., Rept. & Batr. p. 236 (exclus. fig.).

Zunge herzförmig, hinten schwach ausgerandet. Gaumenzähne in 2 dreieckigen Gruppen oder kurzen Querreihen hinter den Choanen. Körperform ziemlich gedrungen. Kopf breit und flach. Vorderkopf kurz, abgerundet, mit deutlichem Canthus rostralis und schief abfallender, vertiefter Zügelregion; Trommelfell etwa $^1/_2$ so breit wie der Augendurchmesser, rund. 1. und 2. Finger gleich lang; Zehen frei. Haftscheiben an Fingern und Zehen deutlich ausgebildet, abgestutzt, besonders die der Finger; ein medialer Metatarsalhöcker vorhanden, aber keine Tarsalfalte. Bei nach vorn an den Körper angelegtem Hinterbein reicht das Tibiotarsalgelenk bis zur Vorderkopfspitze oder über diese hinaus. Oberseite glatt; einige kleine Höcker, darunter 1 sehr deutlicher, kegelförmiger, auf der hinteren Hälfte des oberen Augenlides; eine Hautfalte läuft im Bogen über und hinter dem Trommelfell herum; eine vom Auge aus an den Rückenseiten im Bogen hinziehende Falte verschwindet etwa in der Rumpfmitte. Oberseite bräunlich, mit oder ohne große dunkle Flecke; eine dunkle Querbinde zwischen den Augen, ein schwärzlicher Streifen über jedem Trommelfell; zuweilen eine helle Linie oder breite Binde längs der Rückenmitte. Oberlippe und Hinterbeine quergebändert; Hinterseite der Oberschenkel quergebändert, oder schwarz und weiß gefleckt; zuweilen eine weiße Linie längs der ganzen Hinterseite des Hinterbeins. Unterseite graulich, braun vermiculiert, besonders an der Kehle. L. 50 mm.

Guatemala und Costa Rica.

32. **H. laevissimus** Wern. 1896 *H. l.*, F. Werner in: Verh. Ges. Wien, *v.* 46 p. 349 [1]).

Nahe verwandt mit *H. rhodopis* (nr. 27), unterscheidet sich aber durch die starken, im spitzen Winkel nach hinten konvergierenden, völlig hinter den Choanen liegenden Gaumenzahngruppen; ferner durch längeren, abgerundeten Vorderkopf, der etwa $1^1/_2$ mal so lang ist wie der Augendurchmesser; durch schmaleren Interorbitalraum, der kaum merklich breiter ist als ein oberes Augenlid und durch das kleinere Trommelfell, das nur $^1/_2$ so breit ist wie das Auge. Oben graubraun, mit schmalem, weißem Längsstreifen in der Rückenmitte von der Vorderkopfspitze bis zum After; eine dunkle Querbinde auf Augenlidern und Stirn trennt den hellen Vorderkopf von dem dunklen Hinterkopf; 4 senkrechte dunkle Flecke auf jeder Seite der Oberlippe; ein dunkler Streifen über dem Trommelfell. Hinterbeine oben sehr undeutlich gebändert; Hinterseite der Oberschenkel schwarzbraun, weiß getüpfelt. Kehle, Brust und Unterseite der Gliedmaßen braun, Bauch weißlich. L. 35 mm.

Honduras.

33. **H. rostralis** Wern. 1896 *H. r.*, F. Werner in: Verh. Ges. Wien, *v.* 46 p. 350 [1]).

Steht *H. laticeps* A. Dum. (nr. 23) nahe, weicht aber von ihm in folgenden Punkten ab: Zunge hinten etwas eingekerbt. Gaumenzähne in queren Reihen hinter den Choanen. Vorderkopf viel länger als der Augendurchmesser, mit sehr deutlichem, fast geradem Canthus rostralis und steil abfallender Zügelregion; Nasenlöcher sehr weit vorn liegend; Interorbital-

---

[1]) Type untersucht!

raum etwas breiter als ein oberes Augenlid; Trommelfell sehr deutlich, höher als breit, sein längerer Durchmesser $^2/_3$, sein kürzerer $^3/_5$ so lang wie der Augendurchmesser. Bei nach vorn an den Körper angelegtem Hinterbein reicht das Tibiotarsalgelenk eben über die Vorderkopfspitze hinaus. Lateralfalten fehlen. Oberseite rötlichgrau, Vorderkopfspitze weiß; Zügel- und Schläfengegend schwarzbraun, deutlich von der Oberseite des Kopfes abgesetzt. Hinter dem Trommelfell, auf dem Unterarm und nahe dem Knie je ein schwarzer Fleck. Aftergegend, Lateralrand von Oberarm und Unterschenkel und Unterseite des Tarsus schwarz; Hinterbeine undeutlich gebändert; Unterseite weiß. L. 42 mm.

Honduras.

34. **H. bransfordii** (Cope) 1886 *Lithodytes b.*, E. D. Cope in: P. Amer. phil. Soc., *v.* 23 p. 274 | 1901 *Hylodes b.*, Alb. Günther in: Biol. Centr.-Amer., Rept. & Batr. p. 238.

Gaumenzähne hinter den Choanen in 2 geraden oder schwach gekrümmten, dicht beieinander stehenden Querreihen, die laterad nicht über die Mitte der Choanenöffnungen hinausragen. Vorderkopf kurz, mit deutlichem, stumpfem Canthus rostralis; Trommelfell groß, $^2/_3$ so breit oder ebenso breit wie der Augendurchmesser. Haftscheiben der Zehen mäßig groß; 2 Metatarsalhöcker vorhanden. Bei nach vorn an den Körper angelegtem Hinterbein reicht das Tibiotarsalgelenk bis zum Auge. Rücken mit feinen, leicht undeutlich werdenden, parallelen Längsfalten; Bauch glatt. Oberseite und die beim sitzenden Tier verborgenen Teile rot, mit dunklen Flecken zwischen den Augen, auf dem Scheitel, auf der Lippe, unter dem Auge und hinter und über der Achsel; in der Regel je eine dunkle und helle Querbinde in Gestalt eines nach hinten offenen Winkels unmittelbar hintereinander in der Mitte des Rückens; zuweilen zieht eine rötliche Binde vom Auge zum Ilium. Hinterseite der Oberschenkel braun, hell gesprenkelt. Unterseite weißlich, Kehle zuweilen braun gesprenkelt. L. 25 mm. [?]

Nicaragua.

35. **H. ranoides** (Cope) 1886 *Lithodytes r.*, E. D. Cope in: P. Amer. phil. Soc., *v.* 23 p. 275 | 1894 *Liohyla r.*, E. D. Cope ibid., *v.* 31 p. 335 | 1900 *L. r.*, Alb. Günther in: Biol. Centr.-Amer., Rept. & Batr. p. 225.

Gaumenzähne dicht beieinander stehend, seitlich nicht über die Choanen hinausragend, ein erhebliches Stück hinter diesen. Körperform nicht schlank; Kopf verhältnismäßig lang; Vorderkopf spitz, etwas vorspringend, mit deutlichem Canthus rostralis und annähernd senkrecht abfallender Zügelregion; Abstand des Nasenloches vom Auge gleich dessen Durchmesser, Trommelfell oval, viel höher als breit, $^1/_3$—$^1/_2$ so breit wie der Augendurchmesser. Haftscheiben der Finger und Zehen abgestutzt; Zehen fast zu $^1/_3$ ihrer Länge durch Schwimmhaut verbunden; 2 kleine Metatarsalhöcker vorhanden, von denen der mediale undeutlich ist. Bei nach vorn an den Körper angelegtem Hinterbein reicht das Tibiotarsalgelenk etwa bis zur Vorderkopfspitze. Haut fast glatt, zuweilen einige schwache, undeutliche Falten in der Schultergegend; Bauch glatt. Färbung wechselnd, graulich bis dunkelbraun, mit oder ohne eine weiße Linie oder Binde längs der Rückenmitte, zuweilen auch mit einer hellen Querbinde zwischen den Augen; Oberseite mehr oder weniger deutlich dunkel marmoriert. Beine dunkel quergebändert, die Querbinden des Unterschenkels greifen auch auf dessen Unterseite über. L. 26 mm.

Nicaragua, Costa Rica.

36. **H. polyptychus** Cope 1886 *H. p.*, E. D. Cope in: P. Amer. phil. Soc., *v.* 23 p. 276 | 1894 *H. stejnegerianus*, E. D. Cope in: P. Amer. phil. Soc., *v.* 31 p. 338 | 1900 *H. polyptychus*, Alb. Günther in: Biol. Centr.-Amer., Rept. & Batr. p. 228 t. 66 f. C.

Gaumenzähne in 2 kurzen, deutlich getrennten, an der hinteren, medialen Ecke der Choanen beginnenden, nach hinten konvergierenden Reihen. Körperform mäßig gedrungen. Vorderkopf ziemlich kurz, mit deutlichem Canthus rostralis und fast senkrecht abfallender Zügelregion; Trommelfell so groß oder fast so groß wie das Auge. 1. und 2. Finger ungefähr gleich lang; Haftscheiben an Fingern und Zehen klein; Subarticular-, Plantar-, 2 Metatarsalhöcker und eine Tarsalfalte vorhanden. Bei nach vorn an den Körper angelegtem Hinterbein reicht das Tibiotarsalgelenk bis zur Vorderkopfspitze. Rücken mit bis zu 8 schmalen, vorspringenden, höckerigen Längsfalten oder Höckerreihen; Haut zwischen diesen Falten, an den Rumpfseiten, auf den oberen Augenlidern und an den beim sitzenden Tier nicht verborgenen Teilen der Gliedmaßen höckerig; Bauch gekörnelt. Rücken zwischen den beiden am meisten vorspringenden Hautfalten dunkler als an den Seiten, die eine helle, schräg hinziehende Binde zeigen. Oberlippe und Beine quer gebändert, oft eine helle Linie auf der Hinterseite der Oberschenkel. Unterseite weißlich, mit oder ohne braune Marmorierung. L. 31 mm.

Nicaragua, Costa Rica.

37. **H. rugosus** Ptrs. 1873 *H. r.*, Peters in: Monber. Ak. Berlin, p. 610 | 1882 *H. r.*, Boulenger, Cat. Batr. sal. Brit. Mus., ed. 2 p. 205 | 1900 *H. r.*, Alb. Günther in: Biol. Centr.-Amer., Rept. & Batr. p. 233.

Zunge hinten abgerundet. Gaumenzähne in 2 kleinen Gruppen hinter den Choanen. Körperform ziemlich gedrungen. Kopf breit; Vorderkopf kurz, abgerundet, mit deutlichem Canthus rostralis und steil abfallender Zügelregion; Interorbitalraum schmaler als ein oberes Augenlid; Trommelfell $^1/_2$ so breit wie der Augendurchmesser. 1. Finger ein klein wenig länger als der 2.; Haftscheiben der Finger und Zehen sehr klein, rundlich; Subarticularhöcker deutlich; 2 Metatarsalhöcker, aber keine Tarsalfalte vorhanden. Bei nach vorn an den Körper angelegtem Hinterbein reicht das Tibiotarsalgelenk zwischen Auge und Vorderkopfspitze, oder bis zu letzterer. Oberseite mit Granulationen verschiedener Größe und länglichen Erhabenheiten, von denen 2 besonders große sich auf dem Rücken)(-förmig nähern. Unterseite glatt. Oberseite schwarz oder schwarzgrün; mit einer hellen Querbinde zwischen den Augen und einem hellen Längsstreifen an jeder Seite des Rückens; dunkle, nach unten sich verbreiternde Binden ziehen vom Auge zum Lippenrand. Beine mit dunklen Querbinden, Hinterseite der Oberschenkel schwarz mit weißen Flecken. Vordere Hälfte der Unterseite schwarz und weiß gesprenkelt; Hinterbauch, Unterseite der Oberschenkel, Handflächen und die 3 medialen Zehen weiß. L. 21 mm.

Nicaragua, Panama.

38. **H. diastema** (Cope) 1876 *Lithodytes d.*, E. D. Cope in: J. Ac. Philad., ser. 2 *v.* 8 p. 155 | 1882 *Hylodes d.*, Boulenger, Cat. Batr. sal. Brit. Mus., ed. 2 p. 212 | 1886 *Lithodytes d.*, E. D. Cope in: P. Amer. phil. Soc., *v.* 23 p. 274 | 1901 *Hylodes d.*, Alb. Günther in: Biol. Centr.-Amer., Rept. & Batr. p. 238.

Zunge birnförmig, hinten abgerundet und in hohem Maße frei abhebbar. Gaumenzähne in 2 sehr kurzen Querreihen hinter den Choanen. Vorderkopf abgeplattet und schmal abgestutzt, mit stumpfem Canthus rostralis, so lang wie der Augendurchmesser; Nasenloch fast an der Vorderkopfspitze; Trommelfell undeutlich, weniger als $^1/_2$ so breit wie der Augendurchmesser; Tubae

Eustachii sehr klein. 1. Finger kürzer als der 2.; Zehen kurz; Haftscheiben an Fingern und Zehen groß. Bei nach vorn an den Körper angelegtem Hinterbein reicht das Tibiotarsalgelenk über die Vorderkopfspitze hinaus. Unterseite glatt. Oberseite dunkelbraun; Vorderkopf heller als der sehr dunkle Interorbitalraum; Unterseite hellbraun. L. 20 mm.

Nicaragua, Panama.

39. **H. palmatus** Blgr. 1868 *Leiyla Guentherii* (non *Hylodes güntherii* Steindachner 1864), W. Keferstein in: Nachr. Ges. Götting., p. 330 | 1868 *L. G.*, W. Keferstein in: Arch. Naturg., *v.* 34 i p. 296 t. 9 f. 4, 5 (Habitus, Schultergürtel) | 1882 *Hylodes palmatus* (part.), Boulenger, Cat. Batr. sal. Brit. Mus., ed. 2 p. 201 | 1887 *Lithodytes Güntherii* (part.), E. D. Cope in: Bull. U. S. Mus., *v.* 32 p. 16 | 1900 *Liohyla guentheri*, Alb. Günther in: Biol. Centr.-Amer., Rept. & Batr. p. 220 t. 66 f. A, A' (Habitus, Kopf).

Fig. 317. **Hylodes palmatus** (nach Alb. Günther).

Gaumenzähne in 2 deutlich getrennten, kurzen Querreihen hinter den Choanen, seitlich nicht über diese hinausragend. Körperform ziemlich schlank (Fig. 317); Vorderkopf breit, etwas vorspringend, mit mehr oder weniger stumpfem Canthus rostralis und schräg abfallender, vertiefter Zügelregion; Augendurchmesser kaum so groß wie der Abstand des Auges vom Nasenloch, etwa doppelt so groß wie die Breite des runden Trommelfells. 1. Finger etwas länger als der 2.; Finger frei, Zehen zu $^1/_4$—$^1/_3$ ihrer Länge durch Schwimmhaut verbunden. Haftscheiben der Finger groß, abgestutzt, viel größer als die der Zehen; Subarticularhöcker deutlich; ein medialer Metatarsalhöcker und eine Tarsalfalte vorhanden. Bei nach vorn an den Körper angelegtem Hinterbein reicht das Tibiotarsalgelenk über die Vorderkopfspitze hinaus. Oberseite von Rumpf und Beinen glatt, zuweilen mit einigen flachen Höckern; Seiten schwach höckerig; eine Drüsenfalte über dem Trommelfell: Bauch glatt; ohne Haftscheibe. Oberseite braun, auf dem Vorderkopf heller; Rumpfseiten, Vorderseite der Hinterbeine und Hinterseite der Vorderbeine schwarz und gelb marmoriert; Hinterseite der Oberschenkel mit kleinen, runden, gelben Flecken. Unterseite weiß, einfarbig oder mit verstreuten, kleinen, schwärzlichbraunen Flecken. L. 79 mm.

Costa Rica.

40. **H. florulentus** (Cope) 1894 *Lithodytes f.*, E. D. Cope in: P. Amer. phil. Soc., v. 31 p. 336 | 1900 *Hylodes f.*, Alb. Günther in: Biol. Centr.-Amer., Rept. & Batr. p. 234.

Zunge annähernd kreisrund, etwas breiter als lang. Gaumenzähne in 2 dicht beieinander stehenden Gruppen hinter den Choanen, laterad nicht an deren medialen Rand heranreichend. Körperform ziemlich gedrungen; Kopf kurz und flachgedrückt, mit undeutlichem Canthus rostralis; Nasenloch dicht hinter der Vorderkopfspitze, sein Abstand vom Auge ist gleich dessen Durchmesser; Trommelfell senkrecht oval, $^1/_2$ so breit wie der Augendurchmesser. Haftscheiben der Finger und Zehen sehr klein; 2 Metatarsalhöcker vorhanden. Bei nach vorn an den Körper angelegtem Hinterbein reicht das Tibiotarsalgelenk bis zum Vorderrand des Auges. Haut glatt, nur auf dem Rücken sind einige kleine Höcker vorhanden[1]). Oberseite grau, schwärzlich bestäubt. Oberseite von Ober- und Unterschenkeln abwechselnd schwarz und scharlachrot quergebändert; Hinter- und Unterseite der Hinterbeine schwarz. Oberseite von Fuß und Unterarm mit je 3 Querbinden. Hintere Hälfte der Flanken und Vorderbauch schwärzlich bis bräunlich, mit ziegelroten und orangefarbenen, ungleich großen und verschieden geformten Flecken, von denen die größten sich in den Weichen befinden. L. 35 mm.

Boruca (Costa Rica).

41. **H. fleischmanni** Boettg. 1892 *H. f.*, O. Boettger, Kat. Batr. Mus. Senckenb., p. 27 | 1900 *Liohyla f.*, Alb. Günther in: Biol. Centr.-Amer., Rept. & Batr. p. 222 t. 64 f. B (Habitus ♂, ♀, Gaumenzähne).

Zunge oval, ganzrandig. Gaumenzähne in 2 starken, getrennten Gruppen hinter den Choanen. Kopf mäßig breit, breiter als der Rumpf; Vorderkopf zugespitzt, länger als der Augendurchmesser, mit winkligem Canthus rostralis und schief abfallender Zügelregion; Nasenloch doppelt so weit vom Auge entfernt wie von der Vorderkopfspitze; Interorbitalraum so breit wie ein oberes Augenlid; Trommelfell rund, $^2/_3$ so breit oder ebenso breit wie das Auge (nach Günther beim ♀ aber manchmal nur $^1/_3$ so breit wie das Auge[?]). 1. Finger etwas länger als der 2.; Zehen an der Basis mit deutlicher Schwimmhaut und mit seitlichen Hautsäumen. Haftscheiben an Fingern und Zehen klein; Subarticularhöcker mäßig entwickelt; von den 2 Metatarsalhöckern ist der runde laterale weniger deutlich als der mediale; Tarsalfalte [nach Günther] vorhanden. Bei nach vorn an den Körper angelegtem Hinterbein reicht das

[1]) Am Kopfe des einzigen bis jetzt bekannt gewordenen Exemplars war die Haut zerstört.

Tibiotarsalgelenk über die Vorderkopfspitze hinaus. Oberseite glatt, auf den Augenlidern und an den Körperseiten mit warzigen Höckern und gewundenen Drüsenfältchen besetzt; Unterseite glatt. Oberseite aschgrau, stellenweise schwarz bestäubt oder fein gefleckt; Kopf- und Rumpfseiten heller grau, schwarz gefleckt oder marmoriert; Oberlippe schwarz gefleckt; zuweilen ein feiner, heller Rückenstreif, eine karminrote Binde zwischen den Augen und rote Flecke auf der Rückenmitte und den Oberschenkeln vorhanden. Beine mit mehr oder weniger deutlichen, dunklen Querbinden; Hinterseite der Oberschenkel schwarz mit weißen Flecken. Unterseite weißlich oder gelblich. L. ♂ 45 mm, ♀ 73 mm.

Costa Rica.

42. **H. pittieri** (Gthr.) 1900 *Liohyla p.*, Alb. Günther in: Biol. Centr.-Amer., Rept. & Batr. p. 223 t. 65 f. B, B' (Habitus, Kopf von der Seite).

Gaumenzähne in 2 starken, getrennten Gruppen hinter den Choanen. Körperform ziemlich gedrungen. Vorderkopf mäßig lang, nicht über die Mundspalte vorspringend, mit stumpfem Canthus rostralis und schief abfallender Zügelregion; Trommelfell rund, $^1/_2$—$^3/_4$ so breit wie der Augendurchmesser. 1. Finger länger als der 2.; Haftscheiben der Finger klein, die der Zehen mäßig entwickelt; Zehen kaum zu $^1/_4$ ihrer Länge durch Schwimmhaut verbunden; nur ein medialer Metatarsalhöcker sowie eine Tarsalfalte vorhanden. Bei nach vorn an den Körper angelegtem Hinterbein reicht das Tibiotarsalgelenk über die Vorderkopfspitze hinaus. ♂ mit einigen höckerigen Falten und kleinen Höckern an den Rückenseiten; ♀ fast glatt; Bauch glatt, ohne Hautfalten. Oberseite beim ♂ bräunlich, schwach dunkel marmoriert, beim ♀ einfarbig schwärzlichbraun; Rumpfseiten gelb marmoriert; beim ♂ eine helle Querbinde zwischen den Augen und eine feine helle Längslinie in der Rückenmitte vorhanden. Hinterseite der Oberschenkel bei beiden Geschlechtern schwarz mit scharfen, kleinen, runden, zitronengelben Flecken. Kehle bräunlich, sehr fein gelb gesprenkelt; Bauch weißlich. L. 60 mm.

Costa Rica.

43. **H. underwoodi** Blgr. 1896 *H. u.*, Boulenger in: Ann. nat. Hist., ser. 6 v. 18 p. 340 | 1900 *H. u.*, Alb. Günther in: Biol. Centr.-Amer., Rept. & Batr. p. 229 t. 66 f. D (Habitus, Gaumenzähne).

Zunge oval, ganzrandig. Gaumenzähne in 2 nach hinten konvergierenden, deutlich getrennten Reihen hinter den Choanen. Vorderkopf stumpf zugespitzt, ein wenig über die Mundspalte vorspringend, so lang wie der Augendurchmesser, mit stumpfem Canthus rostralis und schräg abfallender, vertiefter Zügelregion; Nasenloch viel näher der Vorderkopfspitze als dem Auge; Interorbitalraum breiter als ein oberes Augenlid. Trommelfell sehr deutlich, fast so breit wie das Auge. Finger und Zehen schlank, völlig frei, mit sehr kleinen Haftscheiben und starken Subarticularhöckern; 1. Finger den 2. nicht überragend; ein ovaler medialer und ein runder lateraler Metatarsalhöcker vorhanden, beide vorspringend. Bei nach vorn an den Körper angelegtem Hinterbein reicht das Tibiotarsalgelenk etwas über die Vorderkopfspitze hinaus. Oberseite rauh, mit kleinen, stellenweise zu kurzen Hautfalten zusammenfließenden Höckern; Unterseite gekörnelt. Oberseite bräunlichschwarz, mit einer bläulichweißen, einen nach hinten offenen Winkel bildenden Querbinde auf dem vorderen Drittel des Rückens, oder heller mit dunkler Zeichnung. bestehend aus einem dreieckigen Fleck zwischen den Augen, einem Lumbarfleck und Querbinden auf Lippen und Beinen. Hinterseite der Beine fast einfarbig bräunlich, sehr schwach marmoriert. L. 26 mm.

♂ mit inneren Schallblasen.

Costa Rica (La Palma in 1600 m Höhe).

44. **H. platyrhynchus** Gthr. 1900 *H. p.*, Alb. Günther in: Biol. Centr.-Amer., Rept. & Batr. p. 230 t. 67 f. A (Habitus, Kopf, Gaumenzähne).

Gaumenzähne in 2 langen, geraden, fast zusammenhängenden Querreihen hinter den Choanen, seitlich nicht über deren medialen Rand hinaus reichend (Fig. 318). Kopf groß und breit, mit deutlichem Canthus rostralis und sehr schräg nach hinten abfallender Zügelregion. Interorbitalraum so breit wie ein oberes Augenlid. Trommelfell (beim ♀) $^1/_8$ so breit wie der Augendurchmesser. 1. Finger etwas kürzer als der 2.; Haftscheiben der Finger gut entwickelt, abgestutzt, größer als die der Zehen; Subarticularhöcker deutlich, Fußsohlen glatt; nur ein medialer Metatarsalhöcker vorhanden, aber keine Tarsalfalte. Bei nach vorn an den Körper angelegtem Hinterbein reicht das Tibiotarsalgelenk über die Vorderkopfspitze hinaus.

Fig. 318. **Hylodes platyrhynchus** Gaumenzähne (nach Alb. Günther).

Oberseite fast glatt, mit einigen kleinen Höckern auf der hinteren Hälfte des oberen Augenlides; eine feine Hautfalte umzieht den oberen und hinteren Rand des Trommelfells; eine andere Falte zieht jederseits im Bogen vom Auge bis zur Mitte der Rückenseite; Bauch gekörnelt. Grau olivenfarbig, Oberlippe und Beine mit Querbinden, die auch auf die Hinterseite der Oberschenkel übergreifen; eine schwarze Binde längs des Canthus rostralis umrandet das Trommelfell, eine dunkle Querbinde zwischen den Augen; einige schwärzliche, bandartige Flecke längs der oben erwähnten Hautfalten auf dem Rücken; Unterseite weiß. L. 56 mm.

Costa Rica.

45. **H. megacephalus** (Cope) 1876 *Lithodytes m.*, E. D. Cope in: J. Ac. Philad., ser. 2 *v.* 8 p. 110 t. 23 f. 11, 11a (Habitus, Mundhöhle) | 1877 *L. pelviculus*, E. D. Cope in: P. Amer. phil. Soc., *v.* 17 p. 89 | 1882 *Hylodes p.* + *H. megacephalus*, Boulenger, Cat. Batr. sal. Brit. Mus., ed. 2 p. 210, 211 | 1882 *H. m.*, P. Brocchi in: Miss. Mex., pars 3 II p. 57 | 1901 *H. m.*, Alb. Günther in: Biol. Centr.-Amer., Rept. & Batr. p. 239.

Zunge oval, ganzrandig. Gaumenzähne in 2 kurzen, einander genäherten Querreihen hinter den Choanen, seitlich nicht über deren mediale Ränder hinausragend. Kopf sehr groß, breiter als der Rumpf (Fig. 319). Vorderkopf nicht vorspringend, mit deutlichem Canthus rostralis; Nasenloch näher bei der Vorderkopfspitze als beim Auge; die lateralen Ränder der Frontoparietalknochen bilden 2 gerade, von vorn nach hinten ansteigende Längsleisten, die auf dem Hinterkopf, schwach verdickt, scharf abbrechen, zuweilen unter scharfem Umbiegen ihres Hinterendes nach der Mittellinie des Kopfes zu, ohne daß die Leisten von beiden Seiten zusammenstoßen; hintere Hälfte der Kopfoberseite stark vertieft; Trommelfell deutlich, ein senkrechtes Oval, $^2/_3$ so breit wie das Auge, beim ♀ $^1/_3$ so breit (bei jungen Tieren nach Günther rund und fast so breit wie das Auge). Beine kurz; Finger und Zehen völlig frei, mit kleinen Haftscheiben, besonders die Finger; nur ein medialer Metatarsalhöcker vorhanden, keine Tarsalfalte. Bei nach vorn an den Körper angelegtem Hinterbein reicht das Tibiotarsalgelenk bis zur Augenmitte. Ober- und Unterseite glatt, erstere mit einigen Hautfalten, von denen je eine von jeder Seite des Hinterkopfes in mediad konvexem Bogen über den Rücken zur Mitte des Querfortsatzes des Sacralwirbels zieht; je eine andere Falte läuft jederseits vom After aus in schräger Richtung zum lateralen Ende des Sacralwirbels; Rumpfseiten gefeldert. Oberseite hellaschfarbig; ein schwarzer Fleck bedeckt jederseits Schulter und Trommelfell und reicht mit einer schmalen Linie bis zum Auge, unter diesem ein größerer oder mehrere kleine, schwarze Flecke; Lippen braun. Beine quer gebändert, Hinterseite der Oberschenkel schwarz, am distalen Ende aschfarbig marmoriert; Fußsohlen schwarz; Unterseite schwarz und weiß marmoriert. L. 70 mm.

Costa Rica.

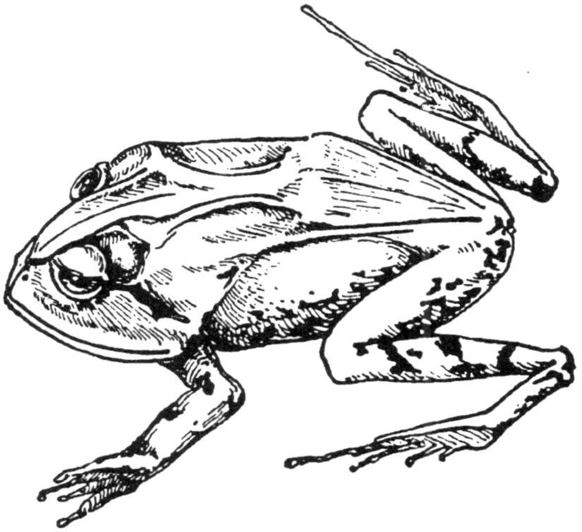

Fig. 319. **Hylodes megacephalus** (nach E. D. Cope).

46. **H. gulosus** (Cope) 1876 *Lithodytes g.*, E. D. Cope in: J. Ac. Philad., ser. 2 v. 8 p. 112 | 1882 *Hylodes g.*, Boulenger, Cat. Batr. sal. Brit. Mus., ed. 2 p. 211 | 1901 *H. g.*, Alb. Günther in: Biol. Centr.-Amer., Rept. & Batr. p. 240.

Steht der vorigen Art sehr nahe, unterscheidet sich von ihr in folgenden Punkten: Kopf verhältnismäßig weniger breit. Keine Hautfalten auf dem Rücken. Oben dunkellederbraun, ein schwarzer Fleck quer über dem Trommelfell, ein anderer unter dem Auge. Unterseite braun, unregelmäßig weiß marmoriert. L. 103 mm.

Pico Blanco (Costa Rica).

47. **H. cerasinus** Cope 1876 *H. c*, E. D. Cope in: J. Ac. Philad., ser. 2 v. 8 p. 112 t. 26 f. 4 | 1882 *H. c.*, Boulenger, Cat. Batr. sal. Brit. Mus., ed. 2 p. 216 | 1882 *H. c.*, P. Brocchi in: Miss. Mex., pars 3II p. 57 | ? 1900 *H. c.*, Alb. Günther in: Biol. Centr.-Amer., Rept. & Batr. p. 231.

Zunge schmal, oval. Gaumenzähne in 2 deutlich getrennten Gruppen hinter den Choanen. Kopf flach; Vorderkopf nach der Spitze verschmälert, nicht vorspringend, mit geschweiftem Canthus rostralis; Nasenloch näher der Vorderkopfspitze als dem Auge; Trommelfell deutlich, sehr klein, $^1/_8$ so breit wie der Augendurchmesser. Finger lang und frei; 1. Finger kürzer als der 2.; Haftscheiben abgestutzt. Bei nach vorn an den Körper angelegtem Hinterbein reicht das Tibiotarsalgelenk bis zur Vorderkopfspitze. Oberseite glatt; Seiten und Bauch gekörnelt. Oberseite braun, mit einer rosafarbenen Längsbinde in der Rückenmitte; Oberlippe von hellen Linien gekreuzt. Vordere

Hälfte der Rumpfseiten fein schwarz genetzt; Weichen, oberer Teil der Hinterseite des Oberschenkels und Medialseite des Unterschenkels kirschrot, unterer Teil der Hinterseite des Oberschenkels auf braunem Grunde weiß punktiert. Unterseite weiß. L. 35 mm.

Pico Blanco (Costa Rica).

48. **H. euryglossus** (Cope) 1894 *Lithodytes e.*, E. D. Cope in: P. Ac. Philad., p. 196.| 1900 *Hylodes e.*, Alb. Günther in: Biol. Centr.-Amer., Rept. & Batr. p. 232.

Zunge breiter als lang, hinten flach ausgerandet. Gaumenzähne in 2 Querreihen auf der Verbindungslinie der Hinterränder der Choanen, seitlich nicht bis zu deren medialen Rändern reichend. Vorderkopf an der Spitze vom Lippenrand an rückwärts abfallend, ohne deutlichen Canthus rostralis; Nasenloch näher der Vorderkopfspitze als dem Auge; Trommelfell ein senkrechtes Oval, dessen größerer Durchmesser $^2/_3$ so lang ist wie der des Auges. 1. und 2. Finger gleich lang; Haftscheiben, besonders die der Finger, klein. aber deutlich; eine Tarsalfalte vorhanden. Bei nach vorn an den Körper angelegtem Hinterbein reicht das Tibiotarsalgelenk zwischen Auge und Vorderkopfspitze. Haut völlig glatt; eine Haftscheibe am Bauche vorhanden. Oberseite bräunlich grau, Rumpfseiten und Weichen in der Farbe des Rückens auf weißem Grunde punktiert oder genetzt. Oberlippe braun gefleckt; ein schwarzer Streifen über und hinter dem Trommelfell, eine schwarze Querbinde zwischen den Augen, schwarze Längsflecke in der Dorsolateralgegend. Beine mit undeutlichen schwärzlichen Querbinden; Oberschenkel in den oberen und distalen Teilen undeutlich genetzt. Unterseite weißlich, an der Kehle und unter den Beinen gewölkt. L. 75 mm.

San José (Costa Rica).

49. **H. nubilus** Gthr. 1901 *H. n.*, Alb. Günther in: Biol. Centr.-Amer., Rept. & Batr. p. 237 t. 69 f. A.

Gaumenzähne in 2 kurzen, einander ziemlich nahestehenden Querreihen beträchtlich hinter den Choanen, seitlich nicht über deren medialen Rand hinausreichend. Körperform ziemlich schlank; Kopf flach, mäßig breit; Vorderkopf ziemlich vorspringend, mit deutlichem Canthus rostralis und fast senkrecht abfallender Zügelregion; Interorbitalraum breiter als ein oberes Augenlid; Trommelfell (beim ♀) $^1/_2$ so breit wie der Augendurchmesser. 1. Finger länger als der 2.; Haftscheiben der Finger deutlich entwickelt, klein, aber größer als die der Zehen; Fußsohlen glatt; ein medialer Metatarsalhöcker und eine Tarsalfalte vorhanden. Bei nach vorn an den Körper angelegtem Hinterbein reicht das Tibiotarsalgelenk bis zur Vorderkopfspitze. Oberseite glatt, nur auf den Schultern und hinter den oberen Augenlidern einige kleine Höcker oder kurze schmale Drüsenfalten; Unterseite glatt. Dunkel purpurfarbig, mit 4 undeutlichen, dunklen Längsbinden, von denen die mittlere fast bis zum Vorderkopf reicht. Oberlippe und Hinterbeine undeutlich quergebändert; Hinterseite der Oberschenkel fein braun und weiß marmoriert. Unterseite weißlich, mit kleinen, schwärzlich-braunen Marmelflecken; in der Mitte der Kehle eine rein weiße Längsbinde. L. 44 mm.

Escazu (Costa Rica).

50. **H. cruentus** Ptrs. 1873 *H. c.*, Peters in: Monber. Ak. Berlin, p. 609 | 1881 *H. c.*, P. Brocchi in: Miss. Mex., pars 3II p. 54.

Zunge hinten abgerundet. Gaumenzähne in 2 abgerundet dreieckigen Gruppen hinter den Choanen, seitlich bis an deren medialen Rand heranreichend. Kopf etwas breiter als der Rumpf. Vorderkopf länger als der Augendurchmesser, mit deutlichem Canthus rostralis und schief abfallender vertiefter Zügelregion; Nasenlöcher dicht hinter der abgestutzten Vorderkopfspitze; Interorbitalraum breiter als ein oberes Augenlid; Trommelfell senkrecht oval, kaum $^1/_3$ so breit wie der Augendurchmesser. 1. Finger kürzer als der 2.; Haftscheiben an Fingern und Zehen stark entwickelt, abgestutzt; Subarticularhöcker schwach ausgebildet; 2 Metatarsalhöcker vorhanden. Bei nach vorn an den Körper angelegtem Hinterbein reicht das Tibiotarsalgelenk eben über das Auge hinaus. Haut namentlich an den Rumpfseiten mit kleinen Höckerchen und länglichen Erhabenheiten; Kehle glatt, Bauch und Unterseite der Oberschenkel gekörnelt; keine Querfalte auf der Brust. Oberseite rot, mit eingestreuten schwarzen Punkten; unter dem Canthus rostralis ein schwarzer Strich. Weichen mit zusammenfließenden, braunen Flecken, Vorder- und Hinterseite der Oberschenkel braun, Oberseite der Gliedmaßen mit undeutlichen, dunklen Querbinden. Unterseite gelblich, am Hinterbauch mit einigen kleinen schwarzen Flecken. L. 14 mm.

Chiriqui (Panama).

51. **H. biporcatus** (Ptrs.) 1863 *Strabomantis b.*, Peters in: Monber. Ak. Berlin, p. 405 | 1870 *Limnophys napaeus*, Espada in: J. Ac. Lisboa, *v.* 3 p. 60 | 1881 *Hylodes biporcatus*, P. Brocchi in: Miss. Mex., pars 3II p. 54 | 1882 *H. b.*, Boulenger, Cat. Batr. sal. Brit. Mus., p. 220 | 1900 *H. b.*, Alb. Günther in: Biol. Centr.-Amer., Rept. & Batr. p. 231.

Zunge ganzrandig, hinten und an den Seiten frei abhebbar. Gaumenzähne in 2 geraden oder schwach gebogenen, nach hinten konvergierenden Reihen hinter den Choanen. Kopf flach, viel breiter als lang und breiter als der Rumpf; Vorderkopf viel länger als der Augendurchmesser, mit deutlichem Canthus rostralis und sehr flach abfallender, vertiefter Zügelregion; Nasenloch gleichweit von Auge und Vorderkopfspitze entfernt; Interorbitalraum breiter als ein oberes Augenlid, stark vertieft; die lateralen Ränder der Frontoparietalknochen bilden vorspringende, schwach gebogene Längsleisten; Augen schief nach vorn gerichtet, nur wenig breiter als das sehr deutliche Trommelfell. 1. Finger länger als der 2.; Haftscheiben an Fingern und Zehen sehr klein, an letzteren kaum zu erkennen; Zehen durch eine Spur von Schwimmhaut verbunden; Subarticularhöcker deutlich; ein stark vorspringender, länglicher medialer, ein kleiner, runder lateraler Metatarsalhöcker und eine Tarsalfalte vorhanden. Bei nach vorn an den Körper angelegtem Hinterbein reicht das Tibiotarsalgelenk bis zur Vorderkopfspitze. Oberseite sehr fein gekörnelt, fast glatt erscheinend, mit einigen kleinen, spitzen Warzen auf den oberen Augenlidern, Unterseite gekörnelt. Oberseite dunkelbraun, mit einigen schwarzen, gelb eingefaßten Flecken oder Wellenbinden; Unterseite braun, gelb punktiert oder braun und gelb marmoriert. L. 75 mm.

Panama, Ecuador.

52. **H. raniformis** Blgr. 1896 *H. r.*, Boulenger in: Ann. nat. Hist., ser. 6 *v.* 17 p. 19.

Zunge herzförmig. Gaumenzähne in 2 kurzen, nahe beieinander stehenden Querreihen hinter den Choanen. Kopf ein wenig breiter als lang. Vorderkopf stumpf zugespitzt, länger als der Augendurchmesser, mit winkligem Canthus rostralis und vertiefter Zügelregion; Nasenloch viel näher bei der Vorderkopfspitze als beim Auge; Interorbitalraum so breit wie ein oberes Augenlid; Trommelfell deutlich, $^1/_2$ so breit wie der Augendurchmesser. Finger mäßig lang, 1. Finger länger als der 2.; Zehen lang, zu $^1/_3$ ihrer Länge durch Schwimmhaut verbunden; Subarticularhöcker sehr kräftig; Haftscheiben mäßig groß; ein ziemlich starker, elliptischer medialer und ein sehr undeutlicher lateraler Metatarsalhöcker vorhanden. Bei nach vorn an den Körper angelegtem Hinterbein reicht das Tibiotarsalgelenk über die Vorderkopfspitze hinaus. Haut glatt. Oberseite grauolivenfarben, mit unscharfen, dunklen Flecken; zuweilen auch mit einem hellen Streifen längs der Mittellinie des Rückens. Ein schwärzlicher Streifen unter dem Canthus rostralis und über dem Trommelfell; Lippen schwärzlich gefleckt. Beine dunkel gefleckt oder mit sehr undeutlichen, dunklen Querbinden; Hinterseite der Oberschenkel weißlich und dunkelbraun genetzt. Unterseite weiß, Kehle zuweilen braun gesprenkelt. L. 70 mm.

♂ mit innerer Schallblase.

Columbia.

53. **H. bufoniformis** Blgr. 1896 *H. b.*, Boulenger in: Ann. nat. Hist., ser. 6 v. 17 p. 19.

Zunge kreisrund, hinten ausgerandet. Gaumenzähne in 2 starken, dicht beieinanderstehenden Querreihen hinter den Choanen. Kopf sehr groß, stark abgeplattet, breiter als lang und breiter als der Rumpf; Vorderkopf breit abgerundet, mit stumpfem Canthus rostralis und vertiefter Zügelregion; Nasenloch viel näher bei der Vorderkopfspitze als beim Auge; Interorbitalraum schmaler als ein oberes Augenlid; Trommelfell deutlich, ein senkrechtes Oval, $^3/_5$ so breit wie der Augendurchmesser. Finger und Zehen kurz, letztere an der Basis durch Schwimmhaut verbunden; 1. Finger länger als der 2.; Finger an den Enden verdickt, Zehen zu gut entwickelten Haftscheiben verbreitert; Subarticularhöcker an den Fingern stark, an den Zehen mäßig entwickelt; medialer Metatarsalhöcker elliptisch, $^2/_3$ so lang wie die 1. Zehe, lateraler Metatarsalhöcker sehr undeutlich. Bei nach vorn an den Körper angelegtem Hinterbein reicht das Tibiotarsalgelenk bis zum Auge. Haut auf Rumpf und Beinen glatt, nur an den Kopfseiten mit kleinen Warzen besetzt. Oben olivenfarben, dunkel marmoriert; Flanken schwarz marmoriert. Beine dunkel, quergebändert; Hinterseite der Oberschenkel schwärzlich, mit kleinen, runden, weißen Flecken. Unterseite weiß, Kehle und Beine braun punktiert oder genetzt. L. 60 mm.

Buenaventura (Columbia).

54. **H. calcaratus** Blgr. 1908 *H. c.*, Boulenger in: Ann. nat. Hist., ser. 8 v. 2 p. 516.

Zunge oval, hinten schwach ausgerandet. Gaumenzähne in 2 kleinen Gruppen hinter den Choanen. Kopf wenig breiter als lang; Vorderkopf abgerundet, nicht über die Mundspalte vorspringend, mit stumpfem Canthus rostralis und vertiefter Zügelregion; Interorbitalraum breiter als ein oberes Augenlid; Trommelfell deutlich, $^1/_3$ so breit wie der Augendurchmesser. 1. Finger kürzer als der 2.; Zehen frei; Finger und Zehen mit mäßig großen Haftscheiben. Bei nach vorn an den Körper angelegtem Hinterbein reicht das Tibiotarsalgelenk zwischen Auge und Vorderkopfspitze. Haut oben und unten glatt; ein kleiner, kegelförmiger Höcker auf jedem oberen Augenlid, je ein anderer an jeder Ferse. Oben blaßrot und grünlich, mit olivenfarbiger, schwarz gerandeter symmetrischer Zeichnung; Unterseite graubraun, schwärzlich marmoriert. L. 17 mm.

San Antonio (S.-W.-Columbia).

55. **H. palmeri** Blgr. 1912 *H. p.*, Boulenger in: Ann. nat. Hist., ser. 8 *v.* 10 p. 189.

Zunge oval, hinten ausgerandet. Gaumenzähne in 2 schwachen, schräg gestellten Gruppen hinter den Choanen. Vorderkopf abgerundet, so lang wie der Augendurchmesser, mit mäßig starkem, fast geradem Canthus rostralis und schräg abfallender, vertiefter Zügelregion; Nasenloch nahe der Vorderkopfspitze; Interorbitalraum so breit wie ein oberes Augenlid; Trommelfell deutlich, $^1/_3$ so breit wie der Augendurchmesser. Finger und Zehen mäßig lang, an den Spitzen zu großen, breiten Haftscheiben verbreitert; 1. Finger nicht so weit reichend wie der 2.; Zehen völlig frei; Subarticularhöcker gut entwickelt, aber klein; ein kleiner, ovaler medialer und ein sehr kleiner, rundlicher lateraler Metatarsalhöcker vorhanden. Bei nach vorn an den Körper angelegtem Hinterbein reicht das Tibiotarsalgelenk zwischen Auge und Vorderkopfspitze; Unterschenkel $^3/_5$ so lang wie Kopf und Rumpf zusammen. Haut glatt; Bauch schwach gekörnelt. Oben grauolivenfarbig, mit kleinen braunen Punkten und einer $\wedge$förmigen dunklen Zeichnung auf dem Vorderrücken. Oberlippe mit senkrechten dunklen Binden; ein dunkler Streifen unter dem Canthus rostralis; Beine mit dunklen Querbinden, Unterseite schmutzig, Kehle grau marmoriert, Bauch grau vermiculiert. L. ?

Choco, in 1580 m Höhe (S.-W.-Columbia).

56. **H. taeniatus** Blgr. 1912 *H. t.*, Boulenger in: Ann. nat. Hist., ser. 8 *v.* 10 p. 188.

Zunge oval, hinten ausgerandet. Gaumenzähne in 2 schräg gestellten, ovalen Gruppen hinter den Choanen. Vorderkopf abgerundet, so lang wie der Augendurchmesser, mit starkem, fast geradem Canthus rostralis und schräg abfallender, vertiefter Zügelregion; Nasenloch nahe der Vorderkopfspitze; Interorbitalraum so breit wie ein oberes Augenlid; Trommelfell deutlich, $^1/_3$ so breit wie der Augendurchmesser. Finger und Zehen ziemlich kurz, an den Spitzen zu großen, breiten Haftscheiben verbreitert. 1. Finger nicht ganz so weit reichend wie der 2.; eine schwache Spur von Schwimmhaut zwischen den Zehen vorhanden; Subarticularhöcker gut entwickelt, ein kleiner, ovaler medialer und ein sehr kleiner, rundlicher lateraler Metatarsalhöcker vorhanden. Bei nach vorn an den Körper angelegtem Hinterbein reicht das Tibiotarsalgelenk bis zur Vorderkopfspitze; Unterschenkel fast $^2/_3$ so lang wie Kopf und Rumpf zusammen. Haut glatt, am Bauche sehr undeutlich gekörnelt. Oben braun, an den Seiten dunkler; 2 schwärzliche, hellgesäumte, vom Auge den Rücken entlang ziehende, nach hinten konvergierende Streifen enden oberhalb der Weichen; ein dunkelbrauner Streifen mit einer hellen Mittellinie zieht von der Vorderkopfspitze bis zur Sacralregion; ein dunkler Streifen vom Auge zur Schulter; ein Streifen längs des Canthus rostralis und 2 Binden unter dem Auge schwärzlich. Beine mit schrägen, dunklen Querbinden; Fersen weißlich. Unterseite weiß, Kehle braun gesprenkelt. L. 27 mm.

Choco (S.-W.-Columbia).

57. **H. bogotensis** Ptrs. 1863 *H. B.*, Peters in: Monber. Ak. Berlin, p. 407 | 1882 *H. b.*, Boulenger, Cat. Batr. sal. Brit. Mus., ed. 2 p. 215 | 1899 *H. b.*, F. Werner in: Verh. Ges. Wien, *v.* 49 p. 477.

Zunge sehr breit, hinten kaum merklich ausgerandet. Gaumenzähne in 2 an den hinteren medialen Ecken der Choanen beginnenden, nach hinten konvergierenden, deutlich getrennten Reihen hinter den Choanen. Vorderkopf abgerundet, so lang wie der Augendurchmesser, mit rundlichem Canthus rostralis und schief abfallender Zügelregion; Nasenlöcher dicht hinter der

Vorderkopfspitze; Interorbitalraum breiter als ein oberes Augenlid; Trommelfell deutlich, $^1/_3$ so breit wie der Augendurchmesser. 1. Finger kürzer als der 2.; Zehen durch eine Spur von Schwimmhaut verbunden; Haftscheiben und Subarticularhöcker an Fingern und Zehen gut ausgebildet; von den 2 kleinen Metatarsalhöckern ist der laterale ziemlich undeutlich. Bei nach vorn an den Körper angelegtem Hinterbein reicht das Tibiotarsalgelenk bis zum Hinterrand des Auges. Oberseite glatt, hinter dem Mundwinkel und hinter und über dem Trommelfell zuweilen schwach gekörnelt; Kehle und Brust glatt, Bauch und Unter- und Hinterseite der Oberschenkel gekörnelt, keine Haftscheibe am Bauche. Oberseite einfarbig dunkelbraun oder heller braun oder grau, mit oder ohne weiße Flecke, häufig auch mit 1—5 dunklen parallelen Längsbinden, zuweilen auch mit W-förmigen Querbinden zwischen den Augen und auf den Schultern; Kopfseiten manchmal mit nach unten divergierenden, dunklen Binden und Flecken. Unterseite braun und weiß gescheckt.

♂ mit innerer, subgularer Schallblase.

Columbia.

58. **H. erythropleura** Blgr. 1896 *H. e.*, Boulenger in: Ann. nat. Hist., ser. 6 v. 17 p. 20.

Zunge oval, hinten kaum ausgerandet. Gaumenzähne in 2 sehr kleinen, dicht beieinander stehenden Gruppen hinter den Choanen. Kopf mäßig groß, so lang wie breit. Vorderkopf abgerundet, mit deutlichem Canthus rostralis und schwach vertiefter Zügelregion; Nasenloch näher bei der Vorderkopfspitze als beim Auge; Interorbitalraum so breit wie ein oberes Augenlid; Trommelfell deutlich, $^1/_3$ so breit wie der Augendurchmesser. 1. Finger kürzer als der 2.; Zehen durch eine schwache Spur von Schwimmhaut verbunden; Haftscheiben an Fingern und Zehen sowie Subarticularhöcker mäßig entwickelt; 2 kleine Metatarsalhöcker vorhanden. Bei nach vorn an den Körper angelegtem Hinterbein reicht das Tibiotarsalgelenk halbwegs zwischen Auge und Vorderkopfspitze. Oberseite glatt; Bauch gekörnelt. Oberseite graulich, Kopf- und Rumpfseiten dunkler; drei dunkle Längsstreifen auf dem Rücken; drei dunkle, hellgesäumte Binden auf der Oberlippe. Bauch- und Oberschenkelseiten und Unterseite des Unterschenkels karminrot; Kehle und Bauch weißlich, stark grau gesprenkelt. L. 31 mm.

Cali, in 970 m Höhe (Columbia).

59. **H. frater** Wern. 1899 *H. f.*, F. Werner in: Verh. Ges. Wien, v. 49 p. 479.

Dem *H. unistrigatus* (nr. 88) noch ähnlicher als die folgende Art, unterscheidet sich von ihm in folgenden Punkten: Vorderkopf $1^1/_2$mal so lang wie das Auge, mit scharfem, geschweiftem Canthus rostralis und schief abfallender, flacher Zügelregion; Nasenloch $1^1/_2$mal so weit vom Auge entfernt wie von der Vorderkopfspitze; Trommelfell $^1/_3$ so breit wie der Augendurchmesser. Haftscheiben klein. Bei nach vorn an den Körper angelegtem Hinterbein reicht das Tibiotarsalgelenk über den Augenvorderrand hinaus. Oberseite etwas höckerig; Brustfalte deutlich. Oberseite aschgrau mit schwarzbraunen Flecken von der Mitte des Canthus rostralis über das Nasenloch zur Vorderkopfspitze, vor und hinter dem Auge, auf der Oberlippe, über dem Trommelfell und mit)(-förmigen Flecken in der Schultergegend. Gliedmaßen mit spärlichen Querbinden. Unterseite hellgrau, Kehle sehr blaßbraun marmoriert.

Peperital, in 1000 m Höhe (Columbia).

60. **H. affinis** Wern. 1899 *H. a.*, F. Werner in: Verh. Ges. Wien, v. 49 p. 478.

Im Habitus dem *H. unistrigatus* (nr. 88) sehr ähnlich, unterscheidet sich von ihm in folgenden Punkten: Zunge herzförmig, hinten sehr deutlich eingekerbt. Vorderkopf $1^1/_2$—2mal so lang wie der Augendurchmesser, stumpf zugespitzt, mit geradem, ziemlich undeutlichem Canthus rostralis und schief abfallender, etwas vertiefter Zügelregion; Nasenloch $1^1/_2$—2mal so weit vom Auge als von der Vorderkopfspitze entfernt; Interorbitalraum fast doppelt so breit wie ein oberes Augenlid; Trommelfell $^1/_2$ so breit wie der Augendurchmesser. Finger und Zehen frei, mit großen Haftscheiben; 1. Finger bedeutend kürzer als der 2.; Subarticular- und 2 Metatarsalhöcker deutlich. Bei nach vorn an den Körper angelegtem Hinterbein reicht das Tibiotarsalgelenk über den Vorderrand des Auges hinaus. Oberseite chagriniert, Kehle sehr fein, Bauch und Unterseite der Oberschenkel sehr grob gekörnelt; Brust glatt mit Andeutungen einer Querfalte. Oberseite weißgrau mit symmetrischer, dunkelaschgrauer Zeichnung ähnlich wie bei *H. surdus* (nr. 73), oder schwärzlich mit einer feinen, hellen Längslinie in der Rückenmitte von der Vorderkopfspitze bis zum After. Hinterbeine quergebändert. Unterseite hellbräunlichgrau. L. 27 mm.

La Union Chingasa, in 1500—2400 m Höhe (Columbia).

61. **H. lehmanni** Boettg. 1892 *H. l.*, O. Boettger, Kat. Batr. Mus. Senckenb., p. 26.

Sehr ähnlich dem *H. unistrigatus* Gthr. (nr. 88). Zunge fast kreisrund, ganzrandig, hinten auffallend weit frei abhebbar. Gaumenzähne in 2 kurzen, nahe der hinteren, medialen Ecke beginnenden, nach hinten konvergierenden Reihen. Kopf breiter als lang. Vorderkopf gerundet, etwas niedergedrückt, $1^1/_4$ mal so lang wie der Augendurchmesser, mit nicht sehr deutlichem Canthus rostralis und schief abfallender, kaum vertiefter Zügelregion; Nasenloch viel näher der Vorderkopfspitze als dem Auge; Interorbitalraum breiter als ein oberes Augenlid; Trommelfell fast $^1/_2$ so breit wie der Augendurchmesser. Finger und Zehen mäßig lang, frei, mit mäßig großen, vorn deutlich abgestutzten Haftscheiben; 1. Finger kürzer als der 2.; nur ein medialer, kleiner Metatarsalhöcker vorhanden. Bei nach vorn an den Körper angelegtem Hinterbein reicht das Tibiotarsalgelenk bis zur Augenmitte. Oberseite glatt, Unterseite schwach gekörnelt; eine leichte Querfalte auf der Brust. Hell aschgrau, mit einer feinen, weißen Rückenlinie von der Vorderkopfspitze bis zum After und mit jederseits von dieser je 3 schwarzen Parallelstreifen; eine schwärzliche Frenoorbitallinie vorhanden. Hinterbeine mit ziemlich viereckigen, rein weißen, schwarz umsäumten Augenflecken; Gliedmaßen sonst ohne deutliche dunkle Querbinden. Unterseite weißlich, auf Kehle, Brust und Vorderbauch reichlich, auf dem Hinterbauch und unter den Schenkeln spärlicher schwärzlich bestäubt und gepunktet. L. 33 mm.

Páramo del Bordoncillo, in 3500 m Höhe (Columbia).

62 **H. cornutus** (Espada) 1870 *Limnophys c.*, Espada in: J. Ac. Lisboa, v. 3 p. 60 | 1872 *Strabomantis c.*, Espada in: An. Soc. Españ., v. 1 p. 85 | 1875 *S. c.*, Espada in: Vert. Viaje Pacif., Batr. t. 3 f. 4, 4a—c (Habitus, Kopf, Mundhöhle, Endphalange) | 1882 *Hylodes c.*, Boulenger, Cat. Batr. sal. Brit. Mus., ed. 2 p. 220.

Zunge herzförmig. Gaumenzähne in 2 gebogenen Querreihen hinter den Choanen (Fig. 310 p. 406). Kopf groß, breit, mit deutlichem Canthus rostralis; Interorbitalraum stark vertieft; die lateralen Ränder der Frontoparietalknochen bilden vorspringende Knochenleisten; Trommelfell deutlich, groß. 1. Finger länger als der 2.; Zehen frei; Fingerspitzen sehr schwach,

Zehenspitzen deutlich verbreitert. Bei nach vorn an den Körper angelegtem Hinterbein reicht das Tibiotarsalgelenk vor das Auge. Oberseite mit kegelförmigen, auf den Beinen dornartigen Warzen besetzt; eine Paar)(-förmige Drüsenfalten im Nacken, 1 oder 2 Paar schwach gebogene Falten in der Rückenmitte; oberes Augenlid in einen hornartigen Hautzipfel ausgezogen; Unterseite gekörnelt. Oberseite dunkelviolett, auf der Oberlippe und den Gliedmaßen dunkel quergebändert; Unterseite hell aschfarbig violett, am Unterkieferrand, Flanken, Unterschenkeln und Füßen dunkelbraun und weiß marmoriert. L. 40 mm.

Columbia, Ecuador.

63. **H. sulcatus** Cope 1874 *H. s.*, E. D. Cope in: P. Ac. Philad., p. 126 | 1882 *H. s.*, Boulenger, Cat. Batr. sal. Brit. Mus., ed. 2 p. 220.

Zunge rund, ganzrandig. Gaumenzähne in 2 kurzen, gebogenen, nach hinten konvergierenden Reihen völlig hinter den Choanen, seitlich nicht über deren Mitte hinausreichend. Kopf sehr breit, die lateralen Ränder der Frontoparietalia bilden kräftige, bis zum Hinterrand des Schädels reichende Leisten, zwischen denen sich eine Vertiefung befindet. Vorderkopf etwas länger als der Augendurchmesser; Trommelfell ein senkrechtes Oval, etwas kleiner als das Auge. Finger sehr kurz, ohne Haftscheiben; Zehen mit gut entwickelten Haftscheiben. Bei nach vorn an den Körper angelegtem Hinterbein reicht das Tibiotarsalgelenk bis zum Nasenloch. Oberseite rauh, mit zahlreichen, kurzen, in der Regel symmetrisch angeordneten Hautfalten, von denen je 2 in der Suprascapularregion, an den Rückenseiten, an den Rumpfseiten usw. angeordnet sind; Bauch gekörnelt. Kopfseiten vom Auge bis zum Mundwinkel mit dicht gedrängten Höckern besetzt. Oberseite tiefbraun; Beine mit braunen Querbinden; Oberschenkel hell, auf der Hinterseite marmoriert. Lippen ohne hellen Saum, ein heller Fleck am Mundrand zwischen Auge und Trommelfell. L. 47 mm.

Nauta (oberer Amazonas).

64. **H. galdi** (Espada) 1870 *Pristimantis G.*, Espada in: J. Ac. Lisboa, v. 3 p. 61 | 1875 *P. G.*, Espada in: Vert. Viaje Pacif., Batr. t. 3 bis f. 6, 6a—f (Habitus, Mundhöhle, Skeletteile) | 1882 *Hylodes galdii*, Boulenger, Cat. Batr. sal. Brit. Mus., ed. 2 p. 219.

Zunge oval, hinten schwach ausgerandet. Gaumenzähne in 2 schwach gebogenen, an der hinteren medialen Ecke der Choanen beginnenden, nach hinten konvergierenden Reihen. Vorderkopf annähernd dreieckig, abgestutzt, mit scharfem Canthus rostralis; die Frontoparietal- und Tympanalknochen bilden vorspringende, gezähnelte Leisten (Fig. 320); Trommelfell deutlich. Finger und Zehen frei, lang und schlank, mit gut entwickelten Haftscheiben. Hinterbeine lang. Oberseite fein gekörnelt; Bauch gekörnelt. Bauch dunkel, weiß gefleckt. L. 35 mm.

Fig. 320.
Hylodes galdi. Schädel (nach Espada).

Ecuador.

65. **H. buckleyi** Blgr. 1882 *H. b.*, Boulenger, Cat. Batr. sal. Brit. Mus., ed. 2 p. 217 t. 14 f. 5, 5a (Habitus, Mundhöhle) | 1904 *H. B.*, Peracca in: Boll. Mus. Torino, v. 19 nr. 465 p. 25.

Zunge oval, ganzrandig. Gaumenzähne in 2 nach hinten konvergierenden Reihen ein beträchtliches Stück hinter den Choanen (Fig. 321). Vorderkopf abgerundet, so lang wie der größte Augendurchmesser, mit deutlichem Canthus rostralis; Nasenloch näher bei der Vorderkopfspitze als beim Auge; Interorbitalraum fast doppelt so breit wie ein oberes Augenlid, schwach vertieft; die lateralen Ränder der Frontoparietalia bilden schwach vorspringende Leisten; Trommelfell deutlich, etwas mehr als $^1/_3$ so breit wie der Augendurchmesser. Finger und Zehen mäßig lang, letztere völlig frei, mit schwachen Hautsäumen; 1. Finger kürzer als der 2.; Haftscheiben und Subarticularhöcker mäßig entwickelt; 2 Metatarsalhöcker vorhanden. Bei nach vorn an den Körper angelegtem Hinterbein reicht das Tibiotarsalgelenk bis zum Trommelfell oder Auge. Oberseite mit kleinen, glatten Warzen besetzt, Bauch gekörnelt. Oberseite braun, einfarbig oder mit einer hellen Querbinde zwischen den Augen und mit 2 dicht nebeneinander den Rücken entlang laufenden, hellen Streifen; Lumbarregion und Unterseite der Beine braun und gelblich marmoriert; Kehle und Brust braun, dunkel marmoriert oder braun mit gelben oder weißen Flecken. L. 45 mm.

Fig. 321. **Hylodes buckleyi.** Mundhöhle (nach Boulenger).

Ecuador.

66. **H. devillei** Blgr. 1880 *H. d.*, Boulenger in: Bull. Soc. zool. France, *v.* 5 p. 47 | 1882 *H. d.*, Boulenger, Cat. Batr. sal. Brit. Mus., ed. 2 p. 218.

Zunge oval, ganzrandig. Gaumenzähne in 2 nach hinten gerichteten, an der hinteren medialen Ecke der Choanen beginnenden Reihen. Kopf so lang wie breit; Vorderkopf kurz, abgerundet, mit deutlichem Canthus rostralis und vertiefter Zügelregion; Frontoparietalia vertieft, mit ihren lateralen Rändern vorspringende Leisten bildend; Trommelfell deutlich, $^1/_3$ so breit wie der Augendurchmesser. Zehen durch eine schwache Spur von Schwimmhaut verbunden; Haftscheiben der Finger und Zehen groß. Bei nach vorn an den Körper angelegtem Hinterbein reicht das Tibiotarsalgelenk bis zur Vorderkopfspitze. Oberseite deutlich höckerig; eine drüsige Dorsolateralfalte vorhanden; Bauch schwach gekörnelt. Oben dunkelbraun, unten heller braun, dunkel marmoriert. L. 43 mm.

Ecuador.

67. **H. festae** Prcc. 1904 *H. F.*, Peracca in: Boll. Mus. Torino, *v.* 19 nr. 465 p. 28.

Zunge oval, ganzrandig. Gaumenzähne in 2 kleinen, einander sehr nahe stehenden Gruppen hinter den Choanen. Kopf so lang wie breit; Vorderkopf etwas zugespitzt, leicht vorspringend, mit deutlichem, geschweiftem Canthus rostralis und stark laterad und nach oben geneigter Zügelregion; Nasenloch näher der Vorderkopfspitze als dem Auge; Interorbitalraum breiter als ein oberes Augenlid; die lateralen Ränder der Frontoparietalia bilden hinter den Augen stark vorspringende, hinten mit einer stumpfen Erhöhung endigende Leisten; Trommelfell ein senkrechtes Oval, dessen größerer Durchmesser etwas kürzer als der halbe Augendurchmesser ist. Finger und Zehen ziemlich lang, mit einer Spur von Schwimmhaut an ihrer Basis; 1. Finger viel kürzer als der 2.; Haftscheiben der Finger queroval, so groß wie das Trommelfell, die der Zehen viel kleiner; Subarticularhöcker deutlich; ein ovaler, vorspringender medialer und ein kleiner, runder, wenig vorspringender lateraler Metatarsalhöcker vorhanden. Bei nach vorn an den Körper angelegtem Hinterbein überragt das Tibiotarsalgelenk etwas die Vorderkopfspitze.

Oberseite fein gekörnelt, mit kleinen, einzeln stehenden, kegelförmigen, mehr oder weniger vorspringenden und regelmäßig verteilten Höckern auf den Rückenseiten, den oberen Augenlidern, unter dem Trommelfell, in der Analregion, am Unterschenkel und am Hinterrand des Tarsus; ein sehr deutlicher, spitzer Höcker am Tibiotarsalgelenk; Unterseite fein gefeldert. Ober- und Unterseite hellgelblichgrau; eine schwarzbraune Querbinde zwischen den Augen, ein gleichfarbiger Streifen längs des Canthus rostralis; Oberlippe weiß; zwei schwarzbraune Linien ziehen von jedem oberen Augenlid zur Rückenmitte, die ein gleichfarbiger, W-förmiger Querfleck einnimmt. Beine mit schwarzbraunen Querbinden; Kehle und Bauch mit unregelmäßig verteilten, kleinen, runden, perlmutterartigen, weißen Flecken. L. 22,5 mm.

♂ mit subgularer, innerer Schallblase.

San José (Ecuador).

68. **H. achatinus** Blgr. 1898 *H. a.*, Boulenger in: P. zool. Soc. London, p. 120 t. 15 f. 2, 2a (Habitus, Mundhöhle).

Zunge oval, hinten schwach ausgerandet. Gaumenzähne in 2 kurzen, nach hinten konvergierenden Reihen hinter den Choanen. Kopf mäßig groß, so lang wie breit; Vorderkopf abgerundet, so lang wie der Augendurchmesser, mit deutlichem Canthus rostralis und schief abfallender, vertiefter Zügelregion; Nasenloch viel näher bei der Vorderkopfspitze als beim Auge; Interorbitalraum so breit wie ein oberes Augenlid; Trommelfell deutlich, $^1/_2$ so breit wie der Augendurchmesser. Finger mäßig lang; 1. Finger länger als der 2.; Zehen frei; Haftscheiben klein; Subarticularhöcker schwach entwickelt; ein kleiner, ovaler medialer und ein ziemlich undeutlicher lateraler Metatarsalhöcker vorhanden. Bei nach vorn an den Körper angelegtem Hinterbein reicht das Tibiotarsalgelenk bis zur Vorderkopfspitze. Haut glatt, auf der Oberseite fein gekörnelt; eine starke Supratemporalfalte vorhanden. Oberseite dunkelbraun, mit hübscher, dunkler, symmetrischer Zeichnung, bestehend aus in nach hinten offenem Winkel verlaufenden Querbändern auf dem Rücken, schief herabziehenden Streifen an den Flanken und aus verschieden breiten Querbinden auf den Beinen. Unterseite weiß; Kehle mit wenigen braunen Flecken. L. 50 mm.

Cachabé (Westecuador).

69. **H. longirostris** Blgr. 1898 *H. l.*, Boulenger in: P. zool. Soc. London, p. 120 t. 15 f. 1, 1a (Habitus, Mundhöhle).

Fig. 322.
Hylodes longirostris.
Mundhöhle (nach Boulenger).

Zunge oval; hinten schwach ausgerandet. Gaumenzähne in 2 kräftigen Querreihen hinter den Choanen auf der Höhe der Palatinknochen (Fig. 322), Kopf länger als breit; Vorderkopf stumpf zugespitzt, viel länger als der Augendurchmesser, mit deutlichem Canthus rostralis und mäßig schief abfallender, vertiefter Zügelregion; Nasenloch viel näher bei der Vorderkopfspitze als beim Auge; Interorbitalraum so breit wie ein oberes Augenlid; Trommelfell sehr deutlich, $^1/_2$ so breit wie der Augendurchmesser. Finger und Zehen mäßig lang, letztere zu $^1/_3$ ihrer Länge durch Schwimmhaut verbunden; 1. Finger so lang wie der 2.; Finger und Zehen mit gut entwickelten Haftscheiben, die etwas breiter als lang sind und etwa $^1/_3$ so breit wie der Augendurchmesser. Subarticularhöcker kräftig; ein kleiner, ovaler medialer und ein rundlicher lateraler Metatarsalhöcker vorhanden. Bei nach vorn an den Körper angelegtem Hinterbein reicht das Tibiotarsalgelenk etwas über die Vorderkopfspitze hinaus. Ober- und Unterseite glatt, oder nur wenige, sehr kleine Warzen auf Kopf und Rücken; eine starke Hautfalte über dem Trommelfell; eine gut erkennbare ventrale Haftscheibe vorhanden. Oberseite braun oder rötlich, mit einer dunklen Querbinde zwischen den Augen und einer mehr oder weniger deutlichen, dunklen, sanduhrförmigen Zeichnung auf dem Rücken; ein schwarzer Canthal- und Temporalstreifen vorhanden. Beine mit regelmäßigen, dunklen Querbinden; Hinterseite der Oberschenkel einfarbig braun. Unterseite weiß, mit wenigen dunkelbraunen Flecken auf Kehle und Brust. L. 50 mm.

♂ mit innerer Schallblase.

Cachabé (Westecuador).

70. **H. anomalus** Blgr. 1898 *H. a.*, Boulenger in: P. zool. Soc. London, p. 119 t. 14 f. 2, 2a (Habitus, Mundhöhle).

Zunge oval, ganzrandig oder hinten undeutlich ausgerandet. Gaumenzähne in 2 breiten, schwach gebogenen und ein wenig nach hinten konvergierenden Reihen hinter den Choanen, auf der Höhe der Palatinknochen. Kopf ziemlich groß, ein wenig breiter als lang; Vorderkopf abgerundet, so lang wie der Augendurchmesser, mit deutlichem Canthus rostralis und sehr schief abfallender, vertiefter Zügelregion; Nasenloch etwas näher bei der Vorderkopfspitze als beim Auge; Interorbitalraum viel schmaler als ein oberes Augenlid; Trommelfell deutlich, $^1/_3$—$^2/_5$ so breit wie der Augendurchmesser. Finger ziemlich kurz, an den Spitzen kaum verdickt. 1. Finger länger als der 2.; Zehen mäßig lang, zu $^1/_2$—$^2/_3$ ihrer Länge durch Schwimmhaut verbunden, mit wohlentwickelten Haftscheiben endigend, die breiter sind als lang (Fig. 323); Subarticularhöcker schwach ausgebildet; ein länglicher medialer Metatarsalhöcker, etwa $^2/_3$ so lang wie die 1. Zehe und ein kleiner, runder lateraler Metatarsalhöcker vorhanden. Bei nach vorn an den Körper angelegtem Hinterbein reicht das Tibiotarsalgelenk zwischen Auge und Vorderkopfspitze. Oberseite rauh, mit kleinen Warzen und Drüsenfalten, von denen die stärksten hinter den Augen liegen; Unterseite glatt, mit einer gut abgesetzten ventralen Haftscheibe. Oberseite olivenfarben, dunkel gesprenkelt und marmoriert; Oberlippe dunkel gebändert. Beine mit ziemlich unscharfen, dunklen Querbinden; Hinterseite der Oberschenkel schwärzlich und gelb gefleckt oder marmoriert. Unterseite weiß; Kehle braun oder braun gesprenkelt. L. 59 mm.

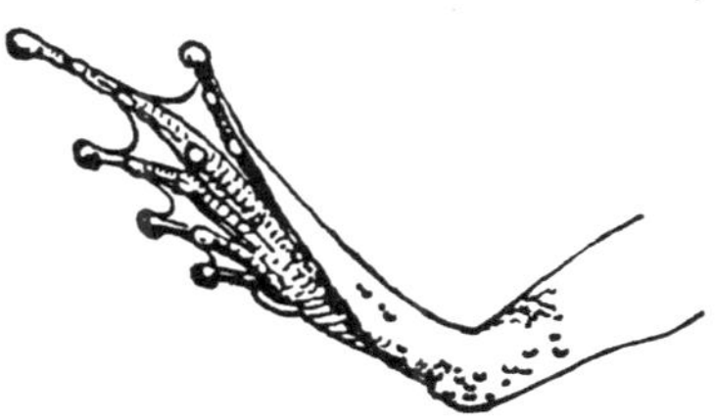

Fig. 323. **Hylodes anomalus.** Linker Hinterfuß von unten (nach Boulenger).

Cachabé (Westecuador).

71. **H. gularis** Blgr. 1898 *H. g.*, Boulenger in: P. zool. Soc. London, p. 121 t. 15 f. 3, 3a (Habitus, Kopf von unten).

Zunge birnförmig, ganzrandig. Gaumenzähne in 2 kurzen, nach hinten konvergierenden Reihen hinter den Choanen. Kopf mäßig groß, so lang wie breit; Vorderkopf abgerundet, so lang wie der Augendurchmesser, mit deutlichem Canthus rostralis und wenig geneigter, vertiefter Zügelregion; Nasenloch viel näher bei der Vorderkopfspitze als beim Auge; Interorbitalraum ein wenig breiter als ein oberes Augenlid; Trommelfell deutlich, $^2/_5$ so breit wie der Augendurchmesser. Finger und Zehen kurz, frei; 1. Finger kürzer als der 2.; Haftscheiben so groß wie das Trommelfell; Subarticularhöcker schwach vorspringend; ein wenig vorspringender, ovaler medialer Metatarsalhöcker vorhanden. Bei nach vorn an den Körper angelegtem Hinterbein reicht das Tibiotarsalgelenk bis zum Hinterrand des Auges. Ober- und Unterseite glatt, eine starke Querfalte auf der Brust. Oberseite blaßbraun, mit runden, schwärzlichen Flecken; eine schwärzliche Querbinde zwischen den Augen und ein dunkler Streifen von jedem Auge zur Schulter vorhanden; Unterseite weiß. L. 24 mm.

Fig. 324. **Hylodes gularis.** Kehle des ♂ (nach Boulenger).

♂ mit äußerer, an jeder Seite der Kehle eine starke Hautfalte veranlassender Schallblase (Fig. 324).

Cachabé (Westecuador).

72. **H. appendiculatus** Wern. 1894 *H. a.*, F. Werner in: Zool. Anz., *v.* 17 p. 410.

Zunge eiförmig, hinten schwach eingekerbt. Gaumenzähne in 2 runden, zwischen den hinteren medialen Rändern der kleinen Choanen beginnenden Gruppen. Kopf groß, Vorderkopf mehr als $1^1/_2$ mal so lang wie der Augendurchmesser, mit sehr deutlichem, geschweiftem Canthus rostralis; Nasenloch viel näher bei der Vorderkopfspitze als beim Auge. Zehen frei; Haftscheiben mäßig entwickelt, rund; Subarticularhöcker gut ausgebildet; 2 kleine Metatarsalhöcker vorhanden. Bei nach vorn an den Körper angelegtem Hinterbein reicht das Tibiotarsalgelenk über die Vorderkopfspitze hinaus. Oberseite glatt; Bauch und Achselgegend fein gekörnelt; eine undeutliche Lateralfalte vorhanden; eine starke Hautfalte über dem Trommelfell; ein dreieckiger Hautanhang an der Vorderkopfspitze, ein ähnlicher, nach hinten gerichteter auf jedem Augenlid, 3 kleine Hautanhänge in gleichen Abständen am lateralen Rande des Tarsus. Vorderkopf gelblich, an der Vorderkopfspitze dunkler, durch eine dunkle Querbinde zwischen den Augen und über der Oberlippe scharf von der lichtrotbraunen Oberseite getrennt, mit mehreren symmetrischen Gruppen kleiner, schwarzer Punkte. Gliedmaßen quergebändert; Ferse gelblich. Kehle schwarzviolett, Bauch und Unterseite der Beine dunkel und licht rotbraun marmoriert. L. 24 mm.

Ecuador.

73. **H. surdus** Blgr. 1882 *H. s.*, Boulenger, Cat. Batr. sal. Brit. Mus., ed. 2 p. 212 t. 14 f. 3, 3a (Habitus, Mundhöhle).

Zunge oval. Gaumenzähne in 2 kleinen, dicht beieinander stehenden Gruppen hinter den Choanen (Fig. 313 p. 405). Vorderkopf abgerundet, so lang wie der Augendurchmesser, mit deutlichem Canthus rostralis; Nasenloch gleichweit von Auge und Vorderkopfspitze entfernt; Interorbitalraum so breit wie ein oberes Augenlid; kein Trommelfell vorhanden; Tubae Eustachii sehr klein. Finger und Zehen mäßig lang, völlig frei; 1. Finger kürzer als der 2.; Haftscheiben gut ausgebildet; Subarticularhöcker mäßig entwickelt; von den 2 Metatarsalhöckern ist der laterale ziemlich undeutlich. Bei nach vorn an den Körper angelegtem Hinterbein reicht das Tibiotarsalgelenk zwischen Auge und Vorderkopfspitze. Oberseite glatt, Bauch etwas gekörnelt. Oberseite dunkelbraun, Vorderkopf heller; ein dunkler Streifen zieht von der Vorderkopfspitze durch das Auge zur Schulter; 3 dunkle Streifen laufen vom Auge zur Oberlippe; 3 winkelig gebogene Querbinden auf dem

Rücken. Beine mit dunklen, hell gesäumten Querbinden; Hinterseite der Oberschenkel schwarz und weiß gefleckt. Kehle und Bauch braun, dunkel marmoriert; Flanken und Unterseite der Hinterbeine gelblich, dunkelbraun marmoriert. L. 37 mm.

Ecuador.

74. **H. whymperi** Blgr. 1882 *H. w.*, Boulenger, Cat. Batr. sal. Brit. Mus., ed. 2 p. 218 | 1882 *H. W.*, Boulenger in: Ann. nat. Hist., ser. 5 *v.* 9 p. 465 f. | 1904 *H. W.*, Peracca in: Boll. Mus. Torino, *v.* 19 nr. 465 p. 25.

Habitus ähnlich dem von *Hyla arborea* (p. 135). Zunge oval, ganzrandig. Gaumenzähne in 2 nach hinten konvergierenden Reihen hinter den Choanen. Vorderkopf abgerundet, so lang wie der Augendurchmesser, mit deutlichem Canthus rostralis; Nasenloch näher bei der Vorderkopfspitze als beim Auge; Interorbitalraum ein wenig breiter als ein oberes Augenlid; Trommelfell unsichtbar. Finger und Zehen mäßig lang, völlig frei; 1. Finger kürzer als der 2.; Haftscheiben und Subarticularhöcker mäßig entwickelt; 2 Metatarsalhöcker vorhanden. Bei nach vorn an den Körper angelegtem Hinterbein reicht das Tibiotarsalgelenk bis zum Mundwinkel. Haut der Oberseite höckerig, auf dem Rücken fließen die Höcker zu mehr oder weniger deutlichen Längslinien zusammen; Bauch gekörnelt. Oberseite dunkelolivenbraun, zuweilen mit einigen hellen Flecken; Oberlippe weißlich; Vorder- und Hinterseite der Oberschenkel bei manchen Tieren magentarot. Unterseite grau- oder rötlichbraun, einfarbig oder dunkelbraun marmoriert. L. 34,5 mm.

Ecuador, in 3300—4000 m Höhe.

75. **H. riveti** Despax 1911 *H. R.*, Despax in: Bull. Mus. Paris, *v.* 17 p. 92.

Zunge annähernd kreisrund, hinten kaum ausgerandet. Gaumenzähne in 2 sehr kurzen, nach hinten konvergierenden Reihen hinter und zwischen den Choanen. Körperform ziemlich gedrungen; Kopf fast so lang wie breit; Vorderkopf stumpf, mit deutlichem Canthus rostralis und vertiefter Zügelregion; Nasenloch näher bei der Vorderkopfspitze als beim Auge; Interorbitalraum breiter als ein oberes Augenlid; Trommelfell klein, aber deutlich, oben und hinten von einer sehr deutlichen Hautfalte umgeben. 1. Finger kürzer als der 2.; Finger und Zehen frei; Haftscheiben der Finger abgestutzt, breiter als lang, die der Zehen rundlich; Subarticularhöcker deutlich; ein starker medialer Metatarsalhöcker vorhanden. Bei nach vorn an den Körper angelegtem Hinterbein reicht das Tibiotarsalgelenk bis zum Trommelfell. Haut auf dem Kopfe glatt, nach dem hinteren Körperende hin immer mehr körnig werdend, in der Sacralgegend und an den Rumpfseiten fast höckerig; Unterseite von Rumpf und Oberschenkeln sehr deutlich gekörnelt und gefeldert. Oberseite (im Alkohol) hell braunviolett, unregelmäßig mit weißen Fleckchen übersät, die auf der Zügelregion, der Oberlippe, der Hautfalte oberhalb des Trommelfells und in der Leistengegend besonders zahlreich sind, an letzterer Stelle zwei umfangreiche weiße Flecke bildend. Gliedmaßen mit sehr großen, weißen Flecken auf der gleichen Grundfarbe wie der Rumpf. Unterseite schmutzig grau, an der Kehle braun gefleckt. L. 34 mm.

Ecuador.

76. **H. w-nigrum** Boettg. 1892 *H. W.*, O. Boettger, Kat. Batr. Mus. Senckenb., p. 28.

Zunge oval, hinten ganz leicht eingekerbt. Gaumenzähne in 2 kleinen Gruppen hinter den Choanen. Vorderkopf etwas zugespitzt, $1^1/_3$ mal so lang wie der Augendurchmesser, mit winkligem Canthus rostralis und vertiefter Zügelregion; Abstand des Nasenloches vom Auge so groß wie dessen Durchmesser; Interorbitalraum so breit wie ein oberes Augenlid; Trommelfell deutlich, $^1/_3$ so groß wie das Auge. Finger und Zehen schlank, frei; 1. Finger kürzer als der 2.; Haftscheiben groß, queroval, viel breiter als lang, vorn deutlich abgestutzt; Subarticularhöcker gut entwickelt; ein kleiner, ovaler medialer und ein noch kleinerer, runder lateraler Metatarsalhöcker vorhanden. Bei nach vorn an den Körper angelegtem Hinterbein reicht das Tibiotarsalgelenk etwas über die Vorderkopfspitze hinaus. Oberseite glatt; Bauch, Unter- und Hinterseite der Oberschenkel leicht gekörnelt; eine deutliche Hautfalte über dem Trommelfell bis zur Schulter ziehend; ein paar deutliche Höcker hinter dem Mundwinkel. Oben aschgrau mit schwarzen, weißlich gesäumten Quer- und Winkelzeichnungen, wie bei *H. surdus* (nr. 73), aber die dunklen Querbinden auf den Gliedmaßen weniger deutlich; zuweilen ein breiter, weißer Rückenstreifen vorhanden. Weichen und Hinterseite der Oberschenkel weißlich mit groben, schwarzen Flecken und Makeln. Unterseite rötlichweiß, überall reichlich dunkelgrau gefleckt und gewölkt; Kinn dunkel mit weißen Punktflecken. L. 26 mm.

Cuenca, in 3000—3500 m Höhe (Westecuador).

77. **H. margaritifer** Blgr. 1912 *H. m.*, Boulenger in: Ann. nat. Hist., ser. 8 v. 10 p. 189.

Zunge oval, hinten undeutlich ausgerandet. Gaumenzähne in 2 kleinen, runden Gruppen hinter den Choanen. Vorderkopf abgestutzt, stark vorspringend, so lang wie der Augendurchmesser, mit starkem geschweiftem Canthus rostralis und schräg abfallender, vertiefter Zügelregion; Nasenloch nahe der Vorderkopfspitze; Interorbitalraum breiter als ein oberes Augenlid; Trommelfell deutlich, $^1/_4$ so breit wie der Augendurchmesser. Finger und Zehen mäßig lang; 1. Finger beträchtlich kürzer als der 2.; Haftscheiben groß, an den Fingern breit und abgestutzt; Zehen völlig frei; Subarticularhöcker mäßig entwickelt; ein medialer, ovaler und ein lateraler, runder Metatarsalhöcker vorhanden, beide schwach vorspringend. Bei nach vorn an den Körper angelegtem Hinterbein reicht das Tibiotarsalgelenk zwischen Auge und Vorderkopfspitze; Unterschenkel $^3/_5$ so lang wie Kopf und Rumpf zusammen. Haut glatt, mit verstreuten, auf Kopf und Rücken annähernd kegelförmigen, auf Kehle und Bauch mit großen, weißen, perlartigen Höckern besetzt; je ein großer, kegelförmiger Höcker auf dem oberen Augenlid und an der Ferse. Ober- und Unterseite gelblich, erstere mit brauner, symmetrischer Zeichnung und karminroten Höckern. L. 15 mm.

El Topo, in 1300 m Höhe (Ostecuador).

78. **H. glandulosus** Blgr. 1880 *H. g.*, Boulenger in: Bull. Soc. zool. France, v. 5 p. 47 | 1882 *H. g.*, Boulenger, Cat. Batr. sal. Brit. Mus., ed. 2 p. 212.

Zunge annähernd kreisrund, hinten schwach ausgerandet. Gaumenzähne in 2 nach hinten gerichteten, an der hinteren medialen Ecke der Choanen beginnenden Reihen. Kopf so lang wie breit; Vorderkopf kurz, abgerundet, mit deutlichem Canthus rostralis und schwach vertiefter Zügelregion; Trommelfell kaum $^1/_3$ so breit wie der Augendurchmesser. Zehen völlig frei; Haftscheiben der Finger und Zehen groß. Bei nach vorn an den Körper angelegtem Hinterbein reicht das Tibiotarsalgelenk bis zum Nasenloch. Haut auf Kopf, Rücken und Seiten stark höckerig; Bauch schwach gekörnelt. Oberseite schwärzlichbraun; 4 oder 5 weißliche Querbinden auf dem Oberschenkel;

Hinterseite der Oberschenkel und Unterseite schwärzlichbraun, weiß gefleckt. L. 42 mm.

Ecuador.

79. **H. curtipes** Blgr. 1882 *H. c.*, Boulenger, Cat. Batr. sal. Brit. Mus., ed. 2 p. 218 t. 14 f. 6 | 1904 *H. c.*, Peracca in: Boll. Mus. Torino, *v.* 19 nr. 465 p. 26.

Zunge oval, hinten schwach ausgerandet. Gaumenzähne in 2 nach hinten konvergierenden Gruppen ein beträchtliches Stück hinter den Choanen. Vorderkopf abgerundet, so lang wie der Augendurchmesser, mit deutlichem Canthus rostralis; Nasenloch näher bei der Vorderkopfspitze als beim Auge; Interorbitalraum breiter als ein oberes Augenlid (mit einer durch eine Frontoparietalfontanelle gebildeten Vertiefung in seiner Mitte); Trommelfell wenig deutlich, etwa $^1/_3$ so breit wie der Augendurchmesser. Finger mäßig lang, 1. Finger kürzer als der 2.; Zehen kurz, frei, schwach gesäumt; Haftscheiben der Finger und Zehen sehr klein; Subarticularhöcker mäßig entwickelt; 2 Metatarsalhöcker vorhanden. Bei nach vorn an den Körper angelegtem Hinterbein reicht das Tibiotarsalgelenk bis zur Schulter. Oberseite mit kleinen Höckern besetzt; Rücken mit mehr oder weniger deutlichen, drüsigen Längsfalten; Bauch gekörnelt. Oben olivenfarbig, mit undeutlicher, dunkler Zeichnung, zuweilen weiß gefleckt oder mit einer braunen Längsbinde in der Rückenmitte. Ein dunkler Streifen zieht von der Vorderkopfspitze durch das Auge zur Schulter; Rumpfseiten dunkelbraun marmoriert; Unterseite in der Regel einfarbig weißlich. L. 29 mm.

♂ mit subgularer, innerer Schallblase und mit glatter, längsgefälteter Kehle.

Ecuador.

80. **H. vertebralis** Blgr. 1886 *H. v.*, Boulenger in: P. zool. Soc. London, p. 415 | 1904 *H. v.*, Peracca in: Boll. Mus. Torino, *v.* 19 nr. 465 p. 26.

Zunge oval, ganzrandig. Gaumenzähne in 2 nach hinten konvergierenden Gruppen beträchtlich hinter den Choanen. Vorderkopf abgerundet oder etwas zugespitzt, so lang wie der größte Augendurchmesser, mit deutlichem Canthus rostralis; Nasenloch näher bei der Vorderkopfspitze als beim Auge; Interorbitalraum schwach vertieft mit etwas vorspringenden Rändern, $1\,^1/_3$ mal so breit wie ein oberes Augenlid; Trommelfell deutlich, $^2/_5$ so breit wie der Augendurchmesser. Finger und Zehen mäßig lang, völlig frei; 1. Finger kürzer als der 2.; Haftscheiben so groß wie das Trommelfell; Subarticularhöcker mäßig entwickelt; 2 Metatarsalhöcker vorhanden. Bei nach vorn an den Körper angelegtem Hinterbein reicht das Tibiotarsalgelenk bis zum Auge. Rücken glatt, Seiten mit kleinen Warzen besetzt; Bauch gekörnelt. Oberseite schwärzlichbraun, zuweilen mit einer hellen Längsbinde in der Rückenmitte. Unterseite gelb, braun gesprenkelt; Weichen und Oberschenkelseiten mit dunkelbraunem Netzwerk. L. 41 mm.

Ecuador.

81. **H. latidiscus** Blgr. 1898 *H. l.*, Boulenger in: P. zool. Soc. London, p. 121 t. 15 f. 4, 4a (Habitus, Mundhöhle).

Zunge oval, hinten schwach ausgerandet. Gaumenzähne in 2 kurzen Querreihen hinter den Choanen, auf der Höhe der Palatinknochen. Kopf groß, stark abgeplattet, so lang wie breit oder wenig breiter als lang (Fig. 325); Vorderkopf abgerundet, ein wenig länger als der Augendurchmesser, mit deutlichem Canthus rostralis und sehr schief abfallender, vertiefter Zügelregion; Nasenloch viel näher bei der Vorderkopfspitze als beim Auge. Scheitel vertieft; Interorbitalraum ein wenig schmaler als ein oberes Augenlid; Trommelfell deutlich, $^1/_5$—$^2/_5$ so breit wie der Augendurchmesser. Finger und Zehen mäßig lang, frei; 1. Finger kürzer als der 2.; Haftscheiben der Finger sehr groß, breiter als lang, $^3/_5$ so breit wie der Augendurchmesser, die der Zehen etwas kleiner (Fig. 325). Subarticularhöcker schwach entwickelt; ein länglicher medialer Metatarsalhöcker, $^2/_3$ so lang wie die 1. Zehe, und ein sehr undeutlicher lateraler Metatarsalhöcker vorhanden. Bei nach vorn an den Körper angelegtem Hinterbein reicht das Tibiotarsalgelenk bis zum Auge.

Fig. 325. **Hylodes latidiscus** (nach Boulenger).

Oberseite fein gekörnelt, mit kleinen Warzen, die auf dem Kopf am größten sind und von denen eine auf dem oberen Augenlid groß, kegelförmig, hornartig sein kann; eine starke Hautfalte über dem Trommelfell; Bauch und Unterseite der Oberschenkel gekörnelt. Oberseite dunkelgraubraun oder weinrot, schwärzlich gefleckt und marmoriert; Beine mit mehr oder weniger deutlichen, unregelmäßigen, dunklen Querbinden. Unterseite weißlich; Seiten von Kehle und Bauch und Unterseite der Beine fein braun gesprenkelt oder bestäubt. L. 54 mm.

♂ ohne Schallblase.

Cachabé (Westecuador).

82. **H. conspicillatus** Gthr. 1858 *H. c.*, Alb. Günther, Cat. Batr. sal. Brit. Mus., p. 92 | 1868 *Lithodytes c.*, E. D. Cope in: P. Ac. Philad., p. 115 | 1882 *Hylodes c.*, Boulenger, Cat. Batr. sal. Brit. Mus., ed. 2 p. 204 t. 14 f. 2, 2a (Habitus, Mundhöhle) | 1899 *H. buergeri*, F. Werner in: Verh. Ges. Wien, *v.* 49 p. 476 | 1904 *H. conspicillatus*, Peracca in: Boll. Mus. Torino, *v.* 19 nr. 465 p. 24.

Zunge oval, hinten schwach ausgerandet. Gaumenzähne in 2 kleinen Gruppen hinter den Choanen (Fig. 312). Vorderkopf etwas zugespitzt, $1^1/_2$ mal so lang wie der Augendurchmesser, mit winkligem Canthus rostralis; Nasenloch doppelt so weit vom Auge entfernt wie von der Vorderkopfspitze; Interorbitalraum breiter als ein oberes Augenlid; Trommelfell $^1/_2$ so breit wie der Augendurchmesser. Finger und Zehen mäßig lang, letztere durch eine Spur von Schwimmhaut verbunden; 1. Finger den 2. nicht überragend; Haftscheiben und Subarticularhöcker gut entwickelt; ein kleiner, ovaler medialer und ein ziemlich undeutlicher, rundlicher lateraler Metatarsalhöcker vorhanden. Länge der Hinterbeine sehr verschieden; bei nach vorn an den Körper angelegtem Hinterbein reicht das Tibiotarsalgelenk bis zur Vorderkopfspitze oder über diese noch hinaus. Haut glatt, rund um den Bauch und unter den Oberschenkeln gekörnelt. Oben braun oder olivenfarben; ein dunkler Streifen zwischen den Augen; gewöhnlich eine dunkle, winkelig gebogene Querbinde auf dem Rücken; ein schwärzlicher Streifen längs des Canthus rostralis und über dem Trommelfell; zuweilen ein weißer Längsstreifen auf jeder Seite des Rückens. Beine quergebändert, Hinterseite der Oberschenkel gewöhnlich schwarz mit weiß marmoriert. Unterseite weißlich, einfarbig oder glatt gefleckt. L. 57 mm.

♂ mit innerer Schallblase.

Ecuador.

83. **H. ornatissima** Despax 1911 *H. o.*, Despax in: Bull. Mus. Paris, *v.* 17 p. 91.

Zunge kreisrund, ganzrandig. Gaumenzähne in 2 nach hinten konvergierenden Reihen hinter den Choanen. Körperform schlank. Kopf ziemlich breit, oval, am Ende etwas zugespitzt; Nasenloch fast an der Vorderkopfspitze, vom Auge um viel mehr als dessen Durchmesser entfernt; kein Canthus rostralis vorhanden; Zügelregion schief abfallend; Interorbitalraum breiter als ein oberes Augenlid; Trommelfell deutlich, etwa $^1/_2$ so breit wie der Augendurchmesser. Finger und Zehen frei. 1. Finger kürzer als der 2.; Haftscheiben, besonders die der Finger groß, stumpf dreieckig, breiter als lang; Subarticularhöcker klein, aber deutlich, ein ovaler, wenig vorspringender medialer Metatarsalhöcker vorhanden. Bei nach vorn an den Körper angelegtem Hinterbein reicht das Tibiotarsalgelenk bis zum Auge. Oberseite, Kehle und Brust glatt, Bauch und Unterseite der Oberschenkel gekörnelt. Oberseite (im Alkohol) reinweiß mit violetten, in 5 Längsreihen angeordneten, länglichen Flecken; Vorderkopfspitze und Lippen gleichmäßig gefleckt; Gliedmaßen gleichfalls gefleckt, mit runden Flecken auf den Oberschenkeln und Querbinden auf Unterschenkel und Tarsus. Unterseite einfarbig weiß oder gelblich. L. 38 mm.

Ecuador.

84. **H. subsigillatus** Blgr. 1902 *H. s.*, Boulenger in: Ann. nat. Hist., ser. 7 *v.* 9 p. 52 | 1904 *H. s.*, Peracca in: Boll. Mus. Torino, *v.* 19 nr. 465 p. 27.

Zunge oval, hinten schwach ausgerandet. Gaumenzähne in 2 sehr kurzen Querreihen hinter den Choanen. Kopf etwas breiter als lang; Vorderkopf abgerundet, so lang wie der Augendurchmesser, mit deutlichem Canthus rostralis und vertiefter Zügelregion; Nasenloch viel näher bei der Vorderkopfspitze als beim Auge; Interorbitalraum so breit wie ein oberes Augenlid; Trommelfell deutlich, $^1/_2$ so breit wie der Augendurchmesser. Finger mäßig lang; 1. Finger kürzer als der 2.; Zehen ziemlich kurz, frei; Haftscheiben groß; Subarticularhöcker mäßig entwickelt; ein ovaler medialer Metatarsalhöcker vorhanden. Bei nach vorn an den Körper angelegtem Hinterbein reicht das Tibiotarsalgelenk bis zum Auge. Oberseite fast glatt; Bauch gekörnelt. Oberseite braun, mit rotem Anflug; ein Paar nach hinten konvergierende, karminrote Streifen hinter den Augen; ein dunkler Streifen auf dem Canthus rostralis und der Schläfe; dunkle Streifen vom Auge ausstrahlend zum Lippenrand; schräge, dunkle Binden auf den Flanken; eine rötliche Linie längs der Rückenmitte. Beine oben mit dunklen Querbinden, unten braun mit weißen Flecken. Kehle und Bauch weiß, braun genetzt. L. 36 mm.

Ecuador.

85. **H. pagmae** H. W. Fowler 1913 *H. p.*, H. W. Fowler in: P. Ac. Philad., v. 65 p. 162 t. 8 obere Figur (Habitus, Kopf, Mundhöhle).

Zunge eiförmig, hinten abgerundet und frei abhebbar. Gaumenzähne in 2 langen, nach hinten konvergierenden Reihen hinter den Choanen. Kopf und Rumpf etwas abgeplattet, ersterer etwas breiter als der Rumpf (Fig. 326).

Fig. 326. **Hylodes pagmae** (nach H. W. Fowler).

Vorderkopf ein wenig flach gedrückt, von oben gesehen dreieckig mit stumpfer Spitze, $1^1/_4$ mal so lang wie der Augendurchmesser, mit nicht sehr deutlichem Canthus rostralis; Nasenloch näher der Vorderkopfspitze als dem Auge; Interorbitalraum doppelt so breit wie ein oberes Augenlid; Trommelfell senkrecht oval, in der Höhe $^2/_3$ so breit wie der Augendurchmesser. Beine schlank, Finger und Zehen frei, mit deutlichen, runden Haftscheiben, die aber viel kleiner sind als das Trommelfell; 1. Finger ein wenig länger als der 2.; Subarticular- und Metatarsalhöcker schwach oder kaum ausgebildet; eine schwache Tarsalfalte vorhanden. Oberseite und Kehle glatt; Bauch und Unterseite der Oberschenkel ziemlich undeutlich gekörnelt; keine Querfalte auf der Brust. Oberseite (im Alkohol) bräunlich; eine dunkle Querbinde zwischen den Augen; Rücken mit unregelmäßigen, dunklen, hellgesäumten Flecken und Binden, darunter eine W-förmige Querbinde hinter den Augen (Fig. 326); ein dunkler Streifen jederseits von der Vorderkopfspitze zum Auge und über dem Trommelfell. Beine mit dunklen, hellgesäumten Querbinden und Flecken. Unterseite heller braun, schwach braun gewölkt. L. 32 mm.

Ecuador.

86. **H. macrocephalus** Prcc. 1904 *H. m.*, Peracca in: Boll. Mus. Torino, *v.* 19 nr. 465 p. 29.

Zunge annähernd herzförmig, hinten eingeschnitten. Gaumenzähne in 2 kurzen Querreihen weit hinter den Choanen, seitlich nicht über deren Mitte hinausreichend. Kopf dick, viel breiter als lang, auf der Oberseite stark vertieft, mit rundlichem, kaum vorspringendem Canthus rostralis und sehr schräg laterad abfallender Zügel- und Schläfenregion; Nasenloch etwas näher der Vorderkopfspitze als dem Auge; Interorbitalraum etwas schmaler als ein oberes Augenlid; Trommelfell groß, senkrecht oval, sein größter Durchmesser kaum kürzer als der des Auges. Finger mäßig lang, an der Spitze abgerundet, nicht verbreitert; 1. Finger länger als der 2.; Zehen ziemlich lang, an den Spitzen mäßig, aber deutlich verbreitert; Subarticularhöcker deutlich; ein ovaler, vorspringender medialer und ein $^1/_2$ so großer, rundlicher lateraler Metatarsalhöcker vorhanden. Bei nach vorn an den Körper angelegtem Hinterbein erreicht das Tibiotarsalgelenk die Vorderkopfspitze. Rücken und Seiten stark gekörnelt, besonders deutlich über und hinter dem Trommelfell, an den Flanken und auf dem Rücken; auf letzteren und den Seiten des Hinterkopfes bilden die Körnchen längliche Erhöhungen und wellige Hautleisten, von denen 2 in der Rückenmitte hinter dem Kopfe sich X-förmig kreuzen. Beine oben weniger gekörnelt als der Rücken, unten völlig glatt; Kehle und Bauch glatt, aber mit kleinen, annähernd kegelförmigen, völlig voneinander getrennten, wenn auch sehr nahe zusammenstehenden Höckern besetzt. Oberseite des Rumpfes, der Vorderextremität, der Mitte der Oberschenkel, der Unterschenkel und Hinterseite der Tarsen hellgrau; Flanken leicht dunkelgrau marmoriert. Ober- und Unterschenkel und Tarsus mit dunkelgrauen Querbinden; Hinterseite der Oberschenkel stark schwärzlichgrau gefleckt und genetzt. Unterseite weißlich. L. 35 mm.

Valle Santiago (Ecuador).

87. **H. platydactylus** Blgr. 1903 *H. p.*, Boulenger in: Ann. nat. Hist., ser. 7 *v.* 12 p. 554 | 1904 *H. platidactylus*, Peracca in: Boll. Mus. Torino, *v.* 19 nr. 465 p. 27.

Zunge fast rund, hinten schwach ausgerandet. Gaumenzähne in 2 kleinen, schräg gestellten Gruppen hinter den Choanen. Vorderkopf abgerundet, kaum über die Mundspalte vorspringend, mit stumpfem Canthus rostralis und vertiefter Zügelregion; Nasenloch nahe der Vorderkopfspitze; Interorbitalraum so breit wie ein oberes Augenlid; Trommelfell deutlich, $^1/_2$ so breit wie der Augendurchmesser. Finger und Zehen mäßig lang, mit großen, annähernd dreieckigen Haftscheiben; 1. Finger nicht so weit reichend wie der 2.; Zehen völlig frei, mit mäßig entwickelten Subarticularhöckern; ein ovaler medialer und ein runder, sehr kleiner lateraler Metatarsalhöcker vorhanden. Bei nach vorn an den Körper angelegtem Hinterbein reicht das Tibiotarsalgelenk zwischen Auge und Vorderkopfspitze. Oberseite fast glatt; Bauch und Unterseite der Oberschenkel gekörnelt. Oberseite bräunlich oder olivengrau, mit symmetrischer, dunkler Zeichnung; eine dunkle Querbinde zwischen den Augen; eine W-förmige Querbinde hinter den Augen und auf dem Nacken; schräge Binden an Kopf- und Rumpfseiten und auf den Beinen; zuweilen eine gelbliche Längsbinde längs der Rückenmitte. Unterseite weißlich, zuweilen schwarz marmoriert. L. 44 mm.

Ecuador und Südost-Peru (Santo Domingo in 1800 m Höhe).

88. **H. unistrigatus** Gthr. 1859 *H. u.*, Alb. Günther in: P. zool. Soc. London, *v.* 27 p. 416 | 1882 *H. u.*, Boulenger, Cat. Batr. sal. Brit. Mus., ed. 2 p. 217 t. 14 f. 4 | 1904 *H. u.*, Peracca in: Boll. Mus. Torino, *v.* 19 nr. 465 p. 24.

Habitus ähnlich dem von *Hyla arborea.* Zunge oval, hinten schwach ausgerandet. Gaumenzähne in 2 kleinen, schräg gestellten Gruppen hinter den Choanen. Vorderkopf abgerundet, so lang wie der Augendurchmesser, mit deutlichem Canthus rostralis; Nasenloch näher bei der Vorderkopfspitze als beim Auge; Interorbitalraum breiter als ein oberes Augenlid; Trommelfell deutlich, nicht ganz $^1/_2$ so breit wie der Augendurchmesser. Finger mäßig lang; 1. Finger kürzer als der 2.; Zehen kurz, frei; Haftscheiben groß; Subarticularhöcker gut entwickelt; von den 2 Metatarsalhöckern ist der laterale zuweilen undeutlich. Bei nach vorn an den Körper angelegtem Hinterbein reicht das Tibiotarsalgelenk bis zum Trommelfell oder Auge. Oberseite glatt, Rumpfseiten höckerig; Bauch gekörnelt; eine starke Querfalte auf der Brust. Oberseite braun, olivenfarben oder dunkelgrau; Vorderkopf häufig heller, dunkel gestreift oder marmoriert, oder mit schwarzen und weißen Flecken; zuweilen eine helle Längslinie längs der Rückenmitte. Beine rötlichbraun mit schwarzen Binden und unregelmäßigen, weißen Fleckchen. Unterseite einfarbig gelblich oder hellbraun, mehr oder weniger dicht dunkelbraun punktiert. L. 30 mm.

♂ mit subgularer Schallblase.

Ecuador, Bolivien.

89. **H. footei** (Stejn.) 1913 *Eleutherodactylus f.*, Stejneger in: P. U. S. Mus., v. 45 p. 543.

Zunge ziemlich groß, annähernd herzförmig. Gaumenzähne in 2 kleinen Gruppen auf der Höhe der Choanenhinterränder. Vorderkopf kurz, nicht länger als der Augendurchmesser, mit winkligem Canthus rostralis; Interorbitalraum flach, $1^1/_2$ mal so breit wie ein oberes Augenlid; Trommelfell ziemlich undeutlich, weniger als $^1/_4$ so breit wie der Augendurchmesser. Finger und Zehen mäßig lang, frei; 1. Finger kürzer als der 2.; Haftscheiben ziemlich groß, rundlich; ein großer medialer, kein lateraler Metatarsalhöcker vorhanden. Bei nach vorn an den Körper angelegtem Hinterbein reicht das Tibiotarsalgelenk bis zur Augenmitte. Haut überall gekörnelt; eine starke, höckerige Hautfalte zieht vom Auge bis zur Höhe der Schulter; eine schwache Pectoralfalte vorhanden. Oberseite dunkelmausgrau, sehr fein dunkel gesprenkelt; eine große, unregelmäßige, X-förmige, dunkelbraune, von den Augenlidern bis zum Kreuzbein reichende Zeichnung auf dem Rücken; eine dunkle, oben hellgesäumte Binde zieht vom Nasenloch durch Auge und Trommelfell bis zu den Rumpfseiten, wo sie sich in zahlreiche, sehr kleine, dunkle Flecke auflöst. Beine quergebändert; Hinterseite der Oberschenkel schwärzlich marmoriert und mit Andeutungen einer hellen, mehr oder weniger unterbrochenen Längslinie. L. 19 mm.

Tincochchaca, in 2100 m Höhe (Peru).

90. **H. binghami** (Stejn.) 1913 *Eleutherodactylus b.*, Stejneger in: P. U. S. Mus., v. 45 p. 542.

Zunge groß, rund, ganzrandig. Gaumenzähne in 2 kurzen Querreihen zwischen oder etwas hinter den Choanen. Vorderkopf länger als der Augendurchmesser, mit deutlichem, rundlichem Canthus rostralis; Nasenloch näher bei der Vorderkopfspitze als beim Auge; Interorbitalraum sehr schwach konvex, etwas breiter als ein oberes Augenlid; Trommelfell deutlich, etwa $^1/_3$ so breit wie der Augendurchmesser. Finger und Zehen mäßig lang, letztere fast frei; 1. Finger kürzer als der 2.; Haftscheiben mittelgroß, rundlich; ein großer medialer, aber kein lateraler Metatarsalhöcker. Bei nach vorn an den Körper angelegtem Hinterbein reicht das Tibiotarsalgelenk bis zur Augenmitte. Oberseite glatt; eine schwache, glatte Hautleiste zieht vom Auge oberhalb des Trommelfells hin; Unterseite einschließlich der Kehle gekörnelt; eine starke Querfalte auf der Brust. Oberseite olivengrau; ein schwärzlichbrauner, hammerförmiger Fleck zwischen den Augen; eine schwärzlichbraune, oben sehr deutlich weiß gesäumte Binde zieht von der Zügelregion durch das Auge und oberhalb des Auges zur Schulter; eine undeutliche, weiße Linie auf der Oberlippe. Rücken mit 3 Längsreihen schwärzlichbrauner Flecke, von denen die seitlichen mehr oder weniger zu Längsbinden zusammenfließen. Beine quergebändert. Unterseite hell, Hinterseite der Oberschenkel mit Andeutungen kleiner, weißer Flecke. L. 22 mm.

Cuzco, in 3500 m Höhe (Peru).

91. **H. ventrimarmoratus** Blgr. 1912 *H. v.*, Boulenger in: Ann. nat. Hist., ser. 8 *v.* 10 p. 187.

Zunge groß, annähernd kreisrund, ganzrandig. Gaumenzähne in 2 schräg gestellten, ovalen Gruppen hinter den Choanen. Vorderkopf abgerundet, so lang wie der Augendurchmesser, mit sehr schwachem, geschweiftem Canthus rostralis und sehr schräg abfallender, vertiefter Zügelregion; Nasenloch nahe der Vorderkopfspitze; Interorbitalraum so breit wie ein oberes Augenlid; Trommelfell sehr undeutlich, nicht ganz $^1/_2$ so breit wie der Augendurchmesser. Finger und Zehen mäßig lang, an den Spitzen zu großen, breiten Haftscheiben verbreitert; 1. Finger nicht so weit reichend wie der 2.; Zehen frei; Subarticularhöcker klein, wenig vorspringend; ein kleiner, ovaler medialer Metatarsalhöcker vorhanden. Bei nach vorn an den Körper angelegtem Hinterbein reicht das Tibiotarsalgelenk bis zum Auge; Unterschenkel $^1/_2$ so lang wie Kopf und Rumpf zusammen. Oberseite rauh, mit kleinen Warzen besetzt; Unterseite glatt. Oberseite grau, mit schwarzer, symmetrischer, aus einem großen X auf dem Rücken und einem annähernd dreieckigen Fleck zwischen den Augen bestehender Zeichnung; Oberlippe mit dunklen, vom Auge ausstrahlenden Binden. Beine mit dunklen Querbinden. Vorderseite der Oberschenkel schwarz und weiß gebändert, ihre Hinterseite schwarz, mit oder ohne große, weiße Flecke. Kehle und Unterseite der Oberschenkel gelblich, Bauch und Flanken stark schwarz gefleckt und marmoriert. L. 37 mm.

Ost-Ecuador und Ost-Peru.

92. **H. ockendeni** Blgr. 1912 *H. o.*, Boulenger in: Ann. nat. Hist., ser. 8 *v.* 10 p. 187.

Zunge oval, ganzrandig oder hinten undeutlich ausgerandet. Gaumenzähne in 2 schräg gestellten, ovalen Gruppen dicht hinter den Choanen. Vorderkopf abgerundet, so lang wie der Augendurchmesser, mit mäßig starkem, geschweiftem Canthus rostralis und sehr schräg abfallender, vertiefter Zügelregion; Nasenloch nahe bei der Vorderkopfspitze; Interorbitalraum kaum so breit wie ein oberes Augenlid; Trommelfell sehr undeutlich, nicht ganz $^1/_2$ so breit wie der Augendurchmesser. Finger und Zehen mäßig lang, an den Spitzen zu großen, breiten Haftscheiben verbreitert; 1. Finger nicht ganz so weit reichend wie der 2.; Zehen mit kaum einer Spur von Schwimmhaut versehen; Subarticularhöcker gut entwickelt, aber klein; ein kleiner, ovaler medialer Metatarsalhöcker vorhanden. Bei nach vorn an den Körper angelegtem Hinterbein reicht das Tibiotarsalgelenk bis zum Vorderrand des Auges, oder zwischen Auge und Nasenloch; Unterschenkel $^1/_2$ so lang wie Kopf und Rumpf zusammen. Haut glatt. Oben blaßrötlichbraun, mit verstreuten, kleinen, schwarzen Flecken, mit oder ohne einen großen braunen Fleck oder 3 braune Flecke auf dem Rücken; zuweilen eine schmale, helle Längslinie in der Rückenmitte vorhanden. Eine dunkle Querbinde zwischen den Augen und je ein schräger Streifen vor und hinter dem Auge; 2 oder 3 schräge, braune Binden auf dem Unterschenkel. Unterseite weiß. L. 34 mm.

Rio Huacamayo, in 600 m Höhe (Südost-Peru).

93. **H. granulosus** Blgr. 1903 *H. g.*, Boulenger in: Ann. nat. Hist., ser. 7 *v.* 12 p. 553.

Zunge fast rund, hinten sehr undeutlich ausgerandet. Gaumenzähne in 2 kurzen Querreihen hinter den Choanen. Vorderkopf abgerundet, kaum über die Mundspalte vorspringend, mit stumpfem Canthus rostralis und vertiefter Zügelregion; Nasenloch nahe der Vorderkopfspitze; Interorbitalraum nicht ganz so breit wie ein oberes Augenlid; Trommelfell deutlich, $^1/_2$ so breit wie der Augendurchmesser. Finger und Zehen sehr schlank, an den Spitzen zu sehr kleinen Haftscheiben verbreitert; 1. Finger den 2. überragend; Zehen völlig frei, mit sehr stark vorspringenden Subarticularhöckern; 2 Metatarsalhöcker vorhanden. Bei nach vorn an den Körper angelegtem Hinterbein reicht das Tibiotarsalgelenk bis zur Vorderkopfspitze. Oberseite gekörnelt, mit kleinen Warzen besetzt; Unterseite glatt. Oben rötlichbraun mit dunkler Zeichnung, eine)-(-förmige, dunkle Zeichnung auf Hinterkopf und Vorderrücken, deren laterale Enden bis zu den oberen Augenlidern reichen; Kopfseiten mit hellen und dunklen, vom Auge ausstrahlenden Binden. Beine mit ziemlich undeutlichen, dunklen Querbinden. Kehle braun, weiß punktiert; Bauch weißlich, braun gesprenkelt. L. 28 mm.

Santo Domingo, in 1800 m Höhe (Südost-Peru).

94. **H. crucifer** Blgr. 1899 *H. c.*, Boulenger in: Ann. nat. Hist., ser. 7 *v.* 4 p. 456.

Zunge oval, ganzrandig. Gaumenzähne in 2 kleinen, nach hinten konvergierenden Gruppen hinter den Choanen. Kopf so lang wie breit; Vorderkopf spitz, vorspringend, mit deutlichem, geschweiftem Canthus rostralis und vertiefter Zügelregion; Interorbitalraum ein wenig schmaler als ein oberes Augenlid. Trommelfell deutlich, $^2/_5$ so breit wie der Augendurchmesser. 1. Finger nicht so lang wie der 2.; Zehen frei; Finger und Zehen mäßig lang, mit großen, quer ovalen Haftscheiben und schwachen Subarticularhöckern. Bei nach vorn an den Körper angelegtem Hinterbein reicht das Tibiotarsalgelenk bis zur Vorderkopfspitze. Haut mit verstreuten, großen, vorspringenden, symmetrisch angeordneten Warzen besetzt, von denen die größten annähernd kegelförmig sind und sich auf dem oberen Augenlid, unter dem Trommelfell und am Tibiotarsalgelenk vorfinden; Bauch gefeldert. Oberseite blaßbräunlich, mit einer großen, kreuzförmigen, vom Interorbitalraum bis zur Sacralgegend reichenden Zeichnung; ein dunkler Canthalstreifen vorhanden, Oberlippe senkrecht dunkel gebändert. Beine mit sehr scharfen, schrägen, dunkelbraunen Querbinden. Unterseite bräunlich, stark dunkelbraun marmoriert. L. 19 mm.

Porvenir, in 1760 m Höhe (Bolivien).

95. **H. cruralis** Blgr. 1902 *H. c.*, Boulenger in: Ann. nat. Hist., ser. 7 *v.* 10 p. 396.

Zunge oval, ganzrandig. Gaumenzähne in 2 runden Gruppen auf der Höhe des Choanenhinterrandes. Kopf wenig länger als breit. Vorderkopf abgerundet, so lang wie der Augendurchmesser, mit schwachem Canthus rostralis und vertiefter Zügelregion; Interorbitalraum so breit wie ein oberes

Augenlid. Trommelfell sehr deutlich, $^2/_3$ so breit wie der Augendurchmesser. Finger ziemlich lang; 1. Finger den 2. nicht überragend; Zehen mäßig lang, mit einer schwachen Spur von Schwimmhaut versehen; Haftscheiben und Subarticularhöcker gut entwickelt; 2 sehr deutliche, annähernd gleich große, runde Metatarsalhöcker vorhanden. Bei nach vorn an den Körper angelegtem Hinterbein reicht das Tibiotarsalgelenk bis zur Vorderkopfspitze. Haut der Oberseite schwach gerunzelt, mit einer Erhöhung längs der Mittellinie des Rückens; keine drüsigen Dorsolateralfalten vorhanden; Bauch glatt. Oberseite grau, mit dunkler, symmetrischer Zeichnung; ein weißer, runder Fleck zwischen den Schultern; Lippen senkrecht dunkel gebändert. Beine mit dunklen Querbinden, die auf dem Unterschenkel 4 nach vorn offene Winkel bilden. Unterseite graubraun. L. 28 mm.

La Paz, in 4000 m Höhe (Bolivien).

96. **H. leptopus** (Bell) 1843 *Batrachyla l.*, T. Bell in: Zool. Voy. Beagle, pars 5 p. 43 t. 18 f. 5, 5a, b (Habitus, Füße) | 1848 *B. leptopodus*, Guichenot in: Gay, Hist. Chile, *v.* 2 p. 114 | 1858 *Hylodes leptopus*, Alb. Günther, Cat. Batr. sal. Brit. Mus., p. 93 | 1871 *H. l.*, Cunningham in: Tr. Linn. Soc. London, *v.* 27 p. 468 | 1875 *Batrachyla l.*, Espada in: Vert. Viaje Pacif., Batr. t. 3 f. 6, 6a—c (Habitus, Mundhöhle, Skeletteile) | 1881 *Cystignathus macrodactylus*, Alb. Günther in: P. zool. Soc. London, p. 18 | 1882 *Hylodes leptopus*, Boulenger, Cat. Batr. sal. Brit. Mus., ed. 2 p. 219 | 1896 *H. l.*, F. Werner in: Verh. Ges. Wien, *v.* 46 p. 357.

Zunge annähernd kreisrund, hinten schwach ausgerandet. Gaumenzähne in 2 kleinen Gruppen zwischen den Choanen. Vorderkopf abgerundet, so lang wie der Augendurchmesser, mit deutlichem Canthus rostralis; Nasenloch gleichweit von Auge und Vorderkopfspitze entfernt; Interorbitalraum so breit wie oder etwas breiter als ein oberes Augenlid; Trommelfell deutlich, $^1/_2$ so breit wie der Augendurchmesser. 1. Finger viel kürzer als der 2.; Finger lang, Zehen mäßig lang, mit einer schwachen Spur von Schwimmhaut; Haftscheiben der Finger und Zehen abgestutzt; Subarticularhöcker gut entwickelt; 2 kleine Metatarsalhöcker vorhanden. Bei nach vorn an den Körper angelegtem Hinterbein reicht das Tibiotarsalgelenk bis zum Auge. Oberseite mit kleinen, glatten Höckern oder länglichen Warzen besetzt; Bauch gekörnelt. Oben olivenfarben, schwärzlich marmoriert, oder rötlichgrau mit grauer, symmetrischer Zeichnung und mit oder ohne dunkle Punkte; ein schwärzlicher, dreieckiger Fleck zwischen den Augen, ein anderer zwischen jedem Auge und der Oberlippe; in der Regel 2 große Flecke an jeder Rumpfseite. Beine quergebändert. L.?

♂ mit subgularer Schallblase und braunen Brunstschwielen auf der Medialseite des 1. Fingers.

Chile.

97. **H. discoidalis** Prcc. 1895 *H. d.*, Peracca in: Boll. Mus. Torino, *v.* 10 nr. 195 p. 24.

Zunge oval, ganzrandig. Gaumenzähne in 2 kleinen, fast kreisrunden oder ovalen, nach hinten konvergierenden Gruppen auf der Höhe der Choanenhinterränder. Vorderkopf etwas zugespitzt, mit deutlichem, stumpfem Canthus rostralis; Nasenloch sehr nahe der Vorderkopfspitze, vom Auge um dessen Durchmesser entfernt; Interorbitalraum $1^1/_3$ mal so breit wie ein oberes Augenlid; Trommelfell deutlich, $^1/_2$ so breit wie der Augendurchmesser. Finger und Zehen ziemlich lang, letztere frei; 1. Finger so lang wie der 2.; Spitzen der beiden medialen Finger und Zehen nur abgerundet, die der übrigen Finger und Zehen zu abgestutzten Haftscheiben verbreitert; Subarticularhöcker gut entwickelt; von den 2 Metatarsalhöckern ist der ovale mediale doppelt so groß wie der abgerundet kegelförmige laterale Metatarsalhöcker. Bei nach vorn an den Körper angelegtem Hinterbein reicht das Tibiotarsalgelenk bis zum Vorderrand des Auges, oder zwischen Auge und Nasenloch. Oberseite leicht gerunzelt, auf den oberen Augenlidern und den Schläfen gekörnelt; je eine Drüsenfalte zieht in der Rückenmitte von der Vorderkopfspitze zum Kreuzbein, vom Hinterrand des Auges über und hinter dem Trommelfell herum zur Schulter, längs der Rückenseiten bis zum Sacralwirbel; Hinterseite der Oberschenkel gerunzelt körnelig; Unterseite völlig glatt; Bauch mit deutlicher Haftscheibe. Oberseite hellbleigrau, bei alten unregelmäßig schwarzgrau gefleckt; junge Tiere mit einem unregelmäßig ovalen, grauweißen Fleck zwischen den Schultern und einem undeutlichen, schwarzen Fleck in der Sacralregion. Die vor einer schwarzen Querbinde zwischen den Augen gelegene Kopfpartie heller; eine schwarze Linie zieht von der Vorderkopfspitze über das Nasenloch, längs des Canthus rostralis, durch das Auge, über und hinter dem Trommelfell herum zur Schulter; Lippen schwarz gefleckt. Hinterbeine mit undeutlichen, schwarzen Querbinden. Kehle rotbraun, fein weiß gefleckt; übrige Unterseite hell grünlichgelb. L. 37 mm.

♂ ohne Schallblasen.

Tucuman (Argentinien),

98. **H. griseus** (Hall.) 1860 *H. grisea*, Hallowell in: P. Ac. Philad., p. 485 | 1863 *Hylodes (Craugastor) griseus*, E. D. Cope in: P. Ac. Philad., p. 48 | 1864 *H. g.* + ? *H. fenestratus*, Steindachner in: Verb. Ges. Wien, *v.* 14 p. 245 t. 17 f. 2, 2a (Habitus, Mundhöhle) + ? p. 249 t. 16 f. 1, 1a—c (Habitus, Mundhöhle, Füße) | 1867 *H. sp.* ?, Hensel in: Arch. Naturg., *v.* 33 I p. 161 | 1870 *H. henselii*, Peters in: Monber. Ak. Berlin, p. 648 | 1882 *H. griseus*, Boulenger, Cat. Batr. sal. Brit. Mus., ed. 2 p. 206 | ? 1887 *Lithodytes g.*, E. D. Cope in: Bull. U. S. Mus., *v.* 32 p. 16.

Zunge oval, hinten ausgerandet. Gaumenzähne in 2 kurzen, schräggestellten Gruppen hinter den Choanen. Kopf dreieckig; Vorderkopf ziemlich schlank und abgerundet, länger als der Augendurchmesser, mit kräftigem Canthus rostralis und vertiefter Zügelregion; Trommelfell $^1/_4$—$^1/_3$ so breit wie der Augendurchmesser. Zehen an ihrer Basis durch Schwimmhaut verbunden; Haftscheiben von Fingern und Zehen mäßig groß; nur ein medialer Metatarsalhöcker vorhanden. Bei nach vorn an den Körper angelegtem Hinterbein reicht das Tibiotarsalgelenk bis zur Vorderkopfspitze. Haut glatt. Oben grau oder bräunlich; eine Querbinde zwischen den Augen, ein W-förmiger Fleck auf dem Hinterkopf und unregelmäßige Flecke auf dem Rücken dunkelgrau; Beine mit grauen Querbinden, Hinterseite der Oberschenkel schwarz und weiß gesprenkelt; Unterseite weiß. L. ?.

Argentinien, Brasilien (Nicaragua?).

99. **H. binotatus** (Spix) 1824 *Rana b.* + *Hyla abbreviata*, Spix, Spec. Testud. Ran. Bras., p. 31 t. 20 f. 3 + p. 41 t. 11 f. 4 | 1830 *Enydrobius a.*, Wagler, Syst. Amph., p. 202 | 1870 *Hylodes rugulosus*, Peters in: Monber. Ak. Berlin, p. 648 | 1872 *H. binotatus*, Peters in: Monber. Ak. Berlin, p. 206, 219 | 1882 *H. binotatus*, Boulenger, Cat. Batr. sal. Brit. Mus., ed. 2 p. 209.

Zunge ganzrandig oder schwach ausgerandet. Gaumenzähne in 2 gebogenen Querreihen hinter den Choanen. Vorderkopf etwas zugespitzt, länger als der Augendurchmesser, mit sehr deutlichem Canthus rostralis und vertiefter Zügelregion; Nasenloch viel näher bei der Vorderkopfspitze als beim Auge; Interorbitalraum so breit wie ein oberes Augenlid; Trommelfell deutlich, $^1/_2$ so breit wie der Augendurchmesser. 1. Finger viel länger als der 2.; Zehen völlig frei; Haftscheiben sehr klein; Subarticularhöcker stark entwickelt. Bei nach vorn an den Körper angelegtem Hinterbein reicht das Tibiotarsalgelenk fast bis zur Vorderkopfspitze. Oberseite von Kopf und Rumpf fein gekörnelt und mit zahlreichen feinen Längslinien auf dem Rücken; eine Hautfalte über dem Trommelfell; Unterseite glatt. Oberseite graugelb, mit 2 mehr oder weniger deutlichen Reihen schwarzer Flecke, die zwischen den Augen eine undeutliche Zickzacklinie bilden; eine schwarze Binde zieht vom Nasenloch unter dem Canthus rostralis, durch das Auge und oberhalb des Trommelfells hin. Gliedmaßen mit dunklen Querbinden; Unterseite gelblichweiß, Fußsohlen schwarz. L. 60 mm.

♂ mit subgularer Schallblase.

Ostbrasilien.

100. **H. petropolitanus** Wandoll. 1907 *H. p.*, Wandolleck in: Abb. Mus. Dresden, *v.* 11 nr. 1 p. 7 f. D—F (Sacralwirbel, Mund und Zähnchen der Larve). t. 1 f. 9, 9a—f (Habitus, Kopf, Mundhöhle, Vorderfuß des Frosches, Eier, Habitusbilder der Larve).

Zunge breit elliptisch, ganzrandig. Gaumenzähne in 2 nach hinten konvergierenden Reihen zwischen den Choanen. Kopf kurz und breit. Vorderkopf abgerundet, nicht vorspringend, ohne Canthus rostralis, mit schief abfallender Zügelregion; Nasenloch doppelt so weit vom Auge wie von der Vorderkopfspitze entfernt; Interorbitalraum $^1/_3$ so breit wie die Orbita; Trommelfell $^1/_2$ so breit wie der Augendurchmesser. 1. Finger kürzer als der 2.;

Fig. 327.
Hylodes petropolitanus.
Rechter Vorderfuß des ♂ von oben ($^4/_1$) (nach Wandolleck).

Fig. 328.
Hylodes petropolitanus.
Larve ($^2/_1$) (nach Wandolleck).

Finger und Zehen frei, an den Spitzen kolbig verdickt; Subarticularhöcker schwach entwickelt; 2 kleine, runde Metatarsalhöcker vorhanden. Bei nach vorn an den Körper angelegtem Hinterbein reicht das Tibiotarsalgelenk etwas über die Vorderkopfspitze hinaus. Haut glatt. Grundfarbe der Oberseite ein dunkles Blaugrau, das bei älteren Tieren von den Seiten her einer helleren, graugelb durchsetzten Marmorierung weicht, doch bleiben eine breite Querbinde zwischen den Augen und ein von ihr nach hinten verlaufender, breiter Längsstreifen dunkel; Oberlippe mit 4 schrägen, vom Auge ausgehenden, hellen Binden. Rumpfseiten graugelblich marmoriert und gefleckt. Oberseite der Gliedmaßen abwechselnd graugelb und blaugrau gebändert. Unterseite rein gelbweiß, nur an der Brust und den Seiten und besonders unter den Oberschenkeln unregelmäßig bräunlich gefleckt. L. 22 mm.

♂ zur Fortpflanzungszeit mit einer aus acht getrennten, pechschwarzen Hornspitzen bestehenden Brunstschwiele auf der Medialseite des 1. Fingers (Fig. 327).

Die Eier werden, von einer Schleimhülle umgeben, in unregelmäßigen Haufen abgelegt. Die Larven (Fig. 328) sind niedrig gewölbt, mit vollkommen flacher, als Saugnapf dienender Unterseite; Spiraculum und Mundöffnung auf der Bauchseite.

Unterlippe mit fransenartigen Papillen versehen, 5 Reihen von an der Spitze viellappigen Hornzähnchen vorhanden. Schwanz nur in der Nähe der Spitze mit einem flossenartigen Hautsaum. Mitte der Oberseite des Rumpfes dunkelgraublau, Seiten und Unterseite weiß; Schwanz oben mit kettenartiger, dunkler Zeichnung, unten weiß.

Petropolis (Ostbrasilien).

101. **H. goeldii** Baum. 1912 *H. g.*, F. Baumann in: Zool. Jahrb., Syst. *v.* 33 p. 91 t. 4 f. 2a, 2b (Hinterfuß, Mundhöhle).

Zunge breit, ganzrandig. Gaumenzähne in 2 rundlichen, weit voneinander entfernten Gruppen zwischen den Choanen. Kopf groß, breit, dreieckig, mit zugespitztem, quer abgestutztem Vorderende und etwas abgerundetem Canthus rostralis; Nasenloch viel näher bei der Vorderkopfspitze als beim Auge; Interorbitalraum breiter als ein oberes Augenlid; Trommelfell quer oval, kaum $^1/_3$ so groß wie das Auge. Finger frei, Zehen zu $^1/_3$ ihrer Länge durch Schwimmhaut verbunden, die als Saum bis zu den Zehenspitzen reicht; Lateralseite der 5. Zehe und Medialseite des Tarsus mit Hautsäumen; Haftscheiben kleiner als das Trommelfell; Subarticularhöcker an den Fingern schwach entwickelt, an den Zehen ebenso wie die 2 Metatarsalhöcker deutlich ausgebildet. Bei nach vorn an den Körper angelegtem Hinterbein reicht das Tibiotarsalgelenk zwischen Auge und Nasenloch. Körperoberfläche bei größeren Exemplaren etwas gekörnelt. Färbung dunkelbraun, Vorder- und Hinterbeine mit undeutlichen, dunklen Querbinden; Hinterseite der Oberschenkel braun und weiß marmoriert. Bauch, Unterseite der Gliedmaßen, zuweilen auch die Rumpfseiten auf gelblichweißem Grunde hellbraun marmoriert. L.

Orgel-Gebirge (Ostbrasilien).

102. **H. ramagii** Blgr. 1888 *H. R.*, Boulenger in: Ann. nat. Hist., ser. 6 *v.* 2 p. 41.

Zunge oval, hinten schwach ausgerandet. Gaumenzähne in 2 sehr kleinen Gruppen hinter den Choanen. Vorderkopf etwas zugespitzt, kaum vorspringend, so lang wie der Augendurchmesser, mit winkligem Canthus rostralis und vertiefter Zügelregion; Nasenloch viel näher bei der Vorderkopfspitze als beim Auge; Interorbitalraum etwas breiter als ein oberes Augenlid; Trommelfell deutlich, $^2/_3$ so breit wie der Augendurchmesser. Finger ziemlich lang, mit gut entwickelten Haftscheiben und starken Subarticularhöckern; 1. Finger länger als der 2.; Zehen völlig frei; von den 2 Metatarsalhöckern ist der laterale äußerst klein. Bei nach vorn an den Körper angelegtem Hinterbein reicht das Tibiotarsalgelenk bis zum Nasenloch. Oberseite mit kleinen Warzen besetzt; Bauch und Unterseite der Oberschenkel ungleich groß gekörnelt. Oberseite graubraun mit symmetrischer, dunkler Zeichnung, nämlich einer Querbinde zwischen den Augen, einem $\wedge$ in der Schultergegend, einem λ vor dem Kreuzbein, einer schrägen Binde jederseits vor den Weichen und schrägen Binden auf den Beinen; Kopfseiten schwärzlich; Unterseite weißlich, Kehle braun marmoriert. L. 22 mm.

Iguarasse (Pernambuco, Brasilien).

103. **H. plicifera** Blgr. 1888 *H. p.*, Boulenger in: Ann. nat. Hist., ser. 6 *v.* 2 p. 41.

Zunge oval, hinten schwach ausgerandet. Gaumenzähne in 2 schräg gestellten Reihen hinter den Choanen. Vorderkopf etwas zugespitzt, kaum vorspringend, mit winkligem Canthus rostralis und vertiefter Zügelregion; Nasenloch viel näher bei der Vorderkopfspitze als beim Auge; Interorbitalraum wenig breiter als ein oberes Augenlid; Trommelfell deutlich, $^1/_3$ so breit wie der Augendurchmesser. Finger und Zehen mäßig lang, mit kleinen Haftscheiben; 1. Finger viel länger als der 2.; Zehen nicht gesäumt, durch eine sehr schwache Spur von Schwimmhaut verbunden; 2 kleine Metatarsalhöcker vorhanden. Bei nach vorn an den Körper angelegtem Hinterbein reicht das Tibiotarsalgelenk bis zum Auge. Kopf und Rücken mit symmetrisch angeordneten, schmalen Hautfalten, von denen eine mittlere zwischen den Nasenlöchern beginnt und über dem After endet; 5 wellig gebogene Falten ziehen jederseits schräg über das obere Augenlid; Rumpfseiten mit kleinen Warzen besetzt; Unterseite glatt. Oberseite rötlichgrau mit schwärzlicher Zeichnung; eine schwärzliche Querbinde zwischen den Augen und 3 schwärzliche radiäre Streifen zwischen jedem Auge und dem Lippenrande, Beine mit karminroten Querbinden; Hinterseite der Oberschenkel und Unterseite des Tarsus schwärzlich; Unterseite einfarbig weißlich. L. 17 mm.

Iguarasse (Pernambuco, Brasilien).

104. **H. miliaris** (Spix) 1824 *Rana m.*, Spix, Spec. Testud. Ran. Bras., p. 30 t. 6 f. 1 | 1841 *Cystignathus Missiessii*, Eydoux & Souleyet in: Voy. Bonite, *v.* 1 p. 148 t. Rept. 10 f. 2, 2A, B (Habitus, Mundhöhle) | 1860 *Ololygon abbreviatus*, Fitzinger in: SB. Ak. Wien, *v.* 42 p. 413 | 1862 *Cystignathus discolor*, J. Reinhardt & Lütken in: Vid. Meddel., *v.* 13 p. 169 | 1865 *Thoropa missiessii*, E. D. Cope in: Nat. Hist Rev., p. 110 | 1867 *Ololygon abbreviatus*, Steindachner in: Reise Novara, Amph. p. 65 t. 4 f. 16—19 (Habitus, Mundhöhle, Füße) | 1867 *Hylodes a.*, Hensel in: Arch. Naturg., *v.* 33 I p. 151 | 1872 *Ololygon miliaris*, Peters in: Monber. Ak. Berlin, p. 206 | 1882 *Thoropa m.*, Boulenger, Cat. Batr. sal. Brit. Mus., ed. 2 p. 331 | 1891 *Borborocoetes m.*, Boulenger in: Ann. nat. Hist., ser. 6 *v.* 8 p. 454 | 1907 *Hylodes m.*, Wandolleck in: Abh. Mus. Dresden, *v.* 11 nr. 1 p. 5 f. A—C (Skeletteile) t. 1 f. 3, 3a, b (Habitus, Kopf, Mundhöhle).

Zunge annähernd kreisrund, hinten schwach ausgerandet. Gaumenzähne in 2 kurzen Querreihen auf der Höhe der Choanenhinterränder. Vorderkopf abgerundet, so lang wie der Augendurchmesser, mit stumpfem Canthus rostralis und vertiefter Zügelregion; Nasenloch viel näher bei der Vorderkopfspitze als beim Auge; Interorbitalraum so breit wie ein oberes Augenlid; Trommelfell sehr deutlich, $^2/_3$—$^3/_4$ so breit wie der Augendurchmesser. Finger und Zehen mäßig lang, letztere völlig frei, ohne Hautsaum; 1. Finger etwas länger als der 2.; Subarticularhöcker mäßig entwickelt; ein elliptischer medialer und ein runder lateraler Metatarsalhöcker vorhanden. Bei nach vorn an den Körper angelegtem Hinterbein reicht das Tibiotarsalgelenk bis zur Vorderkopfspitze oder etwas über diese hinaus. Haut glatt, mit wenigen Drüsenwarzen an den Seiten; eine starke Hautfalte zieht vom Auge zur Schulter. Oberseite blaßgrau oder bräunlich, dunkel marmoriert, ein großer, dunkler, hammerförmiger oder dreieckiger, mit der Spitze nach hinten gerichteter Fleck zwischen den Augen; eine schwärzliche Linie längs des Canthus rostralis und der Supratympanalfalte. Beine mit dunklen Querbinden; Hinterseite der Oberschenkel dunkelbraun mit gelblichen Flecken; Unterseite blaßbraun, Kehle und Bauch gelblich punktiert. L. 70 mm.

Die Kaulquappen sind nach Hensel l. c. auffallend flach gebaut; ihr glatter Bauch bildet eine Art Sauggrube, mit der die Tiere selbst an senkrechten Wänden auf und nieder zu klettern vermögen, wenn diese nur von einer dünnen Wasserschicht benetzt sind. Der Schwanz von doppelter Körperlänge ist drehrund, nur in seinem letzten Drittel ist er seitlich abgeplattet; die ventrale Schwanzflosse ist zu einem flachen, sohligen Gebilde umgewandelt, das in der Mitte seiner vorderen Hälfte von einer Furche durchzogen ist. Afterröhre abgeplattet, After ein Querspalt. Der mit starken Lippen ausgerüstete Mund dient vielleicht auch als Haftorgan. Über die Art der Eiablage ist nichts bekannt; wahrscheinlich geht die ganze Entwicklung außerhalb des Wassers vor sich.

Brasilien.

105. **H. gollmeri** Ptrs. 1826 *H. Gravenhorstii*, Fitzinger, Classif. Rept., p. 64 (descr. nulla) | 1860 *Euhyas G.*, Fitzinger in: SB. Ak. Wien, *v.* 42 p. 413 | 1863 *Hylodes Gollmeri*, Peters in: Monber. Ak. Berlin, p. 409 | 1864 *H. Güntheri*, Steindachner in: Verh. Ges. Wien, *v.* 14 p. 246 t. 17 f. 1, 1a (Habitus, Mundhöhle) | 1867 *H. G.*, Steindachner in: Reise Novara, Amph. p. 53 t. 4 f. 1—7 (Zeichnungsvarietäten, Mundhöhle, Füße) | 1882 *H. gollmeri*, Boulenger, Cat. Batr. sal. Brit. Mus., ed. 2 p. 205 | 1899 *H. G.* var. *bisignata*, F. Werner in: Zool. Anz., *v.* 22 p. 483 | 1903 *H. g.*, Boulenger in: P. zool. Soc. London, pars 2 p. 69.

Zunge oval, hinten schwach ausgerandet. Gaumenzähne in 2 nach hinten konvergierenden, kurzen Reihen hinter den Choanen. Kopf so lang wie breit; Vorderkopf abgerundet, zugespitzt, vorspringend, mit deutlichem Canthus rostralis und schief abfallender, vertiefter Zügelregion; Nasenloch viel näher bei der Vorderkopfspitze als beim Auge, sein Abstand vom Auge so groß wie dessen Durchmesser; Interorbitalraum breiter als ein Augenlid; Trommelfell deutlich, $^1/_2$ so breit wie der Augendurchmesser. Finger und Zehen mäßig lang, letztere durch eine Spur von Schwimmhaut verbunden, die sich als schmaler Saum an den Zehenrändern fortsetzt; 1. Finger den 2. nicht überragend; Haftscheiben und Subarticularhöcker gut entwickelt; ein kleiner, ovaler medialer und ein ziemlich undeutlicher, rundlicher lateraler Metatarsalhöcker vorhanden. Bei nach vorn an den Körper angelegtem Hinterbein reicht das Tibiotarsalgelenk bis zur Vorderkopfspitze, oder über diese noch hinaus. Oberseite glatt, oder mit verstreuten, kleinen Körnchen auf dem Rücken, den Rumpfseiten und den oberen Augenlidern; eine Hautfalte zieht jederseits vom Auge an über und hinter dem Trommelfell herab und an den Rumpfseiten entlang bis zum Schenkel; Unterseite glatt, auf der Brust eine Querfalte. Oberseite braun oder olivenfarben; zuweilen eine schmale, weiße Querbinde zwischen den Augen und eine helle Längslinie in der Rückenmitte vorhanden. Kopfseiten dunkelbraun, mit einem schwarzen Streifen längs des Canthus rostralis und über und hinter dem Trommelfell; Körperseiten unregelmäßig dunkel gebändert oder gefleckt. Beine mit dunklen, hellgesäumten Querbinden; Hinterseite der Oberschenkel braun und weiß gefleckt; Lateralseite des Unterarmes, vorderer. unterer Teil der Schenkel, Fußsohlen und Steißgegend schwarzbraun. Unterseite weiß, einfarbig oder an der Kehle braun gesprenkelt. L. 40 mm.

Bei der von F. Werner l. c. beschriebenen var. *bisignata* ist das Nasenloch der Vorderkopfspitze $1^1/_2$ mal näher als dem Auge, der Interorbitalraum so breit wie ein oberes Augenlid, die Zehen sind ohne Schwimmhaut, die Haftscheiben etwas abgestutzt. Oberseite graubraun; Oberlippe dunkelgrau, darüber eine gelbliche Linie; Canthus rostralis, Supratympanalfalte, Trommelfell und 2 nicht bis zum Lippenrand reichende Flecke unter dem Auge schwarz. Außerhalb jeder Dorsolateralfalte in der Schultergegend ein ⟩-förmiger, dunkler, hellgerandeter Fleck. Hinterbacken dunkelbraun, weiß gefleckt; Tarsus schwarzgrau. Kehle und Brust braun gefleckt.

Brasilien, Bolivien, Ecuador, Venezuela.

106. **H. grandoculis** Lidth 1904 *H. g.*, Lidth de Jeude in: Not. Leyden Mus., *v.* 25 p. 93.

Zunge groß, hinten schwach ausgerandet. Gaumenzähne undeutlich. Vorderkopf kurz, abgerundet, mit deutlichem Canthus rostralis; Nasenloch viel näher bei der Vorderkopfspitze als beim Auge; Augen sehr groß und vorspringend; ihr Durchmesser so groß wie ihre Entfernung von der Vorderkopfspitze; Interorbitalraum so breit wie ein oberes Augenlid; Trommelfell undeutlich. 1. Finger nicht länger als der 2.; Zehen an ihrer Basis durch schwache Schwimmhaut verbunden; Haftscheiben gut entwickelt; Subarticularhöcker ziemlich undeutlich. Haut glatt, mit einigen über die oberen Augenlider und den Anfang des Rückens verstreuten Höckern. Oben rötlichbraun, an den Seiten heller. Beine quergebändert. Unterseite weißlich, Kehle braun gesprenkelt. L. 17 mm.

Surinam.

107. **H. marmoratus** Blgr. 1900 *H. m.*, Boulenger in: Tr. Linn. Soc. London, ser. 2 v. 8 p. 56 t. 5 f. 6.

Zunge rundlich, ganzrandig. Gaumenzähne in 2 sehr kleinen schräg gestellten Gruppen hinter den Choanen. Kopf ein wenig länger als breit; Vorderkopf abgerundet, nicht vorspringend, so lang wie der Augendurchmesser, mit stumpfem Canthus rostralis und vertiefter Zügelregion; Nasenloch viel näher bei der Vorderkopfspitze als beim Auge; Interorbitalraum fast so breit wie ein oberes Augenlid; Trommelfell deutlich, $^1/_4$ so breit wie der Augendurchmesser. Finger mäßig schlank, mit gut entwickelten Haftscheiben von der Größe des Trommelfells und mit starken Subarticularhöckern; 1. Finger kürzer als der 2.; Zehen völlig frei; ein kleiner, ovaler medialer Metatarsalhöcker vorhanden. Bei nach vorn an den Körper angelegtem Hinterbein reicht das Tibiotarsalgelenk zwischen Auge und Nasenloch; Unterschenkel $^1/_2$ so lang wie Kopf und Rumpf zusammen. Oberseite glatt, mit schwachen schräg verlaufenden Drüsenwülsten auf dem Hinterkopf; Bauch gekörnelt. Oben graubraun, mit brauner, dunkel gesäumter Marmorierung auf Kopf und Rumpf und Querbinden auf den Gliedmaßen; Kopfseiten mit dunklen, vom Auge ausstrahlenden Binden. Unterseite graubraun. L. 19 mm.

Fuß des Roraimaberges, in 1075 m Höhe (Britisch-Guiana).

108. **H. bicumulus** Ptrs. 1863 *H. b.*, Peters in: Monber. Ak. Berlin, p. 410 | 1882 *H. b.*, Boulenger, Cat. Batr. sal. Brit. Mus., ed. 2 p. 215.

Zunge sehr groß, hinten kaum merklich ausgerandet. Gaumenzähne in 2 kleinen, runden, nahe beieinander stehenden Gruppen hinter den Choanen. Vorderkopf abgerundet, nicht vorspringend, länger als der Augendurchmesser, mit deutlichem Canthus rostralis und vertiefter Zügelregion; Nasenloch fast doppelt so weit vom Auge entfernt wie von der Vorderkopfspitze; Interorbitalraum breiter als ein oberes Augenlid; Trommelfell $^1/_3$ so breit wie der Augendurchmesser. 1. Finger merklich kürzer als der 2.; Haftscheiben an Fingern und Zehen sehr groß, breiter als lang; Subarticularhöcker gut entwickelt; von den 2 Metatarsalhöckern ist der laterale sehr klein. Bei nach vorn an den Körper angelegtem Hinterbein reicht das Tibiotarsalgelenk bis zum Auge. Oberseite glatt; Rumpfseiten und obere Augenlider mit verstreuten Körnchen; eine gebogene Hautfalte über dem Trommelfell; zuweilen ein kleiner Hautanhang an der Ferse vorhanden; Kehle und Brust glatt, Bauch und Unterseite der Oberschenkel gekörnelt. Oberseite fleischfarbig, rötlichgelb, durch eine schwarze, laterad unscharf begrenzte, von der Vorderkopfspitze längs des freien Randes des oberen Augenlides und an den Rumpfseiten entlang ziehende Binde von den grauen Kopf- und Rumpfseiten getrennt. Beine dunkel quergebändert; Hinterseite der Oberschenkel dunkelbraun. Unterseite auf weißem Grunde schwarz vermikuliert. L. 38 mm.

Caracas (Venezuela).

109. **H. briceni** Blgr. 1903 *H. B.*, Boulenger in: Ann. nat. Hist., ser. 7 *v.* 11 p. 481.

Zunge oval, ganzrandig. Gaumenzähne in 2 kleinen, rundlichen oder schräg gestellten Gruppen hinter den Choanen. Vorderkopf abgerundet, so lang wie der Augendurchmesser, mit deutlichem Canthus rostralis und vertiefter Zügelregion; Nasenloch näher bei der Vorderkopfspitze als beim Auge; Interorbitalraum so breit wie oder ein wenig breiter als ein oberes Augenlid; Frontoparietalia etwas vertieft, mit leistenartig vorspringenden Rändern, wie bei *H. buckleyi* (nr. 65); Trommelfell deutlich, etwa $^1/_3$ so breit wie der Augendurchmesser. Finger mäßig lang; 1. Finger kürzer als der 2.; Zehen völlig frei; Haftscheiben kleiner als das Trommelfell; Subarticularhöcker sehr schwach vorspringend; ein ziemlich großer, ovaler medialer und ein kleiner, runder lateraler Metatarsalhöcker vorhanden. Bei nach vorn an den Körper angelegtem Hinterbein reicht das Tibiotarsalgelenk bis zum Trommelfell oder Auge. Oberseite glatt, eine ziemlich breite, schwach vorspringende Drüsenfalte an jeder Seite des Vorderrückens; Bauch und Unterseite der Oberschenkel gekörnelt. Oberseite rötlich- oder purpurbraun, dunkelbraun gefleckt oder gesprenkelt; eine dunkle Querbinde zwischen den Augen; ein dunkler Canthal- und Temporalstreifen vorhanden; Rücken mit einer dunklen X-förmigen Zeichnung oder mit winkligen Querbinden. Beine dunkel quergebändert. Unterseite weißlich, mehr oder weniger dicht dunkelbraun gefleckt oder vermikuliert. L. 43 mm.

Merida, in 1600 m Höhe (Venezuela).

110. **H. maussi** Boettg. 1893 *H. m.*, O. Boettger in: Ber. Senckenb. Ges., p. 39.

Zunge groß, rund, ganzrandig. Gaumenzähne in 2 langen, schwach gebogenen Querreihen hinter den Choanen, seitlich nicht über diese hinausragend. Kopf groß, breiter als lang und als die Hälfte der Kopfrumpflänge, mit deutlichem Canthus rostralis und hoher, vertiefter Zügelregion; Nasenloch der Vorderkopfspitze kaum näher als dem Auge; Interorbitalraum so breit wie ein oberes Augenlid; Hinterkopf mit tiefer, nach hinten verbreiterter Rinne, die von 2 schwachen Knochenkämmen flankiert wird; Trommelfell deutlich, $^2/_3$ so groß wie das Auge. Finger kurz und stumpf, ohne Haftscheiben; 1. Finger länger als der 2.; Zehen kaum mit Schwimmhaut versehen, mit kleinen, aber deutlichen Haftscheiben; Subarticularhöcker, besonders die der Finger, sehr kräftig; ein länglicher medialer und ein kleiner lateraler Metatarsalhöcker vorhanden. Bei nach vorn an den Körper angelegtem Hinterbein reicht das Tibiotarsalgelenk bis zur Vorderkopfspitze. Haut überall mit spitzen Höckerchen und Wärzchen und schmalen, symmetrischen Falten besetzt, von denen eine H-förmige Falte auf dem Nacken, eine nach vorn konvergierende Doppellängsfalte in der Rückenmitte und eine längere Seitenfalte besonders konstant sind; Augenlider und Gliedmaßen mit spitzen Höckerchen; Unterseite kräftig granuliert. Oberseite dunkelschiefergrau, bei jungen Tieren mit schwarzen Makeln und symmetrischen, weißen Flecken; unter dem Auge 3 nach der Mundspalte ausstrahlende, weiße Linien. Gliedmaßen mit regelmäßigen, schwarzen Querbinden. Unterseite braun, die Körnchen weißlich. L. 31 mm.

Puerto Cabello (Venezuela).

111. **H. oxyrhynchus** Dum. & Bibr. emend. Alb. Günther 1841 *H. oxyrhyncus*, C. Duméril & G. Bibron, Erpét., *v.* 8 p. 622 | 1858 *H. oxyrhynchus*, Alb. Günther, Cat. Batr. sal. Brit. Mus., p. 92 | 1862 *Euhyas o.*, E. D. Cope in: P. Ac. Philad., p. 154 | 1882 *Hylodes o.*, Boulenger, Cat. Batr. sal. Brit. Mus., ed. 2 p. 213.

Zunge oblong, hinten ausgerandet. Gaumenzähne in einer Zickzackreihe quer über den ganzen Gaumen hinter den Choanen. Vorderkopf spitz; Nasenloch näher bei der Vorderkopfspitze als beim Auge; Trommelfell $^3/_4$ so breit wie der Augendurchmesser. Finger und Zehen mit einem Hautsaum, an den Spitzen zu kleinen Haftscheiben verbreitert; Subarticularhöcker gut entwickelt. Bei nach vorn an den Körper angelegtem Hinterbein reicht der Fuß über die Vorderkopfspitze hinaus. Haut glatt; Unterseite gekörnelt. Oben gelblichbraun, rötlichbraun gewölkt; Beine quergebändert; Unterseite weiß mit rötlichem Anflug. L. 54 mm.

Heimat?

?**H. longipes** (Sp. Baird) 1859 *Batrachyla l.*, Sp. Baird in: U. S. Mex. Boundary Surv., Rept. p. 35 t. 37 f. 1—3 (Habitus, Mundhöhle) | 1866 *Epirhexis l.*, E. D. Cope in: J. Ac. Philad., ser. 2 *v.* 6 p. 96 | 1901 *Hylodes l.*, Alb. Günther in: Biol. Centr.-Amer. Rept. & Batr. p. 240.

Mexico.

?**H. verrucosus** Espada 1875 *H. v.*, Espada in: Vert. Viaje Pacif., Batr. t. 3 bis f. 1, 1a (Habitus, Mundhöhle).

?

?**H. fitzingeri** O. Schm. 1858 *H. F.*, O. Schmidt in: Denk. Ak. Wien, *v.* 14 p. 248 t. 1 f. 10 (Hinterfuß).

Columbia.

?**H. philippi** Espada 1875 *H. P.*, Espada in: Vert. Viaje Pacif., Batr. t. 3 bis f. 2, 2a (Habitus, Mundhöhle).

?

?**H. diadematus** Espada 1875 *H. d.*, Espada in: Vert. Viaje Pacif., Batr. t. 3 bis f. 3, 3a—c (Habitus, Mundhöhle, Skeletteile).

?

?**H. rubicundus** Espada 1875 *H. r.*, Espada in: Vert. Viaje Pacif., Batr. t. 3 bis f. 4, 4a, b (Habitus, Mundhöhle, Brustbein).

?

?**H. lacrimosus** (Espada) 1875 *Cyclocephalus l.*, Espada in: Vert. Viaje Pacif., Batr. t. 3 bis f. 5, 5a, b (Habitus, Mundhöhle, Brustbein).

?

?**H. brevipes** Phil. 1902 *H. b.*, A. Philippi, Supl. Batr. Chilen., p. 58.

Chiloe (Chile).

?**H. cardioglossa** Phil. 1902 *H. c.*, A. Philippi, Supl. Batr. Chilen., p. 64.

Chiloe (Chile).

?**H. chonotica** Phil. 1902 *H. c.*, A. Philippi, Supl. Batr. Chilen., p. 54.

Chonosinsel (Chile).

?**H. fitzingeri** Phil. 1902 *H f.* [? non O. Schmidt 1858], A. Philippi, Supl. Batr. Chilen., p. 62.

Valdivia (Chile).

?**H. gracilis** Phil. 1902 *H. g.*, A. Philippi, Supl. Batr. Chilen., p. 67.

Valdivia (Chile).

?**H. granulatus** Phil. 1902 *H. g.*, A. Philippi, Supl. Batr. Chilen., p. 66.

Chiloe (Chile).

?**H. macromeros** Phil. 1902 *H. m.*, A. Philippi, Supl. Batr. Chilen., p. 59.

Chile.

?**H. melanogastra** Phil. 1902 *H. m.*, A. Philippi, Supl. Batr. Chilen., p. 56. Chiloe (Chile).

?**H. stenocephala** Phil. 1902 *H. s.*, A. Philippi, Supl. Batr. Chilen., p. 63. Concepcion (Chile).

?**H. orientalis** Phil. 1902 *H. o.*, A. Philippi, Supl. Batr. Chilen., p. 61. Montevideo.

?**H. parvus** Girard 1853 *H. p.*, C. Girard in: P. Ac. Philad., *v.* 6 p. 423 | 1858 *H. p.*, C. Girard in: U. S. expl. Exp., Herpet. p. 63 t. 3 f. 24—28 (Habitus, Kopf, Füße). Rio de Janeiro.

16. Gen. **Lithodytes** Fitzinger

1799 *Rana* (part.), J. G. Schneider, Hist. Amph., *v.* 1 p. 111 | 1803 *Bufo* (part.), Daudin, Hist. Rept., *v.* 8 p. 137 | 1820 *Rana* (part.), Merrem, Versuch. Syst. Amph., p. 174 | 1841 *Hylodes* (part.), C. Duméril & G. Bibron, Erpét., *v.* 8 p. 619 | 1843 *Lithodytes*, Fitzinger, Syst. Rept., *v.* 1 p. 31 | 1858 *Hylodes* (part.), Alb. Günther, Cat. Batr. sal. Brit. Mus, p. 91 | 1862 *Lithodytes* (part.), E. D. Cope in: P. Ac. Philad., p. 153 | 1882 *Hylodes* (part.), Boulenger, Cat. Batr. sal. Brit. Mus., ed. 2 p. 198 | 1904 *Lithodytes*, Peracca in: Boll. Mus. Torino, *v.* 19 nr. 465 p. 32.

Pupille horizontal. Zunge oval, ganzrandig, hinten frei abhebbar. Gaumenzähne vorhanden. Trommelfell sichtbar. Finger und Zehen frei, an den Spitzen verbreitert, mit T-förmigen, knöchernen Endphalangen. Schwimmhaut nicht zwischen die Metatarsen der 4. und 5. Zehe eingreifend. Omosternum und Sternum beide aus einem knöchernen Stiel und einer Knorpelplatte bestehend. Querfortsätze des Sacralwirbels schwach verbreitert.

1 Art in Südamerika[1]).

1. **L. lineatus** (Schneid.) 1799 *Rana fusca* (non F. A. Meyer 1795) + *R. lineata*, J. G. Schneider, Hist. Amph., *v.* 1 p. 130, 138 | 1802 *R. Castanea*, G. Shaw, Gen. Zool., *v.* 3 p. 128 | 1803 *Bufo lineatus*, Daudin, Hist. Rainett., p. 105 | 1803 *B. albonotatus* + *B. lineatus*, Daudin, Hist. Rept., *v.* 8 p. 185, 188 | 1820 *Rana Schneideri*, Merrem, Versuch Syst. Amph., p. 177 | 1829 *R. lineata*, C. Gravenhorst, Delic. Mus. Vratislav., fasc. 1 p. 44 t. 8 f. 2 | 1841 *Hylodes lineatus*, C. Duméril & G. Bibron, Erpét., *v.* 8 p. 625 | 1843 *Lithodytes l.*, Fitzinger, Syst. Rept., *v.* 1 p. 31 | 1858 *Hylodes l.* (part.), Alb. Günther, Cat. Batr. sal. Brit. Mus., p. 91 | 1862 *Lithodytes l.*, E. D. Cope in: P. Ac. Philad., p. 154 | ? 1879 *Hylodes l.*, P. Brocchi in: Bull. Soc. philom., ser. 7 *v.* 3 p. 22 | ? 1882 *H. l.*, P. Brocchi in: Miss. Mex., pars 3 II p. 59 | 1882 *H. lineatus*, Boulenger, Cat. Batr. sal. Brit. Mus., ed. 2 p. 207 | ? 1891 *H. sp.?*, Wolterstorff in: Jahresber. Ver. Magdeburg, p. 317 | ? 1901 *H. lineatus*, Alb. Günther in: Biol. Centr.-Amer., Rept. & Batr. p. 241 | 1904 *Lithodytes l.*, Peracca in: Boll. Mus. Torino, *v.* 19 nr. 465 p. 31.

Zunge annähernd kreisrund, hinten schwach ausgerandet. Gaumenzähne in 2 geraden oder schwach gebogenen Querreihen hinter und zwischen den Choanen. Vorderkopf abgerundet, mit undeutlichem Canthus rostralis; Nasenloch näher bei der Vorderkopfspitze als beim Auge, sein Abstand vom Auge ist gleich dessen Durchmesser; Interorbitalraum breiter als ein oberes Augenlid; Trommelfell deutlich, $^3/_4$ so breit wie der Augendurchmesser. Finger und Zehen mäßig lang, völlig frei; 1. Finger den 2. etwas überragend; Haftscheiben an Fingern und Zehen sehr klein; Subarticularhöcker gut entwickelt;

[1]) Möglicherweise gehört auch noch die eine oder andere von den bisher zur Gattung *Hylodes* (15. Genus) gestellten Arten zur Gattung *Lithodytes*, was sich erst durch Untersuchung des bei den Typen der meisten *Hylodes*-Arten bisher nicht nachgeprüften Schultergürtels entscheiden läßt.

2 Metatarsalhöcker vorhanden. Bei nach vorn an den Körper angelegtem Hinterbein reicht das Tibiotarsalgelenk bis zum Auge. Oberseite mit sehr kleinen, dicht gedrängten Höckern besetzt; Unterseite glatt. Oberseite schwärzlichbraun; von der Vorderkopfspitze an zieht jederseits ein weißer Streifen den Vorderkopf entlang, über das obere Augenlid und an den Rückenseiten entlang; ein großer, weißer Fleck in der Lendengegend; einige kleine, weiße, zuweilen zusammenfließende Flecke auf der Hinterseite der Oberschenkel und auf der Medialseite der Unterschenkel. Unterseite braun, weiß punktiert. L. 40 mm.

♂ mit subgularer Schallblase.

Guiana, Ecuador, Peru (auch Mexiko?).

17. Gen. **Leptodactylus** Fitzinger

1758 *Rana* (part.), Linné, Syst. Nat., ed. 10 p. 210 | 1768 *R.* (part.), Laurenti, Syn. Rept., p. 29 | 1799 *R.* (part.), J. G. Schneider, Hist. Amph., *v.* 1 p. 111 | 1803 *R.* (part.), Daudin, Hist. Rept., *v.* 8 p. 87 | 1824 *R.* (part.), Spix, Spec. Testud. Ran. Bras., p. 25 | 1825 *R.* (part.), Wied, Beitr. Naturg. Bras., *v.* 1 p. 539 | 1826 *Leptodactylus*, Fitzinger, Classif. Rept., p. 38, 64 | 1830 *Cystignathus*, Wagler, Syst. Amph., p. 202 | 1838 *C.*, Tschudi, Classif. Batr., p. 78 | 1841 *C.* (part.) + *Crossodactylus*, C. Duméril & G. Bibron, Erpét., *v.* 8 p. 392, 635 | ? 1843 *Limnocharis*, T. Bell in: Zool. Voy. Beagle, pars 5 p. 32 | 1858 *Leptodactylus*, C. Girard in: U. S. expl. Exp., Herpet. p. 28 | 1858 *Limnocharis* + *Cystignathus* (part.) + *Pleurodema* (part.) + *Crossodactylus*, Alb. Günther, Cat. Batr. sal. Brit. Mus., p. 23, 26, 31, 90 | 1862 *Tarsopterus*, J. Reinhardt & Lütken in: Vid. Meddel., *v.* 13 p. 177 | 1862 *Plectromantis*, Peters in: Monber. Ak. Berlin, p. 232 | 1865 *Limnocharis* + *Crossodactylus* + *Cystignathus* + *Gnathophysa*, E. D. Cope in: Nat. Hist. Rev., p. 112 | 1866 *Limnocharis* + *Tarsopterus* + *Cystignathus* + *Gnathophysa* + *Plectromantis*, E. D. Cope in: J. Ac. Philad., ser. 2 *v.* 6 p. 96, 97 | 1867 *Cystignathus* (part.), Steindachner in: Reise Novara, Amph. p. 23 | 1870 *Entomoglossus*, Peters in: Monber. Ak. Berlin, p. 647 | 1875 *Leptodactylus*, Espada in: Vert. Viaje Pacif., Batr. p. 35 | 1881 *L.*, P. Brocchi in: Miss. Mex., pars 3 II p. 16 | 1882 *L.*, Boulenger, Cat. Batr. sal. Brit. Mus., ed. 2 p. 237 f. (Schultergürtel) | 1900 *L.*, Alb. Günther in: Biol. Centr.-Amer., Rept. & Batr. p. 212.

Pupille horizontal. Zunge oval oder rundlich, hinten frei abhebbar, ganzrandig oder hinten schwach ausgerandet, seltener deutlich herzförmig. Gaumenzähne hinter den Choanen angeordnet, sehr selten fehlend. Trommelfell deutlich sichtbar. Finger und Zehen frei von Schwimmhaut, die Zehen aber häufig jederseits mit einem deutlichen Hautsaum versehen. Finger und Zehen meist spitz endigend, bei verschiedenen Arten aber auch, namentlich die Zehen, zu mehr oder weniger deutlichen Haftscheiben verbreitert; ihre knöchernen Endphalangen sind meistens spitz, vereinzelt auch T-förmig verbreitert; keine Schwimmhaut zwischen die Metatarsen der 4. und 5. Zehe eingreifend. Omosternum knorpelig, Sternum mit knöchernem Stiel.

38 sichere und 14 unsichere Arten in Zentral- und Südamerika.

Bestimmungstabelle der Arten:

1 { Zehen ohne Hautsäume — 2
Zehen mit einem deutlichen Hautsaum jederseits (wie in Fig. 335) — 26

2 { Gaumenzähne in kleinen Gruppen oder in kurzen geraden Querreihen, oder in winklig geknickten Reihen (/\ /\), niemals aber in bogenförmigen Querreihen angeordnet — 3
Gaumenzähne stets in deutlich bogenförmigen Querreihen (Fig. 330) angeordnet — 8

3	Bei nach vorn an den Körper angelegtem Hinterbein reicht das Tibiotarsalgelenk:	
	bis zur Vorderkopfspitze; Gaumenzähne in winklig geknickten Reihen (/\ /\) angeordnet	11. **L. raniformis**
	höchstens bis vor das Auge; Gaumenzähne in kleinen Gruppen oder (meistens) in kurzen geraden Querreihen angeordnet — **4**	
4	Rücken mit 1 Dorsolateralfalte jederseits oder mit zahlreichen Längsfalten — **5**	
	Rücken ohne alle Längsfalten, glatt oder schwach gerunzelt — **6**	
5	Trommelfell $^1/_2$ so breit wie das Auge; 1. Finger so lang wie der 2.	26. **L. diptyx**
	Trommelfell $^2/_3$ so breit wie das Auge; 1. Finger viel länger als der 2.	25. **L. prognathus**
6	Bei nach vorn an den Körper angelegtem Hinterbein reicht das Tibiotarsalgelenk:	
	bis zum Hinterrand des Auges oder eben über das Auge noch hinaus — **7**	
	bis zur Schulter; Trommelfell $^3/_5$ so breit wie das Auge; Rücken fein gerunzelt	33. **L. pustulatus**
7	Trommelfell $^2/_5$ so breit wie das Auge	5. **L. microtis**
	Trommelfell fast $^2/_3$ so breit wie das Auge	6. **L. perlaevis**
8	Finger- und Zehenspitzen, oder wenigstens die letzteren, zu mehr oder weniger deutlichen Haftscheiben verbreitert — **9**	
	Finger und Zehen stets spitz endigend — **12**	
9	Bei nach vorn an den Körper angelegtem Hinterbein reicht das Tibiotarsalgelenk:	
	bis zwischen Auge und Vorderkopfspitze, außer 2 Metatarsalhöckern ist noch ein Tarsalhöcker am medialen Tarsusrande vorhanden	15. **L. pulcher**
	nur bis zum Auge; kein Tarsalhöcker (*c* in Fig. 28 p. 10) vorhanden — **10**	
10	Finger- und Zehenspitzen zu deutlichen Haftscheiben verbreitert; Rücken glatt	35. **L. rhodostigma**
	nur die Zehenspitzen zu deutlichen Haftscheiben verbreitert (Fingerspitzen höchstens schwach verdickt); Rücken gekörnelt oder mit Warzen besetzt — **11**	
11	Rücken mit teilweise zu kurzen Wülsten zusammenfließenden Warzen besetzt; jederseits 1 Dorsolateralfalte vorhanden; Zunge ganzrandig	10. **L. mantipus**
	Rücken gekörnelt, Rumpfseiten warzig; außer 1 Dorsolateralfalte jederseits eine Längsfalte in der Rückenmitte vorhanden; Zunge hinten schwach ausgerandet.	34. **L. hylaedactylus**
12	Bei nach vorn an den Körper angelegtem Hinterbein reicht das Tibiotarsalgelenk[1]):	
	bis zur Vorderkopfspitze, oder über diese noch hinaus — **13**	
	höchstens bis zwischen Auge und Vorderkopfspitze — **14**	

[1]) Für 8. **L. quadrivittatus** wird nicht angegeben, wie weit das Tibiotarsalgelenk reicht; diese Art ist aber an ihrem sehr breiten Interorbitalraum, der breiter ist als ein oberes Augenlid, und an den Warzen ihrer Schultergegend leicht zu erkennen.

13 Das Tibiotarsalgelenk reicht:
über die Vorderkopfspitze hinaus; Interorbitalraum fast so breit wie das Auge; Rücken mit mehreren Längsfalten . . . . 24. **L. gracilis**
bis zur Vorderkopfspitze; Interorbitalraum schmaler als ein oberes Augenlid; Rücken mit flachen Warzen und jederseits 1 lateralen Drüsenfalte (Fig. 334) 32. **L. longirostris**

14 Die untere der beiden an jeder Rumpfseite vorhandenen Drüsenfalten endet in den Weichen mit einem großen, flachen Drüsenwulst; Vorderkopf spitz, stark vorspringend . . . . 14. **L. labrosus**
Drüsenfalten der Rumpfseiten niemals mit einem Drüsenwulst endigend — **15**

15 Trommelfell fast so groß wie das Auge . . . . . . 4. **L. fragilis**
Trommelfell höchstens $^3/_4$ so groß wie das Auge — **16**

16 Bei nach vorn an den Körper angelegtem Hinterbein reicht das Tibiotarsalgelenk:
bis zum Auge oder über dieses noch hinaus — **17**
höchstens bis zum Hinterrand des Auges — **20**

17 Vorderkopf länger als der Augendurchmesser — **18**
Vorderkopf ebenso lang wie der Augendurchmesser, abgerundet, kaum vorspringend . . . . 7. **L. maculilabris**

18 Nasenloch gleichweit von Auge und Vorderkopfspitze entfernt; nur ein medialer Metatarsalhöcker vorhanden, Bauch ohne Haftscheibe . . . . 28. **L. bufo**
Nasenloch näher bei der Vorderkopfspitze als beim Auge; 2 Metatarsalhöcker und eine Tarsalfalte vorhanden; Bauch mit Haftscheibe — **19**

19 Unterseite des Metatarsus mit Höckerreihen besetzt (wie in Fig. 331), 2 laterale Längsfalten vorhanden 31. **L. mystaceus**
Unterseite des Metatarsus glatt; Oberseite mit zahlreichen Längsfalten. . . . . 30. **L. typhonius**

20 Zunge deutlich herzförmig . . . . 17. **L. rhodonotus**
Zunge hinten nur schwach und undeutlich ausgerandet — **21**

21 Trommelfell nur etwas mehr als $^1/_2$ so breit wie der Augendurchmesser . . . . 16. **L. rubido**
Trommelfell $^2/_3$—$^3/_4$ so breit wie der Augendurchmesser — **22**

22 Vorderkopf länger als der Augendurchmesser — **23**
Vorderkopf ebenso lang wie der Augendurchmesser 12. **L. ventrimaculatus**

23 Unterseite des Metatarsus glatt — **24**
Unterseite des Metatarsus mit Höckerreihen versehen (wie in Fig. 331) — **25**

24 Vorderkopf mehr oder weniger stark vorspringend; 2 kleine Metatarsalhöcker vorhanden . . . . . . 23. **L. bufonius**
Vorderkopf nicht vorspringend, lateraler Metatarsalhöcker undeutlich oder fehlend . . . . 1. **L. pentadactylus**

25 Vorderkopf spitz, vorspringend (Fig. 329); Rücken glatt oder schwach warzig, jederseits 2 Längsfalten vorhanden . . . . 2. **L. albilabris**
Vorderkopf abgerundet, wenig vorspringend; Oberseite glatt und ohne Längsfalten . . . . 29. **L. mystacinus**

26 Gaumenzähne fehlend, oder in kleinen Gruppen oder in kurzen, g e r a d e n Querreihen angeordnet — **27**
Gaumenzähne in deutlich gebogenen (⌒⌒) Querreihen angeordnet — **33**

27	Bei nach vorn an den Körper angelegtem Hinterbein reicht das Tibiotarsalgelenk:	
	über die Vorderkopfspitze hinaus	20. **L. andicola**
	höchstens bis vor das Auge — **28**	
28	Das Tibiotarsalgelenk reicht:	
	mindestens bis zum Hinterrand des Auges — **29**	
	nur bis zur Schulter	19. **L. rhodomystax**
29	Finger- und Zehenspitzen, oder wenigstens die letzteren zu deutlichen Haftscheiben verbreitert — **30**	
	Finger und Zehen spitz endigend — **31**	
30	Gaumenzähne fehlen; Interorbitalraum so breit wie ein oberes Augenlid (Fig. 335)	36. **L. gaudichaudii**
	Gaumenzähne in geraden Querreihen angeordnet; Interorbitalraum breiter als ein oberes Augenlid . .	18. **L. discodactylus**
31	Bauch mit einer Haftscheibe — **32**	
	Bauch ohne Haftscheibe; Vorderkopf abgerundet, mehr als $1^1/_2$ mal so lang wie der Augendurchmesser	22. **L. kreffti**
32	Vorderkopf spitz, vorspringend; Oberseite warzig, jederseits eine laterale Drüsenfalte vorhanden . .	27. **L. brevipes**
	Vorderkopf abgerundet, nicht vorspringend; Oberseite glatt (im hinteren Teile auch schwach höckerig), ohne Hautfalten	38. **L. caliginosus**
33	Trommelfell $^1/_2$ (oder nur wenig mehr) so breit wie der Augendurchmesser — **34**	
	Trommelfell mindestens $^2/_3$ so breit wie der Augendurchmesser — **35**	
34	Keine dorsolateralen Längsfalten vorhanden; Zehenspitzen deutlich verbreitert	13. **L. wagneri**
	Gut ausgebildete Dorsolateralfalten vorhanden . . .	9. **L. insularum**
35	1. Finger viel länger als der 2.; Interorbitalraum schmaler als oder höchstens ebenso breit wie ein oberes Augenlid — **36**	
	1. Finger so lang wie der 2.; Interorbitalraum doppelt so breit wie ein oberes Augenlid	3. **L. inoptatus**
36	Eine feine Tarsalfalte vorhanden	21. **L. bolivianus**
	Keine Tarsalfalte vorhanden	37. **L. ocellatus**

1. **L. pentadactylus** (Laur.) 1734 „*Rana maxima Virginiana*", Seba, Thesaurus, *v.* 1 t. 75 f. 1 | 1768 *Rana pentadactyla*, Laurenti, Syn. Rept., p. 32 | 1799 *R. ocellata* (non Linné 1754), J. G. Schneider, Hist. Amph., *v.* 1 p. 117 | 1802 „*La grenouille ocellée*". Latreille in: Sonnini & Latreille, Hist. Rept., *v.* 2 p. 156 | 1803 *Rana ocellata*, Daudin, Hist. Rainett., p. 61 t. 19 | 1803 *R. o.*, Daudin, Hist. Rept., *v.* 8 p. 118 | 1824 *R. gigas* + *R. labyrinthica*, Spix, Spec. Testud. Ran. Bras., p. 25 t. 1, p. 31 t. 7 f. 1, 2 | 1829 *R. ocellata*, C. Gravenhorst, Delic. Mus. Vratislav., fasc. 1 p. 42 | 1830 *Cystignathus pachypus* (part.), Wagler, Syst. Amph., p. 203 | 1838 *C. ocellatus* (part.), Tschudi, Classif. Batr., p. 78 | 1841 *C. o.* (part.) + *C. labyrinthicus*, C. Duméril & G. Bibron, Erpét., *v.* 8 p. 396, 407 | 1853 *Leptodactylus l.*, C. Girard in: P. Ac. Philad., *v.* 6 p. 420 | 1855 *Cystignathus l.*, Guichenot in: F. Castelnau, Exp. Amér. Sud, *v.* 2 Rept. p. 79 t. 16 (Habitusbild in natürlichen Farben, Mundhöhle) | 1858 *C. fuscus* + *Pleurodema labyrinthicum*, Alb. Günther, Cat. Batr. sal. Brit. Mus., p. 28, 31 | 1862 *Cystignathus labyrinthicus* + *C. hylodes*, J. Reinhardt & Lütken in: Vid. Meddel., *v.* 13 p. 165, 168 | 1865 *Gnathophysa labyrinthica*, E. D. Cope in: Nat. Hist. Rev., p. 112 | 1866 *G. ocellata* + *G. gigas*, E. D. Cope in: J. Ac. Philad., ser. 2 *v.* 6 p. 73 | 1867 *Cystignathus labyrinthicus*, Steindachner in: Reise Novara, Amph. p. 23 t. 5 f. 5 (Vorderfuß) | 1872 *C. pentadactylus*, Peters in: Monber. Ak. Berlin, p. 198 | 1875 *Leptodactylus goliath* + *L. stenodema* (?), Espada in: Vert. Viaje Pacif., Batr. p. 57, 64 | 1876 *Cystignathus ocellatus* (Synonym. part.), De Betta in: Atti Ist. Veneto, ser. 5 *v.* 2 p. 695 | 1882 *C. hylodes* + *Leptodactylus pentadactylus*,

Boulenger, Cat. Batr. sal. Brit. Mus., ed. 2 p. 237, 241 | 1900 *L. p.*, Alb. Günther in: Biol. Centr.-Amer., Rept. & Batr. p. 212 | 1914 *L. p.*, Barbour in: Mem. Mus. Harvard, *v.* 44 p. 251.

Zunge oval, hinten schwach ausgerandet. Gaumenzähne in 2 gebogenen Reihen hinter der Verbindungslinie der Choanen. Vorderkopf abgerundet, länger als der Augendurchmesser; Nasenloch etwas näher bei der Vorderkopfspitze als beim Auge; Interorbitalraum schmaler als ein oberes Augenlid; Trommelfell $^2/_3$—$^3/_4$ so breit wie der Augendurchmesser. Finger und Zehen mäßig lang, letztere ohne Hautsaum; 1. Finger viel länger als der 2.; Subarticularhöcker mäßig entwickelt; ein kleiner, ovaler medialer und ein ziemlich undeutlicher, bei jungen Tieren oft fehlender, rundlicher lateraler Metatarsalhöcker vorhanden, sowie eine deutliche Tarsalfalte. Bei nach vorn an den Körper angelegtem Hinterbein reicht das Tibiotarsalgelenk kaum bis zum Auge. Oberseite glatt; Flanken in der Regel mit flachen Drüsenwülsten besetzt; eine Drüsenfalte zieht vom Auge oberhalb des Trommelfells hin zur Schulter; je eine andere Hautfalte verläuft gewöhnlich längs jeder Seite des Rückens bis zur Sacralregion; Unterseite mit einer mehr oder weniger deutlichen Ringfalte. Oberseite bräunlich, mit dunklen, gewöhnlich auf dem Rücken quere Binden bildenden Flecken; ein schwarzer Streifen längs des Canthus rostralis und der Temporalfalte; Beine mit dunklen Querbinden; Hinterseite der Oberschenkel schwarz und gelb marmoriert. L. 160 mm.

♂ mit innerer, subgularer Schallblase, mit einem starken, kegelförmigen Höcker auf der Medialseite des 1. Fingers und mit einem 2- oder 3-spitzigen Höcker auf jeder Seite der Brust, beide Höcker während der Fortpflanzungszeit mit schwarzen Hornscheiben bedeckt.

Kleine Antillen, Costa Rica, tropisches Südamerika.

2. **L. albilabris** (Gthr.) 1859 *Cystignathus a.*, Alb. Günther in: Ann. nat. Hist., ser. 3 *v.* 4 p. 217 | 1862 *C. a.*, J. Reinhardt & Lütken in: Vid. Meddel., *v.* 14 p. 205 | 1868 *C. a.* var., E. D. Cope in: P. Ac. Philad., p. 311 | 1876 *C. typhonius* (non Daudin 1803), Peters in: Monber. Ak. Berlin, p. 709 | 1877 *C. labialis*, E. D. Cope in: P. Amer. phil. Soc., *v.* 17 p. 90 | ?1877 *C. caliginosus* (non C. Girard 1853), P. Brocchi in: Bull. Soc. philom., ser. 7 *v.* 1 p. 180 | 1879 *C. labialis*, E. D. Cope in: P. Amer. phil. Soc., *v.* 18 p. 269, 270 | 1881 *C. typhonius*, Gundlach in: An. Soc. Españ., *v.* 10 p. 313 | 1881 *Leptodactylus albilabris*, Boulenger in: Bull. Soc. zool. France, *v.* 6 p. 33 | ?1881 *L. caliginosus*, P. Brocchi in: Miss. Mex., pars 3 II p. 17 t. 5 f. 1, 1a—c (Habitus, Mundhöhle, Vorderfuß) | 1882 *L. albilabris*, Boulenger, Cat. Batr. sal. Brit. Mus., ed. 2 p. 245 t. 16 f. 4, 4a, b (Habitus, Kopf, Mundhöhle) | 1900 *L. a.*, Alb. Günther in: Biol. Centr.-Amer., Rept. & Batr. p. 213 | 1904 *L. a.*, Stejneger in: Rep. U. S. Mus., 1902 p. 574 f. 6—10 (Kopf, Mundhöhle, Füße). f. 11—14 (Habitus & Mund der Larve) | 1914 *L. a.*, Barbour in: Mem. Mus. Harvard, *v.* 44 p. 255.

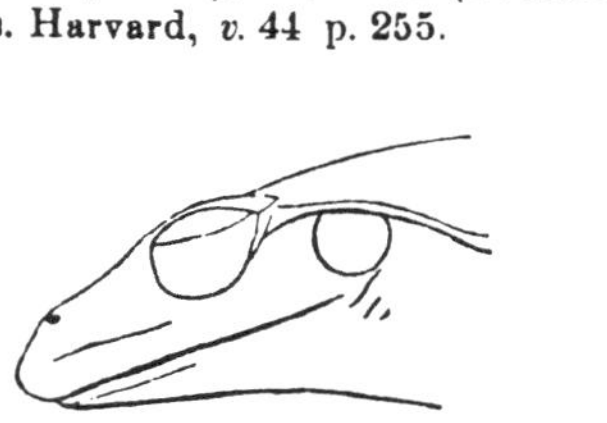

Fig. 329.

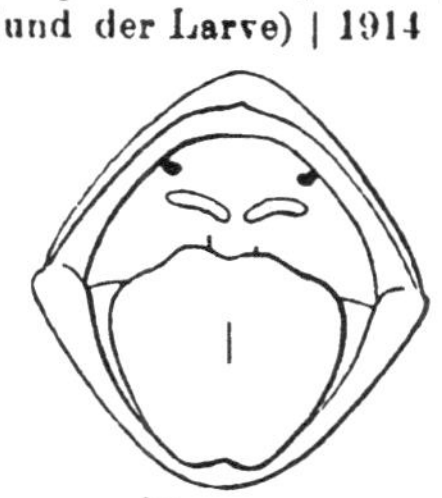

Fig. 330.

Leptodactylus albilabris.

Fig. 329: Kopf von der Seite ($^2/_1$); Fig. 330: Mundhöhle ($^2/_1$) (beides nach Stejneger).

Zunge oval, hinten schwach ausgerandet. Gaumenzähne in 2 schwach gebogenen Reihen hinter den Choanen (Fig. 330). Vorderkopf etwas zugespitzt, über die Mundspalte vorspringend (Fig. 329), etwas länger als der größte Augendurchmesser; Nasenloch etwas näher bei der Vorderkopfspitze als beim Auge; Interorbitalraum so breit wie oder wenig schmaler als ein oberes Augenlid; Trommelfell etwa $^2/_3$ so breit wie der Augendurchmesser. Finger und Zehen mäßig lang, letztere ohne Hautsäume, nur an der Basis etwas durch Schwimmhaut verbunden; 1. Finger viel länger als der 2.; Subarticularhöcker gut entwickelt; Fußsohle mit zahlreichen, in Reihen angeordneten, kleinen Höckern besetzt; 2 Metatarsalhöcker und eine Tarsalfalte vorhanden (Fig. 331). Bei nach vorn an den Körper angelegtem Hinterbein reicht das Tibiotarsalgelenk bis oder fast bis zum Auge. Haut glatt oder auf der Oberseite mit kleinen Warzen besetzt; eine drüsige Lateralfalte zieht vom Auge zu den Weichen, zuweilen noch eine zweite Falte vom Trommelfell zur Rumpfmitte; Haftscheibe am Bauche durch deutliche Hautfalten begrenzt. Oben braun oder olivenfarben, mit mehr oder weniger deutlicher, dunkler Zeichnung, in der Regel mit einem winkligen, dunklen Fleck auf dem Hinterkopf; ein dunkler Streifen zieht längs des Canthus rostralis und durch das Auge zur Schulter; Oberlippe mit einem hellen Längsstreifen. Beine dunkel quergebändert; Hinterseite des Oberschenkels dunkelbraun, mit einem mehr oder weniger deutlichen, hellen Längsstreifen. Unterseite hell einfarbig oder mehr oder weniger stark braun punktiert. L. 144 mm.

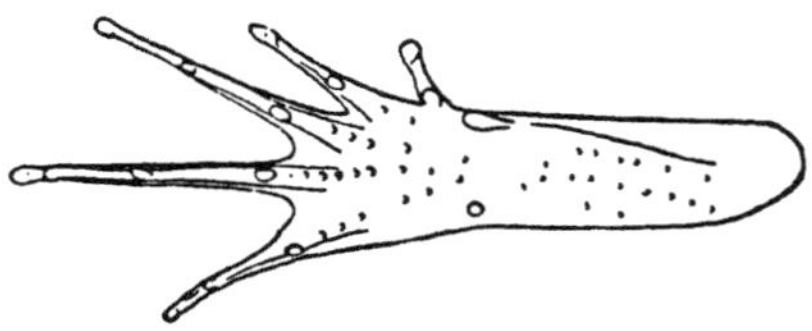

Fig. 331. **Leptodactylus albilabris.** Rechter Hinterfuß von unten ($^2/_1$) (nach Stejneger).

♂ mit 2 inneren Schallblasen, aber ohne stachelbesetzte Höcker auf dem 1. Finger.

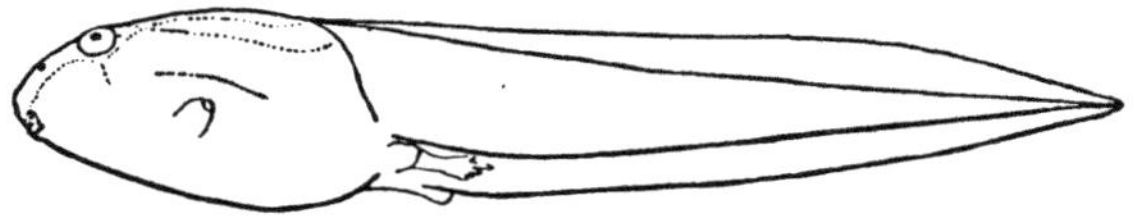

Fig. 332. **Leptodactylus albilabris.** Larve ($^2/_1$) (nach Stejneger).

Merkmale der Larve (nach Stejneger l. c. 1904): Körper $1^1/_3$ mal so lang wie breit, etwas weniger als $^1/_2$ so lang wie der Schwanz (Fig. 332); Nasenlöcher näher bei den Augen als bei der Vorderkopfspitze; Entfernung der Augen voneinander beträchtlich kleiner als die Mundbreite; Abstand der Nasenlöcher voneinander so groß wie der von den Augen und gleich dem Augendurchmesser. Spiraculum auf der linken Körperseite, halbwegs zwischen dem Vorderrand des Auges und der Ansatzstelle des Hinterbeines; After langgestreckt röhrenförmig, in der Mittellinie der Unterseite. Schwanz etwa 4 mal so lang wie hoch; obere und untere Schwanzflosse gleich hoch, beide nicht auf den Rumpf übergreifend, Schnabel schwarz gerändert, mit gezähnelten Schneiden (Fig. 333); Lippen, außer in der Mitte der Oberlippe, mit doppeltem Papillensaum, Zähnchenreihen $^2/_3$, alle gleichlang, die 1. der Oberlippe in der Mitte unterbrochen. Rücken dunkelolivengrau, Unterseite und Schwanz weißlich, letzterer mehr oder weniger unregelmäßig dunkel marmoriert. L. 46 mm, davon 31 auf den Schwanz.

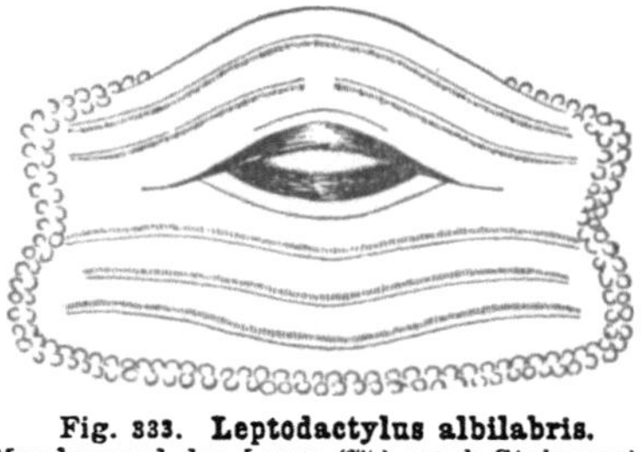

Fig. 333. **Leptodactylus albilabris.** Mundgegend der Larve ($^{20}/_1$) (nach Stejneger).

St. Thomas, St. Cruz, Puerto Rico, Südmexico.

3. **L. inoptatus** Barb. 1914 *L. i.*, Barbour in: Mem. Mus. Harvard, *v.* 44 p. 252.

Zunge groß, hinten schwach eingeschnitten. Gaumenzähne in 2 gebogenen Reihen hinter den Choanen. Nasenloch sehr nahe bei der Vorderkopfspitze; Interorbitalraum 2 mal so breit wie ein oberes Augenlid; Trommelfell kreisrund, mehr als $^2/_3$ so breit wie der Augendurchmesser. 1. und 2. Finger gleich lang; Finger und Zehen mit gut entwickelten Hautsäumen, an den Spitzen schwach verbreitert; Zehen mit einer Spur von Schwimmhaut an ihrer Basis; Subarticularhöcker sehr stark entwickelt; 2 Metatarsalhöcker und eine Spur von einer Tarsalfalte vorhanden. Bei nach vorn an den Körper angelegtem Hinterbein reicht das Tarsometatarsalgelenk bis zum Nasenloch. Haut in der Rückenmitte glatt, an den Seiten schwach, am Bauche spärlich gekörnelt; 2 dorsolaterale Drüsenfalten vorhanden; eine starke Hautfalte zieht vom Auge oberhalb des Trommelfells hin zur Schulter; ein dornartiger, stark vorspringender Höcker in der hinteren Hälfte eines jeden oberen Augenlids; Haftscheibe am Bauche schwach angedeutet. Rückenmitte lila oder violettbraun, Rumpfseiten stark dunkelolivenfarbig marmoriert; Unterseite schmutzig weiß; ein weißer Fleck jederseits nahe der Schulter; Lippen ohne weiße Streifen. L. ?

Diquini (Haiti).

4. **L. fragilis** (Brocchi) 1869 *Cystignathus gracilis* (non C. Duméril & G. Bibron 1841), E. D. Cope in: P. Amer. phil. Soc., *v.* 11 p. 162 | 1877 *C. fragilis*, P. Brocchi in: Bull. Soc. philom., ser. 7 *v.* 1 p. 182 | 1879 *C. gracilis*, E. D. Cope in: P. Amer. phil. Soc., *v.* 18 p. 269 | 1881 *Leptodactylus fragilis*, P. Brocchi in: Miss. Mex., pars 3II p. 19 t. 5 f. 2, 2a, b (Habitus, Füße) | 1882 *L. f.*, Boulenger, Cat. Batr. sal. Brit. Mus., ed. 2 p. 241 | 1887 *L. gracilis* E. D. Cope in: Bull. U. S. Mus., *v.* 32 p. 17 | 1900 *L. fragilis*, Alb. Günther in: Biol. Centr.-Amer., Rept. & Batr. p. 213.

Zunge oblong, hinten schwach ausgerandet. Gaumenzähne in 2 gebogenen Reihen hinter den Choanen. Trommelfell rund, fast so groß wie das Auge. Beine und Zehen sehr schlank, letztere ganz ohne Hautsaum; 1. Finger länger als der 2.; Subarticularhöcker gut entwickelt; 2 Metatarsalhöcker vorhanden. Bei nach vorn an den Körper angelegtem Hinterbein reicht das Tibiotarsalgelenk bis zum Auge oder etwas weiter. Rumpfseiten mit 2 Reihen kleiner Höcker und mit einer schwachen Drüsenfalte zwischen diesen Reihen [nach der Abbildung bei Brocchi l. c. 1881 scheint außerdem noch jederseits eine Dorsolateralfalte vorhanden zu sein]. Oberseite bräunlich, mit ziemlich regelmäßig angeordneten, schwarzen Flecken; 2 dreieckige, mit der Spitze nach hinten divergierende Binden ziehen von der Vorderkopfspitze zum Vorderrand des Auges; eine weiße Binde zieht jederseits von der Vorderkopfspitze unter dem Auge und Trommelfell hin zur Armwurzel. Vorderbeine schwarz gefleckt, Hinterbeine quergebändert. Unterseite einfarbig weißlich. L. 35 mm.

Tehuantepec und Vera Cruz (Südmexico).

5. **L. microtis** (Cope) 1879 *Cystignathus m.*, E. D. Cope in: P. Amer. phil. Soc., *v.* 18 p. 265 | 1882 *Leptodactylus m.*, Boulenger, Cat. Batr. sal. Brit. Mus., ed. 2 p. 244 | 1900 *L. m.*, Alb. Günther in: Biol. Centr.-Amer., Rept. & Batr. p. 213.

Gaumenzähne in 2 kurzen Querreihen hinter den Choanen. Vorderkopf nicht langgestreckt, ohne Canthus rostralis; Trommelfell $^2/_5$ so breit wie der Augendurchmesser. Zehen ohne Hautsäume; Beine, besonders der Oberschenkel sehr gedrungen; bei nach vorn an den Körper angelegtem Hinterbein reicht das Tibiotarsalgelenk bis zum Hinterrand des Auges. Rücken ohne Hautfalten; Haftscheibe am Bauche durch eine Ringfalte abgegrenzt. Oberseite dunkelbraun; ein schwärzlicher, hell gerandeter, mit der Spitze nach hinten gerichteter Fleck zwischen den Augen; ein dunkler, hell gerandeter Fleck vorn unter dem Auge; Trommelfell und ein Streifen dahinter schwärzlich; kein heller Streifen auf der Oberlippe. Unterseite der Beine hellbraun; Kehle dunkelbraun; Bauch schmutzig weißgrau, in seiner vorderen Hälfte marmoriert. L. 28 mm.

Guanajuato (Mexico).

6. **L. perlaevis** (Cope) 1879 *Cystignathus p.*, E. D. Cope in: P. Amer. phil. Soc., *v.* 18 p. 269 | 1882 *Leptodactylus p.*, Boulenger, Cat. Batr. sal. Brit. Mus., ed. 2 p. 245 | 1900 *L. p.*, Alb. Günther in: Biol. Centr.-Amer., Rept. & Batr. p. 214.

Zunge länglich oval, hinten ganzrandig. Gaumenzähne in 2 kurzen, deutlich voneinander getrennten, nur wenig über den medialen Rand der Choanen hinausragenden Reihen hinter den Choanen. Vorderkopf etwas vorspringend, mit deutlichem Canthus rostralis; Nasenlöcher etwa $^1/_2$ so weit von der Vorderkopfspitze entfernt wie vom Auge; Trommelfell nicht ganz $^2/_3$ so breit wie der Augendurchmesser. 1. Finger etwas länger als der 2.; Zehen ohne Hautsäume; Hinterfuß schlank; Fußsohlenhöcker unbedeutend. Bei nach vorn an den Körper angelegtem Hinterbein reicht das Tibiotarsalgelenk bis vor das Auge. Haut ungewöhnlich glatt und glänzend, ohne Drüsenfalten; Bauch mit einer durch eine Ringfalte abgegrenzten Haftscheibe. Oberseite dunkelaschgrau; Rumpfseiten schwärzlich, in der oberen Hälfte weiß gesprenkelt; ein dunkler Fleck zwischen den Augen; Oberlippe marmoriert. Hinterseite der Oberschenkel dunkel, weiß gesprenkelt; Oberseite der Hinterbeine undeutlich quergebändert. Kehle grau, weiß gefleckt; Unterseite weiß, seitlich grau marmoriert. L. 38 mm.

Tehuantepec (Südmexico).

7. **L. maculilabris** Blgr. 1896 *L. m.*, Boulenger in: Ann. nat. Hist., ser. 6 *v.* 17 p. 404.

Zunge oval, hinten schwach ausgerandet. Gaumenzähne in 2 schwach gebogenen, in der Mitte wenig voneinander entfernten, seitlich bis zum lateralen Rande der Choanen reichenden Reihen hinter den Choanen. Vorderkopf abgerundet, kaum vorspringend, so lang wie der Augendurchmesser; Nasenloch näher bei der Vorderkopfspitze als beim Auge; Interorbitalraum so breit wie ein oberes Augenlid; Trommelfell sehr deutlich, $^2/_3$ so breit wie der Augendurchmesser. Finger mäßig lang, 1. Finger viel länger als der 2.; Zehen schlank, ohne Hautsäume; Subarticularhöcker kräftig; Fußsohle glatt; ein kleiner, ovaler medialer Metatarsalhöcker vorhanden, sowie eine Tarsalfalte. Bei nach vorn an den Körper angelegtem Hinterbein reicht das Tibiotarsalgelenk halbwegs zwischen Auge und Vorderkopfspitze. Haut glatt; eine Drüsenfalte zieht an jeder Seite des Rückens vom Auge zur Weiche, eine andere Falte vom Auge zur Schulter; Bauch mit Haftscheibe. Oben blaßbraun, mit einem dunkelbraunen, dreieckigen, mit der Spitze nach hinten gerichteten Fleck auf dem Hinterkopf und Nacken; Kopfseiten weißlich, mit einem schwarzen Canthalstreifen und drei dunkelbraunen Flecken auf der Lippe. Drüsenfalten des Rückens schwarz gesäumt; Seiten der Beine mit großen, dunkelbraunen Flecken; ein weißer, dunkel gerandeter Streifen längs der Rückseite des Oberschenkels; Unterseite einfarbig weiß. L. 43 mm.

Bebedero (Costa Rica).

8. **L. quadrivittatus** Cope 1894 *L. q.*, E. D. Cope in: P. Amer. phil. Soc., v. 31 p. 339.

Zunge breit, länglich oval, hinten flach ausgerandet. Gaumenzähne in 2 gebogenen, in der Mitte fast aneinanderstoßenden, seitlich bis zum lateralen Choanenrand reichenden Reihen hinter den Choanen. Körperform lanzettlich. Vorderkopf schmal und vorspringend; Nasenloch etwas näher beim Auge als bei der Vorderkopfspitze, vom Auge aber noch mehr als dessen Durchmesser entfernt; Interorbitalraum breiter als ein oberes Augenlid; Trommelfell $^{2}/_{3}$ so breit wie der Augendurchmesser. Zehenspitzen nicht verbreitert; Subarticularhöcker gut entwickelt; ein deutlicher, ovaler medialer Metatarsalhöcker vorhanden. Haut glatt, abgesehen von einigen Warzen in der Schultergegend; 2 gedrungene Drüsenfalten jederseits von der Mittellinie des Körpers. Rücken und Seiten grau, mit schwarzen Längsbinden auf der Oberseite; die beiden medialen Binden reichen von der Vorderkopfspitze bis zum After und bedecken die Augenlider; die beiden lateralen Binden beginnen schmal an den Augen und verbreitern sich an den Rumpfseiten bis zu den Weichen; die helle Längsbinde in der Rückenmitte spielt mehr oder weniger ins Rötliche. Kopfseiten schwarz; ein heller, von 2—3 schwarzen, vom Auge zur Lippe ziehenden Linien gekreuzter Streifen läuft vom Unterrand des Auges zu dem des Trommelfells, dessen Vorderrand von einem hellen Halbmond umgeben wird. Eine helle Linie zieht von den Weichen nach vorn und aufwärts. Beine quergebändert, außer dem Unterschenkel, dessen Oberseite eine unregelmäßige breite Längsbinde einnimmt; Hinterseite des Oberschenkels mit einer unten hell gesäumten, braunen Längsbinde. Unterseite des Unterschenkels farblos, die des Fußes braun. L. 37 mm.

Buenos Aires in Costa Rica.

9. **L. insularum** Barb. 1906 *L. i.*, Barbour in: Bull. Mus. Harvard, v. 46 p. 228.

Zunge oval, hinten schwach ausgerandet. Gaumenzähne in 2 schwach gebogenen Reihen hinter den Choanen; Nasenloch näher bei der Vorderkopfspitze als beim Auge; Trommelfell $^{1}/_{2}$ so breit wie der Augendurchmesser. Zehen mit sehr deutlichen Hautsäumen; Subarticularhöcker gut entwickelt; 2 kleine Metatarsalhöcker vorhanden. Haut glatt, mit wenigen Warzen auf der Oberseite und mit gut ausgebildeten Dorsolateralfalten; Bauch mit einer Haftscheibe. Oberseite dunkelschieferfarbig, mit undeutlicher, dunkler Zeichnung und mit einem dunklen, herzförmigen Fleck auf dem Hinterkopf. Oberschenkel beim ♂ wie der Rücken gefärbt, beim ♀ auf der Hinterseite braun marmoriert. L. ?

♂ mit innerer Schallblase und mit 2 tiefschwarze Dornen tragenden Höckern auf der Medialseite des 1. Fingers.

Inseln Saboga und San Miguel (Panama).

10. **L. mantipus** Blgr. 1908 *L. m.*, Boulenger in: Ann. nat. Hist., ser. 8 v. 2 p. 515.

Zunge oval, ganzrandig. Gaumenzähne in 2 schwach gebogenen Reihen hinter den Choanen. Vorderkopf abgerundet, so lang wie der Augendurchmesser, nicht über die Mundspalte vorspringend, mit gut ausgebildetem Canthus rostralis und schief abfallender, vertiefter Zügelregion; Nasenloch näher bei der Vorderkopfspitze als beim Auge; Interorbitalraum breiter als ein oberes Augenlid; Trommelfell $^{3}/_{5}$ so breit wie der Augendurchmesser. Finger ziemlich kurz, mit schwach verdickten Spitzen; 1. und 2. Finger gleich lang; Zehen mäßig lang, ohne Hautsaum, an den Spitzen zu kleinen, aber sehr deutlichen Haftscheiben verbreitert; Subarticularhöcker mäßig entwickelt;

2 kleine Metatarsalhöcker vorhanden. Bei nach vorn an den Körper angelegtem Hinterbein reicht das Tibiotarsalgelenk bis zum Auge. Rücken mit kleinen, teilweise zu kurzen Wülsten zusammenfließenden Warzen besetzt; eine drüsige Dorsolateralfalte vorhanden. Oberseite grau, zwischen den Vorderkopfkanten und den Dorsolateralfalten ins Rötliche spielend, dunkle Flecke auf dem Rücken und eine dunkle Querbinde zwischen den Augen; ein dunkler Streifen auf dem Canthus rostralis. Rumpfseiten dunkelgrau, weißlich punktiert; Beine mit dunklen Querbinden. Unterseite braun, weißlich punktiert. L. 33 mm.

San Antonio (Südwest-Columbia).

11. **L. raniformis** Wern. 1899 *L. r.*, F. Werner in: Verh. Ges. Wien, *v.* 49 p. 479

Zunge deutlich herzförmig; Gaumenzähne in 2 mit der Spitze nach vorn gerichteten, winkligen Gruppen hinter den Choanen. Vorderkopf zugespitzt, $1^1/_2$ mal so lang wie der Augendurchmesser, mit geradem, abgerundetem Canthus rostralis und kaum vertiefter Zügelregion; Nasenloch gleichweit von Auge und Vorderkopfspitze entfernt; Interorbitalraum so breit wie ein oberes Augenlid; Trommelfell $^1/_2$ so breit wie das Auge. 1. Finger länger als der 2.; Zehen ohne Hautsäume und Haftscheiben; Subarticularhöcker und 2 kleine Metatarsalhöcker deutlich entwickelt. Bei nach vorn an den Körper angelegtem Hinterbein reicht das Tibiotarsalgelenk bis zur Vorderkopfspitze. Haut glatt; eine schmale, dorsolaterale Längsfalte zieht jederseits vom Augenhinterrand zur Basis des Hinterbeins, parallel mit ihr je eine andere von der Suprascapulargegend nach hinten, alle 4 Falten gleichweit voneinander entfernt. Oberseite graubraun, mit dunkelgraubraunen, elliptischen Querflecken; Gliedmaßen deutlich und regelmäßig dunkel gebändert; Längsfalten, eine Längslinie auf der Hinterseite des Oberschenkels und Umrahmung des Trommelfells weiß. Oberlippe gelblich, am Rande dunkel, gegen den Mundwinkel oben weiß gerändert; ein dunkles Band vor und hinter dem Auge vorhanden. Rumpfseiten braun und wie die Vorderseite der Oberschenkel schwarzbraun gefleckt. L. 45 mm.

♂ mit schwarzer, äußerer Schallblase.

Rio Meta in Llanos (Columbia).

12. **L. ventrimaculatus** Blgr. 1902 *L. v.*, Boulenger in: Ann. nat. Hist., ser. 7 *v.* 9 p. 53.

Zunge oval, hinten schwach ausgerandet. Gaumenzähne in 2 gebogenen Reihen hinter den Choanen. Vorderkopf abgerundet, schwach vorspringend, so lang wie der Augendurchmesser; Nasenloch in der Mitte zwischen Auge und Vorderkopfspitze; Interorbitalraum etwas schmaler als ein oberes Augenlid: Trommelfell $^2/_3$ so breit wie der Augendurchmesser. Finger und Zehen mäßig lang, letztere ohne Hautsaum; 1. Finger viel länger als der 2.; Subarticularhöcker stark vorspringend; ein kleiner, ovaler medialer Metatarsalhöcker vorhanden. Bei nach vorn an den Körper angelegtem Hinterbein reicht das Tibiotarsalgelenk bis zur Schulter oder zum Trommelfell. Haut glatt; eine Drüsenfalte zieht vom Auge oberhalb des Trommelfells hin zur Schulter; je eine andere ist auf jeder Seite des Rückens vorhanden; Oberseite dunkelbraun, mit kleinen, schwarzen Flecken; die Drüsenfalten sind schwarz gesäumt; Oberlippe senkrecht, Beine unregelmäßig quer schwarz gebändert; Hinterseite der Oberschenkel schwarz mit weißen Punkten. Unterseite weiß, braun gefleckt oder marmoriert. L. 55 mm.

Bulun (Nordwest-Ecuador) in 160 m Höhe.

13. **L. wagneri** (Ptrs.) 1862 *Plectromantis W.*, Peters in: Monber. Ak. Berlin, p. 232 | 1882 *P. w.*, Boulenger, Cat. Batr. sal. Brit. Mus., ed. 2 p. 250.

Gaumenzähne in 2 nach vorn konvexen Reihen hinter den Choanen. Kopf so breit wie lang. Vorderkopf abgerundet, etwas vorspringend; Nasenloch näher bei der Vorderkopfspitze als beim Auge; Trommelfell $^4/_7$ so breit wie der Augendurchmesser. 1. Finger länger als der 2.; Fingerspitzen nicht verbreitert; Zehen mit einem schmalen Hautsaum an jeder Seite, an der Spitze zu deutlichen Haftscheiben verbreitert; ein länglicher medialer und ein runder lateraler Metatarsalhöcker vorhanden. Haut glatt, zwischen dem Mundwinkel und der Schulter befindet sich eine große, längliche Drüse und über dieser noch eine größere, dreieckige, oben und hinten weniger deutlich begrenzte Drüse. Oberseite dunkelbraun, undeutlich dunkel gefleckt. Unterseite schmutzig weiß, schwarz marmoriert. L. 68 mm.

♂ mit 2 stacheltragenden Höckern auf der Medialseite des 1. Fingers.

Westseite der Anden von Ecuador.

14. **L. labrosus** Espada 1875 *L. l.*, Espada in: Vert. Viaje Pacif., Batr. p. 36 | 1882 *L. l.*, Boulenger, Cat. Batr. sal. Brit. Mus., ed. 2 p. 241.

Zunge oval, hinten schwach ausgerandet. Gaumenzähne in 2 gebogenen Reihen hinter den Choanen. Vorderkopf spitz, stark vorspringend; 1. Finger länger als der 2.; Zehen ohne Hautsaum; Subarticularhöcker gut entwickelt; 2 kleine Metatarsalhöcker vorhanden. Bei nach vorn an den Körper angelegtem Hinterbein reicht das Tarsometatarsalgelenk bis zur Vorderkopfspitze. An jeder Seite des Rückens 2 Drüsenfalten vorhanden, von denen die untere in der Weichengegend in einer großen, unregelmäßigen, flachen, porösen Drüse endigt; eine Hautfalte zieht vom Auge zur Schulter; Rumpfseiten und obere Augenlider höckerig; Bauch mit einer durch eine Ringfalte abgegrenzten Haftscheibe. Oberseite braun; ein dunkler Streifen zieht von der Vorderkopfspitze durch das Auge zur Schulter. Oberlippe mit dunklen, dreieckigen Flecken; ein dunkler, dreieckiger Fleck zwischen den Augen. Beine quergebändert. L. 45 mm.

Ecuador.

15. **L. pulcher** Blgr. 1898 *L. p.*, Boulenger in: P. zool. Soc. London, p. 122 t. 14 f. 4 | 1904 *L. p.*, Peracca in: Boll. Mus. Torino, *v.* 19 nr. 465 p. 34.

Zunge oval, ganzrandig. Gaumenzähne in 2 langen, gebogenen, laterad über die Choanen hinausragenden Reihen hinter diesen. Kopf so lang wie breit; Vorderkopf abgerundet, so lang wie der Augendurchmesser, mit deutlichem Canthus rostralis und vertiefter Zügelregion; Nasenloch näher bei der Vorderkopfspitze als beim Auge; Interorbitalraum so breit wie ein oberes Augenlid; Trommelfell sehr deutlich, $^2/_3$ so breit wie der Augendurchmesser. Finger und Zehen mäßig lang, letztere ohne Hautsäume; 1. Finger den 2. etwas überragend; Finger- und Zehenspitzen schwach, aber deutlich verbreitert; Subarticularhöcker kräftig; 2 kleine, vorspringende Metatarsalhöcker und ein schwach vorspringender, ovaler Tarsalhöcker näher beim Fuß als beim Unterschenkel vorhanden. Bei nach vorn an den Körper angelegtem Hinterbein reicht das Tibiotarsalgelenk zwischen Auge und Vorderkopfspitze. Haut glatt; Bauch mit Haftscheibe. Oben graubraun, mit symmetrischer, schwärzlicher, hell gerandeter, eine zackige Längsbinde in der Rückenmitte bildender Zeichnung; Lippen mit schwärzlichen Binden; ein weißer Fleck an der Vorderkopfspitze; ein dunkles, allmählich breiter werdendes Band zieht vom Auge schräg abwärts zu den Rumpfseiten. Beine mit regelmäßigen, dunklen Querbinden. Kehle braun mit weißen Flecken, die rings um den Unterkiefer am regelmäßigsten sind. Bauch weiß, einfarbig oder braun gefleckt. L. 28 mm.

♂ mit innerer, subgularer Schallblase.

Ecuador.

16. **L. rubido** (Cope) 1874 *Gnathophysa r.*, E. D. Cope in: P. Ac. Philad., p. 128 | 1882 *Leptodactylus r.*, Boulenger, Cat. Batr. sal. Brit. Mus., ed. 2 p. 243 | 1913 *L. r.?*, Stejneger in: P. U. S. Mus., *v.* 45 p. 543.

Zunge oval, hinten schwach ausgerandet. Gaumenzähne in 2 kurzen, gebogenen Reihen hinter den Choanen. Vorderkopf kurz, abgerundet; Entfernung des Nasenloches vom Auge kleiner als dessen Durchmesser; Trommelfell etwas mehr als $^1/_2$ so breit wie der Augendurchmesser. Zehen ohne Hautsäume. Bei nach vorn an den Körper angelegtem Hinterbein reicht das Tibiotarsalgelenk nicht ganz bis zum Auge. Oberseite glatt, zwischen den Ossa ilii und auf der Oberseite des Unterschenkels mit Pusteln besetzt; eine Drüsenfalte zieht vom Auge bis fast zu den Weichen; zuweilen unterhalb von ihr eine zweite Falte bis zur Rumpfmitte; eine mehr oder weniger große und deutliche Drüsenmasse reicht in der ganzen Breite der Seite von der Achsel bis zu den Weichen. Bauch mit einer durch eine Ringfalte abgegrenzten Haftscheibe. Oberseite rötlichbraun, weinrot oder lebhaft rot, zuweilen mit einer dunklen Querbinde zwischen den Augen; ein schmaler, schwarzer Streifen zieht vom Nasenloch zum Trommelfell, ein breites, schwarzes Band längs der Oberlippe. Hinterbeine schwarz, quer gebändert; Hinterseite des Oberschenkels und zuweilen auch die Medialseite des Unterschenkels hell marmoriert oder mit regelmäßigen, runden, weißen Flecken besetzt. Weichen mit einigen schwarzen Flecken. Unterseite braun, außer an der Kehle weiß gefleckt. L. 66 mm.

♂ mit 2 dornartigen Höckern auf der Medialseite des 1. Fingers und mit einem 3-spitzigen Höcker auf jeder Seite der Brust. L. ?

Ecuador, Peru.

17. **L. rhodonotus** (Gthr.) 1868 *Cystignathus r.*, Alb. Günther in: P. zool. Soc. London, p. 481 t. 37 f. 1, 1a (Habitus, Hinterfuß) | 1882 *Leptodactylus r.*, Boulenger, Cat. Batr. sal. Brit. Mus., ed. 2 p. 239.

Zunge herzförmig. Gaumenzähne in 2 schwach gebogenen Reihen hinter den Choanen. Vorderkopf abgerundet, wenig länger als der größte Augendurchmesser; Nasenloch näher bei der Vorderkopfspitze als beim Auge; Interorbitalraum so breit wie ein oberes Augenlid; Trommelfell $^2/_3$ so breit wie das Auge. Finger und Zehen mäßig lang, letztere ohne Hautsäume; 1. Finger länger als der 2.; Subarticularhöcker gut entwickelt; 2 kleine Metatarsalhöcker vorhanden. Bei nach vorn an den Körper angelegtem Hinterbein reicht das Tibiotarsalgelenk bis vor das Trommelfell. Haut glatt; keine Haftscheibe am Bauche. Oben braun, ein breites, rosenrotes Band nimmt den ganzen Rücken von den Nasenlöchern bis zum Kreuzbein ein; Beine mit schwärzlichen Querbinden; Unterseite grauweiß gefleckt. L. 40 mm.

Chyavetas (Ostperu).

18. **L. discodactylus** Blgr. 1883 *L. d.*, Boulenger in: P. zool. Soc. London, p. 637 t. 58 f. 3, 3a (Habitus, Mundhöhle) | 1904 *L. d.*, Peracca in: Boll. Mus. Torino, *v.* 19 nr. 465 p. 54.

Zunge oval, hinten schwach ausgerandet. Gaumenzähne in 2 geraden Querreihen hinter den Choanen. Vorderkopf abgerundet, beim ♂ etwas vorspringend, ein wenig länger als der Augendurchmesser; Nasenloch näher bei der Vorderkopfspitze als beim Auge; Interorbitalraum breiter als ein oberes Augenlid; Trommelfell $^2/_3$ so breit wie das Auge. Finger mäßig lang, der 1. Finger den 2. nicht überragend; Zehen schlank, mit Hautsaum versehen; Finger- und Zehenspitzen zu kleinen Haftscheiben verbreitert; Subarticularhöcker gut entwickelt; 2 kleine Metatarsalhöcker vorhanden. Bei nach vorn an den Körper angelegtem Hinterbein reicht das Tibiotarsalgelenk bis zum Vorderrand des Auges. Haut völlig glatt. Oberseite olivenbraun, mit ziemlich undeutlichen, dunklen, auf den Beinen Querbinden bildenden Flecken; eine dunkle Querbinde zwischen den Augen. Unterseite weiß, fein braun marmoriert. L. 28 mm.

♂ mit subgularer, innerer Schallblase.

Nordost-Peru, Ecuador.

19. **L. rhodomystax** Blgr. 1883 *L. r.*, Boulenger in: P. zool. Soc. London, p. 637 t. 58 f. 2, 2a (Habitus, Mundhöhle).

Zunge oval, hinten schwach ausgerandet. Gaumenzähne in 2 geraden Querreihen dicht hinter den Choanen. Habitus gedrungen. Vorderkopf abgerundet, so lang wie der Augendurchmesser; Nasenloch näher bei der Vorderkopfspitze als beim Auge; Interorbitalraum wenig breiter als ein oberes Augenlid; Trommelfell $^2/_3$ so breit wie der Augendurchmesser. Finger und Zehen mäßig lang, letztere mit schmalem Hautsaum; 1. Finger länger als der 2.; Finger- und Zehenspitzen schwach verdickt; Subarticularhöcker gut entwickelt; 2 kleine Metatarsalhöcker vorhanden. Bei nach vorn an den Körper angelegtem Hinterbein reicht das Tibiotarsalgelenk bis zur Schulter. Haut glatt; eine drüsige Lateralfalte vorhanden. Oberseite weinfarbig rotbraun; Canthus rostralis, Lateralfalte, eine Querbinde zwischen den Augen und eine solche zwischen den Schultern schwärzlich; eine Binde ringsum längs der Oberlippe rötlichweiß. Beine mit ziemlich undeutlichen, dunklen Querbinden; Hinterseite der Oberschenkel schwarz, weiß gefleckt. Unterseite weiß. Kehle und Brust grau marmoriert. L. 25 mm.

Yurimaguas am Huallaga-Fluß (Nordostperu).

20. **L. andicola** Boettg. 1891 *L. (Plectromantis) a.*, O. Boettger in: Zool. Anz., v. 14 p. 346.

Zunge breit oval, hinten ganz schwach eingekerbt. Gaumenzähne in 2 rundlichen Häufchen hinter den Choanen. Vorderkopf etwas zugespitzt und vorgezogen, fast $1^1/_2$ mal so lang wie der größte Augendurchmesser; Nasenloch näher bei der Vorderkopfspitze als beim Auge; Interorbitalraum so breit wie ein oberes Augenlid; Trommelfell $^1/_2$ so breit wie das Auge. 1. Finger so lang wie der 2.; Finger und Zehen mit feinen, sehr schmalen, seitlichen Hautsäumen, an den Spitzen zu gut entwickelten, etwas dreieckig abgestutzten Haftscheiben verbreitert; ein ovaler medialer und ein runder lateraler Metatarsalhöcker, sowie eine deutliche, weißliche Tarsalfalte längs des proximalen Drittels des Tarsus vorhanden. Bei nach vorn an den Körper angelegtem Hinterbein reicht das Tibiotarsalgelenk etwas über die Vorderkopfspitze hinaus. Haut des Rückens fein granuliert, die der Seiten mit einzelnen größeren Wärzchen; eine Hautfalte über dem Trommelfell. Oberseite dunkelbraun, mit breitem, rötlichweißem, zwischen den Augen etwas verengtem, auf dem Kopfe dreieckig ausgebreitetem Dorsalstreif; ein schwarzer Frenotympanalstreif jederseits vorhanden; Lippen rötlichweiß mit schwarzen Querflecken oder Würfelzeichnungen; Gliedmaßen undeutlich quergebändert.

Unterseite bräunlichgelb, auf Kehle, Brust und der Medialseite der Beine von der Oberschenkelmitte an schwärzlich gewölkt. L. 48 mm.

Sorata (Bolivien).

21. **L. bolivianus** Blgr. 1898 *L. b.*, Boulenger in: Ann. Mus. Genova, ser. 2 v. 19 p. 131.

Zunge oval, hinten schwach ausgerandet. Gaumenzähne in 2 gebogenen Reihen hinter den Choanen. Vorderkopf abgerundet, länger als der Augendurchmesser; Nasenloch etwas näher bei der Vorderkopfspitze als beim Auge; Interorbitalraum schmaler als ein oberes Augenlid; Trommelfell sehr deutlich. $^3/_4$ so breit wie der Augendurchmesser. Finger und Zehen mäßig lang, letztere jederseits mit einem Hautsaum; 1. Finger viel länger als der 2.; Subarticularhöcker mäßig entwickelt; ein ovaler medialer und ein runder lateraler Metatarsalhöcker sowie eine feine Tarsalfalte vorhanden. Bei nach vorn an den Körper angelegtem Hinterbein reicht das Tibiotarsalgelenk bis zum Auge oder zwischen Auge und Nasenloch. Oberseite glatt; eine schmale, stark vorspringende Drüsenfalte zieht an jeder Seite des Rückens vom oberen Augenlid bis zur Weiche; eine andere, am hinteren Augenwinkel beginnende Falte sendet hinter dem Trommelfell einen kurzen Ast zur Schulter und setzt sich, oft in eine Reihe von Einzeldrüsen aufgelöst, an den Rumpfseiten entlang fort; Bauchseiten und Unterseite der Oberschenkel gekörnelt. Oberseite grau, mit symmetrischer, dunkler Zeichnung und einer dunklen Querbinde zwischen den Augen; Dorsolateralfalte dunkel gesäumt; ein dunkler Canthalstreifen und Temporalfleck vorhanden; Oberlippe senkrecht, Beine quer dunkel gebändert. Unterlippe braun mit weißen Flecken; Bauch weiß, Kehle braun gefleckt. L. 105 mm.

♂ mit kleinen, inneren Schallblasen und mit einem großen, ovalen, seitlich zusammengedrückten, mit schwarzer Hornscheide versehenen Höcker auf der Medialseite des 1. Fingers.

Bolivien.

22. **L. kreffti** Wern. 1904 *L. K.*, F. Werner in: Ergeb. Hamburg. Magalh.-Sammelr., *v.* 1 Rept. p. 18.

Zunge elliptisch oder eiförmig, hinten schwach, aber deutlich eingeschnitten. Gaumenzähne in 2 kurzen, quergestellten Gruppen hinter den Choanen. Vorderkopf spitz zulaufend, am Ende abgerundet, etwas mehr als $1^1/_2$ mal so lang wie der Augendurchmesser; dieser gleich dem Abstand des Nasenloches vom Auge; Interorbitalraum so breit wie ein oberes Augenlid; Trommelfell $^2/_3$ so breit wie der Augendurchmesser. 1. Finger kaum merklich kürzer als der 2.; Zehen mit deutlichen Hautsäumen; Subarticularhöcker sehr deutlich; ein walzenförmiger medialer und ein rundlicher lateraler Metatarsalhöcker, sowie eine deutliche Tarsalfalte vorhanden. Bei nach vorn an den Körper angelegtem Hinterbein reicht das Tibiotarsalgelenk bis zum Hinterrand des Auges. Rücken und Seiten mit drüsigen Längsfalten; eine Hautfalte über dem Trommelfell. Oberseite der Gliedmaßen warzig; Unterseite des ganzen Körpers glatt; Bauch ohne Haftscheibe. Oberseite dunkelgraubraun; ein dreieckiger oder W-förmiger, dunkler, manchmal hell gesäumter Fleck zwischen den Augen; Rücken mit dunklen Längsbändern; eine weißliche Linie zieht vom Auge unter dem Trommelfell hin zum Mundwinkel, undeutliche helle Linien von der Frenalgegend zum Oberlippenrand, zuweilen ein weißlicher Wisch von der Flanke schief nach vorn und aufwärts gegen den oberen Ohrrand. Gliedmaßen auf der Oberseite quergebändert; Unterseite schmutzigweiß, Kehle dicht und fein braungefleckt, Bauch mit braunen Punkten. L. 31 mm.

♂ mit 2 starken, spitzen, schwarzen, hornigen Höckern auf der Medialseite des 1. Fingers.

Coronel (Chile).

23. **L. bufonius** Blgr. 1894 *L. b.*, Boulenger in: Ann. nat. Hist., ser. 6 v. 13 p. 348 | 1895 *L. b.*, Peracca in: Boll. Mus. Torino, v. 10 nr. 195 p. 28 | 1896 *L. b.*, C. Berg in: An. Mus. Buenos Aires, v. 5 p. 188.

Zunge annähernd kreisrund, hinten schwach ausgerandet. Gaumenzähne in 2 langen, schwach gebogenen Reihen hinter den Choanen. Vorderkopf abgerundet, beim ♂ stark, beim ♀ weniger vorspringend, länger als der Augendurchmesser; Nasenloch näher bei der Vorderkopfspitze als beim Auge; Interorbitalraum schmaler als ein oberes Augenlid; Trommelfell $^2/_3$ so breit wie der Augendurchmesser. 1. Finger viel länger als der 2.; Zehen ziemlich kurz, ohne Hautsäume; Subarticularhöcker mäßig entwickelt; 2 kleine Metatarsalhöcker und eine schwache Tarsalfalte vorhanden. Bei nach vorn an den Körper angelegtem Hinterbein reicht das Tibiotarsalgelenk bis zum Trommelfell. Oberseite mit flachen, ungleich großen Warzen besetzt; keine Drüsenfalten vorhanden, aber eine starke Hautfalte über dem Trommelfell; Bauch mit einer Haftscheibe. Oben olivenfarbig, mit kleinen, dunklen Flecken, auf dem Kopfe ohne Streifen; Oberlippe senkrecht dunkel gebändert; eine Reihe lateraler Warzen weißlich; Beine mit dunklen Querbinden; Unterseite weiß. L. 48 mm.

♂ mit 2 inneren, subgularen Schallblasen und mit an den entsprechenden Stellen schwarzer Kehle.

Paraguay, Argentinien.

24. **L. gracilis** (Dum. & Bibr.) 1841 *Cystignathus g.*, C. Duméril & G. Bibron, Erpét., v. 8 p. 406 | 1847 *C. g.*, Orbigny, Voy. Amér. mérid., v. 51 p. 10 t. 13 f. 5—7 (Habitus, Mundhöhle) | 1867 *C. g.*, Hensel in: Arch. Naturg.. v. 331 p. 130 | 1875 *Leptodactylus g.*, Espada in: Vert. Viaje Pacif., Batr. p. 44 | 1882 *L. g.*, Boulenger, Cat. Batr. sal. Brit. Mus., ed. 2 p. 241 | 1884 *L. g.*, Boulenger in: Ann. nat. Hist., ser. 5 v. 14 p. 389 | 1896 *L. g.*, C. Berg in: An. Mus. Buenos Aires, v. 5 p. 183 (mit weiteren Literaturangaben).

Zunge oval, hinten undeutlich ausgerandet. Gaumenzähne in 2 schwach gebogenen, nur sehr wenig voneinander entfernten Reihen hinter den Choanen. Vorderkopf spitz, länger als der Augendurchmesser; Nasenloch näher bei der Vorderkopfspitze als beim Auge; Interorbitalraum fast so breit wie ein oberes Augenlid; Trommelfell $^2/_3$ so breit wie der Augendurchmesser. 1. Finger viel länger als der 2.; Zehen schlank, ohne Hautsaum; Subarticularhöcker gut entwickelt; medialer Metatarsalhöcker sehr klein, lateraler sehr undeutlich oder fehlend. Bei nach vorn an den Körper angelegtem Hinterbein reicht das Tibiotarsalgelenk über die Vorderkopfspitze hinaus. Haut glatt, auf dem Rücken Längsfalten bildend, von denen die am meisten laterad gelegene jederseits am besten ausgebildet ist; Bauch mit einer Haftscheibe. Oben braun oder olivenfarben, mit schwarzen, mehr oder weniger zu Längsbinden zusammenfließenden Flecken und mit einer hellbraunen Längsbinde in der Rückenmitte; ein schwarzer Streifen zieht von der Vorderkopfspitze durch das Auge zum Trommelfell, ein anderer säumt die Oberlippe. Beine mit unregelmäßigen Querbinden; Hinterseite der Oberschenkel mit ausgedehnter schwarzer, mehr oder weniger zu Längsbinden zusammenfließender Marmorierung. Unterseite einfarbig weiß. L. 57 mm.

♂ mit innerer Schallblase; 1. Finger ohne Stachelhöcker.

Nordargentinien, Uruguay, Südbrasilien.

25. **L. prognathus** Blgr. 1888 *L. p.*, Boulenger in: Ann. nat. Hist., ser. 6 *v.* 1 p. 187 | 1895 *L. p.*, Peracca in: Boll. Mus. Torino, *v.* 10 nr. 195 p. 28 | 1896 *L. p.*, C. Berg in: An. Mus. Buenos Aires, *v.* 5 p. 185.

Zunge oval, hinten ausgerandet. Gaumenzähne in geraden Reihen hinter den Choanen. Vorderkopf abgeplattet, spitz, stark vorspringend, wenig länger als der Augendurchmesser, ohne Canthus rostralis; Nasenloch näher bei der Vorderkopfspitze als beim Auge; Interorbitalraum etwas schmaler als ein oberes Augenlid; Trommelfell $^2/_3$ so breit wie der Augendurchmesser. Finger und Zehen mäßig lang, letztere ohne Hautsäume; 1. Finger viel länger als der 2.; Subarticularhöcker gut entwickelt; ein ovaler medialer und ein kleinerer, runder lateraler Metatarsalhöcker vorhanden. Bei nach vorn an den Körper angelegtem Hinterbein reicht das Tibiotarsalgelenk bis zum Vorderrand des Auges. Rücken mit einigen unregelmäßigen, glatten, flachen Warzen und einer drüsigen Dorsolateralfalte; Bauch mit einer Haftscheibe. Oben grauolivenfarbig, mit schwärzlichen Flecken, einer schwärzlichen Querbinde zwischen den Augen und einer ebensolchen Binde von der Vorderkopfspitze zu jedem Auge; eine weißliche Binde zieht vom Nasenloch zwischen dem Auge und der schwarzgerandeten Oberlippe hindurch zum Arm; Trommelfell kastanienbraun, mit schmalem, weißem Rand; drüsige Lateralfalte weißlich. Beine mit schwärzlichen Querbinden. Unterseite weiß. L. 33 mm.

♂ mit 2 äußeren Schallblasen.

Rio Grande do Sul (Südbrasilien), Argentinien, Uruguay, Paraguay.

26. **L. diptyx** Boettg. 1885 *L. d.*, O. Boettger in: Z. Naturw., ser. 4 *v.* 4 p. 244 | 1887 *L. glandulosus*, E. D. Cope in: P. Amer. phil. Soc., *v.* 24 p. 52 | 1895 *L. diptix*, Peracca in: Boll. Mus. Torino, *v.* 10 nr. 195 p. 28.

Zunge oval, hinten nicht oder schwach ausgerandet. Gaumenzähne in 2 kleinen, rundlichen, weit voneinander entfernten Gruppen hinter den Choanen. Vorderkopf zugespitzt, mäßig vorspringend, länger als der größte Augendurchmesser; Nasenloch viel näher bei der Vorderkopfspitze als beim Auge; Interorbitalraum etwas breiter als ein oberes Augenlid; Trommelfell $^1/_2$ so breit wie das Auge. Finger mäßig lang, Zehen ziemlich schlank, ohne Hautsäume; 1. und 2. Finger gleich lang; Subarticularhöcker stark entwickelt; 2 kleine, scharfe, kegelförmige Metatarsalhöcker vorhanden. Bei nach vorn an den Körper angelegtem Hinterbein reicht das Tibiotarsalgelenk bis zum Auge. Haut mit zahlreichen Längsfalten; je eine Drüsenfalte zieht jederseits vom Auge bis zur Basis des Hinterbeins; keine Haftscheibenfalte am Bauche. Graubraun, schwarz und hellgrau gefleckt und marmoriert; eine schwarze, vorn hell eingefaßte Querbinde zwischen den Augen; eine feine helle Längslinie in der Rückenmitte; Lippen mit quer gestellter, brauner und weißgrauer Marmorzeichnung; Schenkel mit dunklen Flecken oder undeutlichen Querbinden. Unterseite gelblich, mehr oder weniger fein bräunlich gewässert, besonders an den Kieferrändern. L. 24 mm.

Paraguay, Argentinien, Matto Grosso (Westbrasilien).

27. **L. brevipes** Cope 1887 *L. b.*, E. D. Cope in: P. Amer. phil. Soc., *v.* 24 p. 51.

Zunge breit oval, hinten schwach ausgerandet. Gaumenzähne in 2 kurzen, fast queren Gruppen hinter der Verbindungslinie der Choanen. Kopf spitz oval, oben flach; Vorderkopf etwas vorspringend, mit stumpfem, kaum merklichem Canthus rostralis. Entfernung des Nasenloches vom Auge so groß wie dessen Durchmesser. Trommelfell rund, $^2/_3$ so breit wie der Augendurchmesser. 1., 3. [oder 2.?] und 4. Finger gleich lang; Zehen mit Hautsäumen und einer Spur von Schwimmhaut an ihrer Basis. 2 Metatarsalhöcker sowie eine stumpfe Hautleiste am medialen Tarsusrande vorhanden. Bei nach vorn an den Körper angelegtem Hinterbein reicht das Tibiotarsalgelenk bis zur Augenmitte. Haut der Oberseite mit zahlreichen, kleinen Warzen besetzt. Unterseite glatt, außer den anliegenden Teilen der Oberschenkel. Je eine Hautfalte oberhalb des Trommelfells, vom Augenlid zur Achsel und an der Flanke. Eine Ringfalte am Bauche vorhanden. Oberseite schwärzlichbraun, mit einem noch dunkleren, undeutlichen, dreieckigen Fleck auf dem Rücken, dessen nach vorn gerichtete Basis von einer hellen Querbinde zwischen den Augen begrenzt wird. Eine dunkle Binde zieht vom Auge durch das Trommelfell fast bis zur Schulter. Vorderkopfspitze mit 3 hellen Längslinien. Grundfarbe der Beine grau; Vorderarm schwarz gesprenkelt. Oberschenkel mit 4, Unterschenkel mit 3, Lateralseite des Fußes mit 5 schwärzlichen Querbinden. Hinterseite der Oberschenkel schwarz und weiß marmoriert. Unterseite strohfarbig, am Unterkieferrand und unter den Schenkeln braun gesprenkelt; Weichen schwarz marmoriert. L. 54 mm.

Matto Grosso (Brasilien).

28. **L. bufo** Anderss. 1911 *L. b.*, L. G. Andersson in: Ark. Zool., *v.* 7 nr. 17 p. 1 t. 1 (Habitus, Hinterfuß).

Zunge sehr breit, kreisrund, ganzrandig. Gaumenzähne in 2 gebogenen Reihen hinter den großen Choanen. Vorderkopf abgerundet, wenig vorspringend, $1^2/_3$ mal so lang wie der größte Augendurchmesser, ohne Canthus rostralis; Nasenloch halbwegs zwischen Auge und Vorderkopfspitze; Interorbitalraum etwas schmaler als ein oberes Augenlid; Trommelfell fast kreisrund, $^2/_3$ so breit wie der Augendurchmesser. Finger mäßig lang, ebenso wie die langen Zehen spitz oder rund, aber unverbreitert endigend; 1. Finger viel länger als der 2.; Zehen ohne Hautsäume, aber mit einer niedrigen Hautleiste an ihren Seiten, an der Basis mit einer Spur von Schwimmhaut; Subarticularhöcker schwach; nur ein ovaler, nicht sehr vorspringender medialer Metatarsalhöcker vorhanden. Bei nach vorn an den Körper angelegtem Hinterbein reicht das Tibiotarsalgelenk zwischen Nasenloch und Vorderkopfspitze. Haut auf dem Kopfe und der Oberseite der Vorderbeine glatt, auf dem Rücken und der Oberseite der Hinterbeine mit kleinen und verstreuten Höckern besetzt, Rumpfseiten mit größeren, teilweise zu unregelmäßigen, großen Warzen zusammenfließenden Höckern besetzt; eine schmale, aber deutliche Drüsenfalte zieht vom Auge zum Sacralwirbel; Spuren anderer Falten an den Rumpfseiten; Unterseite völlig glatt. Oben bräunlichgrau, mit kleinen, schwarzen Punkten, besonders auf den Höckern und Hautfalten; Hand- und Fußsohlen schwärzlichbraun; alle übrigen Teile bräunlichschwarz mit großen, unregelmäßigen, weißen Flecken oder weiß mit schwarzbraunem Netzwerk; Beine ohne Querbinden. L. 115 mm.

♂ ohne äußere Schallblasen.

Ponta Grosso in Paraná (Brasilien).

29. **L. mystacinus** (Burm.) 1858 *Cystignathus schomburgkii* (non Troschel 1848), Alb. Günther, Cat. Batr. sal. Brit. Mus., p. 29 | 1861 *C. mystacinus*, Burmeister, Reise La Plata-St., *v.* 2 p. 532 | 1867 *C. mystaceus* (non Spix 1824), Hensel in: Arch. Naturg., *v.* 331 p. 125 | 1875 *Leptodactylus wuchereri*, Espada in: Vert. Viaje Pacif.,

Batr. p. 68 | 1882 *L. mystacinus*, Boulenger, Cat. Batr. sal. Brit. Mus., ed. 2 p. 244 | 1882 *Cystignathus sp. (mystacinus?)*, Friedr. Müller in: Verh. Ges. Basel, *v.* 7 p. 130 | 1896 *Leptodactylus m.*, C. Berg in: An. Mus. Buenos Aires, *v.* 5 p. 186 (mit weiteren Literaturangaben) | 1904 *L. m.*, Méhely in: Ann. Mus. Hungar., *v.* 2 p. 217 t. 13 f. 11 (♂ in natürlicher Farbe).

Zunge oval, hinten schwach ausgerandet. Gaumenzähne in 2 gebogenen Reihen hinter den Choanen. Vorderkopf abgerundet, wenig vorspringend, länger als der größte Augendurchmesser; Nasenloch näher bei der Vorderkopfspitze als beim Auge; Interorbitalraum schmaler als ein oberes Augenlid; Trommelfell $^2/_3$ so breit wie das Auge. 1. Finger länger als der 2.; Finger und Zehen mäßig lang, letztere ohne Hautsäume; Subarticularhöcker gut entwickelt; ein ovaler medialer und ein kleiner, runder lateraler Metatarsalhöcker vorhanden, sowie eine deutliche Tarsalfalte und deutliche Reihen von nicht sehr vorspringenden, kleinen Höckern längs der Metatarsen. Bei nach vorn an den Körper angelegtem Hinterbein reicht das Tibiotarsalgelenk bis zum Trommelfell oder Hinterrand des Auges. Haut glatt, auf dem Rücken und auf der Oberseite der Hinterbeine mit deutlichen Drüsenporen versehen; Flanken mit rundlichen oder ovalen Drüsen; eine Hautfalte zieht im Bogen oberhalb des Trommelfells hin zum Arm; Bauch mit einer deutlichen Haftscheibe. Oben braun oder olivenfarben (♂ [im Hochzeitskleid?] im Leben blau, im Alkohol violettrot, nach Hensel und Méhely ll. cc.), an jeder Seite des Rückens mit einem tiefschwarzen oder dunkelbraunen Streifen; Oberlippe mit breitem, dunkelbraunem Randstreifen, der durch einen schmutzigweißen Längsstreifen getrennt wird von einem dunklen, von der Vorderkopfspitze längs des Canthus rostralis, durch das Auge und oben um das Trommelfell herum zur Armwurzel ziehenden Streifen. Hinterrücken und Flanken mit einigen schwarzen Flecken. Beine mehr oder weniger regelmäßig dunkel quergebändert; Hinterseite der Oberschenkel schwarz und weiß marmoriert, Kehle sehr fein braun punktiert, übrige Unterseite weiß. L. 42 mm.

♂ ohne äußere Schallblasen und ohne Stachelhöcker auf dem 1. Finger.

Die Eier werden (nach Hensel l. c. 1867) nicht unmittelbar in das Wasser, sondern in Schaummassen eingehüllt in Höhlungen in der Nähe von Wasser abgelegt, durch Steigen des Wassers zur Regenzeit werden die unterdessen in der Schaummasse zur Entwicklung gekommenen Larven frei.

Argentinien bis Venezuela.

30. **L. typhonius** (Daud.) 1802 „*L. grenouille galonnée*“, Latreille in: Sonnini & Latreille, Hist. Rept., *v.* 2 p. 159 f. 2, 3 | 1803 *Rana typhonia* (Synon. part.), Daudin, Hist. Rainett., p. 55 t. 36 f. 3, 4 | 1803 *R. t.* (Synon. part.), Daudin, Hist. Rept., *v.* 8 p. 106 t. 95 f. 1, 2 | 1824 *R. Sibilatrix*, Wied, Abbild. Naturg. Bras., t. [47] f. 2 | 1824 *R. pachypus* var. 2 + *R. mystacea* (part.), Spix, Spec. Testud. Ran. Bras., p. 26, 27 t. 3 f. 3 | 1825 *R. Sibilatrix*, Wied, Beitr. Naturg. Bras., *v.* 1 p. 545 | 1826 *Leptodactylus Typhonia* + *L. Sibilatrix*, Fitzinger, Classif. Rept., p. 64 | 1830 *Cystignathus mystacea* (part.) + *C. Typhonia* + *C. Sibilatrix*, Wagler, Syst. Amph., p. 203 | 1838 *C. ocellatus* (part.), Tschudi, Classif. Batr., p. 78 | 1841 *C. typhonius* (Synon. part.), C. Duméril & G. Bibron, Erpét., *v.* 8 p. 402 | 1848 *C. Schomburgkii*, Troschel in: Schomburgk, Guiana, *v.* 3 p. 659 | 1858 *C. gracilis* (non C. Duméril & G. Bibron 1841), Alb. Günther, Cat. Batr. sal. Brit. Mus., p. 28 | 1862 *C. typhonius*, J. Reinhardt & Lütken in: Vid. Meddel., *v.* 13 p. 164 | 1867 *C. t.*, Steindachner in: Reise Novara, Amph. p. 24 | 1867 *C. gracilis* (non C. Duméril & G. Bibron 1841), Hensel in: Arch. Naturg., *v.* 33 p. 130 | 1872 *Rana mystacea* (part.), Peters in: Monber. Ak. Berlin, p. 201 | 1882 *Leptodactylus typhonius*, Boulenger, Cat. Batr. sal. Brit. Mus., ed. 2 p. 246 | 1896 *L. t.*, C. Berg in: An. Mus. Buenos Aires, *v.* 5 p. 184 (mit weiteren Literaturangaben) | 1904 *L. t.*, Méhely in: Ann. Mus. Hungar., *v.* 2 p. 222 | 1912 *L. t.*, F. Baumann in: Zool. Jahrb., Syst. *v.* 33 p. 94.

Zunge oval, hinten etwas ausgerandet. Gaumenzähne in 2 gebogenen Reihen hinter den Choanen. Vorderkopf spitz, vorspringend, länger als der größte Augendurchmesser; Nasenlöcher näher bei der Vorderkopfspitze als beim Auge; Interorbitalraum schmaler als ein oberes Augenlid; Trommelfell $^2/_5$—$^3/_4$ so breit wie der Augendurchmesser. 1. Finger viel länger als der 2.; Finger und Zehen mäßig lang, letztere ohne Hautsäume; Subarticularhöcker gut entwickelt: von den 2 kleinen Metatarsalhöckern ist der laterale sehr undeutlich; eine deutliche Tarsalfalte vorhanden. Bei nach vorn an den Körper angelegtem Hinterbein reicht das Tibiotarsalgelenk bis zum Auge oder etwas darüber hinaus (bei jungen Tieren nach Méhely bis zum Nasenloch). Rücken und Flanken mit deutlichen Längsfalten; Bauch mit einer Haftscheibe. Oberseite olivenfarbig oder rötlichgrau, mit mehr oder weniger deutlichen, schwarzgerandeten Flecken auf Rücken und Flanken; zuweilen ein breiter, heller Längsstreifen in der Rückenmitte vorhanden; zwischen den Augen mehrere dunkle Flecke. Eine dunkelbraune, häufig mehr oder weniger in Flecke aufgelöste Binde zieht von der Vorderkopfspitze durch das Nasenloch und Auge und oberhalb des Trommelfells herum zur Schulter; ein mehr oder weniger deutlicher, weißer oder hellgrauer Streifen trennt diese Binde von dem dunkelbraunen Randstreifen der Oberlippe. Beine mit dunklen Querbinden; Hinterseite des Oberschenkels schwarz und weiß marmoriert. Unterseite gelblichweiß; Unterlippenrand braun mit weißen Flecken. L. 46 mm.

♂ mit schwarzen, äußeren Schallblasen, aber ohne Stachelhöcker auf dem 1. Finger.

Nordargentinien bis Guiana.

31. **L. mystaceus** (Spix) 1824 *Rana mystacea* (part.), Spix., Spec. Testud. Ran. Bras., p. 27 t. 3 f 2 | 1862 *Cystignathus poecilochilus*, E. D. Cope in: P. Ac. Philad., p. 156 | 1882 *Leptodactylus p.*, Boulenger, Cat. Batr. sal. Brit. Mus., ed. 2 p. 243 | 1896 *L. p.*, C. Berg in: An. Mus. Buenos Aires, v. 5 p. 187 (mit weiteren Literaturangaben) | 1904 *L. mystaceus*, Méhely in: Ann. Mus. Hungar., v. 2 p. 219 t. 13 f. 12 (Hinterfuß).

Zunge oval, hinten ausgerandet. Gaumenzähne in 2 gebogenen Reihen hinter den Choanen. Vorderkopf spitz, mäßig vorspringend, länger als der größte Augendurchmesser; Nasenloch etwas näher bei der Vorderkopfspitze als beim Auge; Interorbitalraum so breit wie oder breiter als ein oberes Augenlid; Trommelfell fast $^2/_3$ so breit wie der Augendurchmesser. 1. Finger viel länger als der 2.; Finger und Zehen mäßig lang, letztere ohne Hautsäume; Subarticularhöcker stark entwickelt; 2 Metatarsalhöcker vorhanden, von denen der laterale zuweilen undeutlich ist; Unterseite der Metatarsen mit deutlichen Längsreihen kleiner Höcker; eine deutliche Tarsalfalte vorhanden. Bei nach vorn an den Körper angelegtem Hinterbein reicht das Tibiotarsalgelenk bis zum Auge oder zwischen Auge und Nasenloch. Haut glatt, auf Hinterrücken und Flanken sehr fein gekörnelt; vom Auge ziehen 2 Drüsenfalten, zuerst divergierend, dann parallel zu den Weichen, die untere Falte stellenweise unterbrochen; zwischen beiden Falten eine Reihe mehr oder weniger vorspringender Längswarzen; Bauch mit einer Haftscheibe. Rücken des ♂ (nach Méhely) einfarbig rosenrot, der des ♀ grauolivenfarbig, in seiner Mittellinie und zwischen den Ossa ilii mit mehr oder weniger deutlichen, schwarzen Punkten und Flecken; ein hell gerandeter, halbmond- oder sattelförmiger Fleck zwischen den Augen. Lateralfalten und seitliche Warzen mit schwarzen, oben weiß gesäumten Flecken besetzt, die auf den Falten oft zu einem am oberen Rande fein weiß gesäumten

Längsstreifen verschmelzen. Eine schwärzlichbraune Binde zieht von der Vorderkopfspitze durch das Auge und oberhalb des Trommelfells herum zum Arm, durch einen grauweißen Streifen getrennt von einem breiten, dunkelbraunen Bande längs des Oberlippenrandes. Beine mit dunklen Querbinden; Hinterseite des Oberschenkels dunkelbraun, mit einem mehr oder weniger deutlichen, weißen Längsstreifen. Unterseite bräunlichweiß, Unterlippe und Seiten der Kehle braun marmoriert. L. 46 mm.

♂ ohne äußere Schallblasen und ohne Stachelhöcker auf dem 1. Finger.

Nordargentinien bis Columbia.

32. **L. longirostris** Blgr. 1882 *L. l.*, Boulenger, Cat. Batr. sal. Brit. Mus., ed. 2 p. 240 t. 16 f. 3, 3a, b (Habitus, Kopf, Mundhöhle) | 1912 *L. l.*, F. Baumann in: Zool. Jahrb., Syst. *v.* 33 p. 93.

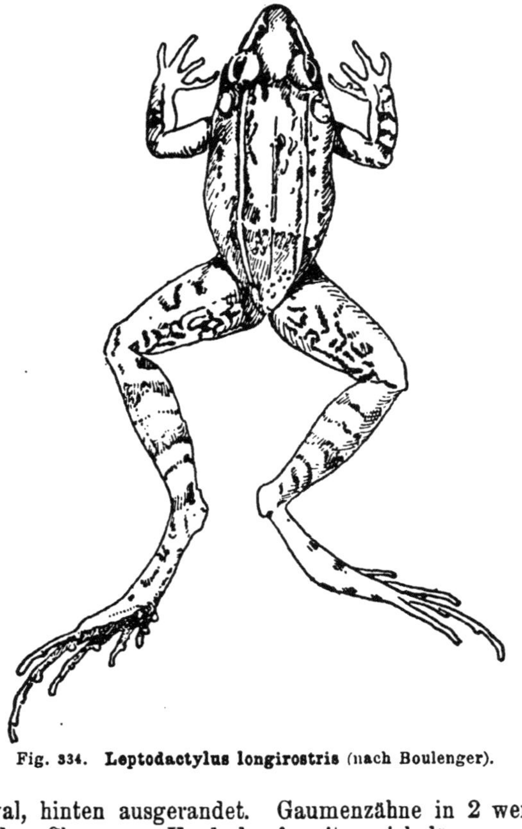

Fig. 334. **Leptodactylus longirostris** (nach Boulenger).

Zunge oval, hinten ausgerandet. Gaumenzähne in 2 wenig gebogenen Reihen hinter den Choanen. Vorderkopf spitz, viel länger als der größte Augendurchmesser (Fig. 334); Nasenloch etwas näher bei der Vorderkopfspitze als beim Auge; Interorbitalraum schmaler als ein oberes Augenlid; Trommelfell $^2/_3$ so breit wie der Augendurchmesser. 1. Finger viel länger als der 2.; Finger mäßig lang; Zehen schlank, ohne Hautsäume; Subarticularhöcker stark entwickelt; ein kleiner medialer und ein sehr kleiner, ziemlich undeutlicher lateraler Metatarsalhöcker vorhanden. Bei nach vorn an den

Körper angelegtem Hinterbein reicht das Tibiotarsalgelenk bis zur Vorderkopfspitze. Haut der Oberseite mit einigen flachen Warzen; eine drüsige Lateralfalte vorhanden; Bauch mit einer Haftscheibe. Oberseite braun, mit ziemlich undeutlichen, dunklen Flecken; ein eckiger, dunkler Fleck zwischen den Augen; ein schwärzlichbrauner Streifen zieht vom Nasenloch längs des Canthus rostralis durch das Auge und umfaßt das Trommelfell. Oberlippe braun und weiß gefleckt; Beine quer gebändert; Hinterseite der Oberschenkel mit dunkelbraunem Netzwerk; Unterseite ungefleckt. L. 45 mm.

Orgelgebirge (Ostbrasilien), Santarem am Amazonas.

33. **L. pustulatus** (Ptrs.) 1870 *Entomoglossus p.*, Peters in: Monber. Ak. Berlin, p. 647 t. 2 f. 1, 1a (Habitus, Mundhöhle) | 1882 *Leptodactylus p.*, Boulenger, Cat. Batr. sal. Brit. Mus., ed. 2 p. 239.

Zunge herzförmig. Gaumenzähne in 2 kurzen, geraden Querreihen hinter der Verbindungslinie der Choanen. Körper etwas flachgedrückt. Vorderkopf abgerundet, erheblich länger als der Augendurchmesser; Nasenloch viel näher bei der Vorderkopfspitze als beim Auge; Interorbitalraum etwas breiter als ein oberes Augenlid; Trommelfell $^{3}/_{5}$ so breit wie der Augendurchmesser. Finger und Zehen mäßig lang, spitz, letztere ohne Hautsäume; 1. Finger etwas länger als der 2.; Subarticularhöcker deutlich ausgebildet; ein länglicher medialer, aber kein lateraler Metatarsalhöcker vorhanden. Bei nach vorn an den Körper angelegtem Hinterbein reicht das Tibiotarsalgelenk bis zur Schulter. Haut der Oberseite fein gerunzelt, die der Unterseite glatt. Oberseite braun mit undeutlichen Längsbinden. Unterseite mit zahlreichen, runden, gelblichweißen Flecken. L. 46 mm.

Ceara (Nordostbrasilien).

34. **L. hylaedactylus** (Cope) 1868 *Cystignathus h.*, E. D. Cope in: P. Ac. Philad., p. 115 | 1882 *Leptodactylus h.*, Boulenger, Cat. Batr. sal. Brit. Mus., ed. 2 p. 240.

Zunge oval, hinten schwach ausgerandet. Gaumenzähne in 2 schwach gebogenen Reihen hinter den Choanen. Vorderkopf oval; Nasenloch näher bei der Vorderkopfspitze als beim Auge; Interorbitalraum breiter als ein oberes Augenlid, Trommelfell $^{2}/_{3}$ so breit wie der Augendurchmesser. Finger und Zehen mäßig lang; 1. Finger den 2. nicht überragend; Zehen ohne Hautsäume, an der Spitze deutlich verbreitert; Subarticularhöcker kräftig; 2 sehr kleine Metatarsalhöcker vorhanden. Bei nach vorn an den Körper angelegtem Hinterbein reicht das Tibiotarsalgelenk bis zum Auge. Haut der Oberseite gekörnelt; in der Rückenmitte und an jeder Seite des Rückens je eine Längsfalte vorhanden, die dorsolateralen Falten häufig unterbrochen; eine Reihe länglicher Warzen an jeder Rumpfseite; Bauch mit einer Haftscheibe. Oberseite braun, undeutlich dunkel marmoriert, mit einer dunklen Querbinde zwischen den Augen; Hinterbeine quer gebändert. Hinterseite der Oberschenkel dunkelbraun, weiß marmoriert. L. 23 mm.

Oberer Amazonas, Guiana.

35. **L. rhodostigma** (Cope) 1874 *Plectomantis rhodostima* [pro *Plectromantis rhodostigma*], E. D. Cope in: P. Ac. Philad., p. 127 | 1882 *P. rhodostigma*, Boulenger, Cat. Batr. sal. Brit. Mus., ed. 2 p. 250.

Gaumenzähne in 2 kurzen, gebogenen Reihen hinter den Choanen. Vorderkopf abgestutzt; Trommelfell $^{2}/_{3}$ so breit wie der Augendurchmesser. Finger und Zehen an den Spitzen zu deutlichen Haftscheiben verbreitert; Zehen ohne Hautsäume. Bei nach vorn an den Körper angelegtem Hinterbein reicht das Tibiotarsalgelenk bis zum Hinterrand des Auges. Haut glatt. Oberseite einfarbig braun, Vorderkopf bis zu den Augen schwärzlich; Hinterseite der Oberschenkel dunkelbraun; je ein rosenroter Fleck in jeder Weiche, auf der Oberseite eines jeden Oberschenkels und von jedem Tarsus, sowie 2 rote Flecke auf der Unterseite eines jeden Unterschenkels; Unterseite weißlich. L. 45 mm.

Nauta am oberen Amazonas.

36. **L. gaudichaudii** (Dum. & Bibr.) 1841 *Crossodactylus G.*, C. Duméril & G. Bibron, Erpét., *v.* 8 p. 635 | ? 1843 *Limnocharis fuscus*, T. Bell in: Zool. Voy. Beagle, pars 5 p. 33 t. 16 f. 3, 3a (Habitus, Mundhöhle) | 1858 *L. f.(?)* + *Crossodactylus gaudichaudii*, Alb. Günther, Cat. Batr. sal. Brit. Mus., p. 23, 90 | 1860 *C. g.* + *Phyllobates fuscigula*, Fitzinger in: SB. Ak. Wien, *v.* 42 p. 414 | 1862 *Tarsopterus trachystomus*, J. Reinhardt & Lütken in: Vid. Meddel., *v.* 13 p. 177 t. 3 f. 2 | 1865 *Crossodactylus gaudichaudii*, Steindachner in: Verh. Ges. Wien, *v.* 15 p. 499 | 1867 *C. g.*, Steindachner in: Reise Novara, Amph. p. 52 | 1867 *C. G.*, Hensel in: Arch. Naturg., *v.* 331 p. 149 | 1882 *Leptodactylus g.*, Boulenger, Cat. Batr. sal. Brit. Mus., ed. 2 p. 249.

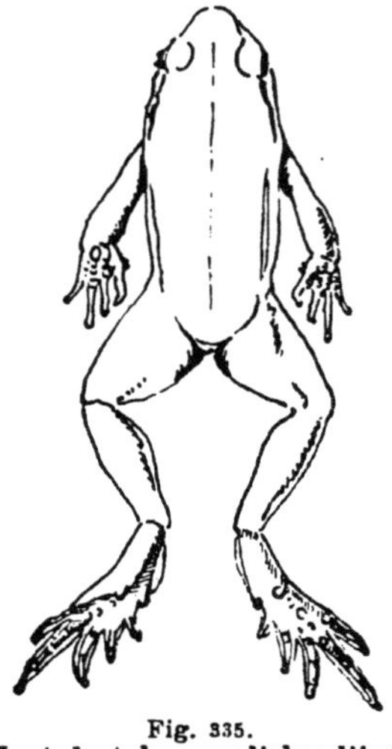

Fig. 335.
Leptodactylus gaudichaudii ♂
(nach J. Reinhardt u. Lütken).

Zunge oval, ganzrandig. Gaumenzähne fehlen (von Hensel l. c. einmal einseitig beobachtet). Vorderkopf abgerundet, so lang wie der größte Augendurchmesser (Fig. 335); Nasenloch gleichweit vom Auge und Vorderkopfspitze entfernt; Interorbitalraum so breit wie ein oberes Augenlid; Trommelfell $^2/_3$ so breit wie das Auge. 1. Finger den 2. nicht überragend; Finger und Zehen mäßig lang, erstere an den Spitzen wenig verdickt, letztere mit breiten Hautsäumen und an den Spitzen zu kleinen Scheiben verbreitert; Subarticularhöcker klein; ein ovaler medialer und ein runder lateraler Metatarsalhöcker vorhanden, beide stark vorspringend; eine breite Hautfalte längs des medialen Tarsusrandes vorhanden. Bei nach vorn an den Körper angelegtem Hinterbein reicht das Tibiotarsalgelenk bis zum Auge. Haut glatt oder schwach drüsig; eine Falte zieht vom Auge zur Schulter; Bauch ohne Haftscheibe. Oben olivenfarbig. Beine undeutlich quer gebändert. Unterseite einfarbig weiß. L. 32 mm.

♂ ohne Schallblasen, mit 2 kleinen Stacheln auf der Medialseite des 1. Fingers.

Ostbrasilien.

37. **L. ocellatus** (L.) 1758 *Rana ocellata*, Linné, Syst. Nat., ed. 10 p. 211 | 1815 *R. latrans*, Steffen, De Ran. Observ., p. 8 t. f. 1—4 (Skelett) | 1824 *R. pachypus* (part.) + *R. pygmaea*, Spix, Spec. Testud. Ran. Bras., p. 26 t. 2 f. 2 (♂♀), t. 3 f. 1 + p. 30 t. 6 f. 2 | 1825 *R. pachypus*, Wied, Beitr. Naturg. Bras., *v.* 1 p. 541 | 1830 *Cystignathus p.*, Wagler, Syst. Amph., p. 203 | 1830 *C. p.* (Synon. part.), Wagler, Descr. Amph., pars 2 t. 21 f. 1, 2 | 1841 *C. ocellatus* (part.), C. Duméril & G. Bibron, Erpét., *v.* 8 p. 396 | 1853 *Leptodactylus o.* + *L. serialis*, C. Girard in: P. Ac. Philad., *v.* 6 p. 420, 421 | 1855 *Cystignathus ocellatus*, Guichenot in: F. Castelnau, Exp. Amér. Sud, *v.* 2 Rept. p. 78 | 1858 *Leptodactylus o.*, C. Girard in: U. S. expl. Exp., Herpet. p. 29 t. 3 f. 1—6 (Habitus, Kopf, Füße) | 1858 *Cystignathus o.* (part.), Alb. Günther, Cat. Batr. sal. Brit. Mus., p. 27 | 1861 *C. caliginosus*, Burmeister, Reise La Plata-St., *v.* 2 p. 532 | 1862 *C. ocellatus*, J. Reinhardt & Lütken in: Vid. Meddel., *v.* 13 p. 163 | 1867 *C. o.*, Hensel in: Arch.

Naturg., *v.* 331 p. 123 | 1872 *C. o.* + *C. pachypus*, Peters in: Monber. Ak. Berlin, p. 199, 206 | 1875 *Leptodactylus p.* + *L. latinasus* (?), Espada in: Vert. Viaje Pacif., Batr. p. 48, 40 (?) | 1882 *L. ocellatus*, Boulenger, Cat. Batr. sal. Brit. Mus., ed. 2 p. 247 | 1893 *Rana octoplicata*, F. Werner in: Zool. Anz., *v.* 16 p. 93 | 1894 *Leptodactylus ocellatus*, F. Werner in: Jahresber. Ver. Magdeburg, p. 125 | 1896 *L. o.*, C. Berg in: An. Mus. Buenos Aires, *v.* 5 p. 179 (mit weiteren Literaturangaben) | 1912 *L. o.*, F. Baumann in: Zool. Jahrb., Syst. *v.* 33 p. 95.

Zunge oval, hinten schwach ausgerandet. Gaumenzähne in 2 gebogenen Reihen hinter den Choanen. Vorderkopf abgerundet, länger als der größte Augendurchmesser; Nasenloch näher bei der Vorderkopfspitze als beim Auge: Interorbitalraum so breit wie oder schmaler als ein oberes Augenlid; Trommelfell sehr deutlich, $^3/_4$ so breit wie der Augendurchmesser. Finger und Zehen mäßig lang, letztere jederseits mit einem Hautsaum; 1. Finger viel länger als der 2.: Subarticularhöcker mäßig entwickelt; ein stumpfer medialer und ein sehr kleiner lateraler Metatarsalhöcker vorhanden. Bei nach vorn an den Körper angelegtem Hinterbein reicht das Tibiotarsalgelenk bis zum Auge. Haut der Oberseite mit deutlichen, drüsigen Längsfalten; Unterseite völlig glatt, mit einer mehr oder weniger deutlichen Haftscheibe. Oben olivenfarbig oder bräunlich, mit regelmäßigen, rundlichen oder annähernd viereckigen, dunklen Flecken, davon ein großer Fleck zwischen den Augen. L. 140 mm.

♂ mit innerer, subgularer Schallblase und 2 kräftigen, hornigen Höckern auf der Medialseite des 1. Fingers.

Die Eier werden (nach Hensel l. c. 1867) in durch ringförmige Schlammwälle in flachem Wasser begrenzte, etwa 30 cm weite Becken abgesetzt, aus denen die Larven zur Regenzeit durch Überschwemmung frei werden.

Nordargentinien bis Nordbrasilien.

38. **L. caliginosus** Girard 1853 *L. c.*, C. Girard in: P. Ac. Philad., *v.* 6 p. 422 | 1858 *L. c.*, C. Girard in: U. S. expl. Exp., Herpet. p. 31 | 1858 *Cystignathus c.*, Alb. Günther, Cat. Batr. sal. Brit. Mus., p. 28 | 1860 *C. melanonotus*, E. D. Cope in: P. Ac. Philad., p. 485 | 1862 *C. podicipinus*, E. D. Cope in: P. Ac. Philad., p. 156 | 1864 *C. ocellatus* + *Platymantis Petersii*, Steindachner in: Verh. Ges. Wien, *v.* 14 p. 254 t. 11 f. 1, 1a—c, t. 16 f. 2, 2a—c (Habitus, Mundhöhle & Füße beider Arten) | 1877 *C. echinatus*, P. Brocchi in: Bull. Soc. philom., ser. 7 *v.* 1 p. 181 | 1879 *C. melanonotus*, E. D. Cope in: P. Amer. phil. Soc., *v.* 18 p. 269 | 1881 *Leptodactylus caliginosus*, Boulenger in: Bull. Soc. zool. France, *v.* 6 p. 30 | 1881 *L. echinatus*, P. Brocchi in: Miss. Mex., pars 3 II p. 18 t. 5 f. 4, 4a (Habitus, Mundhöhle) | 1882 *L. caliginosus* + *L. podicipinus*, Boulenger, Cat. Batr. sal. Brit. Mus., ed. 2 p. 247, 248 | 1887 *L. validus*, S. Garman in: Bull. Essex Inst., *v.* 19 p. 14 | 1896 *L. caliginosus*, C. Berg in: An. Mus. Buenos Aires, *v.* 5 p. 182 (mit weiteren Literaturangaben) | 1900 *L. c.*, Alb. Günther in: Biol. Centr.-Amer., Rept. & Batr. p. 214 | 1914 *L. validus*, Barbour in: Mem. Mus. Harvard, *v.* 44 p. 253.

Zunge oval, hinten ausgerandet. Gaumenzähne in 2 schwach gebogenen oder geraden Reihen hinter den Choanen. Vorderkopf abgerundet, wenig länger als der größte Augendurchmesser; Nasenloch näher bei der Vorderkopfspitze als beim Auge; Interorbitalraum so breit wie oder etwas schmaler als ein oberes Augenlid: Trommelfell $^1/_2$—$^2/_3$ so breit wie der Augendurchmesser. Finger und Zehen mäßig lang; 1. Finger den 2. etwas überragend; Zehen mit sehr deutlichen Hautsäumen; Subarticularhöcker gut entwickelt; 2 kleine Metatarsalhöcker und eine deutliche Tarsalfalte vorhanden. Bei nach vorn an den Körper angelegtem Hinterbein reicht das Tibiotarsalgelenk bis zum Auge oder etwas über dieses hinaus. Haut glatt, höchstens mit einigen verstreuten kleinen Höckern, besonders in der Coccygealregion;

Unterseite mit einer die Haftscheibe umgrenzenden Ringfalte. Oberseite braun oder olivenfarben, mit undeutlicher, dunkler Zeichnung und einem dreieckigen, dunklen Fleck zwischen den Augen auf dem Hinterkopf. Beine mit mehr oder weniger deutlichen, braunen Querbinden; Hinterseite der Oberschenkel dunkelbraun marmoriert oder genetzt. Unterseite mehr oder weniger braun oder grau gefleckt. L. 51 mm.

♂ mit innerer Schallblase und mit 2 stachelbesetzten Höckern auf der Medialseite des 1. Fingers.

Kleine Antillen (St. Vinzent, Grenada), Mexico, Zentralamerika und tropisches Südamerika (bis Nordargentinien[1]).

? **L. hallowellii** (Cope) 1862 *Hylodes h.*, E. D. Cope in: P. Ac. Philad., p. 153 | 1868 *Cystignathus h.*, E. D. Cope in: P. Ac. Philad., p. 115 | 1882 *Leptodactylus h.*, Boulenger, Cat. Batr. sal. Brit. Mus., ed. 2 p. 237.

Carthagena (Columbia).

? **L. discolor** (Rhdt. & Ltk.) 1862 *Cystignathus d.*, J. Reinhardt & Lütken in: Vid. Meddel., *v.* 13 p. 169 | 1882 *Leptodactylus d.*, Boulenger, Cat. Batr. sal. Brit. Mus., ed. 2 p. 237.

Brasilien.

? **L. andinus** (Phil.) 1902 *Cystignathus a.*, A. Philippi, Supl. Batr. Chilen., p. 119.

Anden von Chile.

? **L. boedeckeri** (Phil.) 1902 *Cystignathus b.*, A. Philippi, Supl. Batr. Chilen., p. 109.

Chile (Concepcion).

? **L. cinerascens** (Phil.) 1902 *Cystignathus c.*, A. Philippi, Supl. Batr. Chilen., p. 100.

Chile (Valdivia).

? **L. coeruleogriseus** (Phil.) 1902 *Cystignathus ? c.*, A. Philippi, Supl. Batr. Chilen., p. 97.

Chile (Valdivia).

? **L. fernandezi** (Phil.) 1902 *Cystignathus F.*, A. Philippi, Supl. Batr. Chilen., p. 112.

Chile (Chiloë).

? **L. granulatus** (Phil.) 1902 *Cystignathus g.*, A. Philippi, Supl. Batr. Chilen., p. 98.

Chile (Anden von Santiago).

? **L. oreophilus** (Phil.) 1902 *Cystignathus o.*, A. Philippi, Supl. Batr. Chilen., p. 117.

Chile (Anden von Cantin).

? **L. oxycephalus** (Phil.) 1902 *Cystignathus o.*, A. Philippi, Supl. Batr. Chilen. p. 105.

Montevideo.

? **L. oxyglossus** (Phil.) 1902 *Cystignathus o*, A. Philippi, Supl. Batr. Chilen., p. 110.

Chile (Chiloë).

? **L. pallidus** (Phil.) 1902 *Cystignathus p.*, A. Philippi, Supl. Batr. Chilen., p. 104.

Chile (Valdivia).

---

[1]) Barbour hält es (l. c. 1914) für richtiger, *L. melanonotus* Hallow. und *L. validus* S. Garman als besondere Arten von *L. caliginosus* abzutrennen, gibt aber keine genauen Merkmale zur Unterscheidung der 3 Arten an.

? **L. vittatus** (Phil.) 1902 *Cystignathus v.*, A. Philippi, Supl. Batr. Chilen., p. 103. Chile (Araucania).

? **L. zebra** (Phil.) 1902 *Cystignathus z.*, A. Philippi, Supl. Batr. Chilen., p. 101. Chile (Santiago).

18. Gen. **Pleurodema** Tschudi

1838 *Pleurodema*, Tschudi, Classif. Batr., p. 84 | 1841 *Cystignathus* (part.), C. Duméril & G. Bibron, Erpét., *v.* 8 p. 392 | 1843 *Pleurodema* + *Leiuperus*, T. Bell in: Zool. Voy. Beagle, pars 5 p. 36, 39 | 1843 *Physalaemus*, Fitzinger, Syst. Rept., *v.* 1 p. 31 | 1858 *Pleurodema* (part.), Alb. Günther, Cat. Batr. sal. Brit. Mus., p. 31 | 1865 *P.* + *Gomphobates*, E. D. Cope in: Nat. Hist. Rev., p. 113 | 1866 *Pleurodema*, E. D. Cope in: J. Ac. Philad., ser. 2 *v.* 6 p. 95 | 1867 *P.*, Steindachner in: Reise Novara, Amph. p. 13 | 1868 *Lystris* (part.), E. D. Cope in: P. Ac. Philad., p. 312 | 1870 *Edalorhina*, Espada in: J. Ac. Lisboa, *v.* 3 p. 58 | 1875 *Pleurodema* + *Edalorhina*, Espada in: Vert. Viaje Pacif., Batr. p. 87, 105 | 1882 *E.* (part.) + *Paludicola* (part.), Boulenger, Cat. Batr. sal. Brit. Mus., ed. 2 p. 229 | 1892 *P.* (part.), O. Boettger, Kat. Batr. Mus. Senckenb., p. 30 | 1896 *P.* (part.), C. Berg in: An. Mus. Buenos Aires, *v.* 5 p. 169, 217.

Pupille horizontal. Zunge annähernd kreisrund, oval oder herzförmig, hinten frei abhebbar, ganzrandig oder hinten mehr oder weniger deutlich eingeschnitten. Gaumenzähne in schrägen Reihen zwischen oder hinter den Choanen. Trommelfell unsichtbar, undeutlich oder (selten) deutlich sichtbar. Finger frei, Zehen ebenfalls frei oder durch eine in der Regel nur sehr schwache Schwimmhaut verbunden. Finger- und Zehenspitzen nicht verbreitert, mit einfachen knöchernen Endphalangen; Schwimmhaut nicht zwischen die Metatarsen der 4. und 5. Zehe eingreifend. Omosternum knorpelig, Sternum mit knöchernem Stiel und mit knorpeliger, durch einen von ihrem Hinterrande ausgehenden Einschnitt, [bei allen Arten?] gegabelten Endplatte (Fig. 336).

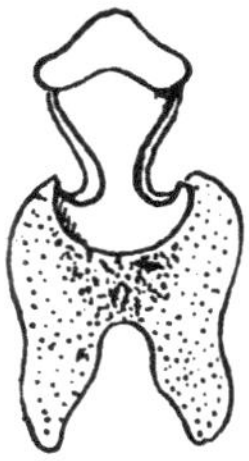

Fig. 336. **Pleurodema bibroni.** Sternum (Knorpel punktiert) ($^{37}/_{10}$) (nach Méhely).

12 sichere und 15 unsichere Arten in Südamerika.

Bestimmungstabelle der Arten:

1 { Oberes Augenlid nicht mit Höckern besetzt; Gaumenzähne zwischen den Choanen — **2**
Oberes Augenlid mit Höckern besetzt (Fig. 341); Gaumenzähne hinter den Choanen — **10**

2 { Kein Tarsalhöcker vorhanden; eine deutliche Lumbardrüse jederseits vorhanden (ld in Fig. 337) — **3**
ein deutlicher Tarsalhöcker am medialen Tarsusrande vorhanden (*c* in Fig. 28 p. 10); Lumbardrüse fehlt . . . . 12. **P. diplolistris**

3 { Trommelfell undeutlich oder unsichtbar — **4**
Trommelfell deutlich sichtbar — **9**

4 { Zehen mindestens durch eine Spur von Schwimmhaut verbunden und jederseits von einem schmalen Hautsaum begleitet (Fig. 339 u. 340) — **5**
Zehen ganz ohne Schwimmhaut und ohne Hautsäume . . 2. **P. frenata**

5 { Zehen nur an ihrer Basis durch eine Spur von Schwimmhaut verbunden (Fig. 339) — **6**
Zehen fast zu ½ ihrer Länge durch Schwimmhaut verbunden (Fig. 340) . . . . 3. **P. bufonina**

6 Bei nach vorn an den Körper angelegtem Hinterbein reicht das Tibiotarsalgelenk:
bis zur Schulter oder kaum bis zum Trommelfell — 7
über die Augenmitte hinaus . . . . 6. **P. alpina**

7 1. Finger ebenso lang wie der 2.; Vorderkopf etwas länger als der Augendurchmesser — 8
1. Finger erheblich länger als der 2.; Vorderkopf so lang wie der Augendurchmesser . . . . 11. **P. brachyops**

8 Medialer Metatarsalhöcker größer, besonders länger als der laterale (Fig. 339) . . . . 1. **P. bibroni**
Lateraler Metatarsalhöcker größer als der mediale . . . . 4. **P. darwinii**

9 Bei nach vorn an den Körper angelegtem Hinterbein reicht das Tibiotarsalgelenk:
bis zwischen Trommelfell und Auge; Trommelfell ½ so breit (oder etwas mehr als ½) wie der Augendurchmesser . . 5. **P. borellii**
bis zur Augenmitte; Trommelfell ⅓ so breit wie der Augendurchmesser . . . . 7. **P. cinerea**

10 Bei nach vorn an den Körper angelegtem Hinterbein reicht das Tibiotarsalgelenk:
bis zur Schulter oder bis zum Trommelfell; Vorderkopfspitze mit einem Hautanhang, der mindestens ½ so lang ist wie der Augendurchmesser . . . . 8. **P. nasuta**
bis oder fast bis zum Auge; Vorderkopfspitze ohne Hautanhang — 11

11 Eine stark vorspringende, W-förmige Querfalte auf dem Interorbitalraum; Rücken marmoriert (Fig. 341) . . . . 9. **P. perezi**
Keine Querfalte auf dem Interorbitalraum; Rücken längsgestreift . . . . 10. **P. buckleyi**

1. **P. bibroni** Tsch. 1830 *Bufo thaul* (non J. G. Schneider 1799), R. P. Lesson in: Voy. Coquille, *v.* 21 p. 64 Rept. t. 7 f. 6[1]) | 1838 *Pleurodema Bibroni* (= *Bombinator ocellatus* Mus. Lugd. MS.), Tschudi, Classif. Batr., p. 85 (descr. nulla) | 1841 *Cystignathus bibroni*, C. Duméril & G. Bibron, Erpét., *v.* 8 p. 410 | 1841 „*Pleurodème de Bibron*", C. Duméril & G. Bibron, Erpét., *v.* 8 t. 87 f. 2, 2a (Habitus, Mundhöhle) | 1843 *Pleurodema elegans*, T. Bell in: Zool. Voy. Beagle, pars 5 p. 37 t. 17 f. 4 | 1848 *Cystignathus Bibroni* + *C. elegans*, Guichenot in: Gay, Hist. Chile, *v.* 2 p. 96 t. 7 f. 2, 101 | 1858 *Pleurodema Bibroni* + *P. elegans*, C. Girard in: U. S. expl. Exp., Herpet. p. 38 t. 4 f. 33—38 (Habitus, Kopf, Füße) + p. 40 t. 4 f. 28—32 (Habitus, Kopf, Füße) | 1858 *P. bibroni* var. *A* (part.) + var. *C*, Alb. Günther, Cat. Batr. sal. Brit. Mus., p. 32 | 1867 *P. B.*, Steindachner in: Reise Novara, Amph. p. 13 | 1875 *P. b.*, Espada in: Vert. Viaje Pacif., Batr. p. 87 | 1882 *Paludicola bibronii* (part.), Boulenger, Cat. Batr. sal. Brit. Mus., ed. 2 p. 231 f. (Hinterfuß) | 1892 *P. b.* (part.), O. Boettger, Kat. Batr. Mus. Senckenb., p. 30 | 1896 *P. B.*, C. Berg in: An. Mus. Buenos Aires, *v.* 5 p. 170 | 1897 *P. B.*, F. Werner in: Zool. Jahrb., suppl. 4 p. 266.

Fig. 337. **Pleurodema bibroni.** Habitusbild, *ld* Lumbardrüsen (nach C. Duméril u. G. Bibron).

Zunge annähernd kreisrund, ganzrandig oder hinten undeutlich ausgerandet. Gaumenzähne in 2 kleinen, nach hinten konvergierenden Gruppen zwischen den Choanen (Fig. 338). Vorderkopf abgerundet, wenig länger als der Augendurchmesser (Fig. 337); Nasenloch gleichweit von Auge und Vorderkopfspitze entfernt; Interorbitalraum in der Regel schmaler als ein oberes Augenlid; Trommelfell undeutlich oder völlig unsichtbar.

[1]) Auf der Tafel irrtümlich als Fig. 5 bezeichnet.

1. Finger den 2. nicht überragend; Finger und Zehen mäßig lang, letztere durch eine Spur von Schwimmhaut verbunden, die als Hautsaum an den Zehen entlang bis zu deren Spitze zieht; Subarticularhöcker mäßig entwickelt; 2 deutliche Metatarsalhöcker vorhanden, von denen der ovale mediale stärker entwickelt, namentlich länger ist als der rundliche laterale Metatarsalhöcker (Fig. 339). Bei nach vorn an den Körper angelegtem Hinterbein reicht das

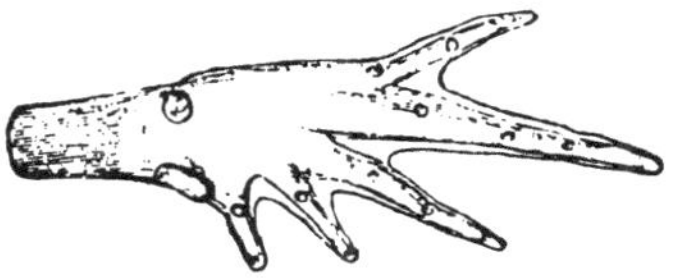

Fig. 338. Fig. 339.
Pleurodema bibroni. Fig. 338: Mundhöhle (nach C. Duméril u. G. Bibron); Fig. 339: Rechter Hinterfuß von unten (nach Boulenger).

Tibiotarsalgelenk kaum bis zum Trommelfell. Haut glatt, oder auf der Oberseite mit kleinen Warzen besetzt; eine ovale, stark vorspringende Lumbardrüse vorhanden, die in der Regel größer ist als der Augapfel. Oberseite grau oder olivenfarben, braun marmoriert, zuweilen mit einem hellen Längsstreifen in der Mittellinie des Rückens; Lumbardrüse schwarz und weiß gefleckt. Unterseite einfarbig hell. L. 47 mm.

♂ mit einer subgularen Schallblase an der in ihrer vorderen Hälfte schwarzen Kehle.

Chile.

2. **P. frenata** (Cope) 1890 *Paludicola f.*, E. D. Cope in: P. U. S. Mus., *v.* 12 p. 143.

Zunge hinten sehr schwach ausgerandet. Gaumenzähne in schrägen Gruppen zwischen den Choanen. Vorderkopf stumpf, oben verschmälert, etwas über die Unterlippe vorspringend; Nasenloch näher beim Auge als beim Lippenrand; Trommelfell unsichtbar. 1. Finger viel länger als der nur aus dem Metacarpale bestehende 2. Finger; Zehen ohne Hautsäume und Schwimmhaut; 2 kegelförmige Metatarsalhöcker, aber kein Tarsalhöcker vorhanden. Bei nach vorn an den Körper angelegtem Hinterbein reicht das Tibiotarsalgelenk bis zum Hinterrand des Auges. Haut mit einigen niedrigen Höckern, aber ohne scharf begrenzte Hautfalten; Inguinaldrüsen gut ausgebildet; Hinterseite der Oberschenkel höckerig. Grundfarbe grau; jederseits von der Mittellinie des Rückens eine Reihe von 6 oder 7 schwärzlichen, hellgesäumten Flecken vorhanden; hinter dem Auge 2 Flecke, von denen der größere untere nach hinten bis zum Oberarm reicht und vorn in einer Linie mit einer Binde längs des Canthus rostralis liegt, die bis zur Oberlippe reicht; ein dunkler, dreieckiger Fleck unter dem Auge. Inguinaldrüse vorn hell, hinten schwarz. Beine quer gebändert. Unterseite ungefleckt. L. 29 mm.

Lota (Chile).

3. **P. bufonina** Bell 1843 *P. b.* + *Leiuperus salarius*, T. Bell in: Zool. Voy. Beagle, pars 5 p. 39 t. 17 f. 5 + p. 32 t. 18 f. 1, 1a (Habitus, Hinterfuß) | 1858? *L. s.* + *Pleurodema bufonium*, Alb. Günther, Cat. Batr. sal. Brit. Mus., p. 22, 31 | 1882 *Paludicola bufonia*, Boulenger, Cat. Batr. sal. Brit. Mus., ed. 2 p. 230 f. (Hinterfuß) | 1896 *P. b.*, C. Berg in: An. Mus. Buenos Aires, *v.* 5 p. 169 | 1909 *P. bufonina*, Stejneger in: Rep. Princeton Univ. Exp. Patag., *v.* 8 p. 215 (mit weiteren Literaturangaben).

Zunge annähernd kreisrund, hinten undeutlich ausgerandet. Gaumenzähne in 2 kleinen, nach hinten konvergierenden Gruppen zwischen den Choanen. Vorderkopf abgerundet, so lang wie der Augendurchmesser; Nasenloch gleichweit von Auge und Vorderkopfspitze entfernt; Interorbitalraum so breit wie ein oberes Augenlid; Trommelfell undeutlich. 1. Finger den 2. etwas überragend; Finger und Zehen kurz, flach; Zehen fast zu $^1/_2$ ihrer Länge durch Schwimmhaut verbunden, die als Hautsaum bis zur Zehenspitze reicht (Fig. 340); Subarticularhöcker klein; 2 kräftige, ovale, seitlich zusammengedrückte Metatarsalhöcker vorhanden. Bei nach vorn an den Körper angelegtem Hinterbein reicht das Tibiotarsalgelenk höchstens bis zum Trommelfell. Oberseite mit sehr kleinen Warzen besetzt; eine annähernd kreisrunde Drüse auf der Schulter; eine flache, elliptische, sehr große Lumbardrüse vorhanden, die mindestens so lang ist wie der Kopf. Oben olivenfarbig, mit kleinen, dunklen Flecken, zuweilen mit einem hellen Längsstreifen in der Rückenmitte; Lumbardrüse wie der Rücken gefärbt, mit großen, unregelmäßigen, braunen Flecken. Beine quer gebändert. L. 41 mm.

Fig. 340. **Pleurodema bufonina.** Rechter Hinterfuß von unten (nach Boulenger).

Merkmale der Larve (nach Stejneger l. c): Körper etwa 1½ mal so lang wie breit, $^2/_3$ so lang wie der Schwanz. Nasenlöcher etwa gleichweit vom Auge und von der Vorderkopfspitze entfernt; Abstand der Augen voneinander mehr als doppelt so groß wie der zwischen den Nasenlöchern, viel größer als die Mundbreite; Entfernung der Nasenlöcher voneinander kleiner als ihre Entfernung vom Auge oder als dessen Durchmesser. Spiraculum auf der linken Körperseite, nach hinten gerichtet, näher beim Auge als bei der Ansatzstelle des Hinterbeines; After in der Mittellinie der Unterseite. Schwanz etwa 4 mal so lang wie hoch, mit stumpfer Spitze endigend; Höhe seines muskulösen Teils an seiner Basis etwas mehr als $^2/_3$ seiner Gesamthöhe; Schwanzflossen beide auf den Schwanz beschränkt und gleich hoch. Schnabel schwarz gerandet und sehr fein gezähnelt; Lippenränder, außer in der Mitte der Oberlippe, mit Papillen besetzt. Oberlippe mit 2, Unterlippe mit 3 Zähnchenreihen; die innere Reihe der Oberlippe stets, die innerste Reihe der Unterlippe nicht immer unterbrochen. Olivengrau, unten heller; Schwanz undeutlich dunkel gesprenkelt. L. 50 mm, davon 30 auf den Schwanz.

Patagonien.

4. **P. darwinii** Bell 1843 *P. D.*, T. Bell in: Zool. Voy. Beagle, pars 5 p. 36 t. 13 f. 3 | 1858 *P. bibronii* var. *A* (part.), Alb. Günther, Cat. Batr. sal. Brit. Mus., p. 32 | 1867 *P. Darwinii*, Hensel in: Arch. Naturg., *v.* 331 p. 133 | 1882 *Paludicola bibronii* (part.), Boulenger, Cat. Batr. sal. Brit. Mus., ed. 2 p. 231 | 1892 *P. bibroni* (part.), O. Boettger, Kat. Batr. Mus. Senckenb., p. 50 | 1896 *P. Darwinii*, C. Berg in: An. Mus. Buenos Aires, *v.* 5 p. 171.

Steht der *P. bibroni* Tsch. (nr. 1 p. 494) sehr nahe, wurde auch von Günther und Boulenger mit dieser Art vereinigt, unterscheidet sich aber von ihr, wie zuerst Hensel l. c. hervorgehoben hat, durch andersartige Ausbildung der Metatarsalhöcker, von denen bei *P. darwinii* der laterale stärker ausgebildet ist als der mediale, während es sich bei *P. bibroni* Tsch. umgekehrt verhält. — Oberseite auf hellgrünem Grunde dunkelolivenfarbig oder schwarz marmoriert. Lumbardrüse mit schwarzem Mittelfleck und sehr hellgrünem oder fast weißem Randsaum. Beine mit zahlreichen Querbinden der vorherrschenden Farbe, Oberschenkel mit einem Stich in Orange oder Rot. Unterseite hell, einzelne Tiere [♂?] mit schwärzlichem Kinn. L. 33 mm.

Uruguay.

5. **P. borellii** (Prcc.) 1895 *Paludicola B.*, Peracca in: Boll. Mus. Torino, *v.* 10 nr. 195 p. 26.

Zunge annähernd kreisrund, vorn und hinten leicht ausgerandet. Gaumenzähne in 2 nach vorn konvergierenden Gruppen zwischen den Choanen. Vorderkopf etwas abgerundet, schräg von vorn nach hinten abgestutzt, ein wenig länger als der Augendurchmesser, mit rundlichem Canthus rostralis; Nasenloch näher bei der Vorderkopfspitze als beim Auge; Interorbitalraum kaum schmaler als ein oberes Augenlid; Trommelfell senkrecht oval, sein Querdurchmesser $^1/_2$ oder etwas mehr als $^1/_2$ so breit wie das Auge. 1. Finger etwas länger als der 2.; Finger und Zehen ziemlich lang, letztere ohne Hautsäume und ohne Schwimmhaut; Subarticularhöcker gut entwickelt, kegelförmig, als Höckerreihen sich auf der Fußsohle fortsetzend; 2 kräftige, mittelgroße, ovale, zum Graben geeignete Metatarsalhöcker und eine Tarsalfalte vorhanden. Bei nach vorn an den Körper angelegtem Hinterbein reicht das Tibiotarsalgelenk zwischen Trommelfell und Auge. Haut der Oberseite im Allgemeinen glatt; 2 wenig deutliche Drüsenfalten bilden auf dem Rücken ein X, dessen Arme sich in der Mitte nicht berühren; eine kräftige Drüsenfalte zieht oberhalb des Trommelfells herum zur Schulter; Drüsenwarzen auf den oberen Augenlidern; eine große, ovale Lumbardrüse vorhanden, etwa doppelt so lang wie der Augendurchmesser. Bauch mit einer Haftscheibe. Oberseite aschgrau oder bräunlich; je eine schwarze Binde zieht von der Oberlippe über das Nasenloch zum Vorderrand des Auges und vom Trommelfell, in ein oder mehrere Flecke aufgelöst, zur Schulter; Oberlippe mit 3 senkrechten, schwarzen Binden; ein V-förmiger Fleck zwischen den Augen, hinter diesen 2 schwarze, unterbrochene, gebogene Linien, die von den Augen ausgehend, zuerst gegen die Rückenmitte konvergieren, dann wieder divergieren und in der Lumbarregion verschwinden; häufig eine besonders in der Sacralregion deutliche, helle Längslinie in der Rückenmitte. Lumbardrüse mit 2 unregelmäßigen, schwarzen Flecken. Beine mit mehr oder weniger deutlichen, dunklen Querbinden. Unterseite weißlich oder graubraun. L. 45 mm.

♂ mit subgularer Schallblase, dunkler Kehle und mit einer schwärzlichen Brunstschwiele auf der Oberseite und Medialseite des 1. Fingers.

Tucuman (Argentinien).

6. **P. alpina** (L. G. Anderss.) 1906 *Paludicola a.*, L. G. Andersson in: Ark. Zool., *v.* 3 nr. 12 p. 6 t. 1 f. 1, 1a (Habitus, Hinterfuß).

Zunge annähernd kreisrund, hinten wenig ausgerandet. Gaumenzähne in 2 kleinen, nach hinten konvergierenden Gruppen zwischen den Choanen. Vorderkopf abgerundet, so lang wie der Augendurchmesser; Nasenloch viel näher bei der Vorderkopfspitze als beim Auge; Interorbitalraum wenig schmaler als ein oberes Augenlid; Trommelfell undeutlich, mit wenig sichtbarem Rand. 1. Finger länger als der 2.; Zehen an der Basis durch Schwimmhaut verbunden, die als schmaler Hautsaum an den Zehen entlang zieht; 2 große, vorspringende Metatarsalhöcker vorhanden, der mediale länglich oval, der laterale mehr quer verbreitert. Bei nach vorn an den Körper angelegtem Hinterbein reicht das Tibiotarsalgelenk bis zur oder über die Mitte des Auges hinaus. Haut der Oberseite glatt, abgesehen von einigen verstreuten Höckern auf dem Rücken und der Hinterseite der Oberschenkel; eine große, ovale Lumbardrüse vorhanden, $1-1^1/_2$ mal so lang wie der Augendurchmesser; Unterseite der Oberschenkel gekörnelt, sonst glatt. Oberseite graubraun, mit einer schwach angedeuteten, hellen Längslinie in der Rückenmitte und mit sehr deutlichen großen, unregelmäßigen, dunklen Flecken, die von einem medialen schmalen, schwarzen Rand und von einem lateralen hellen Saum umgeben sind und in sich wieder schwarze, oft zu Ringen zusammenfließende Sprenkel zeigen. Lumbardrüse mit einem großen, ovalen, dunklen Fleck; Lenden und Rumpfseiten hell mit kleinen, schwarzen Flecken. Beine mit dunklen Querbinden. Unterseite schmutzig gelblichweiß; Kinn grau. L. 39 mm.

Casabindo (Anden von Argentinien), in 3500 m Höhe.

7. **P. cinerea** Cope 1877 *P. cinereum*, E. D. Cope in: P. Amer. phil. Soc., v. 17 p. 40 | 1882 *Paludicola cinerea*, Boulenger, Cat. Batr. sal. Brit. Mus., ed. 2 p. 232.

Zunge breit oval, hinten schlitzartig eingeschnitten. Gaumenzähne in 2 kleinen Gruppen zwischen den Choanen. Vorderkopf oval, senkrecht abgestutzt; Nasenlöcher endständig; Trommelfell deutlich, $^1/_3$ so breit wie der Augendurchmesser. 2 Metatarsalhöcker vorhanden, der laterale nicht vorspringend. Bei nach vorn an den Körper angelegtem Hinterbein reicht das Tibiotarsalgelenk bis zur Augenmitte. Haut überall auf der Oberseite von Kopf und Rumpf mit niedrigen Warzen besetzt; eine mäßig große, ovale Lumbardrüse vorhanden. Oberseite graubleifarbig, mit undeutlichen, dunkelbleifarbigen Flecken, von denen der größte sich zwischen den Augen befindet; 3 dunkelgraue, senkrechte, breite Binden auf der Oberlippe; ein halbmondförmiger, schwarzer Fleck auf der Lumbardrüse. Beine dunkel quer gebändert; Hinterseite der Oberschenkel dunkelgrau gefleckt. Unterseite schmutzigweiß, Kehle grau bestäubt. L. 27 mm.

Juliaca (Peru), in 3800 m Höhe.

8. **P. nasuta** (Blgr.) 1912 *Edalorhina n.*, Boulenger in: Ann. nat. Hist., ser. 8 v. 10 p. 190.

Gaumenzähne in 2 schwach geneigten Reihen hinter der Verbindungslinie der Choanen. Kopf stark abgeplattet; Vorderkopf spitz, mit kräftigem Canthus rostralis und sehr schief abfallender, vertiefter Zügelregion, mit einem spitzen Hautanhang endigend, der mindestens $^1/_2$ so lang ist wie das Auge; Nasenloch näher bei der Vorderkopfspitze als beim Auge; Interorbitalraum so breit wie ein oberes Augenlid; Trommelfell sehr undeutlich, kleiner als das Auge. 1. und 2. Finger gleich lang; Zehen durch eine schwache Spur von Schwimmhaut verbunden; Subarticularhöcker kräftig entwickelt; 2 kleine Metatarsalhöcker vorhanden. Bei nach vorn an den Körper angelegtem Hinterbein reicht das Tibiotarsalgelenk bis zur Schulter oder zum Trommelfell. Oberes Augenlid mit kegelförmigen Höckern besetzt; eine kräftige Hautfalte zieht hinter dem Auge schräg zur Mitte der Rumpfseite herab; eine gebogene Hautleiste zwischen den Augen und eine >—<-förmige Leiste in der Schultergegend. Oberseite grau oder hellbraun, mit dunkler Zeichnung; eine breite, schwarze Binde hinter dem Auge verbreitert sich zu einem großen, die Bauchseiten und die Pubicalregion einnehmenden Fleck; Lendenregion orange, mit einem großen, ovalen, schwarzen Fleck. Kehle und Bauchmitte weiß. Unterseite der Beine schwarz und weiß marmoriert. L. 38 mm.

Huancabamba (Ostperu), in 900 m Höhe.

9. **P. perezi** (Espada) 1870 *Edalorhina P.*, Espada in: J. Ac. Lisboa, v. 3 p. 58 | 1875 *E. P.*, Espada in: Vert. Viaje Pacif., Batr. p. 105 t. 1 f. 5, 5a—c (Habitus, Kopf von der Seite, Mundhöhle) | 1882 *E. perezii*, Boulenger, Cat. Batr. sal. Brit. Mus., ed. 2 p. 227 t. 16 f. 2 (Kopf von oben).

Gaumenzähne in 2 nach hinten konvergierenden, an der hinteren medialen Ecke der Choanen beginnenden Reihen. Vorderkopf winklig, mit wohl ausgebildetem Canthus rostralis; Nasenloch näher bei der Vorderkopfspitze als beim Auge; Interorbitalraum schmaler als ein oberes Augenlid; Trommelfell oval, seine nach oben und vorn gerichtete Längsachse so lang wie der Augendurchmesser. 1. Finger den 2. nicht überragend; Zehen durch eine Spur von Schwimmhaut verbunden; Subarticularhöcker gut entwickelt; 2 kleine Metatarsal- und 3 oder 4 kegelförmige Tarsalhöcker vorhanden. Bei nach vorn an den Körper angelegtem Hinterbein reicht das Tibiotarsalgelenk bis oder fast bis zum Auge. Haut fast glatt; eine kräftige Hautfalte zieht vom Auge zu den Weichen und bildet in der Schultergegend den oberen Rand einer großen Parotoiddrüse; eine ähnliche Hautfalte in der Lendengegend; eine mehr oder weniger deutliche Hautfalte in der Mittellinie des Rückens. Einige kegelförmige Höcker auf dem Vorderkopf; 3 oder 4 hornartige Hautanhänge am freien Rande des oberen Augenlides (Figur 341); eine kräftige, etwa W-förmige Hautfalte verbindet die beiden Augenlider miteinander; in der Regel 4 rundliche Höcker auf dem Rücken und je ein solcher auf jedem Oberschenkel; eine vorspringende Hautfalte quer über die Mitte eines jeden Unterschenkels. Oberseite olivenfarbig, dunkel marmoriert; Zügelregion mit schrägen Streifen. Rumpfseiten tiefschwarz, das Schwarz geht auch auf die Bauchseiten über und bildet auf dem Bauche eine breite Querbinde vor den Oberschenkeln; Lumbardrüse gelb und schwarz. Beine oben quer gebändert, unten schwarz und gelb. L. 37 mm.

Fig. 341. **Pleurodema perezi** (nach Espada).

♂ mit subgularer Schallblase und braunen Brunstschwielen auf der Medialseite des 1. Fingers.

Ecuador.

10. **P. buckleyi** (Blgr.) 1882 *Edalorhina b.*, Boulenger, Cat. Batr. sal. Brit. Mus., ed. 2 p. 228 t. 16 f. 1, 1a, b (Habitus, Mundhöhle).

Der vorigen Art sehr ähnlich, unterscheidet sich von ihr in folgenden Punkten: Keine Hautfalte zwischen den Augenlidern; eine Hautfalte zieht von der Mitte eines jeden oberen Augenlides, eine weitere Hautfalte zieht von der Vorderkopfspitze zum Hinterkopf; ein länglicher Höcker in der Rückenmitte vorhanden. Rücken mit braunen Längsstreifen. L. 35 mm.

Canelos (Ecuador).

11. **P. brachyops** (Cope) 1858 *P. bibroni* (part.) var. *B*, Alb. Günther, Cat. Batr. sal. Brit. Mus., p. 32 | 1863 *P. elegans* (non T. Bell 1843), Steindachner in: SB. Ak. Wien, *v.* 48 p. 186 t. 1 f. 1—5 (Habitus, Mundhöhle, Füße) | 1867 *P. e.*, Steindachner in: Reise Novara. Amph. p. 14 | 1868 *Lystris brachyops*, E. D. Cope in: P. Ac. Philad., p. 312 | 1877 *Pleurodema Sachsi*, Peters in: Monber. Ak. Berlin, p. 460 | 1882 *Paludicola brachyops*, Boulenger, Cat. Batr. sal. Brit. Mus., ed. 2 p. 232 f. (Hinterfuß).

Zunge annähernd kreisrund. Gaumenzähne in 2 kleinen, schräg gestellten Gruppen zwischen den Choanen. Vorderkopf abgerundet, so lang wie der Augen-

durchmesser; Nasenloch etwas näher bei der Vorderkopfspitze als beim Auge; Interorbitalraum schmaler als ein oberes Augenlid; Trommelfell undeutlich. 1. Finger den 2. ein gut Teil überragend; Finger mäßig lang; Zehen kurz, durch eine Spur von Schwimmhaut verbunden, die als schmaler Hautsaum an den Zehenseiten entlang zieht; Subarticularhöcker mäßig entwickelt; 2 große, ovale, schaufelförmige Metatarsalhöcker vorhanden, von denen der laterale etwas länger ist als der mediale. Bei nach vorn an den Körper angelegtem Hinterbein reicht das Tibiotarsalgelenk bis zur Schulter. Haut der Oberseite mit wenigen, kleinen, flachen Warzen besetzt; eine ovale, stark vorspringende Lumbardrüse vorhanden, die so groß ist wie der Augapfel. Oberseite olivenbraun, mit geringer, undeutlicher, dunkler Zeichnung; ein großer, schwarzer Fleck in der Inguinalregion, der auch die einige kleine, weiße Flecke zeigende Lumbardrüse umfaßt. Lenden und Hinterseite der Oberschenkel rosig, ungefleckt; Oberseite der Oberschenkel mit 3 großen, schwarzen Flecken. L. 41 mm.
♂ mit grauer Kehle und subgularer Schallblase.

Columbia, Venezuela und Nordbrasilien.

12. **P. diplolistris** (Ptrs.) 1870 *Cystignathus d.*, Peters in: Monber. Ak. Berlin, p. 648 t. 2 f. 2, 2a (Habitus, Mundhöhle) | 1882 *Paludicola d.*, Boulenger, Cat. Batr. sal. Brit. Mus., ed. 2 p. 233.

Zunge herzförmig; Gaumenzähne in 2 nach hinten konvergierenden Reihen zwischen den Choanen. Vorderkopf abgerundet, so lang wie der Augendurchmesser; Nasenloch gleichweit von Auge und Vorderkopfspitze entfernt; Interorbitalraum kaum schmaler als ein oberes Augenlid; Trommelfell sichtbar, $^1/_3$ so breit wie der Augendurchmesser. 1. Finger ein klein wenig länger als der 2.; Zehen ohne Schwimmhaut und ohne Hautsaum; Subarticularhöcker wenig entwickelt; 2 große, schaufelförmige Metatarsalhöcker und ein undeutlicher, flacher Tarsalhöcker vorhanden. Bei nach vorn an den Körper angelegtem Hinterbein reicht das Tibiotarsalgelenk bis zur Augenmitte. Haut glatt; keine Lumbardrüse vorhanden. Oberseite graubraun, dunkel marmoriert; Gliedmaßen quer gebändert. Unterseite einfarbig hell. L. 36 mm.

Ceara (Nordostbrasilien).

? **P. biligonigera** (Cope) 1860 *Liuperus biligonigerus*, E. D. Cope in: P. Ac. Philad., p. 517 | 1862 *Pleurodema biligonigera*, E. D. Cope in: P. Ac. Philad., p. 352 | 1869 *Gomphobates biligonigerus*, E. D. Cope in: P. Amer. phil. Soc., *v.* 11 p. 168 | 1882 *Paludicula biligonigera* (part.), Boulenger, Cat. Batr. sal. Brit. Mus., ed. 2 p. 234 | 1891 *P. signifera* (part.), Boulenger in: Ann. nat. Hist., ser. 6 *v.* 8 p. 454[1]).
Buenos Aires.

? **P. montevidensis** Phil. 1902 *P. m.*, A. Philippi, Supl. Batr. Chilen., p. 142.
Montevideo.

? **P. andicola** Phil. 1902 *P. a.*, A. Philippi, Supl. Batr. Chilen., p. 135.
Anden von Cantin (Chile).

---

1) Nach Boulenger (ll. cc.) soll *P. b.* mit *Paludicola notata* (Rhdt. & Ltk.) bzw. mit *P. signifera* Girard identisch sein; die beiden Arten besitzen aber keine Gaumenzähne, während *Pleurodema b.* nach Copes berichtigender Bemerkung (l. c. 1862) solche besitzt; wie schon Méhely (in Ann. Mus. Hungar., *v.* 2 1904 p. 211 nota) mit Recht hervorgehoben hat, kann daher die letztere Art nicht mit den genannten *Paludicola*-arten vereinigt werden. Ob *Pleurodema biligonigerum* Cope eine besondere Art ist, oder ob es vielleicht mit einer der bisher beschriebenen *Pleurodema*-Arten identisch ist, läßt sich nach der wenig genauen Beschreibung Copes ohne Vergleich der Typexemplare nicht feststellen.

? **P. andina** Phil. 1902 *P. a.*, A. Philippi, Supl. Batr. Chilen., p. 127.
Anden von Chile.

? **P. aspera** Phil. 1902 *P. a.*, A. Philippi, Supl. Batr. Chilen., p. 139.
Provinz Aconcagua (Chile).

? **P. belli** Phil. 1902 *P. b.*, A. Philippi, Supl. Batr. Chilen., p. 124.
Provinz Valdivia (Chile).

? **P. carbonaria** Phil. 1912 *P. c.*, A. Philippi, Supl. Batr. Chilen., p. 138.
Provinz Valdivia (Chile).

? **P. coquimbensis** Phil. 1902 *P. c.*, A. Philippi, Supl. Batr. Chilen., p. 129.
Coquimbo (Chile).

? **P. fusca** Phil. 1902 *P. f.*, A. Philippi. Supl. Batr. Chilen., p. 129.
Valdivia (Chile).

? **P. glandulosa** Phil. 1902 *P. g.*, A. Philippi. Supl. Batr. Chilen., p. 134.
Concepcion (Chile).

? **P. longipes** Phil. 1902 *P. l.*, A. Philippi, Supl. Batr. Chilen., p. 137.
Valdivia (Chile).

? **P. phryniscoides** Phil. 1902 *P. p.*, A. Philippi. Supl. Batr. Chilen., p. 140.
Chile.

? **P. plebeya** Phil. 1902 *P. p.*, A. Philippi, Supl. Batr. Chilen., p. 136.
Coquimbo.

? **P. pseudophryne** Phil. 1902 *P. p.*, A. Philippi, Supl. Batr. Chilen., p. 126.
Chonos-Insel (Chile).

? **P. verrucosa** Phil. 1902 *P. v.*, A. Philippi, Supl. Batr. Chilen., p. 143.
Provinz Valdivia (Chile).

19. Gen. **Paludicola** Wagler

1824 *Bufo* (part.), Spix, Spec. Testud. Ran. Bras., p. 43 | 1826 *Physalaemus* (part.), Fitzinger, Classif. Rept., p. 39, 65 | 1830 *Paludicola*, Wagler, Syst. Amph., p. 206 | 1841 *Leiuperus*, C. Duméril & G. Bibron, Erpét., *v.* 8 p. 420 | 1858 *Rhinoderma*, C. Girard in: U. S. expl. Exp., Herpet. p. 71 | 1858 *Leiuperus*, O. Schmidt in: Denk. Ak. Wien, *v.* 14 p. 240 | 1858 *L.*, Alb. Günther, Cat. Batr. sal. Brit. Mus., p. 22 | 1862 *L.* + *Gomphobates*, J. Reinhardt & Lütken in: Vid. Meddel., *v.* 13 p. 171, 172 | 1864 *Eupemphix* (part.) + *Liuperus* + *Nattereria*, Steindachner in: Verh. Ges. Wien, *v.* 14 p. 271, 273, 279 | 1865 *Liuperus*, E. D. Cope in: Nat. Hist. Rev., p. 113 | 1866 *L.* + *Gomphobates*, E. D. Cope in: J. Ac. Philad., ser. 2 *v.* 6 p. 95, 96 | 1867 *G.*, Steindachner in: Reise Novara, Amph. p. 11 | 1868 *Lystris* (part.), E. D. Cope in: P. Ac. Philad., p. 312 | 1874 *Bubonias*, E. D. Cope in: P. Ac. Philad., p. 124 | 1882 *Edalorhina* (part.) + *Paludicola* (part.), Boulenger, Cat. Batr. sal. Brit. Mus., ed. 2 p. 227, 229 | 1892 *P.* (part.), O. Boettger, Kat. Batr. Mus. Senckenb., p. 30 | 1896 *P.* (part.), C. Berg in: An. Mus. Buenos Aires, *v.* 5 p. 169, 216 | 1900 *P.* (part.), Alb. Günther in: Biol. Centr.-Amer., Rept. & Batr. p. 218.

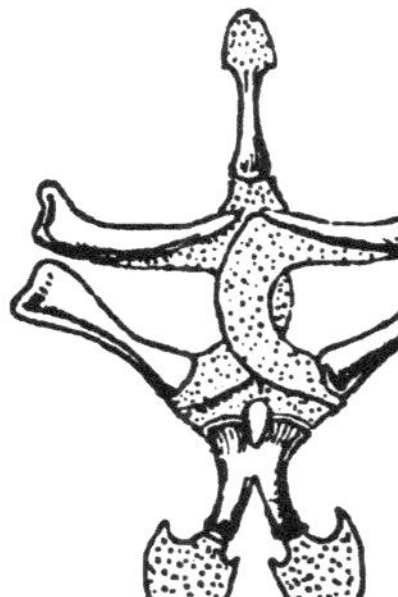

Fig. 342.
Paludicola signifera.
Schultergürtel (Knorpel punktiert, $^{2}/_{1}$) (nach Méhely).

Pupille horizontal. Zunge oval oder elliptisch, (selten rhomboïdisch), ganzrandig oder hinten undeutlich ausgerandet, hinten frei abhebbar. Gaumenzähne fehlen. Trommelfell meist undeutlich oder unsichtbar, vereinzelt fehlend, zuweilen auch deutlich. Finger frei, Zehen frei oder durch eine Spur von Schwimmhaut verbunden, mit oder ohne Hautsäume an ihren Seiten; Finger- und Zehenspitzen nicht verbreitert, mit einfachen knöchernen Endphalangen; Schwimmhaut nicht zwischen die Metatarsen der 4. und 5. Zehe eingreifend. Omosternum knorpelig, Sternum mit einem knöchernen, gegabelten Stiel und 2 knorpeligen Endplatten [bei allen Arten?] (Fig. 342).

21 sichere und 2 unsichere Arten in Zentral- und Südamerika.

Bestimmungstabelle der Arten:

1 { Ein Tarsalhöcker (*e* in Fig. 28 p. 10) am medialen Tarsusrande vorhanden — 2
Kein Tarsalhöcker vorhanden — 9

2 { Keine Lumbardrüse vorhanden — 3
Eine flache Lumbardrüse (*ld* in Fig. 337 p. 494) vorhanden — 7

3 { Interorbitalraum höchstens so breit wie ein oberes Augenlid; Rücken ohne gerade Längsfalten — 4
Interorbitalraum breiter als ein oberes Augenlid; Rücken mit zahlreichen fast geraden Längsfalten . . . . . 11. **P. henselii**

4 { Zehen jederseits mit einem deutlichen Hautsaum, oder an ihrer Basis durch eine Spur von Schwimmhaut verbunden — 5
Zehen ohne Hautsäume und ohne jede Spur von Schwimmhaut . . . . 1. **P. albifrons**

5 { Vorderkopf abgerundet, $1^1/_3$ mal so lang wie der Augendurchmesser (Fig. 345) . . . . 3. **P. signifera**
Vorderkopf zugespitzt, so lang wie der Augendurchmesser — 6

6 { Tarsalhöcker näher beim medialen Metatarsalhöcker als dieser beim lateralen Metatarsalhöcker . . . . . . 9. **P. bischoffi**
Tarsalhöcker vom medialen Metatarsalhöcker weiter entfernt als dieser vom lateralen Metatarsalhöcker . . 10. **P. falcipes**

7 { Bei nach vorn an den Körper angelegtem Hinterbein reicht das Tibiotarsalgelenk:
kaum bis zum Auge; Rücken mit flachen Drüsenwarzen besetzt . . . . 2. **P. fuscomaculata**
bis zum Auge oder über dieses hinaus, Rücken glatt oder mit schwach angedeuteten Drüsenfalten — 8

8 { Trommelfell unsichtbar . . . . 4. **P. gracilis**
Trommelfell undeutlich sichtbar, etwa $^1/_2$ so breit wie der Augendurchmesser . . . . 18. **P. fischeri**

9 { Trommelfell völlig unsichtbar oder fehlend — 10
Trommelfell mehr oder weniger deutlich sichtbar — 14

10 { Bei nach vorn an den Körper angelegtem Hinterbein reicht das Tibiotarsalgelenk:
mindestens bis zum Vorderrand des Auges — 11
nur bis zum Mundwinkel . . . . 14. **P. simonsii**

11 { Das Tibiotarsalgelenk reicht:
über die Vorderkopfspitze hinaus . . . . 5. **P. saltica**
höchstens bis halbwegs zwischen Auge und Vorderkopfspitze — 12

12 { Zehen durch eine Spur von Schwimmhaut verbunden und mit einem Hautsaum jederseits (wie in Fig. 344) versehen . . . . 7. **P. ameghini**
Zehen völlig frei und ohne Hautsäume — 13

13	Vorderkopf länger als der Augendurchmesser; Interorbitalraum breiter als ein oberes Augenlid	6. **P. mystacalis**
	Vorderkopf fast so lang wie der Augendurchmesser; Interorbitalraum so breit wie ein oberes Augenlid .	12. **P. olfersii**
14	Oberes Augenlid ohne häutige Vorsprünge an seinem Rande; Vorderkopfspitze ohne kegelförmigen Höcker, 2 Metatarsalhöcker vorhanden — 15	
	Oberes Augenlid mit 3 häutigen Vorsprüngen an seinem freien Rande; Vorderkopf mit einem kegelförmigen Höcker endigend; Metatarsalhöcker fehlen	17. **P. plicifrons**
15	Interorbitalraum höchstens so breit wie ein oberes Augenlid — 16	
	Interorbitalraum breiter als ein oberes Augenlid — 19	
16	1. Finger wenig länger als der 2.; Vorderkopf so lang wie der Augendurchmesser — 17	
	1. Finger viel länger als der 2.; Vorderkopf viel kürzer als der Augendurchmesser	13. **P. nebulosa**
17	Interorbitalraum so breit wie ein oberes Augenlid — 18	
	Interorbitalraum sehr schmal, eine Rinne zwischen den Augen bildend	19. **P. sagittifer**
18	Zehen durch eine schwache Spur von Schwimmhaut verbunden; jederseits mit einem Hautsaum (wie in Fig. 344)	15. **P. marmorata**
	Zehen ohne jede Spur von Schwimmhaut und ohne Hautsäume	8. **P. verrucosa**
19	Oberseite mit kleinen, zuweilen zu Drüsenfalten verschmelzenden Warzen besetzt	16. **P. festae**
	Oberseite glatt oder höchstens an einzelnen Stellen gekörnelt — 20	
20	Körperform schlank; Zehen völlig frei	20. **P. nitida**
	Körperform gedrungen, Zehen durch eine sehr schwache Spur von Schwimmhaut verbunden	21. **P. mexicana**

1. **P. albifrons** (Spix) 1824 *Bufo a.*, Spix, Spec. Testud. Ran. Bras., p. 48 t. 19 f. 2 | 1830 *Paludicola a.*, Wagler, Syst. Amph., p. 206 | 1862 *Gomphobates marmoratus*, J. Reinhardt & Lütken in: Vid. Meddel., *v.* 13 p. 175 t. 4 f. 4, 4a—c (Habitus, Mundhöhle, Füße) | 1867 *G. m.*?, Hensel in: Arch. Naturg., *v.* 33 I p. 137 | 1867 *G. m.*, Steindachner in: Reise Novara, Amph. p. 12 | 1872 *Bufo albifrons* = *Paludicola a.*, Peters in: Monber. Ak. Berlin, p. 222, 227 | 1882 *P. a.*, Boulenger, Cat. Batr. sal. Brit. Mus., ed. 2 p. 234 | 1887 *P. a.*, Boulenger in: Ann. nat. Hist., ser. 5 *v.* 20 p. 295 | 1896 *P. a.*, C. Berg in: An. Mus. Buenos Aires, *v.* 5 p. 175 (mit weiteren Literaturangaben) | 1904 *P. a.*, Méhely in: Ann. Mus. Hungar., *v.* 2 p. 215, 216 (nota).

Zunge klein, elliptisch, ganzrandig. Vorderkopf abgerundet, so lang wie der Augendurchmesser; Nasenloch näher bei der Vorderkopfspitze als beim Auge; Interorbitalraum so breit wie ein oberes Augenlid; Trommelfell unsichtbar. 1. Finger nicht ganz so weit reichend wie der 2.; Finger und Zehen mäßig lang, letztere frei und ohne Hautsäume; Subarticularhöcker mäßig entwickelt, kegelförmig; 2 große, ovale, seitlich zusammengedrückte Metatarsalhöcker, ferner ein gut entwickelter Tarsalhöcker in der Mitte des medialen Tarsusrandes sowie ein noch größerer, stumpf kegelförmiger Tarsalhöcker nahe dem Tibiotarsalgelenk vorhanden. Bei nach vorn an den Körper angelegtem Hinterbein reicht das Tibiotarsalgelenk bis zum Hinterrand oder der Mitte des Auges. Haut fast glatt, oben mit flachen Warzen besetzt, Lumbardrüse fehlt. Oberseite grau mit zahlreichen, dunkelgesäumten Inselflecken, ein dreieckiger, heller Fleck auf dem Vorderkopf; Oberlippe senkrecht dunkel gebändert; kein dunkler Inguinalfleck vorhanden. Gliedmaßen mit dunklen Querbinden. L. 41 mm.

♂ mit an den Seiten schwärzlicher Kehle und mit 2 äußeren, subgularen Schallblasen.

Brasilien, Argentinien, Nordpatagonien.

2. **P. fuscomaculata** (Stnd.) 1861 *Leiuperus marmoratus* (non C. Duméril & G. Bibron 1841), Burmeister, Reise La Plata-St., *v.* 2 p. 532 | 1864 *Eupemphix nattereri* (part.) + *E. fuscomaculatus*, Steindachner in: Verh. Ges. Wien, *v.* 14 p. 271, 272 t. 13 f. 3, 3 a—c (Habitus, Mundhöhle, Füße) | 1867 *Gomphobates f.* (= *Hiobates f.* Fitzinger MS.), Steindachner in: Reise Novara, Amph. p. 12 | 1868 *Lystris fuscomaculatus*, E. D. Cope in: P. Ac. Philad., p. 312 | 1875 *Pleurodema granulosus*, Espada in: Vert. Viaje Pacif., Batr. p. 95 t. 1 f. 6, 6 a (Habitus, Mundhöhle) | 1882 *Paludicola fuscomaculata*, Boulenger, Cat. Batr. sal. Brit. Mus., ed. 2 p. 233 f. (Hinterfuß) | 1896 *P. f.*, C. Berg in: An. Mus. Buenos Aires, *v.* 5 p. 172 (mit weiteren Literaturangaben) | 1901 *P. f.*, Gadow in: Cambridge nat. Hist., *v.* 8 p. 220 f. 45 (♂ mit teilweise aufgeblasener Schallblase) | 1904 *P. f.*, Méhely in: Ann. Mus. Hungar., *v.* 2 p. 214 t. 13 f. 7 (Schultergürtel) | 1907 *P. f.*, Bles in: Work J. S. Budgett, p. 207 (Beschreibung der Entwicklung).

Zunge klein, elliptisch, ganzrandig. Körperform gedrungen. Kopf kurz, viel breiter als lang; Vorderkopf kurz, stumpf und hoch, abgerundet, so lang wie der Augendurchmesser, ohne Canthus rostralis (Fig. 343); Nasenloch näher bei der Vorderkopfspitze als beim Auge; Interorbitalraum so breit wie oder schmaler als ein oberes Augenlid; Trommelfell unsichtbar. 1. Finger etwas kürzer als der 2.; Finger und Zehen mäßig lang, letztere durch eine Spur von Schwimmhaut verbunden, und mit mehr oder weniger deutlichem Hautsaum jederseits (Fig. 344); Subarticularhöcker gut entwickelt; 2 große, schaufelförmige Metatarsalhöcker, mit schwärzlichbraunen Hornschneiden bedeckt, und ein etwa kegelförmiger, ebenfalls mit einem Hornüberzug versehener Tarsalhöcker am medialen Tarsusrande vorhanden, der vom medialen Metatarsalhöcker weiter entfernt ist als dieser vom lateralen. Bei nach vorn an den Körper angelegtem Hinterbein reicht das Tibiotarsalgelenk nicht oder kaum bis zum Auge. Oberseite mit ovalen oder runden, flachen Drüsen besetzt, die zwischen und hinter den Augen und in der Schulter- und Kreuzgegend am größten sind; eine flache Lumbardrüse vorhanden, doppelt so lang wie der Augendurchmesser; keine Tarsalfalte, aber eine deutliche Haftscheibenfalte am Bauche vorhanden. Oberseite glänzend braungrau, mit scharf hervortretenden, schwärzlichbraunen Binden, innerhalb deren wieder schwarzgesäumte Inselflecke die Drüsen bedecken; ein sattel- oder W-förmiger dunkler Fleck zwischen den Augen, häufig bilden 2 gewellte, in der Schultergegend, Rückenmitte und Kreuzgegend aneinanderstoßende Längsbinden auf der Oberseite eine 8-förmige Figur und umschließen 2 mehr oder weniger deutliche und regelmäßige, runde, weiße Flecke; ein Seitenast dieser Längsbinden bildet auf jeder Lumbardrüse einen am Vorderrande häufig weißgesäumten, schwarzen Augenfleck; ein kurzer, weißer Streifen längs der Mitte des Hinter-

Fig. 343.
Paludicola fuscomaculata.
♂ mit teilweise aufgeblasener Schallblase (nach Gadow).

Fig. 344.
Paludicola fuscomaculata.
Rechter Hinterfuß von unten (nach Boulenger).

rückens; Kopfseiten schräg oder fast senkrecht braun gebändert. Beine mit dunklen, breiten Binden und schmalen Streifen. Unterseite weiß, Kehle braun gesprenkelt. L. 38 mm.

♂ mit innerer, unpaarer Schallblase (Fig. 343).

Die nur 1 mm im Durchmesser haltenden, pigmentlosen Eier werden in eine schaumartige Masse eingehüllt abgelegt, die auf dem Wasser schwimmt und innerhalb deren die Larven den Anfang ihrer Entwicklung durchmachen.

Brasilien bis Nordargentinien.

3. **P. signifera** (Girard) 1853 *Rhinoderma s.*, C. Girard in: P. Ac. Philad., *v.* 6 p. 424 | 1858 *R. s.*, C. Girard in: U. S. expl. Exp., Herpet. p. 72 | 1862 *Gomphobates notatus* + *G. Kröyeri*, J. Reinhardt & Lütken in: Vid. Meddel., *v.* 13 p. 173, 176 t. 4 f. 3, 3a (Habitus, Vorderfuß) | 1864 *Leiuperus albonotatus* + *L. ephippifer* (= *Physalaemus e.*, + *P. Cuvieri* (part.), Fitzinger MS.). Steindachner in: Verh. Ges. Wien, *v.* 14 p. 275, 551 t. 16 f. 4, 4a—c (Habitus, Füße) + p. 277 t. 14 f. 1. 1a—c, t. 16 f. 5 (Habitus, Mundhöhle, Füße) | 1872 *Paludicola notata*, Peters in: Monber. Ak. Berlin, p. 223 (nota) | 1882 *P. biligonigera* (part.) + *P. kröyeri*, Boulenger, Cat. Batr. sal. Brit. Mus., ed. 2 p. 234, 235 | 1891 *P. signifera* (part.), Boulenger in: Ann. nat. Hist., ser. 6 *v.* 8 p. 454 | 1896 *P. s.* (part.), C. Berg in: An. Mus. Buenos Aires, *v.* 5 p. 173 | 1904 *P. s.*, Méhely in: Ann. Mus. Hungar., *v.* 2 p. 211 t. 13 f. 6 (Schultergürtel).

Körper langgestreckt, ranaartig (Fig. 345). Zunge klein, schmal, ganzrandig. Kopf klein, breiter als lang. Vorderkopf kurz, abgerundet, $1\frac{1}{3}$ mal so lang wie der Augendurchmesser, mit rundlichem Canthus rostralis; Nasenloch viel näher bei der Vorderkopfspitze als beim Auge; Interorbitalraum so breit wie oder fast so breit wie ein oberes Augenlid; Trommelfell unter der Haut verborgen. 1. Finger kürzer als der 2.; Finger und Zehen mäßig lang, letztere durch eine schwache Spur von Schwimmhaut verbunden; Subarticularhöcker gut entwickelt; 2 schaufelförmige Metatarsalhöcker vorhanden, von denen der mediale elliptisch, der laterale rundlich und deutlich breiter ist; eine deutliche Tarsalfalte verbindet den medialen Metatarsalhöcker mit dem in der Mitte des medialen Tarsusrandes gelegenen kegelförmigen Tarsalhöcker, der von dem medialen Metatarsalhöcker doppelt so weit entfernt ist, wie dieser vom lateralen Metatarsalhöcker. Bei nach vorn an den Körper angelegtem Hinterbein reicht das Tibiotarsalgelenk bis zum Vorder- oder Hinterrand des Auges. Haut glatt oder mit winzigen, flachen Warzen besetzt, oder mit einigen sehr feinen, gewellten Falten auf dem Rücken; eine hinter dem Auge beginnende Drüsenfalte zieht bis zu den Weichen; eine andere sehr feine Falte vom Auge zum Arm; eine deutliche Haftscheibenfalte am Bauche vorhanden. Oberseite olivenfarbig, bräunlich oder graurosig, mit sehr verschiedener, bald mehr bald weniger deutlicher Marmorierung, oder mit einzelnen Flecken, oder mit Längsstreifen; hinter dem Auge beginnt eine schwärzlichbraune, am oberen Rande scharf hell gesäumte, am unteren Rande weniger hell und regelmäßig gesäumte, bis zu den Weichen reichende Lateralbinde, die unter dem Trommelfell einen mehr oder weniger deutlichen, dunklen, beiderseits hell gesäumten Ast senkrecht zum Mundwinkel herabsendet; Canthus rostralis mehr oder weniger dunkelbraun her-

Fig. 345.
Paludicola signifera (nach J. Reinhardt u. Lütken).

vortretend; Oberlippenrand dunkelbraun, mehr oder weniger deutlich unregelmäßig, senkrecht gebändert; ein runder, schwarzer Fleck in der Inguinalgegend vorhanden oder fehlend. Beine mehr oder weniger deutlich dunkel quergebändert. Unterseite grauweiß oder weiß, auf Kehle, Brust und Bauch braun gefleckt oder gesprenkelt. L. 35 mm.

♂ mit schwarzer Kehle und mit 2 äußeren Schallblasen, zur Fortpflanzungszeit auch mit braunen Brunstschwielen auf der Medialseite des 1. Fingers.

Brasilien, Uruguay, Nordargentinien.

4. **P. gracilis** Blgr. 1867 *Gomphobates notatus?* (non J. Reinhardt & Lütken 1862), Hensel in: Arch. Naturg., *v.* 33 I p. 138 | 1883 *Paludicola gracilis*, Boulenger in: Ann. nat. Hist., ser. 5 *v.* 11 p. 17 | 1885 *P. ranina*, E. D. Cope in: P. Amer. phil. Soc., *v.* 22 p. 186 | 1885 *P. gracilis*, Boulenger in: Ann. nat. Hist., ser. 5 *v.* 16 p. 296, 298 | 1885 *P. g.*, O. Boettger in: Z. Naturw., *v.* 58 p. 244 | 1896 *P. g.*, C. Berg in: An. Mus. Buenos Aires, *v.* 5 p. 177 (mit weiteren Literaturangaben).

Zunge ziemlich groß, elliptisch, ganzrandig. Kopf klein; Vorderkopf mindestens so lang wie der Augendurchmesser; Nasenloch näher bei der Vorderkopfspitze als beim Auge; Interorbitalraum so breit wie ein oberes Augenlid; Trommelfell unsichtbar. 1. Finger den 2. nicht überragend; Finger und Zehen schlank, letztere langgestreckt und mit einer schwachen Spur von Schwimmhaut versehen; Subarticularhöcker gut entwickelt; 2 kleine, vorspringende, ovale Metatarsalhöcker vorhanden, von denen der mediale durch eine schmale Hautfalte mit dem in der Mitte des Tarsusrandes gelegenen Tarsalhöcker verbunden ist. Bei nach vorn an den Körper angelegtem Hinterbein reicht das Tibiotarsalgelenk bis zum Auge oder etwas über dieses hinaus. Haut glatt, mit schwach angedeuteten kurzen Drüsenfalten; meist eine flache Lumbardrüse vorhanden. Oben braun, mit mehr oder weniger deutlicher, dunkler Zeichnung auf dem Rücken, und mit einer dunklen Querbinde zwischen den Augen; ein schwärzlicher Streifen zieht von der Vorderkopfspitze zum Auge; eine nach hinten hin allmählich breiter werdende, schwärzliche Binde vom Auge bis zur Mitte der Rumpfseite; Weichen in der Regel mit einem schwarzen, hell gesäumten Fleck, der bei an dem Körper angelegtem Bein völlig verdeckt wird; Hinterbeine mit dunklen Querbinden; Unterseite weißlich, mehr oder weniger braun gesprenkelt. L. 30 mm.

♂ mit 2 äußeren Schallblasen. — Die Eier werden in Schaummassen eingehüllt in seichtem Wasser abgelegt.

Ostargentinien, Paraguay, Südbrasilien.

5. **P. saltica** Cope 1887 *P. s.*, E. D. Cope in: P. Amer. phil. Soc., *v.* 24 p. 48.

Zunge rautenförmig mit abgerundeten Ecken, ganzrandig, hinten weit frei abhebbar. Gaumenzähne fehlen. Vorderkopf schmal, zugespitzt, etwas vorspringend, ohne Canthus rostralis; Nasenloch teilweise nach oben gerichtet, halbwegs zwischen Auge und Vorderkopfspitze; Interorbitalraum nicht breiter als ein oberes Augenlid; Trommelfell unsichtbar. 1. Finger kürzer als der 2.; Zehen nur mit einem Hautsaum von Schwimmhaut; 2 Metatarsalhöcker vorhanden, von dem größeren, annähernd kegelförmigen medialen Höcker geht eine bis zur Tarsusmitte reichende Hautfalte aus; kein Tarsalhöcker vorhanden. Bei nach vorn an den Körper angelegtem Hinterbein reicht das Tibiotarsalgelenk weit über die Vorderkopfspitze hinaus. Haut der Oberseite und der Flanken mit zahlreichen, kleinen Warzen besetzt, Unterseite glatt. Alte Tiere oben und an den Flanken dunkelbraun, junge Tiere grau. Rückenmitte mit einer breiten, schwarzen oder dunkelgrauen, von der Höhe der Augenmitte bis zum After reichenden Zone mit gewellten Rändern, die bei manchen Tieren wieder durch eine weiße, in der Rückenmitte von der Vorderkopfspitze bis zum After ziehende Binde geteilt sein kann. Oberseite des Oberarmes und Hinterseite des Oberschenkels blaßbraun. Oberschenkel mit einer, Unterschenkel mit 2 schwärzlichen Querbinden, Hinterfuß mit zahlreichen, braunen Querbinden. Unterlippe schwarz; Unterseite weiß. L. 20 mm.

Matto Grosso (Brasilien).

6. **P. mystacalis** Cope 1887 *P. m.*, E. D. Cope in: P. Amer. phil. Soc., *v.* 24 p. 49.

Zunge schmal, ganzrandig, hinten weit frei abhebbar. Vorderkopf schmal oval, etwas länger als der Augendurchmesser, nicht vorspringend, mit undeutlichem Canthus rostralis; Nasenlöcher etwas näher der Vorderkopfspitze als dem Auge; Interorbitalraum breiter als ein oberes Augenlid; Trommelfell unsichtbar. 1. Finger kürzer als der 2.; Zehen ohne Hautsäume; 1. und 2. Zehe kurz, die übrigen Zehen schlank. Metatarsal- und Tarsalhöcker? Bei nach vorn an den Körper angelegtem Hinterbein reicht das Tibiotarsalgelenk bis zum vorderen Augenrand. Haut in der Regel glatt. Oberseite und Flanken schwarz, eine weiße Linie zieht in der Rückenmitte von der Vorderkopfspitze fast bis zum After, bei jungen Tieren jederseits einen Ast zum oberen Augenlid sendend. Eine breite, weiße, bei jungen Tieren deutlichere, bei älteren Tieren undeutliche, unten schwarz gesäumte Binde zieht vom Auge zu den Weichen. Oberlippe weiß quer gebändert; ein weißer Streifen vom Mundwinkel zur Achsel. Oberseite des Oberschenkels hell; seine Hinterseite braun mit einer hellen Längsbinde. Unterseite weiß, auf Kehle, Brust und der Unterseite des Oberschenkels braun gefleckt. L. 17 mm.

Matto Grosso (Brasilien).

7. **P. ameghini** Cope 1887 *P. a.*, E. D. Cope in: P. Amer. phil. Soc., *v.* 24 p. 50.

Körperform gedrungen. Vorderkopf kurz und spitz, nicht vorspringend, ohne Canthus rostralis; Nasenloch halbwegs zwischen der Vorderkopfspitze und dem Auge; Interorbitalraum etwas breiter als ein oberes Augenlid; Trommelfell unsichtbar. 1. Finger kürzer als der 2.; Zehen mit schmalen Hautsäumen und einer kurzen Schwimmhaut an ihrer Basis. 2 kleine aber deutliche Metatarsalhöcker vorhanden; eine von dem medialen Höcker ausgehende Hautfalte zieht bis zur Tarsusmitte; kein Tarsalhöcker vorhanden. Bei nach vorn an den Körper angelegtem Hinterbein reicht das Tibiotarsalgelenk halbwegs zwischen Auge und Nasenloch. Haut auf dem Rücken mit großen, flachen, unregelmäßig angeordneten Warzen besetzt; keine Lumbardrüse vorhanden. Oberseite und Flanken heller oder dunkler bleifarben, eine dunkle Querbinde zwischen den Augen; sehr undeutliche, helle Binden auf der Oberlippe. Unterseite weiß, Unterkieferrand dicht schwärzlich marmoriert. Hinterbeine mit schiefen Querbinden; Hinterseite des Oberschenkels dunkel, mit einer hellen Längslinie nahe seinem unteren Rande. L. 15,5 mm.

Matto Grosso (Brasilien).

8. **P. verrucosa** (Rhdt. & Ltk.) 1862 *Leiuperus verrucosus*, J. Reinhardt & Lütken in: Vid. Meddel., *v.* 13 p. 171 | 1882 *Paludicola verrucosa*, Boulenger, Cat. Batr. sal. Brit. Mus., ed. 2 p. 171.

Unterscheidet sich von *P. marmorata* (nr. 15) nur durch das völlige Fehlen von Schwimmhaut und Hautsäumen an den Zehen. Aschgrau mit schwarzen Sprenkeln und feiner schwarzer Zeichnung, besonders auf der Oberlippe und den Beinen; Unterseite ziemlich hell. L. 20 mm.

Juiz de Fora in Minas Geraes (Ostbrasilien).

9. **P. bischoffi** Blgr. 1887 *P. B.*, Boulenger in: Ann. nat. Hist., ser. 5 *v.* 20 p. 296.

Zunge elliptisch, ganzrandig. Vorderkopf etwas zugespitzt, so lang wie der Augendurchmesser; Interorbitalraum so breit wie ein oberes Augenlid; Trommelfell klein, sehr undeutlich. 1. Finger beträchtlich kürzer als der 2.; Finger und Zehen schlank, letztere mit Hautsäumen und durch eine schwache Spur von Schwimmhaut verbunden; Subarticularhöcker mäßig entwickelt, nicht kegelförmig; ein kleiner Tarsalhöcker und 2 kleine, ovale Metatarsalhöcker vorhanden, deren Abstand voneinander größer ist als die Entfernung des medialen Metatarsalhöckers vom Tarsalhöcker. Bei nach vorn an den Körper angelegtem Hinterbein reicht das Tibiotarsalgelenk bis zum Vorderrand des Auges. Haut glatt, mit wenigen, sehr feinen, schrägen oder gebogenen Falten auf der Oberseite; keine Lumbardrüse vorhanden. Oben hellolivenfarben mit dunklen Inselflecken auf dem Rücken und dunklen Querbinden auf den Hinterbeinen; eine schwarze, am oberen Rande fein weiß gesäumte Binde zieht von der Vorderkopfspitze durch das Nasenloch und das Auge, hinter diesem schräg herabsteigend und sich allmählich verbreiternd und durch das Ohr zur Rumpfseite. Unterseite weißlich, rund um den Kiefer, an Kehle und Brust braun gesprenkelt. L. 29 mm.

Mundo Novo (Rio Grande do Sul, Südbrasilien).

10. **P. falcipes** (Hensel) 1867 *Liuperus f.*, Hensel in: Arch. Naturg., *v.* 331 p. 134 | 1882 *Paludicola f.*, Boulenger, Cat. Batr. sal. Brit. Mus., ed. 2 p. 236 | 1896 *P. f.*, C. Berg in: An. Mus. Buenos Aires, *v.* 5 p. 178 (mit weiteren Literaturangaben).

Zunge klein, elliptisch, ganzrandig. Vorderkopf etwas zugespitzt, so lang wie der Augendurchmesser; Nasenloch gleichweit von Auge und Vorderkopfspitze entfernt; Interorbitalraum so breit wie ein oberes Augenlid; Trommelfell unsichtbar. 1. Finger kürzer als der 2.; Zehen ohne Schwimmhaut, aber mit deutlichem Hautsaum jederseits; Subarticularhöcker klein, aber deutlich ausgebildet; 2 kleine Metatarsalhöcker vorhanden, voneinander nicht so weit entfernt, wie der mediale Metatarsalhöcker von dem kleinen Tarsalhöcker, mit dem er durch eine niedrige, aber deutliche Tarsalfalte verbunden ist; auch auf der Unterseite des Unterarmes dicht über dem Handgelenk ist ein kleiner Höcker vorhanden. Bei nach vorn an den Körper angelegtem Hinterbein reicht das Tibiotarsalgelenk bis zum Auge. Oberseite mehr oder weniger mit flachen Warzen besetzt; 2 hinter den Augen beginnende Drüsenfalten nähern sich einander in der Schultergegend und divergieren dann wieder, bilden also eine)(-ähnliche Figur. Färbung und Zeichnung sehr wechselnd; Oberseite in der Regel hellgrau, mit dunkler, undeutlicher Zeichnung; manche Exemplare mit einem breiten, hellen, von der Vorderkopfspitze bis zum After reichenden Längsstreifen in der Rückenmitte. Gliedmaßen oben mit mehr oder weniger deutlichen, dunklen Querbinden. Unterseite weiß, meistens mehr oder weniger dicht, dunkel gesprenkelt. L. 17,5 mm.

Rio Grande do Sul (Südbrasilien).

11. **P. henselii** Ptrs. 1867 *Gomphobates Kroyeri*? (non J. Reinhardt & Lütken 1861), Hensel in: Arch. Naturg., *v.* 331 p. 139 | 1872 *Paludicola Henselii*, Peters in: Monber. Ak. Berlin, p. 223 (nota) | 1882 *P. h.*, Boulenger, Cat. Batr. sal. Brit. Mus., ed. 2 p. 235 | 1887 *P. H.*, Boulenger in: Ann. nat. Hist., ser. 5 *v.* 20 p. 296.

Zunge elliptisch, ganzrandig. Vorderkopf etwas zugespitzt, so lang wie der Augendurchmesser; Interorbitalraum breiter als ein oberes Augenlid; Trommelfell klein, sehr undeutlich. 1. Finger nicht ganz so weit reichend wie der 2.; Finger und Zehen mäßig lang, letztere frei und ohne Hautsaum; Subarticularhöcker mäßig entwickelt, nicht kegelförmig; ein kleiner Tarsalhöcker und 2 kleine, ovale Metatarsalhöcker, deren Entfernung voneinander größer ist als der Abstand des medialen Metatarsalhöckers vom Tarsalhöcker. Bei nach vorn an den Körper angelegtem Hinterbein reicht das Tibiotarsalgelenk bis zum Hinterrand des Auges. Rücken mit zahlreichen, fast geraden Längsfalten; keine Lumbardrüse vorhanden. Oben graubraun, heller in der Mitte und an den Seiten des Rückens; eine schwarze Binde zieht von der Vorderkopfspitze durch das Auge und hinter diesem schräg herabsteigend und sich allmählich verbreiternd zur Rumpfseite; von der Vorderkopfspitze bis zur Schulter begleitet ein weißlicher Streifen ihren unteren Rand und trennt sie von dem schwärzlichen Randstreifen der Oberlippe. Hinterbeine mit dunklen Querbinden; Unterseite weißlich, braun gesprenkelt. L. 19 mm. ♂ mit großer, subgularer Schallblase.

Rio Grande do Sul (Südbrasilien).

12. **P. olfersii** (Lcht. & Marts.) 1856 *Phryniscus O.*, H. Lichtenstein & E. Martens, Nomencl. Rept. Mus. Berolin., p. 40 | 1864 *Nattereria lateristriga* (= *Physalaemus personatus* Fitz. MS.), Steindachner in: Verh. Ges. Wien, *v.* 14 p. 279 t. 14 f. 2, 2a—c (Habitus, Mundhöhle, Füße) | 1882 *Paludicola Olfersii*, Peters in: SB. Ak. Berlin, p. 62 | 1887 *P. O.*, Boulenger in: Ann. nat. Hist., ser. 5 *v.* 20 p. 297 | 1896 *P. Olfersi*, C. Berg in: An. Mus. Buenos Aires, *v.* 5 p. 176.

Zunge elliptisch, ganzrandig. Vorderkopf etwas zugespitzt, fast so lang wie der Augendurchmesser; Interorbitalraum so breit wie ein oberes Augenlid; Trommelfell unsichtbar. 1. Finger nicht so weit reichend wie der 2.; Finger und Zehen schlank, letztere frei und ohne Hautsäume; ein kleiner, ovaler medialer und ein runder lateraler Metatarsalhöcker vorhanden, aber kein Tarsalhöcker und keine Tarsalfalte. Bei nach vorn an den Körper angelegtem Hinterbein reicht das Tibiotarsalgelenk bis zum Vorderrand des Auges. Haut glatt, ohne Hautfalten und ohne Lumbardrüse. Oben hellbraun, mit dunkler, symmetrischer Zeichnung auf dem Rücken und dunklen Querbinden; ein heller Streifen in der Mitte des Hinterrückens; eine schwärzliche Binde zieht von der Vorderkopfspitze zum Auge und sich allmählich verbreiternd schräg an den Rumpfseiten herab zu den Weichen, der obere Rand und zwischen dem Auge und der Schulter auch der untere Rand sind fein weiß gesäumt. Unterseite weißlich, Kehle und Brust braun gesprenkelt. L. 28 mm.

Brasilien und Corrientes (Ostargentinien).

13. **P. nebulosa** (Burm.) 1861 *Leiuperus nebulosus*, Burmeister, Reise La Plata-St., *v.* 2 p. 532 | 1887 *Paludicola nebulosa*, Boulenger in: Ann. nat. Hist., ser. 5 *v.* 20 p. 295 | 1896 *P. n.*, C. Berg in: An. Mus. Buenos Aires, *v.* 5 p. 179.

Zunge annähernd kreisrund, hinten undeutlich ausgerandet. Vorderkopf außergewöhnlich kurz, viel kürzer als der Augendurchmesser, etwas ähnlich der von *Notaden bennetti* (s. oben p. 162); Nasenlöcher gerade nach vorwärts gerichtet; Augen groß; Interorbitalraum $^2/_3$ so breit wie ein oberes Augenlid; Trommelfell deutlich, kreisrund, $^1/_2$ so breit wie der Augendurchmesser. 1. Finger viel länger als der 2.; Finger und Zehen kurz, abgeplattet, besonders die Zehen, die an der Basis durch Schwimmhaut verbunden und bis zu ihrer Spitze mit Hautsäumen versehen sind; Subarticularhöcker klein, an den Zehen kegelförmig; 2 sehr große, seitlich zusammengedrückte, scharfrandige Metatarsalhöcker vorhanden, von denen der mediale der größere ist; kein Tarsalhöcker und keine Tarsalfalte vorhanden. Bei nach vorn an den Körper angelegtem Hinterbein reicht das Tibiotarsalgelenk bis zur Achsel; Tibia etwas länger als der Schädel. Haut glatt, keine Lumbardrüse vorhanden. Oberseite hellbräunlich, mit kleinen, verstreuten, schwärzlichen Flecken; Beine ohne Querbinden. L. 40 mm.

Mendoza (Argentinien).

14. **P. simonsii** Blgr. 1900 *P. s.*, Boulenger in: Ann. nat. Hist., ser. 7 *v.* 6 p. 182.

Zunge oval, ganzrandig. Vorderkopf abgerundet, so lang wie der Augendurchmesser, mit deutlichem Canthus rostralis; Nasenloch etwas näher bei der Vorderkopfspitze als beim Auge; Interorbitalraum so breit wie ein oberes Augenlid; Trommelfell und Tubae Eustachii fehlen. 1. Finger nicht so weit reichend wie der 2.; Finger und Zehen mäßig lang, an der Spitze schwach verdickt; Zehen frei; Subarticularhöcker mäßig entwickelt; 2 ziemlich große wenig vorspringende Metatarsalhöcker vorhanden. Bei nach vorn an den Körper angelegtem Hinterbein reicht das Tibiotarsalgelenk bis zum Mundwinkel. Oberseite mit porösen, glatten Warzen besetzt, von denen einige auf dem Rumpfe zu Längsfalten zusammenfließen; Kehle, Bauch und Unterseite der Oberschenkel spärlich gekörnelt. Oberseite olivenbraun, mit einem dunkelbraunen Canthal- und Temporalstreifen jederseits; je eine schwärzliche Binde in den Weichen, an der Medialseite des Kniegelenks und an der Lateralseite des Tibiotarsalgelenks; Rumpfseiten mit einigen schwarzen Flecken; Unterseite weißlich. L. 30 mm.

Paramo, Cajamarca (Peru), in 2700 m Höhe.

15. **P. marmorata** (Dum. & Bibr.) 1841 *Leiuperus marmoratus*, C. Duméril & G. Bibron. Erpét., *v.* 8 p. 421 | 1845 *L. viridis* (= *Chionopelas v.* Tschudi MS.) + *L. marmoratus* (= *Chionopelas fuscus* Tschudi MS.), Tschudi, Fauna Peru., Herpet. p. 69, 70 | 1847 *L. m.*, Orbigny, Voy. Amér. mérid., *v.* 5ı p. 10 Rept. t. 13 f. 1—4 (Habitus, Vorderfuß, Mundhöhle) | 1858 *L. m.*, Alb. Günther, Cat. Batr. sal. Brit. Mus., p. 22, 135 | 1858 *L. m.*, O. Schmidt in: Denk. Ak. Wien, *v.* 14 p. 240 t. 3 f. 27 (Hinterfuß) | 1873 *L. viridis* (= *L. marmoratus*), Peters in: Monber. Ak. Berlin, p. 623 | 1882 *Paludicola marmorata*, Boulenger, Cat. Batr. sal. Brit. Mus., ed. 2 p. 235.

Zunge oval, ganzrandig. Vorderkopf abgerundet, so lang wie der Augendurchmesser; Nasenloch gleichweit von Auge und Vorderkopfspitze entfernt; Interorbitalraum so breit wie ein oberes Augenlid; Trommelfell ziemlich undeutlich. 1. Finger den 2. etwas überragend; Finger und Zehen ziemlich kurz, abgeplattet, letztere an ihrer Basis durch eine schwache Schwimmhaut verbunden, die als Hautsaum bis zu den Zehenspitzen reicht; Subarticularhöcker mäßig entwickelt; ein ziemlich großer, ovaler medialer und ein kleinerer, runder lateraler Metatarsalhöcker vorhanden. Bei nach vorn an den Körper angelegtem Hinterbein reicht das Tibiotarsalgelenk bis zur Schulter. Oberseite mit großen, flachen Drüsen besetzt, die zuweilen Längswülste auf dem Rücken bilden; Unterseite glatt. Oberseite olivenfarbig, mit großen, braunen Inselflecken; zuweilen auch mit einem hellen Längsstreifen in der Rückenmitte, ein brauner Streifen zieht von der Vorderkopfspitze durch das Auge zur Schulter; Unterseite gelblich, am Bauche häufig braun gefleckt. L. 32 mm.

♂ mit 2 subgularen Schallblasen; zur Fortpflanzungszeit auch mit braunen Brunstschwielen auf der Medialseite des 1. Fingers.

Peru, Panama.

16. **P. festae** Perc. 1904 *P. F.*, Peracca in: Boll. Mus. Torino, *v.* 19 nr. 465 p. 32.

Zunge oval, ganzrandig. Vorderkopf abgerundet, so lang wie der Augendurchmesser, mit deutlichem Canthus rostralis; Nasenloch gleichweit von Auge und Vorderkopfspitze entfernt (♀), oder etwas näher bei letzterer (♂); Interorbitalraum viel breiter als ein oberes Augenlid; Trommelfell deutlich, $^1/_2$ so breit wie der Augendurchmesser. 1. Finger kürzer als der 2.; Finger und Zehen mäßig lang, rundlich, an den Spitzen leicht verbreitert; Zehen frei; Subarticularhöcker wenig vorspringend; ein ziemlich stark vorspringender, ovaler medialer und ein halb so großer, rundlicher, weniger vorspringender lateraler Metatarsalhöcker vorhanden. Bei nach vorn an den Körper angelegtem Hinterbein reicht das Tibiotarsalgelenk bis zur Schulter oder zum Trommelfell. Haut der Oberseite drüsig, mit sehr kleinen Erhebungen besetzt, die bei jungen Tieren deutlicher sind als bei alten, und die durch Verschmelzung Drüsenfalten bilden, von denen eine in der Rückenmitte von der Vorderkopfspitze zum After zieht, und je eine andere, mehr oder weniger gebogene oder unterbrochene jederseits vom Kopf bis zu den Weichen verläuft; häufig kleine Drüsenwarzen auf den oberen Augenlidern; Unterseite stark gekörnelt. Bezüglich der Färbung lassen sich 2 Typen unterscheiden: 1.) Rücken mit einer olivengrauen, von der Vorderkopfspitze zum After reichenden Längsbinde, deren Breite dem Abstand der Diapophysen des Sacralwirbels voneinander gleichkömmt, und auf der sich wieder eine schmale, schwarzbraune, zwischen den Augen zu einem dreieckigen Fleck verbreiterte Längsbinde hinzieht; vom Auge strahlen 2 schwarze Binden zum Lippenrand aus und eine dritte quer durch das Trommelfell zur Schulter; Kopfseiten und Flanken schwärzlichbraun, in der Regel ein größerer, weißer Fleck in den Weichen; Gliedmaßen oben mit schwarzen Querbinden; Unterseite dunkelbraun bis rötlich, mit einigen unregelmäßigen, weißen Flecken. 2.) Andere Exemplare sind auf Rücken und Flanken mehr oder weniger hellgrau, mit einer schwarzen gebogenen Querbinde zwischen den Augen und manchmal mit 2 oder mehr unregelmäßigen, schwärzlichen Längsflecken auf dem Rücken, die auf den Flanken als schräge Binden stärker hervortreten; zuweilen auch eine feine, helle Längslinie in der Rückenmitte. Flecken an Kopfseiten und Unterseite wie bei der ersten Varietät. L. 23 mm.

♂ mit kleinen, inneren, subgularen Schallblasen.

Papallactá (Ecuador).

17. **P. plicifrons** (Cope) 1874 *Bubonias p*, E. D. Cope in: P. Ac. Philad., p. 124 | 1882 *Edalorhina p.*, Boulenger, Cat. Batr. sal. Brit. Mus., ed. 2 p. 228.

Zunge lang, oval, hinten eingeschnitten. Kopf schmal; Vorderkopf so lang wie der Augendurchmesser, mit hoher Zügelregion, mit einem kurzen, kegelförmigen Höcker an seiner Spitze endigend; oberes Augenlid mit 3 häutigen Vorsprüngen oder Hörnern; Trommelfell oval, seine nach oben und vorn gerichtete Längsachse fast so lang wie der Augendurchmesser. Zehen völlig frei; Tarsal- und Metatarsalhöcker fehlen. Bei nach vorn an den Körper angelegtem Hinterbein reicht das Tibiotarsalgelenk bis zum Trommelfell. Haut glatt, aber an folgenden Stellen der Oberseite Hautfalten bildend: jederseits eine stark vorspringende Falte vom Rande des oberen Augenlides bis zu der großen Lumbardrüse, unterhalb dieser Falte in der Schultergegend ein parotoïddrüsenartiger Buckel; eine zweite Falte zieht jederseits vom medialen Rande des oberen Augenlides zum Ende des Sacralwirbelquerfortsatzes; ferner verläuft eine Falte in der Mittellinie des Rückens von der Vorderkopfspitze bis zum After. Oberseite braun; Rumpf- und Bauchseiten rein schwarz, eine ankerförmige, rein weiße Zone der Unterseite umschließend; ein schwarzer Fleck auf dem hinteren Teil der Lumbardrüse. Oberseite der Beine braun; je eine schwarze Binde auf Ober-, Hinter- und Unterseite des Oberschenkels; Unterseite der Vorderbeine schwarz und weiß gefleckt; die des Unterschenkels schwarz mit einer gelben Querbinde. L. 38 mm.

Nauta (oberer Amazonas).

18. **P. fischeri** Blgr. 1890 *P. f.*, Boulenger in: P. zool. Soc. London, p. 327 t. 25 f. 2, 2a (Habitus, Mundhöhle).

Zunge elliptisch, ganzrandig. Vorderkopf abgerundet, so lang wie der Augendurchmesser. Interorbitalraum so breit wie ein oberes Augenlid; Trommelfell ziemlich undeutlich, etwa $^1/_2$ so breit wie der Augendurchmesser. 1. Finger nicht ganz so weit reichend wie der 2.; Finger und Zehen schlank, letztere mit Hautsäumen versehen und durch eine Spur von Schwimmhaut verbunden; Subarticularhöcker mäßig groß, aber stark vorspringend; ein kleiner Tarsalhöcker und 2 stumpfe, ovale Metatarsalhöcker vorhanden, von denen der mehr langgestreckte mediale dem lateralen Metatarsalhöcker näher ist als dem Tarsalhöcker. Bei nach vorn an den Körper angelegtem Hinterbein reicht das Tibiotarsalgelenk bis zur Augenmitte. Haut glatt; eine große, ovale, flache Lumbardrüse vorhanden. Oben graubraun, mit einer schwärzlichen Lateralbinde; Lumbardrüse schwarz mit hellem Randsaum; Hinterbeine mit dunklen Querbinden. Hinterseite der Oberschenkel weiß punktiert. Unterseite weiß, braun gesprenkelt. L. 33 mm.

Venezuela.

19. **P. sagittifer** (O. Schm.) 1857 *Leiuperus sagittifer*, O. Schmidt in: SB. Ak. Wien, *v.* 24 p. 10 | 1858 *L. s.*, O. Schmidt in: Denk. Ak. Wien, *v.* 14 p. 240 | 1882 *Paludicola sagittifera*, Boulenger, Cat. Batr. sal. Brit. Mus., ed. 2 p. 236.

Unterscheidet sich von *P. marmorata* (nr. 15) durch die stark vorspringenden Augen und den sehr schmalen, furchenartigen Interorbitalraum. Oberseite bläulichbraun, schokoladenbraun; eine helle, von der Vorderkopfspitze bis zum After reichende, am Kopfe pfeilförmig gestaltete Linie in der Mittellinie des Rückens. L. 20 mm.

Columbia.

20. **P. nitida** (Ptrs.) 1869 *Liuperus nitidus*, Peters in: Monber. Ak. Berlin, p. 878 | 1881 *Leiuperus n.*, P. Brocchi in: Miss. Mex., pars 3II p. 23 | 1882 *Paludicola nitida*, Boulenger, Cat. Batr. sal. Brit. Mus., ed. 2 p. 237 | 1900 *P. n.*, Alb. Günther in: Biol. Centr.-Amer., Rept. & Batr. p. 218.

Zunge lang und fast rhomboidal. Körperform schlank. Vorderkopf spitz abgerundet, so lang wie der Augendurchmesser; Nasenloch näher bei der Vorderkopfspitze als beim Auge; Interorbitalraum doppelt so breit wie ein oberes Augenlid; Trommelfell undeutlich, $^1/_3$ so breit wie der Augendurchmesser. 1. Finger etwas kürzer als der 2.; Zehen ohne Schwimmhaut und Hautsäume; Subarticularhöcker gut entwickelt; auch Hand- und Fußsohle sind mit kleinen Höckern besetzt; 2 rundliche Metatarsalhöcker, aber kein Tarsalhöcker vorhanden. Bei nach vorn an den Körper angelegtem Hinterbein reicht das Tibiotarsalgelenk bis zum Trommelfell. Oberseite glatt, oder nur auf dem Rücken einige wenige, ganz kleine Körnchen vorhanden. Oberseite grünlich, mit dunkler Zeichnung und mit einem dreieckigen, dunklen Fleck zwischen den Augen; Lippenränder grün gefleckt. An jeder Körperseite vor dem Schenkel ein länglicher, ovaler, schwarzer, hellgrün marmorierter Fleck. Gliedmaßen braun quer gebändert. Unterseite bräunlich, undeutlich hell punktiert. L. 20 mm.

Mexiko (genaue Fundortsangabe fehlt).

21. **P. mexicana** (Brocchi) 1877 *Leiuperus mexicanus*, P. Brocchi in: Bull. Soc. philom., ser. 7 v. 1 p. 184 | 1881 *L. m.*, P. Brocchi in: Miss. Mex., pars 3II p. 21 t. 5 f. 3, 3a—c (Habitus, Mundhöhle, Füße) | 1882 *Paludicola? mexicana*, Boulenger, Cat. Batr. sal. Brit. Mus., ed. 2 p. 237 | 1900 *P.? m.*, Alb. Günther in: Biol. Centr.-Amer., Rept & Batr. p. 219.

Zunge dick, scheibenförmig. Vorderkopf abgestutzt, mit winkligem Canthus rostralis; Nasenlöcher näher bei der Vorderkopfspitze als beim Auge; Interorbitalraum breiter als ein oberes Augenlid; Trommelfell deutlich, nicht ganz $^1/_2$ so breit wie der Augendurchmesser. Zehen lang und dünn, an ihrer Basis durch eine Spur von Schwimmhaut verbunden, die aber nicht als Hautsaum an den Zehenseiten entlang zieht; Finger- und Zehenspitzen etwas verdickt; Subarticularhöcker gut entwickelt; 2 Metatarsalhöcker vorhanden, von denen der ovale mediale viel größer ist als der laterale. Haut glatt. Oberseite grau, auf dem Rücken schwärzlich marmoriert; hinter jedem Trommelfell ein schwarzer Fleck; Oberlippe schwarz gefleckt. Gliedmaßen mit schwarzen Querbinden. Unterseite weiß, nur an der Kehle grau gesprenkelt. L. 35 mm.

Mexiko.

?**P. calcarata** (Phil.) 1902 *Liuperus calcaratus*, A. Philippi, Supl. Batr. Chilen., p. 51.

Montevideo.

?*Paludicola* = *Hyperoodon asper* Phil. 1902 *H. a.*, A. Philippi, Supl. Batr. Chilen., p. 1.

Montevideo.

20. Gen. **Tomodactylus** Alb. Günther

1900 *T.*, Alb. Günther in: Biol. Centr.-Amer., Rept. & Batr. p. 219.

Pupille horizontal. Zunge ganzrandig oder undeutlich ausgerandet. Gaumenzähne fehlen. Trommelfell deutlich. Finger und Zehen frei, an den Spitzen zu kleinen, abgestutzten Haftscheiben verbreitert. Schwimmhaut nicht zwischen die Metatarsen der 4. und 5. Zehe eingreifend. Sternum mit knöchernem Stiel.

1 Art in Mexiko.

1. **T. amulae** Gthr. 1900 *T. a.*, Alb. Günther in: Biol. Centr.-Amer., Rept. & Batr. p. 219 t. 64 f. C (Habitus, Vorderfuß).

Allgemeine Körperform ziemlich schlank (Figur 346). Vorderkopf mäßig lang, mit scharfem Canthus rostralis und annähernd senkrecht abfallender Zügelregion, etwas länger als der Augendurchmesser. Trommelfell senkrecht oval, etwa $^1/_6$ so groß wie das Auge. Vorderbeine schlank; Hinterbeine kurz; 1. und 2. Finger annähernd gleichlang. Finger und Zehen völlig frei, mit kleinen, aber deutlichen, ab-

Fig. 346.
Tomodactylus amulae (nach Alb. Günther).

gestutzten Haftscheiben endigend; Subarticularhöcker stark vorspringend, die des Hinterfußes setzen sich auf den Mittelfuß fort; 2 Metatarsalhöcker vorhanden. Oberseite mit verstreuten, kleinen Höckern besetzt; eine große Lumbardrüse jederseits vorhanden; Unterseite gekörnelt. Oberseite bräunlich, Vorderkopf bis zur Mitte des Interorbitalraums weißlich; Lumbardrüse teils braun, teils schwarz, mit 2 oder 3 weißen Flecken. Oberschenkel breit braun und weißlich marmoriert. Unterseite weiß. L. 23 mm.

Amula in Guerrero (Mexiko).

21. Gen. **Limnomedusa** Fitzinger

1841 *Cystignathus* (part.), C. Duméril & G. Bibron, Erpét., *v.* 8 p. 392 | 1843 *Rana (Limnomedusa)*, Fitzinger, Syst. Rept., *v.* 1 p. 31 | 1866 *L.*, E. D. Cope in: J. Ac. Philad., ser. 2 *v.* 6 p. 94 | 1875 *Litopleura*, Espada in: Vert. Viaje Pacif., Batr. p. 82 | 1882 *Limnomedusa*, Boulenger, Cat. Batr. sal. Brit. Mus., ed. 2 p. 250.

Pupille senkrecht. Zunge annähernd kreisrund, hinten schwach ausgerandet und frei abhebbar. Gaumenzähne vorhanden. Trommelfell sehr deutlich. Finger kurz und frei, Zehen mäßig lang, fast frei von Schwimmhaut (Fig. 347); keine Schwimmhaut zwischen die Metatarsen der 4. und 5. Zehe eingreifend; Finger- und Zehenspitzen nicht verbreitert, mit einfachen knöchernen Endphalangen. Omosternum knorpelig, Sternum mit schmalem, knöchernem Stiel.

1 Art in Südamerika.

1. **L. macroglossa** (Dum. & Bibr.) 1841 *Cystignathus macroglossus*, C. Duméril & G. Bibron, Erpét., *v.* 8 p. 250 | 1843 *Rana (Limnomedusa) m.*, Fitzinger, Syst. Rept., *v.* 1 p. 31 | 1866 *L. macroglossa*, E. D. Cope in: J. Ac. Philad., ser. 2 *v.* 6 p. 94 | 1869 *L. m.*, E. D. Cope in: P. Amer. phil. Soc., *v.* 11 p. 168 | 1875 *Litopleura maritimum*, Espada in: Vert. Viaje Pacif., Batr. p. 82 | 1882 *Limnomedusa macroglossa*, Boulenger, Cat. Batr. sal. Brit. Mus., ed. 2 p. 250 | 1882 *Cystignathus macroglossus*, Friedr. Müller in: Verh. Ges. Basel, *v.* 7 p. 131.

Gaumenzähne in 2 ovalen, schräg oder quer gestellten Gruppen zwischen den Choanen, ungefähr auf der Höhe von deren Hinterrändern. Vorderkopf zugespitzt, so lang wie der größte Augendurchmesser; Interorbitalraum $^1/_2$ so breit wie ein oberes Augenlid; Trommelfell $^2/_3$ so breit wie der Augendurchmesser. 1. Finger viel länger als der 2.; Finger kurz, Zehen mäßig lang, durch eine Spur von Schwimmhaut verbunden und mit schwachen Hautsäumen versehen; Subarticularhöcker gut entwickelt; ein kleiner, ovaler medialer und ein undeutlicher lateraler Metatarsalhöcker vorhanden. Bei nach vorn an den Körper angelegtem Hinterbein reicht das Tibiotarsalgelenk bis zur Vorderkopfspitze, oder über diese noch hinaus. Oberseite mit flachen Warzen besetzt; Unterseite glatt. Oben grauolivenfarbig, dunkel marmoriert. Hinterbeine quer gebändert; Weichen und Hinterseite der Oberschenkel schwarz marmoriert. L. 66 mm.

♂ mit subgularer Schallblase und schwärzlichen Brunstschwielen auf der Medialseite des 1.—3. Fingers.

Uruguay.

22. Gen. **Hylorina** T. Bell

1843 *H.*, T. Bell in: Zool. Voy. Beagle, pars 5 p. 44 | 1858 *Hylorhina*, Alb. Günther, Cat. Batr. sal. Brit. Mus., p. 23 | 1865 *H.*, E. D. Cope in: Nat. Hist. Rev., p. 113 | 1866 *H.*, E. D. Cope in: J. Ac. Philad., ser. 2 *v.* 6 p. 95 | 1882 *H.*, Boulenger, Cat. Batr. sal. Brit. Mus., ed. 2 p. 251.

Pupille senkrecht. Zunge kreisrund, ganzrandig, hinten frei abhebbar. Gaumenzähne vorhanden. Trommelfell deutlich. Finger und Zehen sehr lang, erstere völlig frei, letztere an der Basis durch Schwimmhaut verbunden, die nicht zwischen die Metatarsen der 4. und 5. Zehe eingreift (Fig. 348); Finger- und Zehenspitzen nicht verbreitert, mit einfachen knöchernen Endphalangen. Omosternum knorpelig, Sternum mit breitem, knöchernem Stiel.

1 sichere Art und 2 unsichere Arten in Chile.

Fig. 347. **Limnomedusa macroglossa.**

1. **H. sylvatica** Bell 1843 *H. s.*, T. Bell in: Zool. Voy. Beagle, pars 5 p. 44 t. 19 f. 1, 1a (Habitus, Mundhöhle, Vorderfuß) | 1848 *Cystignathus aeneus*, Guichenot in: Gay, Hist. Chile, *v.* 2 p. 102 t. 5 f. 1 | 1858 *Hylorhina silvatica*, Alb. Günther, Cat. Batr. sal. Brit. Mus., p. 23 | 1875 *H sylvatica*, Espada in: Vert. Viaje Pacif., Batr. p. 10 | 1882 *H. silvatica*, Boulenger, Cat. Batr. sal. Brit. Mus., ed. 2 p. 251 | 1896 *H. s.*, F. Werner in: Verh. Ges. Wien, *v.* 46 p. 358 | 1897 *H. s.*, F. Werner in: Zool. Jahrb., suppl. 4 p. 275 t. 14 f. 15.

Gaumenzähne in einer geraden Querreihe zwischen den Choanen. Vorderkopf kurz abgerundet; Interorbitalraum so breit wie ein oberes Augenlid;

Trommelfell deutlich, $^1/_3$—$^1/_2$ so breit wie der Augendurchmesser. 1. Finger kürzer als der 2.; Finger und Zehen sehr lang, letztere an der Basis durch Schwimmhaut verbunden und mit schwachen Hautsäumen versehen; Subarticularhöcker nicht stark entwickelt; je ein kleiner medialer und lateraler Metatarsalhöcker vorhanden. Bei nach vorn an den Körper angelegtem Hinterbein reicht das Tibiotarsalgelenk bis zur Vorderkopfspitze. Haut der Oberseite rauh, mit flachen Warzen besetzt oder gekörnelt; Unterseite glatt.

Fig. 848. **Hylorina sylvatica** (nach F. Werner).

Oberseite braun oder grün in verschiedenen Tönen, ein weißer Seitenstreifen zieht jederseits vom Auge bis über die Basis des Vorderbeines hinaus oder auch weiter bis zum Sacrum; zuweilen auch ein heller Längsstreifen in der Rückenmitte und eine helle Querbinde zwischen den Augen vorhanden und die Seiten bläulichgrau oder -grün gefleckt. Gliedmaßen undeutlich dunkel gefleckt. Unterseite weiß. Lebende Tiere (nach Darwin fide Bell l. c.) oben fein grasgrün, kupferfarbig gesprenkelt, und mit gleichfarbigen Längsbinden; unten bleich rötlich bleifarbig. L. 60 mm.

Chile.

? **H. andina** Phil. 1902 *H. a.*, A. Philippi, Supl. Batr. Chilen., p. 74.
Provinz Valdivia (Chile).

? **H. longipes** Phil. 1902 *H. l.*, A. Philippi, Supl. Batr. Chilen., p. 77.
Provinz Valdivia (Chile).

23. Gen. **Heleophryne** W. L. Sclater

1898 *H.*, W. L. Sclater in: Ann. S. Afr. Mus., *v.* 1 p. 110 | 1909 *H.*, J. Hewitt in: Ann. Transvaal Mus., *v.* 2 p. 45.

Pupille vertikal. Zunge scheibenförmig, rundlich und hinten fast frei abhebbar. Gaumenzähne vorhanden. Trommelfell unsichtbar, oder wenigstens undeutlich. Finger frei, Zehen durch Schwimmhaut verbunden, die zwischen die Metatarsen der 4. und 5. Zehe eingreift; Finger- und Zehenspitzen zu wohlentwickelten Haftscheiben verbreitert (Fig. 349), mit T-förmigen knöchernen Endphalangen. Omosternum fehlt (vielleicht verkümmert vorhanden). Sternum eine ziemlich große und breite Knorpelplatte ohne knöchernen Stiel. Querfortsätze des Sacralwirbels schwach verbreitert.

2 Arten in Südafrika.

Bestimmungstabelle der Arten:

1. { Zehen völlig durch Schwimmhaut verbunden . . . . 1. **H. purcelli**
   { Zehen zu $^1/_2$ ihrer Länge durch Schwimmhaut verbunden . . . 2. **H. regis**

1. **H. purcelli** W. Scl. 1898 *H. p.*, W. L. Sclater in: Ann. S. Afr. Mus., *v.* 1 p. 111 t. 5 f. 3, 3a (Habitus, Mundhöhle).

Gaumenzähne in 2 länglichen Gruppen zwischen den Choanen. Vorderkopf stumpf, etwa so lang wie der Augendurchmesser, mit rundlichem Canthus rostralis; Interorbitalraum etwas breiter als ein oberes Augenlid (Fig. 349). Finger frei, mit breiten, flachen, etwas abgestutzten, dreieckigen Haftscheiben; Zehen völlig durch Schwimmhaut verbunden, mit wohl entwickelten Haftscheiben, die aber weniger dreieckig und kleiner sind als die der Finger;

Fig. 349. **Heleophryne purcelli** (nach P. Sclater).

Subarticularhöcker oval und ziemlich groß; nur ein ovaler und gut entwickelter medialer, kein lateraler Metatarsalhöcker vorhanden. Bei nach vorn an den Körper angelegtem Hinterbein reicht das Tibiotarsalgelenk bis zur Vorderkopfspitze. Oberseite glatt, Unterseite, besonders der Bauch gekörnelt. Im Alkohol purpurfarbig, mit dunkleren, runden, fein weiß gesäumten Flecken. Hinterbeine mit dunkelpurpurfarbigen Querbinden. Unterseite gelblichweiß. L. 40 mm.

Stellenbosch Division (Kapland).

2. **H. regis** J. Hewitt 1909 *H. r.*, J. Hewitt in: Ann. Transvaal Mus., *v.* 2 p. 45.

Gaumenzähne in 2 queren Gruppen zwischen den Choanen. Vorderkopf abgerundet; Interorbitalraum eine Kleinigkeit schmaler als ein oberes Augenlid;

Trommelfell undeutlich. Finger frei, mit dreieckigen Haftscheiben; 4. Finger länger als der 2.; Zehen, außer der völlig frei bleibenden 1. Zehe, zu $^1/_2$ ihrer Länge durch Schwimmhaut verbunden, mit kleineren Haftscheiben als die der Finger; Subarticularhöcker oval, gut entwickelt; ein mäßig großer, elliptischer medialer, aber kein lateraler Metatarsalhöcker vorhanden. Bei nach vorn an den Körper angelegtem Hinterbein reicht das Tibiotarsalgelenk bis zur Vorderkopfspitze. Haut oben glatt, am Bauche und unter den Oberschenkeln gekörnelt. Oberseite purpurfarbig mit unregelmäßigen, dunklen Flecken; Beine mit undeutlichen, dunklen Querbinden; Unterseite gelblich weiß. L. 42 mm.

Knysna (Kapland).

24. Gen. **Mixophyes** Alb. Günther

1864 *M.*, Alb. Günther in: P. zool. Soc. London, p. 46 | 1865 *Myxophyes*, E. D. Cope in: Nat. Hist. Rev., p. 111 | 1866 *Mixophyes*, E. D. Cope in: J. Ac. Philad., ser. 2 *v.* 6 p. 93 | 1868 *M.*, W. Keferstein in: Arch. Naturg., *v.* 34I p. 254 t. 5 f. 6 (Brustbein) | 1882 *M.*, Boulenger, Cat. Batr. sal. Brit. Mus., ed. 2 p. 188.

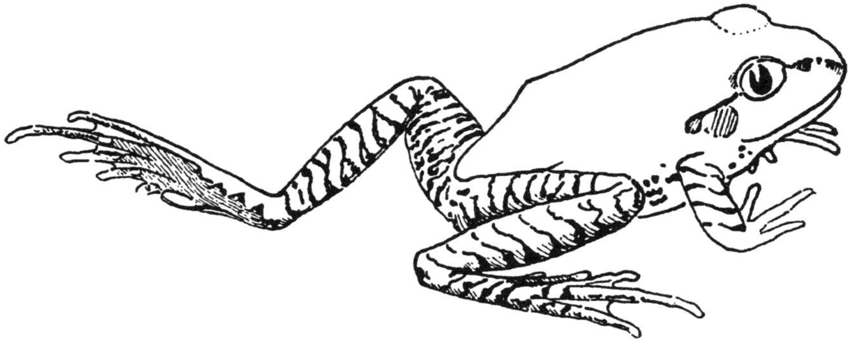

Fig. 350. **Mixophyes fasciolatus** (nach Alb. Günther).

Pupille senkrecht. Zunge kreisrund, ganzrandig, hinten frei abhebbar. Gaumenzähne vorhanden. Trommelfell sichtbar. Finger frei; Zehen durch Schwimmhaut verbunden, die zwischen die Metatarsen der 4. und 5. Zehe eingreift; Finger- und Zehenspitzen nicht verbreitert, mit einfachen, knöchernen Endphalangen. Omosternum knorpelig; Sternum eine Knorpelplatte.

1 Art in Australien.

1. **M. fasciolatus** Gthr. 1864 *M. f.*, Alb. Günther in: P. zool. Soc. London, p. 46 t. 7 f. 1 | 1864 *M. f.*, Alb. Günther in: Ann. nat. Hist., ser. 3 *v.* 14 p. 312 | 1867 *M. f.*, Steindachner in: Reise Novara, Amph. p. 10 | 1868 *M. f.*, W. Keferstein in: Arch. Naturg., *v.* 34I p. 255 t. 5 f. 6 (Brustbein) | 1882 *M. f.*, Boulenger, Cat. Batr. sal. Brit. Mus., ed. 2 p. 188 | 1885 *Hyla fenestrata*, De Vis in: P. R. Soc. Queensl., *v.* 1 p. 128 | 1885 *Mixophyes fasciolatus*, Boulenger in: Ann. nat. Hist., ser. 5 *v.* 16 p. 387.

Gaumenzähne in 2 geraden Reihen zwischen den Choanen. Kopf groß, Vorderkopf abgerundet, mit rundlichem Canthus rostralis und schief abfallender Zügelregion (Fig. 350); Nasenloch halbwegs zwischen Auge und Vorderkopfspitze; Interorbitalraum so breit wie ein oberes Augenlid; Trommelfell $^3/_4$ so breit wie das Auge. Finger und Zehen an den Spitzen schwach verdickt; 1. Finger wenig länger als der 2.; Zehen zu $^2/_3$ ihrer Länge durch Schwimmhaut verbunden; Subarticularhöcker gut entwickelt; ein langgestreckter, ovaler, seitlich zusammengedrückter medialer, aber kein lateraler Metatarsalhöcker vorhanden. Bei nach vorn an den Körper angelegtem Hinterbein reicht das Tibiotarsalgelenk bis zur Vorderkopfspitze. Haut glatt, eine schwache Hautfalte über dem Trommelfell. Oberseite bräunlich olivenfarben, undeutlich dunkel marmoriert und mit einer dunklen Querbinde zwischen den Augen; eine schwarze Binde zieht jederseits der Vorderkopfspitze längs des Canthus rostralis, durch das Auge und über dem Trommelfell hin bis hinter dieses. Rumpfseiten mit runden, braunen und schwarzen Flecken; Beine mit zahlreichen, schmalen, schwarzen Querbinden. Unterseite einfarbig weiß. L. 60 mm.

♂ mit brauner Kehle und subgularer Schallblase.

Ost-Australien.

25. Gen. **Liopelma** Fitzinger emend. Boulenger

1861 *Leiopelma*, Fitzinger in: Verh. Ges. Wien, *v.* 11 p. 218 | 1867 *L.*, Steindachner in: Reise Novara, Amph. p. 33 | 1882 *Liopelma*, Boulenger, Cat. Batr. sal. Brit. Mus., ed. 2 p. 447.

Pupille horizontal. Zunge kreisrund, ganzrandig, hinten frei abhebbar. Gaumenzähne vorhanden. Trommelfell und Tubae Eustachii fehlen. Finger frei, Zehen durch Schwimmhaut verbunden, die zwischen die Metatarsen der 4. und 5. Zehe eingreift. Finger- und Zehenspitzen nicht verbreitert, mit einfachen knöchernen Endphalangen. Omosternum fehlt; Sternum mit 2 schlanken nach hinten divergierenden Fortsätzen. Querfortsätze des Sacralwirbels schwach verbreitert.

1 Art in Neuseeland.

1. **L. hochstetteri** Fitz. 1861 *Leiopelma h.*, Fitzinger in: Verh. Ges. Wien, *v.* 11 p. 218 t. 6 f. 1—6 (Habitus, Kopf von der Seite, Mundhöhle, Füße) | 1867 *L. h.*, Steindachner in: Reise Novara, Amph. p. 33 | 1882 *Liopelma h.*, Boulenger, Cat. Batr. sal. Brit. Mus., ed. 2 p. 448.

Gaumenzähne in 2 kurzen Querreihen dicht hinter der Verbindungslinie der Choanenhinterränder. Körperform mäßig gedrungen, ähnlich der von *Alytes obstetricans* (Fig. 351). Kopf kurz; Vorderkopf abgerundet, wenig länger als der Augendurchmesser, mit deutlichem, sehr kurzem Canthus rostralis und schief abfallender Zügelregion; Nasenloch näher beim Auge als bei der Vorderkopfspitze; Interorbitalraum breiter als ein oberes Augenlid. Finger und Zehen kurz und stumpf, letztere zu $^1/_2$ ihrer Länge durch Schwimmhaut verbunden; 1. Finger kürzer als der 2.; Subarticularhöcker undeutlich oder fehlend; 2 flache Metacarpalhöcker und ein kleiner, flacher medialer Metatarsalhöcker vorhanden. Bei nach vorn an den Körper angelegtem Hinterbein reicht das Tibiotarsalgelenk bis zum Vorderrand des Auges. Oberseite mit kleinen, glatten Höckern besetzt; vom Hinterrand des Auges zieht je eine Drüsenfalte zur Achsel und längs der Rumpfseiten bis zu den Weichen; Unterseite glatt. Oberseite schwarzgrau oder braun, mit einer breiten, undeutlichen, hellen Querbinde zwischen den Augen; auf Kopf und Rücken

Fig. 351. **Liopelma hochstetteri** (nach Steindachner).

undeutlich schwärzlich gefleckt. Beine heller, auf der Oberseite mit regelmäßigen, schwärzlichen Querbinden; Unterseite hell. L. 33 mm.

♂ ohne Schallblasen.

Auckland (Neuseeland).

26. Gen. **Phractops** Peters

1858 *Chiroleptes* (non Kirby 1831), Alb. Günther, Cat. Batr. sal. Brit. Mus., p. 34 | 1865 *C.*, E. D. Cope in: Nat. Hist. Rev., p. 108 | 1866 *C.*, E. D. Cope in: J. Ac. Philad., ser. 2 *v.* 6 p. 93 | 1867 *Phractops*, Peters in: Monber. Ak. Berlin, p. 30 | 1867 *Cyclorana*, Steindachner in: Reise Novara, Amph. p. 29 | 1882 *Chiroleptes*, Boulenger, Cat. Batr. sal. Brit. Mus., ed. 2 p. 267 | 1891 *C.*, Fletcher in: P. Linn. Soc. N. S. Wales, ser. 2 *v.* 6 p. 271 | 1907 *Phractops*, J. D. Ogilby in: P. R. Soc. Queensl., *v.* 20 p. 32.

Pupille horizontal[1]). Zunge annähernd kreisrund oder elliptisch, ganzrandig oder hinten schwach ausgerandet, hinten frei abhebbar. Gaumenzähne vorhanden. Gehörorgan völlig entwickelt, Trommelfell sichtbar. Finger frei, Zehen mehr oder weniger durch Schwimmhaut verbunden, die nicht zwischen die Metatarsen der 4. und 5. Zehe eingreift. 1. Finger den übrigen Fingern opponierbar; Finger- und Zehenspitzen nicht verbreitert, mit einfachen knöchernen Endphalangen. Medialer Metatarsalhöcker oval, seitlich zusammengedrückt, meist schaufelförmig ausgebildet. Omosternum und Sternum knorpelig; Querfortsätze des Sacralwirbels schwach verbreitert.

6 Arten in Australien.

Bestimmungstabelle der Arten:

1	Zehen in ihrer ganzen Länge durch Schwimmhaut verbunden (Fig. 352) — 2	
	Zehen höchstens zu $^1/_2$ ihrer Länge durch Schwimmhaut verbunden (Fig. 355) — 3	
2	Vorderkopf fast doppelt so lang wie der Augendurchmesser; Interorbitalraum breiter als ein oberes Augenlid; medialer Metatarsalhöcker schaufelförmig ausgebildet (Fig. 352)	1. **P. platycephalus**
	Vorderkopf wenig länger als der Augendurchmesser; Interorbitalraum schmaler als ein oberes Augenlid; medialer Metatarsalhöcker sehr klein	2. **P. dahlii**
3	Medialer Metatarsalhöcker groß, schaufelförmig; lateraler Metatarsalhöcker fehlt (Fig. 355) — 4	
	Außer einem ovalen medialen noch ein runder lateraler Metatarsalhöcker vorhanden	6. **P. inermis**
4	Zehen nur an ihrer Basis oder höchstens zu $^1/_3$ ihrer Länge durch Schwimmhaut verbunden — 5	
	Zehen zu $^1/_2$ ihrer Länge durch Schwimmhaut verbunden (Fig. 355)	5. **P. australis**
5	Interorbitalraum so breit wie ein oberes Augenlid; Zunge annähernd kreisrund; Hinterseite der Oberschenkel farblos	3. **P. brevipalmatus**
	Interorbitalraum schmaler als ein oberes Augenlid; Zunge länglich; Hinterseite der Oberschenkel schwarz . .	4. **P. brevipes**

1. **P. platycephalus** (Gthr.) 1873 *Chiroleptes p.*, Alb. Günther in: Ann. nat. Hist., ser. 4 *v.* 11 p. 350 | 1882 *C. p.*, Boulenger, Cat. Batr. sal. Brit. Mus., ed. 2 p. 268 t. 17 f. 4, 4b (Habitus, Mundhöhle) | 1896 *C. p.*, W. B. Spencer in: Rep. Horn Exp. Centr. Austral., *v.* 2 p. 160 t. 13 f. 1, t. 14 f. 5—9 (Habitusbilder des Frosches und der Larve und Mund der letzteren).

[1]) In der älteren Literatur irrtümlich als vertical beschrieben.

Zunge annähernd kreisrund, ganzrandig. Gaumenzähne in 2 Gruppen zwischen den Choanen. Kopf groß und breit, abgeplattet. Vorderkopf abgerundet, fast doppelt so lang wie der Augendurchmesser (Fig. 352), ohne Canthus rostralis, mit schief abfallender Zügelregion; Nasenlöcher gleichweit von Auge und Vorderkopfspitze entfernt, nach oben gerichtet; Interorbitalraum breiter als ein oberes Augenlid; Trommelfell deutlich, $^3/_4$ so breit wie der Augendurchmesser. Finger mäßig lang, 1. Finger viel länger als der 2.; Zehen kurz, in ihrer ganzen Länge durch Schwimmhaut verbunden; Subarticularhöcker sehr klein; ein starker, schaufelförmiger medialer und ein

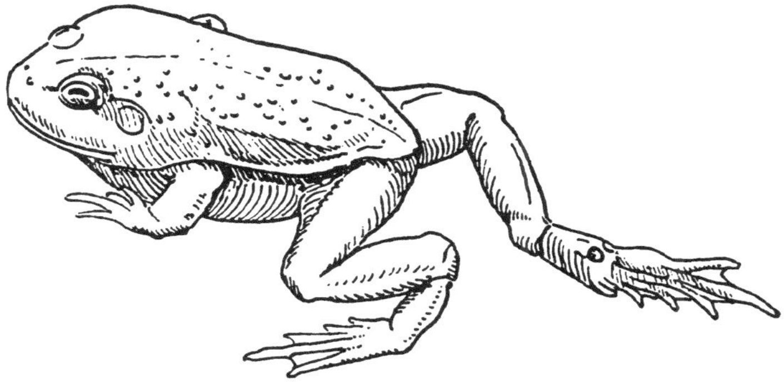

Fig. 352. **Phractops platycephalus.** Habitusbild (nach Boulenger).

flacher, ziemlich undeutlicher lateraler Metatarsalhöcker vorhanden. Bei nach vorn an den Körper angelegtem Hinterbein reicht das Tibiotarsalgelenk bis zum Trommelfell. Einige kleine Höcker auf dem Rücken; Bauch sehr fein gekörnelt. Färbung (nach Spencer) mit der Jahreszeit wechselnd; zur Trockenzeit oben olivengrau oder graubraun mit zahlreichen dunklen Punkten und Flecken; Unterseite weiß, Kehle des ♂ schwach und fein dunkel punktiert. Zur Regenzeit am Kopfe gelb, mit mehr oder weniger deutlichen grünen

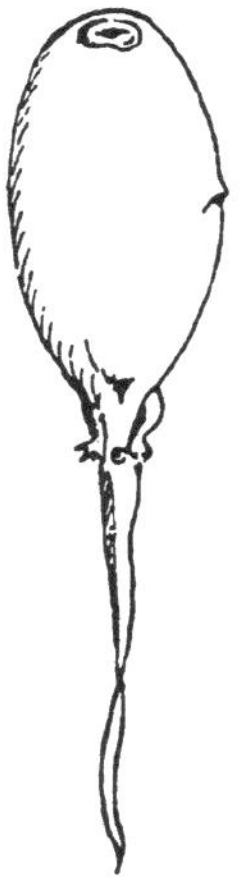

Fig. 353.

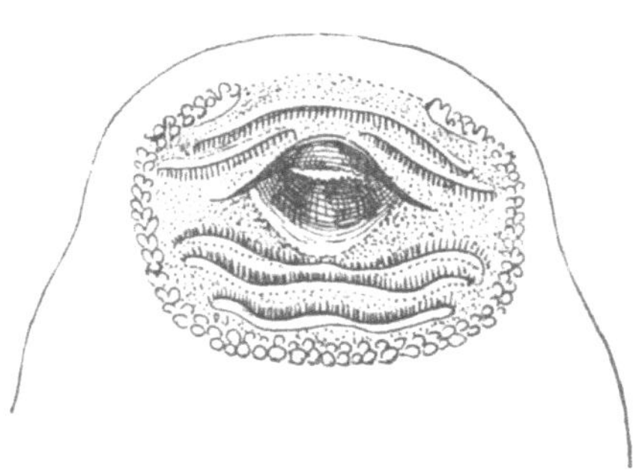

Fig. 354.

Phractops platycephalus. Fig. 353: Larve von der Bauchseite; Fig. 354: Mundgegend der Larve ($^7/_1$) (beides nach W. B. Spencer).

Flecken; Trommelfell gelblichbraun. Rumpfseiten und Hinterbeine orangebraun; Schwimmhaut oft deutlich rötlich. (Nach Günther ist die Oberseite einfarbig grünlicholiv, die Unterseite weißlich mit einigen kleinen grünen Flecken an der Kehle.) L. 65 mm.

Merkmale der Larve (nach Spencer): Rumpf etwa $1^1/_8$ mal so breit und etwa $^2/_3$ so lang wie der Schwanz (Fig. 353). Nasenlöcher etwas näher bei der Vorderkopfspitze als beim Auge; Augen auf der Oberseite gelegen, von unten nicht sichtbar. Spiraculum linksseitig, nicht sehr vorspringend, von oben nicht sichtbar. After auf der rechten Körperseite gelegen, am Ende einer nach hinten über die Schwanzbasis vorspringenden, mit der unteren Schwanzflosse in Verbindung stehenden Röhre. Schnabel breit schwarz gerandet. Lippen mit einer doppelten, am Vorderrande des Mundes breit unterbrochenen Papillenreihe besetzt (Fig. 354). Oberlippe mit 2, Unterlippe mit 3 Zähnchenreihen, von denen die 2. obere und die 1. untere unterbrochen sind. Körper schmutzig gelb; mit oder ohne einige schwache, dunkle Flecke; Schwanzflossen dunkel gesprenkelt. Gesamtlänge 69 mm, wovon 41 mm auf den Schwanz kommen.

Neu-Süd-Wales und Zentralaustralien. — Gräbt sich während der Trockenzeit in den Boden ein.

2. **P. dahlii** (Blgr.) 1895 *Chiroleptes d.*, Boulenger in: P. zool. Soc. London, p. 867 t. 49 f. 2, 2a (Habitus, Mundhöhle).

Habitus ähnlich dem von *Rana esculenta*. Zunge kreisrund, hinten schwach ausgerandet. Gaumenzähne in ovalen, queren Gruppen zwischen den Choanen. Kopf so lang wie breit. Vorderkopf abgerundet, wenig länger als der Augendurchmesser, mit undeutlichem Canthus rostralis und sehr schief abfallender, schwach vertiefter Zügelregion; Nasenloch gleichweit von Auge und Vorderkopfspitze entfernt; Interorbitalraum schmaler als ein oberes Augenlid; Trommelfell sehr deutlich, so groß wie das Auge oder etwas kleiner. Finger und Zehen mäßig lang, letztere bis zu den Spitzen durch Schwimmhaut verbunden; 1. Finger länger als der 2.; Subarticularhöcker sehr klein; ein sehr kleiner, ovaler medialer Metatarsalhöcker vorhanden, $^1/_4$ so lang wie die 1. Zehe; kein lateraler Metatarsalhöcker vorhanden. Bei nach vorn an den Körper angelegtem Hinterbein reicht das Tibiotarsalgelenk bis zum Vorderrand des Auges. Haut glatt; eine Hautfalte über dem Trommelfell. Oberseite dunkelolivenfarben, mit einem helleren Längsstreifen in der Rückenmitte; ein schwärzlicher Streifen längs des Canthus rostralis; Rumpfseiten und Hinterseite der Oberschenkel schwarz und weiß marmoriert. Unterseite weiß; die Seiten der Kehle und die Unterseite der Beine mit kleinen, schwärzlichen Flecken. L. 70 mm.

♂ mit inneren Schallblasen.

Daly-Fluß (Nordaustralien).

3. **P. brevipalmatus** (Gthr.) 1876 *Chiroleptes b.*, Alb. Günther in: J. Mus. Godeffroy, *v.* 12 p. 47 | 1882 *C. b.*, Boulenger, Cat. Batr. sal. Brit. Mus., ed. 2 p. 269 t. 17 f. 5 | 1896 *C. b.*, W. B. Spencer in: Rep. Horn Exp. Centr. Austral., *v.* 2 p. 165.

Zunge annähernd kreisrund, hinten schwach ausgerandet. Gaumenzähne in 2 geraden Reihen zwischen den Choanen. Kopf mäßig groß. Vorderkopf abgerundet, nicht viel länger als der Augendurchmesser; Nasenloch gleichweit von Auge und Vorderkopfspitze entfernt; Interorbitalraum so breit wie ein oberes Augenlid; Trommelfell sehr deutlich, $^2/_3$ so breit wie der Augendurchmesser. Finger mäßig lang, 1. Finger viel länger als der 2.; Zehen kurz, kaum zu $^1/_3$ ihrer Länge durch Schwimmhaut verbunden; Subarticularhöcker gut entwickelt; ein ovaler, seitlich zusammengedrückter, schaufelförmiger medialer, aber kein lateraler Metatarsalhöcker vorhanden. Bei nach vorn an den Körper angelegtem Hinterbein reicht das Tibiotarsalgelenk bis zum Trommelfell. Haut auf Ober- und Unterseite sehr fein gekörnelt. Oberseite bräunlich olivenfarben, mit symmetrischen, braunen Flecken, darunter ein großer Interocularfleck; ein dunkler Streifen zieht von der Vorderkopfspitze durch das Auge und oberhalb des Trommelfells hin zur Schulter und setzt sich, zuweilen in Flecke aufgelöst, noch mehr oder weniger weit an den Rumpfseiten entlang fort; eine helle Längslinie läuft die Rückenmitte entlang. Hinterseite der Oberschenkel farblos. L. 40 mm.

♂ mit subgularer Schallblase.

Queensland und Zentralaustralien. — Gräbt sich während der Trockenzeit in den Boden ein.

4. **P. brevipes** (Ptrs.) 1871 *Chiroleptes b.*, Peters in: Monber. Ak. Berlin, p. 648.

Zunge länglich, am Hinterrande wenig eingebuchtet. Gaumenzähne in 2 nach hinten konvergierenden Reihen zwischen den Choanen. Kopf so lang wie breit; Nasenloch gleichweit von der Vorderkopfspitze und dem Auge entfernt; Canthus rostralis abgerundet; Interorbitalraum schmaler als ein oberes Augenlid. Trommelfell $^2/_3$ so breit wie der Augendurchmesser. 1. Finger länger als der 2.; Zehen durch kurze, an der 4. Zehe nicht über die Mitte des 1. Gliedes hinausreichende Schwimmhaut verbunden; Subarticularhöcker deutlich, an den Fingern viel stärker als an den Zehen; ein großer, schaufelförmiger medialer, aber kein lateraler Metatarsalhöcker vorhanden. Bei nach vorn an den Körper angelegtem Hinterbein reicht das Tibiotarsalgelenk bis zum Trommelfell und das Tarsometatarsalgelenk bis zum Nasenloch. Rücken und Bauch gekörnelt; Unterkinn und Brust ganz glatt. Oberseite rotbraun, schwarz gefleckt und marmoriert, ein dreieckiger, schwarzer Fleck zwischen den Augen; ein schwarzer Streifen zieht von der Vorderkopfspitze durch das Auge und oberhalb des Trommelfells hin zur Schulter; eine gelbe Linie zieht längs der Rückenmitte von der Vorderkopfspitze bis zum After. Oberseite der Gliedmaßen auf rot- und gelbbraunem Grunde schwarz marmoriert; Hinterseite der Oberschenkel schwarz. Unterseite einfarbig rostbraun. L. 31 mm.

Port Bowen (Australien).

5. **P. australis** (Gray) 1842 *Alytes a.*, J. E. Gray, Zool. Misc., pars 2 p. 56 | 1858 *Chiroleptes a.*, Alb. Günther, Cat. Batr. sal. Brit. Mus., p. 34 | 1867 *Phractops alutaceus*, Peters in: Monber. Ak. Berlin, p. 30 | 1867 *Cyclorana novae hollandiae*, Steindachner in: Reise Novara, Amph. p. 29 t. 2 f. 7—10 (Habitus, Mundhöhle, Füße) | 1868 *Chiroleptes australis*, Alb. Günther in: Zool. Rec., *v.* 4 p. 145 | 1882 *C. a.*, Boulenger, Cat. Batr. sal. Brit. Mus., ed. 2 p. 269 | 1913 *C. a.*, L. G. Andersson in: Svenska Ak. Handl., *v.* 52 nr. 4 p. 15.

Fig. 355.
Phractops australis.
Linker Hinterfuß von unten (nach Steindachner).

Zunge annähernd kreisrund, hinten schwach ausgerandet. Gaumenzähne in 2 kräftigen, etwas schräggestellten Reihen zwischen den Choanen. Kopf groß; Vorderkopf abgerundet, 2 mal oder fast 2 mal so lang wie der Augendurchmesser, mit rundlichem Canthus rostralis und schief abfallender, vertiefter Zügelregion; Nasenloch gleichweit von Auge und Vorderkopfspitze entfernt; Interorbitalraum vertieft, so breit wie ein oberes Augenlid; Trommelfell sehr deutlich, etwa $^2/_3$ so breit wie der Augendurchmesser. Finger und Zehen kurz, letztere zu $^1/_2$ ihrer Länge durch

Schwimmhaut verbunden; 1. Finger viel länger als der 2.; Subarticularhöcker gut entwickelt; ein großer, ovaler, seitlich zusammengedrückter, medialer Metatarsalhöcker vorhanden (Fig. 355). Bei nach vorn an den Körper angelegtem Hinterbein reicht das Tibiotarsalgelenk bis zum Trommelfell oder bis zum Auge oder zwischen Auge und Nasenloch. Haut oben glatt oder chagriniert, mit einigen verstreuten, flachen Warzen; eine mehr oder weniger deutliche, zuweilen auch noch eine zweite, drüsige Lateralfalte vorhanden; Unterseite sehr fein gekörnelt. Oberseite braun oder olivenfarbig, einfarbig oder dunkel marmoriert; ein dunkler Streifen zieht von der Vorderkopfspitze durch das Auge und oberhalb des Trommelfells hin zur Schulter. Unterseite hell; Kehle beim ♀ braun gefleckt, beim ♂ dunkel. L. 83 mm.

♂ zur Fortpflanzungszeit mit schwärzlichbraunen Brunstschwielen auf der Medialseite des 1. Fingers.

Ost und Nordaustralien.

6. **P. inermis** (Ptrs.) 1867 *Chiroleptes i.*, Peters in: Monber. Ak. Berlin, p. 30 | 1882 *C. i.*, Boulenger, Cat. Batr. sal. Brit. Mus., ed. 2 p. 271 | 1913 *C. i.*, L. G. Andersson in: Svenska Ak. Handl., *v.* 52 nr. 4 p. 16 t. 1 f. 2.

Zunge annähernd kreisrund, hinten schwach ausgerandet. Gaumenzähne in 2 kleinen Gruppen zwischen den vorderen Hälften der Choanen. Kopf so lang wie breit; Vorderkopf etwas zugespitzt und vorspringend, $1\,^1/_2$ mal so lang wie der Augendurchmesser, ohne deutlichen Canthus rostralis; Nasenloch gleichweit von Auge und Vorderkopfspitze entfernt; Interorbitalraum so breit wie oder etwas schmaler als ein oberes Augenlid; Trommelfell sehr deutlich, $^2/_3$—$^3/_4$ so breit wie der Augendurchmesser. Finger und Zehen kurz, letztere zu $^3/_4$ ihrer Länge durch Schwimmhaut verbunden; 1. Finger länger als der 2.; Subarticularhöcker sehr deutlich; ein kleiner, runder lateraler, ein etwas größerer, ovaler medialer Metatarsalhöcker und eine niedrige, aber deutliche Tarsalfalte am medialen Tarsusrande vorhanden. Bei nach vorn an den Körper angelegtem Hinterbein reicht das Tibiotarsalgelenk bis zum Auge, oder zwischen Auge und Vorderkopfspitze. Oberseite gekörnelt und mit verstreuten, länglichen Höckern besetzt; Bauch und Unterseite der Oberschenkel sehr fein gekörnelt; Kehle, Brust und übrige Unterseite der Beine glatt. Oberseite graubraun mit unregelmäßigen, verwischten, dunklen Flecken; Lippenränder gefleckt. Hinterseite der Oberschenkel braun oder schwarz und weiß marmoriert; Oberseite der Unterschenkel unregelmäßig quer gebändert. Unterseite rein weiß, an der Kehle mehr oder weniger stark braun oder schwarz gesprenkelt. L. 35 mm.

♂ mit subgularer Schallblase.

Queensland und Kimberly-Distrikt in Nordwestaustralien.

27. Gen. **Mitrolysis** E. D. Cope

1882 *Chiroleptes* (part.), Boulenger, Cat. Batr. sal. Brit. Mus., ed. 2 p. 267 | 1889 *Mitrolysis*, E. D. Cope in: Bull. U. S. Mus., *v.* 34 p. 312.

Unterscheidet sich von der vorigen Gattung nur durch die vertikale Pupille.

1 Art in Australien.

1. **M. alboguttatus** (Gthr.) 1867 *Chiroleptes a.*, Alb. Günther in: Ann. nat. Hist., ser. 3 *v.* 20 p. 54 | 1882 *C. a.*, Boulenger, Cat. Batr. sal. Brit. Mus., ed. 2 p. 270 t. 18 f. 1 | 1889 *Mitrolysis a.*, E. D. Cope in: Bull. U. S. Mus., *v.* 34 p. 312.

Zunge annähernd kreisrund, hinten schwach ausgerandet. Gaumenzähne in 2 geraden oder etwas schräggestellten Reihen zwischen den Choanen. Kopf mäßig groß; Vorderkopf etwas zugespitzt, nicht ganz $1^1/_2$ mal so lang wie der Augendurchmesser (Fig. 356); Nasenloch gleichweit von Auge und Vorderkopfspitze entfernt; Interorbitalraum nicht ganz so breit wie ein oberes Augenlid; Trommelfell sehr deutlich, mindestens $^2/_3$ so breit wie das Auge. Finger und Zehen mäßig lang, letztere zu $^1/_2$ ihrer Länge durch Schwimmhaut verbunden; 1. Finger viel länger als der 2.; Subarticularhöcker mäßig entwickelt; ein ovaler, seitlich zusammengedrückter medialer, aber kein lateraler

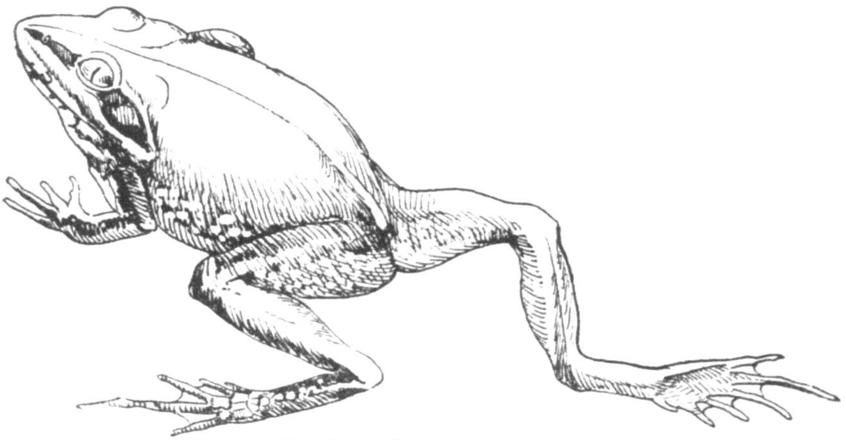

Fig. 356. **Mitrolysis alboguttatus** (nach Boulenger).

Metatarsalhöcker vorhanden. Bei nach vorn an den Körper angelegtem Hinterbein reicht das Tibiotarsalgelenk bis zum Auge oder Nasenloch. Haut der Oberseite glatt oder mit kleinen Warzen auf dem Rücken; eine drüsige Lateralfalte vorhanden; Bauch sehr fein gekörnelt. Oberseite olivenfarbig oder braun, undeutlich schwarz marmoriert, in der Regel mit einer hellen Linie längs der Rückenmitte. Rumpf- und Oberschenkelseiten schwärzlich, mit zahlreichen, runden, weißen Flecken; ein dunkler Streifen zieht von der Vorderkopfspitze durch das Auge und oberhalb des Trommelfells hin zur Schulter. Unterseite weiß, Kehle und Brust zuweilen braun marmoriert. L. 60 mm.
♂ mit subgularer Schallblase und zur Fortpflanzungszeit mit schwärzlichen Brunstschwielen auf der Medialseite des 1. Fingers.

Nordostaustralien.

28. Gen. **Helioporus** J. E. Gray

1841 *H.*, J. E. Gray in: Grey, J. Exp. Austral., *v.* 2 p. 447 | 1845 *Perialia* (part.), J. E. Gray in: Eyre, J. Exp., *v.* 1 p. 406 | 1846 *Helioporus*, L. Agassiz, Nomencl. zool., Index p. 175 | 1858 *Heleioporus*, Alb. Günther, Cat. Batr. sal. Brit. Mus., p. 38 | 1863 *Neobatrachus*, Peters in: Monber. Ak. Berlin, p. 234 | 1865 *Helioporus*, E. D. Cope in: Nat. Hist. Rev., p. 108 | 1866 *H.* + *Neobatrachus*, E. D. Cope in: J. Ac. Philad., ser. 2 *v.* 6 p. 94 | 1882 *Heleioporus*, Boulenger, Cat. Batr. sal. Brit. Mus., ed. 2 p. 271 | 1894 *Philocryphus*, Fletcher in: P. Linn. Soc. N. S. Wales, ser. 2 *v.* 8 p. 233.

Pupille senkrecht. Zunge annähernd kreisrund, hinten schwach ausgerandet. Gaumenzähne vorhanden. Trommelfell deutlich sichtbar oder unter der Haut verborgen. Finger frei, Zehen durch mehr oder weniger breite Schwimmhaut verbunden, die nicht zwischen die Metatarsen der 4. und 5. Zehe eingreift. Finger- und Zehenspitzen nicht verbreitert, mit einfachen knöchernen Endphalangen. Omosternum knorpelig, Sternum eine halbverknöcherte Platte. Querfortsätze des Sacralwirbels schwach verbreitert.

3 Arten in Australien. — Die *Helioporus*-Arten sind Grabfrösche, die in den Boden eingegraben oder auch in Brunnen mit brackigem Wasser versteckt leben.

Bestimmungstabelle der Arten:

1	Trommelfell unter der Haut verborgen — 2	
	Trommelfell deutlich sichtbar	3. **H. flavoguttatus**
2	Zehen höchstens zu $^1/_2$ ihrer Länge durch Schwimmhaut verbunden; Metatarsalhöcker gelblich (Fig. 357) . .	1. **H. albo-punctatus**
	Zehen zu $^2/_3$ ihrer Länge oder völlig durch Schwimmhaut verbunden; Metatarsalhöcker mit schwarzer Hornschneide (Fig. 358 & 359)	2. **H. pictus**

1. **H. albo-punctatus** Gray 1841 *H. a.*, J. E. Gray in: Grey, J. Exp. Austral., *v.* 2 p. 447 t. 1 f. 2 | 1845 *Perialia Eyrei*, J. E. Gray in: Eyre, J. Exp., *v.* 1 p. 407 t. 2 f. 3 | 1858 *Heleioporus albo-punctatus*, Alb. Günther, Cat. Batr. sal. Brit. Mus., p. 39 | 1868 *Helioporus a.*, W. Keferstein in: Arch. Naturg., *v.* 341 p. 269 t. 5 f. 2—5 (Habitus, Mundhöhle, Schädel, Schultergürtel) | 1882 *Heleioporus a.*, Boulenger, Cat. Batr. sal. Brit. Mus., ed. 2 p. 271 | 1898 *H. a.*, Fletcher in: P. Linn. Soc. N. S. Wales, *v.* 22 p. 678 | 1914 *H. a.* + *H. a.* var. *pelobatoides*, F. Werner in: Fauna S. W. Austral., *v.* 4 p. 418, 418.

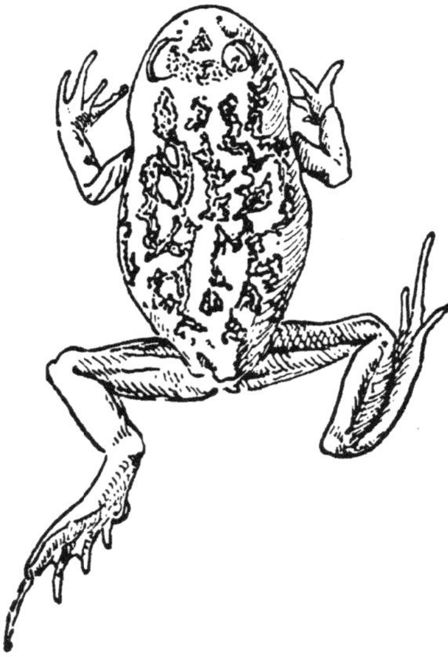

Fig. 357. **Helioporus albo-punctatus.**

Gaumenzähne in einer unterbrochenen Querreihe zwischen den Choanen. Körperform sehr gedrungen (Fig. 357); Vorderkopf abgerundet, ohne Canthus rostralis; Nasenloch gleichweit von Auge und Vorderkopfspitze entfernt; Interorbitalraum schmaler als ein oberes Augenlid. Finger und Zehen stumpf, letztere kurz und höchstens zu $^1/_2$ ihrer Länge durch Schwimmhaut verbunden; 1. Finger länger als der 2.; Subarticularhöcker, besonders an den

Fingern gut entwickelt; ein großer, schaufelförmiger medialer, aber kein lateraler Metatarsalhöcker vorhanden. Bei nach vorn an den Körper angelegtem Hinterbein reicht das Tibiotarsalgelenk bis zur Schulter und die Spitze der längsten Zehe bis zur Vorderkopfspitze oder über diese noch hinaus. Haut glatt, auf Kopf und Rücken chagriniert; eine große, äußerlich nicht hervortretende Parotoïddrüse vorhanden. Oberseite bräunlich mit runden, weißen Flecken, oder braun und rötlichweiß marmoriert. Junge Tiere oben olivenfarben mit mehr oder weniger deutlichen, braunen Flecken, und mit einem dunklen, von der Vorderkopfspitze zum Auge ziehenden Streifen. L. 70 mm.

♂ ohne Schallblase, mit schwarzen, hornigen, kegelförmigen Höckern auf der Oberseite eines oder mehrerer Finger, von denen der proximale Höcker auf dem 1. Finger verknöchert und weitaus am stärksten ausgebildet ist.

Ost-, Nord- und Westaustralien.

2. **H. pictus** (Ptrs.) 1863 *Neobatrachus p.*, Peters in: Monber. Ak. Berlin, p. 235 | 1882 *Heleioporus p.*, Boulenger, Cat. Batr. sal. Brit. Mus., ed. 2 p. 272 | 1891 *H. p.*, Fletcher in: P. Linn. Soc. N. S. Wales, ser. 2 *v.* 6 p. 273 | 1896 *H. p.*, W. B. Spencer in: Rep. Horn Exp. Centr. Austral., *v.* 2 p. 166 t. 13 f. 2 (Habitusbild), t. 11 f. 10—13 (Habitus und Mund der Larve, Hinterfuß) | 1911 *H. Sudelli*, J. Lamb in: Ann. Queensl. Mus., nr. 10 p. 26.

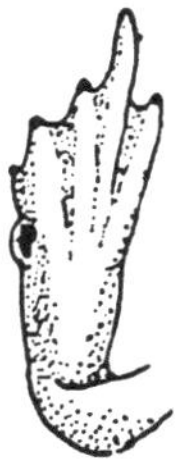

Fig. 358. Fig. 359.
Helioporus pictus.
Fig. 358: Linker Hinterfuß von unten;
Fig. 359: Linker Hinterfuß von unten mit kürzerer Schwimmhaut
(beides nach W. B. Spencer).

Unterscheidet sich von *H. albopunctatus* durch größere Zehenschwimmhaut, die mindestens $^2/_3$ der Zehen oder deren ganze Länge umfaßt (Fig. 358, 359); durch schwarze Hornschneide des Metatarsalhöckers, häufig auch durch schwarze Spitzen aller oder der meisten Zehen; durch Fehlen der Parotoïden und kleine rauhe Wärzchen auf der Oberseite. Färbung (nach Peters) schwarz oder schwarzbraun, mit einer weißen Linie längs des Rückens; Körperseiten,

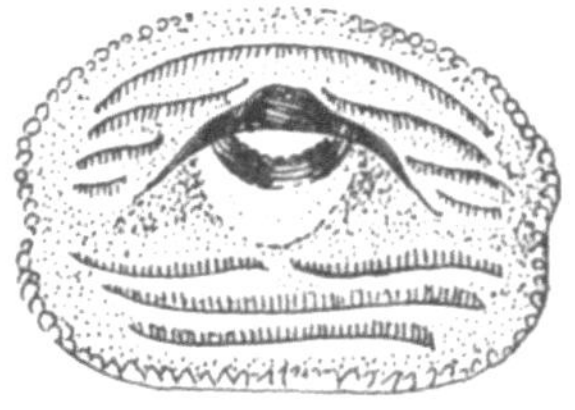

Fig. 360. Fig. 361.
Helioporus pictus.
Fig. 360: Larve; Fig. 361: Mundgegend der Larve ($^7/_1$) (beides nach W. B. Spencer).

Unterarme und Hinterbeine schwarz und weiß marmoriert. Lebende Tiere (nach Spencer) zur Regenzeit orange und gelb mit lebhaft grüner Sprenkelung und mit heller Längslinie auf dem Rücken, vielfach auch mit braunen Flecken; Zehen und Schwimmhaut gelb oder rötlich. Unterseite hellgelb oder gelblichgrün. L. 57 mm.

♂ zur Fortpflanzungszeit mit braunen Brunstschwielen auf der Medialseite des 1. und 2. Fingers.

Merkmale der Larve (nach Spencer): Rumpf $1^2/_3$ mal so lang wie breit, $^4/_5$ mal so lang wie der Schwanz, letzterer mehr als $^1/_2$ so hoch wie lang (Fig. 360). Nasenloch gleichweit von Augenmitte und Vorderkopfspitze entfernt; Auge von unten nicht sichtbar, Spiraculum linksseitig, nicht stark vorspringend, von oben nicht sichtbar; After auf der rechten Seite an der Schwanzbasis. Schnabel nicht sehr breit schwarz gerandet; Lippen mit 1 reihigem, in der Mitte ihrer Vorderseite unterbrochenem Papillensaum. Zahnreihen $\frac{4}{3}$, davon oben die 2.—4., unten die 1. Reihe unterbrochen (Fig. 361). Körper hellbläulich, auf dem Rücken dunkel gesprenkelt. Unterseite und Schwanzflossen gelblichgrau. L. 60 mm, davon kommen 33 mm auf den Schwanz.

Neu-Süd-Wales, Victoria, Zentralaustralien.

3. **H. flavoguttatus** (Fletch.) 1894 *Philocryphus f.*, Fletcher in: P. Linn. Soc. N. S. Wales, ser. 2 *v.* 8 p. 233.

Gaumenzähne in einer unterbrochenen Querreihe zwischen den Choanen. Körperform gedrungen. Kopf breiter als lang; Vorderkopf abgerundet, kürzer als der Augendurchmesser, ohne Canthus rostralis; Nasenloch deutlich näher beim Auge als bei der Vorderkopfspitze; Interorbitalraum nicht ganz so breit wie ein oberes Augenlid; Trommelfell sehr deutlich, $^2/_3$ so breit wie der Augendurchmesser. Finger stumpf; 1. Finger länger als der 2.; Zehen kurz, stumpf, durch eine deutliche, dicke Schwimmhaut an ihrer Basis verbunden; Subarticularhöcker vorhanden, die der Finger größer als die der Zehen; nur ein großer medialer, seitlich zusammengedrückter Metatarsalhöcker vorhanden. Beine kurz, gedrungen; bei nach vorn an den Körper angelegtem Hinterbein reicht das Tibiotarsalgelenk etwa bis zur Schulter. Oberseite sehr warzig, Rumpfseiten mit mehr einzeln stehenden, im Leben teilweise gelb gefärbten Warzen; eine kurze, im Leben gelbe, deutlich abgesetzte Drüsenleiste über dem Mundwinkel, unter dem Trommelfell; Unterseite glatt, nur einige verstreute, kleine, helle Warzen an Kehle und Kinn. Oberseite purpurgrau oder bläulichschwarz (im Alkohol olivenbraun); Rumpfseiten und Aftergegend stark gelb gefleckt; Bauch weiß, Kehle dunkel. L. 85 mm.

♂ ohne Schallblase, mit stärker chagrinierter Haut und mit schwarzen Hornspitzen auf manchen Warzen der Rumpfseiten und der Kehle; zur Fortpflanzungszeit mit einer Längsreihe von 7—10 (oder weniger) schwarzen, spitz kegelförmigen Hornspitzen auf der Oberseite des 1.—3. Fingers.

Neu-Süd-Wales.

29. Gen. **Limnodynastes** Fitzinger

1841 *Cystignathus* (part.), C. Duméril & G. Bibron, Erpét., *v.* 8 p. 392 | 1843 Subgen. *Limnodynastes*, Fitzinger, Syst. Rept., *v.* 1 p. 31 | 1845 *Perialia*, J. E. Gray in: Eyre, J. Exp., *v.* 1 p. 406 | 1853 *Wagleria*, C. Girard in: P. Ac. Philad., *v.* 6 p. 421 | 1858 *Limnodynastes*, Alb. Günther, Cat. Batr. sal. Brit. Mus., p. 32 | 1863 *Platyplectrum*, Alb. Günther in: Ann. nat. Hist., ser. 3 *v.* 11 p. 27 | 1865 *Lymnodynastes*, E. D. Cope in: Nat. Hist. Rev., p. 113 | 1866 *Platyplectrum* + *Borborocaetes* (part.), E. D. Cope in: J. Ac. Philad., ser. 2 *v.* 6 p. 94 | 1867 *Opisthodon* + *Limnodynastes* + *Heliorana*, Steindachner in: Reise Novara, Amph. p. 9, 25, 32 | 1867 *Limnodynastes* + *Platyplectrum*, W. Keferstein in:

Nachr. Ges. Götting., p. 343, 345 | 1868 *L.* + *P.* + *Heliorana*, W. Keferstein in: Arch. Naturg., *v.* 341 p. 256, 260, 266 | 1882 *L.*, Boulenger, Cat. Batr. sal. Brit. Mus., ed. 2 p. 258.

Pupille senkrecht. Zunge annähernd kreisrund, hinten frei abhebbar und schwach ausgerandet, oder ganzrandig. Gaumenzähne in einer in der Mitte eben unterbrochenen Querreihe hinter den Choanen (Fig. 363). Gehörorgan völlig entwickelt, aber Trommelfell nur undeutlich oder gar nicht sichtbar. Finger frei, Zehen frei oder durch, meist schwache, nicht zwischen die Metatarsen der 4. und 5. Zehe eingreifende Schwimmhaut verbunden; Finger- und Zehenspitzen nicht verbreitert, mit einfachen knöchernen Endphalangen. Omosternum knorpelig, Sternum eine Knorpelplatte.

8 Arten in Australien.

Bestimmungstabelle der Arten:

1	Medialer Metatarsalhöcker klein und stumpf — 2	
	Medialer Metatarsalhöcker groß und schaufelförmig — 7	
2	Bei nach vorn an den Körper angelegtem Hinterbein reicht das Tarsometatarsalgelenk:	
	über die Vorderkopfspitze hinaus; Vorderkopf viel länger als der Augendurchmesser	1. **L. peronii**
	höchstens bis zur Vorderkopfspitze — 3	
3	Gaumenzähne laterad über die Choanen hinausragend — 4	
	Gaumenzähne laterad nicht über die Choanen hinausragend — 5	
4	Das Tarsometatarsalgelenk reicht:	
	bis zum Auge oder zwischen Auge und Vorderkopfspitze; Oberseite glatt	2. **L. salmini**
	bis zum Hinterrand des Auges; Oberseite höckerig . .	3. **L. olivaceus**
5	Zehen frei oder höchstens mit einem schmalen Hautsaum versehen — 6	
	Zehen fast zu $^1/_3$ ihrer Länge durch Schwimmhaut verbunden	4. **L. fletcheri**
6	Bei nach vorn an den Körper angelegtem Hinterbein reicht das Tarsometatarsalgelenk:	
	höchstens bis zwischen Auge und Nasenloch; Vorderkopf länger als der Augendurchmesser	5. **L. tasmaniensis**
	bis zur Vorderkopfspitze; Vorderkopf so lang wie der Augendurchmesser	6. **L. platycephalus**
7	Eine große, parotoïdenartige Drüse auf dem Unterschenkel vorhanden (Fig. 362); Vorderkopf länger als der Augendurchmesser	7. **L. dorsalis**
	Keine Drüse auf dem Unterschenkel vorhanden; Vorderkopf so lang wie der Augendurchmesser	8. **L. ornatus**

1. **L. peronii** (Dum. & Bibr.) 1841 *Cystignathus P.*, C. Duméril & G. Bibron, Erpét., *v.* 8 p. 409 | 1843 *Limnodynastes P.*, Fitzinger, Syst. Rept., *v.* 1 p. 31 | 1853 *Wagleria P.*, C. Girard in: P. Ac. Philad., *v.* 6 p. 421 | 1858 *Limnodynastes p.*, Alb. Günther, Cat. Batr. sal. Brit. Mus., p. 134 | 1860 *L. p.* (part.), Fitzinger in: SB. Ak. Wien, *v.* 42 p. 414 | 1863 *L. Krefftii*, Alb. Günther in: Ann. nat. Hist., ser. 3 *v.* 11 p. 26 | 1867 *L. K.*, Steindachner in: Reise Novara, Amph. p. 26 | 1867 *L. Peronii* + var. *Krefftii*, W. Keferstein in: Nachr. Ges. Götting., p. 343, 345 | 1868 *L. P* + *L. P.* var. *Krefftii*, W. Keferstein in: Arch. Naturg., *v.* 341 p. 257, 258 t. 5 f. 1 | 1882 *L. peronii*, Boulenger, Cat. Batr. sal. Brit. Mus., ed. 2 p. 258 | 1884 *L. lineatus*, De Vis in: P. Linn. Soc. N. S. Wales, *v.* 9 p. 65 | 1913 *L. peronii*, L. G. Andersson in: Svenska Ak. Handl., *v.* 52 nr. 4 p. 9.

Zunge annähernd kreisrund, hinten schwach ausgerandet. Gaumenzähne in einer geraden oder schwach gebogenen, in der Mitte kaum unterbrochenen, laterad über die Choanen hinausragenden Reihe hinter diesen.

Körperform wie bei *Discoglossus* (s. Fig. 40 p. 12). Vorderkopf stumpf, viel länger als der Augendurchmesser; Nasenloch gleichweit von Auge und Vorderkopfspitze entfernt; Interorbitalraum so breit wie ein oberes Augenlid; Trommelfell undeutlich sichtbar. 1. und 2. Finger gleichlang; 3 Metacarpalhöcker vorhanden; Zehen langgestreckt, frei oder mit schwachem Hautsaum versehen; Subarticularhöcker gut ausgebildet; ein kleiner, stumpfer medialer Metatarsalhöcker vorhanden. Bei nach vorn an den Körper angelegtem Hinterbein reicht das Tarsometatarsalgelenk über die Vorderkopfspitze hinaus. Haut glatt oder mit sehr undeutlichen Längsfalten auf dem Rücken; eine helle, unter dem Auge beginnende Drüsenfalte zieht bis zur Schulter. Oberseite bräunlich oder olivenfarben, mit Längsreihen dunkler Flecke, die zu mehr oder weniger vollständigen Längsbinden zusammenfließen können; oft ist eine helle, gelbliche oder rötliche Längslinie in der Rückenmitte vorhanden; wenn sie fehlt, fließen die beiden medialen, dunklen Längsstreifen häufig zusammen, auch verbinden sie sich oft mit dem dreieckigen, dunklen, zwischen den Augen gelegenen Stirnfleck; ein dunkler Streifen zieht von der Vorderkopfspitze längs des Canthus rostralis durch das Auge und oberhalb der oben erwähnten, hellen Drüsenfalte hin zur Schulter. Unterseite mehr oder weniger braun gesprenkelt. L. 67 mm.

♂ mit subgularer Schallblase und 2 kleinen Stacheln auf dem 1. Finger; ♀ mit einem Hautsaum längs des 1. und 2. Fingers.

Ostaustralien, Tasmanien.

2. **L. salmini** Stnd. 1867 *L. S.*, Steindachner in: Reise Novara, Amph. p. 27 t. 4 f. 12—15 (Habitus, Mundhöhle, Füße) | 1868 *L. Salminii*, W. Keferstein in: Arch. Naturg., *v.* 34 I p. 259 | 1882 *L. s.*, Boulenger, Cat. Batr. sal. Brit. Mus., ed. 2 p. 259.

Zunge annähernd kreisrund, hinten schwach ausgerandet. Gaumenzähne in einer in der Mitte kaum unterbrochenen, laterad über die Choanen hinausragenden Reihe. Körperform gedrungen. Vorderkopf abgerundet, ein wenig länger als der Augendurchmesser; Nasenloch gleichweit von Auge und Vorderkopfspitze entfernt; Interorbitalraum so breit wie oder etwas breiter als ein oberes Augenlid; Trommelfell wenig sichtbar. 1. Finger ein wenig länger als der 2.; je ein Höcker zwischen dem 1. und 2. und zwischen dem 2. und 3. Finger sowie 3 Metacarpalhöcker vorhanden; Zehen ziemlich kurz, frei; Subarticularhöcker gut entwickelt; ein kleiner, stumpfer medialer Metatarsalhöcker vorhanden. Bei nach vorn an den Körper angelegtem Hinterbein reicht das Tarsometatarsalgelenk bis zum Auge oder zwischen Auge und Nasenloch. Haut glatt; eine unter dem Auge beginnende Drüsenfalte zieht zur Schulter. Oben olivenfarben, mit unregelmäßigen, großen, stellenweise zu Längsbinden zusammenfließenden Flecken, darunter ein dreieckiger Fleck zwischen den Augen; ein dunkler Streifen zieht längs des Canthus rostralis und durch das Auge zur Schulter; zwei ziemlich breite, rosenrote Lateralbinden, häufig auch eine gleichfarbige Längslinie in der Rückenmitte vorhanden. Lendengegend und Hinterseite der Oberschenkel schwarz und gelb gefleckt oder marmoriert. Unterseite gelb, Kehle undeutlich marmoriert. L. 63 mm.

♂ mit subgularer Schallblase; ♀ mit Hautsaum längs des 1. und 2. Fingers.

Neu-Südwales, Queensland.

3. **L. olivaceus** De Vis 1884 *L. o.*, De Vis in: P. Linn. Soc. N. S. Wales, *v.* 9 p. 66.

Zunge kreisrund, am freien Hinterrande wenig ausgerandet. Gaumenzähne in 2 schwach gebogenen, laterad etwas über die Choanen hinausragenden

Reihen. Körperform gedrungen, mit kurzen, kräftigen Hinterbeinen. Vorderkopf merklich länger als der Augendurchmesser, der seinerseits wieder größer ist als der Interorbitalraum; Nasenloch gleichweit von Auge und Vorderkopfspitze entfernt; Canthus rostralis rundlich, Zügelregion schief abfallend, ziemlich vertieft; Trommelfell unsichtbar. 3 Metacarpal- und 2 Metatarsalhöcker vorhanden, von letzteren der mediale klein, der laterale niedrig und lang. Bei nach vorn an den Körper angelegtem Hinterbein reicht das Tarsometatarsalgelenk bis zum Hinterrand des Auges. Rücken und Oberseite der Gliedmaßen mit kräftigen Höckern besetzt. Olivengrün, mit gelblichen Binden auf Lippen und Vorderkopfspitze. L.?

Mackay (Queensland).

4. **L. fletcheri** Blgr. 1888 *L. F.*, Boulenger in: Ann. nat. Hist., ser. 6 *v.* 2 p. 142 | 1911 *L. marmoratus*, Lamb in: Ann. Queensl. Mus., nr. 10 p. 28.

Zunge annähernd kreisrund, hinten etwas ausgerandet. Gaumenzähne in einer geraden, unterbrochenen, laterad nicht über die Choanen hinausreichenden Reihe hinter den Choanen. Kopf breiter als lang; Vorderkopf abgerundet; Nasenloch gleichweit von Auge und Vorderkopfspitze entfernt; Interorbitalraum fast so breit wie ein oberes Augenlid; Trommelfell undeutlich. Finger frei, Zehen fast zu $^1/_3$ ihrer Länge durch Schwimmhaut verbunden; 1. Finger nicht ganz so weit reichend wie der 2.; Subarticularhöcker gut entwickelt; ein kleiner, stumpfer medialer, kein oder nur ein sehr kleiner lateraler Metatarsalhöcker vorhanden. Bei nach vorn an den Körper angelegtem Hinterbein reicht das Tarsometatarsalgelenk bis zum Auge oder zwischen Auge und Vorderkopfspitze. Oberseite glatt oder mit flachen Warzen besetzt; eine längliche, weißliche oder rötliche, unter dem Auge beginnende Drüse reicht bis zur Schulter; Bauch glatt. Oberseite bräunlich oder olivenfarben, mit unregelmäßigen, dunklen Inselflecken oder Marmorierungen, einem dunklen, von der Vorderkopfspitze durch das Auge zur Schulter ziehenden Streifen, einer dunklen Binde unter dem Auge, mit einem großen, annähernd dreieckigen, dunklen Fleck zwischen den Augen und 2 karminroten Flecken auf jedem oberen Augenlid. Unterseite weißlich, beim ♂ mit großen, dunkelbraunen Flecken, beim ♀ an den Seiten von Kinn und Kehle dicht braun gesprenkelt. L. 54 mm.

Neu-Südwales, Süd-Queensland.

5. **L. tasmaniensis** Gthr. 1858 *L. t.*, Alb. Günther, Cat. Batr. sal. Brit. Mus., p. 33 t. 2 f. B (Habitus, Mundhöhle) | 1860 *L. peronii* (part.), Fitzinger in: SB. Ak. Wien, *v.* 42 p. 414 | 1863 *L. affinis*, Alb. Günther in: Ann. nat. Hist., ser. 3 *v.* 11 p. 27 | 1867 *L. tasmaniensis*, Steindachner in: Reise Novara, Amph. p. 26 | 1867 *L. Peronii* var. *tasmaniensis* + var. *rugulosus*, W. Keferstein in: Nachr. Ges. Götting., p. 344 | 1868 *L. tasmaniensis*, W. Keferstein in: Arch. Naturg., *v.* 34 I p. 258 | 1880 *L. t.*, MacCoy, Prodr. Zool. Victoria, *v.* I fasc. 5 p. 11 t. 42 f. 1, 1a—f (Habitus, Mundhöhle, Füße) | 1882 *L. t.*, Boulenger, Cat. Batr. sal. Brit. Mus., ed. 2 p. 260 | 1910 *L. t.*, English in: P. zool. Soc. London, p. 628 t. 51 f. 1. 2.

Zunge annähernd kreisrund, hinten schwach ausgerandet. Gaumenzähne in einer geraden, kaum unterbrochenen, laterad nicht über die Choanen hinausragenden Reihe hinter diesen. Körperform mäßig gedrungen; Vorderkopf abgerundet, länger als der Augendurchmesser; Nasenloch gleichweit von Auge und Vorderkopfspitze entfernt; Interorbitalraum so breit wie oder schmaler als ein oberes Augenlid; Trommelfell undeutlich. 1. Finger nicht ganz so weit reichend wie der 2.; 3 Metacarpalhöcker vorhanden; Zehen mäßig lang, mit schwachem Hautsaum versehen; ein kleiner, stumpfer medialer und ein sehr kleiner lateraler Metatarsalhöcker vorhanden. Bei nach vorn an den Körper angelegtem Hinterbein reicht das Tarsometatarsalgelenk bis zum Auge oder zwischen Auge und Nasenloch. Haut auf der Oberseite glatt, oder mit kaum sichtbaren Warzen besetzt; eine unter dem Auge beginnende Drüsenfalte zieht zur Schulter. Oberseite olivenfarben mit dunklen Inselflecken, in der Regel auch mit einer hellen, gelben Längslinie in der Rückenmitte, ein dunkler Streifen zieht von der Vorderkopfspitze längs des Canthus rostralis und durch das Auge zur Schulter. L. 45 mm.

♂ mit subgularer Schallblase; zur Fortpflanzungszeit auch mit schwärzlichen Brunstschwielen auf der Medialseite des 1. und 2. Fingers; ♀ mit breitem Hautsaum am 1. und 2. Finger.

Tasmanien, Neu-Südwales, Queensland.

6. **L. platycephalus** Gthr. 1867 *L. p.*, Alb. Günther in: Ann. nat. Hist., ser. 3 *v.* 20 p. 54 | 1882 *L. p.*, Boulenger, Cat. Batr. sal. Brit. Mus., ed. 2 p. 260 t. 17 f. 3.

Der vorigen Art sehr nahe verwandt, unterscheidet sich von ihr durch viel breiteren und stärker abgeplatteten Kopf, durch kürzeren Vorderkopf, der nur so lang ist wie der Augendurchmesser, und durch längere Hinterbeine, die nach vorn an den Körper angelegt mit dem Tarsometatarsalgelenk die Vorderkopfspitze erreichen. Oben olivenfarbig, mit großen, dunkelbraunen Flecken, zuweilen auch mit einer hellen Längslinie in der Rückenmitte. Eine breite, dunkle Binde zieht längs des Canthus rostralis, vom Auge an hinter dem Mundwinkel und vom Auge an schräg nach unten und vorn. L.?

Adelaide (Südaustralien).

7. **L. dorsalis** (Gray) 1841 *Cystignathus d.*, J. E. Gray in: Grey, J. Exp. Austral., *v.* 2 p. 446 | 1845 *C. d.*, J. E. Gray in: Eyre, J. Exp., *v.* 1 p. 407 t. 1 f. 2 | 1853 *Wagleria d.*, C. Girard in: P. Ac. Philad., *v.* 6 p. 421 | 1858 *Limnodynastes d.*, Alb. Günther, Cat. Batr. sal. Brit. Mus., p. 33 | 1863 *L. (Platyplectron) Dumerilii*, Peters in: Monber. Ak. Berlin, p. 235 | 1867 *Platyplectrum superciliare*, W. Keferstein in: Nachr. Ges. Götting.,

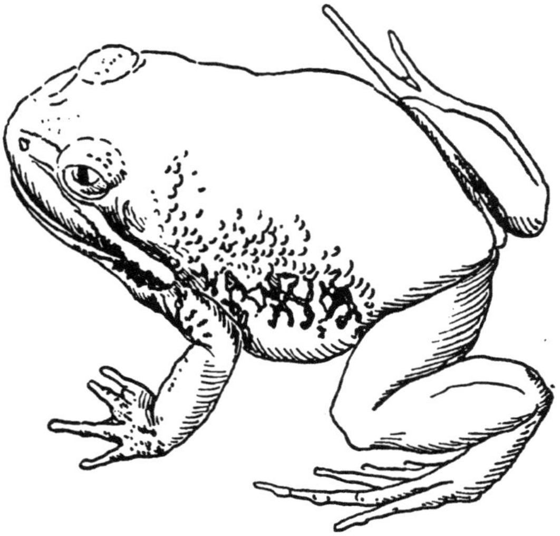

Fig. 862. **Limnodynastes dorsalis.** Habitusbild (nach Steindachner, etwas berichtigt).

p. 346 | 1867 *Heliorana grayi*, Steindachner in: Reise Novara, Amph. p. 32 t. 2 f. 11—14 (Habitus, Mundhöhle, Füße) | 1868 *Platyplectrum Dumerilii* + *Heliorana Grayi* + *H. superciliaris*, W. Keferstein in: Arch. Naturg., *v.* 34 I p. 266, 267 t. 5 f. 7 | 1876 *Limnodynastes dorsalis*, Alb. Günther in: J. Mus. Godeffroy, *v.* 12 p. 47 | 1880 *L. d.*, Mac Coy, Prodr. Zool. Victoria, *v.* 1 fasc. 5 p. 12 t. 42 f. 2, 2a—f (Habitus, Mundhöhle, Füße) | 1882 *L. d.*, Boulenger, Cat. Batr. sal. Brit. Mus., ed. 2 p. 261 | 1910 *L. d.*, English in: P. zool. Soc. London, p. 629 t. 51 f. 3 | 1913 *L. d.*, L. G. Andersson in: Svenska Ak. Handl., *v.* 52 nr. 4 p. 10.

Zunge annähernd kreisrund, hinten schwach ausgerandet. Gaumenzähne in einer geraden, kaum unterbrochenen, laterad nicht über die Choanen hinausragenden Reihe hinter diesen (Fig. 363). Körperform wie bei *Pelobates* (Fig. 362). Vorderkopf abgerundet, länger als der Augendurchmesser; Nasenloch gleichweit von Vorderkopfspitze und Auge entfernt oder letzterem etwas näher; Interorbitalraum so breit wie ein oberes Augenlid; Trommelfell sehr undeutlich. 1. und 2. Finger gleichlang, je ein Höcker zwischen 1. und 2. und zwischen 2. und 3. Finger vorhanden; Zehen ziemlich kurz, durch eine schwache Spur von Schwimmhaut verbunden; Subarticularhöcker gut entwickelt; ein großer, schaufelförmiger medialer Metatarsalhöcker vorhanden. Bei nach vorn an den Körper angelegtem Hinterbein reicht das Tarsometatarsalgelenk bis vor das Auge. Haut glatt oder mit flachen Drüsen auf dem Rücken; ein länglicher, unter dem Auge beginnender, heller Drüsenwulst zieht bis zur Schulter; eine große, parotoidenähnliche Drüse auf dem Unterschenkel. Oben braun oder olivenfarben, dunkel marmoriert, oft mit einer hellen Längslinie in der Rückenmitte; ein breiter, dunkler Streifen zieht vom Auge zur Schulter. Unterseite hell, einfarbig oder mehr oder weniger stark braun gefleckt. L. 58 mm.

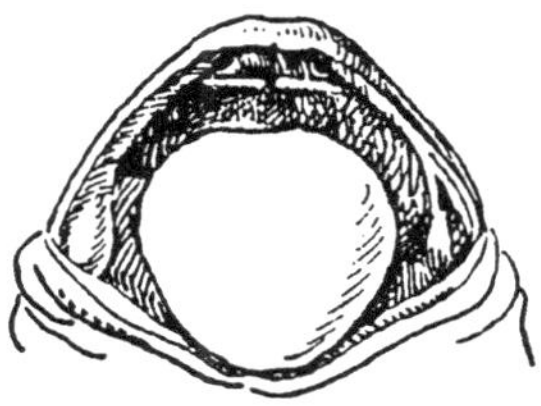

Fig. 363.
Limnodynastes dorsalis.
Mundhöhle (nach Steindachner, etwas berichtigt).

♂ mit subgularer Schallblase; ♀ mit einem Hautsaum längs der Medialseite des 2. und häufig auch des 3. Fingers.

Küstengebiete Australiens, Tasmanien.

8. **L. ornatus** (Gray) 1842 *Discoglossus o.*, J. E. Gray, Zool. Misc., pars 2 p. 56 | 1845 *Perialia? ornata*, J. E. Gray in: Eyre, J. Exp., *v.* 1 p. 407 t. 2 f. 2[1]) | 1858 *Limnodynastes ornatus*, Alb. Günther, Cat. Batr. sal. Brit. Mus., p. 33 | 1863 *Platyplectrum marmoratum*, Alb. Günther in: Ann. nat. Hist., ser. 3 *v.* 11 p. 27 t. 4 f. A (Habitus, Mundhöhle) | 1866 *P. occidentale*, E. D. Cope in: J. Ac. Philad., ser. 2 *v.* 6 p. 90 | 1867 *Opisthodon Frauenfeldi*, Steindachner in: Reise Novara, Amph. p. 9 t. 1 f. 1—4 (Habitus, Mundhöhle, Füße) | 1867 *Platyplectrum marmoratum* + *P. ornatum*, W. Keferstein in: Nachr. Ges. Götting., p. 345, 346 | 1868 *P. m.* + *P. o.*, W. Keferstein in: Arch. Naturg., *v.* 34 I p. 261 | 1868 *Limnodynastes ornatus*, Alb. Günther in: Zool. Rec., *v.* 4 p. 145 | 1882 *L. o.*, Boulenger, Cat. Batr. sal. Brit. Mus., ed. 2 p. 262 | 1896 *L. o.*, W. B. Spencer in: Rep. Horn Exp. Centr. Austral., *v.* 2 p. 156 t. 13 f. 3, 4, t. 15 f. 18—25 (Habitus & Mund der Larve, Füße) | 1913 *L. o.*, L. G. Andersson in: Svenska Ak. Handl., *v.* 52 nr. 4 p. 11.

Zunge annähernd kreisrund, ganzrandig oder hinten schwach ausgerandet. Gaumenzähne in einer geraden oder schwach gebogenen, kaum unterbrochenen, laterad nicht über die Choanen hinausragenden Reihe. Körperform wie bei *Alytes obstetricans* (s. oben p. 33). Vorderkopf abgerundet, so lang

[1]) Auf der Tafel als *Discoglossus ornatus* bezeichnet.

wie der Augendurchmesser, Nasenloch gleichweit von Auge und Vorderkopfspitze entfernt; Interorbitalraum schmaler als ein oberes Augenlid; Trommelfell undeutlich. 1. und 2. Finger gleichlang; 2 Metacarpalhöcker, sowie je 1 Höcker zwischen 1. und 2. und zwischen 2. und 3. Finger vorhanden (Fig. 364). Zehen ziemlich kurz; Schwimmhaut gewöhnlich $^1/_3$ der Zehenlänge umfassend und als Hautsaum bis zur Zehenspitze reichend (in Fig. 365 gestrichelt, nach Spencer aber bei älteren Tieren sich zuweilen auf die ganze Zehenlänge ausdehnend) (Fig. 365); Subarticularhöcker gut entwickelt; ein großer, schaufelförmiger medialer Metatarsalhöcker vorhanden. Bei nach vorn an den Körper angelegtem Hinterbein reicht das Tarsometatarsalgelenk bis zum Auge oder zwischen Auge und Vorderkopfspitze. Haut der Oberseite mit kleinen, glatten Höckern besetzt. Oben olivenfarbig, dunkel marmoriert, die dunklen Partien nach Spencer mit zahlreichen, kleinen, lachsroten Höckern besetzt; in der Regel eine helle, dunkel gerandete Querbinde zwischen den Augen, zuweilen auch ein heller Fleck auf dem Hinterkopf und ein heller Längsstreifen in der Rückenmitte vorhanden. Unterseite einfarbig hell. L. 42 mm.

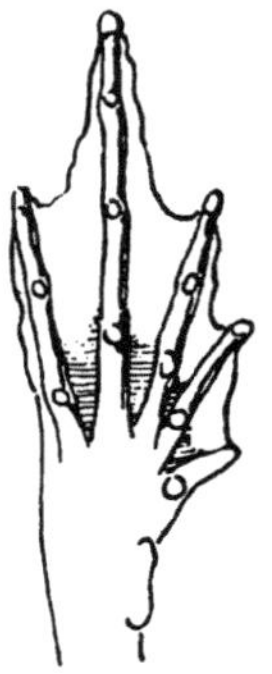

Fig. 364. Fig. 365.
Limnodynastes ornatus.
Fig. 364: Rechter Vorderfuß von unten; Fig. 365: Rechter Hinterfuß von unten (die wagerechte Strichelung bezeichnet die normale Ausdehnung der Schwimmhaut) (beides nach W. B. Spencer).

♂ mit subgularer Schallblase, zur Fortpflanzungszeit auch mit braunen Brunstschwielen auf der Medialseite des 1. und 2. Fingers.

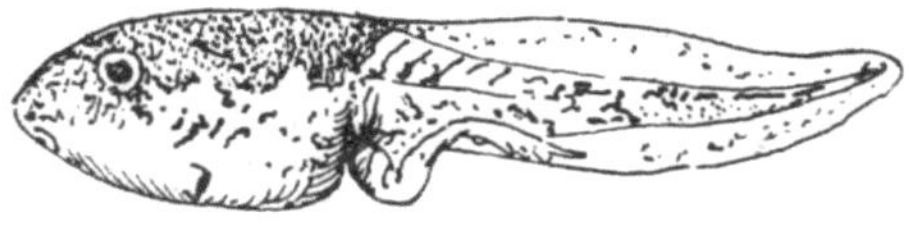

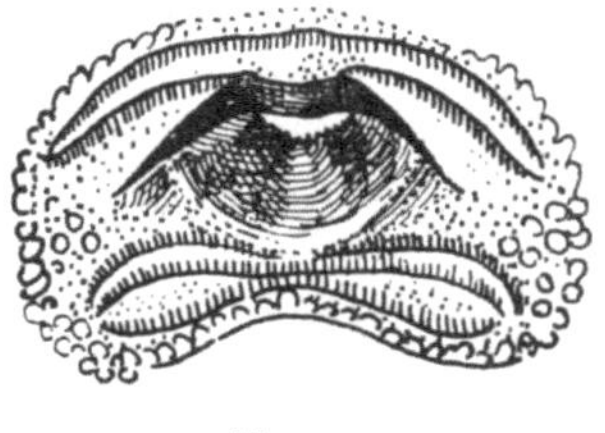

Fig. 366. Fig. 367.
Limnodynastes ornatus.
Fig. 366: Larve; Fig. 367: Mundgegend der Larve ($^{10}/_1$) (beides nach W. B. Spencer).

Merkmale der Larve (nach Spencer l. c.): Rumpf nicht ganz doppelt so lang wie breit, etwa $^3/_4$ so lang wie der Schwanz (Fig. 366). Nasenloch näher bei der Vorderkopfspitze als bei der Augenmitte; Augen auf der Oberseite, von unten nicht sichtbar. Spiraculum auf der linken Seite, von oben nicht sichtbar. After in der Mittellinie des Körpers, nahe der Schwanzbasis. Schwanz abgerundet, mit hinten ineinander übergehenden Schwanzflossen. — Schnabel breit, schwarz gerandet; Lippen, außer in der Mitte ihres Vorderrandes, mit Papillen besetzt (Fig. 367). Zähnchenreihen $\frac{2}{3}$, davon die 2. obere und die erstere untere Reihe deutlich unterbrochen. Oberseite auf dunklem Grunde noch dunkler gesprenkelt; zwischen den Augen und auf den Hinterbeinen ein heller Fleck. Unterseite perlfarbig, ungesprenkelt. Schwanz auf dem muskulösen Teil dunkel gesprenkelt, auf den Flossen deutlich genetzt. Gesamtlänge 52 mm, davon 30 mm auf den Schwanz.

Ost-, Nord- und Zentralaustralien.

30. Gen. **Hyperolia** (Gray) emend. Cope

1841 *Uperoleia*, J. E. Gray in: Grey, J. Exp. Austral., *v.* 2 p. 448 | 1858 *U.*, Alb. Günther, Cat. Batr. sal. Brit. Mus., p. 39 | 1865 *Hyperolia*, E. D. Cope in: Nat. Hist. Rev., p. 108 | 1866 *H.*, E. D. Cope in: J. Ac. Philad., ser. 2 *v.* 6 p. 94 | 1867 *Uperoleia*, Steindachner in: Reise Novara, Amph. p. 33 | 1868 *U.*, W. Keferstein in: Arch. Naturg., *v.* 34 I p. 270 | 1882 *Hyperolia*, Boulenger, Cat. Batr. sal. Brit. Mus., ed. 2 p. 267.

Pupille senkrecht. Zunge elliptisch, ganzrandig, hinten frei abhebbar. Gaumenzähne fehlen. Trommelfell unsichtbar. Finger und Zehen frei, an den Spitzen nicht verbreitert, mit einfachen knöchernen Endphalangen; Schwimmhaut nicht zwischen die Metatarsen der 4. und 5. Zehe eingreifend. Omosternum und das kleine Sternum knorpelig. Querfortsätze des Sacralwirbels schwach verbreitert.

1 Art in Australien.

1. **H. marmorata** Gray 1841 *Uperoleia m.*, J. E. Gray in: Grey, J. Exp. Austral., *v.* 2 p. 448 | 1858 *U. m.*, Alb. Günther, Cat. Batr. sal. Brit. Mus., p. 39 | 1867 *U. m.*, Steindachner in: Reise Novara, Amph. p. 33 | 1867 *U. m.* + *U. m.* var. *laevigata*, W. Keferstein in: Nachr. Ges. Götting., p. 349 | 1868 *U. marmorata*, W. Keferstein in: Arch. Naturg., *v.* 34 I p. 270 t. 6 f. 14 | 1882 *Hyperolia m.*, Boulenger, Cat. Batr. sal. Brit. Mus., ed. 2 p. 267.

Körperform gedrungen (Fig. 368). Vorderkopf kurz, abgerundet, mit undeutlichem Canthus rostralis; Nasenloch näher bei der Vorderkopfspitze als beim Auge; Interorbitalraum so breit wie ein oberes Augenlid. Finger und Zehen stumpf; 1. Finger kürzer als der 2.; Subarticularhöcker gut entwickelt; 2 annähernd gleich große, ovale Metatarsalhöcker vorhanden. Bei nach vorn an den Körper angelegtem Hinterbein reicht das Tibiotarsalgelenk bis zur Schulter. Oberseite fein höckerig, mit einer großen Parotoïddrüse jederseits; Unterseite glatt. Oben bräunlich oder olivenfarben, dunkel marmoriert und mit einem dunklen, dreieckigen Fleck zwischen den Augen; häufig je ein großer, weißer Fleck in jeder Weiche und auf der Hinterseite eines jeden Oberschenkels. Unterseite bräunlich oder grau, dunkel gefleckt. L. 29 mm. ♂ mit subgularer Schallblase.

Fig. 368. **Hyperolia marmorata.**

Neu-Südwales, Queensland.

31. Gen. **Ranaster** W. Mac Leay

1878 *Ranaster*, W. MacLeay in: P. Linn. Soc. N. S. Wales, *v.* 2 p. 135 | 1890 *Phanerotis*, Boulenger in: P. Linn. Soc. N. S. Wales, ser. 2 *v.* 5 p. 593 | 1913 *Ranaster*, Fry in: Mem. Queensl. Mus., *v.* 2 p. 47.

Pupille horizontal. Zunge breit, ganzrandig, hinten frei abhebbar. Gaumenzähne vorhanden. Trommelfell sichtbar. Finger frei, Zehen frei oder durch eine Spur von Schwimmhaut verbunden; Schwimmhaut nicht zwischen die miteinander verbundenen Metatarsen der 4. und 5. Zehe eingreifend; Finger- und Zehenspitzen nicht verbreitert, mit einfachen, knöchernen Endphalangen. Omosternum sehr klein, ebenso wie das Sternum knorpelig. Querfortsätze des Sacralwirbels schwach verbreitert.

2 Arten in Australien und Neuguinea.

Bestimmungstabelle der Arten:

1	Bei nach vorn an den Körper angelegtem Hinterbein reicht das Tibiotarsalgelenk:	
	bis zur Vorderkopfspitze; Oberseite gekörnelt	1. **R. fletcheri**
	bis zum Auge; Oberseite warzig	2. **R. convexiusculus**

1. **R. fletcheri** (Blgr.) 1890 *Phanerotis f.*, Boulenger in: P. Linn. Soc. N. S. Wales, ser. 2 v. 5 p. 594.

Gaumenzähne in langen Querreihen hinter den Choanen. Habitus *rana*-artig. Kopf so lang wie breit; Vorderkopf stumpf, mit scharfem Canthus rostralis und schräg abfallender, schwach vertiefter Zügelregion; Nasenloch etwas näher bei der Vorderkopfspitze als beim Auge; Interorbitalraum so breit wie ein oberes Augenlid; Trommelfell $^3/_4$ so breit wie der Augendurchmesser. Finger und Zehen mit schwach verdickten Spitzen und mit starken Subarticularhöckern; 1. und 2. Finger gleichlang; ein kleiner, stumpfer medialer Metatarsalhöcker vorhanden. Bei nach vorn an den Körper angelegtem Hinterbein reicht das Tibiotarsalgelenk bis zur Vorderkopfspitze; Unterschenkel $^4/_5$ so lang wie das Vorderbein und so lang wie die Wirbelsäule, etwas länger als der Fuß. Oberseite fein gekörnelt; oberes Augenlid warzig; eine kleine Λ-förmige Drüsenfalte zwischen den Schultern; eine andere Falte zieht vom Auge oberhalb des Trommelfells hin und schräg hinab zur Mitte der Rumpfseite; Unterseite glatt. Oben blaßbraun mit sehr kleinen, dunklen Flecken, und mit einer schwach angedeuteten, hellen Linie längs der Rückenmitte; Kopfseiten, Achselregion und Hinterseite der Oberschenkel schwärzlichbraun; einige rosige Flecke unter dem Auge und hinter der Achsel; eine Querbinde zwischen den Augen und die Λ-förmige Falte zwischen den Schultern schwärzlich; eine schwarze, am unteren Rande wellig ausgebuchtete Binde säumt den Unterrand der Postocularfalte. Beine mit dunklen Querbinden; Tarsus und 5. Zehe schwarz gesäumt. Unterseite weiß, nur die des Unterschenkels braun. L. 33 mm.

Dunoon, Richmond River (Australien).

Fig. 369. **Ranaster convexiusculus.** Habitusbild (nach Kampen).

2. **R. convexiusculus** W. Mc Leay 1878 *R. c.*, W. Mac Leay in: P. Linn. Soc. N. S. Wales, *v.* 2 p. 135 | 1909 *Phanerotis novae-guineae,* Kampen in: Nova Guinea, *v.* 9 p. 36 t. 2 f. 4 (Habitus, Gaumenzähne) | 1913 *Ranaster convexiusculus*, Fry in: Mem. Queensl. Mus., *v.* 2 p. 47.

Zunge fast kreisrund, ganzrandig, frei abhebbar. Gaumenzähne in 2 langen, getrennten Querreihen hinter den Choanen (Fig. 370). Habitus gedrungen (Fig. 369). Vorderkopf stumpf, so lang wie der Augendurchmesser, mit undeutlichem, gerundetem Canthus rostralis und vertiefter, sehr schief abfallender Zügelregion; Nasenloch in der Mitte zwischen Auge und Vorderkopfspitze; Interorbitalraum etwas breiter als ein oberes Augenlid; Trommelfell undeutlich sichtbar, $^1/_2$ so breit wie das Auge oder etwas größer. 1. Finger kaum kürzer als der 2.; Finger- und Zehenspitzen nicht verdickt, mit kleinen, aber stark vorspringenden Subarticularhöckern; ein starker, länglicher medialer, aber kein lateraler Metatarsalhöcker vorhanden. Bei nach vorn an den Körper angelegtem Hinterbein reicht das Tibiotarsalgelenk bis zum Auge; Unterschenkel $^2/_5$ so lang wie Kopf und Rumpf zusammen, viel kürzer als die Wirbelsäule und ein wenig kürzer als der Fuß. Rücken mit deutlichen, größeren und kleineren, meistens in der Längsrichtung des Tieres verlängerten Warzen; kleinere Warzen auf der Oberseite des Kopfes und den Hinterbeinen; ein Längswulst unter dem Auge und Trommelfell. Unterseite glatt, nur die der Oberschenkel schwach gekörnelt. Oben einfarbig braunschwarz oder braun mit dunkleren Makeln auf Kopf, Rücken und Beinen. Unten hellbraun mit dunklen Flecken oder Marmorierung auf Kehle, Brust und Beinen; Lippen mit hellen, senkrechten Binden. L. 37 mm.

Fig. 370. **Ranaster convexiusculus.** Gaumenzähne (nach Kampen).

Merauke (Niederländisch-Neuguinea).

32. Gen. **Philoria** W. B. Spencer

1901 *P.*, W. B. Spencer in: P. R. Soc. Victoria, ser. 2 *v.* 13 p. 176.

Pupille horizontal. Zunge annähernd kreisrund, hinten frei abhebbar. Gaumenzähne vorhanden. Trommelfell unsichtbar. Finger und Zehen frei, an den Spitzen nicht verbreitert; Schwimmhaut nicht zwischen die fest miteinander verbundenen Metatarsen der 4. und 5. Zehe eingreifend. Omosternum und Sternum? Querfortsätze des Sacralwirbels deutlich verbreitert.

1 Art in Australien.

1. **P. frosti** W. B. Sp. 1901 *P. f.*, W. B. Spencer in: P. R. Soc. Victoria, ser. 2 *v.* 13 p. 176.

Zunge annähernd kreisrund, hinten schwach ausgerandet und frei abhebbar. Gaumenzähne in 2 schräg gestellten Reihen hinter der Verbindungslinie der Choanen, laterad nicht über deren medialen Rand hinausreichend. Körperform sehr gedrungen, sehr ähnlich der von *Helioporus pictus.* Kopf breiter als lang; Vorderkopf abgerundet, wenig länger als der Augendurchmesser, mit nicht stark hervortretendem Canthus rostralis; Nasenloch näher beim Auge als bei der Vorderkopfspitze; Interorbitalraum so breit wie der Augendurchmesser. Trommelfell unsichtbar. Finger stumpf und frei; 1. Finger nicht so weit reichend wie der 2.; Zehen kurz und stumpf, ohne eine Spur von Schwimmhaut; Subarticularhöcker und ein kleiner, stumpfer medialer Metatarsalhöcker vorhanden. Beine kurz, gedrungen, kräftig; bei nach vorn an den Körper angelegtem Hinterbein reicht das Tibiotarsalgelenk kaum bis zur Schulter. Oberseite von Kopf, Rumpf und Gliedmaßen, außer dem Oberschenkel und den Füßen, mit kleinen, auf dem Rücken in unregelmäßigen Längsreihen angeordneten Warzen besetzt. Eine sehr große, vorspringende, dreieckige Parotoïddrüse ist jederseits vorhanden und reicht nach hinten bis über die Schulter; von ihrer hinteren Ecke zieht eine Reihe größerer Warzen nach hinten bis zu den Weichen und setzt sich auch nach vorn über die sonst verhältnismäßig glatte Parotoïddrüse hin fort. Oberseite von Rumpf und Gliedmaßen in der Regel dunkelbraun mit hier und da verstreuten, kleinen, unregelmäßigen, hellen Flecken; Weichen und Unterseite von Rumpf und Beinen auf gelblichem Grunde braun gesprenkelt. L. 44 mm.

Mount Raw Raw in Victoria (Australien).

33. Gen. **Adelotus** J. D. Ogilby

1863 *Cryptotis* (non Dana 1852), Alb. Günther in: Ann. nat. Hist., ser. 3 *v.* 11 p. 27 | 1865 *C.*, E. D. Cope in: Nat. Hist. Rev., p. 107 | 1866 *C.*, E. D. Cope in: J. Ac. Philad., ser. 2 *v.* 6 p. 80 | 1867 *C.*, Steindachner in: Reise Novara, Amph. p. 30 | 1882 *C.*, Boulenger, Cat. Batr. sal. Brit. Mus., ed. 2 p. 262 | 1907 *Adelotus*, J. D. Ogilby in: P. R. Soc. Queensl., *v.* 20 p. 32.

Pupille horizontal. Zunge annähernd oval, ganzrandig, hinten frei abhebbar. Gaumenzähne vorhanden. Trommelfell unsichtbar. Finger und Zehen frei, an den Spitzen nicht verbreitert, mit einfachen knöchernen Endphalangen, Schwimmhaut nicht zwischen die Metatarsen der 4. und 5. Zehe eingreifend. Omosternum verkümmert, Sternum eine Knorpelplatte. Querfortsätze des Sacralwirbels schwach verbreitert.

1 Art in Australien.

1. **A. brevis** (Gthr.) 1863 *Cryptotis b.*, Alb. Günther in: Ann. nat. Hist., ser. 3 *v.* 11 p. 27 t. 4 f. B (Habitus, Mundhöhle) | 1867 *C. b.*, Steindachner in: Reise Novara, Amph. p. 30 | 1868 *C. b.*, W. Keferstein in: Arch. Naturg., *v.* 341 p. 268 | 1882 *C. b.*, Boulenger, Cat. Batr. sal. Brit. Mus., ed. 2 p. 263 | 1907 *Adelotus b.*, J. D. Ogilby in: P. R. Soc. Queensl., *v.* 20 p. 32.

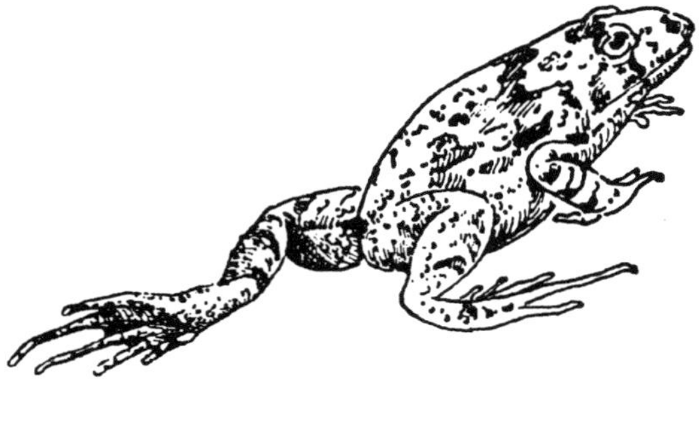

Fig. 371. **Adelotus brevis.** Habitusbild (nach Alb. Günther).

Gaumenzähne in 2 kleinen Gruppen hinter den Choanen (Fig. 372). Das ♂ besitzt im Unterkiefer nahe dessen Symphyse 2 lange zahnartige Vorsprünge, die beim ♀ nur undeutlich ausgebildet sind; Kopf beim ♂ groß, beim ♀ mäßig groß; Vorderkopf abgerundet, länger als der Augendurchmesser, mit undeutlichem Canthus rostralis (Fig. 371); Nasenloch näher beim Auge als bei der Vorderkopfspitze; Interorbitalraum breiter als ein oberes Augenlid. Finger und Zehen mäßig lang; 1. Finger kürzer als der 2.; die beiden ersten Finger beim ♀ mit Hautsaum; Subarticularhöcker gut entwickelt; ein kleiner medialer Metatarsalhöcker vorhanden. Bei nach vorn an den Körper angelegtem Hinterbein reicht das Tibiotarsalgelenk bis zur Schulter oder bis zum Mundwinkel. Haut glatt oder auf dem Rücken schwach höckerig. Oben olivenbraun, dunkel gefleckt; ein großer, dunkler, am Vorderrande durch eine helle Querbinde begrenzter Fleck zwischen den Augen; ein dunkler Streifen zieht von der Vorderkopfspitze zum Auge. Beine quer gebändert. Unterseite schwarz und weiß marmoriert. L. 42 mm.

♂ mit subgularer Schallblase.

Neu-Süd-Wales, Queensland.

Fig. 372. **Adelotus brevis.** Mundhöhle (nach Alb. Günther).

34. Gen. **Crinia** Tschudi

1838 *C.*, Tschudi, Classif. Batr., p. 78 | 1841 *Cystignathus* (part.), C. Duméril & G. Bibron, Erpét., *v.* 8 p. 392 | 1853 *Crinia* + *Ranidella*, C. Girard in: P. Ac. Philad., *v.* 6 p. 420, 421 | 1858 *Cystignathus* (part.), Alb. Günther, Cat. Batr. sal. Brit. Mus., p. 26 | 1863 *Pterophrynus*, Lütken in: Vid. Meddel., *v.* 14 p. 302 | 1863 *Camariolius*, Peters in: Monber. Ak. Berlin, p. 236 | 1865 *Crinia*, E. D. Cope in: Nat. Hist. Rev., p. 114 | 1866 *C.*, E. D. Cope in: J. Ac. Philad., ser. 2 *v.* 6 p. 95 | 1868 *C.*, W. Keferstein in: Arch. Naturg., *v.* 34 I p. 262 | 1882 *C.*, Boulenger, Cat. Batr. sal. Brit. Mus., ed. 2 p. 263.

Pupille horizontal. Zunge elliptisch, ganzrandig, hinten frei abhebbar. Gaumenzähne schwach entwickelt oder fehlend. Trommelfell meist unsichtbar, selten undeutlich sichtbar. Finger und Zehen frei, höchstens letztere mit einem schmalen Hautsaum versehen, an den Spitzen nicht verbreitert, mit einfachen knöchernen Endphalangen. Schwimmhaut nicht zwischen die Metatarsen der 4. und 5. Zehe eingreifend. Omosternum und das schmale, schwache Sternum knorpelig. Querfortsätze des Sacralwirbels schwach verbreitert.

8 Arten in Australien.

Bestimmungstabelle der Arten:

1	Unterseite, mindestens am ganzen Bauche, gekörnelt — 2	
	Unterseite völlig glatt — 4	
2	Trommelfell undeutlich sichtbar, Unterseite stets ungefleckt .	1. **C. georgiana**
	Trommelfell völlig unsichtbar; Unterseite in der Regel dunkel gefleckt oder marmoriert — 3	
3	Gaumenzähne in deutlichen Gruppen hinter den Choanen; 1. Finger so lang wie der 2., Tarsalfalte fehlt	2. **C. haswelli**
	Gaumenzähne fehlen; 1. Finger kürzer als der 2.; Tarsalfalte vorhanden	3. **C. signifera**
4	Subarticular- und Metatarsalhöcker deutlich hervortretend — 5	
	Subarticular- und Metatarsalhöcker undeutlich ausgebildet — 7	
5	2 Metatarsalhöcker vorhanden; Nasenloch gleichweit von Auge und Vorderkopfspitze entfernt	4. **C. tasmaniensis**
	Nur der mediale Metatarsalhöcker vorhanden — 6	
6	Nasenloch gleichweit von Auge und Vorderkopfspitze entfernt	8. **C. michaelseni**
	Nasenloch näher beim Auge als bei der Vorderkopfspitze .	7. **C. leai**
7	Rumpfseiten und Beine schwarz gefleckt; Unterseite schwärzlich oder braun gefleckt und marmoriert	5. **C. laevis**
	Rumpfseiten und Beine fein weiß punktiert; Unterseite weiß punktiert und dunkelbraun gefleckt	6. **C. victoriana**

1. **C. georgiana** Tsch. 1838 *C. g.*, Tschudi, Classif. Batr., p. 78 | 1841 *Cystignathus georgianus*, C. Duméril & G. Bibron, Erpét., *v.* 8 p. 416 | 1843 *C. g.*, T. Bell in: Zool. Voy. Beagle, pars 5 p. 33 t. 16 f. 4 | 1858 *C. g.*, Alb. Günther, Cat. Batr. sal. Brit. Mus., p. 30 | 1864 *Pterophrynus affinis*, Alb. Günther in: P. zool. Soc. London, p. 47 t. 7 f. 2 (Habitus, Hinterfuß) | 1864 *P. a.*, Alb. Günther in: Ann. nat. Hist., ser. 3 *v.* 14 p. 312 | 1866, 1867 *Crinia ignita* (?) + *C. stolata*, E. D. Cope in: J. Ac. Philad., ser. 2 *v.* 6 p. 96, 201 | 1867 *C. Georgiana* (part.), W. Keferstein in: Nachr. Ges. Götting., p. 347 | 1867 *Pterophryne georgiana*, Alb. Günther in: Ann. nat. Hist., ser. 3 *v.* 20 p. 53 | 1868 *Crinia Georgiana*, W. Keferstein in: Arch. Naturg., *v.* 341 p. 263 | 1882 *C. g.* + var. *stolata* + var. *affinis*, Boulenger, Cat. Batr. sal. Brit. Mus., ed. 2 p. 264 | 1898 *C. g.*, Fletcher in: P. Linn. Soc. N. S. Wales, *v.* 22 p. 676.

Gaumenzähne in 2 sehr kleinen, undeutlichen Gruppen hinter den Choanen, vereinzelt auch fehlend. Vorderkopf abgerundet, wenig länger als der Augendurchmesser; Nasenloch gleichweit von Auge und Vorderkopfspitze entfernt; Interorbitalraum so breit wie ein oberes Augenlid; Trommelfell in der Regel wenig deutlich. 1. Finger etwas kürzer als der 2.; Zehen ohne oder nur mit schwachem Hautsaum; Subarticularhöcker gut entwickelt; 2 kleine Metatarsalhöcker und eine sehr deutliche Tarsalfalte vorhanden. Bei nach vorn an den Körper angelegtem Hinterbein reicht das Tibiotarsalgelenk zwischen Schulter und Auge. Rücken mit kleinen Warzen, oder mit starken Hautfalten (s. unten var. *stolata*), oder völlig glatt (var. *affinis*); Unterseite gekörnelt. Färbung und Zeichnung verschieden. Typische Exemplare, mit kleinen Warzen auf dem Rücken, sind oben auf bräunlichem oder rötlichem Grunde dunkel marmoriert; Lenden, Vorder- und Hinterseite der Oberschenkel und Medialseite der Unterschenkel sind karminrot. — Die var. *affinis* Gthr. besitzt einen ganz glatten Rücken und jederseits einen dunklen Lateralstreifen. — Die var. *stolata* Cope weist auf dem Rücken starke Hautfalten auf; je eine Falte zieht vom oberen Augenlid an dem Rücken entlang, unter Annäherung an die Falte der andern Seite in der Schultergegend; ein zweites Faltenpaar zieht vom hinteren Augenwinkel zur Rumpfseite; 2 konvergierende Falten in der Scheitelgegend und auf der Vorderkopfmitte. Bei der var. *stolata* ist die Rumpfmitte dunkelbraun, jederseits begrenzt durch ein breites, am unteren Rande dunkel gesäumtes, rötliches Dorsolateralband; Weichen und Hinterseite der Oberschenkel karminrot. Der Bauch ist bei allen Tieren ungefleckt. L. 29 mm.

♂ mit subgularer Schallblase.

West- und Nordaustralien.

2. **C. haswelli** Fletch. 1894 *C. h.*, Fletcher in: P. Linn. Soc. N. S. Wales, ser. 2 *v.* 8 p. 522.

Gaumenzähne in 2 deutlichen, etwas schräg gestellten Gruppen hinter den Choanen. Vorderkopf abgerundet, beim ♂ länger als der Augendurchmesser, beim ♀ etwa ebenso lang; Nasenloch etwas näher beim Auge als bei der Vorderkopfspitze; Interorbitalraum beim ♂ breiter, beim ♀ ebenso breit wie ein oberes Augenlid; Trommelfell völlig unsichtbar. 1. Finger etwa so lang wie der 2.; Zehen mit schwachem Hautsaum versehen; Subarticularhöcker gut entwickelt; von den 2 Metatarsalhöckern ist der laterale sehr klein, oder ist kaum bemerkbar oder fehlt; Tarsalfalte fehlt. Bei nach vorn an den Körper angelegtem Hinterbein reicht das Tibiotarsalgelenk zwischen Schulter und Auge. Oberseite glatt, jedoch mit einigen kleinen, undeutlichen, verstreuten Warzen, besonders in ihrer hinteren Hälfte. Kehle und Brust glatt; Bauch, Unter- und Hinterseite der Oberschenkel nahe ihrem proximalen Ende gekörnelt. Im Leben oben tief kastanienbraun oder silbergrau oder mausfarben, mit einem unvollständigen, breiten, dunklen, zwischen den Augen beginnenden Rand in der Rückenmitte, ganz wie bei *Hyla ewingii* (p. 230), in Alkohol schmutzig schokoladenbraun oder hellaschgrau werdend; sehr fein schwarz gesprenkelt; eine helle Linie längs der Rückenmitte; eine schwarze Binde zieht jederseits vom Nasenloch zuerst schmal und unterbrochen durch das Auge bis über die Schulter, zuweilen unterbrochen und am oberen Rande hell gerandet; in den Weichen, auf der Hinterseite des Ober- und auf der Medialseite eines jeden Unterschenkels je ein karmin- oder orangeroter Fleck. Kehle dunkelbraun oder schwärzlich, zuweilen schwach hell gesprenkelt; Bauch und Unterseite der Oberschenkel auf dunkelbraunem oder schwärzlichem Grunde hell gefleckt. L. 30 mm.

♂ mit subgularer Schallblase.

Jervis-Bay (Neu-Süd-Wales).

3. **C. signifera** (Girard) 1853 *Ranidella s.*, C. Girard in: P. Ac. Philad., v. 6 p. 421, 422 | 1860 *Pseudophryne australis* (part.), Fitzinger in: SB. Ak. Wien, v. 42 p. 415 | 1863 *Pterophrynus verrucosus*, Lütken in: Vid. Meddel., v. 14 p. 302 t. 1 f. 4 | 1863 *Camariolius varius*, Peters in: Monber. Ak. Berlin, p. 236 | 1867 *Pterophrynus v.* + *P. fasciatus*, Steindachner in: Reise Novara, Amph. p. 31 t. 2 f. 1—6 (Habitus, Mundhöhle, Füße), t. 5 f. 3, 4 | 1867 *Crinia stictiventris* + *C. signifera*, E. D. Cope in: J Ac. Philad., ser. 2 v. 6 p. 202, 203 | 1867 *C. Georgiana* var. *laevipes* + var. *varia*, W. Keferstein in: Nachr. Ges. Götting., p. 348, 349 | 1868 *C. v.*, W. Keferstein in: Arch. Naturg., v. 341 p. 264 t. 6 f. 11—13 (Habitus, Hinterfuß) | 1868 *C. verrucosa* + *C. fasciata*, Alb. Günther in: P. zool. Soc. London, p. 478 | 1882 *C. signifera* + *Camariolius varius*, Boulenger, Cat. Batr. sal. Brit. Mus., ed. 2 p. 265, 266 | 1898 *Crinia signifera*, Fletcher in: P. Linn. Soc. N. S. Wales, v. 22 p. 676 | 1910 *C. s.*, English in: P. zool. Soc. London, p. 629 t. 51 f. 4, 5 | 1913 *C. s.*, L. G. Andersson in: Svenska Ak. Handl., v. 52 nr. 4 p. 12 t. 1 f. 1a—l (Zeichnungsvarietäten).

Gaumenzähne fehlen. Vorderkopf abgerundet, so lang wie der Augendurchmesser; Nasenloch gleichweit von Auge und Vorderkopfspitze entfernt; Interorbitalraum so breit wie ein oberes Augenlid; Trommelfell völlig unsichtbar. 1. Finger kürzer als der 2.; Zehen mit Hautsaum versehen; Subarticularhöcker mäßig entwickelt; 2 kleine Metatarsalhöcker und eine schwache Tarsalfalte vorhanden. Bei nach vorn an den Körper angelegtem Hinterbein reicht das Tibiotarsalgelenk bis zur Schulter oder zur Schläfenregion. Oberseiten meist mit Warzen besetzt, die oft zu Längswülsten zusammenfließen, nach Fletcher und Andersson (ll. cc.) kommen auch Tiere mit glattem Rücken vor; Unterseite gekörnelt. Oberseite olivenfarbig, dunkelbraun oder grau, in der Regel dunkel marmoriert oder gestreift. Die dunkle Zeichnung variiert in hohem Grade (vergleiche besonders Andersson l. c. 1913). Neben einem fast stets vorhandenen, dreieckigen, dunklen Fleck zwischen den Augen treten gerade oder mehr oder weniger gebogene Längs- und Querstreifen in verschiedener Anordnung auf; die ♂ sind in der Regel dunkler als die ♀, zuweilen oben fast schwarz; Gliedmaßen dunkel quer gebändert; Unterseite weiß, einfarbig oder mit dunklen Flecken. L. 27 mm.

♂ mit schwarzer Kehle und subgularer Schallblase.

Paarung unter Amplexus. Ablage der Eier in Klumpen an Steinen und Holz in seichtem Wasser; Kaulquappen und junge Tiere sind intensiv schwarz.

Australien (außer dem Norden und dem Inneren), Tasmanien.

4. **C. tasmaniensis** (Gthr.) 1864 *Pterophrynus t.*, Alb. Günther in: P. zool. Soc. London, p. 48 t. 7 f. 3 | 1864 *P. t.*, Alb. Günther in: Ann. nat. Hist., ser. 3 v. 14 p. 313 | 1868 *Crinia t.*, W. Keferstein in: Arch. Naturg., v. 341 p. 265 | 1882 *C. t.*, Boulenger, Cat. Batr. sal. Brit. Mus., ed. 2 p. 266.

Gaumenzähne fehlen. Vorderkopf abgerundet, wenig länger als der Augendurchmesser (Fig. 373); Nasenloch gleichweit von Auge und Vorderkopfspitze entfernt; Interorbitalraum so breit wie ein oberes Augenlid; Trommelfell völlig unsichtbar. 1. Finger kürzer als der 2.; Zehen mit Hautsaum versehen; Subarticularhöcker mäßig entwickelt; 2 kleine Metatarsalhöcker, aber keine Tarsalfalte vorhanden. Bei nach vorn an den Körper angelegtem Hinterbein reicht das Tibiotarsalgelenk bis zur Ohrregion. Ober- und Unterseite glatt. Oberseite dunkelbraun; ein mehr oder weniger deutliches, breites, rötlicholivenfarbenes Band zieht von jedem Auge die Rumpfseiten entlang zu den Lenden. Unterseite auf schön rosafarbenem Grunde stark schwarz marmoriert; Hinterseite der Oberschenkel schwarz. L. ?

♂ mit subgularer Schallblase.

Tasmanien.

Fig. 373.
Crinia tasmaniensis
(nach Alb. Günther).

5. **C. laevis** (Gthr.) 1864 *Pterophrynus l.*, Alb. Günther in: P. zool. Soc. London, p. 48 t. 7 f. 4 | 1864 *P. l.*, Alb. Günther in: Ann. nat. Hist., ser. 3 *v.* 14 p. 314 | 1868 *Crinia l.*, W. Keferstein in: Arch. Naturg., *v.* 341 p. 265 | 1882 *C. l.*, Boulenger, Cat. Batr. sal. Brit. Mus., ed. 2 p. 266 | 1891 *C. froggatti*, Fletcher in: P. Linn. Soc. N. S. Wales, ser. 2 *v.* 6 p. 275 | 1894 *C. f.*, Fletcher ibid., ser. 2 *v.* 8 p. 522 | 1910 *C. laevis*, English in: P. zool. Soc. London, p. 630 t. 51 f. 6 | 1912 *C. l.* var. *froggatti*, Fletcher in: Fry in: Rec. Austral. Mus., *v.* 9 p. 98.

Gaumenzähne fehlen oder in kleinen Gruppen hinter den Choanen. Vorderkopf abgerundet, so lang wie oder etwas länger als der Augendurchmesser; Nasenloch etwas näher beim Auge als bei der Vorderkopfspitze, oder von beiden gleichweit entfernt (var. *froggatti*); Interorbitalraum breiter als ein oberes Augenlid; Trommelfell völlig unsichtbar. 1. Finger sehr kurz; Zehen ohne Hautsaum; Subarticular- und Metatarsalhöcker undeutlich; keine Tarsalfalte vorhanden. Bei nach vorn an den Körper angelegtem Hinterbein reicht das Tibiotarsalgelenk bis zur Schulter oder fast bis zum Auge. Haut auf der Ober- und Unterseite glatt; oder auf dem Rücken mit kleinen, verstreuten Höckern besetzt und mit einer dreieckigen, stark gekörnelten Zone auf der Unter- und Hinterseite eines jeden Oberschenkels. Typische Exemplare sind oben bräunlicholiven mit kleinen, verstreuten, gelben Flecken; die Unterseite ist braun gefleckt. — Die von Fletcher (l. c. 1891) als *Crinia froggatti* beschriebenen, später (l. c. 1912) als var. *froggatti* zu *Crinia laevis* gestellten Tiere waren im Leben oben rötlich- oder purpurbraun, an den Seiten graublau, auf der Unterseite blau und schwärzlich marmoriert; die beim sitzenden Tier verborgenen Teile waren auf schwarzem Grunde karminrot gefleckt und punktiert; im Alkohol zeigte die Oberseite auf grauem Grunde schwärzliche Flecke und vielfach unterbrochene, vom Auge und von dem zwischen den Augen liegenden queren Fleck ausgehende, schwärzliche Längsbinden; Rumpfseiten und Beine hellgrau mit schwarzen Flecken; Unterseite weiß, auf Bauch und Gliedmaßen schwärzlich gefleckt und marmoriert. L. 27 mm.

♂ mit schwarzen Flecken auf Lippen und Kehle.

Die Eier werden in unterirdische Höhlen mit geglätteten Wänden abgelegt; die anfangs blaßbraunen, später dunklen Larven entwickeln sich ohne äußere Kiemen.

Tasmanien, Victoria.

6. **C. victoriana** Blgr. 1888 *C. v.*, Boulenger in: Ann. nat. Hist., ser. 6 *v.* 2 p. 142.

Gaumenzähne in 2 sehr kleinen, schräg gestellten Gruppen hinter den Choanen. Vorderkopf abgerundet, so lang wie der Augendurchmesser; Nasenloch gleichweit von Auge und Vorderkopfspitze entfernt; Interorbitalraum breiter als ein oberes Augenlid; Trommelfell unsichtbar. 1. Finger kaum 1/2 so lang wie der 2.; Zehen frei, ohne Hautsaum; Subarticular- und Metatarsalhöcker undeutlich, keine Tarsalfalte vorhanden. Bei nach vorn an den Körper angelegtem Hinterbein reicht das Tibiotarsalgelenk bis zur Schulter. Haut oben und unten glatt. Oben dunkelbraun, mit schwärzlichen Flecken; eine schwarze Querbinde zwischen den Augen und eine schwarze Längsbinde an jeder Kopfseite quer durch das Auge; After in einem großen, dreieckigen, schwarzen Fleck. Rumpfseiten und Gliedmaßen fein weiß punktiert; Unterseite kupferbraun, weiß punktiert und dunkelbraun gefleckt. L. 27 mm.

Warragul in Gippsland (Victoria).

7. **C. leai** Fletch. 1898 *C. l.*, Fletcher in: P. Linn. Soc. N. S. Wales, *v.* 22 p. 677.

Gaumenzähne in der Regel vorhanden. Vorderkopf abgerundet; Nasenloch etwas näher beim Auge als bei der Vorderkopfspitze; Trommelfell unsichtbar. 1. Finger kürzer als der 2.; Zehen zuweilen mit, zuweilen ohne Hautsaum; Subarticularhöcker, besonders an den Zehen, recht deutlich; ein kleiner medialer Metatarsalhöcker vorhanden. Ober- und Unterseite glatt, abgesehen von einem kleinen, gekörnelten Bezirk auf der Hinterseite der Oberschenkelbasis. Oben schwärzlichgrau, mit einer breiten, schwarzen (selten olivenbraunen), oft hell gerandeten Längsbinde auf dem Rücken, die in ihrer hinteren Hälfte in wechselnder Ausdehnung gegabelt ist. Canthus rostralis und Vorderkopf mit Andeutungen eines dunklen Streifens; dunkle Flecke auf der Oberlippe, dicht hinter dem Auge und auf der Schulter. Oberseite der Beine zuweilen dunkel quer gebändert; After in einem dreieckigen, dunklen, oft hell gerandeten Fleck, der sich jederseits etwas am unteren Rande der Hinterseite des Oberschenkels entlang fortsetzt. Unterseite von Tarsus, Metatarsus und Zehen schwarz, gewöhnlich hell gerandet. Unterseite mit Ausnahme weniger Stellen dicht und sehr fein dunkel(braun) punktiert. L. 29 mm.

Westaustralien.

8. **C. michaelseni** Wern. 1914 *C. M.*, F. Werner in: Fauna S. W. Austral., *v.* 4 p. 416.

Gaumenzähne fehlen. Nasenloch von Auge und Vorderkopfspitze gleichweit entfernt; Interorbitalraum doppelt so breit wie ein oberes Augenlid; Vorderkopf länger als der Augendurchmesser. Trommelfell unsichtbar. 1. Finger kürzer als der 2.; Zehen mit Hautsaum; Subarticularhöcker deutlich; ein medialer Metatarsalhöcker vorhanden, Tarsalfalte fehlt. Bei nach vorn an den Körper angelegtem Hinterbein reicht das Tibiotarsalgelenk bis zum Auge. Rücken- und Bauchhaut glatt. Oberseite dunkelrotbraun oder grau, mit einer dunklen, vorn hell gesäumten Querbinde zwischen den Augen, oft auch mit hellen Rückenflecken, oder mit einem breiten, rechteckigen, dunklen Rückenband, dessen Vorderecken zu dem freien Rand der oberen Augenlider stoßen. Hinterbeine meistens quer gebändert. Unterseite gelblich oder hellbraun, dicht dunkel getüpfelt oder punktiert. L. 24 mm.

Südwestaustralien.

? Gen. **Alsodes** T. Bell

1843 *A.*, T. Bell in: Zool. Voy. Beagle, pars 5 p. 41 | 1858 *A.*, Alb. Günther, Cat. Batr. sal. Brit. Mus., p. 42 | 1882 *A.*, Boulenger, Cat. Batr. sal. Brit. Mus., ed. 2 p. 272.

2 Arten in Südamerika.

? **A. monticola** Bell 1843 *A. m.*, T. Bell in: Zool. Voy. Beagle, pars 5 p. 41 t. 18 f. 3, 3a, b (Habitus, Mundhöhle, Vorderfuß) | 1858 *A. m.*, Alb. Günther, Cat. Batr. sal. Brit. Mus., p. 42 | 1882 *A. m.*, Boulenger, Cat. Batr. sal. Brit. Mus., ed. 2 p. 272.

Inchy-Insel im Chonos-Archipel (Chile).

? **A. bivittatus** Phil. 1902 *A. b.*, A. Philippi, Supl. Batr. Chilen., p. 122.

Provinz Valdivia (Chile).

? Gen. **Ancudia** A. Philippi

1902 *A.*, A. Philippi, Supl. Batr. Chilen., p. 49.

1 Art in Chile.

? **A. concolor** Phil. 1902 *A. c.*, A. Philippi, Supl. Batr. Chilen., p. 49.

Chiloë (Chile).

6c. Unterfam. **Dendrophryniscinae**

Fig. 374. **Dendrophryniscus.** Schultergürtel (Knorpel punktiert) (nach Espada).

1870 *Dendrophryniscidae*, Espada in: J. Ac. Lisboa, *v.* 3 p. 65 | 1875 *Batrachophrynidae*, E. D. Cope in: Bull. U. S. Mus., *v.* 1 p. 9 | 1882 *Dendrophryniscidae*, Boulenger, Cat. Batr. sal. Brit. Mus., ed. 2 p. 273 | 1901 *Cystignathidae* (part.) Subfam. *Dendrophryniscinae*, Gadow in: Cambridge nat. Hist., *v.* 8 p. 224 | 1910 *Dendrophryniscidae*, Boulenger in: Enc. sci., Batr. p. 151.

Ober- und Unterkiefer unbezahnt. Wirbel procoel. Querfortsätze des Sacralwirbels nicht verbreitert.

2 Gattungen mit 4 Arten in Südamerika.

Bestimmungstabelle der Gattungen:

1	Finger und Zehen an der Basis durch Schwimmhaut verbunden, beide mit verbreiterten Spitzen. Omosternum fehlt, Sternum mit knöchernem Stiel (Fig. 374)	1. Gen. **Dendrophryniscus**
	Finger ohne, Zehen mit Schwimmhaut, beide an den Spitzen nicht verbreitert. Omosternum vorhanden, ebenso wie das Sternum vollständig knorpelig (Fig. 377)	2. Gen. **Batrachophrynus**

1. Gen. **Dendrophryniscus** Espada

1870 *D.*, Espada in: J. Ac. Lisboa, *v.* 3 p. 65 | 1882 *D.*, Boulenger, Cat. Batr. sal. Brit. Mus., ed. 2 p. 274.

Zunge lang und schmal, ganzrandig, hinten frei abhebbar (Fig. 376). Gaumenzähne fehlen. Trommelfell unsichtbar. Finger und Zehen an der Basis durch Schwimmhaut verbunden, an den Spitzen verbreitert (was an der Figur bei Espada l. c. 1875 (siehe die folgende Species) kaum zu erkennen ist). Omosternum fehlt, Sternum mit knöchernem Stiel.

1 Art in Brasilien.

1. **D. brevipollicatus** Espada 1870 *D. b.*, Espada in: J. Ac. Lisboa, *v.* 3 p. 65 | 1875 *D. b.*, Espada in: Vert. Viaje Pacif., Batr. t. 6 f. 3 (Habitus, morphologische Teilbilder) | 1882 *D. b.*, Boulenger, Cat. Batr. sal. Brit. Mus., ed. 2 p. 274.

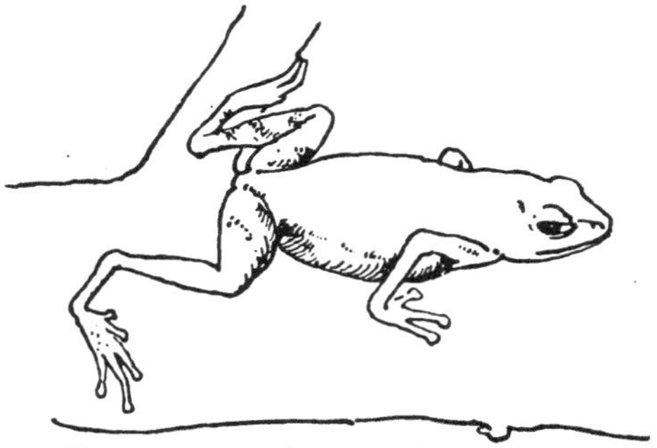

Fig. 375. **Dendrophryniscus brevipollicatus.** Habitusbild (nach Espada).

Fig. 376. **Dendrophryniscus brevipollicatus.** Mundhöhle (nach Espada).

Kopf abgeplattet, dreieckig (Fig. 375), mit vorspringendem, abgestumpftem Vorderkopf. 1. Finger verkümmert. Haut fein warzig. Oberseite rötlichbraun, Beine mit dunklen Querbinden. Unterseite hellbraun, Bauch weißlich. L. 26 mm.

Rio de Janeiro.

2. Gen. **Batrachophrynus** Peters

1873 *B.*, Peters in: Monber. Ak. Berlin, p. 411 | 1882 *B.*, Boulenger, Cat. Batr. sal. Brit. Mus., ed. 2 p. 273.

Pupille horizontal (nicht senkrecht, wie Boulenger irrtümlich l. c. angibt). Zunge groß, abgerundet, fast ganz angewachsen, nur in der Mitte ihres Hinterrandes frei abhebbar (Fig. 378). Gaumenzähne fehlen. Keine Paukenhöhle und kein Trommelfell vorhanden. Finger ohne, Zehen an der Basis mit Schwimmhaut, die nicht zwischen die Metatarsen der 4. und 5. Zehe eingreift. Ein knorpeliges Omosternum vorhanden. Sternum ebenfalls knorpelig (Fig. 377). Endphalangen der Finger und Zehen spitz endigend.

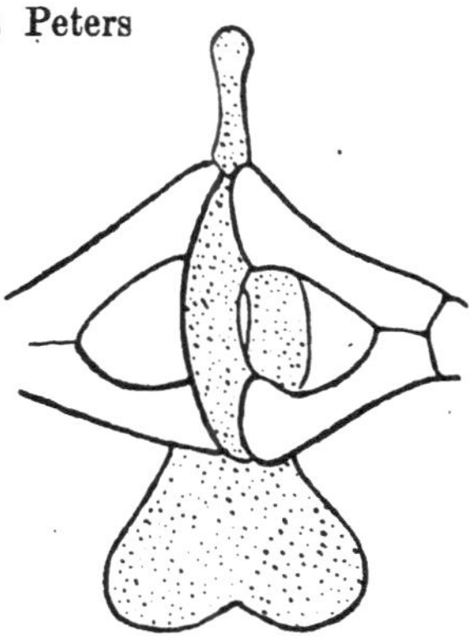

Fig. 377. **Batrachophrynus.** Schultergürtel (Knorpel punktiert) (nach F. Werner).

3 Arten in Peru.

Bestimmungstabelle der Arten:

1	Das nach hinten an den Körper angelegte Vorderbein reicht über das hintere Körperende hinaus; nur 1 Metatarsalhöcker vorhanden — 2	
	Das nach hinten an den Körper angelegte Vorderbein reicht noch nicht bis zu den Weichen; 2 Metatarsalhöcker vorhanden	3. **B. brachydactylus**
2	Interorbitalraum (am vorderen Augenrande) ebenso breit wie der Augendurchmesser; Zehen bis zur Spitze durch Schwimmhaut verbunden	1. **B. macrostomus**
	Interorbitalraum $2^1/_2$ mal so breit wie der Augendurchmesser. Schwimmhaut mindestens das letzte Zehenglied (an der 4. Zehe die 3 letzten Glieder) freilassend	2. **B. microphthalmus**

1. **B. macrostomus** Ptrs. 1873 *B. m.*, Peters in: Monber. Ak. Berlin, p. 412 t. 2 f. 1 (Habitus, Mundhöhle) | 1882 *B. m.*, Boulenger, Cat. Batr. sal. Brit. Mus., ed. 2 p. 273.

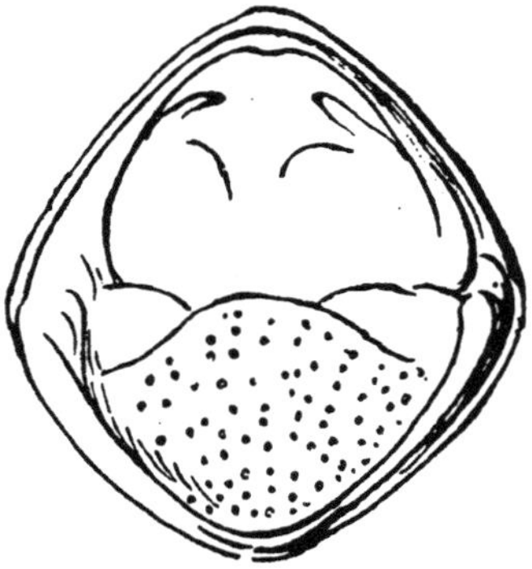

Fig. 378.

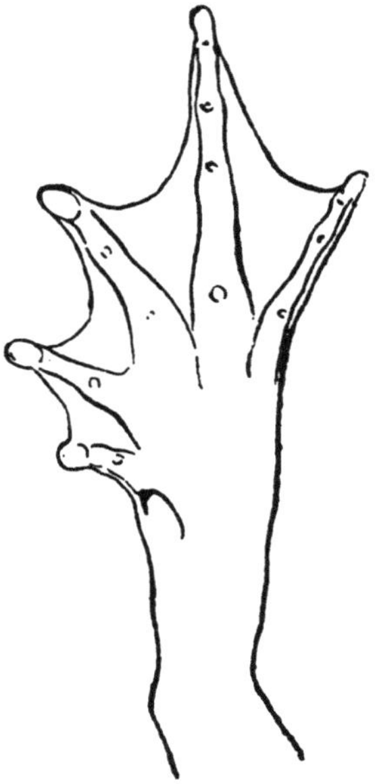

Fig. 379.

Batrachophrynus macrostomus.
Fig. 378: Mundhöhle; Fig. 379: Linker Hinterfuß von unten (beides nach Peters).

Vorderkopf ziemlich spitz; Nasenlöcher gleichweit von der Vorderkopfspitze und vom Auge entfernt; Maul tief gespalten, Mundwinkel vom Auge weiter entfernt als die Vorderkopfspitze; Interorbitalraum am vorderen Augenrande etwa ebenso breit wie der horizontale Augendurchmesser. Fingerspitzen ebenso wie die der Zehen knopfförmig abgestutzt; 1. Finger kürzer als der 2.; Unterseite der Finger und Zehen mit kleinen Wärzchen besetzt; Schwimmhaut des Hinterfußes bis zur Zehenspitze reichend (Fig. 379); ein medialer Metatarsalhöcker vorhanden. Bei nach vorn an den Körper angelegtem Hinterbein reicht das Tibiotarsalgelenk bis zum Auge. Medialseite des Metatarsus mit einer bis zur Spitze der 1. Zehe fortgesetzten Hautleiste. Haut glatt; hintere Hälfte der Augenlider schwach höckerig. Oben olivenfarben mit bräunlichen, unregelmäßigen Flecken; Zügelgegend mit einem hellen Längsstreifen. Unterseite auf gelblichem Grunde mehr oder weniger deutlich dunkel marmoriert. L. 145 mm.

Peru.

2. **B. microphthalmus** Wern. 1901 *B. m.*, F. Werner in: Abh. Mus. Dresden, v. 9 nr. 2 p. 13 f. (Wirbelsäule & Schultergürtel).

Vorderkopf flach, abgerundet, ohne Canthus rostralis. Augen verhältnismäßig klein, gleichweit von Vorderkopfspitze und Mundwinkel entfernt; Interorbitalraum $2^1/_2$mal so breit wie der horizontale Augendurchmesser; Nasenloch von Auge und Vorderkopfspitze gleichweit entfernt. Länge des Vorderbeines wie bei der vorigen Art. Schwimmhaut des Hinterfußes an der 4. Zehe die 3 letzten Glieder, sonst nur das letzte Glied frei lassend;

Subarticularhöcker kaum bemerkbar. Hautfalte an der Medialseite des Metatarsus deutlich, ebenso Hautsäume am Lateralrand der 1. und 5. Zehe und an beiden Seiten der letzten 3 Glieder der 4. Zehe; ein runder medialer Metatarsalhöcker vorhanden. Bei nach vorn an den Körper angelegtem Hinterbein reicht das Tibiotarsalgelenk zwischen Auge und Mundwinkel. Haut glatt. Oberseite einfarbig dunkelgraugrün; Unterseite gelblichweiß. L. 147 mm.

Tauja (Peru).

3. **B. brachydactylus** Ptrs. 1873 *B. b.*, Peters in: Monber. Ak. Berlin, p. 413 t. 3 f. 4 (Habitus, Schultergürtel, Sacralwirbel) | 1882 *B. b.*, Boulenger, Cat. Batr. sal. Brit. Mus., ed. 2 p. 273.

Fig. 380. Batrachophrynus brachydactylus (nach Peters).

Erheblich kleiner als die vorigen Arten (Fig. 380). Kopf klein, stark abgeplattet, mit kurzem, abgerundetem Vorderkopf, ohne Canthus rostralis; oberes Augenlid schmal. Finger ziemlich kurz; 1. und 2. Finger gleich lang; Zehen mäßig lang, zu $^2/_3$ ihrer Länge durch Schwimmhaut verbunden; Subarticularhöcker sehr klein; 2 kaum hervortretende Metatarsalhöcker vorhanden. Bei nach vorn an den Körper angelegtem Hinterbein reicht das Tarsometatarsalgelenk beim ♂ bis zur Vorderkopfspitze, beim ♀ bis zum Auge. Haut völlig glatt. Oberseite auf hellgrünem, Bauchseite auf hellerem Grunde dunkel gefleckt und marmoriert. L. 65 mm.

♂ zur Fortpflanzungszeit mit einer verdickten, hornartigen Schwiele auf der Medialseite des 1. Fingers.

Peru.

Alphabetisches Register

Nomenclator generum et subgenerum

Acris C. Duméril & G. Bibron, Erpét., v. 8 p. 506. 1841. Sp.: *A. gryllus, A. nigrita.*

Acrodytes Subgen. Fitzinger, Syst. Rept., v. 1 p. 30. 1843. Sp.: *Phrynohyas (A.) venulosa.*

Adelotus J. D. Ogilby in: P. R. Soc. Queensl., v. 20 p. 32. 1907. Sp.: *A. brevis.*

Adenomus E. D. Cope in: P. Ac. Philad., p. 371. 1860. Sp.: *A. badioflavus.*

Agalychnis E. D. Cope in: P. Ac. Philad., p. 194. 1865.

Alsodes T. Bell in: Zool. Voy. Beagle, pars 5 p. 41. 1843. Sp.: *A. monticola.*

Alytes Wagler, Syst. Amph., p. 206. 1830. Sp.: *A. obstetricans.*

Ammoryctis Lataste in: CR. Ac. Sci., v. 88 p. 984. 1879. Sp.: *A. cisternasii.*

Amphignathodon Boulenger, Cat. Batr. sal. Brit. Mus., ed. 2 p. 450. 1882. Sp.: *A. guentheri.*

Amphodus Peters in: Monber. Ak. Berlin, p. 768. 1872. Sp.: *A. Wuchereri.*

Anaxyrus Tschudi, Fauna Peru., Herpet. p. 78. 1845. Sp.: *A. melancholicus.*

Ancudia A. Philippi, Supl. Batr. Chilen., p. 48. 1902. Sp.: *A. concolor.*

Ansonia Stoliczka in: J. Asiat. Soc. Bengal, v. 39 p. 152. 1870. Sp.: *A. penangensis.*

Aruncus A. Philippi, Supl. Batr. Chilen., p. 4. 1902. Sp.: *A. valdivianus.*

Ascaphus Stejneger in: P. U. S. Mus., v. 21 p. 899. 1899. Sp.: *A. Truei.*

Asterodactylus Wagler, Syst. Amph., p. 199. 1830. Sp.: *A. Pipa.*

Asterophrys Tschudi, Classif. Batr., p. 82. 1838. Sp.: *A. turpicola.*

Atelophryne Boulenger in: Ann. Mus. Genova, ser. 3 v. 2 p. 159. 1906. Sp.: *A. minuta.*

Atelopus C. Duméril & G. Bibron, Erpét., v. 8 p. 660. 1841. Sp.: *A. flavescens.*

Auletris Wagler, Syst. Amph., p. 201. 1830. Sp.: *A. boans, A. tibiatrix, A. ocularis, A. aurantiaca, A. rubra, A. Squirella, A. bilineata, A. femoralis, A. infulata, A. coerulea, A. variolosa.*

Batrachichthys Pizarro in: Arch. Mus. Rio Jan., v. 1 p. 31. 1876. Sp. —

Batrachophrynus Peters in: Monber. Ak. Berlin, p. 411. 1873. Sp.: *B. macrostomus, B. brachydactylus.*

Batrachopsis Fitzinger, Syst. Rept., v. 1 p. 34. 1843. Sp.: *B. subfuscus.* Salamandr.

Batrachopsis [non *B.* Fitzinger 1843] Boulenger, Cat. Batr. sal. Brit. Mus., ed. 2 p. 439. 1882. Sp.: *B. melanopyga.*

Batrachyla T. Bell in: Zool. Voy. Beagle, pars 5 p. 43. 1843. Sp.: *B. leptopus.*

Bombina Oken, Lehrb. Naturg., v. 3 II p. 207. 1816. Sp.: *B. ignea, B. sonans, B. campanisona.*

Bombinator Merrem, Versuch Syst. Amph., p. 178. 1820. Sp.: *B. systoma, B. ventricosus, B. maculatus, B. igneus, B. obstetricans, B. strumosus, B. horridus.*

Bombitator pro: *Bombinator* Merrem 1820. Wagler, Syst. Amph., p. 206. 1830. Sp.: *B. bombina.*

Borborocaetes [pro: *Borborocoetes* T. Bell 1843] E. D. Cope in: J. Ac. Philad., ser. 2 *v.* 6 p. 94. 1866.

Borborocoetes T. Bell in: Zool. Voy. Beagle, pars 5 p. 34. 1843. Sp.: *B. Bibronii, B. Grayii.*

Breviceps Merrem, Versuch Syst. Amph., p. 177. 1820. Sp.: *B. gibbosus.*

Bubonias E. D. Cope in: P. Ac. Philad., p. 124. 1874. Sp.: *B. plicifrons.*

Bufo Laurenti, Syn. Rept., p. 25. 1768.

Bufotes pro: *Bufo* (Daudin!) Laurenti 1768. Rafinesque, Anal. Nat., p. 78. 1815.

Cacotus Alb. Günther in: P. zool. Soc. London, p. 482. 1868. Sp.: *C. maculatus.*

Calamita J. G. Schneider, Hist. Amph., *v.* 1 p. 151. 1799. Sp.: *C. arboreus, C. bicolor, C. maximus, C. boans, C. leucophyllata, C. quadrilineatus, C. punctatus, C. fasciatus, C. melanorabdotus, C. fuscus, C. tinctorius.*

Calamites [pro: *Calamita* J. G. Schneider 1799] Wagler, Syst. Amph., p. 200. 1830. Sp.: *C. cyanea.*

Calamitus nom. nud. Rafinesque, Anal. Nat., p. 78. 1815.

Calyptocephala pro: *Calyptocephalus* J. E. Gray 1832. Nieden in: Tierreich, *v.* 46 p. 371. 1923.

Calyptocephalus J. E. Gray in: E. Griffith, An. Kingdom, *v.* 14 p. 370. 1832. Sp.: *C. fasciatus.* Col.

Calyptocephalus C. Duméril & G. Bibron, Erpét., *v.* 8 p. 447. 1841. Sp.: *C. Gayi.*

Camariolius Peters in: Monber. Ak. Berlin, p. 236. 1863. Sp.: *C. varius.*

Caudiverbera Laurenti, Syn. Rept., p. 43. 1768. Sp.: *C. aegyptiaca, C. peruviana.*

Cauphias P. Brocchi in: Bull. Soc. philom., ser. 7 *v.* 1 p. 129. 1877. Sp.: *C. guatemalensis, C. crassus.*

Centrolene Espada in: An. Soc. Españ., *v.* 1 p. 87. 1872. Sp.: *C. geckoideum.*

Centrotelma Subgen. Burmeister, Erläut. Fauna Bras., p. 97. 1856. Sp.: *Hyla (C.) infulata, H. (C.) Langsdorffii, H. (C.) Lundii.*

Cerathyla Espada in: J. Ac. Lisboa, *v.* 3 p. 63. 1870. Sp.: *C. proboscidea, C. bubalus, C. palmarum, C. Braconnieri.*

Ceratohyla pro: *Cerathyla* Espada 1870. Boulenger, Cat. Batr. sal. Brit. Mus., ed. 2 p. 453. 1882.

Ceratophris pro: *Ceratophrys* Boie 1825. G. Cuvier, Règne an., ed. 2 *v.* 2 p. 105 nota 3. 1829.

Ceratophryne Schlegel, Handl. Dierk., *v.* 2 p. 56. 1858. Sp.: *C. nasuta, C. turpicola.*

Ceratophrys Boie in: Wied, Beitr. Naturg. Bras., *v.* 1 p. 569. 1825. Sp.: *C. dorsatus, C. Boiei.*

Chaunus Wagler in: Isis, *v.* 21 p. 744. 1828. Sp.: *C. marmoratus.*

Chelydobatrachus Gray MS. in: Alb. Günther, Cat. Batr. sal. Brit. Mus., p. 51, 53. 1858. Sp.: *C. gouldii.*

Chilophryne Fitzinger, Syst. Rept., *v.* 1 p. 32. 1843. Sp.: *C. d'Orbignyi.*

Chionopelas Tschudi MS., Fauna Peru., Herpet. p. 70. 1845. Sp.: *C. viridis, C. fuscus.*

Chirodryas W. Keferstein in: Nachr. Ges. Götting., p. 358. 1867. Sp.: *C. raniformis.*

Chiroleptes Kirby in: J. Richardson, Fauna Bor.-Amer., *v.* 4 p. 280. 1837. Sp.: *C. raptor.* Hem.

Chiroleptes Alb. Günther. Cat. Batr. sal. Brit. Mus., p. 34. 1858. Sp.: *C. australis.*

Chorophilus Sp. Baird in: P. Ac. Philad., *v.* 7 p. 60. 1854. Sp.: *C. nigritus.*

Cinclidium E. D. Cope in: J. Ac. Philad., ser. 2 *v.* 6 p. 200. 1867. Sp.: *C. granulatum.*

Cincloscopus E. D. Cope in: P. Amer. phil. Soc., *v.* 11 p. 554 nota. 1870.

Colodactylus Tschudi, Fauna Peru., Herpet. p. 67. 1845. Sp.: *C. coerulescens.*

Cophomantis Peters in: Monber. Ak. Berlin, p. 650. 1870. Sp.: *C. puncticillata.*

Cophophryne Boulenger in: Ann. nat. Hist., ser. 5 *v.* 20 p. 406. 1887. Sp.: *C. sikkimensis.*

Corythomantis Boulenger in: Ann. nat. Hist., ser. 6 *v.* 17 p. 405. 1896. Sp.: *C. Greeningi.*

Cranopsis E. D. Cope in: J. Ac. Philad., ser. 2 *v.* 8 p. 96. 1876. Sp.: *C. fastidiosus.*

Craugastor E. D. Cope in: P. Ac. Philad., p. 153, 154. 1862. Sp.: *C. hallowellii, C. fitzingerii.*

Crepidius E. D. Cope in: J. Ac. Philad., ser. 2 *v.* 8 p. 97. 1876. Sp.: *C. epioticus.*

Crinia Tschudi, Classif. Batr., p. 78. 1838. Sp.: *C. Georgiana.*

Crossodactylus C. Duméril & G. Bibron, Erpét., *v.* 8 p. 635. 1841. Sp.: *C. Gaudichaudii.*

Cryptothir J. D. Dana in: Amer. J. Sci., *v.* 14 p. 306. 1852. Crust.

Cryptothis [pro: *Cryptothir* J. D. Dana 1852] Gerstaecker in: Arch. Naturg., *v.* 20 II p. 92. 1854.

Cryptotis Alb. Günther in: Ann. nat. Hist., ser. 3 *v.* 11 p. 27. 1863. Sp.: *C. brevis.*

Cultripes J. Müller in: Z. Physiol., *v.* 4 p. 220. 1832. Sp.: *C. minor.*

Cyclocephalus Espada in: Vert. Viaje Pacif., Batr. t. 3 bis f. 5, 5[a], 5[b]. 1875. Sp.: *C. lacrimosus.*

Cycloramphos pro: *Cycloramphus* Tschudi 1838. L. Agassiz, Nomencl. zool., Index p. 110. 1846.

Cycloramphus Tschudi, Classif. Batr., p. 81. 1838. Sp.: *C. fulginosus.*

Cyclorana Steindachner in: Reise Novara, Amph. p. 29. 1867. Sp.: *C. novaehollandiae.*

Cyclorhamphus pro: *Cycloramphus* Tschudi 1838. Alb. Günther, Cat. Batr. sal. Brit. Mus., p. 4, 21. 1858.

Cystignathus Wagler, Syst. Amph., p. 202. 1830. Sp.: *C. mystaceus, C. Typhonias, C. Sibilatrix, C. pachypus, C. labyrinthicus, C. ocellatus.*

Dactylethra G. Cuvier, Règne an., ed. 2 *v.* 2 p. 107 t. 7 f. 2. 1829. Sp.: *D. capensis.*

Dendrohyas Wagler in: Tschudi, Classif. Batr., p. 74. 1838. Sp.: *D. arborea, D. septentrionalis, D. rubra, D. tibiatrix, D. versicolor, D. squirella, D. Peronii, D. citropa.*

Dendrophryniscus Espada in: J. Ac. Lisboa, *v.* 3 p. 65. 1870. Sp.: *D. brevipollicatus.*

Dendropsophus Fitzinger, Syst. Rept., *v.* 1 p. 31. 1843. Sp.: *D. frontalis.*

Diaglena E. D. Cope in: Bull. U. S. Mus., *v.* 32 p. 12. 1887. Sp.: *D. spatulata.*

Diaglenia [pro: *Diaglena* E. D. Cope 1887] G. A. Boulenger in: Zool. Rec., *v.* 24 Rept. p. 32. 1888.

Didocus E. D. Cope in: J. Ac. Philad., ser. 2 *v.* 6 p. 81. 1866. Sp.: *D. calcaratus.*

Discoglossus Otth in: N. Denk. Schweiz. Ges., *v.* 1 [nr. 4] p. 6. 1837. Sp.: *D. pictus.*

Docidophryne Fitzinger, Syst. Rept., *v.* 1 p. 32. 1843. Sp.: *D. Agua.*

Dromoplectrus Camerano in: Atti Acc. Torino, *v.* 14 p. 882. 1879. Sp.: *D. anomalus.*

Drymomantis Peters in: SB. Ges. Fr. Berlin, p. 8 nota. 1882. *D. fallax.*

Dryomelictes Subgen. Fitzinger, Syst. Rept., *v.* 1 p. 31. 1843. Sp.: *Dendropsophus (Dryomelictes) lacteus.*

Dryophytes Fitzinger, Syst. Rept., *v.* 1 p. 31. 1843. Sp.: *D. versicolor.*

Dryopsophus Subgen. Fitzinger, Syst. Rept., *v.* 1 p. 30. 1843. Sp.: *Hyla (D.) citropa.*

Edalorhina Espada in: J. Ac. Lisboa, *v.* 3 p. 58. 1870. Sp.: *E. Perezi.*

Eleutherodactylus C. Duméril & G. Bibron MS., Erpét., *v.* 8 p. 620. Sp.: *E. Martinicensis.*

Elosia Tschudi, Classif. Batr., p. 77. 1838. Sp.: *E. nasuta.*

Engystomops Espada in: An. Soc. Españ., *v.* 1 p. 86. 1872. Sp.: *E. Petersi.*

Enhydrobius pro: *Enydrobius* Wagler 1830. E. D. Cope in: J. Ac. Philad., ser. 2 *v.* 6 p. 96. 1866.

Entomoglossus Peters in: Monber. Ak. Berlin, p. 647. 1870. Sp.: *E. pustulatus.*

Enydrobius Wagler, Syst. Amph., p. 202. 1830. Sp.: *E. ranoides, E. abbreviatus.*

Epedaphus E. D. Cope in: P. Amer. phil. Soc., *v.* 22 p. 383. 1885. Sp.: *E. gratiosus.*

Epidalea E. D. Cope in: P. Ac. Philad., p. 181. 1864. Sp.: *E. calamita.*

Epidalia [pro: *Epidalea* E. D. Cope 1864] Marschall, Nomencl. zool., p. 48. 1873.

Epirhexis E. D. Cope in: J. Ac. Philad., ser. 2 *v.* 6 p. 96. 1866. Sp.: *E. longipes.*

Eucnemis Tschudi, Classif. Batr., p. 76. 1838. Sp.: *E. Seychelensis, E. Horstokii.*

Euhyas Subgen. Fitzinger, Syst. Rept., *v.* 1 p. 31. 1843. Sp.: *Hylodes (E.) Ricordii.*

Eupemphix Steindachner in: SB. Ak. Wien, *v.* 48 p. 188. 1863. Sp.: *E. Nattereri.*

Eurhina Fitzinger, Syst. Rept., *v.* 1 p. 32. 1843. Sp.: *E. proboscideus.*

Euscelis Fitzinger, Syst. Rept., *v.* 1 p. 31. 1843. Sp.: *E. Lesueurii.*

Eusophus E. D. Cope in: Nat. Hist. Rev., p. 113. 1865. Sp.: *E. nodosus.*

Exerodonta P. Brocchi in: Bull. Soc. philom., ser. 7 *v.* 3 p. 20. 1879. Sp.: *E. Sumichrasti.*

Fanchonia F. Werner in: Zool. Anz., *v.* 16 p. 82. 1893. Sp.: *F. elegans.*

Gastrotheca Subgen. Fitzinger, Syst. Rept., *v.* 1 p. 30. 1843. Sp.: *Hyla (G.) marsupiata.*

Gekko Laurenti, Syn. Rept., p. 43. 1768. Sp.: *G. verticillatus, G. teres, G. muricatus.*

Gnathophysa E. D. Cope in: Nat. Hist. Rev., p. 112. 1865. Sp.: *G. labyrinthica.*

Gomphobates J. Reinhardt & Lütken in: Vid. Meddel., *v.* 13 p. 172. 1862. Sp.: *G. notatus, G. marmoratus, G. Kröyeri.*

Grypiscus E. D. Cope in: J. Ac. Philad., ser. 2 *v.* 6 p. 205. 1867. Sp.: *G. umbrinus.*

Heleioporus [pro: *Helioporus* J. E. Gray 1841] J. E. Gray in: Grey, J. Exp. Austral., *v.* 2 p. 435. 1841.

Heleophryne W. L. Sclater in: Ann. S. Afr. Mus., *v.* 1 p. 110. 1898. Sp.: *H. purcelli.*

Helioporus J. E. Gray in: Grey, J. Exp. Austral., *v.* 2 p. 447. 1841. Sp.: *H. albopunctatus.*

Heliorana Steindachner in: Reise Novara, Amph. p. 32. 1867. Sp.: *H. grayi.*

Helocaetes Sp. Baird in: P. Ac. Philad., *v.* 7 p. 60. 1854. Sp.: *H. triseriata, H. feriarum, H. Clarkii.*

Heloecetes [pro: *Helocaetes* Sp. Baird 1854] Sp. Baird in: U. S. Mex. Boundary Surv., Rept. p. 28. 1859.

Hemiphractus Wagler in: Isis, *v.* 21 p. 743. 1828. Sp.: *H. Spixii.*

Hiobates err. pro: *Iliobates* Fitzinger 1867. Nieden in: Tierreich, *v.* 46 p. 504. 1923.

Hyas Wagler, Syst. Amph., p. 201. 1830. Sp.: *H. arborea.*

Hydryla nom. nud. Rafinesque, Anal. Nat., p. 78. 1815.

Hyla Laurenti, Syn. Rept., p. 32. 1768. Sp.: *H. ranaeformis, H. viridis, H. fusca, H. lactea, H. viridi-fusca, H. tibiatrix, H. aurantiaca, H. rubra, H. sceleton.*

Hylaplesia Boie MS. in: Schlegel in: Isis, *v.* 20 p. 294. 1827. Sp.: *H. borbonica, H. achatina, H. trivittata, H. nigerrima, H. punctata, H. tinctoria, H. luteola.*

Hylaria pro: *Hyla* (Daudin!) Laurenti 1768. Rafinesque, Anal. Nat., p. 78. 1815.

Hylella J. Reinhardt & Lütken in: Vid. Meddel., *v.* 13 p. 199. 1862. Sp.: *H. tenera. H. punctatissima.*

Hylesinus nom. nud. Rafinesque, Anal. Nat., p. 78. 1815.

Hyliola F. Mocquard in: N. Arch. Mus. Paris, ser. 4 *v.* 1 p. 337. 1899. Sp.: *H. regilla, H. Bocourti.*

Hylodes Fitzinger, Classif. Rept., p. 38, 64. 1826. Sp.: *H. Gravenhorstii, H. ramoides.*

Hylomantis Peters in: Monber. Ak. Berlin, p. 772. 1872. Sp.: *H. aspera.*

Hylomedusa Subgen. Burmeister, Erläut. Fauna Bras., p. 102. 1856. Sp.: *Hyla (Hylomedusa) palmata, H. (H.) crepitans.*

Hylonomus Dawson in: Quart. J. geol. Soc. London, *v.* 16 P. p. 274. 1859. Sp.: *H. Lyellii, H. aciedentatus, H. Wymani.*

Hylonomus Peters in: SB. Ges. Fr. Berlin, p. 107. 1882. Sp.: *H. bogotensis.*

Hylopsis nom. nud. Rafinesque, Anal. Nat., p. 78. 1815.

Hylopsis F. Werner in: Zool. Anz., *v.* 17 p. 156. 1894. Sp.: *H. platycephalus.*

Hylorhina pro: *Hylorina* T. Bell 1843. L. Agassiz, Nomencl. zool., Index p. 190. 1846.

Hylorina T. Bell in: Zool. Voy. Beagle, pars 5 p. 44. 1843. Sp.: *H. sylvatica.*

Hyloscirtus pro: *Hylonomus* Peters 1882. Peters in: SB. Ges. Fr. Berlin, p. 127. 1882.

Hymenochirus Boulenger in: Ann. nat. Hist., ser. 6 *v.* 18 p. 420. 1896. Sp.: *H. boettgeri.*

Hyperodon pro: *Uperodon* C. Duméril & G. Bibron 1841. L. Agassiz, Nomencl. zool., Index p. 190, 384. 1846.

Hyperolia [pro: *Uperoleia* J. E. Gray 1841] E. D. Cope in: Nat. Hist. Rev., p. 108. 1865.

Hyperolius Rapp in: Arch. Naturg., *v.* 8 I p. 289. 1842. Sp.: *H. marmoratus.*

Hyperoodon Lacépède, Hist. Cét., p. XLIV & 319. 1804. Mam.

Hyperoodon A. Philippi, Supl. Batr. Chilen., p. 1. 1902. Sp.: *H. asper.*

Hypodictyon E. D. Cope in: P. Amer. phil. Soc., *v.* 22 p. 383. 1885. Sp.: *H. ridens, H. verruculatus, H. chalceus.*

Hypsiboas Wagler, Syst. Amph., p. 200. 1830. Sp.: *H. palmata, H. geographica, H. Reinwardtii, H. bufonia, H. zonata, H. crepitans, H. Faber, H. albomarginata, H. cinerascens, H. venulosa.*

Hypsipsophus Subgen. Fitzinger, Syst. Rept., *v.* 1 p. 30. 1843. Sp.: *Hypsiboas (Hypsipsophus) Xerophyllum.*

Iliobates Fitzinger MS. in: Steindachner in: Reise Novara, Amph. p. 12. 1867. Sp.: *I. fuscomaculatus.*

Incilius E. D. Cope in: P. Ac. Philad., p. 50. 1863. Sp.: *I. lentiginosus, I. cognatus, I. woodhousei, I. americanus, I. nebulifer, I. veraguensis, I. coniferus, I. dialophus?, I. biporcatus.*

Ixalus C. Duméril & G. Bibron, Erpét., *v.* 8 p. 523. 1841. Sp.: *I. aurifasciatus.*

Lacerta Linné, Syst. Nat., ed. 10 p. 200. 1758. Sp.: *L. crocodilus, caudiverbera, superciliosa, scutata, monitor, principialis, bicarinata, palustris, cordylus, stellio, mauritanica, azurea, turcica, ameiva, agilis, algira, seps, angulata, chamaeleon, salamandra, gecko, stincus, hispida, orbicularis, vulgaris, aquatica, basiliscus, iguana, calotes, agama, umbra, plica, marmorata, bullaris, strumosa, teguixin, aurata, punctata, lemniscata, fasciata, lineata, chalcides, anguinea.*

Lechriodus Boulenger, Cat. Batr. grad. Brit. Mus., ed. 2 p. 116 nota. 1882.

Leiopelma Fitzinger in: Verh. Ges. Wien, *v.* 11 p. 217, 218. 1861. Sp.: *L. Hochstetteri.*

Leiuperus C. Duméril & G. Bibron, Erpét., *v.* 8 p. 420. 1841. Sp.: *L. marmoratus.*

Leiyla W. Keferstein in: Arch. Naturg., *v.* 34 I p. 296. 1868. Sp.: *L. Güntherii.*

Lepidobatrachus Budgett in: Quart. J. micr. Sci., ser. 2 *v.* 42 p. 329. 1899. Sp.: *L. asper, L. laevis.*

Lepthyla C. Duméril & G. Bibron MS., Erpét., *v.* 8 p. 504. 1841. Sp.: *L. Freycineti.*

Leptobrachium Tschudi, Classif. Batr., p. 81. 1838. Sp.: *L. Hasseltii.*

Leptodactylus Fitzinger, Classif. Rept., p. 38, 64. 1826. Sp.: *L. Typhonia, L. Sibilatrix, L. mystaceus.*

Leptophryne Fitzinger, Syst. Rept., *v.* 1 p. 32. 1843. Sp.: *L. cruentatus.*

Leptopus C. Mayer, Analecten Anat., *v.* 1 p. 34. 1835. Sp.: *L. Asterodactylus, L. Boiei seu Oxydactylus.*

Lichyla err. pro: *Liohyla* E. D. Cope 1894. Nieden in: Tierreich, *v.* 46 p. 406. 1923.

Limnocharis T. Bell in: Zool. Voy. Beagle, pars 5 p. 32. 1843. Sp.: *L. fuscus.*

Limnodynastes Subgen. Fitzinger, Syst. Rept., p. 31. 1843. Sp.: *Rana (L.) Peronii.*

Limnomedusa Subgen. Fitzinger, Syst. Rept., *v.* 1 p. 31. 1843. Sp.: *L. macroglossa.*

Limnophys Espada in: J. Ac. Lisboa, *v.* 3 p. 59. 1870. Sp.: *L. cornutus, L. napaeus.*

Liohyla [pro: *Leiyla* W. Keferstein 1868] E. D. Cope in: P. Amer. phil. Soc., *v.* 31 p. 335. 1894.

Liopelma pro: *Leiopelma* Fitzinger 1861. Boulenger, Cat. Batr. sal. Brit. Mus., ed. 2 p. 447. 1882.

Lisapsus pro: *Lysapsus* E. D. Cope 1862. Steindachner in: Reise Novara, Amph. p. 49. 1867.

Lithobates Subgen. Fitzinger, Syst. Rept., *v.* 1 p. 31. 1843. Sp.: *Pelobius (L.) palmipes.*

Lithodytes Fitzinger, Syst. Rept., *v.* 1 p. 31. 1843. Sp.: *L. lineatus.*

Litopleura Espada, Vert. Viaje Pacif., Batr. p. 82. 1875. Sp.: *L. maritimum.*

Litoria Tschudi, Classif. Batr., p. 77. 1838. Sp.: *L. Freycineti.*

Liuperus E. D. Cope in: P. Ac. Philad., p. 517. 1860. Sp.: *L. biligonigerus.*

Liyla [pro: *Leiyla* W. Keferstein 1868] E. D. Cope in: P. Amer. phil. Soc., *v.* 11 p. 160. 1869. Sp.: *L. rugulosa.*

Lobipes Subgen. Fitzinger, Syst. Rept., *v.* 1 p. 30. 1843. Sp.: *Hypsiboas (L.) palmata.*

Lophopus Tschudi, Classif. Batr., p. 73. 1838. Sp.: *L. marmoratus.*

Lymnodynastes [pro: *Limnodynastes* Fitzinger 1893] E. D. Cope in: Nat. Hist. Rev., p. 113. 1865.

Lysapsus E. D. Cope in: P. Ac. Philad., p. 155. 1862. Sp.: *L. limellum.*

Lystris E. D. Cope in: P. Ac. Philad., p. 312. 1868. Sp.: *L. brachyops.*

Malachylodes E. D. Cope in: P. Amer. phil. Soc., *v.* 18 p. 264. 1879. Sp.: *M. guttulatus.*

Megalophrys pro: *Megophrys* Kuhl 1824. Kuhl in: Wagler, Syst. Amph., p. 204. 1830. Sp.: *M. montana.*

Megophrys Kuhl in: Isis, *v.* 1 p. 475 1822 (descr. nulla) in: Bull. univ. Sci. nat., *v.* 2 p. 83. 1824. Sp.: *M. montana.*

Microphryne Subgen. Peters in: Monber. Ak. Berlin, p. 616. 1873. Sp.: *Bufo (M.) pustulosus.*

Mitrolysis E. D. Cope in: Bull. U. S. Mus., *v.* 34 p. 312. 1889. Sp.: *M. alboguttatus.*

Mixophyes Alb. Günther in: P. zool. Soc. London, p. 46. 1864. Sp.: *M. fasciolatus.*

Myiobatrachus pro: *Myobatrachus* Schlegel 1850. Schlegel, Handl. Dierk., *v.* 2 p. 59. 1858.

Myobatrachus Schlegel in: P. zool. Soc. London, *v.* 18 p. 9. 1850. Sp.: *M. paradoxus.*

Myxophyes [pro: *Mixophyes* Alb. Günther 1864] E. D. Cope in: Nat. Hist. Rev., p. 111. 1865.

Nannophryne Alb. Günther in: P. zool. Soc. London, p. 401. 1870. Sp.: *N. variegata.*

Nanophryne err. pro: *Nannophryne* Alb. Günther 1870. Nieden in: Tierreich, *v.* 46 p. 66. 1923.

Nattereria Steindachner in: Verh. Ges. Wien, *v.* 14 p. 279. 1864. Sp.: *N. lateristriga.*

Nectes E. D. Cope in: Nat. Hist. Rev., p. 103. 1865. Sp.: *N. subasper.*

Nectophryne Buchholz & Peters in: Peters in: Monber. Ak. Berlin, p. 202. 1875. Sp.: *N. afra.*

Neobatrachus Peters in: Monber. Ak. Berlin, p. 234. 1863. Sp.: *N. pictus.*

Notadea [pro: *Notaden* Alb. Günther 1873] Scudder, Nomencl. zool., pars 2 p. 212. 1884.

Notaden Alb. Günther in: Ann. nat. Hist., ser. 4 *v.* 11 p. 349. 1873. Sp.: *N. Bennettii.*

Notodelphys Allman in: Ann. nat. Hist., *v.* 20 p. 2. 1847. Sp.: *N. ascidicola.* Crust.

Notodelphys Lichtenstein & Weinland in: Monber. Ak. Berlin, p. 373. 1854. Sp.: *N. ovifera.*

Nototrema Alb. Günther, Cat. Batr. sal. Brit. Mus., p. 115. 1858. Sp.: *N. marsupiatum.*

Nyctimantis Boulenger, Cat. Batr. sal. Brit. Mus., ed. 2 p. 331, 421. 1882. Sp.: *N. rugiceps.*

Obstetricans A. Dugès, Rech. Ostéol. Batr., p. 7. 1834. Sp.: *O. vulgaris.*

Odontophrynus J. Reinhardt & Lütken in: Vid. Meddel., *v.* 13 p. 159, 162. 1862. Sp.: *O. cultripes.*

Oiacurus F. S. Leuckart in: Isis, fasc. 5 Lit. Anz. p. 260. 1821.

Oiacurus Fitzinger, Syst. Rept., *v.* 1 p. 19, 97. 1843. Sp.: *O. lineatus, O. Feuillaei.*

Ollotis E. D. Cope in: J. Ac. Philad., ser. 2 *v.* 8 p. 98. 1876. Sp.: *O. coerulescens.*

Ololygon Subgen. Fitzinger, Syst. Rept., *v* 1 p. 31. 1843. Sp.: *Pelobius (O.) strigilata.*

Oocormus Boulenger in: Ann. nat. Hist., ser. 7 *v.* 16 p. 181. 1905. Sp.: *O. microps.*

Ophryophryne Boulenger in: Ann. nat. Hist., ser. 7 *v.* 12 p. 186. 1903. Sp.: *O. microstoma.*

Opisthodelphys Alb. Günther, Cat. Batr. sal. Brit. Mus., p. 117. 1858. Sp.: *O. ovifera.*

Opisthodon Steindachner in: Reise Novara, Amph. p. 9. 1867. Sp.: *O. frauenfeldi.*

Opistodelphys [pro: *Opisthodelphys* Alb. Günther 1858] Nieden in: Tierreich, *v.* 46 p. 323. 1923.

Orchestes Tschudi, Classif. Batr., p. 76. 1838. Sp.: *O. aurifasciatus.*

Oreobates Espada in: An. Soc. Españ., *v.* 1 p. 86. 1872. Sp.: *O. quixensis.*

Osilophus pro „*Otilophe*“ G. Cuvier 1829. Tschudi, Classif. Batr., p. 89. 1838. Sp.: *O. typhonius.*

Osteocephalus Subgen. Fitzinger, Syst. Rept., *v.* 1 p. 30. 1843. Sp.: *Hypsiboas (O.) taurinus.*

Osteopilus Subgen. Fitzinger, Syst. Rept., *v.* 1 p. 30. 1843. Sp.: *Theloderma (O.) marmoratum.*

Otaspis E. D. Cope in: P. Ac. Philad., p. 312. 1868. Sp.: *O. empusa.*

„Otilophe“ G. Cuvier, Règne an., ed. 2 *v.* 2 p. 112. 1829. Sp.: *Rana margaritifera.*

Otilophus pro „*Otilophe*“ G. Cuvier 1829. Alb. Günther, Cat. Batr. sal. Brit. Mus., p. 69. 1858. Sp.: *O. margaritifer.*

Otolophus [pro „*Otilophe*“ G. Cuvier 1829] Fitzinger, Syst. Rept., *v.* 1 p. 32. 1843. Sp.: *O. margaritifer.*

Oxyrhynchus Spix, Spec. Testud. Ran. Bras., p. 49. 1824. Sp.: *O. naricus, O. nasutus, O. semilineatus, O. granulosus, O. acutirostris, O. proboscideus.*

Oxyrynchus [pro: *Oxyrhynchus* Spix 1824] Wied, Abbild. Naturg. Bras., t. [61] f. 3. 1827.

Paludicola Wagler, Syst. Amph., p. 206. 1830. Sp.: *P. albifrons.*

Pedostibes Alb. Günther in: P. zool. Soc. London, p. 576. 1875. Sp.: *P. tuberculosus.*

Pelobates Wagler, Syst. Amph., p. 206. 1830. Sp.: *P. fuscus.*

Pelobius Fitzinger, Syst. Rept., *v.* 1 p. 31. 1843. Sp.: *P. Freycineti.*

Pelodryas Alb. Günther, Cat. Batr. sal. Brit. Mus., p. 119. 1858. Sp.: *P. caeruleus.*

Pelodytes Fitzinger MS. in: Bonaparte, Iconogr. Fauna Ital., *v.* 2 fol. 119 p. [3]. 1838. Sp.: *P. punctatus.*

Pelodytopsis Nikolski in: Annuaire Mus. St.-Pétersb., *v.* 1 p. 137. 1896. Sp.: *P. caucasica.*

Peltaphryne [pro: *Peltophryne* Fitzinger 1843]. E. D. Cope in: P. Ac. Philad., p. 358. 1862.

Peltocephalus C. Duméril & G. Bibron, Erpét., *v.* 2 p. 377. 1835. Sp.: *P. Tracaxa.*

Peltocophalus [pro: *Peltocephalus* C. Duméril & G. Bibron 1835] C. Duméril & G. Bibron, Erpét., *v.* 2 p. 378. 1835.

Peltophryne Fitzinger, Syst. Rept., *v.* 1 p. 32. 1843. Sp.: *P. peltocephalus.*

Peralaimos Espada in: Vert. Viaje Pacif., Batr. p. 163. 1875. Sp.: *P. stentor.*

Perialia J. E. Gray in: Eyre, J. Exp., *v.* 1 p. 406. 1845. Sp.: *P. Eyrei, P. ? ornata.*

Phanerotis Boulenger in: P. Linn. Soc. N. S. Wales, ser. 2 *v.* 5 p. 593. 1890. Sp.: *P. fletcheri.*

Pharyngodon Diesing in: SB. Ak. Wien, *v.* 42 p. 642. 1860. Sp.: *P. acanthurus.* Nemat.

Pharyngodon E. D. Cope in: P. Ac. Philad., p. 193. 1865. Sp.: *P. petasatus.*

Philocryphus Fletcher in: P. Linn. Soc. N. S. Wales, ser. 2 *v.* 8 p. 233. 1894. Sp.: *P. flavoguttatus.*

Philoria W. B. Spencer in: P. R. Soc. Victoria, ser. 2 *v.* 13 p. 176. 1901.

Phractops Peters in: Monber. Ak. Berlin, p. 30. 1867. Sp.: *P. alutaceus.*

Phrynacius nom. nud. Rafinesque, Anal. Nat., p. 78. 1815.

Phryne Oken in: Fitzinger, Syst. Rept., *v.* 1 p. 32. 1843. Sp.: *P. vulgaris.*

Phryniscus Wiegmann in: Meyen, Reise, p. 514. 1834. Sp.: *P. nigricans.*

Phrynoceros G. Bibron in: Tschudi, Classif. Batr., p. 82. 1838. Sp.: *P. Vaillanti.*

Phrynocerus nom. nud. Rafinesque, Anal. Nat., p. 78. 1815.

Phrynohyas Fitzinger, Syst. Rept., *v.* 1 p. 30. 1843. Sp.: *P. zonata.*

Phrynoidis Fitzinger, Syst. Rept., *v.* 1 p. 32. 1843. Sp.: *P. asper.*

Phrynomorphus Fitzinger, Syst. Rept., *v.* 1 p. 32. 1843. Sp.: *P. Leschenaultii.*

Phrynopus Peters in: Monber. Ak. Berlin, p. 416. 1873. Sp.: *P. peruanus.*

Phrynotes nom. nud. Rafinesque, Anal. Nat., p. 78. 1815.

Phyllobates C. Duméril & G. Bibron, Erpét., *v.* 8 p. 637. 1841. Sp.: *P. bicolor.*

Phyllobius Subgen. Fitzinger, Syst. Rept., *v.* 1 p. 30. 1843. Sp.: *Hypsiboas (P.) albomarginatus.*

Phyllodytes Wagler, Syst. Amph., p. 202. 1830. Sp.: *P. luteola.*

Phyllomedusa Wagler, Syst. Amph., p. 201. 1830. Sp.: *P. bicolor.*

Physalaemus Fitzinger, Classif. Rept., p. 39, 65. 1826. Sp.: *P. Cuvieri.*

Pipa Laurenti, Syn. Rept., p. 24. 1768. Sp.: *P. americana.*

Piparius pro: *Pipa* (Dumeril!) Laurenti 1768. Rafinesque, Anal. Nat., p. 78. 1815.

Pithecopsis G. Bibron MS. in: Alb. Günther, Cat. Batr. sal. Brit. Mus., p. 22. 1858. Sp.: *P. fuliginosus.*

Pithecopus E. D. Cope in: J. Ac. Philad., ser. 2 *v.* 6 p. 86. 1866. Sp.: *P. azureus, P. hypochondrialis.*

Platymantis Alb. Günther, Cat. Batr. sal. Brit. Mus., p. 90, 93. 1858. Sp.: *P. vitianus, P. plicifera.*

Platyplectron [pro: *Platyplectrum* Alb. Günther 1863] Peters in: Monber. Ak. Berlin, p. 235. 1863.

Platyplectrum Alb. Günther in: Ann. nat. Hist., ser. 3 *v.* 11 p. 27. 1863. Sp.: *P. marmoratum.*

Plectomantis [pro: *Plectromantis* Peters 1862] E. D. Cope in: P. Ac. Philad., p. 127. 1874. Sp.: *P. rhodostima* [pro: *rhodostigma*].

Plectrohyla P. Brocchi in: Bull. Soc. philom., ser. 7 *v.* 1 p. 93. 1877. Sp.: *P. guatemalensis.*

Plectromantis Peters in: Monber. Ak. Berlin, p. 232. 1862. Sp.: *P. Wagneri.*

Pleurodema Tschudi, Classif. Batr., p. 84. 1838. Sp.: *P. Bibroni.*

Pleuroderma [pro: *Pleurodema* Tschudi 1838] Tschudi, Classif. Batr., p. 85. 1838.

Podonectes Fitzinger MS. in: Steindachner in: Verh. Ges. Wien, *v.* 14 p. 262. 1864. Sp.: *P. palmatus.*

Polypedates Jerdon in: P. Asiat. Soc. Bengal, p. 84. 1870. Sp.: *P. annectans.*

Pristimantis Espada in: J. Ac. Lisboa, *v.* 3 p. 61. 1870. Sp.: *P. Galdi.*

Proteus Laurenti, Syn. Rept., p. 35. 1768.

Pseudacris Subgen. Fitzinger, Syst. Rept., *v.* 1 p. 31. 1843. Sp.: *Acris (P.) nigrita.*

Pseudes pro: *Pseudis* Wagler 1830. Leunis, Syn. Naturr., p. 146. 1844.

Pseudis Wagler, Syst. Amph., p. 203. 1830. Sp.: *P. paradoxa.*

Pseudobatrachus Peters in: Monber. Ak. Berlin, p. 414. 1873. Sp.: *P. Jelskii.*

Pseudobufo Tschudi in: Mém. Soc. Neuchâtel, *v.* 2 p. 87. 1838. Sp.: *P. subasper.*

Pseudophryne Fitzinger, Syst. Rept., *v.* 1 p. 32. 1843. Sp.: *P. australis.*

Pternohyla Boulenger in: Ann. nat. Hist., ser. 5 *v.* 10 p. 326. 1882. Sp.: *P. fodiens.*

Pterophryne pro: *Pterophrynus* Lütken 1863. Alb. Günther in: Ann. nat. Hist., ser. 3 *v.* 20 p. 53. 1867. Sp.: *P. Georgiana, P. fasciata.*

Pterophrynus Lütken in: Vid. Meddel., *v.* 14 p. 302. 1863. Sp.: *P. verrucosus.*

„Ptyo-Dactyles" G. Cuvier, Règne an., ed. 2 *v.* 2 p. 56. 1829.

Ptyodactylus pro: *„Ptyo-Dactyles"* G. Cuvier 1829. Wagler, Syst. Amph., p. 143. 1830. Sp.: *P. Hasselquisti.*

Pyxicephalus Tschudi, Classif. Batr., p. 83. 1838. Sp.: *P. adspersus, P. Delalandii.*

Rana Linné, Syst. Nat., ed. 10 p. 210. 1758. Sp.: *R. Pipa, R. Bufo, R. Rubeta, R. gibbosa, R. variegata, R. ventricosa, R. marina, R. typhonia, R. ocellata, R. cornuta, R. marginata, R. paradoxa, R. temporaria, R. esculenta, R. Hyla, R. arborea, R. boans.*

Ranaster W. MacLeay in: P. Linn. Soc. N. S. Wales, *v.* 2 p. 135. 1877. Sp.: *R. convexiusculus.*

Ranidella C. Girard in: P. Ac. Philad., *v.* 6 p. 421. 1853. Sp.: *R. signifera.*

Ranoidea Tschudi, Classif. Batr., p. 76. 1838. Sp.: *R. Jacksonensis.*

Ranoides [pro: *Ranoidea* Tschudi 1838] Tschudi, Classif. Batr., p. 76. 1838.

Rhacophorus Kuhl MS. in: Schlegel in: Isis, *v.* 20 p. 294. 1827. Sp.: *R. Reinwardtii, R. palmatus.*

Rhaebo E. D. Cope in: P. Ac. Philad., p. 358. 1862. Sp.: *R. haematiticus, R. gracilis, R. leschnaultii, ? R. coeruleostictus.*

Rhinoderma C. Duméril & G. Bibron, Erpét., *v.* 8 p. 657. 1841. Sp.: *R. Darwinii.*

Rhinophrynus C. Duméril & G. Bibron, Erpét., *v.* 8 p. 757. 1841. Sp.: *R. dorsalis.*

Scaphiopus Holbrook, N. Amer. Herpet., *v.* 4 p. 109. 1840. Sp.: *S. solitarius.*

Schismaderma A. Smith, Ill. Zool. S.-Afr., Rept. app. p. 28. 1849. Sp.: *S. lateralis.*

Scinax Wagler, Syst. Amph., p. 201. 1830. Sp.: *S. aurata, S. variolosa, S. bipunctata.*

Scutiger Theobald in: J. Asiat. Soc. Bengal, *v.* 37 extra nr. 146 p. 83. 1868. Sp.: *S. Sikkimmensis.*

Scytopis E. D. Cope in: P. Ac. Philad., p. 354. 1862. Sp.: *S. hebes.*

Scytopsis E. D. Cope in: Bull. U. S. Mus., *v.* 32 p. 12. 1887. Sp.: *S. boulengeri.*

Silurana J. E. Gray in: Ann. nat. Hist., ser. 3 *v.* 14 p. 315. 1864. Sp.: *S. tropicalis.*

Smilisca E. D. Cope in: P. Ac. Philad., p. 194. 1865. Sp.: *S. daulinia.*

Spea E. D. Cope in: J. Ac. Philad., ser. 2 *v.* 6 p. 81. 1866. Sp.: *S. bombifrons, S. hammondii, S. multiplicata.*

Sphaenorhynchus Tschudi, Classif. Batr., p. 71. 1838. Sp.: *S. lacteus.*

Sphaenorynchus [pro: *Sphaenorhynchus* Tschudi 1838] Nieden in: Tierreich, *v.* 46 p. 308. 1923.

Stenodactylus Fitzinger, Classif. Rept., p. 47. 1826. Sp.: *S. pipiens, S. elegans, S. geckoides.*

Stenodactylus A. Philippi, Supl. Batr. Chilen., p. 39, 40. 1902. Sp.: *S. ventralis*.

Stenoglossa Chaudoir in: Bull. Soc. Moscou, *v.* 21 I p. 116. 1848. Sp.: *S. variegata*. Col.

Stenoglossa L. G. Andersson in: Verh. Ges. Wien, *v.* 53 p. 144. 1903. Sp.: *S. fulva*.

Stombus C. Gravenhorst in: Isis, p. 920. 1825. Sp.: *S. cornutus*.

Strabomantis Peters in: Monber. Ak. Berlin, p. 405. 1863. Sp.: *S. biporcatus*.

Syrrhaphus pro: *Syrrhophus* E. D. Cope 1878. Alb. Günther in: Biol. Centr.-Amer., Rept. & Batr. p. 215. 1900. Sp.: *S. verruculatus*.

Syrrhophus E. D. Cope in: Amer. Natural., *v.* 12 p. 253. 1878. Sp.: *S. marnockii*.

Syrrhopus pro: *Syrrhophus* E. D. Cope 1878. Boulenger in: P. zool. Soc. London, p. 206. 1888.

Tarsoptera [pro: *Tarsopterus* J. Reinhardt & Lütken 1862] Marschall, Nomencl. zool., p. 58. 1873.

Tarsopterus J. Reinhardt & Lütken in: Vid. Meddel., *v.* 13 p. 177. 1862. Sp.: *T. trachystomus*.

Telmatobius Wiegmann in: Meyen, Reise, p. 512. 1834. Sp.: *T. peruvianus*.

Tetraprion Stejneger & Test in: P. U. S. Mus., *v.* 14 p. 167. 1891. Sp.: *T. jordani*.

Theloderma Tschudi, Classif. Batr., p. 73. 1838. Sp.: *T. leporosum*.

Thoropa E. D. Cope in: Nat. Hist. Rev., p. 110. 1865. Sp.: *T. misiessii*.

Tomodactylus Alb. Günther in: Biol. Centr.-Amer., Rept. & Batr. p. 219. 1900. Sp.: *T. amulae*.

Tomopterna C. Duméril & G. Bibron, Erpét., *v.* 8 p. 443. 1841.

Trachicephalus [pro: *Trachycephalus* Tschudi 1838] Steindachner in: Reise Novara, Amph. p. 64. 1867. Sp.: *T. flavolineatus*.

Trachycara Tschudi, Fauna Peru., Herpet. p. 76. 1845. Sp.: *T. fusca*.

Trachycephalus Tschudi, Classif. Batr., p. 74. 1838. Sp.: *T. nigromaculatus*.

Trigonophrys Hallowell in: P. Ac. Philad., *v.* 8 p. 298. 1856. Sp.: *T. rugiceps*.

Triprion E. D. Cope in: P. Ac. Philad., p. 127. 1866. Sp.: *T. petasatus*.

Uperodon C. Duméril & G. Bibron, Erpét., *v.* 8 p. 746. 1841. Sp.: *U. marmoratum*.

Uperoleia J. E. Gray in: Ann. nat. Hist., *v.* 7 p. 90. 1841. Sp.: *U. marmorata*.

Uperoleja [pro: *Uperoleia* J. E. Gray 1841] J. E. Gray in: Grey, J. Exp. Austral., *v.* 2 p. 436. 1841.

Uroplates [pro: *Uroplatus* C. Duméril 1806] J. E. Gray in: Ann. Phil., ser. 2 *v.* 10 p. 198. 1825.

Uroplatus C. Duméril, Zool. anal., p. 80. 1806.

Wagleria C. Girard in: P. Ac. Philad., *v.* 6 p. 421. 1853. Sp.: *W. peronii*.

Werneria Poche in: Zool. Anz., *v.* 26 p. 701. 1903. Sp.: *W. fulva*.

Xenophrys Alb. Günther, Rept. Brit. Ind., p. 414. 1864. Sp.: *X. monticola*.

Xenopus Wagler in: Isis, *v.* 20 p. 726 nota. 1827. Sp.: *X. Boiei*.

Zachaenus E. D. Cope in: J. Ac. Philad., ser. 2 *v.* 6 p. 94. 1866. Sp.: *Z. parvulus*.

Bei Fragen zur Produktsicherheit wenden Sie sich bitte an:
If you have any questions regarding product safety,
please contact:

Walter de Gruyter GmbH
Genthiner Straße 13
10785 Berlin
productsafety@degruyterbrill.com